深圳·园林设计廿年

理论篇

SHENZHEN LANDSCAPE DESIGN OVER SCORE YEARS: THEORY

何昉 主编

CHIEF EDITOR: HE FANG

中国城市出版社
CHINA CITY PRESS

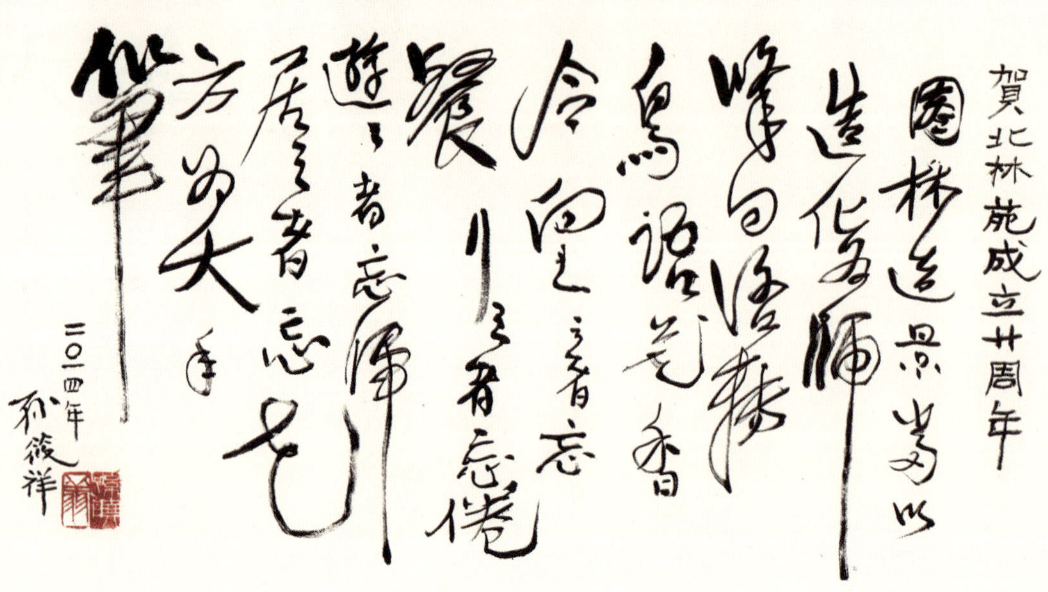

中国现代风景园林之父、世界杰里科爵士金质奖获得者孙筱祥教授题词

綜合效益化
詩篇景面文
心人調天相
地借景彰地
宜景以境出
住世仙

甲午年端陽於深圳

詩贊中國園林藝術与参加中國風景園林傳承與創新之路暨孟兆禎院士學術思想論壇同業们共勉

孟兆禎
時年八十有二

中国工程院院士孟兆祯教授题词

南海城創千秋業

北林苑紀貳拾年

北林苑成立二十周年纪念 甲午丙午端阳

孟兆祯贺

中国工程院院士孟兆祯教授题词

中国风景园林学会终身成就奖获得者刘管平教授题词

本书编委会

主　　编: 何　昉

执行主编: 徐　艳　叶　枫　夏　媛

编　　委（按姓氏笔画排序）:

王　涛　王永喜　方拥生　叶　枫　宁旨文　庄　荣　池慧敏　李　勇
李　辉　李颖怡　李燕娜　杨如轩　杨政华　杨凌遂　肖洁舒　何　昉
张　珍　张　莎　陈新香　林　嵘　周　璇　周亿勋　周晓瑜　赵伟康
胡　炜　洪琳燕　夏　兵　夏　媛　徐　艳　徐剑琳　章锡龙　锁　秀
蔡锦淮　谭袁媛

序

在党中央的感召下，全国支援深圳的城市建设。各地区的著名规划设计单位，包括全国有名的高等院校都投入到这项宏伟的建设。我们是最早来深圳的建设队伍之一，大约是1982年年底，在孙筱祥教授率领下含三辈人出动。孙先生是老一辈，我和白日新先生、黄金錡先生、杨赉丽先生是中辈，何昉、陈开树二君是青辈。孙先生在相地和定性定位方面为深圳市仙湖植物园选址奠定了指导性的理论基础，提出将仙湖植物园建设成为风景植物园的设想，定性为“以风景旅游为主，科研、科普和生产相结合的风景植物园”，后由我主持总体规划设计，白、黄、杨三位先生通力合作完成了总平面和主要景点的设计，由何昉君担任设计代表，陈开树君担任建设方代表，很好地完成了现场工作。何昉君不但参与设计工作，而且按图施工，精工要求，使今日之仙湖药洲生机盎然，令人有“虽由人作，宛自天开”之想。我们对能为深圳市建设尽一臂之力感到幸福，1993年仙湖被评为深圳市优秀工程设计一等奖，这是深圳人民对我们的鼓励。

1992年邓小平同志南巡来到仙湖植物园，由心地称赞“这里的风景真优美”，并在仙湖种下一株生命力旺盛的榕树。深圳乃至全国掀起园林建设高潮。时任仙湖植物园副主任陈潭清主动打电话邀请何昉老师赴深，并初步提议能否请北林大在深圳设点规划设计部，持续支持深圳园林建设。

当时我本人担任北林大风景园林系系主任，也积极支持和建议何昉老师赴深圳设点，并得到时任校长沈国舫（现为中国工程院院士）教授和后任园林学院院长张启翔（后为北林大副校长）教授的同意和支持，由时任校办公室主任的胡汉斌（后担任校党委书记）签章同意。1992年何昉老师与黄金錡教授先带林箐、张嵘、林俊英等学生赴深作毕业设计；1993年初何昉怀揣3000块钱工资再次来深，经过不懈努力终于一年后正式建立北京林业大学园林规划建筑设计院深圳分院。

建院之初，分院发展经费多次难以为继，顺利完成了深圳莲花北住区景观、麒麟山庄（迎香港回归国宾馆）环境景观、梅林一村住区景观。1999年元旦启动大梅沙海滨公园和中心公园两个深圳“十大民心工程”项目的规划设计，项目质量得到深圳市领导认可，并成为时任国家领导人的视察选点。由此设计院发展逐渐趋稳，并开始迅速拓展。

在深圳创建设计院，是北林大作为一所著名高校，利用风景园林学科优势、开展“产学研”一体化工作的中国第一次实践，具有里程碑意义。从此，每年有不少北林学生来深实习，这对推动教学改革，提高教师积极性都起到重要作用。何昉老师在完成教学任务同时，还承担了设计院技术和管理工作，确保事业蒸蒸日上，于1999年被破格提升为正教授。不久，原深圳分院亦改制并完成了属地化及股份制管理。进入21世纪，设计院充分利用自身的高校背景及技术和人才优势，深入研究市场需求，制定加强设计院的战略，在中国这个具有悠久文明的伟大国度中，率先成为审美观和价值观广为东方文化所接受的原创设计师团队。

值中国风景园林传承与创新之际，设计院迎来了“10+20”院庆，并将30年作品结集出版，以飨读者。作为见证人，我愿意将这一份份档案、一幅幅图片，推荐给大家，它将我们重新带回那些难忘的激情岁月，带给我们一代风景园林人观念的改变和中国风景园林发展洪流的中坚影像。这应是青春北林苑一个崭新的起点，是中国新一代风景园林人的起点。

目前中国梦成为全民振奋共筑的前景，中央主持的城镇化会议和文化艺术会议，明确了以服务人民为中心的方向，天人合一、尊敬自然，把自然山水融入城市，让市民望得见山，看得见水，记得住乡愁，在国土上大力推进绿化建设。我们当脚踏实地、苦练本领，在高原上再攀登高峰。

孟兆祯

目录 contents

设计实践篇 2 / 223

I

研究探索篇

城市大公园的实践者
——风景园林的深圳理念

何 昉 庄 荣 千 茜 锁 秀

【摘 要】 29年，深圳市风景园林建设与发展成果丰硕；在经济建设之初就形成城市规划、建筑、风景园林齐头并进的局面，绿地系统规划全面推行“绿线”管理制度，注重生态廊道和道路、河流建设结合，构建完整生态绿地网络系统，形成被绿色溶解的城市格局，确保城市基本生态安全，并率先推行城市生态修复实践，为社会经济的可持续发展提供生态保障；深圳的公园是风景园林师、建筑师、艺术家通力合作的产品，是绿地空间的艺术体验，注重人文自然与原生自然的融合，重视本土历史文化的发掘，将历史文脉的延续在“有界无界之间”，并吸取国际先进理念，规划设计的主题公园游赏内容多样化，布局合理，掀起了中国娱乐方式的革命，而历经4个发展阶段，深圳居住区园林环境设计同样引领了理想人居环境的潮流；公园活动日常化与节目化相辅相成，深圳将引领中国公园活动并与国际公园活动发展走向同步。

【关键词】 风景园林；园林城市；研究

深圳是一个传奇崛起的城市，被称为改革开放的“窗口”、“试验田”、“示范区”。29年来，深圳因开放而生，因创新而活，因奋进而强，解放思想，率先走出自我封闭的计划经济格局，在众多领域创造出了更快的速度、更好的效益、更高的文明。开放、创新、奋进始终是深圳的立身之本，深圳风景园林建设与发展的丰硕成就，是广泛大胆探索、吸收和借鉴发达国家先进经营模式和管理方法的结果，是努力创新形成本土特色规划设计理念的结晶。

1 城市规划、建筑设计、风景园林三者并举是深圳特区早期共识

从最初的把城市规划建设融入风景园林绿色背景之中，到逐渐演变成将全市建成一个生态大公园，均取决于决策者在建设领域的创新理念。在大力发展建设经济的初期，将不发展的用地预留保护起来，从一开始，就形成城市规划、建筑、风景园林齐头并进的局面，这在国内的各大城市的建设中是从未见过的。早在深圳最初的总体规划中确立了城市多核心、组团式结构。在各功能组团之间，规划有预留的绿化隔离带、水源保护区、郊野森林公园、自然保护区、自然生态与农业保护用地，把城市和建筑“溶解”在园林绿地中。在城市用地中合理布局绿地，使公园有合理的服务半径，大公园选址相对合理，形成了高绿地率的布局，同时深圳在城市总体规划和次一级的城市规划中不断强化城市的生态支持系统，提高环境的承载力。

产业规划也充分考虑生态及景观的特点，以西部深圳湾滨海景观长廊建设为龙头，结合深港一体化及西部通道的建设，促成景观资源深港一体化与香港形成旅游产业的互动；东部以华侨城生态旅游区以及黄金海岸的建设为龙头，发展海洋生态旅游业。

建筑和构筑物的增加，是城市发展的必然结果，也是亚洲地区高密度城市形态的特征之一。城市化在降低了城市的自然度、消灭了许多绿地空间的同时，也创造和衍生出很多新的绿化空间，建设者们意识到绿地作为城市土地的一种，同时具备了生态性、人文性和景观性三个基本功能，在建筑环境设计上同样反映着理念创新，1980年代的罗湖虽然高楼林立，也很重视建筑绿地环境与建筑的互动，当时中国第一高楼国贸大厦门前预留了1/3的面积做环境，喷泉和雕塑的使用使环境品质大有改观，到深圳市新的CBD规划出台，新的市民中心几乎已经全部被绿地包围，环境设计举行全球邀标，中标方案为集中体现生态理念的“绿色的云”，全方位体现人与自然的和谐共处。

2 被绿色溶解的城市格局，确保城市基本生态安全

在深圳市绿地系统规划中，全面推行“绿线”管理制度，通过划定全市基本生态控制线，赋予区域绿地和大型生态走廊明晰的产权和管理属性，合理估算人口总量布局城市绿地系统，增加绿化总量，使深圳市绿化覆盖率提高到48%，人均公共绿地面积增加到16.1m^2，并在国内率先出台了《深圳市生态控制线规划》及管理规定，维护了生态系统的完整性和连续性，保障了城市基本生态安全[1]。

深圳山海相连的格局使深圳城郊大部分被山体包围，规划提出由区域绿地和生态用地构成的连续生态绿地与城市建设用地相耦合，构成城市长远发展的基本生态框架和底线。结合居民长假期、每周出行的游憩康乐活动需求，提出并强化“郊野（海滨）公园”规划，将区城绿地和生态廊道体系内的适当区域，通过增设适当的康乐游憩设施，有限度地为市民提供公共游憩康乐场所，在保证生态系统稳定和良性循环的基础上，让城市的绿地资源和海岸资源最大限度地向市民开放，使郊野公园构成郊区的连续性绿地，与城市道路绿带，点状分布的城市公园一道，为城市构筑有深远意义的健康而安全的屏障。

深圳市除了绿色景观外，还有可贵的海洋景观，在西部建设滨海休闲带的同时，将对沿线的海水生态环境进行治理，明确规定不得进行污染排放。此外，还将外迁深圳湾沿岸的水产养殖场，近海岸线则采取人工种植红树林的办法，以涵养和净化近岸水质。

绿地系统规划中强调物种多样性，其基础是乡土树种构成的生态群落，深圳园林的设计以园林景观类型的多样化以及物种的多样性等来维持和丰富城市生物多样性，让地带性植被做公园绿化材料的主角，让野生花卉形成自然绿化，有助形成植物多样性和异质性，能引诱更多的昆虫、鸟类及其他动物来栖息。

3 率先城市生态修复实践

深圳在早期“三通一平”的建设思潮指导下，为取石填海，不少山头被推平，有些大的山体破坏严重，使原本完整的生态系统受到灾难性的破坏，水土流失严重。经过20多年的建设，深圳人倍感生态环境的重要，很早意识到水土保持和生态保护的重要，深圳是全国最早进行城市生态和水土保持规划建设的城市，与绿地系统规划一道，搭建健康的城市建设基础。并于2005年底在国内率先提出划定基本生态控制线的规定：全市划定在基本生态控制线内的土地面积约为984.7km^2，占全市陆地总面积的50%。如果加上规划和现状的城市公园面积，全市生态用地达到陆地总面积的56%。

从1995年起开展了全市范围的水土流失综合治理，深圳市率先在全国编制了城市水土保持规划，同时，根据水土保持工作进展的需要，先后编制了《深圳市水土保持生态环境建设规划》和《深圳市废弃土石场水土保持生态环境建设规划》。目前已形成了一套完整的、比较成熟的治理技术，效果明显。治理模式为“稳定边坡、理顺水系、改善景观、生态修复”。在设计中，采用喷混植生新技术、挂笼砖绿化以及人工植生盆绿化新技术；在植物选择上，坚持以乡土植物为主、乔灌草藤立体配置、乔灌优先的原则，使整治后效果更长久、更接近周边自然植被。这些技术与理念，经过在深圳市的裸露山体缺口综合整治实践过程中，进行广泛的试验、研究，已取得良好成效。如北林苑设计完成的南山区蛇口山挂笼砖绿化示范点、南山区大南山边坡绿化、宝安区宝发石场生态修复；市水利规划设计院完成的龙岗区雷公山石场、南山区乌石岗水土保持示范工程生态修复；珠江水利委员会水利规划设计院完成了基于3S技术的深圳市水土保持管理信息系统；长江水利勘察设计研究院完成了盐田区东湾石场生态修复等，深圳市的城市水土保持规划设计工作蓬勃发展，走出了一条深圳特色的城市水土保持之路，为社会经济的可持续发展提供生态保障。

4 注重生态廊道和道路、河流建设相结合，构建完整生态绿地网络系统

深圳的城市道路绿地网络是绿地系统的重要构成，与外围的环城绿带和郊野公园一道，共同构筑绿地的生态安全格局，不但可以为居民提供清新的空气、健康的生活方式，使步行及慢跑等运动自然延伸到郊区并与周边城市连接，并且在发生重大城市灾害时形成可逆性的通畅系统，使

城郊绿地为人们提供安全庇护。

深南大道的规划也体现着观念的变迁，在新建成的深南大道绿地上，部分道路绿地与硬质铺地分量等同，代表深圳新世纪形象的滨海大道，部分道路绿地已经超过了硬地，成为深圳名副其实的观光大道。

新洲路与深南路立交桥段绿化设计，以“绿”为宗旨，强调各种植物之间的有机搭配与和谐，突出了生态理念，共20万株的乔木、灌木等大量乡土物种初步形成了多层次、色彩丰富的生态植物林带，成为深圳生态绿化的典范。

具有生态廊道功能的滨海大道强调“热带风光、海滨气氛、生态效益、立体景观”的设计风格，采用亚热带树丛混植的手段，塑造跨世纪的公园式大道。滨海大道以国际标准设计兴建。滨海大道东段位于红树林自然保护区边缘，采用了绿化土坡和声屏障等隔声设施保护生态环境。

以生态保护和景观建设为结合点，进行河道绿廊的生态建设，建立以外围的森林流域廊道为保障，以河道为主轴，构成河道林带——河网湿地——城市林园景观的多元化河道、生态廊道和环海——河生态廊道。如深圳河、福田河、新洲河、大沙河等两岸建造多样化的绿地体系，有利于水鸟、两栖类和鱼类等动物生息。通过对河流护岸工程的生态设计与调控，采用生态系统自我修复能力和人工辅助相结合的技术，使受损的河流生态系统逐渐恢复到受干扰前的自然状况，恢复其合理的内部结构、高效的系统功能和协调的内在关系。还要考虑如何使生态系统和水循环处于健康状态，分别处理洪水期的防洪和平时的河流生态系统、景观、亲水性的关系，并留给河流一定的侵蚀、搬运、堆积自然作用空间，河流才能自然演变为具有蛇行、浅滩、深滩、定期淹没等多样性的河流形态，创造多样性的栖息地和河流景观。

5　人文自然与原生自然的融合

深圳市仙湖植物园是全国第一个风景式植物园。选址充分体现了“相地合宜，构图得体”的造园理论，将原本定在莲花山的选址在实地勘察、精心考证后改在梧桐山脉，考虑其纵向气候带丰富，背海负山，受气候干扰少，三面环山，方便涵养水源，蓄水为湖，命名“仙湖”。这是风景园林对城市规划用地又一良性互动的范例。深圳市仙湖植物园在总体规划和景点设计上因循“巧于因借，精在体宜，因境成景”的传统理法，进入21世纪，根据新的要求对原规划进行了调整和提高，北林苑于2004年编制完成了新的规划，结合全球的尖端生态技术，使人造群落与自然群落自然掩替，形成人文自然与原生自然的高度融合，顶级群落的实现将会对大梧桐山的未来产生重大影响。

以“遵照场地启发规划的方式，建立活的博物馆”为莲花山公园的设计理念，全面恢复本地植被群落和构建生物廊道，致力使其成为深圳新中心区的绿心。人与自然同存共居不仅能赋予公园智能与生态复合性，而且还勾画出了公园的构成形式与功能，使得城市社会与自然体系之间建立起美好的相互依存关系。莲花山公园正是都市生活与自然进程相互交错而创造出互利的园景例证。这种体验在公园内很多方面都得以表达，并加以延续。深圳莲花山公园的规划和建设从侧面反映深圳市建设生态城市的历程，对中国的城市绿地建设具有非凡的意义[2]。

中心公园以“师法自然，回归自然”的原则，模拟多种植物生态群落，创造城市中心的理想绿洲；以“高起点规划、高水平设计、建设世界一流的海滨公园”为出发点的大梅沙海滨公园，考虑到山·城·海的总体格局，将山景引到海边，将海景伸入山体，运用大尺度、大手笔的线形构图和丰富自由的空间处理，形成与海岸平衡的系列观景场地，充分体现了自然与人文的交融，力求人工构筑物与起伏的山峦、宽阔的沙滩、一望无际的大海在气势上相呼应，形成由山向海渐次过渡的景观层次，从而达到山、城、海的有机统一，并向人们展示了大梅沙片区向海滨旅游城区发展的美好前景。

6　绿地空间的艺术体验

深圳的公园往往是风景园林师、建筑师、艺术家通力合作的产品，由于其显著的空间艺术特征而使之具有浓厚的审美情调。海山公园（北林苑规划设计）大胆采用色彩鲜艳的图案化的硬质材料，浪漫多变的景观构筑沿袭海洋生物和亚热带植物特征，大梅沙月光花园建筑外现以红色砂岩和白色构架，使人联想“热情、纯洁”等与爱情相关的字眼，成为婚纱摄影指定场所；深圳园林公园内，深圳雕塑院的艺术家们尝试把影视艺术的理念与公园设计结合，由记者、设计师和雕塑家所组成的几个寻访小组，寻找18个生活在这个城市的不同层面的普通人，等比例翻模做成逼真的铜像雕塑，配有个人简介等资讯，命名为“深圳人的一天”，成为中国第一个用新艺术形成塑造城市生活的优秀作品；华侨城旅游区内，更设雕塑长廊和喷泉长廊，生态广场以大片起伏的草坪和婀娜多姿的丛林为一年一度的雕塑年展提供了广阔的绿地空间，绿地更是成为雕塑家的作品展廊，绿地中的情景雕塑和活泼多变的水景提升了环境品质。

7 历史文脉的延续在“有界无界之间”

深圳很重视本地历史文化的发掘，1839年九龙海战八战八捷拉开了鸦片战争的序幕，1900年孙中山领导的三洲田起义打响了资产阶级武装革命的第一枪，东江纵队在抗日战争中立下了不朽功勋；“一街两制”的中英街，改革开放的光辉历程……这一切使深圳的历史也成为中国近现代史的缩影。以“一街两制”闻名全国，有“天下第一镇”之称的沙头角中英街，是广东省文物保护单位，其中的8块界碑是清政府签订《香港英新租界合同》的历史见证，其景观规划设计的理念体现了“有界无界之间”的极高境界。自2000年5月起，先后有中国城市规划设计研究院深圳分院、埃克斯—雅本设计公司、深圳市北林苑景观及建筑规划设计院、深圳市雕塑院参与，历时五年，共同完成中英街地区风貌保护规划及改造工程设计，设计以真实性和整体性为原则，使其成为同时具有爱国主义教育意义和旅游价值的特殊街区；位于南头关的中山公园已有70多年的历史，为纪念孙中山先生而建，公园内有南头城北墙遗址，有全国最大的孙中山先生的石雕头像。设计师将理水叠山的传统造园手法与现代景园设计理念相结合，塑造舒朗开阔、气势磅礴的大地景观，体现爱国志士的高尚情操。

位于深圳南头关的南头古城建于明洪武二十七年是明万历元年（1573年）（1394年）设新安县后的县治所在，是深圳的发源地，南头古城市保护规划中保留了城内六纵三横的道路网和古城内的关帝庙、东莞会馆、海防公署等多处市级文物保护单位以及具有岭南乡土特色的清代传统民居、寺庙、祠堂，深圳汉唐街结合南头古城保护和中山公园建设，创造出历史文化氛围浓郁的街区。

“大鹏所城”位于深圳市东部龙岗区大鹏镇，明朝时为了抗击倭寇而设，是深圳目前唯一的国家级重点文物保护单位，深圳之名“鹏城”即源于此，大鹏古城的规划保留有西、南、东三个明代城门和部分城墙，雄伟庄重、风格古朴的城门（南门、东门、西门）和明清时期民居保存完好，见证600年历史变迁。中规院深圳分院在以上保护规划中恰当地演绎了对历史的尊重下的深圳稀缺的原生文化。

另外，从2001年“中国十大考古新发现”之一的屋背岭墓葬群，到最新发现的威头岭遗址，其中的石器、陶器、玉器、铜器等珍贵出土文物，将深圳的历史追溯到了6000～7000年前的新石器中期，证实了与长江文明、黄河文明同样历史悠久的珠江文明的存在。以上考古发现和保护规划，近年来许多学者共识的是，深圳将从一个“经济特区”走向一个“文化名城”的转变时日已不会太远了。

8 娱乐方式的革命

华侨城打造五大主题公园之前，首先吸取国际先进理念，对整个地块进行了总体规划，搭建出将道路、建筑溶解在绿色中的框架，先后根据不同的游赏主题规划设计锦绣中华、民俗文化村、世界之窗、欢乐谷等主题公园，形成了群体城市旅游感知形象，获得了巨大的成功，成为中国娱乐文化的一次革命之后，南山的青青世界以生态型、参与型的教育基地为设计线索，海上田园风光以展现农业与海洋文化主题的设计特色，蛇口海上世界明华轮发掘海洋文明和异域风情特色营造多国美食广场和酒吧风情街，明思克航母世界以一个水兵离开家乡到军营的时间为主线安排游赏活动。东方神曲以东方传说中的“神仙文化”为造园主题，这些都使深圳的主题公园整体呈现出游赏内容多样化、布局合理、运营策略灵活的特征，成为规划师、建筑师、风景园林师、艺术设计师施展才华的舞台。

深圳主题公园的成功曾经引发国内争相效仿，出现了“锦绣中华现象”。跨入新世纪，华侨城配合深圳打造生态型城市，在东部启动以系列生态主题为游赏内容的大型生态旅游区，主题公园也朝“健康、生态、环保”的方向迈进，继续引领国内娱乐文化的潮流。

9　引领理想人居环境的潮流

纵观深圳居住区园林环境设计，也经历了4个不同的发展阶段。

9.1　第一阶段：简易绿化型

20世纪90年代之前，在深圳的小区园林基本以大面积绿化为主，在主干道与次干道两旁种植行道树、绿篱，中央绿地会有一些简易的户外活动器械和水池假山、仿古亭等，传统的造园方式比较明显。

9.2　第二阶段：实用庭园型

深圳由于房地产迅速发展的需求，领先于全国注重小区人居环境的营造，1990年代初在小区中注重实用功能的安排，尤其要体现“以人为本”的设计原则，考虑不同的年龄、性别、层次等人群的需求。住区环境一般由中心花园、组团花园空间、邻里庭院空间、绿化步行系统和道路绿化走廊五部分组成。各部分之间通过绿化硬质铺装以及环境小品等有机结合，融为一体，形成一个完整的小区绿色庭园体系。

9.3　第三阶段：生态体验型

随着生活水平的日益提高，人们更关注生态环境和居住健康，住区的开发更应注重规划，注重环境，如保护好基地的自然环境，绿林、清水、青山等的保存利用，使人与自然密切亲和，需注意树种的选择和水系的流动，基地周围环境不应存在污染源，还应保证有效的日照通风，社区内提供足够的绿地和健身设施也是保障健康的措施之一。从更长远的意义上看，人们工作效率的提高，休闲时间会越来越多，娱乐将是文明社区必不可少的卖点。人类历史已经经历了从农业时代、工业时代、服务时代到信息时代的四次经济变革潮，在新世纪的前半叶，休闲时代将会在世界各地次第到来，休闲经济也因此将成为社会的主导经济，人们越来越从紧张工作中的“理性”转向生活的“非理性”，走向休闲娱乐[3]。中青年娱乐也将从文化传统习惯的“意境联想型”转向“身心体验型”，创造体验一直是娱乐的核心。

9.4　第四阶段：原创多样型

住宅环境在前几年的发展中，很多楼盘为了争取卖点，纷纷打出“东南亚巴厘岛风情”、“澳洲风情”等异国情调，中国地产界的领跑者万科房地产在东部滨海的万科“东海岸”和“十七英里”两个项目里，借鉴了美国滨海著名休闲度假区的概念，优美生态与现代生活方式相结合，异国情调与世外桃源两相宜。在阅遍他人的风景后，还是要寻找自己民族的文化认同，不久，住宅环境设计开始呼唤本土鲜明的文化特征，在万科最新的楼盘“第五园”中，总体规划及环境设计遵循“骨子里的中国”的原创现代中式风格，采用了中国民居的构筑符号和院落空间，让现代人领略了在现代化的进程中，如何从本土文化出发，找到自己文化的根源；在环境设计中，用了大量富有中国文化色彩的符号：竹、莲花、兰花、使整体呈现出震撼人心的广义的中国风格，这种广义，它走出了仿古，以现代化的文明社会成熟的高雅，国际化的方式，大方而从容地展现在世人面前，从而实现人居环境的更高境界——自然、艺术与人文的高度融合。

在探索人居环境的过程中，深圳充分发挥设计之都的优势力量，持不断创新的精神，将会涌现出更多体现“生态优先”和“以人为本”的精彩设计，中国地产的领军企业万科为代表的深圳住区建设企业一直成为中国风景园林理念的先锋实践者。

10　公园活动日常化和节目化相辅相成

高速的经济发展促进了娱乐方式的发展，20世纪80年代的深圳市民主要以高消费的室内娱乐为主流，90年代物质文明提高促使娱乐方式逐渐向室内外结合高端刺激性活动的发展，世界之窗、民俗村等主题公园活动风靡一时。近十多年来随着社会的发展，大众化、多样化、低消费的公园活动发展迅速，相对于高消费的室内娱乐活动和主题公园活动，城市公园活动逐渐发展成为有氧户外的具有强大生命力的市民休闲娱乐活动，并已成为主流。而2006年在主管部门的引导下开展的首届公园文化节活动，更把公园娱乐活动推向高潮，全市市民自发组织各类文化活动演出参与公园文化节，促进了公园活动的迅速发展。到2008年第三届公园文化节已发展成为影响全国的活动，不仅国家主管部门、省市领导出席并参与了本次公园文化节活动，同时还吸引了全国大小40多个同行前来参与和观摩。另外此届公园文化节还开展了“中国公园文化传承与发展研讨会”，专家学者热烈讨论，推广深圳“公园文化节”模式，促进中国公园文化活动繁荣发展。

从大众化的市民自发的不定期的文体活动、书法绘画展览、主题花展等活动，到今天政府引领下开展的一年一度的公园文化节，公园活动的性质已经发生了质的改变。第三届公园文化节上有14个公园、569家基层单位积极参与，参与群众绿地表演的市民达9万多人、共2000多个节目，节目的内容精彩纷呈，几乎涉及了中国传统文化的方方面面，令360万市民大饱眼福。可以看出：深圳的公园日常活动频率逐年升高，活动的规模及影响也越来越大，形成了公园活动日常化和节日化相辅相成的局面。

纵观世界各国公园文化活动的发展，城市公园活动的发展与繁荣，与现代城市公园的发展密不可分。城市公园活动的发展，从最初的少人问津到过度使用，再到现在的全年有序使用，经历了从仅仅在公园规划上增加文化活动场所，到设立专门的公园管理机构，在资金筹措、增强公园使用的便利性和增加宣传力度等方面的转变。例如纽约中央公园以创新的公园管理策略，鼓励公园使用者在公园中享受快乐，公园策划周周有活动，极大地满足了市民公园活动的需求。甚至为了提高公园的全年的高效有序使用，芝加哥的梅兰特公园管理者出台了公园设计指导方针，通过充分激活公园土地使用、为公园活动的开展提供更多便利性，保证了公园的有效使用。针对公园过度使用造成的设施的破坏，近年来公园管理者开始研究促使公园日常活动和节日活动交错进行，不仅使公园的使用率得到提高，公园的使用效率也同时得到提升，同时避免节日期间公园的过度使用。借鉴国际先进的公园管理理念，今天深圳与世界都共同走到了“快乐公园”的时代，逐渐形成日、周、月和年活动的有机结构体系，使参加公园活动成为天天过节的快乐生活方式。

11　结语

深圳风景园林规划设计行业在体制创新、产业升级、结构调整、扩大开放等方面始终“先行一步”，通过不断积累宝贵经验、提供鲜活样本，示范带动全国。设计技术方面，率先推广先进的计算机技术对景观资源进行数据评价，把景观美学与生态学特征进行数量化工程技术方面，引用微生物技术与工程设计结合，用人工湿地技术处理污水及景观用水。在城市风景园林规划设计领域，关注城市生物多样性及城市可持续发展与城市水土保持生态建设等方面的研究。

29年是深圳新生的全部历史，也是中国改革开放破冰时代的典型缩影。回顾深圳29年来风景园林的发展历程，也是现代风景园林改革实践的过程，从努力建设一个又一个城市公园，到现在精心构建“郊野公园、森林公园——综合城市公园——社区公园”三级公园体系，再到实现将城市建成一个大公园的伟大目标，深圳有条件率先尝试完善新时代的中国风景园林体系，让城市中的人们体验到人间天堂的诗意生活空间。

参考文献

[1]　深圳市人民政府．深圳市创建国家生态园林城市工作报告．2006．

[2]　北林苑．深圳莲花山公园[J]．世界建筑导报：105．

[3]　刘志林，柴彦威．深圳市民周末休闲活动的空间结构[J]．经济地理，2001（7）．

（本文曾发表于2009年8月《广东园林》）

让城市成为生态栖居的大公园

——国家生态园林城市初探兼谈深圳的实践之路

何　昉　李　辉　锁　秀

【摘　要】本文从文化演变的角度阐述了从山水城市、园林城市到生态园林城市理念的演变，从理论上探讨了生态园林城市标准的科学意义，对现行的生态园林城市标准进行了细化，同时以深圳华侨城为例对生态园林城市的规划建设实践进行解析，为生态园林城市的发展提供了一个可借鉴的实例。

【关键词】风景园林；生态园林城市；山水城市；园林城市；生态城市；指标；三生共赢

1　理念的演变

自从城市产生以来，城市居民从未停止过对于理想城市的追求，而不同民族的理想城市与其文化、民族的信仰密切相关。在世界文化融合、城市化迅速发展的今天，人们对于理想城市的追求逐渐趋同，用一个简单的图示，可以表现出在历史的长河中，文化与城市理念的演变过程（图1）。

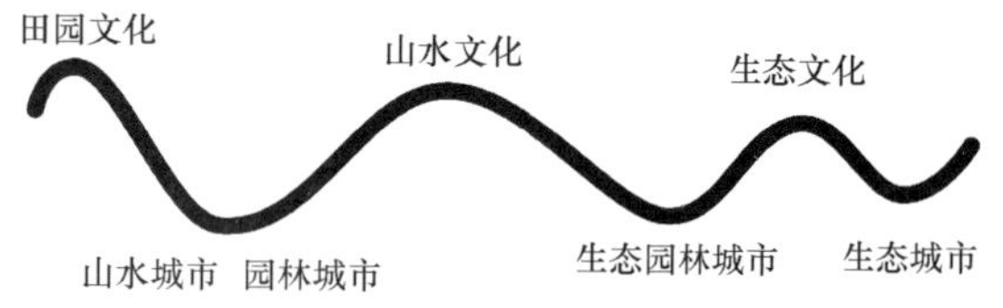

图1　城市理念的演变简图

1.1　从古代田园文化到国家园林城市

1.1.1　从山水、田园文化到“山水城市”

中国古代城市在选址、布局等方面注重自然环境条件，讲究城市位置选在依山傍水、气候宜人、肥田沃野、森林茂密之处，讲究风水，体现了朴素的生态意蕴。《诗经·大雅》称城市选址要“相其阴阳，观其泉流”。在吴国国都规划时，伍子胥提出了“相土尝水，象天法地”的规划思想。《管子·乘马篇》称：“凡立国都，非于大山之下，必于广川之上。高勿近阜而水用足，低勿近水而沟防省；因天材，就地利。”讲的就是城市选址的问题。中国古代城市规划体系最核心的内容就是“辨方正位”、“体国经野”和“天人合一”，即整体观念、区域观念以及自然观念。正是在这些思想的指导下，中华大地上涌现出一大批历史名城，如商都殷、西周洛邑、秦咸阳、汉长安、隋唐长安、宋东京和临安、元大都和明北京等[1,2]。

中国古代的田园文化与中国古典园林文化的形成有直接的关联，对于田园山水、高山流水般的园林意境的向往，正体现出了古代人民心中的理想城市环境。从中国古代许多文人墨客诗词中可以深刻体会到，“一城山色半城湖，家家泉水，户户垂杨”的济南城，“十里青山半入城，七溪流水皆通海”的常熟，“三山万户巷盘曲，百桥千街水纵横”的绍兴，“万家前后皆临水，四槛高低尽见山”的苏州，非常生动地描绘出这些水乡城市的特色[3]。这般令人神往的胜景，是古典园林思想与朴素的城市规划思想指导下的杰作。

随着工业革命的开始，中国近一百多年来随着现代城市规划和风景园林思想的传入，一批殖民地、半殖民地性质的近代化城市，如青岛、大连、厦门等，出现了花园城市的雏形。中国早期改革先驱康有为《大同书》中提出建立生活居住环境的乌托邦，孙中山在《建国方略》中提出具有“国土规划”和地区城市开发规划性质的纲领。甚至最早的广州市城市规划设计委员会在1932年提出的《广州市城市设计概要草案》把林荫道和公园地点的规划作为重点来抓，规定相当大的面积为公园留用，这是“山水城市”规划思想的片段思路。1947年曾在英国师从世界著名城市规划学家阿伯康培攻读博士学位的陈占祥先生应邀归国后，就积极地参与到国家建设中，结合自身先进的理论与国内的实践，提出了建设“山水城市”的构想。新中国成立后，由于大规模社会主义经济建设发展的需要，大量的新城镇建立起来，当时在清华大学营建学系的城市计划教研组设立了“城市规划与园林建设教研组”，组内任教的吴良镛先生后来发展了梁思成先生的“体系环境”的思想，构建了建筑、城市规划和风景园林三位一体的人居环境科学体系，虽然城市规划工作在之后经历了一段低潮期，规划学者热忱不减，足见规划学者的“山水情节”。改革开放后，以钱学森为代表的老一辈科学家重新建立“山水城市”的构想，在建设部的推动下，在北京召开了“山水城市——展望21世纪的中国城市”讨论会。与会学者一致认为山水城市的构想传承了中国古代山水文化的深远意境，这里的山水泛指大自然环境，“山水城市”的核心就是城市与大自然的结合，山、水、城市三个要素是可以也应该是相得益彰的。

1.1.2 从“山水城市”到国家园林城市

钱学森先生提出的建设“山水城市”的设想非常恰当地代表了当时人民要求建设理想的、有山有水的中国园林式城市的呼声，面对国家当时的城市建设只注重建筑不注重绿地、城市建设比较混乱的情况，1992年建设部开始推广开展“国家园林城市”创建活动，并制定了《创建国家园林城市实施方案》、《国家园林城市标准》指导城市规划建设工作，这在中国当时特殊的发展阶段有重要的现实意义。建设部“园林城市”的提法就是合乎钱学森先生提出的“山水城市”，出于继承和发扬传统园林文化的初衷，国家园林城市的建设重点主要放在城市绿地的建设与私家园林营造上，包括自然公园、市政公园、主题公园、郊野公园、森林公园、社区公园等城市绿地系统的各个组成部分，从组织领导和管理制度方面规定了建设园林城市的政策导向，而《国家园林城市标准》主要的指标集中在景观保护、绿化建设、园林建设、生态环境以及市政设施的量的要求上。园林城市形象地概括了中国特色的初级理想城市，从人的角度出发，符合城市文明发展的文化内涵。

国家园林城市从1992年评选出第一届以来，到现在为止一共评选出97个国家园林城市[4]，对于普及先进城市规划思想，推广城市园林文化起到了重要作用，在很大程度上改善了我国城市面貌，提高居民生活质量，促进了社会的进步、经济的发展。

1.2 从“田园城市”理论到“生态城市”实践

1.2.1 从“田园城市”理论到“生态城市”的提出

一般认为现代生态城市思想的直接起源于霍华德（EdwardHoward）的田园城市理论。20世纪以来，世界各大城市普遍遭受的“城市病”的困扰，激起了城市中人们生态意识的觉醒：1963年希腊学者建立了人类聚居学，以求全面合理地解决现代城市面临的环境污染与生态破坏问题。美国著名生态规划学家麦克哈格在《设计结合自然》中运用生态学原理创造了科学的生态设计方法。这一时期，西方社会的价值观念也发生了重大变化，城市先进的标准由“技术、工业和现代建筑”演变为“文化、绿野和传统建筑”。1971年，联合国教科文组织提出了“关于人类聚居地的生态综合研究”，生态城市（eco-city）的概念应运而生，它体现了人类对人与自然关系更加丰富的认识。

关于城市生态的研究成熟于20世纪80年代，由于世界各国研究者的支持（包括中国的研究）得到长足的发展。在1984年的联合国教科文组织（MAB）发起了“人与生物圈MAB”计划，报告中提出了生态城市规划的5项原则：生态保护战略、生态基础设施、居民的生活标准、文化历史的保护、将自然融入城市，这5项原则成为后来生态城市理论发展的基础。

1.2.2 国际生态城市实施的探索

目前，全球有许多城市正在按生态城市目标进行规划与建设，由于各地区城市发展历史和经济背景以及人文风俗的巨大差异，统一的可操作性的“生态城市”（eco-city）行动理念尚处于理论探讨阶段。国际城市生态组织（成立于1975年）召开了五次国际城市生态会议，最近一次是在中国深圳的五洲宾馆，探讨生态城市的构建，与此同时他们的理念已经在全球很多城市进行试验性的实施，比如印度的班加罗尔，巴西的库里蒂巴和桑托斯，澳大利亚的怀阿拉市，新西兰的怀塔克尔市，丹麦的哥本哈根，美国的克利夫兰和波特兰都市区等[4]。

目前国际上操作性比较强的，具有一定的权威性，逐渐倾向于生态城市目标的有国际公园协会设立的“国际花园城市”和联合国人居署所设立的“联合国人居奖”，极大地促进了各国城市生态的关注，对全球生态城市的建设起到了促进作用。加拿大的温哥华、法国的巴黎、意大利的罗马、澳大利亚的悉尼和巴西的库里蒂巴是世界上第一次被联合国命名的五座“最适宜人类居住的城市”，其中，巴西的库利蒂巴被称为“全球最为接近生态城市目标的城市”。

1.3 从生态园林城市到生态城市的中国之路

2004年6月5日，我国建设部发出了创建“生态园林城市”实施意见的通知，并颁布了《国家生态园林城市标准（暂行）》。提出了7项一般性要求、19项基本指标的标准，《标准》是建立在创建“园林城市”的基础上，把创建“生态园林城市”作为建设生态城市的阶段性目标，要求利用环境生态学原理，规划、建设和管理城市，进一步完善城市绿地系统，有效防治和减少城市环境污染（大气、水、土壤、噪声、固体废弃物），实施清洁生产、绿色交通、绿色建筑，促进城市中人与自然的和谐，使环境更加清洁、安全、优美、舒适。

可以看出，相对园林城市，生态园林城市的内涵更加深厚。生态园林城市首先需要满足园林城市的要求，在此基础上拓展生态的城市含义，由于生态本身是一个中性的词，生态园林城市必须将生态系统结构、功能合理以及生态系统健康作为重要的指标体现出来。欧美国家建设“花园城市”源于霍华德的“花园城市”，与我国的“园林城市”不谋而合，是在不同的文化背景、不同的园林艺术下的产物，与我国的“园林城市”有类似之处，同样追求以城市绿地景观的建设作为建设理想城市的主要手段。

2004年9月23日，我国国家园林城市的市长及部分省级园林城市的市长，中外著名的风景园林专家，以及建设、园林部门的工作者在深圳达成共识，本着务实的原则，在建设园林城市的基础上，以生态城市为最高目标，提出了建设生态园林城市的阶段性目标，发表了举世瞩目的《深圳宣言》。《宣言》中除了对建设舒适宜人的绿色家园的要求以外，同时提出了保护非再生的自然资源、珍惜赖以生存的生态环境、抢救逐渐消亡的历史文化、统筹经济发展与环境建设、缩小区域差异与平衡发展、重视科学规划与有效实施、承担历史赋予的社会责任等几个方面详细阐述了建设生态园林城市的意义，对城市的社会、经济、生态、文化各个方面都提出了一定的要求，作为规划界的一次聚会，对于进一步建设生态园林城市具有划时代的意义。

纵观东西方世界观的差异、文化纵观东西方世界观的差异、文化的演变，对比东西方不同阶段对于理想城市的追求，城市理念的演变过程可用表1总结。

文化与城市理想的演变 　　**表1**

文化的碰撞理念的融合	中国	城市理念	瑶池仙境	山水城市	园林城市		生态园林城市	生态城市
		文化	自然生态思想、田园文化、山水文化				现代科学发展观	
		世界观	天人合一，人与自然和谐相处					
	西方		上帝创造世界，上帝创造人，人是世界的主宰					
		文化		生态觉醒	城市生态学诞生及发展			
		城市理念	伊甸园乌托邦	田园城市	花园城市			生态城市
时间轴			公元—	1900′s	1980′s	1900′s	2000′s	2010′s～2030′s

相对生态城市，生态园林城市从某种角度来讲更能体现中国的文化的韵味，因此不能简单将生态园林城市理解为园林城市和生态城市的结合。生态城市作为城市可持续发展的一个理想目标，是现阶段城乡融和的“乌托邦”，而生态园林城市在传承我国传统生态园林文化上更有实际意义，在现实中可以作为理想的国际概念化的生态城市一个阶段性发展目标，实现能够体现中国文化特色的生态园林城市。

2 生态园林城市评价指标的探讨

2.1 《生态园林城市标准（试行）》的科学意义

2004年建设部发布的《生态园林城市标准（试行）》中，突破了原有的《国家园林城市标准》的评价体系，把生态园林城市看作迈向生态城市的一个阶段性目标，参考生态城市指标体系反推，将国家生态园林城市的评选分为一般性要求和基本指标两部分，定性定量的确定了生态园林城市的标准。从对比园林城市以及生态城市，生态园林城市指标能够发挥其作为从园林城市迈向生态城市的阶段性目标的作用，其所制定的指标及标准科学、可行。生态园林城市指标体系基本能够指引城市向生态、健康的方向发展，比如综合物种指数、本地植物种数以及城市热岛效应、城市透水面积比重等，把城市的生物多样性、城市结构功能的问题同时纳入指标体系作为考察的目标。

2.2 国际花园城市与中国园林城市、生态园林城市的对比

目前国际上操作性比较强的，具有一定权威性的，倾向于推动城市可持续发展、推动社会进步的评选有国际公园协会设立的“国际花园城市奖”和联合国人居署所设立的“联合国人居奖”等，对全球生态城市的建设起到了促进作用。尤其国际花园城市的评选，获得全球40多个国家和地区的支持，在国际上知名度较高。为了找出中西方对于理想城市的差异、便于中国的国家生态园林城市与国际生态园林城市的对接，我们把国际花园城市与中国的生态园林城市的评选活动进行了对比，详见表2。

国家生态园林城市与国际花园城市评选对比表 **表2**

	国家生态园林城市	国际花园城市
评选对象	城市行政区	城市行政区及城市社区（根据人口规模划定五个评审类别）
评选宗旨	推动城市生态环境建设，实施可持续发展战略，落实党的十六大提出的“全面建设小康社会”的任务，努力为广大人民群众创造优美、舒适、健康、方便的生活环境	推广世界各地的城市行政区的环境可持续发展、人类住区规划等方面的杰出成就，推进城市的健康良性发展
评选方法	每年进行一次，将采取城市自愿申报，省级建设行政主管部门推荐，建设部组织专家评议，部常务会审定的办法进行	申请评选的城市需经过三轮推介程序层层审核后，根据评分决出胜负
评选要求	申报城市必须是已获得“国家园林城市”称号的城市	各地在环境可持续发展、人类住区规划等方面有杰出成就的城市行政区，即具一定行政职能的城市城区政府、镇政府、街道办、居民委员会、开发区管委会等机构
评选指标	分为一般性要求和基本指标两部分	景观改善、遗产管理、环境保护措施、公众参与、健康的生活方式、未来规划
评选回报		全国媒体宣传以及演讲与全球推介

通过对比国际花园城市、中国园林城市及中国的生态园林城市评选方法及评价标准可以看出，国内外的评价方法有各自的特色，侧重点不同：国际花园城市的评价方法比较重感官感受，采用指标为定性的指标，这样引导城市个性化发展，所以评选出来的城市一般都特色鲜明，在某些方面有突出的表现；而我国的园林城市和生态园林城市的评价指标体系量化很完善，可以客观的反映城市的硬性条件，反映城市的综合能力，鼓励城市的共性发展。

从另外一方面看，重定性轻定量以及重定量轻定性的指标体系都有一定的局限性：国际花园城市的评价方法重感官容易主观，重定性不定量，城市在某一方面的突出表现可能掩盖了其他很多方面的不足，这对一个城市的评价来说是不够科学、严谨，很容易造成片面的印象；而我们的生态园林城市的评价方法及指标，重定量不重定性，不能突出城市的特色，作为一个具有引导作用的指标体系来说，不能起到全面提升城市品质的作用。鼓励城市共性的发展，回避城市特色的发挥，抹杀城市发展的个性，这样的结果造成生态园林城市指标体系中城市的大小、地域特色、民族特色等几乎没有涉及。

综上所述，国家生态园林城市指标体系有待进一步的细化，怎样对接国际与国内的评选，怎样建立起更加科学、完善、有效评选机制将作为下一步的主要研究方向。

2.3 细化的国家生态园林城市评选标准

根据以上的分析，作为长期工作在风景园林系统内的工作者，我认为城市大小、地域差异、文化差异等都要求生态园林城市的指标体系既要定性还要定量，定性是鼓励城市的个性化发展，而定量是对城市的硬件基础设施的一般性要求，

鼓励城市共性发展；同时这里的定性和定量都是有要求的，是多样性的定性和多样性的定量，多样性定性，是为了保持城市的个性、构建未来生态园林城市的特色景观，而多样性的定量，是在保证城市特色的同时，保持该指标体系主导行业的实际可操作性。

在对比国内外相关评选的基础上，根据以上的分析，我们对《国家生态园林城市标准》进行修订，按照指令性指标、指导性指标以及参考性指标构建指标体系（表3），供大家探讨。

生态园林城市指标体系分级调整 **表3**

	指标体系	
指令性 （9个） 以城市生态环境指标为主	综合物种指数	≥0.5
	本地植物指数	≥0.7
	建成区道路广场用地中透水面积的比重	≥50%
	城市热岛效应程度(℃)	≤2.5
	建成区绿化覆盖率(%)	≥45
	建成区人均公共绿地(m^2)	≥12
	建成区绿地率(%)	≥38
	城市基础设施系统完好率(%)	≥85
	公众对城市生态环境的满意度(%)	≥85
指导性 （10个） 以城市生活环境指标及城市基础设施指标为主	空气污染指数小于等于100的天数/年	≥300
	万人拥有病床数(张/万人)	≥90
	主次干道平均车速	≥40km/h
	城市水环境功能区水质达标率(%)	100
	城市管网水水质年综合合格率(%)	100
	环境噪声达标区覆盖率(%)	≥95
	自来水普及率(%)	100,实现24小时供水
	城市污水处理率(%)	≥70
	再生水利用率(%)	≥30
	生活垃圾无害化处理率(%)	≥90
参考性 （6个）	国际花园城市评审标准	参考国际花园城市评审标准
	景观改善	
	遗产管理	
	环境保护措施	
	公众参与	
	健康的生活方式	
	未来规划	

指令性指标是各个城市强制性达到的目标，必须达到标准才能够有资格评选。其对与城市的发展具有指导性意义，关键在于对比城市的发展是否向生态园林城市这个方向进行努力，这个指标需要根据城市的大小、地域差异、文化特色等，具有一定的弹性范围。

参考性指标主要强调城市的差异性，城市性质的不同可以根据各个城市的特色在某些方面有所发挥，并不是说达到目标就可，根据城市自身发展的需要，可以有更高的目标，发展城市的特色文化、艺术、自然形态等方面，创造有国家特色、民族特色的生态城市。

国家生态园林城市评价体系：

除原有国家生态园林城市的一般性要求外，在评价指标体系之前，首先参照中国城市规模分类标准按市区和近郊区非农业人口数进行申报。

A类，20万人口以内的小城市；B类，20万～50万人口的中等城市；C类，50万～100万人口以上的大城市；E类，100万～200万人口的特大城市；F类，200万人口以上的超大城市。

2.4 指标探讨

指标有监测、衡量与引导的三重作用，建立科学合理的生态园林指标体系才能够真正反映城市的发展水平，提供决策的依据，引导城市的良性发展，所以建立的指标体系一定要谨慎。但是由于我们的指标体系也是在探索阶段，所以在实践中思考、修订指标非常必要，与园林城市、生态城市指标体系的对接、选定指标的实用性、可操作性都是需要在实践中不断思考的。

2.4.1 指标的对接

生态园林城市的申办既然是以取得“国家园林城市”为前提，则《生态园林城市标准》应该能够体现《国家园林城市标准》的内涵，而2005年修订的《国家园林城市标准》中增加的公交出行率、立体绿化折算指标、城市建筑节能、城市湿地保护等，在《生态园林城市标准》中没有相应体现，生态园林城市指标体系与园林城市评价标准对接较弱，很有可能在操作中产生矛盾。

2.4.2 指标的实用性

在生态园林城市评价指标体系中，参照其他评价体系，加入万人拥有病床数、主干道平均车速、再生水利用率等。这一方面反映了我们对与城市交通、卫生环境以及循环经济的重视，另一方面，对于万人拥有病床数的指标，是否可用千人拥有公共体育设施面积指标代替？（可参考建设部和国家体委颁布的《城市公共体育设施标准设施用地定额指标暂行规定》）

3 深圳生态园林城市实践

2007年标志着城市时代的开始。根据联合国人居署预测，2007年世界城市人口将有史以来首次与农村人口持平，城市人口增长也将大大超过农村人口增长，到2050年，世界人口2/3，预计约60亿人将生活在城市里。因此新加坡城市规划理论家WilliamLim指出“世界上没有任何理论能够告诉我们在这些飞速扩张的亚洲城市中应该怎么做”；与此同时，城市规划行业面临着多种多样的城市问题需要解决，更多的部门需要协调。如何应对这些挑战，实现人与自然和谐共处的城市环境，实现城市可持续发展，世界上没有任何城市有一个确定的解决模式。深圳，这个位于改革开放的最前沿，经过20多年从一边陲小镇发展成为常住人口800多万的城市，怎样实现城市理想，只有从实践中寻找答案。

3.1 规划的先行

深圳从建立特区之始就制定了高起点的规划，指引城市的健康发展。最早的1982年深圳建市第一个总体规划，从城市空间形态特征出发，根据特区依山傍海的自然环境、狭长的地形特点，确定了组团式的总体布局结构，从东到西规划了八大工业组团，内部形成了大体配套、相对完善的综合功能，各个组团以交通干道相连，组团之间保留800～1200m宽共68km^{2}的城市绿化隔离带，发挥城市绿地的生态作用，作为城市的多个“肺叶”，保证各个组团内的居住区都能够就近获得新鲜的空气，居民能够亲近自然，维护城市的生态平衡（图2、图3）。

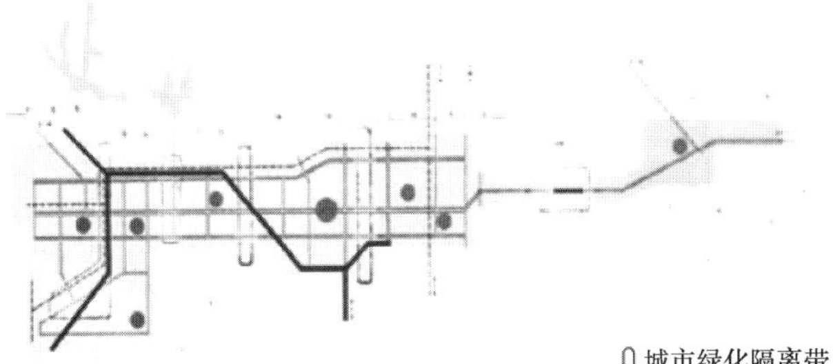

图2 深圳市城市总体规划（1985～2000年），各组团之间留有800～1200m绿化隔离带

（来源：由深圳市规划局提供）

图3 宽阔的绿化隔离带如今已改造成优美的公园（图为中心公园段）

1992年，深圳特区外宝安县撤县改区，《深圳市城市总体规划（1996～2010年）》从可持续发展战略的高度出发，将土地资源的利用与生态资源的保护充分结合起来，并把它们作为统一的城市生态系统进行保护和利用，确立“城市整体生态圈”的概念和“网状组团式”城市结构，构筑了自然生态和人工生态两个层次的空间构架，一是城市建设发展用地，呈“W”形；二是保护和保护型发展用地，呈“M”形，组团之间设置绿化隔离带，与北部的山体、南部的水体融成完整的自然生态系统。为了避免城市建设对生态空间的侵占，总体规划明确规定将全市土地面积的76%作为城市生态用地，对非建设用地进行有效的保护或进行保护性利用（图4）。

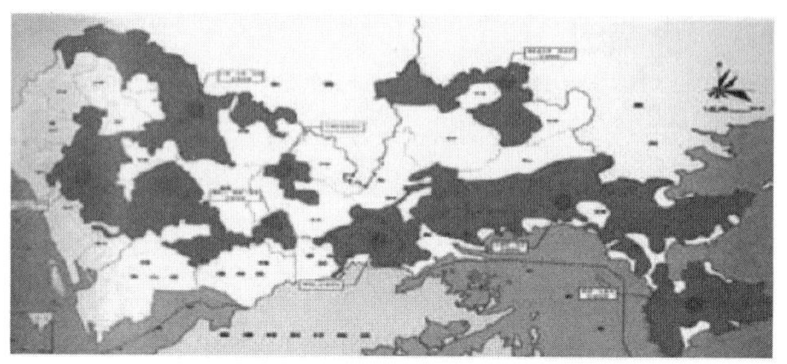

图4　深圳市区域绿地规划（2004～2020年）

（来源：由深圳市规划局提供）

近期的《深圳市城市总体规划检讨与对策》，进一步加大了对于城市建设和生态环境保护的研究，将全市的生态体系分解为水源生态系统、农业生态系统、人工绿地生态系统、自然植被生态系统、观光生态系统以及调和型生态系统（兼有以上几种生态系统的特征）等六类生态系统，分别执行组团隔离、净化空气、农业生产、涵养水源、水土保持、休闲观光、美化环境、科研教育功能、调节气候等功能中的一种或者几种，据此将全市划分为九大生态功能区，提出了绿带、绿廊和市区绿地三个层次的绿地体系。2005年11月，深圳市开拓性的确定了城市的基本生态控制线，陆域48.2%的范围被划为城市基本生态控制范围，在保障城市生态格局的安全、限制城市建设无序蔓延上做出了明确的规定，对国内其他城市建设的发展又提供了一个参考案例（图5）。

3.2　建设在公园中的城市

近年来随着深圳经济的良性发展，深圳市的建设总体目标是朝着具有文化品位的生态园林城市迈进，现在，全市已基本形成了一个从市区到乡村、郊野、市域范围内，从人工营造到充分依据自然、文化遗产资源而开发的、包容各种规模和各类型的公园体系，以及点线面结合、全方位

图5　深圳市基本生态控制线范围图（2005年）

（来源：由深圳市规划局提供）

立体绿化的格局，深圳将成为一座绿色城市，并且正在为两个文明建设中发挥着重要的环境、社会和经济效益，最有代表性的就是深圳的华侨城。

20多年前华侨城还是一片荒芜之地（图6），时至今日的华侨城可以理解为我们现在提出的生态园林城市的一个缩影。最初的建设战略思想明显与众不同：把整体一个城市地块当作一个城市大花园，在花园中建设城市。

图6　1983年的华侨城

今日的华侨城（图7），首先是理想人居环境的典范，在城内无障碍步行系统漫步，生活具有极大的舒适性、愉悦性；其次它形成了快乐的生活方式，四大主题公园：欢乐谷、世界之窗、民俗村、锦绣中华等以游赏为目的大型游乐性主题公园，不但为深圳带来可观的旅游产业收入，还使深圳成为名副其实的“欢乐之都”，“动感之城”，展现给世界一种欢乐的生活方式，吸引海内外的优秀人才纷纷来深圳创业，居住；再次它又是生态社区的典范，不仅是高绿量，从功能上也突破了原有城市开敞空间的含义，真正发挥了水体、绿地的综合的生态功能，侨城的活水系统将生态广场、酒吧街同侨城湿地、海岸红树林以及城市的生活空间有机地结合起来，所谓天、地、人合一，在华侨城生活片区得到了充分的诠释。

图7 今日的华侨城

3.2.1 “三生共赢”的城市

华侨城所呈现出来的生产发展、生活富裕、生态优美的“三生共赢”的发展前景（图8），同时也进一步体现了生态城市的发展目标，在这种一体化建设理念指导下采取了一系列的当时令世人赞叹的举措：

图8 特区及华侨城片区“三生共赢”的城市体系
（来源：图8、图11、图16由中国城市规划设计研究院深圳分院提供）

（1）持续的景观改善之路是延续了一个景观体系的精品之路。

（2）区内的四大主题公园均集合了本时代至高品质的景观。

（3）从塘朗山公园、安托山公园到燕晗山公园、生态广场、红树林滨海公园及深圳湾休闲带的城市公共开放系统堪称城市中生态与景观结合的代表作。

（4）整个华侨城已经进入立体化绿化的“后园林时代”（架空层绿化、垂直绿化、屋顶绿化），成为高绿地覆盖率的理想生态社区（图9）。

3.2.2 城市品质的提升

华侨城里艺术馆、雕塑长廊和喷泉长廊是城市的居住、艺术品位的提高；而生态广场以大片起伏的草坪和婀娜多姿的丛林为一年一度的雕塑

图9 后园林时代的代表（图为生态广场）

年展提供了广阔的绿地空间，增加了城市开敞空间；华侨城高品质的非经营型和经营型公园打造了精致的园林景观。生态公园的建设为城市引入了自然元素，城市借助生态公园增加了城市空间的绿地品位，同时生态公园对于城市里的水系有一定的净化功能，生态公园清新的空气、清洁的水、多样的植物景观、多变的城市空间，让居住在华侨城、工作在华侨城的人的生活品位、艺术品位得到了提升（图10）。

图10 健康的城市山林空间（图为燕晗山公园）

华侨城的土地利用不仅仅用于解决居住、休闲、娱乐等，在城中还留出了工业用地，发展了

康佳工业园区，园内的企业从事的高科技产业生产，为居民创造就近的就业机会。优美的环境还吸引了国际高端品牌机构进驻，如美国康柏电脑公司、澳大利亚摩伦保健集团和悉尼医务中心等。形成了设施完善、生活舒适、环境优美、工作方便的华侨城，实现了“三生共赢”(图 11～图 13)。

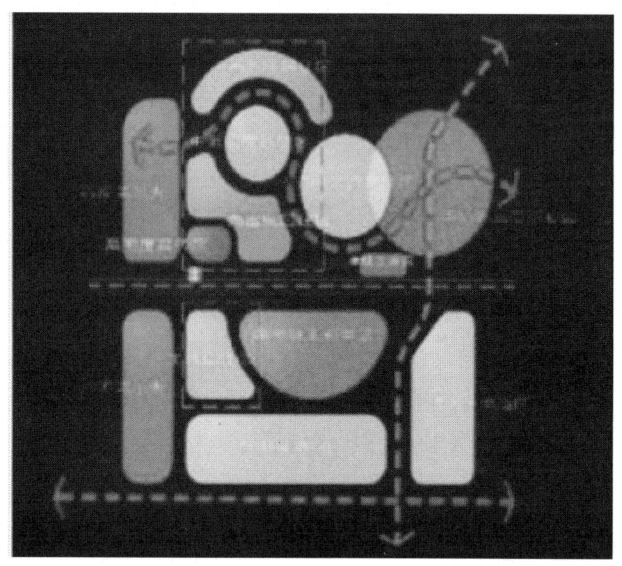

图 11　华侨城的生活、生产与生态理念图示

图 12　早期工业园区亦融入绿色空间中

3.2.3　高质量的城市生活

华侨城是休闲的港湾，娱乐的天堂。华侨城的四大主题公园曾经引领了国内娱乐的革命，公园内优美的环境，丰富多样的游赏活动，安全周到的管理服务，给居民提供了一种高质量的娱乐方式，提升了居民生活质量的满意度；同时主题公园本身就是一种高品质的绿地，一种人文景观与休闲景观的体现，从另一个侧面，提升了华侨城的生态质量（图 14)。

另外一方面，华侨城的“共赢”局面（现象）是与公众、商业等积极地参与建设密不可分，华侨城的城市开敞空间共建、共享的思想充分实现了融入自然、回归自然、人与自然和谐相处的理念。

图 13　后工业时代老工业变成了创意产业园（华侨城 loft 园入口）

图 14　休闲的港湾、娱乐的天堂

生活、生产与生态的结合从华侨城的规划建设与整体城市形态充分得到了体现，从锦绣中华到欢乐谷四大主题公园高品质的园林设计，到波托菲诺、锦绣花园高端景观的实现，最后到华侨城周围北至塘琅山郊野公园、南至滨海红树林湿地及深圳湾海滨休闲带，用舒适优美的交通体系贯通了“三生共赢”的城市生态园林体系。

3.2.4　效率交通与休闲交通的结合

华侨城形成了综合的交通网络，内部交通形成了以空中交通、地面交通结合的方式，充分发挥了各种交通方式的优势：空中交通更能体现华侨城的效率、便捷，地面交通主要体现休闲而又多样的生活方式。地面交通又分为机动交通线路和步行系统，充分展示了交通的多样性，多样的交通让华侨城里的每一人都能享受到最适合自己的交通方式，另外更主要的是，多样的交通方式同时提供了一种身心放松、愉悦的生活（图 15）。

图 15　华侨城的立体交通系统

在华侨城内部品质不断提升的同时，整个深圳湾的改造以及西部通道的修建，红树林以及华侨城内部湿地系统的营造、循环再生和高效、便捷的低成本公共交通系统的建立，是华侨城规划设计概念的外围扩展，围绕华侨城，深圳特区正在形成一个从华侨城到华侨城周围，以至全市的生态园林城市格局（图 16）。

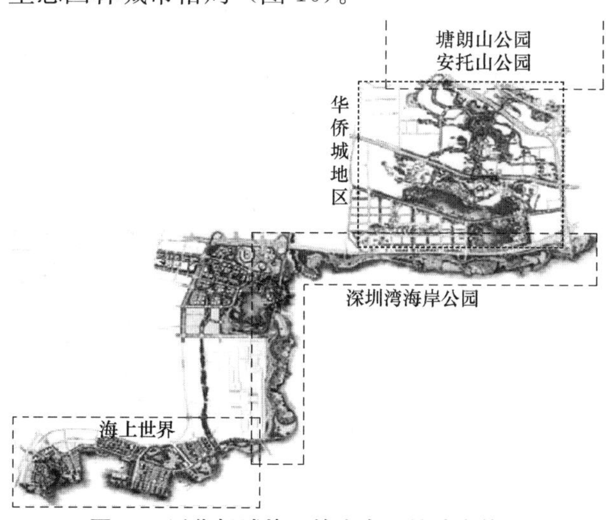

图 16　泛华侨城片区的生态园林城市体系

4　结语

在关注深圳的成功的同时，有越来越多的城市参与到城市的生态建设中来。无论是园林城市、山水城市、国际花园城市还是生态园林城市还是生态城市等，最终都是为了实现理想城市的阶段性目标，各个城市的领导者、管理者都应该实际的思考：我们距离这个理想究竟有多远？无论树立什么样的目标，往哪个阶段努力，都需要城市的领导者、规划师深度的思考、务实的规划以及积极的实践，从各个城市的现实基础上进行城市的建设。

从创建目标和申办前景来看，生态园林城市始终应该作为一个城市概念规划的定位，而不能作为城市建设的最终目标。因为它不仅仅是一个阶段性的任务，也不是依靠数字表征的一种状态，它应该是一种生存理念、一种生命方式、一种生活态度，存在于城市生活的居民各项生命活动之中。因此无论是城市的管理者、专家、居民都应该围绕生态园林城市这个课题，进行一系列的思考，从自己生活的城市形态、结构出发，从现实的经济产业结构出发，对比不同地域不同规模的城市生态、不同文化背景的城市生态，因地制宜，确定建设自己的理想家园——生态园林城市的方向，走“三生共赢”的生态路线，最终让城市成为生态栖居的大公园。

致谢

感谢建设部城建司及深圳城管局给予多方支持，感谢深圳市规划局、中国城市规划设计研究院深圳分院以及深圳北林苑的同仁提供部分图片资料。

参考文献

[1]　李德华. 城市规划原理（第三版）[M]. 北京：中国建筑工业出版社，2001：13-186.

[2]　邹德慈. 城市规划导论 [M]. 北京：中国建筑工业出版社，2002：2-3.

[3]　钱学森. 社会主义中国应建设山水城市 [J]. 城市问题，1993，3.

[4]　张坤民等. 生态城市评估与指标体系 [M]. 北京：化学工业出版社，2003，8.

[5]　埃比尼泽，霍华德. 明日的田园城市 [M]. 中国城市规划设计院情报所，1985.

[6]　鲍世行，顾孟潮. 城市学与山水城市（第二版）. 中国建筑工业出版社，1996.

[7]　中国国家建设部.《国家园林城市标准》、《生态园林城市标准（试行）》.

[8]《深圳市城市总体规划（1985—2000）》[Z].

[9]《深圳市城市总体规划（1996—2010 年）》[Z].

[10]《深圳市城市总体规划检讨与对策》[Z].

[11]《城市公共体育设施标准设施用地定额指标暂行规定》[Z].

（本文曾发表于 2007 年 4 月《风景园林》）

基于原型特征的中国理想城市环境初探

何昉 锁秀 高阳 李辉 魏伟

【摘 要】 中国古人满意的生态环境和千百年中国文化传承下来的集体无意识是理想环境模式的原型，它存在于中国人的内心深处和文化深处。以深圳为例探讨了在城市化高速发展的中国，城市如何基于理想环境特征原型，从自身的自然山水和城市文化、城市规划、城市生态系统、城市人的幸福感提升等方面去实现城市快速转型和理想城市构建，回归城市让生活更美好的根本职能。

【关键词】 风景园林；理想城市环境；原型

原型（archetype），也可称为“原始模型”。“原型”作为一个词汇，最早是由斐洛（ Philo）在神学中使用的，但作为一种观点，最早则见诸于柏拉图哲学。心理学家荣格（Carl G. Jung）说：“原型被视为形而上的理念，视为理式和范型。”他认为原型是历史上积淀下来的人类集体无意识的内容，抽象而深藏于意识之下，对人类活动具有重要的意义，故用 archetype 表示。根源于人类学、发生学、精神分析学、分析心理学和认知心理学等学科研究成果的原型理论，是人类在 20 世纪努力结合自然科学研究的新成果、探求自身精神世界而获得的思想武器之一[1]。

20 世纪 50 年代末期，Team10 成员之一的赫茨伯格（Hertzberger）将原型概念应用到城市规划。他认为，“不同场合、不同时代的每一种解答都是一种对原型的阐释，就像单个公式应用一般。我们唯有重新评估已经存在的种种意象，并使它们更符合于我们的现实情况，除此别无选择。”现代和未来理想人居所追求的目标“以人民利益为本”，人与自然和谐相处，由中国传统“风水说”所信仰和追求的天人合一发展而来。正如杰列科爵士（Sir G. A. Jellico）在 IFLA 章程引言中提到的：为了世界各国人民的长远健康、幸福和欢乐，我们必须与我们赖以生存的环境和谐相处，并明智地利用它的资源[2]！

1 理想城市和理想城市环境

1.1 理想城市是各种秩序的理想境界

自从城市产生以来，城市居民从未停止过对于理想城市的追求，而不同民族的理想城市与其文化、民族的信仰密切相关。在人类建设城市的过程中，力求把自身心中的美好设想与自然规律相结合注入城市的建造中去，并使之成为一种带有理想化的合理秩序。因此，包含着所有合理秩序的理想城市的设想，是人类对与二者结合的一种理想追求的体现[3~8]。

中国古代城市原型经历了漫长的发展过程，它所形成的自律规范系统及城市形态的深层价值取向来源于人们的世界观、宇宙观和审美理想。在世界文化融合、城市化迅速发展的今天，人们对于理想城市的追求逐渐趋同，用一个简单的图示，可以表现出在历史的长河中，文化与城市理念的演变过程[3]（图 1）。

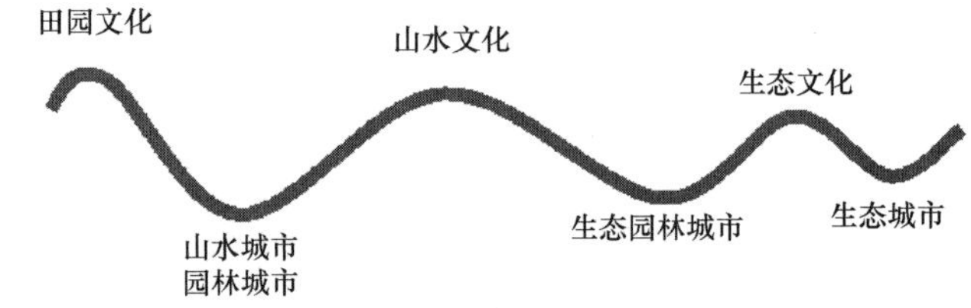

图 1 城市理念的演变简图[3]

1.2 中国文化背景的理想环境

中国古人满意的生态环境和千百年中国文化传承下来的集体无意识是理想环境模式的原型，它存在于中国人的内心深处和文化深处。

中国古代城市在选址、布局等方面注重自然环境条件，讲究城市位置选在依山傍水、气候宜人、肥田沃野、森林茂密之处，讲究风水，体现了朴素的理想向往。《诗经·大雅》称城市选址要“相其阴阳，观其泉流”。中国古代城市规划体系最核心的内容就是“辨方正位”、“体国经野”和“天人合一”[9]。

同时中国是世界上最早用“大自然”为原型进行园林创作的国家[2]。早在公元前 138 年的汉武帝时期，茂陵富人袁广汉的私园已经采用自然山水派园林艺术的手法。这种“自然山水派”园林，正是进入高度城市化的现代大都会的城市居民所渴望和梦寐以求的。工业革命开始后，中国近一百多年来随着现代城市规划和风景园林思想的传入，中国早期改革先驱康有为《大同书》中提出建立生活居住环境的乌托邦，孙中山在《建国方略》中提出具有“国土规划”和地区城市开发规划性质的纲领。1955年新中国成立不久毛泽东主席就向全国发出“大地园林化”的号召，科学家钱学森在20世纪90年代提出的山水城市构想传承中国古代山水文化的深远意境，提出“山水城市”的核心就是城市与大自然的结合。

1.3 城市化进程中的精明转型

尽管城市的出现在人类历史上至少已有5000年，但到1800年，城市人口仅占世界人口的2%。近200年来，世界城市化趋势加快，方兴未艾的经济全球化更使各国城市以前所未有的规模和速度发展。目前，世界人口约有一半居住在城市里，城市居民人数达到30亿。预计今后世界城市化的趋势还会加速发展，到2030年，世界城市人口接近50亿，约占世界总人口的60%。

今天的快速城市化背景下，作为发展中国家的经济发展集中体，“广东要积极探索符合地域实际的，文明、宜居、承载力和可持续发展能力强的城市化道路。要把人民的幸福作为城市发展的根本价值取向，建设经济持续发展、景色优美怡人、交通安全便捷、生活舒适方便、文化气息浓厚、社会和谐稳定、公共服务健全、人文关怀备至的理想城市”①。理想环境的塑造，就是要寻找那些早已被当代城市所遗忘的城市精神和那些城市从古代以来就担负的、即使到现在也没有改变的，城市作为人类家园所担负的精神职能和其最原始最根本的职能。

2 案例：理想深圳

新加坡城市规划理论家林伟而（William Lim）指出“世界上没有任何理论——无论西方的还是非西方的——能够告诉我们在这些飞速扩张的巨型亚洲城市中我们应该怎么做”。深圳，这个位于中国改革开放的最前沿，经过30多年从一个边陲小镇发展成为常住人口1000多万的大都市，怎样实现城市理想，只有从实践中寻找答案……

2.1 藏风界水，传承理想

按中国风水说法，中国有三大龙脉，第一大龙脉是燕山；第二大龙脉是太行山、泰山、嵩山；第三大龙脉是岭南。这也是来源于《尚书·禹贡》，大禹治水时为大地划了三条龙脉。深圳（历史上属新安县）的山脉来龙，起源于中国的南龙，从昆仑山绵延而出，从岷山开始，逶迤曲折向西行进，又向南转到云南的地域，再越过贵州，穿过桂岭，到达湖南，通过广东南岭大庾山脉，从南雄出发，形成罗浮山脉，再以博罗境内的罗浮山为主峰。罗浮山脉南下东莞石龙渡东江而至樟木头，再一路南下而形成梧桐山脉[10]（图2）。

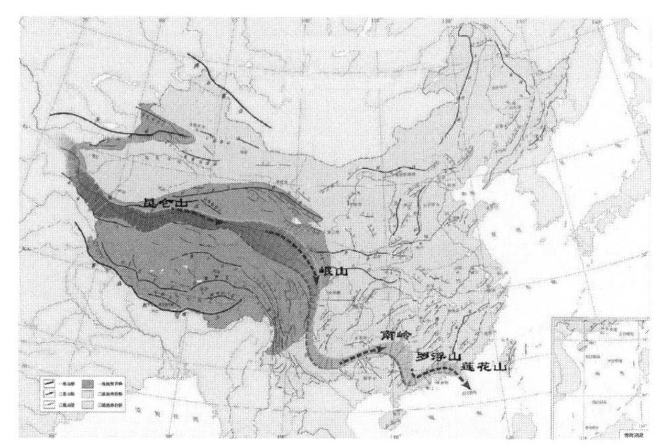

图2 中国“南龙”走势示意图

（图片来源：图2～图5、图7均由深圳市北林苑景观及建筑规划设计院提供）

山脉为龙，“委宛自复，回环重复；若距而侯也，若揽而有也；欲进而却，欲止而深；来积止聚，冲阳和阴；土高水深，郁草茂林。贵若千乘，富如万金”（《葬书》）。即山势连绵起伏，蜿蜒回环，土厚水丰，植被茂密者即为有生气之龙。梧桐山是深港龙脉的集结地，深圳的“镇山”。梧桐山系从东至西沿中部鸡公山系的笔架山、山岭鼓、鸡公头、塘朗山等山峰，延伸至西部的羊台山系，以绵延起伏的山丘在深圳的东、北、西方向形成优美的城市山脊轮廓线（图3）。

水与山不可分离，两山之间必有一水。即有山环水抱，形止气蓄的真龙，其中便有真穴。这

① 2011年12月7日，广东省省委书记汪洋同志在全省提高城市化发展水平工作会议上的讲话。

图 3 “南龙”莲花山系走势图

样的穴场模式与龙脉（整体山水结构）及合适的朝向相结合，便构成了理想风水的总体环境模式。这种结构具有最佳的功能——生气最旺。梧桐山山高林密，主峰山泉汇入天池，天池水顺谷而下形成了壮观瀑布群，汇入龙潭流至龙珠山再汇集八条谷渠水形成深圳河，俗称“九龙戏珠”。深圳河水随山行，向南向西汇入深圳湾，与东北方向的梧桐山“镇山”形成围合之势。深圳湾与大鹏湾和大铲湾共同构成深圳的城市边界和滨海自然形态，绵延 133km 的海岸线，大面积的红树林、滩涂和湿地构成了具有原生景观特征的海湾生态系统（图 4）。

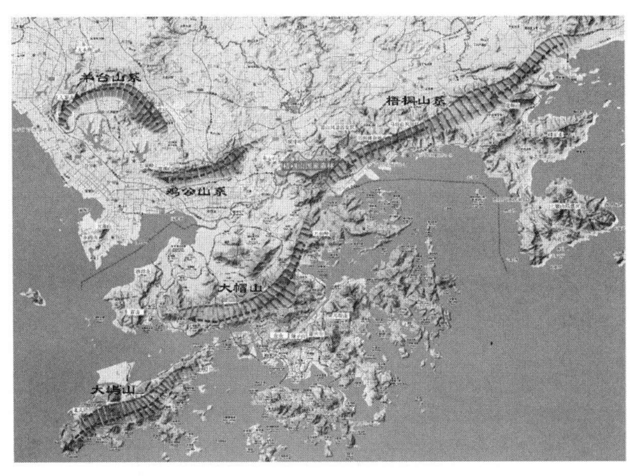

图 4 “南龙”梧桐山系走势示意图

风水语云：山管人丁贵气，水管财富荣华。从深圳最早的城市选址布局来看，与传统的风水理念非常契合，于山环水抱之中的中部平缓地带建设深圳城市，取其繁荣昌盛之意。这种追求自然和人为环境的理想风水观念也使城市整体的格局在与自然的关系中，巧于因借，因势随形，不仅加强了城市的整体感，而且展现了一种神秘的东方神韵。

2.2 规划战略，裁定先机

宋代蔡元定在《发微论·裁成篇》中说：“是故山川之融结在天，而山水之裁成在人”。人们崇尚自然，并以此来寄托人们的生活理想。

深圳从建市伊始，由于领导者的定位准确和高瞻远瞩，就形成城市规划、建筑、风景园林齐头并进的局面，这在国内的各大城市的建设中是从未见过的。深圳早期的城市规划十分重视城市绿地系统格局，城市呈组团结构分布在陆域平缓区域，城市组团之间预留宽 800～1000m 的生态廊道，形成城市被绿地围合的生态格局，城市经过 30 年的发展建设，深圳初期建设预留的生态廊道现在已经形成城市中的生态公园（图 5）。特别是 2005 年 11 月，深圳以 8 处大型区域绿地和 18 条城市生态廊道组成的生态绿地系统为基础，划定了生态控制线，这是国内第一条划定的城市生态保护控制界线。最终，974km^2 土地被划入生态控制线内，约占深圳市总面积的一半，与其相对应的则是同等面积的建设用地。

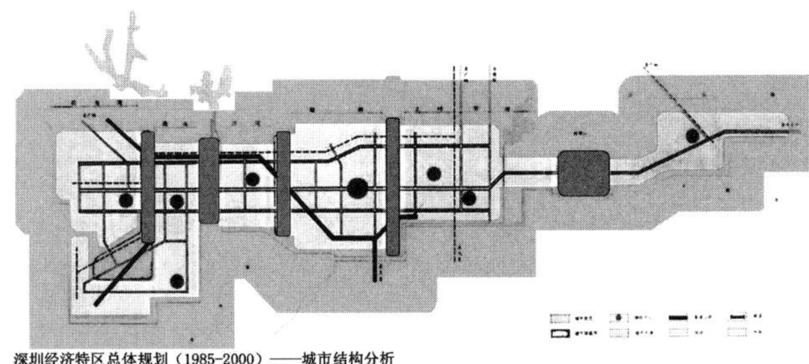

图 5 最初的总体规划确定的深圳组团结构

近年来国际上盛行的都市景园主义，即将岌岌可危的生态环境、支离破碎的社会构成和迅速多变的生产方式联系起来，期望能够突破传统规划的局限，将自然演进和城市发展整合为一个可持续的人工自然系统。它是一种在持续演变的城市形态中一种动态的规划方法[11]，这与深圳早期规划理念有异曲同工之妙。

2.3 公园之城，开启快乐

公园是城市绿地系统的重要组成部分，是为市民提供福利的公益性事业。改革开放 30 年，在城市组团式规划的基础上，深圳公园数量从 2 个（东湖公园、中山公园）发展到 800 多个，绿化覆盖率从不足 10%提升到 50%。同时深圳开创性地提出了森林公园、郊野公园——综合公园——社区公园三级公园体系，各项指标在全国大中城市中名列前茅，总量适宜、分布合理、植物多样、景观优美的城市公园网络体系基本形成，公园之城轮廓显现。欢乐谷、世界之窗、民俗村、锦绣中华等以游赏为目的大型游乐性主题公园，不但为深圳带来可观的旅游产业收入，还使深圳成为名副其实的“欢乐之都”、“动感之城”，展现给世界一种欢乐的生活方式，吸引海内外的优秀人才纷纷来深圳创业、居住。

2.4　绿道绿网，搭建幸福

绿道是社会经济文明到达一定程度的产物，是人与自然的主动平衡方式。通过构建融合生态、环保、教育和休闲等多种功能的“绿道”体系，逐步形成联系城市内部绿化绿地与外部区域绿地之间、社区之间的绿色串联网络，起到构筑城市生态安全网络、防止城市无序蔓延、优化城市生态格局与生态环境的作用[12]。深圳绿道网规划实现全市 1km/km^2 绿道，市民 3～5min 可达社区绿道，15min 可达城市绿道，30～45min 可达区域绿道，这让社会交往从零散的点状分布变成集中的线性分布，大大增强社会的信任感与幸福感[12～14]。

绿道作为一种相当廉价的消费品，它为人们提供了平民化的公用娱乐活动场所，是便于市民生活工作的交通方式。同时绿道为少年儿童提供有趣的游乐及教育场所、安全的出行通道；为老人提供丰富的活动及交流场所；为亚健康人群和病患提供康复花园调节心情、保养身体，进行身体或心理的治疗；还为残障人士提供无障碍通道以保证其平等享受绿道；甚至还为城市中各类野生动物提供各种生态廊道以确保它们的生存、繁衍和迁徙。同时，人们走出汽车的钢铁躯壳，尤其是让上学的孩子们，能像曾经的父辈们一样，骑上单车或者步行三五成群，伴着清风、虫鸣，上学放学（图 6）。

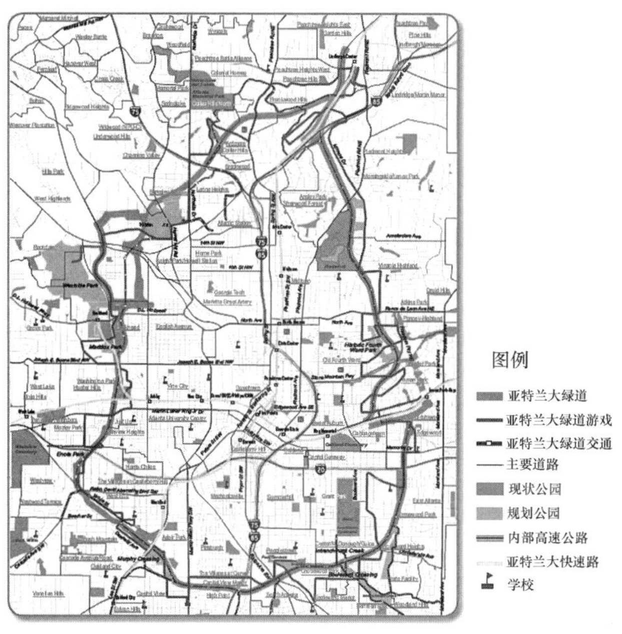

图 6　亚特兰大绿道连接了25 所学校

（图片来源：Kevin Burke：Urban Trails：Core Attribute of a Sustainable Community. 2011ASLA）

2.5　大地景园，城市理想

18 世纪美国第一任总统华盛顿就提出要把首都建成“一个由许多园林组成的城市，或一个建造在自然风景胜地中的城市”的风景园林城市的理想。著名风景园林大师孟兆祯院士认为园林不仅是珍贵的自然和文化遗产，也是许多城市的“城市名片”，是最佳宜居环境。

深圳生态控制线划定的最初理想是能够为快速发展的城市保住碧水蓝天，保护蝉鸣蛙叫，让人们发现深圳的美原来并非只有高楼，它还是一个鸟语花香的花园城市。但残酷的现实是生态控制线内“插花地”面积不断扩大，经济发展和生态保护的矛盾日趋严重。快速的城市化，使城市的生态承载力已经接近极限，人与自然之间的天平不断向人类倾斜。深圳原始天然植被以常绿阔叶林为主，由于长期的人为干扰和陡坡种果对自然植被的毁灭性破坏、外来物种入侵导致的本地乡土植物的退化、不合理的植被生态改造导致的植被单一等因素，植被逐步演变为稀树灌草丛。大量存在的采石场和非法开荒破坏了生态控制线的原始地形和景观风貌（图 7）。仅在仙湖植物园、

图 7　深圳山地缺口水土保持生态环境建设规划（2000～2010 年）

梧桐山风景名胜区等处由于严谨规划和严格控制实现了景观资源的良性循环。

常规的公园规划设计无法解决目前的问题——我们需要什么？大胆的创新突破才能击碎困惑我们的难题，如果让深圳900多平方公里的生态控制线作为一个公园整体，一个无边界、全天候、开放性的公园，那将是一幅怎样的情景？城市在一片绿海之中延展，空气中弥漫乡土花草的芳香，野生动物从香港、惠州等周边地区来深圳定居、做客，城市居民在房前屋后的大树下休息、纳凉，深圳河、大沙河等河流缓缓流过市区，城市仿佛沉浸在一片绿色海洋中，各种绿色、蓝色、白色、灰色组合在一起，形成很多不同的风景画。

今天，虽然在仙湖植物园我们就可以看到这样的景象，但一个仙湖植物园还不足以改变900多平方公里生态控制线内的状况，只有实现从点到面的跨越，才能达到质变，才能使得整个生态控制线的土地形成一个完整的生态系统，推动自然演替的良性发展。

深圳作为创新之城，应该有这样的胆识和魄力，在全球率先打造这种近千平方公里的超大无界公园，让深圳的“绿”连起来，动起来，还城市一个完整的自然，一个与人口规模、经济规模相匹配的自然生态系统。让城市变成一个处处有意思的地方，一个能给人愉悦的地方，一座“生龙活虎”的绿色理想之城。

3 结语

原型带着祖先经验的痕迹存在于每个人的心灵深处，它不仅沟通了个体与祖先的联系，而且连接着个体与个体之间的认知情感反应，使处于不同时空的个体理解同一事物成为可能，使相同文化背景的个体能够拥有几乎一致的体验。换言之，原型是人类共通的一种文化心理现象[1]。这种共通从历时性上看是不同历史时期的人们拥有相同的观念和情感，从共时性上看则是同一时期不同种族和地区的人们在观念和情感上的相通。

5000年前的中国古人以自创的风水观表达了对自然的尊重，对理想城市的探寻，理想城市的提出正契合中国风水学所信仰和追求的境界，是一种实质所在的回归。“敢为天下先”的深圳，汲取岭南地区风水文化精华，大胆探索，锐意进取，实现了城市化的超常规发展，用30多年的时间走过了许多发达国家用更长时间才走完的城市化历程。在“十二五”开局之年，树立城市转型发展新理念，积极探索符合深圳实际的，文明、宜居、承载力和可持续发展能力强的理想城市化道路，以促其在未来竞争中占得先机，使城市焕发新的生机与活力。

“中国风景园林之父”孙筱祥先生认为，城市人民需要的是安全、安静和充满生命情趣的居住环境[2]。刘易斯·芒福德（Lewis Mumford）认为，“最好的城市模式是关心人、陶冶人，密切注意人在社会和精神两个方面的需要。良好的人居环境，应满足‘生物的人’在生物圈内存在的条件（生态环境），又满足‘社会的人’在社会文化环境中存在的条件（文态环境）”[15]。新形势下快速城市化中的中国城市，需要的正是这样与时俱进的对中国理想环境原型特征的继续研究和思考。

致谢

感谢深圳市北林苑景观及建筑规划设计院景观及生态规划研究中心李颖怡、尤丽珊、刘志伟、郑文科等人在本文插图修改上给予的帮助。

参考文献

[1] 蒋一之．道德原型与道德教育——道德原型及其教育价值研究［M］．杭州：浙江大学出版社，2008.

[2] 孙筱祥．现代城市园林绿地系统工程与城市可持续发展［J］．风景园林，2005（增刊）：16-30.

[3] 何昉，李辉，锁秀．让城市成为生态栖居的大公园——国家生态园林城市初探兼谈深圳的实践之路［J］．风景园林，2007，（2）：16-23.

[4] Andrew L. Dannenberg，Howard Frumkin，and Richard J. Jackson. Making Healthy Places：Designing and Building for Health，Well-being，and Sustainability［M］. Washington：Island Press，2007.

[5] Dorothee Imbert. Between Garden and City：Jean Canneel-Claes and Landscape Modernism［M］. Pittsburgh：University of Pittsburgh Press，2009.

[6] S. I. Apfelbaum，and A. Haney. Restoring Ecological Health to Your Land［M］. Washington：Island Press，2010.

[7] Andres Duany & DPZ. Garden Cities：Theory & Prac-

tice of Agrarian Urbanism [M]. London: The Prince's Foundation for The Built Environment, 2011.

[8] D. Egan, E. E. Hjerpe, and J. Abrams. Human Dimensions of Ecological Restoration: Integrating Science, Nature, and Culture [M]. Washington: Island Press, 2011.

[9] 张延生. 中西古典理想城市的形态比较 [D]. 郑州: 郑州大学, 2004.

[10] 张茗阳, 陈怡魁. 生存风水学 [M]. 上海: 上海学林出版社, 2010.

[11] 林广思. 景观都市主义的前海实践——访 Field Operations 主创设计师詹姆斯. 科纳教授 [J]. 风景园林, 2010, (5): 16-21.

[12] 锁秀, 高阳, 王煦侨, 何昉. 绿道——珠三角宜居城乡规划建设的生态途径 [J]. 南方建筑, 2010, (4): 41-43.

[13] 何昉, 锁秀, 高阳, 黄志楠. 探索中国绿道的规划建设途径——以珠三角区域绿道规划为例 [J]. 风景园林, 2010, (2): 70-73.

[14] 何昉, 高阳, 锁秀, 叶枫. 珠三角三级绿道网络规划构建实践 [J]. 风景园林, 2011, (1): 66-71.

[15] (美) 刘易斯·芒福德著. 倪文彦, 宋俊岭译. 城市发展史——起源、演变和前景 [M]. 北京: 中国建筑工业出版社, 2005.

(本文曾发表于 2011 年 12 月《风景园林》)

大城市环城绿带规划原则与理念

汪永华

【摘　要】 环城绿带建设有利于解决大城市生态环境的恶化、空间结构的混乱、城市功能的退化等问题。本文探讨了大城市环城绿带规划与建设的原则，并且从城市生物多样性、景观异质性、城市生态恢复等3个方面探讨了环城绿带规划的理念。

【关键词】 环城绿带；规划原则；规划理念

1　引言

所谓环城绿带（green belt around city）是指在城市周围建设的绿色植被带，是城市绿色廊道（生态廊道）的一种类型，即在一定规模的城镇或城镇密集区外围，安排较多的绿地或绿化比例较高的相关用地，形成环绕城市建成区的永久性开敞空间。在欧美，环城绿带已得到广泛应用。我国北京、上海、天津、合肥等城市也都先后进行了环城绿带实践。广东省在2003年制定并颁布了环城绿带和区域绿地指引，开创了国内的先河。设置环城绿带最初的主要目标是控制城市扩张，避免大城市扩展与周边城市融合，保护城市和乡村景观格局的特征差异。而随着环境保护运动的兴起，保护和改善城市生态环境质量成为环城绿带新的主要目标。它是有效控制城市过度扩展，将城市与自然生态有机结合，促进城市可持续发展的重要手段之一。充分认识环城绿带在城市发展中的功能，合理规划其结构，使之成为城市生态恢复的重要手段和城市生态安全的屏障，探索环城绿带的规划与建设方法，对促进城市生态系统与景观的健康和可持续发展具有积极意义。本文探讨大城市环城绿带规划的原则与理念，以期为同行提供参考。

2　环城绿带规划的原则

以科学发展观为指导，强调以人为本和可持续发展的基本原则，贯彻生态恢复的指导思想，紧扣“回归自然”的主题和时代特征，力求将环城绿带规划成为一个生态系统平衡、郊野特色鲜明的生态绿带。具体上，环城绿带的规划原则有以下几个方面：

（1）可持续性原则：环城绿带设置后，必须严格控制不相容的开发建设，并持久保护，一般不再改变其用地性质。环城绿带内土地应严格控制用地强度，并优先发展公共性开敞绿地。同时，环城绿带规划与城市总体规划及城市发展形态相结合，体现战略性、前瞻性和一致性。

（2）系统性原则：环城绿带的设置应与自然山体、河流的走向以及城市的发展形态与空间布局结合，并基本闭合，以确保城市功能的完整性和连续性，并推动城市结构和布局的优化。同时，从城市的整体出发，通过环城绿带的设置将建成区、郊区和农村有机地联系在一起。中心城的绿化覆盖率要进一步提高，环外要与环内相通，尤其要与城市楔形绿地等绿化系统相衔接，使中心城区在增加绿化面积的同时，能得到外环绿带生态场效应的辐射。

（3）生态恢复原则：环城绿带的规划必须在尊重城市自然环境的基础上进行，恢复由于过去城市开发建设过程中破坏的自然景观，建立为提高城市生物多样性、提高城市自然属性而建立的廊道系统。为此，尽力保护和恢复绿带中可用的地形地貌，保留部分具有城市发展记忆价值的村落，突出当地风土文化内涵与地方特色；多选用生长良好、生态效益佳、经济效益高的地带性树种。同时，异质性高的景观，其相应的生态稳定性和多样性高。将景观异质性具体到城市环城绿带景观，产生的城市景观异质性，也有利于城市的生态恢复。

（4）因地制宜原则：要结合土地使用现状，在保证总量的前提下，贯彻因地制宜、内外结合、宽窄相间、能宽则宽的原则。并要妥善处理其与经济、社会发展用地的矛盾，保证规划的可操作性。充分把握不同的景观个性，创造出具有地方特色、乡土风味的环城绿地景观，而特色的产生往往来自于当地独一无二的地域文化。

(5) 生态经济原则：环城绿带应是发展绿色产业的重要基地，通过发展林业、花果业、旅游业、观光农业、立体水面养殖等，以绿引资，兴绿致富。在绿带中大力推广诸如木本油料、木本药材、木本粮食、木本蔬菜、木本饲料、果树和用材树等市场稀缺、经济前景可观的经济植物，且规划形成适度规模和特色规模；提倡木本化农业和都市型农业，使其在获得经济效益的同时，又成为绿带旅游景观的构成要素之一；与生态旅游结合，在环城绿带中安排适当的旅游项目，顺应城郊旅游发展的趋势；在绿带水、陆、空全面进行生物多样规划，引入经济价值高的生物，使绿带土地和水资源获得最佳叠加效益。

3 环城绿带规划理念

3.1 以提高城市生物多样性为基础的环城绿带规划

贯彻生态优先的准则，以人与自然的可持续发展和城市生物多样性的提高为基础，将环城绿带纳入城市绿地系统和城乡一体化的大绿化格局。充分利用河流、高压输电线路、铁路、道路和模型绿地等，将一些影响生物群体的重要地段和关键点纳入环城绿带，以减少“岛屿状”的生境的孤立状态，增加开敞空间的连接性与连通度。按照生态系统中物种共生与物质循环再生的原理，以及自然演替的基本过程来选择和配置可行的植物群落模式，以森林景观为主体，将森林引入城市，成为融自然景观、人文景观与植物景观为一体的近郊环境绿化体系，并且使环城绿带最终形成大小不一、疏密有致、层次丰富、物种多样的自然景观；大量应用野生树木、花卉、地被植物，各类大乔木、小乔木、灌木、草本在自然条件中各居其位；环城绿带的植物选择以乡土树种为主，模拟自然生态系统建立人工植物群落，使其具有较高的生物多样性与生态稳定性。结合引鸟、引虫等工程，在条件适宜的林带内放养野生和家养动物；在林带水体内放养各种蛙类、鱼类、贝类；在灌木丛中放养鸣叫类昆虫，以增加野趣，营造和模拟自然森林群落；各种鸟类、小动物、昆虫等脱离人为的干扰，按照生物链的自然规律生长；利用生物界相生相灭及森林自肥的特点，枯枝、落叶等的腐烂使林地土壤得到改良，又促进了树木的生长，通过生态养护使环城绿带内的生物与环境和谐统一，达到良性循环。

例如，以珠江三角洲为例，环城绿带的物种配置以本土和天然为主，让地带性植被——南亚热带常绿阔叶林的建群种（如假苹婆、秋枫、槽树、自木香、海南蒲桃、人面子、桃花心木、阴香、木棉、海南红豆、小叶榕、蒲桃、橄榄、番石榴、蕉、竹等）作绿化材料的主角，让野花（如澎蜞菊、鬼灯笼、玉叶金花、野牡丹等）、野草（芒萁、漫山绣竹等）、野灌木（鸭脚木、梅叶冬青等等）形成自然绿化，这种地带性植物多样性的设计，将带来动物景观的多样性，能诱惑更多的昆虫（直翅目、半翅目、双翅目）、鸟类（小扁扁、池莺、白莺、夜莺、鸥鸪、白胸苦恶鸟、珠颈斑坞、小白腰雨燕、普通翠鸟、大拟啄木鸟、家燕、树鷚、红耳鸭、白头鸭、棕背伯劳、八哥、红嘴蓝鹊、鹊魄、大山雀、暗绿绣眼鸟、麻雀、黄胸码、黄眉码等）和小动物（黑眶瞻蛛、沼蛙、泽蛙、大绿蛙、花臭蛙等）来栖息。同时，景观斑块类型的多样性的增加，生物多样性也增加，为此，应首先增加和设计各式各样的园林景观斑块，如观赏型植物群落（如榕树—草坪草或榕树—草本花卉群落)、保健型植物群落（如槽树—草坪草)、生产型植物群落（如岭南佳果龙眼、荔枝、木菠萝、芒果等)、疏林草地、水生或湿地植物群落（如水松、池杉、水翁等)。

环城绿带的设置必须和控制、治理环境污染相结合，发挥廊道的抗污、降热、防护等功能。使环城绿带内空气清新、洁净、宜人，富含阴离子，具有疗养价值，向城市输送新鲜的空气，同时也可以满足市民回归自然的心理需求。

3.2 以改善城市边缘景观异质性为基础的环城绿带规划

处于城市边缘（生态交错带、生态交错区）的环城绿带，可以将其视为城市景观生态系统的边界，它就如同半通透的细胞膜，对城市景观内外的物质与能量的交换有着过滤的功能，作为城市景观边界的环城绿带建设将对城市起到一个绿色生态屏障的作用。屏障的作用可体现为对内和对外两个方面。

对内方面，环城绿带可以防止城市无序蔓延

发展，限制特大城市的用地发展规模。如北京市在构建首都地区绿色生态构架中提出了在城市外围建设绿化隔离地区的规划，其首要目的就是要从用地上防止城市无序蔓延发展。

对外方面，环城绿带可以阻挠城市景观外不利的物质或物种的侵入，保护城市内部景观功能和结构不受其危害，有利于维护的城市景观及内部生态系统的稳定。

景观异质性导致一个城市景观的复杂性和多样性，从而使景观生机勃勃，充满活力，趋于稳定，使得城市景观具有一定的自我恢复和抗干扰的能力，不是稍稍有外来因素的干扰或者破坏便被解体的脆弱生态系统。因此，在对围绕城市这种以人工生态为主体景观的环城绿带进行规划的过程中，我们追求多元化、多样性，追求景观整体的生产力的有机景观设计法，追求植物物种多样性，追求各种景观（土地）利用类型的多样化。

城市边缘地区是连接城市中心区与农村的纽带，承担着传递中心城区的经济辐射和农村的生态服务的功能。农田生态系统作为环城绿带的重要组成部分，已经成为扩大城市生物多样性、改善城市生态功能、提高城市景观异质性、调节市民情感以及满足人们体验传统农耕生活的重要区域。如在日本的体验农业、英国的绿色城墙、德国的市民农园、新加坡的农业花园等。大城市从来不稀缺农产品，稀缺的是农田风光与农业生产过程。为此，有必要开发以开发休闲农业与体验农业为主体的环城绿带农业。然而在农田随时可能被征用并且征地补偿和农田景观的好坏无关的情况下，农民基本上丧失了传统的精耕细作的动力，为此，必须重新树立农民的家园感和归属感。

然而我国相当一部分城市在建设环城绿带的过程中，为了追求整体效果破坏掉大量的农田、小湖泊、小河流以及沟渠等。事实上，自然的农田，例如水稻田、玉米地、油菜田更加迷人。

我国青海湖体青旅游胜地的成片油菜花已成为当地一个非常重要的旅游资源，每年 7 月份 60 万亩油菜花形成的百里花海成了博大壮阔的特有景观。黄色的花海和一望无际的蓝色青海湖水互相陪衬，景色绝佳，吸引了一大批国内外游人。这种农业景观对于维持周边城市景观的异质性，丰富城市景观类型起着非常重要的作用。而环城绿带的建设不一定全部要求林带化，可以根据实际地形地貌，保留原有的农田、湖泊、河流以及沟渠等。而对于林带，植被的结构组成也不一定全部是原始森林或者当地的地带性顶极群落，甚至于人工植被、草地等构成了景观异质性，也具有非常好的景观美学特征。

通过保护农田、城市森林、湿地等，使位于城市边缘地区的环城绿带的土地利用接近绿色化，通过资源结合产生的各种异质性景观，在大城市圈上形成一个美丽的绿色殿堂。

3.3 基于城市生态恢复的环城绿带规划

城市生态恢复是以合理利用、保护自然生态环境资源为基本任务的生态规划手段，其目的在于对城市发展过程中所造成的和即将造成的环境破坏进行恢复和保持。其核心与关键是恢复城市生态系统的功能，并且使之能够自我维持。对于整个城市生态系统来说，环城绿带对于城市的生态恢复在于它可以以生长式的发展与簇群式的带动作用，在美化城市面貌的同时，恢复城市生态系统的活力。对其规划设计不仅要满足城市居民游憩观赏的需要，而且要起到改善城市生态环境，提高和保护城市生物多样性等功能。

对城市现状存在的大量的人工设施只能采取减法加以控制，需要增加的是大量的生态林地(绿地)，城市生态恢复的基本思路为：以城市生物多样性为基础，以食物网为纽带，构建不同层次的生态链，并在此基础上构建与生态链有机结合的产业链，以形成可持续发展的健康的城市生态系统。根据景观生态学的原理，生态恢复后城市的景观格局为：绿色基质＋绿色廊道＋干扰斑块＋景观节点。作为城市主要的绿色廊道的环城绿带将起着异常重要的作用。

在规划中必须协调好生态农业、生态林业、观光农业、防洪系统、城市建设、景观建设等子系统之间的有序和动态平衡。设置环城绿带这种绿色廊道，规划带形公园、绿地之间设置“踏脚石”等手段加强孤立绿地斑块之间的联系，加强绿地间生物物种的交流，形成连续性的城市景观，使城市绿地形成系统，是城市绿地系统规划与城市生态恢复的重要任务之一。环城绿带一般都兼顾多种目标，例如，同时具有生物廊道、城市景观塑造、城市户外空间营建、历史遗迹保护及教育、游憩、观光等多种功能。

连接郊野的环城绿带能够将自然引入城市，也能将人引出城市，进入大自然，使城市居民可以体验自然环境之美。环城绿带在随后的规划实践中生态廊道的功能更加突出，使其不仅具有景观视觉美化功能，实际上又成为一个线状的自然保护区域。作为廊道的环城绿带，具有廊道的一般特性。一般地说，廊道规模在满足最小宽度的基础上越宽越好。河流植被的宽度 30m 以上时，就能有效地起到降低温度、提高生境多样性、增加河流中生物食物的供应、控制水土流失、河床沉积和有效地过滤污染物。绿带廊道宽 600～1200m，可创造自然化的物种丰富的景观结构。

在环城绿带的建设中，为避免城市无限制地蔓延式发展，避免城市发展轴之间最终连接在一起，有效地控制城市形态，必须在城市扩张轴之间、中心城和新城之间、新城与集镇之间留出足够的农田、森林等绿楔，有利于城市生态平衡，将农村湿冷空气通过楔形绿地和绿廊传入市区，缓解城市污染热岛效应。既为市民就近提供游憩环境和场所，又避免了对农田和绿地的侵占和破坏。

在环城绿带范围内的湿地生态恢复，包含生态景观、水文、基质和土壤、植被的恢复。即根据恢复地现有的地理与生态环境状况，构建多种生境，以便丰富生态系统类型和生物多样性；通过疏挖河道、修建与扩深池塘来行洪，以改善与恢复水文条件。对于部分环境已发生根本改变的地点，可从其他地方搬运一些湿地土壤来恢复其土壤基质。而地带性植物的移植则有利于加快植被的形成与恢复过程。鉴于城市湖泊、河流在整个城市景观体系中的重要地位和作用，可以在对其实施生态恢复的同时进行与之相适配的景观设计，从而使城市湖泊具有水质净化与景观美化的双重功能。

4 结语

我国许多大城市在发展过程中，城市中心改造、产业结构调整与改造升级、工业外迁与新区开发并举，城市建成区规模扩展迅速，许多城市向周围扩展失去有效的控制，“摊大饼”式城市扩展已成为顽症，由此导致不断加剧的城市交通拥挤与城市热岛效应，城市生态环境恶化已成为我国大城市发展所面临的难题。环城绿带的建设对于改善城乡环境，促进城市，甚至区域、流域的合理发展，引导城市休闲旅游、生态旅游度假业等生态产业的发展，实现城乡一体化，具有非同寻常的意义。由于不同城市的格局及其形态演变机理不同，环城绿带规划的目标要根据城市自身发展的特点而定。基于城市生态系统本身演变的复杂特征，以及城市化进程中产生的各种问题，结构复杂化、功能多样性将成为环城绿带建设的趋势。而环城绿带的规划、建设与管理，是跨地区、跨部门的系统工程，涉及大城市及其周边小城市的多个部门，只有建立有效的协调机制，才有利于这项巨大工程的顺利实施，达到区域的可持续发展。

参考文献

[1] 包维楷，刘照光，刘庆. 生态恢复重建研究与发展现状及存在的主要问题 [J]. 世界科技研究与发展，2000，23（1）：4-48.

[2] 北京城市规划设计研究院. 改善城市生态环境，建设现代国际城市：北京市区绿化隔离地区规划及实施 [J]. 城市规划，1999，(10).

[3] 陈波，包志毅. 生态恢复设计在城市景观规划中的应用 [J]. 中国园林，2003，19（7）：44-47.

[4] 欧阳志云等. 大城市绿化控制带的结构与生态功能 [J]. 城市规划，2004，28（4）.

[5] 沈艳丽. 城市生态恢复与城市发展初探 [J]. 小城镇建设，2004，(1)：66-67.

[6] 汪永华. 城市公园设计的景观生态原则. 中国建设报，2004-09-16http：//www. chinajsb. cn.

[7] 汪永华. 坚守自然的绿色阵地. 中国建设报. 2004-10-21http：//www. chinajsb. cn.

[8] 谢涤湘等. 我国环城绿带建设初探：以珠江三角洲为例 [J]. 城市规划，2004，28（4）：46-49.

[9] 俞孔坚等. 温地及其在高科技园区中营造 [J]. 中国园林，2001，2：26-28.

[10] 赵振斌，包浩生. 国外城市自然保护与生态重建及其对我国的启示 [J]. 自然资源学报，2001，16（4）：390-395.

[11] Bradsaw，R J. The use of natural processes in reclamation advantages and difficulties [J]. Landscape and Urban Planning，2000，51：89-100.

[12] Donald L, *et al*. Integrating wetlands into planned landscapes [J]. Landscape and Urban Planning, 1995, 32: 205-209.

[13] Fabos, J G. Introduction and overview: the greenway movement, uses and potentials of greenways [J]. Landscape and Urban Planning, 1995, 33: 1-13, 18.

[14] Robert, M S. The evolution of greenways as an adaptive urban landscape form [J]. Landscape and Urban Planning, 1995, 33: 131-155.

（本文曾发表于 2005 年 9 月《城市规划面对面——2005 城市规划年会论文集（下）》）

珠三角绿道网络化研究初探

庄　荣　李颖怡　康凯珊

【摘　要】 2009年，率先在中国进行绿道实践的珠三角地区在编制《珠三角绿道网总体规划》过程中开展了包括绿道网络化的一系列专题研究，本文以网络化专题研究为基础，总结国外绿道先进经验，初步探讨珠三角绿道网络化的密度、规模、建设目标，并提出绿道建设的评价模型，为更合理、科学地进行绿道网络规划提供基本方法与基础指导。

【关键词】 绿道；规模；评价

1　研究背景

绿道（greenway）是一种线形绿色开敞空间，通常沿着河滨、溪谷、山脊、林带、风景道路等自然和人工廊道建立，内设可供行人和骑车者进入的景观游憩线路，连接主要的公园、城市绿地、自然保护区、风景名胜区、历史古迹、城乡居民居住区、大型广场、文化及活动中心等。

2009年起，广东省住房与城乡建设厅积极贯彻《珠江三角洲地区改革发展规划纲要（2008～2020年）》的精神，编制《珠江三角洲绿道网总体规划纲要》（以下简称《纲要》，2010年3月4日正式发布），指导珠三角地区绿道网建设。

为进一步有效指导、规范和管理全省绿道建设活动需求，广东省住房与城乡建设厅开展“珠江三角洲绿道网络化专题研究”，作为《珠江三角洲绿道网总体规划》重要研究基础与指导文件之一。

研究重点分析总结美国、新西兰、新加坡等地的绿道网规划经验；归纳前期绿道建设的存在问题，明确研究方向与方法，明确绿道网络的基本概念与构成、研究必要性与建设基础；提出珠三角绿道建设规模与建设目标；以绿道网络服务评价为基础，提出适用于省立绿道建设、各市绿道网建设的指引意见与实施行动纲领。本文重点探讨研究绿道网络化的两个核心问题：绿道网建设密度、建设规模与评价模式。

2　绿道网络化研究的意义

绿道网络化是基于线性绿道的网络化，是促进区域生态稳定、突出地方自然人文特色和改善城乡环境景观，兼具生态保护、游憩健身、历史保护、教育、交通等多种功能，具有重大自然、人文价值和区域性影响的绿色开敞空间网络。绿道网络的基本要素包括基质—面域、廊道—轴线、斑块—节点三个方面。

珠三角绿道的网络化，能在更大的区域内实现绿廊系统的网络化、慢行道系统的网络化、游憩系统的网络化与服务系统的网络化；绿道网络化研究的意义在于以《纲要》中确定的六条绿道为网络的基本骨架，深入研究与珠三角各市实现最优化互动，与城市网络体系（包括道路交通系统、城市绿地系统、城市游憩系统、城市农林水环保系统与市政公用系统等系统）的有效衔接，保证生态、游憩等综合功能及效益最大化地发挥。

3　绿道网建设的密度初探

3.1　生态型、郊野型绿道密度研究

生态型绿道主要沿城镇外围的自然河流，小溪，海岸及山脊线设立，通过对动植物栖息地的保护、创建、连接和管理，来维育珠三角地区的生态环境和保障生物多样性；郊野型绿道则主要依托城镇建成区周边的开敞绿地、水体、海岸和田野设立，包括登山道、栈道、慢行休闲道等形式，旨在为人们提供亲近大自然。这两类绿道因为位于城市密集区以外，所以具有密度小、使用频率较低、开放性较强及环境干扰较小的特点。

以与珠三角区域条件相近的美国南阿莱干尼区域为参考对象，南阿莱干尼区域（Southern Alleghenies Region）绿道网广为覆盖分别连接贝德福德（Bedford）、堪布里（Cambria）、富尔顿（Fulton）、翰汀顿（Huntingdon）、圣满萨（Somerset）六个郡。通过对六个郡的绿道建设与

不同类型绿道密度的研究，类比得到相应绿道类型的密度分布范围。其中根据绿道的自然基底判断得出：自然风光绿道、自然山林绿道与珠三角地区的生态型绿道情况相近；郊野山林绿道、郊野游憩绿道以及滨水绿道与珠三角地区郊野型绿道情况相近。从其数据得出参考的数值区间：生态型绿道的适宜密度为 0.03～0.10km/km²；郊野型绿道的适宜密度为 0.49～1.23km/km²（表 1～表 5）。

美国南阿莱干尼区域绿道自然风光绿道数据分析 **表 1**

绿道名称	绿道长度(km)	用地总面积(km²)	网络密度(km/km²)
Bedford County	153.76	118.94	1.29
Fulton County	59.68	42.12	1.42
Huntingdon County	125.76	77.84	1.62
Somerset County	176.8	136.16	1.30

美国南阿莱干尼区域绿道自然山林绿道数据分析 **表 2**

绿道名称	绿道长度(km)	用地总面积(km²)	网络密度(km/km²)
Bedford County	105.28	49.24	2.14
Fulton County	59.68	42.12	1.42
Huntingdon County	61.76	45.88	1.35
Somerset County	88	66.88	1.32

美国南阿莱干尼区域绿道郊野山林绿道数据分析 **表 3**

绿道名称	绿道长度(km)	用地总面积(km²)	网络密度(km/km²)
Bedford County	—	—	—
Fulton County	—	—	—
Huntingdon County	29.28	24.01	1.22
Somerset County	63.04	43.70	1.44

美国南阿莱干尼区域绿道郊野游憩绿道数据分析 **表 4**

绿道名称	绿道长度(km)	用地总面积(km²)	网络密度(km/km²)
Bedford County	54.08	37.03	1.46
Fulton County	30.4	18.28	1.66
Huntingdon County	57.12	37.90	1.51
Somerset County	84	9.85	8.53

美国南阿莱干尼区域绿道滨水绿道数据分析 **表 5**

绿道名称	绿道长度(km)	用地总面积(km²)	网络密度(km/km²)
Bedford County	78.72	63.71	1.24
Fulton County	30.4	18.28	1.66
Huntingdon County	198.4	130.56	1.52
Somerset County	31.2	26.39	1.18

3.2 都市型绿道的网络密度研究

由于都市型绿道位于城市密集区内部，因此具有使用频率较高、开放程度较高、环境干扰较大的类型特点。这一类型绿道的建设基础为各级城镇地区，涵盖的斑块包括城市广场、人文景区、文化中心、城市公园、滨水地区和社区绿地等，具有高密度、高连接度和高闭合性的系统特点。密度的确定应综合城市用地类型、城市慢行系统、城市公共交通系统、居民的出行需求与活动半径等要素综合确定。参考《城市道路交通规划设计规范》第 4.2.4 条的内容：自行车道路网密度以 1.5～2.0km/km^2 为宜，道路间距 1000～1200m；同时参照美国人口密度最大的纽约市绿道网资料：纽约绿道规划建设约 1448km，土地总面积为 1214.4km^2，地均绿道长度为 1.19km/km^2；最后对珠三角区域的实际进行综合评定，认定都市型绿道的适宜密度参考数值区间为：1.5～2km/km^2。

4 绿道网建设规模研究方法初探

考虑到绿道在中国目前属于先行先试的阶段，各地对绿道的建设条件不一、需求不一、建设难度不一，而珠三角区域属于经济发达，用地紧张的区域，人口密度和绿地建设差异比较大，因此研究对绿道网建设规模持审慎的态度，绿道网建设规模的影响因素包括区域总面积、区域建成区面积与分布、区域绿地面积与分布、区域历史人文资源分布、区域自然资源及景观分布、区域经济情况、区域人口以及地方人民意愿等，可参考以下三种方法确定建设规模：(1) 采用自上而下的思路，参考相似的区域案例及研究，利用总结的各类型绿道的适宜密度以及所占区域面积，推导出珠三角绿道网密度值；(2) 按照各市的城市特征与绿道建设条件如各类绿地分布、城市建成区与城郊地区范围确定、各类人文及自然资源分布以及经济情况，根据一定的权重进行计算并设立绿道建设标准；(3) 采用自下而上的思路，将区域绿道类比成珠三角区域绿地中的道路系统，参考《公园设计规范》中风景名胜区的道路适宜密度，推导珠三角绿道网络建设的适宜指标。每个城市可根据自己的实际情况，如资源数量与分布、人口数量与分布、经济实力、政策支持及市民意愿等，选择适合的方法来确定建设规模。例如深圳全市土地面积为 1953 平方公里，最终确定全市绿道总规模基本可以达到 2000 公里，基本达到每平方公里建设 1 公里的绿道。

5 绿道网络服务评价模型初探

绿道网络建设是一个长期而变化的过程，需要不断接收反馈信息和进行反复的修改，绿道网络的优化应建立在绿道网络化服务评价基础上：首先应确定绿道网络规划目标和绿道网络规划区范围，全面搜集规划区内的各类自然及人文特征，并对它们进行充分的现状表述、过程分析和资源评价；然后进行景观节点分析和景观廊道分析；多目标构建方案和确定优化方案，最后结合城市建设、资源特征和绿地系统现状进行现状适应性分析和修改。

在综合参考国外绿道网络相关评价体系的基础上，根据珠三角绿道特点，提出绿道网络化服务评价内容与评分体系，确定以 10～15 分为标准的一级因子，5 分为标准的二级因子，形成以下评价体系作为今后各市参考（表 6）。

绿道网络化服务评价模型构建 **表 6**

评价项目		评价内容	分值	评分等级		
				差	一般	好
绿道规划目标		绿道网络规划目标与区域发展需求的一致性	10	0～4	4～8	7～10
土地覆盖评价		绿道网络覆盖区域的连通性需求程度	10	0～4	4～8	7～10
节点评价	节点多样性评价	所选节点类型对于游人各种需求的满足度	5	0～2	2～4	4～5
	节点服务评价	节点的配套设施服务水平与使用满意度	5	0～2	2～4	4～5
	串联程度评价	绿道网串联公园、广场、文物古迹、风景名胜区、旅游度假区等兴趣点程度	5	0～2	2～4	4～5
连通性评价	环通度评价	网络中回路出现的程度	5	0～2	2～4	4～5
	连接度评价	网络中所有节点被连接的程度	5	0～2	2～4	4～5
	接驳程度评价	绿道网与铁路、空港、轨道枢纽便利接驳程度	5	0～2	2～4	4～5
	可达性程度评价	区域绿道、城市绿道、社区绿道的可达性	5	0～2	2～4	4～5
	衔接程度评价	城市公共中心与绿道网络的衔接程度	5	0～2	2～4	4～5

续表

评价项目		评价内容	分值	评分等级		
				差	一般	好
外部效益	生态效益	绿道对区域生态环境的贡献	15	0～5	5～10	10～15
	经济效益	绿道对周边经济的带动情况、提供就业情况	10	0～4	4～8	7～10
	社会效益	绿道对改善社会服务水平、提升公众社会满意度与社会责任感的作用	10	0～4	4～8	7～10
建设成本		建设成本	5	0～2	2～4	4～5
合计			100	0～33	34～78	79～100

6 结语

绿道网络化研究是一个系统综合的课题，涉及绿道网络承载量与设施规模探讨、服务设施分级设置、各级驿站配置、区域绿道指引制定、实施行动纲领等内容，随着珠三角绿道网总体规划的正式发布，本研究的部分内容也在总体规划文本中得以体现。目前，覆盖全省范围的绿道总体规划正在编制，绿道网络化的研究范围得以从更大的范围、更复杂的环境、更多元的现状深入，本文仅在此探讨绿道网络化几个方面的研究方法，希望抛砖引玉，引发更多的思考与探讨，真正推进绿道工作的有理、有序、有节地进行。

致谢

本研究项目人员还有陈冬娜、侯灵梅等，为他们的辛勤工作致以衷心的感谢。

参考文献

[1] Connections in our landscape: The Southern Alleghenies Greenways and Open Space Network Plan, The Southern Alleghenies Planning and Development Commission, 2007, 32-54.

[2] 广东省住房和城乡建设厅，深圳市北林苑景观及建筑规划设计院等. 珠江三角洲绿道网总体规划纲要，2010.

[3] 广东省住房和城乡建设厅，深圳市北林苑景观及建筑规划设计院等. 珠三角区域绿道（省立）规划设计技术指引（试行）[Z]，2010.

[4] 深圳市北林苑景观及建筑规划设计院有限公司. 珠三角绿道网络化专题研究，2011.

[5] 深圳市城市规划设计研究院. 深圳市绿道网专项规划，2010.

（本文曾发表于 2012 年 3 月《广东园林》）

试论与城市互动的城市绿道规划

王招林　何　昉

【摘　要】本文认为在我国未来30～50年高速城市化发展时期，应努力构建城市绿道网络，并在其构建过程中加强与城市的互动；城市绿道规划与城市的互动具有“修复”和“保护”的生态意义、“连接”和“流通”的服务意义及“带动”和“激发”的触媒意义，并通过城市绿道的规划编制、技术方法及实施保障三大体系的建立来促进城市绿道规划与城市的互动；城市绿道规划应与城市的绿地空间网络、空间发展形态、区域空间管制、土地利用、交通系统及服务功能等之间建立互动的关系。

【关键词】城市绿道；城市；生态；互动

1　引言

我国正处于快速城市化时期，城市化水平从20世纪80年代初的20%左右提高到目前的50%以上，城市得到全面的发展。但是，在过去一轮快速城市化过程中，由于没有结合城市扩张形成城市绿道网络和城乡绿地一体化建设，导致城市绿色空间系统规划和建设相对滞后，城市绿色空间零散、破碎、无联系，户外空间严重缺乏，各种自然资源遭到严重威胁等问题[1]。未来30～50年依然是我国城市化高速发展时期，同时也是我国城市发展转型的特殊历史时期，应该抓住这次历史机遇，结合城市全面转型建设，努力构建城市绿道网络系统，加强城市人居环境及小康社会建设。

基于区域和城市发展的诉求，国内部分地区开展绿道规划和建设工作，取得了一定的综合效应，但也存在一些不足，具体体现在：宏观尺度上与城市空间形态和结构、建设用地、交通结构，微观尺度上与城市的道路、建筑，都缺乏互动与协调；重点考虑了自然、人文、生态环境的系统网络化联系，忽略了绿道网络的城市空间系统设计，使绿道网络独立于城市空间系统之外。其实，绿道在整个城市空间体系中的地位和作用非常重要，首先，相对于郊野地区，绿道在城市中与人的日常生活关系更加紧密；其次，受城市土地紧缺和高强度开发的影响，绿道所处的城市环境非常脆弱，生态环境破碎化程度相对严重，生态修复的意义显得尤为重要；另外，绿道在城市中除一般的生态、休闲、文化等功能意义之外，对缓解大城市在发展过程中遇到的无序蔓延、交通拥挤、生态环境恶化等“大城市病”具有重大的战略意义。

2　城市绿道的概念、构成及类型

2.1　城市绿道的概念

“绿道”内涵很广，在不同的环境和条件下有不同的含义，因此，对这一概念的理解总会有一定的局限性[2]。利特尔（Little）认为绿道能够改善环境质量和提供户外娱乐的线状廊道[3]；海（Hay）将绿道理解为连接开敞空间的景观链，是集生态、文化、娱乐功能于一体，具有自然特征的廊道[4]；罗伯特（Robert）认为绿道的主要特征是人类、动物、种子和水运动的绿色通道[5]。与以上学者相比，美国马萨诸塞州立大学教授杰克·埃亨（Jack Ahern）的观点被大家普遍接受，其更注重在土地综合网络中去理解绿道，认为绿道是一种以土地可持续利用为目的而被规划、设计和管理的包含线状、连通、多功能、可持续发展和综合性等内容的绿色土地网络；由于位于人造景观特征明显的城市聚落环境中，受到土地利用、建筑物、空间利用等多样化的影响，城市绿道表现的内涵更加丰富，功能更加复杂，目标更加多样，既要融合城市与自然，兼具生态环境意义及景观价值，又要串联重要的城市公共空间，承担城市组团间游览、游憩联系功能，还要作为城市慢行系统的空间载体，在一定程度上辅助城市交通[6]。纵观各位学者对绿道的理解，结合城市环境本身对绿道的诉求，将城市绿道理解为在城市空间环境中串联各类自然或人工要素而形成的多功能绿色廊道网络，其对城市的生态保护与优化、引导城市生长、发展休闲游憩和慢行交通具有重要的意义[7]（图1）。

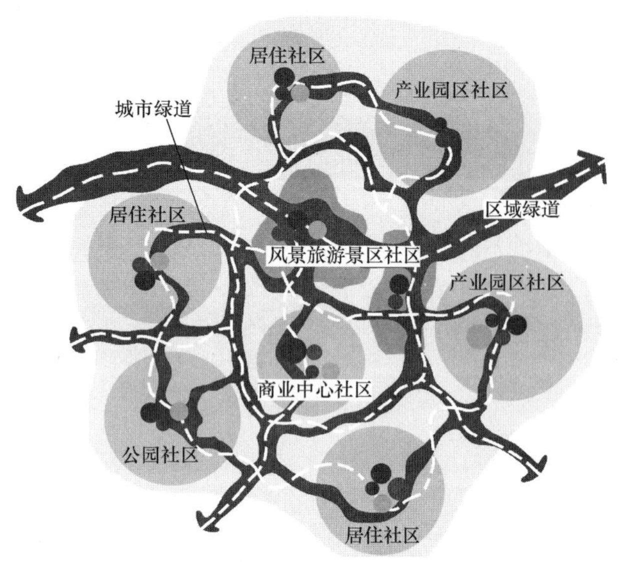

图1　城市绿道与城市的关系示意

2.2　城市绿道的构成

城市绿道由绿廊和人工两大系统构成[7]。其中绿廊系统主要由自然本底环境与人工恢复的自然环境组成，包括地带性植物群落、水体、土壤、野生动物等自然要素，是城市绿道的绿色基底，具有生态维育、景观美化等功能；人工系统主要由慢行道系统、交通衔接系统、服务设施系统和标识系统等组成，具有休闲游憩、慢行交通等功能。

2.3　城市绿道的类型

城市绿道是穿行于城市各类用地之中的一个较长的线性空间，它与其相接的用地发生着最直接的联系，它的类型与其所经过的地块类型有着相互影响和制约的关系[8]，本文将城市绿道结合两侧的用地情况分为居住区型绿道、办公区（商务办公、行政办公等）型绿道、商业区型绿道、工业区型绿道、自然绿地（公园、街头绿地）型绿道、历史及遗址区型绿道、防护（城市、高速路、公路、铁路、河流水渠、城市干道防护绿地）型绿道七大类型。

3　城市绿道规划与城市互动的意义

3.1　“修复”和“保护”的生态意义

我国快速城市化导致城市快速扩展，加剧了人类活动的干扰[9]，导致城市的河流、山体、公园绿地、自然区、风景自然遗产等生态系统及自然开放空间日渐被隔离，呈现“斑块”孤岛化状态，城市整个生态景观格局遭受破坏，城市生态环境面临很大压力，这种状况在经济发达地区尤其严重。而城市绿道的建设，创造了与城市相互交织的网络化绿色生态廊道，通过各种生态修复技术使城市中受损的生态植被群落系统逐渐恢复，阻止生态斑块进一步孤立，为动植物提供充足的生存繁衍空间与迁徙廊道，并具有城市风道、涵养水源、保持水土、防止雨洪灾害等作用[7]。

3.2　“连接”和“流通”的服务意义

城市相对生态郊野地区而言，除了建设密度较大、建设强度高、人工环境占绝对优势等差异外，重要的是与人接触最为紧密，是社会生产、生活等一切活动的空间载体。而城市绿道对城市的服务功能，主要表现为“连接”和“流通”两大特征。连接，不仅要将各类开放空间及生态斑块连接起来，构建城市建设区域的缓冲带和自然栖息地，而且将城市的居住区、学校、商业中心、体育文化设施、公共交通设施、历史文化遗址遗迹等资源融为一体，既为人们提供接近自然的通道，又大大提高城市各系统设施的可达性及利用度[10]；流通，就是让城市中不同单元的风、交通通勤、信息、物质、能量、生态等各种流在城市绿道网络中能够“便捷、安全”地流通，形成城市的综合流通廊道，使城市绿道成为人们休闲、散步的人性化开敞空间，孩子们上学的安全道，市民生活工作的通勤道，城市风廊道等。

3.3　“带动”和“激发”的触媒意义

我国正处于开发和保护并重的特殊历史时期，城市绿道与城市的互动，无论在历史文化遗产的保护、旧厂旧村旧城的改造更新及产业的转型升级上，还是在居住、商业等新城的开发建设中，都具有积极的推动作用。城市绿道的建设改善沿线城市自然生态环境和基础设施；带动和激发城市的建设与复兴；促进城市结构进行持续、渐进的改革[11]。特别是城市的一些重点地段，如滨水老厂房区、被遗忘的历史街区、历史环境造成的城中村、遗弃的交通廊道、老城区，通过城市绿道与城市的互动，重组城市区域环境，引导区域未来发展方向及深层结构生成，并产生连锁反应，从而引发及带动本地区的发展和面貌的改善。

4 城市绿道规划与城市互动的途径

4.1 一体化的规划编制体系

4.1.1 编制体系认识误区

用地权属的界定、土地的供给、城市基础设施的协调、城市各单元管理体制矛盾的化解、各主体利益的平衡等是珠三角绿道网规划建设中遇到的最主要问题，特别在城乡接合部或建成区段，其根本原因还是绿道规划编制缺乏与现行城乡规划体系的衔接，没有形成一套完整的法定的绿道规划编制系统，误认为绿道规划就是城市绿地系统规划，是城市总体规划中的一个专项，处于从属协调地位，而不是作为城市发展的战略指引，从整体上维护城市的安全和健康，为城市可持续发展提供各种服务。这种编制体系认识上的误区往往导致城市绿道规划只停滞在总体规划阶段，分区以下阶段的城市规划很难与之协调及具体落实，最终就像城市规划中的绿地系统专项规划一样，只强调城市绿道的游憩和景观美化功能，忽视其连续、完整及网络的特征，丧失了城市绿道的生态价值和生态过程。

4.1.2 编制体系框架

城市绿道规划应该与现行的城市规划建立一体化的编制体系，两者之间应相互构成和协调，而无法相互取代。城市绿道本身是一个线形的网络体系，需要城市规划对周边土地利用进行控制，反之，城市绿道也可以成为城市的框架，重塑城市整个空间景观结构[12]，表现在每一个阶段应该是一个双循环的过程。在这双循环过程之中，城市绿道规划体现为双重地位特征，一是作为思想方法层的城市绿道规划，相当于一种观念、思想、原则、思维方式贯穿于整个城市规划的过程中；二是作为内容层的城市绿道规划，相当于各阶段城市规划过程中的一个前期研究，为各阶段城市规划提供战略指引。

具体而言，城市绿道是一个多层次的网络系统[13]，需要从宏观的总体战略、中观的分区控制及微观的场所建设三个层次进行规划，并在各个层次上做到相互衔接和控制，同时又分别对应于城市规划阶段的总体规划、分区规划或控制性详细规划及修建性详细规划。宏观阶段的城市绿道总体战略规划可作为城市总体规划的战略框架，在整体上维护城市的安全和健康，为城市提供综合性服务；中观阶段的城市绿道分区控制规划可作为城市分区规划或控制性详细规划的控制导则，并制定相应的实施指引以指导下一阶段规划建设工作；微观阶段的城市绿道场所建设规划可作为城市修建性详细规划的设计依据，来指导具体地段和区域的建设（图 2）。其实，在具体的城市绿道规划建设中，可以在总体战略性框架的控制下，自下而上地从重点场所或各片区层次的绿道规划建设做起，直到在一定时期形成整体绿道网络。

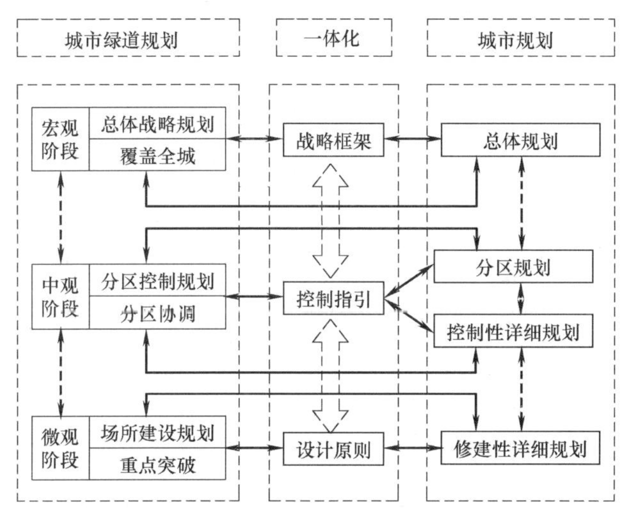

图 2 城市绿道规划与城市规划一体化示意

各个阶段城市绿道规划既可以单独编制，也可以作为各阶段城市规划成果同时编制。例如，对于城市的重要地区，在正式编制规划之前，从专题的角度进行城市绿道研究，提出相关控制策略和设计指引，作为相应层次规划编制的依据，是做好城市规划工作的保证和提高城市规划水平的有益补充。

4.2 目标化的技术方法体系

4.2.1 方法体系多目标化的意义

城市绿道作为城市巨系统中的重要系统之一，不是封闭孤立的，与城市其他系统一样开放且相互联系，尤其是与城市空间系统，因为城市空间系统是城市范围内社会、生态以及基础设施各大系统的空间投影及关系的总和。城市绿道要融入城市空间，并协调其与城市的人文历史、生态环境、功能产业、空间结构、休闲游憩、综合交通、公共服务、市政设施等之间的关系，需要城市绿道规划在内容和方法上体现多目标和综合性，通过多目标综合的规划方法使城市绿道系统叠加到城市空间系统中。但这并不是一种简单的叠加，而是积极地改变或调整城市空间各构成系统之间的关系，克服城市发展过程中各系统分离的倾向，从而实现新的综合，形成一种相互融合渗透的整合关系[14]，使城市建立动态多元的新秩序。

4.2.2　方法步骤

城市绿道的多目标综合性规划方法的核心思想就是要坚持人与自然和谐共生的生态价值取向，以生态保护优先与适度功能开发为前提和原则，尊重城市自然基底、生态格局及空间结构，以可持续发展思想为指导，发扬地域文化传统，满足当地人民生活品质提升的需求，推动城市低碳经济发展与建设[7]。具体包含以下几个步骤（图3）。

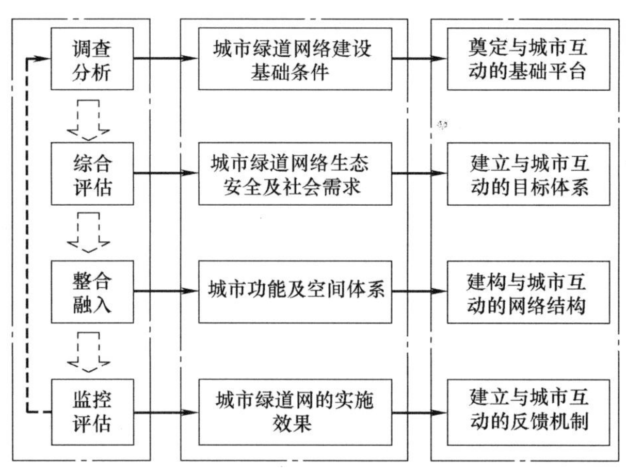

图3　城市绿道规划的多目标综合性方法

（1）深入调查城市绿道网建设的基础条件，奠定与城市互动的基础平台。深入调查城市绿道建设本底的生态条件、社会人文条件、经济状况及城市建设概况，综合分析城市各项政策要素和地方建设意愿，将城市绿道网的构建建立在城市要素充分研究的基础之上，为与城市互动奠定基础平台。

（2）综合评估城市绿道网络生态安全及社会需求，建立与城市互动的目标体系。综合评价城市现状宏观生态安全格局和区域生态环境，确立绿道生态安全评价指标体系与生态建设目标，以生物保护、休闲游憩作为主要要素对绿道进行土地适应性评价，优先考虑城市绿道的建立对保护生物多样性、保护生态环境廊道及修复城市破碎生境等具有重要作用，同时根据自然生态资源评估的结论，确定潜在生态廊道的优先等级与网络结构。另一方面依托城市的社会经济发展条件，根据旅游发展与游赏需求、服务设施需求、交通需求等因子构建城市绿道社会需求评价指标体系，结合生态评估结果、城市建设现状与用地性质、地区服务功能需求及城市长远发展要求，科学确定合理的绿道容量及总体建设目标，同时确定绿道网络、生态建设、交通衔接、设施配置、功能开发和建设运营等分项目标及相关指标，并提出绿道建设的阶段目标。

（3）整合融入城市功能及空间体系，搭建与城市互动的网络结构。在城市绿道建设目标体系的指导下，通过对城市空间布局及相关功能的研究，对影响绿道网规划布局的各种要素，如自然人文景点、公共空间、河流、道路、山体、轨道站点、城市核心区等建立模型，采用多因子叠加分析方法，进行综合评价，搭建与城市互动的城市绿道网络整体结构，从而使城市绿道与城市生态环境、城市绿地格局、城市发展节点、自然肌理、城市功能、城市交通、公共空间等系统之间形成积极的互动关系，并相互影响、相互渗透。

（4）监控评估城市绿道网的实施效果，建立与城市互动的反馈机制。对最优规划方案的实施要实时监控，并积极采用“上下协同”的工作方式和“区域协调”的反馈机制，对实施效果进行评估，发现不足，总结经验，在动态调校中确定城市绿道网络的总体布局，也就是说，城市绿道规划应和城市规划一样走“规划调整再规划”的道路[15]。

4.3　制度化的实施保障体系

合理完善的制度系统建设是减少和避免城市绿道规划实施过程中出现实质性实施障碍的基础[16]。通过深入研究住建、交通、环保、林业、水利、城市综合管理等相关领域的法律和地方性法规，探索将城市绿道法规纳入其中的方式和途径，明确对城市绿道规划、建设、使用、管理、运营、维护的主体、权利和义务等要求和标准，并制定或修编有关法律法规，形成完整的城市绿道法律体系，为政府各部门齐抓共管城市绿道建设管理提供法律依据[17]。具体而言，制度化的保障体系主要包括以下几个方面。

4.3.1　明确的协作制度

协作是现代社会环境中完成规划目标的必要条件。建立城市绿道建设工作联席会议制度，负责统筹指导、督促检查和考核城市绿道的建设工作。确定由城市人民政府作为城市绿道建设的主体，明确专门负责单位，制定城市绿道的建设规划、工作方案和年度实施计划，解决土地供给、资金筹措等问题，有序推进城市绿道建设工作，并在相关部门设联络员进行信息反馈和通报，形成有效的上下互动、部门联动机制，共同推进城市绿道建设。

4.3.2　完善的配套政策

根据财力情况将城市绿道建设专项资金列入地方财政预算，对城市绿道建设项目给予支持；并从城市建设维护费中安排城市绿道维护和管理经费，保障城市绿道的正常运营，积极探索引导社会资金参与绿道建设的模式；国土资源部门在政策允许范围内，制定尽可能宽松的城市绿道建设土地扶持政策，优先安排城市绿道涉及的建设用地指标和年度土地利用计划指标；对参与城市绿道建设、经营、维护的经济实体和个人实行制定详细的税收优惠和减免政策，调动经济实体、社会团体和个人进行绿道建设、经营与维护的积极性；各地相关职能部门应根据实际情况出台相关办法，为城市绿道建设项目开辟绿色通道，简化手续，优化绿道建设立项、规划、报建等相关程序，提高城市绿道建设效率。

4.3.3　合理的考核机制

积极组织开展城市绿道实施评估与监督检查工作，定期公布城市绿道实施情况，督促加强城市绿道网的规划、建设与管理工作，通过派出规划督察员、开展城市绿道建设综合考核等方式，指导并督促各部门按期保质完成城市绿道建设任务。并将城市绿道建设纳入创建宜居城乡工作绩效考核的指标体系，建立城市绿道建设综合考评结果与各部门领导政绩考核直接挂钩机制，对考核先进的部门或个人予以表彰和奖励。

5　城市绿道规划与城市互动的内容

5.1　构建城市绿色空间网络

城市绿道规划将分散的绿色空间进行连通，构建相互贯穿的综合性的绿色空间网络，不仅要维持和保护城市自然环境中现存的物理环境和生物资源，并在现有的栖息区内建立生境链、生境网络防止生境退化与生境割裂，保护生物的多样性和保护水资源[8]，而且更注重人的参与性和使用性，体现城市中绿色景观与人类行为活动的相互交流。

5.2　遵循区域空间管制要求

城市绿道规划要遵循区域土地空间管制要求，未建区或限建区要遵循“保护为主，调整为辅”的原则，维持和保护该区域现有景观格局的生态基底，通过绿道规划调整和优化区内的生态环境；新建区城市绿道应指导控制该区域空间布局秩序，合理构建该区域与其他区域之间的生态廊道，连通核心生态资源形成城市生长边界，合理引导城市建设；已建区城市绿道应充分发挥改善、优化城市生态、景观与环境的作用，充分利用旧城改造与功能更新契机，修复退化与受损土地，修复破碎化生境。

5.3　契合城市空间发展形态

城市绿道网是一种线形网络结构体系，由稳定的生态群落组成，生境类型多样，生物多样性高，具有良好的自然属性，其布局应与区域发展需求保持一致，融合城市与自然，连接城市不同功能分区，联系城市开放公共空间，防止城市无节制的蔓延[18]，控制和引导城市形态的发展，构建与城市空间形态相契合的城市绿道网络结构，同时与郊野及农田相联系，改善生态环境，提高城市抵御自然灾害的能力，保障城乡合理过渡，促进城乡一体化发展，协调自然保护和经济发展的关系，促进城市的可持续发展。

5.4　优化城市土地利用方式

城市绿道的周长/面积比较大[11]，对外界的影响非常敏感，而且周边土地利用方式对城市绿道具有重要的边缘效应，会影响绿道的构成与功能，为了维持城市绿道的质量，必须与土地利用总体规划相结合，对廊道周围的土地利用进行控制，通过边缘效应引导边缘土地利用优化[15]，并将优化过程向腹地延伸，逐步将线形的优化变为带状、斑块状直至城市整体土地利用方式的优化。

5.5　衔接城市交通系统

统筹城市绿道与城市交通系统的布局，实现城市绿道网络与城际轨道、城市公交系统、城市慢行系统的“无缝衔接”，并对交叉口进行重点处理，确保绿道使用者的“安全通过”；同时，加大交通设施的建设力度，完善交通换乘点、自行车租赁及停放设施，升级改造可搭载自行车的交通工具，重点加强城镇边缘区、城镇中心区、城镇居住区、公园广场等休闲游憩出行需求较大地区轨道交通、公交站点与绿道衔接设施的设置，增强绿道出行的便利性与可达性，建立高效衔接绿道网络及其他交通方式的“零距离”换乘系统[17]。

5.6 强化特色环境特征地区

城市绿道穿越城市滨水、山林、公园绿地及建设密集区等不同环境特征的地段，应遵循因地制宜的原则，制定相应的优化策略。如滨水地区，首先保证安全、稳定、健康的城市基础水环境，通过保护、改造以及生态修复等技术构建连续的线性滨水生态廊道，促进城市滨水区环境改善与功能开发；山林地段应合理利用山林原有的生物气候条件、原生态风貌及人文景观，提供户外运动、休闲游憩、自然教育的场所；公园绿地地段应综合利用公园、绿地内丰富的休闲设施，以保护、串联和优化城市绿地系统为目标，充分利用公园绿地景观资源；建设密集区应加强城市空间景观与生态景观的整合，将绿道融入城市空间及功能，引导城市空间及功能的更新与优化，提供城市生态廊道及公共开放空间。

5.7 补充城市综合服务功能

开发多样化的绿道功能（表1），创建宜居宜业的城乡环境[7]。通过分工协作、联动发展，合理引导不同区段绿道的使用，保护和开发彰显地域自然或人文特色的发展节点，创造性地组织开展主题多样、丰富多彩的活动，充分挖掘和发挥绿道的综合功能与效益，将绿道打造成为生态效益显著、景观环境优良、游憩活动丰富、经济带动作用明显的绿色走廊，为城乡居民提供多样化的观光览胜、户外休闲、教育拓展和康体健身机会的同时，带动旅游、餐饮、建筑、文化等相关行业发展，增加就业岗位、提高当地居民收入，拉动绿道沿线地区经济增长。

城市绿道综合服务功能[19] 表1

序号	使用城市绿道目的	城市绿道的综合功能	绿道网环境要求	与其他用地连接关系
1	通勤、日常购物等	交通	安全、距离最短、舒适	连接居住地、工作地、公共设施等
2	娱乐、社会交往	休闲	安全、趣味性、景观多样、美学、舒适、连续性较高、易识别	连接城市公园绿地、广场等城市公共开放空间
3	郊游、放松心情	休闲、审美	安全、自然、风景优美、连续性高、易识别	连接城市与郊区自然地
4	强身健体	休闲、运动	长距离、连续、地形起伏、易识别	连接城市户外运动场地
5	了解城市历史文化	城市记忆	历史文化氛围、连续的体验过程、易识别、可读性	连接城市遗产点、遗产线路及乡土文化景观
6	了解自然生态知识	生态体验、教育	自然、野趣、生物多样性、可读性、连续性	连接城市生物多样性丰富的地段

6 结语

伴随城市的发展和社会生活水平的提高，城市绿道受到的关注程度也越来越高，客观上要求城市绿道和城市两者必须建立一种互动的机制，使两者之间相互合作、融为一体，达到高度和谐统一，但是，由于缺乏统一的理论和实践体系指导，导致城市绿道规划和建设理想与现实之间存在较大的差距，这需要更多领域分工协作，更多学科内容补充及新型的理论指导，才能完善城市绿道的规划建设甚至推广。

参考文献

[1] 谭晓鸽. 绿道网络理论与实践——以天津中心城市绿网规划为例 [D]. 天津：天津大学，2007.
[2] 徐文辉. 绿道规划设计理论与实践 [M]. 北京：中国建筑工业出版社，2010.
[3] Little C. Greenways for American [M]. Baltimore: Johns Hopkins University Press，1990：7-20.

[4] Hay K G. Greenways and Biodiversity [M] //Hudson W E, ed. Landscape Linkages and Biodiversity. Washington: Island Press: 162-175.

[5] Searns R M. The Evolution of Greenways as an Adaptive Urban Landscape Form [J]. Landscape and Urban Planning, 1995, 33: 65-80.

[6] Ahern J. Greenways as a Planning Strategy [M]. Landscape and Unban Planning, 1995, 33: 131-155.

[7] 广东省住房和城乡建设厅. 广东省城市绿道规划指引 [Z]. 2011.

[8] 丁文清. 城市绿道景观规划设计研究——以咸阳市绿地系统规划为例 [D]. 西安: 西安建筑科技大学, 2010.

[9] 李景刚, 何春阳, 李晓兵. 快速城市化地区自然/半自然景观空间生态风险评价研究——以北京为例 [J]. 自然资源学报, 2008 (1): 33-47.

[10] 张笑笑. 城市游憩型绿道的选线研究——以上海为例 [D]. 上海: 同济大学, 2008.

[11] 金广君, 刘代云, 邱志勇. 论城市触媒的内涵与作用——深圳市宝安新中心区城市设计方案解析 [J]. 城市建筑, 2004 (1): 79-83.

[12] 孟亚凡. 绿色通道及其规划原则 [J]. 中国园林, 2004 (5): 14-18.

[13] 刘滨谊, 余畅. 美国绿道网络规划的发展与启示 [J]. 中国园林, 2001 (6): 77-81.

[14] 王招林, 周源. 基于整合的角度创造和谐的城镇公共空间——以河市镇新镇区修建性详细规划为例 [J]. 小城镇建设, 2008 (4): 23-27.

[15] 徐晓波. 城市绿色廊道空间规划与控制 [D]. 重庆: 重庆大学, 2008.

[16] 马文军, 王磊. 城市规划实施保障体系研究 [J]. 规划师, 2010 (6): 65-68.

[17] 广东省住房和城乡建设厅. 珠江三角洲绿道网总体规划 [Z]. 2010.

[18] 郭美锋, 彭蓉. 生态的廊道绿色的非机动车通道——城市绿色通道系统及其构建法则 [J]. 华中建筑, 2004 (6): 104-106.

[19] 韩西丽. 多目标城市自行车道网络规划设计探索——以台州市椒江区为例 [J]. 北京大学学报: 自然科学版, 2008 (7): 607-610.

(本文曾发表于 2012 年 9 月《城市规划》)

他山之石
——国外先进绿道规划研究对珠江三角洲区域绿道网规划的启示

庄　荣　陈冬娜

【摘　要】 2010年3月，随着指导珠三角九市绿道建设的纲领性文件《珠三角区域绿道网总体规划纲要》发布，各地绿道建设紧锣密鼓地展开，提出了绿道研究的背景和目前绿道建设的问题，通过研究国外绿道网络化和生态化的先进案例，总结国外绿道先进经验对目前绿道规划工作的启示。文章对美国绿道建设进行了比较全面的剖析，并重点分析新西兰奥克兰地峡（Auckland Isthmus）的典型绿道规划方法，提出珠江三角洲区域绿道网规划应形成可持续发展的指导思想，形成生态学为基础的基本规划方法，明确绿道的生态控制指引，利用高科技的技术，合理确定网络形成的科学性等。

【关键词】 风景园林；绿道；规划；启示

1　绿道概念与发展

绿道（Greenway）是一种线形绿色开敞空间，通常沿着河滨、溪谷、山脊、风景道路等自然和人工廊道建立，内设可供行人和骑车者进入的景观游憩线路，连接主要的公园、自然保护区、风景名胜区、历史古迹和城乡居民居住区等。

第一个真正意义上的绿道规划开始于1867年美国奥姆斯特德设计的波士顿公园系统，美国经过一个多世纪的理论探索与建设实践，多层次对国内成千上万的公园及开敞空间进行连通性规划建设，最终形成全美综合绿道网络。图1为美国卡罗来纳州卡托巴绿道绿道游憩活动策划，为绿道的使用提供的清晰的指引（图1）。

图1　位于美国北卡罗来纳州的卡托巴河绿道游憩活动策划

在欧洲，挪威于2005年通过了挪威国家旅游路线15年建设计划，把峡谷、农田、河流、山川、悬崖等自然景观联系在了一起，工程跨越南北、覆盖全国，以加强游客对壮观的挪威自然风光的体验和感受。线路设计多元，利用自驾车、自行车等多样方式来联系各个重要的景观点，完善配套设施和景观设计，创造出更多的旅游机会和收入。

在亚洲，新加坡于1991年开始建设一个串联全国的绿地和水体的绿地网络。为生活在高密度建成区的人们，提供了足够的休闲娱乐和交往空间，使新加坡发展成为一个“城市在花园中”的充满情趣、激动人心的城市。

香港于1967年制定了郊野公园条例，重在保护生态，使物种自然繁衍。郊野公园及海岸公园管理局划管23个郊野公园、15个特别地区、4个海岸公园及1个海岸保护区，并规划多条不同类型、长度、难度的路径，切合不同类型游人的需求，形成高强度土地开发与大范围生态保护的典范。

在中国台湾，1998年建成的关山亲水公园和关山环镇自行车道构建了多样的绿道系统，极大推进了“乐活”、永续利用等理念，并有力推动了乡村观光、生态旅游，成为乡村产业多元化的有力推手。

2　绿道研究背景

2.1　《珠江三角洲绿道网总体规划纲要》的编制

2009年起，广东省住房与城乡建设厅积极贯彻《珠江三角洲地区改革发展规划纲要（2008～2020

年)》的精神，委托广东省城乡规划设计研究院、深圳市北林苑景观及建筑规划设计院有限公司等单位共同编制《珠江三角洲绿道网总体规划纲要》(以下简称《纲要》)，指导珠三角地区绿道网建设。

《纲要》明确了珠三角区域绿道网的基础架构，是基于区域绿地、串联多元自然生态资源和绿色开敞空间，多层次、多功能、立体化、复合型、网络化的区域绿道网，并划定了6条主线贯穿珠三角九市，包括西岸山海休闲绿道、东岸山海休闲绿道、东西岸文化休闲绿道、东岸都市休闲绿道、西岸都市休闲绿道、西岸滨水休闲绿道等[1]。

《纲要》于2010年3月4日正式发布，成为指导珠三角地区绿道网建设的行动指南和政策纲领，是九市制定绿道网建设计划的基本依据。同时，各地示范段也紧锣密鼓地展开，广东省住房与城乡建设厅继续委托相关单位作为珠三角绿道网总体规划的系列专题编制单位之一，深入进行了珠江三角洲绿道网络化与生态化专题研究，以便发现问题、总结经验，为形成珠三角绿道网总体规划最后成果，打下坚实的基础。

研究组一方面作实地绿道建设调查，发现问题，一方面重点分析了以美国、新西兰为典型的绿道规划经验，案例对网络化与生态化专题研究有重要的启示。

2.2 目前绿道建设工作的主要问题

2.2.1 总体规划系统还没有形成真正意义的"生态优先"

绿道是基于绿地基础上的连通，其中包括绿地的连通和路径的建设，因此绿道网规划必须要与城市总体规划形成有效的互动，优化城市绿地系统，约束城市空间的无限蔓延，以便建设真正意义的可持续发展的宜居城乡。例如按照城市规划用地分类，将生态用地领域笼统归为非建设用地，并未有切实的可持续发展导则，而建成区内的绿地，作为刚性指标的需求，被分割成绿斑、绿点、绿条，彼此之间联通性并未得到足够重视，城区绿地系统对绿道的联通性方面，先天不足，土地整合与征地难度大，使某些通城区的绿道建设，在建设周期短、强度大的压力下，简单将城市道路的非机动车道划出自行车道后就纳入绿道的范畴，违反了的生态性的原则。

2.2.2 绿地系统各自为政

现有的绿地系统包含公园绿地（含5个中类、12个小类）、生产绿地、防护绿地、附属绿地（含8个中类）其他绿地等5大类绿地[2]，可以看到，公园绿地几乎涵盖了绿地系统的半壁江山，而现有的公园规划规范并未明文规定公园内可以规划出自行车道，并未使公园形成内外联通、路径开放的绿地载体，道路系统的设计还停留在基本的通行功能要求上，而公园管理者从安全和管理便利的角度出发，鲜有能让自行车便利通行，导致绿道在通过真正大面积的绿地时，通行功能被削弱。

另外，在绿地分类的系统里，第5类"其他绿地"涵盖的类型基本是城市建设用地以外的绿地，包括了风景名胜区、水源保护地、郊野公园、森林公园、自然保护区、风景林地、绿化隔离带、野生动植物园、湿地、垃圾填埋场恢复绿地等，正是绿道联通的重要绿色空间，用地权属复杂，管理主体多样，包括农业、林业、水务、市政、商业等用地，很难真正在短期内协调出共同的管理控制和绿道使用规则，导致前期部分绿道规划选线对这些真正意义的绿地和生态廊道绕行，可能出现代价不菲的用地征用成本和协调成本[3]。

2.2.3 配套设施并未形成资源共享

如上所述，在广东省珠江三角洲建设的绿道配套设施系统中，鲜有能充分与绿地内的配套服务设施形成良好的资源共享，绿道规划者在时间紧、要求高的条件下，往往根据使用对象单纯在线性空间里穿行所需要的基本配置，独立分配沿线的服务设施，如一级服务点、二级服务点、机动车及自行车停车场等，造成建设浪费和管理资源重复配置的局面，加大了运营成本，不利于绿道的后续使用和服务管理[3]。

3 国外绿道研究

3.1 美国绿道绿道建设综述

美国在绿道研究及规划建设方面一直处于世界领先水平，19世纪60年代美国就开始大规模对公园路（Parkway）和公园系统（Park System）进行规划和实践。到20世纪80年代，美国利用计算机和3S技术对大尺度和多尺度上的景观定量化，在景观生态学"斑块——廊道——基底"

模式的指导下，进行较大尺度的绿道系统规划。绿道由公园道、蓝道、铺装道、商业道、生态道、自行车道、乡村道、空中道构成绿道网络系统，从多层次上对美国的绿道进行连通性规划建设。并最终形成全美综合绿道网络。绿道网完全建成后有将近 2.2 万 km 绿道及 5 亿 hm^2 绿地保护。图 2 为美国绿道网规划图，包括现状绿道及规划建设中的绿道[4]。

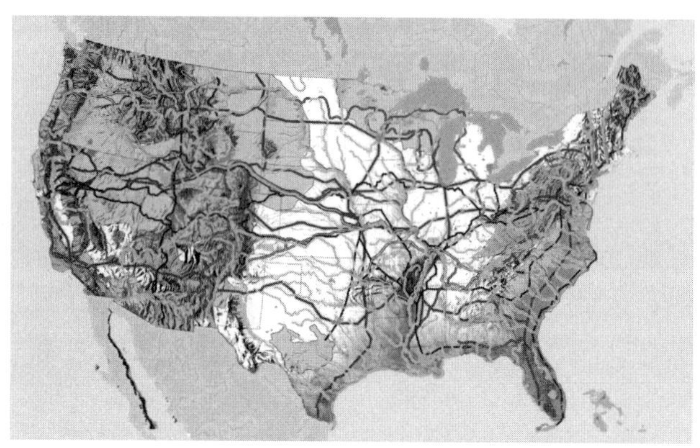

图 2　美国绿道网规划图[4]（其中红色线路代表步道系统，黑色线路代表可以在现状基础上优化）

在美国绿道规划建设中，连通性是关键，目的是形成网络，绿道可根据生态廊道保护、历史文化廊道保护和视觉美学质量评价来规划。综合性绿道规划方法核心是土地适宜性分析，分为确定绿道功能、收集数据、确定权重、数据整合与 GIS 分析、输出评价等几个步骤。在规划内容上有 4 个方面，包括风景资源、现存的绿色通道和历史通道网络的分析，绿道各组成要素评价，综合评价，绿道规划的确定[5]。在调查方法与数据获取方面，电话或访谈，是快速获取相关定性分析数据理想的方法。但不同尺度与层次的绿道规划的侧重点往往存在着一定差异。

在美国绿道建设过程中，公众参与是绿道成功与否的重要环节之一，政府、机构团体与公众共同确定规划目标与决策，并达成共识：完善立法与管理制度；制订规划策略。如阿巴拉契风景小径在建设中，志愿者承担了小径的建设、重建与维护，才使阿巴拉契风景小径得以出现。

美国联邦政府及州政府在绿道建设管理方面起到了重要作用。对于跨越不同行政区域的、多管辖权限的绿道建设与管理，面临着政府间的协调、区域统筹、资金、共识等几方面的问题。具体是通过合作开发、建设目标、公众参与、区域协调等手段解决。美国联邦政府除了拥有土地权以外，并作为主要资金赞助方。一般绿道建设的提出与主导部门，均为建设某条绿道而设立的非营利机构团体。如美国东海岸绿道由东海岸绿道联盟（ECGA）为主要协调各部门及管理；卡罗来纳州绿道主导部门为非营利组织卡托巴土地管理部（Catawba lands conservancy）；阿巴拉契风景小径由美国风景小径管理体系下的团体阿巴拉契风景小径保护委员会（ATC）所管理[6]。这些团体从绿道规划到绿道管理，紧紧跟随，确保绿道的使用。

美国绿道经营管理模式有公园机构模式、联合机构管理、特殊绿道机构创建、联邦或州相关部门管理、非盈利组织管理、私有产权所有者维护、志愿者维护等模式。绿道管理计划包含使用者安全和风险管理、维护维修、巡视和紧急情况处理程序、经营管理、计划和活动、管理和提升、维护基金的筹集等[7]。

3.2　新西兰奥克兰地峡（Auckland Isthmus）的典型绿道规划方法研究

奥克兰地峡位于新西兰大奥克兰地区的中心，它的绿道网规划包含了以下几个步骤[8]：

3.2.1　明确目标与制定策略

绿道网规划的最终目标是增强奥克兰地峡的可持续发展能力。规划通过 4 个策略来完成：(1) 根据地区连接的需求，提供可持续发展的多样选择；(2) 奥克兰城市委员会发布保护土地发展及控制城市蔓延的策略；(3) 用慢行系统连接开放空间与绿地系统、学校、商业及社区设施；(4) 保留与维护现状开放绿地空间，保证居民进入的可达性。

3.2.2　细化土地覆盖评估与节点产生

土地覆盖评估是确定区域连接性需求的前提，同时也是形成绿道网潜在节点的基础。通过 GIS 分析及区域需求研究，项目最终选择了 4889 个节点（Nodes）。根据相似性与功能性的不同，将其分为开放空间、绿地空间、休闲空间、商业空间、学校、游憩空间、制度机构、医疗机构、营业性空间、奥克兰中心区、铁路与公共汽车站共 12 个组。

3.2.3　节点分析

节点重要性（Node Weight）的确定，可根据对环境效益、经济效益、社会效益等 48 项效益的可持续性价值（Sustainability Value）评估及其评分（评分标准为1～6分）得出。根据科学的计算和统计，最终选出对奥克兰地峡最为有利的32个节点。

3.2.4 连接性分析

节点确定后，通过GIS计算两节点之间的距离，并根据重力模型（Gravity Model）原理和相关计算公式得出连接方案，最后结合政府发布的官方数据（奥克兰地峡绿道网的可行性距离大于1.5km）得出587602个连接段。通过一定的计算公式，对这些连接段的可行性进行了甄别，初步得出网络的线性基础。

3.2.5 网络产生

以上线性基础形成了7种不同的绿道网络，它们均为网络布局的备选方案。通过完整的评价分析和比选系统，最终形成了绿道网络的输出方案。

4 对珠江三角洲区域绿道网规划的启示

4.1 应形成可持续发展的指导思想

绿道规划应积极倡导科学发展观，尊重山水自然基底、城市生态格局和城市空间结构，与绿地布局形成有效互动，合理布局绿道网，约束城市无序发展，恢复生态廊道。绿道系统规划应是对《城市绿地系统规划》的深化与拓展，并与《城市总体规划》、《城市道路交通规划》等规划互相补充。

4.2 应形成生态学为基础的基本规划方法

运用生态学原理，以上层次规划为重要依据，以线性空间为编制对象，调查研究植物、动物、生物多样性、地形、水文等生态因素，注重生物多样性保护和培育，综合应用物种重要值、丰富度指数、均匀度指数等物种评价指标衡量绿道对生态的作用。再以此为前提充分评估沿线节点的用地情况、人文内涵、通达指数等要素，致力修复前期绿地规划中被割裂的生态廊道，完善生态保育功能。

4.3 应明确绿道的生态控制指引

绿道建设应增强生态系统分析，确定保护及培育对象，使其能顺利生存、发育、繁殖，并能满足其迁移、居住等需求。在绿廊建设方面应注重培育生境斑块，并尽量利用涵管式动物廊道、生物围篱、鸟类筑巢平台等多种技术优化生物栖息环境，严格按照生态需求，对绿道经、停、穿等不同功能形成不同的控制指引，对建设项目提出严格的管制。

4.4 应充分利用高科技技术，合理确定网络形成的科学性

在奥克兰案例里，多次看到复杂的计算系统成为规划决策的辅助工具，可行性的比选是真正意义的多方案多角度比选，在GIS环境中能解决大量复杂的计算，保证节点产生、节点连接、节点连接评估的最优选择。同时对不同网络的发展，形成了更多更弹性的未来发展趋势，对建设周期的形成、完善和利用，都提供切实可行的数据，真正实现可持续发展。

5 总结

珠江三角洲区域占全省总面积的23.4%，人口占全省总人口的31.4%（1994年），近年来实现国内生产总值占全省国内生产总值的70%左右。改革开放30年来，珠江三角洲地区逐渐发展成为全国最具发展活力、最具发展潜质的地区之一，同时也是生态用地被快速蚕食、环境急剧恶化的地区之一，珠三角绿道建设，成为广东省实践科学发展、建设宜居城乡、惠及广大百姓的标志性工程。

截至2010年底，珠三角九市实际建成珠三角区域绿道2372km，其中利用原有道路530.5km，新建1841km，2011年，广东省住房与城乡建设厅继续委托相关单位编制覆盖全省的绿道网总体规划，研究组织对发达国家绿道建设的经验分享，希望能对广大城乡规划工作者、绿道建设管理者，形成比较清晰的思路，能打破行业壁垒和行政局限，群策群力，充分了解民意，尊重科学，让绿道在中国的实践具有里程碑式的意义。真正实现绿道在中国的可持续发展。

参考文献

[1] 广东省城乡规划设计研究院，深圳市北林苑景观，建筑规划设计院有限公司，等．珠江三角洲绿道网总体规划纲要［Z］．2010.

［2］ 国家行业标准．CJJ/T 85—2002 城市绿地分类标准［S］．
［3］ 庄荣．基于生态观的珠三角区域绿道网规划编制探讨［J］．规划师，2011（9）：44-48.
［4］ Fabos J G. Greenway Planning in the United States：its Origins and Recent Case Studies［J］．Landscape and Urban Planning，2004：68.
［5］ 谭少华，赵万民．绿道规划研究进展与展望［J］．中国园林，2007（2）：85-88.
［6］ 贾丽奇．美国国家风景小径的管理体系初探：以阿巴拉契亚风景小径为例［C］//. 中国风景园林学会2009年会论文集，2009.
［7］ 洛林·LAB·施瓦茨，查尔斯·A·佛林克，罗伯特·M·西恩斯．绿道规划·设计·开发［M］．中国建筑工业出版社，2009.
［8］ Vasconcelos P，Michael P，Joao R M. A Greenway Network for a more sustainable Auckland，2007.

（本文曾发表于2012年6月《中国园林》）

麦理浩径对我国绿道建设的启发

肖洁舒

【摘　要】 麦理浩径全长100km，由东至西横跨了香港特区大部分土地，共贯穿了8个郊野公园。通过对其山径的安全性、易达性、与大自然高度的和谐性、景观的丰富性、休憩场地开辟的灵活性与便利性等规划设计特点的详尽分析，对照现阶段我国绿道建设中的一些不足，期望从中获得经验借鉴，提出有关绿道建设在生态化建设、斑块连接、标识系统完善等方面的建议以及提倡风景园林师在规划设计中应积极投身大自然，更好地实现人与自然和谐共融。

【关键词】 风景园林；麦理浩径；绿道；规划设计

1　麦理浩径的概况

麦理浩径（文中简称为麦径）于1979年10月启用，是香港首条长程远足路线，东起西贡北潭涌，西至屯门扫管宝隆军营，全长100km。麦径分作十段，每段行程5～16km不等，共穿越8个郊野公园，即：西贡东、西贡西、马鞍山、狮子山、金山、城门、大帽山及大榄郊野公园。行走于麦径，时而踏足沙滩，时而跨越高山（包括香港最高山峰），时而隐于林荫，时而现于荒原，带给人难以忘怀的郊游经验和登山远足的乐趣。

麦径是香港最早的现代意义上的绿道，它沿滨海、河谷、山脊等自然走廊或人工走廊建立了线性开放空间，是香港最美的一条郊野径。

2　麦理浩径规划设计特点

麦径为线形游径，沿途风光迥异，其易达的交通、等距布置的标距柱、方向清晰的标识指引、风格统一的服务设施，给人十分完整的感觉，令人印象深刻。就其规划设计特点简要地介绍与分析如下。

2.1　易达性

麦径两端及段与段间接口共有六个，可直接与公交系统接驳（图1），即：北潭涌、北潭凹、企岭下、大埔公路、荃锦公路、屯门，方便人们直接进入。麦径同时与8个郊野公园的山径相连，可多方向、多途径间接进入。易达性为人们提供了出行的可能与便利。

2.2　安全性系统性

麦径的安全性与系统性表现在它的定位、救

图1　便利的公交系统

援及信息系统上。径上所有的告示牌、标距柱、景点指示牌均标出游人所处位置网络坐标，时刻告知其方位，使游人心理感觉十分踏实、安全；明确的方向指示使人坚定前行；所有文字均为中英文表述，基本满足各国人士阅读。当发生事故时，所有方位指示方式有助求助人报告准确位置，使救护人员迅速到达。告示牌（图2）布置在每段起点、终点及途中停憩场地，牌上地图（图3）详细清晰地指示游人所需信息，游人据此可核对出游计划的合理性，及时调整行走节奏、观景重

图 2　麦理浩径起点（简朴的标识柱与告示牌）

点、休息地点、停留时间等。200 个标距柱（图 4）沿途布置，每 500m 1 个。游人据此可确认所处位置、行走的距离、方向，强化对已完成路程的成就感，对未完成路程有足够心理准备。带箭头“麦理浩径”字样及身负背囊行者 logo 图案的方向标牌在各交叉路口树立，并指示所走方向目的地名，明确地标识避免与其他游径产生混淆。麦径的救援系统包括报警电话、直升机停机坪（图 6）、救火水池等，其附近均有明显标示牌。警示标牌系统包括海边巨浪、悬崖、山石滑落、禁入、来车等标牌。

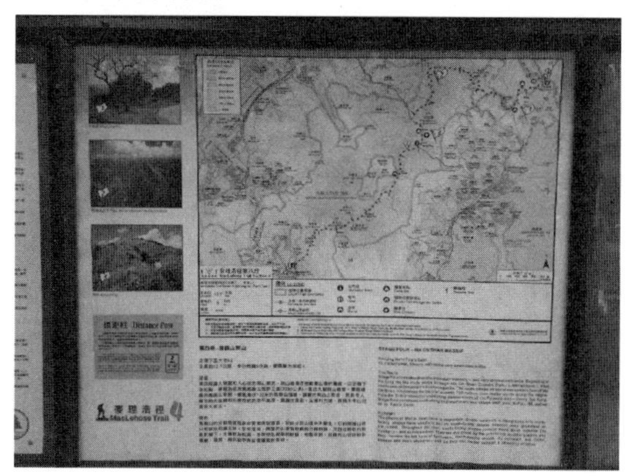
图 3　告示牌中信息量大且能指示方位的地图

2.3　经济性、实用性与大自然高度的融洽性

麦径上道路及服务设施在用材、用色等方面均具经济性、实用性与大自然高度的融洽性。麦径道路分为两大类：一部分为土路，占总长的 65%左右，另一部分为硬化道路占 35%左右。土路于行人较少坡度较缓的区域，路上有时树根横行，有时怪石挡道，极富自然之趣。途中厕所结合人们歇息、烧烤、清洁等需要，常布置在麦径每段路起点和终点，包括固定及环保可移动两大

图 4　每 500m 出现一次的标距柱（可定位及计算距离）

图 5　归真返璞的行山径

图 6　救援系统之直升机停机坪

类。最长约 6km 设置一处，固定厕所通常橘红色砖瓦坡屋顶造型较为朴实又醒目，方便人们辨认。小型环保厕所布置在段落较长途中，通常作些遮挡，有的以绿色挡板使其融入自然绿色山林中（图 7），有的以深褐色挡板遮挡，使其更贴近自然。休憩、烧烤、露营地布置十分灵活，因地制宜，场地实用，面积从几平方米大至几千平方米不等。观景台设置在景观观赏面较好之处，有时仅为

一方平地（图8）。观景台通常树立景点指示牌（图9），上面为与所观赏景物相对应的图片，直观地指示周边景点的位置及名称。休息亭通常布置在休憩场地或烧烤场里，大多数为木结构深褐色两坡顶的亭子，少量为钢筋混凝土结构的六角亭。麦径中同类型亭子样式统一，风格平实而低调，具浓郁山野气息，在大自然中十分和谐。

图7　与自然协调的厕所

图8　简易的观景台（坐看云起的悠然）

图9　指示景点的标牌

2.4　路线规划上景观的丰富性

麦径选线上极富特色，可欣赏到自然风景如：

图10　途经香港地质公园

山、石、海、水塘、林、溪、谷、丰富的动植物景观等，以及人文景观。如：万宜水库、地质公园（图10）六棱柱状节理的流纹凝灰岩地貌、不同凡响的水库设施（宏伟的水库大坝、钟形虹吸溢洪道、X取水塔等）是平时难得一见的人文景观；历史遗迹如二战时留下的军事坐标点、战壕、防空洞等让人产生无尽的想象空间。

图11　大榄山的猪笼草（平时仅见于室内栽植）

2.5　生物多样性实现及丰富的动植物景观

麦径沿线实施了多种植林计划，有生物多样化植林计划，也有企业参加的植树造林计划。所选树种多为乡土树种，如枫香（*Liquidambar formosana*）、山乌桕（*Sapium discolor*）、红楠（*Machilus thunbergii*）、罴蒴（*Castanopsis fissa*）、红花荷（*Rhodoleia championii*）、大头茶（*Gordonia axillaris*）、土密树（*Bridelia monoica*）及鸭脚木（*Schefflera octophylla*）等，植物种植为生物营造了良好的生境并形成良好景观效果。最有名的动物景观为金山郊野公园段的猴群，成群结队的猴子在路上、在林中嬉戏打闹。雀鸟常见且品种繁多，包括黑鸢、猫头鹰 、普通翠鸟等。植物开花时，蝴蝶、蜜蜂、蜻蜓翻飞花丛中，构成生动的画面。植物景观如：海边红树林及伴生树种景观，高草景观，大头茶林、枫香林、白千层（*Melaleuca leucadendra*）林等纯林景观与藤蔓交错、乔灌草衔接的复合林景观，都各具特色。较为奇特为林中的桫椤（*Alsophila spinulosa*）景观以及山脚的猪笼草（*Nepenthes mirabilis*）景观。

图 12　狮子山郊野公园的鹰巢山自然研习径

3　麦理浩径对我国绿道建设的启示

人类社会的现代化进程推动了社会飞速发展，同时加剧了人和自然的疏离。面临高强度的城市发展和急迫的土地需求，香港的郊野区域依然保存了 75% 的面积，其中建成的郊野公园占 40%[1]，限制城市发展对自然的蚕食。麦径作为郊野公园水到渠成的产物，为人们提供了接触大自然的多种方式，与具有生态功能和游憩、教育、审美、启智等功能。笔者在全程行走过程中，感受到人与自然和谐共融规划设计理念的实现，对照麦径，内陆地区的绿道选线在其丰富性上有相当大的优势，还有政府的倡导、经济实力的支持都不可同日而语，但其完善成熟的体系对我国兴起的绿道建设有着极多借鉴之处。

3.1　自然连续性和完整性的保证

完美的线性空间有赖于本底优越的环境，首批香港郊野公园于 1997 年建成，1998 年陆续又建成一批，麦径是香港八大郊野公园建成后，利用公园道路网络连接而成的，是水到渠成的结果。目前我国广东省的绿道分为生态型、郊野型、都市型 3 种绿道[2]，对于高强度经济开发区域，自然生态区域被蚕食，孤岛现象较为严重，绿道建设面临更多的挑战。其中最为突出的是连接及其功能发挥的问题，在都市型的绿道中尤为突出。应借助绿道的建设，把分散的风景园林与自然生态资源串为一体，约束城市的无限扩张，保证自然的连续性和完整性。

3.2　多样、多层次综合功能的发挥

通过绿道建设，恢复动植物的生境，为生物多样性提供条件，承担多样、多层次的综合功能。从目前已建设完成的绿道来看，由于基础资料的收集分析需要一定的时间，而规划任务又急迫的情况下，导致规划范围的动物的分布、活动区域、活动喜好、种类、恢复目标种类、生存环境未确定下就动手规划，从而生物多样性的规划不够细致或处于盲目状态。在快速的绿道建设中，生态斑块之间的连通与恢复，为生物多样性服务的各类生境建设尤其是值得高度关注的问题，可喜的是深圳市已开始了关键生态节点生态恢复规划工作。绿道规划设计上，建造完整、健康的绿道必须有一定的宽度控制范围。从保护生物的多样性的角度来看，麦径的宽度是足够的，因为它就处于郊野公园之中，有着得天独厚的条件，而绿道建设，特别在是对于起生物通廊作用的绿道，若宽度得不到保证，保护生物多样性的目的就无法达到，据研究，46m 是最窄的极限宽度。在系统的平面规划上，生物通廊和人行走的路径必要时可因功能的不同而分开，不一定要合二为一。

另外，目前有些都市绿道存在这样的问题：在城市中借道，其长度、比率未得到控制，城市人行道因划线而成为绿道，若行人走在充满交通废气的城市道路旁边，这部分绿道就流于形式，毫无美感和舒适性，甚至成为笑谈。《珠三角区域绿道规划设计技术指引》所定的宽度为：生态型绿道不小于 200m，郊野型绿道不小于 100m，都市型绿道不小于 20m。都市绿道若借道人行道，应选择绿化环境好、远离交通污染的段落，宁愿放慢建设速度，确保合理的规划，没有条件的地方，创造条件，提升城市环境质量，满足人们出行的要求，营造绿色、健康、生态的环境。

3.3　地理信息系统的完善

麦径清晰细致的标识系统、坐标系统、救援设施的布置是建立在完善的地理信息系统之上的，

所用路径等资料地图可查，网上可查，信息量大，包括坐标定位、标距、用时、与公交的接驳等实用信息，交通游人使用起来十分方便。我国内陆地区绿道建设有些地方已初步建立了地理信息系统，但工作还有细化的空间。如：深圳虽有《深圳绿道地图》，但未给出具体市政交通、公交线路具体的对接，以及省、市、社区三级绿道相互之间的对接，绿道地图看起来还是偏规划成果多些，未站在游人使用的角度来看问题，在使用的便利性、系统性上，仍有很多待补充的内容。还有诸多规划设计细节还有待完善，如标识系统、坐标系统、救援设施等问题。有些绿道虽已考虑与公交系统的连接，但地图和网上没有明确的地点在哪里对接，清晰与细致，没能方便公众的进入。如：珠三角2号区域绿道深圳示范段是非常值得人们去的一段，“双道廊桥”景点，直观地展现了绿道建设和轨道建设同等重要的地位，是宣传和体验绿道的好去处，但若无专人带领，要从梅林找到入口还是颇费周章。

绿道的标识系统还不够细致，具体表现在：除了较重要的驿站外，人们无从在休息点、分叉路口上知道自己所处的位置；在线性的空间上，每个点到另一个点的距离不明确，一般人完成该段距离行走所用的时间也不明确；绿道与外界交通的关键连接点的距离也不明确。另外，坐标网络还没建立起来，特别在生态型、郊野型绿道中，一旦发生意外，求助人较难准确报告其所在位置，这对绿道的使用者来说缺乏便利性与安全性。另外，救援设施场地完善有待加强，求救电话、直升机停机坪对于偏僻的区域尤为重要。

3.4 法律法规的建立与健全

绿道的建设成果需要长久保持并进入良性的运行，呼唤这方面的法律法规出台。麦径由于处于郊野公园之内，早在郊野公园建立之前，香港就于1976年制定了《郊野公园条例》，对游径上违反条例的行为，均可予以检控。目前我国其他地区尚无类似的专门的法律法规，应尽快使管理者有法可依、应尽快使用者有法可循、违规者有法可规。

3.5 风景园林师在绿道建设中的作为

3.5.1 生态理念，适度设计

风景园林师在面临新的规划设计时，首要问题就是处理人与自然的关系问题，这其实也是生态伦理关注的核心问题[3]。风景园林师首先应建立生态伦理的观念，端正人与自然的关系，尊重且珍爱大自然；其次，应加强对生态学的研究，学习全面考虑问题的思想方法，建立整体、系统、联系、持续发展的观念。风景园林师在大尺度的自然体系中，应端正态度，承认人也是自然界中生物联合体的一个平等成员，任何设计须符合自然的整体利益，提倡适度设计，只提供必要的服务设施，最大限度地减少人工痕迹。在无可避免的情况下，最少限度破坏、干扰自然。在自然生态遭受破坏的情况下，应运用生态学、植物学等知识进行环境的修复，使人与自然产生良性互动。重视生物多样性的规划，尽可能多地了解当地需要保护的物种，加强原生物种的保育，营造各种生境，为生物多样性创造条件。

3.5.2 身体力行，注重细节

风景园林师应多投身于大自然能陶冶性情，培养对大自然的热爱与珍惜之情，提高对自然保护的敏感度，这样在生态型、郊野型绿道规划设计时就能更好地处理自然资源保护与游憩开发的统一关系，也更好把自然的理念融入都市型绿道规划设计当中。风景园林师应深刻了解自身工作的意义，建立起对社会、自然生态的责任感，使更多的大众享受自然，受益于自然，从而在社会上积聚出越来越强大的保护、珍爱大自然的力量。在注重理论学习的同时多身体力行地投身于大自然有利于对规划设计细部的斟酌，不参加远足的设计师可能体会不到徒步者对远足径的特殊要求，如出行的便利性，安全感、方向感、舒适感等方面。一些细微的感觉要是没有亲身的体会就不会理解，如对于长时间行走的徒步者，走在稍松软的土路比走在硬化地面感觉要好得多。又如，某些地方是否考虑驴友和普通人的区别，而设计难度各异、特色各异的路径呢？再如，登山步级，无规律顺应地形的设计就比常规等距等宽如楼房楼梯般的步级受欢迎。

4 结语

麦径为大众提供了贴近自然、享受自然的机会与空间，大众在各种活动的过程中改善了自身的身心健康[4]，培养出对大自然热爱与关护之情，最终成为强大的保护自然的力量。麦径在规划设计的有益经验对我国绿道建设具有借鉴意义，当前广东省率先于全国进行大规模绿道建设，带

来广泛的社会影响，绿道建设也将在全国开展起来，绿道衍生出来的保护自然生态的力量不可估量。随着《广东省道网建设总体规划》的实施，从被动的生态保护到主动的绿道恢复生态等复合功能，到2020年广东省将实现生态保护与生活休闲和谐共赢，形成多功能、网络化的区域生态支持体系[5]。有幸参与我国绿道建设的园林规划设计师若能责无旁贷地肩负起历史的使命，多投身大自然，在规划设计中遵守生态伦理守则，建设、恢复绿色网络，把一切规划设计行为纳入维护自然整体利益中，则可通过规划设计来限定和引导人对自然的使用，重建被割裂、破碎化的生存环境，达到人与自然共荣的最高理想境界。

致谢

特别鸣谢北林苑绿道研究室主任夏兵博士对本文提出的宝贵意见！

参考文献

[1] 谭宝尧．香港慢行系统和行人环境规划［J］．风景园林 2011，（1）：78-81.

[2] 庄荣，高阳，陈冬娜．珠三角区域绿道规划设计技术指引的思考［J］．风景园林 2010，（2）：82-83.

[3] 张茵．中国古典哲学思想与风景园林专业生态伦理教育探析［C］．中国风景园林学会．融合与生长．北京：中国建筑工业出版社，2009：109～111.

[4] （美）帕垂克．米勒著．王敏，刘滨宜编译．为健康生活的设计——美国风景园林规划设计新趋势［J］．中国园林 2005，（6）：54-58.

[5] 广东省道网建设总体规划［J］．风景园林 2012，（2 特刊）：95-99.

（本文曾发表于2012年6月《中国园林》）

珠三角绿道网的建设规模与评价模型研究

庄　荣　李颖怡　康凯珊

【摘　要】 珠三角绿道是中国绿道建设的初步实践，也是珠三角建设宜居城乡的重要途径之一，它覆盖了珠三角整个区域，发挥综合功能效益，实现城乡一体。通过总结国内外相关建设经验与研究方法，对绿道网络化的关键问题，即不同类型的珠三角绿道网络的选线密度及建设规模进行研究，并提出绿道建设评价模型，为更合理、科学地进行绿道网络规划提供基本方法与基础指导。

【关键词】 珠三角；绿道网；建设密度；建设规模；评价模型

1　研究背景

绿道（greenway）是一种线性、绿色的开敞空间，通常沿着河滨、溪谷、山脊、林带、风景道路等自然或人工廊道建立，内设行人和骑车者可进入、游憩的景观线路，连接主要的公园、城市绿地、自然保护区、风景名胜区、历史古迹、城乡居民居住区、大型广场、文化及活动中心等。

自 2009 年以来，广东省住房与城乡建设厅积极贯彻《珠江三角洲地区改革发展规划纲要（2008～2020 年）》的精神，编制《珠江三角洲绿道网总体规划纲要》（以下简称《纲要》，于 2010 年 3 月 4 日正式发布），用以指导珠三角地区绿道网建设。

为进一步有效地指导、规范和管理全省的绿道建设活动，广东省住房与城乡建设厅开展了《珠江三角洲绿道网络化专题研究》，作为《珠江三角洲绿道网总体规划》的重要研究基础与指导文件之一。

该研究重点分析总结了美国、新西兰、新加坡等地的绿道网规划经验，通过归纳前期绿道建设存在的问题，明确绿道网络的基本概念与构成、研究必要性与建设基础，提出了珠三角绿道建设规模与建设目标，并以绿道网络服务评价为基础，提出适用于省立绿道建设、各市绿道网建设的指导意见与实施行动纲领。

本文重点探讨研究绿道网络化的两个核心问题：绿道网建设密度与建设规模、绿道网建设评价模型。

2　绿道网络化的研究意义

绿道网络化即线性绿道的网络化，是具有维护区域生态稳定、突出地方自然人文特色和改善城乡环境景观等功能及生态保护、游憩健身、历史保护、教育、交通多方面效益，同时有着重大自然、人文价值和区域性影响的绿色开敞空间网络。珠三角绿道网络化能在更大的区域内实现绿廊系统的网络化、慢行道系统的网络化、游憩系统的网络化与服务系统的网络化；绿道网络化的研究目的在于《纲要》中确定的六条绿道如何实现与珠三角各市的最优化互动，与城市网络体系（包括道路交通系统、城市绿地系统、城市游憩系统、城市农林水环保系统与市政公用系统等）的有效衔接，发挥生态、游憩等综合功能并实现效益最大化。绿道网络的选线密度与建设目标是绿道网络化的核心内容，通过对使用需求、生态承载量与设施配套规划等方面的研究可了解绿道建设规模和建设内容，在此基础上提出合理的建设目标。而绿道建设评价模型主要评价绿道的服务质量，并为优化与提升绿道系统提供重要指导，是为了更好地指导地方开展绿道网络建设工作，避免出现盲目建设、资源浪费、生态破坏等现象。

3　绿道网选线的合理密度

3.1　生态型、郊野型绿道密度研究

生态型绿道主要沿城镇外围的自然河流、小溪、海岸及山脊线设立，通过对动植物栖息地的保护、创建、连接和管理，来维育珠三角地区的生态环境和保护生物多样性；郊野型绿道则依托城镇建成区周边的开敞绿地、水体、海岸和田野而设，主要有登山道、栈道、慢行休闲道等形式，旨在增加人们亲近大自然的机会。这两类绿道因为位于城市密集区以外，所以具有密度小、使用频率较低、开放性较强及环境干扰较小的特点。

关于绿道网选线的密度，可以与珠三角区域条件相近的美国南阿莱干尼区域[1]为参考对象，南阿莱干尼区域（Southern Alleghenies region）绿道网覆盖并连接了贝德福德（Bedford）、堪布里（Cambria）、富尔顿（Fulton）、翰汀顿（Huntingdon）、圣满萨（Somerset）共六个郡。对六个郡的绿道建设及不同类型的绿道密度设计进行研究（表1～表5），可类比得到珠三角地区相应的绿道类型的合理密度值。根据绿道的自然基底可判断得出：南阿莱干尼区域的自然风光绿道、自然山林绿道与珠三角地区的生态型绿道情况相近；而郊野山林绿道、郊野游憩绿道以及滨水绿道与珠三角地区郊野型绿道情况相近。分析数据得出参考的数值区间为：生态型绿道的适宜密度为0.03～0.10km/km²；郊野型绿道的适宜密度为0.49～1.23km/km²。

美国南阿莱干尼区域绿道自然风光绿道数据分析

表1

绿道名称	绿道长度(km)	用地总面积(km²)	网络密度(km/km²)
Bedford County	153.76	118.94	1.29
Fulton County	59.68	42.12	1.42
Huntingdon County	125.76	77.84	1.62
Somerset County	176.8	136.16	1.30

美国南阿莱干尼区域绿道自然山林绿道数据分析

表2

绿道名称	绿道长度(km)	用地总面积(km²)	网络密度(km/km²)
Bedford County	105.28	49.24	2.14
Fulton County	59.68	42.12	1.42
Huntingdon County	61.76	45.88	1.35
Somerset County	88	66.88	1.32

美国南阿莱干尼区域绿道郊野山林绿道数据分析

表3

绿道名称	绿道长度(km)	用地总面积(km²)	网络密度(km/km²)
Bedford County	—	—	—
Fulton County	—	—	—
Huntingdon County	29.28	24.01	1.22
Somerset County	63.04	43.70	1.44

美国南阿莱干尼区域绿道郊野游憩绿道数据分析

表4

绿道名称	绿道长度(km)	用地总面积(km²)	网络密度(km/km²)
Bedford County	54.08	37.03	1.46
Fulton County	30.4	18.28	1.66
Huntingdon County	57.12	37.90	1.51
Somerset County	84	9.85	8.53

美国南阿莱干尼区域绿道滨水绿道数据分析

表5

绿道名称	绿道长度(km)	用地总面积(km²)	网络密度(km/km²)
Bedford County	78.72	63.71	1.24
Fulton County	30.4	18.28	1.66
Huntingdon County	198.4	130.56	1.52
Somerset County	31.2	26.39	1.18

3.2 都市型绿道的网络密度研究

都市型绿道由于位于城市密集区内部，因而具有使用频率较高、开放程度较高、环境干扰较大的特点。这一类型绿道主要建于各级城镇地区，涵盖的斑块包括城市广场、人文景区、文化中心、城市公园、滨水地区和社区绿地等，具有高密度、高连接度和高闭合性的系统特点。网络密度应综合城市用地类型、城市慢行系统、城市公共交通系统、居民的出行需求与活动半径等要素后确定。参考《城市道路交通规划设计规范》第4.2.4条文可知：自行车道路网密度以1.5～2.0km/km²为宜，道路间距最好为1000～1200m；美国人口密度最大的纽约市的绿道网资料显示：纽约绿道规划建设约1448km，土地总面积为1214.4km²，地均绿道长度为1.19km/km²。通过参考以上数据资料，并结合珠三角区域的实际进行综合评定，最后将都市型绿道的适宜密度参考数值区间定为：1.5～2km/km²。

以上网络密度值是参考相似案例而得出的理想化结果，但由于不同的地方会有各自的特殊性与局限性，如绿道的建设条件不一、需求不一、建设难度不一等，所以应从各地的实际出发，参考适宜的绿道选线密度范围，选择具有地方特色的建设规模。

4 绿道网建设规模研究方法

珠三角区域属于经济发达、用地紧张的区域，人口密度大而绿地面积小，因此应综合考虑各影响因素后再确定绿道网建设规模。主要影响因素包括：区域总面积、区域建成区面积与分布、区域绿地面积与分布、区域历史人文资源分布、区域自然资源及景观分布、区域经济情况、区域人口以及地方人民意愿等。可参考以下三种方法确定建设规模：

（1）采用自上而下的思路，参考条件相似的区域案例及研究成果，从各类型绿道的适宜密度以及所用区域面积推导出珠三角绿道网密度值。

（2）按照各市的城市特征与绿道建设条件，如各类绿地分布、城市建成区与城郊地区范围的确定、各类人文及自然资源分布以及经济情况，将这些因素按照一定的权重进行计算，从而确定绿道建设标准。

（3）采用自下而上的思路，将区域绿道类比成珠三角区域绿地中的道路系统，参考《公园设计规范》中风景名胜区道路的适宜密度，推导珠三角绿道网络建设的适宜指标。各个城市可根据自己的实际情况，如资源数量与分布、人口数量与分布、经济实力、政策支持及市民意愿等，选择合适的方法来确定建设规模。例如深圳全市土地面积为 1953km^2，最终确定全市绿道总规模为 2000km，基本做到每 1km^2 建设 1km 的绿道[5]。

5　绿道网络服务评价模型

绿道网络建设是一个长期且不断变化的过程，需要不断地接收反馈信息并进行反复的修改。绿道网络应在服务评价体系的基础上进行优化：首先应确定绿道网络规划目标和规划区范围，全面搜集规划区内的各类自然及人文因子，并对它们进行充分的现状表述、过程分析和资源评价；然后进行景观节点分析和景观廊道分析；多目标构建方案和确定优化方案，最后结合城市建设、资源特征和绿地系统现状进行现状适应性分析和完善。

综合参考国外绿道网络相关评价体系[2]，根据珠三角绿道特点，提出绿道网络化服务评价内容与评分体系，确定以 10～15 分为标准的一级因子，5 分为标准的二级因子，形成以下评价体系（表 6）。

绿道网络化服务评价模型构建　　表 6

评价项目		评　价　内　容	分值	评分等级		
				差	一般	好
节点评价	绿道规划目标	绿道网络规划目标与区域发展需求的一致性	10	0～4	4～8	7～10
	土地覆盖评价	绿道网络覆盖区域的连通性需求程度	10	0～4	4～8	7～10
	节点多样性评价	所选节点类型对于游人各种需求的满足度	5	0～2	2～4	4～5
	节点服务评价	节点的配套设施服务水平与使用满意度	5	0～2	2～4	4～5
	串联程度评价	绿道网串联公园、广场、文物古迹、风景名胜区、旅游度假区等兴趣点程度	5	0～2	2～4	4～5
	环通度评价	网络中回路出现的程度	5	0～2	2～4	4～5
	连接度评价	网络中所有节点被连接的程度	5	0～2	2～4	4～5
	接驳程度评价	绿道网与铁路、空港、轨道枢纽便利接驳程度	5	0～2	2～4	4～5
	可达性程度评价	区域绿道、城市绿道、社区绿道的可达性	5	0～2	2～4	4～5
外部效益	衔接程度评价	城市公共中心与绿道网络的衔接程度	5	0～2	2～4	4～5
	生态效益	绿道对区域生态环境的贡献	15	0～5	5～10	10～15
	经济效益	绿道对周边经济的带动情况、提供就业情况	10	0～4	4～8	7～10
	社会效益	绿道对改善社会服务水平、提升公众社会满意度与社会责任感的作用	10	0～4	4～8	7～10
	建设成本	建设成本	5	0～2	2～4	4～5
	合计		100	0～33	34～78	79～100

6　结语

绿道网络化研究是一个系统、综合的课题，涉及绿道网络承载量与建设规模设定、服务设施分级设置、各级驿站配置、区域绿道指引制定、实施行动纲领的确定等内容。随着珠三角绿道网总体规划的正式发布，本研究的部分内容也在总体规划文本中得以体现。目前，覆盖全省范围的绿道总体规划正在编制，绿道网络化的研究将会升级到更大的范围、更复杂的环境以及更多元的现状，本文在此探讨绿道网络化的合理规模与建设密度，以及服务评价模型，是希望起到抛砖引玉的作用，引发更多的思考与探讨，推进绿道工作有理、有序、有节地进行。

致射

在此衷心感谢本研究项目成员陈冬娜、侯灵梅等的辛勤工作！

参考文献

[1] Connections in our landscape：The Southern Alleghenies Greenways and Open Space Network Plan，The Southern Alleghenies Planning and Development Commission，2007：32-54.

[2] Vasconcelos. P，Pritchard. M，Machado. JR. A Greenway Network for amore Sustainable Auckland，2006.

[3] 广东省住房和城乡建设厅，深圳市北林苑景观及建筑规划设计院，等．珠江三角洲绿道网总体规划纲要［Z］，2010.

[4] 广东省住房和城乡建设厅，深圳市北林苑景观及建筑规划设计院，等．珠三角区域绿道（省立）规划设计技术指引（试行）［Z］，2010.

[5] 深圳市北林苑景观及建筑规划设计院有限公司．珠三角绿道网络化专题研究［Z］. 2011.

[6] 深圳市城市规划设计研究院．深圳市绿道网专项规划［Z］. 2010.

（本文曾发表于 2012 年 6 月《广东园林》）

从城市绿地系统规划看城市水土保持生态建设

何　昉　王永喜　李　辉　谢　丽

【摘　要】随着城市化的不断发展，城市面临各种生态环境问题。城市绿地也经历了从“见缝插绿”到系统规划的转变，涉及城市生态要素的各个方面，也包括城市水土保持、生态建设的内容。本文对城市水土保持生态建设的发展状况以及与城市绿地系统建设之间的关系进行了详细的阐述。城市水土保持生态建设是城市生态修复的主要内容，对城市绿地系统建设提供了可靠的基础，为城市生态系统良性发展作出了重要贡献。城市绿地规划对城市水土保持产生深刻、深远的影响，共同融入城市生态建设的大环境之中。通过城市绿地系统的建立，恢复受损的城市生态系统，恢复河流的自然风貌，净化、美化城市的水环境系统，完善城市景观，保护和发展生物多样性，为城市创建理想的人居环境、推动城市可持续发展奠定坚实的基础，最终实现由“城市中的园林”向“园林中的城市”质的转变。

【关键词】绿地系统；水土保持；生态建设；生态园林城市

伴随城市规划指导思想的不断发展，城市绿地经历了从“见缝插绿”到系统规划的转变，为了缓解城市发展中的各种问题：环境污染、生态退化、人居环境恶化等，城市绿地系统建设起到了越来越重要的作用。而对于高速发展的一些城市，大量的城市建设、城市快速蔓延造成的城市及其边缘地带生态环境恶化、水土流失问题，城市绿地系统规划的内容又涉及城市水土保持这个领域。城市水土保持生态建设与城市绿地系统建设相结合，丰富和完善了城市绿地系统的结构和内容，是城市绿地系统规划的一个创新，同时也对城市水土保持生态建设提出了更多、更高的要求。

1　城市水土保持生态建设发展概况

随着城市化的不断发展，水土保持工作逐渐由农村向城市开展，并随着城市建设的步伐而发展壮大，城市水土保持生态建设也成为城市生态环境建设的一项重要内容。由于城市建设的需要，开山采石大规模进行，造成了自然山体破坏，水土流失、城市景观恶化等现象[1]。据调查资料表明，深圳市2000年有669个裸露山体缺口，中山市2003年有246个，佛山市2004年有391个，珠海市2004年有126个，四川省攀枝花市2003年有79个。通过近年来在南方沿海城市的探索与实践，加强了对城市水土流失规律的研究，对城市水土保持有了深刻的认识。在推进城市水土保持生态建设方面，坚持可持续发展战略和人与自然和谐共处的理念，尊重自然规律和经济规律，因地制宜地确定科学的发展模式，积极探索、开拓创新，不断提高水土保持的科技含量。在城市生态修复方面，发挥城市生态的自我修复能力，贯穿在水土保持生态建设过程当中，采用人工高强度治理与自然生态修复相结合，使城市水土保持生态建设融入城市各项建设之中，并与自然相协调[2]。

深圳市经过多年来的综合治理，自1995年以来，市区两级财政共投入水土保持资金约4.5亿元，累计治理水土流失面积135.8km^2，完成裸露山体缺口整治64处，水土流失面积降至59.89km^2，泥沙侵蚀总量由411.12万t降至100万t以下。严重的水土流失局面得到根本控制，城市生态环境明显改善，市容市貌得到净化、绿化、美化，空气质量大大提高。

2　城市绿地系统规划对城市水土保持的深远影响

城市的发展面临着许多困境，一方面，人口增长带来的压力迫使城市土地集约利用，中心城区高楼密布；另一方面，城市发展需求超过了城市生态承载力，使城市生态失衡，由此产生日趋严重的城市环境问题。因此，强调城市建设的科学发展观，不断提高环境的承载力，以达到生态健全的新型生活空间[3]。城市的发展是一个开发与保护相互作用、相互影响的综合过程，为了达到生态平衡，就必须要考虑开发与保护相协调，将自然资源的合理开发与保护环境有机的统一，在保证城市有序扩张与发展的前提下，生态环境得到最大程度的改善。这就要求在城市建设中尊重自然，依托自然地形地貌，结合城市风貌、结构特征、空间属性等进行科学布局、规划、建设，实现城市景观生态系统的自我维持与协调发展。

2.1 城市水土保持与城市绿地系统规划的关系

对于城市建设过程中造成的水土流失，是绿地系统规划前期必须处理好的基础性工作。城市水土保持的目的就是减少水土流失，改善生态环境，整治无序的开发建设活动，合理利用水土资源，创造更多的城市建设空间，为优化城市绿地系统结构起到积极的促进作用。

水土保持生态建设是城市绿地系统建设的一个重要组成部分，如果说城市水土保持是治理城市的创伤，生物多样性是维护城市的健康，那么城市绿地系统建设就是完善城市的生态肌理、美化城市的过程，因此完善城市水土保持体系是建设城市绿地系统的基础。城市的水土保持工作为正确规划城市绿地系统提供详实的数据，为城市绿地系统建设顺利实现创造条件。

城市水土保持生态建设维护了城市生态系统的健康，使之进入良性的循环，是建设城市绿地系统不可缺少的技术手段。城市绿地系统对城市水土保持提出了新的要求，不仅仅是治理水土流失，还要改善城市生态环境、美化城市景观，对城市水土保持的发展起促进和引导作用。从某种程度上来说，不论是城市水土保持生态建设还是城市绿地系统建设，都是为了建设可持续发展的城市环境。

2.2 城市绿地系统规划是城市水土保持生态建设实践的重要保证

城市绿地系统涉及城市生态要素的各个方面，包括市域内的城市绿地、城市公园、郊野公园、自然保护区以及农田果林、水库、湖泊、湿地等斑块。城市中的河流绿色廊道、道路走廊等生态廊道以及由这些要素构成的绿地系统网络，维护了城市的生态安全和生态系统的健康发展，同时对于城市的发展方向有重要的指引作用。城市水土保持生态建设是城市绿地系统中一个重要的组成部分，是处在城市绿地系统这个大环境之中，城市绿地系统的优劣与否，直接影响城市水土保持生态建设的成败。城市绿地系统规划对于城市中的水土流失问题的解决指明了方向，为城市中的水土保持提供了背景依托，是实现城市水土保持生态建设的重要保证。

2.3 城市绿地系统规划深刻改善城市生态环境

城市化是人类社会经济发展和技术文明进步的产物，但一系列的生态环境问题伴随大规模的城市建设应运而生。由于我们的城市发展都是建立在资源的大量开发和占用的基础上，城市发展至今面临人口增多、土地和水资源短缺、生态退化、环境污染等问题的困扰。如深圳从 20 世纪 90 年代以来，由于城市开发过快，使开发规模远远大于城市发展的规模，相应的管理措施未跟上，造成很多城市建设区普遍存在平土区的闲置、采石取土造成的山体自然轮廓线被破坏形成山体缺口的状况。解决这个问题的根本途径就是要求城市的规划管理者把自然环境与城市建设结合起来，建设一个人与自然和谐发展的城市生态系统，促进城市的协调发展。因此合理的城市规划必须要有完善的绿地系统规划，改变城市中不合理的生态格局，修复受损的城市生态系统。如生态修复裸露的山体，净化污染的河流，建设多样性的绿地，使城市中硬性的建筑物处在自然的生态绿地空间之中，才能保证城市的发展方向走向良性的循环，使因建设造成的千疮百孔的城市生态环境得到改善。通过逐步完善和实施城市绿地系统的结构和功能，进一步推动城市生态环境建设，实施可持续发展战略，创建“生态园林城市”。

2.4 城市绿地系统规划完善城市景观

高楼大厦并不是人类理想的居住环境，在“钢筋混凝土的森林”中有机地插入活的植物，它能给城市带来勃勃生机，“居城市而有山林之乐”是我们先人的梦想。城市中清新的空气、绿色盎然的植物、雀跃的松鼠、叽叽喳喳的鸟鸣……这种自然、健康、清洁的城市环境才是绿地系统规划希望达到的效果，这样的环境才是真正美的城市景观。因开发建设而产生的各种裸露地块，需要城市水土保持的积极治理来修复这些“伤口”，改善城市景观，城市水土保持生态建设正是修复城市“破相”的具体措施和重要手段。

城市绿地系统规划更从各个方面来改善城市景观，从人居环境、公共绿地、河流水系、山体植被改造、裸露山体缺口整治等方面，使城市景观更加丰富多彩，为市民提供更多的休憩空间。通过对城市交通空间的绿化和城市重要公共活动空间的绿化，可显著改善景观。城市交通空间虽然只占整个城市规划空间的20%～30%，却集中了80%的市民活动，城市交通空间的整体绿化，是整个城市景观建设最直接、最普遍的环节，是城市景观绿地的主体[4]。如深圳市在进行裸露山体缺口的综合整治过程中，提出景观影响度的概念，其重要指标之一就是交通因子，即根据交通干道的不同等级确定不同的景观影响程度。

2.5 城市绿地系统规划是生物多样和谐共生的必要条件

通过城市水土保持的积极治理，减少了水土流失，改善了生态环境，为优化城市绿地系统做好了铺垫，而城市绿地系统是维护城市里的生物多样性的必要条件，城市里自然空间的数量多寡、绿地格局、网络连通性对城市中的各种生物活动有深刻的影响，绿地系统为生物之间的相生相克提供了广阔的空间，通过自然和人工演替，丰富了生物种类，城市生态系统健康发展，创造自然、和谐的城市生态环境。绿色繁衍绿色理念以及生物多样性是创建生态城市的基础，城市绿地系统的建立是生物多样性保护的最佳载体。生态绿地不但是区域绿地生态基本的支撑系统，还是城市生态建设的资源和保障。

绿色繁衍绿色理念，就是以多样性的绿地系统保护和维育多样化的植物、鸟类、昆虫等生物种群和群落，由其发展的多样化的食物链维持良性循环的生态系统，从而保护了森林、农田和城市绿地等生态系统，而且这些绿色资源库也为城市居民提供休闲活动场所等生态服务功能[5]。

2.6 城市绿地系统规划是建设理想人居环境的基础

通过城市绿地系统建设，可以改善城市的环境，缓解城市污染、美化城市景观、重建生物多样性的城市生态环境，保证了城市生态系统的健康；通过城市绿地系统建设，为人们提供具有自然、人文、艺术气息的生活空间，是建设城市自然—社会—经济三系统和谐发展的有力手段，为建设理想的人居环境打下坚实的基础。

生态城市不单单追求环境优美，还要兼顾社会、经济和环境三者的整体效益，更关注人们生活质量的提高，要求人类生活的环境优美、充满人性化、具有浓郁的文化气息。通过生态健康游憩体系的建设，城市生态网络深入到各个社区，使居民和游人能够在整个城市绿地中畅顺游走，把人与绿色斑块以及绿色斑块之间更紧密地联系起来[5]。城市绿地规划将生态绿地和城市建设用地相耦合，构成城市长远发展的基本生态框架和底线，在全面维护和提高生物多样性的同时，辅助相关配套的市政工程进一步改善城市的大气、水环境质量。从生态学角度对城市建成区内部各类绿地进行重新梳理，建立一套既方便人类使用和营造，又符合生态学原理的绿地布局[4]。

3 城市水土保持生态建设融入城市绿地系统建设之中

城市绿地系统建设是恢复城市生态环境及提高景观活力的有效途径。对整个城市生态系统来说，城市绿地系统，尤其是生态绿廊（如环城绿带）对于城市的生态恢复在于它可以生长式的发展与簇群式地带动作用，在美化城市面貌的同时，恢复城市生态系统的活力。绿地系统规划中明确要保护好城市的肌理：河流禁止填埋、取直、硬化，两岸要有一定宽度的绿化带；山体禁止挖山采石取土、炼山毁林开荒，山麓要有一定宽度的缓冲带；湿地禁止围堰农作、填埋建设；保护和建设区域绿地、生态片林。这些要求与城市水土保持生态建设的要求是一致的，而城市水土保持生态建设规划是一项专业规划，更能有效控制水土流失、修复受损的城市面貌。因此，要建立完善的城市绿地系统需要通过城市水土保持生态建设来进行生态恢复。如在佛山、珠海、中山、攀枝花、南昌等城市的绿地系统规划中，已将城市与郊区结合、森林与园林结合来扩大城市绿地的面积，城市水土保持生态建设研究与绿地系统规划有机结合，进行城市生态建设的探索，使城市自然植被和人工植被在生态和美学原则基础上完成它的生态恢复和景观多样化的审美乐趣。在珠海市绿地系统规划中，充分保护城市现有自然山水格局，将城市融入一个碧海、绿树、蓝天的自然体系之中，城市水土保持通过对山体生态修复和海岸、河岸湿地保护，补充和完善了绿地系统的规划内容。佛山市绿地系统规划是根据岭南水乡城市特点，在城市水土保持生态建设、生物多样性保护研究的基础上，提出生态廊道渗透中心城区，城市溶于绿色，传承岭南文明，彰显地域特色，将风景名胜区、森林公园、湿地、自然保护区、生态农田等与城市绿地有机结合，形成一个有机统一体。

3.1 受损城市生态恢复

城市生态恢复是指重新拟合城市发展变化中的环境生态要素，以生态城市为目标，以合理利用、保护自然生态环境资源为基本任务，对城市发展过程中所造成的和即将造成的环境破坏进行恢复，恢复城市生态系统的功能，并使之能够自我维持[6]。城市生态恢复是以城市开放空间为对象，以生态学及相关学科为基础进行的城市生态系统建设。

在现代城市中，水土流失可分为自然和人为的水土流失，造成水土流失的成因有两种因素，一种是自然力作用下造成的水土流失，另一种是人为作用造成的水土流失。在大自然中，山体滑坡、地层下陷，或者由于全球气候变暖造成的雪线上升，原本稳定的山体结构失衡，造成的滑坡崩塌等现象处处可见。这些基本上可归入因自然力而造成的水土流失现象。在城市中多数现象是在快速的城市建设要求下，人为开山采石取土，挖山填土，在城市区域内产生大量的裸露地表，其中最具危害性之一的是数量众多的裸露山体缺口，主要包括开采坑口、关停及废弃坑口、遗留边坡、乱掘地、开发平土区、坡地开垦、堆土堆渣区等。从绿地系统的角度来讲，裸露山体缺口的整治是绿地系统规划中的重要基础工作。山体裸露对于城市环境的危害不言而喻，对于城市景观的影响犹如人脸上的伤口，不仅危害健康，同时影响美观。在裸露山体的治理过程中，要针对不同的自然条件、现状开发程度、总体规划要求并结合城市绿地系统规划提出了不同的治理理念，对裸露山体缺口治理提出了更高的要求，不仅仅要保持水土，更要合理的利用这些水土资源加以美化，成为城市中的风景。

受损生态系统依靠自然力量进行恢复是非常缓慢的，在城市生态系统中，必须辅以人工设施来加快生态修复进程，主要是增加大量的生态绿地。城市生态恢复的基本思路为：以城市生物多样性为基础，以食物网为纽带，构建不同层次的生态链，并在此基础上构建与生态链有机结合的产业链，以形成可持续发展的健康的城市生态系统。根据景观生态学的原理，生态恢复后城市的生态格局为：绿色基质＋绿色廊道＋干扰斑块＋景观节点。绿色基质的面积应超过总面积的 1/2，并且连通性要强。绿色廊道由加强基质连通性的各种足够宽的廊道等组成，用以保护水系和满足物种空间运动的需要。干扰斑块即在开发区或建成区里有一些小的自然斑块和廊道，用以保证景观的异质性。景观节点是在景观视觉廊道的交汇处设立标志性景观。

3.2 河流治理

城市河流对于城市的发展有决定性的作用，城市往往沿土壤肥沃的河流而建，因河流而兴，因河流而盛，河流往往见证了一个城市的发展，传承着城市的文化，甚至承载整个城市的经济命脉，北京的永定河、上海的苏州河、南京的秦淮河以及欧洲的多瑙河、北美的密西西比河、非洲的尼罗河，河道在绿地系统中不仅是一个城市开敞的空间、换气的通道，同时承接了美化城市环境、缓解环境污染的作用。城市的发展同样影响了城市的母亲河，城市洪涝灾害、河岸水土流失、河流水质污染等问题亟待解决。

河道整治历史悠久，原有的河道治理观念是将河道截弯取直，砌石护岸进行整治，对于河道两边划分一定宽度的绿化保护带进行两岸的水土流失治理。从科学的角度来讲，河道治理应该以小流域为治理单元，从上下游以及整个汇水面全流域考虑，结合城市规划，在城市绿地系统规划的基础上科学规划设计河道整治方案。我们的治理理念就是河道整治需要经历从水利工程到生态工程的转变，从单纯的控制洪水到有效地控制水系并使水、土资源为我所用的思想转变。

在河道整治中，主要把握以下几个要点：

以生态保护和景观建设为结合点，进行河道绿廊的生态建设。建立以外围的森林流域廊道为保障，以河道为主轴，构成河道林带—河网湿地—城市景观的多元化河道生态廊道。控制围海造陆，限制城市化向海推进，保护红树林湿地环境，留给湿地绿地更多的生态空间。

保护和部分恢复自然河岸使自然融入城市，

沿岸建造多样化的生态园林，以利水鸟、两栖类和鱼类等动物生息。不但丰富城市绿地系统，还有利于控制城市的连片蔓延。河道生态绿廊，把自然景观导入城市区域，利用河网水系营造的滨河绿带和楔形绿带，构成山水环徊的景观特色。在主河道构筑河道公园绿带，形成生态城市的绿色岸线，不但增加绿地面积，同时也增强对河岸的保护及丰富城区的生态景观和提高生态效能，如防风、防止水土流失和阻隔城市的连片扩展等功能。

3.3 水源保护区

水陆交错带是生物多样性最高的区域，是生态价值最高的区域，相对千疮百孔的陆地生态系统来说，水陆交错带的保护尤显重要。特别是位于城市区域的大型水库、湿地、红树林、水源涵养林、湖泊等，不仅涉及水土保持，又有生物多样性保护的功能，同时更是城市绿地系统的灵魂，肩负多项生态功能，对城市生态系统的健康起到决定性的作用。

在现代城市中，水资源紧缺已成为制约城市发展的一大瓶颈。随着城市的发展，用水需求不断增大，怎样协调水资源保护、利用以及城市开发建设是非常关键的问题。规划中不仅要考虑水源地的水土保持、水源保护、水资源利用以及水源涵养的问题，同时必须考虑怎样采取有效的措施尽量减少建筑、市政设施以及在此生活的居民对于水源地的影响，减少对水源的污染。

4 建设园林中的城市

城市绿地系统规划随着新形势下的城市规划的发展而不断得以新的诠释与充实，而生态意识的建立、“以人为本”的理念以及“可持续发展”的战略将城市绿地系统规划推向一个全新的局面，即从传统的“园林、绿地”的概念演变成与城市规划同步的大空间、大尺度、大环境并与社会发展、经济发展、人文发展同步的新高度，从而给城市绿地系统规划赋予新的生命[5]。城市生态环境功能进一步完善，城市生态结构合理、生态景观优美，实现城市绿地系统的可持续发展，最终实现由“城市中的园林”向“园林中的城市”质的转变。

5 结语

现代城市的绿地系统建设，将自然引入城市、人与自然和谐共处已成为社会共识。城市水土保持生态建设作为城市绿地系统建设的一个重要组成部分，有其独特的内涵，同时也在各个方面与城市生态建设相互衔接、相互影响。城市水土保持生态建设是城市生态修复的主要内容，对城市绿地系统建设提供了可靠的基础，为城市生态系统良性发展作出了重要贡献。城市绿地规划对城市水土保持产生深刻、深远的影响，共同融入城市生态建设的大环境之中。通过城市绿地系统的建立，恢复受损的城市生态系统，恢复河流的自然风貌，净化、美化城市的水环境系统，完善城市景观，保护和发展生物多样性，为城市创建理想的人居环境、推动城市可持续发展奠定坚实的基础。

参考文献

[1] 吴长文. 城市水土保持的理论与实践［J］. 中国水土保持科学，2004，2（3）：1.

[2] 王永喜，吴长文，胡晓静. 山坡地公园式博览园建设的水土保持方案［J］. 中国水土保持科学，2004，2（3）：97.

[3] 何昉，等. 风景园林、生态与水土保持是城市建设的必要途径［J］. 世界建筑导报，2005，105（6）：8.

[4] 王富海，谭维宁. 更新观念、重构城市绿地系统规划体系［J］. 风景园林，2005，（4）：16.

[5] 梁伊任，等. 生态、人、绿地［J］. 风景园林，2005，（4）：23.

[6] 汪永华. 基于生态恢复的城市绿地系统规划理念探讨［J］. 风景园林，2005.

（本文曾发表于2006年10月《水土保持研究》）

城市绿地系统规划的可操作性

庄　振　李少勇

【摘　要】 城市绿地系统规划是关乎城市居民生活环境质量的大事，因此如何使编制的规划具有较高的可操作性是一项有意义的研究。主要介绍了旨在提高城市绿地系统规划可操作性的五条建议，包括城市绿地系统规划与其他规划的相互关系、基础资料的收集、对城市未来发展的预测、主要材料的应用、自身体系的特征等，并将整个城市绿地系统规划编制体系的各部分重点内容贯穿、融入其中，同时对这些重点内容之间的联系做了简要的说明。希望能够以此增强“绿规”体系的整体性与适应性，从而提高城市绿地系统规划的可操作性。

【关键词】 风景园林；城市绿地系统；可操作性；规划实施；地带性植物；自适应性

在我国，城市绿地系统规划一般是由人民政府委托规划或设计单位进行编制，编制完成后，由政府下属的绿地管理部门负责具体的规划实施和绿地建设。对于甲方，即人民政府而言，最重要的或者说最关心的一点就是规划要具有可操作性。

所谓规划的可操作性是指城市绿地系统规划能够有效指导城市具体的绿地建设，能够发挥指导性、引导性、控制性的作用，最终能够改善城市的环境、生态、风貌等。要提高城市绿地系统规划的可操作性，必须做好以下五个方面的内容。

1　与城市其他规划互相协调和衔接

城市绿地系统规划与城市其他规划的关系主要有两种，即协调和衔接。协调是要保持一致，衔接是要互相补充、完善。

城市绿地系统规划是城市人民政府委托编制的一个专项规划，是城市总体规划中绿地部分的深化和细化。一般来说，从城市总体规划中直接引用的数据有规划人口、规划建成区面积、分期规划的期限和近期建成区面积、规划绿地布局等。这些数据直接关系到城市绿地系统规划中的指标计算，如建成区的绿地率、绿化覆盖率以及人均公园绿地等。因此城市总体规划对于城市绿地系统规划的编制而言是主导性的、必须的。

除了城市总体规划，与城市绿地系统规划编制密切相关的城市其他规划还有城市土地利用总体规划和城市详细规划（详细规划分为控制性详细规划和修建性详细规划[1]）。虽然城市绿地系统规划与城市总体规划一脉相承，但不可避免会遇到城市总体规划滞后城市发展的问题，这个时候就可以参考城市编制的其他规划，如上文所说的“土规”与“详规”，这些数据可以作为城市总体规划有效的补充与参考。

“总规”、“土规”和“详规”等要与“绿规”保持协调一致的关系。另外一些规划，则要与城市绿地系统规划进行衔接，一般有城市环境保护规划、自然保护区规划、风景区规划、森林公园规划、生物多样性规划等。

由于城市绿地系统规划主要以城市绿地为主要规划对象，对于城市其他对象，如生物、环境等，难以进行广泛、深入的研究分析。因此，将城市绿地系统规划与上述规划相衔接，既能够保证城市绿地系统规划自身体系的完善和深入，又能够借助其他规划对“绿规”进行多角度、多层次的补充、完善，比如说森林公园规划（森林公园在城市绿地分类中，一般是属于“其他绿地”[2]）。在“绿规”中编制“其他绿地”时，可以直接提到城市的森林公园规划，并简述其中的重点内容，这样就能够在“绿规”中形成一个与其他规划相衔接的“接口”，这个“接口”有效地保证了“绿规”与其他规划之间能够形成一种我们所需要的互相补充、完善的关系。

2　与城市发展相一致

城市绿地系统规划的规划目标是城市总体规划中关于绿地规划目标的深化，它应是对城市绿地未来的发展前景更加具体的描述。通过对实际的城市发展的研究，把握城市发展的内在规律，并据此提出正确的“绿规”目标，是研究城市发展的根本目的，也是对“总规”里的绿地规划目标的第一次补充和深化。

城市并非沿着“总规”发展，它有其内在的发展规律。把握城市发展的内在规律，可以从经济的角度来分析。

一般来说，城市的经济来源有工业、矿产、房地产、旅游等。以工业为主的城市，多是城市发展的初始阶段，通过土地的出租、建设工业区等方式，获得城市发展的经济来源。城市用地中工业用地的比例较重，污染问题比较集中和突出，对于这类的城市应突出“绿规”的防护功能，尽量减弱工业给城市带来的负面作用，如大气污染、水体污染、生态破坏等。以旅游为主的城市，风景资源比较丰富，在“绿规”中应突出与城市风貌协调的绿地植物造景。

了解了城市的经济命脉，能够更深入地把握城市发展的内在规律，包括城市发展的动力、城市发展的方向等。对于城市发展的深入理解和把握，有助于在“绿规”中提出一个符合城市发展规律的合理规划目标。根据真实的城市发展，提出合理的规划目标是要保持“绿规”的建设与城市发展的过程相协调一致，其中体现的是绿地与城市之间的一种互为依赖的关系：绿地是城市的组成部分，城市因绿地而更加完善。

3 深入了解城市人民政府下属的绿地管理部门

人民政府下属的绿地管理部门，实际是城市绿地系统规划的具体实施者，其管理体制、建设方法、人员配备、技术等级、年投入资金、绿化设备等与“绿规”的规划目标的实现及实现程度有最直接的关系。

管理体制关系到绿地建设工作人员的积极性，在具体的规划实施过程中，恰当的管理体制，能够使相关“职员”以饱满的热情去建设绿地，在工作中能够更加用心，而用心与否，绿地建设的效果会大不一样。

建设方法关系到绿地建设的效率，能够避免重复性的工作和无用的工作。能够有效地指导绿地建设人员做一些“有用”的事情，确保“绿规”能在规划期限内实施完成，达到规划目标。

人员配备主要有两个方面的需求：一是人员数量；一是人员技术等级。“绿规”的实施是一项“大”工程，需要一定数量的绿地建设人员，同时，“绿规”的实施也是一件需要技术的工程。是以“绿规”实施的人员配备不仅要重“量”，还要重“质”。

城市财政部门每年的绿地建设预算，决定了城市绿地建设的一个大致程度。一方面，多少钱建多少绿地，国家是有定额的，“少花钱多办事”的美好愿望付出的代价往往是对城市生态的损害。另一方面，“绿规”中应有与财政部门的相关“接口”，尽量符合城市财政部门的绿地年投入预算。

绿化设备是保证绿地建设人员“有效工作”的另一种途径，正所谓“工欲善其事，必先利其器”。配备完善、合适的绿化设备，能够显著提高绿地建设的效率，有助于“绿规”的顺利实施。

深入了解城市绿地管理部门的一些相关属性，在“绿规”中制定与实际相符合的规划实施措施，并依法将规划在报批前进行公告，充分考虑专家和公众的意见。

4 地带性植物的应用

城市绿地系统主要的构成要素就是植物，植物是“绿规”中最重要的一个内容。植物在地球上的分布是呈地带性的，在“绿规”中应大量使用地带性植物，或者说“乡土树种”，通俗地讲就是规划区内本来长什么植物就种什么植物。要做到这一点并不容易，难点就是要对规划区内的地带性植物有充分的了解和研究。“绿规”所需要的地带性植物研究主要有 3 项内容：树种、群落、生境。掌握了规划区内有哪些树种以及它们的形态和习性，进而掌握这些树种所构成的群落及其相应生境和分布等之后，才有可能选对正确的“绿规”构成要素。

地带性植物的应用，在城市绿地建设中，主要是公园绿地、防护绿地和附属绿地。在这 3 类用地中都应强调人工群落的营造，这一点对于地带性植物的应用是最重要的，它能够最大限度发挥树种的生态作用，对于区域生态的恢复也起着积极的作用。

公园绿地的群落不仅仅要考虑生态性，还应突出植物的造景功能，营造的是一种自然的植物群落风景；防护绿地则应以生态性为主，着重于对城市生态的恢复和提高，对城市污染、噪声的隔离；附属绿地重点要处理好工业区、居住区及道路附属绿地，这些绿地对于城镇风貌的影响较大，可以根据用地类型，在生态和造景两者之间，选择一个合适的比例来建设城市绿地。

地带性植物的应用是保证“绿规”中树种规划、生物多样性规划的科学性、合理性和可操作性的基础，并确保了绿地分类规划建设能够进一步具体实施。

5 城市绿地系统规划内在的可适应性机制

城市绿地系统规划具有控制性、引导性、方向性的特点，其内容多属于城市绿地建设中的一些共性的问题，难以概括多样化的城市绿地问题。在“绿规”中采用一种能够让城市绿地建设人员根据实际绿地问题做出灵活处理的规划方法，就是“绿规”内在的可适应性机制。在“绿规”中主要表现在两个方面：控制性指标与引导性原则。

控制性指标。“绿规”中控制性指标可以分为两类：一类是属于国家或省、自治区规定的强制性指标，是不能低于相关规定的。如评选国家园林城市或国家生态园林城市中的“绿地率”规定，这类指标属于“硬性指标”；另一类是属于“绿规”按照实际的情况，根据城市的生态要求做出的规定，如道路附属绿地的宽度、生态廊道的宽度等，这类指标属于“软性指标”。

“绿规”内在的可适应性机制主要体现在对软性指标的界定上。对于这一类指标的规定，以一种范围的方式来限定要比设定一个阀值的方式更适合实际操作。以一条 1km 长的道路或河流的防护绿地为例，不应仅仅说把防护绿地建成 15m 的宽度就算“交差了事”，更合适的方法是在深入了解城市用地的实际情况后，将防护绿地的宽度设定为 10～20m 的一个范围，并在总面积上设定 1.5hm^2 的最低限，通过 2 个层次的数据对防护绿地的建设做出控制，既保证了“绿规”的可操作性，又维护了“绿规”在实际操作中的严肃性。

引导性原则。“绿规”中规划原则可以分为两类：普遍性原则和案例性原则。顾名思义，普遍性原则是适应于大多数规划的，如可持续发展、经济性等原则，它体现的是要达到规划目标须遵循的一些一般性原则；案例性原则是指根据“绿规”实际情况，提出的一些特殊性的原则，这类原则多是对当前比较突出的城市绿地问题提出改善的方向。

城市绿地系统规划内在的可适应性机制是避免规划与具体实施脱节的一种有效途径，为绿地建设人员在规划实施过程中设定了一个科学的工作框架和方向，同时又不会损害其在绿地建设中的创新精神。这种机制为“绿规”的价值观与城市绿地建设人员工作思路之间提供了相应的接口，使“绿规”在规划实施过程中获得更多可微调的可能，也使得“绿规”在实施阶段得到一个集思广益的机会。

6 结语

城市绿地系统规划本身并不仅仅是一个“终点”，还应包括一个“起点”和一个“过程”。而从“起点”如何到达“终点”的这个过程是“绿规”中最应注意体现的一项内容。是让规划来符合实际，而不是让实际符合规划，采取实地调查、实事求是的工作态度和方法来编制“绿规”，才能避免“空中楼阁”式的、过于理想化的规划。最终编制的城市绿地系统规划才能具有较高的可操作性。

参考文献

[1] 中华人民共和国城乡规划法［EB/OL］.［2008-01-01］http：//www.gov.cn.

[2] 城市绿地分类标准 2002［S］. 北京：中国建筑工业出版社，2002.

[3] 全国城市规划工作会议纲要（1980）［C］//周剑云，戚冬瑾. 中国城市规划法规体系.

（本文曾发表于 2008 年 7 月《中国园林》）

美国可持续场地评价系统及其应用研究

叶　雪　董荔冰

【摘　要】本文对美国《可持续场地倡议》中提出的可持续场地评价系统进行简要的阐述，并通过不同类型的项目进行试点应用研究该评价系统在从设计到施工各个阶段的可行性。提出可持续场地评价体系在中国风景园林行业建立和推广的必要性。

【关键词】可持续场地倡议；可持续发展；可持续性；评价系统；应用实践

人类面临着世界范围内日益严重的环境恶化和资源耗竭问题，人们开始对城市活动进行反思。可持续发展成为时代发展的主题，可持续的理念渗透到各个领域。包括建筑、城市规划和景观设计等。1993 年，美国风景园林师协会（ASLA）发表了《ASLA 环境与发展宣言》，提出了景观设计学视角下的可持续环境和发展理念。之后美国风景园林师协会、伯德约翰逊夫人野花中心和美国植物园联合研究并发表《可持续场地倡议》(*The Sustain able Sites lnitiative*)，提出一系列从经济、环境和社会角度出发的土地可持续发展的议题。本文主要介绍该倡议下可持续场地的评价体系及其在风景园林专业的运用。

1 《可持续场地倡议》介绍

1.1　可持续场地的原则和意义

基于《布伦特兰报告》中可持续发展的定义，《可持续场地倡议》在 2005 年提出，“可持续发展”是设计、施工、运营和维护过程中，既满足当代人的需求，又不损害后代人利益的发展。该倡议致力于促进土地开发转型和管理实践，侧重于生态系统服务功能的重要性，通过可持续的景观设计手段保护或恢复场地的生态系统。任何类型的景观，无论是公园、购物中心、废弃的铁路站场或是一个家庭花园，都拥有改善和再生自然生态系统的潜力。

一个可持续的场地具有以下基本原则：(1) 无害原则，即对周边环境质量无有害影响，新增项目应满足可持续设计再生场地的生态系统服务功能；(2) 预防原则，即在做任何对人类和环境有风险的决定时需谨慎，预防不可逆的损害；(3) 设计结合自然和文化，即设计时尊重当地、地区和全球的经济、环境和文化条件；(4) 使用“保留—再生”的层级关系，即保留现有的环境特点，保护可持续的资源再生已丢失或被破坏的生态系统；(5) 通过再生系统提供下一代可持续的资源和环境；(6) 理解自然过程和人类活动之间的关系，维护生态系统的平衡；(7) 鼓励同事、客户、制造商和用户间长期和开放式的交流，建立可持续的责任平台。

任何一个可持续发展的场地都将带来经济、环境和社会上的效益。不仅可以降低能源、资源的消耗，降低运营成本，保护与改善动植物的多样化，还能带来社区活力和人类健康的生活环境。

1.2　可持续场地评价系统

以美国绿色建筑委员会提出的绿色建筑评级系统（LEEl)）为典范，在《可持续场地倡议：导则和标准 2009》中也相应地提出了可持续场地的评价标准，从对水资源的可持续利用、土壤的保持、植被及材料的明智选择、支持人类健康和幸福的设计等方面进行打分评级。可持续场地委员会成员基于该倡议提出了 51 个评分点，通过一系列的试验研究，形成一个总分为 250 分的评价系统，根据得分由低至高分为四个星级，如表 1。

可持续场地评分系统　　表 1

评分系统	总分 250 分	占总分比例
一星级	100 分	40%
二星级	125 分	50%
三星级	150 分	60%
四星级	200 分	80%

该评价系统适用于新的建设用地以及改造项目，如小的户外开放空间、地区、州、国家公园、保护区、工业园区、办公园区、机场、植物园、

街道和广场、校园、住宅区和商业街区等。并不是每个评价点都适用于所有的地区和项目类型。根据不同的地区差异和不同的场地类型均可以有所调整。

整个评价系统共有九个评价因子，每个因子由不同前提条件和得分点组成。前提条件是参加评分的必要条件，是不记分项；根据满足每个评价因子下不同的得分点进行记分。具体评分系统如下：

（1）选址（共 21 分）：选择保留现有资源和修复损坏生态系统的场地。前提条件为场地不是限制开发的农田、特殊农田等；具有保护洪泛区功能的场地；具有保护湿地功能的场地；保护濒危物种及其栖息地。得分点包括以下三点：棕地改造更新（5～10 分）；现存有社区的场地（6 分）；鼓励使用非机动交通和公共交通的场地（5 分）。

（2）初步设计的评估和规划（共 4 分）：从项目初期就需制定可持续发展计划。前提条件包括可行性报告研究、场地可持续性的探索和土地综合开发的策略。得分点是该场地是否能吸引周边的使用者和相关利益者的青睐（4 分）。

（3）场地设计——水体（共 44 分）：保护和恢复场地水文系统。前提条件是尽量减少饮用水作为景观灌溉用水，最多可使用 50%的饮用水。得分点包括以下七点：尽量减少饮用水的灌溉甚至不使用（2～5 分）；保护和恢复湿地、河岸和海岸线缓冲区（3～8 分）；恢复已消失的溪流、湿地和海岸线（2～5 分）；管理场地雨水（5～10 分）；保护和提升场地水资源和水质（3～9 分）；利用雨水洪水的设计营造宜人的景观（1～3 分）；维持场地水文特点、节约水资源（1～4 分）。

（4）场地设计——土壤和植物（共 51 分）：保护和恢复场地土壤和植被系统。前提条件是控制和管理场地中已发现的入侵植物、使用适当的非入侵植物创建土壤管理计划。得分点包括以下十点：设计和施工中减少土方改造（6 分）；保留现有植被（5 分）；保留或适当恢复植被生物量（3～8 分）；使用当地树种（1～4 分）；保持原有生态区的植物群落（2～6 分）；恢复原有生态区的植物群落（1～5 分）；利用植被来减少建筑采暖的需求（2～4 分）；利用植被来减少建筑制冷的需求（2～5 分）；减少城市热岛效应（3～5 分）；减少灾难性大火的风险（3 分）。

（5）场地设计——材料选择（共 36 分）：回收再利用现有的材料来支持可持续生产。前提条件是不使用来自濒危树种的木材。得分点包括以下九点：保留场地现状结构、硬质景观和景观设施（1～4 分）；利用场地元素进行解构和拆卸的设计（1～3 分）；利用废弃材料和植物（2～4 分）；使用回收再利用的材料（2～4 分）；使用经过认证的木材（1～4 分）；使用区域内材料（2～6 分）；使用减少 VOC 排放的黏合剂、密封剂和涂料（2 分）；支持工厂在生产时的可持续性做法（3 分）；支持材料在制造时的可持续性做法（3～6 分）。

（6）场地设计——人类健康和幸福（共 32 分）：建立社区并加强管理。得分点包括以下九点：促进公平的场地开发（1～3 分）；促进公平的场地使用（1～4 分）；促进可持续发展意识教育（2～4 分）；保护和维持独特文化和历史的场所（2～4 分）；提供场地的可达性和安全性（3 分）；提供户外体育活动的机会（4～5 分）；提供利于精神放松的观赏植物和安静的户外空间（3～4 分）；提供社会互动交流的室外空间（3 分）；减少光污染（2 分）。

（7）施工（共 21 分）：减少施工及其相关活动的影响。前提条件是控制建设污染物和恢复土壤在施工过程中的干扰。得分点包括以下四点：恢复土壤在以前开发中的干扰（2～8 分）；处理拆除和施工的材料（3～5 分）；回收再利用建设中产生的土壤和岩石（3～5 分）；减少施工期间产生的温室气体和空气污染物（1～3 分）。

（8）运营和维护（共 23 分）：保持场地长期的可持续性。前提条件是场地具有存储、收集回收物的功能，并制定可持续场地的维护计划。得分点包括以下六点：场地运营和维护时回收产生的有机物质（2～6 分）；降低景观及其运营的户外能量消耗（1～4 分）；利用可再生资源满足景观用电（2～3 分）；减少景观维护中产生的温室气体和空气污染物（1～4 分）；使用高效节能的工具（4 分）。

（9）监测和创新（共 18 分）：提高促进长期可持续性发展的知识体系。得分点包括以下两点：监测可持续设计的实践（10 分）；场地设计的创新（8 分）。

2 可持续场地评价体系的应用实践

应用可持续场地评价体系于不同地区、大小、类型和发展阶段的景观项目中，来展示该评价体系的实践可行性。下面通过两个不同类型的项目来介绍该体系的应用实践。

2.1 BWP 生态园（Burbank Wateland Power EcoCampus）

图 1 保留工业遗迹的庭院

图 2 绿色街道

图 3 住宅入口的节水草坪

图 4 社区菜园

BWP 生态园位于美国伯班克市，占地 3.2 英亩，从电厂的工业用地开发利用为再生的绿色园区。项目最大的挑战是保持现有电厂工作运转的同时改善现状植被匮乏、土壤贫瘠、高达 79%的不透水表面等不利元素。

园区最大特色是拥有南加州最长的绿色街道，在公共空间通过不同的方法和技术展示雨水处理，包括可渗透铺地、生物过滤器、过滤槽和种植净水植物等。项目使用再生水代替饮用水作为灌溉等景观用水，由于安装创新的循环水处理系统，每天能够减少 10 万加仑饮用水的使用。另外园区的标志是保留废弃变电站的百年庭院，由工业遗址完美地转变为绿色空间。园区可持续性还体现在绿色屋顶、太阳能停车场、LED 照明、太阳能喷泉泵、回收使用混凝土和碎石等方面。

此外，BWP 生态园制定场地维护计划，如致力于研究项目土壤质量的保持和恢复等。业主也承诺分享他们观察场地的结果，加强可持续发展意识。

根据可持续场地评价系统评分，BWP 生态园评为“一星级”的可持续场地。项目建成后才发表可持续场地评价系统，本项目有些考虑不全。启发景观设计师今后从设计的开始阶段考虑可持续评价系统中的各个评分因子，实现场地的可持续发展。

2.2 维多利亚花园公寓（Victoria Garden Mews）

维多利亚花园公寓位于美国圣巴巴拉市中心，占地 0.25 英亩（约 0.1hm²），被评为“二星级”可持续场地。现有的维多利亚风格的房子被评为绿色建筑金奖标准，改造后增加一栋三层的楼房。本项目可持续性表现在：采用可持续建设材料，明显减少二氧化碳的排放；硬质景观 100%可渗水；场地的降雨进行了全部收集和再利用，通过屋面径流的雨水 100%用于灌溉，并采用高效节水灌溉的方式；社区花园提供居民丰富的户外活动空间；社区鼓励步行、自行车和公共交通的使用，创建良好的步行和自行车道空间连接公共交通站点；立体停车场节约停车空间；社区菜园供给居民食物等。

通过可持续评价体系在本项目的运用实践，反思设计团队需要更好地认识项目场地，分析设计和施工的每一步过程。通过可持续场地的认证过程，设计师可以更好地评估可行及不可行的方法和策略，设计一个更好的解决方案。

3 《可持续场地倡议》在中国风景园林行业推广的意义

面对全球的快速发展，我们风景园林师必须对未来的景观负责，我们相信，任何影响户外环境的创造、使用和管理的行为和事物都将对人类的可持续发展和利益带来重要的影响。可持续场地评价系统在美国也是处于试验和不断完善的阶段，中国风景园林行业可根据场地差异性制定属于自己的可持续场地评价体系。通过该评价系统在国内风景园林行业的推广，加强设计师设计场地时运用可持续发展理念的意识，从设计初期到施工到后期维护都能把可持续发展理念摆在首位，为良好的可持续的生活环境做出贡献。此外，可持续场地评价系统是基于可持续发展的目的而生，并不是严格的准则标准，我们鼓励创新，抛砖引玉，以期启发设计师思维的改变。

（本文曾发表于 2013 年 10 月《中国风景园林学会 2013 年会论文集（下册）》）

香港郊野公园模式初探

庄　荣

【摘　要】 本文分析了香港郊野公园概况、建设管理模式和特点，以期给国内郊野公园建设提供参考。

【关键词】 香港；郊野公园

深圳的七娘山地处东部滨海地区，三面环海，主峰为深圳第二高峰，登顶可望惠州及香港美景。其间峰峦雄奇，多林泉飞瀑；沙软浪清，海岸景观丰富。在历届政府着意保护下，有“深圳最后一块处女地”之称。许多市民自发组织登顶、攀岩、拉练、溯溪、穿越等户外活动，不时有意外发生。由于山区范围大，地势复杂，资讯匮乏，对营救工作造成很大困扰。政府部门对此高度关注，成立七娘山郊野公园筹建办，委托深圳大学完成《深圳市七娘山郊野公园旅游资源调查与评估报告》，在此基础上，邀请三家规划设计单位进行总体规划。2003 年底，笔者参加了广东省城乡规划院深圳分部七娘山郊野公园总体规划工作组的工作，并应委托方要求前往香港参观考察。下面介绍我们在香港考察郊野公园的体会与思考。

1　郊野公园的由来

人类对自然界的不断开发，使地球上未受人类影响的原始自然景观越来越少。为保护自然风景资源（如山岳、岩溶、江河、湖泊、海洋、生物、沙漠、冰川及其他特殊地质地貌等）和人文景观资源（如名胜古迹、人类遗址、园林艺术、社会风情、城乡风貌、现代工程等），各国相继设立了国家公园、郊野公园或风景名胜区等，作为科学研究、科学普及教育和提供公众娱乐、了解和欣赏大自然景观的理想场所。香港因地域狭窄，山林、海岸与城市近在咫尺，设郊野公园与城市公园相对应，不再进行开发建设，而重在保护生态，提供动植物的庇护场所。同时设立必要和有限的服务设施，供市民远足、锻炼和亲近大自然之用。

2　香港郊野公园发展及特点

2.1　香港郊野公园概况

香港位于中国东南端，总面积达 1098km²，由香港岛、九龙半岛和新界（包括 235 个离岛）组成，是发展日渐迅速的东亚地区的枢纽，20 世纪 30 年代的难民潮和太平洋战争曾使香港的山林受到严重破坏，政府于 20 世纪 50 年代和 60 年代积极推动植树计划，取得卓有成效的业绩，郊野公园遍布全港各处，其范围包括风景怡人的山岭、丛林、水塘和海滨地带及多个离岛。

2.2　景观特征

气象：香港属于亚热带海洋性气候。影响香港的恶劣天气包括热带气旋、强烈冬季及夏季季候风、季风槽及狂风雷暴等，不稳定的气候造成多变的天象景观，吸引人们前往郊野公园观赏。

水文：香港三面环海，海洋资源极其丰富。因海水与淡水的互相作用，使各海区在不同季节呈现不同颜色，正常潮汐涨退幅度介乎 1～2m，多数晴好天气下，海水呈美丽的深蓝色。

地质：香港的地质地貌精彩多变，观赏价值极高，一亿六千四百万年至一亿四千万年前的侏罗纪时期，香港发生了多次强烈的火山爆发，由火山灰和岩浆所形成的花岗岩构成香港约过半的岩石成分。不同岩石种类分布，构造了不同的香港山地地貌，600m 以上的高山，全部都是火山岩所组成；新界东北部沉积岩地区，坚固的砾岩组成高耸的八仙岭；二三百米左右的山冈，大多则为花岗岩组成；低地或丘陵地区均为变质岩、砂岩、页岩及泥岩，坡度不大。滨海地带的岩石受海水侵蚀，形成变化万千的海岸景观。

景观资源：相对短暂的开发历史，较少的人为干预以及政府严格的立法保护，使得郊野公园景观特征在很大程度上保留了原生的特质，郊野公园里山海纵横，泉石遍野，山峰雄奇多变，海洋瑰丽多姿，山林浓荫沁爽，泉水淙淙。高度发达的城市景观与蓝色海洋景观、绿色生态景观形成东方明珠的独特魅力。1998 年初，渔农处郊野公园及海岸公园管理局举办郊野公园十大自然风景选举，选出的十大景点分别是：船湾郊野公园的平洲岛、船湾郊野公园的新娘潭、西贡东郊野公园的万宜水库、西贡东郊野公园的咸田湾、西贡东郊野公园的双鹿石涧、八仙岭郊野公园、城门郊野公园的大城石涧、大帽山郊野公园的梧桐寨、南大屿郊野公园的凤凰山、大榄郊野公园的河背水塘。随着香港郊野公园的扩建和增加，郊野公园成为市民舒缓压力、健身休闲、大自然游赏学习的重要场所。

根据以上景观特征，郊野公园内的主要游赏活动有：人文历史、郊游远足、鸟类观测、植物研习、昆虫采集、珊瑚观赏等。

2.3　香港郊野公园的特点

2.3.1　法制完善

20世纪70年代初，急剧的市区发展对天然景观和动植物造成了重要威胁，为保存生态、保护景观和提供康乐场地和教育设施，政府于1976年制定了郊野公园条例，由香港渔农自然护理署下设郊野公园及海岸公园管理局，划管23个郊野公园、15个特别地区、4个海岸公园及1个海岸保护区。在高强度的城市发展和旺盛的土地需求的情况下，香港郊野仍然保持青山隐隐，绿意盎然，很大程度上得益于郊野公园条例的制定和社会法制的完善。香港政府制定的这个郊野公园条例，重在保护生态，提供动植物的庇护场所，使物种自然繁衍。在郊野公园内划定不同生态敏感区域，对生态敏感地点加强巡逻、执法和保护，确保其可持续性发展。郊野公园设护理员制度，归编香港公务员，着统一制服，主动为游人提供服务。郊野公园的主要管理工作包括巡逻、执法、教育、研究及与非政府组织进行社区宣传工作等，对违反条例的行为予以检控。

2.3.2　重视历史，原样保留

香港历史不过百余年，但其在近代史上的特殊地位，使香港郊野公园的游赏活动内容也包含特殊的人文史迹：如反映香港实业变迁史的太古糖厂，反映香港百年英租界历史的太平山旧港督别墅、维多利亚城界石等，这些构筑物大多都是原样保存，仅作简单的游赏指引。

2.3.3　完善的路径体系

香港人生活节奏快，为舒缓压力，郊野公园内设有各种不同类型、长度和难度的郊游路径，满足不同类型游人的需求。有树木研习径、郊游径、缓跑径、健身径、均衡定向径、轮椅径、远足研习径、家乐径和自然教育径等，其中以两位前港督名字命名的麦理浩径和卫亦信径最为著名，也最能代表香港郊野公园的特色。麦理浩径穿越西部到中部的大部分精彩观赏点，是最受欢迎的郊野公园路径之一，从西贡北潭涌开始，一直到屯门的大榄郊野公园，整个路径分为十段，每段长度5～16km不等。郊野公园游客中心处有详细资料供游人索取，详细介绍各段的长度、景观点及难易程度。仅在低山地带公交车可抵达部分设双向机动车道，道路的建设以不破坏自然景观为原则，穿越高山的路径及登山道在行人易发生危险处以当地石材垒步级，尽可能减少人工构筑设施。路径的标识系统相当完善，兼顾安全标识、越野定位系统以及对各种配套设施做详细的指引。

2.3.4　人工构筑量少

香港郊野公园里，最主要建筑为游客中心、为游客提供各种服务，有的游客中心内兼顾展览、科教的功能，大多采用与环境相协调的石材、木材、混凝土等，层数一般不超过三层，建筑外观自然、朴实，有浓郁的山野气息。建筑内装饰也以游览观赏功能为主，装饰风格实用简洁。郊野公园根据不同地点和游赏内容设有桌椅、野餐地点、烧烤炉、废物箱、儿童游戏设备、凉亭、营地和厕所等，健身径中设各种健康器械，上述设施均经过精心设计，与自然环境互相协调。

2.3.5　安全防护措施齐备

郊野公园内设置报警应急求救系统，供游客使用。同时游客中心内提供无线对讲设备出租服务及手机加油站业务，在山区范围较大的区域建设有移动通信设施站，方便对游人进行救护；有完善的双语标识系统，造型简洁，材质生态环保。沿游览线设置指示牌，以防游客迷路，即使游客被困时也可清楚指出所在地点。公园内气候变化无常，游客服务中心还对特殊季节的特殊游客作特殊安全装备指引，以防不必要的人身伤害。郊野公园管理处和游客中心为游客提供野外生存远足活动指引，如有必要先进行体能测试，引导游客不要盲目冒险，选择适合自己游赏的路线，并对游客充分诠释安全条款、提供通信装备。

郊野公园内绝少修葺直达山顶的消防车道，园内山火的防护工作由护理员完成，港称“打火

队”，一般在管理处设便携式灭火器，一旦有火情发生，小范围火情由灭火队员携带灭火器进行扑救，在山顶区域设置消防水池，可供应灭火器水泵用水。在山头设山火观测点，一旦发现大范围火情，可调集直升机就近采集海水灭火。

2.3.6 发展生态旅游

香港素来以发达的城市景观和动感都会为旅游卖点，郊野绿地里少有类似大陆的名山大川、名胜古迹等丰富的人文史迹资源，渔农自然护理署积极推进“以自然为本”的生态旅游，希望借郊野公园为市民带来郊游乐趣，同时培养市民对本地自然生态的认知和爱护，具体方式有：

（1）雀鸟巢箱：在郊野公园范围内设置鸟巢，方便雀鸟在公园内栖息，同时方便游人对雀鸟进行观察。

（2）生态探索：通过一系列活动，提高市民保护自然环境的意识。

（3）野外研习：在野生植物、蝴蝶、雀鸟、昆虫等生物的栖息地，设置解说设施、导赏团等服务。

（4）生态日记：拍摄各种本地的植物、昆虫及雀鸟照片，制作成网站。

（5）海洋保育：与珊瑚礁普查基金会合作，对珊瑚礁及香港近岸海底进行水域调查。

（6）伙伴关系：与旅游事务署、旅游发展局、绿党组织及地方村民加强合作，使本地生态旅游向良性方面发展。为保障村民利益，适当划定居住区域建设房屋，并就近安排村民入郊野公园就职，避免村民因个体利益受损而对环境造成破坏。

（7）设置管制区：将生态敏感地区列为管制区，商业旅游团只能进入交通较方便的生态边缘地带。

3 建设符合国情的郊野公园体系

经过参观考察和与香港郊野公园管理人员沟通交流，我们在七娘山郊野公园总体规划中初步定下几条规划原则：

（1）健全法制，明确对郊野范围的保护

在七娘山郊野公园规划实践中，深感对郊野绿地立法保护的重要性。目前在我国，尚无类似《风景名胜区规划规范》、《公园设计规范》等对郊野公园的规划、设计、建设、管理作明确的指引。在不久的将来，以保护自然、恢复生态为明确目的，限制性引导游人进入的区域将会增多，如何让环境恢复再生并适度发展生态旅游日益成为郊区绿地建设的焦点，以上提及的相关法规对这类地域的规划设计及政策治理的作用明显滞后，急需一种新的法规对新形势下的郊区绿地（非风景名胜和自然保护区）做出有效的管理和引导。

（2）根据生态承受力的强弱，划定不同生态敏感区域

根据生态承载力的强弱分区，建立生态敏感区，控制游人进入量，引导生态脆弱区的自然演替，对已遭破坏的区域适当人工营林；对稀有物种进行保护，根据条件建立基地，引种繁衍；强化生态保护教育，结合现有生态资源，借各种展示途径为游人提供生态教育；控制建筑物、构筑物的数量、外观，尽量少建设人为景点；引导外部交通，避免过多的交通车辆进入园区，合理利用现状资源组织内部交通。

（3）完善郊野绿地的配套设施，尤其加强游人安全防护和防火措施

建立完善的定位系统以提供快速救援服务。制定周详的防火规划、电力电信规划、给水排水规划、道路交通规划并建设好这些市政配套工程，建立有效的郊野公园管理体系。

（4）慎重开发旅游项目，适度发展生态旅游，并对相关区域的原居民的发展作出指引

考虑到公园内有不少自然村，为保障村民利益与生态公益互动，制定社会经济发展整体战略，适度发展与区域内容相关的生态旅游项目，允许村民从事相关的经营活动。

4 后记

在对现状踏勘的过程中，与深圳一群户外活动人士有过多方接触，深感其对生活的乐观态度和对自然的关爱之心，尤其令人感动的是他们在担当我们的向导过程中表现出的无私与合作互助精神，在他们眼里，七娘山是他们活动的大本营，是一群“驴友”结下深厚友谊的地方，在他们身上，鲜有焦虑、猜忌、自我设防等诸多在深圳生活惯常有的情绪，我们与他们一起登顶、溯溪、穿越七娘山，了解他们的路线，以他们的眼光看

待七娘山。作为规划设计单位，我们必须考虑委托单位利益，在使用者与管理者的视野之间不断转化，使我们对七娘山有了全面的认识，并最终成为中标单位。我们深刻地意识到，在这个急剧发展变化的时代，人类很容易在对利益的追求中迷失自我，大自然永远是为人类提供庇护的场所，它让我们精神放松，情绪乐观，心胸开阔。郊野绿地将会越来越受到关注。与城市公园绿地、住区环境绿地不同，它更多的是承载生态样本的功能，让人类在其怀抱中恢复自我，在游走中体验生命最原始的能量。

目前，《深圳市绿地系统规划》中也明确了对郊野绿地的指引，深圳市正在起草郊野公园管理条例，希望该条例的成功制定和执行，不但对深圳市域以外的广大绿色郊野有指导意义，也能对国内众多正在发展中的城市，提供可贵的参考蓝本。

致谢

本文承蒙华南农业大学李敏教授悉心评阅，深表谢忱，感谢深圳市城市管理办公室七娘山郊野公园筹建办林大利主任等同志提供了翔实的有关香港郊野公园的资料，另外特别感谢深圳登山爱好人士曾纪川，对我们在登山的艰难行程中提供了无微不至的照顾。

参考文献

[1] 柳尚华. 美国的国家公园系统极其管理 [J]. 中国园林，1999（1）.

[2] 香港特别行政区政府渔农自然护理署. 发展“生态旅游”的策略，2003.

[3] 香港特别行政区政府渔农自然护理署. 生生不息——香港郊野公园，2003.

（本文曾发表于 2006 年 4 月《广东园林》）

景观生态学研究进展

汪永华

【摘　要】景观生态学研究的焦点问题是景观结构、景观动态与景观功能。本文综述了景观格局、景观动态、景观异质性、景观尺度与景观功能的研究现状，并探讨了景观生态学理论的最新应用领域，展望了景观生态学的研究方向。

【关键词】景观生态学；景观格局；景观动态；景观功能；研究进展

景观生态学（landscape ecology）是宏观生态学研究的一个新的领域[1-3]。它是 C · Troll 于 1939 年首先提出并应用的，于 20 世纪 60 年代末至 70 年代初期形成一门独立的生态学的分支学科，研究与景观结构、功能以及变化有关的生态学原理及其应用，即这些原理在解决人类面临的问题时的应用[1]。研究焦点是景观的 3 个特征[1,3-9]：（1）景观结构。不同生态系统或景观组分的分布格局，尤其是能量、物质和物种的分布与生态系统的大小、形状、数量、种类及生态系统的空间配置或排列方式之间的关系。（2）景观动态。生态镶嵌体的结构和功能在时间上的变化。（3）景观功能。空间要素之间的关系与作用，即组成景观的生态系统之间的能量、动物、植物、矿质营养及水的流动。对景观格局与生态过程（植被演替、生物多样性、放牧格局、捕食关系、扩散、营养动态、干扰的传播）相互作用的研究，有助于在宏观上解决物种的保护与管理、环境资源的经营管理、土地利用规划、生物多样性保护与维持、人类对景观及其组分的影响等生态问题[1,2,8]。

景观生态学以整个景观作为研究对象。在景观生态学中把景观定义为以相似的形式在整体上重复出现的、由一系列相互作用的生态系统组成的异质性区域。景观由景观要素或景观组分组成，而景观组分是相对均质的生态系统。每一个景观单元可以认为是由不同生态系统或景观组分组成的镶嵌体，因此不同的景观具有显著的差异，但是所有景观又具有共性，即景观总是由斑块、廊道和基质等景观组分组成的[1,9]。景观生态学特别关注 4 个问题[5,6,10]：空间异质性的发展与动态、异质性景观之间的相互作用和交换、空间异质性对生物和非生物过程的影响、空间异质性的管理。因此，景观生态学的理论核心也可以说就是生态空间理论，聚焦为研究景观空间异质性的保持与发展。

1　景观格局的研究方法

景观格局（landscape pattern）的研究是景观生态学研究的核心内容和热点问题之一[1,5-15]。景观是由斑块、廊道和基质（事实上，廊道和基质也是斑块的一种形式）组成的。斑块的类型、起源、形状、面积大小、空间格局和动态是景观的重要代表特征。斑块的空间分布表示为景观格局，所以对景观格局的研究大多从斑块着手。景观格局，是景观区域内若干生物过程和非生物过程长期综合作用的产物；同时，景观格局对各种生物过程或非生物过程有直接或间接的影响[2]。了解某一区域景观格局的变化可以为该区域资源的合理管理利用提供科学依据。植被的景观格局可以反映植被空间分布及其动态受环境异质性和干扰状况综合控制的基本特征。通过对景观格局成因机制的分析，确定系统的生产力、稳定性和生境质量的控制因素，进而有效地预测景观的动态，是确立景观管理和设计目标，制定景观管理措施的基础和依据。

景观格局的研究方法有很多[11,16]，常用的有空间自相关分析、波谱分析、半变异矩分析、趋势面分析、聚块样方方差分析及分形分析等，它们为格局分析提供了更简捷方便的数学工具。

最初的景观格局分析方法来源于种群生态学中种群分布格局的研究[11]，即根据种群密度的变化规律是否符合某种随机变量的分布型来确定分布格局。它仅仅从概率的角度说明种群空间分布状态，对种群的各种空间特征，如空间结构和利用空间的能力等的研究是不完善的。随着数学与计算机技术的发展，能够较好地解决这些问题[3,11]。地统计学是以区域化变量理论为基础的空间统计，可以定量地定义生态格局研究的抽样和预测的“代表性”，尤其是空间局部估计和克立格法制图，可以在格局分析中精确地描述所研究的变量在空间上的分布、形状、大小、地理位置或相对位置。波谱分析研究系列数据的周期性，是揭示空间格局周期性规律的有效方法。聚块样方方差分析通过对不同大小的样方进行方差分析，以确定斑块大小和空间格局的等级结构。趋势面分析通过拟合空间数据而建立空间格局统计模型。景观生态学利用分形分析将分维数作为一种指标来描述景观形状的复杂性程度，分维变量的自相似性使我们可以选择最佳观察的尺度来研究某个生态过程，并推断该过程在其他尺度上的变化规律。

对景观格局的定量描述是分析景观结构、功能和过程的基础。通过格局分析就可以把景观的空间特征与时间过程联系起来，从而能够比较清楚地分析景观的内在规律性。国内景观格局的研究始于20世纪80年代末肖笃宁等人，当时对景观指数和图形的操作主要采用传统的计算方法和手工操作[4]。近年来，随着“3S”技术及其相应计算技术的兴起，可以处理卫星遥感数字图像数据、数字地面模型数据和从卫片、航片或地图等经扫描得到的景观生态数据以及实地采样数据等更加复杂的数据。现常用的景观格局指数[4,7,12-14,17-26]见表1。

常用景观格局指标　　表1

	景观指数	出处
破碎化	平均斑块面积	[14]
	斑块数量	[20]
	平均斑块密度	[13]
	连接度	[1,4]
	斑块离散度	[23]
	缀块性	[17]
	邻接指数	[24]
	聚集度	[19]
边缘特征	斑块周长	[22]
	边缘对比度	[1]
	总边缘长度	[25]
形状	形状指数	[1,22]
	分维数	[2,12]
	修改分维数	[16,21]
多样性指数	Shannon 指数	[1]
	Simpson 指数	[26]
	优势度	[4,7]
	景观均匀度	[18]

近年来，有人将表1所述的这些指标归纳为景观多样性的数量化特征[15,27]。景观多样性是指景观在结构、功能和时间动态上的多样化和变异性，它揭示了景观的复杂性，是对景观水平上生物组成多样化程度的表征。景观多样性常被区分为景观类型多样性（landscapetype diversity）、斑块多样性（patch diversi ty）和格局多样性（pattern diversi ty）三种[27-29]。类型多样性是景观中类型的丰富度和复杂性，常考虑景观中不同的景观类型的数目及其所占面积的比例，其测定指标包括类型的多样性指数、优势度、均匀度和丰富度等，事实上，上面介绍的景观多样性指数是景观类型多样性指数。斑块多样性是景观中斑块的数量、大小和形状的多样性和复杂性，测定指标包括斑块的数目、面积、形状、破碎度、分维数等。格局多样性是景观类型空间分布的多样性及各类型之间以及斑块间的空间与功能关系，测定指标包括修改分维数、聚集度、连通性等。自从 O′Nei ll 等[7]将许多数量指标引入景观生态学以来，先后产生了几个优秀的计算机软件包：SPANS[12]、HE 、LSPA 、FRAGS TAS 等，而尤其是 FRAGS TAS 的功能最强，它以 GIS 的软件为数据输入平台，计算出57个景观指数。

2　景观动态

景观具有变化和稳定的双重特性[1]。所谓稳定，即景观对外界干扰的抵抗能力或恢复力。稳定是相对的，由于景观要素的干扰作用或者景观本身的系统发育，引起景观的变化，从而景观格局也随之发生变化，而干扰作用是造成景观格局变化的主要原因。而干扰的机制则是综合性的，包括自然环境、各种生物以及人类社会之间复杂的相互作用，如地震、洪水、森林病虫害、人工造林、林分改造、围湖造田等，作用的结果往往使景观系统的稳定性和景观结构发生变化。如1988年，美国黄石国家森林公园发生火灾，不但影响到斑块形成和位置，而且还影响到斑块内部后来群落的变化和生物，尤其是食草动物对景观要素或斑块的格局的适应。总之，景观要素或斑块形成的空间格局及其内部的变化构成了景观格局的动态。

景观格局的变化类型一般可分为三种[4,9]：

(1) 某一景观要素成为基质，取代了原来的基质；(2) 几种景观要素的景观比例（包括面积、连通性、对景观的作用等）发生了比较大的变化；(3) 景观内产生新的景观要素并且占有相当面积。

研究景观格局的动态，就要分析景观要素的变化、景观功能、生物量与生产力的变化等，但主要是讨论景观各要素类型所占面积的变化——各景观要素类型在一定时期内的面积增减及其分别向其余各种景观要素类型转变的百分率（即转移概率）。常常用的是转移矩阵，它是一种基于马尔科夫模型的研究方法。近年来，渗流模型已被广泛地应用于景观格局的研究[3,6,30]。它是一种重要的零假设模型，以渗流理论为基础，研究网络的空间随机过程所产生的单元群的数量大小和形状，及其在临界渗流状态下的变化。利用二维渗透网络模拟景观格局，可以研究火、病虫害和物种的传播，斑块的聚集性和空间结构，资源在不同尺度上的可利用性等。

3 景观异质性

景观格局和景观异质性（landscape heterogeneity）一直是景观生态学研究的核心问题。景观异质性是指一个区域内，一个景观对一种或更高级生物组织的存在起决定性作用的资源（或某种形状）在空间上（或时间上）的变异程度（或强度）和复杂性[31,32]，即表现为空间异质性和时间异质性。其理论内涵是：景观组分和要素，如斑块、基质、廊道、动植物、生物量、热能、水分、空间矿质养分等在景观中总是不均匀分布的。异质性是景观的一个固有属性[32]。从来源上看，景观异质性主要来源于三个方面：自然干扰、人类活动和植被的内源演替或种群的动态变化。景观格局是由景观中异质性景观要素的种类、数量、规模、形状及其空间分布模式决定的。景观异质性是产生景观格局的基础和主要原因[11,17,31,32]，即景观异质性导致景观格局的存在，而景观格局是景观异质性的具体体现，它决定着资源和物理环境的分布形式和组分，并制约着各种景观生态过程。Forman 和 Godron[1] 认为景观异质性是限制干扰传播的主要因素，并对生物系统的多样性和动态产生积极的作用。通过景观的生物、水分、养分与物质流取决于景观格局，而景观异质性影响着景观内物质流、物种流、能量流和信息流，影响着景观的稳定性、景观类型存在的持久性、对干扰的抵抗力及恢复力等，并对各种景观生态学过程产生影响。

4 景观尺度

景观研究的尺度性（landscape scale）是人们关注的热点[5,14,30,33,34]，而景观结构及过程与尺度密切相关。植被的景观格局是植被格局研究中的一个较高层次，不同的生命层次利用着不同尺度上的环境资源，不同尺度上的生命结构具有不同的秩序特点，事实上，从景观的自相似性特征可看出，大尺度结构是小尺度的放大形式。尺度分析和尺度效应在景观格局研究中具有重要意义[5,34]。因环境异质性的变化，小尺度的格局与结构进行自组织，逐步形成高一级尺度的景观格局与结构，而伴随着斑块由不规则趋向规则，景观类型趋于减少。一定尺度上相对异质的景观，在更高一级的尺度上就变成相对同质的景观。尺度通常包含空间尺度和时间尺度两种[5]。空间尺度研究景观的大小或者最小信息单元的空间分辨率水平，而时间尺度是其动态变化的时间间隔。随着科技的发展，景观研究中的尺度由最初的观察者的目力能见度，逐步扩展到通过航空航天手段，尺度愈来愈大，但是目前在景观生态分析中，常常界定的空间尺度由几千米到几十千米；时间尺度从几年到几十年，而人类世代几十年的时间尺度往往成为景观生态学研究关注的焦点。

在景观尺度上进行控制性实验代价较高，所以，人们越来越重视尺度转换技术，而尺度外推是景观生态学研究的一个难点，它涉及如何穿越不同尺度生态约束体系的限制[10]。不同时空尺度的聚合会产生不同的估计偏差，信息总是随着粒度或幅度的变化而丧失，信息的损失速率和空间格局有关，而映像来自于从尺度中获取的信息。时空尺度的对应性、协调性和规律性是尺度研究的一个重要特征。通常研究的地区越大，相关的时间尺度也越大。生态系统在小尺度上常表现出非平衡特征，而在大尺度上可体现一定的平衡特征。

5 景观功能

景观功能（Landscape function）指的是空间

景观组分之间的相互作用，即能量、物质、物种在生态系统之间的流动[1,9,35]。有关景观组分之间的流动的基本概念有两个：一个是景观组分的边缘，具有与半透膜一样的功能与作用，通过渗透使能量、物质、物种流进或流出景观组分。流动可以横穿过边缘，也可以沿着边缘流动。另一个是相邻的景观组分处于不同的成熟阶段，相对年轻的景观组分释放物质与能量，具有流动源的作用；而相对成熟的景观组分起着吸收物质与能量的库作用。

与景观组分之间的物质、能量、物种的流动有关的媒介或运输机制包括五类：风、水、飞行动物、地面动物和人类。驱动运输机制运转的动力包括扩散作用、物流和携带运动，这些动力是确定流动的方向和距离时要考虑的因素[1,9]。扩散作用又称弥散作用，指溶解或悬浮物质从高浓度区域流向低浓度区域的运动，其方向是随机的。物流指物质沿着能量（势能和动能）梯度的运动，包括河流、地表和地下径流。物流受重力支配，并受土壤、地形、植被等因素的影响。携带运动指动物和人在景观中的活动对能量、物质与生物体在空间上的重新分配，与前两种形式相比，携带运动常常造成能量、物质和生物在空间上的高度聚集。一般而言，种群动态、生物多样性和生态系统过程等都不可避免地受到景观空间格局的制约或某种影响。

6 景观生态学的研究动向

目前，景观生态学的研究呈现以下的动向：(1) 景观格局的数量化研究方法得到进一步的发展。近年来，对景观格局所作的定量分析包括空间异质性、空间相关性、空间规律性（趋向性和梯度）和景观格局的等级结构等参数。(2) 以"3S"技术为代表的新技术在景观格局研究中日渐成熟，智能地理信息系统（IGIS，即地理信息系统与专家系统的结合）及其三维可视化多尺度分析也受到了重视。(3) 对景观的动态进行生态监测和计算机模拟。(4) 围绕景观的空间格局与生态过程的关系为中心的景观尺度上的结构和功能的研究不断深化，对景观格局是如何产生的，如何影响生态过程，系统数量化特征空间变化之源的分析以及景观镶嵌梯度如何影响通过空间的景观流等问题的探讨，对景观生态学的理论框架和概念体系的构建将产生积极的影响。(5) 对景观生态学与文化关系的研究已成为一个新的热点[33-37]。人类对景观的感知、认识和判别直接作用于景观，同时也受到景观的影响。文化习俗强烈地影响居住地景观和自然景观的空间格局，而景观外貌和格局也反映出不同民族和地区的人民的文化价值观。同时，人类活动正通过影响景观而愈来愈深刻地影响和改变着景观格局。这方面的影响包括改变人类干扰的类型和格局，广泛改变大气化学条件以及引入外来有机体[8]，而且其影响的空间范围正在不断地增大，甚至于连远离人类的生态系统（如原始森林，南、北极）也未能幸免于难。(6) 景观格局的研究与当代生态学的热点问题（生物多样性保护、全球变化和可持续发展）紧密结合，进而探讨适合本地区发展的景观格局。

7 景观生态学理论的应用

目前，世界正面临人口猛增、自然资源过度消耗、人类生存环境日益恶化等问题。同时，由于自然环境普遍受到人类的干扰，就需要一种理论和技术对被人类破坏的自然环境进行重建。而这种重建并不是简单、机械地复古，而是建设既符合自然规律，又能可持续发展与生产更多物质财富的景观生态系统。这正是当前景观生态学的重要任务。因此，景观生态学的应用范围非常广泛，在国土整治、资源开发、土地利用、生物生产、自然与生物多样性保护、环境治理、区域规划、城乡建设、旅游发展等领域[4,12,17～20,23,24,29,30,32,33,38～44]被用于探求合理利用、保护和管理景观的途径与措施。依据系统整体优化、循环再生、区域分异的原则，为合理开发利用自然资源、不断提高生态生产力、保护和建设生态环境提供科学依据，探求解决发展与保护、经济与生态之间的矛盾，促进生态经济持续发展的途径和措施。

在自然保护和恢复生态学领域，景观生态学的发展为保护生物学和恢复生态学提供了新的理论基础，而保护生物学和恢复生态学为检验景观生态学理论与方法提供了场所[1,9,17,38]。生物多样性保护的理论和实践表明，生物多样性是一个具有等级、时空尺度和格局特征的复杂系统概念，物种的保护必然要同时考虑它们所栖息的生态系统和景观的多样性和完整性，也要考虑多尺度上生物多样性的格局和过程及其相互关系。在生态系统管理领域，景观生态学的原理和方法在森林资源、草地资源、湿地资源等的开发和管理方面得到了广泛、深入的应用[18,20,38]。不少学者认为，区域景观尺度是研究与分析自然资源的宏观永续利用和全球气候变化带来的生态学问题的最合理的尺度。这是因为区域景观是能够反映自然生态系统和人类活动的种类、变异以及空间格局特征的最小空间单位。在自然资源管理和利用方面，景观生态学途径愈来愈受到重视。在土地利用规划方面，景观生态学可以为土地利用规划提供一个重要的理论基础，还为土地利用规划和设计提供了一系列方法、工具和资料[12,39-44]。例如，格局分析和空间模型方法与遥感技术的结合，可以极大地促进土地利用规划的科学性和可行性。

参考文献

[1] Forman R T T, God ron M. Landscape ecology [M]. New York: John Wi ley an d Son s, 1986: 1-57.

[2] 李哈滨．景观生态学：生态学领域里的新构架［J］．生态学进展，1988，5（1）：23-33.

[3] 肖笃宁．宏观生态学研究的特点与方法［J］．应用生态学报，1994，5（1）：95-104.

[4] 肖笃宁，赵羿，孙中伟，等．沈阳西郊景观格局变化的研究．肖笃宁．景观生态学：理论、方法及应用［C］．北京：中国林业出版社，1991. 186-195.

[5] 肖笃宁．论景观生态学的核心概念框架［A］．肖笃宁．景观生态学研究进展．长沙：湖南科学技术出版社，1999. 8-14.

[6] Tu rn er M G, Gardner R H . Qu an tit ati ve methods in landscape ecology [M]. London: Sprin ger-Verl ag, 1991. 59-63.

[7] O' Nei ll R V, Krummel J R, Gardner R H, et al. Indices of landscape pat t ern [J]. Lands cape Ecology, 1988, 1 (3): 153-162.

[8] Picket t S T A, Cadanas so M L. Landscape ecology, s pat ial heterogeneit y in ecological syst em s [J]. Science, 1995, 269 (21): 331-334.

[9] 徐化成．景观生态学［M］．北京：中国林业出版社，1996. 20-29.

[10] 肖笃宁．国际景观生态学研究的最新进展［J］．生态学杂志，1999，18（6）：75-76.

[11] 王政权．地统计学及在生态学中的应用［M］．北京：科学出版社，1999：130-147.

[12] Tu rner, M G. A spati al simu lation model of land use change in Georgia [J]. Appli ed m athemati cs and comput ati on, 1988, 27: 39-51.

[13] Ripple W J, Bradsh aw G, Spies T A. Measu ring landscape pat tern in the cascades range of oregon [J]. Biol Con serv, 1972, 57: 73-88.

[14] Dunn C P, Sh arpe D M, Gu nt ens pergen G R, et al . Methods f or analyzing t emp oral changes in landscape patt ern [A]. Turner M G, Gardner R H. Quant it at ive Methods in Lands cape Ecology [C]. London: Sp ringer-Verlag, 1991: 173-198.

[15] S cheiner S M. Measu ring pat t ern diversit y [J]. Ecology, 1992, 73 (5): 1860-1867.

[16] 常学礼，邬建国．科尔沁沙地景观格局特征分析［J］．生态学报，1998，18（3）：225-232.

[17] Roth, R R. S pat ial h et erogenei ty and bi rd species diversity [J]. Ecology, 1976, 57: 773-782.

[18] Romme, W H. Fi re and landscape diversity in sub alpine forest s of Yellow st one National Park [J]. Ecology Monogr, 1982, 52: 199-221.

[19] 王宪礼，肖笃宁，布仁仓，等．辽河三角洲湿地的景观格局分析［J］．生态学报，1997，17（5）：317-323.

[20] Trani M K, Giles Jr R H . An analysis of defo rest ation: Met ri cs used to des cribe pat t ern ch ange [J]. Forest Ecology and M anagem ent, 1999, 114 (2-3): 459-470.

[21] Olsen E R, Ramsey R D, Winn D S . A modifi ed f racti onal dimen sion as a measu re of landscape diver si ty [J]. Phot og ramm et ric E ngineeringand Rem ote S en sing, 1993, 59: 1517-1520.

[22] Pat ton, D R. A diversi ty index for quantif ying habit at edge [J]. Wildl S oc Bul l, 1975, 3: 171-173.

[23] Urban D L, S hugart J r H H . Avian dem og raphy in mosaic lan dscape: M odeling paradigm and preliminary result s. Verner J. Wi ldlif e2000: Modeling habi tat relat ionships of rer rest rial vert eb rates [C]. Univ of Wi sconsin Press, 1986. 273-277.

[24] LaGro Jr J. Assessing patch shape in landscape mosaics [J]. Photogrammetric Engineering and Remote Sensing, 1991, 57 (3): 285-293.

[25] Ranney J W, Bru ner M C, Leven son J B. Th e importance of edge in the s t ru cture and dy nami cs of f ores t i slands. Burgess R L, S harpe, D M. Forest Is land Dynami cs In M an-Dominated

Landscapes [C]. London: Springer-Verlag, 1981. 67-96.

[26] Pielou E C. Mathematical ecology [M]. Wiley Publishing, 1977: 385.

[27] 马克明，傅伯杰，周华锋．景观多样性的测度：格局多样性的亲和度分析 [J]. 生态学报，1998，18 (1)：93-98.

[28] 傅伯杰．景观多样性分析及其制图研究 [J]. 生态学报，1995，15 (4)：345-350.

[29] 傅伯杰，陈利顶．景观多样性的类型及其生态意义 [J]. 地理学报，1996，51 (5)：454-462.

[30] Gardner R H. Neutral models for the analysis of broad scale landscape patterns [J]. Landscape Ecology, 1987, 1: 19-27.

[31] Li H, Reynolds J F. On definition and quantification of heterogeneity [J]. Oikos, 1995, 73 (2): 280-284.

[32] 李团胜．城市景观异质性及其维持 [J]. 生态学杂志，1998，17 (1)：70-72.

[33] Baskent E Z, Jorden G A. Characterizing spatial structure of forest landscape [J]. Can J For Res, 1995, 25: 1830-1849.

[34] 肖笃宁，布仁仓，李秀珍．生态空间理论与景观异质性 [J]. 生态学报，1997，17 (5)：453-461.

[35] 邬建国．生态学范式变迁综论 [J]. 生态学报，1996，16 (5)：449-460.

[36] 肖笃宁，李团胜．试论景观与文化 [J]. 大自然探索，1997，16 (2)：68-71.

[37] Nassauer J I. Cultural principle of landscape ecology [J]. Landscape Ecol, 1995, 10 (4): 229-237.

[38] 李晓文，胡远满，肖笃宁．景观生态学与生物多样性保护 [J]. 生态学报，1999，19 (3)：399-406.

[39] 戴尔阜，傅泽强，祁黄雄，等．县域农业生态景观规划与设计：以北京市密云县为例 [J]. 地理学与国土研究，2002，18 (1)：59-62.

[40] 王仰麟．渭南地区景观生态规划与设计 [J]. 自然资源学报，1995，(4)：372-378.

[41] 张惠远，王仰麟．土地资源利用的景观生态优化方法 [J]. 地学前缘，2000，(1)：112-120.

[42] 俞孔坚，李迪华．城乡与区域规划的景观生态模式 [J]. 国外城市规划，1997，(3)：27-31.

[43] 曾 辉，江子瀛．深圳市龙华地区快速城市化过程中的景观结构研究：城市建设用地结构及异质性特征分析 [J]. 应用生态学报，2000，11 (4)：567-572.

[44] 管东生，林卫强，陈玉娟．旅游干扰对白云山土壤和植被的影响 [J]. 环境科学，1999，20 (6)：6-9.

（本文曾发表于 2005 年 8 月《长江大学学报（自科版）》）

动物园规划设计概述

叶 枫

【摘 要】 作为城市公园系统里的专类公园，动物园既有与植物园、综合性公园等城市绿地的共性，也有其特殊性，其规划设计是涉及规划、园林、建筑、动物学、生态学等多学科交叉的复杂工作。本文以规划设计与动物生活习性相结合为重点，从总体到局部的设计程序较为系统地分述了动物园的展览方式与场地规划、场馆类型与设计及专业设计师的工作内容。最后，结合动物园的发展现状，综述了动物园规划设计的方法与要点，并展望未来动物园的发展趋势。

【关键词】 风景园林；动物园；综述

动物园（Zoo、Zoological Garden 或 Zoological Park）从一般意义上讲，是展出野生动物，普及动植物科学知识，引导人们热爱大自然、保护野生动物的重要场所，同时也是研究动物、繁殖动物、保护珍稀野生动物的动物科研基地[1]。动物园的规划设计是一项多学科交叉的复杂工作，涉及城市规划、园林、建筑、动物学、植物学、生态、环保、给水排水、电气、暖通等专业，从宏观上动物园与城市的关系到微观上人与动物的活动空间，无一不考验领导决策层和规划设计师们的智慧。

1 展览方式与场地规划

从近现代动物园的历史发展来看，动物园的展览设施经历了橱窗式的“路边动物园”时期与“沉浸式”的生态动物园时期。目前世界上这两种形式的动物园还大量并存。纵观其规划形式，大体分三种：建筑为主体的“笼舍陈列式”、“沉浸式”生态布局方式和综合式布局。建筑为主体的“笼舍陈列式”优点是平面紧凑，参观简便，适合用地紧张的动物园，国内外很多老动物园尤其是城区内的动物园均属此类。缺点也显而易见，即动物的生存环境低劣，园内景观差（图 1）。“沉浸式”生态布局方式特点是创造近似自然的生存环境条件，动物可以在与原生栖息地相仿的自然环境里生活、繁衍，极大地提高了动物的生活条件与福利。早在 1907 年，德国人卡尔·哈根贝克（Carl Hagenbeck）在汉堡（Hamburg）郊外的斯特林根（Stellingen）创建的动物园具有湖泊、悬崖等吸引人的景观，动物展览按动物地理学的原则组织，有明显的参观路线，并且用有水的壕沟代替栅栏和网，动物是以整个家族或成群的形式展出[2]。后来这种布局方式得到推广，用这种方式可以大大改善动物园的景观，也为游客创造了更优美的观赏环境。但修建这一类动物园需要相当大的用地，因此也常常位于郊区。美国加州圣地亚哥动物园和西雅图的 Woodland Park，捷克的“撒发利”动物园都属于这一类型（图 2）。综合式布局，大多数新建的动物园往往将前两种方式结合起来。加拿大多伦多动物园和日本横滨动物园就是这样，其规划的指导思想是在动物园里最大限度地使动物的生活条件接近于它们居住的自然环境。通过陈列馆与露天自然展区相结合的方式为游客提供多元化的丰富参观路线（图 3）。

图 1 “笼舍陈列式”展示（姚文 摄）

现代的综合性大型动物园常常拥有 2000 个种、属和 1 万～2 万只不同的动物，如何向游客展示这些超大数量的动物，就需要具有科学依据的展览体系。动物的数量和种类组成，以及豢养特点（笼养、散养、单独的或成群的等）取决于

图 2 “沉浸式”展示

（图片来源：Theme and Amusement Park）

图 3 日本横滨动物园（姚文 摄）

动物园的展览体系。通常动物的展览体系分两大类：遵循从最低级到最高级动物的展览体系和动物地理布局的展览体系。前者按进化发展的过程将动物分成诸如水生类、两栖爬行类、鸟类、食草类、食肉类等，每一大类又可分为几小类。传统动物园都是以动物分类法来组织参观游线。其特点是游人可以循序渐进的认识动物界，并且动物分类豢养，方便饲养与管理。“笼舍陈列式”的展示设施基本沿用这类展览体系。后者始于 1907 年德国的哈根贝克（Hagenbeck）动物园，后来逐渐为各大动物园所推广，发展成为“动物栖息地生态环境布局”展览体系。

在传统笼养动物园中，动物展览就是按照动物分类排列的，一排鹿舍，把鹿科动物都放在一起；一排食肉兽舍，把老虎、狮子、豹放到一起。虽然它们在分类上相近，但地理分布、生活环境可能相差十万八千里，如东北虎和马鹿都生活在森林中，构成复杂的生物关系，但老虎在食肉兽展区而马鹿在几百米以外的草食区展出，游客无法把它们联系起来。现代动物园是按生态地理区域概念来排列动物展区，向游客解释物种之间的相互关系：鹿是虎的食物，虎能控制鹿的种群规模，它们之间是互相依存的关系，都是复杂生物多样性网络中的一个环节。动物的展览体系决定动物园的分区特点，无论采用哪一种体系，都应为动物和游客创造与自然接触的生境，以及和谐共存的自然王国。

2 动物场馆类型与设计

如果把动物场馆看作动物的家，那么跟人类住宅一样，它们也有自己的户外花园、客厅、卧室、甚至餐厅等生活空间。通常会见访客的地方是在它们的“客厅”或“户外花园”。根据动物的豢养及展出形式可将动物场馆分为室内展馆、室外笼舍、露天散养区三大类。不论哪种类型，都要为动物提供活动场地，以室外露天为佳。传统的老动物园主要由室内展馆和室外笼舍组成，“笼养时代”的动物们只能生活在狭小的空间里。但自从“沉浸式”动物展览方式出现之后，露天散养区成了主角，深受游客的喜爱。

2.1 室内展馆

通常室内展馆展出的是一些中小型动物或特殊展示，例如水族馆、两栖爬行动物馆、熊猫馆等。这一类展示动物的“家”空间较小，一般“卧室”与“客厅”合二为一。室内展馆的设计要遵循以下几个原则：参观路线要“清晰化”、展示场景要“主题化”、游览序列要“戏剧化”等（图 4）。广州动物园海洋馆是一个较成功的案例。当游客从入口进去后，首先经过一段碧波荡漾的海底隧道，将游客的心情一下调动起来；穿过隧道进入展示大厅，顿然回首，高达 6m 的玻璃墙面将整个“海底世界”展现在游客面前，极具视觉震撼力，成为中心大厅的视觉焦点。然后缓缓行进于幽暗的参观通道之中，琳琅满目的各种热带鱼让游客应接不暇，正忙于要记住这些可爱的小鱼之际，一场人鲨共舞的精彩表演又在蓝色水幕之中登场了，参观者的兴奋度被推到最高点（图 5、图 6）。

图 4　主题场景化的响尾蛇展示

图 5　广州动物园海洋馆的海底世界

图 6　广州动物园海洋馆的人鲨共舞

2.2　室外笼舍

室外笼舍一般由三部分组成：半开放式或封闭式展览场、内舍和饲养员通道。半开放式或封闭式展览场的笼舍是对游人开放的，相当于动物的“花园”或“客厅”。半开放式场地大多被栅栏围合，视觉通畅无障碍，适用于温顺的食草动物如骆驼、山羊、袋鼠等和部分不善飞行的禽类如雉鸡、孔雀、红腹锦鸡等，因此又叫“圈养”。封闭式笼舍由透空金属网、金属栏杆或玻璃等围合而成，适用于飞禽类、兽类等动物，其作用主要是保证动物与游客的安全以及防止动物逃逸。通常在半开放式或封闭式展览场地后部设置动物睡觉、吃饭的内舍，甚至还有病号隔离间、产房等功能房，这部分场所不对公众开放。每种动物的生活习性、体形大小各不相同，其内舍也五花八门。有高达 6m 的长颈鹿房舍，也有不到 1m 高的雉鸡笼舍；有睡通铺的猩猩房，也有睡单间的大象与老虎房。禽类只需要简单的房子，而猛兽笼舍需要精巧的机关来开关笼门。这部分也是三者之中最难设计的，需要丰富的动物学知识与动物饲养经验，设计师需要协同动物学家、饲养员、管理人员一起认真推敲每一个细节，以动物为本，为动物提供一个舒适的家。饲养员通道的作用是让饲养员能安全、便捷地靠近动物笼舍投放食物、观察动物、医疗动物、清洗笼舍等其他工作。其设计应根据不同的动物笼舍灵活处理。

2.3　室外散养区

室外散养区与半开放式露天圈养区的主要分别在于前者没有明显的围栏将游客与动物分开，通常利用壕沟、水沟或细钢索等隐形手段以及地形处理来创造“沉浸式”的自然散养区，将游人沉浸于动物生活的自然场景当中。散养区一般面积较大，利于营造身临其境的氛围。但室外散养区也存在占地面积大，饲养管理难度较高等缺点，所以散养区多以食草动物如斑马、长颈鹿、羚羊和猛兽类动物如老虎、狮、熊、豹等游客喜爱的动物为主。

散养区有进入式和非进入式两种。进入式以车游为主，主要是为了保障游人以及动物的安全；非进入式通过壕沟、水沟或细钢索、玻璃等隐形隔离手段让游人在散养区四周观看。其中以进入式猛兽散养区设计与建造最为复杂，涉及自动控制大门、电网、监视设备、瞭望塔等设施。非进入式散养区通常以壕沟或水沟将人与动物隔离，不同的动物采用不同宽度与深度的隔离沟（图7）。其尺寸由动物的奔跑、弹跳能力以及力量、年龄、地形等多方面因素决定，大多为经验数值，很难有一个统一的标准。

图7　用壕沟与钢索隔离的犀牛散养区

一个好的动物散养区设计应是将生活在同一种环境之中的不同动物如草原上的斑马、羚羊、长颈鹿与非洲狮、非洲象等展区布置在一起，也就是前面章节提到的按动物地理布局方式展出动物，这样要比把各种动物分开各展各的更具有科普教育意义。当然，斑马、羚羊与非洲狮之间要用壕沟隔开，通过地形、植物等景物掩映，游客看到的是一片非洲草原的景象。现代动物园的创始人——德国人哈根贝克早在20世纪初就已经开始尝试这种展览方式（图8）。

图8　动物地理布局方式展出动物

（图片来源：《神户市立王子动物园》，第39期）

3　专业设计师的工作内容

作为动物园规划设计的主导专业，风景园林师具备较综合的专业知识背景与专业整合能力，他们承担了大量的动物园总体规划与方案设计以及施工图工作，为参观者、动物、管理者创造舒适、安全、便捷的观赏、生活和工作环境。现代动物园正朝着生态型动植物园的方向发展，植物配置设计对于动物栖息环境的营造至关重要，既能美化环境，又不能对动物的生活乃至健康造成不良影响，如有毒有刺植物的慎用。风景园林师对于植物材料的选择与运用是动物园设计的一项重要内容。

动物园里有大量的动物笼舍、科普馆、游客服务中心、动物医院、管理处等建筑，对建筑师来说也是一大挑战。建筑师在这儿需要抛开惯用的建筑设计理念，更多的是考虑不同种类的动物生活习性、空间尺度、饲养管理、游客参观等方面的问题，设计出动物生活舒适、游客参观方便、饲养员管理便捷的动物园建筑。

给水排水工程师负责全园的生活用水（包括人和动物）、浇灌用水、景观用水（如湖面、喷泉）、消防用水的供给以及雨污废水的排放设计。其难点在于动物生活用水和污水的排放。

电气工程师的重要工作内容包括照明设计、各种场馆用电设备负荷设计（如水泵、取暖设备等）、弱电设计（广播、背景音乐、脉冲电网等）。

暖通工程师除了要考虑人使用的建筑通风采暖，还要针对需要冬天取暖的动物进行其相关笼舍、场馆的重点采暖通风设计。

动物专家在动物园规划设计中的介入也很重要，他们会根据不同动物的生活习性与设计师磋商，以便设计作品能尽量满足动物的生活需要以及方便饲养员日常工作。动物专家主要包括动物学家、饲养专家、动物医学家等。他们会为专业设计师提供不同种类动物所需笼舍的设计要求，例如平面尺寸、布局方式、安全围护的结构形式等等。以狮虎猛兽散养区为例，修建隔离壕沟的深度与宽度尺寸没有固定的设计规范可循，只能靠动物专家的丰富经验根据成年狮虎的奔跑跳跃距离来确定技术数据与构造形式。此类例子很多，可以说凡是与动物有关的设计都离不开动物专家的协助。

4　结语

从动物园的历史发展可以看出，人类越来越认识到对动物乃至大自然的尊重，所以动物园的规划设计应处处体现这种尊重。从规划选址到具体场地设计应尽可能利用原有地形、植被、水体、山石等自然要素，为动物创造回归自然的家园。同时，根据每种动物的生活习性与原生地理环境布置它们的场馆，真正为动物营造舒适的家；并合理安排游客参观方式，尽可能减低人对动物的影响。

参考文献

[1] （苏）弗·阿·戈罗霍夫，勒·布·伦茨著．郦芷若，杨乃琴，唐学山等编译．世界公园．北京：中国科学技术出版社，1992.

[2] （法）巴拉泰、菲吉耶著．乔江涛译．动物园的历史[M]．中信出版社，2006.

（本文曾发表于2007年8月《风景园林》）

印度传统伊斯兰造园艺术赏析及启示

洪琳燕

【摘　要】 印度是世界著名的文明古国之一，随着14世纪莫卧儿王朝的建立，印度原有的正统造园艺术逐渐改变其旧有形式而与伊斯兰文化融为一体，形成了印度伊斯兰式园林，即著名的莫卧儿造园。本文分析和阐述了印度伊斯兰园林产生的历史背景、造园条件，并通过对其园林类型和名园实例的着重介绍，总结出该类园林的造园特征，最后，以莫卧儿花园为实例阐述了印度传统伊斯兰造园艺术在20世纪初期被赋予的新生命力。

【关键词】 印度；伊斯兰；园林；莫卧儿

伊斯兰园林，在世界园林史上可谓最为沉静而内敛的庭园，它大多以独特的建筑中庭形式呈现，并伴随浓厚的地域文化。印度伊斯兰造园艺术，作为异民族入侵的一个产物，它在继承传统的同时结合印度地域特征，将若干不同于传统的新元素融入到庭园的布局、场址、种植、水体等造园要素之中。同样，它亦为地域与文化作用下的产物，并在世界伊斯兰园林史上占有十分重要的地位。

1　造园背景

1.1　历史背景

同埃及、中国一样，印度是世界上最古老的文明国家之一，除去它那源远流长的古代文明，还曾有过诸如孔雀王朝、芨多王朝等印度的“黄金时代”。然而，印度也遭受过多次外族的入侵，如古希腊亚历山大的入侵、匈奴人的入侵等。可以说，印度历史又是一部“不断为异民族征服的历史”。8世纪初曾一度入侵印度西北部的阿拉伯人，在11世纪再次侵入并征服了这个国度。14世纪，随着蒙古人入侵和莫卧儿王朝的建立，更使印度遭受到伊斯兰文化的侵扰，并被其征服。印度原有文化在伊斯兰文化的冲击下逐渐改变了其原有形态。造园艺术也不例外，随着伊斯兰文化的入侵，特别是在这之后的莫卧儿人统治时期，印度原有的正统园林艺术与伊斯兰文化发生了很大的碰撞，并逐渐改变其旧有形式而与伊斯兰文化融为一体，形成了印度伊斯兰式园林，即著名的莫卧儿花园。

1.2　造园条件

莫卧儿皇帝在入侵印度后（莫卧儿王朝为1526～1858年统治南亚次大陆绝大部分地区的伊斯兰教封建王朝，1526年入侵印度），都特别钟爱造园，其造园选址主要集中在两个地区：一个是在北纬28°的阿格拉/德里（Agra/Delhi），另一个是在北纬35°的克什米尔溪谷。

阿格拉，位于朱木纳河畔、德里南部110英里（176.99km）处，是莫卧儿王朝的都城之一，巴布尔等多位莫卧儿皇帝在此造园。此地属热带气候，3～6月酷热，6～9月有季风。其自然景观平淡，缺乏特色，除朱木纳河之外，到处都是满布树木的丛林。莫卧儿时代最古老的庭院拉姆巴格（Rambagh）就建于此。

克什米尔溪谷，位于喜玛拉雅山脉之中，整体占地范围约80英里×30英里（128.72km×48.27km），距德里城500英里（804.5km）。与德里的多变气温相比，克什米尔溪谷气温恒定，土壤肥沃，四周的雪山不仅为之提供了充足的水源，还抵御了季风的影响[1]。迷人的风景、宜人的气候使克什米尔成为帝王们极好的避暑胜地。阿克巴（Akbar，1556～1605年在位）是第一位远征克什米尔的莫卧儿皇帝。之后，其子贾汉吉尔及后继者们在那里建立了永久性的夏宫。

2　实例赏析

就园林的发展史而言，莫卧儿人在印度的造园主要有两种形式，即陵园和游乐园。莫卧儿人的陵园多建于平原上，它在莫卧儿花园中占有十分重要的地位；莫卧儿游乐园则在克什米尔等依山靠湖地区留下了若干实例。

2.1　莫卧儿人的陵园

莫卧儿人的陵园建于印度的平原上，通常按

照莫卧儿人在《古兰经》中得以许诺的“天园”的样式建造于国王生前。当国王死后，这里便成为天堂的入口，即天国和人间彼此连接起来，这也是阿拉伯造园艺术的基本思想。

在莫卧儿花园中，陵园占有十分重要的地位。巴布尔（Babur，1483～1530年）之后的几个国王的陵墓，全都是伊斯兰式的花园，且规模宏大。胡马雍（Humayun，1530～1556年在位）的陵墓在德里，阿克巴的陵墓在席坎德拉（Sikandra，阿格拉堡附近），贾汉吉尔（Jahangir，1605～1627年在位）的陵园在拉合尔（Lahore）附近。这些陵园都是方形的，陵墓本身位于方形的正中央，其前后左右沿轴线的十字形路将陵园分成四大块，然后，每块再分成小方块。其中，胡马雍和贾汉吉尔的陵墓都是由各自才华横溢的王后督造的，而沙·佳罕（ShahJahan，1627～1650年在位）却督造了他的王后的陵墓，这就是著名的泰姬·马哈尔陵（以卜简称泰姬陵），它可以称得上是世界上最美丽的陵墓。本文将重点介绍胡马雍陵和泰姬陵[2]。

2.1.1 胡马雍陵

该陵位于印度首都新德里的东南郊亚穆河畔，是莫卧儿帝国第二代帝王胡马雍及其妃子的陵墓，1562年由胡马雍的遗孀哈米达巴奴主持建造，是莫卧儿王朝陵墓之最，也是印度最早的莫卧儿式建筑。

胡马雍陵是一座伊斯兰式的陵墓，也是莫卧儿时代最早的一座大型纪念物，据说它的设计在80年后还为泰姬陵所沿袭。这座建筑物高耸在环抱德里的平原之上，规模宏伟，以其巨大的圆形屋顶格外引人注目。陵园院落宽阔，四周围墙长约2000m，采用四面相间的设计特点。正方形寝宫建于庭园正中高大的长方形石台上，以红砂石筑建而成，占地四十多平方米。除建筑以外，广阔花园景致同样不凡，使人想起《百兰经》中描绘的天国景象，绿洲、泉水、神宫，象征着另一个世界的极乐生活。

然而现在，拥抱着陵墓的大面积陵园已成为一片不毛之地，果树、绿荫树也被一扫而空。但石造水渠和喷水池经修复大致保持了原状。因此，作为莫卧儿的古庭院，这座陵园仍具有十分深远的意义[3]。

2.1.2 泰姬陵

该陵是莫卧儿皇帝沙·佳罕为他的爱妃玛姆塔兹·马哈尔（MumtazMahal）建造的陵墓。它位于濒临朱木纳河的地带，是一座平坦而美丽的陵园，也是印度建筑史上的登峰造极之作，其壮美程度曾令无数人赞不绝口。

玛姆塔兹·马哈尔原是波斯人。1612年与沙·佳罕结婚，1631年，当她生第14个孩子时死去[4]。为纪念爱妻，沙·佳罕前后用了大约22年的时间为其修建陵墓，以表达他对妻子的深深情意。

较之先前的那些莫卧儿陵园，泰姬陵在布局上有了很大的创新。它不再将陵墓放在正方形花园的正中，而是移到了后面，使整个花园完整地呈现在陵墓之前。这样，打破了原有阿拉伯式花园的向心格局，而花园的本身，又因此而恢复了阿拉伯式的特点。陵园的主体建筑物建在30英尺（9.144m）高的平台上，顶部是高230英尺（70.104m）的穹顶圆塔，四角体量稍小的带穹顶的塔形建筑侍立左右。庭园部分以建筑物的轴线为中心，取左右均衡、简单的布局方式，在十字形水渠的中心筑造了一个高于地面的白色大理石的美丽喷水池。迎面而立的大理石陵墓倒映在一池碧水之中，更显其动人之美。花园的路被浓荫覆盖，花坛开满鲜花[2]（图1）。

不过，自19世纪中叶英国人吞并印度以来，由于英国风景式造园思想和土著居民对艺术的漠不关心，泰姬陵遭到了严重的破坏。近年来经过一些修整，荒废状况稍有改观[3]。今天的泰姬陵，改变很多：四大块草地与水渠、道路取平，大树伐尽，只剩下不高的行道树；在轴线两旁有大理石的图案。

2.2 莫卧儿游乐园

与莫卧儿人的陵园不同，莫卧儿游乐园多建于河流流域或是溪谷之中，依山靠湖，地势相对较陡。于是，这里的莫卧儿园林地面变得不再平坦，取而代之的是一连串的下降阶地。这样的场址规划方式不仅可使观赏者以更佳角度观赏周边群山、湖泊之景，又能使园林设计在地形上与园外景致完美融合，理想地解决了原有场址的高差问题。此外，游乐园中的水景相对陵园多了许多，且通常不采用反射水池般的静态水景，而是更加青睐形式活泼多样的动态水，如跌水、喷泉等，局部由于地形因素甚至设置较为大型的瀑布景观。

莫卧儿游乐园中保存至今的有尼沙特园、沙

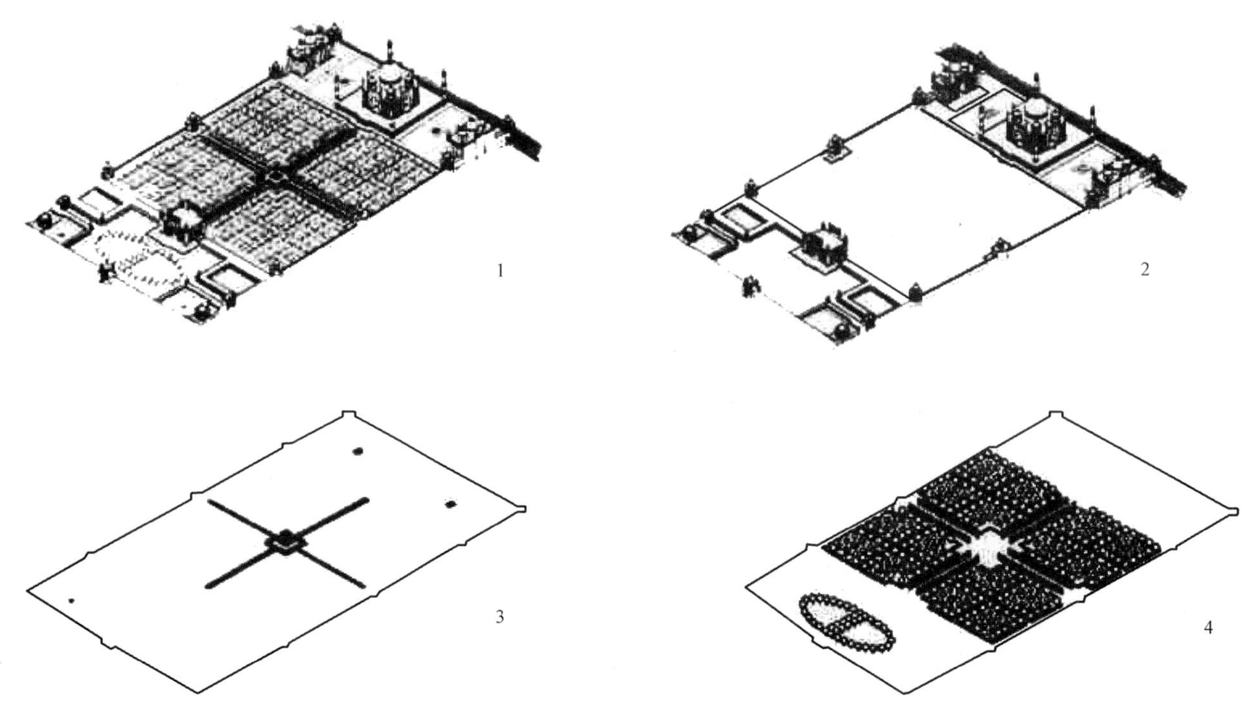

图 1　泰姬陵[5]

1—概貌；2—墙体及建筑；3—水体；4—种植

拉马尔园、阿尔巴尔园和维那格园等，其中最著名的还属建造于克什米尔的沙拉马尔园和尼沙特园。

2.2.1　沙拉马尔园

沙拉马尔，梵语中意为“爱之所”，它是最著名的一座克什米尔园林。这座园林是 1619 年由贾汉吉尔开始建造的，并于 1630 年，由他的继承人沙·佳罕延伸到了北边。

沙拉马尔跨过一条浅浅的沟壑，四周以群山环抱，以马哈迪奥的雪为背景，整个园林处于一个封合的范围之内[5]。庭园共分为三个部分：即最外侧的庭园部分，位于中部的帝王庭园和供王妃及女眷使用的庭院。其中，以第三部分最为优雅。外侧庭园是经常向外开放的公共庭园，这里除了公共大厅迪万尼安姆，还有皇帝经常坐在那里的御座当众演讲的巴拉达里。第二个庭园比第一个稍宽，由两个低矮的露台组成，中间建有私人厅，朝廷的成员可以进来这里。虽然作为私人厅的建筑现已不存在，但石台基和喷泉之中的平台还残留着。在这个区域的西北面设有国王的浴室。第三部分是后宫庭园，里面最精彩的是沙·佳罕建造的极漂亮的黑色大理石凉亭，这座凉亭迄今还屹立在喷泉的水花之中。晶莹的碧水在光亮的大理石上闪闪发光，其浓烈的色彩反复闪现在罗汉松古树之中[3]（图 2）。

2.2.2　尼沙特园

尼沙特园是由女皇纳尔加罕（贾汉吉尔的王后）的兄弟阿斯拉夫可罕建造的。它在类型和规模上都跟沙拉马尔园相似，它们起源于同样的建造蓝图，并且是在同一个皇帝统治的时代，在附近的地方用同样的材料建造而成。所不同的是尼沙特园的园址地形比沙拉马尔更陡，且与湖的关系也更为密切。

整个庭园由 12 个露台组成，象征着 12 座宫殿，它们沿着达尔湖的东岸依山逐渐升高，也就是说整个院子包含了 12 层台地。台地高度的转换是通过很宽的低层瀑布来实现的，流经水渠的水变成台阶形瀑布落下。每一个水池，每一条水渠中都有喷泉，当喷泉喷射时，整个庭园充满生机。据说，尼沙特园一年四季的景色都很迷人，在那些明丽露台上的花坛中，蔷薇、百合等各种鲜花争奇斗艳；而在最美的秋季，白杨、洋梧桐的金黄色树叶在黛色山峦的映衬下更是景致万千（图 3）。

跟克什米尔的其他园林一样，由于近代修筑道路，湖岸边的露台与其余露台分开，原有景致遭到破坏。现存尼沙特园只是私家庭园而非宫苑，主要庭园比其他露台稍高，形成系列露台状。

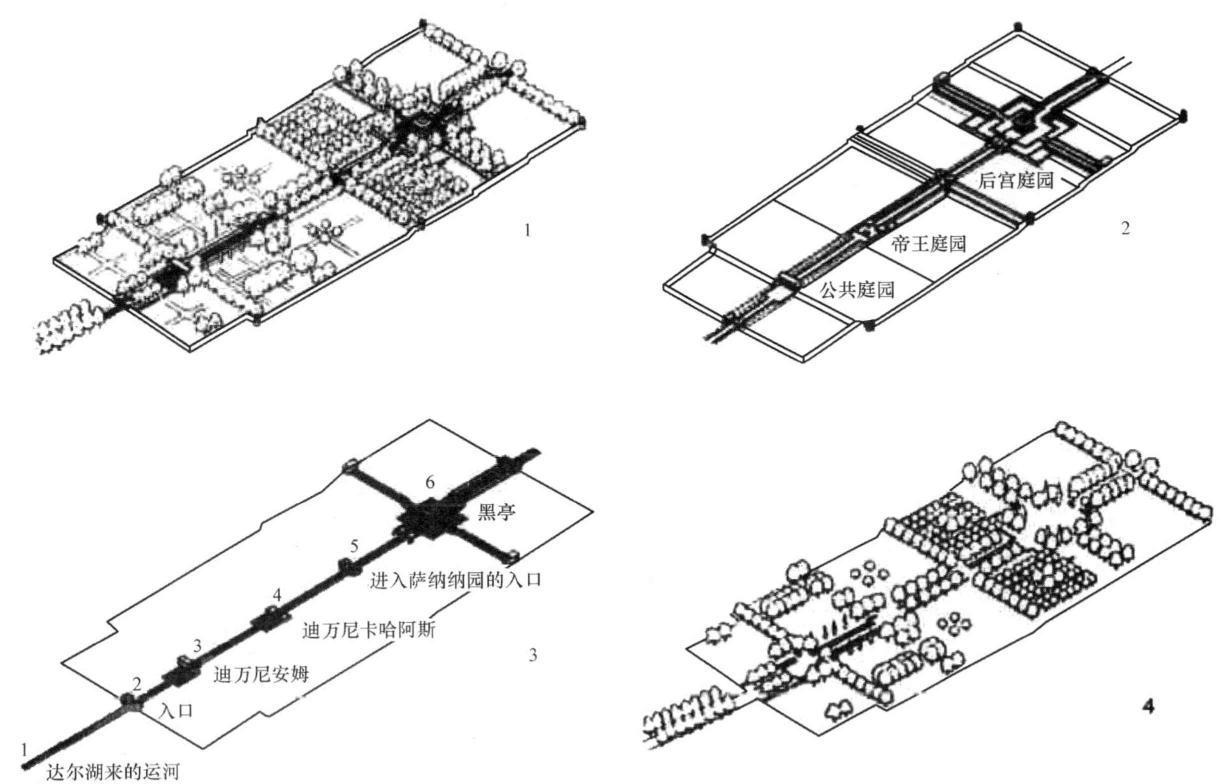

图2　沙拉马尔园[5]

1—概貌；2—建筑及台地；3—水体；4—种植图

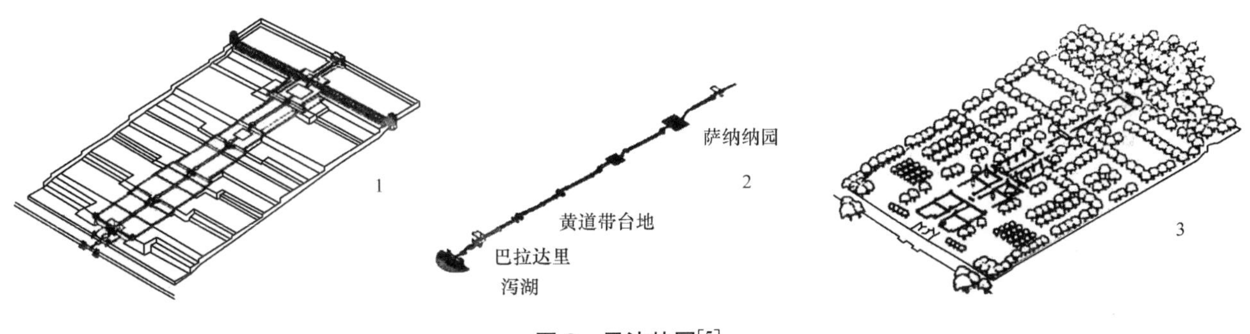

图3　尼沙特园[5]

1—建筑及台地；2—水体；3—种植

3　造园特征

3.1　园林布局

莫卧儿人自称是印度规则式园林设计的导入者，它的第一位皇帝巴布尔将波斯人的造园模式引入到自己的园林之中，试图寻求所谓的规则和对称。于是，印度伊斯兰园林虽然没有完全按照传统伊斯兰园林中以十字形园路和水渠将庭园分成面积相当的四个部分，并在水渠的交叉处设置水池或喷泉的传统布局模式，但在很大程度上还是延续了规则式的庭园布局，往往都会存在着某种关系的对称。

3.2　园址地形

莫卧儿人的陵园通常建于地势相对平坦的平原之上，在场址的选择上延续了以往伊斯兰园林的造园观念，空间相对开阔；而莫卧儿人的游乐园则常常建于依山靠湖之处，地形相对较陡，因而大多数庭园在竖向处理上采用了层层阶地的方式，这样既便于观赏群山、湖泊之景，又能在地形上与园外景致完美过渡，场地规划较为理想。

3.3 水的运用

在炎热、缺水的气候条件下，水成为伊斯兰园林构成的重要因素，贮水池、水渠、喷泉等各种理水方式得到了广泛的采用。在印度伊斯兰造园中，水的运用除了沿袭伊斯兰传统园林中必不可少的水渠、水池之外，还在许多游乐园中加入了台阶瀑布，跌水、喷泉等动水景观，使整个庭院充满活力，生机勃勃。

3.4 植物选择

莫卧儿园林和其他伊斯兰园林的一个重要区别在于不同植物的选择上。由于气候条件不同，伊斯兰园林通常如沙漠中的绿洲，因而具有许多多花的低矮植株；而莫卧儿园林中则有多种较高大的。

4 新生命力

19世纪上半叶，风景园林在走过了近一个世纪后，规则式园林又重新受到重视。曾长期合作的英国园艺家杰基尔女士（Gertrude Jekyll，1843～1932年）与建筑师路特恩斯（Edwin Lutyens，1869～1944年）提倡从大自然中获取设计源泉，并且找到统一建筑与花园的新方法：即以规则式布置为结构，以自然植物为内容。这种设计风格在经他们的大力推广普及后，成为当时园林设计的时尚，并影响到后来欧洲大陆的花园设计。

1911～1931年间路特恩斯在印度新德里设计的莫卧儿花园（Mughal Garden），又称总督花园，也体现了这种自然式和规则式的结合。通过对波斯和印度传统绘画的学习和对当地一些花园的研究，路特恩斯将英国花园的特色和规整的传统莫卧儿花园形式在这个园林中结合在一起。花园由三部分组成：第一部分是紧贴着建筑的方花园，这是一个规则式花园，花园的骨架由四条水渠组成，水渠的四个交叉点上是独特的花瓣喷泉；以四条水渠为主体，再分出一些小的水渠，延伸到其他区域。外侧是小块的草坪和方格状布置的小花床，形成了美丽的园林景观。第二部分是长条形花园，这是整个园中唯一没有水渠的花园。在这一部分，路特恩斯设计了一个优美的花架，上面攀爬着九重葛。在花架的旁边，是由一些绿篱围和的小花床。花园的第三部分是下沉式的圆花园，圆形的水池外围是众多的分层花台，一排排的花卉种植在环形的台地上，使人想起杰基尔设计的宁静、平和的台地式乡村花园[6]。

莫卧儿花园中规则的水渠、花池、草地、台阶、小桥、汀步等的丰富变化都在桥与水面之间60cm的高差内展开。美丽的花卉和修剪树木体现了19世纪的传统，交叉的水渠象征着天堂的四条河流。建筑师运用了现代建筑的简洁的三维几何形式，给予了印度传统伊斯兰园林以新的生命。

5 结语

印度的伊斯兰造园艺术，作为当时上层阶级为了个人享受而建造的大庭园园林，形式上往往封闭、方正、规则，属于建筑体系。由于气候干旱，水成为其造园的核心。较之这种情形，中国当代的造园艺术也同样正面临“缺水”这一巨大的现实问题。我们对印度伊斯兰造园艺术的精美绝伦之处，只能根据本国国情、地域特征与本土文化，有选择性地借鉴，而不宜盲目仿造。

参考文献

[1] 吴家骅. 环境设计史纲［M］. 重庆：重庆大学出版社，2002.

[2] 陈志华. 外国造园艺术［M］. 郑州：河南科学技术出版社，2001.

[3] 针之谷钟吉. 西方造园变迁史［M］. 邹洪灿，译. 北京：中国建筑工业出版社，1991.

[4] 杨滨章. 外国园林史［M］. 哈尔滨：东北林业大学出版社，2003.

[5] 查尔斯·莫尔. 风景［M］. 李斯，译. 北京：光明日报出版社，2000.

[6] 王向荣，林箐. 西方现代景观设计的理论与实践［M］. 北京：中国建筑工业出版社，2002.

[7] 二十天的印度［EB/OL］.（2006-10-19）［2006-10-30］. http：//www.06txtx.com/showpost.aspx? postid=1174.

[8] 泰姬陵［EB/OL］.（2006-01-15）［2006-10-30］. http：/www.cts2008.com/Art/2006-01-15/1063356.html.

[9] 奉爱之旅，行走奇异印度［EB/OL］.（2004-06-23）［2005-08-03］. http：/hxtc.china.cn/Zhuanti 2005/txt/2004-06-23-content _ 5593403. htm.

（本文曾发表于2007年9月《北京林业大学学报（社会科学版）》）

我国体育公园建设发展的思考与建议

孙福林　何　昉　徐　艳　刘　燕

【摘　要】通过分析国外体育公园的发展现状，提炼出值得我国借鉴的体育公园建设思路；反观我国体育公园发展现状，引发出对我国体育公园建设发展的思考，并提出初步建议。

【关键词】体育公园；建设思路

自我国"全民健身计划"实施以来，广大群众对体育运动的关注日益提高，尤其在北京申奥成功之后，社会上再度掀起了一股体育热潮。体育公园建设也因此成为我国园林绿地建设的新热点。2000年以后，国内一些大中型城市开始兴建体育公园，但与拥有成熟的体育公园建设经验的发达国家相比，我国仍处于起步阶段。面对这一现状，有必要借鉴国外体育公园规划设计的先进思路，并将其与自身实情结合，以此解决我国体育公园发展中出现的问题，为我国体育公园未来的发展探寻新的方向。

1　国外体育公园发展现状

1.1　英国体育公园

建于1959年的英国Goslirlg体育公园。占地约20.23hm^2。公园内除了设有足球场、滑雪场、桑拿室、健身房、田径与自行车场地、壁球场等室内外运动设施外，还有儿童游戏、餐饮、医疗、会议、洗浴、洗车等一系列配套服务。公园还针对不同年龄、性别或使用目的的人设计不同的活动，如为50岁以上中老年人安排活动、女性休闲活动、儿童体育课程、婚庆、夏令营等。

除此之外，英国体育公园也无不体现出对残疾人的特别关怀。园内所有草坪区、停车场、更衣室、洗浴室、网球场、跑道等都面向残疾人开放。他们还能在公园中举行运动会。例如英国伊斯特本（EastboLJme）的体育公园为了给残疾人提供充分的运动条件，还限定时段专为残疾人开放（表1）。可见，英国体育公园在活动内容的设置上充分体现了人文关怀。

英国伊斯特本的体育公园中残疾人活动时间表　表1

日期	时间	团体	地点
星期一	17:00～18:00	特殊奥林匹克足球	Cavendish学校体育馆 Eastbourne体育公园夏天开放
量期三	17:00～18:00	老年人团体	Shinewater社区体育中心
星期四	16:30～17:30	青少年团体	Shinewater社区体育中心
星期四	16:45～17:45	特殊奥林匹克田径	Eastbourne体育公园

资料来源：http/：www. eastbourne. gov. uk/leisure/sport/sports-development/sports-developmen-plan/people-with-disabilities/。

1.2　法国体育公园

法国的体育公园常常因其超前的设计理念，新颖的布局形式，给人留下强烈的视觉印象，体现出具有法国特色的现代主义园林设计风格。例如，距巴黎市中心10km的青年体育休息娱乐公园——特拉姆布尔体育公园。整个公园呈椭圆形盘状，内部道路系统犹如结网般逐渐向外辐射。路网规划不仅解决交通问题，还体现出极高的艺术价值。公园的体育设施（如网球场、排球场、溜冰场等）建在中心休息区四周的一系列台地上。层层抬高的地形有效地阻挡了相邻运动区的视线干扰和噪声干扰。

体育运动场地一般都需地势平坦，竖向变化少。但特拉姆布尔体育公园的台地设计。不仅满足了运动场地的地形需要，还为人们创造了变化的竖向景观，增加知觉体验的趣味性。这对于一些现状为洼地、凹地的体育公园场地设计，有较高的参考价值。

1.3　美国体育公园

美国在发展体育公园建设事业的过程中体现出如下几个特点。

（1）规模指标明确，布置合理

《美国各类城市公园规模指标》对体育公园有明确规定：体育公园的服务半径0.8～1.6km，且20分钟内可达，面积系数为0.5hm^2/千人。适宜用地规模4.8～20hm^2[1]。这表明，美国体育公园的规模并不太大，但分布较广泛，居民不必大费周折，短短几十分钟内就能到达附近的体育公园，使用极为方便。

（2）体育公园类型多样

随着新型运动项目的产生，专为赛车爱好者设计的赛车体育公园和为极限运动爱好者特设的极限运动公园也屡见不鲜。专为这类人群开设的体育公园成为他们提高运动技能、交流运动心得、开展比赛和表演活动的优质场所，极大丰富了体育公园的类型和主题内容。

（3）休闲特征突出

美国体育公园的休闲特征十分突出。如 Hollywood 体育公园、Victorv Lane 体育公园和 Badger 体育公园（表 2），人们不仅能在其中找到自己中意的运动场所，还能在此举办家庭聚会、生日宴会、夏令营和团队建设等，促进了人与人的社会交流。

美国体育公园中常见设施　　表 2

公园名称	体育设施	配套设施及服务
Hollywood Sports Park[a]	室外：快速球类体育场，战斗类游戏区、现代游戏区、观众台、樊岩壁、沙滩排球场、赛车道、足球场	商店：团队建设、公司聚餐、生日宴会、青少年社团、夏令营、大学生社团
Victory Lane Sports Park[b]	室外：球场、沙滩排球场、成人垒球与排球联盟、青年棒球联盟、击球场、儿童游戏场	酒吧：主办联盟比赛、锦标赛、私人聚会、公共活动等
Badger Sports Park[c]	室内：卡丁车、游戏室 室外：迷你高尔夫球场、击球场	生日宴会厅

[a] http：//www. hollywoodsports. com；
[b] http：//www. playvictorylane. com；
[c] http：//www. badgersportspark. com/。

（4）园林设计契合运动项目特征

美国的体育公园设计，在一些细节处理上显示出了设计师对运动环境特征的精心思考。迷你高尔夫球场在美国各大体育公园中十分常见，但受场地限制，迷你高尔夫球场很难实现标准高尔夫球场地形多变、地域特征鲜明的景观效果。然而，设计师通过将低矮的灌丛状植物植于石砾之上，使人联想起丘陵景观：在场地内嵌入一方池塘，再现了自然环境中的水洼；利用绿色塑胶地面与白色砂石相接的铺装效果，模拟了高尔夫场草坪与砂地。沙滩排球场周边种植棕榈植物。烘托出浓郁的热带海滨气氛，躺在凉爽的茅草亭中，更让人有如亲临海滩一般的感觉（图 1）。小轮车场地则选用造型简单、质感粗硬的植物加强了粗犷、狂野的感觉，场地中间低矮的地被、裸露的砂石，与崎岖不平的车道相呼应，重现了在野外挑战小轮车的真实感（图 2）。

图 1　沙滩排球场（Hollywood 体育公园）

（来源：http：//www. hollywoodsports. com）

图 2　小轮单车场（Hollywood 体育公园）

（来源：http：//www. hollywoodsports. com）

1.4　日本体育公园

日本体育公园（日本称“运动公园”）建设起步较早。早在 1933 年，日本公园就按照其功能分为运动公园、自然公园、近邻公园和儿童公园等[2]。1956 年，日本历史上第一部《都市公园法》将“运动公园”定义为：供全市居民体育锻炼用的城市公园，并将运动公园作为都市基于公园的组成部分，制定相应标准“每隔 5～10km 就有一处运动公园，面积从 $15hm^2$ 到 $75hm^2$ 不等”[1]。这种应用法规形式定义体育公园的做法，使市民的运动场地资源得到有力保障。

另值得一提的是，20世纪80年代以维持并增进国民身心健康为目的的“健康运动公园”建设推进事业也被首次提出。区别于运动公园的是，它特别为高龄者或不太运动的利用者提供较小规模的设施，体现出对社会弱势群体的人性关注[3]，这对老龄化现象严重的日本来说有着深远的社会意义。

2 国外体育公园建设思路

通过以上分析可以看出，国外在体育公园建设方面已经积累了较为丰富的经验。尽管各国体育公园呈现出不同的外貌特征，但在建设思路上反映出一些共同关注的问题，这也是值得人们注意的。

2.1 制定规模标准

美、日都将体育公园纳入本国公园分类系统，并制定相应的规模指标，为计算公园游人容纳量、运动设施数量与占地面积等提供参考，使体育公园能更好地服务于人民。

2.2 营造特色景观

国外的体育公园规划设计有意识地突出了本国风景园林设计特点与体育运动项目特征，营造出形象鲜明的园林景观。例如，法国人将对现代艺术的理解引入体育公园的设计之中，创立了不拘一格的规划布局手法，如特拉姆布尔体育公园整体布局呈辐射状，显示出17世纪下半叶法国公园的特点。美国则是在体育公园的室外运动场地设计中，利用植物造景模拟自然的运动环境，强化了场地特征，如美国Badger体育公园中的迷你高尔夫球场。

这种对地域景观特色与体育运动特征的挖掘，引发了对如何将中国文化内涵及传统体育特征融入体育公园规划设计的思考。国外在体育公园特色景观营造方面的尝试将有助于开拓思路，寻求能够充分展现我国文化魅力与体育文化内涵的体育公园设计方法。

2.3 贯彻“以人为本”的设计思想

在体育公园中建立完善的配套服务设施。通过地形设计增加运动体验的趣味性，丰富体育公园类型，以及根据不同类型运动者的需要来设计活动内容。使运动融合休闲的做法。归根结底。都是“以人为本”设计思想的体现。时刻将使用者的需要放在首位，在体育公园规划设计中始终贯彻“以人为本”的思想，是当代体育公园的重要特征。

3 我国体育公园建设发展中存在的不足

由于我国体育公园建设才刚刚起步，其建设思路与国外相比显现出一些不足之处。通过笔者对国内现有体育公园的实地考察发现，其中以下几点较为突出。

3.1 缺乏建设指导依据

长期以来，我国对体育公园的各项规模指标都未做定量的描述，只是笼统地要求专类公园面积“宜大于$2hm^2$”[4]，以及包含体育公园在内的“其他专类公园”的绿化占地面积应大于等于65%[5]，与美、日两国量化的体育公园规模指标相比存在一定差距。由于忽视指标制定的重要性，使得体育公园在定位、规模大小、服务半径的控制和活动内容设置，以及规划布局等方面缺乏科学的指导依据。

3.2 忽视当地传统体育文化

由于各个城市之间存在着体育发展水平、地理、气候条件、传统体育项目、运动喜好等方面的差异，因而形成了各地特有的体育文化。然而这种地域性体育文化特色在体育公园中的体现却不甚突出。

调查发现，某体育公园中的迷你高尔夫球场虽然位于主入口附近，但却无人问津。高尔夫在国外有着广泛的群众基础，因此国外体育公园中常建有迷你高尔夫球场，甚至修建高尔夫球公园，但这项运动在我国现阶段的普及程度仍较低。可见，不能完全照搬国外做法，应从当地发展实际出发，在园中先行设置一些在本地区拥有较高群众基础的运动项目及设施。如沿海地区体育公园设置丰富的水上运动项目；寒冷地区体育公园设置滑冰、滑雪场等。在体育公园中设置运动项目时，如能结合当地人们的运动喜好，不仅切合大众之需，同时也能展示地方体育文化特色。

3.3 运动需要的配套设施欠缺

3.3.1 配套服务设施不完备

调查发现，我国体育公园中的运动设施数量

基本满足需求，但配套服务设施较欠缺（表3），多数缺乏洗浴、医疗机构等运动相关的服务设施，以及由专业体育教练提供的健身指导。大型体育中心因需满足专业体育比赛的需要，餐饮、洗浴和医疗等服务设施大都配备齐全。但赛后场馆向普通群众开放时，相应的服务设施是否也全部对外开放，还有待考察。

我国体育公园内主要运动及配套服务设施　　表3

公园名称	主要运动设施	配套设施及服务
上海闽行体育公园	健身跑道、垂钓区、游船码头、篮球场、足球场、网球场、室外健身器械、儿童游戏区等	
北京方庄体育公园	网球馆、篮球场、足球场和门球场、田径跑道、室外健身器械	小卖部、餐厅、租赁亭、冷饮店
北京望京体育公园	篮球、排球、旱冰、儿童游戏场、高尔夫球练习场	
广州琶洲岛体育健身公园	篮球场、足球场、网球场	
上海浦东体育公园（源深体育中心）	训练馆、室内外网球场、体育场、游泳馆、篮球场、足球场、滑板场等	
南京奥林匹克中心公园（南京奥体中心）	体育场馆、训练场、网球中心、篮球场、足球场、门球场、乒乓球台、室外健身器械等	宾馆、餐厅、会议室、新闻中心、多功能厅、更衣室、浴室、医疗室等；开设体育培训班；部分场地需交纳租金
广东奥林匹克体育中心	体育场馆、训练场、棒球场、足球场、篮球场、乒乓球台、室外健身器械	
北京奥林匹克公园（中心区）	大型运动场馆、铺装广场为主	

3.3.2　对特殊人群的考虑不足

特殊人群在这里主要是指行动不便或少运动的人群。这类人群由于其生理和心理的需求有别于普通人群，因此，他们所处的运动环境和所使用的运动设施都应满足其特殊要求，但专门为此类人群设置的活动区及运动设施在调查中并不多见。

3.3.3　体育公园类型单一

我国大多数体育公园中多以开展传统运动项目为主，而对于一些特殊的运动群体，如热衷于挑战性运动的青少年，在国外有专为他们设计的极限运动公园等等，但在国内则少有出现，公园类型偏于单一。

4　关于我国体育公园建设发展的建议

首先，要从完善绿地分类标准、公园设计规范等一系列行业导则出发，对体育公园的概念、性质、类型及其相应的规模指标做出具体的解释，明确制定体育公园面积、服务半径、到达时间、人均公园占地面积等量化指标，使得在确定体育公园规模时具有指导性依据。各地区可根据自身情况进行适当调整，制定适合本地区发展体育公园规模指标。

其次，通过让公众直接参与到体育公园的前期准备工作中。有助于加深设计师对场地历史文化属性以及地方体育特色的认识，让他们与设计师一同构建出最符合使用者要求的公园模型。

第三，将人性化设计贯穿体育公园设计始终，建立系统化的配套服务设施，以满足人们从运动开始到结束不同阶段的需要。对残疾人等特殊人群，不仅要考虑到无障碍通行，还应为他们提供专门的运动环境与设施，如设置体育保健区、芳香疗养区、专业体育器材等。

第四，在发展传统体育公园的同时，丰富体育公园类型，创造多元化的运动空间形式与运动体验。比如，按体育运动场地特点分为山地体育公园、水上体育公园等：为喜欢挑战性运动的人群设立滑板体育公园、小轮车（BM×）体育公园、轮滑体育公园等；为弘扬地方体育文化设立的，以展示体育历史、开展传统体育项目为主的体育公园等。

基金项目：国家科技支撑计划项目“人居环境适用的观赏植物评价及高功效绿化配置技术研究与示范”（编号2006BAD07809）资助。

参考文献

[1]　城市园林绿地规划编写组．城市园林绿地规划［M］．北京：中国建筑工业出版社，1982.

[2]　许浩．日本东京都绿地分析及其与我国城市绿地的比较研究［J］．国外城市规划．2005．20（6）：27～30.

[3]　章俊华．日本绿地空间（上）［J］．中国园林，2001（5）：37～41.

[4]　CJJ 48—92．公园设计规范［s］．1992.

[5]　GBJ 137—90．城市用地分类与规划建设用地标准［S］．1991.

（本文曾发表于2010年8月《广东园林》）

论地平线在现代园林中的应用

杨和平　高　翅

【摘　要】 地平线在西方现代园林的理论与实践中向来有着非同寻常的魅力，本文拟借助实践和竞赛作品，从地平线情结的思想根源、历史渊源、园林意境、思想流变等角度阐释西方现代园林的地平线情结。从地平线与环境的地域性以及环境的感知的关系出发，将园林地平线分为物象的地平线、意象的地平线和情感的地平线三类。并总结出了园林地平线的主要应用方式和设计原则。

【关键词】 风景园林；西方现代园林；地平线

当一栋栋摩天楼充斥着视野，一条条高架立交纵横交错地在身旁穿梭，人们内心一直钟情的平淡而悠远的地平线却走出了视域。风景园林孜孜以求的是塑造和再现自然，地平线作为自然风貌中动人的要素之一，理当是风景园林艺术再现自然所不可或缺的。

1　地平线之源

1.1　地平线的美学解读

地平线的无限张力感是一种意象，对这种意象的感受不是理性的判断，而表现为一种感性的直觉。抽象因素中水平线给人以平稳、无限的扩张力，能获得一种具有明确空间关系的赏心悦目的感觉。在人们生活所看到的自然现象中，水永远是平稳的、无限的。因此在画面上，地平线总是给人以平静、安宁、无限的感觉。以地平线作为基本线条进行构图的画面，就必然给人这种感觉。二是因为“我们垂直站立时，用水平位置的双眼观看外在世界，当观看到具有与视平线相平行的地平线时，就会获得一种有明确空间关系的赏心悦目的感觉。因为在大自然中，水平方向一般是占支配地位的。”[6]

美术界认识到地平线的美曾被认为是一大进步，它为地球引力制定了一个界面并使人联想到大地的弯曲和大气层的交汇。但直到文艺复兴时期才有画家开始有意识地将接近地平线的对象尺度缩小，创立了漏斗形的透视，从而着力刻画了画面的深度感（图1）。荷兰风景画派创作的诸多作品中，地平线通常是其中的主旋律，即使主张消隐地平线的康定斯基也觉得这是风景画中最紧要的形式，其反反复复的倾斜线所刻意为之的山脊线何尝不是地平线的另一种解构呢？

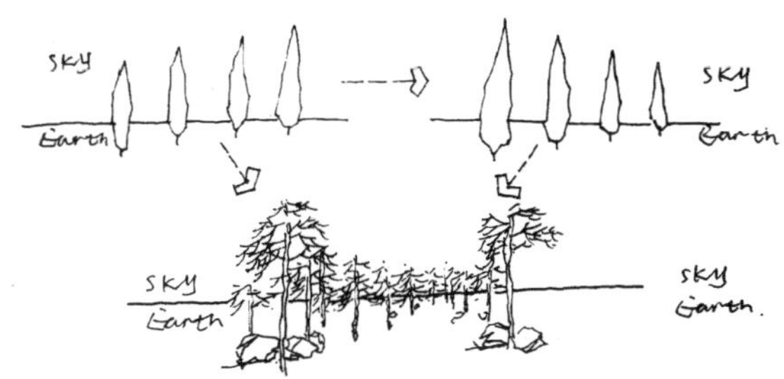

图1　美术作品中的地平线

1.2　地平线的园林学解读

埃及金字塔的出现是两河流域的支离破碎的地理大格局的映照，其极具几何雕塑感的外形与平直的地平线相辅相成，撇开其“有室之用”的建筑功能，更多的园林观感是因与地平线的比照而生成。源其而出的西方现代园林也相应继承了这一特质。

最早的荷兰风景画的场景也着力表现悠远的地平线。当欧洲其他国家忙于修建教堂，在竖直方向上不断挑战极限时，荷兰人却建造了自己的天际线[1]。

在今天的大地园林化作品中，风景园林师对土地、水体的视角和对生命周期的感知，与荷兰的围海造田，新西兰、澳大利亚的草原牧场有着异曲同工之妙。

2　地平线及其特征

2.1　园林地平线

一些现代风景园林师通常以视域空间作为设计范围，将地平线作为空间参照，这与传统园林追求的无限外延的空间视觉效果是殊途同归的。设想以此空间为出发点，相邻近的空间依次相连，这样就产生了地平线的概念[2]。

园林地平线不是物理边界内的设计要素，通常指向借景范围。同时又存在“看”与“被看”的差异性，“被看”的地平线通常会呈现出一种恢宏和简洁之美，而“看”者则更加灵动和活跃。

2.2 特征

2.2.1 空间形态特性

园林地平线是有空隙的，在时间上是不稳定的，在想象和表现形式上又是丰富多变，因而其为一个中间过程，是使孤立的景象彼此渗透、共存并相互关联的特殊场所。为了展现景象的所有地平线，需要进入到双向运动中：一方面让人远离既定的场所，并从地平线的影响中解脱出来；另一个方面，则是让人随着细致而渐次地剥离围绕它的各种边界，渐渐进入地平线内部[3]。

（1）间隙性

园林地平线源于大自然中的地平线。大自然中的地平线是在平坦空旷处远望，天与地的交界线[7]。天地的交接本就是不同质的要素之间的对接，必是有间隙的。正是这样的间隙使得地平线在人的视觉心理中有着无限的延展性，而其视线的归宿正是这间隙。

（2）流变性

地平线总是在不断地变换中，审美客体的阴晴圆缺会带来地平线的不同视距和心理感受的变化，审美主体的喜怒哀乐也会生发这些变化。而一旦尝试着走近地平线时，另一个奇迹就发生了：它总是以相应的速度和人之间保持相对确定的距离，人抽身离去时也是如此。

天地的交汇有了地平线的出现，但这种交汇往往是无所不在，因而空间就是一个接一个的连续着的，这种递变方式使得地平线之外还有其他的地平线，所以看风景的人会不断地经历“山重水复疑无路，柳暗花明又一村”的体验，这也是园林空间序列的展开。

正如哲学家米歇尔·赛尔（MichelSerres）所说，地平线是一种“清晰的模糊体”[3]。因其在清晰和模糊之间，地平线便可成为相邻空间建立联系的特殊手段，使其相互渗透。空间可以突破所有的界限和领地，并从空间中吸收精华，最终实现“你中有我，我中有你”的效果。

地平线通常与园林边界相关联，意味着空间和景色的渗透和延续。一个良好的地平线的塑造往往同时延续着不同的园林环境，从形态上讲地平线本就有无限延展的方向性，从哲学上讲是扩展了环境的生命力，从心理学上讲总是不断制造着期待和验证。使环境生生不息，犹如故事娓娓道来。

（3）二元性

在空间的塑造上，地平线总是内向和外向，水平和竖向的融合。比如安藤忠雄的六甲集合住宅并不仅仅是一座给人提供了居住、物质享受的一般意义上的住宅建筑，同时也不乏可以独自观山、观海的大阳台和游泳池等空间，俯仰之间，达到自然与心灵合一的境界。这种空间对于日本这样一个内敛、抑郁的民族，对于那些长期缺乏精神交流，心灵极端浮躁、漠然，缺乏寄托的现代人来说，无疑是一个获得心灵慰藉的场所[4]。

不同尺度的地平线在园林环境应用中各有特色。宏观尺度上的地平线主要出现在大地园林中，在这里地平线的塑造往往追求的是宏大的叙事结构，震撼人心的视觉冲击力，从形态上讲可能不拘于严格的水平线又或者不拘于二维的平直。而微观尺度的园林环境中，地平线主要出现在建筑外环境和居住环境中，它通常成为小环境吐纳万千的必然指向，也是对“香格里拉”或是“世外桃源”的栖居的一种期盼，甚或作为一种朝向大地的精神指向的一种诠释。

2.2.2 文化形态特性

（1）地平线的自然美

就像莎莉文带着海伦走向地平线、走向大自然一样，园林的指向是大自然，而不是由钢筋混凝土和玻璃幕墙构筑的冷峻，也不是高墙深院围起来的“自然”。

因此，地平线成了赖特草原式住宅的最好注脚。赖特认为，宽阔的草原上，不需要很高，建筑就很突出了。其实，最重要的是“水平线”能传递出一种依附于土地的亲密，实际上这也是风景园林的题中之意，也是任何一门致力于人与自然关系的学科的目标。

赖特在1908年写道，“草原有自己的美，我们应该承认并加强这种自然美，这种安静的水平感……”[5]，他“喜欢把建筑作为自然景观再组合中的一个因素来考虑”。不论是他在西塔里艾森中对沙漠的解读还是他在草原式住宅中对开阔草地的钟情，赖特对水平线的思考和尊重是让人肃然起敬的，他的建筑总是与谦逊的大漠、草原等自然的原味获得协和。

(2) 地平线的文化美

在中西方的文化形态和意识中都对地平线有着特殊的感情，从“孤帆远影碧空尽，唯见长江天际流”到“大漠孤烟直，长河落日圆”便可见一斑。西班牙马查多在《地平线》中描述：日落的壮丽是紫红的镜子，火焰的玻璃，它把平原的沉重的梦向古老的无限投去。这使得地平线在风景的营造中更添一段朦胧美。

(3) 地平线的艺术美

由于地域的原因，在西方的艺术美学体系中对地平线的关注则更加强烈。在霍贝玛的风景画中山与树与路最终融为一体的场景，以及天地交接处浮游的云团，反反复复述说着地平线的存在。

如果将历史上所有的荷兰风景画放在眼前排成一行，你就会发现有种显见的“荷兰式的风景”，天际线、充满空气感的天空、风车和牛羊，一直是画家笔下永恒的主题。

在日本的浮世绘中，也有很多地平线的方式来表现空间远近的作品，如葛氏北斋和安藤广重术的作品（图2）。尤以用地平线表现海平面以及其他景素的远近关系为多。又如版画是由多种因素组成的，如线、形式、构形、构图等。其中贯穿构图的主线又是一种直接影响黑白画效果的重要因素，地平线就是其中最常用的主体线之一（图3）。他在分割画面和形成形象中往往能创造不可思议的效果。但无论哪种都能产生平定、安闲、宽广、舒展的效果，在表现画面的平坦开阔、减弱形象间的对比，形成静谧的景象的过程中有着非常重要的作用。利用水平线的结构主线可使画面中的形象和画面的边框有着相互平行的对话关系。

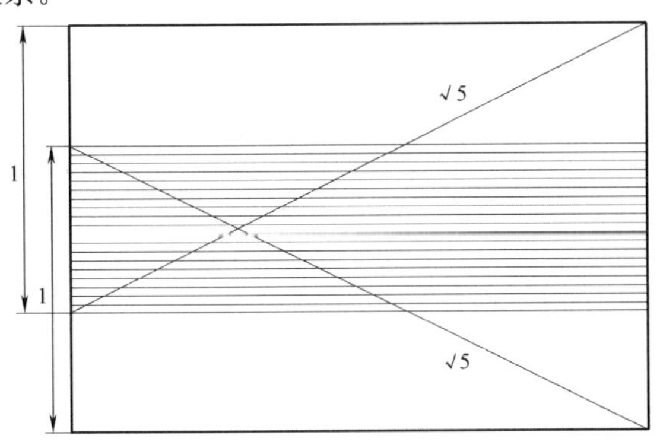

图2 浮世绘中地平线分析

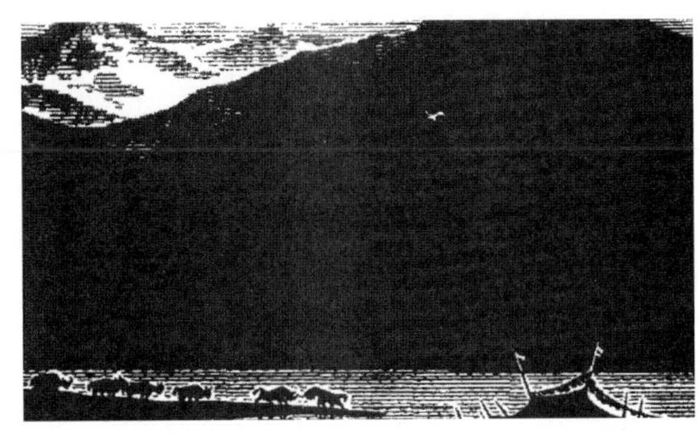

图3 版画《河谷》

在中国山水画中水平线通常也是一种重要的符号语言，它采用水平层次叠加递进，使山水画的气氛宁静而不紧张。而其所追求的“远”则更是与地平线在空间、意境和精神指向上有着诸多相似之处。

(4) 地平线的意境美

足够纯粹的地平线可以获得圣洁和震撼的感觉，多种要素复合而成的地平线则展现了自然本身的优雅安闲；大尺度的地平线可以书写史诗般的恢宏大气，小尺度的地平线宜刻画优雅宁静。

3 地平线分类

园林地平线与环境的地域性以及环境的感知密切相关，故可将园林地平线分为物象和意象两大类。

3.1 物象的地平线

地平线和海平线是最常见的物象，巍巍群山、茫茫雪原、三月草甸、五月花海，地平线的美在于其色彩的云蒸霞蔚，在于其景象的一览无遗，在于其意境的豁然开朗。海平线的存在究其本质是地平线和海平线的交汇，是复合的地平线。观山观海是人们永远的情结（六甲集合住宅），正如海子在《面朝大海春暖花开》中的希冀。历届ASLA（美国风景园林师联合会）的获奖作品，都有很多对面朝大海的环境的诠释。对2007年的ASLA获奖作品艾利·萨博私人住宅，评委会称：“它优雅、宁静的气质令人屏息。设计师特别强调地平线的运用和处理，我们很喜欢这样的方式。整个项目看上去比例精美，尺度适宜，整体非常和谐。对总体的控制与处理自然而不露痕迹，甚至连拍摄的图片都美得令人惊叹。”

3.2 意象的地平线

地平线的意象往往以舒展、开阔的姿态悄然生长于园林环境中，小尺度的园林可见微知著，一段长长的水池、墙垣，并以台阶或平台着意拉近视线，大尺度的园林可借助甬道、栈道、平台、城墙、水系等表现或再现天地之大美。

3.3 情感的地平线

地平线是人对栖居环境的一种情感体认，是隐藏于基址文脉中的情感寄托，地平线的情感意义使得居住空间更有归属感，纪念空间更有追思感，更使得人类的栖居具有安全感和诗意。

综合的讲，地平线是地域风貌保护中不可或缺的要素。在即使看不见地平线的城市环境中，园林设计也应向城市建筑背后隐藏的地平线靠拢，使园林与城址、城外的自然风貌融合。

4 地平线的园林应用方式

4.1 借景地平线

城市的出现与地平线本身就是最大的悖论，但在城市风貌的创造上，没有地平线的参与，垂直线的要素便显得苍白冷酷，只有水平线以及水平线的延展才使得城市获得生机，在城市中留住或营造展示其城风貌的地平线显得尤为重要。在自然风貌比较优越、视野开阔但囿于城市发展的限制时，就会有很多对于显山露水和收纳城市地平线的一些惊世骇俗之举，此种类型以城市住宅环境的营造为多。

4.2 模拟地平线

“虽由人做，宛自天开”最终摹写和再现的必是自然，而日出日落的地平线上的自然是最具有吸引力的。远离城市的郊野公园最可以避开城市的诸多竖向要素而营造地平线上的美。大地艺术对自然的关注和对土地的回归，对地平线的塑造是人所共知的，充满着对海洋、沙漠、河谷等自然意象的思考与分析。如克里斯托弗的作品大都可以归结为游走的地平线或是地平线的轨迹（图4）。大地艺术设计师们本着对自然和生态的思考，饱含着对土地和对生命的深情，在日渐消逝的地平线中得以表现。从克里斯托弗的作品中也不难发现，其地平线是设计师头脑中的主观再现，他们或展现了设计师对土地炽热的激情或描摹了设计师的深邃思考。

图4 奔跑的围栏（克里斯托弗）

5 园林地平线的设计要则

5.1 引导

单从视觉的角度分析，地平线本身就有图示语言上的引导性和延展性。如若结合其他景观要素，通过适当的引导，则会赋予空间相应的生命力，实现不同空间在精神和感知上的交叠，演绎空间的期待、预知和流动性。巴拉甘和建筑师路易斯康设计的索克尔生物研究所的外环境，虽然不见一星半点的绿，但整个场景给人无尽的生机。主要是由于其设计营造了一道观海的地平线，并通过细细的水渠将视线引向地平线的天边，水的意象演绎着和大海的连绵，使环境具备了哲思和宗教意趣（图5～图7）。

图5 路易斯康的基地草图

建筑物的外围略显荒凉与冷漠，但转入研究所的中央广场，涓涓细流将视线从脚下镌刻有THE ODORE GILDRED COURT字样的台阶引向浩瀚的太平洋，一切变得沉静和安谧，广场两侧富有韵律感的混凝土与柚木的楼梯间及其廊道在视觉范围内纷纷指向蔚蓝的太平洋上空，完全颠覆了图片的二维世界里误认为建筑的单调、枯

图 6 路易斯康设计草图

图 7 萨尔克生物研究所

燥和严峻，很自然的觉得是“没有屋顶的大教堂”，“没有花卉草木的花园”了。

5.2 对比

金字塔的壮丽恢宏是因为地平线的烘托。在园林设计中地平线的应用往往也会有相应的背景。West8（West 8 Urban Design & Landscape Architecture）曾经做了一些地平线（Horizon）系列项目，其中在天地相接的草坪上，三头高达 8m 的充气牛雕（图 8），在视觉和尺度上都有强烈的冲击力，排列的林丛也是对地平线的摹写和关照。画面中充满了对比：充气的牛与实体的牛的对比，超尺度与正常尺度的对比，不同方向的水平要素的对比，但这些最终都促成了地平线的彰显。让人忆起荷兰式地平线风景缘起之初的拓荒式的风景营造。不论是他们对“荷兰式风景”的诠释或是对自然观的表述，都是发人深省的。

图 8 牛——地平线

5.3 呼应

水平线往往具备平远、延展的感觉，如其他要素可与之呼应，将暗示地平线的存在，建筑与地形、植物与构筑物等都能如此。1988 年，乔治·哈格里夫斯（George Hargreaves）设计的拜斯比（Byxbee）公园中最引人注目的是具有鲜明人造艺术特征的小品——山顶上密布的小山丘，以及电线杆场，这里体现了明显的对自然的抽象化。电线杆顶部形成的虚的斜平面与土山上起伏的实的曲面形成了强烈的场所感（图 9）。

图 9 拜斯比公园 哈格里夫斯

5.4 重复

重复通常可以使要素得到加强，起到强化空间意象的作用。艾利·萨博住宅通过一系列跌落向海岸的水池、台地等从空间形态上延续了海岸线的退让感（图 10、图 11）。水平线的反复使用，

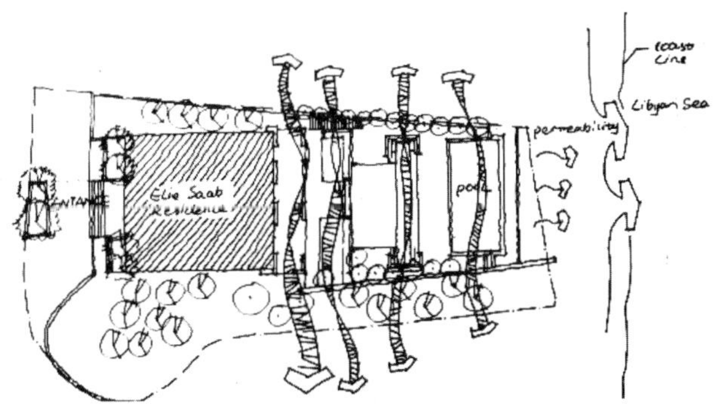

图 10 艾莉·萨博住宅中对地平线要素的重复

图 11　艾莉・萨博住宅中对地平线要素的重复
图片来源：ASLA2007

使得一系列的水平线成了海岸线的延续，而一系列的台地平面在灯光下则俨然镜面的水池，犹如一叠叠的涟漪泛向住区和自己的脚下，环境和住宅实现了一种生长的和谐。

6　结语

从一定程度上说，现代城市追求的是一种恢宏的天际线，但从人类的自然观来看地平线却拥有持久的魅力，愿更多充满活力的地平线呈现在我们的视域。

参考文献

[1] 冯炜. 脆弱的安逸：读 Mosaics：West 8 [J]. 风景园林 2008. 5：127-129.

[2] 朱建宁，丁珂译. 法国建筑师菲利普・马岱克与法国风景园林大师米歇尔・高哈汝访谈 [J]. 中国园林 2004 (5)：1-6.

[3] 米歇尔・高哈汝著. 朱建宁，李国钦译. 针对园林学院学生谈谈景观设计的九个必要步骤 [J]. 中国园林，2004 (4)：76-80.

[4] 薛恩伦，李道增. 后现代主义建筑 20 讲 [M]. 上海：上海社会科学院出版社，2005：89-108.

[5] 肯尼斯・弗兰姆普敦著. 张钦楠译. 现代建筑：一部批判的历史 [M]. 上海：三联书店，2004：56-58.

[6] 阿道夫・希尔德布兰德. 造型艺术中的形式问题 [M]. 北京：中国人民大学出版社，2004：45-46.

[7] 夏征农. 辞海 [M]. 上海：上海辞书出版社，1999.

[8] 内森・卡伯特・黑尔著. 沈揆一，胡知凡译. 艺术与自然中的抽象 [M]. 上海：上海人民美术出版社，1988：146-154.

[9] American of Landscape Architects. Residential Design Award Of Excellence [EB/OL]. [2010-01-05]. http：//asla. org/awards/2007/07winners/028_vdla. html.

[10] Hargreaves Associates. Byxbee Park Palo Alto，California [EB/OL]. [2010-01-08]. http：//www. hargreaves. com/projects/PublicParks/Byxbee/

（本文曾发表于 2010 年 11 月《中国园林》）

海南岛东南海岸带植被景观空间关联分析

汪永华

【摘　要】借鉴群落生态学种间联结的概念，采用 2×2 列联表，通过方差检验、χ^2 检验与联结指数对海南岛东南海岸带风景区的植被景观各类型间的空间关联性进行了定量分析。结果表明，空间关联能有效地分析植被景观类型之间的空间关系。尽管海南岛东南海岸带植被景观各类型之间呈现出正关联，且它们之间的关联很松散，具有很高的独立性，但是人类活动的干扰使得植被的发育与发展与其呈现极其显著的空间相互排斥作用。由于植被斑块破碎，相互交错，空间异质性高，景观要素或者斑块类型表现出十分复杂的空间镶嵌的分布格局。通过景观关联度分析，大体上推断出 5 种植被景观要素类型之间的总体空间布局关系与规律为："阔叶林-灌草丛-针叶林-人工林-红树林"。

【关键词】植被景观；空间关联；海南岛东南海岸带

关联分析作为阐明物种间可能存在相互作用的一种判别方法，一直以来为生态学家所重视[1-4]。植被景观是由共存的各类植被斑块（景观要素）构成的，组成景观的各类斑块（景观要素）之间的关系，决定着景观的结构特征与景观的动态。景观内各斑块之间存在着复杂关系，测定不同类型斑块之间的空间关系，对于研究斑块之间相互作用的性质、强度与方式和景观动态（包括演替、扩展潜力）具有非常重要的意义[5,6]。本研究采用植物群落生态学研究中种间关联分析的概念，对海南岛东南海岸带植被景观空间关系进行分析，以揭示该地区景观格局现状，阐明植被景观空间分布规律及与人类干扰的关系，可以深入地了解该地区植被景观空间分布的规律，对于风景区景观资源的科学管理与可持续利用提供理论依据。

1　研究地概况

选取海南岛东南海岸带（万宁龙滚镇至三亚亚龙湾）为研究区域。其中海岸带陆界以海岸附近的东线高速公路与旧海榆公路为标志，结合沿海山脉的山脚、内陆行政界线为上限，以平均高潮线为陆界的下限。位于 109°33′～110°33′E，18°09′～19°02′N，覆盖面积约 1100km²。包括万宁、陵水及三亚亚龙湾东南地区的海岸带地区。属侵蚀剥蚀丘陵、沿海台地、海岸平原带地形。土壤的水平分布由海向陆依次是：滨海盐土—潮土—水稻土—砖红壤。属热带季风性岛屿气候。高温多雨，水热同期，干湿季明显，年平均气温 24～25℃。万宁岸段年降雨量 2200mm，属于潮润区；而陵水与三亚岸段年降雨量仅 1500mm 和 1300mm，属半湿润区。另一气候特点是台风、暴雨、龙卷风、冰雹等灾害性气候频繁。地带性植被为热带雨林[7,8]，以龙脑香科、芸香科、茜草科、大戟科、桃金娘科、禾本科、马鞭草科等为优势科。经人类长期的经济活动，原生植被已遭破坏，仅在几个自然保护区和研究区西北部山区保存着次生自然林。

2　研究方法

2.1　取样方法

首先参考海南省林业局林业资源中心根据1∶10000 航片（1998 年）编绘的 1∶200000 植被图，1998 年的三亚、万宁和陵水三地的土地利用现状图（1∶10000）、1∶200000 地形图（1985 年）等作为空间信息提取的基本分析图件，在室内判读和野外调绘的基础上，编制研究区景观生态系统的植被景观生态图（1∶200000）。利用景观土地属性分类的植被分类途径，根据植物群落学分类的群落复合体和地—综合群落学的方法（Sigma-association），采用植被群落的外貌特点（包括种类组成、优势度类型）等[5,9-10]，结合土地利用情况进行植被景观划分（表 1），绘出了海南岛东南海岸带风景区景观类型图。

本研究采用全景观取样，将统一网格与景观

表 1 研究区斑块分类系统

一级分类	二级分类	三级分类
植被景观	针叶林	海南松林 *Pinus ikedai*
	阔叶林	青皮＋柄果木林 *Vatica hainanensis*＋*Mischocarpus sundaticusi*；榕树＋沙糖椰子林 *Ficus microcarpa*＋*Arenga pinnata*；蝴蝶树＋青皮林 *Vatica hainanensis*＋*Heritiera parvifalia*；黄杞＋中平树林 *Engelhardtia roxburgiana*＋*Macarange denticulate*；海南锥＋锥栗林 *Cactanopsis hainanensis*＋*C. chinensis*；海南草树＋尾叶柯＋海南锥 *Altingia obavata*＋*Lithocarpus caudatilimbus*＋*Cactanopsis hainanensis*
	人工林	橡胶林 *Hevea brasiliensis*；木麻黄林 *Casuarina equisetifolia*；桉树林；椰子群落 *Cocos nucifera*
	红树林	水椰林 *Nypa fruticans*；海滩红树林
	灌草丛	露兜簕＋酒饼簕群落 *Padanus tectorius*＋*Alalantia buxifolia*；厚藤群落 *Ipomoea pescaprae*；桃金娘＋银叶巴豆＋银柴群 *Rhodomyrtus tomentosa*＋*Crotoncascarilloides*＋*Aporosachinensis*；棘篱木＋牛筋果＋坡柳群落 *Flacourtia indica*＋*Harrisonia perforate*＋*Dodoneae viscosa*
农田景观	农田	农田
湿地景观	湿地	河流；水库与湖泊
建筑景观	建筑	建筑
其他景观	其他景观	其他景观

图叠加，获得复合图。所用样方大小为 1000m×1000m（1∶200000 景观图上为 0.5cm×0.5cm），总计 1267 个样方。获取每一样方内各景观要素或者斑块类型出现—不出现的二元属性数据。

2.2 测度方法

2.2.1 多种斑块类型（景观要素）之间的总体关联性检验

根据 Schluter[3] 提出的基于出现—不出现数据的方差比率来检验。计算公式为

$$\delta_r^2 = \sum_{i=1}^{s} P_i(1-P), P_i = n_i/N \tag{1}$$

$$S_T^2 = 1/N\sum_{j=1}^{N}(T_j - t)^2 \tag{2}$$

$$VR = S_T^2/\delta_r^2 \tag{3}$$

式中 S 为总斑块（景观要素）类型数；N 为总样方数目，P_i 为第 i 类斑块（景观要素）类型面积在景观面积中所占比例，T_j 为样方 j 内出现的研究斑块（景观要素）类型的总数，n_i 为斑块（景观要素）类型 i 出现的样方数目；t 为样方中类型的平均数。

$VR>1$ 表示斑块类型间出现正的关联，$VR<1$ 表示斑块类型间存在负的净关联。采用统计量 W（$=N\times VR$）来检验 VR 值偏移 1 的显著程度。

2.2.2 成对斑块类型（景观要素）之间的关联性检验

采用王伯荪等[4] 和 Cox[12] 的方法，根据 2×2 二元列联表数据计算两类斑块类型（景观要素）之间的空间关联指数

$$R = \frac{ad-bc}{\sqrt{(a+b)(c+d)(a+c)(b+d)}} \tag{4}$$

式中 a 为同时包含两类斑块（景观要素）的样方数；b 为仅包含第一类斑块（景观要素）的样方数；c 为仅包含第二类景观要素的样方数；d 为同时不包含两类景观要素的样方数。

R 的取值介于 -1、$+1$ 之间，其中，$R>0$ 为正关联，$R<0$ 为负关联。并且用下式对关联指数进行显著性检验：

$$\chi^2 = \frac{(a+b+c+d)(ad-bc)^2}{(a+b)(c+d)(a+c)(b+d)}$$

如果 $\chi^2>\chi^2 a$（1），表示斑块类型间的空间关联关系显著；如 $\chi^2<\chi^2 a$（1），表示空间关联关系不显著。

3 结果与分析

3.1 各类型间的总体空间关联分析

分别对 5 类景观要素类型、5 类植被景观要素类型、22 类景观斑块类型与 17 类植被斑块类型计算各类型的总体空间关联（表 2）。显然，研究区植被景观各类型之间呈现出正关联，而就整个研究区景观而言，则呈现负关联。这是由于整个景观中的非植被斑块，如农田景观类型、建筑景观类型这两类受到人为活动方式严密控制的景观（斑块）类型占有相当大的比例。而且人类活

动的干扰通过它们呈现出指射状扩散，这就使得植被的形成与发展与其呈现极其显著的空间相互排斥作用，也就是与人类干扰的空间排斥作用。同时，也表现出海南岛东南海岸带的非植被斑块，特别是建筑斑块应当得到有效控制，否则不利于研究区生态系统服务功能的发挥。

虽然植被斑块类型或植被景观类型之间呈现出正关联，即现在的植被景观处于与该地区环境条件有一定相互适应的较稳定阶段。但是联结指数十分接近于 1，即与各类型间无关联假设条件下的 *VR* 值十分接近（相差 0～13%）。表明各类型之间的关联很松散，植被景观斑块类型的存在具有比较高的独立性。

海南岛东南海岸带景观类型间的总体关联　　表 2

计算类型	方差比率 *VR*	检验统计量 *W*	测度结果
5 类景观要素类型	0.662	838.754	负关联
5 类植被景观要素类型	1.086	1375.962	正关联
22 类景观斑块类型	0.683	865.361	负关联
17 类植被斑块类型	1.125	1425.381	显著正关联

3.2　景观要素类型之间的空间关联

进一步对各景观要素类型之间的空间关联性进行分析（表 3）。可见各类型之间的空间关联关系差异很大。10 个景观要素对中，共有 5 对负关联，5 对正关联，但呈现（极）显著的关联仅 4 对。常绿针叶林类型与阔叶林类型、阔叶林与人工林相互之间呈显著的负关联，表明它们之间空间互斥的趋势。而常绿针叶林类型与红树林类型之间呈极显著负关联，并且关联指数不低，表明二者存在空间互斥的总体趋势。那么，大体上可以推断出 5 种植被景观要素类型之间的总体空间布局关系为："阔叶林—灌草丛—针叶林—人工林—红树林"，但它们之间的空间分异不太明显，存在着一定的斑块镶嵌与空间交错。

海南岛东南海岸带景观类型间空间关联分析　　表 3

类型	阔叶林	人工林	红树林	灌草丛
针叶林	−0.108*	0.093	−0.523**	0.241
阔叶林		−0.165*	−0.141	−0.368
人工林			0.056	0.169*
红树林				−0.234

注：**关联关系极显著，*关联关系显著（表 4 同）。

3.3　主要植被斑块类型间的空间关联分析

对全部样方中出现频度最高的 10 种主要植被斑块类型，测定其联结程度及其显著性，结果见表 4。

海南岛东南海岸带主要植被景观类型间空间关联分析　　表 4

类型	2	3	4	5	6	7	8	9	10
1	−0.212*	−0.026	0.135	0.149	0.287	0.343	0.051*	0.127	0.326
2		0.056	0.253**	0.288	−0.221	−0.362	−0.187	−0.099	0.089
3			0.329	0.044	−0.073*	0.172	−0.103	0.0230	0.160
4				0.005	−0.134	−0.205*	−0.055*	−0.062	0.095
5					−0.083	−0.020	−0.113	0.016	0.044
6						0.064	0.050	0.192	−0.410
7							0.191	−0.086**	−0.060**
8								0.216	−0.391
9									0.094*

注：类型 1 海南松林；2 青皮＋柄果木；3 榕树＋沙糖椰子林；4 蝴蝶树＋青皮林；5 海南锥＋锥栗林；6 橡胶林；7 木麻黄林；8 按树林；9 露兜簕＋仙人掌＋酒饼簕；10 桃金娘＋银叶巴豆＋银柴。

可以看到 45 个斑块类型对中，呈现正关联的有 26 对，负关联 19 对。其中，海南松林—桉树林、青皮＋柄果木—蝴蝶树＋青皮林、露兜簕＋仙人掌＋酒饼簕—桃金娘＋银叶巴豆＋银柴等 3 对呈现出显著正关联，海南松林—青皮＋柄果木、榕树＋沙糖椰子林—橡胶林、蝴蝶树＋青皮林—木麻黄林、蝴蝶树＋青皮林—桉树林、木麻黄林—露兜簕＋仙人掌＋酒饼簕、木麻黄林－桃金娘＋银叶巴豆＋银柴等 6 对呈现出显著负关联，还有 80%的植被斑块类型对的关联不显著。木麻黄林作为一类广布于研究区沿海岸线的斑块类型，主要为近几十年来人工营造，用于防风固沙。它具有太多的人为干扰成分，造成它与其他植被斑块类型大多呈现负关联，其中与露兜簕＋仙人掌＋酒饼簕类型的负关联达到了极显著的水平。这是由于木麻黄林基本上位于海岸线向陆地一方的最前沿，为人工在沙地上种植，而露兜簕＋仙人掌＋酒饼簕类型这种天然的植被类型现处于进展演替之中，人为的不适当干扰极易造成植被的退化。两类属于阔叶林的斑块类型（1 个类型对）彼此呈现出极显著正关联（表 4）。而这两种斑块类型其景观结构中的上层乔木树种都是热带雨林的优势种，它们对生境具有相同或者相似的要求与适应。同时也表明，在相对稳定的森林群落（景观）中，斑块类型间可以共同利用群落中的非限制性资源而形成比较显著的正关联。从表 4 中还可以看出，人工林类型与阔叶林类型（热带雨林）基本上都具有负关联，并且有 3 对 5 个类型的负关联呈现出显著性，也表明人工林与热带雨林在空间上的分隔。

4 结论与讨论

（1）关于景观关联，国内曾经介绍过聚集度、相邻度指数等，但罕见实际应用的报道[5,6,12]。本研究借用群落生态学的种间关联概念，对海南岛东南海岸带植被景观的空间关联分析作了尝试。

（2）景观类型（或者斑块类型）之间的显著正关联或者负关联都反映了类型之间的特定关系，合理地解释这种关系并进一步发现规律是很有意义的。关于种间的关联常常被认为有以下的原因[1,2]：相类似的（正关联）或者不相类似的（负关联）的环境需要；一个种为另一个种创造了定居的条件或者施加了压力造成了正关联；两者的竞争排斥造成了负关联；两者在根系通过一系列的生化反应造成正关联或者负关联。而景观要素或者斑块类型之间的正关联或者负关联也可参考群落生态学种间关联的机理加以解释。事实上，本研究得到了较好较合理的解释。

（3）利用方差检验法对海南东南海岸带植被景观各类型之间的总体关联性的分析表明，总体上呈现出松散的正关联。然而因为正负协方差（正负关联）相互抵消的结果，导致 $VR=1$（似乎意味着各类型是独立分布的）。但方差检验法甚至目前的统计方法还无法检验正负协方差的变化是如何影响检验结果的。

（4）人类干扰通过建筑（包括民居、城镇等）、农田景观等方式呈现出指射状扩散，这就使得植被的形成与发展与其呈现极其显著的空间相互排斥作用，为了有利于海南岛东南海岸带植被生态作用的发挥，应当有效地控制研究区的建筑与农田景观的斑块数量与面积。由于植被斑块破碎，相互交错，空间异质性高，景观要素或者斑块类型表现出十分复杂的空间镶嵌的分布格局。

参考文献

［1］ 方允中，杨胜，武国耀. 自由基、抗氧化剂、营养素与健康的关系［J］. 营养学报，2003，25（4）：337～342.

［2］ 严奉伟，吴谋成，江 洪，等. 菜籽粕综合提取工艺研究［J］. 农业工程学报，2004，20（2）：209～212.

［3］ 严奉伟，吴季勤，吴谋成. 大孔树脂初步纯化菜籽多酚［J］. 中国粮油学报，2005，18（2）：53～55.

［4］ Oyaizu M. Studies on product s of browning reaction ：antioxidative activities of product s of browning reaction prepared from glucosamine ［J］. Jpn J Nut r，1986，44：307～315.

［5］ Grossman S，Ben A，Budowski P. Enzymic oxidation of carotene and cinoleate by alfalfa：extraction and separation of active fractions ［J］. Phytochemistry，1969，8：2287～2293.

［6］ 游育红，林志彬. 灵芝多糖肽的抗氧化作用［J］. 药学学报，2003，38（2）：85～88.

［7］ Lowry O H，Rosebrough N J，Farr A L，et al. Protein measurement with the folin phenol reageant［J］. Biol Chem，1951，193（3）：265 ～275.

［8］ S t even s J F，Miranda C L，Wolthers K R，et al. Identification and invitro biological activites of hop proanthocyanidins ：inhibition of Nnos activity and scavenging of reactive nitrogen species ［J］. Agricultural and Food Chemistry，2002，50 ：3435～3443.

［9］ 钦传光，周军，赵文，等. 泥鳅多糖清除活性氧和保护 DNA 链的作用［J］. 生物化学与生物物理学报，2001，33（2）：215～218.

［10］ 钟芳，王璋，许时婴. 3 种脂肪氧合酶酶活测定方法［J］. 无锡轻工业大学学报，2001，20（1）：87～91.

（本文曾发表于《长江大学学报》（自然版）农学卷）

岭南村落风水林研究进展

程 俊 何 昉 刘 燕

【摘 要】 岭南村落风水林植根于中国传统文化，经历上千年的传承和发展，蕴含丰富的历史文化思想、民族特点和生态意义，是一类值得深入研究的景观资源。通过对传统风水林与风水学之间相互关系的简要概括，介绍了目前人们对村落风水林的定义、分类、起源、发展过程的研究现状，着重阐述了岭南村落风水林的格局、群落特征、植物种类、保护等方面的研究进展。对其研究价值进行了探讨并分析了目前研究中存在的问题，提出了未来展望。

【关键词】 风景园林；岭南；村落风水林；群落特征；风水林价值

在中国岭南地区，村落风水林广泛分布于各个乡野村落，高耸的林木环绕在村落旁，历经悠久的岁月依然郁郁葱葱，仿佛一片绿色的屏障守护着村落（图1），形成了独特的景观风貌。

图1 深圳盐灶村风水林群落外貌（程俊 摄）

岭南村落风水林作为风水林的一种类型，具有重要的景观、生态和人文价值。对其深入研究，发掘其完整的文化和功能价值，是对中国风水林研究的完善，也是对中华传统文化研究的补充。然而，当前有关岭南村落风水林的研究还处于探讨阶段，缺乏系统性和整体性，村落风水林的概念非常模糊，人们对其潜在价值更是知之甚少，对村落风水林的不合理开发和破坏现象时有发生。因此，有必要对当前保留的岭南地区村落风水林进行研究，以便更好地保护和利用。

1 岭南村落风水林的基础研究

岭南村落风水林与传统的风水学有着紧密的联系，随着近年来风水学研究的不断升温，风水林也引起了越来越多学者的重视，并对其开展了研究。其中，关于村落风水林的定义分类、概念界定、起源和发展等内容，都有了一定的研究成果。

1.1 风水林与风水学

传统的风水学在剔除那些玄幻迷信的糟粕后，实际上是古代中国人民根据自身长期对自然的细致观察以及实际生活的体验，所产生的一种有关住宅、村镇及城市等居住环境的基址选择和规划设计的学说[1]。这一学说对中国传统文化产生了广泛而深远的影响，其影响之一就是产生了一种极具中国传统文化特色的林业形式——风水林[2]。因此，风水林之说实际上是风水学中的部分组成内容，在古代风水林理论中就有“草木郁茂、吉气相随”的说法，林木茂密是古代人们用来衡量风水环境好坏的标准之一。

1.2 风水林的定义

有关村落的定义，关传友在总结古代相关风水理论研究基础上指出，风水林是古代人们深受风水思想的支配，认为对平安、长寿、多子、人丁兴旺、升官发财具有吉凶影响的人工培植或天然生长的林木，其表层意义是藏风聚气、得水为上的风水作用，其现实的意义是传承文化传统、水土保持、防风蔽日、调节小气候、保护和美化环境，还包含有丰富的历史文化思想、民族特点和生态意义[3]。

1.3 风水林的分类

风水林依据不同的地理位置可分为多种类型，主要有坟园墓地风水林、寺院风水林和村落宅基风水林3种基本类型。坟园墓地风水林是古代人们在坟园墓地或皇家在陵地周围人工栽培或天然保护的林木；寺院风水林是古代僧侣道士们在寺庙宫观庵周围人工栽培或天然保护的林木；而村落宅基风水林是在村落宅基周围人工栽培或天然生长保护的风水林木。村落宅基风水林根据不同的种植位置，可以进一步划分为水口林、龙座林、垫脚林、宅基林4种类型，其中水口林种植在村落水口处，龙座林是指坐落在山脚、山腰的村落或村落后山的树林，垫脚林是指村落前方河流、湖畔的树林，宅基林则是在人们宅基周围和庭院里种植的树林。这是目前国内关于村落风水林定义分类较为全面的阐述。

1.4 村落风水林的起源

风水林的不同分类类型各有其渊源，关传友认为村落风水林起源于古老的社神崇拜，村民将树木作为神灵的依附对象和标志，在村落中广泛地种植林木，希望受到树木的恩惠和庇护，保佑他们健康长寿、子孙升官发财、家族兴旺发达等，久而久之，风水林便成为古代村落居宅旁不可或缺的部分之一[4]。刘沛林认为，这种社神崇拜理念只不过是古人们的一种环境吉凶模式心理，而随着社会的发展，这种朴素、原始的社神崇拜心理被引入一整套哲学和技术的解释体系——风水学，于是便产生了有关古老的林木与乡村聚落命运发展有重大联系的理论[5]。村落风水林被赋予藏风聚气的意义，人们认为林木茂密就是好的风水环境的表现，通过寻找好的有林木的环境来寻找理想的生活环境，另一方面也可以通过广植林木和保护林木来获得好的风水[6]。

1.5 村落风水林的发展

在村落风水林的发展过程中，人们的思想、行为发挥了重要的影响作用。在中国古代，人们极为尊崇风水林，认为草木是一地“生气”盛旺的表现，对风水林予以严加保护，严禁樵采。如《阳宅会心集》中所言：“乡中有多年之乔木，与乡运有关，不可擅伐，或有高密之树，当位之不吉而应伐者，于随年岁宫交承之际，渐减去之，不可一旦伐清。盖树之位吉者，伐则除吉；位凶者，动亦招凶。”而最为严格的是对皇家陵园风水林的保护。《明会典》载：“正统二年（1437年），谕天寿山祖宗陵寝所在，敢有剪伐树木者，治以重罪，家属发边远充军。命锦衣卫官校巡视、工部同钦天监官，环山立界，界外听民樵采。”因此可以看出，传统的风水林是在古代意识支配下营造和保护下来的，这种带有神秘性文化意识的约束力对当时普通民众非常有效，得益于这种约束和精心的保护，村落风水林方能在最容易受到人为干扰的村落环境旁良好地生长。

而到了现代，由于受外来文化的影响以及对自身的反思和警醒，中国人对传统的文化曾一度有一种怀疑和批判的态度，人们心目中牢固的风水观念开始动摇，风水林在人们特别是青年人心目中的敬畏心理荡然无存，造成了20世纪50年代大炼钢铁时期对风水林的严重破坏，很多祖辈世代刻意保护的风水林，被砍掉烧炭炼钢。而改革开放期间，风水林又一次遭到严重破坏，为了发展经济，多利用土地，人们不惜把祖辈辛辛苦苦保存下来的风水林砍掉，直接导致目前在岭南珠三角地区只剩下稀少的孤零零的风水树，成片的风水林基本只有在穷乡僻壤才能找到[7]，风水林已不再是现代村落建设中必不可少的环境要素。

2 岭南村落风水林的现状特征

有关岭南村落风水林其现状特征的研究主要集中在风水林的格局、群落结构、植物组成和保护现状4个方面。

2.1 岭南村落风水林的格局

在中国古代村落的理想风水格局中，村镇聚落的外围往往三面环山、一面临水，在村落基址后方的是“主山”，其山势向左右延伸，就是被称为“青龙、白虎”的“砂山”，成左右肩臂环抱之势，前方有对景山“案山”遮挡，“案山”与村落之间要有月牙形的池塘或弯曲的水流，水流的缺口处有水口山，村落就坐落在山水环抱的中央，地势平坦而具有一定的坡度，形成背山面水的基本风水格局。在这样的格局里，无论是在环绕村落的山脉上，还是村落前的流水（或池塘）旁，抑或是村落宅居旁，都要保持有茂密的植被，既可以是天然生长的，也可以是人工栽植的，而这些植被多样的分布形式就构成了中国村落风水林的基本格局。

岭南村落风水林的格局与中国古代传统的村落风水林格局一脉相承，又有其自身的特点。由于岭南地区地形复杂、地貌多变，不同村落的基址状况有较大差异，风水林的格局形式也多有变化，或坐落于村落旁山间，或高耸于村落旁低地，或横亘于海岸与村落之间，唯一不变的是风水林依旧三面环绕在村落周围，与前方流水（或池塘）共同形成完整的封闭圈。坐落在山脉上高耸的村落风水林起到了进一步加强空间封闭性的作用，而在一些低地地区或是海边，在选址时没有山脉形成封闭空间，那么高大繁茂的林木围合就成为替代的解决办法，传统的“山环水抱”格局就变成了“林环水抱”，以维持居住空间的封闭性[1]。

2.2 岭南村落风水林的群落特征

岭南村落风水林根据其生境条件、群落组分、景观外貌等特征可以划分为低地常绿季雨林、山地常绿阔叶林等类型。有些是原生林的残余部分，也有在村落附近星散分布的次生林[8]。

风水林的群落结构受人为影响很大，不同植物层的数量比例也有较明显的区别，主要群落的植物种类因地域条件的不同也存在较大差异。岭南村落风水林一般群落结构成层现象很显著，偶尔存在渗透和镶嵌分布现象。根据刘颂颂、吕浩荣等人对东莞（图2）主要村落的调查，风水林群落在垂直方向可划分为乔、灌、草3层，而有些地方如大沙村、金桔村，乔木树种繁多，乔木层还可以划分为乔木上层与乔木下层[9]。刘晓俊研究表明，在深圳、东莞等地，风水林下层藤本及攀缘植物种类比较丰富，但其乔木和草本层植物种类比较贫乏[10]；香港风水林（图3）的统计数据表明，风水林内乔木树种约占39.3%，灌木种类约占18.8%，草本种类约占16.5%，藤本及攀援植物约占23.6%，相比之下，灌木所占比例略少[11]。

图2　东莞鸡翅岭村风水林群落结构（程俊　摄）

图3　香港城门风水林群落结构（程俊　摄）

2.3 岭南村落风水林的植物种类

岭南村落风水林中的很多树种是当地野生自然群落的建群种，反映了植物的地域分布特色，虽然各地村落风水林在植物种类上略有差别，但很多植物多次重复出现，总结、归纳这类植物，有利于了解岭南村落风水林的主要植物种类。岭南村落风水林中植物种类丰富的优势科主要都集中在大戟科、樟科、茜草科、桑科、壳斗科、桃金娘科、蝶形花科7科中，将多次重复出现的植物种类总结归纳如下：

乔木层组成中主要有假苹婆、龙眼、荔枝、五月茶、降真香、细叶榕、土沉香、天料木、华润楠、木荷、银柴、岭南山竹子、蒲桃、红鳞蒲桃、阴香、樟树、山黄麻、马尾松、山乌桕、米槠、黄桐（图4）等。

图4　黄桐（程俊　摄）

灌木层组成主要有假鹰爪、大罗伞、箬竹、豺皮樟、越南叶下珠、山牡荆、米碎花、野牡丹、算盘子、白背叶、亮叶冬青、三叉苦、九节、鬼灯笼、马缨丹等。

草本层组成主要有芒萁、淡竹叶、半边旗、山菅兰、乌毛蕨、海芋、火炭母、沿阶草、芒、蔓生锈竹等[12]。

2.4 岭南村落风水林的保护现状

当前岭南村落风水林的保护现状不容乐观，由于各地社会经济发展水平存在较大差异，风水林的保护水平也参差不齐。实地调查表明，只有在香港，村落风水林被正式纳入郊野公园的范围，因受到《郊野公园条例》的保护，使得香港的风水林较少受到人为干扰，大面积的风水林群落得以完整保存下来。和香港比较，岭南其他地区村落风水林的保护水平存在着较大差距，人们的保护意识也相距甚远，往往将风水林与普通森林植被的概念相混淆，没有给予村落风水林应有的关注和保护，尤其为了发展区域经济，毁林改地的现象时有发生。

值得一提的是，越来越多的人开始察觉到村落风水林所面临的问题，呼吁政府和社会关注风水林资源，相关的保护工作也逐渐开展起来。在深圳盐灶村旁，具有 500 多年历史的银叶树群落被严格保护起来，并设计了栈桥供人们在其中穿行观赏，资源保护的同时兼具了科普教育意义。东莞鸡翅岭村工业园区，风水林被划为植物保护用地，明令禁止附近的人们破坏，否则将被重罚。

3 岭南村落风水林的研究价值

3.1 景观价值

岭南古村落风水林历史悠久，植物种类多样，真实地反映了乡土自然植被的景观特色[13]。在村落风水林中，有胸径达到 40～50cm 粗壮的木质藤本，有季雨林群落特有的附生、茎花和板根植物现象，有高大壮观的古树群落，还有多种国家珍稀保护植物以及各类果树、药用植物，丰富的植物资源形成了独具特色的岭南村落风水林景观。而符合中国传统审美观的风水植物配置手法，指导着古人的住居生活方式，显示了崇尚山水的自然情趣[14]，体现出了地域文化和地域特色的双重特点。

通过对这些景观特点的提炼和把握，可以为区域特色景观的建设提供一份极好的样板，尤其是在当前新农村的建设背景下，如何有效地改善和建设农村人居环境是绿化工作者要重点考虑、解决的问题，通过将村落风水林与乡土绿化文化结合，把风水林和道路绿化、庭院绿化连接起来，在布局和结构上进行创新，或许能找到一种乡村环境景观建设的新途径[15]。

3.2 生态价值

岭南村落风水林经历了长时间的自然演替，是长期适应本土自然生态环境的稳定植物群落，在调节温度、吸烟滞尘、涵养水源、净化水质、美化环境、改变小气候等生态功能方面发挥了非常重要的作用。风水林是仅存不多的区域原生植被的一部分，也是当地生物多样性的载体之一，在保存物种多样性方面具有重要参考价值，通过结合国家和自治区的自然保护小区建设工程，减弱人为干扰，保护风水林生态系统，促使风水林的自然演替和更新，对于区域生物多样性的保护具有重要意义[16]。

3.3 文化价值

岭南村落风水林是古代风水理论的产物，与中国传统风水文化有着密不可分的联系，是大自然和古代人们留下的宝贵财富和文化遗产，对于探索岭南地区风水文化以及人们的风水观念具有重要的参考价值。

岭南村落风水林的产生发展与区域内的民俗风情、文化习惯息息相关，反映了人们的宗教信仰，在地域民族文化中占有非常重要的位置，是考察古代岭南地区人们宗教信仰、民俗习惯的重要旁证和依据，因此，可以说岭南村落风水林是绿色的历史文物，代表着岭南地区的文明和历史，具有极高的文化研究价值[3]。

3.4 旅游价值

村落风水林集科学、历史、观赏、文化价值于一身，具有独特的魅力。尤其在现今留存的村落风水林木中，大多数都是参天古木，枝体苍劲、姿态奇异，与周围的民居建筑构成别具一格的园林景观。在粤东地区，著名的客家土楼后就种植有大片的风水林，为建筑增色不少，吸引了很多游人前去游览观赏，为人们提供了绝佳的休憩场所。今天，这些风水林已成为宝贵的旅游资源，是风景资源的典型代表，具有很高的旅游观光价值。

然而，在对古老的村落风水林进行开发、提升其实用价值的同时，如何对其进行有效的保护，将开发与保护工作均衡协调，维持村落风水林的生态环境，是科研工作者今后需要重点考虑的问题。

4 结语

目前，岭南村落风水林的研究还处于初步探索阶段，研究内容不够全面和深入，存在较多问题，这些问题在以下几个方面尤为突出：

（1）当前村落风水林的研究多集中在广州、东莞、佛山等广府文化区域，对岭南范围内的客家文化、潮汕文化区域却关注很少，而实际上这两个区域存在大量的古村落，其民族文化中也有很多与风水林相关的内容，值得进行深入研究。

（2）岭南的地理环境复杂，村落风水林形式多样，与传统的村落风水林分类标准不完全吻合，需要根据各地村落风水林的实际状况，进行更为细致的分类研究。

（3）当前的研究多集中于村落风水林植物种类的组成研究，对于村落环境格局、群落外貌、文化联系等内容都较少涉及，需要对其展开全面的研究，从而把握岭南村落风水林的整体特征。

（4）对于村落风水林资源的保护、开发、应用，当前研究多只提出了一些大的概念规划，并未深化到具体的应用层面，缺乏实际可行的案例，需要开展相关的实际应用研究。

随着现代社会的发展，人们越来越注重对原有地域文化和地域精神的尊重，景观资源的开发都考虑尽可能维持原有的地域特色[17]。岭南村落风水林作为典型的村落风水林资源，具有浓厚的地域特色，符合未来景观资源开发应用的发展要求，因此，通过对岭南村落风水林展开更加深入和完善的研究，充分挖掘其潜在的价值，探讨其可行的应用形式，可以充分挖掘地域景观文化资源的优势，避免因景观开发而破坏自然生态环境，从而为环境景观的营造提供新的思路。

参考文献

[1] 尚廓．中国风水格局的形成、生态环境与景观［J］．风水典故考略，2004（5）：20-25.

[2] 杨国荣．关于中国传统林业遗存：风水林的历史文化初探［J］．林业经济问题，1999（6）：60-63.

[3] 关传友．古代风水林与绿化思想［J］．寻根，2002（4）：98-103.

[4] 关传友．中国传统园林与风水林理论［J］．皖西学院学报，2001（1）：42-45.

[5] 刘沛林．风水模式的环境学解释［J］．陕西师大学报，1995，3（1）：83-88.

[6] 倪金根．风水与古代中国绿化［J］．古今农业，1994（3）：45-53.

[7] 欧应田．风水林在生态住宅小区的价值和利用［D］．广州：华南农业大学，2005.

[8] 邢福武．深圳七娘山郊野公园植物资源与保护［M］．北京：中国林业出版社，2004：78-82.

[9] 刘颂颂，吕浩荣．绿色文化遗产：东莞主要风水林群落简介［J］．广东园林，2007（29）：77-78.

[10] 刘晓俊，庄雪影．深圳小梅沙村风水林群落及其保护［J］．广东园林，2007（3）：52-54.

[11] 叶国梁，魏远娥，叶彦．风水林［M］．中国香港：天地图书有限公司，2004：4-6.

[12] 廖宇红．广州市莲塘村风水林群落特征及植物多样性［J］．生态环境，2008，17（2）：812-817.

[13] 汪溟．中国传统风水理论与园林景观［D］．长沙：中南林学院，2005.

[14] 历泉恩．风水与环境设计［J］．南京艺术学院学报，2005（1）：34-36.

[15] 祝功武．整理村落与“风水林”建设绿色新农村［J］．中国城市林业，2007，5（6）：53-55.

[16] 崔勇．广西那坡县风水林植物物种多样性及保育对策［J］．广西农业生物科学，2008（6）：53-56.

[17] 俞孔坚．理想景观探源：风水的文化意义［M］．北京：商务印书馆，2000：89-92.

（本文曾发表于2009年11月《中国园林》）

新加坡城市植物景观特色初探

徐 艳 肖洁舒

【摘 要】 本文在调查新加坡城市植物景观的基础上，研究了新加坡城市植物景观的亮点及特色，分析与解读具有代表性的公园、自然保护区及道路的植物配置，归纳总结新加坡城市植物造景常用植物，同时较系统地研究了新加坡城市植物景观的配置技法，以期对我国城市植物景观规划设计提供指导性的建议。

【关键词】 新加坡；植物景观

新加坡是东南亚马来半岛最南端一个热带海洋性气候的城市岛国。城市园林植物景观的亮点颇多，本文重点分析了自然保护区、植物园、以植物造景为主的公园和城市道路绿化中的植物景观特色。

1 新加坡城市植物景观特点及常用植物

新加坡高起点的城市规划，高要求的绿化设计，严明的规章制度，有效、长期、精细的绿化维护，外加得天独厚的气候条件，造就了“花园式城市”新加坡。

对新加坡自然保护区、植物园、公园和城市道路等景点的植物景观现状进行了实地考察。考察结果表明，目前新加坡城市景观常用植物种类非常丰富。

1.1 乔木类

大型乔木：雨树（*Samanea saman*）、印度紫檀（*Pterocar pussantalinus*）、盾柱木（*Peltophorum pterocarpum*）、黑板树（*Alstonia scholaris*）、柱状南洋杉（*Araucaria columnaris*）、铁云实（*Caesalpinia ferrea*）、麻楝（*Chukrasia tabularis*）、炮弹树（*Kigelia africana*）、缅甸黄檀（*Dalbergia oliveri*）、几内亚格木（*Erythrophleum guineense*）、赤桉（*Eucalyptus camaldulensis*）、大叶榄仁（*Terminalia catappa*）、小叶榄仁（*Terminalia calamansanai*）、紫花塊（*Filicium decipiens*）、香坡垒（*Hopea odorata*）、非洲楝（*Khaya senegalensis*）、铁力木（*Cassia siamea* ）、白兰（*Michelia alba*）、黄兰（*Michelia champaca*）、香苹婆（*Michelia champaca*）、大叶桃花心木（*Swietenia mahogani*）、粉花风铃木（*Tabebuia rosea*）、柚木（*Tectona grandis*）、罗望子（*Tamarindus indica*）、海苹果（*Eugenia grandis*）、青果榕（*Ficus variegata*）、凤凰木（*Delonix regia*）、火焰木（*Spathodea ampanulata*）等。

中型乔木：曼荆金合欢（*Acacia mangium*）、海红豆（*Adenanthera pavonina*）、红花洋蹄甲（*Bauhinia blakeana*）、腊肠树（*Cassia fistula*）、星苹果（*Chrysophyllum cainito*）、大叶樟（*Cinnamomum porrectum*）、提琴木（Citbarexylum spinosum）、尼加拉瓜格利塞迪木（*Gliricidia sepium*）、显轴买麻藤（*Gnetum gnemom*）、沙盒树（*Hura crepitans*）、钝叶南花楹（*Jacaranda acutifolia*）、大花紫薇（*Lagerstroemia speciosa*）、白千层（*Melaleuca cajuputi*）、巴西牛奶木（*Mimusops elengi*）、黄花无忧树（*Saraca cauliflora*）、无忧树（*Saraca indica*）、古巴喇叭木（*Tabebuia pallida*）、酸豆（*Tamarindus indica*）等。

小型乔木：红花红千层（*Callistemon citrinus*）、垂枝红千层（*Callistemon viminalis*）、橙花破布木（*Cordia dichotoma*）、珊瑚树（*Erythrina glauca*）、海罗汉松（*Podocarpus rumphii*）、竹节树（*Carallia brachiata*）、黄金香柳（*Callistemon hybridus* ‘Golden Ball’）、月光树（*Pisonia grandis*）等。

1.2 灌木地被类

簕杜鹃（*Bougainvillea spectabilis*）、各色粉叶金花（*Mussaenda hybrida*）、夹竹桃（*Nerium oleander*）、斑叶夹竹桃（*Nerium oleander* ‘Variegata’）、草海桐（*Scaevola sericea*）、黄亚拉利（*Osmoxylum linerre* ‘ Yellow’）、千手兰（*Yucca aloifolia*）、花叶露兜（*Pandanus veitchii*）、黄边百合竹（*Dracaena reflexa* ‘Variegata’）、七

彩马尾铁（*Dracaena marginata*）、鸭脚木（*Schefflera arboricola*）、鸟尾花（*Crossandra infundibuliformis*）、金边虎尾兰（*Sansevieria trifasciata* 'Laurentii'）、五星花（*Pentas lanceolata*）、鹤望兰（*Strelitzia reginae*）、蜘蛛兰（*Hymenocallis speciosa*）、文殊兰（*Crinum asiaticum*）、肾蕨（*Nephnolepis Cordifoolia*）、鸟巢蕨（*Neottopteris nidus*）、竹芋类植物（*Maranta* spp.）、鸟蕉类植物（*Heliconia*）、红蕉（*Musa coccinea*）、各色变叶木（*Codiaeum* spp.）、各色龙船花（*Ixora* spp.）、各色朱蕉（*Cordyline* spp.）、各色凤梨（*Ananas* spp.）、各色天南星科（Araceae）植物等。

1.3 藤本及攀援植物

大花老鸦嘴（*Thunbergia grandiflora*）、象藤（*Argyreia nervosa*）、西番莲（*Passiflora coerulea*）、蒜香藤（*Mansoa hymenaea*）、凌霄（*Campsis grandiflora*）、珊瑚藤（*Antigonon leptopus*）、使君子（*Quisqualis indica*）、各色簕杜鹃（*Bougainvillea spectabilis*）、软枝黄蝉（*Allamanda cathartica*）、紫蝉（*Allamanda blanchetii*）、合果芋（*Syngonium podophyllum*）、春芋（*Philodendron selloum*）、麒麟尾（*Epipremnum pinnatum*）、扁叶香兰（*Vanilla planifolia*）等。

1.4 棕榈科及其他植物

尼邦钩子棕（*Oncosperma tigillarium*）、油棕（*Elaeis guineensis*）、假槟榔（*Archontophoenix alexandrae*）、槟榔（*Areca catechu*）、霸王棕（*Bismarckia nobilis*）、扇叶糖棕（*Borassus flabellifer*）、椰子树（*Cocos nucifera*）、斐济金棕（*Pritchardia pacifica*）、圣诞椰（*Veitchia merrilli*）、大丝葵（*Washingtonia robusta*）、红槟榔（*Cyrtostachys lakka*）、三角椰（*Neodypsis decaryi*）、酒瓶椰（*Hyophorbe lagenicaulis*）、棍棒椰（*Mascarena verschaffeltii*）、红脉葵（*Laltania lontaroides*）、蒲葵（*Livistona chinensis*）、菜王椰（*Roystonea oleracea*）、大王椰（*Roystonea regia*）、狐尾椰（*Wodyetia bifurcata*）、贝叶棕（*Corypha sylvestris*）、圆叶轴榈（*Licuala grandis*）、美丽针葵（*Phoenix robelenii*）、棕竹（*Rhapis excelsa*）、旅人蕉（*Ravenala madagascariensis*）等。

2 新加坡城市植物景观特色分析

2.1 植物园

新加坡植物园始建于1859年，现占地63.7hm^2，拥有7000多种植物，加上栽培种超过10000种，是东南亚著名的植物园，具备科研、教育、展览等多重功能。它既是热带植物引种驯化和实验的基地，也是植物景观精彩点云集的公园。一旦引种的植物驯化或培育成功，很快就被运用到城市绿化中，不断为城市植物景观添色加彩。

2.1.1 植物景观总体特色

植物分区布置主题明确，且景观特色各异，分为热带雨林园、棕榈谷、国立兰园（胡姬花园）、姜园等。园内古树名木众多，已成为古树的有效保护地及欣赏地。植物园的重要节点，如主入口、道路交叉口、视线交汇点等处的植物景观设计均作特别处理。植物的搭配精心细致，可为范例。

2.1.2 植物景观设计的特点

主入口处以雨树为主题，尽显植物群体与个体的魅力。进主入口，一棵高大苍劲的雨树，像一位热情的主人，张开臂膀欢迎宾客。

游客服务中心位于主入口附近。其周边种植的植物品种均经过仔细挑选，搭配讲究，无处不体现出设计上的精心：流水棕榈树阵广场（图1）选用粗犷的油棕，并种植蕨类植物于树干上，显得十分野趣；旁边流水小景的树池则选择形态感与油棕协调的美丽针葵，下层同样搭配蕨类植物；

图1 棕榈广场

整体景观协调一致，人行走其中，感受植物的繁茂野趣，倾听流水声音，尘世烦嚣顿时涤荡一空。

游客服务中心周边的植物组合还有：圆叶轴榈＋虎克光榔（*Arenga hookeriana*），利用植物俯仰生长势态、叶型、质感差异搭配，相映成趣，尤其上层圆叶轴榈的圆叶在光线下极其生动（图2）。游客服务中心建筑过廊旁的小空间，植物组合突出色彩的搭配：千手兰＋花叶露兜（*Pandanus veitchii*）＋七彩马尾铁（*Dracaena marginata*），同是条状叶植物，利用叶色的不同，形成红、黄、绿三种色彩的和谐对比。

图2　圆叶轴榈＋虎克光榔组合

靠近Clunnypark的入口节点，植物组合注重树型、色彩的和谐与对比（图3）。黄金雨树＋红槟榔＋火桐树（*Leea guineensis*），从色彩搭配上分析：叶色（黄）＋茎秆色（鲜红）＋花色（红）；从树型上搭配上分析：横向展开型＋竖向型＋自然散生圆冠型。棕榈谷平地与坡地转折处阶梯踏步两旁，种植银色的霸王棕，以颜色加强园路的标识性。

主题园景观特色分明是植物园植物景观的特点。棕榈谷大型棕榈科植物给人深刻印象，如4m高的大萨拉卡棕（*Salacca magnifica*）（图4）；

图3　黄金雨树＋红槟榔＋火桐树组合

大面积作地被用的黄鸟赫蕉（*Heliconia psittacorum*）、金嘴蝎尾蕉（*Heliconia rostrata*）搭配棕榈科植物，营造出浓烈的热带风情（图5、图6）；多层次、品种丰富的植物组合令人眼花缭乱，如：露兜树丛＋圆叶轴榈＋闭鞘姜（*Costus speciosus*）＋

图4　大萨拉卡棕

图5　金嘴蝎尾

竹蕉类植物＋其他姜类（图 7）。交响湖中小岛（图 8）处于棕榈谷的最低处，自然成为人们的视线焦点，植物搭配充满热带情调：上层为叶子柔软，树干细而高的尼邦钩子棕，中层为红槟榔，下层为红蕉、棕竹、姜类植物等。

图 6　大面积作地被用的黄鸟赫蕉、金嘴蝎尾蕉搭配棕榈科植物，营造出浓烈的热带风情

图 7　露兜树丛＋圆叶轴榈＋闭鞘姜竹蕉类植物＋其他姜类组合

图 8　湖心岛的植物组合

国立兰园（胡姬花园）植物配置注重植物高低、质感、色彩搭配，精心与细致地布置在热带观赏植物造景中堪称经典，成为许多热带庭园植物造景的蓝本。如：兰园入口标识处的植物组合为：狐尾椰＋白柱万带兰（*Vanda brunnea*）＋粉花万带兰（*Vanda garden*），上层带强烈装饰性细长叶型的狐尾椰，配以中层亮黄花色与低层粉花色的万带兰，艳丽而不俗气（图 9）；兰园后仙鹤叠水水景植物配置重复了两种万带兰的经典搭配，外加黄鸟赫蕉、菱叶棕（*Johannesteijsmannia altifrons*）、桫椤（*Alsophila spinulosa*）、红蕉增添不少野趣（图 10）；兰园中的园路周边兰类植物繁茂（图 11），园路的拐弯处利用尼邦钩子棕＋月光树＋兰花植物组合处理视线灭点。

图 9　国立兰园

兰园的植物种植特点以多色彩为主，表现在花色和叶色两方面。花色主要为各色兰花，如跳舞兰、各种万带兰、各种石斛以及少量的姜科开花植物等。色叶乔木类植物主要有金黄叶的雨树、月光树等；灌木类植物主要有黄边百合竹、花叶露兜、银边闭鞘姜（*Costus speciosus* ‘Mar-

图 10 仙鹤叠水水景

图 11 园路周边繁茂的兰类植物

ginatus')、金脉爵床（*Sanchezia nobilis*）、斑叶红背桂（*Excoecaria cochinchinensis* 'Variegated Leaf'）、金叶文殊兰（*Crinum asiaticum* 'Golden Leaves'），色彩斑斓的变叶木、朱蕉、凤梨、天南星科的植物等。

2.2 公园

2.2.1 福康宁公园

2.2.1.1 植物景观总体特色

远看福康宁公园，只见层层叠叠繁茂的山林，伞形树冠的雨树处于林冠线的顶层，大花紫薇在深浅绿色中开着粉色的花，海檬果（*Gerbera odollam*）和盾柱木以零星的白花和黄花附和着，让人感受夏日的宁静（图 12）。

园内随处可见大树参天，如号称新加坡最美的雨树（胸径达 2m）、老茎生花的青果榕、呈奇特卧姿的凤凰木等。同时以少量的棕榈科植物作为点缀，人穿行于林中，满眼浓绿，感到惬意无比。

图 12 福康宁公园

2.2.1.2 植物设计特点

植物空间处理得疏密有致，大树草坪是公园的一大特色，给人疏朗的感觉。林中大树的树杆上往往附生藤本与蕨类植物，野趣盎然。在狭小的空间及需营造森林感觉的地方，植物设计往往反映出热带雨林层次较多的特点，如在人型木雕塑附近一组植物搭配，中下层植物结构为：斐济金棕＋青棕（*Ptychosperma macarthurii*）＋棕竹＋银皇后（*Aglaonema* 'Silver Queen'）＋鸟尾花等。

在公园的重要节点上，常布置观赏性较强的棕榈科和蕉类植物，如：近香料园与城市道路接口处设计了一组植物组合，上层是高大的旅人蕉，中层为红蕉，下层植物为鹤望兰、肾蕨等；在人停留参观的炮台平台旁种植一丛引人注目的蝎尾蕉；在路口交接处种植成排茎秆鲜红色的红槟榔；上山阶梯口处种植银色叶的三角椰等。另外，植物景观特色随建筑环境不同而灵活变化，如休息亭附近布置具庞大根系的露兜，创造出活的“植物雕塑”。

公园独具特色地保留了一个小型植物专类园——香料园。位于公园东面，是仿造莱佛士于 1822 年修建于新加坡的第一个实验性植物园，原园地面积为 19hm²，现今香料园是其缩影。园内收集了众多香料植物：扁叶香兰（*Vanilla planifolia*）、香露兜（*Pandanus amaryllifolius*）、豆蔻树（*Myristica fragrans*）、藤黄果（*Garcinia atroviridis*）、潘济木（*Pangium edule*）、丁香（*Euginia caryophyllus*）、锡兰肉桂（*Cinnamon verum*）、黄瓜树（*Averrhoa bilimbi*）、罗望子等。

公园大量保留原有树种，此外还积极引种外

来植物，如管理处兼游客中心前小广场行列式种植的越南黄牛木（*Cratoxylum formosum*），树姿婆娑，先花后叶，开花满树，成一道别致的风景；从澳洲引进的铁云实，树皮斑驳、色泽明暗相间似豹子皮的花纹，故有豹木之称，给人明亮疏爽的感觉，细看来别有趣味；由新加坡培育的雨树变种——黄金雨树，叶子全年呈金黄色，如同北国秋色，令人惊叹。

2.2.2 东海岸公园

东海岸公园位于东海岸公园路旁，为狭长形公园，长达8.5km，是新加坡最大的海滨度假区。植物景观设计以大树草坪为主，仅在建筑周边作精心的植物组合设计，整体给人疏朗大气的感觉，视线非常通透。以雨树为骨干树种，主要用作孤植树和停车场绿化树种。

公园选用的乔木树种主要有：雨树、大叶榄仁、小叶榄仁、橙花破布木（*Cordia subcordata*）、海檬果、炮弹树、长叶暗罗（*Polyathia longifolia*）、赤桉、木麻黄（*Casuarina equisetifolia*）、椰子树（*Cocos nucifera*）等。其中开花树种为雨树、橙花破布木、海檬果。灌木主要选用草海桐、凤尾竹（*Bambus multiplex* var. *nana*）、黄亚拉利、黄边百合竹、蜘蛛兰、文殊兰等。其中，黄亚拉利等为新引进的树种。

2.3 自然保护区

2.3.1 双溪布洛湿地自然保护区

双溪布洛湿地保护区是新加坡第一个也是唯一一个受保护的沼泽自然公园（图13），面积达87hm²，拥有500多种热带动植物，是候鸟在东亚的主要中途停留站。精心建造的亭台楼阁和木栈道，使游人可以近距离观赏园内的动植物。

图13 双溪布洛湿地

自然保护区内植物景观的最大特色在于丰富多彩的红树植物群落，群落内的主要树种有：柱果木榄（*Bruguier cylindrica*）、海榄（*Avicennia alba*）、红茄冬（*Rhizophora mucronata*）、红树（*Rhizophora apiculata*）、木榄（*Bruguiera gymnorhiza*）、角果木（*Ceriops tagal*）；红树伴生植物：老鼠簕（*Acanthus ilicifolius*）、卤蕨（*Acrostichum aureum*）、尖叶卤蕨（*Acrostichum speciosum*）、香蒲（*Typha orientalis*）、露兜、水椰（*Nypa fruticans*）等。

游客服务中心周边的植物设计充满野趣，上层植物为大叶榄仁、大叶桃花心木、火焰木、竹类等，中下层植物为红槟榔、圆叶轴榈、文殊兰、肾蕨等，水生植物为：水毛草（*Scirpus trangulatus*）、凤眼莲（*Eichhornia crassipes*）、大漂（*Pistia stratiotes*）等。

瞭望塔等停留点周边，适当布置观赏性较强的棕榈科植物，如尼邦钩子棕等。保护区内道路两旁的植物群落结构相对较简单，上层乔木为第伦桃（*Dillenia indica*）、棋盘脚树（*Barringtonia asiatica*）、黄槿（*Hibiscus tiliaceus*）、海巴戟（*Morinda citrifolia*）等；中下层为闭鞘姜、卤蕨等。

2.3.2 武吉智马自然保护区

武吉智马自然保护区占地164hm²，距离市中心仅12km，便于市民欣赏原始热带雨林植物景观。穿过丛林，沿途可看到各种食虫植物和珍奇鸟类、蝴蝶、猴子、松鼠、猫猴等动物，让人切身体验到生物多样性带来的景观多样性。

自然保护区内的植物主要为可用于工业用途的龙脑香科木材树种及部分果树、大型藤本植物。树林中植物层次丰富，乔木分大、中、小型，下层为各类灌木、蕨类和草本植物，时常见到笔直望不到尽头的参天大树，被碗口粗藤本缠绕着，呈现出典型热带雨林植物景象（图14）。

游客中心周边的植物布置十分简洁，建筑掩映在间伐过的树丛中。在郁郁葱葱山林的衬托下，六株高十多米、细细杆的槟榔树（*Areca catechu*）成为主要登山道入口的标志性植物。除游客中心、山顶等游人停留区域的草坪铺着平整的大叶油草（*Axonopus affonis*），留下人工痕迹外，其他地方均为层层叠叠的自然山林，充满原始气息。

图 14　武吉智马自然保护区

2.4　城市道路系统——花园城市植物景观的绿色构架

2.4.1　城市道路的植物景观特色

新加坡市区主要道路均已形成林荫大道，行道树排列整齐，浓荫蔽日，道路成为城市的绿色走廊。其中，雨树的使用频率最高，或孤赏成景、或列植成排、或混植于树丛中，给人留下深刻印象。著名的东海岸公园大道（即机场至市区的主要交通）就强化使用两种植物素材：雨树和簕杜鹃，形成极具视觉与心灵震撼的雨树大道。沿路过街天桥的花槽和路旁绿地中种植各色簕杜鹃，让人感到身处大花园之中。装饰性强的棕榈科植物通常点缀在重要路段，尤其是在闹市区。

绿地布置多采用复层种植结构，主要道路旁绿地种植开花乔木及花形、花色极其丰富的观花植物，如各色鸡蛋花、各色玉叶金花、兰花等，多层次的灌木、亚灌木、热带草花，形成相对稳定的生态群落。此外特殊空间，如护坡、过街天桥，则种植簕杜鹃、薜荔等，形成优美的立体景观。

2.4.2　城市道路常用植物

城市主要干道行道树：雨树、黄花盾柱木、印度紫檀、大叶榄仁、黑板树、炮弹树、腊肠树、大叶桃花心木、麻楝、紫花塊等。

中央绿化带树种：竹节树（*Carallia brachiata*）、大王椰（*Roystonea regia*）、霸王棕、白兰、雨树、黄金雨树、腊肠树等。

道路旁绿地树种：火焰木、大叶樟、红槟榔等。

一些特殊商业道路的植物选择与搭配极富热带风情，如最繁华的乌节路，行道树为印度紫檀和盾柱木，中低层搭配有树蕨、黄边百合竹、七彩马尾铁、棕竹、鸭脚木、龙船花（*Ixora chinensis*）、鸟巢蕨、竹芋类植物、乌蕉类植物等。

2.5　其他特殊空间（屋顶花园＼垂直绿化等）

屋顶绿化多以棕榈科植物为主，如：椰子树、红槟榔、三角椰、酒瓶椰、棍棒椰、红脉葵、蒲葵、旅人蕉、狐尾椰、圆叶轴榈等；也种植一些浅根系的中小型乔木如红千层、大花紫薇等。

垂直绿化中的墙面绿化主要选用薜荔，花架植物主要选用大花老鸦嘴、象藤、簕杜鹃等。

3　结语

新加坡除大量应用乡土植物外，还筛选了许多适应当地气候的外来植物，并在城市中推广应用。这些外来植物大多数从气候相同或相近国家引进，如马来西亚、印尼等，以及东南亚、中美洲、澳洲等热带地区国家。通过几十年来的不断选育，已形成了较成熟的植物品种名录。植物种类丰富，为植物景观多样性的营造提供了坚实的基础。

新加坡本着尊重科学、务实的态度，既注重宏观总体规划构思设计，也注重细部植物设计处理，从空间关系、品种选择、品种搭配等方面打造富有新加坡特色的植物景观，这对我国，特别是热带、亚热带地区的城市有着重要的参考价值。

参考文献

[1]　Tee Swee Ping，Wee Mei Lynn. Trees of Our Garden City—A guide to the Common Trees of Singapor［M］. Singapore：National Parks Board，2001.

[2]　Boo Chih Min，Kartini Omar-Hor，Ou-Yang Chow Lin. 1001 Garden Plants in Singapore［M］. Singapore：National Parks Board，2006.

（本文曾发表于 2008 年《风景园林》）

华南地区人居环境高功效植物景观设计与实践

肖洁舒　徐　艳　王予婧

【摘　要】以华南地区人居环境适用的观赏植物筛选及高功效绿化配置技术研究成果为科学依据，把研究成果转化应用到植物景观工程设计上，在市政公园、居住小区、城市道路、政府办公环境等项目中进行高功效植物配置的实践，为华南地区建设高功效生态绿地作了有益的尝试，为植物景观设计提供了另一种思路和方法。

【关键词】　园林植物；植物景观；生态效益

随着人们对环境质量的重视，植物景观亦扮演着愈加重要的角色，如何充分发挥绿地的生态效益、创造怡人生态环境受到了人们更多的关注，此方面的研究逐步从定性向定量、从模糊向精确推进。绿地生态效益主要表现在水土保持、固碳释氧、降温增湿、抑菌保健、净化空气、滞尘降噪等方面，而绿量是衡量不同绿地生态效益的实质性重要参数，影响绿量的因素与植物选择，植物群落搭配、植物空间布局形式等有关[1]。高功效的植物景观不仅生态效益好，且对人的生理心理健康均有调节作用，华南地区人居环境适用的观赏植物筛选及高功效绿化配置技术研究为植物景观设计与实践提供了科学的理论依据。

1　华南地区高功效园林植物调查及绿化配置原则

高功效植物的内涵是综合生态效益高（释氧固碳能力、杀菌能力、滞尘能力、产生负氧离子能力、吸收有害气体能力等），对人身心健康有益的景观效果好的园林植物，是通过对植物进行量化的生态效益评价、植物对人体身心健康影响评价以及观赏性状评价筛选出来的园林植物。

1.1　植物的选择

1.1.1　有保健功效的园林植物

许多植物能挥发出抗菌和抗病毒作用的物质，这些物质释放到空气中，进而通过人的呼吸系统或皮肤毛孔进入人体，起到防病、强身、益寿的作用，这些植物通称为保健型植物。适于华南地区人居环境生态建设，对人体有保健功效的常用嗅觉型保健植物有：白兰（*Michelia alba*）、香樟（*Cinnamomuu camphora*）、水翁（*Cleistocalyx operculata*）、枫香（*Liquidamba formosana*）、麻楝（*Chukrasia tabularis*）、鸡蛋花（*Plumeria rubra*）、鹅掌柴（*Schefflera octophylla*）、桂花（*Osmanthus fragrans*）、艳山姜（*Alpinia zerumbet*）等。具明显挥发性香味的植物主要集中在：木兰科、芸香科、桃金娘科、兰科和樟科等科。这些植物适用于人流比较密集场所，如住宅区、校园、体育场和游戏场等地，具有杀菌抑菌的功效，同时还令人身心舒畅，起着保健作用。

1.1.2　综合效益较高的植物

对123种深圳地区人居环境绿化适生、高功效园林植物的各种生态指标进行比较，结果表明，综合效益较高的棕榈科植物主要有：散尾葵（*Chrysalidocarpus lutescens*）、蒲葵（*Livistona chinensis*）、酒瓶椰子（*hyophorbe lagenicaulis*）等；针叶树主要有：罗汉松（*Podocarpus macrophyllus*）、龙柏（*Sabina chinensis*）等；阔叶乔木树种主要有：木棉（*Bombax ceiba*）、香樟、阴香（*Cinnamomum burmanii*）、秋枫（*Bischofia javanica*）、高山榕（*Ficus altissima*）、小叶榕（*F. microcarpa*）、大叶榕（*F. uirens*）、橡胶榕（*F. elastic*）、枇杷（*Eriobotrya japonica*）、芒果（*Mangifera indica*）、杨梅（*Myrica rubra*）等；阔叶灌木主要有：鸡蛋花、小叶紫薇（*Lagerstroemia indica*）、夹竹桃（*Nerium oleander*）、石榴（*Punica granatum*）、山茶（*Camellia japonica*）、黄金榕（*Ficus microcarpa* 'Golden Leaves'）、扶桑（*Hibiscus rosa-sinensis*）、叶子花（*Bougainvillea glabra*）、软枝黄蝉（*Allemanda cathrtica*）、海桐（*Pittosporum tobira*）、希美莉（*Hamelia patins*）等；草本及地被类植物主要有：蜘蛛兰（*Hymenocallis Americana*）、花叶良姜（*Alpinia zerumbet*）、龟背竹（*Monstera deliciosa*）、合果芋（*Syngonium podophyl-*

lum）、美人蕉（*Canna indica*）、蜘蛛抱蛋（*Aspidistra elatior*）、白鹤芋（*Spathiphyllum kochii*）等；藤本类植物主要有：白花油麻藤（*Mucuna birdwoodiana*）、异叶爬墙虎（*Parthenocis* sus. *dalzielii*）、桂叶老鸦嘴（*Thunbergia laurifolia*）、辟荔（*Ficus pimila*）、美丽桢桐（*Clerodendrum speciosissinium*）等。

1.1.3　对人心理生理产生良好调节作用的植物

植物的某些色彩对于人体机能和精神能产生积极的影响和作用，具有良好的康体效益，例如单一的植物花色能使人放松，植物呈现的紫色、绿色、粉色、白色能积极影响人体心理生理，使得情绪轻松稳定，活力增加；蓝色能舒缓紧张，调节体温；绿色促进人的思维运转加速，减缓脉搏速度；红色、黄色植物令人兴奋[2]。

1.2　华南地区园林植物群落的构建原则

通过研究，推荐出华南地区三大类型群落配置模式及其应用场所，并提出了群落中各层植物替代可能，使群落搭配具有灵活性。群落配置模式归纳如下：

1.2.1　突出生态效益，兼顾美观与康体的植物群落配置模式

该类植物群落配置模式具有多重生态功效：可固碳释氧、降温增湿，调节改善小气候；亦可吸烟滞尘、吸收有害气体，净化空气，提高环境品质。选取生态效益表现优良的植物组成各具侧重的生态型植物群落。具体为：

（1）光合作用旺盛、具良好固碳释氧能力的植物群落。

（2）绿量大、纸质叶片为主，具良好降温增湿效能的植物群落。

（3）吸烟滞尘、净化有害气体的植物群落。

1.2.2　突出康体效益，兼顾美观和生态的群落配置模式

该类植物群落配置模式选取适宜的植物种类进行合理搭配组合，并关注其与周边环境的融合，尽可能地发挥和提升植物与周边环境的康体功能。与此同时这些群落也都具有良好的生态效益和景观价值。具体为：

（1）芳香保健的植物群落。

（2）素雅色彩利于身心放松的植物群落。

（3）营造高浓度负氧离子环境的植物群落。

1.2.3　突出景观效果，兼顾生态、康体效益的群落配置模式

该类植物群落配置模式以突出岭南植物造景特色为重点，强调运用岭南地带性季风常绿阔叶林中常见乡土植物、南国具热带风情的棕榈科植物、大花香花观果植物，以及南亚热带地区老茎生花等具有雨林特色的植物等。这些群落突出鲜明的地域特色并兼顾了生态、康体效益。具体为：

（1）以棕榈科植物为主景，散发浓郁南国风情的植物群落。

（2）强调亮丽色彩的景观植物群落。

（3）以热带观果植物为特色的植物群落。

（4）突出形态对比的景观植物群落。

（5）作背景衬托的植物群落。

2　植物造景实践

依据对华南地区高功效植物及植物群落的研究成果，在各类型项目中根据各自的立地条件及景观设计主题，合理选用综合生态效益较强的植物，用现代植物配置手法，营造生态效益高、有益于健康的、景观优美的植物群落，达到高功效植物景观设计的目的。

2.1　公园、城市公共空间类型项目

该类型植物景观营造较市政道路、居住区环境更需注重植物群落整体的生态效益及康体效益。植物规划设计中，以地带性常绿阔叶树为骨干树种，形成公园色彩基调，营造大绿量的生态风景林背景，在重要景观节点及游人使用较多的活动场地，结合景观设计主题，合理选择生态效益、康体效益、美景度高的植物种类，营造高功效的植物景观。

2.1.1　深圳莲花山公园

莲花山公园位于深圳市福田中心区北端，总用地面积 182.53hm²，与中心区市民中心等大型公共建筑隔街相望，属国家级公园。

（1）南大门与改革开放 30 周年纪念园

莲花山公园南大门植物景观保留原有鲜明的南国风情特色，植物群落构建兼顾景观与生态效益，营造高绿量植物群落，以棕榈科植物为主景，突出热烈南国特色植物群落、强调亮丽色彩景观植物群落的特点，构建大王椰子（*Roystonea regia*）——霸王棕（*Bismarckia nobilis*）＋鸡蛋花＋旅人蕉（*Ravenala madagascariensis*）——苏铁

(*Cycas revolute*)＋七彩马尾铁（*Cordyline fruticosa* 'Tricolor'）＋金边露兜（*Pandanus sanderi*）＋金蝉（*Allamanda cathartica*）＋大王龙船花（*Ixora duffii*）群落（图1）。

图1 以棕榈科植物为主景，色彩亮丽的南国特色植物群落

深圳经济特区建立30年纪念园，入口植物景观除了强调春季开花绚丽效果也注重了康体芳香功能，选用了鸡蛋花、黄金香柳（*Callistemon*×*hybridu* 'Golden Ball'）作为中下层，其群落结构为：（1）木棉——竹柏（*Podocarpus nagi*）＋鸡蛋花——烟火树（*Clerodendrum quadriloculare*）——七彩马尾铁＋花叶良姜＋美丽变叶木（*Codiaeum variegatum*）——金蝉＋大王龙船花，（2）高山榕——中叶榄仁（*Terminalia muelleri*）＋鱼木（*Crateva formosensis*）——鸡蛋花——黄金香柳＋红车（*Syzygium rehderianum*）——春羽（*Phildendron sellomn*）＋金蝉——四色栉竹芋（*Ctenanthe oppenheimiana*）（图2）。

图2 兼顾色彩与康体芳香功能的植物群落

（2）雨林溪谷、晓风漾日景区

雨林溪谷景区以热带观果植物群落为主，搭配其他高绿量、高功效群落。观果群落为：水翁＋洋蒲桃（*Syzygium samarangense*）＋树菠萝（*Artocarpus heterophyllus*）＋假苹婆（*Sterculia lanceolata*）——栀子（*Gardenia jasminoides*）＋毛杜鹃（*Rhododendron pulchrum*）——狗尾红（*Acalypha hispida*）——大叶油草（*Axonopus affonis*）。此外选择了降温增湿能力强的乔木树种，如尖叶杜英（*Elaeocarpus apiculatus*）、人面子（*Dracontomelon duperreranum*）、海南红豆（*Ormosia pinnata*）等，搭配芳香植物，如鸡蛋花、栀子花、花叶良姜、姜花，构建改善小气候的芳香群落：尖叶杜英——鸡蛋花＋红刺露兜——黄鸟蕉（*Heliconia psittacorum*）＋花叶良姜——纸莎草（*Cyperus papyrus*），或水黄皮（*Pongamia pinnata*）——鸡蛋花——栀子花——纸莎草。

晓风漾日景区以观花植物为特色，营造优美、高功效群落。如湖岸边栈桥旁群落：落羽杉（*Taxodium distichum*）——木芙蓉（*Hibiscus mutabilis*）——姜花群落（图3），其中木芙蓉固碳释氧能力较强，创造良好空气环境，姜花挥发性的香味及其抑菌的功能，营造出令人身心舒缓又康健的停留观景环境；高浓度负氧离子环境的群落：落羽杉＋池杉（*Taxodium ascendens*）——大花第伦桃（*Dillenia turbinate*）＋水石榕（*Elaeocarpus hainanensis*）——栀子＋软枝黄蝉——姜花＋风车草（*Cyperus alternifoliu*）＋莎草＋再力花（*Thalia dealbata*）＋香蒲（*Typha orientalia*）＋菖蒲（*Acorus calamus*）；高绿量、光合作用旺盛、良好固碳释氧能力的植物群落，如：南洋楹（*Albizia falcataria*）＋凤凰木（*Delonin regia*）＋蓝花楹（*Jacaranda mimosifolia*）——水石榕——鸡蛋花＋红刺露兜（*Pandanus utilis*）——木芙蓉＋小叶紫薇——金边万年麻（*Furcraea selloa*）＋蜘蛛兰，兼顾高绿量群落设计与植物形态协调搭配：同为豆科植物南洋楹和凤凰木或叶型与豆科植物相近的蓝花楹营造出细致的上层乔木绿色空间，第二层中型叶的水石榕叶型与上层小型叶乔木协调，过渡到下层叶型较大的鸡蛋花等植物。

2.1.2 深圳市水土保持科技示范园

深圳市水土保持科技示范园景观设计融入水土科学、水土文化内涵，着重选择了具有涵养水源、固堤护土、改良土壤、净化水体、净化空气、生物

图3　固碳释氧能力较强兼抑菌康体的植物群落

防火等生态功能的植物。其中，木华园保留原有降温增湿功能较强的荔枝为群落上层乔木，选用了半红树林植物银叶树为次层乔木，中下层搭配其他色叶、开花灌木，群落结构为：荔枝（*Litchi chinensis*）——银叶树（*Heritiera littoralis*）——花叶垂榕（*Ficus benjamina* ‘Variegata’）＋烟火树＋肖黄栌（*Euphorbia cotinifolia*）——狗牙花（*Ervatamia divaricata*）＋龙船花（*Ixora chinensis*）——马尼拉草（*Zoysia matrella*）（图4）。金哲园运用各类竹子及具有吸收建筑室内甲醛作用的吊兰，营造高浓度负氧离子环境，群落结构为：青皮竹（*Bambusa textilis*）——散尾葵——葱兰（*Zephyranthes candida*）＋吊兰（*Chlorophytum comosum*）。水清园亦运用青皮竹，配置降温增湿、释氧固碳能力均强的夹竹桃、软枝黄蝉、蜘蛛兰，营造负离子浓度高的怡人环境，群落结构为：青皮竹—水石榕——夹竹桃＋棕竹（*Rhapis excels*）＋琴叶珊瑚（*Jatropha integerrima*）——巴西野牡丹（*Tibouchina semidecandra*）＋软枝黄蝉＋蜘蛛兰——梭鱼草（*Pontederia cordata*）＋鸢尾（*Iris tectorum*）＋再力花＋花叶芦竹（*Arundo donax* var *versicolor*）＋香蒲。

图4　具有涵养水源、固堤护土、改良土壤、净化水体、净化空气等生态功能的植物群落

2.2　居住区项目——以万科棠樾项目为例

万科棠樾是东莞高档别墅区，其植物景观设计不但考虑视觉观赏效果，同时更注重植物群落生态效益，尤其是与周围山体植物群落的融合与呼应。树种选择以岭南地区地带性树种为主，综合考虑所选树种的美学价值与生态功能（图5）。选择了固碳（CO_2）释氧、降温增湿能力强、具芳香气味的树种，如香樟、芒果、桂花、扶桑、蒲葵、散尾葵等，以及吸收甲醛能力较强的龟背

图5　兼顾美学与生态价值的植物群落

竹、冷水花（*Pilea cadierei*）等。在住区环境生态建设中，利用保健植物进行绿化，对人的生理心理产生积极作用。如：会所门前对植的鸡蛋花、庭院的对景树罗汉松、别墅区的行道树香樟等均为保健树种。此外形态对比、以青竹为主体高浓度负氧离子、素雅色彩利于身心放松、以色叶植物和花灌木强调亮丽色彩、良好固碳释氧能力的各类植物群落均得以运用。

2.3 城市道路景观项目——以深圳龙岗区黄阁路为例

黄阁路长4.5km，处于龙岗区的生态绿廊中，道路中央绿化带选用了自然生态植物组团间隔出现的布置形式。该道路设计主题为“阳光大道”，选择黄花色系的植物如：腊肠树（*Cassia fistula*）、黄花风铃木（*Tabebuia chrysantha*）、翅荚槐（*Cassia alata*）、金凤花（*Caesalpinia pulcherrima*）、黄龙船花（*Ixora lutea*）、金花生（*Arachis duranensis*）等突出主题特色。宽阔的中央绿化带保留了原有景观效果较佳的棕榈科植物，加插黄花植物成组团式种植；中、低层次植物搭配，提高植物的绿量。应用植物群落的模式有：吸烟滞尘、净化有害气体的植物群落，如：桃花心木（*Swietenia mahagoni*）+腊肠树——鸡蛋花——金凤花+双荚槐——巴西野牡丹+龙吐珠（*Clerodendrum thomsonae*）+红花檵木（*Loropetalum chinense var. rnbrum*）+软枝黄蝉——春羽+蜘蛛兰+蚌花（*Rhoeo discolor*）；强调亮丽色彩的景观植物群落，如：桃花心木+腊肠树——鸡蛋花——黄钟花（*Stenolobium stans*）+金凤花+双荚槐（*Cassia bicapularis*）——花叶鹅掌柴（*Schefflera odorata*）+龙吐珠+黄金叶（*Duranta repen* ‘Dwarf Yellow’）+花叶良姜+棕竹——肾蕨（*Nephrolepis auriculata*）+蜘蛛兰+葱兰+韭兰（*Zephyranthes grandiflora*）（图6）；芳香保健的植物群落，如：白兰——鸡蛋花——四季桂（*Osmanthus fragran* ‘Semperflo’）+非洲茉莉（*Fagraea ceilanica*）+车轮梅（*Rhapniolepis indica*）——雪花木（*Breynia nivosa*）；光合作用旺盛、良好固碳释氧能力的植物群落，如：南洋楹+桃花心木——白兰+粉花山扁豆（*Cassia nodosa*）——小叶紫薇+四季桂+非洲茉莉+希美丽+车轮梅——红花檵木+孔雀木（*Dizygotheca clegantissima*）——蜘蛛兰+金花生。

图6 高绿量的兼顾景观主题的植物群落

3 问题与思考

（1）在实践中深感已进行生态效益定量研究的南亚热带园林植物种类过少，对植物群落的整体效益定量研究也不足。应扩大研究范围，对园林中常用的植物尤其大花乔木、花灌木进行量化研究，如凤凰木、美丽异木棉（*Ceiba insignis*）、火焰木（*Spathodea campanulata*）、铁刀木（*Cassia siamea*）、腊肠树、大花紫薇等，并深化研究华南地区其他保健植物种类。在单株植物生态效益研究基础上，对植物群落整体效益进行定量研究。

（2）在成果应用过程中许多生态效益指标较好的植物无法应用到工程实践当中，主要原因为园林苗圃无生产或生产量不足，或为林业小规格苗，达不到设计的景观要求，如能散发有益于健康气味的黄兰（*Michelia champaca*）、山苍子（*Lltsea cubeba*）、黄牛木（*Cratoxylum cochinchinense*）、豆梨（*Pyrus calleryana*）、观光木（*Tsoongioden odorum*）、柠檬草（*Melissa officinalis*）、岗松（*Baeckea frutescens*）等。若加强苗圃生产的科学管理，大力发展生态效益高的园林植物生产培育，可为科学研究落实到工程实践上提供条件。

（3）一些生态指标较好的植物如姜花、异叶南洋杉（*Araucaria heterophylla*）[3]因地域文化避忌，园林上较少运用，如芳香的姜花，姜与广东话的“僵”谐音，茉莉（*Jasminum sambac*）引申到“没利——没用，无益”；绿量大的吊瓜树（*Kigelia Africana*）中的“瓜”在广东话里是“死”的意思，红桑也因与“丧”音同也日渐少用；松柏类植物或及形似的植物如，异叶南洋杉，又或白花植物，让人引起墓地陵园等不吉利的联想等等，这一类植物可避免在居住区运用，但可有选择性地用于公园、公共休闲绿地中。

（4）一些生态指标较好但对人体有不良影响的植物，应避免布置在人们停留聚集的地方，如木棉，虽然降温增湿的效果显著，但呼吸系统过敏症的人对其果絮过敏，因此在居住区、办公环境、校园应用时避免大面积群植。又如夹竹桃，各方面指标都很理想，因汁液有毒，可运用于远观区域，如：人们无法接近的水岸边、与人隔离的道路绿化及其他绿地，则可收到较佳效果。

（5）城市植物景观的设计应因地制宜，根据本身的定位、功能、空间等要求综合进行，不应片面追求生态效益做无意义植物堆砌。

4 结语

城市绿化是改善生态环境、保持生态平衡的重要手段，高功效园林植物筛选及绿化配置技术的研究为植物配置选择提供了科学的理论依据，使对人类有益的园林植物在园林中得到运用。高功效的植物景观建设对于提高人们的生活质量有着重要的意义，基于华南地区人居环境适用的高功效观赏植物筛选及高功效绿化配置技术研究的工程实践，对今后植物景观设计与建设提供了有益的参考。

参考文献

［1］ 陈自信，苏雪痕，刘少宗，等. 北京城市园林绿化生态效益的研究［J］. 中国园林，1998：1-6.

［2］ 任全进，于金平，等. 江苏药用保健地被植物及其在园林绿地中的应用［J］. 中国园林，2009（7）：25.

［3］ 王忠君. 福州植物园绿量与固碳释氧效益研究［J］. 中国园林，2010（12）：3-4.

基金项目

国家“十一五”科技支撑计划项目（编号2006BAD07B09）资助。

（本文曾发表于 2011 年 8 月《中国园林》）

用 AHP 法和人体生理、心理指标评价深圳公园绿地植物景观

张　哲　李　霞　潘会堂　何　昉

【摘　要】以深圳市公园绿地中具有代表性的 10 个植物景观为对象，选择 30 名在校大学生作为被试者，运用 AHP 法及人体生理、心理指标对植物景观进行评价。人体生理指标包括心电图、血压、心率、指尖温度及皮肤电导率；心理评价采用状态特质焦虑量表和心境状态量表。结果显示，在深圳市公园绿地中，以复层植物景观和棕榈类植物景观的 AHP 评价得分最高，同时可以明显降低血压及心率，缓解人们的焦虑感及疲劳程度，使人趋向平静状态。两种方法对植物景观的评价结果一致性较好，证明利用人体生理、心理指标评价植物景观是可靠的。

【关键词】城市公园；景观评价；生理心理指标

公园绿地是城市中的“绿洲”，其在改善城市微环境、创造和谐的人居环境方面起着不可替代的作用。合理营建公园植物景观不仅有利于提升城市园林绿化建设的水平和质量，而且能够更好地促进城市的可持续发展。因此，恰当、科学地评价公园植物景观可以为园林植物的合理配置、提升公园绿地整体的景观质量提供指导和借鉴。

近些年，有关学者在园林植物景观评价方面已经取得了一些成果[1-6]。国内外的一些学者研究了室内植物及自然风景对人的生理及心理方面的影响[7-14]，但是利用人体生理、心理指标系统地评价园林植物景观在国内还鲜有报道。本文用 AHP 法（Analytic Hierarchy Process，简称为 AHP）和人体生理心理指标评价了深圳市公园绿地的 10 个植物景观，旨在探寻人体生理、心理指标评价植物景观的适用性，从主观和客观两个方面反映公园植物景观的配置水平，以期更好地服务于城市园林绿化建设。

1　材料与方法

1.1　样地的选择

在全面踏查深圳公园现状的基础上，综合考虑深圳公园的类型、建成时间，选择游人量较大、多数市民喜欢并且能够代表深圳市园林特色的荔枝公园和莲花山公园为对象。

1.2　植物景观及拍摄

大量研究表明，利用照片作为视觉刺激，是获取人们对真实的植物景观或自然风景反应的一种有效方式[15-16]。在 2010 年 5～6 月，笔者对上述两个公园的植物景观进行了深入调查，选择面积为 20m×20m，有一定观赏性和明确功能的完整植物景观[17]作为评价对象并拍摄照片。照片均在晴朗、能见度高的天气拍摄，时间为 8：00～16：00[4-5]，拍摄高度为 1.5m，每张照片均能够完整反映相应的植物景观。最终选择 10 张植物景观照片进行评价（图 1）。

1.3　测试对象

选择 30 名在读本科生作为被试，其中男女比例为 1.14∶1。测试前通过问卷调查的形式了解被试者的健康状况。

1.4　评价方法及程序

1.4.1　AHP 法

通过播放幻灯片的形式，让被试者对植物景观照片进行打分，分值采用“10、8、6、4、2”的等级分别代表“好、较好、中等、差、极差”[6]。植物景观的得分由分值与相应权重的乘积获得，满分为 10 分，分数越高表示植物景观质量越好。其中评价指标及权重是在阅读文献的基础上，通过专家咨询法，结合本研究的需要确定，具体指标及权重见表 1。

1.4.2　人体生理、心理指标

采用图片刺激法，利用 Powerlab 多导生理记录仪和欧姆龙上臂式血压计记录和测量被试者的生理指标，包括心电图、心率、皮肤电导率、指尖温度和血压。心理状态的评价采用状态特质焦虑量表（State-Trait Anxiery Inventory，简称 STAI）和心境状态量表（Profile of Mood States，

图 1 10 种植物景观

AHP 法评价深圳市公园绿地植物景观指标体系 **表 1**

权重		指标描述	权重		指标描述
植物物种多样性 C_1	0.283	根据植物景观中运用的植物种类及株数，利用 Simpson 指数公式进行计算	植物景观时序多样性 C_5	0.046	将植物景观中的植物按开花时间分类，进行多样性指数的计算
植物生活型结构多样性 C_2	0.046	将植物景观中的植物分为阔叶、针叶、常绿及落叶等类别，进行多样性指数的计算	植物景观色彩多样性 C_6	0.025	将植物景观中的植物按具体颜色归纳分类，进行多样性指数的计算
植物观赏特性多样性 C_3	0.120	将植物景观中的植物分为观花、观叶及观果等类别，进行多样性指数的计算	植物景观空间多样性 C_7	0.134	将植物景观分为乔灌草、乔草、乔灌及灌草等类别，进行多样性指数的计算
植物地带性特色 C_4	0.218	植物景观中能够体现深圳及岭南园林特色的植物的丰富程度	植物景观与整体环境协调性 C_8	0.128	植物景观与整体公园的风格、配置特色及环境的协调程度

注：多样性指标计算值乘以 10 作为相应指标的分值。

简称 POMS)。采用的状态特质焦虑量表为李文利和钱铭怡根据斯皮尔伯格和高萨奇于 1964 年编制的状态特质焦虑量表修订而来的[18]；心境状态量表采用祝蓓里根据澳大利亚学者格罗夫的量表修订而来的简式心境状态量表[19]。

试验步骤如下：(1) 试验开始前要求被试先填好基本信息，对被试的性别、病史（尤其是视觉病史)、是否服用药物和酒精等项目做好统计和记录；(2) 简要介绍实验内容及过程，消除被试者的紧张情绪并要求其填写前测心理问卷；(3) 测量被试者的血压与心率；(4) 连接试验仪器，让被试者观看空白图片 90s，再观看一张植物景观实验图片 90s，同时同步测定被试者的生理指标；(5) 照片放映结束后测定被试者的血压与心率，并要求被试者填写后测心理问卷。

1.5 数据的处理与分析

测试的数据使用 Excel 2003 进行统计计算，利用 SPSS18.0 软件对实验数据进行配对 t 检验法分析。

2 结果与分析

2.1 AHP 法评价植物景观的结果分析

根据权重值，对被试者的评分及多样性计算结果进行统计分析，结果见表 2。总体来说，被试者对复层植物景观的评价要明显好于其他类型植物景观，评价得分最高的景观 2 与得分最低的景观 8 相差 2.18 分。

2.1.1 复层植物景观评价结果

从表 2 中可以看出，3 个复层植物景观评价结果的排序依次为景观 2、景观 3、景观 1，得分分别为 8.55、8.16 和 7.78。该评价结果说明这 3 个植物景观物种多样性丰富，结构层次较为分明，整体景观地带性较明显，这也从一个侧面反映出了复层植物景观的优势所在。

用 AHP 法评价深圳市公园绿地植物景观的结果 表 2

景观类型		景观组成及结构	得分	排名
景观 1	复层植物景观	乔木层：南洋杉（*Araucaria Heterophylla*）、大叶紫薇（*Lagerstroemia speciosa*） 灌木层：鹅掌柴（*Schefflera arboricola*）、红背桂（*Excoecaria cochinchinensis*） 地被：大叶油草（*Axonopus compressus*）	7.78	3
景观 2	复层植物景观	乔木层：台湾相思（*Acocia confusa*）、木麻黄（*Casuarina equisetifolia*） 灌木层：海桐（*Pittosporum tobira*）、鸳鸯茉莉（*Brunfelsia latifolia*）、鹅掌柴 地被：大叶油草	8.55	1
景观 3	复层植物景观	乔木层：荔枝（*Litchi chinensis*）、小叶榄仁（*Terminalia mantaly*）、花叶垂榕（*Ficus benjamina* 'Golden Princess'） 灌木层：海芋（*Alocasia macrorrhiza*）、紫背竹芋（*Stromanthe sanguinea*） 地被：大叶油草、银边山菅兰（*Dianella ensifolia* 'Silvery Stripe'）	8.16	2
景观 4	丛生竹林植物景观	乔木层：青皮竹（*Bambusa tectilis*） 灌木层：春羽（*Philodenron selloum*）、棕竹（*Rhapis excelsa*） 地被：大叶油草、蟛蜞菊（*Wedelia chinensis*）	7.31	8
景观 5	乔-草型植物景观	乔木层：南洋杉、小叶榄仁、红花羊蹄甲（Bauhinia blakeama） 地被：大叶油草	7.74	4
景观 6	棕榈类植物景观	乔木层：王椰（*Roystonea regia*）、银海枣（*Phoenix sylrestris*）、霸王棕（*Bismarckia nobilis*） 灌木层：红叶金花（*Mussnenda erythrophylla*）、软枝黄婵（*Allamanda cathartica*）、变叶木（*Codiaeum variegatum*）、海桐 地被：大叶油草、银边山菅兰	7.37	7
景观 7	棕榈类植物景观	乔木层：椰子（*Cocos nucifea*）、旅人蕉（*Ravenala madagnscariensis*）、红刺露兜（*Pandanus utilis*）、鸡蛋花（*Plumeria rubra* 'Acutifolia'） 灌木层：琴叶珊瑚（*Jatropha pandulifolia*）、黄纹万年麻（*Furcraea foetida* 'Striata'）、灰莉（*Fagraea ceilanica*） 地被：大叶油草	7.44	6
景观 8	乔-草型植物景观	乔木层：琴叶榕（*Ficus lyrata*）、酒瓶椰子（*Hyophorbe lagenicaulis*） 地被：大叶油草（*Axonopus compressus*）	6.37	10

续表

景观类型		景观组成及结构	得分	排名
景观 9	棕榈类植物景观	乔木层：裂叶蒲葵(*Livistona decipiens*)、丝葵(*Washingtonia filifera*)、南洋杉 灌木层：美丽针葵(*Phoenix roebelenii*) 地被：大叶油草	6.88	9
景观 10	棕榈类植物景观	乔木层：油棕(*Elaeis guineensis*)、霸王棕、旅人蕉 灌木层：美丽针葵、大红花(*Hibiscus rosa-sinensis*) 地被：大叶油草	7.49	5

2.1.2　棕榈类植物景观评价结果

景观 6、景观 7、景观 9 和景观 10 同属于棕榈类植物景观，但 AHP 法的评价结果略有不同。其中，景观 10 的得分最高，为 7.49；其次是景观 7 和景观 6，得分分别为 7.44 和 7.37。在物种多样性和植物地带性方面，景观 6、景观 10 和景观 9 相差不大，但景观 10 的植物搭配更为合理，与周围环境的协调性更好；而景观 9 的空间感和层次感较差。

2.1.3　乔-草型植物景观评价结果

该类植物景观包括景观 5 和景观 8，二者的评价结果相差较大。究其原因，可能是因为景观 5 的物种多样性更为丰富些，且叶型、叶色等富于变化。因此，在植物景观配置时，合理的色彩变化以及适当的树形、叶型变换是必要的，有利于形成好的植物景观。

2.1.4　丛生竹林植物景观评价结果

从整体上讲，竹林景观的评价并不高，主要是因为植物种类过于单一，空间变化不够丰富。但竹林自身有很强的地带性色彩，这类植物景观又是很多公众所向往的，所以，竹林景观的配置可以考虑添加一些叶型相似的常绿乔木作为背景树，在下层种植红绒球等植物护基。

2.2　人体生理、心理指标评价植物景观的结果

2.2.1　植物景观刺激对人体生理指标的影响

（1）植物景观刺激前后收缩压、舒张压及心率的变化

通过对被试者的收缩压、舒张压及心率指标进行分析，发现植物景观使被试的这 3 项指标有所下降（表 3）。其中景观 1、景观 2、景观 7 及景观 10 使被试的收缩压、舒张压及心率前后差异显著，说明相比其他植物景观，被试在接受这 4 个植物景观刺激后，血压和心跳值明显下降，副交感神经活动增加，生理唤醒程度降低，更趋于轻松、稳定的状态。10 个植物景观使被试者收缩压变化达到了显著水平（$p<0.05$），但对照组的收缩压差异也达到了显著水平，因此，这只能说明静坐或植物景观能有效地引起人体收缩压的变化。

被试在接受植物景观刺激前后血压及心率变化　　**表 3**

	收缩压/mmHg		舒张压/mmHg		心率/(次·min^{-1})	
	前	后	前	后	前	后
对照组	118.89±16.40	113.32±14.90*	68.90±8.57	67.34±6.62	73.79±12.14	73.34±10.97
景观 1	121.69±13.08	114.38±14.51**	70.55±14.32	68.28±12.68*	72.76±10.22	70.28±8.62**
景观 2	119.76±14.14	113.10±12.60**	73.03±8.09	69.10±6.93**	77.72±12.39	75.24±9.82*
景观 3	120.41±15.81	113.76±14.21**	69.34±9.31	66.97±7.61	73.55±10.09	70.83±8.44**
景观 4	120.52±14.89	113.66±15.78*	68.10±8.42	66.07±7.62	75.86±12.72	74.14±11.55
景观 5	118.03±14.72	112.28±13.49**	68.03±7.21	67.03±8.20	73.28±11.81	71.97±12.05
景观 6	120.66±15.90	112.66±12.57**	68.55±8.74	66.93±8.06*	75.17±12.28	74.52±13.20
景观 7	121.14±16.65	112.86±13.59**	69.69±8.54	66.34±8.34**	77.38±14.92	74.62±12.75*
景观 8	121.93±15.32	114.76±13.80*	69.31±7.07	68.17±10.85	71.86±9.60	69.34±15.60
景观 9	119.45±13.75	114.24±14.55*	70.03±6.89	68.17±7.31	75.79±13.90	75.93±12.48
景观 10	121.41±17.33	113.76±13.31**	70.52±7.46	66.86±6.58**	71.62±10.19	69.79±91.14*

注：* 表示 $p<0.05$，差异显著；** 表示 $p<0.01$，差异极显著。

（2）植物景观刺激前后 RR 间隔的变化

RR 间隔指心电图中 R 波与 R 波的间隔，承受着心脏交感神经和心脏副交感神经的拮抗控制。图 2 显示的是被试者观看空白图片和 10 个植物景观照片后人体 RR 间隔最小值的变化情况。从中可以看出，受到景观 3 和景观 10 刺激后，被试的 RR 间隔最小值的前后变化幅度明显高于其他景观，变化值分别为 0.038s 和 0.041s，说明被试者的最小心率值下降，副交感神经活动增加，人体趋向于放松状态。对照组和景观 8 使被试者 RR 间隔最小值变化呈相反的趋势，表明人体生理唤醒程度增加，被试者呈现出害怕或紧张状态。

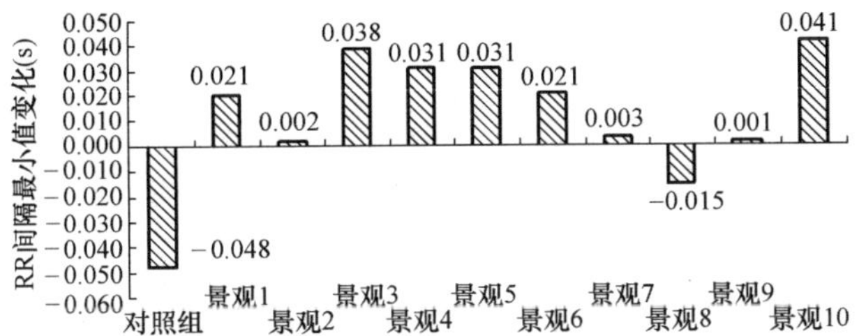

图 2　不同植物景观刺激前后被试的 RR 间隔最小值的变化

图 3 显示的是被试观看空白图片和 10 个植物景观照片后人体 RR 间隔最大值的变化情况，可以看出被试接受景观 5 和景观 7 刺激后，其 RR 间隔最大值的变化幅度与对照组相当，受到景观 1、景观 2、景观 3 和景观 10 刺激后，被试的人体 RR 间隔最大值分别达到了 0.010s、0.015s、0.015s 和 0.014s。而景观 8 和景观 9 使人体 RR 间隔最大值变化呈相反的趋势。以上结果说明景观 2、景观 3 和景观 10 最能让生理唤醒程度下降，最大心率下降，激发副交感神经系统，使人体趋于稳定的状态。这与 RR 间隔最小值的变化情况基本一致，在使人体心跳值降低，趋于放松、舒适状态的过程中，景观 3 和景观 10 效果最好，景观 1 和景观 4 其次，景观 8 效果最小。

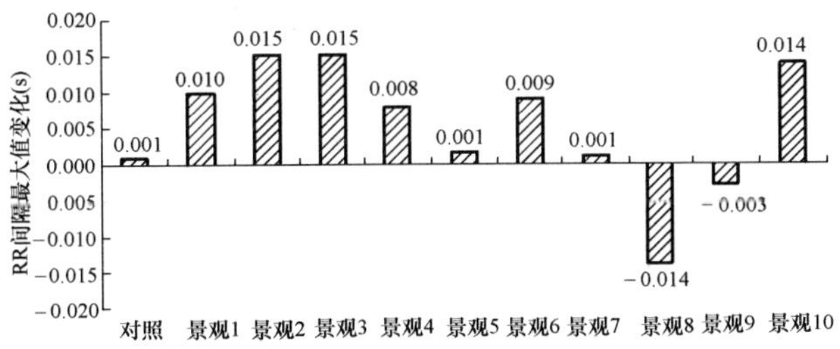

图 3　不同植物景观刺激前后被试的 RR 间隔最大值

（3）植物景观刺激前后指尖温度的变化

观看空白图片和 10 个植物景观照片后被试者的指尖温度均升高，但植物景观刺激前后变化明显（见图 4），上升的平均幅度分别为 0.2℃ 和 0.4℃。说明相比空白图片，植物景观更能使被试的交感神经兴奋性下降，副交感神经系统活动增加，人体血管舒张，指尖血流量增加，情绪安定。分析其原因可能是绿色植物能够唤起被试者的喜爱，对生理和心理状态有较好的影响，给人轻松愉悦之感。

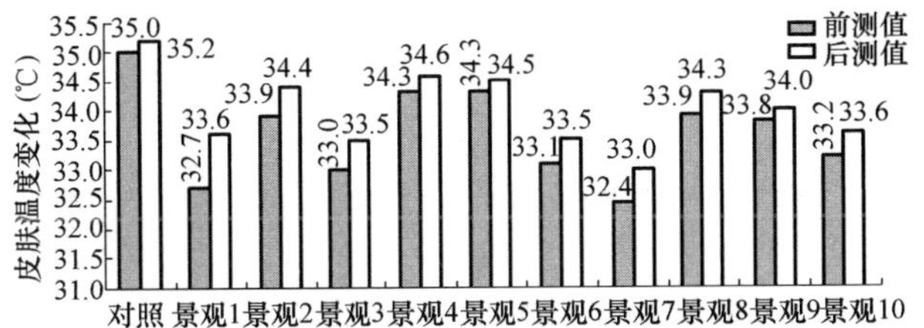

图 4　不同植物景观对指尖温度的影响

（4）植物景观刺激前后皮肤电导率的变化

如图 5 所示，受到空白图片和植物景观刺激后人体的皮肤电导率明显上升。与对照组相比，景观 2 和景观 3 使被试者的皮肤电导率变化幅度较大，分别为 1.6μs 和 1.2μs。一般认为，皮肤电导率的变化与精神性出汗有关，故在紧张、焦虑的情况下导致皮肤电阻会降低。测试结果表明植物景观刺激可以有效地激发人体的交感神经系统，降低紧张和焦虑的程度，使人处于放松的状态。

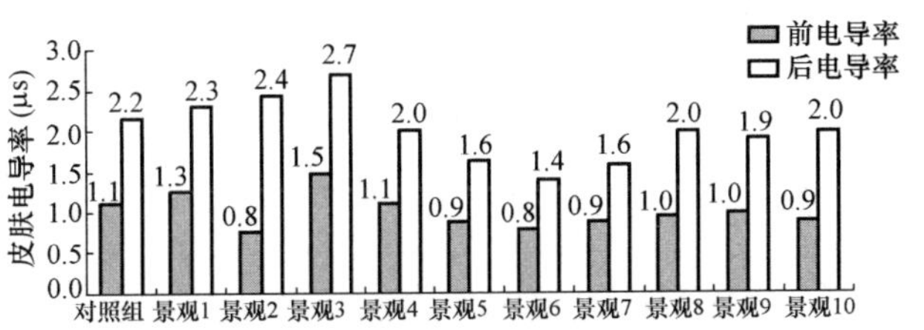

图 5　不同植物景观对皮肤电导率的影响

2.2.2　植物景观刺激对人体心理指标的影响

（1）植物景观刺激前后 STAI 值的变化

焦虑是一种恐惧和不安的不愉快状态。本文利用状态特质焦虑量表（STAI）来衡量焦虑的水平，一般而言，分数越高表示焦虑水平越高。由图 6 可知，除对照组外，接受不同植物景观刺激后人体的焦虑值都有所下降，这表明植物景观能够缓解人们心理的焦虑感。但被试者在接受不同植物景观刺激后焦虑值的变化程度不同，以景观 2 和景观 10 效果最好，下降幅度分别为 3.2 分和 2.7 分；景观 1 和景观 4 其次。

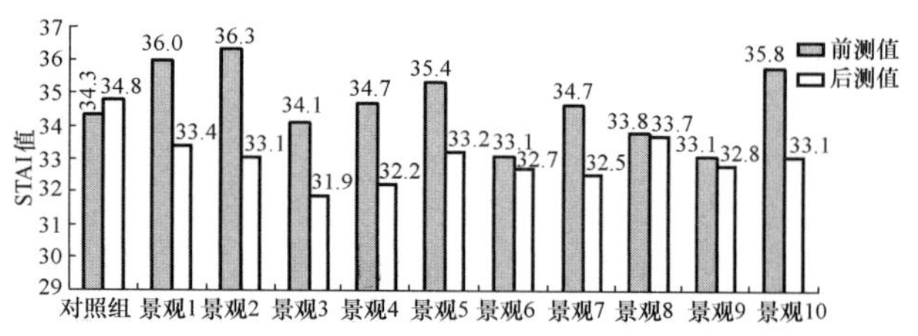

图 6　不同植物景观对 STAT 值的影响

（2）植物景观刺激前后 I、V、F 值的变化

心境是指一种使人的所有情感体验都感染上某种色彩的较持久而又微弱的情绪状态。心境状态包括愤怒（I）、无知觉（N）、活力（V）和疲劳（F）4 个维度，各项分数越高，表示相应情绪越明显。根据测试结果显示（见图 7），除景观 10 以外，各组的愤怒值在植物景观刺激后均有明显的下降，其中景观 1、景观 2、景观 5 和景观 6 的愤怒值下降较大，表明这 4 个植物景观能够缓解人们的不良情绪，对心理状态有好的影响。空白图片对照组、景观 1 和景观 9 的活力值在刺激后有所下降，以对照组和景观 1 的活力值下降最为明显。空白图片会让人感觉枯燥，导致人体活力明显下降，而景观 1 和景观 9 会让人处于一种平静的状态，使得活力值也有所下降。其他植物景观刺激的活力值都有一定程度的增加，说明这些植物景观对于增加人体活力、激发积极向上的情绪是有效的。可以看出，除对照组、景观 8 和景观 9 外，其他各植物景观可以有效缓解人的疲劳感，其中景观 1、景观 4 和景观 6 的效果最好，变化值分别为－1.1、－1.1 和－0.8 分。持续一段时间观看空白图片会让人厌烦，增加疲劳感，使得空白图片对照组的疲劳值明显上升，景观 8 和景观 9 的疲劳值在刺激后增加可能是由于植物景观过于单一或种植密度过大导致的。

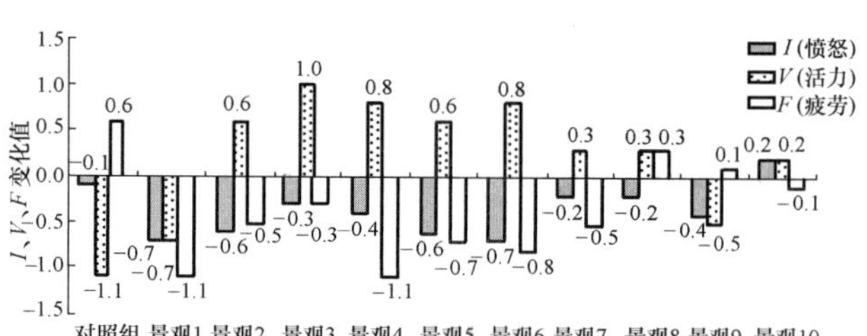

图 7　不同植物景观对 I、V、F 值的影响

2.2.3　AHP 法和人体生理、心理指标评价植物景观的结果比较

将 AHP 法和人体生理、心理指标对植物景观的评价结果进行比较，发现相同的评判者采用两种方法进行植物景观评价的结果一致性较好，这证明了利用人体生理、心理指标评价园林植物景观是切实可行的。在 10 个植物景观中，两种评价方法均显示景观 1、景观 2、景观 3 和景观 10 的效果较好，能够有效调节人们的情绪，使人趋于平静和放松状态；而景观 8 和景观 9 效果较差，可能是这两个植物景观在植物的搭配和空间层次感上存在问题，易使人们产生疲劳感，不能很好地起到增加活力、愉悦心情的作用。

3　结论与讨论

根据评价的结果，笔者认为，深圳市公园绿地植物景观的整体质量和水平较高，公众喜爱的植物景观以复层植物景观为主，这类景观结构稳定、空间层次感强、物种丰富；其次是棕榈类植物景观，具有很强的地域性，且同科植物搭配在一起，叶型、叶色过渡自然，很容易让人接受。在种植设计时，宜适当采用乔灌草复层结构，选择有地域特色的植物，同时兼顾色彩、空间及层次等方面的变化。

从 AHP 法和人体生理、心理指标评价公园植物景观的结果上看，证实了人们对于植物景观的喜好可以通过血压、皮肤电导率、RR 间隔值、心率及指尖温度等生理指标真实地反映出来。同时，被试当时的焦虑感、疲劳程度及活力等感受也反映了园林植物景观对人的影响。因此，人体的生理指标和心理指标一定程度上可以作为评判植物景观好坏的标准。从两种评价方法上看，AHP 法能够简单明了地评价植物景观的质量，从主观上反映评判者的客观想法；而人体生理、心理指标，既能够用于室内植物组合的评价，也可用于室外植物景观的评价，用客观指标反映评判者的主观感受。因此，在今后的植物景观评价过程中，可以综合运用多种评价方法，从主观和客观两个方面进行，以进一步提高评判的科学性，为配置适宜、美观的植物景观提供依据。

参考文献

[1]　李舒仪．南京市玄武湖公园植物景观评价与优化［D］．南京：南京林业大学，2009.

[2]　翁殊斐，柯峰，黎彩敏．用 AHP 法和 SBE 法研究广州公园植物景观单元［J］．中国园林，2009（4）：

78-81.

[3] 郑岩. 哈尔滨城市公园植物群落特征及其景观评价[D]. 哈尔滨：东北林业大学，2007.

[4] 周春玲. 北京市居住小区绿地的生态效益和美景度评价研究 [D]. 北京：北京林业大学，2003.

[5] 宋亚男，车生泉. 上海城市公园典型植物群落美景度评价 [J]. 上海交通大学学报（农业科学版），2011，29（2）：16-24.

[6] 唐东芹，杨学军，许东新. 园林植物景观评价方法及其应用 [J]. 浙江林学院学报，2001，18（4）：394-397.

[7] DUNNETT N，QASIM M. Perceived benefits to human wellbeingof urban gardens [J]. HortTechnology，2000（10）：40-45.

[8] GRAHN P，STIGSDOTTER U A. Landscape planning and stress36 北京林业大学学报（社会科学版）第 10 卷 [J]. Urban Foresty and Urban Greening，2003（2）：1-18.

[9] PARK S H，MATTSON R H，KIM E. Pain tolerance effect of ornamental plants in a simulated hospital [C]. Toronto：XXVIInternational Horticultural Congress：Expanding Roles for Horticulture in Improving Human Well-Being and Life Quality，2004：241-247.

[10] CHANG C Y，CHEN P K. Human response to window views and indoor plants in the workplace [J]. HortScience，2005，40（5）：1354-1359.

[11] 房城，郭二果，王成，等. 城市绿地的使用频率与城市居民心理健康的关系 [J]. 城市环境与城市生态，2008，21（2）：10-12.

[12] 李法红，李树华，刘国杰，等. 苹果树花叶的观赏活动对人体脑波的影响 [J]. 西北林学院学报，2008，23（4）：62-68.

[13] LI X，AN X，JIN Z L，et al. Human responses to flower colors of different rose（Rosa hybrida）cultivars [C] //Chinese Society for Horticultural Science. Beijing：Proceedings of Academic Conference on Horticulture Science and Technology，2009：1-6.

[14] JIN Z L，LI X，ZHANG Q X，et al. Human response to flower fragrance of Lilium ‘Siberia’ and Rosa ‘Escimo’ [J]. Forest Study in China，2009（3）：185-189.

[15] 孙基哲. 室内植物可以挽救人的生命 [M]. 长沙：湖南人民出版社，2007.

[16] HULL I V，STEWART W P. Validity of photo-based science beauty judgments [J]. Journal of Environment of Psychology，1992（12）：101-114.

[17] 陈波. 杭州西湖园林植物配置研究：植物群落功能、种类组成与案例分析 [D]. 杭州：浙江大学，2006.

[18] 李文利，钱铭怡. 状态特质焦虑量表中国大学生常模修订 [J]. 北京大学学报（自然科学版），1995，31（1）：108-112.

[19] 祝蓓里. POMS 量表及简式中国常模简介 [J]. 天津体育学院学报，1995，10（1）：35-37.

（本文曾发表于 2011 年 12 月《北京林业大学学报（社会科学版）》）

基于SBE法的深圳市典型植物群落景观美景度评价1)

杨帆 徐艳 刘燕

【摘　要】应用SBE法对深圳市典型植物群落景观的美景度进行评价，寻求最佳的配置模式，为植物群落的配置提供科学的依据。结果表明，不同受测人群在植物群落景观审美方面存在普遍一致性。在植物群落美景度的诸多影响因子中，乔木面积是影响植物群落美景度的最重要的因子，灌木面积和天空面积的影响也较大。

【关键词】风景园林　植物景观评价　植物群落　SBE法　深圳

配置合理的植物群落不仅可以改善环境质量，提高绿地生态效益，而且可以给人美的享受，有益人体的身心健康。在研究植物造景和配置方面，国内已经做过大量的工作[1,2]。本文采用美景度评价法（SBE法）[3]对深圳市典型植物群落景观进行科学而量化的评价，寻求植物群落的最佳配置模式，探索不同受测人群对植物群落景观审美的差异，尝试建立植物群落景观美景度与影响因子之间的数量化方程，为植物群落的配置提供参考。

1　植物群落的美景度评价

1.1　实验方法与内容

1.1.1　评价媒介

对深圳市公园和医院的植物景观现状进行调研并咨询业内人士意见，从莲花山公园、梅林公园、荔枝公园、笔架山公园、荔香公园等公园和眼科医院、华侨城医院、协和深圳医院等医院选取20个典型的植物群落作为研究对象。使用照片作为评价媒介，照片于2012年4月期间，选择天气晴朗的日子，于10：00～17：00拍摄，拍摄高度1.5m，镜头、光圈、焦距保持一致。

1.1.2　评价准备

每个植物群落用1张照片表示。幻灯片调查问卷分为三部分。第一部分包括评价说明和受测者的基本资料（性别、年龄、职业、受教育程度等）。第二部分从20张照片中随机抽取5张作为准备实验，目的在于使受测者熟悉评价过程。第三部分将20张照片随机放置作为正式实验。

1.1.3　评分等级

采用李克特氏量表（Likert Scales），1-7分分别代表植物群落景观的美景度为极不美观、很不美观、不美观、一般、美观、很美观、极美观。

1.1.4　评价方式

将制作好的幻灯片调查问卷通过电子邮件的方式发送给受测者，受测者评价完后传回给调查人员。

1.1.5　受测群体

受测群体分为4组，包括园林专业从业人员（29人）、园林专业学生（30人）、非园林专业从业人员（26人）、非园林专业学生（22人），共回收有效问卷107份。

1.2　结果计算和分析

1.2.1　SBE值的计算方法

计算方法依Daniel和Boster进行[4]。有以下三个步骤：

$$MZ_i = \frac{1}{m-1}\sum_{k=2}^{m} f(CP_{ik})$$

式中：MZ_i——幻灯片i的平均Z值

CP_{ik}——受测者给予幻灯片i的评值为k等级或者大于k等级的频率

$f(CP_{ik})$——将CP_{ik}转化成正态函数分布频率

m——评价总等级数

k——该幻灯片的评价等级

$$SBE_i = (MZ_i - BMMZ) \times 100$$

1）深圳市建筑公务署“深圳新医院康复花园影响因素的研究”项目（SZCG2010025750）、国家科技支撑计划项目“人居环境适用的观赏植物评价及高功效绿化配置技术研究与示范”（2006BAD07B09）

＊　通讯作者。刘燕，女，教授，博士生导师，主要研究方向为园林植物应用与生态。E-mail：chbly@sohu. com

其中：SBE_i——幻灯片 i 的原始 SBE 值；

BMMZ—基准线（baseline）的平均 Z 值

$$SBE_i^* = SBE_i / BSDMZ$$

其中：SBE_i^*——幻灯片 i 的标准化 SBE 值

BSDMZ——基准线组平均 Z 值的标准差

这三个公式的含义为，假设受测群体对每张照片的评价结果成正态分布，计算每张照片在标准正态分布下的平均 Z 值，并以某一张照片作为基准线标准，计算每张照片与基准线照片的平均 Z 值差，将结果放大 100 倍得到每张照片的原始 SBE 值。将原始 SBE 值除以基准线照片平均 Z 值的标准差，消除受测人群不同评估间距的影响，从而得到每张照片的标准化 SBE 值，然后进行比较。

1.2.2 计算结果与分析

根据上述公式，计算受测群体对不同植物群落景观的美景度评价，得到反映不同受测群体审美特点和不同植物群落美学质量的美景度度量表（表 1）。

各植物群落美景度度量表 **表 1**

编号	群落代号	综合		园林专业从业人员	园林专业学生	非园林专业从业人员	非园林专业学生
		SBE 值	排名	SBE 值	SBE 值	SBE 值	SBE 值
1	LZ1	51.2	1	31.8	60.5	50.3	65.8
2	ML1	48.6	2	50.1	59.0	40.8	41.0
3	BJS1	39.5	3	30.0	26.5	47.4	58.6
4	ML2	35.1	4	20.8	55.0	26.3	38.1
5	BJS2	32.3	5	26.6	33.6	27.2	44.2
6	BJS3	31.8	6	26.8	27.3	33.8	41.6
7	BJS4	30.5	7	22.1	37.4	33.0	29.9
8	LZ2	29.8	8	25.1	36.7	30.0	26.7
9	LX1	29.0	9	23.5	34.4	27.2	31.9
10	LZ3	23.6	10	21.6	42.3	11.6	14.0
11	XH1	21.1	11	17.6	22.2	16.2	29.9
12	BJS5	19.1	12	16.2	17.4	19.9	24.4
13	LX2	18.9	13	9.7	16.2	22.7	30.4
14	YK1	17.1	14	5.6	17.7	13.1	36.3
15	LX3	14.0	15	12.8	16.0	8.6	20.0
16	LHS1	13.2	16	13.3	19.4	15.8	1.2
17	YK2	7.3	17	1.4	9.9	9.0	10.6
18	LHS2	5.6	18	−8.5	0.7	13.3	21.6
19	HQC1	1.8	19	0	13.6	2.1	13.1
20	XH2	0	20	0	0	0	0

1.3 分析和讨论

根据美景度度量表，分析不同受测群体对植物群落景观审美的差异，以及不同类型的植物群落的美景度差异。

1.3.1 不同受测群体对植物群落景观审美相关性的分析

根据 4 组不同的受测人群的 SBE 值进行相关性分析，结果表明，各受测群体在植物群落景观审美方面的相关性显著。表 2 表明，园林专业从业人员和园林专业学生，非园林专业从业人员和非园林专业学生之间的相关性更显著，即相同专业背景的受测人群具有更加一致的植物景观审美情趣。由于学生的取样较方便，今后的研究可以以学生作为主要的受测群体，包含园林专业和非园林专业的学生。

各受测群体间的相关系数 **表 2**

	园林专业从业人员	园林专业学生	非园林专业从业人员	非园林专业学生
园林专业从业人员	—	.849 * *	.816 * *	.649 * *
园林专业学生	—	—	.723 * *	.619 * *
非园林专业从业人员	—	—	—	.866 * *
非园林专业学生	—	—	—	—

注：* * 表示在 0.01 水平上显著相关。

1.3.2　不同受测群体在植物群落景观审美差异性的分析

将各植物群落按 SBE 值由高到低等距排列，由图 1 可以看出，不同受测群体的评分曲线趋势基本一致，只是数值存在差异。园林专业从业人员的评分最低，说明具有专业背景的从业人员的植物群落评价标准最高。

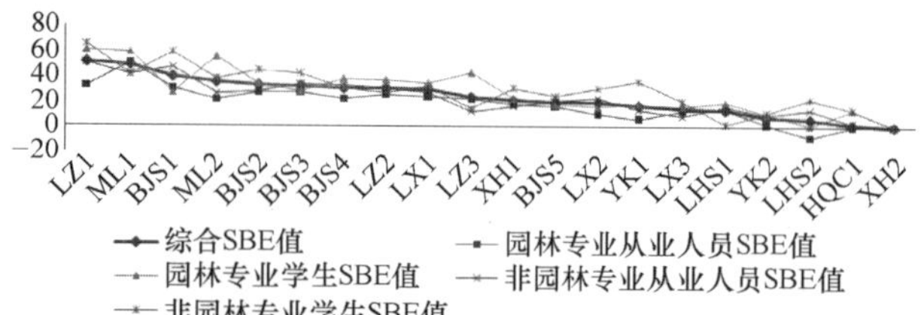

图 1　不同受测群体在植物群落评价方面差异性分析

1.3.3　不同类型的植物群落的景观美景度比较（图 2）

乔灌草结构的群落中，最佳的配置模式为“荔枝—含笑＋杜鹃＋鹅掌柴—鸢尾＋玉带草＋大叶油草”（群落 2），荔枝枝叶繁茂、自然古朴，与斑块式种植的灌木和草本搭配富有自然美；乔草结构的群落中，最佳的配置模式为“假槟榔—大叶油草”（群落 1），假槟榔构成的疏林草地为人们的户外活动提供了合适的场所；乔灌结构的群落中，最佳的配置模式为“小叶榄仁＋白兰＋四季桂—黄金榕”（群落 6），小叶榄仁树干通直，分枝水平开展，与整齐修剪的黄金榕搭配富有规则美。棕榈类植物群落的最佳配置模式为假槟榔（群落 1），假槟榔是深圳市最常见的棕榈科植物之一，富有南国风情，是体现热带风光的代表植物之一。色叶类植物群落的最佳配置模式为“黄金榕—金叶假连翘＋红花檵木＋龙船花”（群落 5），不同色彩的彩叶灌木修剪成不同的高度，飘带式的造型和丰富的色彩令人心情愉悦。规则式植物群落的最佳配置模式为“红车＋花叶垂榕—驳骨丹”（群落 9），红车、花叶垂榕、驳骨丹分别修剪成圆锥形、圆柱形、球形，错落有致，富于规则美和色彩美。竹类的植物群落（群落 4）的 SBE 值很高，竹类围合出的空间私密感强，竹在中国的传统文化中具有丰富的象征意义，深受人们的喜爱。

图 2　植物群落 1～20

图 2　植物群落 1～20（续）

2　植物群落景观美景度的影响因子分析

2.1　方法

为分析景观中各因子对美景度的影响，选取乔木面积、灌木面积、草本面积、铺装面积、植物种类、园林小品面积、天空面积、建筑面积 8 个因子为自变量进行回归分析。各因子面积的计算是将照片分割成 216 个方格，计算照片上各因子所占的方格数，植物种类以照片上可见的植物种类为准。

2.2　结果和分析

2.2.1　植物群落景观美景度回归方程的建立　以所有受测人群的 SBE 值为因变量，采用强制回归法，进行回归分析，筛选出对评价结果影响显著的 5 个因子，结果如表 3 所示。

植物群落美景度影响因子回归系数[a]　表 3

模型编号	非标准化回归系数		标准化回归系数	t	Sig.
	估计值(B)	标准差	Beta		
1 常数项	−38.777	15.528		−2.497	.026
乔木面积	.432	.088	1.204	4.919	.000
灌木面积	.217	.092	.477	2.355	.034
草本面积	.135	.088	.249	1.536	.147
天空面积	.439	.170	.474	2.588	.021
建筑面积	−.297	.295	−.154	−1.004	.333

注：a. 因变量：SBE 值

植物群落景观美景度的回归方程为：

SBE = − 38.777 + 0.432 × 乔木面积 +

0.217×灌木面积+0.135×草本面积+0.439×天空面积−0.297×建筑面积

回归方程的显著性检验的P值为0.001，小于0.05的显著水平，表示回归方程整体解释因变量SBE值达到显著水平。筛选出的5个自变量与因变量“SBE值”的多元相关系数为0.873，多元相关系数的平方为0.762，表示5个自变量共可解释因变量“SBE值”76.2%的变异量[5]。

2.2.2 植物群落景观美景度影响因子的分析

回归分析显示，乔木面积是影响植物群落景观美景度的最重要的因子，即群落中乔木冠幅和胸径越大，受测人群对植物群落景观美景度的评价越高。冠幅大的乔木可以更好地为人们的户外活动提供遮阴。灌木面积是影响美景度的又一重要因子，灌木中，开花植物、彩叶植物的种类较多，可以丰富植物群落的色彩，让人心情愉悦。天空面积和建筑面积与植物群落的SBE值分别成正相关和负相关，表明受测人群倾向于接受以天空作为背景的植物群落，而对以建筑作为背景的植物群落感到反感，建筑面积越大，评价越低。

3 讨论

3.1 影响因子的选择问题

影响因子的选取是建立美景度回归方程的关键，选择什么因子，用什么指标来衡量这些因子，以及这些因子是否和美景度呈线性关系，这些问题都需要进一步探索。

3.2 SBE法的不足

有研究表明，用照片作为风景质量评价的媒介同现场评价无显著差异。但是照片难以反映植物群落的季相变化，选取多张能够反映植物群落季相变化的照片作为评价媒介，或者借助于三维图像模拟技术[6]，将有助于解决这一问题。

3.3 植物群落的综合效益

本文基于SBE法，在景观层面对植物群落的配置进行讨论。植物群落不仅应该具有良好的景观效益，还应该兼具生态效益和康体效益。在以后的研究工作中将对植物群落的综合效益进行探索。

参考文献

[1] 陈波. 杭州西湖园林植物配置研究：植物群落功能、种类组成与案例分析［D］. 杭州：浙江大学农业与生物技术学院，2006.

[2] 刘灿. 深圳市园林植物多样性与植物景观构成研究［D］. 北京：北京林业大学园林学院，2006.

[3] 俞孔坚. 风景园林景观评价方法［J］. 中国园林，1986，2（3）：39-40.

[4] Daniel，T. C. and Boster，R. S.. Measuring landscape esthetics：the scenic beauty estimation method［A］. Range Experiment Station. USDA Forest Service Research［C］. 1976.

[5] 吴明隆. 问卷统计分析实务—SPSS操作与应用［M］. 重庆：重庆大学出版社，2010.

[6] 周春玲，张启翔，孙迎坤. 居住区绿地的美景度评价［J］. 中国园林，2006，22（4）：62-67.

（本文曾发表于2012年8月《中国观赏园艺研究进展》）

深圳市医院园林植物及应用调查

蒋冬月　李永红　王予婧　徐　艳　潘会堂

【摘　要】采用典型抽样的方法对深圳市39所主要医院的绿化植物种类和园林应用进行了调查和分析。结果表明：(1) 所调查的医院中有室外绿化的有25所，占64.1%；(2) 调查到医院庭院绿化植物272种，隶属于77科183属，种类较多的科有棕榈科、桑科、大戟科、百合科、桃金娘科；常绿与落叶植物种类的比例约为5.5∶1，其中乡土树种占总数的42.6%；(3) 医院中的园林植物应用形式主要有园景树、行道树、绿篱、地被、垂直绿化及屋顶绿化。同时对医院不同功能区的植物应用进行了分析，指出医院绿化存在的问题，并对深圳市医院景观环境的建设提出了建议。

【关键词】深圳；医院；园林植物；应用

1　引言

20世纪，国外设计师引入了康复花园的概念，视其为治疗效果显著的医疗资源之一。以医院庭院环境为载体向患者提供感知功能、社交功能、锻炼功能，以促进患者康复，同时良好的环境能减轻医护人员的紧张情绪。相比国外康复花园理念普及下的医院环境绿化，我国的医院绿化建设相对落后。本研究旨在通过调查深圳市医院绿化环境现状，统计园林植物种类，分析典型的医院庭院景观，总结医院庭院环境中存在的问题，并就如何建设医院园林植物景观提出建议，为深圳市新医院环境建设提供科学依据，为营造健康、安全、舒适，有益于医患人员身心健康的环境奠定理论基础。

2　调查方法和范围

2.1　调查方法

本调查于2010年11月、12月进行，采用典型抽样和普查相结合的方法，通过实地调查、现场拍照对医院园林植物的种类、生活型、观赏特征、应用形式等做了统计记录。在调查数据的基础上，查阅相关资料、文献，对医院庭院景观的状况进行了总结和分析。植物应用频度表示为：频度F=某种物种出现的医院数/医院总数×100%。

2.2　调查范围

以深圳中心城区为主，综合考虑医院区位、经济属性、医院等级与类型及建造时间等，选取了39所具有代表性的医院进行调查。其中包括公立医院31所和社会办院8所，分布在罗湖、福田、南山、宝安、龙岗、盐田六区（图1）。这些医院覆盖了深圳市各个级别的医疗机构，因而能代表目前深圳医院环境建设的现状（表1）。

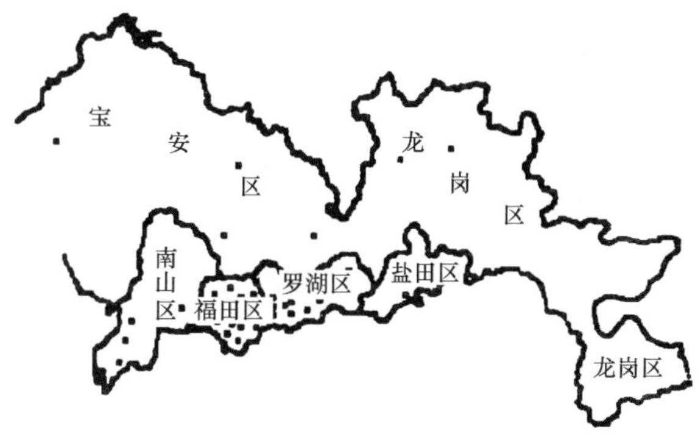

图1　本研究所调查医院的地理分布图

深圳医院类型统计　　表1

类型	分　类	医院名称	数量
公立医院	市级综合医院	深圳市人民医院、深圳市第二人民医院、北京大学深圳医院	3
	区级综合医院	福田区人民医院、南山区人民医院、蛇口人民医院、宝安区人民医院、龙岗中心医院、龙岗区人民医院、盐田区人民医院	7
	街道综合医院	宝安区沙井人民医院、龙华人民医院、观澜人民医院、盐田区梅沙医院	4
	中医院	市中医院、福田区中医院、罗湖区中医院康复分院	3
	专科医院	市眼科医院、孙逸仙心血管医院、市儿童医院、康宁医院、东湖医院、第三人民医院传染病医院	6

续表

类型	分　类	医院名称	数量
私立医院	妇幼保健院	市妇幼保健院、福田区妇幼保健院、南山区妇幼保健院	3
	慢性病防治院	市慢性病防治院、福田区慢性病防治院、南山区慢性病保健院、市职业病防治院、宝安区慢性病防治院	5
	社会办医	华侨城医院、博爱医院、景田区医院、中山泌尿外科医院、鹏程医院、福华中西医结合医院、平乐骨伤科医院、武警医院	8
	总计	39	

3　结果与分析

3.1　深圳市医院绿化现状

通过调查发现，几乎无庭院绿化的医院有14所，占调查医院总数的35.9%；有绿化并提供休憩场所的有25所，占64.1%，其中有15所医院设有独立小游园。庭院绿化环境较好的医院一般为建设资金充足的市级、区级综合医院，专科、私立医院及慢性病防治医院大多环境较差，几乎没有绿化或者只有简单的盆栽点缀。随着医院环境中的植物景观越来越受到人们的重视，设计者将更多考虑庭院植物景观对病患疾病治疗与健康康复的影响，因此新建或改建后的医院庭院环境好于老医院。

3.2　深圳市医院庭院绿化主要植物种类

深圳医院常见的园林植物共有272种，隶属于77科183属，其中木本植物195种，占71.7%，草本植物77种，占28.3%，主要为棕榈科、桑科、大戟科、百合科、桃金娘科、天南星科、龙舌兰科的植物。

在所调查的木本植物中，乔木种类主要分布在棕榈科、紫葳科、樟科、芸香科、榆科、五加科；灌木种类主要分布在大戟科、禾本科、蔷薇科、锦葵科等；草本植物主要分布在天南星科、百合科、禾本科、菊科、龙舌兰科、石蒜科等。乔木与灌木树种的比例约为1.4∶1。用数量生态学中的频度对植物的配置情况进行分析，应用频度最高的植物见图2～图4。

乔木中出现频度最高的是苏铁和黄金榕，频度均为82%；其次是蒲葵、阴香、大王椰子、白兰等，频度均为71%。灌木中出现频度最高的是叶子花，频度达到100%；再次是散尾葵、金叶假连翘、龙船花、九里香等。草本植物中出现频度最高的是合果芋，其频度为88%；其次是海芋、长春花、旅人蕉、蜘蛛兰等。藤本植物中出现较多的是爬山虎、绿萝、龟背竹、炮仗花、龙吐珠等。在11种使用频度最高的乔木中，苏铁、假槟榔、凤凰木等是外来树种，但这些树种的适应性强，且已成为深圳市植物景观组成的骨干种类，如阴香、假槟榔、白兰等，且表现出其良好生态功能及景观功能。灌木树种中，作为深圳市花的叶子花出现频度最高，突出了深圳特有的植物景观特色。

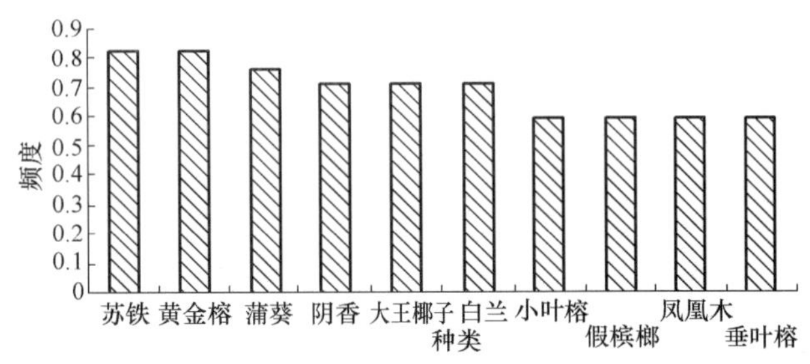

图2　深圳市医院绿化乔木树种的应用频度

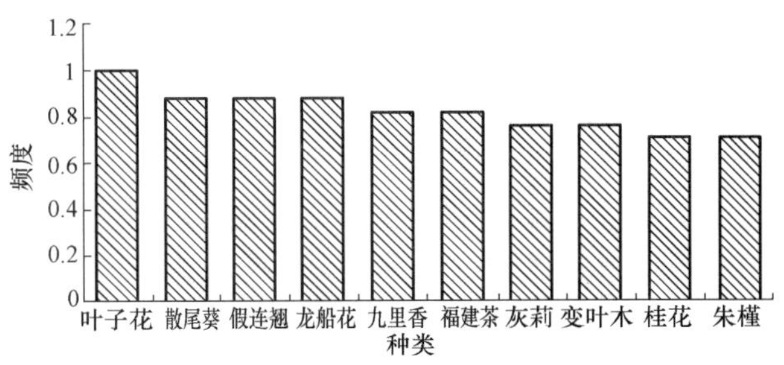

图3　深圳市医院绿化灌木树种的应用频度

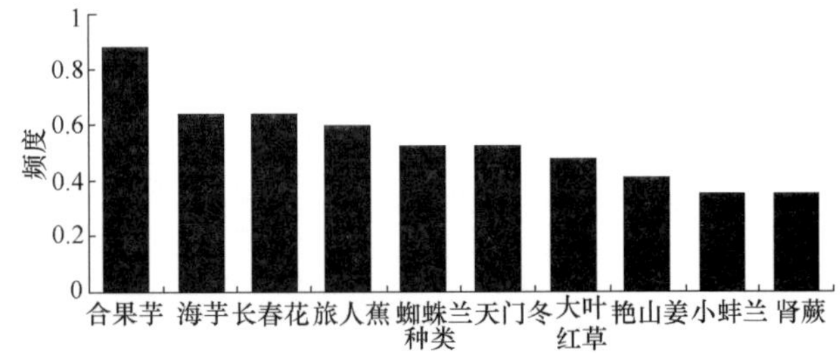

图4　深圳市医院绿化草本植物的应用频度

3.3 深圳市医院绿化植物的观赏特性

在调查的木本植物中，乡土植物共有116种，占总数的42.6%；常绿植物种类约占84.6%，常绿与落叶植物种类的比例约为5.51。由于深圳地处北回归线以南，阳光充足，以常绿植物景观为主，周年色彩鲜艳。落叶植物较少，缺少季节性景观变化。所以适当增加落叶植物的种类，既有利于产生丰富的季相、色相的景观变化，又可满足人们通过植物的季节性叶色产生周期变化而获得季节流转、时间变化的感觉。

园林植物的应用能够使医院庭院景观丰富多样。调查发现，医院植物景观中应用了许多观赏性较强的植物。观花植物有白兰、凤凰木、大花紫薇、龙船花、桂花、朱槿、朱缨花、栀子、蔓马缨丹、杜鹃等。观果植物有菠罗蜜、柚子、红果仔、朴树、阴香等。观叶植物常用的有红花檵木、变叶木、彩叶草、花叶垂榕、红背桂、大叶红草、金叶假连翘、黄金榕、冷水花、鸭跖草括等。芳香植物应用较多的有黄金香柳、阴香、白兰、九里香、米兰、桂花、茉莉、木瓜等。这些观赏植物对丰富医院庭院景观起到了重要作用，如朱槿株形优美，叶具有多彩斑纹，夏秋红花满树，既可以观花又可观叶，是理想的景观绿化树种。在调查中还发现，医院植物应用中以绿叶、观花植物为主，观果植物、彩叶植物和芳香植物应用相对较少，所以医院庭院景观可以适量增加彩叶植物和芳香植物的种类及数量，以达到彩化、美化的效果，从而促进病人的康复。观果植物可在医院绿化中起点缀性作用，应用数量可以不多，但种类丰富性有待提高。

3.4 深圳市医院绿化植物的应用方式

深圳市医院庭院植物的应用形式主要分为以下几种：

3.4.1 园景树、庭荫树

园景树和庭荫树主要展现树木的个体美，可作为园林空间的主景或达到引导视线、遮蔽烈日、创造舒适、凉爽环境的作用。深圳市医院庭院绿地中选择了树形和叶形都具有较高观赏价值的高山榕、金山葵、小叶榕、白兰、大王椰子、罗汉松等孤植于草坪或门诊前广场中心独立成景。如儿童医院门诊前广场草坪上孤植的罗汉松，姿态秀丽葱郁，种托紫红，隐约于碧叶之间，好似许多披着红色袈裟正在打坐参禅的罗汉，幽雅可观。另外，以观花为主的植物，朱缨花、蔓马缨丹、垂枝红千层、翅荚决明、栀子、米兰、金凤花、朱槿、红桑等，与常绿树配置在一起，打破了医院庭院环境的沉闷，使丰富的植物色彩随着季节的变化交替出现，营造出别具一格的植物景观。

3.4.2 行道树

行道树作为医院庭院绿化的重要组成部分，可以达到美化道路和医院景观的效果。如大王椰、白兰、大花紫薇、美丽异木棉、木棉、阴香、红花洋蹄甲等，既有美丽的树形，绿叶成荫，又满树繁花，香气四溢，形成了良好的景观效果。

3.4.3 垂直绿化和屋顶绿化

部分医院将具备攀缘能力的树种，如爬山虎、炮仗花、绿箩、吊兰等栽植于窗台、墙面、楼面等处，不仅可以增加绿化面积，丰富竖向景观效果，也让医患人员在每个窗口都能看到舒适的绿色，如蛇口人民医院与华侨城医院；也有部分医院对围栏、地下车库的顶棚进行了巧妙的垂直绿化，充分利用了可绿化空间，如南山区慢性防治院、宝安区人民医院等。在进行垂直绿化的同时，部分医院还充分利用了建筑的顶面空间，尝试了建立屋顶花园，如华侨城医院、福田中医院。但医院屋顶花园大多采用了封闭式管理，禁止医患人员进入，只能通过窗户观看园中的景色。

3.4.4 绿篱和色块种植

选择耐修剪、株丛紧密的植物，如小叶榕、花叶垂榕、假连翘、黄金榕等做成色块或与各种绿篱相互搭配构成美丽的图案，可形成令人赏心悦目的画面。运用金叶假连翘、变叶木、红背桂、黄金榕、大叶红草、花叶艳山姜等彩叶植物组合成色块，大大地丰富了景观艺术效果。调查发现各大医院常常运用紫金叶假连翘、鹅掌柴、九里香、红花檵木等做成绿篱点缀路旁，如华侨城医院中使用的鹅掌柴、变叶木、金叶假连翘、亮叶朱蕉等组成了色彩绚丽、气势壮观的模纹图案。

3.4.5 地被种植

以观叶为主的地被植物景观常选用的绿色叶植物有龟背竹、蜘蛛兰、文殊兰、天门冬、佛甲草、肾蕨、沿阶草、春羽等。彩叶植物有彩叶草、花叶冷水花、大叶红草、银边麦冬、小蚌兰、吊竹梅、合果芋等。耐荫植物大多栽植于建筑阴面或角隅。色彩鲜艳的阳生地被植物则常栽植在阳光充足的地方，结合阳坡的地势错落配置，以营造欢快明亮的热闹气氛。以观花为主的地被植物景观，常选用季节性观花植物：长春花、蟛蜞菊、葱兰等。丰富的地被植物为医院增添斑斓色彩。

3.5 医院不同功能区的植物应用

调查发现，植物景观出现的区域主要是集中在以下几个场所：

3.5.1 医院人口广场

医院的人口广场是病人踏入医院的第一步，其环境应整洁有序，体现安定、平静以及明显的导向作用，给病人良好的印象，形成积极的心理暗示。调查结果显示，人口广场应用较多的植物为黄金榕、金叶假连翘、福建茶、变叶木、灰莉等灌木种类，常以绿篱和色块的形式出现；其次应用散尾葵、大王椰子、大叶榕、凤凰木、罗汉松、南洋杉等植物作为医院人口主景，并搭配桂花、朱槿、朱樱花、龙船花等观花灌木，丰富植物景观。

调查中还发现一些不足，有些医院在设计初未考虑植物的动态生长趋势，以致逐渐长大的树木遮挡了门诊入口的视线，降低了入口的导向识别功能，带来了交通上的不便。因此，在入口广场设计时要充分考虑整体布局，对植物种类、景点设置等做综合的安排；统一考虑建筑的形式、风格、色彩，使其相互协调，方便人流、车辆通行

3.5.2 住院部绿地

住院部常位于医院较为安静的地段，以供患者在庭院中休息、散步、健身。面积较小的住院部绿地，一般采用相对规则的布局手法，常布置花坛、水池等作为中心景观，并沿绿地周围放置座椅、亭、花架等休息设施。如深圳市中医院住院部绿化采用了多层次的植物配置，上层采用具有热带风情的旅人蕉、散尾葵、蒲葵和美丽异木棉，中层搭配花灌木和彩叶植物，如黄金香柳、桂花、紫薇、栀子花、金叶假连翘、红花檵木等，下层采用金边龙舌兰和沿阶草。丰富多彩的自然景观使患者沉浸在自然的怀抱中，缓解其紧张、恐惧的心理。

3.5.3 医院小游园

部分医院设计了小游园供医患使用。这些小游园大多采用规则和自然相结合的布局手法，充分利用原有的地形，运用立体绿化、景观长廊、假山、凉亭等设计元素，自然野趣的小路穿插其间，营造出自然、宁静、绿色的景观环境，调节了医院气候环境，满足了医患的身心需求。如深圳眼科医院的小游园以糖胶树为基调树种，以尖叶杜英、黄槐、散尾葵、大王椰、旅人蕉为骨干树种。在绿色基调下，搭配花灌木和彩叶植物，如朱槿、桂花、变叶木等丰富植物景观色彩。充分利用高低起伏的地形，设计充满野趣的小路，并在花丛中设置木质长椅，使病人走有看处，停有坐处。

3.5.4 停车场

在调查过程中，乱停车的现象随处可见。大部分就诊病人直接将车停在门诊入口或广场的道路上，造成了交通的拥挤和不便。医院可在门急诊综合楼地下设置停车库，解决地面上交通拥挤的问题。医院停车场常常采用硬质铺装，忽略了软质景观的应用。可采用植草砖停车场，减少硬质铺装的面积，另外种植一些高大乔木，以利夏日遮阳，从而增加绿化覆盖面积，提高医院庭院环境的整体生态功能。

4 存在问题与建议

4.1 增加医院庭院绿地面积

我国大部分医院只是把病人作为医治对象、工作对象，以解决疾病症状为最终目的，对医院园林环境没有重视。调查发现大部分医院绿地面积小，部分医院完全没有绿地。因此，应提高对医院绿地建设的重视和投入，加大医院绿化规划工作力度，规划与实践相结合，尽量保留完整绿地。避免出现建设后期补绿、插绿的被动局面。

4.2 优化医院绿地布局

大部分医院设计之初欠缺对绿地的整体规划，景观布局不合理。多在建筑周围见缝插针的进行，空间分散，不易形成集中的休憩区域，空间失去完整性，杂乱无章。医院空间应有严格而明晰的功能分区，具有鲜明的特色与各自不同的需求。这就对环境设计提出更高的要求，从绿化、环境等多方面体现分区特色，满足人们的舒适感。如住院部、传染病区及后勤垃圾站等更需要关注植物配置，选择适宜的植物种类进行合理的配置，满足康疗、杀菌、掩盖异味等功能。

4.3 丰富植物配置形式

医院环境建设所选用的。植物种类比较单一

和随意，配置简单，缺少特色。不同类型医院服务于不同病患，但现阶段医院庭院环境的营造并未充分考虑不同患者的需求。如儿童医院、精神科医院、中医院等医院都具有鲜明的针对性，但其环境都为普通绿化，未能做到针对不同人群对症下药。

应适当增加地被植物和藤本类植物的种类，丰富立体景观；并且增加落叶植物和彩叶植物的种类，营造多彩的季节性变化。根据不同的医院特色及病患需求选择适宜的植物，避免出现“千院一面”的植物景观。如儿童医院在设计风格上应充满童趣，并且考虑家长的陪护需要；眼科医院绿地景观设计要以绿色植物为主；传染病医院的防护隔离带极为重要，多选用杀菌能力强的植物；精神病院的植物材料应以高大乔木为主，少种花灌木，同时要选种色彩淡雅的植物，突出宁静素雅的氛围。采用多种绿地形式，避免单一的应用形式。多层次多空间绿化，充分利用屋顶、窗台、长廊、中庭及围栏等进行立体绿化与室内绿化。结合复层植物群落结构，营造美观、生态、康体效益好的植物景观。

参考文献

[1] Cooper-Marcus C. Barnes M. Healing Gardens: Therapeutic Benefits and Design Recommendations [M]. New York: wiley&Sons, 1999.

[2] Ulrich R. S. Health Benefits of Gardens in Hospitals [D]. In: Plants for People [c]. International Exhibition Floriade, 2002.

[3] Tyson M. M. The Healing Landscape: Therapeutic Outdoor, Environments [M]. Madison: U W-Madison Libraries' Parallel Press, 1998.

[4] 何仲坚．广州市乡土观花植物调查［J］．广东园林，2010，32（3）：75-77.

[5] 申敬民，李茂，杨成华，侯娜．贵州野生观赏蕨类资源及园林应用前景［J］．中国园林，2010，26（8）：96-100.

（本文曾发表于 2012 年 8 月《中国观赏园艺研究进展》）

深圳市医院户外环境现状调查研究

王予婧　徐　艳　林启鹏

【摘　要】 通过对深圳城区主要医院的户外环境进行实地调研，分析了目前深圳医院户外环境存在的问题与不足，总结出值得推广应用的成功经验，最后以先进的康复花园理论为指导，针对深圳地区医院的特点及外部环境现状提出景观提升策略，为深圳及其周边地区医院外部景观环境建设提供科学参考。

【关键词】 医院；户外环境；现状调查；康复花园

随着生活水平的提高，社会卫生事业的进步，人们更为关注健康，对医疗环境也提出了更高的要求。20世纪国外就出现了改善医院环境的有效尝试——康复花园（Clare Cooper Marcus，2001）。康复花园将良好的户外景观作为重要的医疗资源，让患者在优美轻松的环境中享受阳光和新鲜空气，为患者提供多重感官享受，利于患者的康复。与此同时，医院外部环境的主要服务人群还包括医护人员、陪护与探访者。相比于国外康疗理念普及下的医院环境绿化，我国的医院绿化建设相对落后。作为改革开放窗口的深圳，在医疗设施高标准建设的同时注重医院环境的改善，并在医院绿地环境建设上取得了较大进步，但也存在功能单一、使用不足、绿地设计无突破的问题。本研究旨在通过对深圳城区医院户外环境现状进行调研，分析总结出深圳医院户外环境建设的成功经验及存在的主要问题，并提出相应的提升策略，为深圳市及其周边地区医院外部景观环境设计提供参考。

1　调查范围及方法

采用分层随机抽样结合典型抽样方法，以深圳中心城区为主，对多所医院进行踏查，综合考虑医院区位、经济属性、医院等级与类型及建造时间等，选取了39所医院，其中包括公立医院31所，社会办医院8所（表1）。

调研中主要采用现场踏勘、拍摄照片、资料收集整理及对比分析等方法，对医院的绿地布局与植物选用、户外空间的组织与使用、户外配套设施的设置及其利用情况进行调研。

调研医院类型统计　　表1

类型		数量(所)
公立医院	市级综合医院	3
	区级综合医院	7
	街道综合医院	4
	中医院	3
	专科医院（眼科/心血管科/儿科/精神科/传染科）	6
	妇幼保健院	3
	专科疾病防治院	5
社会办医院		8
合计		39

2　调查结果与分析

调研中发现，这39所医院户外环境建存在诸多普遍问题，但同时中也发现部分医院环境建设有其值得推广借鉴的经验。归纳总结如下：

2.1　医院户外环境现状存在的主要问题

2.1.1　绿地面积不足，且布局欠合理，利用率低

深圳目前39所医院中，除个别新建医院外，多数医院都存在绿地面积小、布局分散（图1），甚至完全无绿地的问题，其中完全无户外环境绿化的有14所，占调研总数的35.9%；有一定绿地面积，并设置休憩游园、广场的有15所，占调研总数的38.4%；其余医院均为简单绿化。总体而言，环境较好的医院集中在市级及区级综合医院，专科医院环境质量相对较差；新建及改建后的医院户外环境优于使用年限较长的医院；公立医院外环境优于社会办医院。

调研中多数医院入口广场均被车辆占据，变

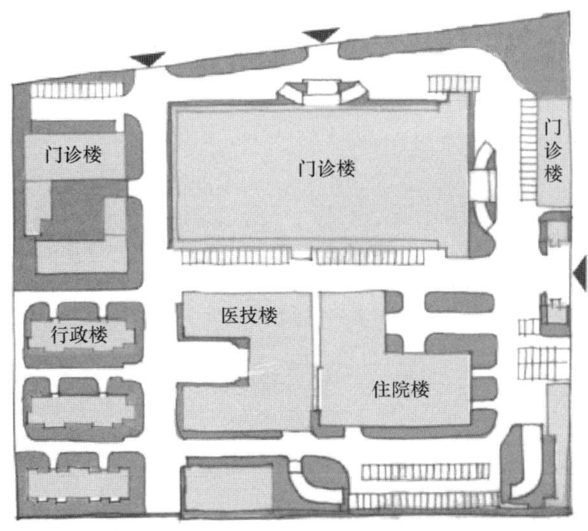

图1　深圳市中医院平面图

相成为大型停车场（图2）。究其原因，可能有三：首先，医院用地紧张，且早期规划对绿地重要性重视不够，造成绿地面积小、布局分散且远离医患人员活动区域的现况；其次，随着医院的发展，医疗建筑及停车场的扩建占据了部分原规划绿地，使汽车包围绿地，人车混行现象突出；最后，医院在外部环境建设中重视硬质景观、轻视软景绿化的做法，也造成部分适宜绿化的区域成为毫无生气的铺装广场。

图2　深圳北大医院门诊前广场

此外，现有医院内绿地形式单一，多数医院的绿地采取封闭式管理，仅供观赏之用，不允许医患人员进入休憩。同时，相应的植物空间组织散乱，没有形成特定的活动空间，现场观察使用者较少，绿地利用率较低。

2.1.2　景观格局不清晰，医院户外环境特色不明显

医院户外环境有严格而明晰的功能分区，可分为包括门急诊部、住院部、诊疗部和传染病区等的医疗区与行政后勤供应区。然而，从调查结果可以看出，深圳39所医院，其外部环境功能区的划分仅体现在建筑格局上，在景观格局上却没有相应的体现，如门诊区景观缺乏适宜的户外等候空间；住院部缺乏舒适的小游园等；传染病区、医疗垃圾站缺乏隔离和遮蔽，造成视觉及嗅觉污染。

此外，不同类型的病患对医院外部环境的需求不同，这就要求不同类型的医院应该为病患提供特色各异的户外环境。但是，从目前调查的39所医院的总体情况看来，大部分医院没有从不同患者的生理和心理需求出发，合理设计户外环境，仅进行常规绿化，有的医院甚至没有绿化空间，如东湖医院（精神疾病专科医院）。

2.1.3　植物种类欠丰富、配置欠合理，未体现医院植物特色。

据初步统计，深圳市医院户外环境中，应用植物共272种，其中乔木104种，灌木82种，草本64种，藤本（包括草质藤本与木质藤本）11种，竹类9种。在园林植物超过千种的深圳地区，医院植物种类欠丰富。其中，近三成植物种类应用频度在20%以上，表明应用植物种类相似度高，多样性较欠缺。

有绿化的25所医院中，多数医院仅满足“绿”的基本要求，没有考虑植物景观在医院环境中能够发挥的特殊作用，与城市公共绿地选用的植物种类大致相同，且植物种类更为单一、随意，植物群落的配置欠合理，生态效益低，美景度不高，没有充分发挥保健植物康体、杀菌抑菌等多重功能。

2.1.4　休憩绿地设计欠人性化、维护管理不到位

医院开辟游园等休憩绿地值得提倡，但如果设计时不考虑病人的特殊需求，而后期维护管理又不到位，会使绿地的可达性、安全性与舒适度不足，不能充分发挥绿地的休憩功能。

目前12所设置了独立小游园的医院中，普遍存在游园远离住院区、交通可达性不强、标识系统不完善、无障碍设计缺失等问题，没有体现人性化设计理念。此外，部分医院户外绿地及休闲设施，因维护不力也造成景观质量、舒适度与安全性下降。如深圳市人民医院楼梯栏杆的缺失；

深圳市第三人民医院植物后期养护不到位，导致植物长势较差。

2.1.5 配套休憩设施不足，且设置不合理

目前调查的39所医院中，普遍存在休憩设施不足的现象，门诊部随处可见等待就医或检查结果的患者坐于花池、台阶和路缘，不仅毫无舒适感可言，还要面对来往的汽车（图3）。另一方面，休憩设施的布置也不合理，如西丽医院门诊楼前有的座椅面对高墙及台阶等逼仄的空间设置，有的座椅则设置在停车场边缘……这些均造成设施利用率低。此外，休憩设施多选用冷硬的石材，且无靠背，舒适性较差。

图3 深圳儿童医院抱患童等候的家长

2.2 医院户外环境建设的成功经验

2.2.1 建设开放式草坪，提高绿地利用率

调研的39所医院中有5所设置了较大面积开放式草坪，均有较多的使用者。如北大医院、龙岗中心医院草坪上有患者及家属坐卧、围坐吃午餐等，这类绿地给人自由活动的选择，参与性强，若能在草坪上增添一定数量桌椅等设施将更便于使用。

2.2.2 因地制宜地利用垂直绿化与屋顶绿化，提高医院环境的绿视率

调查中，蛇口人民医院、深圳市中医院等实施了垂直绿化与屋顶绿化，此举无需增加绿地面积又能明显提高绿量，且能让医患人员就近接触绿色，缓解紧张情绪。其中，立体绿化以建筑立面绿化为主（图4），此外，对防护围栏、停车场构架进行垂直绿化也取得良好的效果。屋顶绿化以屋顶花园、地下车库顶板绿化的形式出现。如中医院在重症监护室等候区外平台设置屋顶花园，可较好的缓解等候家属的紧张情绪。但总体而言，已建屋顶花园景观效果与配套设施均有所欠缺，且院方基于安全考虑，多数对花园实施封闭管理，禁止患者进入。

图4 蛇口人民医院门诊楼立面绿化

2.2.3 选用芳香植物，契合医院环境要求

医院应用的植物中，花朵、枝叶等具有一定芳香气味的共57种，占植物种类总数的21%。部分医院大量栽植芳香植物，如华侨城医院选用了芳香怡人且芳香期长的白兰作为基调树种，深圳市二医院与三医院也分别选用阴香与香樟作为基调树种。此举一方面能较好地掩盖医院特有的消毒水气息，缓解压抑气氛，让人们更为放松，另一方面植物挥发性物质能杀菌抑菌，提高医院空气质量。

2.2.4 生态环保技术的利用，体现节约、低碳的园林建设理念

多数医院通过铺设嵌草砖、设遮阴林木带、架设供植物攀爬的棚架等措施实现地面停车场生态化，遮掩车辆的同时更提高了环境生态效益。

南山区人民医院通过对医疗废水进行处理，实现医疗废水到景观水的转换，一改景观用水高能耗性，景观具低碳节约特性的同时更兼医院特色。

2.2.5 对现有场地及设施进行改造，低成本、高效率地提升环境品质

医院用地紧张，通过对现有场地及设施进行适当改造，既节约成本又可明显提升环境品质。如在建筑中庭或部分已建房屋的外围等受条件约束无法破土绿化的位置，运用盆栽植物快速形成绿化效果。南山区人民医院在门诊大楼中庭，布置组合盆栽和休息桌椅，为短暂休息及等候的患者提供了舒适的户外场所。盆栽植物具有绿化见

效快、效果好、易于搬动与更换的特点，在繁忙、人流量大的医疗建筑内外较为适合。

市人民医院对部分设施的改造也取得明显效果，如为花坛石材边缘增加木质垫层、为花架增设防雨顶棚、在乔木周边设置座椅型护栏等，此举简单易行，却有效地增加了休憩设施数量，提高其舒适度。

3 讨论与结语

3.1 讨论

罗杰·乌尔里克的研究发现，同样是做了胆囊手术的病人，住在可以观赏树木的房间中比住在对着别的建筑光秃秃的墙面的房间恢复速度更快，他们需要的止痛药药量少，药性弱，而且对护士的需求也少（Clare Cooper Marcus，2008）。同时有科学证据显示，医疗机构的花园可有效降低因疾病及住院所带来的压力，进而改善健康状况（侯伟，2010）。

康复性园林景观对于病人的康复起着重要的作用，同时也为医护人员提供了一处缓解压力的场所，如何营造康复型医院户外环境已经成为医院建设的一个重要部分。在对深圳市多所医院户外环境景观现状的调研分析的基础上，结合现代医疗环境发展及康复景观的相关理念，总结并提出对医院的景观环境提升设计的思考与建议：

3.1.1 规划先行，并充分利用立体绿化技术，提高医院绿地率

《综合医院建设标准》规定：“新建综合医院的绿地率不应低于35%；改建、扩建综合医院的绿地率不应低于30%”。《广州市绿化条例》要求：医院、休（疗）养院等医疗卫生设施及社会福利保障设施，不低于40%。参照以上标准，并根据深圳城市定位，其医院绿地率标准应与广州持平，不低于40%。

调研医院大部分医院未达标准，且距离标准有较大差距，因而医院建设中当规划先行，组织建筑与规划户外空间同步，使户外空间的使用融入医院的日常生活（梁冠欣，2009）。并利用立体绿化技术，提高医院绿地率。

3.1.2 细节设计体现人本思想，先进理念融入其中

将康复花园、园艺疗法、环境行为学、环境心理学、人体工程学等诸多理念应用于医院户外环境景观的规划设计之中。营造出满足不同人群心理与生理需求的人性化户外环境，使得人们可以通过相关辅助设施与活动、多角度的方式方法在该环境中达到舒缓情绪，康复身心的效果。

（1）体现各医院特色前提下，注重景观多样性，实现景观康疗效益

医院环境服务的主要人群为医护人员、患者及探访人员，设计遵循环境心理学与行为心理学理论，营造的多样的户外景观，满足不同人群需求。根据对深圳部分医院医患进行问卷调查得知，患者更倾向于有阳光照射的场所，而医护人员则非常关注户外休息空间的遮阴。景观设计中充分考虑不同人群的心理需求，提供多类空间，充分发挥景观舒缓压力、改善健康的康疗作用。

植物选择上充分考虑植物特性及医院环境特征与患者身心状况，注植物不同形态、色彩、质感、挥发物、文化特性，选用针对性植物品种。如精神疾病患者应避免红黄等刺激情绪的色彩，肿瘤患者需避免芳香类植物对其造成不适。配置时关注植物群落的结构、空间场所感等，构建利于身心保健的多样性植物景观。

（2）人性化设计提高户外景观使用的舒适度

通过无障碍设计、清晰的标识引导系统确保户外绿地良好的通达性。设置符合人体工程学的各类户外设施，满足户外使用的舒适度。

（3）倡导生态、低碳的环保设计理念

选用环保材料、低维护植物、耐久的设施等营造低维护景观。既可降低管养的人力、物力投入，更可避免因维护不力造成的景观品质下降，风险增加等诸多问题。

实现废弃物再利用，如医疗废水净化作为景观用水、部分医疗垃圾经处理作为雕塑材料、药渣制作绿肥等，既体现低碳环保设计理念，又能展现医院自身特色。

（4）通过相关设施配套，将人们引至户外空间

通过在户外设置叫号电子显示屏等相关配套设施，将部分等候人群引导到舒适的户外空间，既可缓解医院室内拥挤的状况，又可提高户外空间的使用率，发挥景观的康疗作用。

3.1.3 加大宣传力度，培养市民新的就医习惯

研究者发现，在自然中沉思的过程中，人脑

会从过度的运转中恢复过来，并且神经系统的活动也会减少。医院应通过各种有效途径，宣传自然环境对改善人类健康和提升幸福感的价值，改变市民传统的就医习惯，引导市民主动利用医院优美的户外景观，发挥自然环境的康疗功能，达到缓解压力，促进身心健康，特别是心灵和精神健康效果的目的。

3.2　结语

康复花园在国外已有诸多成功的实践，近年来，我国医疗事业蓬勃发展，人们对医疗环境质量的要求也相应提高。将康复花园理念与中国医院现状相结合，以生态为基础、人性为依据、景观为目标，针对医院的功能特点，分析医患的需求和行为特征，提升医院户外环境的景观品质和文化内涵，构建有中国特色的康复医院环境，改变以往医院压抑冷酷的形象，使医院环境对患者康复起到更积极的促进作用，是今后医院建设及改造的方向。

基金项目

深圳市建筑公务署“深圳新医院康复花园影响因素的研究”项目（SZCG2010025750）、国家科技支撑计划项目“人居环境适用的观赏植物评价及高功效绿化配置技术研究与示范”（2006BAD07B09）。

致谢

本文得到了“深圳新医院康复花园健康环境影响因素研究”项目的基金支持，柴思宇和蒋冬月同志参与调研及资料分析整理工作，在此一并表示衷心的感谢。

参考文献

[1] Clare Cooper Marcus 等著．俞孔坚等译．人性场所：城市开发空间设计导则［M］．北京：中国建筑工业出版社，2001.

[2] Clare Cooper Marcus，Marni Barnes 著．江姿仪等译．益康花园：理论与实务［M］台北：五南图书出版股份有限公司，2008.

[3] 侯伟．益康花园设计理论与实践研究［D］．北京：北京林业大学园林学院，2010.

[4] 梁冠欣，陈红锋等．广州市医院园林植物多样性调查及配置研究［J］．广东园林，2009，（5）：25.

（本文曾发表于 2012 年 8 月《中国观赏园艺研究进展》）

基于康复花园理念的广州医院景观环境设计浅析

王予婧　徐　艳　夏　兵

【摘　要】 通过对广州部分医院的考察，从绿地布局与景观设计两方面分析在医院景观环境设计中如何融入并体现康复花园理念。总结出值得学习与借鉴的基于康复花园理念的医院景观环境设计经验和需要完善提升的不足之处，为后建医院提供参考。

【关键词】 医院；康复花园；景观环境；设计

康复花园（therapeutic garden/landscape），通称为（healing gareden/landscape），是近 30 年来在美国兴起的一类园林设计，主要用于医院、疗养院等卫生部门（杨欢，刘滨谊，2009）。其能缓解压力、促进康复，对患者、探访者、医护人员都有正面效果（Cooper Marcus，2006）。融合康复花园理念正是当前医院景观环境设计的前进方向。

广州作为广东省省会城市，其医疗水平在全省领先，在全国各大城市医疗水平排序中也位列三甲。先进的医疗技术水准不仅需要高端的医技人才与医疗设施、设备，也离不开令人舒适、放松、愉悦的康复型景观环境。笔者特选取 13 所广州地区级别高、群众对其医院景观环境评价较好的省市级重点医院进行走访调研。其中数所医院的景观环境设计融入了康复花园理念，其宝贵经验值得借鉴与学习。调研以医院户外景观为主，兼顾室内中庭景观，现从医院绿地空间布局、景观设计、医院文化寓意的体现等方面进行浅析。

1　绿地空间布局

绿地对于促进患者康复极为重要，“一个对无助、受伤的人有康复疗效的环境”是自然环境（树、草、水、天空、岩石、花、鸟）（Cooper Marcus，2006）。而绿地空间只有合理布局才能使其充分发挥作用，为患者及其他使用者服务。

1.1　充分利用建筑围合的庭院，供周边人群观看或使用，利用率高

广东省中医院总院位于繁华的老城区，用地极其紧张，在医院改造建设中充分利用被数栋医疗建筑紧密围合的空间，营造浓绿、幽静的水景庭院，供人观望及漫步（图 1）。省中医院大学城分院则充分利用多处建筑内部的天井及中庭栽植翠竹，营造绿色小庭园（图 2）。四周建筑内的医护人员及患者在室内即可轻易观看窗外的绿色。其选用的刚竹 6 米左右，一二层的使用者坐时、卧时均可随意观看，三层以上亦可临窗俯瞰。庭园内若仅栽植低矮灌木及草本植物，则使用者仅临窗站立时才得以观看窗户绿色。广州市妇儿中心则利用小型的建筑围合区设置儿童活动场地，患儿可就近使用，又丰富了室内向外观望的视景（图 3）。

图 1　广东省中医院总院

图 2　广东省中医院大学城分院

图 3　广州市妇儿中心

1.2　利用建筑中庭等室内通高空间设置小型绿色景观休憩区

室内结合中庭设立等候区域是许多医院运用的手段，对建筑的通高空间区域进行绿化可形成室内花园，让患者可在繁忙的就诊过程中就近接触绿色，缓解紧张的心情（图 4）。番禺中心医院在院街的休憩区引入植物，此种形式为医院带来了轻松与活力（图 5）。

图 4　广东省中医院大学城分院中庭

图 5　番禺中心医院

1.3　充分利用屋顶、阳台及其他构筑物顶板空间，营造绿色花园

屋顶花园或阳台花园均位于建筑内部，无需增加用地面积，且易于到达，非常适宜营造供医患人员就近使用的休憩园林空间。

省中医院大学城分院巧妙设置屋顶花园。一为住院部每层结合阳台设置近百平方米的阳台花园，可观远山及大片绿地（图 6）。园内设种植槽、水景汀步与木质座椅。不少患者来此休息及午餐。其紧临病房，利于医护人员对患者的管理，调研中可见护士来此处探问患者。一为住院楼裙房屋顶及顶层分别设置屋顶花园，为部分 VIP 患者病房配备单独的后花园。

省中医总院住院楼结合设备层设置屋顶花园（图 7）。多数建筑的设备层难以利用，而该医院将其建成屋顶花园，分室内室外两个部分，室内区域类似住宅架空层的布置方式，设有花草种植槽及休憩设施。室外区域则运用多层次的植物种植鸡蛋花、刚竹、海芋、蜘蛛兰及紫藤等；设置了丰富的景观小品，跌水、花架、木平台、树池、

图 6　省中医大学城分院住院楼阳台花园

图 7　省中医总院屋顶花园

景墙等，为该楼的人群提供了就近的休憩绿地，其室内室外的划分更提供了全天候的服务及多样的选择。

图8 祈福医院屋顶花园

祈福医院屋顶花园是调研中所见非常成功的案例（图8）。其住院楼与门诊楼位于同一建筑内，5层楼的裙房作为门诊楼而塔楼则为住院楼。第六层为健身及康复中心，户外即为裙楼屋顶，屋顶被建设成一个木亭、小桥、流水、花架、鸟语、绿树的花园。屋顶花园边缘密植灌木及小乔木，将屋顶围墙悄然掩盖，让人丝毫感受不到置身屋顶。花园内设置易于辨识的循环步道、可供群体活动的圆形广场、多样的植物。

2 景观设计

2.1 注重医院入口空间的景观设计，满足复合功能的要求

医院入口空间功能复杂，需满足人群集散、人车交通、休憩等候、观赏等。目前最为常见的入口空间为大型集散广场形式，但这种几乎全硬质铺装景观形式不能缓解患者由于疾病带来的压力和忧虑。

图9 省中医大学城分院入口

广州医院的入口空间景观设计更多地注重了植物、水景等元素的融入，更为舒缓和宜人。如省中医院大学城分院入口主路两侧以水景、草地、独赏大树、座椅为主，营造出轻松舒适的园景效果，主路列植大树，入口空间清晰明确（图9）。

2.2 注重水景在医院环境中的应用，发挥其康复功能

康复花园理论中，水与植物是医疗景观中最为重要的两大元素，它们对于缓解医患人员的心理压力，平复紧张情绪有着明显效果，对促进患者康复，缓解医护人员工作压力有积极作用（Cooper Marcus，2006）。然而在以往许多医院环境建设中未能充分重视水景的运用，缺乏水景或水景效果差。此次调研中，展现许多优秀多样的水景设计案例。

2.2.1 医院入口处水景景观

省中医大学城校区主入口与侧入口营造了良好的水景效果，静水池、线性喷泉、跌水等多种水景形式与雕塑、草坪、大树等元素融合一体，带给人宁静的心理感受。省中医院四个院区中三个院区入口皆以水为主景（图10、图11）。

图10 省中医大学城分院入口水景1

2.2.2 紧临建筑及广场区域的水景

省中医大学城分院门诊楼前设规则静态水池，其中静置雕塑，池边列排单线喷泉，宁静柔和（图12）。住院楼窗设外长方形镜面水池，沿池列植菩提榕，菩提榕滴水形的叶尖与镜面池中倒影带给人禅宗的宁静。

2.2.3 位于游园或大片绿地中的水景

游园与绿地中的水景更多的采用自由的形式，

图 11　省中医芳村分院入口水景 2

图 12　省中医大学城分院门诊楼前水景

自然的驳岸。

大学城院区的游园中一处瀑布溪流，卵石铺底，大石块围合形成自然的石质驳岸和自然式的溪流跌水，水岸两旁栽植丰富的植物，形成自然的水岸景观（图 13）。位于医疗建筑群与大面积绿地的交界区域的跌水景观则起到过渡作用，选用规则的水池，几何的汀步与落水槽、潺潺的水流、木质造型树池与孤植乔木、起伏的草坡（图 14）。二沙岛院区门诊楼旁平静的湖面、临水而建的四方亭与水中倒影、具有历史感的大树垂枝于湖面、大草坪、小拱桥给人带来无限的宁静（图 15）。湖面一隅叠石成山，山上一股清泉潺潺流下，淅沥的流水声使得整个环境更显幽然。对声音的研究表明，自然声是人们最为喜爱的声音，而水声又是其中最受重视的声音之一（李国棋，2004）。

2.2.4　位于屋顶花园中的水景

在屋顶设置大面积水面具有较高的建设与养护难度，因而很少采用。但祈福医院屋顶花园中营造了大面积浅水面形成了很好的景观效果，使得病患不必远行即可接触水景。水底遍铺黄色卵石，岸边大块黄石砌筑自然式驳岸。从中看出水质与池底铺设很大程度决定了水景的效果，池底铺装需关注丰水与枯水时的景观效果。

图 13　省中医大学城分院溪流

图 14　省中医大学城分院跌水

图 15　省中医二沙岛分院湖面

2.3　注重植物特征，发挥其康复功能

康复花园理论中，植物是医疗景观中最为重要的元素之一。95%的人们表示在接触户外空间后有正向的情绪改变，而具体引发此种心情的因素时，超过 2/3 的人提到了植物的因素（Cooper

图 16　祈福医院屋顶水面

Marcus，Barnes，1995）。目前多数医院的植物景观未体现医疗特色，对于植物的康疗效果也缺乏较为针对性的应用。广州部分医院在植物运用上则体现出对植物芳香、色彩、保健效果及文化寓意的关注。

2.3.1　色彩与姿态

注重植物的色彩与姿态带来的不同的心理感受，有针对性地应用于医院景观中。

色彩的舒适与疲劳感是色彩刺激视觉生理和心理的综合反应。视觉刺激强烈的色彩往往使人疲劳，反之则容易使人舒适（胡彦清，2011）。省中医大学城分院运用不同深浅与色彩倾向的绿色植物，进行和谐色彩组合，给人柔和宁静的效果（图 17）。对比色组合在医院内未大面积运用，只在局部地方加以点缀。

医院较多的栽植了竹、水松、尖叶杜英等形态挺拔或枝叶层次分明的树种，给人带来积极向上的力量和清爽有序的心理感受。

图 17　和谐色植物组合

2.3.2　文化寓意

中国传统审美注重植物精神意蕴，不仅欣赏植物的“形”，更重视植物特有的“神”。医院景观当关注传统的喜好倾向，选用积极文化意义的植物。部分医院选用了竹、莲花、桂花、木棉等传统种类，还选用具有药用价值的植物，既能美化环境还具有文化寓意及科普功能。譬如植株形态特别的木本曼陀罗、射干等，曼陀罗具有佛教及药用多重文化意义，也是麻沸散的主要成分。

2.3.3　运用竹类、芳香植物及观花观果植物

竹类具有很高的生态效益，且能显著提高环境空气负离子，是医院景观中极其适宜的一种植物。而芳香植物释放芳香萜烯类气体，能直接或间接作用于人体，发挥杀菌抑菌、调节神经，促进心血管循环等保健功效（易文芳，2009）。多所医院均选用了芳香植物，如黄金香柳、鸡蛋花、白兰、罗汉松等。观花观果植物一年四季中不断变化，能强化人们对生命节奏与循环的认识。如祈福医院栽植了桃树，满树的毛桃极具趣味。

2.4　景观设计体现医院文化

医院救死扶伤，无论中外都有着深远的医疗文化。文化特色是设计要着重突出的内容之一。广州部分医院通过对医护精神与医院各自底蕴的挖掘，运用多种景观形式展现医疗文化。

2.4.1　设置文化主题的场所

省中医大学城分院内按十二经络巡行时辰表设计竹园（图 18）。人体有十二对主要经脉，以不同时辰循行全身，该园按照干支计时顺序配合方位，展示了十二经络循行的对应时辰。刚竹、天门冬、草坪共同围合一个青翠静谧的圆形区域，十二个石雕盘分置于十二个时辰的方位，其上展示着对应时辰所循行的经脉穴位，可指导患者在此处进行静功或动功养生。此外还设计大型广场

图 18　十二巡行表

以展示和纪念广东省中医院建院的辉煌历程（图19）。另一处下沉空间，在水松围绕中设条形石台，其上雕刻浅浅的涟漪波纹，静静的水线流入盘中，营造上善若水的意境。陆总医院的广场设计则通过雕塑、铺装将十二生肖、二十四节气与本草文化融入其中（图20）。

图19　建院历史广场

图20　节气广场

2.4.2　多样的运用雕塑

广泛运用雕塑并将雕塑与周边环境融合展示医院文化与特色。例如儿童医院中的卡通雕塑展现童趣，医护人员雕塑诠释医护精神（图21）。省中医院水景中的悬壶济世雕塑讲述了古老的中医典故。将莲花与童子采莲雕塑结合（图22），浑然一体，展示采莲的传统（莲为重要的中药材）。

同时将地方性建筑特征引入，例如具有广州传统建筑特色的镬耳山墙长廊与木棉树、捡花儿童共同展现一幅老广州儿童拾木棉花的亲切场景。其中木棉既是重要药草，五花茶中一味，也是广州市树，具有重要的文化寓意。

2.4.3　其他文化展示方式

图21　妇儿中心医护雕塑

图22　童子采莲

除主题文化广场与雕塑之外，景墙、铺装、雕塑式的石凳等小品也是展示文化的优良载体。如省中医大学城分院住院楼下的石凳是雕刻了多种药用花草的大石台，儿童医院外的栏杆也针对儿童特色运用鲜亮粉红色的条形柱，亲切而活泼。药草类植物配合相应讲解标识亦是体现医院文化的一种手段。

2.5　医院景观服务于多样人群

康复花园的主要服务对象为医护人员、患者及探访者，调研关注各类人群对景观的使用，通过他们对环境的切身体会更能发现环境景观的可取之处及不足。

2.5.1　为患者与医生提供绿色视野

现今多数医院门诊厅人员流量大，环境拥挤、嘈杂且等候区往往无户外景观。患者等候时间长，心情容易烦躁、郁闷、压抑（谭伯兰，1992。）调研中数所医院通过多种手段营造舒适的候诊环境。如开设大面积长条落地窗户外优美的景观引入（图23），利用首层半户外灰空间和长廊设置半户外候诊区，这些方式为患者及其陪医亲人提供舒适的绿色视野或绿色空间，缓解其焦躁不安的情绪。同样的处理方式也运用在了部分治疗区域，例如大学城分院的针灸理疗科治疗室，以条形长窗面对着二层屋顶花园，绿意溢满整个治疗室。与此同时，许多医生诊室也以大面积开窗朝向户外的绿色景观，医生紧张的工作压力得以缓解。

图 23　候诊厅

2.5.2　为患者及家属提供户外活动场地

“现今 85%的美国急症医院要求设有儿科、慢性病科，需要长期住院病患的医院需有合适的场地供户外活动”(Cooper Marcus，2006)。可见户外活动场地于儿童和住院患者的重要。

调研的医院户外环境中，最常见的使用者为老人与儿童。番禺祈福医院主张自然疗法，花园石凳边可见袒露背部进行日光疗法的老人（图 24)。多所医院中可见坐着轮椅的老人在树荫下乘凉、聊天（图 25)。儿童患病比成人更加难以承受疾病的痛苦，因而儿童在医院中更需要适宜他们的活动场所，游戏的设施、丰富的色彩、草坪、防摔的地面、适宜儿童车通行的道路等。部分医院趣味的活动设施与优美的户外环境使得儿童也忘记了身体的不适，露出灿烂的笑容（图 26)。其他患者及家属亦是医院户外环境的重要使用人群。

图 24　阳光疗法的老人

图 25　多位老人乘凉

图 26　儿童活动设施

3　结语

通过走访调研，获取了康复花园理念在广州医院景观环境建设中实现的诸多成功案例，值得学习借鉴。但调研中也发现设计中的一些不足之处或是值得思考的地方。首先医院的安全性在部分景观设计值得完善，如某医院的中心庭园中，水中汀步及步道曲折狭窄，存在一定安全隐患；某医院应用有毒植物曼陀罗时，其周边并无警示及护栏等。其次休憩空间因设置不合理产生“鱼缸效应”而鲜有人使用的情况较为多见。再次，作为医院户外空间的主要使用群体之一的医护人员对户外环境的利用较少得到体现。

优美、舒适，具有康复功能的医院户外环境景观已成为一所好的医院所必须具备的基本条件。广州一些医院在康复型户外环境景观建设中走在前列，其先进的设计理念及设计手法值得后期新建与改扩建的医院学习与借鉴，其不足之处也需要设计者进行更多的完善。

基金项目

深圳市建筑公务署“深圳新医院康复花园影响因素的研究”项目（SZCG2010025750）、国家科技支撑计划项目“人居环境适用的观赏植物评价及高功效绿化配置技术研究与示范”（2006BAD07B09）。

参考文献

[1] 杨欢，刘滨谊，传统中医理论在康健花园设计中的应用［J］．中国园林，2009（07）．

[2] Cooper Marcus，Barnes Healing Gardens：Therapeutic Benefits and Design Recommendations ［M］．2006．

[3] 李国棋，声景研究与声景设计［D］．北京：清华大学建筑学院，2004．

[4] 胡彦清，城市园林植物景观色彩应用研究［D］．陕西：西北农林科技大学，2011．

[5] 易文芳，马静茹，龙昱，方应波，张丹．保健植物分类及在城市园林中的应用［J］．现代农业科学，2009（03）：124-125．

[6] 谭伯兰．医院建筑空间环境与心理［J］．建筑学报，1992．6：10-13．

（本文曾发表于2012年8月《中国观赏园艺研究进展》）

浅论深圳市的花境应用现状及创新模式

陈菁珏　徐　艳

【摘　要】 近几年，花境作为提升景观多样性的一种新形式在我国被推广，但在华南地区的普及程度不高。本文以深圳地区为例，分析了花境的应用现状及地区优势，提出以热带地区观叶植物作为花境主要植物材料，营造以观叶为主的花境景观。文章根据该模式，从植物材料选择、色彩搭配以及空间分布三个角度初步探讨深圳地区花境的营建方法，以期为华南地区花境营造提供相关理论指导。

【关键词】 花境；观叶；彩叶植物；植物配置

花境（border）起源于英国，原指围绕花卉修剪而成的绿篱（王美仙，2009）。伴随着社会多元化的历史进程，花境逐渐演变成以宿根、花灌木等观花植物为材料，以自然带状或斑状形式混合种植于林缘、路缘、墙垣、草坪、庭院，在形态、色彩和季相上达到自然和谐的一种造景形式（夏宜平，2009）。城市中的花境具有软化硬质景观，营造地面层景观多样性的作用，它表达的是城市居民对回归自然地追求，同时也是城市植被特色及造园水平的集中体现。

然而，花境形式的运用在深圳并不多见。对该现象进行分析后总结有以下原因：缺乏对现有地被层植物景观利用价值及花境造景的认知。

鉴于此，本文通过分析深圳花境的应用现状，挖掘现有植物，尤其是具有南方特色的彩叶植物在花境景观营造中的利用价值，并结合北京、杭州、上海等地区较为成熟的花境营建手段，提出花境构建理论，以期推进花境形式在华南地区的应用。

1　深圳花境的应用现状

1.1　存在的主要问题

得益于深圳市政府的支持，近年来花境形式在深圳已被逐步推广。然作者对现有花境做观察分析后，发现以下 3 个问题：

（1）运用于花境的植物材料不够丰富。一般来说，一个花境单元由 5～10 种以上的乔、灌、草混交而成（夏宜平，2009）。然而，大多数花境使用的灌木体量较大，造成单位面积内的植物种类减少，缺乏景观丰富度（图 1、图 2）。经初步统计，常用的花境植物主要有春羽（*Philodenron selloum*）、花叶艳山姜（*Alpinia aerumbe* ‘Variegata’）等十余种。

图 1　儿童公园

图 2　莲花山公园

（2）植物呈色块状、条带式规则种植，人工痕迹过重（图 3、图 4）；植株之间间隙大，覆地效果不佳。尤其当冬季同种植物地上部分叶子枯焦，易导致黄土露天，大大影响观赏效果。

（3）花境色彩较为单调，常见的花境色调为黄绿色，深色叶地被使用量少（图 5、图 6）。

图 3　万科-蔚蓝海岸

图 4　荔香公园

图 5　梅林一村

图 6　荔枝公园

1.2　成功案例分析

在现有的花境景观中，也有较为成功的案例。梅林公园一处路缘采用花境造景（图 7）。以冠型开展的香樟为背景，用含笑、朱蕉、散尾葵、海芋、灰莉、鹅掌柴、花叶艳山姜等灌木搭建中景。花境前景栽植玉带草、蓝蝴蝶、荷包牡丹、鸳鸯茉莉等，植物种类达十余种。并以景石点缀，构成了一个空间层次分明、色彩搭配和谐的路缘景观。在下层地被配置中运用了叶色灰白的银边草，并栽植了开蓝色花的蓝蝴蝶和鸳鸯茉莉，花期颜色丰富。但该花境的不足之处在于缺乏统一主题，绿叶植物较多且叶色缺乏深浅变化，导致花期后观赏性不强。若能在该花境中景、前景位置点植变叶木、紫鸭跖草等深色叶植物，可使花境色彩更为丰满。

图 7　梅林公园路缘花境

2　深圳花境营造的优势

深圳属滨海地区，日照充足，年平均气温达 22.5℃，年平均降雨量 1933.3mm。温暖湿润的气候适宜众多植物生长，也决定了其优厚的植物景观，即常绿树种多，落叶及半落叶树种少。经调查统计，深圳拥有野生维管束植物 208 科 740 属 1461 种（刘灿，2006），其中常见的常绿植物有 30 科，彩叶植物有 24 科，约 400 种，包括乔木、灌木、藤本和多年生草本（徐华 等，2003）。因此，深圳具备丰富的植物材料以营造出四季有景、三季有花的花园城市景观。

3　深圳花境植物配置新模式

深圳每个季节都有植物发叶、开花、结果，季相变化往往贯穿全年。因此，难以拥有“春观新枝，夏观花叶，秋观硕果，冬观古干”的明显季相景观。然而，深圳具有其特有的华南植被，大量彩叶植物在这片适宜的土壤中滋长，它们在作行道树、灌丛、地被景观中均有不俗表现，理应成为城市绿化的主角。

深圳特色花境致力于挖掘本地现有彩叶植物在花境中的利用价值，以展现深圳南亚热带植被特色为宗旨，通过环境分析、主题制定、植物选择等步骤，营造以彩叶植物为主，开花宿根及常绿灌木为辅的花境。植物在空间配置上明显分层，以叶片坚硬、花茎高挺的植物作中景，以低矮彩叶植物作前景铺垫，以株型开展、枝繁叶茂的彩叶或常绿开花灌木作背景烘托，使花境呈现层次变化，富有节奏和韵律。

由于该种花境大量使用观叶植物，甚至用观叶植物代替开花植物，打破了“以观花为主，观叶为辅”的搭建模式。因此，在营造花境时对植物的选择要求更为严格，需要花境设计者仔细分析上、中、下三层植物之间衔接方式、色彩搭配以及空间布局等要素。

3.1 植物选择

花境植物的选择首先遵循乡土植物优先原则，优先选择能反映地方特色、花期长、养护管理简便的植物种植（陈志萍等，2006）。适地适树能够保证花境景观的长期观赏性，也省去了大批引种、试种及运输费用。

深圳属滨海地区，在选择植物时，多选用喜光，抗风力强，耐高温的植物种植。其二，在保证适地适树的基础上，注重花境的生物多样性、景观丰富度和整体协调性。其中，整体协调性指单个植物的色彩、体量与花境整体的统一。其三，花境作为绿地景观形式的一种，其价值不仅在于提供优质的景观，更应体现其生态功能。

初步统计，华南地区乡土树种共计104科492种（陈定如等，2006），适用于花境的小乔、灌木及藤本共有162种，其中棕榈科、蕨类、彩叶植物被认为是华南地区自然植被的典型代表。我们从深圳乡土植物中挑选出叶形、叶色、叶质皆具地方特色的树种运用于花境，并根据以上原则，对其在花境中的景观利用价值作如下梳理。

3.1.1 花境前景植物选择

花境前景是草坪或园路与观赏主景之间的过渡层，它承担着引导视线走向并模糊花境边缘的重要作用。作为一个主要以观叶植物为素材的花境，对植物选择的要求更高。选择株高低于50cm，覆地效果好或具蔓生性，适合丛植，叶形、叶色富于变化的植株。部分观叶植物兼具观花效果，在选择时需兼顾花色与整个花境基调的协调。根据要求，我们选择以观叶为主的彩叶宿根、灌木以及株型优美的常绿植物作为前景材料（表1）。

花境前景推荐植物名录 表1

类型	中文名	学名	株高(cm)	观赏价值		光照要求
				叶	花	
彩叶或斑叶	白蝶合果芋	*Syngonium podophyllum* 'Albovirens'	10～50	白色斑纹	秋季，白色	耐阴，忌强光
	蚌花	*Rhoeo discolor*	20～30	表面绿，背面紫	夏末至初冬，白色	耐阴，忌强光
	吊竹梅	*Zebrina pendula*	20～30	叶面有紫、灰色纵纹	夏秋，桃红色	喜光，耐半阴
	芙蓉菊	*Crossostephium chinense*	30～50	被银灰柔毛	早春，黄色	
	花叶假连翘	*Duranta repens* 'Variegata'	20～60	具黄色或白色斑	夏～冬，淡紫色	喜光，耐半阴
	花叶冷水花	*Pilea cadierei*	15～40	白色花纹	秋季，白色	喜阴
	孔雀肖竹芋	*Calathea makoyana*	30	叶表深绿斑纹，叶背紫	全年，穗状花序，小花紫红	喜半阴
	水果蓝	*Teucrium fruitcans*	<180	整株呈浅蓝色	春季，淡紫色	喜光
	五彩苏	*Coleus hybrida*	20～50	叶表具红、黄、紫斑纹	夏～秋，白色或淡蓝色	喜光
	圆叶红苋	*Iresine herbstii*	100	全株紫红色	夏季，花小	喜光，耐阴
	紫鸭跖草	*Tradescantia reflexa*	50～70	全株紫色	夏秋，花桃红	喜光，耐半阴
常绿	红花酢浆草	*Oxalis rubra*	10	叶色碧绿	夏～初冬，粉红	喜光，耐阴
	一叶兰	*Aspidistra elatior*	50	叶大，常绿	夏季，佛焰包白色	喜半阴，忌强光

3.1.2 花境中景植物选择

花境中景多选用株高低于1m，质感“粗糙”，具有直立花茎的植物，如龙舌兰、凤尾丝兰等（表2）。中景植物构成色彩艳丽的前景植物第一道背景。龙舌兰等具有天然的灰白叶色，可用以衬托前景，同时提高花境色彩的明度。而拔高的花葶拉出的竖向线条，用以打破团块状的种植格局。莲座状的硬质叶片蕴含着张力，仿佛植物即将蔓出花境，富有动感。

3.1.3 花境背景植物选择

花境背景植物选用株高约 2m，株型蓬松，枝叶繁茂的彩叶或常绿花灌木，如红桑、金凤花等（表3）。背景植物丰富的叶色及花色与前景呼应，同时也与中景形成对比，使整个花境在色彩上呈现层次。

花境前景、中景、背景植物按株高由低到高的顺序进行配置的方式并非绝对，在实际操作时应把握整体前低后高的原则，但也可将较高的植物适当前移，从而打破刻板的安排。植物也并非要以相互堆叠的方式种植，株丛间做到疏密有致，以突出焦点植物为目标。

花境中景推荐植物名录 **表 2**

类型	中文名	学名	株高(m)	观赏价值		光照要求
				叶	花	
花叶	变叶木	*Codiaeum variegatum* var. *pictum*	1～2	叶形多样，叶色有白、黄、红等斑点	花小，观赏价值不佳	喜光，稍耐阴
	金边龙舌兰	*Agave amevicana* 'Marginata'	1	叶缘有金黄色宽边	夏季，圆锥花序黄绿色	喜光，耐半阴
	万年麻	*Furcraea foetida*	1	叶波状弯曲有刺		喜光
	银边龙舌兰	*Agave angustifolia* 'Marginata'	1	叶缘白色	夏季，圆锥花序黄绿色	喜光，耐半阴
常绿	凤尾丝兰	*Yucca gloriosa*	1～1.5	叶坚硬，稍被白粉	夏季，洁白色圆锥花序	喜光，耐半阴
	龙舌兰	*Agave americana*	1	叶灰绿色	夏季，黄绿色	喜光，耐半阴
	文殊兰	*Crinum asiaticum*	1～1.5	叶大翠绿	夏秋，花色洁白	喜光，耐半阴
	蜘蛛兰	*Hymenocallis littoralis*	1～2	叶大翠绿	夏秋，花形奇特，花色白	喜半阴

花境背景推荐植物名录 **表 3**

类型	中文名	学名	株高(m)	观赏价值		光照要求
				叶	花	
彩叶或斑叶	白斑叶子花	*Bougainvillea glabra* 'Elizabeth Doxey'	1～2	叶片有白斑	全年，苞片玫瑰红	喜光，耐半阴
	彩叶朱槿	*Hisbiscus rosa-sinensis* 'Cooper'	2～6	叶有黄、白、红多色	花红色	喜光，耐半阴
	红花檵木	*Loropetalum chinense* var. *rubrum*	1～2	叶色丰富	花瓣细长，颜色艳丽	喜光，夏季遮阴
	红桑	*Acalypha wikesiana*	1～2	叶色红艳	春、夏	喜光
	金边铁苋	*Acalypha hamiltoniana* 'Marginata'	2～3	叶翠绿，边缘有乳黄色缺刻	春～秋，雌雄异序	喜光
常绿	肖黄栌	*Euphorbia cotinifolia*	2～3	茎叶四季均呈红色	春～秋，淡黄色	喜光，耐半阴
	朱缨花	*Calliandra haematocephala*	1～3	冬末春初新叶红—粉红—绿	头状花序，红色	喜光，稍耐阴
	金凤花	*Caesalpinia pulcherrima*	1～2	植丛半球形	四季，橙红色	喜光，不耐阴
	南天竹	*Nandina domestica*	1～2	秋冬叶色变红	夏季，白色	喜光，忌强光

3.1.4 花境配景植物选择

在用观叶植物营造花境的同时，可选择彩叶或四季开花不断的乡土花卉作配景，如葱兰、巴西野牡丹等。以花和果吸引昆虫和鸟类，并借助开花植物弥补部分观叶植物开花效果不佳的弊端，突出表现季相变化。

3.2 色彩搭配原则——前、后唱主调，中间作烘托

在设计花境前，首先需明确花境的基调，是安静、和谐或是热烈、奔放。不同的基调需要使用特定的色彩加以表现。根据歇茹尔色环，对比色间的距离最大，对比最为强烈，邻补色次之，类似色变化和缓（张宪荣等，2004）。对比色的运用可营造热烈、活泼的气氛，如歇茹尔色环中的紫色和黄色，红色与绿色，代表植物有紫鸭跖草和花叶假连翘，肖黄栌和文殊兰。邻补色系颜色变化和缓，代表植物有橙色金凤花和紫色蚌花。类似色相互间融洽，如蓝色和紫色，代表植物有龙舌兰和紫鸭跖草。而白色作为中间色，在对比强烈的花境中起调和作用，可有效增加色彩明度，维持色彩本身的冷暖感。

有心理学数据显示人在作数目判断时，7 是个临界值（林玉莲等，2000）。本文所述的深圳花境主要以彩叶植物为素材，颜色多样，在花境设计过程中，更应把握该原则。我们主张以前景定花境主色调，背景作补充，中景作烘托，以迂回渐进的方式逐步点明花境主题。

3.3 空间分布原则——“点”、“线”、“面”的结合

在选择植物和种植过程中，需兼顾不同植物所

营造的小型空间格局与整个花境景观空间的协调，即在较小的花境空间，植物不宜过多得以“面”的形式出现，而当花境空间较大，亦不适合零星种植。

在本文所述的深圳花境模式中，将花境空间人为地分为前、中、后三层。前景植物矮小，以聚“点”成“丛”的方式，种植于花境前端，并使成花效果好或者叶色富有季相变化的分布于前景不同位置，以保证四季景观不断。中景植物的叶片呈带状或条状，加之直立型花葶，是以“线”的形式打破平整的前景。背景植物枝繁叶茂，单棵种植即可成“面”，似一面景墙，用以强调突出“点”、“线”的变化。

3.4 深圳花境模拟方案

根据以上所述的植物、色彩、空间设计原则，以路缘花境为例，简述深圳特色花境营造步骤和方法。

（1）分析花境与周围景观的联系，确定花境基调及色调

以下图（图8）路缘绿化带为例。该处路缘绿化带既是绿篱也是一道植物景观。若此处改作花境，依然可满足这两个功能。将花境设计成双面观赏形式，由于此处位于林下，故选用红、白混合色搭配营造热情活泼的基调，打破因光线不足形成的暗沉感。

（2）根据花境色调，选择适当植物

此处路缘花境位于大榕树下，光照不足，宜种植耐阴性强的植物。为凸显色彩差异带来的冲击感，选用具有银白斑纹或叶色紫红的彩叶植物，搭配种植白花或红花宿根，如图9。在光线较为充足区块种植如彩叶草等颜色浓重的植物，而在荫蔽区块种植的植物花色和叶色较为明亮，以白

图8 路缘绿化带

色提高整个花境的明度。

（3）绘制种植图，确定植物的空间分布

该花境在空间高度整体上呈现的是两头低、中间高的态势。花境中部借助植物高度和颜色的撞击，形成一处小高潮，烘托主题，如图9。

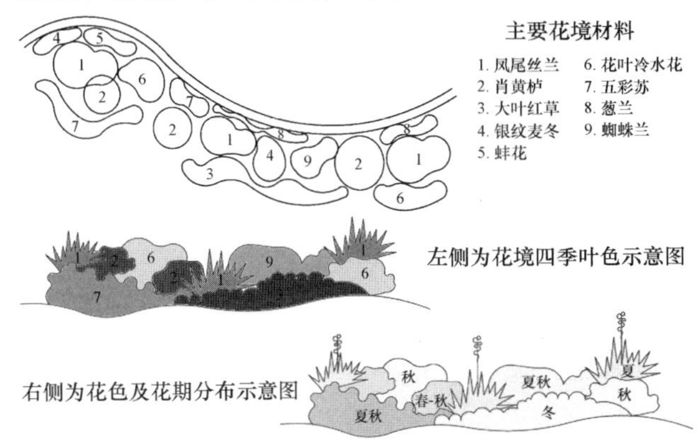

图9 路缘花境植物种植图

4 彩叶植物花境在深圳的应用展望

花境形式在国内运用至今已十余年，它的组成形式不断丰富，由最初的一二年生草花花境逐渐发展成宿根、花灌木花境，近年来观赏草专类花境也正蓬勃兴起。而深圳地区虽然对花境的认识程度不及北京及长三角地区，但其具备这些城市不可比拟的物种丰富度和植被群落特色。丰富的彩叶植物资源是华南植被的一大亮点，以其作为主要植物材料在花境模式中应用和推广，不仅是对花境形式的大胆创新，同时也可提高彩叶植物的利用率。

针对深圳特色花境的建设和发展，提出以下建议：

（1）普及观念——提高从业人员对花境理念的认知度。

（2）着手当下——深入挖掘现有彩叶植物及宿根花卉的观赏价值。

（3）推陈出新——加大优质野生种、外来种的驯化、引种力度。

（4）统一标准——规范花境设计，制定相关行业标准。

走在城市绿化前沿的深圳应当加快花境建设步伐，不断借鉴、创新，以快步促进城市新景观的建成。

参考文献

[1] 理查德·贝德．花境设计师．南京：东南大学出版

社，2003.
[2] 陈定如，古炎坤，李秉滔．华南园林绿化乡土树种探讨（一）．广东园林，2006，28（2）：35-38，42.
[3] 陈志萍，夏宜平，闵炜，顾颖振．上海城市绿地花境应用现状调查研究．江西科学，2006，24（6）：432-435.
[4] 林玉莲，胡正凡．环境心理学．北京：中国建筑工业出版社，2000.
[5] 刘灿．深圳市园林植物多样性与植物景观构成研究．北京：北京林业大学，2006.
[6] 王美仙．花境溯源．园林，2009，(10)：13-15.
[7] 夏宜平．园林花境景观设计．北京：化学工业出版社，2009.
[8] 徐华，包志毅，谭一凡．深圳市彩叶植物种类及应用调查研究．中国园林，2003，2：56-60.
[9] 张宪荣，张萱．设计色彩学．北京：化学工业出版社教材出版中心，2003.

（本文曾发表于2012年8月《中国观赏园艺研究进展》）

华南地区园林树木抗台风能力的研究

肖洁舒　冯景环

【摘　要】 本文通过大量的现场调查、探访和文献研究，总结园林树木在台风过后的受损状况，分析园林树木抗风的因素，对树种进行了抗风评价。就设计、施工、养护管理三个层面论述了加强园林树木抗风能力的措施与方法，强调树木的修剪管理可大大地提高其抗风能力。为减轻未来台风对园林树木的损害，根据树木本身的抗风性推荐了100种华南地区可用的抗风树种。

【关键词】 园林树木；抗风

1　背景

华南地区每年7～10月便进入台风多发季节，风灾都会对树木造成一定的损坏。2012年7月，热带风暴“韦森特”过境深圳，对全市绿化种植造成重大破坏。根据深圳城市管理局的初步统计数据显示，深圳全市受损坏树木约11.5万棵，其中树木倒伏28859棵。树木倒伏在城市道路中首先影响到城市交通，甚至危及人们生命财产，其次影响了城市道路景观，在居住区绿化中也影响到人们的日常出行甚至危及人们生命财产；在公园绿地、风景区更多地影响到景观效果，并留下潜在游赏安全隐患。

有必要全面系统地研究影响华南地区树种抗风能力的因素，提高园林树木抗风能力；针对城市中已存在的不抗风树种，采取适当的管理方式，在园林绿化工作中有的放矢地落实抗风措施，减轻未来台风对树木造成的损害，让城市的生活环境变得更安全、美丽。

2　研究方法

本文采用的研究方法包括案例分析法、资料分析法、现场调查法、问卷调查法及自由访谈法。其中，对“韦森特”风灾现场调查主要以察看风灾现场树木损毁情况，并拍照记录为主；问卷调查、自由访谈对象主要为道路绿化、公园管理者。通过对“韦森特”造成的树木倒伏情况进行实地调查，探寻树木倒伏原因与研究提高树木抗风能力的因素；结合国内外相关案例分析，提出关于加强园林树木抗风性具体措施，如树木种类选择、养护种植技术等。

3　调查与研究

3.1　调研概况

现场察看覆盖深圳主要受风道路及受风区域典型位置，选择了8条主要东西、西南-东北、东南-西北道路，6个城市公园，1个风景区，2个住宅区进行现场察看调查。同时调研了10个等级不同的城市绿化、公园管理单位，以问卷调研为基础，与近20位有经验的绿化管理者、专家展开访谈。通过察看和谈访调研，获得风灾第一手资料及影响园林树木抗风能力初步资料，总结如下：

3.1.1　道路行道树

同一道路，不同树种，受损程度完全不同，如东西向的海景二路同一地段，北侧非洲桃花心木（*Khaya senegalensis*）全部受损，而南侧小叶榄仁（*Terminalia mantaly*）保存完好，说明树种选择的重要性。同一种树木在不同的地方表现有相当大差异，如沿河路、深南大道和深盐二路行道树非洲桃花心木，正当风口的，受损十分严

图1　疏于修剪，头重脚轻倒伏的桃花心木

重，而风力稍弱地段，基本完好，说明在风口处选择抗风树种的重要性（图 1）。公园路东西向，行道树为红花羊蹄甲（*Bauhinia*×*blakeana*），北侧胸径达 40cm 左右树木主干折断，受损率约 80%，而南侧红花羊蹄甲有连排竹架"支护"，未受损，说明支护的重要作用。

3.1.2 城市公园

同一树种相同受风点，修剪和未加修剪受损状况大不一样。如莲花山公园印度紫檀（*Pterocarpus indicus*），经过修剪的在台风中表现为抗风，未经修剪的几乎全部倒伏，本来抗风性良好的树种，由于缺乏修剪管理也出现倒伏现象。如深圳湾公园的黄槿（*Hibiscus tiliaceus*），这均说明修剪的重要作用（图 2～图 4）。在空旷地孤植树易受风吹袭，而形成复层植物群落种植形式，树木表现强的抗风性。

图 2　莲花山公园东北门印度紫檀因提前修剪管理，台风过后安然无恙

图 3　附近印度紫檀未修剪，台风中倒伏，扶正后须重修剪，剪到只剩主干

图 4　深圳湾公园本较抗风的黄槿，因缺透风性修剪，造成大片倒伏，图为扶正后现象

3.1.3 风景区

树木倒伏除了树木本身的因素如冠大、根浅、枝脆等之外，还与土壤的厚度以及山坡稳定性有关；浅薄土壤导致树木根系无法深入而倾倒（图 5）；山泥倾泻和山坡垮塌直接导致树木倒伏以致消失，说明水土保持的重要性。

图 5　土层浅薄易使树木倒伏

3.1.4 居住区

两种不同树种在相同受风点，两者抗风性悬殊，修剪和未加修剪受损状况大不一样。如东深小区二街道路同一地段，修剪后的红花羊蹄甲（传统认为抗风能力差）安然无恙，而另一侧树形过风的异叶南洋杉（*Araucaria heterophylla*）（传统认为抗风能力强）在台风中倒伏。修剪过的不抗风树种其抗风能力可以优于未经修剪的抗风树种，这再次说明修剪对加强化树种抗风能力的重要性。

3.2 台风“韦森特”对深圳市绿化树木损害总结

经调研，台风“韦森特”对深圳市园林绿化树木的损害情况以树木受损状况分类可分为：(1)倒伏，死亡，须清运；(2)倒伏，修剪后，原地扶正；(3)歪斜，修剪后，原地扶正；(4)主要枝干(包括主干)折断，须换种或修剪后予以保留；(5)次要枝干折断，稍作修剪留用。

倒伏死亡是树木受害的最严重情况，必须更换树木。有些树木倒伏扶正后可重新利用，但景观效果可能因强修剪、恢复力慢大打折扣；也有些树木扶正后萌发力强，景观效果迅速恢复；还有些树木主干折断和主要枝干折断，也会造成树木更换，这需具体判断；其余情况须对树木扶正、修剪整理。经资料查阅、现场调研总结台风中易倒伏、易断枝树种见表1。

15常见种易倒伏、易断枝树种 表1

树种	拉丁名	科名	抗风性缺陷
印度紫檀	*Pterocarpus indicus*	豆科	树干、枝脆
黄槐	*Cassia surattensis*	豆科	根浅、枝脆
南洋楹	*Albizia falcataria*	豆科	小枝脆
红花羊蹄甲	*Bauhinia blakeana*	豆科	根浅
垂榕	*Ficus benjamina*	桑科	无主根、枝脆
黄槿	*Hibiscus tiliaceus*	锦葵科	冠大、枝密
白花洋紫荆	*Bauhinia variegata* var. *candida*	豆科	根浅
非洲桃花心木	*Khaya senegalensis*	楝科	冠大、枝脆
大叶榕	*Ficus virend* var. *sublanceolata*	桑科	枝脆、根浅
小叶榕	*Ficus parvifolia*	桑科	冠大、根浅
盆架子	*Alstonia scholaris*	五加科	枝脆
白兰	*Michelia alba*	木兰科	枝脆
尾叶桉	*Eucalyptus urophylla*	桃金娘科	枝脆
刺桐	*Erythrina variegata*	豆科	枝脆
马占相思	*Acacia mangium*	豆科	枝脆

3.3 树木受损原因总结

通过国内外相关案例研究、台风“韦森特”气象资料分析、树木受灾现场察看及绿地管理者访谈和问卷调查，获取深圳绿化树木倒伏、受损基本情况，树木倒伏原因总结如下：

3.3.1 直接外因

台风为自然灾害，不可控因素。以台风“韦森特”为例，风力三年最强，深圳地区平均风力5～7级、阵风9～11级，沿海、高地平均风力7～9级、阵风11～13级，当风力达到9级以上时，已超过大部分绿化树木正常抗风能力。雨量十年最大，其登陆前已带来了长达数十小时的降雨；雨水使得树木根部土壤软化、根系固着力降低。

3.3.2 间接外因

具体包括：(1)管理养护中的修剪、支护和树木管养。树木缺乏修剪，虽能生长得蓊郁葱茏，但冠大招风，易致倒伏；支护和管养不到位导致树木生长不够健壮降低其抗风能力。(2)绿化施工苗木质量和种植质量保证。苗木本身瘦弱、有伤残虫害均影响其抗风能力；苗木种植质量对抗风性的影响未引起足够重视，土壤空间小、土质较差，树木根系生长受限，没有起到应有的支撑作用，在台风中容易松动，造成树木倒伏。(3)城市建设过程中其他工程对树木生长的干扰。特别是管线工程、铺装工程对树木根部的伤害(图6)。(4)树种立地条件恶劣，刚好处于城市强受风位置[1]。

树木倒伏原因在谈访调查后，采用SPSS 18.0的排序题统计分析命令对各倒伏原因重要性

图6 铺装影响根系生长

进行排序（表2），排除台风因素，依次为（1）种植质量、土壤；（2）修剪养护；（3）地形；（4）树种抗风性和种植时长；（5）绿地结构。这与风灾后现场察看获得的结论高度吻合，其中，树种本身抗风性排序在修剪养护之后的结论，颇令人引起注意，这也与莲花山公园实地调查中看到结果吻合。在莲花山公园实地调查中，东北入口道路两侧修剪过的印度紫檀在风口中呈现极好的抗风性，台风过后毫发未损，与附近未修剪过的印度紫檀主干风折、倒伏现象恰好形成鲜明对比。深刻形象地说明了养护管理中修剪管理是防台风措施中相当重要性的手段。

树木倒伏原因重要性排序 **表2**

倒伏原因	排序结果	重要性得分	重要性排名
风力	7×①,1×②	5.9	1
种植质量、土壤	1×②,1×③	4.5	2
修剪、养护	2×②,2×④	4.0	3
地形	1×②,2×③,1×④,1×⑤	3.6	4
树种抗风性	1×②,3×③,2×④,2×⑤	3.4	5
种植时长	1×①,1×②,1×③,2×⑥	3.4	5
绿地结构	1×③,3×④	3.3	7

3.3.3 内因

树种本身抗风性较弱。倒伏树种多为树冠生长迅速、树冠受风面大、根系浅为特性的树种：黄槿、印度紫檀、刺桐、非洲桃花心木、南洋楹、大叶紫薇（*Lagerstroemia speciosa*）、红花羊蹄甲等；树枝折断多为枝干生长速度快、木质脆弱的树种：南洋楹、印度紫檀、非洲桃花心木、红花羊蹄甲、垂榕、盆架子（*Avstonia scholaris*）、木棉、火焰木（*Spathodea campanulata*）、鸡蛋花（*Plumeria rubra* var. *acutifolia*）、芒果（*Mangifera indica*）、银桦（*Grevillea robusta*）、马占相思等。因此，一般认为树冠庞大、枝叶浓密、木材密度较低而根系也不发达的阔叶乔木树种，其形态性状不利于抗风，台风灾害中较易出现倒伏、断干、折枝等较严重风害。

在"韦森特"台风中表现抗风的树种为深根性、根系广、树枝柔韧，树形过风性良好的树种。如：小叶榄仁、尖叶杜英（*Elaeocarpus apiculatus*）、南洋杉、第伦桃（*Dillenia indica*）、棕榈科植物等。研究资料表明，树种木材木纤维长、抗弯度高等特点与抗风能力较强有相关性，如，小叶榄仁、秋枫、海南蒲桃、人面子等[2]。

3.4 加强园林树木抗风能力的对策

加强园林树木抗风能力上对策可从三个层面入手，即设计、施工、管理层面。

3.4.1 规划设计

应在树木种植之前，考虑其立地环境。创造适合树木生长强壮的条件，特别是其根系生长的条件；选择合适抗风树种、采用抗风种植形式或形成抗风绿地结构。在设计层面上，在满足植物景观及其他各方面功能情况下，做到"5不"：（1）行道树能以带状绿化形式出现，就不以单个树池形式出现；（2）能多行种植就不以单行出现；（3）孤植大树周边，能用草地或透水性铺装就不用不透水铺装；（4）不在历年城市风场中多发强风点位和地段种植不抗风植物（这有赖于今后城市风场数据模型建立，以便准确标出强风多发点位置）；（5）能成群落层次就尽量不以单层次出现。

3.4.2 施工层面

注重苗木质量选取和改善种植条件，同时保证土壤质量与空间，确保苗木根系健康生长。苗木种植后，做好苗木支护、养护工作。树木生长条件决定其生长健壮度，树木抗风力又与其健壮度相关。在土壤、肥、水、防病虫害等众多因素中，土壤是最根本条件。只有在疏松、透气的土壤中树木才能生长良好，才能发育出强壮而深入地下的根系。强而有力的根系支撑，使树木减少风倒、风折损害。

3.4.3 绿化管理层面

对于将来新种及现有园林绿化树木应给根系良好的生长空间；强调养护工作中的修剪，使树木形成抗风结构形态；注重台风前支护、病虫害防治等，提供树木健康生长条件，减少风灾损；对已密植的乔木，在后期需要适当间除，增大树木生长空间而不是形成瘦高、孱弱不抗风形态，让树枝生长粗壮，增强其抗风能力。

(1) 修剪。对于非洲桃花心木、印度紫檀、红花羊蹄甲等生长速度极快树木应注意树冠透风性修剪，培养抗风树干骨架、树枝结构及树冠形状，从根本上提高树木的抗风性。对于树冠浓密根浅树种，如小叶榕、黄槿、黄槐等加强修剪，针对树木本身承受力梳理树冠内过多分枝，调整合理根冠比，避免树大招风，达到抗台风目的。

(2) 支护。支护对新栽、老弱、材质脆弱树木起着加强抗风能力作用。特别对于新树由于根系尚未扎深扎实，极易摇晃，特别是常绿树和树冠较大的落叶树种。搭护树架，一方面可以可稳定苗木，使根系与土壤保持紧密稳定接触，利于新根生长，另一方面可以减轻台风对树干的破坏作用，减少风折或倒伏情况发生。除传统地面支护方式，据有关资料，美国有一种利用根球固定系统，在土下稳固树木，可消除地面支护对树木本身景观效果干扰，对防树木倒伏较有效，但却缺少了护树干防风折作用。

3.5 抗风树种选择

抗风树种选择，以2012年“韦森特”风害调查结果为依据，结合文献查阅和多年工作经验，也借鉴佛美国罗里达大学森林资源与保育学院、食品与农业科学研究协会（UF/IFAS）“城市园林飓风过后修复计划”研究课题抗风树种名录制作方式，即树木受损率与行业内有经验专家对树种评价的汇总。推荐出华南地区100种抗风树种（表3）。表格中按树木抗风能力由大到小排序，同时也照顾同科属植物尽量放在一起的原则。在树木抗风性能描述中主要对树木整体树形过风性、根系状态、枝条柔韧性等进行描述，或对树木总的抗风性进行评价，以便读者对各种树木抗风性特点作基本了解。

华南地区100种抗风推荐树种 表3

序号	中文名	拉丁名	科	抗风特性
1	小叶榄仁	*Terminalia mantaly*	使君子科	树形过风，根系深且广
2	锦叶榄仁	*Terminalia mantaly* 'Tricolor'	使君子科	树形过风，根系深且广
3	大叶榄仁	*Terminalia catappa*	使君子科	树形过风，根系深且广
4	莫氏榄仁	*Terminalia muelleri*	使君子科	树形过风，根系深且广
5	阿江榄仁	*Terminalia arjuna*	使君子科	根系深，且发达
6	木麻黄	*Casuarina equisetifolia*	木麻黄科	树形过风，根系发达
7	福木	*Garcinia spicata*	藤黄科	树形过风，枝条坚韧
8	竹节树	*Carallia brachiata*	红树科	树形过风，有板根
9	异叶南洋杉	*Araucaria heterophylla*	南洋杉科	树形过风，树枝柔韧
10	落羽杉	*Taxodium distichum*	杉科	树形过风
11	水松	*Glyptostrobus pensilis*	杉科	树形过风
12	池杉	*Taxodium ascendens*	杉科	树形过风
13	竹柏	*Nageia nagi*	罗汉松科	树形过风
14	罗汉松	*Podocarpus macrophyllus*	罗汉松科	树形过风
15	红刺露兜	*Pandanus utilis*	露兜树科	树形过风，支柱根
16	花叶露兜	*Pandanus baptistii*	露兜树科	树形过风，支柱根
17	野菠萝	*Pandanus tectorius*	露兜树科	树形过风，支柱根
18	朴树	*Celtis sinensis*	榆科	总体抗风
19	玉蕊	*Barringtonia racemosa*	玉蕊科	总体抗风
20	第伦桃	*Dillenia indica*	五桠果科	树形过风，直根系
21	大花第伦桃	*Dillenia turbinata*	五桠果科	树形过风，直根系
22	尖叶杜英	*Elaeocarpus apiculatus*	杜英科	树形过风，直根系
23	潺槁树	*Litsea glutinosa*	樟科	总体抗风
24	香樟	*Cinnamomum camphora*	樟科	根深，枝条柔韧
25	阴香	*Cinnamomum burmanni*	樟科	总体抗风
26	银叶树	*Heritiera littoralis*	梧桐科	板根、根系发达
27	翻白叶	*Pterospermum heterophyllum*	梧桐科	总体抗风
28	假苹婆	*Sterculia lanceolata*	梧桐科	总体抗风
29	苹婆	*Sterculia nobilis*	梧桐科	总体抗风
30	白楸	*Mallotus paniculatus*	大戟科	总体抗风
31	秋枫	*Bischofia javanica*	大戟科	根系发达，总体抗风
32	血桐	*Macaranga tanarius*	大戟科	总体抗风

续表

序号	中文名	拉丁名	科	抗风特性
33	海红豆	*Adenanthera pavonina*	含羞草科	树形过风、枝条柔韧
34	阔荚合欢	*Albizia lebbek*	含羞草科	树形过风
35	水黄皮	*Pongamia pinnata*	蝶型花科	总体抗风
36	海南红豆	*Ormosia pinnata*	蝶型花科	总体抗风
37	白千层	*Melaleuca leucadendron*	桃金娘科	树形过风，枝条柔韧
38	水翁	*Cleistocalyx operculatus*	桃金娘科	总体抗风
39	水蒲桃	*Syzygium jambos*	桃金娘科	总体抗风，枝条柔韧
40	海南蒲桃	*Syzygium cumini*	桃金娘科	总体抗风，枝脆
41	人面子	*Dracontomelon duperreanum*	漆树科	板根、根系发达
42	扁桃	*Amygdalus communis*	漆树科	总体抗风、深根
43	芒果	*Mangifera indica*	漆树科	总体抗风，小枝脆
44	鱼木	*Crateva religiosa*	白菜花科	总体抗风
45	水石榕	*Elaeocarpus hainanensis*	杜英科	树形过风、枝韧根直
46	山杜英	*Elaeocarpus sylvestris*	杜英科	直根系，总体抗风
47	乐昌含笑	*Michelia chapensis*	木兰科	树形过风，直根系
48	广玉兰	*Magnolia grandiflora*	木兰科	树形过风，直根系
49	红花荷	*Rhodoleia championii.*	金缕梅科	树形过风
50	枫香	*Liquidambar formosana*	金缕梅科	树形过风
51	布渣叶	*Microcos paniculata*	椴树科	总体抗风，枝条柔韧
52	红花天料木	*Homalium hainanense*	天料木科	总体抗风，枝韧根系发达
53	华南珊瑚树	*Viburnum odoratissimum*	忍冬科	总体抗风
54	木棉	*Bombax ceiba*	木棉科	树形过风，板根
55	美丽异木棉	*Chorisia speciosa*	木棉科	树形过风，但枝条脆
56	银桦	*Grevillea robusta*	山龙眼科	树形过风，根系发达小枝脆
57	红花银桦	*Grevillea banksii* var. *forsteri*	山龙眼科	树形过风，小枝脆
58	铁冬青	*Ilex rotunda*	冬青科	总体抗风
59	海南菜豆树	*Radermachera hainanensis*	紫葳科	树形过风，根深
60	※高山榕	*Ficus altissima*	桑科	根系发达，枝条柔韧
61	笔管榕	*Ficus super* var. *japonica*	桑科	根系发达，枝条柔韧
62	※小叶榕	*Ficus microcarpa*	桑科	根系发达，枝条柔韧
63	※橡胶榕	*Ficus elastica*	桑科	根系发达，枝条柔韧
64	青果榕	*Ficus variegata* var. *chlorocarpa*	桑科	总体抗风
65	菩提榕	*Ficus religiosa*	桑科	根系发达，树形过风
66	大叶榕	*Ficus virens*	桑科	根系发达，枝条柔韧
67	琴叶榕	*Ficus lyrata*	桑科	根系发达，枝条柔韧
68	树菠萝	*Artocarpus heterophyllus*	桑科	总体抗风
69	白桂木	*Artocarpus hypargyreus*	桑科	总体抗风
70	红桂木	*Artocarpus nitidus* ssp.	桑科	总体抗风
71	※亚里垂榕	*Ficus binnendijkii* 'Alii'	桑科	根系发达，枝条柔韧
72	麻楝	*Chukrasia tabularis*	楝科	总体抗风，枝条脆
73	红花决明	*Cassia javanica*	苏木科	总体抗风
74	粉花山扁豆	*Cassia nodosa*	苏木科	总体抗风
75	双翼豆	*Peltophorum pterocarpum*	苏木科	总体抗风
76	铁刀木	*Cassia siamea*	苏木科	树形过风，树枝脆
77	凤凰木	*Delonix regia*	苏木科	树形过风，根系发达，但枝条脆
78	※黄槿	*Hibiscus tiliaceus*	锦葵科	树形抗风的适应性强
79	杨叶肖槿	*Thespesia populnea*	锦葵科	总体抗风
80	盆架子	*Avstonia scholaris*	夹竹桃科	树形过风，但枝条脆
81	蓝花楹	*Jacaranda mimosifolia*	紫葳科	树形过风，根系发达材质脆
82	猫尾木	*Dolichandrone cauda-felina*	紫葳科	总体抗风
83	串钱柳	*Callistemon viminalis*	桃金娘科	树形过风，但大枝条脆
84	海芒果	*Cerbera manghas*	夹竹桃科	树形过风
85	大王椰	*Roystonea regia*	棕榈科	树形过风，但生长点怕风
86	假槟榔	*Archontophoenix lexandrae*	棕榈科	树形过风，但生长点怕风
87	红颈椰子	*Neodypis leptochilos*	棕榈科	树形过风

续表

序号	中文名	拉丁名	科	抗风特性
88	狐尾椰子	*Wodyetia bifurcata*	棕榈科	树形过风
89	棍棒椰子	*Hyophorbe verschaffeltii*	棕榈科	树形过风
90	单干鱼尾葵	*Caryota ochlandra*	棕榈科	树形过风，枝条柔韧
91	金山葵	*Syagrus romenzoffiana*	棕榈科	树形过风，但生长点怕风
92	霸王棕	*Bismarckia nobilis*	棕榈科	树形过风
93	丝葵	*Washingtonia filifera*	棕榈科	树形过风，但生长点怕风
94	油棕	*Elaeis guineensis*	棕榈科	树形过风，但生长点怕风
95	蒲葵	*Livistona chinensis*	棕榈科	树形过风，但生长点怕风
96	海南椰子	*Cocos nucifera*	棕榈科	树形过风
97	银海枣	*Phoenix sulvestris*	棕榈科	树形过风，但生长点怕风
98	加拿利海枣	*Phoenix canariensis*	棕榈科	树形过风，但生长点怕风
99	三角椰	*Neodypsis decaryi*	棕榈科	树形过风
100	布迪椰子	*Butia capitata*	棕榈科	树形过风

注：带※树种尤其注意树冠定期疏剪，保持良好透风性，减少风阻。

棕榈科植物，普遍公认为抗风植物，因大多为外来物种，统一列在表格最后；榕树类植物其根系广，树枝柔韧度普遍较高，但树冠茂密受风面大，虽偶有倒伏现象，若稍注意树冠疏剪和根系向下延展培护，仍是较佳抗风乡土树种，序列较靠后。部分树种景观效果不错，竖向树形或树形较为疏朗，风阻较少，受害后生长萌发力强，但枝条较脆的，仍列为抗风树种。如，盆架子、凤凰木、铁刀木、蓝花楹等。这些树种可多在公园等自由绿地使用，慎在近人地方种植。

由于国内还没有比较令人信服的抗风树种分级标准，有时不同分级标准所得结论相互间存在矛盾[3-6]，暂不对树种抗风能力分级。

4 结语

园林树木抗风能力与多因素相关，在实际的工作中，至少可以从三个层面加强其抗风性：(1)规划设计层面，为将来新的植物景观工程选择合适的抗风树种、种植形式、规划合理的绿地空间结构，考虑立地环境以及对苗木种植质量控制。(2)绿化施工层面，选苗、种植、管养，层层把关保证高质量苗木种植。(3)绿化管理养护层面，对于新种及已种的园林绿化树木，包括根系培育、修剪、支护、病虫害防治等内容；在满足树木健康生长条件的前提下，强调养护工作中修剪及根系保护，并针对不同树形及其生长特性提出了抗风的修剪方法。

参考文献

[1] 王良睦，王中道，许海燕．9914# 台风对厦门市园林树木破坏情况的调查及对策研究［J］．中国园林，2000，16（4）：65-68.

[2] 朱伟华，丁少江．深圳园林防台风策略研究［M］．北京：中国林业出版社，2008：11-12.

[3] 吴志华，李天会，张华林等．广东湛江地区绿化树种抗风性评价与分级选择［J］．亚热带植物科学，2011，40（1）：18-23.

[4] 辛如如，肖泽鑫，李莉等．汕头市道路抗风绿化树种调查研究初报［J］．防护林科技，2004，6：14-16.

[5] 李惠仙，信文海．华南沿海城市绿化抗风树种选择及防风措施［J］．华南热带农业大学学报，2000，6（1）：15-17.

[6] 陈有义．汕头市抗风绿化树种的选择［J］．汕头林业，2000，6：13-14.

（本文曾发表于 2014 年 3 月《中国园林》）

黄兰开花过程中挥发性有机成分及变化规律

蒋冬月　李永红　何　昉　林启鹏　潘会堂

【摘　要】目的：研究黄兰（*Michelia champaca*）开花过程中挥发性有机成分及含量的变化。方法：以黄兰不同开花阶段的花瓣为材料，采用顶空-固相微萃取与气相色谱-质谱联用技术，对黄兰开花过程中的挥发性有机成分及变化规律进行研究。结果：从黄兰开花过程的6个阶段共鉴定出51种化合物，香叶烯、β-榄香烯、芳樟醇、安息香酸甲酯、β-蒎烯、桉油精是构成黄兰花香气的主要成分。在黄兰不同开花阶段，不同挥发性有机物的相对含量存在不同变化趋势，β-榄香烯、安息香酸甲酯、衣兰烯等的相对浓度呈现先升高后降低的趋势，β-蒎烯、罗勒烯、桉油精等呈现先降低后升高的趋势，而石竹烯、α-荜澄茄烯、大牻牛儿烯B呈现持续下降趋势。结论：黄兰不同开花阶段，挥发性有机成分及含量差异明显，其主要成分具有药用保健作用。因此，黄兰是营造保健型芳香植物景观的优良植物材料。

【关键词】黄兰；开花；固相微萃取；挥发性有机物

引言

研究意义：植物挥发性有机物中的某些成分具有愉悦的气味，对人体具有防病与保健的作用，因此，近年来人们对芳香植物进行了大量研究，希望利用芳香植物独特的保健作用，通过植物造景手法营造嗅觉景观，从而创造一个更生态、更有利于人们身心健康的园林景观。黄兰（*Michelia champaca*）是中国华南地区营造芳香园林植物景观的优良树种之一，为木兰科含笑属常绿乔木，其树形婆娑美观，香味比白兰花更浓烈，是佛教"五树六花"之一。在中国云南南部、广东、广西、福建等省区均有栽植，在一些地区可一年多季开花。黄兰的花和叶是提炼芳香油的原料，具有抗菌、抗感染、去风湿、润喉和止痛的药用功效[1-2]。

前人研究进展：关于黄兰叶片挥发油的研究已有报道[3-4]，主要目的是探究黄兰叶片精油中的有机物成分。但由于受提取温度和方法的干扰，不能完全反映黄兰挥发性成分的变化。而固相微萃取技术（SPME）所采集的样品为活体植物易挥发性有机物成分，且所需样品量少，无需溶剂，操作简化，能与其他分析仪器联用，是一种新发展起来的集采样、萃取、浓集、进样于一体的分析技术，已在环保、食品、香料等领域得到应用，并取得良好效果[5-6]。

本研究切入点：目前未见用SPME法研究黄兰花朵挥发性有机物成分的研究报道，也未见黄兰花不同开花阶段挥发性有机成分变化的研究报道。

拟解决的关键问题：本研究采用SPME吸附采集黄兰花朵挥发性有机成分，然后用GC-MS及总离子流色谱分析，旨在研究黄兰花朵在不同开花阶段挥发性有机成分的变化规律，为科学利用黄兰营造保健园林提供理论依据。

1　材料与方法

试验于2011年4～6月在深圳职业技术学院进行。

1.1　材料

黄兰花朵采自深圳职业技术学院西校区芳香植物园，根据其开放程度分为6个时期（图1）：（Ⅰ）花蕾期：花蕾淡黄绿色，紧实；（Ⅱ）显色期：花蕾开始松动，但基部未转色；（Ⅲ）初花期：花半开放状态，充分显色；（Ⅳ）盛花期：花全部开放展开，花色深；（Ⅴ）盛花末期：花色变淡，花瓣顶端萎蔫，花被片容易脱落，开始落花；（Ⅵ）凋谢期：花色暗淡，花瓣萎蔫焦枯。于2011年5月21日8：00～10：00，从同一地点5年株龄的黄兰树向阳侧上、中、下部位，采收不同发育状态的花朵，每个发育阶段采集健康无损伤的花朵6朵，重复3次，保湿立即带回实验室进行处理。

图1　不同开花阶段黄兰花的形态特征

Ⅰ—花蕾期；Ⅱ—显色期；Ⅲ—初花期；Ⅳ—盛花期；
Ⅴ—盛花末期；Ⅵ—凋谢期

1.2　挥发性有机物成分与含量的测定

取同一发育阶段的花瓣混合剪碎，称取0.5g放置于5mL萃取瓶中密封，静置30min，环境温度为（22±3）℃。用型号为DVB-CAR-PDMS的100μm SPME纤维头（美国Supelco公司）通过聚四氟乙烯瓶垫插入到萃取瓶中，置于花瓣正上方0.5cm左右，顶空萃取40min，然后将纤维头插入GC进样口，解吸10min。每次收集设置3次重复，吸附空萃取瓶中的气体作为空白对照。利用6890N/5975气相色谱-质谱联用仪（美国Agilent公司）进行挥发性有机物成分测定分析。

色谱条件：HP-5MS弹性石英毛细管柱色谱柱，长30m，内径0.25mm，液膜厚0.25μm，载气为高纯氦气，不分流进样，恒流流速1.0mL/min，进样口温度230℃，接口温度280℃，柱温初始温度50℃。黄兰开花过程中挥发性有机成分及变化规律1217保持4min，以6℃/min升至150℃，保持2min，然后以7℃/min升至250℃，保持8min。质谱条件：电子轰击（EI）离子源，电子能量70eV，离子源温度为230℃，四级杆温度为150℃，质量扫描范围m/z 30～500。

1.3　数据分析

挥发性有机物成分经气相色谱分离，不同组分形成其各自的色谱峰，用气相色谱-质谱-计算机联用仪中MSD Productivity ChemStation进行分析鉴定。各组分质谱经NIST Mass Spectral Database 2008谱库检索，采用保留指数定性的方法来辅助质谱检索定性。根据所获得的质谱图、质谱数据库与文献[3,6]对照，再结合人工谱图解析确认挥发物中各种化学成分。各成分在样品气体中的浓度（相对百分含量）采用峰面积归一法进行计算，计算公式为：

浓度(%)=(该物质峰面积/样品所有气体峰面积之和)×100%

通过该公式计算得出的结果只是相对比值，代表某物质在所采集的总气体样品中的相对百分含量，并不是该物质在大气中的绝对浓度。取3次测定数据的平均值作为挥发性有机物的相对含量，整理后的结果采用OriginPro 8.5软件进行处理。

2　结果

2.1　黄兰不同开花阶段的挥发性有机成分

图2是通过顶空固相微萃取分别测定的黄兰花朵花蕾期、显色期、初花期、盛花期、盛花末期、凋谢期6个时期的SPME/GC/MS分析的总离子流图。通过GC/MS分析，扣除本底空气中的杂质，从黄兰花瓣释放的挥发性有机物中共鉴定出51种化合物（表1）。其中萜烯类化合物31种、醇类化合物5种、酸类和酮类化合物各4种，以及少量酯类、烷类和其他化合物，主要成分为香叶烯、β-榄香烯、芳樟醇等。花蕾期和盛花期释放的挥发性有机物种类最多，均为27种；从初花期到凋谢期，花瓣所含挥发性有机物的种类表现为先上升后下降，在盛花期达到最多。

另外，由表1可知，黄兰花瓣挥发性香气成分在不同开花阶段的变化情况如下：β-榄香烯、安息香酸甲酯、衣兰烯、香树烯、香叶烯、γ-榄香烯、吲哚、芳樟醇等芳香物质的总体变化趋势是先上升后下降，β-蒎烯、罗勒烯、桉油精等物质的变化趋势是先下降后上升，而石竹烯、α-荜澄茄烯、大牻牛儿烯B的变化趋势是持续下降。其中，有些挥发性的芳香成分仅在某一个阶段出现，如α-水芹烯、月桂烯、β-人参烯、棕榈酸、亚油酸、反油酸、油酸等挥发性有机物仅在花蕾期检测到，β-紫罗酮仅出现在显色期，萜品油烯和（Z，Z，Z）-1，5，9，9四-甲基-1，4，7环-十一碳三烯只在初花期被检测到，α-萜品烯、2-蒈烯、巴伦西亚橘烯、1-b-没药烯、杜松烯和邻氨基苯甲酸甲酯仅出现在盛花期，顺-芳樟醇氧化物和苯乙腈出现在盛花末期，(1R)-(+)-α 蒎烯和［1R-(1R*,4Z,9S*)］-4,11,11-三甲基-8-亚甲基-二环［7.2.0］4-十一烯只在凋谢期被检测到。

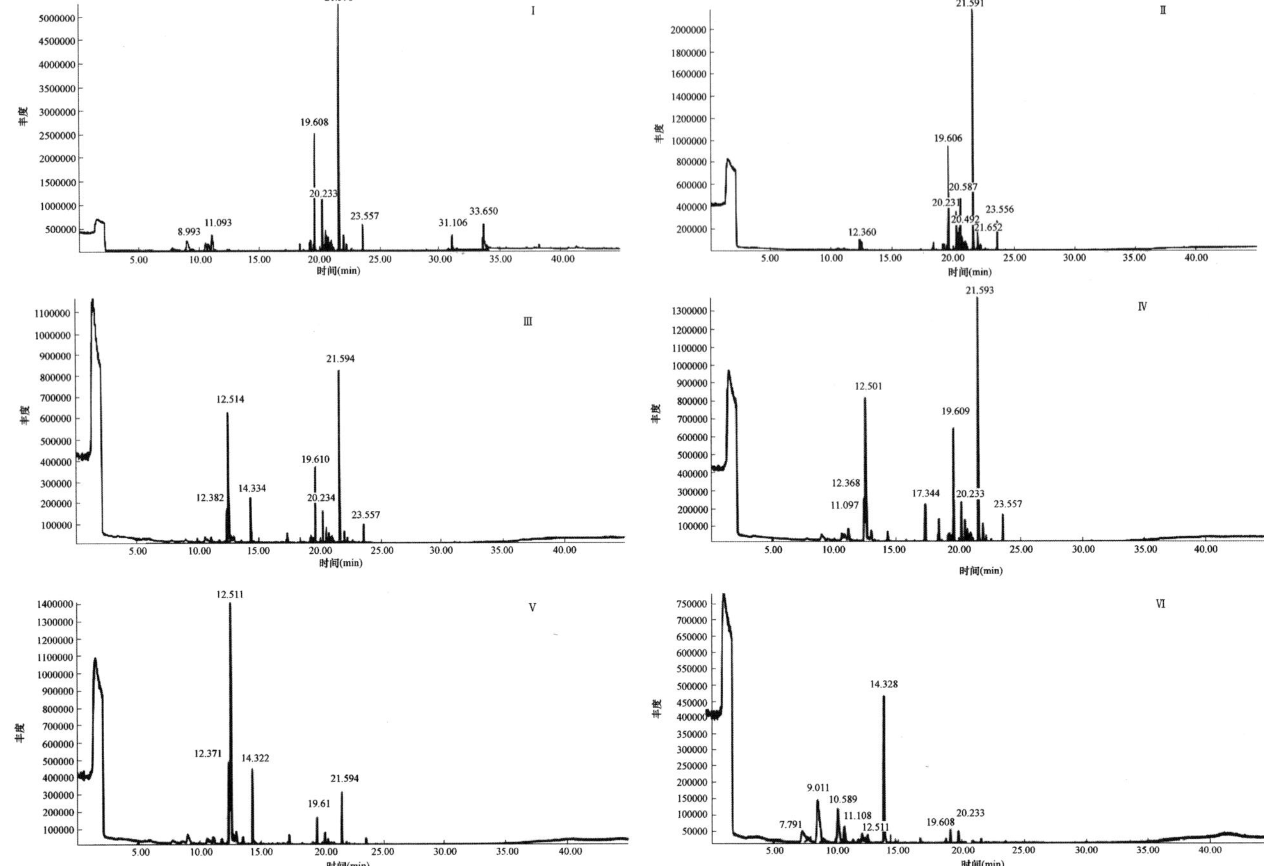

图 2　黄兰不同开花阶段花瓣挥发性有机物的总离子图（阶段Ⅰ—Ⅵ）

黄兰不同开花阶段花瓣释放的挥发性有机物成分及相对含量　　表 1

英文名称 English name	中文名 Chinese name	分类 Systematization	分子式 Molecular formula	相对含量 Relative contents(%)					
				Ⅰ	Ⅱ	Ⅲ	Ⅳ	Ⅴ	Ⅵ
alpha-Pinene	α-水芹烯	烯	$C_{10}H_{16}$	0.7±0.02	—	—	—	—	—
beta-Pinene	β-蒎烯	烯	$C_{10}H_{16}$	6.77±0.03	—	—	0.37±0.02	3.19±0.19	33.26±1.13
beta-Myrcene	月桂烯	烯	$C_{10}H_{16}$	0.70±0.03	—	—	—	—	—
1,3,6-Octatriene,3,7-dimethyl-,(E)-	(E)-3,7-二甲基-1,3,6-辛三烯	烯	$C_{10}H_{16}$	2.72±0.04	—	—	1.91±0.21	—	—
1,3,6-Octatriene,3,7-dimethyl-	罗勒烯	烯	$C_{10}H_{16}$	5.62±0.12	0.42±0.03	1.76±0.06	3.38±0.09	2.15±0.18	6.63±0.06
Cyclohexene,4-ethenyl-4-methyl-3-(1-methylethenyl)-1-(1-methylethyl)-,(3R-trans)-	δ-榄香烯	烯	$C_{15}H_{24}$	0.79±0.04	1.25±0.05	—	—	—	—
Ylangene	衣兰烯	烯	$C_{15}H_{24}$	0.86±0.03	0.96±0.02	0.57±0.02	0.55±0.01	—	—
alpha-Cubebene	α-荜澄茄烯	烯	$C_{15}H_{24}$	1.25±0.05	0.86±0.03	0.98±0.02	0.71±0.04	—	—
Caryophyllene	石竹烯	烯	$C_{15}H_{24}$	5.94±0.28	5.69±0.06	4.14±0.1	3.76±0.09	1.3±0.09	
beta-panasinsene	β-人参烯	烯	$C_{15}H_{24}$	1.61±0.05	—	—	—	—	—
alpha-caryophyllene	α-丁香烯	烯	$C_{15}H_{24}$	1.27±0.01	1.37±0.03	—	0.87±0.03	0.31±0.01	—
1H-cycloprop[e]azulene,1a,2,3,4,4a,5,6,7b-octahydro-1,1,4,7-tetramethyl-[1aR-(1a,alpha,4. alpha,4a. beta,7b. alpha.)]-	[1AR-(1Aα,4α,4Aβ,7Bα)]-1A,2,3,4,4A,5,6,7B-八氢化-1,1,4,7-四甲基-1H-环丙烯并[E]奥	烯	$C_{15}H_{24}$	0.78±0.03	1.03±0.06	—	0.63±0.01	—	—

续表

英文名称 English name	中文名 Chinese name	分类 Systematization	分子式 Molecular formula	相对含量 Relative contents(%)					
				Ⅰ	Ⅱ	Ⅲ	Ⅳ	Ⅴ	Ⅵ
1H-cycloprop[e]zzulene, decahydro-1,1,7-trimetly1-4-methylene-, [1aR-(1a. alpha, 4a. beta,7. alpha,7a. beta, 7b. alpha.)]-	香树烯	烯	$C_{15}H_{24}$	0.46±0.03	0.65±0.04	0.61±0.03	—	—	—
1,6-cyclodecadiene,1-methyl-5-methylene-8-(1-methylethyl)-,[ε-(E,E)]-	香叶烯	烯	$C_{15}H_{24}$	29.61±2.34	37.07±1.68	22.96±0.89	22.19±1.04	5.84±0.13	—
1,5-cyclodecadiene,1,5-dimethyl-8-(1-methylethylidene)-, (E,E)-	大牛龙牛儿烯 B	烯	$C_{15}H_{24}$	5.05±0.08	3.17±0.10	—	—	0.3±0.02	—
Spiro[5,5]undec-2-ene,3,7-7-trimethy1-11-methylene-(-)-	花柏烯	烯	$C_{15}H_{24}$	0.95±0.05	—	—	—	—	
Tetracyclo[6.1.0(2,4)]0(5,7)]nonane,3,3,6,6,9,9-hexamethyl-(1. alpha,2. alpha, 4. alpha,5. beta,7. beta,8. alpha)-	未命名	烯	$C_{15}H_{24}$	—	0.27±0.02	—	—	—	—
gamma-elemene	γ-榄香烯	烯	$C_{15}H_{24}$	—	8.41±0.08	6.43±0.07	4.99±0.14	0.76±0.04	
Epizonarene	表圆线藻烯	烯	$C_{15}H_{24}$	—	2.13±0.05	—	1.22±0.05	—	—
Cyclohexene,6-ethenyl-6-methyl-l-(l-methylethyl)-3-(1-methylethylidene)-,(S)-	O-榄香烯	烯	$C_{15}H_{24}$	—	1.13±0.08	—	0.64±0.03	—	—
Cyclohexene,l-methyl-4-(1-methylethylidene)-	萜品油烯	烯	$C_{10}H_{16}$	—	—	0.49±0.02	—	—	—
1,4,7,-cycloundecatriene,1,5,9,9-tetramethyl-,Z,Z,Z-	(Z,Z,Z)-1,5,9,9 四-甲基-1,4,7 环-十一碳三烯	烯	$C_{15}H_{24}$	—	—	0.99±0.03	—	—	—
1,3-cyclohexadiene,1-methy1-4-(1-methylethyl)-	α-萜品烯	烯	$C_{10}H_{16}$	—	—	—	0.59±0.03	—	—
Bicyclo[4.1.0]hept-2-ene, 3,7,7-trimethyl-	2-蒈烯	烯	$C_{10}H_{16}$	—	—	—	0.31±0.01	—	—
Naphthalene,1,2,3,5,6,7,8,8a-octahydro-1,8a-dimethyl-7-(1-methylethenyl)-,[1R-(1. alpha. ,7. beta. ,8a,alpha.)]	巴伦西亚橘烯	烯	$C_{15}H_{24}$	—	—	—	0.4±0.05	—	—
Cyclohexene,l-methyl-4-(5-methyl-l-methylene-4-hexenyl)-,(S)-	1-b-没药烯	烯	$C_{15}H_{24}$	—	—	—	0.74±0.05	—	—
Naphthalene,1,2,3,5,6,8a-hexahydro-4,7-dimethyl-l-(1-methylethyl)-,(1S-cis)-	杜松烯	烯	$C_{15}H_{24}$	—	—	—	0.28±0.03	—	—
Copaene	胡椒烯	烯	$C_{15}H_{24}$	—	—	—	—	0.3±0.03	0.56±0.04
1R-. alpha-Pinene	(1R)-(+)-α 蒎烯	烯	$C_{10}H_{16}$	—	—	—	—	—	6.04±0.07
Bicyclo[7.2.0]undec-4-ene,4,11,11-trimethyl-8-methylene-,[1R-(1R＊,4Z,9S＊)].	[1R-(1R＊,4Z,9S＊)]-4,11,11-三甲基-8-亚甲基-二环[7.2.0]4-十一烯	烯	$C_{15}H_{24}$	—	—	—	—	—	1.66±0.09
Eucalyptol	桉油精	醇	$C_{10}H_{18}O$	2.82±0.11	0.4±0.02	0.49±0.04	2.14±0.13	—	19.34±0.68

续表

英文名称 English name	中文名 Chinese name	分类 Systematization	分子式 Molecular formula	相对含量 Relative contents(%)					
				Ⅰ	Ⅱ	Ⅲ	Ⅳ	Ⅴ	Ⅵ
9,12-Octadecadien-l-ol,(Z,Z)-	(顺,顺)-9,12-十八碳二烯醇	醇	$C_{15}H_{34}O$	0.77±0.05	—	—	—	—	—
1,6-octadien-3-ol,3,7-dimethyl-	芳樟醇	醇	$C_{10}H_{18}O$	—	2.89±0.09	33.64±1.20	26.63±1.50	50.31±2.25	2.36±0.10
Phenylethyl Alcohol	β-苯乙醇	醇	$C_8H_{10}O$	—	—	0.27±0.02	0.68±0.04	0.79±0.04	—
2H-pyran-3-ol,6-ethenyltetrahydro-2,2,6-trimethyl-	2,2,6-三甲基-6-乙烯基四氢-2H-呋喃-3-醇	醇	$C_{10}H_{18}O_2$	—	—	7.82±0.13	1.27±0.07	11.6±0.67	28.01±0.91
3-buten-2-one,4-(2,6,6-trimethyl-2-cyclohexen-l-yl)-(E)-	紫罗兰酮	酮	$C_{13}H_{20}O$	0.67±0.04	2.39±0.02	—	—	—	—
2-butanone,4-2,6,6-trimethyl-l-cyclohexen-1-yl)-	4-2,6,6-三甲基-1-环已烯-1-基)-2 丁酮	酮	$C_{13}H_{21}O$	1.83±0.04	7.17±0.10	—	0.95±0.06	—	—
3-buten-2-one,4-(2,6,6-trimethyl-l-cyclohexen-l-yl	beta-紫罗兰酮	酮	$C_{13}H_{20}O$	—	0.54±0.03	—	—	—	—
3-buten-2-one,4-(2,6,6-trimethyl-l-cyclohexen-l-yl)-,(E)-	β-紫罗酮	酮	$C_{13}H_{20}O$	—	2.82±0.13	—	—	—	—
n-hexadecanoic acid	棕榈酸	酸	$C_{16}H_{32}O_2$	2.68±0.10	—	—	—	—	—
9,12-octadecadienoic acid (Z,Z)-	亚油酸	酸	$C_{16}H_{32}O_2$	1.67±0.03	—	—	—	—	—
9-octadecenoic acid,(E)-	反油酸	酸	$C_{18}H_{34}O_2$	5.83±0.08	—	—	—	—	—
Oleic acid	油酸	酸	$C_{18}H_{34}O_2$	1.09±0.07	—	—	—	—	—
Benzoic acid,methyl ester	安息香酸甲酯	酯	$C_8H_8O_2$	—	3.63±0.02	8.61±0.08	8.21±0.11	18.11±0.79	—
Benzoic acid,2-mino-,methyl ester	邻氨基苯甲酸甲酯	酯	$C_8H_9NO_2$	—	—	—	1.89±0.06	—	—
Cyclohexane,1-ethenyl-1-methyl-2-(1-methylethenyl)-4-(1-methylethylidene)-	1-乙烯基-1-甲基-2-(1-甲基乙烯基)-4-(1,甲基乙基)环已烷二脱氢化衍生物	烷	$C_{15}H_{24}$	3.35±0.15	—	—	1.81±0.08	0.31±0.02	—
Indole	吲哚	其他	C_8H_7N	—	0.28±0.01	1.39±0.04	3.55±0.14	—	—
cis-Linaloloxide	顺-芳樟醇氧化物	其他	$C_{10}H_{18}O_2$	—	—	—	—	0.62±0.03	—
Benzyl nitrile	苯乙腈	其他	C_8H_7N	—	—	—	—	1.3±0.14	—
Naphthalene,1,2,3,4,4a,5 6,8a-octahydro-7-methyl-4-methylene-l-(1-methylethyl)-,(1. alpha,4a. alpha,8a,alpha)	1a,4aα,8aα-7-甲基-4-甲烯基-1-异丙基-1,2,3,4,4a,5,6,8a-八氢萘	其他	$C_{15}H_{24}$	0.88±0.07	—	—	—	—	—

注：“·”：未检测到或不存在；“—”：Not detected or not existed。

2.2 黄兰不同开花阶段挥发性有机成分的含量变化

黄兰在不同开花阶段释放的挥发性有机物成分及其相对含量不同（表1、图3）。花蕾期检测出含量较高的挥发性有机物以萜烯类为主，其中香叶烯含量最高，相对百分比含量为29.61%，其次为β-榄香烯，相对百分比含量为13.35%。显色期检测出的挥发性有机物以萜烯类和酮类为主，其中香叶烯、β-榄香烯、γ-榄香烯3类萜烯类含量较高，其相对百分比含量分别为37.07%、15.48%、8.41%，酮类化合物以4-(2,6,6-三甲基-1-环已烯-1-基)-2-丁酮为主，相对百分比含量为7.17%。初花期以醇类和萜烯类化合物为主，以芳樟醇含量最高，为33.64%，其次是香叶烯、β-榄香烯、安息香酸甲酯，其相对百分比含量分别为22.96%、8.87%、8.61%。盛花期所含的挥发性有机物种类以醇类和萜烯类化合物为主，主要包括芳樟醇、香叶烯、β-榄香烯、安息香酸甲酯等。盛花末期以酯类和醇类化合物为主，以芳樟醇含量最高，为50.31%，其次是安息香酸甲酯、2,2,6-三甲基-6-乙烯基四氢-2H-呋喃-3-醇，相对百分比含量分别为18.11%、11.60%。凋谢期的挥发性有机物主要为β-蒎烯、2,2,6-三甲基-6-乙烯基四氢-2H-呋喃-3-醇、桉油精，其相对百分比含量分别为33.26%、28.01%、19.34%。

3 讨论

3.1 挥发性有机物含量和成分的测定方法

目前，国内外提取植物挥发性化合物的方法有很多，如水蒸气蒸馏法、溶剂提取法、CO_2超临界流体提取法等。水蒸气蒸馏法简单易行，但非活体提取，会使某些挥发性物质受到破坏；溶剂提取法提取时使用大量的溶剂，并将溶剂中的微量杂质沉积在产品中，造成提取物纯度不高[7]；CO_2超临界流体提取法整个提取过程在低温条件下进行，具有防止氧化热解及提高品质等突出优势，但仅能采集非极性挥发性有机物，不能全面反映活体植物气味；动态顶空套袋采集法装置简单，便于室外操作，相对真实、准确，但在实施富集和洗脱过程中仍会受到不同程度的污染和损失[8]；顶空固相微萃取采集法所需样品量少，无需溶剂，操作简化，集采样、萃取、浓集、进样于一体，非常适合芳香植物挥发性成分的研究，已在鲜花的香气成分分析中得到应用[9-11]。

3.2 黄兰不同开花阶段挥发性有机物的变化

前人对芳香植物开花过程中挥发性成分的研究结果表明，随着花朵的开放和衰败，植物挥发性有机物的成分会发生变化[12-14]。本试验结果显示，从花蕾期到凋谢期过程中，黄兰花瓣内的挥发性成分不断变化，一些成分不断的积累，又不断被氧化、降解，一些被酶催化生成新的化合物参与体内代谢[15]。这一系列的变化，最终导致了黄兰在不同开花阶段挥发性有机物成分和相对含量的不同。在黄兰开花过程中，盛花期所含的挥发物成分最多，主要表现为萜烯类和酯类物质，而在开花的前期和后期，萜烯类和醇类组分所占比例较大（表1、图3）。这与茉莉花[16]、山茶花[17]开花过程中花香组分的研究结果相似。通过分析挥发物相对含量的变化发现，在不同开花阶段黄兰花瓣中各种挥发性有机成分的释放规律存在多样性。在梅花[18]、水仙[19]、啤酒花[15]等多种植物的香气研究中也存在类似的发现，即随着花朵的凋谢，其香气成分和含量变化多样，没有一定规律。但是，通过顶空固相微萃取方法采集到的黄兰花瓣的挥发性有机成分与人体可以嗅到的成分存在差异，且试验检测到的成分多为微量成分，挥发性有机物浓度达到何种程度才会对环境和人体身心健康产生影响还需进一步深入研究。各种挥发性有机物由于产生和释放的机理不同，呈现多样性的释放规律，其原因也有待进一步研究。

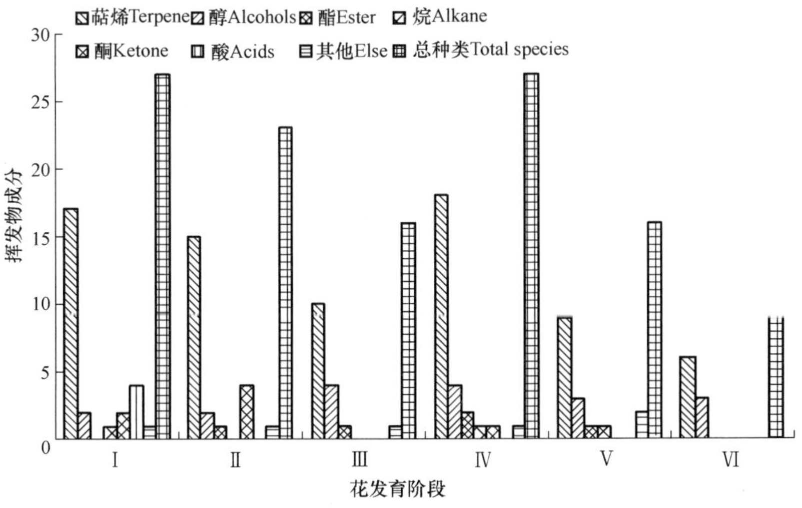

图3 不同开花阶段黄兰花瓣挥发性有机成分种类的变化

3.3 黄兰花瓣不同时期挥发性有机物主要成分的保健功效

近代，不少学者研究得出芳香性植物的挥发物质具有较高的药用价值，可以醒脑提神、平和心绪[20-21]。法国、日本、德国等国家相继开设了"花香医院"，治愈了许多心血管病、高血压、气管炎、哮喘、神经衰弱、失眠的患者，尤其在神经系统、呼吸系统的疾病治疗中效果明显[22]。芝加哥的科学家发现植物挥发的气体可以加强人们的记忆力。其中，菊花和薄荷的香气可使思维清晰，反应灵敏，有利于智力发展。相关研究也发现，在薰衣草、茉莉、柠檬香气中工作的电脑人员，击键差错可以减少20%以上[23]。本试验测得的黄兰花瓣中的主要挥发性成分有香叶烯、β-榄香烯、芳樟醇、安息香酸甲酯、β-蒎烯、桉油精等，它们大部分具有保健和药用的功效。如：香叶烯有祛痰、镇咳的作用[24]，β-榄香烯具有降血糖、防癌的功效[25]，芳樟醇具有催眠、镇静、抗抑郁的功效[26]，β-蒎烯具有杀菌抗菌作用，并对人体呼吸系统、心血管系统、中枢神经系统等有保健作用，可抗癌、利胆消炎、医疮止痒[27]。桉油精具有驱虫、调理肠胃胀气，止咳化痰，有助入眠的功效[24]。

4 结论

黄兰在不同开花阶段释放挥发性有机成分及其相对含量不同。萜烯类化合物是花蕾期的主要香气成分；显色期以萜烯类和酮类化合物含量较高；初花期、盛花期、盛花末期和凋谢期的萜烯类、酯类和醇类化合物含量均较高，是主要挥发性有机成分，但化合物种类及相对含量存在较大差异。黄兰鲜花的主要香气成分为香叶烯、β-榄香烯、芳樟醇、安息香酸甲酯等化合物。

参考文献

[1] Khan M R, Kihara M, Omoloso A D. Antimicrobial activity of *Michelia champaca* [J]. *Fitoterapia*, 2002, 73: 744-748.

[2] Rangasamy O, Raoelison G, Rakotoniriana F E, Cheuk K, Urverg-Ratsimamanga S, Quetin-Leclercq J, Gurib-Fakim A, SubrattyA H. Screening for anti-infective properties of several medicinalplants of the Mauritians flora [J]. *Journal of Ethnopharmacology*, 2007, 109 (2): 331-337.

[3] 周波，许小燕，杜夏玮. 黄兰叶挥发油化学成分研究[J]. 中国现代中药，2011，13 (3)：29-31.

[4] 刘艳清，汪洪武. 气象色谱-质谱联用法测定黄兰中挥发油化学成分 [M]. 理化检验-化学分册，2008.

[5] Plutowska B, Chmiel T, Dymerski T, Wardencki W. A headspacesolid-phase microextraction method development and its applicationin the determination of volatiles in honeys by gas chromatography [J]. *Food Chemistry*, 2011, 126 (3): 1288-1298.

[6] Mariusz Dziadas, Jeleń H H. Analysis of terpenes in white winesusing SPE-SPME-GC/MS approach [J]. *Analytica Chimica Acta*, 2010, 677 (1): 43-49.

[7] Shaver T N, Lingren P D, Marshall H F. Nighttime variation in volatile contention of flowers the night bloom plant *Gauradrummondii*. *Journal of Chemical Ecology*, 1997, 23 (12): 2673-2683.

[8] 王昊阳，郭寅，张正行，安登魁. 顶空-气相色谱法进展 [J]. 分析测试技术与仪器，2003，9 (3)：129-135.

[9] Huang B K, Lei Y L, Tang You H, Zhang J C, Qin L P, Liu J. Comparison of HS-SPME with hydrodistillation and SFE for theanalysis of the volatile compounds of Zisu and Baisu, two varietalspecies of *Perilla frutescens* of Chinese origin [J]. *Food Chemistry*, 2011, 125 (1): 268-275.

[10] Héthelyi É B, Szarka S, Lemberkovics É, Szöke É. SPME-GC/MS identification of aroma compounds in rose flowers [J]. *Acta Agronomica Hungarica*, 2010, 58 (3): 283-287.

[11] Melgarejo P, Calín-Sánchezá á, Vázquez-Araújo L, Hernández F, Martínez J J, Legua P, Carbonell-Barrachina á A. Volatilecomposition of pomegranates from 9 Spanish cultivars usingheadspace solid phase microextraction [J]. *Journal of Food Science*, 2011, 76 (1): 114-120.

[12] 李祖光，李新华，高建荣，刘文涵. 白丁香鲜花在不同开花期的香气化学成分研究 [J]. 林产化学与工业，2005，25 (4)：63-66.

[13] 邓小勇. 深圳市常见芳香植物挥发性有机物释放特性研究 [D]. 重庆：西南大学，2009.

[14] 李祖光，曹慧，朱国华，高建荣，沈德隆. 三种桂花在不同开花期头香成分的研究 [J]. 林产化学与工业，2008，28 (3)：75-80.

[15] 陈家华，林祖铭，金声，等. 动态法研究啤酒花头香成分变化 [J]. 北京大学学报：自然科学版，1991，27 (4)：406-413.

[16] 郭友嘉，戴亮，任清，杨兰萍．用吸附-热脱捕集进样法研究茉莉花香释放过程中化学成分［J］. 色谱，1994，12（2）：110-113.

[17] 范正琪，李纪元，田敏，李辛雷，倪穗．三个山茶花种（品种）香气成分初探［J］. 园艺学报，2006，33（3）：592-596.

[18] 赵印泉，潘会堂，张启翔，潘才博，蔡明．梅花花朵香气成分时空动态变化的研究［J］. 北京林业大学学报，2010，32（4）：201-206.

[19] 黄巧巧，冯建跃．水仙花开放期间香气组分变化的研究［J］. 分析测试学报，2004，23（5）：110-113.

[20] Buckle J. Aromatherapy and diabetes［J］. *Diabetes Spectrum*，2001，14（3）：124-126.

[21] Inouye S，Takizawa T，Yamaguchi H. Antibaterial activity of essentialoils and their major constituents against respiratory tract pathogens bygaseous tract［J］. *Journal of Antimicrobial* Chemotherapy，2001，47（5）：565-573.

[22] 刘志强．芳香疗法在园林中的应用研究［J］. 林业调查规划，2005，30（6）：91-93.

[23] 陈自新，苏雪痕，刘少宗，古润泽，李延明．北京城市园林绿化生态效益的研究（2）［J］. 中国园林，1998，2（3）：51-54.

[24] 江纪武，肖庆祥．植物药有效成分手册［M］. 北京：人民卫生出版社，1986.

[25] 丁文军，沈玉梅，韦丹，李明．β-榄香烯在制备降血糖药物中的应用：中国，101019839. 2007-08-22. 6 期蒋冬月等：黄兰开花过程中挥发性有机成分及变化规律.

[26] 佟棽棽．迷迭香和柠檬草的挥发性成分及其抗抑郁、抑菌作用的研究［D］. 上海：上海交通大学，2009.

[27] 王小婧．北京市主要风景游憩林两种保健资源及其作用初探［D］. 北京：北京林业大学，2008.

（本文曾发表于 2012 年 3 月《中国农业科学》）

黄兰叶片和花瓣挥发性成分及其抑菌效果1)

蒋冬月　李永红　夏　兵　何　昉　潘会堂

【摘　要】采用顶空固相微萃取和气象色谱质谱技术研究了黄兰（*Michelia champak*）叶片和花瓣的挥发性成分；并提取叶、花挥发物精油，测定了不同质量分数的精油对大肠杆菌ATCC6739、金黄色葡萄球菌ATCC6538、枯草芽孢杆菌CMCC63501生长的影响。结果表明，黄兰叶片与花瓣的挥发性成分中都含有香叶烯、β-榄香烯、石竹烯等物质，叶片中的挥发性有机成分都是萜烯类物质，而花瓣的挥发性有机成分中除了萜烯类物质外，还含有较多的芳樟醇等醇类物质和安息香酸甲酯等酯类物质；黄兰叶片与花瓣的精油对大肠杆菌没有抑制作用，但质量分数为2.5%的精油对金黄色葡萄球菌、枯草芽孢杆菌具有明显的抑制作用，其中2.5%的叶片精油对枯草芽孢杆菌的抑菌率达到68.20%。

【关键词】黄兰；固相微萃取；挥发性有机物；抑菌作用

近年来，人们越来越重视植物景观的生态、保健作用，具有挥发性气味的芳香植物备受人们关注。植物挥发性芳香油中的某些成分不仅可以减少空气中各种有害微生物的含量，还与人体身心健康有着密切的关系[1]。戚继忠等[2]、谢慧玲等[3]、郭阿君等[4]、张风娟等[5]、李涛等[6]分别对不同的园林植物进行研究，指出园林植物对其生存环境中的大肠杆菌、金黄色葡萄球菌、枯草芽孢杆菌、放线菌、真菌等病原微生物具有不同程度的抑制和杀灭作用。

黄兰（*Michelia champak*）是木兰科含笑属常绿乔木，其树形婆娑美观，香味比白兰花更浓烈，为我国华南地区营造芳香园林植物景观的优良树种[7-8]。黄兰的花朵和叶片是提炼芳香油的原料，具有抗菌、抗感染、去风湿、润喉和止痛的药用功效[9-10]。目前国内对黄兰化学成分的研究报道主要集中在叶片和茎干的提取物[11-12]，尚未见到针对黄兰花挥发性有机物抑菌效果的报道。为了科学地利用黄兰营造芳香保健型植物景观，文中采用固相微萃取的方法，对黄兰叶片和花瓣的挥发性有机成分进行了提取，用气象色谱—质谱联用法进行芳香物质成分分析，对比黄兰叶片和花瓣挥发性成分的异同。同时采用水蒸气蒸馏法提取叶片和花瓣的精油，研究了其对不同细菌生长的抑制作用。

1　材料与方法

试验于2011年5～6月份黄兰开花期进行，叶片和花瓣采自深圳职业技术学院西校区芳香植物园，选择5a株龄的黄兰树为供试植株。

黄兰叶片和花瓣挥发性有机物成分与质量分数测定：晴朗无风的08：00～10：00，在同一地点的黄兰树上分别摘取植株向阳侧上、中、下部位的健康无损伤的叶片10片与盛开的花朵5朵，取其花瓣，分别剪碎，称取0.5g放置于5mL萃取瓶中密封，静置30min，环境温度为（22±3）℃。将型号为DVB-CAR-PDMS-100μm的SPME纤维头（Agilent公司，美国）通过聚四氟乙烯瓶垫插入到萃取瓶中，置于样品正上方0.5cm左右，顶空萃取40min，然后将纤维头插入6890N/5975气相色谱—质谱联用仪（Agilent公司，美国）的GC进样口，解吸10min。每次收集设置3次重复，同时吸附空萃取瓶中的气体作为空白对照。

色谱条件：HP-5MS弹性石英毛细管色谱柱，长30m，内径0.25mm，液膜厚0.25μm，载气为高纯氦气，不分流进样，恒流流速1.0mL/min，进样口温度230℃，接口温度280℃，柱温初始温度50℃，保持4min，以每分钟6℃的速度升至150℃，

注释：国家“十一五”科技支撑计划项目（2006BAD07B09）深圳市建筑公务署科技支撑计划课题（SZCG2010025750）

保持 2min，然后以每分钟 7℃的速度升至 250℃，保持 8min。

质谱条件：电子轰击（EI）离子源，电子能量 70eV，离子阱温度为 230℃，四级杆温度为 150℃，质量扫描范围 m/z 30～500。

采集所得到的质谱图，利用 NIST2008 谱库检索，同时采用保留指数定性的方法来辅助质谱检索定性。根据所取得质谱图、质谱数据库与文献[14-15]对照，再结合人工谱图解析确认挥发物中各种化学成分。各成分在样品气体中的质量分数采用峰面积归一法进行计算，计算公式为：

质量分数＝（该物质峰面积/样品所有气体峰面积之和）×100％

通过该公式计算得出的结果代表某物质在所采集的总气体样品中的质量分数。

黄兰叶片与花瓣挥发油提取：采集新鲜无病虫害的黄兰叶片和花瓣，去柄后用蒸馏水冲洗 3 次，分别平整铺放在瓷盘中置于紫外灯下灭菌 30min，晾干备用。分别称取 100g 样品置于型号为 1788＃的挥发油提取装置（姜堰雪蓓公司，中国），加入 700mL 蒸馏水，根据《中国药典》提取植物精油的方法[13]提取 3h，收集挥发油，干燥。

供试菌液的制备：大肠杆菌（*Escherichiacoli*）ATCC6739、金黄色葡萄球菌（*Staphylococusaureus*）ATCC6538、枯草芽孢杆菌（*Bacillussubtilis*）CMCC63501，由深圳职业技术学院化学学院微生物实验室提供。所用初始菌种为 2011 年 5 月初活化，生长于试管斜面培养基。取一环斜面活化培养好的供试细菌，接种到 50mL 牛肉膏蛋白胨液体培养基中，置于 200r/min 的 GYROMAX747R 型振荡培养箱（AmerexInstruments 公司，美国），温度为 37℃，振荡培养 4h，作为菌悬液母液备用[14]。

抗菌活性的测定：参照 HiroyulLi[15]的方法，稍作修改，方法如下：取 5mL 的无菌离心管数个，每个加入 3mL 的牛肉膏蛋白胨液体培养基，分别接种大肠杆菌、金黄色葡萄球菌、枯草芽孢杆菌菌悬液 30μL，在不同的离心管中分别加入质量分数为 10％（$V_{精油}$ ∶ $V_{无水乙醇}$ ＝10 ∶ 90）、5％和 2.5％（调配方法同上）的黄兰叶片或花瓣挥发物油 30μL，同时设置空白对照，加入 30μL 无水乙醇。经振荡均匀后，置于 37℃、200r/min 的振荡培养箱中培养 4h。分别吸出 200μL，加入到 96 孔酶标板，用 VarioskanFlash 全波长多功能酶标仪（ThermoScientific 公司）检测其在 600nm 波长下的吸光光度值，按照下式计算抑菌率。每组试验重复 3 次。

抑菌率＝（对照组 *OD* 值－处理组 *OD* 值）/对照组 *OD* 值×100％

数据采用 MSD Productivity Chem Station 进行分析，经整理后输入 Excel 表格和 Origin-Pro8.5 进行图表处理。

2 结果与分析

2.1 黄兰叶片与花瓣的挥发性物质成分与质量分数的差异

图 1、图 2 分别为黄兰叶片与花瓣的 SPME/GC/MS 总离子流图。通过 GC/MS 分析，扣除本底空气中的杂质，在黄兰叶片和花瓣中一共鉴定出 33 种挥发性有机物，其中萜烯类化合物 24 种、醇类化合物 4 种、酯类化合物 2 种，酮类、烷类和其他化合物各 1 种（表 1）。

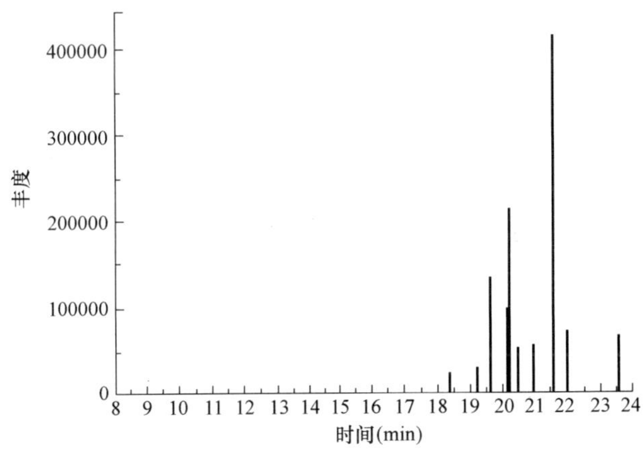

图 1 黄兰叶片挥发性有机物总离子图

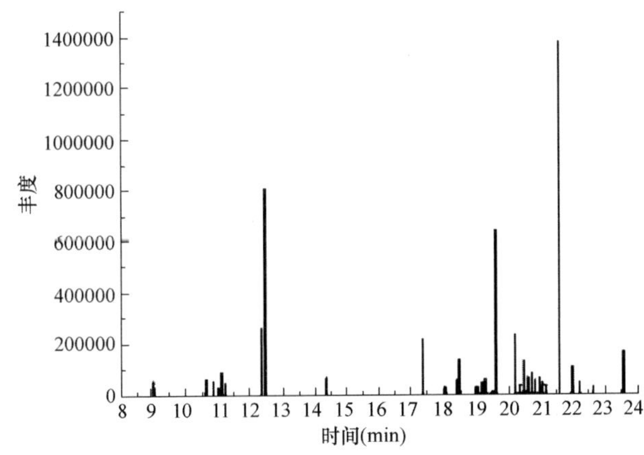

图 2 黄兰花瓣挥发性有机物总离子图

黄兰叶片与花瓣挥发性有机物成分与质量分数不同。黄兰叶片共检测出10种挥发性成分，全部为萜烯类物质。而黄兰花瓣一共检测出27种挥发性成分，其中种类最多的是萜烯类物质（18种），占花瓣总挥发物的52.87%，其次为醇类物质4种，占30.72%，还含有少量的酯类、烷类、酮类及其他物质（表2）。

黄兰叶片与花瓣释放的挥发性有机物成分与质量分数 **表1**

挥发性有机物	CAS号	分类	分子式	挥发性有机物质量分数/%	
				叶片	花瓣
安息香酸甲酯	000093-58-3	酯	$C_5H_8O_2$	—	8.21
邻氨基苯甲酸甲酯	000134-20-3	酯	$C_8H_9NO_2$	—	1.89
β-蒎烯	000127-91-3	烯	$C_{10}H_{16}$	—	0.37
(E)-3,7-二甲基-1,3-6-辛三烯	003779-61-1	烯	$C_{10}H_{16}$	—	1.91
罗勒烯	013877-91-3	烯	$C_{10}H_{16}$	—	3.38
α-萜品烯	000099-86-5	烯	$C_{10}H_{16}$	—	0.59
衣兰烯	014912-44-8	烯	$C_{15}H_{24}$	—	0.55
α-荜澄茄烯	017699-14-8	烯	$C_{15}H_{24}$	—	0.71
β-榄香烯	000515-13-9	烯	$C_{15}H_{24}$	12.86	9.33
石竹烯	000087-44-5	烯	$C_{15}H_{24}$	21.18	3.76
2-蒈烯	000554-61-0	烯	$C_{10}H_{16}$	—	0.31
γ-榄香烯	339154-91-5	烯	$C_{15}H_{24}$	3.44	4.99
表圆线藻烯	041702-63-0	烯	$C_{15}H_{24}$	—	1.22
O-榄香烯	005951-67-7	烯	$C_{15}H_{24}$	—	0.64
α-丁香烯	006753-98-6	烯	$C_{15}H_{24}$	—	0.87
AR-(1Aα,4α,4Aβ,7Bα)]-1A,2,3,4,4A,5,6,7B-八氢化-1,1,4,7-四甲基-1H-环丙烯并	000489-40-7	烯	$C_{15}H_{24}$	—	0.63
巴伦西亚橘烯	004630-07-3	烯	$C_{15}H_{24}$	—	0.40
香叶烯	023986-74-5	烯	$C_{15}H_{24}$	40.57	22.19
1-b-没药烯	000495-61-4	烯	$C_{15}H_{24}$	—	0.74
杜松烯	000483-76-1	烯	$C_{15}H_{24}$	—	0.28
异松油烯	000586-63-0	烯	$C_{10}H_{16}$	1.12	—
胡椒烯	003856-25-5	烯	$C_{15}H_{24}$	2.36	—
α-石竹烯	006753-98-6	烯	$C_{15}H_{24}$	3.34	—
甘香烯	003242-08-8	烯	$C_{15}H_{24}$	7.66	—
(—)-a-芹子烯	000473-13-2	烯	$C_{15}H_{24}$	1.63	—
1S,2S,5R-1,4-4-Trimethyltricyclo 6.3.1.0(2,5)]dodec-8(9)-ene	1000140-07-5	烯	$C_{15}H_{24}$	5.83	—
1-乙烯基-1-甲基-2-(1-甲基乙烯基)-4-(1-甲基乙基)环己烷二脱氢化衍生物	003242-08-8	烷	$C_{15}H_{24}$	—	1.81
4-(2,6,6-三甲基-1-环己烯-1-基)-2-丁酮	017283-81-7	酮	$C_{13}H_{22}O$	—	0.95
吲哚	000120-72-9	其他	C_8H_7N	—	3.55
桉树醇	000470-82-6	醇	$C_{10}H_{18}O$	—	2.14
芳樟醇	000078-70-6	醇	$C_{10}H_{18}O$	—	26.63
β-苯乙醇	000060-12-8	醇	$C_8H_{10}O$	—	0.68
2,2,6-三甲基-6-乙烯基四氢-2H-呋喃-3-醇	014049-11-7	醇	$C_{10}H_{18}O_2$	—	1.27

注："—"表示未检测到该物质的释放。

黄兰叶片与花瓣挥发性有机物成分数量的差异（单位：种） **表2**

部位	酯类	萜烯类	烷类	酮类	醇类	其他	总计
黄兰花	2	18	1	1	4	1	27
黄兰叶	0	10	0	0	0	0	10

黄兰叶片中检测到的质量分数最高的挥发性有机物是香叶烯，为40.57%，其次是石竹烯、β-榄香烯和甘香烯，其质量分数依次为21.18%、12.86%、7.66%。黄兰花瓣中检测到的质量分数最高的挥发性成分是芳樟醇，为26.63%，其次是香叶烯、β-榄香烯和安息香酸甲酯，质量分数依次为22.19%、9.33%、8.21%。黄兰叶片与花瓣中都检测到的挥发性有机物一共有4种，分别为香叶烯、β-榄香烯、石竹烯和γ-榄香烯。

比较黄兰叶片与花瓣挥发性成分的分析结果，虽然两者都含有香叶烯、β-榄香烯、石竹烯，但叶片中的质量分数要远高于花瓣。花瓣中的挥发性成分含有较多的芳樟醇、安息香酸甲酯、罗勒烯等物质，而在叶片挥发物中并未检测到这些成分。就黄兰主要挥发物的药用价值来说，香叶烯有祛痰、镇咳的作用[16]，β-榄香烯有降血糖、防癌的功效[17]，石竹烯具有治疗抑郁、焦虑的作用[18]，芳香醇具有催眠、镇静、抗抑郁的功效[19]。这几种主要成分都具有良好的药用价值，对人体健康具有药用保健作用。在植物景观设计中，可适当栽植黄兰，营造有益于人体健康的生态保健型植物景观。

2.2 黄兰叶片与花瓣不同质量分数的挥发油对3种供试菌种抑制作用的差异

经水蒸气蒸馏，从100g黄兰新鲜叶片中共提取精油0.5mL，颜色为淡黄色；从50g黄兰花瓣中共得到精油0.3mL，颜色为黄色，调制成不同质量分数进行抑菌试验。由表3可见，不同质量分数的黄兰叶片和花瓣精油对不同细菌的抑制效果不同。叶片精油的抑菌效果比花瓣精油的抑菌效果好。10%、5%和2.5%质量分数的黄兰叶片或花瓣的精油对大肠杆菌ATCC6739没有抑菌作用。5%和2.5%的叶片精油对金黄色葡萄球菌ATCC6538有抑制作用，质量分数为2.5%时抑菌效果最好，抑菌率达55.8%；只有质量分数为2.5%的花瓣精油对金黄色葡萄球菌具有抑制作用，抑菌率为36.81%。2.5%的叶片精油对枯草芽孢杆菌CMCC63501的抑制效果最佳，抑菌率达到68.20%；而同质量分数的花瓣精油对枯草芽孢杆菌的抑菌率为50.89%。

黄兰叶片与花瓣不同质量分数的精油对3种供试菌种的抑菌作用（%）　表3

精油提取部位	精油质量分数	抑菌率		
		大肠杆菌ATCC6739	金黄色葡萄球菌ATCC6538	枯草芽孢杆菌CMCC63501
黄兰叶片	10.0	—	—	—
	5.0	—	18.95±1.70	—
	2.5	—	55.80±0.80	68.20±0.86
黄兰花瓣	10.0	—	—	—
	5.0	—	—	13.01±1.58
	2.5	—	36.81±1.72	50.89±0.59

注：1. 每个数据都为3次重复的平均数±标准差。
2. “—”表示没有抑菌效果。

大量研究表明，植物产生的自身保护性物质——植物杀菌素能够杀死细菌、真菌和某些多细胞生物[20-21]。本试验结果显示，一定质量分数的黄兰叶片精油和花瓣精油对金黄色葡萄球菌和枯草芽孢杆菌有一定的抑菌效果。其原因可能是精油作用于细菌的细胞壁和膜系统，破坏其屏障作用，或通过破坏细胞内的酶和功能蛋白，使其不能生长繁殖或缺失其繁殖的物质基础[22]。试验还发现，高质量分数的黄兰叶片精油和花瓣精油对被试菌种的抑制作用与低质量分数的精油相比有下降趋势，甚至有促进被试菌种生长的趋势，这与刘彬[23]、王占斌等[24]的研究结果相似，他们在研究中发现抑菌效果并不都是随着精油质量分数的增大而增强，有时低质量分数精油的抑菌效果反而更为明显。

3 结语

黄兰花瓣中检测出的挥发性有机物的种类为28种，是叶片中的2.8倍。叶片中仅检测到萜烯类物质，其中香叶烯的质量分数最高为40.57%；而花瓣中的挥发性有机物除了萜烯类，还有醇类、酯类、烷类和酮类等物质，其中芳樟醇质量分数最高，为26.63%。不同质量分数的黄兰叶片和花瓣精油对3种供试菌种的抑制作用存在差异。同质量分数条件下，叶片精油的抑菌效果大多好于花瓣。但当花瓣精油质量分数为5.0%时，对枯草芽孢杆菌的抑制作用显著，而同质量分数叶片的精油却未检测到抑菌效果。

植物释放挥发性有机物的种类和数量不仅与植物的科属、生理状态、发育阶段等自身条件有关，且与植物所处的环境条件密切相关。不同植物、同种植物不同发育阶段和不同环境条件下挥发性有机物的种类和质量分数是否存在差异，有待进一步研究。黄兰作为生态保健型植物在园林景观中的配置密度和生态效益的评价等有待深化研究。

参考文献

[1] 朱霁琪，彭尽晖，李艳香，等．园林植物挥发性气体除菌作用国内研究进展［J］．广东林业科技，2008（4）：92-95.

[2] 戚继忠，由士江，王洪俊．园林植物清除细菌能力的研究［J］．城市环境与城市生态，2000，4（13）：36-38.

[3] 谢慧玲，李树人，袁秀云，等．植物挥发性分泌物

对空气微生物杀灭作用的研究［J］．河南农业大学学报，1999，33（2）：127-133.

［4］ 郭阿君，王志英．9种室内植物对4种微生物抑制作用的研究［J］．北方园艺，2007（8）：128-130.

［5］ 张风娟，李继泉，徐兴友，等．皂荚和五角枫挥发性物质组成及其对空气微生物的抑制作用［J］．园艺学报，2007，34（4）：973-978.

［6］ 李涛，王飞，田治国，等．6种宿根花卉挥发性物质抑菌效应初报［J］．园艺学报，2009，36（12）：1816-1820.

［7］ 庄雪影．华南地区园林植物识别与应用实习教程［M］．北京：中国林业出版社，2009：7.

［8］ 中国植物志编委会．中国植物志：第30卷，第1分册［M］．北京：科学出版社，1996：157-158.

［9］ Khan M R，Kihara M，Omoloso AD. Antimicrobial activity of Michelia champaca［J］．Fitoterapia，2002，73（7/8）：744-748.

［10］ Oumadevi R，Guy R，Francisco E. Screening for anti-infectiveproperties of several medicinal plants of the Mau-ritians flora［J］．J Ethnopharmacol，2007，109（2）：331-337.

［11］ 刘艳清，汪洪武．气象色谱-质谱联用法测定黄兰中挥发油化学成分［J］．理化检验：化学分册，2008，44：611-613.

［12］ 周波，许小燕，杜夏玮．黄兰叶挥发油化学成分研究［J］．中国现代中药，2011，13（3）：29-31.

［13］ 国家药典委员会．中华人民共和国药典［S］．北京：化学工业出版社，2005.

［14］ 沈萍，范秀荣，李广武．微生物学实验［M］．北京：高等教育出版社，2002.

［15］ Hiroyuki H，Katsuhito T，Yukiyoshi T，et al. Mode of antibacterialaction of retrochalcones from Glycyr-rhizainflata［J］．Phytochemistry，1998，48（1）：125-129.

［16］ 国家医药管理局中草药情报中心站．植物药有效成分手册［M］．北京：人民卫生出版社，1986.

［17］ 丁文军，沈玉梅，韦丹，等．β-榄香烯在制备降血糖药物中的应用：中国，200710064414［P］．2007-10-06.

［18］ 郑乐建．石竹烯等化合物组合物在治疗广泛性焦虑症、抑郁症药物中的用途：中国，CN200610048947［P］．2006-10-04.

［19］ 佟棽棽．迷迭香和柠檬草的挥发性成分及其抗抑郁、抑菌作用的研究［D］．上海：上海交通大学，2009.

［20］ 李端，周立刚，姜微波，等．伞形科植物抗菌成分的研究进展［J］．西北农林科技大学学报：自然科学版，2005，33（1）：161-165.

［21］ 吴传万，杜小凤，徐建明，等．植物源抑菌活性成分研究新进展［J］．西北农业学报，2004，13（3）：81-88.

［22］ Corsi G，Bottega S. Glandular hairs of Salvia officinalis：New dataon morphology，localization and histochemistry in relation tofunction［J］．Annals of Botany，1999，84：657-664.

［23］ 刘彬．黄花杜鹃挥发油化学成分及抑菌作用的研究［J］．草业科学，2007，24（12）：61-63.

［24］ 王占斌，彭巍，蔡纪文，等．两种植物抑菌物质的提取及其抑菌效果测定［J］．中国农学通报，2008，24（2）：329-331.

（本文曾发表于2012年5月《东北林业大学学报》）

景观水保学

——城市水土保持的理论探索

何　昉　夏　兵　梁仕然

【摘　要】水和土是人类赖以生存和发展的物质条件中的两个基本元素。影响人类社会和文明的形成和发展。景观水保学是研究水土和人、社会、文化内在联系的学科，以市域和乡域地表为研究对象，通过人工干预，合理梳理水、土元素的空间秩序和布局的方式，创造合理的城市自然和人文基底，并协调人、社会、文化与水土之间的关系。

【关键词】景观水保学；城市水土保持；理论

1　水土保持学的前世今生

1.1　中国历史上的水土实践

古代中国以农业立国，井田沟恤、平治水土，对人工干扰产生的水土流失防治非常重视。早在《佚周书》、《孟子》、《荀子》、《周礼》等古书中就有对山林、沼泽设官禁令进行保护的一系列论述，通过合理的土地利用来预防自然资源枯竭和防止水土流失的发生。

随着技术水平的进步、人口逐步的增多，到了春秋之后，人们对农业生产用地的需求增大，水土流失现象日益加重。水旱灾害与水土流失迫使人们注意，当时腊祭祝词就有“土返其宅，水归其壑，草木归其泽”的描述。

其后漫长的封建社会时代，由于人口增长、毁林毁草的垦殖活动加剧，加之战乱、屯垦不断加速侵蚀发展，人们不断与水土流失危害进行抗争，提出了很多具有我国古代特色的水土保持理论和方法。其中比较有代表性的思想和理论有“任土之法”、“以时禁发”、“沟洫治河论”、“治水先治源论”、“滞沙澄源论”等[1,2]，代表性的水土保持措施主要有区田法、梯田、引洪淤灌、闸沟打坝、淤造良田、陂塘和堤岸营造防护林等，这些都是古代中国人水土保持的智慧结晶。

自古以来水土治理实践，离不开先人对“天人关系”、“人地关系”有着洞如观火的理解。先秦时期，圣人贤哲开始不断完善的中国哲学体系，包含了许多朴素的生态文明思想，如“天人合一”的自然观和遵循自然规律、保护生态环境的主张。可以说，中国传统的水土自然观思想渊源深厚，指导着人们的实践，为后人留下了宝贵的精神遗产。

1.2　水土保持学的发展历程

我国水土保持学科的建立，是从20世纪30年代定量研究坡面侵蚀量及其防治措施开始，40年代黄河水利委员会首次提出“水土保持”一词。新中国成立以后，以关君蔚先生为代表的科学家认为“中国文化历史悠久，长期困扰于封建社会，尤其在近百年来，内忧外患，连绵不断，产生了荒山秃岭、破碎山河的荒凉面貌，它是旧社会留给新中国的惨痛遗产，情况复杂、治理难度很大，只能靠本国科技人员的努力谋求解决，要立即创建符合于中国特点的水土保持学科”[3]。水土保持创始于中国，水土保持学科体系应是在中国最先创立。1957年北京林学院（现北京林业大学）独立成立了森林改良土壤教研组，并主编出版了我国高等林业院校交流教材《水土保持学》。1966年经多次讨论通过：“水土流失是在陆地表面由外营力引起的水土资源和土地生产力的损失和破坏”之定义。与之相应的“水土保持学”是研究水土流失形成、发生的原因和规律，阐明水土保护的基本原理；据以制定规划，并组织运用综合措施，防止水土流失、保护、改良和合理利用水土资源，维护和提高土地生产力；为发展农业生产，治理江河与风沙，建立良好的生态环境服务的一门应用技术科学[4]。

水土保持主要针对中国国情和水土保持生态环境建设的需要，将水土保持学科的基础理论与应用技术研究紧密结合，主要在流域治理、荒漠化防治、林业生态工程3个研究方向取得了卓有成效的研究和建设。水土保持重点研究集中在土壤侵蚀机制、土壤侵蚀模型、水土保持措施防蚀功能、水土保持的环境效应，以及水土保持关键技术等方面[5]。

可以看出水土保持主要致力于水土流失防治及其生态恢复的技术研究，是一门针对自然因素和人工农耕干扰引起来的水土流失治理而设立的综合林业生态工程、水土保持工程、森林生态学、土壤学、水文水资源等多学科内容的科学。

随着城市化进程的持续深入，水土流失成为影响人类生产、生存状态的大事件，水土保持学科的研究对象从山地、河流、农田、草地和荒漠地等城市之外的自然地，扩展到了城市，时代又不断赋予其新的内涵，从传统的单一为农业生产服务到为城市生态安全和宜居环境建设服务，由此城市水土保持应运而生。

城市水土流失，实际上是城市化过程中因城市建设等人为活动而产生的规划区范围内的水土流失现象。城市化水土流失，可以理解为当建设规模或开发建设活动扰动土（岩）体超越城市的承载力和管理水平时，在自然外营力（降雨、重力、径流冲刷）的作用下，造成的水土资源的损失和景观生态的破坏。它与传统的农村水土流失，在侵蚀机制、侵蚀方式、侵蚀模数和危害程度等方面都有很大的不同[6]。

伴随着城市化进程不断深入，城市水土生态问题日益突出。严重的城市水土流失不仅污染水源，危害铁路、公路、高压线路，成为城市基础建设与城市社会经济可持续发展的瓶颈，直接影响城市居民的环境质量，威胁人民居住环境和安全，还损坏城市的形象和投资环境，制约城市社会经济可持续发展，影响全面建设小康社会战略目标的实现。

在深圳建市初期，由于大规模的开发建设和推山造地，水土资源一度遭到破坏，水土流失不断加剧。面对当时严峻的情况，吴长文、苏新琴、余新晓、王玉杰等学者开始探索城市水土保持问题，呼吁关注城市水土流失，由此引起水利部对沿海发达地区的城市水土流失危害的高度重视，于1995年在深圳组织召开沿海城市水土保持工作会议，城市水土保持正式进入学者视野，并开展大量的研究和实践。

早期城市水土保持主要关注点是房地产、旅游业、高新技术开发区以及旧城拆迁改造等开发建设活动扰动原地貌、损坏植被，使地表裸露、土质疏松，降低地表土壤的抗蚀能力，特别是有些开发建设项目在土地平整后，因各种原因造成大面积的土地裸露闲置，使得我国的城市水土流失问题日益严重，研究和实践对开发平土区水土流失特征及侵蚀等级划分与侵蚀模数，以及平土区治理措施优化配置研究。

随着城市水土流失治理的不断深入，松散堆积坡植被固坡技术研究，开采石场的治理措施和废弃石场，遗留边坡的治理技术，土质、岩质边坡快速生态绿化新技术的应用探索等城市困难立地恢复的生态治理问题成为城市水土保持的重点业务。

到目前为止，城市水土保持内涵主要被理解为防治开发建设水土流失和生态景观破坏的管理和技术措施，使城市化过程有序化，确保城市化过程中的各种基础设施能发挥其正常的功能[6]。

由于城市问题的复杂性，其水土工作成为水土保持、生态恢复、风景园林等学科交叉的一个综合领域，以城市水土流失控制为根本目的的城市水土保持越来越难以适应城市水土问题的综合性和多目标性，学科发展到今天，需要横断和交融。城市水土保持需要与规划、生态、景观等多专业相融合，扩展新阶段水土保持内涵，迫切需要梳理行业发展方向和学科理论指导。

关君蔚先生曾经多次指出："我们的突出的失误，主要在于局限于广义的农业内部之间的关系，而忽略了与工业、城市、宣传教育、文化艺术、生活休养旅游和医疗保健卫生等方面的关系。值此举世瞩目于人类可持续发展之际，'山川秀美'一声惊雷，震醒我们于昏聩之中，重新唤起遗忘了的中国的绿色革命。"[4]水土保持应该突破传统的工作范畴，构建一门新型学问——景观水保学。我国的水土、风致因景观水保学而更具有科学和人文精神内涵，并影响和发展我们的民族文化。

2 景观水保学的概念与内涵

2.1 中国历史上的水土观

古代神话"女娲补天"在《山海经·大荒西经》和《淮南子·览冥训》中均有记录，如《淮南子·览冥训》："往古之时，水浩洋而不息……女娲炼五色石以补苍天"，"天塌陷，天河之水注入人间"。而《太平御览》记载了女娲用黄土和水造人。尽管是神话传说，但能反映了华夏文明形成初期先民对水土和物质世界联系的认识。在古人的观念中“天下”诞生于人类对抗洪水的过程中。同时也反映古人的世界观：世界万物源自水和土，由水和土构成。而此后出现“大禹治水”：鲧以堵截治水失败，禹以疏导治水成功。禹疏濬河道之土在河岸两边堆山称为“九州山”。古时中国的版图也以“禹贡九州图”相称，至今九州仍代表中国。而园林艺术中的掇山理水也源于此[7]。由此可见这可能是我们民族特色的山水文化的滥觞。山水文化也造就了中华民族文化的民族特色。华夏文化、历史的产生和发展与水土有密切联系。“大禹治水”也可看作中国上古时代朴素的景观水保学活动。

2.2 人、城市和水土的关系

传统的水土观和实践经验自古是我国城市建造的重要思想和实践基础。古人建城“相地”为先。凡建城市首要考虑的是安全。通过“相地”解决选址和宏观规划水、土是重要一环。如春秋时伍子胥就“相土尝水”来选择城址。古代上至皇家下至平民建造阳宅、阴宅也需“堪舆”[8]。当中对水、土的分析研究就是“堪舆”的重要一环（图1）。

图1 清代《书经图说》对《尚书》记载周初建都关于“相地”的图解

而西方学者们对待城市问题关注点的更多是侧重水土以外的因素，如城市生态学家是从自然系统的角度（水文、气流、植物群落等）来认识。景观设计师热衷于开发各种生态技术，应用与场地规划和设计。但是生态学仅被应用于那种将城市排除在外的、通常认为是“自然”的所谓“环境”中。建筑师则推崇“形式决定论”（阿尔伯特·波普，Albert POPE)，即使将文化、社会、政治和经济环境植入自然世界，也只是把他们作为自然界的对称物来看待[9]。水土作为自然界一切因子的根本在古代中国就被认识到：如传统堪舆术就注重“风、土、气、水”，当中以具体物质形式存在的就是“水”和“土”。明末清初《日火下降暘气上升图》（图2）中就有类似如今生态循环系统中大气循环、水循环及“能量流”的图式关系[8]。在城市范畴内亦然，水、土对于城市的文化、社会影响应该比其他因子起到更根本性的作用。例如个体人作为人类社会的基本单元，“一方水土育一方人”，人的体质、生活习惯和成长过程与气候、环境有关，而主要又是受“水、土”影响。曾有资料显示：地方病就与水土有关。我国东北、西北河西南曾经发现克山病、大骨节病等地方病，长期以来未找到原因。后来发现同一地区水土的物理化学性质上的差别，有重病区、轻病区和非病区的明显区别——这可以视为水土影响人类和社会的一个实例。从某个意义上讲，影响人类社会、经济和文化的众多因素中，归根结底的因素应该就是水和土。

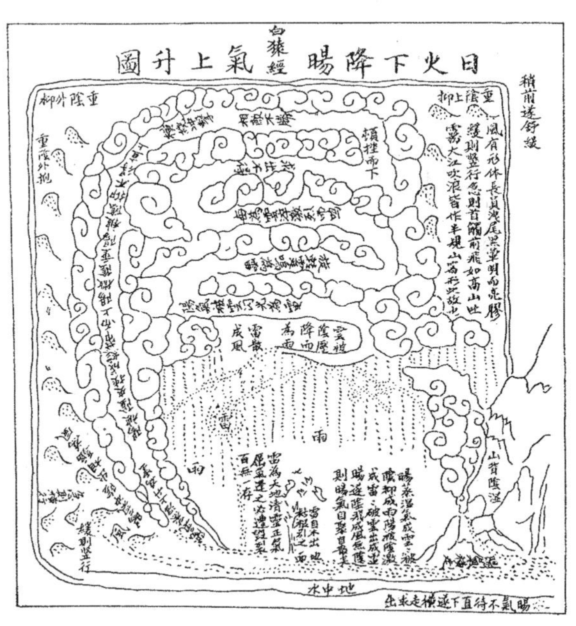

图2 《日火下降暘气上升图》反映古人对气、水、能量等生态循环的理解

（图片来源：图1、图2均引自王其亨等著，《风水理论研究》，天津大学出版社，2007）

2.3 景观水保学的概念

景观水保学是研究水土和人、社会、文化内在联系的学科，其以市域和乡域地表为研究对象，通过人工干预，合理梳理水、土元素的空间秩序和布局的方式，创造合理城市自然和人文基底，并协调人、社会、文化与水土之间的关系。

2.4 景观水保学的内涵

由于景观水保学研究对象为大尺度区域的地表，所涵盖和涉及的领域较广，因此必然具有学科交叉的特点，主要涉及的学科有：风景园林学、建筑学、城市规划学、土木工程学、地理学、生态学和其他技术子领域。风景园林学是关于土地和户外空间设计的科学和艺术。它涉及气候、地理、水文等自然要素，同时也包含了人工构筑物、历史文化、传统风俗习惯、地方色彩等人文元素，是水土美和水土文化的最终成果载体。建筑学可以解决建筑物及其相关设施的选址问题，并同时考虑环境与建筑物之间的关系[10]。城市规划学考虑范围相对较大，该学科以整个市域作为研究的对象，与风景园林学一样，这些学科都与水土有密切联系。如最早的建筑就是利用水土砌筑（夯土建筑），并且对水质量和土壤承载力的深入研究是这些学科开展规划设计的基础。其中风景园林学与景观水保学的关系更为密切，其主要的一项工作是对地形的艺术性塑造，以及研究如何对其合理利用。不同是前者侧重外部空间形态和非物质因素，后者侧重于水和土的构成以及科学性和安全性。此外还有人文地理学及自然地理学，前者专注于人类建造的环境和空间是如何被人类改造、看待、管理以及人类如何影响其占用的空间，后者调查自然环境及其各要素如何造成气候、植被、生命、土壤、水及地形的各种现象以及它们的相互关系。而生态学主要研究的是不同生态系统所组成的整体（即景观）的空间结构、相互作用、协调功能及动态。以上两个学科所研究的对象也是以“水土”为基础或核心。

因此可以认为，景观水保学对“水土”的研究应该融入以上学科关于“水土”的理解，并根据具体的需求构建一完整的适用于各学科综合的水土理论体系，最终成为上述各个学科关于“水土”领域研究的前沿理论。

3 景观水保学主要研究方向

景观水保学主要目的是建立安全的城市水土生态格局，促进城市、人与自然和谐，其主要研究方向是解决水土保护、水土恢复、水土安全、水土美丽以及水土文化五大核心问题。

3.1 水土保护

3.1.1 水土资源格局保护

城市土地资源高度紧张，高速扩展的城市将大地原来的肌理完全改变，原来的农田、河流、林地、草地变成了城市建设用地。水和土是有生命的，不合理的开发建设导致水土自然生态系统完全被破坏，城市生态系统依托的生命载体退化，城市何来生机可言。

景观水保学强调合理的水土等自然资源规划布局是有效保护城市环境的必要条件。依据城市自然条件，理顺城市自然肌理，合理布置城市自然山水的斑块、廊道和自然基底，维持和保护自然水土格局的连续性。

3.1.2 水土流失控制

景观水保学基础任务之一就是控制城市中产生的各种水土流失危害，对开发建设活动而言，结合地表景观规划，利用原有地形，依山就势，顺坡而建，使建筑有层次感，有利于住宅的通风、透光，将地势低洼处改造成人工湖，既可以拦蓄雨水、减少洪涝灾害，又可以增加竖向景观。

3.2 水土恢复

现代城市中水土资源遭到极大的破坏，如何有效地恢复水土，增强水土生态服务功能，维持城市生态系统安全，是景观水保学的重要内容。

3.2.1 水资源恢复

城市水资源短缺是制约城市发展的重大生态环境问题，河道恢复治理以及有效地对于雨水进行收集、利用和管理，可以缓解城市雨洪和水资源压力，恢复地上和地下水循环，改善区域小气候。

3.2.2 土壤恢复

城市化进程同时也工业化的进程。当前，我国土壤污染出现了有毒化工和重金属污染由工业向农业转移、由城区向农村转移、由地表向地下转移、由上游向下游转移、由水土污染向食品链转移的趋势，逐步积累的污染正在演变成污染事故的频繁爆发，采用物理、化学以及生物综合恢复治理的土壤修复，是后工业时代水清土平的重要内容。

3.2.3 土地恢复

城市化开山取土，道路建设等开发建设活动给大地遗留了很多难以恢复的立地类型，如矿坑、采石场、边坡等等，这些土地通过城市水土保持工程技术可以取得初步的基底恢复。但这还远远不能发挥这些土地恢复的最大功能。应该更多从风景园林处理手法上更新，从城市规划层面上进行土地统筹考虑，将困难立地更好地转变为绿色廊道、公园等多样性的公共空间，与整个城市生态安全格局相联系，与城市游憩场所相关联，这也是城市绿色基础设施的基本保障。

3.3　水土安全

水土安全是国家生态安全的根本，是国家安全的重要组成部分，具有重大的战略意义，主要体现为农业安全、雨洪安全以及人居环境安全。

水土资源的不断流失，土层越来越薄，粮食生产能力就会受到威胁；水土资源正在遭受各种污染，在此基础上种植出来的作物从源头就受到污染，通过食物链进入人体，导致食品生产安全问题。

近年来各大城市频繁爆发各种城市雨洪问题，甚至是严重城市内涝、泥石流灾害的发生，究其根本，是人们的开发建设占有水土应出现的位置。让水土各安其位，让植物和动物种群回归城市环境，为市民提供更多亲近水体和大自然的机会，城市不再作为大自然的对立面，而是将二者融为一体，增强绿色基础设施的布局，从而削弱了因为极端气候导致的洪灾和干旱对城市发展的负面影响。

3.4　水土美丽

城市水土保持工程设施大多较为生硬，生物工程也常常是采用先锋植物为主的恢复方式，虽有利于尽快控制水土流失，但恢复之后的生态效益和景观效益往往不理想。而都市居民长期在钢筋水泥的城市中生活，迫切需要营造可供游憩休闲的美丽水土绿色空间。水土美丽的本源是小溪潺潺、泥土芬芳、鱼儿自由自在、孩子玩水嬉戏，是一种可接触可体验的朴素的水土美，或是以恰当的手法处理的艺术水土美，以及饱含当地风土人情的文化水土美，就如美丽的哈尼梯田，这种人与自然和谐的美数百年来默默地孕育了当地文化。水土之美丽还应体现景园规划专家孙晓翔先生所说的“三境”——“生境”、“画境”、“意境”，当中最高境界的是“意境”，能激发人美的感情、美的意愿、美的理想[11]。总之，景观水保学所追求的“水土”目标，不是仅仅以“生境”为目的，还需要更多地考虑人文因素和社会因素，达到“画境”和“意境”的高度。

3.5　水土文化

水土除了应该有外在美，还应该具有内在的、更深层次的精神内涵。

自古中国人在与自然的抗争中不但改善了人居环境和创造了民族文化，其文化总纲是“天人合一”。总之，“天人合一”思想的实质是主张将天、地、人作为一个统一的和谐整体来考虑，既要注意发挥人的主观能动性，改造自然和利用自然，又要尊重自然界的客观规律，在保护好自然资源和生态环境的基础上进行人类的生产活动，从而建立一种人与自然共存共荣、和谐发展的关系。“天人合一”还包含山水文化。山水文化是中华文化的特色。钱学森先生从1958年始曾陆续发表了一系列的论文，并和园林专家、城规专家共同探讨。他是第一位提出将山水诗、山水画、山水园融入山水城市的伟大学者。山水城市是我国水土文化的重要传承。山水城市是物质载体，而山水之美是其高级精神体现。山水是外在形态。山为石、土所构成，其物质构成实质为土和水。归根结底，所谓“山水”其实质是“水土”；研究“山水”先要研究“土”和“水”。水土是以上物质和精神结果的基本载体和基本构成元素，只有合理的水土关系上述一切才可能得以体现。故在通过技术手段处理水土关系时就同步全面地考虑。“天人合一”同时也是人居环境的最高精神追求。作为创造人居环境的基础——景观水保学，应该不再单纯地满足于环境基底的保护和恢复，而是将城市水土融于景观、城市和人，将城市水土流失控制升华为平治水土的境界。

4　结语

回顾中国历史，先民带着敬畏之心，以朴素的水土哲学为指导，进行对水土相关的整治活动，并创造了早期文明，推动历史发展。但近现代随着技术领域的突飞猛进，人类对于自然的尊重锐减，甚至想以技术来改变自然水土规律。由于对水土认识不足而导致技术上错误的应用，在对技术成果沾沾自喜的同时，实际上已埋下了灾难的祸根。近年来由于“水土失调”引发的罕见灾难频发，警示着我们国土当前存在“水土”方面的隐患：2010年西南大旱、甘肃舟曲特大山洪泥石流，2011年华西秋雨，2012年7月21日北京城市水灾、7月23日四川泸州水灾、7月26日天津水灾，2013年7月12日都江堰特大山体滑坡、2013年8月15日松花江流域洪水、2013年8月16日广东台风尤特水灾、2013年10月9日浙江余姚水灾。水灾方面虽有气候异常、降雨集中等“天灾”因素，但主要原因之一是河流生态破坏，水土流失严重，增加了洪水的破坏力。归根结底，水土流失是导致水旱灾害发生的主要原因之一。至于PM2.5问题、泥石流、地震次生灾害和城市内涝等灾害，通过水土生态系统的调理，也是有效的解决途径。以上种种现象的出现都可归因与我们对水土认识的不足和相关理论体系的缺失。而相关的生态学、水利学等学科着重于某些领域的整治，没有一个学科或理论体系对于一切问题的根源，即水和土的问题进行整体、宏观和理论化的研究。这给水土保持学这门既年轻又古老的学科带来新的挑战和机遇。景观水保学的提出，呼吁我们从更多的视角审视我们现有的知识和理论体系，为明日人与水土关系的和谐、合理化作出努力尝试。

参考文献

［1］ 刘忠义. 我国古代水土保持思想体系的形成［J］. 中国水土保持，1987（6）：56-58.

［2］ 张芳. 清明时代有关水土保持治理黄河的理论［J］. 中国水土保持，1998（1）：41-42.

［3］ 关君蔚. 中国水土保持学科体系及其展望［J］. 北京林业大学学报，2002，24（5/6）：273-276.

［4］ 关君蔚. 我国水土保持科学的新阶段［A］. 中国科协2003年学术年会农林水论文精选［C］. 北京：中国农学会，2003，468-474.

［5］ 王礼先，张有实，李锐，等. 关于我国水土保持科学技术的重点研究领域［J］. 中国水土保持科学，2005，3（1）：01-06.

［6］ 吴长文. 城市水土保持的理论与实践［J］. 中国水土保持科学，2004，2（3）：01-05.

［7］ 孟兆祯. 山水城市知性合一浅论［J］. 风景园林，2011，6.

［8］ 王其亨. 风水理论研究［M］. 天津大学出版社. 2007.

［9］（美）查尔斯·瓦尔德海姆编，刘海龙，等译. 景观都市主义［M］. 中国建筑工业出版社，2011.

［10］（美）威廉·M·马什. 景观规划的环境学途径（第四版）［M］. 中国建筑工业出版社，2006.

［11］ 孙筱祥. 生境·画境·意境——文人写意山水园林的艺术境界及其表现手法. 江榕，王德胜. 中国园林艺术概论［M］. 南京：江苏人民出版社，1987：423-446.

（本文曾发表于2013年10月《风景园林》）

浅谈中国现代风景园林体系的建立

何　昉

【摘　要】 中国风景园林作为世界三大原创体系之一，在现代化和城镇化快速发展的今天，思考其现代原创体系构建是中国风景园林师的责任。本文立足深圳30余年风景园林发展成就，提出“中国式世界风景园林的新景观”，深圳依托其特有的原创土壤，为构建现代风景园林原创体系做出了很多有益的尝试和努力，本文认为建立在本土规划设计基础上的原创体系有其强大的生命力。

【关键词】 中国风景园林；原创体系；深圳园林

风景园林的含义是在一定地域里运用工程技术和艺术手段，通过改造地形或进一步研究建筑、筑山、理水，种植花草树木，营造建筑和布置交通等途径创作而成的美的自然环境和游憩环境。风景园林的构成有四大要素：山、水、建筑、生物，使园林工程的营造牵涉一系列的土木工事，需要投入资金、物力和人力。在前期的筹划和构思阶段，又不可避免要有一定的审美情趣和个性化色彩，所以风景园林是一种物质财富和精神财富的综合体，集中地反映了中国的哲学思想、美学情趣、思维方式和文化背景以及物质文明的特征，是随着人类社会发展而产生的，并不断发展变化[1]。

1　中国风景园林是世界三大原创体系之一

世界上有公认的三大园林系统：以中国园林为代表的东方园林体系，以意大利、法国、英国为代表的西方园林体系以及阿拉伯世界的伊斯兰园林体系。中国是世界三大园林的原创体系国家之一，在漫长的时间长河中，从有明确记载的商周时期的“圃”，到全盛时期的“万园之园”。中国园林与中国的社会一道，经历了由萌芽、成长而日臻成熟又渐渐衰落的过程，形成了自己的时代风格和民族风格。

从最早的文字记载到今天，已经有三千多年的历史，哲学理念重“人与天调”，顺应自然，最大限度地模山范水，建筑物不与自然争高低，形成了自然山水园林的特征，构图形式顺应自然而灵活多变，不拘一格，着重表现纯自然的天成之美[2]。另外，在中国全盛时期，园林艺术与中国其他艺术形式一样影响深远，亚洲地区大部分国家将包括园林营造的手法和理念带回自己的国家，结合国情又独自发展成风格明显的流派，比如日本、韩国、东南亚园林等，甚至影响到欧洲等更远的地区，所以业界有“中国是世界园林之母”之说。

2　现代风景园林体系的发展

2.1　现代美国风景园林体系的建立

美国是建国200多年的移民国家，工业革命带来的科技力量使美国高度城市化，风景园园师受英国自然风景园影响，使园林与城市功能相结合，改变其过于人工的气氛，突破了其贵族专享的特性。美国现代风景园林的先驱奥姆斯特德在纽约中央公园的设计中，绿地向普通公众开放，增加了儿童游戏场等游憩场所，表现了英国风景式疏林草地与网格形道路系统的一种调和，成为人们逃避喧闹、混杂的都市生活的共享空间。奥姆斯特德先后做过不同的公园设计、广场设计、城市设计、居住区和校园设计，在不同的设计实践中，使户外空间设计成为一项专业，渐渐地奠定了现代风景园林（Landscape Architecture）体系的基础。后来他的儿子小奥姆斯特德于1906年领衔主持哈佛大学风景园林专业，1909年，在风景园林课程体系中加入规划课程并派生出城市规划专业，形成了建筑、风景园林、城市规划三足鼎立的局面并行发展至今。并逐渐形成从小尺度的花园营造到大地的景物规划等非常广的专业领域。正如国际风景园林师联合会（IFLA）在其章程的宗旨中阐述的那样：“鉴于世界各国人民的长远健康、幸福和欢乐，应建立在人们与他们的生存环境和谐共处和明智地利用资源的基础之上；由于那些增长的人口，加之迅速发展的科学技术能力，导致了人们在社会上、经济上和物质上对资源需求的不断增长。又由于为了满足那些对资源不断增长的需求而导致恶化环境和浪费资源，这就要求有一种与自然系统、自然界的演化进程和人类社会发展密切联系的专门知识、专门技能和专门经验。这些专门的合格的知识、技术和经验，我们已在风景园林（LA）这个专业的实践工作中找到了”。

2.2 中国现代风景园林状况

1840年鸦片战争的炮火轰开了中国封闭太久的国门，城市公园及西方造园技艺大量传入中国，开在租界地里营造公园满足游憩生活的需要。此后长达一个多世纪的时期，中国人民在进行争取民族独立的斗争，园林建设基本处于停滞状态。新中国成立后因思潮动荡，园林事业也几经波折，直到改革开放，中国努力缩短与发达国家的差距，城市化战略成为我国全面建设小康社会的重要途径，而因为工业生产、人口集中、交通问题而带来的噪声、污染等问题日趋严重，在城市建设上风景园林重又提到重要的议程，在城市化的进程中，随着私有物业的增加，对环境的质量需求增大，风景园林事业在宏观与微观上普遍受到关注。

这个时期，中国的风景园林教育现状也因部分国外归来的学者的言论而发生较大的争议，如何就中国风景园林这个原创体系在现代的传承和开拓，也同样到了呼之欲出的关键时刻。

3 时代呼唤中国风景园林体系的重新构建

从地理意义而言，中国地质地貌多样，山川河流形态丰富，气候物产多变，人文面貌和生活习惯从南到北有很大差异。然而中国人口众多，人均资源占有不足，目前的生产力水平比起发达国家还有不小的差距，这就意味着不可能按照美国的现阶段标准来建设中国的风景园林事业。中国的传统园林是在长期封闭的社会状况下，主要在私家领域里沿着山水格局逐渐走向成熟的，在新的城乡建设格局里，要适应新的社会经济发展形势、新的工程技术和新的审美心理[3]。在城市化的进程中，更要照顾中国的现阶段国情和不同地区的地域条件来制定工业化、城市化与园林化同步推进的策略，才能实现可持续的协调发展。我们有理由相信，在跨入21世纪的前1/3时间，中国正在经历着与20世纪美国相似的发展阶段，我们必须正视历史和现实，抓住机遇，结合国情，呼唤中国风景园林体系的重新架构，才能够发扬中国原创风景园林的传统精神，再现盛世中国的现代风景园林。

3.1 中国的现代风景园林建设

按照国际惯例对城市发展规律的研究，中国现代城市的发展大致可以概括为三个阶段：

（1）生产城市：20世纪50～70年代以计划经济体制为特征，主要发展大型重工业，这个时期我国的风景园林事业成就主要是恢复整修新中国成立前留下的近代公园和古典园林，新建园林大多为仿古建筑和新乡土主义建筑，但也有少量园林产生了如杭州花港观鱼公园等结合传统文化并运用现代设计方法的优秀城市公园，对中国现代风景园林的实践起了非常积极的意义。

（2）生活城市：“文革”后的改革开放30余年，城市建设“以人为本”，营造适宜创业发展和生活居住的园林化城市，随着人民收入增加和游憩需求增长，出现了经营性的公园，这个时期风景园林风格多样，城市设计与风景园林相互影响的作品也屡屡出现，园林建筑风格也趋现代化和多样化。以深圳为代表的新型城市结构的建立，为现代风景园林的实践提供了广阔的天地，出现了仙湖植物园、大梅沙海滨公园、中心公园、莲花山公园、华侨城生态广场等公益性公共绿地和锦绣中华、民俗村、世界之窗和欢乐谷等经营性主题公园等一批优秀作品。

生态和谐城市：在中国以沿海地区为代表的地区率先实现现代化，风景园林建设迈进新台阶，城市建设的指导思想以“生态优先”为原则，尊崇“人与天调”的哲学总纲，风景园林体系的重要构成部分——绿地系统规划受到重视，在城市的总体规划修编中，强调与城市生物多样性实践、城市生态修复实践为基础，实现人文自然与原生自然的融合。

3.2 中国是世界风景园林的新景观

中国在20世纪80年代确定了以深圳为代表的一批改革开放试点城市，以探索追赶世界的可行性方法。深圳30余年来的城市建设历史和风景园林发展史，很好地浓缩了上述三个阶段的特征，随着深圳经济发展水平的提高，建设高品位的生态和谐城市，文化多样型城市成为新的建设目标，同时深圳作为国际“设计之都”，提倡原创设计，这就使深圳风景园林行业又有了更高的目标来思索如何建立本土化的风景园林体系这一重要命题。三十余年来，深圳风景园林创造了诸多中国第一：如全国第一个风景式植物园（仙湖植物园），第一个成功运营的主题公园（锦绣中华），中国第一条真正现代意义上的景观大道（深南大道），中国第一个永不落幕的园博园（第五届中国国际园林花卉博览园），中国第一个政府审批的郊野公园（马峦山郊野公园），这使得深圳这个城市的总体建设格调和实施模式以及城市管理持续走在全国的前列。深圳处在一国两制的交汇点，在立足本土、观望世界的位置上很好地找到了"中学为体，西学为用"的切入点。

中国的快速发展与世界先进水平逐渐同步，当环境问题、生态危机成为全球性的问题，宏观领域的风景园林规划必须学习先进经验，获得资源共享，才能制定出与国际同步有效的规划原则，共同扭转生态恶化和景观无序的局面。另外，国外著名的风景园林设计机构也纷纷在深圳设点，他们的设计方法和设计理念很快被吸收和传播，一时间，中国大地上园林风格异域风情盛行，使有责任感的风景园林业内人士更加清醒地意识到：应该建立有中国特色的风景园林体系，使中国具有"师法自然"原创特征的多元艺术文化生态，继续获得世界的认同，树立新的民族自尊和民族自豪，从而实现中华民族的风景园林事业的复兴和繁荣。

4　结语

综观中国历史上几个重大的民族融合时期所带来的文化新气象，我们有理由相信，中华民族的吸收和消化体系是健全的。按照生命科学的原理，物种一旦遭受不可逆转的变异，基因会经过吸收融汇形成新的品种，经过几代遗传，新的物种会渐趋稳定。中国的风景园林体系曾经因为国力羸弱而被全面侵蚀，中国在奋发图强的路途上努力进取，经济总量不断提高，部分城市全面建设现代化。经过改革，我们相信，新的风景园林体系正在建立，这种新生事物不可能是外来物种，而是经过改变、优选之后，经过时间证明具备可持续性发展的本地品种，因为本土的遗传基因经过历史的浸泡和本土风物的滋养，具备最旺盛的生命力。

西方自文艺复兴以来，人文精神与科学精神对园林的影响是深远而巨大，相对而言，中国的儒家学说提倡对社会规则的顺从与遵守，高级知识分子积极参政议政，形成一套完整的"修齐治平"的管理秩序，符合中国自秦代以来形成的政治格局，儒家同时提倡"人与天调"，强调要遵守自然规律和宇宙秩序；道家的"人法地、地法天、天法道、道法自然"更进一步说明人与自然的关系；魏晋时期的名士追求山水陶冶与性灵自由，产生出高水平的文学、绘画以及园林作品，这种注重心灵的感悟与自然同在，追求个性最大限度自由的思想虽然有其特定的历史背景和消极意义，却是"心境"与"意境"结合的哲学态度，重视人本主义中更高意义的心灵的自由。三者互动，成为中国园林原创体系中艺术性的哲学根源。

在全球化的背景下，狭隘的民族主义是没有生命力的，中国风景园林要延续原创特征，首先要保持宽容的心态，积极借鉴西方现代风景园林规划与设计的理论与实践，引进先进性的技术，继而结合自己优秀的数千年风景园林理论和实践。改革开放30多年来中国经济的迅猛发展，给中国风景园林事业提供了强有力的物质保障，使逐渐富裕起来的中国人民追求精神文明，崇尚高品质的园林作品，是 如深圳这样的中国经济发达地区和城市的共识。

深圳得改革开放之先，地域上比邻港澳，能较新较快地接触到世界各地的设计资讯。新的技术支持，经济的长期繁荣，先进的管理机制和不断创新的理念，使深圳的规划设计机构往往表现出更高的水准，逐步形成了自己独特的风格。处在"设计之都"的深圳园林，应该利用和发挥自身优势，更好地继承中国园林的优秀传统，借鉴国际发展创新，使之成为构建和丰富中国现代风景园林体系的重要力量。

致谢

对论文写作过程中庄荣、锁秀等同事有益的讨论和帮助，衷心致谢。

参考文献

[1]　何昉. 浅谈中国风景园林体系的建立［C］. 第九届中国国际园林博览会论文汇编，2013.

[2]　熊瑶. 中国传统园林的现代意义［D］. 北京林业大学博士论文，2010.

[3]　姚朋. 现代风景园林场所物质的表征及构建策略研究［D］. 北京林业大学博士论文，2011.

（本文曾发表于 2014 年 6 月《农业科技与信息（现代园林）》）

俄罗斯风景园林专业教育概况

杜 安 林广思

【摘 要】 俄罗斯风景园林专业教育具有悠久的历史以及独特的体系，并对中国的风景园林教育产生过重要的影响。通过对其70多年来的历史脉络的清理，以及当前的教育制度、教学规模的分析，尤其是专家文凭层面的教学计划的介绍，系统说明了俄罗斯风景园林专业教育的基本概况。这些调查将对中俄风景园林教育的比较研究提供基础数据。

【关键词】 风景园林；专业教育；调查

1 历史沿革

1.1 沙俄时期的园林教育

18世纪初，俄国沙皇彼得一世在从瑞典人手中夺来的涅瓦河三角洲上开始建立新首都——圣彼得堡，由此开启了俄罗斯园林史上空前繁荣的一页。圣彼得堡建城初期，沙皇的御用造园师均从荷兰、法国、瑞典、意大利等国高薪聘请，而本国造园人才奇缺。在此背景下，自18世纪中期，在圣彼得堡出现了为皇室培养造园和花园养护管理人才的中等园林技术学校，学校为学员开设的专业课程有美术、植物学、土壤学、花园设计、德语和拉丁语、城市建设、植物栽培养护等[1]。

1.2 苏联时期的城市及居民区绿化专业

1917年十月革命及苏维埃政府成立后，根据当时苏联城市绿化建设的需要，在一些农林类高等院校开设了园林绿化方面的课程；城市及居民区绿化作为高等院校的一个专业也在20世纪30年代苏维埃政府加速国家工业化和城市化进程的大背景下应运而生。1933年，苏联列宁格勒林学院（1803年建校，今国立圣彼得堡林业技术大学）从当时的列宁格勒市政建设学院建筑系和列宁格勒农学院园艺系抽调师资，率先在林业系设置了城市绿化建设专业并成立了相应的教研室。1945年该校组建了城市绿化建设系，同年改称为城市及居民区绿化系，当时该系下设两个教研室，即园林艺术教研室和观赏植物教研室。1946年新成立的城市及居民区绿化系招收了第二次世界大战后的第一届新生70名[2]。

二战结束后，苏联境内遭受摧毁的大量城市亟待重建，以此为契机，在俄罗斯、乌克兰、白俄罗斯等国的一些林业类大学都相继设置了城市及居民区绿化专业以更好地为社会主义国家城市绿化建设服务。莫斯科林学院（1919年建校，现莫斯科国立林业大学）在1948年成立了城市绿化系并招收城市及居民区绿化专业的学生。第一届学生于1953年毕业后立即投身到莫斯科城市绿化建设中去，参加了包括位于麻雀山上的莫斯科大学新校区、少年宫公园、卢日尼基体育场公园（1980年莫斯科奥运会主场馆）等首都重大市政项目的绿化建设[1]。

事实上，城市及居民区绿化系在苏联林业院校中的存在是非常短暂的。在1955年苏联高等院校专业调整中，各校的城市及居民区绿化系被撤销，该专业又被调整到林业系。列宁格勒林学院原先的两个教研室合并为居民区绿化及园林技术教研室。从1959年起，城市及居民区绿化专业又被降格为造林学专业的一个专门化[2]。莫斯科林学院等校的情况也大致相同。

在苏联和俄罗斯，城市及居民区绿化专业一直以来被认为是农林学科群里的一个专业或者专门化，这一科系隶属关系及专业名称一直延续到1991年苏联解体，并对当时社会主义阵营包括中国在内的许多国家相关学科的创建和发展产生了深远影响。

1.3 新时期的花园，公园及风景营建专业

苏联的城市及居民区绿化专业和专门化在1991年俄罗斯联邦独立后更名为花园，公园及风景营建专业并沿用至今，以和西方接轨。该专业名称的英文直译为“landscape design，gardening and park construction”，但在对外交往中，也约定俗成的以 landscape architecture 代替。对于专

业名称，俄罗斯学术界并没有太多的争论。结合专业内涵，中文可意译成风景园林专业（下文沿用该名称）。在本科阶段，目前，它是森林资源加工与再生产学科群下属的五个专业中的一个，其余四个专业分别是林业工程、木材加工工艺、木材加工的化学工艺和造林学，学制五年(表 1)[3]。

2 风景园林的高等教育

2.1 风景园林专业与新时期的学位制度

俄罗斯的高等教育目前是新旧学制并存，相应的制定了两套专业目录和专业代码供学生选择。旧学制的学习时间为 5～5.5 年，学生经过考试，获得“高等教育毕业证书”，同时获得专家（工程师）称号。获得此项证书后，通过考试或推荐，可以攻读副博士学位，一般 3～4 年，论文答辩通过后，获副博士学位证书。

新学制是将高等教育和研究生教育分为四个阶段进行。

第一阶段：不完全高等教育。这是高等教育的初级阶段，学制 2 年，毕业后，学生可获得“不完全高等教育毕业证书”。

第二阶段：基础高等教育。这是高等教育的中间阶段，学制 4 年，即在不完全高等教育的基础上加 2 年。学生毕业后可获得“高等教育毕业证书”，同时获得学士学位。

第三阶段：完全高等教育。这是高等教育的完成阶段，学制为 6 年，即在基础高等教育的基础上再加 2 年的专业学习，学生毕业并经过论文答辩后获“高等教育毕业证书”，同时获得硕士学位。

第四阶段：研究生教育阶段。几乎完全与老学制相同，该阶段课程面向完成完全高等教育阶段课程的学生[4]。

风景园林专业目前依照的是旧学制而不存在独立的四年制的学士学位和两年制的硕士学位教育，学生通过五年的学习，各项考核通过后可获得专家文凭（表 1）。

风景园林学科的专业隶属关系表 **表 1**

教育层次	门类/学科群	学科/专业	学科方向/专门化
专家	森林资源加工与再生产学科群(260000 воспроизводство и переработка лесных ресурсов)	风景园林(260500-садово-парковое и ландшафтное строительство)	
硕士	农学(560000-сельскохозяйственные науки)	林学(560900лесное дело)	风景园林(560904 садово-парковое и ландшафтное строительство)
副博士	农学(06.00.00 -сельскохозяйственные науки)	林学(06.03.00 лесное хозяйство)	居民点绿化(06.03.04 озеленение населенных пунктов)

2.2 专家文凭层面

1994 年以来俄罗斯联邦教育部对高等教育进行了一系列改革，对全国高校的专业设置进行了较大范围的调整，并于 2000 年 3 月颁布了新的国家标准供联邦各国立大学参照执行。其中对于风景园林专业，标准明确该专业的学生必须了解：花园、公园和风景营建的基本规划设计原理；森林公园、城市绿化和风景营建的基本技术；风景园林的养护、维修和管理；园林植物繁殖、栽培及养护的方法；小型园林建筑的设计、构造与结构；风景园林规划设计学科的基本发展方向。学生必须掌握：风景园林规划设计方法；建筑和计算机辅助制图的方法；风景营建过程中的有效管理；符合标准的园林木本和草本植物的栽培方法；城市绿化和风景区设施建设的方法[3]。

国家标准还制定了专业的参考教学计划，规定了必修的公共课程、专业基础课程和少量的专业必修课程，规定了理论和实践课程的学时数（表 2）。而对于其他专业课程的设置，各校有比较大的自主权，并可在专业内自主设置专门化，制定自己的教学大纲，以办出各自的特色。莫斯科林业大学风景园林专业的教学大纲认为，风景园林专业培养从事公园建设和风景规划设计的专家，风景园林师的使命是为人类创造优美舒适的工作和生活环境。基于此，该校风景园林学科的培养方向为：

（1）绿化和美化别墅、住宅楼、办公室，制定完整的规划预算方案（称为“交钥匙工程”）。

（2）公园、花园、森林公园和其他风景设施（住宅、工业建设工地、街道、城市主干道及其装饰）的建筑景观设计。

（3）建筑内部的装饰绿化。

（4）观赏园林的装饰布置（如林木花卉的编配、办公地点的装饰，观赏植物、草皮的栽种，高尔夫球场以及运动场的建造等）。

俄罗斯联邦教育部五年制高等风景园林专业参考教学计划（2000 年 3 月）　　　　**表 2**

课程及实习	总学时	理论课	实践（实验）课	学期
人文社会科学类	1800	928	872	1-9
外语	340	150	190	1-2
体育	408	408		1-8
历史学				1
文化学				2
政治学				7
法学				9
教育心理学				8
俄罗斯语言文化				3
社会学				7
哲学				3-4
经济学				5
院校自主设置课程	270	120	150	5-6
学生自选课程	270	120	150	8-9
自然科学类	2038	1170	868	1-5
数学	360	224	136	1-2
信息学	130	74	56	1-2
物理学	190	106	84	1-2
化学	218	122	96	1-2
生态学	150	74	76	3
	760	460	300	1-5
生物学（其中：植物学	150	100	50	1-2
树木学				
植物生理学	170	110	60	3-4
遗传学	140	92	48	3
土壤学）	100	58	42	4
	200	100	100	3-4
院校自主设置课程	120	60	60	4
学生自选课程	110	50	60	4-5
实习类	≥37 周			2-10
教学实习	≥21 周			2/4/6/8
生产实习	≥10 周			6/8
毕业实习	≥6 周			10
国家考试及毕业设计	≥12 周			10

课程及实习	总学时	理论课	实践（实验）课	学期
专业基础课类	1932	1155	777	1-10
画法几何与工程制图	90	45	45	1
大地测量	130	65	65	1-2
气象学	60	40	20	3
土壤灌溉	124	60	64	6
测树学	160	90	70	5-6
专业领域经济	120	70	50	7
组织与规划	130	70	60	9
森林土壤景观	100	55	45	8
森林公园技术原理	80	40	40	8
植物保护（其中：植物病理学昆虫学	210	120	100	5-6
	105	60	55	5
	105	60	55	6
鸟类生态学	80	45	35	3
植物遗传育种	100	60	40	7
航空遥感技术在林业和风景园林学科的应用	90	50	40	8
机器与机械构造	100	56	44	6
人居安全	100	50	50	10
院校自主设置课程	130	60	70	7
学生自选课程	128	65	63	9-10
专业课类	2032	1106	926	3-10
观赏植物学（园林花卉学、园林树木学）	260	160	100	4-7
建筑制图	140	60	80	3-4
景观学	110	70	40	3-4
城市建设与建筑学基础	120	70	50	3-4
园林艺术	100	70	30	4
现代风景建筑	90	70	20	6
风景规划	260	70	190	5-8
工程建设	130	70	70	9-10
计算机技术在园林规划设计中的应用	100	50	50	3-4
城市生态与监测	70	40	30	8
专门化课程	652	300	352	7-9
选修课程	450			
军事培训	450			3-8

莫斯科林业大学的教学大纲还认为，合格的风景园林师必须具备建筑学和城市规划学、风景园林艺术的历史和理论、美术、建筑制图、风景设计、工程技术、生态学以及计算机绘图技能等方面的知识。

俄罗斯高等教育历来重视实践教学，风景园林作为一门应用学科也不例外。国家标准规定，风景园林专业的实习（包括实验课）不少于 37 周，其中：教学实习不少于 21 周；生产实习不少于 10 周；毕业实习不少于 6 周[3]。一年级到四年级的学生，在每年 6 月中旬学年结束之后，都要安排 1 个月以上的教学实习或劳动实践。其中，低年级学生一般安排到校园植物园或校属林场劳动，高年级学生则一般被推荐到一些园林设计公司，接触实际的设计或工程项目，如果接到好一些的设计项目，可以作为五年级的毕业设计题目，由导师带领完成一个实际设计项目的全部过程。

从毕业设计的内容来看，以圣彼得堡林业技术大学2007届风景园林专业毕业生为例，居住区环境设计和文化休息公园的规划设计是最为常见的题目；也有相当部分学生尝试校园植物园或圣彼得堡一些历史街区的改造；还有少数学生对大尺度的森林公园规划表现出兴趣；少数本国学生或外国留学生还通过关系联系到一些国外的项目。在设计作品的表达方式上，手绘和计算机表现都被认可，或者两者相结合，许多俄罗斯学生喜欢用手绘表达设计思路，俄罗斯学生的手绘能力普遍较强。

2.3 硕士层面

在硕士层面，由于新学制没有设置相应的硕士点，因此在农学门类下属的一级学科林学下设置了风景园林方向。选择新学制的林学专业的学生通过4年学习，各项考核通过后，可获得林业科学学士学位，其中成绩优秀者可选择继续攻读风景园林方向（或其他6个方向）的硕士学位，学制2年。

风景园林方向的硕士生要和森林培育、生态学、植物学等林学的其他方向的硕士生一起上许多林学领域的公共必修课程，如植物生态学、当代林业科学概论、林业科技史、林业经济、林业科学中的计算机应用、进化学等，其余时间回自己的教研室上风景园林方面的专业课和做研究。公共必修课的设置参照相应的国家标准，而专业方向课程则由各校相应的教研室自主安排。国家标准列出的硕士生的参考研究内容有：花园、公园及居住区的生态景观；历史园林的修复；风景区的组织；绿化的美学原理及生态景观规划；绿色植物的种植设计等。

硕士阶段注重理论和调查研究，实践课相对较少。硕士论文题目在入学初就和导师商定并进行一次小范围的开题答辩。为了顺利完成论文，需要在导师指导下阅读大量文献和做相应的实地调查，工作量相当大。虽然为硕士生授课的老师都是学术等级较高的专家，包括校长、院士、系主任、教研室主任等，但俄罗斯学生较少选择读硕士（新学制）。因为一方面硕士阶段偏重于理论研究，对于绝大多数宁可尽早就业的学生而言缺乏吸引力；另一方面，即使学生想继续深造，选择五年制毕业拿到专家文凭后直接读副博士，比之于硕士毕业再读博也可节省一年时间。

理论上，同时开设旧学制的风景园林专业和新学制的林学专业的院校，都具备风景园林方向硕士生的培养资格和能力，这样的院校截止到2006年底在俄联邦共有8所。但目前只有极少数学校的极少数学生在读，以笔者所在圣彼得堡林业技术大学为例，该校2005年没有招收到读风景园林方向的硕士生，2006年包括本人在内，也只有4名学生。

根据2007年6月在圣彼得堡林业技术大学举行的俄罗斯风景园林教育与实践国际大会上得到的信息，目前俄罗斯有关方面正在考虑借鉴英美国家，设置四年制的风景园林学士和两年制的风景园林硕士教学体系以和国际接轨，吸引国内外生源。

2.4 副博士层面

在俄罗斯，五年制风景园林专业毕业获得专家文凭或者六年制林业科学（风景园林方向）硕士毕业的学生，通过面试或老师推荐，可以直接攻读农学门类下属的造林学科的居民点绿化方向的副博士学位，历时3年，这一学位在本国及世界上大多数国家被认为等同于西方国家的哲学博士学位（PH.D）。

目前在这一方向设置博士点的院校主要是莫斯科林业大学、圣彼得堡林业技术大学、沃罗涅日林业技术大学和乌拉尔林业技术大学等四所老牌林业大学。

学生在副博士论文答辩之前先要通过哲学、语言及园林专业知识综合考试，同时进行一次小范围的关于论文题目的预答辩，之后可以开始论文撰写。俄罗斯的副博士研究生教育是典型的宽进严出，为了顺利通过答辩，学位论文的工作量是巨大的，答辩委员会的专家来自专业所涉及的人文及自然科学的各个领域，由于答辩过程极其严格，一次没有通过的现象并不少见，即使论文当场通过，还要送往设在莫斯科的最高学术委员会进行终审，终审通过才颁发学位证书。就风景园林学科而言，俄罗斯获得这一学位的人数极少，学生选择读博意味着立志从事科学研究和教学工作。

俄罗斯的博士学位不属于高等教育的范畴。申请博士学位者必须在工作中卓有成绩，对专业知识有深入的研究并通过博士论文答辩，由国家最高学位评定委员会决定授予。

3 教学规模

3.1 院校情况

根据笔者在俄所做的普查，截止到2006年底，在俄罗斯联邦所属560余所国立高等院校中，共有24所大学（不包含分校）正式设置了五年制风景园林专业。具体情况如表3所示。

普查结果表明：从院校类别来看，24所院校中农林院校占到一半数量，依然是开设风景园林专业的主力军，其他各类型的院校的风景园林专业也大都设置在农林或者生态相关的系里。从规模上看，2006年俄联邦全日制风景园林专业在读学生总数为3021人，接受高等函授教育的风景园林专业在读学生总数为2233人，全日制学生中在读学生超过150人的学校有8所，其中有四所人数超过200人，基本都是老牌的农林院校；人数在50人以下的学校占到6所，这些学校的风景园林专业近两年刚设置，目前还没有学生毕业。从地区分布看，院校多分布在俄罗斯欧洲部分经济发达和人口稠密的中央区、西北区、伏尔加一维亚特卡区以及莫斯科和圣彼得堡两个联邦直辖市，而人口较少的远东区甚至没有相关院校分布。

2006年俄罗斯联邦风景园林专业院校情况简表 **表3**

院校名称	相关科系	全日制在读学生数量	函授教育学生数量	所在地区	院校类别
阿尔汉格尔斯克国立技术大学	林业系	19	0	西北区 阿尔汉格尔斯克州、市	综合技术类
别尔格罗德国立农业大学	农艺系	19	0	俄欧洲部分中央区 别尔格罗德州、市	农林类
布拉兹克国立大学*	森林工业系	48	0	东西伯利亚区 伊尔库茨克州	综合类
布良斯克国立工程技术大学	林业系	162	12	俄欧洲部分中央区 布良斯克州、市	综合技术类
伏尔加格勒国立师范大学	自然地理学系	44	40	伏尔加 维亚特卡区 伏尔加格勒州、市	师范类
沃罗涅日国立林业技术大学	林业系	216	186	俄欧洲部分中央区 沃罗涅日州、市	农林类
克列斯基扬斯克国立大学	风景园林系	84	28	西北区 列宁格勒州 卢加市	综合性大学
迈科普国立技术大学	生态学系	66	68	南部区 阿迪格共和国	综合技术类
马里埃尔国立技术大学*	林业与生态系	136	0	伏尔加-维亚特卡区 马里埃尔共和国 约什卡奥拉尔市	综合技术类
米丘林斯克国立农业大学	园艺系	63	21	俄欧洲部分中央区 坦波夫州	农林类
莫斯科国立林业大学*	风景园林系	407	513	联邦直辖市	农林类
下诺夫格罗德国立建筑大学	建筑与城市建设学院	130	0	伏尔加-维亚特卡区 下诺夫格罗德州	建筑类
新切尔卡斯克国立土壤改良大学	林业系	101	64	南部区 罗斯托夫州	农林类
奥廖尔国立农业大学	建筑工程学院	156	74	俄欧洲部分中央区 奥廖尔州、市	农林类
彼尔姆国立农业技术大学*	生态与农业系	214	104	乌拉尔区 彼尔姆州、市	农林类
莫斯科国立季米里亚捷夫农业大学*	蔬菜及园艺系	188	176	联邦直辖市	农林类
俄罗斯人民友谊大学(莫斯科)	工程系	25	10	联邦直辖市	综合类
圣彼得堡国立林业技术大学*	林业系	261	283	联邦直辖市	农林类
萨拉托夫国立农业大学	林业系	172	214	伏尔加-维亚特卡区 萨拉托夫州、市	农林类
西伯利亚国立技术大学(克拉斯诺亚尔斯克)*	林业系	147	259	东西伯利亚区克拉斯诺亚尔斯克州、市	综合技术类
索契国立旅游与疗养事务大学	生态与工程学院	138	0	南部区 克拉斯诺达尔边疆区	服务类
斯塔夫罗波尔国立农业大学	林业与风景园林系	27	0	南部区 斯塔夫罗波尔边疆区、市	农林类
托姆斯克国立大学	农林与生态学院	64	0	西伯利亚中、西部区 托姆斯克州、市	综合类
乌拉尔国立林业技术大学(叶卡捷林堡)*	林业系	134	181	乌拉尔区斯维尔德洛夫斯克州	农林类

笔者在俄了解到，由于俄罗斯人口逐年减少，很多大学，特别是地方大学如今都面临生源危机，有时不得不依靠大量招收国际留学生来弥补生源和经费的不足。而报考风景园林专业的学生数量却一直稳中有升且竞争激烈，这主要得益于俄罗斯经济近8年来保持高速增长，由此带动的新一轮城市建设和房地产热潮为毕业生带来的广阔的就业前景。若按照全日制学生计算，目前全国每年区区五、六百人的毕业生数量显然是无法满足

社会需求的，预计俄罗斯风景园林学科的教学规模在未来几年还将继续扩大。

3.2 两所主要院校的教学规模

莫斯科林业大学和圣彼得堡林业技术大学是俄联邦风景园林学科教育历史最为悠久和规模最为庞大的大学。

莫斯科林业大学独立设置风景园林系。该校风景园林系下设风景园林营建、建筑制图、画法几何、园林观赏植物、测量、人居安全等六个教研室，设置了风景规划设计与观赏园艺两个专门化。根据俄联邦教育网统计的数据，2006 年该校风景园林专业全日制在读学生为 407 人，当年报考该专业学生 105 人，实际录取 68 人，毕业学生 55 人，教学规模在全俄名列第一[5]。

圣彼得堡林业技术大学的风景园林专业设置在林业系里，目前林业系每个年级有 10 个班，其中风景园林专业有 3 个班。2006 年全日制在读学生共 261 人，当年报考该专业学生 261 人，实际录取 69 人，相比其他专业竞争尤为激烈，毕业学生 29 人，教学规模在全俄名列第二[5]。

4 结语

苏联的城市及居民区绿化专业是计划经济体制下适应社会主义城市绿化建设而设立的，在特定的历史条件下发挥过其应有的作用，为苏联培养了几代合格的绿化建设工作者。当前俄罗斯的风景园林行业正在蓬勃发展，在新经济市场的环境下风景园林师成为非常受欢迎的职业之一，其专业教育规模也将逐年扩大。新时期俄罗斯的风景园林专业教育在很大程度上继承了苏联城市及居民区绿化专业的体系，同时又面临着全球化背景下和市场经济体制下改革的必然，而如何在借鉴国外经验，与国际接轨的同时保持自身的传统，已经成为俄罗斯风景园林教育界非常关注的课题。

我国的风景园林学科在创建之初深受苏联城市及居民区绿化专业的影响，如今又与俄罗斯一样面临着新时期教学改革的问题。苏联及俄罗斯城市绿化建设比较发达，其风景园林教育历史较长，积累了很多经验教训，在世界园林教育发展历史中有自己的特色，因此苏俄风景园林专业的发展历程和改革状况值得我们认真研究和关注。

参考文献

[1] Ирина Мельничук, Владимир Теодоронский. О подготовке специалистов в области ландшафтной архитектуры в России[C]. Международная Конференция: Глобализация и ландшафтная архитектура: перспективы для образования и практики. Санкт-петербург. 2007: 185-188.

[2] Под ред. В. И. Онегина. Санкт-петербургская государственная лесотехническая академия. Стр-аницы истории. [B] Санкт-петербург. 2003: 814.

[3] Министерство образования Российской Федерации. Государственный Образовательный Стандарт Высшего Профессионального Образования: Направ-ление подготовки дипломированных специалистов: 656200 Лесное хозяйство и ландшафтное стро-йтельство[S]Москва. 2000.

[4] 潘德礼. 列国志俄罗斯［M］. 北京：社会科学文献出版社，2005.

[5] http: //www. edu. ru/（俄罗斯联邦教育网）.

（本文曾发表于 2008 年 4 月《风景园林》）

谈当前的景观创作

叶金培

【摘　要】针对当前景观创作的现状，指出看似繁荣的景观创作存在十大“误区”。复兴景观创作要从根本上克服创作的浮躁心态，注重景观创作的定位和规划控制，加强作品的内外联系、大手笔、本土性和原创性，从文化的高度加强生态建设，真正从用户的需求出发用心将设计落到实处。

【关键词】景观创作；误区；生态

今天的景观创作无论是市政园林还是住区景观，均达到了空前的繁荣：一是数量多，二是风格多，三是标准高。可以说，当前是景观创作的盛世。但是，在如此大好的形势下，笔者却又感到一些“困惑”，感到当前的景观创作正在步入“误区”，如：重单项，轻系统；重内部，轻周边；重设计，轻规划；重变化，轻统一；爱张扬，轻内在；讲生态，轻生态；重外来，轻本土；重模仿，轻原创；多产品，少作品；多浮躁，少平和。笔者深感，当前的景观创作已走到了一个十字路口，下一步又该如何？本文正是在这种困惑中的有感而发。

1　重单项，轻系统——谈“定位”

无论多大规模的景观项目，对于整个城市的绿地系统而言，它只是一个“单项”。要创作好这个“单项”，首先必须把它放在“系统”中定位，即把它在系统中的位置定准。因此，景观创作之首要，便是“定位”。但是，当前这一问题却往往被忽视。如“郊野公园”、“生态公园”的设计。随着生态成为一种时尚的概念，很多城市搞起了“郊野公园”、“生态公园”，但对其概念的认识却比较模糊，譬如到底与城市距离多远、规模多大、人工改造的程度多大才算是“郊野公园”？有的场地明明是快速交通包围中的“孤岛”，也要作为“郊野公园”来定位，这又如何操作？“体育公园”是当前设计的又一个热点。然而，究竟什么是“体育公园”？常见的概念是：体育公园＝体育＋公园，即体育公园＝体育场馆＋公园的常规休闲设施。其实，“体育公园”中的“体育”是化在公园之中，而“公园”又是以体育为主要休闲内容。“看运动”应该是体育公园的亮点，因此，体育要考虑“被看”，要创造在大自然中看运动的条件。

除了性质的定位，还有级别的定位问题，如市级、区级。但当前的情况是不问情况如何，一味求大、求全、求高标准，往往是在系统中“越位”。试问，一个定位不准的规划设计，即使做得再好，又有何价值？

再谈风格的定位。以上文谈到的“郊野公园”、“生态公园”为例，既然是“郊野公园”、“生态公园”，那么景观的风格理应是质朴自然，以自然生态为主。可当前，在此类公园的创作中也是力求变化、力求新奇，完完全全成了“城市公园”，这是很离题的。景观的风格，只有与其场地的周边环境、景观的性质、景观的级别相符，那才是景观所应有的风格。风格是景观所孕育出来的，而不是人力硬造出来的。

2　重内部，轻周边——谈“内外联系”

当前景观创作的另一弊病，就是“关起门来做文章”——只考虑内部，很少考虑周边。

深圳某住区，本来具有难得的自然环境，北面是一座山林，可它却偏偏以住宅将其隔开，不是把“山”引进来，而是将其推出去。更严重的是有些小区为了建房竟切割山体，造成很高的切面。好好的“山”不“因”不“借”，却在内部大造“多国风情”，其水体也不与山体联系。另外，大多数住区，为了管理的方便，也多以大门、围墙与周边隔离。

至于市政园林，本属开放性质，更应很好地考虑与周边居民的密切联系，但当前这方面也存在不足。

实际上，市政园林的周边是一个重要的人—自然的结合部，是附近居民最方便到达与使用的自然环境。深圳市中心区莲花山公园的规划中就十分重视这一点，不但把公园的周边布置成可供休闲的景观走廊，而且通过辐射状的景观走廊将公园与其北的笔架山公园、其东的“中心公园”等联成为一个系统。在未来的绿地系统中，“景观走廊”将是很重要的纽带。未来的城市会创造很好的步行环境，以步行为主的“景观通道”把“景观”送到每家每户的门口；另一方面，通过景观通道，市民也可以到达城市的各个绿地，各个金融、商业与文化中心。未来城市的景观绿地将与城市融为一体。

3　重设计，轻规划——谈“控制”

当前的景观创作，在景观总体规划阶段，甚至是在景观的概念规划阶段，“设计”工作已开始了。不少设计师在景点及小品上花了很大的气力，做成厚厚的文本，但是，作为概念规划或总体规划阶段，对于景点、建筑、小品的“控制”（如面积、高度、材料、色彩、造型、风格等）却没有，文本多是一堆从书本上扫描下来的图片，加上漂亮的手绘局部效果图。因此，名是“规划”，实是“设计”。

喜欢抓“小”而不善于抓“大”实在是景观规划的一大忌讳。一个好的规划绝不是细部（哪怕是很精彩的细部）的堆砌。细部的叠加只能产生“拼盘文化”而绝不可能产生“经典”。多一点控制、多一点驾驭、多一点“大气”、多一点“大手笔”才能真正做好我们的景观规划。

4　重变化，轻统一——谈“大手笔”

当前的景观创作可谓是竭尽变化之能事，笔者也已深感“江郎才尽”、“黔驴技穷”。以“广场”为例，以往的广场注重周边环境及其所形成的氛围，而如今的“广场文化”则注重自身的变化，或高高低低，或软（质）软硬（质）硬，或穿穿插插（小品），或大型标志物矗立，使得广场变得很丰富、很复杂，当然也很繁锁、很破碎，广场所应有的“大气”没有了。于是，尽管如今的广场越做越大，但“大”并非就是“大气”，相反则是“大而空”。笔者不禁想问，这种“大而空”、“大而小气”的广场是不是对宝贵的土资源的一种浪费？

再说“路”。现在，有的“路”的变化程度远远超出想象之外，连“形”都不存在了，简直到了“有无之间”，但并不“妙”。也许是笔者的“形式感”太差，难道真的要如此“玩形式”吗？任何变化，都有一个“度”的问题。而这个“度”就是变化之关键。要掌握变化的“度”，首先就要抓“大变化”，即“此”与“彼”的变化、“你”与“我”的变化。有了“大变化”的作品才能是“大手笔”。一定要改变当前景观创作中这种“大变化”不足而“小变化”有余的弊端，拉大“大关系”的反差，弱化“小关系”的反差，让“变化”深刻、刺激。

5　爱张扬，轻内在——谈“实在”

当前，在深圳，对住区景观的关注往往超过了市政园林。可能是因为地产的激烈竞争吧，景观成了很重要的卖点，因此，住区景观难免“张扬”。好在地产界很快就将“景观”推到了“文化”与“生活方式”的阶段，文化品位——“诗意地栖居”及“健康住宅”、“健康住区”受到了重视。从“张扬”到“实在”，这是一大进步。事实上，“七国风情”、“欧洲小镇”、“澳洲的浪漫”、“东南亚情调”，还有豪华会所、高级泳池等等，对于住户来说，除了能显尊显贵外，并无多大实惠。“羊毛出在羊身上”，费用还是摊在客户头上的。对于客户来说，真正需要的还是人居环境的品质，是健康而舒适的住宅与环境。

再从“美学”角度来看。住区景观与市政园林不同，它是住户长年累月、天天面对的景观，因此，必须考虑“耐看”与“可持续发展”的问题。要“耐看”就不能太“漂亮”。“耐看”需要一种文化底蕴与内在美。住区景观应该是“本中之奇”、“淡中之美”。要“持续发展”就要留给住户参与、表现“自我”的余地。人在审美中希望能看到自己。

6　讲生态，轻生态——谈“生态”

时下“生态”是一个很热门的话题，似乎到处都在讲“生态”。在住区大搞水景，说是为了生态，但用的却是自来水，靠消耗电力来循环。究竟什么是生态？是否搞山搞水、种树种草就是生态？

笔者所理解的“生态”是：人—社会—自然的复合系统。包括人工生态系统和自然生态系统。生态是它们的各种因素联系与相互作用的有机整体。城市生态更是涵盖着 5 个层面，即：生态卫生、生态安全、生态产业、生态景观、生态文化。生态文化是生态这座金字塔的最高层面，因此，生态与文化是一个整体。真正的生态是变废为宝、顺势而为，而不是耗费资源做样子。真正的生态，首先要考虑城市所属的气候带；考虑其所发育而成的地带性代表植被类型，从而把城市绿化逐步纳入自然生物圈体系。其次，在讲“生态”时，要注重生态的环保作用。如建设住区周边的生态林、各组团间的生态林、景观通道的生态林等等。第三，要强化生态教育。要在全民普及生态教育，特别是在“生态公园”或“郊野公园”中，通过生态展示、生态解说、生态观察、生态体验来进行生态教育，这也是“生态”的最高层面——生态文化中的重要方面。

总之，讲“生态”不是为了时尚，不是为了做样子给人看，而是为了人居环境的百年大计、千年大计，是真正为了改善人类的生存环境。因此，在“生态建设”中，应该真正把注意力放在根本之处，把钱花在刀刃上。

前不久在深圳召开的“第五届国际生态城市大会”上，国际生态城市建设者协会主席理查德·瑞吉斯的一席话很使笔者感动，他说：“许多美国人都认为‘人与自然的和谐’是城市规划建设的指导思想，这一点与中国‘天人合一’的古老哲学不谋而合，希望你们在建设深圳的时候也能把握这一古老的中国哲学信条。”一个外国人尚且如此重视中国的“天人合一”，而我们自己对此究竟认识多少呢？

7 重外来，轻本土——谈“中国现代景观文化”

在城市化与全球化的大背景下，外来文化正在猛烈地冲击着我国的本土文化、民族文化。首先，这是好事。对于一直是“自我完善”的民族本土文化来说，“它山之石，可以攻玉”，可以打散本土文化的结构，重新进行合成，从而使我们本土文化的发展不再是“生长”（老树发新芽），而成为一种新的创造。同时，外来文化的冲击也是对我们本土文化生命力的考验。历史证明，中华民族的本土文化具有“海纳百川”的气度与容量，任何外来文化、即使是西方优势文化也掩盖或代替不了它。

当然，外来文化的冲击也不无负面影响，那就是对它的盲目崇拜。例如，在住区创作中，“新都市主义”提倡在住区中营造小镇中心。于是意大利小镇、法国小镇纷纷“克隆”登场。笔者不反对文化的多元性，也尊重世界文化的多样性，但为什么我们不能挖掘一下自己的文化宝藏呢？我国有很多美丽的小镇，如江苏的周庄、浙江的乌镇、湘西的凤凰古城、四川的罗城、云南的丽江古城等等，对于国人来说，它们难道不更亲切些吗？景观创作的根本是推介一种生活方式，展示一种历史文脉。我希望地产商、城市营运商们更多地关注我们民族的居住文化。“异国情调”的道具毕竟是很难切入国人的生活中的。

中国的景观创作欢迎“海外派”的大师们，但中国景观创作的主流毕竟是本民族的。对于世界文化来说，“只有民族的，才是世界的”。

中国的景观创作在历史上曾经倾倒了西方。法国大文豪维克多·雨果 1861 年在致巴特雷上尉的信中这样说道：“艺术有两个原则：理念和梦幻。理念产生了西方艺术，梦幻产生了东方艺术。如同帕特农神殿是理念艺术的代表一样，圆明园是梦幻艺术的代表。它荟萃了一个民族几乎是超人类的想象力所创作的全部成果。与帕特农神殿不同的是，圆明园不但是一个绝无仅有、举世无双的杰作，而且堪称梦幻艺术的崇高典范－如果梦幻可以有典范的话”。因此，对于中国景观艺术的复兴，对于“中国现代景观文化”的创造，我们应充满信心。

8 重模仿，轻原创－谈“个性”

当前，国外优秀景观创作的理论、概念、技术、案例纷纷结集出版。出版的繁荣是件好事，然而，如果我们只是“拿来主义”、扫描、模仿、照搬，那就使好事变成了坏事。因为，这样就会影响到我们景观作品的“原创性”。

说实在，当前的景观创作真的是“模仿”太多、“原创”太少了。几乎到处都是相似的手法、符号和形式，到处都是似曾相识的脸。我们的想象力和创造性到哪里去了？作品的个性又到哪里去了？

个性是作品的生命。个性的铸造在于知识的积淀、思维的逆转和个人的胆识，并最终在于个人对自己的认知。当前，有的人总喜欢把自己归于某某“派”，某某“主义”。如有人说自己是“现代派”或“后现代”或“解构主义”等等。其实，这些“派”、这些“主义”都是后人总结出来的。对于一个景观设计师来说，重要的是作品中要有“我”（非别人）。

9　多产品，少作品——谈“用心”

景观创作不可避免要接受市场经济发展规律的主导。景观创作以企业产品的形式进入市场，同时又从市场上实现它的利润。为了完成任务，设计师们用电脑、用手进行创作和设计，然而真正用“心”创作的又有多少？“产品”可以用手创造，然“作品”必须用“心”来创作。作品的诞生是一个痛苦的过程，因此，赵丹才把创作说成是“地狱之门”。要诞生一个好作品，首先要有所“悟”，这样才能产生“灵感”。要诞生一个好作品，就必须推敲又推敲，精益求精。一方面是“悟”的刹那瞬间，一方面又是长时间的痛苦煎熬，舍此便出不来“作品”、“精品”、“经典”。

10　多浮躁，少平和——谈“功利”

上述九种现象，根子多出在“浮躁”二字上。城市化的加速发展、全球化的必然趋势、市场经济和外来文化的冲击、功利的驱使等等都使得人心浮躁。心态失去了“平和”，又怎能产生出好的作品。好在，现在“浮躁”之心已渐趋“平和”，这预示着景观创作更深层次的复兴的到来。我们的先人在创作中非常重视“品”与“格”的问题。所谓“品”即“人品”，所谓“格”即“格调”，且“品”直接影响到“格”，所谓“文如其人”、“格如其人”，笔者想补充一句，即：“景观创作亦如其人”。

希望我们的景观设计院、设计公司能抓三件事：一抓“作品”；二抓“人才”；三抓“思想”。希望我们都能“用心”来创作景观。

（本文曾发表于2003年3月《规划师》）

日本奈良中国文化村园林规划设计意匠

何　昉

1　前言

日本古都奈良是中日两国人民一千多年以来文化交流史上的一座历史名城，也是世界著名旅游胜地，每年来自世界各地的游客达一千多万。“奈良·丝绸之路博览会”将为举世瞩目。为永久纪念丝绸之路出发地古长安和海上丝绸之路的终点而建设的“奈良中国文化村”，将为源远流长的中日文化交流增添异彩。笔者参加了这项具有历史意义的建设活动，并进行了文化村园林基本设计。设计的指导思想是在最大限度发挥园林的综合功能的基础上，以中国园林传统所持现实主义和浪漫主义相结合的艺术创作方法，集中和典型地展示中国独特、优秀的文化传统。并为日本人民和世界各国的旅游者创造文化休息和游览的优美环境。在园林设计过程中得到了孟兆祯教授的具体指导，并对本文作了详细审核修改。整个文化村计划于 1988 年 4 月在奈良动工兴建。

2　构思

中国园林讲究神形兼备、韵味深长，使园林景观外展自然山水之风貌，内蕴人文美的德行。运用“外师造化，内得心源”之法，移情于景，寓教于景，意在手先，景以境出。藉额题，对联碑刻和摩崖石刻等综合手段表现中国园林所循哲理，将诗情画意写入园林。同时，也充分体现中国造园树种的“人格化”，从中反映出本民族的特点和爱好，有些则和民俗相联系，如榉树象征高官厚禄，石榴取其多子，萱草可以忘忧等，以此满足现时代各国旅游者的文化、生活要求。另外还产生对外净化、美化环境，对内净化、美化心灵的园林艺术效果，继承和发展相地、借景、多样统一和对比、衬托等传统手法，使游者达到“赏心悦目”和“余音绕梁”的游览目的。使中国传统的园林艺术在异国的宝贵土地上发挥独树一帜的风景艺术效果。绽友好之花，结丰硕之果。

3　布局

藉北山起蜿蜒上下之长城，沿城脚山坡布苍郁葱茏之山林作为全村的绿色屏障。这因据山势延展的曲带状的山林不仅用作北界范围，更是陪衬含元殿和统一全村景观基调的手段。使蕴含其间多变的景物在宏观环境方面有统一的格调和外貌。山阿之阳坐落独立端严的含元殿构成含元殿景区。为使含元殿兼有宫、城之感，于其南作金水河映带殿前，殿与河之间中轴线附近作放空处理，以大面积低平的绿茵草地的水平面突出垂直矗立的含元殿。仅在本区东西边角植庄严、宏伟和万古长青的松柏加以烘托。金水桥东西以拟对称法布置花萼相辉楼和沉香亭这两座代表唐代兴庆宫的典型建筑。于其附近疏荫下植牡丹以符沉香亭之原境。含元殿北侧密植树林。因此本区的景观特色是前虚后实，北寂南喧。于庄严、雄伟中作少量乔灌木和花卉的点缀。除华山松、马尾松和“引梧栖凤”的梧桐外，尚有家征“玉堂富贵”的玉兰、海棠等。路旁植萱草，殿北种玉簪。草坪用天鹅绒草。

以西市市楼为中心包括以东商业街另成一区。以条石、块石和拳石等作硬材铺地。周边以秋叶金黄的银杏、叶如金钱的金钱松，果如元宝的元宝枫作市井商肆的行道树和庭荫树，用以意写繁荣的景象。并以杜鹃、金丝桃、紫薇、茶梅与乔木组成树丛。保留并整顿西市南面成片竹林。竹林北侧丛植杏花以为“春园”作与环境相融合的铺垫。

“动观流水、静观山”反映了动静交呈的丰富景观。本村理水处理是成为联系各区景观的纽带。按中国园林“疏水之去由，察水之来历”的理水要法，自冬园“小昆仑”山限设人工水源肇发。若长江之发源于崑崙。以浅溪亩池反映天然水体泉→瀑→潭→溪→河→湖的演变序列。顺自然山势自东北向西南逐层跌落。即出冬园后形成山溪湍濑，至秋园前平展为河。贯通秋园后转为伏流，暗通金水河后转东南串连夏园、春园（二者涵管相通）。最后从春园西南水岫潜引而出（图 1）。

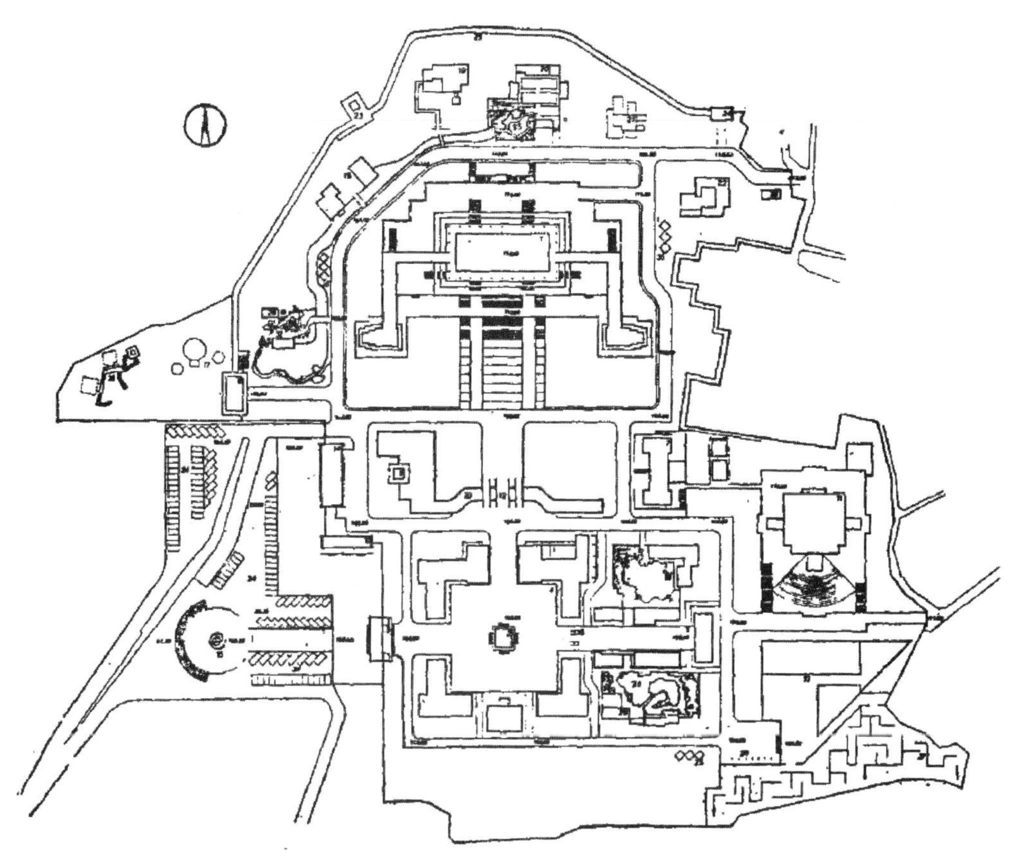

图1　总体平面图（由华艺设计顾问有限公司提供）

1—含元殿　2—市楼　3—大门　4—西市　5—商业街　6—牌坊　7—花萼相辉楼　8—玉门关
9—沉香亭　10—售票管理所　11—霓裳羽衣堂　12—金水桥　13—儿童游乐场　14—快餐厅
15—驼俑　18—敦煌石窟　17—敕勒穹窿　18—南召岚流　19—雪山碉房　20—冀原故里
21—大壮新居　22—瀚海绿荫　23—敌楼　24—北门锁钥　25—长城　26—旗杆　27—迷宫
28—洗手间　29—金水河　30—春园　31—夏园　32—秋园　33—冬园　34—停车场　35—游客咨询站

4　各景

“春水满四泽，夏云多奇峰，秋月扬明晖，冬岭秀寒松”（陶渊明《四时》诗）。春夏秋冬四景在古今诗画中一向是乐于被人描述的，在造园实践中，也有不少成功的例子，由于中国自然山水园发展于中国的山水画，而山水画中大多数是描写四季景色的，所以在文化村中搞四季园，能充分体现中国自然山水园的真谛。

中国园林讲究“大中见小，小中见大”。前者指用地空间化整为零，形成性格各异而又有序列联系的空间。后者则指在每个有限空间内创造无限的意境，使达到“日涉成趣”的游览要求。为了避免四个园子一种景观之弊。我们在传统的基础上动用了综合的手段，即从山形、水势、建筑、小品、额、联和植物种植等方面创造各自的特色。使不同民族、不同层次文化水平的游览者各得其研。达到“外行看热闹、内行看门道”的高质量标准。

4.1　春园——兰溪春漾

中国园林，视山水为天籁之音，高于丝竹之声的人为音乐，“非必丝与竹，山水有清音”，就是这个意思，作为四季园之首的春园，建于商店、印社和游人休息处之间的院落中，此园利用错落有致的建筑、墙体，通过一平直板桥，将水池分为两个不同情趣的小水面，从土石相抱的小山间涌出一股清泉，穿过桃花林间石隙漫流而出，跌落到高低不同、大小各异的两个水池中。

春之特色用一个“生”可以概括。经过严冬垫休后，万物复苏。故清代名画师石涛有“春间莎草发，长共云水连”之说（《石涛画语录》）。扬州个园之春山以石笋植竹丛中以反映生气。但个园是集四时假山于一园，在此则分为四园。除遍植竹丛（散生刚竹属竹子和丛生的孝顺竹）外，还点染了传播春讯的杏、桃、李、梅等春花。更有所创造的是立意于兰亭修禊。古时三月三有踏青、净身去晦和修禊活动。中国书圣晋代王羲之等群贤在绍兴作曲水流觞。即泛杯曲水，杯止处罚饮和作诗。有《兰亭集序》流传。据此，春园水体作潆洄的兰溪曲水处理。水以每秒约十厘米的流水缓流而下。体现“春水流仍静”的意境。因冰雪刚消融，流量和流速都不大，动中含静。用掘池之土筑山，山以土山带石为主，西缓东陡。缓处植莎草，陡处植竹。除主岛山外，后门两侧和东墙里均作平岗小坂夹溪延伸。入口从商业街引入。借夹巷作“抑景”处理。门首额题“春园”。有红杏及紫薇在不同时令伸花枝出墙。门西侧联曰：“满园春色关不住，一枝红杏出墙来”。入门左右，夹窄院，开洞门，其内山石花台和春花植物给人左右逢源感。由收缩的夹巷进到园中，豁然开朗。有巨石嵌《兰亭集序》卧碑，引人西折并导至兰亭。鹅池上白鹅双游。渡“知春桥”诱发“池中水暖鸭先知”之诗意。再从岛西北转入“曲水流觞”。石壁镌刻“曲水流觞图”。令人尽情流连，而后由南向出后门或转向曲水东岸。由鹅池北岸循北门去夏园。此门内向额题“延夏”加以引导。春园用灰色湖石按“春山淡冶而如笑”造山（图 2）。

图 2　春园—兰溪春漾

4.2　夏园——古柯清音

夏时风貌的一个“长”字可以概括，即繁茂的生长气息，树木成荫，乘风纳凉。故《石涛语录》又谓：“夏地树常荫，水边风最凉”。因此水作涨池。欲半腻，欲汪洋。岸低水高。水与阶平。西北作凉谷穿风。水间凉气顺谷引上。而水间凉气来自浓荫蔽日的种植环境，因此夏园以浓荫落叶乔木为主。如槐、梧桐，亦有常绿阔叶乔木广玉兰、枇杷；花灌木有芭蕉、紫薇，夹竹桃等。池上点植睡莲、荇莱、荷花。依王安石诗意：“荷花落日红酣”，取池名“酣池”。

在古柯苍郁，岩岫潜藏的环境中，建琴台以集中表现中国文化同出一源，和神形兼备的特色，宋代文学家欧阳修曾有《赠无为军李道士》诗一句赞美无为军李道士的琴艺。诗曰：

无为道士三尺琴，中有万古无穷音。
音如石上泻流水，泻之不竭由源深。
弹虽用指声在意，听不以再而以心。
心意既得形骸忘，不觉白日愁云阴。

根据诗意，于山间水际，足成全园风景焦点处依水涯山石起琴台。以花岗石仿古雕塑作狂袍清瘦的无为道士运心抚琴的石雕像。刻诗于琴台前石壁上，构成夏园主景。夏山苍翠而如滴。用白色太湖石作夏云横逸状。园名“古柯清音”。

凉谷曲折深邃。从巅架以飞梁，就低点以步石，循谷登山，全园景色历历目下，下山后从北门出园。北门内侧有额日“盼秋”。由是引往秋园（图 3）。

图 3 夏园—古柯清音

4.3 秋园——雄关秋满

在玉门关内侧长城脚下，借蓄水池畔设置“秋园”，“湖光秋月两相和，潭面无风镜未磨。”（刘禹锡《望洞庭》诗）秋园以开放性安静休息空间为主，聚水以形成宽阔的湖面，近水台榭、月桥相对，只有在曲岸引流中游览，才能领略到清风明月、烟诸柔波。利用水榭的背面和长城脚下的山坡之间的缓坡空地上，筑一水池萦绕的黄石假山，山借宋画《江山秋色图》之势，并和长城山脉相呼应，突出北方雄健的风格，山边池旁点缀石凳石桌以及山石和城墙河之间的缓坡草坪成为既可观景，又可供休息的良好地带。

秋季又是收获的季节。“秋收”是特点，从色彩方面看主要是金黄色。因此种植平基槭、银杏、红枫和桂花。此处可登上玉门关和山坡俯览。正如《石涛画语录》所谓：“塞城宜以眺，平楚正苍然”。因“秋山明净而如妆”，水体平稳如镜，取名镜湖。

此园由东入园。架桥跨水，桥北起墙，桥下涵通。唐代宫中宫女有用红叶写诗藉河飘出以表达向往自由的传说，故此景题额墙上为“秋叶涧”。过桥设“唐灯”。由此导游入秋园的主体建筑——草堂，为伸入水面的建筑。有“近水楼台先得月”的遐想。两柱之间，前出小卷，西接一厦，质朴无华。山脚筑旁俊竹篱种菊。引人联想“采菊东篱下，悠然见南山”。由于玉门关雄峙其西南，又借山林尽染秋色。故取名。“雄关秋满”。出口以石刻“归冬”引向冬园（见图 4）。

4.4 冬园——岁寒居安

岁末阖家团聚是中国的民俗。故选用北京的四合院来反映“岁寒居安”。入门见小照壁，西转北入垂花门。五间北房正座，两旁东西厢房，以廊合抄相贯。天井十字甬路作“卵石方砖雕花铺地，庭间对植海棠。廊可西通宅园。宅园西北高耸“小昆嵛”石带土假山。由爬山廊引上“望春亭”反映冬去春来四时交替的自然循环。

冬天是植物休眠，动物蛰居的季节。因此叫“冬藏”。《石涛画语录》谓：“路渺笔先到，园池墨更寒”，因此选用安徽宣城所产宣石，在灰色的石灰岩上有白色石英的结晶，状若积雪，石洞以悬石作悬岩百丈冰状，水池若初溶浅流。栈道与云梯、爬山廊等多种园道形式，从游览、视觉上，产生疲苦感，以增倦意，有“冬山惨淡而如眠”之感。

植物种植以常绿针叶树为主，并以各式造型作“岁寒三友”——松、竹、梅的组合树丛(图 5)。

图 4　秋园—雄关秋满

图 5　冬园—岁寒居安

4.5　长城及少数民族民居

长城附近，尤其是玉门关以苍凉野朴的气氛为主，体现战场朔云边月的肃杀之景，植以沙棘、桂香柳等，而体现西域风光的敦煌石窟则以胡颓子及成排的银桦来渲染一种粗犷单一的情调。鉴于各少数民族的建筑分别具备不同的地方特色，因此它的环境设计亦与之配合，在民居附近小范围内分别种植不同的植物，以营造异乡风貌。含元殿左侧的新疆民居，院内种植葡萄，院外种植云杉，及其他果树类；藏族民居配以雪松、云杉、冷杉及栀子等，蓝天、白云、绿树、白花的高原色调；窟洞民居需有枣园；在傣族民居凤尾竹旁种的棕榈、芭蕉、木瓜表现亚热带风情；蒙古包周围高草丛生，以成片栎树为背景，"天苍苍、野茫茫，风吹草低见牛羊"——草原牧区传神写照。

参考文献

[1]　[明] 计成著. 陈植注释.《园冶注释》。中国建筑工业出版社，1981.

[2]　[清] 李斗著. 《扬州画舫录》. 江苏广陵古籍刻印社，1984.

[3]　《石涛画语录》. 北京，1964 年.

[4]　[苏] 叶·查瓦茨卡娅著. 陈训明译. 《中国古代绘画美学问题》. 湖南美术出版社，1987 年.

（本文曾发表于 1988 年 12 月《北京林业大学学报》）

从心理场现象看中国园林美学思想

何　昉

【摘　要】本文运用现代心理学中有关心理场的基本观点结合我国古代美学思想的形成发展，分析了我国园林艺术形成发展的根源。并着重分析了各类园林在形成发展中哲学思想的影响特点。还从心理场理论认识园林意境，把人思想意识、心理活动归结为“场”的现象，又把“场”的现象引申为“空间”范畴加以认知，使园林以它独特的艺术形式给人以审美享受，从中探讨中国园林之“神”在。

20世纪初崛起于德国，发展于美国的格式塔心理学是西方现代心理学的重要流派之一。它的几个基本观点，如完型论、同型论与心理场论影响相当广泛，后起的很多心理学派都不同程度地吸取它的某些理论成分，尤其是心理场的观点与信息论、控制论发生联系后，便成为当代新的研究课题，产生新的研究方法。

1　场和心理场

所谓格式塔，乃是德文“gestalt ”一词的音译。据格式塔心理派的代表人之一——柯勒声称，“gestalt”一词在德文里宵以被用为“形式”或“形状”的同义词，它具有两种含义：(1) 作为事物的一种特性“形状”或“形式”；(2) 作为某种被分离的并具有“形状”或“形式”属性的事物所存在的具体个体和独特实体的含义，即格式塔学说是一种反对元素分析而强调整体组织的心理学理论体系。他们在做了大量实验后，进一步认为：整体并不等于部分的总和，整体是先于部分币决定各个部分的性质和意义的，其含义大于分散的元素之和，甚至可以有质的飞跃。我们将这个概念引入园林艺术，用它作为研究中国古典园林空间系统观的基本点。

当一个人进入到园林空间，就立刻感受到水体、叠石、建筑、植被等视觉元素集合产生的整体空间感，这是反省的抽象产物，不是直接的知觉经验。园林艺术是一个审美系统，人置身园林空间，通过视觉和其他感官去取得信息，再传递到大脑，迅速地进行系统分析和综合，从心理上感受各种不同的气氛和风格，这证明人的视觉并不是一种机械复制的效果，而是对环境现象产生的一种富有创造性、想象性和美好形象的整体把握。

格式塔派的另一个特点是引用现代数理的概念来说明心理现象及其机制的问题。“场”(field) 原是现代物理学的战念，自爱因斯坦提出引力场的学说后，场论更成为现代物理学的基础。“场”谓两种含义：狭义的专指物理场，如电磁场、引力场等；广义的则由此引申泛指各种物理量、数学函数等的空间分布。所谓物理场就是地理环境方面的场，所谓“环境场”就是行为环境方面的场；所谓“行为场”就是意识或直接经验方面的场；所谓“生理场”就是生理过程方面的场；所谓“心物理场”就是总括行为场和生理场。德国心理学家考夫卡把物理场外的其他各种与统称为“心理场”。

心理场指的是一种心理状态，包括心理环境、心理需求与反应能力三部分，考夫卡把环境分为两部分：一种是“地理环境”，另一种是“心理环境”；所谓“地理环境”就是外界实际的环境，所谓“心理环境”就是个人心目中的环境。他曾举了一个极其动人的事例，来说明这两种环境的区划，以及它们和个人行为的具体关系，“在一个暴风雪的夜晚，有一个人骑马来到了一个小旅店，颇以经过数小时的奔驰后，终于越过莽原到达居留所而感到快慰。当店主人知道客人来的地方后，惊骇地叫起来：‘你可知道，你已经骑马越过康斯坦斯湖吗?’客闻后，立即倒毙于地”。可见，在此人的心目中，他所越过的是一片风雪掩蔽的大平原，这就是他的心理环境。而实际上，这是一个冰雪封闭的大湖，这就是地理环境。这个例子虽是极端的情况，但鲜明地表现出心理环境的主观性。在通常情况下，主观性虽然没有这样强烈，不过也是普遍存在的。人在同一个地理环境中，心理环境随主体的心理素质及需求、能力、兴趣的差异而有所不同。同是一块地，园林家看来可以开辟为花园，而企业家却认为是很好的建厂用地，同是一块地却迥异其趣，但不管是花园还是工厂，实际上，两者各存在于园林家和企业家的头脑中。另外，由于心理环境的整体性是多种感觉因素组织在一起的结果，所以总是带有空间感，这是一种心理空间，而恰恰是“场”的属性之一。

格式塔是以样系统论观点，以对象的整体作为系统，系统中划分出许多相同层次水平上的子系统，将整体的组成部分称为“单元”。这种“整体效应”观和中国传统的审美观念是不谋而合的。

2 中国人的整体美学观对园林的影响

环境是外在的、客观的，对环境的反应每一民族都有一套价值系统，都有一套抽象的空间参考框架，乃是内在的、主观的，同一个环境对不同的民族，其代表的意义完全不同。

中国人的环境观由来已久，它渗透在先秦的哲学思想中。在老子的《道德经》中，几句话便勾勒出中国的宇宙创生观的要点：“道生一、一生二、二生三、三生万物。万物负阴而抱阳，冲气以为和”，它列出了宇宙天（阳）、地（阴）、人（人意识中有天地的德行，其心中则含有“虚”的德行）得天独厚的位置关系。人在其中做的创世活动的第三个参加者享有特殊的地位。如果说天地生来就具有意念和意志的话，那么，人通过其心和意也参与了万物不断向“神”进化的历程（图1）。

《淮南子·主术训》说：“昔者神农之治天下也。甘雨时降，五谷蕃植。春生夏长，秋收冬藏。”以农业生产为基础的人们，长期习惯于“顺天”。人们从生产实践中逐渐认识到五谷繁殖与不同方向的日月和不同季节的风雨有着密切的联系。为了求得风调雨顺、五谷丰登，就要在不同月份、不同季节、不同方向，向不同神灵进行祈祷祭祀，按照这些需求，对称的方位、匀称的比例、明确的次序是对祭祀场所的要求，也是当时的审美要求，而黄河流域的一些半地穴建筑形式正好给这种要求供提了现实的依据。在这些半地穴建筑的中部有公共集合用以祭祀的“大房子”，它的方位正是南北阳，方位和次序是这种建筑的两大要素（图2），它为后来发展起来的礼制建筑——明堂、游乐建筑——台榭打下了基础，而后者则成为帝王宫苑建设的前奏（图3）。

图1 马王堆墓出土帛画的三层境界天界（上）、人界（中）、地下世界（下）

艺术起源于实用，审美观念包含于劳动实践。当人们在创造不大的居室空间时，基于他们对长期曾经居住过的洞穴、巢居、窝棚的生活实践，从经济角度认识了圆和方，又通过固和方逐渐认识世界，以至中国人产生了天圆地方的天地观。扶桑天地观是商周以前中国人所信奉的唯一的一种宇宙观念，它所表现出的两大方面内容对后来我国园林艺术的发展有着深远的影响。这就是体现浪漫模界的昆仑蓬莱神话系统和“天圆地方”的宇宙观念（图4）。

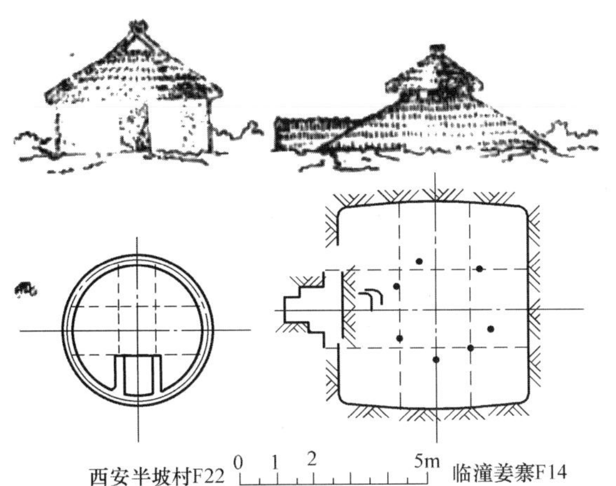

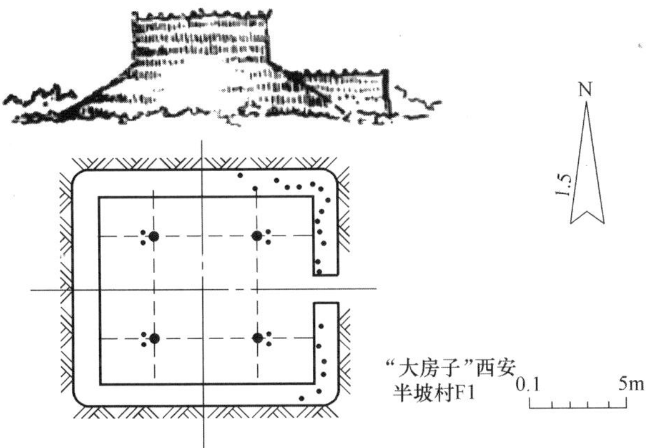

图 2 黄词流域新石器时代的建筑方位和次序是这种建筑的两大要素

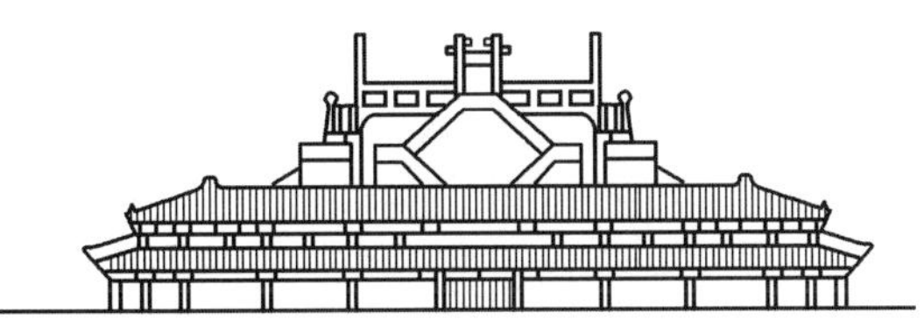

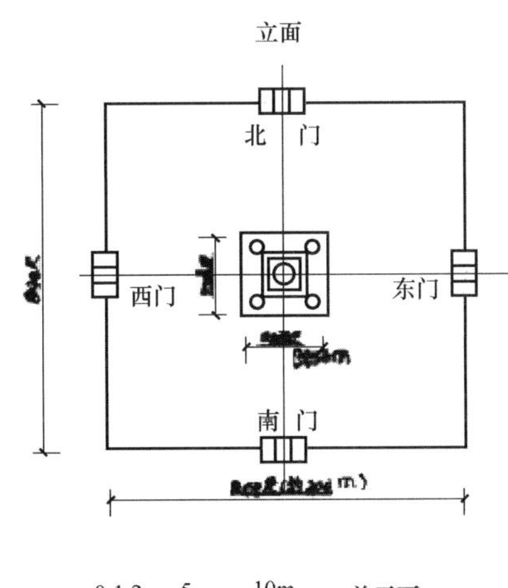

图 3 东汉灵台。早期的合榭，筑成了后来的帝王、宫苑建设的前奏曲

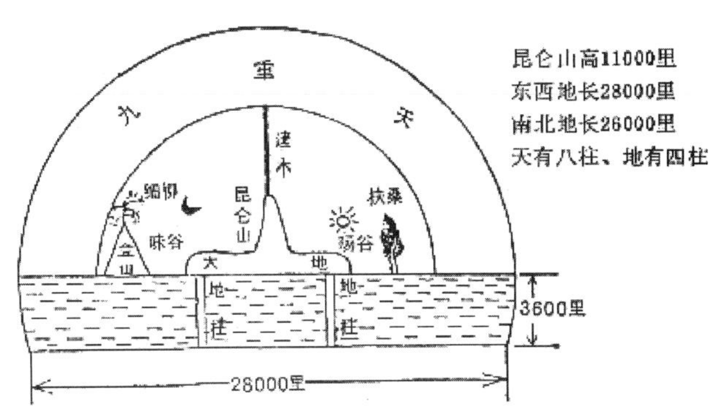

图 4 中国上古人的宇宙天地观念示意图

我国方圆的观念有着十分广泛的意义。圆是天，是动态的，因为它所代表的外在自然是动态的。圆有周而复始的意思，代表天体星辰运转、白月之明晦。同时，因为这种运转所造成的季节即天候的变化。方是静态的、被动的，它代表自然界中不变的一面，人类生存在地面上，以不变的观念周旋于万变的环境中，所以人为的环境以方形为基础。因此，我们可以进一步推断，方体现人工的城市、建筑；圆体现自然的环境、园林。方圆环境观可以认识为人工美和自然美的巧妙结合。

从思想的源流上看这种环境观，可以理解为“方外”的观念。“方外”的意思是指“世外”，宗教界称来出家的信徒为“方士”。很显然，这个方框代表着人世，它不但代表了暗示着人为的生活环境，同时表示在此环境中所必具的行为规范。这个方框的外面，是我们不能控制的自然现象，在这种现象中，对自然美的欣赏需要高度的修养，而且必须是精神型的人才成．因为只有在精神化的自然界中，才能克服现实自然界所加予人类的压迫威胁。田园诗人、山水画家及造园氛负责造成这种精神化的自然意象，在他们的手下，自然界是世外天堂。造成这种情况的原因是人世间名利与情操的抗争。广大文人徘徊其间，力图在世的内外取一个平衡点，亦即“方圆之间”。因为能在高山、深林中跋涉以欣赏自然景色的人到底是不多的，能“悠然见南山”忘却穷困潦倒的人毕竟是少数，大部分人也不可能真正把大自然的环境当天堂。方框以内的文明生活仍是大家所迷恋的现世。除了极少数有勇气成为僧、道者外，大多数的中国文人也只能满足于方内的方外感。园林艺术正是这种矛盾心境下的产物。这是中国园林发展经久不衰的思想根源。

我们一般所说的文化，包括精神和物质两大方面，并具有三个特性：时代性、社会性和民族性。就传统文化来说，民族性是最根深蒂固的，它居于核心地位，决定着其他两大特性，而民族心理又是民族性最坚固的堡垒。它影响着整个民族各方面发展，甚至数世纪不会改变。决定艺术审美价值的具体特性，使其具有时间的特殊性和立体的功能要素，即特定历史时期某一民族的心理结构则起着主导的作用。在此有必要分析一下民族心理特征。什么是中华民族的心理特征？建筑美学家王世仁认为春秋战国以后，以儒家为代表的中国传统文化体现了中华民族的心理特征。反过来说，也是中华民族心理沃土（其中包括中华民族特有的审美理想、趣味和审美方式），培养出了中国传统文化的丰硕果实。接着他分析了古代我国四大显学墨、儒、道、法的兴衰后指出："墨、法在走极端中灭亡，儒、道在求中和得以发展。儒家是和谐中的进取，道家是和谐中的倒退。""和道互补"，儒为主流。中华民族的民族心理深深地制约着中国社会的进程——在稳定中慢慢地发展着，深深地制约着中国文化的特征，如有着非常稳固而成熟的民族传统。所以，秦汉以后中国建筑、园林的美，其基调是和谐的美。

从这点看来，园林的发展史，就是不断追求和谐美的历史，如早期的苑囿，只体现朴素的自然，人们没有审美情感，只有通过对物质财富（野兽）的占有欲来获得心理上的满足。后来逐步产生了诗情和画意，和谐的环境美孕育而生。又如，园林建筑的屋顶，虽早在西周时就以"如鸟斯革，如翚斯飞"的触目形象显示其阳刚对抗的美。但汉以后，则一直潜心追求它的曲线特征，显然这些都是民族审美心理在园林艺术创作中潜移默化的结果。民族审美心理结构与园林有密切关系的几个基本特征是：

第一，序列。中国人的空间序列感很强，强调层次。这和儒家思想中追求"礼"所造成民族心理上的封闭有直接关系，人们进去一个北方宅园，要过牌楼，进大门，绕影壁，穿游廊，再通过正厅、内门、后堂、角门，才进去花园。使人感到空间序列井井有条，加上院内曲径通幽，步移景异，从中获得审美享受（图5）。

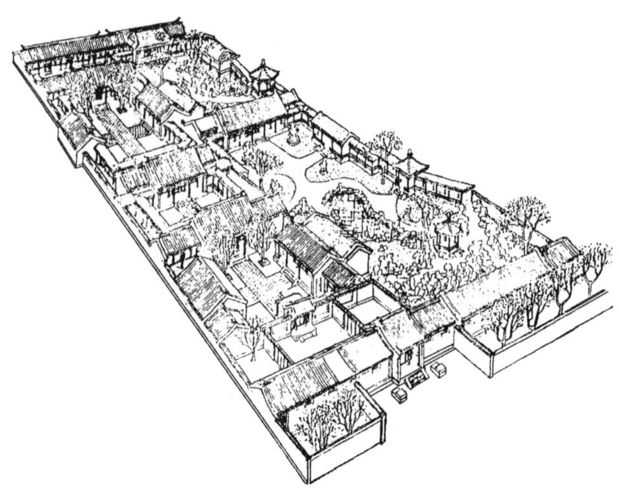

图5 北方宅园空间序列的井井有条和强烈的层次

第二，节奏。一个民族的审美心理节奏直接影响其对园林艺术的审美评价。从总体上看，中国人的审美节奏偏重于平缓、含蓄、深沉、流畅、连贯，很少大起大落，乐而不狂，哀而不怨。一个园林作品，犹如一曲音乐，节奏的格调变化通过树、石、水、筑的巧妙组织表现出来。当然，节奏的把握也有成熟发展的过程。早期，即以壮美为主的时期，人们的心理节奏是简单的、开敞的、亢奋的，是单音阶型的。那时，有可以"延目广望，骋观终宁"的章华台；有上可以坐万人，下可以建五丈旗的阿房宫；有"缭垣绵联，四百余里"的上林苑。经过对和谐美的认识体味，审美的境界高了，趣味高了，人们的心理节奏也逐渐趋向空灵流畅。

第三，逻辑和意境。追求圆满无缺、章法合度，是中国人审美的逻辑心理，也体现了礼制的秩序问题。皇家宫苑、王府花园、官僚宅圃、平民菜园，长期的封建等级制造成了审美反应，也变成了心理的逻辑要求。"相地"、"立基"的基本点在变化无穷的园林里一样不可违背，如"相地合宜"，"构园得体"，"借景偏宜"和"凡园圃立基，定厅堂为主"等。

要想在有限的面积上产生无限的空间感，主要靠意境。象征是意境的手法之一，这在园林中屡见不鲜。帝王园林中模拟天下风景名胜，文人园林中的"岁寒三友"，寺庙园林中的宇宙图式等皆是。意境是中华民族审美心理的一个鲜明特征，也是审美评价的一大飞跃，它在园林创作中体现得最充分。

一般说来，中国园林的发展是一条自然山水画的道路（主要受神话思想的引导）。但儒家思想的统治地位给中华民族的心理结构打下了深深的烙印。尤其在统治阶级的思想上，它已经成了不可动摇的力量，反映在衣食住行各个方面。宫苑建设也不例外。主体空间的规则性处理就是一个例子，真正的园林建设要从春秋时期盛行“高台榭，美宫室”的风气开始。吴王夫差的姑苏台、楚灵王的章华台、周灵王的昆昭台，齐景公的路寝台都是规则式的。还包括皇家园林发展的两个鼎盛时期，唐宋的大明宫、金明池和清朝的颐和园（图 6）、琼华岛（图 7）、景山及故宫御花园。

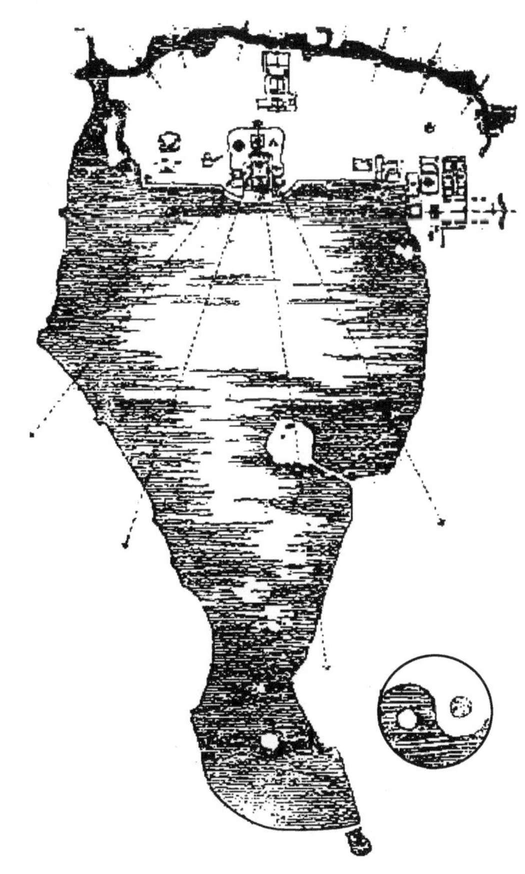

图 6 颐和园的总体关系符合八卦的太极图形式——“刚柔相摩，八卦相荡”

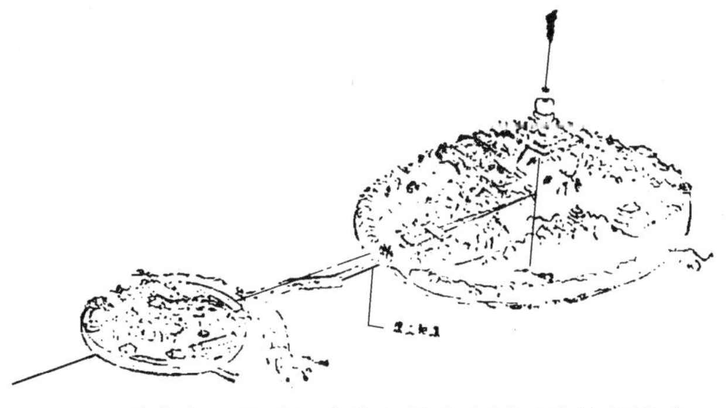

图 7 琼华岛至元时起建筑布局为中辅对称的规则式

“天人合一”观念成熟于先秦。孔、孟、老、庄都从不同角度、不同方面提出这种观念。而到了董仲舒时期，“天人合一”思想达到了完善的地步。在他那里，人格的天（天志、天意）是依赖自然的天（阴阳、四时、五行）呈现的，提出了天人相遇而“感应”的有机整体宇宙图式，成了后代帝王进行统治、建设的理论基础，在宫苑中模拟天地间的物体为政治、宗教包括享乐服务。如秦始皇扩建咸阳宫象征紫微，渭水象征银河，南山象征门阙，池岛象征东海蓬莱。汉武帝造王林苑，置牵牛、织女石像。东汉梁冀园中筑土山，象征二峭。圆明园在正中轴线上布置水池、周注九岛，名“九洲清宴”，代表禹贡九洲。岛内水池成方形，岛外线成圆形，代表天圆地方，“上高拟天，下蟠法地”（宋《慈宁殿赋》），帝王富苑中应有尽有。

阴阳八卦的一些思想方法在皇家园林的设计中也有所反映。从颐和园的总体平面可以看出，它完全符合阴阳八卦图的形式（图 6）。两个阴阳关系便是万寿山（阳）和山上的谐趣园（阴）、昆明湖（阴）和湖中的南湖岛（阳）。八卦本是模拟自然的产物，它代表了自然界八种最基本的“物象”，然后由这八卦所代表的基本“物象”又可引申出许多象征意义，包括八卦图在内。总体都是体现阴阳对比中相谐调的关系。“刚柔相摩、八卦相荡”（《系辞》）正和颐和园总体布局上的虚实对比、刚柔并济、乾坤并举、疏密有致的关系是一脉相承的。也是和沈复《浮坐六记》中所说的“大中见小，小中见大，虚中有实，实中有虚，或藏或露，或浅或深，不仅在周回曲折四字也”造园论断相吻合。帝王宫苑既是皇族休息游玩的地方，更是他们生活、理政的重要场所。这样，必然给帝王宫苑染上了浓厚的政治色彩。帝王历来奉行儒道，阴阳五行成为他们的法宝，天子“受命”于天，皇权已经神挟，皇帝循“天道”行事，“卑阴高阳”、“贵阳而贱阴”、“善皆归于君、恶凡归于臣”（《春秋繁露·阳尊阴卑》），“故屈民而伸君，屈君伸天，春秋之大义也”。因此，宽阔的昆明湖（阴），必然衬托万寿山（阳），须弥灵境（阴）（古时边民朝拜地）附首佛香阁。“万物负阴而抱阳”，一个颐和园道出了“天地人”、“君臣民”的利害关系。

帝王富苑深受儒家思想的影响，而作为中国

园林重要组成部分的第宅园林、寺庙园林和风景名胜却深受道家庄禅思想的影响。

庄子反对“人为物役”，提倡回到人的“本性”，很像卢梭和现代浪漫派认为的那样，“回到自然（无论是生理的自然，还是生活的自然）才是恢复或解放‘人性’”。庄子讲“道”，讲“天”，讲“无为”、“自然”等。他认为本体存在由于摆脱了一切“物役”，从而获得了绝对自由，所以它是无限的。他“物物而不为物所物”，他能作迫遥游，“背负青天，而莫之大阏者。”李泽厚在论述到儒家和庄学的区别时讲道，儒家是从人际关系中来确定个体的价值，庄学则从摆脱人际关系中来寻求个体的价值。这种庄学的特点正符合了广大中国文人的思想意识，在园林中反映得最充分，可以说第宅园林中处处都体现了这种思想。第宅园林的另一特点“平淡”、“雅致”显然也是出自庄子的“虚”、“无为”的观念。“天虚静恬淡寂寞无为者，天地之本而道德之至也”。

然而归纳到一点，都是在欣赏、追求某种共同的、和现实生活有距离的物质和精神的世界，随之也就形成了对生活环境新的审美标准，一个广阔奇妙的审美客体——富有自然趣味的、空间韵律变化幅度较大的、时间序列延续较长的生活空间被发掘了出来，影响着人们对环境的审美态度：

“缘溪行，忘路之远近，忽逢桃花林，夹岸数百步，中无杂树。芳草鲜美，落英缤纷。……林尽水源，便得一山，山有小口，仿佛若有光……”

（陶潜《桃花源记》）

“此地有崇山峻岭，茂林修竹，又有清流急端，映带左右。引以为流觞曲水，列坐其次，虽无丝竹管弦之盛，一觞一咏，亦足以畅叙幽情……”

（王羲之《兰亭集序》）

从这类众多的游园、赏景的诗文中看到人们向往自然的心境，也是前面谈过的“方内”的“方外”感的具体表现。禅宗坐禅中空心静灵的思想境界和这种“方外”感也是大同小异的。因此对园林设计思想的影响不作过多的描述，只在此比较一下禅的三境和园林三壤的关系，便可以明其说了。禅三境：第一境是“落叶满空山，何处寻行迹”。这是描写寻找禅的本体而不得的情况。第二境是“空山无人，水流花开”。这是描写似已悟道而实尚未的阶段。第三境是“万古长室，十朝风月”。这就是描写在瞬刻中得到了永恒，刹那间已成终古。这里重要的是“悟”之后，原来的对象世界就似乎不大一样了。尽管山还是山，水还是水。外在的事物并无任何改变，但人已进入了“无念气”、“无心”的境界中。再看看园林三境（孙筱祥先生论），一为“生境”，二为“画境”，三为“意境”。即先从生活和自然申寻找“灵感”（如同禅的本体），然后进行艺术构思（如同开始悟道）最后便感情升华，达到理想美的境界（如同禅宗的“我即佛”的理想擦界），表虽不同，里却一致。

顺便说一下，中国思想传统一般表现多重“求同”。“求同”来保持和壮大自己，各派之间也容易“同化”，“三教合流”，孔老释合坐在一座殿堂里，都表现出这一点，反映在园林上，各类国林也相辅相成，加上皇帝的“南巡”，把皇家工匠带到南方，参与造园，又从官僚、文人园林及游历风景名胜取美景，装点自己的宫苑。帝王、官债、文人等，通过心理的“相映”而“互相学习”。思想上“同化”，形式上的“效仿”就无所谓了。

从阴阳方圆、天人合一到园林的三境可看出民族审美心理中的“整体效应”，充分强调整体，强调社会性，中国园林就是强调这种人与自然的整体观，在审美意念中的高度统一，表现出与西方大相径庭的格局。

空间整体性的确立是造园的基础，如何在造园之前建立“场”的“空间模型”，这是关键。只有这样，我们才可以灵活地运用手法，对园林空间的各要素加以改变，加以调整，做出各种不同的编排，使之达到“整体最优化”。

3 园林境界与心理场

人们所以能把这些都归于儒、道、庄、禅是因为人们在长期的生活活动中，逐渐形成的一个在人们意识中的抽象概念，也是中国古代思想意识在园林艺术中的体现，是心理活动的结果。儒家崇拜者刘勰在《文心雕龙·神思》谈到言、象、意时说：“是以意授于思，言授于意，密则无际，疏则千里，或理在方寸而求之域表，或义在咫尺而思隔山河。”刘勰讲的“意”即“意象”，实际就是心理场现象。在古典园林中，人们（从皇家到民众）把自己的思想感情强加到景物上，又通过景物反馈给更多的人 ，这就是意和境的结合，所谓“上焉者意与境浑”。而从意与境的综合看，如果是“以意胜”，那么，“物皆着我之色彩”，谓之“有我之境”，如白居易筑庐山草堂“终老于斯，以成就我平生之志”。如果是“以境胜”，那么，“境多于意气谓之“无我之境”，如陶潜的“采菊东篱下，悠然见南山”。刘勰说“境非独谓景物也，喜怒哀乐，亦人心中之一境界。固然写真景物，真感情者，谓之有境界。”也就是说，自然界、社会界、人情、心思等等均有境界在，关键在于要有真景、真情、真性灵。所谓心中的境界，在于园林，正是园林的心理场现象的重要表现。王维在老年修建并长期居住的辋川别业，有20多处景点，我们从他诗的情感中可以看出面的境界，如“文杏裁为梁，香茅结为宇。不知栋里云，去作人间雨”（《文杏馆》）。从实地空间，展开到心理空间，又如“木末芙蓉花，山中发红萼。涧户寂无人，纷纷开且落”（《辛夷坞》）。自开自落的佳花，无人欣赏，显示辛夷坞幽静之趣，并寄寓了自己隐居不求人知的心境。诗中虽以“无人”，而人自在，诗人及造园家的心怀隐然可见。

对于园林心理场以前无人提出，但对于“意境”的认识，则不乏其人，多从设计者角度而论。明清以前的园林现存极少，但游客游后的感受性诗文则很多，这里不妨以“欣赏者”的角度来谈。先有了关于意境的审美感受，审美需要，再反过来促成了对意境的有意识的创造和追求。

杜牧在游了两晋著名的石崇的花园“金谷园”后，写了“金谷园”一诗：“繁华事散逐香尘，流水无情草自春。日暮东风怨啼鸟，落花犹似坠楼人。”诗人以眼前景色入题，景情交融，读者又可以从诗人的诗里，感受到园主人发生在园子里的动人故事，情意蕴藉。更让人叫绝的要数李白的《独坐敬亭山》，李白在游览了安徽著名的风景名胜敬亭山后而作，“众鸟高飞尽，孤云独去闲，相看两不厌，只有敬亭山”。诗中描写的景物实在不多，不过众鸟、孤云、敬亭山而已，但我们可以看出诗人（游客）的心理环境和景物的密切关系。这首诗是“景少而情多”，在园林景观中，景物特定的形式可以和特定的心理状态相应，从而具有触衷心理的作用，苏州的沧浪亭、拙政园、网师园，扬州的个园、寄啸山庄，无一不是这方面的典范。《敬亭山》一诗，正如水来帆近而充实，水逝帆远丽怅然，鸟飞云去的特态与创作者孤高、惆怅的心绪是相应的。而屹立的山峰与作者坚定的意志相应，更妙的是四散飞去渐消逝于天际的小鸟，缓缎飘浮的云朵与巍然屹立的山峰组合在一起；消逝的与永恒的，渺小的与高大的，匆匆的与缓缓的，形成了鲜明的对比，人与天地景物融为一体，在人的心中构成了通体协调的心理环境。加上产生的空间感和意味蕴藉，反馈到设计者心里，则成了设计意念。

作为心理场，除了心理环境外，还要具有心理需要与反应能力。当我们创造和感受意境时，正是这种心理需要从产生到满足的过程，也就是，感知意境就是意味着自我观照的心理需求的满足。

总之，以心理场的理论认识意境，可以得出如下结论，在审美观照中，当对象可以提供一个心理环境，刺激主体产生自我观照，自我肯定的愿望，并在审美过程中完成这一愿望，我们就认为这样的审美对象具有意境。“意境”既有心理场的一般性质，又有艺术活动特点，主要表现为：（1）在心理的综合反应，即对自我的直观与确证中，心理诸元素并非同等重要，而是以情感因素为主导的。（2）对意境的感知是直觉的，一下子完成的，也就是所谓“灵感”。（3）多借助于鲜明的形象描绘。因此，意境所揭示的，正是审美对象确证主体“本质力量”的能力。这里的“本质力量”包括个体的人格、活力、情趣与智慧，也包括群体的友谊、责任等。这都是高度抽象后融合在一起，成为内涵丰富、意味深长的人生体验。

4 空间观的再认识

按照相对论，在高速运动中，时间与空间融为一体，即四维联续区。在艺术发展中，同样出现了融为一体的审美时空意识，成为“四度空间”理论。建筑、雕塑等空间艺术以其线条的流动、变化形成某种节奏感，所以称作“凝固的音乐”。中国古代的时间与空间观念未彻底分化，如四季与四方的联系等，因而在艺术中追求时间的和谐统一。中国人对时空观早有“顿悟”，如国画不讲究透视，以散点增强表现为。现代派绘画正是继承这种手法，所不同的是中国画讲求淡远的意境，而现代派则使空间解体，造成冲突、动乱的空间意识。

中国园林艺术除具有以上所述的“四度空间”外，比起其他艺术种类，更突出的表现在心理场现象上，从联系万物与宇宙本原的“气”逐步发展到“天地人”的环境观，以至到园林的各种意念所产生的心理空间，都可看出它与艺术观有着紧密联系而又相对独立的特性。它的意义已远远超出了园林中的花草树木、水体、山石、建筑之和（包括时间因素），同理也可得出各景点之和与整体效果是不等的。圆明园福海景区及九州清宴区是一个明显的例子。你可以想象，进入这个区时，通过时间的推移，给你展示出各种变化的主间，给你一种审美享受，这是一般的时呈现，这时，你通过形象的思维（水域边的丸块陆地景观，它们的格局，加上匾额、题对、陈设等）。进行抽象分析（禹贡九州，外圆里方等的联想），瞬时，头脑中的思维空间打破了现时的实地空间，这个空间是睹现时时空的，毫无限的。根据现代空间发展向着抽象化曲趋势，把它划为新一度空间——第五度空间，是完全合乎艺术审美观的。园林艺术的最高追求就在于此。在五维空间中的你，不仅感到自然景观与自己合为一体，而且还似乎感到整个宇宙的某种目的性的存在。从受控想象，到失控想象，即自由想象，就如同陶醉在音乐中一样，只感受到生命本身在不息地奔流，一切现实意识，包括现实时空意识都被作为手段扬弃掉了。在这种高度自由的心理场审美体验中的人，是最幸福的。

致谢

本文承蒙孟兆祯教授审阅，北京文物研究所玉世仁总工程师也给予帮助，在比表示衷心的感谢。

参考文献

[1] 柯勒. 格式塔心理学　现代心理学新概念结论.
[2] 杨清. 现代西方心理学主要派别.
[3] 冯友兰. 中国哲学简史.
[4] 李泽厚. 中国古代思想虫论.
[5] 王世仁. 天然图画——中国古典园林吴学思想之一.
[6] 王世仁. 明堂形制初探.
[7] 南开大学中文系古典文学教研室. 意境纵横探.
[8] 王世仁. 中国建筑的审美价值与功能要素.
[9] ［苏］扎瓦茨卡娅. 中国绘画中天和地.
[10] ［美］高居翰. 中国绘画理论中的儒家因素.
[11] ［苏］莫伊谢依·萨莫伊洛维奇·卡冈. 美学和系统方法.
[12] 孙筱祥. 文人写意山水派园林.

（本文曾发表于1989年10月《中国园林》）

植根于地区风景和环境，通过艺术节实现地区振兴

耿 欣 陈可石 高若飞

【摘 要】通过对日本2010年濑户内国际艺术节3年展和2012年新泻越后妻有大地艺术节3年展的举办地、参展作品和运营情况等的多次现场考察和相关资料的搜集整理，总结出7点主要的共同特征，并结合实例进行说明。还阐明了7点特征对我国的地区发展和进一步发展是否有借鉴意义。旨在使相关的从业者能够借鉴日本通过艺术节实现地区振兴的共同特征，对我国落后地区的发展和发达地区的进一步发展提供借鉴。

【关键词】风景园林；原风景；艺术；地区振兴；特点

1 研究背景及目的

目前，我们正经历着“富—志—美”[1]的人类社会发展过程中“富”的阶段，借助发达国家的绿色发展经验，可以为我们下一步的发展提供参考。笔者利用在日本留学期间对2010年濑户内国际艺术节3年展和2012年越后妻有大地艺术节3年展进行了多次走访和调查，对其通过艺术节方式如何与地区原有风景和环境结合，并如何实现地区的经济振兴进行了总结和说明，希望能够对国内地区实现发展、振兴和进一步发展提供借鉴。

韩多妮[2]从工作人员的视角阐述了2012年越后妻有大地艺术节的概况；管怀宾[3]作为参展艺术家介绍了艺术展的文化策略和内部技术层面等特征；文凤仪和莫一新[4]通过对越后妻有大地艺术节诸多方面的介绍，重新诠释了当代艺术的含义并拆解了艺术的固有观念，从而引起大众对生存环境的关注；李晓峰和苗彤[5]详细介绍了2012年越后妻有大地艺术节3年展的主要参展作品；周静敏等[6]结合犬岛艺术之家和大地艺术展等阐述了日本通过文化景观建设来振兴农村发展的新潮流。目前国内很多学者也开始认识到了艺术的经济性，如冉国洪[7]对艺术与经济的关系进行了剖析，并得出了二者相互作用相互发展的结论；董庆涛[8]系统地论述了设计艺术在宏观经济发展中的战略意义；俞东等[9]对北京和广州两地的艺术产品的社会效益和经济效益进行了比较。但认识到发展艺术对实现地区振兴的重要作用的学者并不多，周家怡[10]通过对爱丁堡艺术节的解析从事件旅游的角度对实现河南省的发展进行了思考；朱保芹[11]则指明了衡水地区的艺术经济（内画为例）的发展途径。

2 研究方法

笔者在上述日本的两届艺术节的开幕期间和展后对各个岛屿和周边港口进行了实地考察。对艺术节前和节后的相关书籍和文献[12-19]进行了收集和整理。结合资料和实地考察的数据对2次艺术节的共同特征进行了总结，并阐明了这些共同特征对我国的地区发展的影响。

3 越后妻有地区和濑户内海地区

越后妻有地区位于日本主要稻米产区的新泻县南部。在地图中并不存在越后妻有的地名，而是由于古时该地区有“妻有乡”之称。越后妻有地区有着较为丰富的自然资源（温泉、梯田、河流等）、物产（稻米、清酒、新鲜食材等）和传统产业（丝绸、烧陶技术、现代花艺等）。随着日本的产业转型，人口老龄化、少子化和外迁的问题也逐渐突出。几个世纪以来的农耕生活逐渐没落，大量的年轻人因工作和教育问题外迁，造成了大量的梯田、房屋和校舍的荒废。越后妻有大地艺术节就是在这种背景下，以重拾该地区的环境、历史、产业和文化为目标诞生的。

濑户内海地区通常是指位于日本本州岛、四国岛和九州岛围合的濑户内海的沿岸。停泊于各岛屿的船只经常将新的文化和信息引入其中。现今，随着全球化、高效化的浪潮，海域内各个岛屿的人口正在日趋减少，濑户内国际艺术节正是通过艺术、自然环境和各岛居民的相互影响实现各个岛屿的振兴。

4 越后妻有大地艺术节和濑户内国际艺术节

越后妻有大地艺术节是以新泻越后妻有地区的原风景——里山为舞台的世界级最大规模的国际艺术展，每3年举办一次，每次的会期持续50天左右。艺术节所涵盖的区域总面积约7600hm^2（图1）。截至目前，已成功举办了5届。艺术节从该地区的各种有价值的资源出发——主要为借助自然风景创作作品，这些作品成为该地区环境的组成部分和长久的资产。

提到艺术节，日本人通常会说“西有直岛，东有越后妻有”，其中的直岛指的是与越后妻有大地艺术节齐名的直岛艺术工程，其后发展为濑户内国际艺术节3年展。濑户内国际艺术节3年展是以在濑户内海中的岛屿为舞台的艺术节，参展的作品多以本地区的原风景为基础而创作。濑户内海地区因其有代表性的海和岛屿风景早在1934年就被日本列为最早一批的国家公园。2010年的濑户内艺术节3年展分布在濑户内海的7个岛屿和2个港口上（图1）。

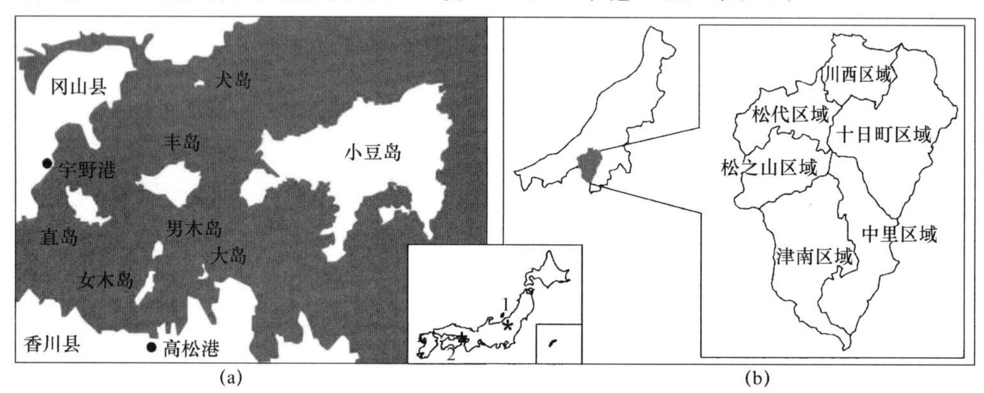

图1 2次艺术节展区位示意图

（a）2010年濑户内国际艺术集3年展；（b）2012年越后妻有大地艺术节3年展

本文通过对2012越后妻有大地艺术节3年展和2010濑户内国际艺术节3年展的实地考察和相关文献的整理，对两次艺术节的共同特征和不同点进行了提取和总结（表1），并就共同特征分别进行说明。

4.1 设计作品结合环境

在艺术节上展出的作品在一定程度上都结合了大环境（里山、海或岛屿）和小环境（所在具体环境）。按照作品所结合环境的尺度，可以分为以下两类。

4.1.1 原风景的表现

原风景，在日本被称为“里山”，是指山村故乡的风景，它是出生在地方小城或乡下的大部分日本人心中的理想和归宿[20]。在高度城市化的现今，原风景更受重视。另外，它也是风景、文化、地区和日本人幼年经历的结合体。原风景与艺术结合而成的作品占两次艺术节展示作品的相当大部分。新泻的越后妻有盛产稻米，环境中充满了浓厚的“农”的味道的自然气息。濑户内海因其海与岛的风景在1934年被日本列为第一批国家公园，艺术节中的许多作品基于这种大环境并通过多种艺术手段而创作。

作品“棚田”（梯田）是越后妻有大地艺术节3年展的象征。作品由描绘传统耕作稻米情景的诗文、梯田风景和农夫的雕塑共同构成，融合了“稻米”和“农”的主题（图2）。

位于直岛南侧的海滨的“黄色的南瓜”由醒目的颜色、纹理和非常规尺度的南瓜、作为背景的海、岛和天空构成。作品的艺术性、海和岛共同呼应了艺术节的主题（图2）。

对本地区自然风景的深入挖掘和利用（有形和无形），既是一条绿色发展之路，其手法也对诸多建筑和景观作品有所借鉴。

4.1.2 改造的空屋

“空家项目”于2000年开始在日本各地展开，2009年的越后妻有大地艺术节将废校的改造列入其中。由于人口的过疏化、高龄化等原因，致使日本中小城镇和农业人口日趋减少，很多房屋、学校等建筑被空置，称作“空家”或“空屋”。艺术家和建筑师们则通过各种功能性的改造，使这些空屋变身为博物馆、旅店和大学的活动中心等，使其焕发出新的力量。越后妻有大地艺术节的

“空家项目”之“重构”是对小型农业小屋进行改造的艺术作品。建筑师和艺术家保留了原有建筑的外观形式，使用镜子使其变为纯粹的艺术作品。

濑户内国际艺术节中犬岛“家之计划”之F栋是由建筑、景观和置于其中的装置艺术所共同构成的。建筑是利用原有的紧邻祭祀石神神社的民宅，通过增加原有建筑底部的石基础等方式进行了更新并转换了建筑的功能（图2）。

除上述介绍的案例以外，被闲置房屋的种类多样，社区中心、学校、庭院、旧美军仓库甚至船只等原有建筑都被设计师加以改造。越后妻有大地艺术节的“空家项目”将原有建筑进行了功能上的更新，但一定程度上保留了建筑的原有外观。濑户内国际艺术节中的“家之计划”则是对原有建筑的功能和结构外观进行了彻底的更新。而在国内由于两国制度的不同，这种空屋改造的方式无法运用，但已有了一些类似尝试案例。艺术节中空屋改造的作品提供了集体、国有废旧资产重新利用的参考方式并坚定了利用方向。

4.2 共同参与

参加两次艺术节的艺术家和团队来自日本和全世界范围内，并在逐届增加。其中2012越后妻有大地艺术节3年展的艺术家和团队有310位，来自于44个国家和地区；2010濑户内国际艺术节3年展的艺术家和团队有75位，来自于18个国家和地区。两次艺术节的参展设计师和团队可分为两部分：其一为受艺术节运营委员会邀请的知名艺术家和团体；其二为运营委员会通过媒体向全世界范围内募集的参展作品及其艺术家和团体。运营委员会还安排参展艺术家和团队赴现场考察。其中的部分参展作品还将参加下届的艺术节并在该地区长期保留。

两次艺术节与大多数双年展和3年展所不同之处在于参展作品并非仅展示艺术家和团队自身的艺术特色，而是结合所在地环境或具体环境和其固有的创作思维模式的产物。而且，很多艺术家在该地区了解环境的同时，还与当地的不同阶层的大众协作，共同创作具有浓厚地域特征的艺术作品。艺术节的真正主人是生活在当地的居民，而并非大多数双年展和3年展所强调的艺术家。越后妻有大地艺术节中的“上蝠池名画馆”是由大成哲哉、竹内美纪子和当地居民共同完成的。作品通过当地居民的活动场景配合原有的当地特色风景对名画进行模仿并通过照片的形式收集展出。濑户内国际艺术节中的“岛厨房”的半室外式的餐厅由安部良设计，在餐厅建成后由岛上的妇女和东京丸之内宾馆的厨师运用该地区的食材对外开放运营（图2）。

图2　2次艺术节作品（作者摄）

2012年越后妻有大地艺术节3年展和2010濑户内国际艺术节3年展的共同特点和不同之处

表1

艺术节名称		2012越发妻有大地艺术节3年展	2010濑户内国际艺术节3年展
不同之处	运用手段	现代艺术＋里山＋农耕文化	现代艺术＋海＋岛＋渔业文化＋航运文化＋重工业文化
	地区文化	以农耕文化为主	以渔业＋航运＋战后重工业文化为主

续表

艺术节名称		2012越发妻有大地艺术节3年展	2010濑户内国际艺术节3年展
不同之处	影响范围	东亚性、全国性(日本)	世界性
	自然环境	里山+豪雪	海+岛+晴空
共同特点	参观人数和经济效益	参观人数约45万,经济效益46.5亿日元	参观人数约93万,经济效益50亿日元
	对象	公众	公众
	支持	北川弗兰+福武总一郎+政府+公司+志愿者	北川弗兰+福武总一郎+政府+公司+志愿者
	交通和基础设施	各种交通方式+多种食宿设施	各种交通方式(包括海运)+多种食宿设施
	节后利用	部分作品保留并参与下届艺术节	部分作品保留并参与下届艺术节
	共同参与	国际范围的设计师、地区居民	国际范围的设计师、地区居民
	结合环境 小环境	改造的空屋	改造的空屋
	结合环境 大环境	里山	海和岛

2012年越后妻有大地艺术节3年展和2010濑户内国际艺术节3年展实行委员会的组织构成[21-22]

表2

		2010濑户内国际艺术节3年展实行委员会	2012越后妻有大地艺术节3年展实行委员会
组织构成	官方	国家政府部门(四国经济产业局等)	—
		地方政府(香川县等)	地方政府(新泻县)
		所在地区政府(高松市等)	所在地区政府(十日町市等)
	民间	经济团体(四国经济联合会等)	经济团体(新泻县商工会)
		民间企业(株式会社香川银行等)	民间企业(JR东日本新泻支社)
		研究机构(香川大学等)	研究机构(中越教育事务所等)
		民间团体(财团法人直岛福武美术馆财团)	民间团体(地域协议会等)
	会长	香川县知事	十日町市长
	名誉会长	前香川县知事	新泻县知事
	综合负责人	福武总一郎	福武总一郎
	综合指导	北川弗兰	北川弗兰
	事务局		

作为两次艺术节的综合指导的北川弗兰教授曾希望借助极具本土风格的艺术节实现故乡的发展和振兴。而在筹划时期，当地农民对艺术的不理解和政府部门的阻碍曾使艺术节的实现变得十分渺茫。后经北川教授和工作团队长期的相处、说服和引导工作才使得首届大地艺术节得以成功举办。时至今日大地艺术节已成为亚洲最成功的艺术节之一，并成功地振兴了当地的经济。

4.3 艺术样式多样

在两次艺术节上所展示的作品涵盖了最为完善的当代艺术形式。室内设计、装置艺术、建筑、景观、设计、摄影、多媒体和戏剧等艺术形式在2次艺术节上都有展示。在作品内容上，有呼应当地自然环境或具体环境的各种作品、旧有房屋的改造到演剧等过程艺术。来自多领域的参展艺术家使得艺术节的展品也更多地呈现出跨专业的形态。越后妻有大地艺术节中的“○△□的塔和红蜻蜓”是由田中信太郎创作于首次大地艺术节并保留至今（图2）。高14m的雕塑已成为该地区的地标。濑户内国际艺术节中的“直岛剧场”的表演舞台是直岛各处各种团体表演或演讲的多功能剧场。表演者的主体除单一的竞技团以外，还有以讲习课堂的形式而参与进来的非专业人员，而演出的目的是为了让人们用身体重新感受直岛。

两次艺术节3年展的多样化、大众化、地域化的作品形式不同于单一化、小众化、艺术家个性化的通常的艺术展。需要组织者将更为国际化、多领域的艺术家引入艺术展。

4.4 艺术节后的利用方式

两次艺术节均采取3年展的形式。展期中的一些永久性作品被长期保留于该地区。既满足展期间隔的时间内的参观者的观赏需求，也是下一届艺术节的重要组成部分。同时，这些作品还有利于该地区和居民的艺术性的提高。部分餐厅、旅社等具有功能性的作品在艺术节的间隔期间继续运营，服务于参观人员。创作于2003越后妻有大地艺术节的松代雪国农耕文化村“农舞台”是以雪文化和农耕文化为主体的现代建筑（图2）。内部的餐厅提供由当地食材制作的佳肴并在艺术节的间隔期间继续提供服务。濑户内国际艺术节中的“爱知艺术大学之濑户内艺术工程”是设计团队爱知县立艺术大学艺术工程团队对由女木岛的石墙围合而成的空屋及其中庭进行的改造项目，是艺术节期间举行音乐会等多种活动的场所。艺术节后，该作品的主要建筑和庭园则作为美术学院的工作室和展览中心所使用。

不同于国内的3年展、双年展等展览，2次艺术节的展览作品随着保留作品而逐届增加，也更有利于地区和居民的艺术性的逐步提高。来源于地区自然景观的艺术作品也更易于在所在地生根，个别作品还能成为该地区的象征。中国的许多地区需要这种方式的艺术节，节后永久保留的艺术品也能拉近大众与艺术的距离。

4.5 便利的交通和基础服务

在两次艺术节中便利的交通有利于参观者往返于散落于多处的展品，保证了艺术节的顺利进行。越后妻有大地艺术节在山地中展开，各个展品之间的联系主要依靠公共汽车。濑户内国际艺术节中的展品舞台是各个岛屿，各岛屿的交通联系依靠渡轮和高速旅客船。在各个岛屿上，则主要依靠公共汽车穿梭于各个作品之间。在两次艺术节后，交通服务并未完全中断，而是随着游人数量的减少而减少公共汽车和船的班次。

数量充沛的餐饮、住宿等基础服务设施也是艺术节顺利举办的另一因素。这些服务设施既包含私营的餐厅和住宿设施，也有艺术作品和旅客中心提供的餐饮和住宿服务。两次艺术节的各个区域和岛屿也根据自身区域的特色设置了商店和纪念品销售中心，以满足参观者的购买需求。游客除了能品尝到各个岛屿的特色菜肴，还能购买到独特的纪念品。而这些相关的信息都刊登在艺术节指南的书中，书中还为参观者准备了数条路线并估算了欣赏作品所需的时间。

交通和基础设施正是在中国部分地区开展艺术节等文化艺术活动不可或缺的。除交通等设施外，餐饮、住宿、商店等设施可以更多地引入当地民间资金来经营，以更好地发挥当地的特色。

4.6 强有力的组织（表2）

担任两次艺术节综合指导的是北川弗兰。他曾成功举办了日本新泻越后妻有大地艺术节，并以那里的里山为舞台通过艺术实现地区振兴。综合负责人是孕育出“现代艺术的圣地”直岛的民间资本负责人福武总一郎（任直岛福武美术财团理事长兼财团法人）。他在直岛的成功经验促进了以直岛为基础的濑户内国际艺术节。北川弗兰和福武总一郎从十几年前就开始探求地区与现代艺术相结合之路，且经验丰富。

两次艺术节在推广宣传、财政、组织和运营等方面等均得到了所在地区政府和文化厅、总务省、国土交通省等政府部门的支持。其中，越后妻有大地艺术节的名誉运营委员长、运营委员长和副运营委员长分别由新泻县知事（新泻县的最高行政长官）、十日町市长和津南町长担任。而濑户内国际艺术节的会长、名誉会长和副会长由香川县知事、前香川县知事和高松市市长担任。

2006年起的越后妻有大地艺术节和濑户内国际艺术节的举办模式的基本构架已经成型，即民间文化艺术振兴财团＋艺术基金＋政府支持＋企业赞助。该模式在越后妻有大地艺术节成功运营2届后，在2010濑户内国际艺术节中又得以成功应用。这种以民间与政府协力营造3年展进而带动地区经济发展的模式是一些通常的展事所无法企及的。

除组织、运营等机构外，两次艺术节中还有大量组织和志愿者对节后保留作品的管理、节前作品的制作等所有艺术节相关的活动进行支持。越后妻有大地艺术节中的“小蛇队”是以东京圈的学生为主组成的志愿者团队。濑户内国际艺术节中的“小虾队”是由热爱岛屿和艺术的社会各界人士所组成，服务于艺术节的志愿者团队。

在国内，艺术节的组织者可以通过学习和实践培养。而由于政治体制的原因，在国内由私有企业主导，政府参与和企业赞助的形式开展地区性的艺术节更多地需要地方政府和中央政府的参与。而越后妻有大地艺术节3年展在举办初期的组织和运营也更多依赖于政府。

4.7 参观人数和经济效益

两次艺术节的参观人数都实现了比节前预想人数的增加，2012年越后妻有大地艺术节约45万人，2010年濑户内国际艺术节约93万人。同时，两次艺术节吸引的大量的观光者进而带动了当地的经济，其经济效果分别为2012年越后妻有大地艺术节约46.5万亿日元和2010年濑户内国际艺术节约50万亿日元[23-25]。2012年越后妻有大地艺术节的运营、准备和原有建筑和道路的维护等支出约为5.8亿日元。2010年濑户内国际艺术节支出约为6.8亿日元。

与越后妻有大地艺术节不同，濑户内国际艺术节的举办地本身就是风景秀丽的国立公园，这就使参观者的关注对象不局限在艺术作品上。但与2009年的使用者人数相比，2010年艺术节的举办约增加了120万参观者[26]。可以说相对国立公园的参观人数而言，艺术节的举办仍旧吸引了更多的参观者并产生了巨大的经济效果。

5 结语

通过对两次艺术节共同之处的提取和总结，得出了其共同点和不同之处。结合地区的大环境和作品所处的具体小环境，以国际化的设计师和当地居民、志愿者共同制作只属于本地区的作品，并以大众为参观者等主要方面成功地制造了两个不同于通常意义上的艺术展，并成功地带动了本地区的经济。在诸多共同特点中，除交通和基础设施有待发展外，其余方面对中国部分地区举办类似的艺术节具有重要的借鉴意义。如在部分具有特色环境的地区，参展作品的创作可以更多地结合当地环境和风景。而在一些物质基础较发达但尚需进一步发展的地区，可以适当引入当地居民参与其中（不局限于艺术品的制作），并将观展对象扩大至更多相关阶层或社会多个阶层。官方与民间机构的多方支持和过渡可以保证艺术节在初期和后期顺畅的运营。

参考文献

[1] 藤森照信．藤森照信の特選美術館三味［M］．东京：TOTO出版社，2010：309.

[2] 韩多妮．回归大地：越后妻有大地艺术祭［J］．明日风尚，2009（7）：182-183.

[3] 管怀宾．大地的艺术：越后妻有三年展2009［J］．画刊，2009（9）：10-19.

[4] 文凤仪，莫一新．城市雕塑以外：日本越后妻有“大地艺术祭”公共营建行动引起的反思［J］．雕塑，2007（2）：68-70.

[5] 李晓风，苗彤．“里山”村落的“大地艺术祭”：2012第五届“日本越后妻有大地艺术祭”［J］．公共艺术，2013（1）：94-105.

[6] 周静敏，惠丝思，薛思雯，等．文化风景的活力蔓延：日本新农村建设的振兴潮流［J］．建筑学报，2011（4）：46-51.

[7] 冉国洪．浅谈艺术与经济的两重性关系［J］．美术大观，2010（4）：65.

[8] 董庆涛．浅谈设计艺术的经济属性［J］．艺术与设计，2008（6）：14-15.

[9] 俞东，张杰．从广州、北京两地看南北艺术经济的差异［J］．艺术与设计，2008（6）：189-191.

[10] 周家怡．从爱丁堡国际艺术节浅谈河南事件旅游开发［J］．旅游纵览，2012（6）：82-84.

[11] 朱宝芹．衡水地区艺术经济发展途径研究：以内画鼻烟壶为例［J］．现代商贸工业，2011（21）：91.

[12] クリンスザンネ．現代芸術による地域活性化：越後妻有大地芸術祭（トリエンナーレ）［C］//地域活性化学会研究論文集，2009：85-88.

[13] 株式会社美術出版社．美術手帖，大地芸術祭越後妻有アートトリエンナーレ2012［M］．东京：美術出版社，2012：248.

[14] 北川フラム．大地の芸術祭［M］．东京：角川学芸出版社，2010：190.

[15] 北川フラム．文化・芸術による地域づくり--越後

妻有アートトリエンナーレと瀬戸内国際芸術祭をめぐって [J]. Annals of regional and community studies，2010 (22)：11-29.
[16] 藤田一人. 瀬戸内国際美術祭 2010 新たなる芸術的観光資源の開発イベント [J]. 月刊美術，2010，36 (10)：140-142.
[17] 井原健雄. 「瀬戸内国際芸術祭」について思うこと [J]. 調査月報，2011 (288)：10-25.
[18] 西田正憲. 瀬戸内国際芸術祭 2010における離島を巡るアートツーリズムに関する風景論的考察 [J]. Journal of regional promotion，2011，21 (3)：91-110. [19] 株式会社美術出版社. 美術手帖，瀬戸内国際芸術祭 2010 [M]. 东京：美術出版社，2010：224.
[20] 樋口忠彦. 日本の景観—ふるさとの原型 [M]. 东京：ちくま学芸文库，1993：291.
[21] 大地の芸術祭実行委員会. 2010 大会通告 [EB/OL]. http：//www. mlit. go. jp/common/000188455. pdf. p1-p3.
[22] 大地の芸術祭実行委員会. 大会通告 [EB/OL]. http：//www. mlit. go. jp/common/000186784. pdf. p1-p8.
[23] 日本经济新闻. 瀬戸内国際芸術祭、経済効果 111 億円 3 年後も開催 [N/OL]. 日本经济新闻. 2010 (1221). http：//www. nikkei. com/article/DGX-NASJB20021 _ Q0A221C1LA0000/.
[24] 日本銀行高松支店. 《『瀬戸内国際芸術祭』開催に伴う観光客増加による経済波及効果 [EB/OL]. 2012-12. http：//www3. boj. or. jp/takamatsu/econo/pdf/ss101220. pdf.
[25] next-nevula. [前回比 11 億円増] 越後妻有「大地の芸術祭」県内経済効果は46 億円一新潟 [EB/OL]. 2012-12. http：//www. next-nevula. co. jp/news-headline/? p=8366.
[26] 環境省. 国立公園利用者数 [EB/OL]. http：//www. env. go. jp/park/doc/data/national/np _ 91. pdf.

（本文曾发表于 2014 年 10 月《中国园林》）

深圳水土保持科技示范园建设的理念与实践

王永喜　叶　枫　夏　兵　马义虎　陈　霞　郑佳丽

【摘　要】为促进当前水土保持科技示范园建设的良性发展，推广水土保持科技示范园建设的新理念和新模式，通过深圳市水土保持科技示范园的建设过程，详细介绍深圳市水土保持科技示范园建设的理念与实践。深圳水土保持园区包括水土文化区、水土保持科普试验区两大部分，将文化性、景观性与水土保持各种技术展示相结合，建设以城市水土保持特色为主的专业示范园。突出在城市开发建设过程中对广大市民的水土保持宣传、对中小学生的科普教育，营造寓教于乐的户外课堂，同时分析园区建成后的运行管理。对今后水土保持示范园建设提出几点设想：准确定位，以科普宣传功能为主；规划设计创新，多专业领域参与，多方面、多层次宣传水土保持理论与实践内容；建立良好的园区运行管理机制，保障长期有效运营。

【关键词】城市水土保持；科技示范园；科普教育；户外课堂；运营管理

水土保持是国民经济和社会发展的基础，是必须长期坚持的一项基本国策，是生态文明建设的重要组成部分。为推进水土保持宣传教育活动和生态环境建设步伐，进一步提高水土保持工作的科技水平，增强科技示范的带动作用，加大科普宣传力度，从2004年开始，水利部在全国开展了水土保持科技示范园区的创建活动。自2007年以来，水利部先后命名了4批84个水土保持科技示范园区，这些科技示范园区已成为水土流失治理和监测示范、科学研究、技术推广、宣传教育的重要基地和平台，为增强全社会公众的水土流失忧患意识、展示水土流失治理成果、提升水土保持科技水平、促进生态文明建设发挥了积极作用[1]。

深圳，这座由全国人民携手共建的年轻城市，在建市初期因大规模的开发建设造成了严重的水土流失，为因此带来的生态环境恶化付出了昂贵的代价，也曾有过血的教训。1995年后，深圳市委、市政府高度重视城市水土保持工作，历经10余年的探索与努力，深圳城市水土保持工作取得了显著成效[2]。为更好地发挥水土保持的科普教育和示范辐射作用，展示城市水土保持的成果，提高市民的水土保持意识，本着高起点、高标准、新理念的建设方针，深圳市从2007年开始开展了水土保持科技示范园区的建设工作，拟建设一座集科技示范、科普推广于一体的现代化示范基地，一个城市水土保持发展与交流的平台，一个国内外水土保持先进科学技术的展示窗口，一个寓教于乐的户外大课堂。

1　示范园概况

深圳市水土保持科技示范园（以下简称深圳水保园）选址于深圳市南山区西丽水库西南侧，距市中心区12km，交通便利。项目区占地50万m^2，属西丽水库的一、二级水源保护区。园区地貌为低山丘陵，最高点海拔93.7m，最低点海拔35.1m。园区原先为废弃采石场，曾经水土流失严重，经过初步治理后，水土流失危害减弱。植被主要为人工柠檬桉树（*Eucalyptus citriodora*）林及荔枝（*Litchi chinensis*）林地，物种贫乏，林相单一。园区的地形山谷环绕，南北向的山谷宽阔，为缓坡山地，而园区东南侧的山谷地形曲折蜿蜒，坡度相对较陡。园区大多为燕山期花岗岩，地下水受大气降雨量影响，主要有松散土层的孔隙潜水和基岩裂隙水。

深圳市属南亚热带海洋性气候，温暖无冬，雨量充沛，四季常青，无霜无雪，盛行东南风，7～9月台风较为频繁。多年平均气温22.4℃，其中极端最高气温36.6℃，极端最低气温1.4℃，最热月月平均最高气温32.0℃，最冷月月平均最低气温10.5℃。多年平均降雨量1948.4mm，年最大降雨量2662.2mm（1976年），年最小降雨量912.5mm（1963年），日最大降雨量314.8mm（1966年），1h最大降雨量99.4mm（1966年），降雨多分布在4～9月，占全年降雨量的80%以上。

2 深圳水保园建设的新理念

2.1 新型目标，独特定位

深圳水保园在规划设计初期，考察了当时有代表性的福建金山水保园、茂名小良水保园等地方，分析这些园区的优势和不足之处，同时借鉴台湾水土保持户外教室的理念和方法。在此基础上，结合深圳城市水土保持的特点，确定了深圳水保园建设的目标和定位，提出创建新型水土保持科技示范园的目标，即以城市水土保持为主题的创新建设模式，开展城市水土保持科普宣传、科研试验，结合主题公园建设模式，建设一个风景优美、有文化内涵、科技与艺术结合的专题公园，使参观者在游憩过程中，从多方面接受科普宣传教育。

2.2 关注利用，合理选址

深圳市的水土流失主要因城市开发建设而造成，如采石、取土活动；高速公路、公路、铁路、市政道路等建设；开山造地、填海及机场、港口码头等建设活动；涉及场地平整工程的房地产开发；工业园区及工业企业建设开发；外运土石方的弃置工作（如地铁修建、建筑物基坑开挖、河道清淤等）；环境工程（如纳土场、垃圾处理场、危险填埋场、污水处理厂）的建设与运营[3]。在这些开发建设项目中，开山、采石、取土为产生水土流失的主要来源。

根据深圳水土流失特点、地形地貌特征，园区选址于具有水土流失典型性的深圳市南山区乌石岗废弃采石场内，在废弃场地上进行规划设计。通过对场地的生态修复及水土流失治理，既营造了优美的山水自然景观，又创造性地融入水土保持科普、科研功能。各地水土保持科技示范园大多位于城市边缘地带或者郊区，周边人口密度低，交通等基础设施相对较差，示范园难以发挥示范作用。深圳市人口密集，土地资源紧张，将园区建设与水源保护结合，力争选址在都市区实属难能可贵，其交通便利，人流量大，确保深圳水保园发挥典型带动和示范辐射作用。

2.3 多元融合，水保、文化、景观三位一体

深圳水保园以“水土文化—水土科技—水土保持”为主线，从生态保护的角度，以废弃利用的可循环经济理念，将“文化性”和“景观性”融入水土保持的科普展示之中，以新颖的设计手法概括表达水、土两大自然要素。通过景观化的处理手法，展示水土文化、城市水土保持成果、水土流失治理模式、水土保持科研试验等内容[4]。构建具有深厚中国水土文化底蕴、丰富的水土保持科技知识、具有水土保持研究深度的近自然型水土保持科技示范园，达到寓教于乐的目的。

2.4 润物无声，开辟水土保持科普教育户外课堂

深圳地域面积虽然不大，但有来自全国的众多建设者，具有人口众多的特点，水土保持宣传可起到以一市带动全国的效果。结合中小学生课外实践活动，将水深圳水保园建设与深圳市教育实践基地相结合，不但为社会大众提供宣传教育，也为中小学生提供课外学习、参观的户外教室。

2.5 综合展示，促进技术创新

深圳在城市水土保持方面不断进行探索和创新，为其他城市和地区的水土保持生态建设提供了许多借鉴，为充分展示、宣传水土保持技术和理念，在深圳水保园内集中展示岩质边坡绿化新技术、开发建设项目水土保持新技术措施；城市水土保持监督管理新理念、新方法；在生态、低碳方面的技术应用，如雨水资源利用、废弃材料再利用等；其他城市先进水土保持管理及技术，以及香港、台湾地区水土保持新的理念与技术。

3 深圳水保园建设的主要内容

深圳水保园以“因地制宜、生态优先”为原则，围绕水土文化和科普展示两条主线开展建设，将“文化性”与“景观性”融入一体，使其成为寓教于乐的户外课堂和开放绿色空间[5]，园区包括水土文化展示区和水土保持科技展示区两大部分。

3.1 水土文化展示区

水土文化区规划建设了抽象表达水土文化元素的蚯之丘、土厚园、木华园、金哲园、水清园主题园区和景点，以水土文化为内涵，配合植物造景设计来展示不同颜色土壤与植物相辅相成的

关系[6]。

主门区入口的“蚯之丘”模仿蚯蚓在土壤中拱起的洞穴，作为进入园区的门户，揭示土壤生物与人类活动的密切关系，以及与水土保持的联系。

穿过洞穴之后，进入“土厚园”区，其设计理念源自中国土文化的“五色土”思想，选用中国具有地域标志性的黑土、白土、红土、黄土、青土为素材，用原土分别营造了黑土沼泽、白沙银滩、乡韵红土、水润黄土、青土白茅5个土壤主题园，艺术地展现了中国大地上的重土文化和土壤之美。让公众感受到不同地域土壤的巨大差异，阐述土壤看似平凡无奇实则弥足珍贵的道理[5]。结合室外布置的全国土壤分布模型，认识到全国各地的土壤类型及分布范围，从而将传统文化意义上的土壤分类与现代科学意义上的土壤分类相互对照。

脚踏五土、头顶绿荫拾级而上来到“木华园”。这里原先为人工荔枝林，在保留大部分荔枝树的前提下，在林下空地补植涵养水源、固土护坡植物，如水石榕（*Elaeocarpus hainanensis*）、假苹婆（*Sterculia lanceolata*）、蒲葵（*Livistona chinensis*）、羊蹄甲（*Bauhinia purpurca*）、南洋楹（*Albizia falcataria*）、黄槐（*Cassia surattenais*）、山毛豆（*Cassia alata*）等，形成多树种复层林相，悬挂植物铭牌，了解相关植物知识。

“金哲园”利用原有废弃劣质旧建筑改造而成，设计采用了废弃锈钢板进行空间重组，完善建筑功能，内部改造为4D影院，播放水土保持科教片。“金哲园”技术与艺术设计的结合，将生态与环保的诉求从不同层面表达出来。

“水清园”利用废弃的采石坑低洼地，进行山脉水系梳理，水中的净水植物对周边汇入的雨水起到水质净化的作用。水潭秀柔清冽，崖上石刻、水中游鱼相互辉映，营造一片自然野趣的景象。

3.2 水土保持科技展示区

缘水岸北上，进入水土保持科技展示区，在优美的山林自然环境中有序地设置了水土保持科普、科研设施，主要包括：水土流失模拟试验区、根箱模拟展示区、边坡防护措施展示区、谷坊群展示区、水土保持4D影院、图片展示长廊、全国土壤剖面展示区、水土保持电子游戏区、城市建设水土保持模型展示、径流试验小区、林地水文效应研究区、水土保持实验室等[6]，生动形象地展示了水土保持原理、水土流失危害和水土保持技术成果，使参观者在游览过程中，掌握水土保持的科普知识，增强保护水土资源的理念。

3.2.1 科普示范内容

（1）利用变坡陡槽设施，结合人工模拟降雨，建立水土流失模拟试验区。通过两组水土流失模拟试验展台，向观众展示不同坡度和不同地表植被情况下产生水土流失的差异。观察在相同降雨条件下，3种坡度（5°、15°、25°）裸露坡面产生水土流失的情况，3种地表植被（裸露、草皮、乔灌草）在相同坡度（15°）的坡面产生水土流失的情况，让观众直观地认识到坡度越陡，水土流失越严重，地表植被覆盖越好，保护水土的作用越强。

（2）各种边坡防护措施综合展示，包括浆砌石护坡、框架护坡、抗滑木桩护坡、生态袋护坡等坡面工程措施及坡面截、排水措施。坡面上的各种绿化措施有喷混植生绿化、液压喷播绿化、铺草皮绿化、栽植乔灌木绿化等。通过这些展示，让公众了解在水土流失治理中将工程措施与植物措施相结合，同时提倡边坡生态综合防护的理念，提高生态保护意识。

（3）图片展览长廊，重点以深圳生态环境历史变化为主线，分为历史的天空、哭泣的河流及回归的土地3个阶段，展示深圳生态环境由原生态—规模型破坏—生态型修复的变化过程，突出城市水土保持工作在其中发挥的重要作用[6]。共布置室内展板20张，室外展板60张，室外展板主要布置在入口主园路一侧。

（4）采用声、光、电、风、三维动画等高科技手段，在“金哲园”内利用废弃建筑改造为4D影院，制作了一部题名为《水土保持总动员》的水土保持主题4D影片。影片模拟人为破坏生态环境、产生水土流失的过程，通过对沙尘暴、山洪、泥石流等自然灾害的模拟，让观众感受自然灾害的威力，如身临其境。再通过观看各种水土流失治理措施，让观众对预防水土流失、保护生态环境有一个全面、深刻的认识。

（5）城市建设水土保持模型展示。为展示深圳在城市开发建设项目水土保持监督管理、预防措施的经验成果，在入口主门区土厚园的西侧，布置城市建设水土保持模型展廊。模型分4组展示了房地产开发建设项目从施工准备期、基坑施工期、建筑施工期、施工结束后4个阶段所涉及的水土流失防治措施。模型采用现代光电技术，对整个场景进行动态展示，展示在开发建设项目各个施工阶段需要采取的水土流失防治措施。整个模型位于以一块和周边环境相呼应的插入风蚀墙体的耐候钢板之下，耐候钢板形成一个可以放置模型的风雨长廊，顶部覆土种植草坪，和红色的耐候钢板形成鲜明的对比，同时又和粗糙的侵蚀墙体肌理形成对比，有较高的趣味性和宣传教育效果。

（6）全国土壤剖面陈列室与水土保持电子游戏室。对位于金哲园西边的原二防仓库进行改造，改造后的三防仓库主要分为两大部分，其中一部分用来陈列全国主要土壤剖面标本，另外一部分用来摆放水土保持电子游戏PC机。中国是世界上土壤类型最多的国家之一，主要土壤发生类型可概括为红壤、棕壤、褐土、黑土、栗钙土、漠土、潮土（包括砂姜黑土）、灌淤土、水稻土、湿土（草甸、沼泽土）、盐碱土、岩性土和高山土等12个土纲、28个亚纲、61个土类、233个亚类[7]。全国土壤剖面陈列室以找到你家乡的土壤为主题，符合中国人传统的重视乡土的文化，也是水土保持科普教育的重要内容。展示方式主要采用玻璃圆柱的形式，每种土壤标本配备说明牌，介绍土壤采集地、主要特征及特性等，同时在展厅中央布设土壤剖面结构模型，以更清晰地认识土壤各个层面特征。

水土保持电子游戏以城市开发建设中的道路建设项目为蓝本，以全3D虚拟真实场景的方式展示建设施工工程和水土保持措施。建设施工工程以关卡形式展示，根据现实建设施工工程时序，搭建各种3D虚拟场景，以3D高精度模型配合极接近真实的材质，将真实场景完整还原。操作者在选定的场景区域内对工程建设进行各种操作（如挖土、铺路、拦挡、填土、截排水、绿化等），涵盖施工期各阶段，更好地了解整个工程的防治措施体系及进度控制过程。

3.2.2 水土保持科研试验内容

（1）径流试验小区

园区共建设8个标准径流试验小区（垂直投影面积20m×5m，坡度15°）进行水土保持科研监测试验。按照《水土保持监测技术规程》（SL 277—2002）的技术要求，结合深圳城市水土保持的特色进行布设。

径流试验小区采用了目前水土保持监测的先进仪器，基本实现全自动化观测和监测数据的实时传输，同时为了科普需要在径流小区设置大型电子展示牌，将监测数据部分内容予以展示，从而让公众直观看到采用不同植被措施下，植被对水土涵养的效果。主要监测试验内容：1号径流小区为钢筋混凝土格构梁＋喷草灌植被护坡；2号径流小区为喷草灌护坡［草本：百喜草（*Paspalum natatum*）、狗牙根（*Cynodon dactylon*）；灌木：金合欢（*Acacia farnesiana*）、多花木兰（*Indigofera amblyatha*）、山毛豆（*Cassia alata*）］；3号径流小区铺草皮护坡［马尼拉草（*Zoysia matrella*）］；4号径流小区乔灌混交林［乔木：山乌桕（*Sapium discolor*）；灌木：桃金娘（*Rhodomyrtus tomentosa*）］；5号径流小区为台湾相思（*Acacia confusa*）纯林；6号径流小区为荔枝纯林；7号径流小区为柠檬桉树纯林；8号径流小区为裸地对照小区（CK）。主要监测内容包括：气象数据（降雨量、温湿度、风速、蒸发量等）；径流数据（流量、流速、泥沙含量等）；土壤数据（坡面平均含水量）等。

（2）流域水文观测、水源涵养林生态效益监测区

在项目区位于西丽水库集水区出口处设水文观测站，建设观测房，布设测流堰、自计水位计、便携式多参数水质分析仪等仪器，观测、记录集水区汇水总量、流速等水文数据，以及监测全P、全N、COD、径流泥沙含量、pH值等水质特征值，结合气象观测站测定本底资料，计算和分析与流域有关的水文数据，为建立生态清洁小流域提供依据。

在项目区内靠近水库的山坡地上设置两块标准样地，垂直投影面积为20m×20m，进行水库水源涵养林的生态效益监测。主要包括：不同植被条件下的土壤水分监测、土壤理化性质监测、树液流监测、林冠截流、枯落物监测等内容。

（3）水土保持室内实验室

实验室位于“金泽园”东侧的原办公楼一层，建筑面积$80m^2$。室内实验室可为室外试验提供内业分析支持，便于实验数据的及时测定、分析，为数据的准确性提供保障，为城市水土保持的基础理论研究提供依据。主要设置土壤理化分析实

验室，配备烘干箱、电子天平、托盘天平、真空干燥器、取样瓶、土壤筛、铝盒、烧杯、试管、PC计算机等基础试验用器材和设备。

4 深圳水保园运营与管理模式

为了减少科技示范园建设及管理中出现的矛盾与纠纷，确保园区建设顺利、后期管理有序，在园区选址地点确定后，就积极办理园区土地使用权手续。经过与深圳市、区国土主管部门的沟通与协调，项目区50万m^2的占地范围办理了土地使用权手续，土地使用权年限为50年。

为使深圳水保园能长期稳定运行，在建设水保园的同时，制定了相应的运营管理制度，明确水保园免费向社会开放，所需管理维护费用列入政府财政预算，按照市政公园管理维护标准下拨相关费用。深圳市水务局通过公开招标形式选定管理维护单位，明确管护责任、管护人员以及各项管理维护内容，保障水保园有经费、有人员正常运营。据资料[8]统计，从2009年开园到2012年底，深圳水保园共接待参观人员近6.6万人，其中自行参观人员3.6万人，团体参观218批次3.0万人，团体类型主要包括水利部及各省市水务主管部门、深圳市相关部门和社会组织机构、深圳市中小学校和幼儿园。深圳水保园开园至今已有两年多时间，其水土保持科普教育、技术交流等功能逐步突显，园区成为政府相关部门开展水土保持宣贯和交流的平台，逐渐成为深圳市开展学生水土保持教育实践的重要场所，成为广大市民接受水土保持教育、进行户外休闲的好去处。从2011年开始，园区自行参观人数超过了团体接待人数，表明园区得到了广大市民的认可和喜爱，成为市民愿意去、想去、爱去的地方。

5 深圳水保园建设思考

深圳水保园从前期的策划选址开始，经过前期策划定位、规划设计、项目实施，直到建成对外开放、运营管理的整个过程，是一项非常复杂的系统工程。在这个过程中，政府各级主管部门、规划设计单位、项目施工单位、运营管理单位等的密切配合，为项目的顺利开展奠定了良好的基础。同时，各个行业领域专家、学者的献计献策，为水保园的准确定位、各项建设内容的科学性、代表性、先进性提供了大力的技术支持。通过深圳水保园建设管理的全过程，有以下三个方面的认识。

首先，要准确定位水保科技示范园的功能。水保科技示范园应以科普宣传教育为主，对推动水土保持国策宣传教育有重要作用，这应该是当前建设水保科技示范园的主导思路。在此基调下，应结合各地的实际情况和水土保持特点，开展相关领域的科学研究、学术研讨活动。

其次，在规划设计上要有创新性。从项目选址到前期策划、规划设计，都要结合当地的资源优势、当前水土保持的发展特点以及历史上水土保持的经验教训。选址应考虑交通的便利性，便于广大市民前往参观。同时所选的地点应能代表该地区的水土流失特点，应具有代表性、典型性。在规划设计上，应有多专业领域的合作，如水土保持与城市规划、景观、生态、建筑等专业的融合，方能打造有鲜明特色的城市水保示范园，而不是单纯展示水土保持技术措施的示范园，让参观者在游览的过程中，不仅能学习水土保持知识，还可通过景观、建筑、生态的体验，激发深层次对水土保持学科的理解与思考，不要局限在各种技术措施、科研试验的技术层面上，从而为推动水土保持的社会宣传、理论与技术的发展起到积极的作用。

最后，要有良好的运营管理机制。鉴于目前的形势，不宜采用以园养园的模式，水保科技示范园属于社会公益性的主题园区，应当纳入政府公益服务管理的范畴，可参照市政公园的管理模式，园区的运营维护费用纳入政府财政预算，才能保障水保科技示范园能长期有效的运行，为社会持续不断地发挥宣传教育功能。

参考文献

[1] 许国平. 水土保持科技示范园建设应当注重的几个问题［J］. 山西水土保持科技，2010，23（2）：23-24.

[2] 何昉，王永喜，李辉，等. 从城市绿地系统规划看城市水土保持生态建设［J］. 水土保持研究，2006，13（5）：241-244.

[3] 吴长文. 城市水土保持的理论与实践［J］. 中国水土保持科学，2004，2（3）：1-5.

[4] 郭泽莉. 汇集先进技术的完美课堂（N）. 中国花卉报，2011-02-17（S03）.
[5] 马义虎，赵一，郭江红，等. 水土修复：深圳水土保持科技示范园［J］. 风景园林，2010，86（3）：92-95.
[6] 郑佳丽. 广东省深圳市水土保持科技示范园助推生态文明建设［J］. 中国水利，2011（1）：72.
[7] 全国土壤普查办公室. 中国土壤分类系统［M］. 北京：农业出版社，1992：1-50.
[8] 深圳市水土保持办公室. 深圳市水土保持简报. ［2009 年第 12 期，2011 年第 2、12 期，2012 年 12 期］. ［2013-01-12］. http：//www. szwrb. gov. cn/cn/zwgk _ list. asp? lid=lid&lm=647&m=5.

（本文曾发表于 2013 年 10 月《中国园林》）

城市化与城市流域水土保持

马义虎

【摘　要】 城市化促使城市人口迅速膨胀、生产规模逐渐扩大和各类产业不断聚集，加重了城市水资源负荷，同时城市化强烈改变了城市流域的下垫面条件，影响了城市流域的水文循环过程。当前城市化面临越来越严重的水土流失、雨洪灾害、水质污染等问题。本文从城市流域水土保持角度分析，论述了水土保持在实现城市可持续发展中的重要作用。

【关键词】 城市化；城市流域；水土保持

引言

随着全球工业化的进程，越来越多的乡村居民陆续离开祖辈或自己开拓的土地，投进了城市的怀抱。这一方面适应了经济发展对人力资源配置的要求，另一方面也是人们追求自身发展的理性行为的反映[1,2,9,10]。这个过程推动了城市的兴起和演化，城市也为人类实现自身的发展提供了其他聚居形式所不可比拟的优越条件。

诺贝尔经济学奖得主斯蒂格利茨断言，21 世纪对世界影响最大有两件事：一是美国的高科技产业，二是中国的城市化。我国经济快速发展，城市化进程加快，高速城市化大致在 1996 年开始，1996～2009 年由 29.4％提高到 2009 年的 46.59％，每年保持 1.4％的增速[1,2]。政府和学者对我国未来的城市化充满了期待，认为未来城市化还将出现一个新的飞跃。但这个新的飞跃需要处理好城市流域环境保护和城市建设发展的关系，特别是城市水土环境质量的维护和改善，否则会降低城市生态安全等级。

1　相关定义

根据《城市规划基本术语标准》城市化定义为人类生产和生活方式由乡村型向城市型转化的历史过程，表现为乡村人口向城市人口转化，以及城市不断发展和完善的过程。根据《水利水电工程技术术语》，流域定义为地表水及地下水的分水线所包围的集水或汇水区域。根据国际应用系统分析研究所（1989 年）对生态安全一词的定义，生态安全指在人的生活、健康、安乐、基本权利、生活保障来源、必要资源、社会秩序和人类适应环境变化的能力等方面不受威胁的状态[3]。

2　城市建设改变流域特征

城市人口迅速膨胀、生产规模逐渐扩大和各类产业不断聚集，加重了城市水资源负荷，同时城市化强烈改变了城市流域的下垫面条件，影响了城市流域的水文循环过程。为实现城市全方位的发展，满足城市人群需求，城市开发需要兴建道路、桥梁、隧道、地铁、机场、房屋、广场、港口、水库、河道、公园等基础设施，不可避免要占压、扰动和毁坏原有的地形、地貌、土壤、植被和水域等，造成大量的开挖土方和回填土方。使得原有城市土地的利用方式发生巨大改变，耕地、林地被越来越多的建筑物和各种硬化铺装所替代，越来越多的湖泊、滩涂、河道被填埋造地，城市流域下垫面不透水比例大幅增加，明显改变了城市流域的水文循环特性，引起城市径流系数明显增大和汇流时间显著减小[7,8]。城市化面临越来越严重的水土流失、雨洪灾害、水质污染等生态环境问题，降低了城市生态安全等级。若不对城市流域进行水土保持防治，以改善城市流域水土环境，必将导致城市流域水土流失灾害和生态环境破坏。

3　城市流域水土保持分析

城市地表多被钢筋混凝土的房屋建筑和不透水的路面所覆盖，与自然的土壤相比，普通的混凝土路面缺乏呼吸、吸收热量和渗透雨水的能力，随之带来一系列的生态环境问题[4]。

从流域水文角度分析，天然流域和城市流域存在很大的差异，通常情况下，天然流域地表具有良好的透水性和保水性，城市化增加了城市流域硬化地表，使城市流域被大量的非渗水表层所覆盖，譬如建筑、道路、广场等；同时传统的城市排水排洪设施偏向于满足城市流域排水排洪的快速性和安全性；城市化直接改变了城市流域的暴雨径流形成条件，造成流域产流速度增大，导致洪峰提前和流量增加，增大了城市流域排水排洪的压力。

从水土保持角度分析，城市化应当更加关注城市的水和城市的土，维护和改善城市流域透水性和保水性十分重要。城市化之前的自然山体和自然水系是若干万年地质运动和水沙运动等综合作用的结果，随性改变自然山体和自然水系会触动自然生态系统赖以存在的根本。保留和修复城市自然植被、保留和改善洼地蓄水、治理城市开发建设造成的水土流失等水土保持措施可以改善城市流域透水性和保水性，促使城市流域地表水和地下水按原有的自然规律运动，以降低城市流域水土流失灾害和生态环境破坏的风险。

4 恢复城市流域透水性和保水性

城市绿地（草地、林地）、屋顶花园、渗水铺装、植草排水沟、生态河道、湖泊、水库、蓄水池、滞洪区、雨洪利用等设施有较强的渗水、滞水、蓄水、调水功能。以湖泊、水库、蓄水池、滞洪区为代表的集中处理设施在水量调控方面效果显著；以绿地（草地、林地）、屋顶花园、渗水铺装、植草排水沟为代表的源头式处理设施在增加雨水渗透，调节气候等方面效果显著[5,6,11,12]。合理增加和布设绿色基础设施可以降低开发建设对城市流域水土环境的冲击，尽可能保持原有的自然水文特征，充分利用入渗能力以延长径流时间，减轻开发建设行为对原有水文状态的冲击。加强对城市流域绿色基础设施的水土保持管理，恢复城市流域透水性和保水性，改善城市流域生态环境，提高城市流域生态安全等级，以实现城市化可持续进行。

参考文献

[1] 季曦，刘民权. 以人类发展的视角看城市化的必然性. 南京大学学报 [J]. 2012（04）：46-52.

[2] 贾元生，刘鲁军，陈昌笃. 中国城市化环境问题思考. 环境与开发 [J]. 1996（11）：7-10.

[3] 谢花林，李波. 城市生态安全评价指标体系与评价方法研究. 北京师范大学学报 [J]. 2004（10）：706-710.

[4] 姜立晖，程小文. 低冲击开发模式解决城市雨洪. 中国减灾 [J]. 2010（09）：32-33.

[5] 高晓薇，刘家宏. 深圳河流域城市化对河流水文过程的影响. 北京大学学报 [J]. 2012（01）：153-159.

[6] 王雯雯，赵智杰，秦华鹏. 基于 SWMM 的低冲击开发模式水文效应模拟评估. 北京大学学报 [J]. 2012（02）：303-309.

[7] 包颖新，张捷，纪星. 城市流域水资源循环利用与可持续发展规划概论. 内蒙古石油化工 [J]. 2012（07）：67-68.

[8] 黄本生，王里奥，李晓红. 城市流域综合整治及环境经济损益分析. 四川环境 [J]. 2003（22）：57-60.

[9] 甘卫星，朱光婷. 城市化的环境危机及其对策. 环境保护 [J]. 2010（11）：47-48.

[10] 张远广，李正平. 中国的城市化-环境基础、内在属性及其特征. 人文地理 [J]. 1990（02）：35-40.

[11] 丁年，胡爱兵，任心欣. 深圳市低冲击开发模式应用现状及展望. 给水排水 [J]. 2012（11）：141-144.

[12] 胡传伟，高雪，孙冰等. 园林景观低冲击开发研究现状和发展趋势. 中国园艺文摘 [J]. 2012（07）：101-102.

（本文曾发表于2013年12月《中国首届城市水土保持学术研讨会论文集》）

2

设计实践篇

基于生态恢复的城市绿地系统规划理念探讨
——以广东省佛山市为例

汪永华　何　昉

【摘　要】根据整体优化、景观连续性、生物多样性、可持续发展、因地制宜与景观多重价值等原则，佛山应以生态恢复理论指导，从城市绿地斑块、城市绿色廊道、环城绿带、城市湿地、工业废弃地、岭南文化等6个方面进行城市绿地系统规划，最终形成“绿色基质＋绿色廊道＋干扰斑块＋景观节点”的景观格局。

【关键词】生态恢复；佛山；城市绿地系统规划

由于城市规模的不断扩大、城市人口的增长、城市的发展需求造成的对城市的压力大大超过了城市生态承载力的限度，使城市生态系统的自我调节与维持发展的生态平衡失调，由此产生的城市环境问题日趋严重，对人类的生存环境以及经济社会的可持续发展构成了严重的威胁。城市生态恢复与城市的可持续发展在很大程度上取决于城市在社会、经济和生态环境方面的协调与自我调控能力。佛山作为一个新型的大型城市，聚集了广阔地域范围的各种资源和信息，成为广佛都市圈（广州、佛山）的重要发展极，城市的发展深刻地影响着珠三角乃至广东省的发展。但城市自身的发展却面临着许多困境，例如在城市建设方面，中心城区高楼密布，人口密集，城市土地利用政策和房地产开发政策导致住宅建设只考虑经济效益而忽视人居环境。为此，本文探讨以城市生态恢复理论来指导佛山城市绿地系统规划，期望更好地修复城市生态环境。

1　城市生态恢复的涵义与目标

有关生态恢复的术语很多，常见的主要有：restoration、reclamation、revegetation、rehabilitation、ecosystem reconstruction等，这些术语都包括“恢复与发展”的内涵，即使原来受到干扰或损害的系统恢复后使其持续发展。生态恢复是相对生态破坏而言的。生态破坏即生态系统的结构发生变化，功能退化或丧失、关系紊乱。生态恢复，就是人们有目的地把一个地方改建成定义明确的、固有的、历史上的生态系统的过程，目的是竭力仿效特定生态系统的结构、功能、生物多样性及其变迁过程（美国生态学会），并恢复被损害的生态系统到接近于它受干扰前的自然状况。一般地，进行生态恢复的目标可分为4类：恢复如废弃地这样极度退化的生境、恢复城市生态系统这种现有的退化生态系统、合理保护与利用现有生态系统、保持区域文化的可持续发展。

城市生态恢复是指重新拟合城市发展变化中环境中的生态要素。作为城市生态规划中的一项区域性质的长期性策略，城市生态恢复是以合理利用、保护自然生态环境资源为基本任务的生态规划手段，其目的在于对城市发展过程中所造成的和即将造成的环境破坏进行恢复和保持。城市生态恢复的过程，即是以生态城市为目标，对城市现有的物质环境进行有机更新，促进城市各子系统向协调、有序的状态演进的过程。城市生态恢复可以对城市发展水平及发展状况做出评价，从而可以有效地抑制城市环境恶化的现象出现，以实现城市的可持续发展，其核心与关键是恢复城市生态系统的功能，并使之能够自我维持。

2　城市生态恢复的理论基础

2.1　限制性因子原理

寻找生态系统恢复的关键因子及其相互之间的作用与过程，进行生态恢复工程的设计和确定采用的技术手段、时间进度。

2.2　热力学定律

确定生态系统能量流动特征。

2.3　生态系统结构理论

确定物种组成成分及其在时间、空间上的配置及各组分间物质、信息流动的方式与特点，即物种结构、时空结构和营养结构。

2.4 生态适宜性原理

确定物种与环境的协同性，充分利用环境资源，采用最适宜的物种进行生态恢复，维持长期的生产力和稳定性。

2.5 生态位原理

合理安排物种在时间、空间上的位置及其与相关种群之间的功能关系，使各种群在群落中具有各自的生态位，避免种群之间的直接竞争，保证群落的稳定。

2.6 生物群落演替理论

生态演替可看作是在外界压力不复存在之后，生态系统所经历的一系列恢复阶段。确定被恢复生态系统的演替过程，通过物理、化学、生物的技术手段，控制待恢复系统的演替过程和发展方向，恢复生态系统的结构和功能，并使系统达到自维持状态。

2.7 植物入侵理论和生物多样性原理

确定物种之间及其与环境之间的多种相互作用，以及各种生物群落、生态系统及其生境与生态过程的复杂性，从而达到系统的稳定性。

2.8 斑块—廊道—基质理论

斑块泛指与周围环境在外貌和性质上不同，并具有一定内部均质性的空间单元，如植物群落、湖泊、农田或居民区等；廊道指景观中与相邻两边环境不同的线形斑块，如防风林带、河流、道路等；基质指景观中面积最大、连续性最大的背景结构，如森林、农田、城市等。在大尺度上的生态系统恢复，必须考虑土地利用的整体规划与生境破碎化，恢复景观的样性和完整性。

3 城市生态恢复的原则

3.1 整体优化原则

从系统分析的原理和方法出发，强调生态恢复的目标与城市总体规划目标的一致性，追求社会、经济和生态环境的整体最佳效益，努力创造一个社会文明、经济高效、生态和谐、环境清洁的人工复合生态系统。子系统之间和各生态要素之间相互影响、相互制约，不仅影响到区域或城乡大系统的稳定性，而且直接关系到系统的结构和整体功能的发挥，因此在规划中必须协调好生态（观光）农业、生态林业、防洪系统、城市建设等子系统间的有序和平衡。在生态恢复中，如何利用有限的绿地空间，通过绿地景观格局的优化设计，充分利用绿地的生态功能和游憩功能，线、带、块相结合，大、中、小相结合，达到以少代多、功能高效的目的显得尤为重要。

3.2 景观连续性原则

城市绿地往往处在城市建筑环境的重重包围之中，绿地景观被分割得四分五裂，在城市中成为一个个彼此隔离的孤岛，使绿地的生态、游憩与观赏功能都大大降低，难以形成较为完整的城市自然生态系统。因此，通过设置绿色廊道（如环城绿带），规划带形公园、设置绿地间“踏脚石”等手段加强孤立绿地斑块之间的联系，加强绿地间生物物种的交流，形成连续性的城市景观，使城市绿地形成系统，是城市绿地系统生态规划与城市生态恢复的重要任务之一。

3.3 生物多样性原则

生物多样性包括遗传多样性、物种多样性和景观多样性，多样性导致稳定性。遵循多样化的生态恢复原则，对于增进城市生态平衡、维持城市景观的异质性、创造丰富多彩的城市绿地系统具有重要的意义。通过合理规划设计植物品种，可以在城市绿地中创造丰富多彩的遗传多样性；物种多样性的提高，必须以乡土树种为主，模拟当地自然植被的顶级群落类型，设计物种丰富、结构合理的景观；景观多样性表现在绿地景观类型的多样性、结构的多样性和格局的多样性。如在城市中，绿地按其规模分为市级公园、区级公园、小游园等，按形状结构分为带状绿地、块状绿地等；绿地景观格局上有大小绿地镶嵌结合、宽窄廊道相结合、绿地集中和分散相结合等。

3.4 可持续性原则

要充分研究城市远期发展的规模和水平，制定远景发展目标。在城市向外扩展的同时，要留出足够的空间为将来安排绿地之用。将临时绿地和永久性绿地相结合，同时，要重点解决近期内环境质量较差、居民游憩困难的地方的绿地建设问题。以环境容量、自然资源承载力和生态适宜度为依据，积极创造新的生态工程，寻求最佳的区域生态位，强化人为调控未来生态变化趋势的能力。

3.5 因地制宜原则

在城市绿化用地和绿化设计选择方面，一方面要使绿地更好地发挥改善城市环境质量，美化环境的作用，另一方面，要在满足植物生长条件的基础上，尽量利用荒地、山冈、低洼地等布置绿地。另外，在各城市绿地面积、数量、空间格局等绿地指标和空间形态的规划设计时要从实际的需要和可能出发，因地制宜，避免生搬硬套，单纯追求某一种形式、某些指标。

3.6 景观多重价值原则

城市是人类居住和生活的主要场所，因此，城市生态恢复不可能像自然保护区建设那样隔离于人的影响之外。城市生态恢复一般都兼顾多种目标，如绿道体系同时具有生物廊道、城市景观塑造、城市户外空间营建、历史遗迹保护及教育、游憩、观光等多种功能。这种多目标的方法消除了传统规划方法将生态保护与开发对立起来的局面，为自然引入城市提供了条件。

4 基于生态恢复的佛山城市绿地系统规划探讨

城市生态恢复是以城市开放空间为对象，以生态学及相关学科为基础进行的城市生态系统建设。它不同于一般的城市绿化和景观建设，注重生态系统结构与功能的恢复，以及健全生态过程的引入，从而使系统具有一定的自稳性和持续性。用生态学理论来指导城市绿地建设，使城市绿地纳入更大区域的生态保护网络，应该成为佛山可持续城市景观建设实践的主要内容。

4.1 城市生态恢复与城市绿地系统建设的关系

城市绿地系统是恢复城市生态环境及提高景观活力的有效措施。对于整个城市生态系统来说，城市绿地系统，尤其是生态绿廊（如环城绿带）对于城市的生态恢复在于它可以生长式的发展与簇群式的带动作用，在美化城市面貌的同时，恢复城市生态系统的活力。城市绿地系统由各类绿地斑块和廊道组成，斑块和廊道的规划设计要充分发挥绿地系统的生态系统服务功能（ecosystem service）。目前在景观生态规划格局中应用最为广泛的是集中与分散相结合的规划模型，可以很好地应用于城市绿地系统规划布局。由于大型绿地斑块和小型绿地斑块对城市景观的结构和功能有着不同的影响力，因此在规划中作为第一优先考虑保护或建成的格局是：几个大型的自然植被斑块作为水源涵养所必需的自然地；有足够宽的廊道用以保护水系和满足物种空间运动的需要；而在开发区或建成区里有一些小的自然斑块和廊道，用以保证景观的异质性。这一模式同样适用于包括城市景观在内的任何类型的景观。

4.2 基于生态恢复的城市绿地系统规划

由佛山历史变迁不难看出佛山城市的发展方向：受损生态系统依靠自然力量不能恢复，生态恢复是必然方向。因此对现存的大量人工设施只能采取减法加以控制，需要增加的是大量的生态绿地，佛山生态恢复的基本思路为：以城市生物多样性为基础，以食物网为纽带，构建不同层次的生态链，并在此基础上构建与生态链有机结合的产业链，以形成可持续发展的健康的城市生态系统。彻底改变几十年来形成的“大面积搞经济建设，小面积搞生态建设”的模式与“局部治理、整体恶化”的局面。根据景观生态学的原理，生态恢复后佛山城市的景观格局为：绿色基质＋绿色廊道＋干扰斑块＋景观。

节点。绿色基质的面积应超过总面积的1/2，并且连通性要强。绿色廊道由加强基质连通性的各种廊道等组成。干扰斑块即附属绿地。景观节点是在景观视觉廊道的交汇处设立标志性景观。以下从城市绿地斑块、城市绿色廊道、环城绿带、城市湿地、城市废弃地、岭南文化等6个方面提出了佛山城市生态恢复与绿地系统规划的构想。

4.2.1 城市绿地斑块（green patch）：城市公园体系建设

1970年代，以英国为首的西方国家开始探讨用生态学原理来指导城市生态恢复。1977年英国在伦敦塔桥附近建立了WilliamCurtis生态公园，其成功之处不仅在于它所创造的生境和物种，而且成为城市居民接触自然、学习生态知识的场所。生态公园为城市生态恢复提供了实践空间，拓展了传统城市公园的概念。

在城市绿线内，与市民休戚相关的绿地类型

主要是公园系统。公园的数量、质量和布局是衡量一个城市绿地质量的主要标准。根据国内外城市公园分类研究成果，综合考虑佛山具体的实际情况，将佛山城市公园划分为居住区游园、社区公园、区级公园、市级公园等几大类，并根据城市生态环境、防灾避难、人的步行能力和心理承受距离等多方面的要求以及按照生态城市的要求，结合社会实际发展水平和城市居民对城市公园的实际需求进行绿地系统规划。另外，为了软化城市空间的板结，净化城市的污染环境，美化城市混乱景观，整合城市破碎的形态，拯救城市原有物种，需要进行城市建筑物大面积植被化，即将建筑物单一的结构维护功能转变为同时具有光合作用的建筑物表面层，以构建城市绿色基质，为城市小生物提供可生存环境，提高城市生物多样性。

4.2.2 城市绿色廊道（Green corridor）建设

城市绿色廊道体系实际上是城市范围内沿道路、河流等形成的绿色带状开放空间。它们连接公园和娱乐场地，形成完整的城市绿地系统。连接郊野的绿道能够将自然引入城市，也能将人引出城市，进入大自然，使城市居民可以体验自然环境之美。绿道在随后的规划实践中生态廊道的功能更加突出，使其不仅具有景观视觉美化功能，实际上又成为一个线状的自然保护区域。绿色廊道的联结包括廊道与斑块两两之间的联结。通过绿色廊道和斑块不同程度的联结，构成城市绿地系统。自成体系的绿地系统与城建实体构成共轭关系，前者限制了城市无休止的蔓延，在很大程度上避免大城市所面临的诸多困扰，为城市提供了良好的环境，后者则提升了前者的生态、文化等内涵，体现了其存在的价值。

4.2.3 城市环城绿带（green belts around city）

建设环城绿带，实际上也是一种绿色廊道，是在一定规模的城镇或城镇密集区外围，安排较多的绿地或绿化比例较高的相关用地，形成环绕建成区的永久性开敞空间，它能有效控制城市过度扩展，将城市与自然生态有机结合，成为城市生态恢复的重要手段和城市生态安全的屏障。伦敦、巴黎、莫斯科、渥太华的环城绿带非常有名。而在我国的北京、上海、天津等地提出了建设环城绿带的理念。而广东省在2003年制定并颁布了环城绿带和区域绿地指引，开了国内的先河。

在佛山环城绿带的建设中，强调以人为本和可持续发展的基本原则，贯彻生态恢复的指导思想，紧扣“回归自然”的主题和时代特征，力求将环城绿带规划成为一个生态系统平衡、郊野特色鲜明的生态绿带。为避免城市无限制地蔓延式发展，避免城市发展轴之间最终连接在一起，有效地控制城市形态，在城市扩张轴之间、中心城和新城之间、新城与集镇之间留出足够的农田、森林等绿楔，有利于将农村湿冷空气通过楔形绿地和绿廊传入市区，缓解城市污染与热岛效应。既为市民就近提供游憩环境和场所，又避免了对农田和绿地的侵占和破坏。

4.2.4 城市湿地（urban wetlands）规划

城市湿地是城市的生命线，它具有调节径流、防洪减灾、保护城市安全、改善城市气候、提供城市清洁用水、创造城市居民户外游憩空间、支持生物栖息地、保护生物多样性以及航运、废物处理、灌溉等多种功能。而佛山的城市湿地目前大多遭受不同程度的破坏，如汾江河，出现了富营养化、水域环境退化、水流被限制、水生生物多样性严重降低、废物与污染物聚集等诸多问题。在城市生态恢复的过程中，应保护好城市水体及其岸线，恢复其原有的结构与功能，维持生物多样性，从而有效改善佛山地区的小气候。

湿地生态恢复，包含生态景观、水文、基质和土壤、植被的恢复。即根据恢复地现有的地理与生态环境状况，构建多种生境，以便丰富生态系统类型和生物多样性；通过疏挖河道、修建与扩深池塘来行洪，以改善与恢复水文条件。对于部分环境已发生根本改变的地点，可从其他地方搬运一些湿地土壤来恢复其土壤基质。而地带性植物的移植则有利于加快植被的形成与恢复过程。鉴于城市湖泊、河流在整个城市景观体系中的重要地位和作用，可以在对其实施生态恢复的同时进行与之相适配的景观设计，从而使城市湖泊具有水质净化与景观美化的双重功能。动植物多样性的恢复与湿地水文生态条件的改善密切相关，一般地，本地植物种类的引入与恢复及景观的复合性有利于动物多样性的恢复。

4.2.5 城市废弃土地（industrial derelict i-and）

建设随着社会经济的发展，在城市地区产生了大量的工业废弃地。工业废弃地是指曾为工业生产用地和与工业生产相关的交通、运输、仓储用地，后来废置不用的地段，如废弃的矿山、采石场、工厂、铁路站场、码头、工业废料倾倒场等。城市废弃土地由于人为影响的减少，往往能展示出很高的生态价值。1970 年代后，随着传统工业的衰退，环境意识的加强和环保运动的高涨，工业废弃地的生态恢复问题日益得到重视。1984 年 Gemmell 等人对英国曼彻斯特工业用地上的野生生物保护作了研究，提出了在工业废弃地上恢复植被群落的途径，包括改变地形、改善土壤结构、pH 值控制、增加土壤肥力、调节水分营建湿润或干燥生境、使用本地种等。

由于工业废弃地极端恶劣的环境条件，其受损生态系统自我恢复将难以实现，或实现过程漫长。如果采用生态恢复措施，工业废弃地中受破坏的生态系统可在相对较短的时间内得以恢复。植被恢复是工业废弃地生态恢复的首要工作，而其前提为工业废弃地的基质改良，即鉴定限制生态环境恢复的因子和有毒物质，并清除这些不利因素。在工业废弃地植被恢复的初始阶段，植物种类的选择至关重要。根据佛山工业废弃地极端的环境条件，选择的植物种类应遵循如下原则：（1）选择生长快、适应性强、抗逆性好、成活率高的植物；（2）优先选择固氮植物，如刺槐属、大豆属、豌豆属、木麻黄属、苏铁属等；（3）选择佛山的地带性植物，如芒箕、芒草、香根草；（4）选择对重金属具有很强适应能力和吸收能力的超富集植物，如蜈蚣草是 As 的超富集植物，鸭跖草是 Cu 的超富集植物。目前国际上，矿区废弃地目标生态系统恢复主要有以下几种形式：恢复为耕地、林地、旅游休闲用地、牧业用地。根据佛山的实际情况，可以将废矿地恢复为以生态环境保护为主的生态系统用地（如建立水土保持林生态系统，使之成为佛山城市生态屏障）、旅游休闲用地（如建立岭南水果经济林、果园生态系统）等。

4.2.6　岭南文化（Cantonese culture）生态系统

建设文化生态系统是指由于气候、资源等自然因素和历史因素、社会因素的影响，聚居在一个地区的人们，不断地认识本地特殊的自然条件和社会条件，其经验日积月累，世代相传，也自然地形成了地区的建筑文化、“场所精神”与风土习俗，这从城镇布局、建筑群的组织，特别是在民居上都有反映。为使几千年所形成的岭南文化的发源地——佛山的历史文脉能够延续，文化生态得以恢复，在城市的建设过程应当是佛山传统城镇文化生态恢复的过程。为此，我们应当摈弃当前城市景观建设“高度密集的高层建筑和四通八达的道路网”的典型模式。

在城市的外部形态上处理好城市与周边环境的关系，力求形成城、山、水和谐共生的、融为一体的独特的城市山水景观；形成丰富、自然，且具有与环境相统一的建筑空间组合；形成山体、建筑、林木共同组合而成的优美的天际线，形成错落有致的城市景观视线走廊。而人文景观的恢复，就是要通过城市的建设使古老的岭南文化内涵得以恢复、激活并且散发出新的光彩，让几千年的悠久文明世世代代延续下去，这就要求在城市的景观规划、空间构成、建筑外观设计与功能协调上延续岭南历史文化、历史文脉的思想。可以将作为历史遗产的人文景观、建筑、旧城、古城、古街等历史文化遗迹，如东华里、祖庙、梁园等，富含历史文脉的部分景观，在城市的生态恢复中进行复建或模仿。

而对于文化传统（包括岭南民俗、民风、民间艺术、粤曲等）的延续，首先要搞好图书馆、博物馆等城市文化设施的建设；其次是精心组织和开展市民喜闻乐见的健康的文化娱乐活动，大力开发本乡本土的民俗艺术活动；并且将岭南民间民风民俗文化的延续和保存与旅游资源的开发与利用结合起来，或者开展一些传统的民俗文化节，或者利用本地资源开发带有岭南特色的民间工艺品和玩具以及地方小吃、风味佳肴等。

参考文献

[1]　Bradsaw，R J. The use of natural processes in reclamation advantages and difficulties. Landscape and Urban Planning [J]，2000，51：89-100.

[2]　Donald L，*et al*. Integrating wetlands into planned landscapes. Landscape and Urban Planning [J]，1995，32：205-209.

[3]　Fabos，J G. Introduction and overview：the greenway movement，uses and potentials of greenways.

Landscape Urban Planning [J], 1995, 33: 1-13. 18.

[4] Goode D A. 英国城市自然保护 [J]. 生态学报, 1990, 10 (1): 96-105.

[5] McNaughton S J. Diversity and stability [J]. Nature, 1988, 333: 204-205.

[6] 包维楷, 刘照光, 刘庆. 生态恢复重建研究与发展现状及存在的主要问题 [J]. 世界科技研究与发展, 2000, 23 (1): 4～48 包志毅, 陈波. 工业废弃地生态恢复中的植被重建技术 [J]. 水土保持学报, 18 (3).

[7] 冯沈萍. 三峡库区移民新建城镇的文化生态恢复探析 [J]. 社会科学, 2003, (4): 108-112.

[8] 梁留科, 常江, 吴次芳, 等. 德国煤矿区景观生态重建/土地复垦及对中国的启示 [J]. 经济地理, 2002, 22 (6): 711-715 刘海龙. 采矿废弃地的生态恢复与可持续景观设计 [J]. 生态学报, 2004, 24 (3).

[9] 王文英, 李晋川, 卢崇恩, 等. 矿区废弃地植被重建技术 [J]. 山西农业科学, 2002, 30 (3): 82-86.

[10] 王向荣, 任京燕. 从工业废弃地到绿色公园: 景观设计与工业废弃地的更新 [J]. 中国园林, 2003, 19 (3): 11-18.

[11] 傅伯杰, 陈立顶, 马克明, 等. 景观生态学原理及应用 [M]. 北京: 科学出版社, 2001. 76～77 广东省城市规划指引《环城绿带规划指引 (试行)》GDPG-004. 2003.

[12] 欧阳志云, 等. 大城市绿化控制带的结构与生态功能 [J]. 城市规划, 2004, 28 (4).

[13] 彭少麟, 恢复生态学及植被重建 [J], 生态科学, 1996, 15 (2): 26-31.

[14] 王海珍. 水生植被对富营养化湖泊生态恢复的作用 [J]. 自然杂志, 2002, 24 (l): 33-36.

[15] 俞孔坚, 李迪华, 孟亚凡. 湿地及其在高科技园区中营造 [J]. 中国园林, 2001, 2: 26-28.

[16] 赵振斌, 包浩生. 国外城市自然保护与生态重建及其对我国的启示 [J]. 自然资源学报, 2001, 16 (4): 390-395.

(本文曾发表于 2005 年 9 月《城市规划面对面——2005 城市规划年会论文集》)

中山市绿地现状调查与规划对策研究

吴芝元　蒋华平

【摘　要】 本文结合中山市城市绿地规划实例，从生态的角度探索研究解决城市绿地问题的具体方法并提出规划对策，为建设生态城市提出解决问题、保护生态、和谐发展的道路。

【关键词】 生态城市；生物多样性；水土保持；绿地

今天，我们拥有比过去任何时候都要美好的生活，但也面临着比过去任何时候都要严重的生态与环境问题。人与自然和谐共存，生态化城市是城市发展的必然趋势。

"生态城市"是在联合国教科文组织发起的"人与生物圈"计划研究过程中提出的一个概念。生态城市化，就是要实现城市社会、经济、自然复合生态系统的整体协调，从而达到一种稳定有序状态的演进过程。生态城市是城市生态化发展的结果，是社会和谐、经济高效、生态良好循环的人类居住形式，是人类住区发展的高级阶段。

如何实现人与自然和谐共存，建设生态园林城市，本文结合中山市城市绿地系统规划，尝试探索，不对之处，敬请斧正。

1　规划技术线路

规划采用现场踏勘与遥感影像相结合、外业调查与内业整理相结合、计算机统计与人工校正相结合的方法进行生物多样性、水土保持和城市绿地三方面调查，得到一个科学而翔实的现状结果。根据结果进行分析，结合城市规划提出解决问题、保护生态、和谐发展的思路。

2　现状调查分析

2.1　生物多样性

2.1.1　自然条件

中山市城区位于市域最大的五桂山丘陵山地区的北缘，坐落在小榄水道与西江连接的支流岐江旁。地质地貌属低山丘陵与河流冲积平原的过渡地带，基岩构成主要是花岗岩和河流沉积物。地貌类型主要为海拔 10～25m 的平原台地。气候属南亚热带季风气候，极端最高气温 37.5℃，极端最低气温－1.3℃；年降雨量 1748.2mm；低丘台地土壤为赤红壤或旱地（耕型）赤红壤，平原为水稻土。

2.1.2　植被生态与多样性

本区原生植被为南亚热带季风常绿阔叶林，由于长期的人为干扰和自然演替，现主要为马尾松与阔叶树混交的次生林和相思林、桉树林为主的人工绿化林。但在一些村落、丘陵还保留小面积的季风常绿阔叶林的迹地，这是本市区绿地系统中的生物多样性敏感地域。

（1）植物种类

植物种类丰富。据样方调查和有关资料报告，共有维管植物 962 种，隶属于 173 科 554 属，其中蕨类植物 21 科 37 属 51 种，裸子植物 7 科 12 属 15 种，被子植物 145 科 504 属 896 种；栽培种 132 种，其中裸子植物 8 种，被子植物 124 种。野生植物的种类以南亚热带、热带成分为主，60％的野生植物相对保存率基本达 50％以上。

（2）植物类型

城市绿地植被分为南亚热带次生植被和人工植被 2 类植被型，分属 6 类植被亚型，17 个群落。

1）次生植被

Ⅰ. 南亚热带季风常绿阔叶林

（1.1）短花序楠（＋樟树 a）＋假苹婆＋红鳞蒲桃—九节—铁线蕨群落（重点保护群落）

（1.2）白木香＋石岩枫＋降真香—九节—沿阶草群落（重点保护群落）

Ⅱ. 南亚热带常绿针叶阔叶混交林

（2.1）黧蒴＋马尾松－桃金娘＋九节－乌毛蕨群落

（2.2）马尾松＋潺槁（＋—樟树 a，＋台湾相思 b）＋光叶山矾＋土密树—芒箕群落

（2.3）马尾松—桃金娘—芒萁群落

（2.4）杉木—乌毛蕨群落

Ⅲ. 南亚热带灌草丛

（3.1）豺皮樟＋桃金娘（＋刺葵）—芒萁群落

(3.2) 桃金娘+岗松—芒萁群落

2) 人工植被

Ⅳ. 人工常绿林

(4.1) 相思林 (a. 台湾相思+马尾松, b. 马占相思, c. 大叶相思)

(4.2) 桉树林 (a. 隆缘桉, b. 大叶桉, c. 柠檬桉)

(4.3) 竹林 (a. 粉单竹, b. 篱竹)

(4.4) 南洋楹+蒲葵林

(4.5) 勒仔树林

Ⅴ. 城市人工绿地

(5.1) 城市公共绿地 (公园、道路、小游园)

(5.2) 城市居住区绿地 (居住区、单位区)

Ⅵ. 农业用地

(6.1) 果园 (a. 荔枝, b. 荔枝+橄榄, c. 人面子, d. 杂果)

(6.2) 园地 (a. 菜园, b. 苗园)

3) 植被类型多样性分析

中山市城市绿地系统的植被生物多样性的比较序列为:

季风常绿阔叶林 (群落 1.1, 群落 1.2) > 针阔叶混交林 (群落 2.1, 群落 2.2) > 灌丛 > 人工林。

次生群落比人工群落的生物多样性指数大约 1.5 倍, 如 Shannon-Wiener 生物多样性指数次生群落为 3~5, 人工群落为 2~3。

在一定面积 (400m^2) 内的植物种数, 次生群落普遍比人工群落多 10~20 种。并保存了白木香、白车、樫木、假苹婆、樟树等华南低丘现在区少见的乡土种。

2.1.3 野生动物 (陆生) 生态与多样性

(1) 动物资源

中山市分布的野生陆生脊椎动物资源, 据本次初步调查和统计, 有陆生脊椎野生动物 149 种, 隶属 58 科, 25 目。其中资源动物 (即三有动物) 88 种, 国家保护动物共 19 种, 省级保护动物 13 种。

(2) 多样性保护

1) 加强对自然山丘的保护, 在现有逸仙湖公园、紫马岭公园, 孙文纪念公园、中山公园、月山公园的基础上, 将五马峰、员峰山、马山等规划为公园或绿地;

2) 规划建设绿带廊道。为实现绿地生态景观的连续, 除在岐江河、白石涌、大窑涌, 崩山涌、小隐涌等两侧设置岸带绿地外, 分别在城市各主要道路两侧及东、西、南、北城市边缘区, 设置宽度不等的隔离绿带, 形成多层次的, 天然的绿色保护屏障。

3) 利用和保护好五马峰林地、农田保护地的自然生态区, 实现石岐区南与五桂山、北与岐江河的山水沟通, 将自然山水引入城市, 让城市回归自然。

2.1.4 昆虫

(1) 昆虫种类

本次调查共采到昆虫 257 种, 分属 11 目 74 科 206 属。与广东南部其他地区的调查结果相似, 鞘翅目、鳞翅目、双翅目、半翅目、膜翅目和直翅目的种类占绝大多数。

(2) 昆虫多样性保护及害虫防御

绿地建设存在着树木少而且种类单调, 导致了城市中很多行道树木滋生害虫严重的问题。有些树木, 如榕树等, 在农村和山地人工种植的林中几乎没有蚧类危害, 而在城市的树木中, 则很多蚧壳虫危害。这显然是城市绿化树木单调所造成。在规划中应引起注意。

白蚁正常情况下是不危害生命力旺盛的树木的, 只有树木的营养等不足而导致生命力降低的情况下, 白蚁才会侵害之。城市绿化树木所获得的营养和水分等毫无疑问没有自然环境下丰富, 因为城市中的很多树木周围都被水泥等所覆盖, 树木无法获得充足的水分和自然的有机营养, 因此, 城市的绿化树更容易遭到白蚁的侵害。如何提高城市绿化树的抗虫问题也应该作为城市绿地系统规划中的考虑内容之一。

2.1.5 绿地系统规划与生态保护 (图 1)

(1) 保护、扩大公共绿地。为使城市绿地生态景观分布均匀、合理, 从全市整体景观格局出发, 在城区内部加强了对自然山丘的保护, 在现有逸仙湖公园、紫马岭公园, 孙文纪念公园、中山公园、月山公园的基础上, 将五马峰、员峰山、马山等规划为公园或绿地; 在城区各关键部位因地制宜地按市级, 区级增设公园或大面积绿地, 如江畔公园、沙嘴公园、二洲山公园等, 这些绿色斑块进一步丰富了城市的绿地景观, 形成完善的城市公共绿地系统体系。

（2）规划，建设绿带廊道。为实现绿地生态景观的连续，除在岐江河、白石涌、大窑涌、崩山涌、小隐涌等两侧设置岸带绿地外，分别在城市各主要道路两侧及东、西、南、北城市边缘区，设置宽度不等的隔离绿带，形成多层次的，天然的绿色保护屏障。

（3）利用和保护好五马峰林地、农田保护地的自然生态区，实现石岐区南与五桂山、北与岐江河的山水沟通，将自然山水引入城市，让城市回归自然，使中山市既有现代化城市特征，又有湖光山色的田园风光，实现城市与乡野结合、都市与山水田园共存的生态城市。

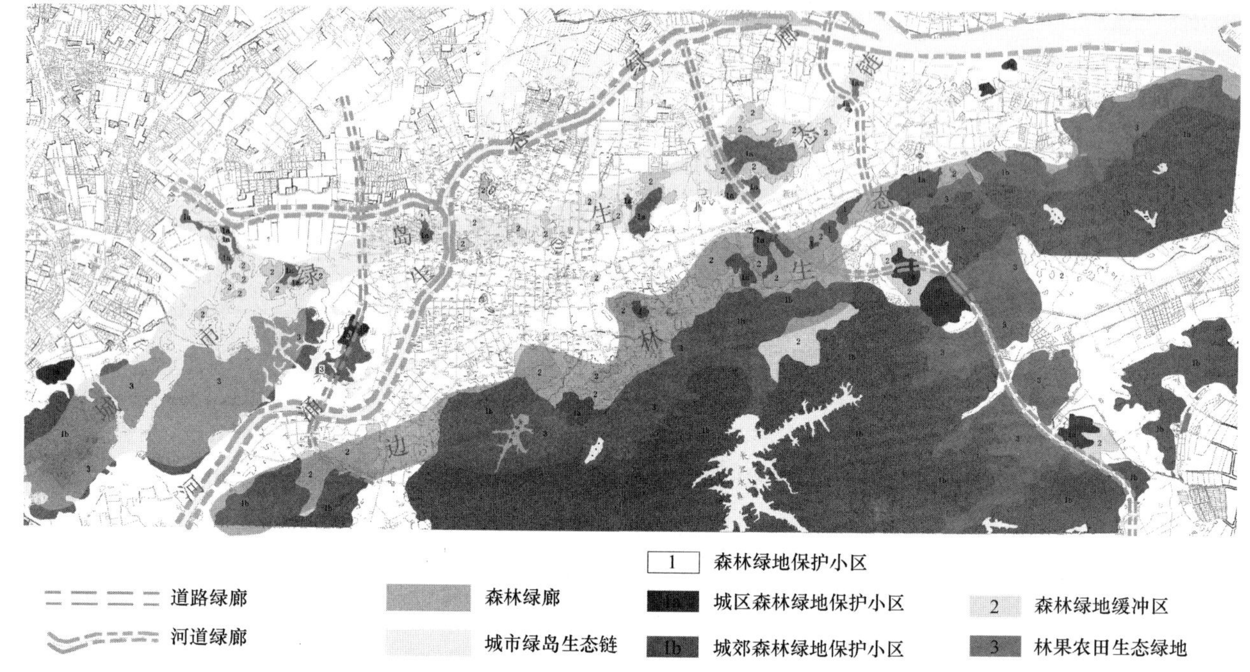

图1 中山市生物多样性保护规划图

2.2 水土保持

2.2.1 城市水土流失策源地分类

中山市的水土流失大部分是开发建设等人为因素造成的，是在经济高速发展和城市化进程加快的情况下形成的。水土流失类型大体分为裸露山体缺口、开发平土区水土流失、自然水土流失、坡地开垦四种类型。

2.2.2 调查结果分析

调查组结合 1：10000 地形图，在城区 652.4km² 的区域内实地调查的基础上，取得各类水土流失、分布及数量等第一手资料。经过核对与补充，得出城区共有 246 处水土流失地，其中裸露山体缺口水土流失地 214 处，占 87%；开发区流失地 16 处，占 6.5%；堆土区 4 处，占 1.6%；取土场 5 处，占 2%；崩岗区 4 处，占 1.6%；坡地开发种果（典型）3 处，占 1.2%。裸露山体缺口面积为 271 万 m²，影响面积为 549.1 万 m²；开发区面积 390 万 m²；堆土区面积 56.3 万 m²；取土场面积 20.1 万 m²；坡地开发种植面积 187 万 m²。

（1）裸露山体缺口（重点治理区域）

1）露山体缺口类型分析

从裸露山体缺口类型分析，城区内共计 214 个，其中关停（废弃）坑口 104 个，占 48%；乱掘缺口 18 个，占 8%；遗留边坡 67 个，占 32%；开采坑口 25 个，占 12%。开采坑口开挖面积达到 84.9 万 m²，影响面积达到 201.7 万 m²。

2）水土流失强度分析

山体缺口中有明显水土流失的坑口 169 个（扣除轻微级 45 个）。城区内山体缺口水土流失严重的有 27 个，占 13%；一般级水土流失的有 38 个，仅占 18%；较少级有 104 个，占 48%；轻微级的为 45 个，占总数的 21%。

3）景观影响强度分析

从山体缺口景观影响度统计分析，城区内景观影响极严重的 76 个，占总数的 40%；严重的 46 个，占总数的 24%；一般的 39 个，占总数的 21%；较轻的 28 个，占总数的 15%。

（2）开发平土区

城区分布开发区16处、堆土区4处、取土场5处。其中开发区面积390万m^2；堆土区面积56.3万m^2；取土场面积20.1万m^2。

（3）自然水土流失

据遥感普查资料统计，自然水土流失面积有191.6hm^2，仅占总面积0.11%，可见自然水土流失面积很小。城区调查崩岗4处，分布在长江水库上游福获村三处、张家边区域一处，特点为景观影响轻微、面积较小、流失强度较大，其中两处已由中山市水利局进行治理，总体面积较小。

（4）坡地开垦

主要调查了典型坡地开垦，如：中山聚兴农场、黄泥坑水库边、京珠高速公路南朗镇3处，坡地开垦种植面积187万m^2。其中京珠高速公路南朗镇段面积达到102万m^2，坡地开垦种果，部分超过25°的陡坡开垦后表土松动，极易造成水土流失。

2.3 城市绿地

城市绿地是“以植被为主要存在形态，用于改善城市生态、保护环境，为居民提供游憩场地和美化城市的一种城市用地”。

2.3.1 调查范围与内容

调查范围：中心城市及城郊，本次调查区面积共254.50km^2，城市建成区面积共97.03km^2。

调查内容：绿地的空间分布、绿地建设与管理信息、绿化树种构成、古树名木保护情况、城市山林和水体质量等。

2.3.2 现状调查结果

根据调查统计，中心城区各类绿地面积共2329.39hm^2（不含其他绿地），绿地率24.01%。

2.3.3 公园绿地

公园绿地面积为271.96hm^2，人均公园绿地面积为8.26m^2/人。

优点：

（1）人均公园绿地面积已达到国家有关标准。

（2）公园数量较多，分布广泛，便于周边市民使用。

（3）部分公园具有一定的规模，具有较好的生态效益。

（4）城市公园绿地具有广泛的开放性，方便市民进入。

不足：

（1）公园绿地分布不均匀，集中在中心城区和火炬区周围，服务半径不能覆盖整个城市。

（2）部分公园文化品位较低，不能恰当地反映中山市文化内涵。

（3）公园内活动场地和设施较少，不便于市民进行休憩、锻炼等活动。

（4）公园体系不完整，缺乏贴近市民生活的小型公园绿地、植物园等。

2.3.4 生产绿地

（1）生产绿地面积共99.22hm^2，但市区苗圃数量严重不足。

（2）部分苗圃规划缺乏发展战略，急功近利，倒买倒卖古树名木。

（3）外来树种有大幅增多之势，必须重视外来生物入侵对本地乡土生物及生态系统的影响。

（4）生产绿地除园林起湾苗圃外，其他多为零星个体苗圃，并且用地性质不明确，随时可能消失。

2.3.5 防护绿地

防护绿地面积共1243.31hm^2，主要以自然山林为主，自然植被生长好，但上次规划调查中涉及的破坏山体、水土流失的现象依然严重。防护系统各山林之间缺乏联系，原有的农田防护林也未能充分利用组成网络；滨水防护带严重不足，致使很多河涌受到建设侵占和污染；道路防护绿带也不足。另有300多hm^2防护绿地性质不明，多为荒地、农田，甚至预留开发用地。

2.3.6 附属绿地

（1）城市道路绿化整体上较好，主次干道部分景观较好，特色明显，如兴中道、长江北路、康乐大道、中山三路等；但道路绿地性质不明，城市建设侵占绿化用地现象时有发生。

（2）机关单位大部分绿化率较高，绿化效果好，如中山市政府、中山颐老院、工商局等机关单位；少部分绿化率很低，甚至无绿地，例如西厂小学。

（3）个别单位绿化珍贵树种过多，一方面造价大，另一方面养护成本高，不宜提倡。

（4）新建小区达标率高，绿化设施完善，景观优美，旧城改造的居住绿地严重不足。

（5）大部分企业绿地率高，开发区企业绿化效果好，例如中山绿沦厂、宏基中山科技园区等。但部分企业绿地有存在先绿化、后改作生产用地的情况。

2.3.7 城市古树名木

(1) 古树名木保存率一般，原有古树名木记录337棵，此次调查到209株，证实死亡33株，保存率为90.2%。死亡率较高。

(2) 古树名木多数得到有关部门的专门保护，其中石岐区、市园林处、东区、南区保护较好。

(3) 部分古树未能得到有效的保护，遭到人为破坏及城市建设等原因而死亡或者生长受到限制；从调查中发现连片死亡现象较为严重，其中火炬区、西区较为突出。

(4) 由于树龄高，古树自身生理机能较弱部分树干腐烂，再加上立地条件较差，部分古树受到害虫和寄生植物的危害，部分古树存在树洞，严重影响古树的正常生长。

(5) 保护措施存在着保护方法不对，保护力度不够等情况。

(6) 在生物多样性调查中所发现古树名木57株，其中有白木香、马尾松、短花序楠、厚壳桂、假柿树、红鳞蒲桃、假苹婆、华南朴、酸味子、亮叶猴而环、香港坚木、铁冬青、黄桐、岭南酸枣等。

2.3.8 城市水体分析

(1) 小面积水体河流污染较严重。

(2) 河涌两侧绿化严重不足。

(3) 大面积、河流、湖泊水质较好，例长江水库、金钟水库。

(4) 城市河涌覆盖问题较为严重。

2.3.9 城市山体分析

(1) 自然条件得天独厚，城中有山林，城周有山林。

(2) 山体整体绿化较好，植被丰富。

(3) 部分山体被开山采石，破坏严重。

(4) 部分山体被挖、占，面积减少。

2.4 城市园林建设管理

2.4.1 城市园林建设特点

(1) 政府各级领导十分重视园林绿化。中山市建设局是中山市城市园林绿化行政主管部门，自1990年创建“国家园林城市”开始，就在市政府的领导下，发挥了积极的职能作用。建设局在制定中山市建设计划时，始终将园林绿化的建设列为城市建设的重点，平均每年投入3000万～5000万元用于城市园林绿化新项目的建设。

(2) 园林建设年年有新发展，先后建成了孙文公园第二期、岐江公园、城东绿廊、全民健身广场及博爱路东段、博爱一立交、公园路、长江路等一大批城市绿地，建设了岐江河滨河花园带，改造了西山公园、中山路、兴中道绿化景观带，大大提高了中山市中心城区园林绿化的数量和质量，优化了城区园林绿地的布局，有意识地加强了城区与市郊大环境绿化的联系。

(3) 巩固创建“国家园林城市”成果，资金是前提。市政府投入是城市园林绿化建设资金的主要来源，而区（镇）、社会及企业的投入才能使城市园林绿化的建设进入蓬勃发展的良性轨道。

(4) 中山公园建设形式新颖，如沙岗墟公园结合市场，全球通公园由企业投资冠名修建，岐头村村级文化公园、起湾村母山公园由村办修建，体育场馆绿化公园化等等，效果很好，值得推广。

2.4.2 城市园林管理特点

中山市中心城区的城市公共绿地实行市、区两级管理模式；单位附属绿地和居住绿地由绿地所有权的单位及住宅小区物业管理公司负责；大环境绿化由中山市林业部门和中山市农业部门及水利部门进行管理。各级政府、各单位通力合作，中山市城市园林绿化管理工作有效展开，取得了良好效果。

中山市建设局是中山市城市园林绿化行政主管部门，市属公共绿地由中山市建设局委托中山市园林管理处负责管理，中山市园林管理处通过签订合同方式委托中山市园林建设发展总公司进行管养。

整体上园林绿化管理水平较高，但同时一些死角、偏僻地方、人流较大地方还存在有不足之处。

2.5 城市绿地系统的发展现状与城市绿地整体印象（图2）

2.5.1 城市绿地系统的发展现状

(1) 随着城市建设的发展，城市建成区不断扩大，绿地也在不断增加，但绿地的增长速度小于城市用地的扩张速度。

(2) 主要的绿地结构与公园绿地基本沿着1994年的规划思路发展。

(3) 主要的公园体系虽然按照城市总体规划建设发展，但发展速度滞后于规划的年限。

(4) 市中心区贴近市民生活的小型休闲绿地、

绿化广场发展滞后，以致影响到现在的绿地结构。

2.5.2　城市绿地整体印象

（1）中山市有得天独厚的自然条件，依山带水形成了山—城—河的山水城市大构架。

（2）市绿地结构不够完善，一方面分布不均，另一方面系统不完整，如公园绿地中缺植物园、儿童公园、体育公园等专类园。

（3）河涌水系两旁绿化缺乏，绿色生态廊道没有形成。

（4）城市山体保护力度不够，自然山林破坏较严重。

（5）城市绿地景观特色不够突出。

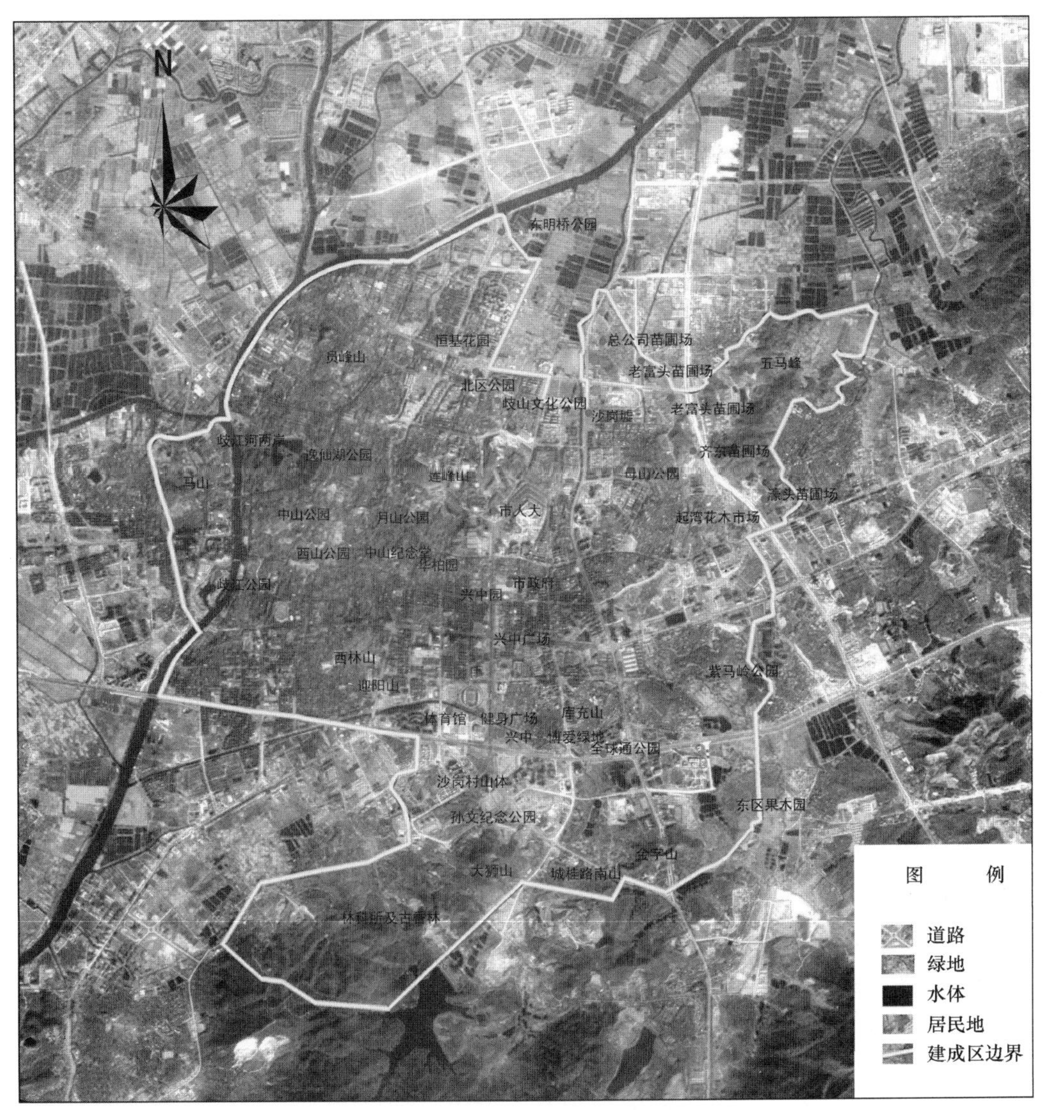

图2　中山市中心城区建成区遥感影像图

3　规划原则

（1）生态优先

要高度重视环境保护和生态的可持续发展，保护生物多样性，保护生物生存环境，合理布局各类城市绿地。

（2）依法治绿

以国家和省市各项法规、条例和行政规章为准绳，以城市总体规划为基本依据，为市民构筑安居和发展的山水型生态良好的园林城市。

（3）因地制宜

要结合城市的自然地理特征，充分利用山水自然资源，合理引导城市功能空间与自然生态系统的发展。

（4）整体协调

绿地系统规划应当兼顾城市发展过程中社会、经济和自然生态的整体效益，均衡布局，尽可能公平地满足不同地区和不同阶层人群以及未来发展的需求；统一规划，分步实施。

4 规划对策

4.1 营造河涌绿色生态廊道（图 3）

中山地处珠三角西岸，为典型河网水乡，河涌是当地的最重要生态廊道。目前，城市部分河道或被覆盖，或被填埋，或被硬化，城郊河流相对保留较好。为保护本地区生态系统的连续性，规划强调营造河涌绿色生态廊道。中心城区即以石岐江河涌为链，将码头山、马山、岐江公园、中山公园、逸仙湖、员峰山等连成一体，形成岐江绿色生态链，规划石岐江两侧各 100m 作为绿化带，最窄处不小于 50m，其余河涌每隔两侧各 30m 作为绿化带，最窄处不小于 20m。城郊区西江干流、磨刀门水道、小榄水道、鸡鸦水道、横门水道等主要水系两侧自然生态岸线各规划 200m 为生态绿地，城镇生活岸线各 50m 规划为滨水带状公园。

图 3 河涌绿色生态廊道规划

4.2 营造城市生态绿岛（图 4）

研究证明只有在单位面积内达到一定的绿量时，绿地才能有效地改善生态环境。中山城中有山，城郊有山，山林茂密，自然条件十分优越。根据中山城区现状，规划将相邻绿地通过适当拓宽道路两侧绿地，或集中单位附属绿地联成一个整体，形成大面积绿化片林——城市生态绿岛。具体规划为：南城区以现有荔枝林为主体，沙溪以码头山为主体，西区以马山为主体，中心区以孙文纪念公园、中山学院上鹰山、逸仙湖中山公园为主体，东区以紫马岭、五马峰山为主体，火炬区以烟筒山、大岭、三仙娘山、二洲山为主体形成 12 个中心城区生态绿岛，它们同时也是城市最近的公众避灾场所。

4.3 保护市郊原生生态系统

在城市绿地系统规划中不可能也不能回避市区周边大环境的问题。城市从来就不是孤立存在的，城市规划不能就城区论城区，城市绿地系统规划也不能就绿地论绿地，只有在城乡一体的基础上，城市绿地系统才能形成完整的构架。改善城市生态环境——这一城市绿地的基本功能的发挥仅仅依靠市区范围内的绿地是非常有限的，市区外围的自然山水等大环境具有不可忽视的巨大作用。

保护森林生态系统，现存山体拒绝再被破坏，对采石场、裸露山体进行生态恢复，重点保护好五桂山自然生态系统。

保护湿地生态系统，对城市规划区内的河湖、池塘、坡地、沟渠、沼泽地、自然湿地等生态和景观的敏感区域严格保护，重点保护好横门水道、石岐江两侧低洼湿地、水塘，规划强调退耕还湿，逐步形成湿地生态区。

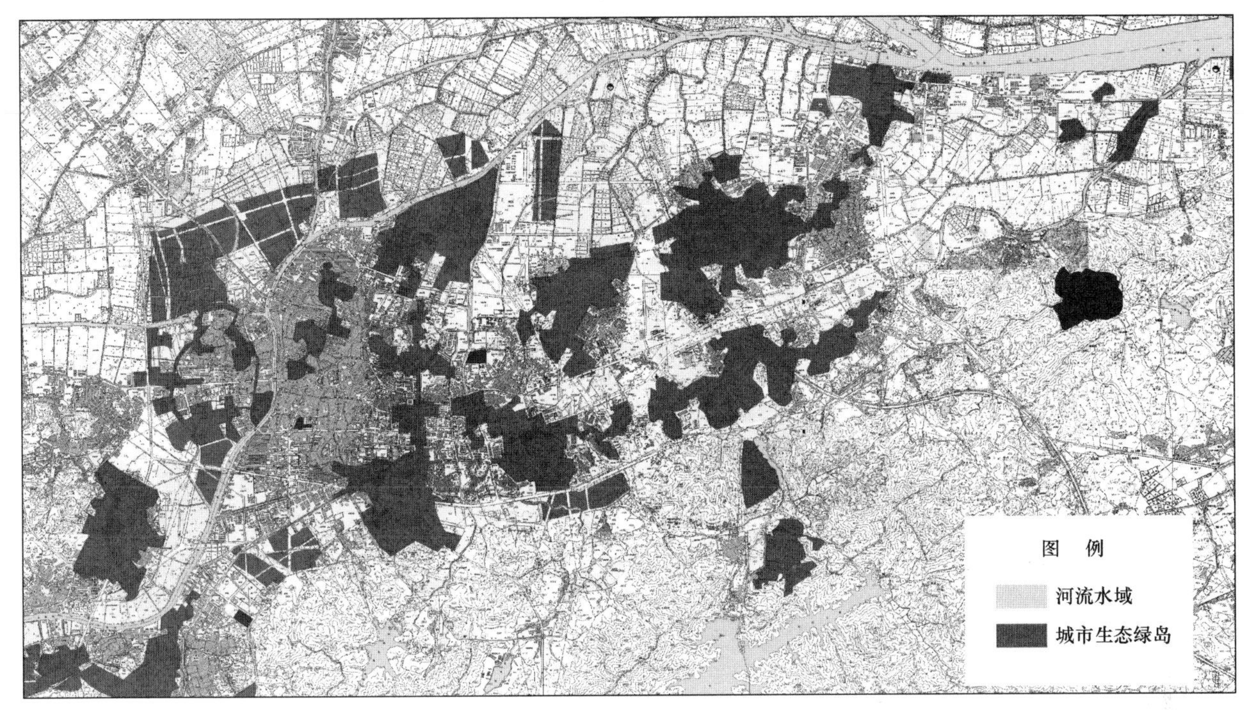

图 4 城市生态绿岛

保护农田生态系统，农田是一种开放性的绿地，在城镇之间结合耕地保护，将农田规划为非建设控制地带，在城市之间形成宽阔的隔离带。

保护乡村传统生态系统，乡村聚落是历经千百年形成的，它的生态具有很高的价值，如风水林、风水塘等，在城镇化过程中，应给它们留有一个生存空间。

4.4 加强中心城区环城绿带的建设

城市在快速扩张，大城市问题越来越多，如何控制城市无限蔓延，环城绿带证明是行之有效的办法。规划在城市建设区外围沿快速路或过境路两侧强制设置一定宽度的绿色生态林带，作为城市绿地的组成部分，防止城市膨胀。具体规划为东边沿京珠高速路东侧 200m，西侧 1500m 辟为防护林地，西边沿 105 国道两侧，北边沿江中高速路两侧各 100m 辟为防护林地，北环路两侧各 50m 辟为防护林地，南边沿环南路北侧 50m、南侧则结合自然山体辟为防护绿地，形成中山中心城区环城绿带，避免城市无序蔓延。

4.5 传承历史文脉、提升文化品位

中山文明源远流长，在春秋战国时期为百粤地，古称香山。据宋《太平环宇记》载：东莞县香山在“县南隔海三百里，地多神仙花卉，故曰香山”。

根据考古发现，中山在新石器时代的中、晚期已有土著古越族人在香山岛上渔猎和居住，其时的香山岛（今石岐以南、澳门以北的丘陵地带）为古伶仃洋上的孤岛。中山可以考证的历史有 5000 多年。

中山民风民俗极富乡土气息，许多乡镇保留着四月八浮居舞龙、端午赛龙夺锦扒龙舟、八月十五闹中秋、沙溪龙狮鹤凤舞、坦洲水上欢乐节、黄圃飘色、小榄菊花会等浓郁乡风，世代沿袭。今天，中山人在新时代又添新风俗，元宵节的慈善万人行。民间艺术丰富，民歌、漫画、饮食、土特产等极富人文与地域特色。

同时中山还是名人辈出的地方，其中中国近现代历史上，中山出了五位总理级的人物——孙中山、唐绍仪、孙科、王云五、吴铁城，真可谓人杰地灵。

规划强调市中心区公园绿地结合历史文化名胜，结合文化娱乐活动，增加绿地，传承文明，提升城市文化品位，如中山纪念堂可改造为纪念公园，给外来者树立中山人良好的形象。

园林建设也要弘扬新中山人精神——“博爱、创新、包容、和谐”。

4.6 绿地系统规划结构（图 5）

根据中山城市的自然地理地貌和城市发展的历史与总体布局，将中心城区绿地系统布局确定为由环、带、网、楔、片组成的复合型“生态链岛”结构。

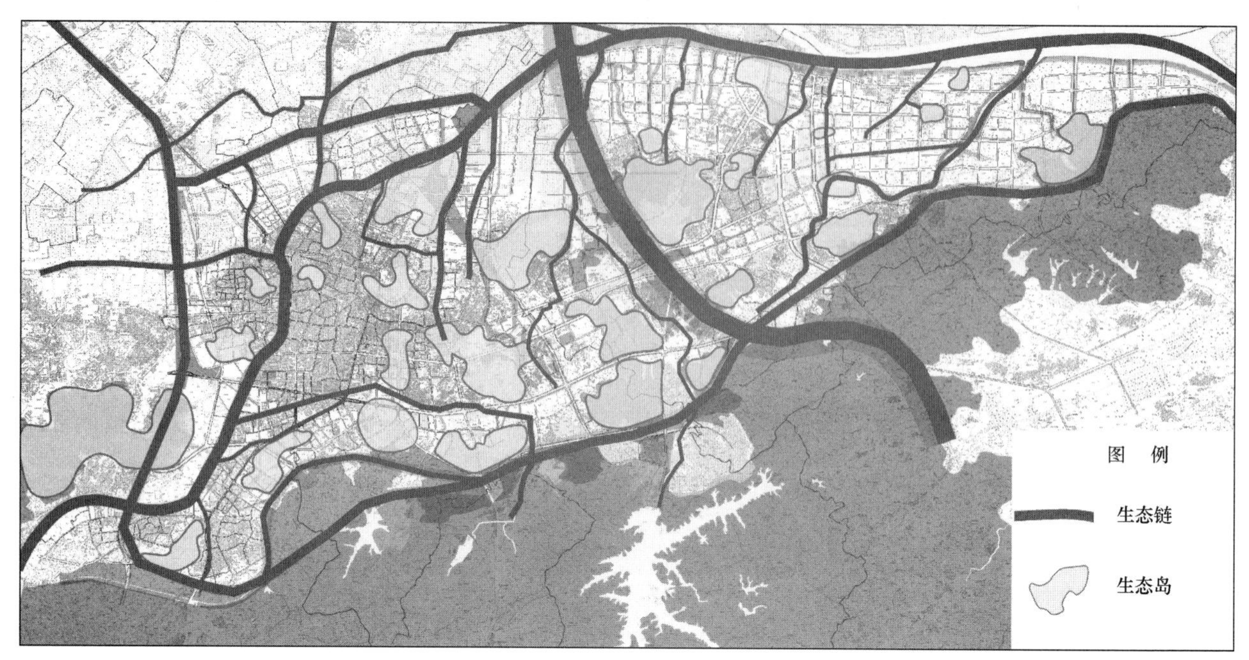

图 5 绿地系统规划结构

5 几点建议

（1）城市绿地系统规划须与城市总体规划统一，涵盖市域大环境。

（2）在市域范围内进行生物资源调查，加强市域生物多样性保护工作。

（3）尽快落实绿线管理工作，严格执行《城市绿线管理办法》，保证城市绿化用地。

（4）加大城市绿化资金投入，建立稳定的、多元化的资金渠道。

（5）加快植物园建设可行性研究，加强城市绿化科研设计工作。

（本文曾发表于 2005 年 8 月《风景园林》）

营造景观异质的大城市环城绿带

汪永华

【摘　要】本文指出当前大城市环城绿带建设过程中的一些弊病，探讨了营造景观异质的环城绿带的理念，即以自然恢复为主，人工建设为辅，保留现有植被和湿地并适当予以改造。特别分析了农业景观在环城绿带中重要的景观美学、生态学和经济价值。

【关键词】景观异质性；大城市；环城绿带

当今世界，城市化造成城市人口拥挤，城市空间狭小，城市景观设计片面追求艺术美、精雕细琢。而城市（包括城镇）居民对回归自然的渴望愈加强烈，希望拥有“蓝天、青山、碧水”和谐的生产、生活与居住环境。因此，城市绿地建设强诃‘以人为本”与科学发展观的设计理念，以达“天人合一”的新型生活空间。这样，在城市绿地设计中要求具有亲和性，富有人情味。同时还要求自然化，也就是尊重自然，以“自然为宗”，依托自然地形地貌，结合城市风貌、结构特征、空间属性等进行科学布局、规划，尊重植被自然分布、生长规律。体现自然植被景观、群落结构特征，实现城市绿地景观生态系统的自我维持与协调发展，以最大限度发挥植被的生态、经济与社会效益。

我国不少城市已经开始了城市与郊区结合、森林与园林结合来扩大城市绿地的面积，走生态大园林道路的探索。其中，建设环城绿带就是常用且有效的措施。例如，上海已在外环线建成宽500m、长97km的环绕市区的大型绿化圈。合肥已建成长87km，规划总用地面积达到1366hm^{2}的环城公园。西安将沿城市高速公路建设宽100～300m，长675km的林带。所有这些都说明环城绿带建设正成为城市绿化规划的趋势之一，被越来越多的城市规划所采用。然而我国相当一部分城市在建设环城绿带的过程中，为了追求整体效果破坏掉大量的农田、小湖泊、小河流以及沟渠等等。事实上，自然的农田，如水稻田、玉米地、油菜田更加迷人。我国青海湖体育旅游胜地的成片油菜花已成为当地一个非常重要的旅游资源，每年7月60万亩油菜花形成的百里花海成了博大壮阔的特有景观。黄色的花海和一望无际的蓝色青海湖水互相陪衬，景色绝佳，吸引了一大批国内外游人。这种农业景观对于维持周边城市景观的异质性，丰富城市景观类型起着非常重要的作用。

城市边缘地区是连接城市中心区与郊区农村的纽带，承担着传递中心城区的经济辐射和农村生态服务的功能。农田生态系统作为环城绿带的重要组成部分，已经成为扩大城市生物多样性、改善城市生态功能、提高城市景观异质性、调节市民情感以及满足人们体验传统农耕生活的重要区域。如在日本的体验农业、英国的绿色城墙、德国的市民农园、新加坡的农业花园等等。大城市从来不稀缺农产品，稀缺的是农田风光与农业生产的体验过程。为此，有必要以开发休闲农业与体验农业为主体的环城绿带农业。然而，由于农田随时可能被征用并且征地补偿和农田景观的好坏无关的情况下，农民基本上丧失了对农田实施精耕细作的动力，必须重新树立其家园感和归属感。景观异质性能导致一个城市景观的复杂性与多样性，有利于其稳定与发展，使得城市景观具有一定的自我恢复与抗干扰能力，不是稍有外来因素的干扰或者破坏便被解体的脆弱系统。即景观异质性可以保证景观在某种干扰下，局部斑块的稳定性虽然遭到破坏，但整体仍处于比较稳定的状态。

所以，大城市环城绿带的建设不一定全部要求林带化，可以根据实际地形地貌，保留原有的农田、湖泊、河流以及沟渠等。对于林带合植被的结构组成，也不一定全部是原始森林或者当地的地带性顶极群落，甚至于人工植被、草地等也能构成景观异质性与景观多样性，具有非常好的景观美学特征。其中，疏林草地比起大型草坪，具有更好的生态效益。

植被与水是改善城市生态环境的两条主线。环城绿带建设要求在重视植被（尤其是林木）功能的同时，要求与水系、水体的保护联系起来。对于一个城市来说，植被（森林）是城市的“肺”，河流、湖泊是城市的“肾”。一方面，植被在净化地表径流、吸收重金属离子等污染物的作用，使得城市水体和水系得到较好的保护；另一方面，充分发挥水体在改善城市环境方面的独特作用。它不仅可以改善绿色植物生长的供水条件，而且增加了空气湿度、调节了周围空气湿度的时空分布，还影响了植物和水生生物的数量和种类，改善了植物生长繁育的环境，促进了森林绿地形成更加完善的植被结构和更加强大的生态功能。

目前，全国上下都在提‘生态优先”，甚至于到了有些矫枉过正的地步。许多大城市中环城绿带建设过于强调生态价值而忽略其观赏性。像中国这样生态破坏比较严重的国家，其城市绿化应该以恢复自然生态为主要目标，应把非自然的展示减小到最小的程度，这未可厚非。然而并不是不需要完整生态功能以外的东西，“以自然恢复为主，人工建设为辅”的提法既是对过去轻视自然植被做法的深刻反思，也强调了天然植被生态服务功能的重要性和不可替代性。我们要求环城绿带应具有天然生态系统所要求的景观异质性，包括资源利用、物种组成以及龄相结构上的异质性等。它们为多种动植物的生存提供了各种机会和条件，有利于提高生物多样性水平。大部分天然林都是树龄交错的，其间总有发育良好的树苗与补充树层以及成熟树木等，使得森林系统具有自我维持的能力。

尽管环城绿带中人工林的特点就是物种、年龄、结构、间距、排列均整齐划一，具有非常强烈的景观美感，对于整个区域的景观多样性与异质性的维持也具有重要的作用。然而大面积的人工纯林无异于”绿色沙漠”，其中的树木长大后很难形成层次丰富的结构，继而也容易引起其他生态问题。因此有必要控制人工林的面积，并且在营造人工林的过程中，多进行人工混交林的种植，或者针阔叶混交，或者速生与慢生树的混交。同样地，在农业区尽快停止开垦新的农田，加强天然植被的恢复和保持工作，增加一些绿色廊道以供控制害虫和授粉媒介的野生动物所用。这样既可以改进水文，为农作物庇荫和防风沙，还可以保护生物多样性及其景观价值。

参考文献

[1] 欧阳志云，等. 大城市绿化控制带的结构与生态功能［J］城市规划. 2004，28（4）.

[2] 浩瀚广博美青海油菜花. http：//www.china.org.cn/chinese/TR-C/505969.htm，2004.

[3] Forman，R T Tand Godron M. Landscape ecology［M］. New York：Iohn Wiley&Sons，1986.

（本文曾发表于 2005 年 2 月《广东园林》）

区域性环城绿地生态规划理念探讨
——以北京水乡体系和珠江三角洲为例

何　昉　汪永华

【摘　要】 环城绿地建设有利于解决城市或城市群生态环境的恶化、空间结构的混乱、区域功能的退化等问题。以北京水乡和珠江三角洲河口为例，从区域生物多样性、景观异质性、区域生态恢复等3个角度探讨了区域性环城绿地生态规划的理念。

【关键词】 区域性环城绿地；生态规划；规划理念

1　引言

所谓环城绿地（green space around city）是指在城市或者城市群周围建设的绿色植被带，是城市绿色廊道（生态廊道）的一种类型，即在一定规模的城镇或城镇密集区外围，安排较多的绿地或绿化比例较高的相关用地，形成环绕城市建成区的永久性开敞空间。在欧美，环城绿地（或环城绿带）已得到广泛应用。我国北京、上海、天津、合肥等城市也都先后进行了环城绿地实践。广东省在2003年制定并颁布了环城绿地和区域绿地指引，开创了国内的先河。设置环城绿地最初的主要目标是控制城市扩张，避免大城市与周边城市融合，以保护城市和乡村景观格局的特征差异。而随着环境保护运动的兴起，保护和改善城市生态环境质量成为环城绿地新的主要目标。它是有效控制城市过度扩展，将城市与自然生态有机结合，促进城市可持续发展的重要手段之一。充分认识环城绿地在区域发展中的功能，合理规划其结构，使之成为区域生态恢复的重要手段和城市生态安全的屏障，探索环城绿地的规划与建设方法，对促进城市生态系统与景观的健康和可持续发展具有积极意义。本文探讨区域性环城绿地生态规划的理念，以期为同行提供参考。

2　环城绿地规划理念

2.1　以改善区域边缘景观异质性为基础的环城绿地规划

景观异质性导致一个城市景观的复杂性和多样性，从而使景观生机勃勃，充满活力，趋于稳定，使得城市景观具有一定的自我恢复和抗干扰的能力，不是稍稍有外来因素的干扰或者破坏便被解体的脆弱生态系统。处于城市边缘（生态交错带、生态交错区）的环城绿地，可以将其视为城市景观生态系统的边界，它就如同半通透的细胞膜，对城市景观内外的物质与能量的交换有着过滤的功能，作为城市景观边界的环城绿地建设将对城市起到一个绿色生态屏障的作用。屏障的作用可体现为对内和对外两个方面。对内，环城绿地可防止城市无序蔓延发展，限制特大城市的用地发展规模。如北京市在构建首都地区绿色生态构架中提出了在城市外围建设绿化隔离地区的规划，其首要目的就是要从用地上防止城市无序蔓延发展。对外，环城绿地可以阻挠城市景观外不利的物质或物种的侵入，保护城市内部景观功能和结构不受其危害，有利于维护城市景观及内部生态系统的稳定。因此，在对围绕城市或区域的这种以人工生态为主体景观的环城绿地进行规划的过程中，追求景观整体的生产力的有机景观设计法，追求各种景观（土地）利用类型的多样化。

历史上，北京大地上布满河流、湖泊、泉溪、湿地……，出现过“林麓苍莽、溪涧镂错”，“其水皆藻绿异常，风日荡漾，水叶递映”的诗意般的景观。作为昔日水乡的北京目前企图恢复往日的“北方江南”，再现“青山绿水，碧水常流，沟壑纵横，并满泉潆”的景象，需要做大量的工作。但是在整治河道的时候，专家们分歧非常大。北京每年约8000万 m^3 的水会渗入地下，对于目前这样一个严重缺水的特大城市而言非常“可惜”，但是，接受和得到补充这些水的是北京已经干涸的地下水层。而它们一旦得到补充和调整，经过一系列生物地球化学过程和生态循环，将有力地补充地面水。北京曾经拥有多重护城河，京西，特别是海淀一直是水乡泽国，北京历史上还有良好的排水系统和众多的湖泊和湿地，永定河在北京城西南奔腾着，长河穿城而过，并与城中央的中南海、积水潭、龙潭贯通，玉渊潭与莲花池是凉水河的调蓄湖，万泉河与清河环绕着西北郊的昆明湖、圆明园、颐和园、长春园与万春园，滋润着广袤的海淀（图 1)。北京的环城绿地规划充分考虑到历史上曾经的水乡布局，将北京现存的水系大都规划在环城绿地中，构建了一条包括河流、湖泊、基本农田保护区、山地、森林、草地在内的生态绿带（图 2)，形成以外围山区绿化、农田林网为基质，内部以古典园林、现代城市园林绿化以及众多河、湖、水库、池塘为主的北京水系为斑块的超大型生态绿网，实现浓重的文化历史沉淀和自然生态的完美结合。

城市边缘地区是连接城市中心区与农村的纽带，承担着传递中心城区的经济辐射和农村的生态服务的功能。农田生态系统作为环城绿地的重要组成部分，已经成为扩大城市生物多样性、改善城市生态功能、提高城市景观异质性、调节市民情感以及满足人们体验传统农耕生活的重要区域。如在日本的体验农业、英国的绿色城墙、德国的市民农园、新加坡的农业花园等等。大城市从来不稀缺农产品，稀缺的是农田风光与农业生产过程。为此，有必要以开发休闲农业与体验农业为主体的环城绿地农业。然而由于农田随时可能被征用并且征地补偿和农田景观的好坏无关的情况下，农民基本上丧失了传统的精耕细作的动力，为此，必须重新树立农民的家园感和归属感。

然而我国相当一部分城市在建设环城绿地的过程中，为了追求整体效果破坏掉大量的农田、小湖泊、小河流以及沟渠等等。事实上，自然的农田，例如水稻田、玉米地、油菜田更加迷人。这种农业景观对于维持周边城市景观的异质性，丰富城市景观类型起着非常重要的作用。而环城绿地的建设不一定全部要求林带化，可以根据实际地形地貌，保留原有的农田、湖泊、河流以及沟渠等。而对于林带，植被的结构组成也不一定全部是原始森林或者当地的地带性顶极群落，甚至于人工植被、草地等构成了景观异质性，也具有非常好的景观美学特征。

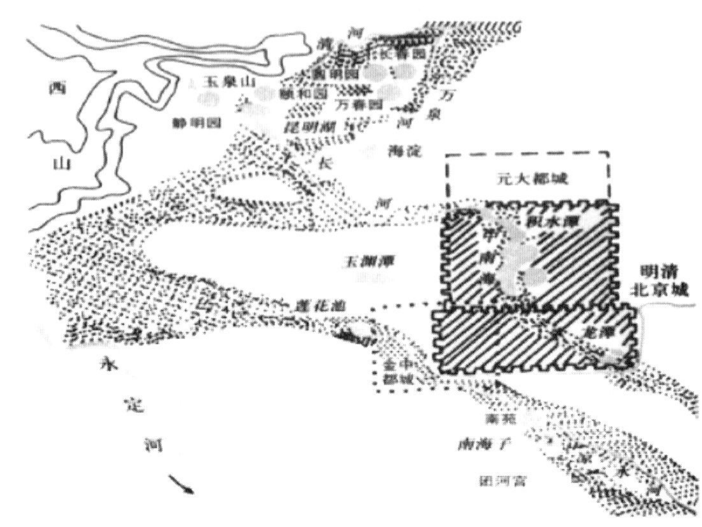

图 1　北京古城园林景观与古河道关系

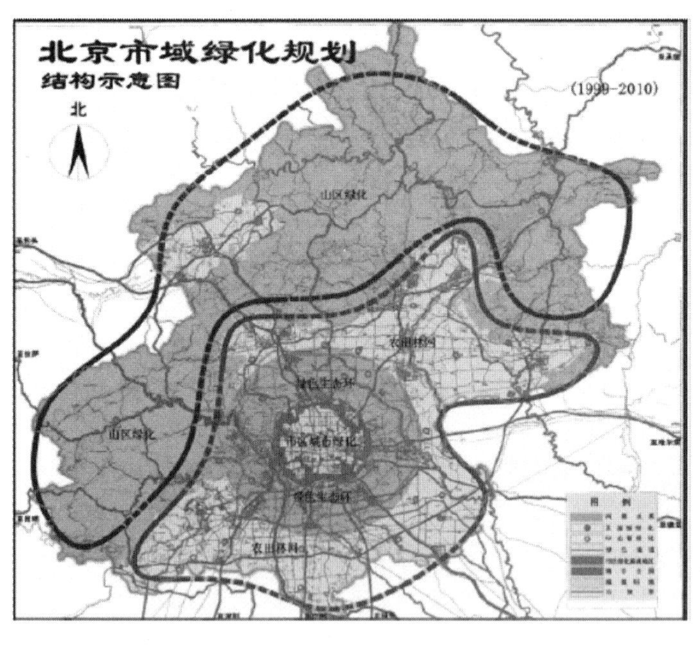

图 2　北京市域绿化规划结构

通过保护农田、城市森林、湿地等，使位于城市边缘地区的环城绿地的土地利用接近绿色化，通过资源培育产生的各种异质性景观，在大城市圈上形成一个美丽的绿色殿堂。

2.2　基于区域生态恢复的环城绿地规划

区域（或流域）生态恢复是以合理利用、保护自然生态环境资源为基本任务的生态规划手段，其目的在于对区域发展过程中所造成的和即将造成的环境破坏进行恢复和保持。其核心与关键是恢复生态系统的功能，并且使之能够自我维持。对于整个区域生态系统来说，环城绿地可以生长式的发展与簇群式的带动作用，在美化区域面貌的同时，恢复生态系统的活力。对其规划设计不仅要满足居民游憩观赏的需要，而且要起到改善生态环境，提高和保护生物多样性等功能。对现状存在的大量的人工设施只能采取减法加以控制，需要增加的是大量的生态林地（绿地），生态恢复的基本思路为：以生物多样性为基础，以食物网为纽带，构建不同层次的生态链，并在此基础上构建与生态链有机结合的产业链，以形成可持续发展的健康的生态系统。根据景观生态学的原理，生态恢复后城市的景观格局为：绿色基质＋绿色廊道＋干扰斑块＋景观节点。作为主要的绿色廊道的环城绿地将起着异常重要的作用。

珠江三角洲作为我国经济最发达的地区之一，在经济飞速发展的同时，土地紧张的矛盾日益突出，而生态环境付出了巨大代价。在国家收紧土地“闸门”的情况下，一些利益群体将寻找土地的目光瞄向大海，“填海造地”之风日甚，使珠江入海口的水面面积日趋缩小。广州番禺区土地的80％是1000年来冲积后围海填出来的；中山的横门，1996年后新增加1/3的面积；近年来，位于珠江口的广州、中山、珠海、东莞与深圳等5个城市沿海围垦总面积已超过66.7km^2。而寸土寸金的澳门半岛，1840年的面积仅2.78km^2，经过长期的填海，面积增加了2.6km^2，现在的澳门半岛一半都是“造”地“造”出来的。香港更是填海造地“大户”。围垦造地和码头港口建设已使珠江口的海岸线发生了巨大变化，并使河口日益变窄，水位抬高，很容易形成洪水灾害，使位于珠江口的几大城市的汛期防洪抗洪形势日趋紧张，1996年华南发生的特大洪灾，位于珠江口的中山水位竟然高于位于珠江中游的梧州；另外使入海口的生态系统处于不健康状态，一次次围海造地中，红树林大片破坏，原有的湿地功能不复存在，并且降低了海水自净能力，使珠江口水质恶化。从珠江口沿岸的航片（图3）可以看到，该区域已很少绿地分布，以前的阡陌河网已面目全非，生态环境质量急待改善。

在珠江三角洲的规划中，力图在珠江口，使城市区域绿地系统呈现“网络状”雏形（图4），以伶仃洋为主轴，形成珠江口东西两岸的三大都市区的分隔绿带，即中山与珠海，广州、深圳与东莞。并以独立山区、河道、堤岸、基本农田保护区和风景区为基质，形成大中城市间和城镇密集带内的环城绿地。企图利用区域性环城绿地的规划，遏止对珠江口的水面侵蚀，全面实现珠江口区域的生态恢复。例如，大广州的生态格局已由“云山珠水”调整为“山、城、田、海”，企图恢复区域“水道众多，河网纵横”的自然地理特征。

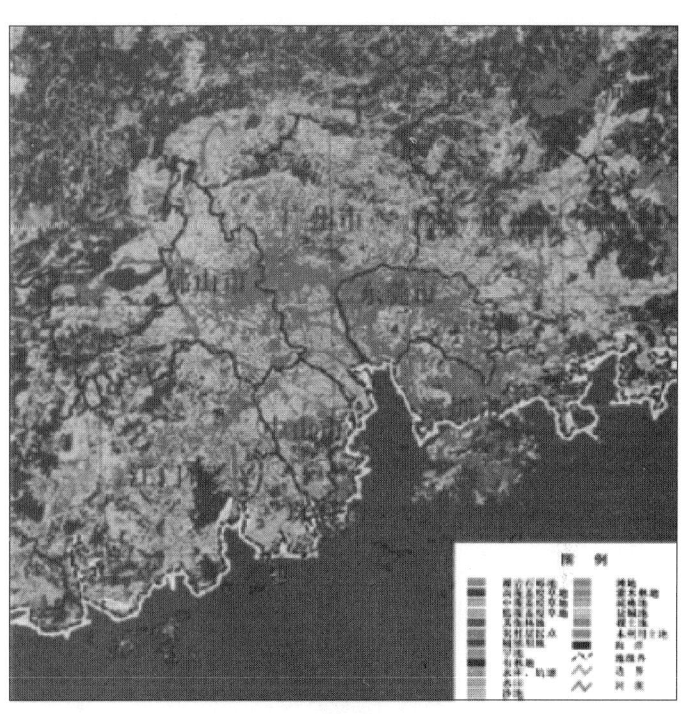

图3　珠江三角洲土地利用现状

图4　珠江三角洲区域绿地和环城绿地规划

在规划中必须协调好生态农业、生态林业、观光农业、防洪系统、城市建设、景观建设等子系统之间的有序和动态平衡。连接郊野的环城绿地能够将自然引入城市，也能将人引出城市，进入大自然，使城市居民可以体验自然环境之美。环城绿地在随后的规划实践中，生态廊道的功能更加突出，使其不仅具有景观视觉美化功能，实际上又成为一个线状的自然保护区域，例如在深圳的绿地系统规划中，特别强调环城绿地的生态廊道的功能。作为廊道的环城绿地，具有廊道的一般特性。一般地说，廊道规模在满足最小宽度的基础上越宽越好。河流植被的宽度 30m 以上时，就能有效地起到降低温度、提高 77 生境多样性、增加河流中生物食物的供应、控制水土流失、河床沉积和有效地过滤污染物的作用。绿带廊道宽 600～1200m，可创造自然化的物种丰富的景观结构。在珠江口环城绿地的建设中，为避免城市无限制地蔓延式发展，避免城市发展轴之间最终连接在一起，有效地控制城市形态，必须在城市扩张轴之间、中心城和新城之间、新城与集镇之间留出足够的基本农田、森林、山地等绿楔，有利于城市生态平衡，将河口湿冷空气通过楔形绿地和绿廊传入市区，缓解城市污染热岛效应。既为市民就近提供游憩环境和场所，又避免了对农田和绿地的侵占和破坏。在珠江三角洲区域性环城绿地范围内的生态恢复，包含生态景观、水文、基质和土壤、植被的恢复。即根据现有的地理与生态环境状况，构建多种生境，例如海鸟保护区、红树林保护区等等以便丰富生态系统类型和生物多样性；通过疏挖河道、修建与扩深池塘来泄洪，以改善与恢复水文条件。对于部分环境已发生根本改变的地点，可从其他地方搬运一些湿地土壤来恢复其土壤基质。而南亚热带季风阔叶林的建群种的移植则有利于加快植被的形成与恢复过程。

2.3 以提高区域生物多样性为基础的环城绿地规划

贯彻生态优先的准则，以人与自然的可持续发展和城市生物多样性的提高为基础，将环城绿地纳入城市绿地系统和城乡一体化的大绿化格局。充分利用河流、高压输电线路、铁路、道路和楔形绿地等，将一些影响生物群体的重要地段和关键点纳入环城绿地，以减少“岛屿状”的生境的孤立状态，增加开敞空间的连接性与连通度。按照生态系统中物种共生与物质循环再生的原理，以及自然演替的基本过程来选择和配置可行的植物群落模式，以森林景观为主体，将森林引入城市，成为融自然景观、人文景观与植物景观为一体的近郊环境绿化体系，并且使环城绿地最终形成大小不一、疏密有致、层次丰富、物种多样的自然景观；大量应用野生树木、花卉、地被植物，各类大乔木、小乔木、灌木、草本在自然条件中各居其位；环城绿地的植物选择以乡土树种为主，模拟自然生态系统建立人工植物群落，使其具有较高的生物多样性与生态稳定性。结合引鸟、引虫等工程，在条件适宜的林带内放养野生和家养动物；在林带水体内放养各种蛙类、鱼类、贝类；在灌木丛中放养鸣叫类昆虫，以增加野趣，营造和模拟自然森林群落；各种鸟类、小动物、昆虫等脱离人为的干扰，按照生物链的自然规律生长；利用生物界相生相灭及森林自肥的特点，枯枝、落叶等的腐烂使林地土壤得到改良，又促进了树木的生长，通过生态养护使环城绿地内的生物与环境和谐统一，达到良性循环。

以珠江三角洲为例，该区域位于北回归线以南，属于南亚热带季风气候，雨热同期，积温高，雨量充沛，生物多样性丰富。而丰富的生物种类对于珠江三角洲区域性环城绿地的稳定和可持续发展具有重要的意义。

在广州、深圳的城市环城绿地的规划以及深圳北林苑景观及建筑规划设计院最近完成并通过评审的中山、珠海和佛山的城市环城绿地的规划中，物种配置都是以本土为主，让地带性植被，即南亚热带常绿阔叶林的建群种（如假萍婆、秋枫、樟树、白木香、海南蒲桃、人面子、桃花心木、阴香、木棉、海南红豆、小叶榕、蒲桃、橄榄、番石榴、蕉、竹等）作绿化材料的主角，让野花（如澎蜞菊、鬼灯笼、玉叶金花、野牡丹等）、野草（芒箕、漫山绣竹等）、野灌木（鸭脚木、梅叶冬青等等）形成自然绿化，这种地带性植物多样性的设计将带来动物景观的多样性，能诱惑更多的昆虫（直翅目、半翅目、双翅目）、鸟类（小鸊鷉、池鹭、白鹭、夜鹭、鹧鸪、白胸苦恶鸟、珠颈斑鸠、小白腰雨燕、普通翠鸟、大拟啄木鸟、家燕、树鹨、红耳鹎、白头鹎、棕背伯劳、八哥、红嘴蓝鹊、鹊鸲、大山雀、暗绿绣眼鸟、麻雀、黄胸鹀、黄眉鹀等）和小动物（黑眶蟾蜍、沼蛙、泽蛙、大绿蛙、花臭蛙等）来栖息。同时，景观斑块类型的多样性的增加，生物多样性也增加，为此，应首先增加和设计各式各样的园林景观斑块，如观赏型植物群落（如榕树—草坪草或榕树—草本花卉群落）、保健型植物群落（如樟树—草坪草）、生产型植物群落（如岭南佳果龙眼、荔枝、木菠萝、芒果等）、疏林草地、水生或湿地植物群落（如水松、池杉、水翁等）。

3 结语

我国许多大城市或者城市群（如湖南的长株潭、大北京、长江三角洲、环渤海区、珠江三角洲、包括港澳的大珠三角），甚至更大的“9＋2”泛珠江三角洲区域，在发展过程中，城市中心改造、区域产业结构调整与改造升级、工业外迁与新区开发并举，城市建成区规模扩展迅速，许多城市向周围扩展失去有效的控制，“摊大饼”式城市扩展已成为顽症，由此导致不断加剧的城市交通拥挤与城市热岛效应，城市生态环境恶化已成为我国发展所面临的难题。环城绿地的建设对于改善城乡环境，促进城市，甚至区域、流域的合理发展，引导城市休闲旅游、生态旅游度假业等生态产业的发展，实现城乡一体化，具有非同寻常的意义。由于不同城市的格局及其形态演变机理不同，环城绿地规划的目标要根据城市或者区域自身发展的特点而定。基于城市（群）生态系统本身演变的复杂特征，以及城市化进程中产生的各种问题，结构复杂化、功能多样性将成为环城绿地建设的趋势。而环城绿地的规划、建设与管理，是跨地区、跨部门的系统工程，涉及大城市及其周边小城市的多个部门，只有建立有效的协调机制，才有利于这项巨大工程的顺利实施，达到区域的可持续发展。

致谢

在这里特别感谢北京市园林局朱虹处长，深圳市城管办陈德华副处长对本文资料给予了大力支持和帮助。

参考文献

［1］ Bradsaw，R J. The use of natural processes inreclamation advantages and difficulties ［J］. Landscapeand Urban Planning，2000，51：89-100.

［2］ Donald L，*et al*. Integrating wetlands into plannedlandscapes ［J］. Landscape and Urban Planning，1995，32：205-209.

［3］ Fabos，J G. Introduction and overview：thegreenway movement，uses and potentials ofgreenways ［J］. Landscape Urban Planning，1995，33：1-13，18.

［4］ Robert，M S. The evolution of greenways as anadaptive urban landscape form ［J］. Landscape andUrban Planning，1995，33：131-155.

［5］ 北京城市规划设计研究院．改善城市生态环境，建设现代国际城市：北京市区绿化隔离地区规划及实施［J］. 城市规划，1999，(10).

［6］ 欧阳志云，等．大城市绿化控制带的结构与生态功能．城市规划，2004，28 (4).

［7］ 谢涤湘，等．我国环城绿带建设初探：以珠江三角洲为例［J］. 城市规划，2004，28 (4)：46-49.

［8］ 赵振斌，包浩生．国外城市自然保护与生态重建及其对我国的启示［J］. 自然资源学报，2001，16 (4)：390-395.

［9］ 王同祯．水乡北京［M］. 北京：团结出版社，2004.

［10］ 北京城市规划设计院．北京市城市绿地系统规划 1999-2010.

［11］ 深圳市城市规划设计院．深圳市绿地系统规划 2002-2030.

［12］ 深圳北林苑景观及建筑规划设计院．珠海绿地系统规划，2005.

［13］ 深圳北林苑景观及建筑规划设计院．中山绿地系统规划，2005.

［14］ 深圳北林苑景观及建筑规划设计院．佛山绿地系统规划，2005.

［15］ 广州市发展计划委员会．广州市生态城市规划纲要（2001～2002 年）［M］. 广州：广东科技出版社，2003.

［16］ 广东省发展与改革委员会．http：//www. gddpc. gov. cn/common _ file/show _ file. asp? id＝16860& lanmu＝172，2005.

（本文曾发表于 2005 年 2 月《风景园林》）

探索中国绿道的规划建设途径
——以珠三角区域绿道规划为例

何 昉 锁 秀 高 阳 黄志楠

【摘 要】 中国具有丰富的绿道建设思想和杰出的范例。在人与自然和谐的中国传统规划设计理论指引下，基于珠三角的自然生态格局和城乡发展状况，重新布局和挖掘中国原始绿道，珠三角区域绿道规划以山、林、江、海为要素，形成"两环、两带、三核、网状廊道"的珠三角区域绿道规划框架，并以此串联多元自然生态资源和绿色开敞空间，营造多层次、多功能、立体化、复合型、网络式的珠三角"区域绿网"。提出走有中国特色的绿"道"之路，勇于担当时代先行者角色，构建中国特色的理想栖居生活。

【关键词】 风景园林；绿道；规划设计

在众多东方智慧的指引下，从先秦开始，中国广袤的大地上就出现了大量的绿道雏形。这些绿道雏形出现在原始生产力相对比较低下的时代，人类无法改变自然，只能被动地接受自然。只有在物质和精神财富积累到一定高度的今天，人类才意识到人与自然平衡的重要性，并主动寻求建立这种平衡。珠三角地区作为今日中国经济最为发达的地区，绿道——人与自然主动平衡的方式，顺势而生，并在珠三角大地轰轰烈烈地全面展开，为中国绿道的规划建设探索一条特色途径。

1 中国绿道建设思想与早期雏形

中国传统的自然观强调的是"天人合一"，宇宙自然是大天地，人则是一个小天地，人和自然在本质上是相通相融的，人与万物一体，都属于一个大生命世界。因此，人与万物是同类，是平等的。人没有权利把自己当作万物的主宰，"屈物之性以适吾性"，而应该对天地万物心心爱念，使万物都能按照它们的自然本性得到生存和发展，这就叫"各适其天"[1-3]。

在道家看来，天是自然，人是自然的一部分。因此，庄子说："有人，天也；有天，亦天也。"天人本是合一的。柳宗元说："庄子言天曰自然，吾取之"，庄子讲的天基本上是现代人说的自然。庄子描述宇宙产生万物的过程是"泰初有无，无有无名。一之所起，有一而未形。物得之以生谓谓德；未形者有分，且然无间渭之命；留（流）动生物，物成生理谓之形；形体保神，各有仪则，谓之性。"这是《老子》道生万物观念的具体化，与儒家思想也有关系。柳宗元强调的是"人与天地为合"，人的本性即是自然的本性。这是完全自然哲学意义上的天人合一，也即科学认识形式的天人合一。因为人与自然的这种统一性，他认为回归自然，顺应自然，"顺物自然而无私容焉"是人生最明智的选择[1-3]。

中国绿道规划思想可以追溯到公元前1000多年的周代。西周修建了最早的大道"周道"，并在系统路网和绿化养护方面始开先河。《诗经·大东》还说："维北有斗，西柄之揭。"是说天空北面有北斗，周道像一把朝西的勺柄，连结了七星。周道还要求"雨毕而除道，水涸而成梁"；并"列树以表道，立鄙食以守路"。东汉训诂书《释名》解释道路为"道，蹈也，路，露也，人所践蹈而露见也"。自古"草露"在中国文学中最为多见，可见，在人畜共路的古代中国之路亦为"绿道"。

随着中国历史上生产力的发展、对文化交流和生活条件的需求增大，很多充满线性规划哲学和体现人与自然和谐的中国"绿道"雏形陆续出现。在卫星拍摄的地球照片上，东经105.5°、北纬32°有一道绿痕。这就是"三百长程十万树"的翠云廊。翠云廊是一条始于秦汉的古蜀道，它既不"危乎高哉"，也不"难于上青天"，但由于它两旁高大参天、浓荫蔽日、绵延三百里的古柏，而被地理学家和史学家称之为"比罗马大道还要壮美"的世界奇观。这是迄今为止世界上最古老、保存最完好的古代绿道。在广东省北部的连州，有一条"此路一开，中原之声近矣，然后五岭以南人才出矣，财货通矣，遐陬之民俗变矣”的岭南第一古道——南天门秦汉古道（图 1）。古道宽约 3m，在山岩上一级级开凿出来，从山下到山上共有 8800 多级，这就是秦汉时期沟通五岭南北的第一条古道。另外，如始于汉而盛于唐的海上丝绸之路，繁荣于明清时候的茶马古道都是先民开拓自然海路和山路成为著名商贸大道的典型（图 2）。再如奠定隋唐盛世和明清都城繁荣的南北大运河，亦是名副其实的连接河网、沟通城乡的一条雏形“绿道”；还有兴盛于唐代的“驿道”、“一骑红尘妃子笑”的马道，以及出现于明清的“官道”等，都是先民在绿林沃野之间，在河川溪流之畔开辟出的条条“绿道”，既遵循了风水气脉的走向，又方便大众出行，联络各地风情和经济文化，同时对属地政权维护和管理大有裨益。

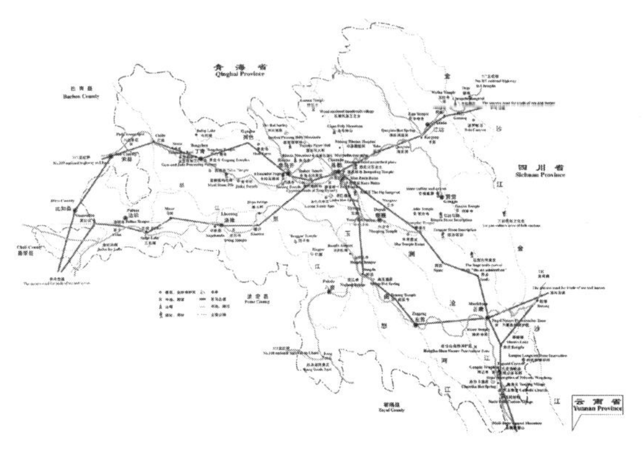

图 1

图 2

2 东方智慧下的珠三角区域绿道规划设计实践

2.1 规划格局

中国的地理形势，每隔 8°左右就有一条大的纬向构造，如天山—阴山纬向构造；昆仑山—秦岭纬向构造，南岭纬向构造，《考工记》云：“天下之势，两山之间必有川矣。大川之上必有途矣。”《禹贡》把中国山脉划为四列九山。风水学把绵延的山脉称为龙脉。“茫茫昆仑，八脉到此”。龙脉源于西北的昆仑山，向东南延伸出三条大龙脉，北龙从阴山、贺兰山入山西，起太原，渡海而止。中龙由岷山入关中，至秦山入海。南龙沿长江由云贵、湖南至福建、浙江、广东入海。

珠江三角洲北靠南岭阻挡寒潮，南临南海接迎暖意，中间河网密布，丘陵林立，沿着条条客家古驿道和林则徐禁烟的港口官道，留下了许多客家先辈们建造的珍贵古迹和风水林木。因此，在“天人合一”的中国传统规划设计理论指引下，基于珠三角的自然生态格局和城乡发展状况，亲近自然重新布局和挖掘中国原始绿道，以山、林、江、海为要素，形成“两环、两带、三核、网状廊道”的珠三角区域绿道规划框架，并以此串联多元自然生态资源和绿色开敞空间，打造多层次、多功能、立体化、复合型、网络式的珠三角“区域绿网”（图 3～图 6）[7]。

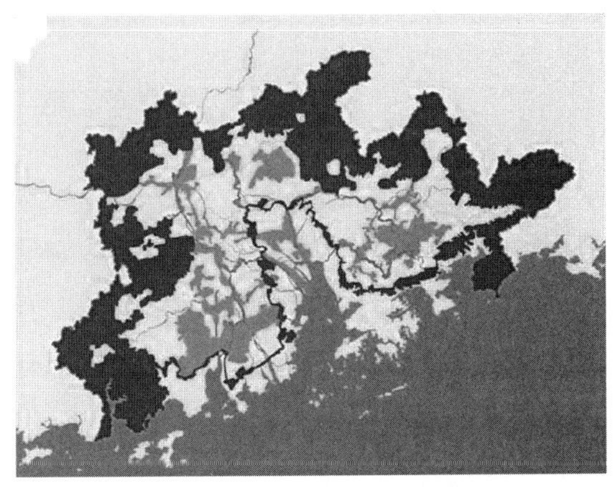

图 3

2.1.1 “两环”捍卫珠三角生态平衡

为保障珠三角整体生态自然环境，构建内外“两环”，内环由珠三角外环生态屏障和湾区生态环组成，外环生态屏障由珠三角西部、北部、东

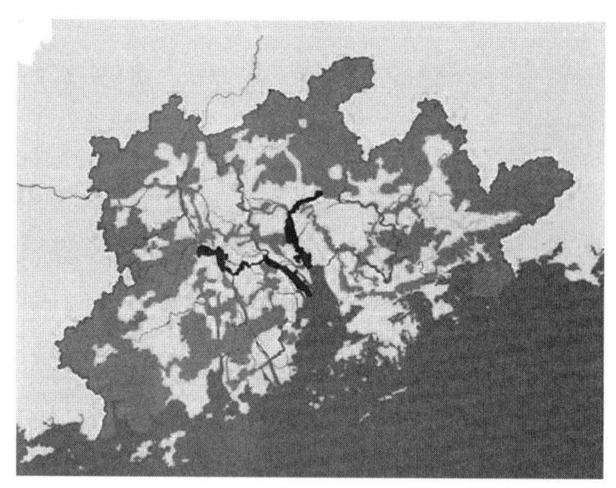

图 4

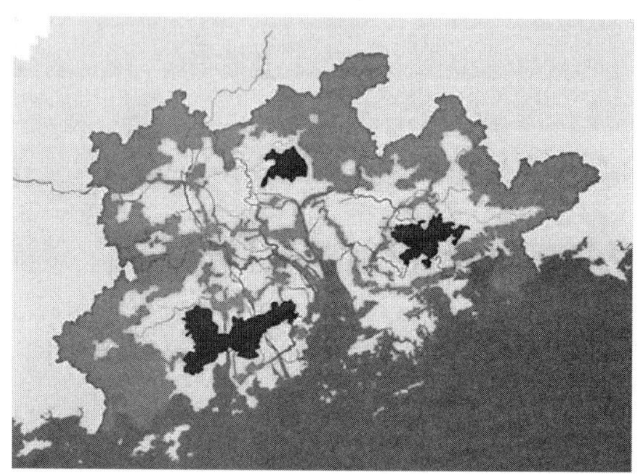

图 5

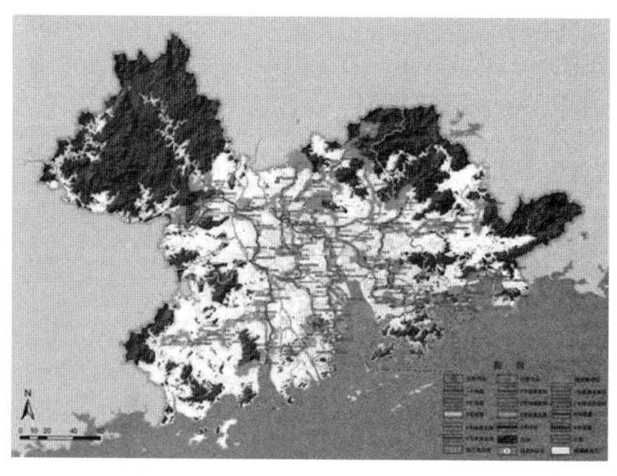

图 6

部的连绵山地、丘陵及森林生态系统为主组成。范围西起台山镇海湾，止于惠东红海湾；湾区生态环由珠三角内圈层沿湾区边界（滨海各区县边界）的山地、湿地、森林公园、成片的农田等组成，把珠三角分为湾区和其他部分。该两环是捍卫珠三角生态平衡，保护自然资源的重要保障。

2.1.2 “两带”保持内外绿色空间的延续

为维持生态系统的整体性和连续性，并阻止三大都市区连片发展，通过东江、西江干流水体，串联沿江的山体、农田、防护绿带等，构建两大区域性绿色廊道，保持“两环”之间的连通，其中，东江带南起珠江口狮子洋水道，经东莞水乡片，沿东江干流向东北延伸，至博罗罗浮山，形成中部都市区和东岸都市区之间的生态隔离；西江带南起珠江口洪奇门及沿岸地区，经顺德、中山基塘区，沿南沙涌、西江干流向西北延伸至佛山仙鹤湖风景区，形成中部都市区和西岸都市区之间的生态隔离。两带的存在构成了三大都市区之间长期有效的生态隔离，避免城镇无序蔓延。

2.1.3 “三核”改善密集城镇区的生态环境

为改善三大都市区内部的生态环境，由中部的白云山—帽峰山、东岸的银瓶嘴山—白云嶂、西岸的五桂山—黄杨山—古兜山等重要山体，形成三大绿核，作为外围山林区、南部海洋生态区与中部平原生态区之间的联结点，改善三大都市区内的生态环境。此外，三核作为珠三角区域生物种群源，通过区域绿道的规划建设，连通生态廊道，将为整个珠三角区域特色生物多样性的恢复打下坚实的基础。

2.1.4 “网状廊道”控制城市蔓延，营造低碳绿色生活新方式

珠三角区域绿道多处于山林农田、陆地水域的生态交错带，是地区景观多样性和物种多样性最为丰富的地带。珠三角区域绿道整体规划亦遵循以“山缘水陆两级交接面、多个绿核”为骨架的自然格局。并基于珠三角地区城乡结构模式、交通布局、自然人文资源、行政区域划分等多层规划格局，结合各市的实际情况叠加分析后，综合优化形成由 6 条主线、4 条连接线和 16 条支线共同构成的珠三角区域绿道的网络化格局。珠三角绿道网规划是由面状统领，到线状建设，再到点状完善，最终回到区域的面状层面以形成完善的多级网络化系统。

2.2 规划思路解读

中国传统理想风水模式中强调的背依群山，面临平原，左右山势环抱，水流曲直延伸等，都体现了人们对边缘环境的偏好。这种偏好，来源于人的本能，因为在边缘地带，山崖、河流、林灌丛等天然障碍物的存在对于人类狩猎和安全都起到了重要的保障。而珠三角区域绿道规划恰恰多处于山林农田、陆地水域的生态交错带，满足了人类的本能需要[3]。

珠三角区域绿道的内外“两环”，一为山林环，一为海岸环，都起到了“藏风，聚气”的作用。郭璞所著《葬书》中提到“气乘风则散，界水则止”，《易经·林卦》中说：“知林，大君之宜，吉”，强调林木的聚气作用。森林具有防治水土流失、减少洪涝灾害的生态功能，而水则起到了平衡热量，物质循环的作用。两者是区域生态小环境的重要组成部分，珠三角区域绿道规划设计的两环则对应风水学说此两方面的内容。而在两环中间以东江和西江为主干的两带，就是带动盘活区域整体生气的支龙脉，其把珠三角地区天地之灵气源源不断地输往珠三角9个城市，形成“山水共聚，团结祥和”的气势，为广东宜居城乡建设构建了符合天道、地道、人道的理想山水格局[2~6]。

3 珠三角区域绿道实践对中国绿道规划建设的经验启示

3.1 走有中国特色的绿“道”之路

我国的思想文化根基深厚，且产生和继承于我们的历史文脉和国情壤土中，反映的是我国的国情与特色。珠三角绿道规划正是从深厚的历史文化根基中寻找到了自己的思想之基——“道”学思想，并把这种思想和绿道的规划设计贯通，来探寻富有中国智慧的绿道规划思路。正是在这样的基础上，珠三角绿道的规划在自然理念和总体规划中，有了一条根本的思想主线，甚至于后期的设计与建设中都将统一于此。

3.2 勇于担当时代先行者角色

寻古问今、去芜存精，在一系列规划思想形成的基础上，我国的绿道规划建设最终还需落脚于实际国情下的应用中。结合我国现存的环境资源问题、产业发展、经济发展、公众认识等众多方面情况，绿道的规划建设在最基本的改善生态功能的基础上，需要融入对“绿道效应”副产品的重视。比如绿道的经济效应、教育效应、文化宣扬、理想社会的倡导等方面。

在珠三角区域绿道的规划中，正是把目标定位于创造未来的“理想宜居”生活，在分析现状的基础上，打开思维，勇于创新。在资源的节约和循环利用上，倡导低碳技术的应用（生态机器技术、绿色生态建筑技术、薄膜太阳能技术、低碳照明运行系统、蘑菇塑料等），并注意废旧和废弃物品的加工重利用（具有深圳特色的集装箱节能建筑的利用等）和功能复合型设施的倡导；在文化的宣扬上，注意传统与现代的碰撞（绿道标识系统的设计等）；在理想社会的倡导上，以“后绿道时代”的未来城市模式为目标（未来城市将交通分为地上和地下部分，地上仅有绿道网络和必要的设施，地下和空中为快捷交通路线），等等。

3.3 构建中国特色的理想栖居生活

绿道网将城市内部的公共空间与外部的水体、风景名胜、森林公园、遗产地等区域有机的串联起来，形成一面自然之网，这个网络内的各个生物的栖息地得以保留，人和动物的生存各得其所，互不干扰，保护了生物多样性与自然；在基本的物质生活中，带动绿道沿线经济发展，实现区域内经济差距减少；在人的活动空间内，降低城市热岛效应，改变人的出行方式、行为模式、消费理念、城市形态、城乡结构，使人们的游憩、沟通、休闲生活更丰富和健康，幸福感增强，最终实现低碳和理想宜居的生活；在其他方面，还可以增强多方面的人文和自然教育等。

从老子的自然之道，到岭南大地的自然山川与都市交合演绎出今天的珠三角区域绿道，无不在论证绿道在充当山、水、人之间联系角色的重要。绿道使中国古代和谐的山、水、人构架在今天都市林立的珠三角成为现实。它重塑了山、水、人与都市之间的和谐关系，缓解和改善了自然与人文、历史与现代、物质与精神的冲突，构建了都市和乡间人们的“可观、可游、可居”的新生活空间，深刻改变今天都市人民的生活方式。

4 结语

绿道的意义在于探索通往理想生活的路径，是对未来理想宜居的启发与先行，而基于“天人合一”的中国绿道规划设计理论的珠三角区域绿道规划设计还基本处于探索的阶段，还存在很多不完善的地方。不同民族和不同文化均有自己理想环境模式，因此，在对国外已有绿道规划设计相关研究结论与实践成果经验汲取精华、去其糟粕时，要坚持中国传统的绿道规划设计思想，做中国特色绿道，这样才能避免走弯路、走错路。

在深层次地挖掘中国传统研究人与自然关系的规划设计规律，使中国传统的自然和谐关系得以中华大地重现。

注释

图 1 引自四川旅游信息网．川藏线旅游图库［EB/OL］．（2010-04-03）［2010-04-03］http：//www.97sc.com/photo/czxphoto/14 _ 51 _ 07 _ 41.shtml. 图 2 引自曹春生．岭南第一古道驿站——顺头岭［EB/OL］（2005-10-11）［2010-04-03］．http：//www. lztour.com/tour/list-564.html. 图 3～图 6 广东省住房和城乡规划建设厅提供。

参考文献

［1］ Stephen skinner. Kiss Guide to Fengshui［M］. New York：Dk Publishing，2001.

［2］ Zube E. Greenways and US national park system［J］. Landscape and Urban Planning，1995，33（13）：17-25.

［3］ 俞孔坚．中国人的理想环境模式及其生态史观［J］．北京林业大学学报，1990，12（1）：10-17.

［4］ 梁雪．美国城市中的风水［M］．连宁科学技术出版社，2004.

［5］ 周年兴等．绿道及其研究进展［J］．生态学报，2006，26（9）：3108-3116.

［6］ 谭少华．赵万民．绿道规划研究进展与展望［J］．中国园林，2007，23（2）：85-89.

［7］ 广东省住房与建设厅，深圳市北林苑景观及建筑规划设计院等．珠三角绿道网络规划纲要［Z］，2010.

（本文曾发表于 2010 年 4 月《风景园林》）

珠三角三级绿道网络规划构建实践

何 昉 高 阳 锁 秀 叶 枫

【摘 要】目前作为景观都市主义集大成者的珠三角绿道网已经实现全面贯通，初步完成了预期的首年任务。而在珠三角绿道网的理论和实践研究过程中，通过对珠三角绿道网生态容量的计算，发现只有进行珠三角三级绿道网络构建，实现城市和社区绿道网的合理规划布局、棕地再利用、不同功能组团转换，才能将珠三角绿道网的生态、社会和经济效益最大化。

【关键词】风景园林；绿道；规划设计

引言

改革开放 30 年来，广东地区创造了经济发展的奇迹，成为我国城镇化水平最高、开发建设强度最大的城镇密集区域之一。特别是长期以来，建筑物决定城市的形态，而城市被当作放大的建筑来设计。加之快速的城市化，以及对城市中自然生态过程的忽视，导致城市绿色空间被大量挤占，人们的生活方式面临健康危机。因此，现代城市建设尤其是珠三角都市群的规划设计需要从更生态的角度和理论去摸索。代表景观都市主义的"珠三角绿道网"顺应历史潮流，适时走到我们这些城市规划者和决策者面前[1-2]。

珠三角绿道网是在珠三角自然生态格局、历史文化遗产和城乡发展状况等资源本底的基础上，对具有休闲娱乐价值的生态和人文要素进行识别，通过自行车道、步行道等人工走廊进行串联，同时配置完善的设施和多元化的功能，形成供城乡居民休闲游憩的开敞空间，是珠三角建设宜居城乡的重要途径。经过 2010 年一年的规划建设工作，珠三角九市已经累计完成 2372km 的区域绿道建设工作，珠三角区域绿道网骨架已基本成型。但如何最大化实现其生态、社会和经济效益，在大量的理论研究和项目实践结合的过程中，我们发现有两个重要的深入方向：首先要保障"绿"的实现，即划定足够面积的绿道缓冲区，为珠三角的健康发展保留足够的生态用地，维护珠三角地区特有的生物多样性体系；然后在满足生态容量控制的基础上，完善城市绿道网和社区绿道网，实现珠三角绿道的"三级"网络构建。

1 基于生态足迹法的珠三角绿道网生态容量计算

哈丁（Hardin）在 1991 年进一步明确定义生态容量，即在不损害有关生态系统的生产力和功能完整的前提下，可无限持续实现最大资源利用和废物产生率。生态足迹研究者接受了哈丁的思想，并将一个地区所能提供给人类的生态生产性土地的面积总和定义为该地区的生态承载力，以表征该地区生态容量。因此，珠三角绿道网的生态容量是指满足珠三角绿道缓冲区的正常功能使用，但不影响周边生态环境的最大人口容量[3-4]。

1.1 计算方法

生态承载力则是指在不削弱某一地区的生产能力的情形下，该区域所能持续支持某一种群的最大生物数量。其计算方法为：将生态缓冲区内的现有耕地、草地、林地、建筑用地、水域等物理空间的面积乘以相应的均衡因子和产量因子，就可以得到平均生态承载力，其计算公式为：

$$BC=N\cdot\sum a_j r_j y_j$$

式中 BC——区域总生态承载力，hm^2；

N——人口数量，人；

a_j——人均生物生产面积，hm^2/人；

r_j——均衡因子；

y_j——产量因子；

j——能源用地、耕地、草地、林地、建筑用地和水域 6 种类型。

均衡因子和产量因子采用威廉·利斯等的计算结果（表 1）。

各类土地类型的均衡因子和产量因子　　表 1

土地利用类型	均衡因子	产量因子
耕地	2.82	1.66
林地(园地)	1.14	0.91
草地	0.54	0.19
水域	0.22	1.00
化石燃料	1.14	0
建筑用地	2.82	1.66

1.2　计算结果与分析

利用以上基于生态足迹法的生态承载力计算公式，运用 GIS 和 RS 等遥感技术，得出珠三角具有生物生产性的土地面积，即耕地、林地、草地、化石燃料用地以及水域的面积，从而计算珠三角地区的平均生态承载力为 1.5403hm^2/人，高于全国 0.8hm^2/人的平均水平。运用 2009 年珠三角九市常住人口统计数据，乘以珠三角区域个人生态承载力，从而得出珠三角区域生态承载力总量为 7297.171km^2，经过遥感统计，珠三角区域绿地总面积为 14847km^2，大于珠三角所需的生态空间面积。珠三角绿道网的规划设计则是希望通过绿道网的建设维护珠三角所需的适宜生态用地。因此，从生态角度出发，建议珠三角绿道网控制区划定的面积要大于等于珠三角所需适宜生态用地面积，同时，根据绿道本身的定义和特性，需要一定的绿廊系统，即一定的绿色基底，因此，珠三角绿道网控制区划定面积的上线理想状况应与区域绿地面积持平，即 7297.2km^2≤珠三角绿道网控制区划定的面积≤14847km^2[5-6,10]（表 2）。

珠三角区域绿道网（省立）与珠三角区域绿地和生态容量关系统计　表 2

珠三角生态用地面积（km^2）	省立绿道网长度（km）	省立绿道控制区平均宽度(km)	省立绿道控制区面积（km^2）	区域绿地面积（km^2）
7297.2	2254	0.2	450.8	14847
		0.6	1352.4	
		1.2	2704.8	
		3	6762	
		6	13524	
		15	33810	

从表 2 分析结果可以看出，如果单纯仅修建以 6 条省立绿道为主的区域绿道网，以生态型区域绿道的控制宽度 200m 计算，则省立绿道控制区的面积仅为 450.8km^2，仅占珠三角所需生态用地面积的 6%，无法维持珠三角地区特有的生态系统结构，对经济和社会的促进作用也十分有限。只有 6 条省立区域绿道的控制范围宽度达到 6km 左右，才能满足珠三角的生态容量需求。针对珠三角城市发展建设现状，这基本是不可能完成的任务，因此，除了 6 条省立绿道，珠三角区域绿道网必须修建城市绿道和社区绿道网来进行积极补充。

2　珠三角绿道网的三级网络构建

2.1　由“点”到“面”，打造三级绿道网

珠三角绿道网由区域绿道、城市绿道和社区绿道构成，有机串联郊野公园、自然保护区、风景名胜区、历史古迹等重要节点，密切联系城市与乡村的多层级的绿色网络系统。为确保绿道连通成“网”，前提是要把原有的“绿点”、“绿线”、“绿面”通过非机动化慢行系统衔接起来，形成一张覆盖珠三角整个区域、城乡一体的“绿网”，充分发挥绿道网的综合功能效益[6-9]。在打造三级珠三角绿道网的过程中，应充分利用以下规划建设指导思想：

(1) 坚持可持续发展，与生态、宜居城市建设相结合，加强生态环境保护与建设。通过制定合理有效的生态化措施建立长效持久、结构完整、关系协调、功能高效的区域生态系统结构，强化对绿道及其周边水源、土地、森林、海洋等自然资源的生态保护，建立集合生态、游憩与景观为一体的综合绿道网络。结合城市环境景观改造和城市慢行系统建设，提倡立体绿化模式，推广乔、灌、草复合绿化；充分利用现有基础服务设施，推广生态化建设技术，实现绿色、低碳绿道建设(图 1)。

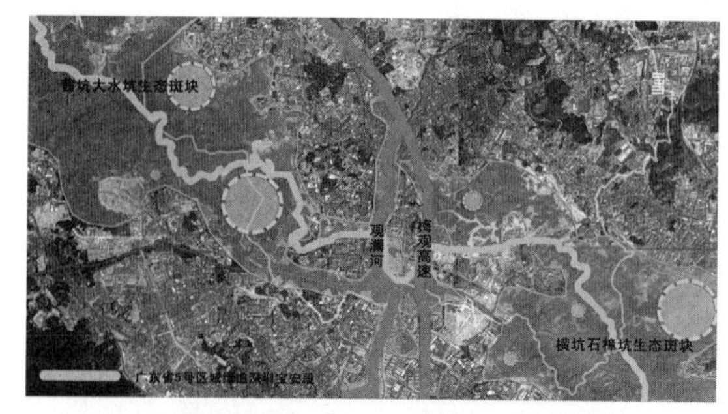

图 1　广东省绿道 5 号线深圳宝安段在设计中利用生态通道，串联被隔绝的生态斑块，在一定程度上恢复了区域生态系统

(2) 全面校核城市发展规划，因地制宜配置绿道选线资源，强调棕地的恢复利用。加强绿道与城市总体规划的衔接，应制定全市绿道网总体规划和详细的年度建设规划，将绿道网络融入城市形态与城市功能。绿道网选线坚持因地制宜、少征地、少租地、少拆迁，不改变原有土地权属和性质，尽可能串联城市自然人文资源成环成网布局。充分利用和提升改造珠三角绿道网中遗留下来的旧工业区，旧商业区、加油站、港口、码头，机场等棕地，利用景观措施对工业化过程中所遗留下来的已不再使用的设备、建筑、工厂或整个地区进行改造，使棕地变为绿地，使其成为珠三角绿道网中的串串闪光点（图 2～图 5）。

图 2　绿道中棕地的艺术改造——宝安版画基地古村落

图 3　绿道中棕地的生态改造——深圳水土保持科技示范园

图 4　绿道中棕地的后工业改造——深圳绿道废弃集装箱的应用

图 5　已建绿道中棕地的人文改造——广东 2 号区域绿道深圳梅林坳段

(3) 合理组织绿道网络各级体系，加强城市、社区绿道与区域绿道的对接。城市绿道、社区绿道在绿道网络的框架层面上，可弥补区域绿道网络服务的不足，在完善区域绿道系统的同时，实现城市、社区在绿廊系统、慢行系统、服务系统的连贯与同一。依据区域绿道与城市的位置关系，设定不同形式的城市绿道和社区绿道分布。

(4) 体现地方人文景观特色，与城市旅游游憩系统充分结合。通过充分保护和发掘历史文化资源，高标准建设配套服务和相关产业设施，精心营造以人为本、特色鲜明的景观风貌和视觉空间，做好绿道线路策划并使之融入城市旅游系统，将城市绿道网建设成为安全、舒适、富有地方特色与魅力的文明示范工程，充分发挥绿道带动城市发展、推动社会文明的作用。

2.2　由“家”到“厂”，城市绿道打造快乐工作之旅

城市绿道连接区域绿道与社区绿道，联系城市主要功能组团，串联城市中重要的公园、广场、水岸等公共开敞空间与公共设施，并承担城市组团间的游览联系、绿化隔离、慢行交通等功能。相对于区域和社区绿道，城市绿道承担了更多城市居民快乐工作出行的需求，实现了城市居民从生活地到工作地和不同工作地转换之间的交通链接。

城市绿道规划应在区域绿道基础上，结合城市的空间形态，选取城市内最有代表性的森林公园、文化遗迹、传统街区、滨水空间等自然、人文节点以及城市功能组团进行有机串联，并与城市慢行系统、相邻城市的区域及城市绿道同步对接，形成疏密有致、布局均衡的城市绿道网络布局。

2.3　由“家”到“绿”，社区绿道实现居民生态行

社区绿道网的规划建设应与城市、分区游憩系统结合设置，连接城市主要社区片区的绿地、广场、水岸等公共开敞空间与公共设施，承担社区居民近距离游憩休闲的服务功能、绿化隔离功能和社区慢行交通等功能，使社区居民与游人能够就近进入绿道，同时便捷地接驳上层次绿道与外部交通体系和游憩体系。实现步行5～10分钟进入社区级绿道的规划目标[6]。

社区绿道网规划布局中应重点考虑以下因素：(1）连接社区城际轨道、地铁、BRT（快速公交）和常规公交等交通换乘点，以15分钟的步行范围为服务半径；(2）人流活动集中，应有利于促进人们交往与融合；(3）连接社区内公共开敞空间，体现社区的个性和特色；(4）串联社区内公共服务设施，满足便捷的休闲和服务需求；(5）承担社区内的主要慢行交通出行；(6）与城市绿道和区域绿道便捷联系（图6)。

图6　深圳市盐田社区绿道网规划布局图

社区绿道网在建设中应选择避开城市主要交通干道，具有快捷的慢行交通功能。针对其使用人群多样性的特点，设计可用于进行长跑、轮滑、骑自行车运动等社区间康体锻炼活动的路径，培育安全、宜人、舒适、充满活力的社区绿道示范区，倡导“以人为本、慢行优先”的低碳出行，带动珠三角各市社区绿道网的全面建设。

2.4　由“旧”到“新”，实现绿道中原有村落的提升改造

崭新的成排乡村别墅，绿色成荫、鸟语花香的绿道，自得其乐在道边下棋的白发老人，拿着风车，牙牙学语的小童……理想绿道网中的自然村落呈现给我们的应是这样的场景。

但由于历史发展问题，目前，珠三角绿道网所经过的城市中心区和郊区，存留很多脏乱破旧的城中村，严重影响了城市的整体现象和景观风貌，并成为构建和谐社会的潜在威胁。同时，由于经济发展的滞后，很多郊区农村基础设施配套也十分欠缺，而这些问题均可以通过绿道网，特别是城市绿道和社区绿道加以解决。

2.4.1　结合“三旧”改造，通过拆违拆旧，建设老城区及城中村绿道

珠三角城中村低矮拥挤的违章建筑、脏乱的环境、混杂的人流、混乱的治安、不配套的基础设施给和谐社会的良性发展提出了难题。而通过绿道网的建设可以清除绿道中脏乱的违章建筑，改善城中村的环境，并通过绿色旅游、生态休闲产业的发展，带动当地经济的腾飞，解决剩余劳动力的就业问题，而绿道本身的服务配套设置也将极大地改善城中村的基础设施缺失的现状。因此，珠三角各市均利用绿道网兴建，结合城市的“三旧”改造，完成城市的美丽转身（图7、图8)。

图7　新建珠三角绿道网实景

图8　新建珠三角绿道网实景

深圳福田社区绿道的兴建就与市中心公园的规划统一考虑，通过社区绿道的兴建，使其成为公园的有效组成部分。具体措施包括：（1）对城中村有价值的建筑进行完全或局部保留，对影响绿道通行的建筑和结构予以拆除，争取最大化利用原有构筑物，最大化降低城中村改造费用，保留当代城中村的历史痕迹，成为反映深圳历史发展的博物馆。（2）将局部的街巷改造景观绿化，社区绿道采用廊道的形式，在空中实现链接，形成集合式花园性组团，将通行、休闲娱乐从地面引向屋面并相互联系，形成城市立体、文化、娱乐公园，充分体现因地制宜的人文和自然结合（图 9、图 10）。

图 9　深圳福田社区绿道福田新村段规划设计效果图

图 10　深圳福田社区绿道福田新村段规划设计效果图

2.4.2　结合“新农村”建设，通过兴建绿道，改善农村人居环境

绿道网的建设大大改善了农村人居环境。通过把村道翻修、公厕建设、卫生保洁、河涌整治与绿道建设结合，让农村面貌焕然一新。绿道沿线的村民还主动翻修房屋，积极配合绿道沿线的环境整治[10-11]。以珠海西湾村为例，绿道建设将原村道改建为 3m 左右的硬质铺地，道边栽种行道树，极大地改善了村内的绿化环境；沿绿道边，在原空旷地带修建了休憩石桌石椅，增加绿道空间的复杂性与趣味性；打通了村内一些断头路，村庄连通性得到增强；整合了村内一些废弃空间，使得村内空间更加开敞；保留了村内原有的大片的不同植物，使每段绿道更具有可识别性[12]。

3　三级绿道网搭建城市新生活模式

珠三角绿道网的特色实践就是以东方的“和谐”哲学观念为依据，实现人类向往已久的“天人合一”的绿色梦想。在当代景观都市主义等生态规划设计理论的指导下，在基本生态控制线等生态管理工作的基础上，要尽早、尽快落实珠三角绿道网后期的经营管理、绿道生态效益的实现以及构建“三级”绿道网络的搭建、连通等关键问题，将生态学的原则渗透到绿道网规划建设和后期管理所涉及的全部活动中，用人和自然协调发展的观点去思考问题、解决问题。利用绿色材料和生态科技尽可能地实现节能减排，构建自然和谐、民生幸福的生态文明型区域绿道网，积极研究珠三角绿道网与促进居民低碳生态新生活方式转变，催化珠三角九市的低碳城市基因，给力幸福广东创建，由此实现广东地区人与自然的高度和谐，共生共荣。

注释

图 1 引自参考文献［9］，图 2 引自宝安区基本生态控制线管理研究报告，图 4～图 5，图 7～图 8 由广东省住房和城乡建设厅提供，图 6 引自参考文献［9］，其余图片均由深圳市北林苑景观及建筑规划设计院提供。

参考文献

［1］　中国城市科学研究会．中国低碳生态城市发展战略［M］．中国城市出版社，2009.

［2］　广东省建设厅．中共广东省委办公厅广东省人民政府办公厅关于建设宜居城乡的实施意见（粤办发［2009］24 号）［Z］．广州：广东省建设厅，2009.

［3］　唐金利，匡耀求，黄宁生，等．广东省 2003 年的生态踩占与生态承载力研究［J］．农业现代化研，2006，27（1）：22-27.

［4］　堀鸿．广州市花都区 2004 年生态足迹和生态承载力计算分析［J］．广州环境科学，2007，22（1）：25-27.

［5］　广东省住房与城乡建设厅，深圳市北林苑景观及建筑规划设计院等．珠三角绿道网络规划纲要［Z］．2010.

［6］　广东省人民政府．珠江三角洲环境保护规划纲要

（2004～2020年）[Z]. 2005.

[7] 广东省住房和城乡建设厅，深圳市北林苑景观及建筑规划设计院．珠三角绿道网网络化专题研究[Z]. 2011.

[8] 深圳市城市管理局，深圳市北林苑景观及建筑规划设计院．深圳市宝安区绿道规划设计 [Z]. 2010.

[9] 深圳市盐田区城管局，深圳市北林苑景观及建筑规划设计院．深圳市盐田区社区绿道网规划设计[Z]. 2010.

[10] 广东省住房与城乡建设厅，深圳市北林苑景观及建筑规划设计院等. 珠三角绿道网总体规划[Z]. 2011.

[11] 广东省住房和城乡建设厅，深圳市北林苑景观及建筑规划设计院．珠三角绿道网生态建设与保护专题研究 [Z]. 2011.

[12] 广东省住房和城乡建设厅，深圳市北林苑景观及建筑规划设计院等．珠三角区域绿道（省立）规划设计技术指引（试行）[Z]. 2010.

（本文曾发表于2011年2月《风景园林》）

低碳生态视角下的绿道详细规划设计
——以深圳市 2 号区域绿道特区段为例

高　阳　肖洁舒　张　莎　杨春梅

【摘　要】 珠三角绿道网的规划设计是践行低碳生态化城市发展的重要举措，对推动生态环境保护、实现生活休闲一体化和增强可持续发展能力均具有重要意义。深圳市 2 号区域绿道特区段的详细规划设计，探索出绿道规划设计建设全过程的生态化建设方法，基于低碳生态理念，因地制宜地进行了绿道选线，构建了“点线面”结合的生态布局和乡土化、特色化并存的绿道景观，以体现人文关怀和内涵为原则进行服务设施建设，把绿道建设成为了生态之道、休闲之道、人文之道和紧急情况下的救灾之道。

【关键词】 绿道；低碳；生态；详细规划

引言

低碳城市是当前规划研究领域的热点话题，已有的研究从气候变化与碳排放的关系、低碳城市内涵、空间结构、发展战略和具体实践等多方面进行探讨，其结论对于指导低碳生态城市建设具有重要作用[1]。绿道是社会经济文明达到一定程度的产物，是实现可持续发展和保护生态环境的必要手段；是倡导低碳生活、低碳生态和低碳经济，践行低碳城市建设的新探索。通过构建融合生态、环保、教育和休闲等多种功能的绿道体系，形成联系城镇内部公共绿地与外部区域绿地之间、城镇与乡村之间的绿色串联网络，既可起到构筑区域生态安全网络、防止城市无序蔓延、优化城乡生态格局与生态环境的作用，又可为居民提供游憩、娱乐的绿色开敞空间，实现城市居民的绿色低碳出行。

本文以深圳市 2 号区域绿道特区段为例，详细介绍了低碳生态视角下的绿道网规划设计，探索绿道规划设计建设全过程的生态化方法，以实现经济大发展下的人与自然共同演进、和谐发展、共生共荣。

1　研究区域概况

深圳 2 号区域绿道特区段（以下简称“特区段绿道”）是珠三角 2 号区域绿道深圳段的核心中间段，因其自西至东横跨深圳市原特区内的南山区、福田区、罗湖区和盐田区，故起名为特区段（图 1）。该段规划建设总长约为 100km，由以深圳绿色生态控制范围为基础的绿色生态廊道和以自行车、步行为主的慢行道构成，约占珠三角 2 号区域绿道深圳段总长度的 43%，主要有生态型、郊野型和都市型三种绿道类型[2]。

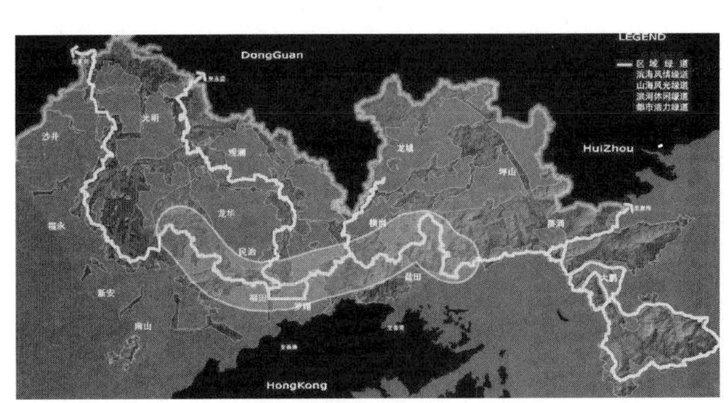

图 1　深圳市 2 号区域绿道特区段的区位示意

（1）生态型绿道长 62.7km，主要位于西丽水库、梅林山公园、深圳水库、梧桐山、东部华侨城、三洲田森林公园及马峦山风景区附近，通过对各动植物栖息地的保护、连通和管理，以维护和培育片区内的生态环境，保障生物多样性。可供自然科考、自行车骑行及野外徒步旅行。

（2）郊野型绿道长 21.7km，主要位于深圳大勘村、麻勘村、梅林和大望片区附近，为人们提供亲近大自然、感受大自然的绿色休闲空间，实现人与自然的和谐共处。可供自行车骑行及野外徒步旅行。

（3）都市型绿道长 15.6km，主要位于笋岗、水贝和东晓片区附近，依托人文景区、公园广场和道路两侧的绿地而建立。可供人们慢跑、散步等。

整个线路景观生动而富于变化，是一条以慢行系统为纽带，有机串联起各类具有较高价值的人工资源和自然资源。绿道内用废弃枕木制作的标识系统、风光互补的照明设施、完善的自行车租赁服务和便捷的交通体系，均使得久居“钢筋森林”的都市人群能够在绿荫中放松身心，享受全天候的自然风景（图 2）。

图 2 《深圳市 2 号区域绿道特区段详细规划》一规划设计总图（1）

2 低碳生态规划原则在绿道规划设计中的应用

2.1 低碳生态规划原则

基于低碳生态、理念，要以保护生态环境为前提，在具体应用中，应体现生态化、本土化、人性化和便利化原则。

（1）生态化原则——以支持构建生态安全格局为基础，充分结合现有地形、水质、植被等自然资源特征，保持和修复绿道及周边地区的原生生态功能。

（2）本土化原则——充分挖掘和突出地方人文特色，尊重地方风俗习惯和民族景观特色，优先选用具有本土特色的优良阔叶树种和铺装材料。

（3）人性化原则——突出以人为本的原则，以慢行道为主，完善绿道标识系统、应急救助系统，以及与游客人身安全密切相关的自己套设施。

（4）便利化原则——加强绿道网与公共交通网的衔接，完善换乘系统，方便居民和游客进入，服务设施采用“大集中、小分散”的方式设置，方便居民使用。

2.2 低碳生态规划原则在绿道建设中的应用要点

低碳生态理念在绿道规划设计中的具体应用可概况为 12 个字：“因地制宜、绿色材料、人文关怀”。

2.2.1 因地制宜的绿道选线

在绿道规划设计中，尽可能体现生态化原则和本土特色，将生态资源与人文资源相结合，在均衡考虑海、山、石、江、河、湖、谷、动植物和人类等构成深圳绿道网的因素的基础上，打造出风景优美、野趣盎然、人文底蕴浓厚的绿道网。

2.2.2 绿色材料的应用典范

绿道采用各种绿色技术和生态建设方式，尽可能地实现节能减排及低碳化，甚至零碳排放，使废弃材料在绿道景观中得以重生。如利用废旧公共汽车和集装箱建造房屋、利用废旧枕木制作标识系统以及利用废玻璃造景等，从而最大限度减少绿道建设和后期维护中的碳排放，使绿道成为真正的生态之道。

2.2.3 人文关怀的绿道规划

根据自然生态规律和城市发展规律，合理配置绿道选线和密度，以期通过合理调整城市生态结构来控制人流、物流、车流、能流和信息流，构建自然和谐、民生幸福的生态文明型区域绿道网，并通过绿道的建立促进健康生活方式的形成，树立健康的生态价值观。在绿道网建设中发展生态产业，推广生态建筑、生态社区、生态出行与交通、生态材料，提倡生态化生产方式和消费方式。

3 规划实践：特区段绿道详细规划

特区段绿道详细规划基于低碳生态理念，坚持生态化、本土化、人性化和便利化原则，坚持因地制宜、运用绿色材料、体现人文关怀进行规划建设。

3.1 因地制宜的绿道详细选线

在绿道的总体构成中，线路是基础，选线的好坏是绿道成功与否的关键。特区段绿道建设在选线时采用资料分析、现场调研、问卷调查和座谈走访等多种方式方法，根据《珠三角绿道网总体规划纲要》的指出，综合考虑本段绿道与城市绿地系统、城市土地利用、城市人口密度分布、城市综合交通，特别是公共交通、城市旅游文化资源、城市公共服务设施和城市避灾避难救援通道等方面的关系，推导和确定特区段绿道的绿色生态廊道和慢行道详细选线（图 3 ）。

规划确定的绿道选线为原深圳二线巡逻道，其周边山体自然环境优美，生态结构稳定。随着深圳特区的扩容与关内外一体化的建设，特区巡逻道失去了其原有的巡逻功能。在绿道的规划设

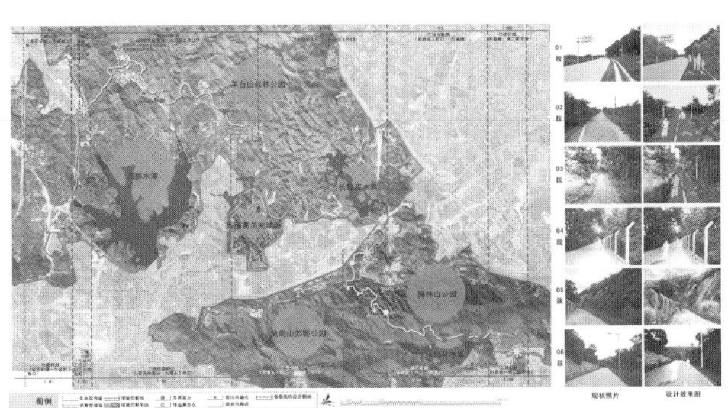

图3　深圳市2号区域绿道特区段示范段详细选线图

计中项目组对特区巡逻道进行二次利用，因地制宜地对场地内的铁丝网、石板路、哨所、岗亭等历史遗迹进行综合利用，赋予特区巡逻道在新时期下的新内涵。保留巡逻道见证了深圳特区发展的历史足迹，使特区段绿道不仅是一个简单的绿色开敞空间，更是一条生态之道、休闲之道、人文之道和紧急情况下救灾之道。

3.2　"点一线一面"结合的绿道生态布局

"点"，即特区段绿道沿线的服务点和兴趣点，它是绿道服务于人的核心；"线"，即以保护生态环境为目的的生态廊道和以满足人们休闲、健身需求的慢行道，它是绿道服务于人与自然的纽带；"面"，即森林公园、郊野公园、水库和市政公园所形成的绿色斑块，是绿道服务于自然的关键。

低碳生态化的绿道就要实现低碳生态化的总体布局，特区段绿道贯穿于凤凰山羊台山、塘朗山梅林山银湖山、梧桐山、马峦山等大山系之间，连接深圳水库、铁岗水库、西丽水库、长岭阪水库、梅林水库等深圳主要饮用水库，其规划坚持生态优先的原则，充分尊重场地现有资源，在保护现有生态环境的基础上，以线的形式串联起数个生态斑块，以服务点为"点"，以生态廊道、慢行道为"线"，以山林、水休和公园绿地为"面"，通过以线串点，以点带面，点、线、面相结合的方式，保护和完善生物的迁徙廊道，构建特区段绿道完整的景观体系和连续的生态格局（图4）。

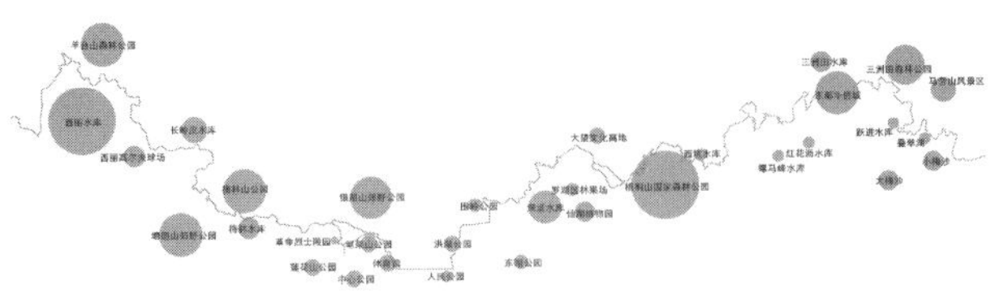

图4　深圳市2号区域绿道特区段串联的生态节点

3.3　乡土化与特色化景观并存的绿廊规划

绿廊是绿道中的绿色自然廊道，其主体包括植被、水体、土壤、野生动植物资源等。研究表明，当在个区域内个物种的适宜生境面积低于20%～30%时，景观空间格局变得至关重要，通过对空间格局的优化，可以使同样面积大小的绿地空间产生更大的生态效益和提供更适宜、更多样的生态环境[3]。因此，适宜的景观空间格局是构建绿廊系统的基础，是实现人与自然和谐共生的保障。

特区段绿道绿廊规划主要注重乡土化和特色化景观空间格局的保护和修复。乡土化方面强调土壤、水、动植物等乡土生境系统的营造、深圳片区乡土植物的选择利用指引和岭南人文环境的塑造；特色化主要是在乡土化的基础上，营造多样化和个性化的空间环境，如规划要求用多品种多花色的藤本植物对原深圳边防线的铁丝网、边坡等进行垂直美化等。规划通过确定绿道控制区和绿化缓冲区，划定人的禁入区、限入区与可入区，并制定相应的保护管理措施；同时，对黄土裸露区、危险边坡与外侵物种过度侵害区等破碎的生态斑块进行修复，构建完整的、系统的绿色自然廊道，以营造人和动植物和谐共生的景观空间格局（图5）。

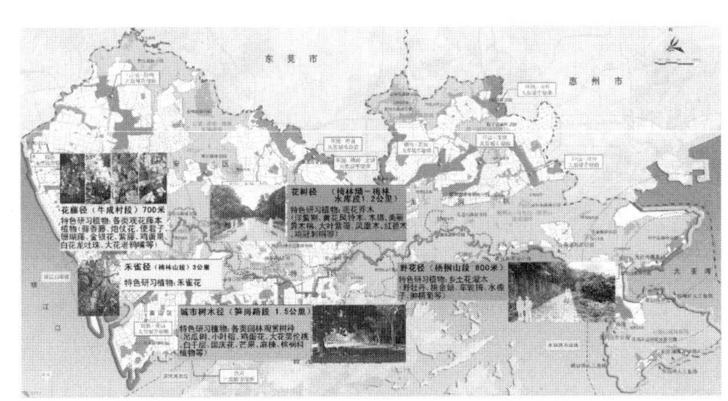

图5　深圳市2号区域绿道特区段的植物分段设计图

3.4　人性化配置的绿色服务设施

绿色服务设施是绿道中以绿色环保为主要特征的服务设施，主要有绿道节点、绿道标识、绿道服务点和绿道基础设施。绿道节点主要是指具有一定自然、文化、历史特色的区域节点以及绿道与道路、轨道、河流的交叉点；绿道标识主要是指用以指导人们游览绿道的信息标志、指路标志、规章标志、警示标志、安全标志和教育标志；

绿道服务点是指为绿道游客提供服务的游览设施点和管理设施点；绿道基础设施是指保障人们游慧休闲活动能够正常进行的一般物质条件，具有先行性，包括出入口、停车场、环境卫生、照明、通信、防火、给排水和供电等[4]。科学合理地配置与布局绿色服务设施是绿道人性化、便利化原则重要体现，也是绿造成功与否的关键[5]。

特区段绿道串联深圳主要森林公园、郊野公园、市政公园、水库等区域节点共 32 处，规划分为大节点、中节点和小节点设置绿道标识系统，设计兴趣点 19 个以及包括自行车租赁、公共厕所、小卖部、公用电话、治安、医疗服务等功能在内的级服务点 7 处、二级服务点 9 处，并从需求分析出发，因地制宜地设置各种绿道基础设施。规划设计对服务设施材料选择方面主要建议是．优先就地选材，优先利用废旧集装箱、废弃枕木、废弃自行车等被丢弃的破旧物品或失去原有使用价值的废旧材料，优先使用低能耗、低运营管理成本、可持续的、不会对生态环境造成破坏的新能源、新材料，如太阳能、生态环保厕所、透水路面和竹地板等。

4 结语

Lewis Mumford 认为："最好的城市模式是关心人、陶冶人，密切注意人在社会和精神两个方面的需要。良好的人居环境，应满足'生物的人'在生物圈内存在的条件（生态环境），又满足'社会的人'在社会文化环境中存在的条件（文态环境）"。特区段绿道建设在尊重自然生态本底的同时秉承"以人为本"的发展思路，大力提倡低碳生活模式，将市民生活质量的提高和公众参与程度的提升放在首要位置，通过绿道规划建设带来出行方式、行为模式、消费理念及城市形态等方面的转变。在出行方式方面，规划建设步行道、自行车道或综合慢行道，倡导使用低碳甚至零碳出行方式，使城市居民的亚健康状态在非机动车的使用中得到改善，使健康运动与通勤、工作实现有机结合，这将在很大程度上缓解城市的交通拥挤、热岛效应、空气污染等一系列现状问题，行为模式和消费理念方面，建设低碳生活方式的科普宣传栏，结合绿道沿线低碳生态化理念下的实体设施，向人们宣传和灌输低碳、生态化的发展理念，如此良性循环将切实促进"低碳生活"的到来，实现"人在城市，犹在自然"的田园梦想，让珠三角城市居民世代享用绿色生态空间[6-10]。

参考文献

[1] 罗巧灵，胡忆东，E 永东. 国际低碳城市规划的理论、实践和研究展望 [J]. 规划师，2011，（5）：5-10.

[2] 方正兴，朱江，袁援，等. 绿道建设基准要素体系构建《珠江三角洲区域绿道（省立）建设基准技术规定》编制思路 [J]. 规划师，2011，(1)：56-61.

[3] 李开然. 绿道网络的生态廊道功能及其规划原则 [J]. 中国园林，2010，(3)：24-27.

[4] 广东省住房和城乡建设厅珠三角区域绿道（省立）规划设计技术指引 [Z]. 2010.

[5] 广东省住房和城乡建设厅珠三角绿道网标识系统设计 [Z]. 2010.

[6] 锁秀，何防，高阳，等. 绿道——低碳生态城市建设的领跑者 [J]. 城市发展研究，2010，(z2)：353-356.

[7] 锁秀，高阳，王熙侨，等. 绿道——珠兰角宜居城乡规划建设的生态途径 [J]. 南方建筑，2010，(4)：41-43.

[8] 何防，高阳，锁秀，等. 珠三角洲绿道网络规划构建实践 [J]. 风景园林，2011，(1)：66-71.

[9] 周亚琦，盛鸣. 深圳市绿道网专项规划解析 [J]. 风景园林，2010，(5)：42-47.

[10] 深圳市北林苑景观及建筑规划设计院. 二线关的美丽转身珠三角 2 号区域绿道深切 | 示范段 [J]. 风景园林，2010，(5)：48-51.

（本文曾发表于 2011 年 9 月《规划师》）

珠三角绿道景观与物种多样性规划初探
——以广州和深圳绿道为例

何　昉　康汉起　许新立　李颖怡

【摘　要】绿道理论的研究与应用具有鲜明的景观生态学基础，绿道规划倡导一种多尺度层级、多目标规划多学科综合的规划方法，在宏观的区域绿道网络规划到地方层面的绿道实践过程中，实现生态优先和以人为本的规划目标与生态保育的统一是珠三角绿道网规划贯穿始终的设计理念与出发点。广州和深圳绿道网络的规划与设计率先将绿道理论运用到建设实践中，是两个值得思考与借鉴的案例。

【关键词】风景园林；绿道；规划设计；物种多样性

引言

近百年来，在资源过度开发、工业发展以及土地利用的强度逐步加大的过程中，持续增加的土地占用和道路网建设，使生物栖息地成为日益缩小的“栖息孤岛”，人们试图在全球范围内寻求“可持续的景观”环境规划策略来加以应对，以便在满足当今人们对环境的需求同时，使我们的子孙后代也能享有一个和我们一样的自然环境。城市景观环境的可持续性面临的挑战激发了生态学家和规划师在景观生态学领域的对话。在此基础上，产生了许多关于可持续性设计的理念和学术思想，绿道规划规划思想是其中之一[1-3]。广东省提出实践科学发展观，率先建立资源节约型和环境友好型社会的目标，省建设厅提出在区域绿地划定保护的基础上，在整个珠三角区域开展绿道的规划与建设工作。

1　绿道概念的辨析

1.1　绿道概念的生态学基础

绿道理论的研究与应用具有鲜明的景观生态学基础。“绿道”这一术语，内容则涵盖了生态基础设施、生态框架[4,5]、生态网络[6]、城市开放空间系统[7]、多功能使用模块[8]、栖息地网络、野生动植物廊道[9]、景观生态修复等等[10]。基于1970年Richard Levins提出的异质种群理论以及Mac Arthur、Wilson 1967年提出的岛屿生物地理学理论，重构内部相互联系的自然区域，构建生态网络（ecological network）与绿道网络是解决“景观破碎化”和“孤岛效应”导致的物种的衰退和灭绝的有效途径。在实际应用中，绿道的生态意义集中体现在两点：保护与促进地区生物多样性与改善环境污染问题。绿道的宽度、绿道的植被覆盖程度以及临近区域的土地利用状况等，将直接影响着对变化敏感的种群分布情况。强调对生物栖息地贡献的欧洲绿道通常以生态网络或者生境网络规划为参考，其生态基础设施通常以被选择物种的栖息地要求以及新的自然保护区域、廊道、踏板的标定为基础，从而构建联系不同核心生态区域之间的生境结构框架，其作用是为景观中的生物迁徙提供便利。此外绿道还具有较高的环境价值，如吸收空气中的粉尘、降低噪声等，从而实现绿道的生态效益。

1.2　绿道规划的多目标角度

在偏远地区使用廊道、斑块的规划方法来保护生物资源是可行的，但在高强度开发的地区使用这一方法几乎是不可能的，或者说这种方法在这些地区并不适合。在城市范围内，不具备游憩功能的绿道实施起来通常是十分困难的[11]。

绿道规划强调城市自然资源保护与游憩开发的统一，从城市延伸至郊野的山川河谷，并通过线状的自然或者人文景观元素，将历史景观和文化遗产连接起来，实现遗产及其环境的整体保护，并与生态功能和游憩、教育、审美、启智等功能相结合，从而实现绿道的多功能使用。规划采用多尺度层级、多目标规划的方法，整个规划过程是多学科的综合性规划，具有包容性以及高度的公众参与，实现生态、文化、社会、美学等方面的规划目标与生态保育的统一。以珠三角绿道规划建设作为启动点和示范工程，实现生态优先和以人为本的规划目标与自然保育的统一是珠三角绿道网规划贯穿始终的规划理念与出发点。

2 珠三角绿道景观与物种多样性规划探索

绿道规划是建立在岛屿生物地理学理论和复合种群理论基础上的规划思想。伊恩．麦克哈格（Ian McHarg）曾经说过："为什么在我们的大都市中不能保留一些自然地，让她们免费的为人们提供服务？为什么城市中不能有高产的农田来提供给那些需要食物的人们？为什么我们的城市建设不能保护有价值的植物群落和动物栖息地？为什么我们不能利用这些自然的生态环境来构建城市的开放空间，让城市居民世代享用。"在物种多样性保护方面，在确立安全的区域景观格局基础上，规划应有助于维持乡土生物的多样性，包括维持乡土栖息地生境的多样性、维护动物、植物和微生物的多样性，使之构成一个健康完整的生物群落。

珠三角绿道网规划建设是中国城乡建设实践景观与物种多样性的良好机遇。绿道的规划是一个从宏观到微观的多层次、多目标综合规划，其绿道的内在含义可以解析为：绿道可以是一条无污染的上下班通行道，一条供骑自行车或步行者使用的路径，也可以是一种提高水质或者保护野生动物栖息地的手段，一种缓解住宅发展或农业用地压力的载体，还可以是一种保护地域景观与物种多样性的途径。珠三角绿道网六条主线总长约 1690km，贯通珠三角三大都市区，充分考虑绿道网的景观要素的多重性，构建人文景观、自然景观、生态景观在时间和空间的多样性。地方层次的绿道由于其实施性更能体现绿道实现景观与物种多样性的效果与实践经验。

3 借鉴伦敦，区域绿道中广州和深圳规划思路和特点

2010 年亚运会和 2011 年世界大学生运动会将分别在广州番禺和深圳龙岗举办，在两大体育盛会推动下两地率先开展了绿道建设的尝试。在以往，重大体育事件是推动生态环保建设及新技术、新理念应用的良好契机，不仅有利于赛时分流人群，同时起到完善城市基础设施，服务市民游客，提供多样化赛后服务的作用。作为 2012 年奥运会的主办城市，伦敦把这次体育盛会当作刺激东部伦敦，尤其是 Lea Valley 地区重建的绝好契机。奥林匹克公园规划和伦敦茱比利绿道（Jubilee Greenway）都表达了人们对绿道带来的慢行生活的信心和吸引。伦敦奥林比克公园规划旨在实现 100％的公共交通、步行和自行车的可达性；连接公园内部以及公园和周边的道路和桥梁系统充分鼓励慢行交通方式，同时满足奥运期间以及 Lower Lea Valley 地区在会后长期使用的需要。奥运场馆所在地伦敦东区下利河古（Lowerlea Valley），这里原来是一个残破、贫穷、萧条的贫民工业区，通过奥运前期的景观规划将其作为绿色基础设施的一部分，并与绿色建筑符合，为打造一届生态奥运而奏响前曲。

根据英国领先的可持续性交通倡导组织 Sustrans 的名为"奥运及伦敦的绿道"（Greenways for the Olympic and London）的展望，其方案和行为包括：完善的国家范围内的自行车道网络，其中有 8 条自行车道连通伦敦界内外；伦敦范围的绿道网，成为与交通系统并驾齐驱的合作伙伴；一座跨越泰晤士河，连接金丝雀港（Canary Wharf）和 Rotherhithe 的专供自行车使用者和步行者使用的桥；在奥林匹克公园附近的慢行道网络建设。而伦敦政府近期发布的自行车租赁制度、关于提高自行车道安全性的规划等诸多措施，表达了其完善慢行系统的决心和信心。2009 年伦敦茱比利绿道（Jubilee Greenway）的启动仪式上，伦敦市长对这条 60km 长可供自行车使用者和步行者使用的绿道充满信心，串联了九大主要奥运场地、首都的著名景点及诸多风景绝佳的公园与水系，将为市民和奥运参观者提供难得的慢行游憩机会。在伦敦未来的绿道规划中更加凸显伦敦地下河的开发利用和郊区野生动物与绿道链接扩大栖息空间的有效途径（图 1、图 2）。

广州、深圳两地的绿道在建设之初就力争体现世界一流的理念与技术水准，其实践对珠三角乃至全中国绿道规划建设都有着先行示范意义。广州番禺的绿道代表了城市化快速发展地区绿道规划建设的先行者与实践者角色；深圳绿道规划建设则充分突出其特区与先锋城市与创意之都的市特质，在结合良好的城市自然环境与城市建设

图1　伦敦奥运核心区

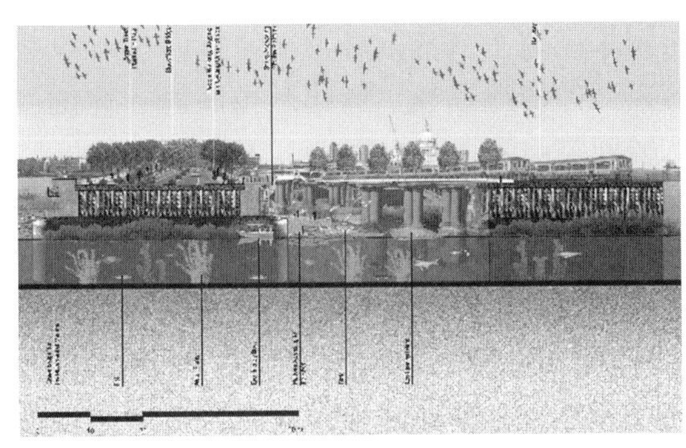
图2　伦敦绿道规划

基础上展现绿道“新的文化，活的传统”。绿道的推广与实践代表了一种生态主义理念的回归，也代表了地方城市建设的一种新趋向。

3.1　广州番禺绿道网络规划

广州市番禺区是典型的岭南水乡，境内江环水绕，河网纵横，沿岸岛屿罗布，拥有建设绿道的河滨、山脊、沟渠、风景道路等自然、半自然保留地。但快速城市化造成大地景观基质日趋破碎化，快速的交通网破坏了人文古迹周边的历史风貌，分割了城市和郊区，影响了开放空间的连续性与系统性，割裂了天然生态廊道，也削弱了地方的整体特色。

番禺绿道网络以区域生态廊道为基础，依托番禺区的“三纵三横两心”、“斑块—基质—廊道”的生态格局结构，串接金山大道、中部沙湾水道等生态廊道，通过道路防护绿带、滨海防护林带，串联东部山林莲花山、西部大夫山与滴水岩森林公园等多个生态节点，通过绿道绿廊系统控制实现对地区城乡生态景观环境的有效整合，对恢复和增强自然生态系统的自我调节能力，提高全面的生态系统服务功能，约束城市的无限扩张，保障自然过程的连续性和完整性，都具有十分重要的意义。

番禺绿道规划注重近远期结合，打造多元多系统的绿道网络（图3）。在充分研究番禺区景观、生态系统、风景园林资源与重大项目规划的基础上，近期沿既有的交通道路新建或改建绿道线路，搭建起初步的绿道网络架构，远期实现与城市慢行系统、城市建设发展之间深度的互动，通过建设包括滨水休闲型、自然山林型、旅游观光型、城市景观型绿道等类型，反映农田水网的岭南水乡肌理的景观格局，使绿道系统在番禺形成多元的、多系统的架构。

图3　广州番禺三年建设绿道线路规划图

广州番禺绿道规划的目标是构建宜居城乡，修复快速城市化造成的破碎化地域景观格局，实现城乡规划建设和地域景观与物种多样性的和谐统一。其目标突出表现在两方面，一是打造番禺区绿色交通体系；二是构建具有鲜明地方文化特色的多样性地域景观格局，实现景观与物种多样性发展与保护。

交通设施被认为是导致景观破碎化、生物栖息地丧失的主要原因[12]。番禺区快速交通导致城区割裂；慢行系统缺失，使得居民出行不便。绿道作为一种可供行人和骑车者进入的线性景观廊道，既是区内重要的绿色交通体系，同时也是旅游目的地与城市开放空间，是城市游憩系统的重要组成部分。番禺区绿道慢行道系统由自行车道、步行道、无障碍道（残疾人专用道）、水道等非机动车道共同构成，考虑到修建绿道的可操作性与经济性，其选线尽量利用现有的水系与道路系，沿着既有的城市道路、各级公路、堤围路、机耕路、公园路等，新建或增建绿道，经过城市区域充分利用城市慢行系统实现其连通性；在跨越水系时，充分体现水乡特色形成渡口或水上游线；实现与番禺区交通枢纽如轨道站点、客运站等节点的连接。

番禺绿道规划提出“传承千载文脉，连接古邑新城古迹新辉；承载亚运精神，引领城市康体动感生活；畅游岭南水乡，打造城乡旅游休闲廊道"的特色，结合千年文脉、水乡风情与现代游乐游憩资源，将城镇绿地系统与郊野植被、农田、自然保护区、风景名胜区与历史遗迹连接，打造集休闲、游憩、健身、交通、生态廊道于一体的宜居城乡旅游休闲绿道。通过绿道将分散的风景园林与自然生态资源串为一体，遏制了地域景观的破碎化趋势，为以后实行地域景观与物种多样性发展奠定了坚实的基础。

番禺绿道线路策划了两条最能反映自身现代特色和历史文脉的休闲绿道，通过特色绿道规划建设实现其地域景观格局具有鲜明的地方特色。一条为亚运绿道，重点串联大学城与亚运城两大亚运节点，将亚运赛时基地连通，同时串连化龙农业观光园与莲花山风景名胜区；另一条为番禺文化绿道，重点串联番禺传统和现代景观，展示番禺的历史文脉和生态特色，线路连接宝墨园、大夫山森林公园、广州南站、长隆欢乐世界、余荫山房。其中最具意义的是作为岭南四大名园之一的余荫山房通过绿道的串联实现了将古代名人私园导向城市与自然，纳入城市共享景观资源的系统中去。

3.2 深圳绿道网的规划

经过30年的城市建设，深圳市的城市生态格局相对完整与稳定，区内拥有丰富的自然人文景观与丰富的生态游憩和历史文化资源，深圳的城市发展目标是建设生态城市与低碳城市，绿道做为绿色基础设施，其建设与深圳打造生态城市的目标不谋而合，也是对深圳生态控制线以及生态绿廊规划的一种有效调整利用。深圳绿道网规划建设必将对城市生态景观环境的建设具有重要的指导意义。

3.2.1 深圳绿道规划结构

绿道的提出为维护深圳地区的区域生态安全提出一种有效途径。保持绿道的连通性是深圳绿道的突出特点之一，深圳绿道网络不仅实现与珠三角绿道网与生态系统的对接，同时以支状末端的绿道线路连接社区及场所，从宏观的区域层次、可实施的城市绿道及宜人的区级绿道三个层次进行规划，并在各个层次上做到相互衔接和控制。其中经过深圳市的区域绿道有两条，形成“一横、两片”的结构，包括2号绿道和5号绿道，主线总长度约300km，支线长约22.8km，直接服务人口约545万人。通过规划建设城市绿道和区级绿道，完善深圳市绿道网结构，形成“一轴、四区”的规划结构。服务范围涵盖特区的6个区，串联深圳重要的公园，实现公园网络的连通与衔接。

深圳绿道是关注生态功能、游憩功能与文化功能并重的多功能绿道网络规划。深圳特区管理线（二线关）联系深圳中部的森林公园与郊野公园，整合山地休闲资源；大运支线从北向南串联生态条件优越，素有“山海龙岗”之称的龙岗区、城市密集区与东南部山林，横跨东西的绿道线路连接东西部的海岸线，搭建起山城海一体的城市生态游憩空间体系。

3.2.2 深圳示范段绿道规划与绿道先行实践节点

基于对自然资源、游憩资源和历史资源进行分析评价。划定深圳特区管理线（二线关）与大运支线为率先启动的绿道示范段。前者见证着特区发展的历史，体现还军于民的重要意义，后者连接特区中心与新发展区，串联多样化的景观生态节点，具有突出的本土化特色。

（1）二线关绿道规划

深圳经济特区管理线（二线关）（图4）东起大鹏湾背仔角，西至宝安区安乐村的双界河出海口，全长126km，其中包括90.2km武警部队巡逻路与军事管理生活用房。有效地串联了深圳市域中心的羊台山、塘朗山、梧桐山、马峦山等大块绿地，充分体现了生态绿道相互沟通和联系的作用。二线关拥有美丽的景观资源、悠久的文化历史资源、较为完善的标识系统、照明、通信、供水条件、完善的治安保障条件、丰富的动植物资源，其2.8m的铁丝网与裸露的水泥柱桩成为独特的标志性景观（图5）。而深圳的后工业时代特征已经很明显，深圳绿道规划中创造性地利用城市剩余的旧工业产品如集装箱（图 6）、铁路枕木等改造成绿道中服务建筑和景观设施，既实现废物利用和低碳环保，又以这种特殊的方式保留下深圳过去的发展历史。深圳绿道规划使原有封闭管理、少为人知的二线关成为服务全民的游憩体系组成部分之一，具有深远的社会意义。

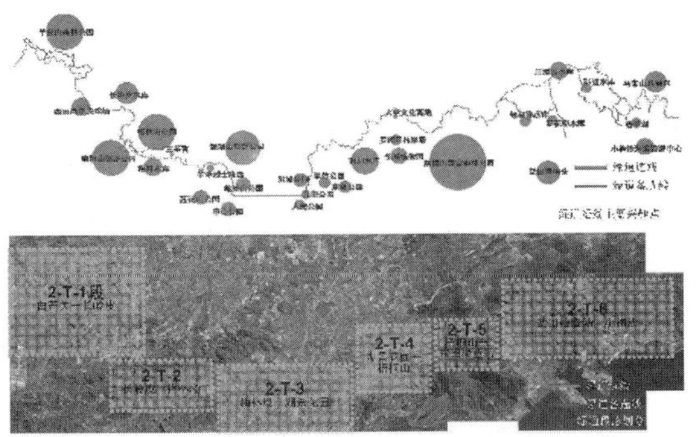

图 4　二线关绿道主要兴趣点与段落划分

图 5　二线关现状照片

图 6　深圳绿道集装箱建筑示意图

（2）大运支线绿道两大节点规划建设经验

大运支线段（图 7、图 8）南起仙湖植物园北门，北接大运中心，沿途经过植物园、林果场、村庄、山庄、市政道路、水源保护区、军事用地等多种用地类型，设计总长度约 22.8km。连接支线的起点与终点分别是值得关注的代表绿道生态多样性恢复典范的仙湖植物园与体现绿道概念初步应用的大运公园。仙湖植物园从 1982 年至今，近万亩用地经历了二十几年的建设，已具有相当的规模，自然植被恢复良好，近六成为生态保护林地，其地带性植被为南亚热带季风常绿阔叶林，群落外貌终年常绿，结构复杂。经过近十多年的严格保护、管理，至今已恢复为有一定结构的森林植被，林冠连续，外貌终年常绿，藤本植物比较丰富，野生动物的种类逐渐增多，规划开辟恢复深圳地带性原生植被保育保护区、深圳地区垂直生态植被景观保护区，成为科普游览的园地。仙湖植物园从荒山到景观和物种多样性的良好恢复与综合性公园游憩系统的建立（图 9），其实践过程为绿道建设提供了一个标杆与榜样。仙湖植物园的成功经验充分证明：实现景观多样性与生态效益应成为绿道建设的首要任务与出发点，在绿道建设的过程，必须切实注重生态保护与维护，加强恢复乡土地带性植物群落，致力营造地区特色的生物多样性；运用各种生态化技术手段，提倡可持续发展的新技术、新能源的提高、绿色建筑的设计理念，在施工过程中采用绿色施工方法。

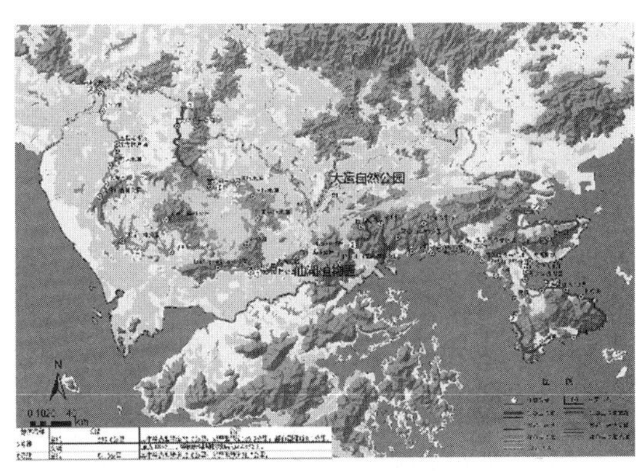

图 7　深圳绿道分布图

图 8　大运支线绿道规划效果图

大运公园占地面积约 4.18km^2，是综合性城市公园绿地，作为大运中心的背景和景观延续。大运公园设计贯彻绿道理念，其“绿道”体系将

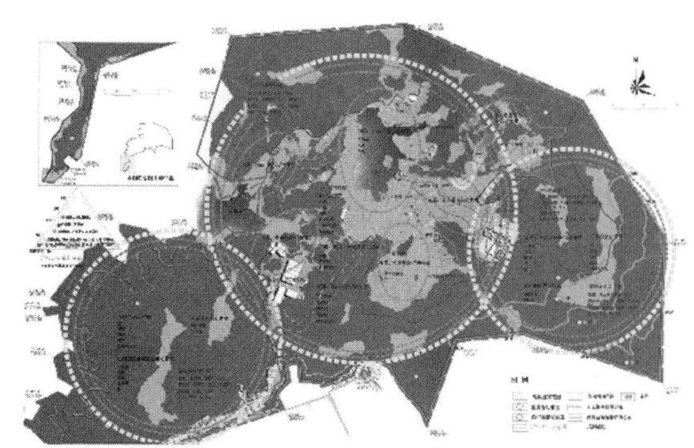

图9　深圳仙湖植物园十五年发展规划——物种多样性理想模式图

区域内自然山体、水库、溪流、高尔夫球场等纳入其中，通过分析生物廊道与人的活动廊道（图10），在为动植物保护提供安全的廊道和栖息地、保护生态环境的生态基底之上，承载起游览、运动、教育、文化展示多种功能。大运公园自行车系统环绕铜鼓岭及贯穿大运中心内部构成运动专线，并与现有环绕龙口水库区形成的滨湖山地自行车游线接驳。依据其地形与使用人群划分为专业自行车道路、休闲自行车道路、越野自行车道路三类。大运公园的规划设计是绿道理念率先实践的重要节点，为绿道的后续建设提供了有益的借鉴与参照。

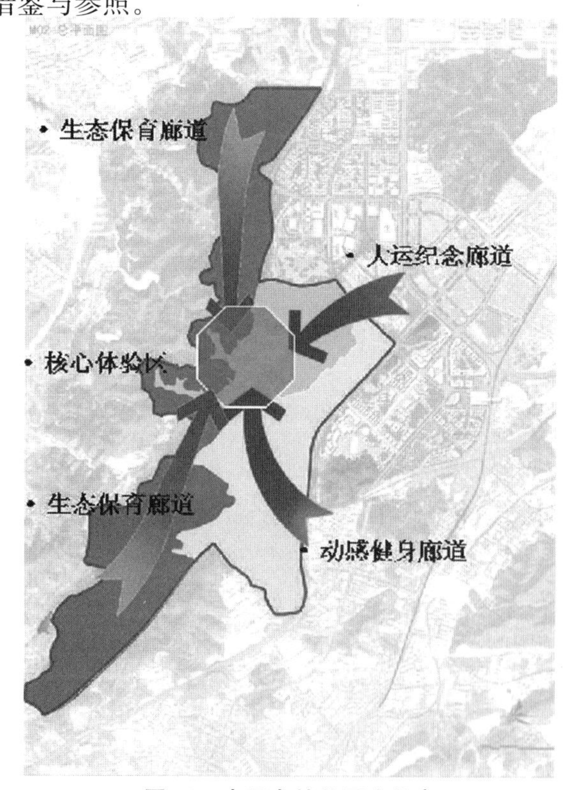

图10　大运自然公园生物廊道与人的活动廊道分析

4　珠三角绿道网景观及生态化规划方法

植物多样性是实现珠三角绿道网景观及生态化的重要手段。在珠三角绿道网生态化规划建设过程当中，必须坚持大力保护、适当建设的方针，在最大限度的保留原有植被的基础上，植物配植采用当地乡土树种和特色园林树种相结合的种植模式，适地适树，大力建设乡土植物苗圃，积极保护和构建多样化的乡土生境系统，最大限度让自然做功。

根据华南地区自然植被的生境条件以及植物群落的组成、外貌和结构特征，可将地带性植被分为低地常绿季雨林、山地常绿阔叶林、沟谷雨林、红树林、竹林、灌丛、草丛 、园林植被等八大类，各植被类型都有其特有的优势种。模拟自然植物群落、恢复地带性植被，构建出结构稳定、生态保护功能强、养护成本低、植物之间相生、具有良好自我更新能力的植物群落。在恢复地带性植被时，应大量种植演替成熟阶段的种、忽略先锋树种、首选乡土树种，构建乔、灌、草复合结构，抚育野生地被。构建绿道植物群落时，根据所处区位和目标功能的不同，模拟自然界多层次多结构的顶级群落，根据现有植被情况划分成保育型、林相改造型、风景园林改造型三种类型：

（1）保育型。对于植物群生长一般年限超过50年，具备生物多样性、动物栖息地较多、生态效果好的植被，在绿道建设中应少干预，使其处于半封闭或全封闭状态，慢行系统一般不宜进入。要充分保护地形地貌，形成生物多样性丰富的群落以打造完整、高级的食物链体系，保护并提升动物的栖境质量，使其成为大、中、小型动物和群落体系的生态乐园。

（2）林相改造型。对于植物群生长一般年限在30～50年之间的，植物品种少，林相单一的植被，在绿道建设中应以生态效果为主，以植物造景为辅，大量运用当地乡土树种，恢复自然生态植被，慢行系统一般可以少量进入。

（3）风景园林改造型。对于植物生长一般年限30年以下，景观及生态效果较差的植被，在绿道建设中应以植物造景为主，生态为辅，运用园林植物，着重采用具有特殊应用价值的植物，如造型类、香花类、保健类、抗污染类等。同时结合其他园林组成要素如园林小品等进行植物造景。

多样性植物有利于营造动物栖息地，浆果类等鸟嗜植物可吸引鸟类停留，绚丽的开花植物可招蜂引蝶，植物多样性最终演化成生物的多样性发展。珠三角绿道规划建设，通过植物多样性的保护与规划建设，既保证了群落的地域性和稳定性，提高了生物多样性，又突出了群落的景观价值，实现了景观及生态化规划。

5 结语

刘易斯·芒福德（Lewis Mumford）认为，"最好的城市模式是关心人、陶冶人，密切注意人在社会和精神两个方面的需要。良好的人居环境，应满足'生物的人'在生物圈内存在的条件（生态环境），又满足'社会的人'在社会文化环境中存在的条件（文态环境）"。以游憩和生态功能的有机统一为目标的珠三角绿道规划，以广州番禺区与深圳绿道为代表，仅仅是绿道规划设计的初步认识。

作为与可持续发展的概念共存的规划思想，绿道在资源利用和保护之间寻求平衡，是其他规划手段的补充，但任何技术手段都不可能是万能的，规划必须经过认真的调研和论证。珠三角区域探寻如何遵循自然规律和人的需求，根据特定地理文脉、山水风貌和自然特色，构建景观复合多样、生态有机自然的城市绿道网络的规划实践之路必将是我们未来长期面临的艰辛任务和巨大挑战。

注释

图 1 引自 EDAW Europe. Landscape Strategy of The Lower Lea Valley Regeneration And Olympic Masterplan, London [J]. World Architecture，2006（7）：52-54；Fay Sweet. The Bigger Picture I—Designing Better Places（EDAW | AECOM Design + Planning）[M]. London：black dog publishing，2009：17-23. 图 2 王熙侨绘，图 3 引自番禺区绿道建设行动纲领；图 4 引自深圳市绿道二线关示范段详细规划；图 5～图 6 深圳市北林苑景观及建筑规划设计院提供；图 7～图 8 引自深圳市绿道大运支线详细规划；图 9 引自深圳仙湖植物园十五年发展规划（2010—2024）；图 10 引自深圳市龙岗大运自然公园概念规划。

参考文献

[1] Vos C C，Opdam P. Landscape Ecology of a Stressed Environment [M]. London：Chapman and Hall，1993.

[2] Van Langevelde F. Landscape ecological planning：conceptual integration of landscape planning and landscape ecology，with a focus on ecological networks in the Netherlands [R]. Amsterdam：Landscape Planning and Ecological Networks. ISOMUL，Elsevier，1994：27-69.

[3] Forman R T T. Ecologically sustainable landscapes：the role of spatial conhguration [D]. New York：Changing Landscapes：An Ecological Perspective. Springer-Verlag，1990：261-278.

[4] Kerkstra K，Vrijlandt P. Landscape planning for industrial agriculture：a proposed framework for rural areas. [J] Landscape Urban Plan，1990，18：275-287.

[5] Van Buuren M，Kerkstra K. The framework concept and the hydrological landscape structure：a new perspective in the design of multifunctional landscapes [R]. Landscape Ecology of a Stressed Environment. London：Chapman and Hall，1993：219-243.

[6] Bischoff N T，Jongman R H. G. Development of Rural Areas in Europe：thc Claim for Naturc [R]. Hague：Netherlands Scientific Council for Government Policy，1993.

[7] Ahem J. Planning and design for an extensive open space system：linking landscape structure to function [J]. Landscape Urban Plann，1991，21：131-145.

[8] Noss R F. Larry H. Nodes，networks，and MUMS：preserving diversity at all scales [J]. Environ. Manage，1986，10（3）：299-309.

[9] Ness R F. Wildlife corridors Minneapolis：Ecology of Greenways [R]. University of Minnesota Press，1993.

[10] Fedorowick J M. A landscape restoration framework for wildlife and agriculture in the rural landscape [J]. Landscape and Urban Plann，1993，27：7-17.

[11] Donna L Erickson. The Relationship of historic City Form and contemporary Greenway Implementation：A Comparison of Milwaukee and Ottawa [J]. Landscape and Urban planning，2004，68：199-221.

[12] Forman R T T. Land Mosaics：The Ecology of Landscapes and Regions [M]. Cambridge：Cambridge University Press，1995.

（本文曾发表于 2010 年 4 月《风景园林》）

绿道规划的生态保护原理与策略

夏 媛 夏 兵 李 辉 池慧敏

【摘 要】 本文通过阐述绿道生态保护的理论基础——岛屿生物地理学和异质种群理论，指出在生境破碎化的现实条件下，绿道作为多功能性的集合体对于生态保护和生态安全格局的建立是有效的实践手段；本文在引入案例介绍绿道规划的四种生态保护策略的基础上，分析了珠三角绿道网规划的生态保护策略。

【关键词】 绿道规划；生态保护；原理；策略

引言

绿道最初出现在散步、狩猎、划船等项目，指呈廊道状私有和公有的娱乐用地和水域，能让人们方便地从生活居住区域通往开敞空间[1]，以改善人们休闲娱乐方式为主要目的，多采取公园与绿地系统连接方式进行规划[2,3]。然而在城市发展面临人口激增、基础设施、资源环境等压力情况下，人们逐渐发现绿道作为生态环境保护手段的灵活性、可操作性和有效性。进入 20 世纪 90 年代，绿道成为保护生物学、景观生态学、城市规划和风景园林等多个学科交叉的研究热点，迅速发展成为国际绿道运动[4]。这一时期绿道的生态功能开始得到充分的重视，研究表明其生态功能包括栖息地保护、野生动物保护、防洪、水资源保护、生态修复、城市景观美化等[5,6]。

1 绿道生态功能保护原理

全球面临着生境破碎化的危机，越来越多的生物赖以生存的自然栖息地丧失或者破碎化，物种保护已成为人类面临的重大课题。绿道作为生态保护的一种重要手段迅速发展，得益于物种保护生态学的两大基础理论：岛屿生物地理学理论和异质种群理论。

岛屿生物地理学理论是生物保护、自然保护区研究的重要指导理论之一。它为物种保护提供了十分宝贵的理论财富[7]，如将许多现实的生境喻为岛屿、物种丰富度与面积关系模式的建立、试图寻找小物种灭绝的原因、避难所设置的原则、自然保护区设置的理论基础等。

很久以前人们就意识到岛屿的面积与物种数量之间存在着一种对应关系，MacArchur 和 Wilson[8] 的岛屿生物地理学理论定量阐述了岛屿上物种的丰富度与面积的关系，其关系式通常用下式表示：

$$S=CA^Z$$

式中 S 代表物种丰富度；A 代表岛屿面积；C 为与生物地理区域有关的拟合参数；Z 为与到达岛屿难易程度有关的拟合参数。

由于岛屿生物地理学理论起源于海洋岛屿中的物种研究，将其广泛应用于陆地生境岛屿研究中有其局限性，如物种数量与面积的关系也就很难准确地反映环境的异质性。

异质种群是指在相对独立的地理区域内，由空间上相互隔离，但又有功能联系（一定程度的个体迁移）的两个或两个以上的局部种群组成的种群镶嵌系统[7]。异质种群理论关注的是局部种群之间个体迁移的动态以及物种的续存条件。

异质种群理论在保护区设置原则上与传统的岛屿生物学理论所倡导的观点有很大不同，它认为建立若干个小保护区要比建立与其面积之和相等的一个大保护区好。一般认为一个大的保护区能保护较多的物种，但是它在抵御环境性灾难时的确有它不利的方面。例如一场火灾可能使保护区的大部分物种遭受灭顶之灾，如果是分散的若干小保护区火灾的影响就不会波及全部。随着人类活动影响的日益加剧，这种考虑变得十分必要，当前对于异质种群动态理论具有如此浓厚兴趣的最重要的原因就是栖息地破碎化程度越来越高，以及由此带来的对许多物种长期续存的威胁，而异质种群理论关注的恰恰是具有不稳定局部种群物种的区域续存条件，避免物种的局部灭绝，乃至物种的最后灭绝（图 1）。显然仅仅关注物种丰富度和面积关系的岛屿生物地理学理论对于此类问题的解决就显得力不从心。异质种群模型拯救了那些被岛屿生物地理学理论忽略的小生境，这样的一些特殊生境可能会拥有数量惊人的物种以及一系列的地方特有种，而且局域暂时存在的物种（如逃逸物种和演替早期物种）的保存对于区域物种长期续存是至关重要的。

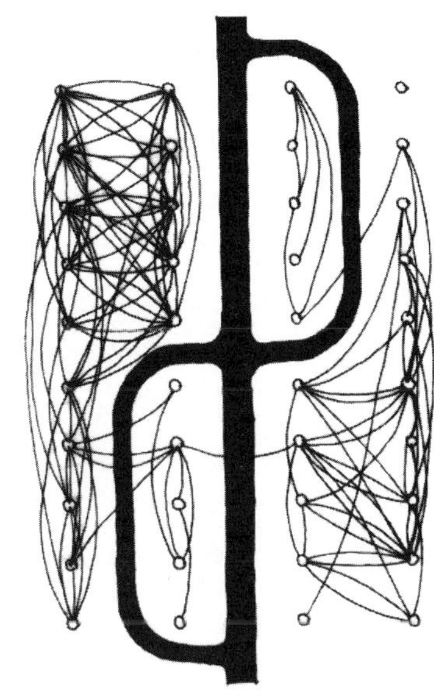

图 1　异质种群在道路阻碍条件下的交流移动示意图

（引自：*Designing Greenways*：*Sustainable Landscape for Nature and People*，Island Press，2006，Author：Hellmund P. C. and Smith D. S.）

在这种情况下区域绿道网络在生物多样性保护上更具有现实意义。将分散的栖息地碎片用绿廊联络起来是绿道网络在自然保护设计上所着重强调的，它可以巧妙地解决了相关性灭绝和扩散问题之间的矛盾，这样的设计既保护了居群之间的独立性又能实现居群之间的再定居（图 2）。

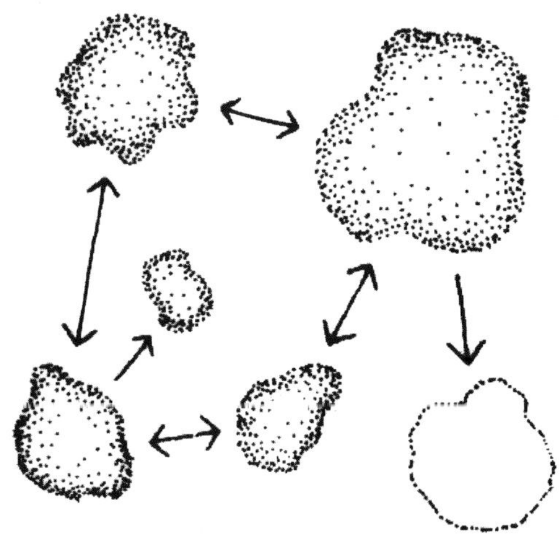

图 2　绿道对异质种群交流、存活以及再定居的作用示意图

（引自：*Designing Greenways*：*Sustainable Landscape for Nature and People*，Island Press，2006，Author：Hellmund P. C. and Smith D. S.）

2　绿道生态保护规划的策略

绿道规划的战略决策对于绿道规划而言，其战略目标是防止或减轻破碎化、土地退化、城市扩展和无法控制的土地利用改变，建立一个支持基本生态功能，保护重要的自然和文化资源，不损害景观的可持续土地利用方式。

美国马萨诸塞大学 JackAhern 教授提出绿道的 4 种主要的策略[9]：保护性策略（protective）、防御性策略（defensive）、进攻性策略（offensive）以及机遇性策略（opportunistic）（图 3）。

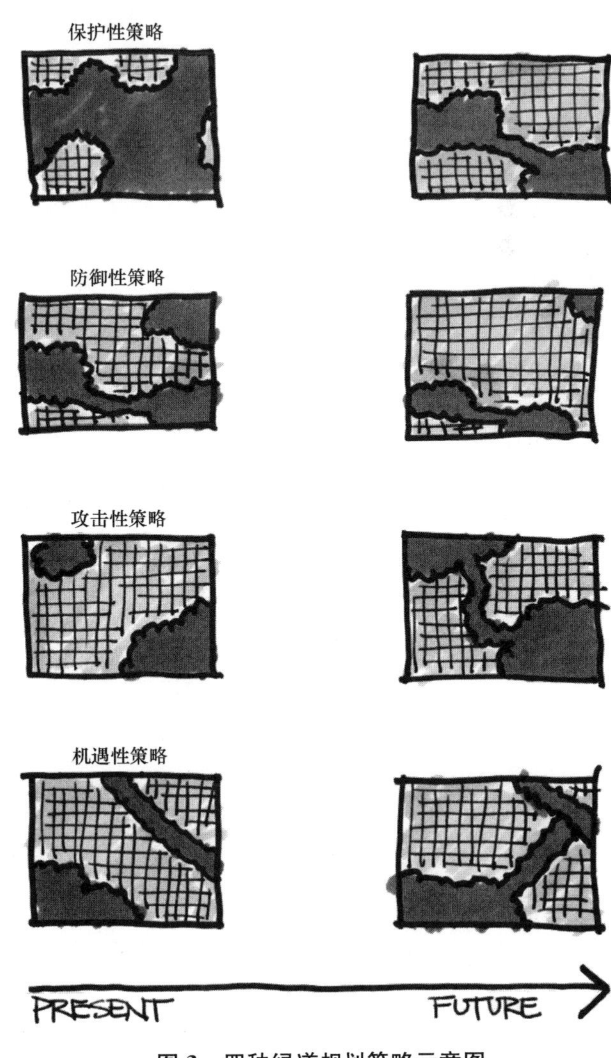

图 3　四种绿道规划策略示意图

（来源：JackAhern）

2.1　保护性策略

保护性策略应用于当现有的情况是支持可持续的景观过程和格局时。在这种策略下，绿道保护其内部景观不被人为改变，而其周边很可能被改变。一般来说，这类绿道包括了世界遗产、国家公园、大型栖息地等。此类绿道的经典案例是佛罗里达州级绿道规划。这个项目是由风景园林师以及佛罗里达大学的规划师带领的跨学科专家共同完成的，其基本理念是用游憩散步道将重要的野生动物栖息地连接起来。

规划的第一步是用 GIS（地理信息系统）将佛罗里达州的野生动物栖息地按照重要性分成六级，并在地图中标注（图 4）。

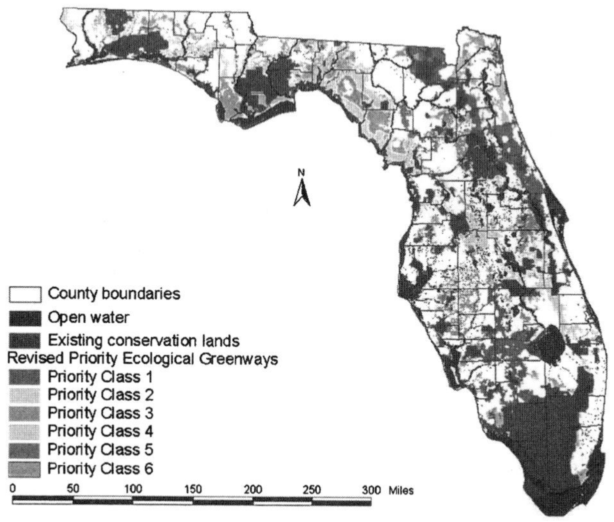

图 4　佛罗里达州野生动物栖息地重要性图示

（来源：http：//www. dep. state. fl. us/gwt/guide/）

接下来，以上图为基础，通过与群众和土地所有者的沟通交流进行修改便得到了更加合理可行的绿道规划图。为了向更多人解释和推广佛罗里达州绿道规划的意义，佛罗里达州政府绘制了佛罗里达州绿道概念图（图 5）。这幅图通过很简单的图示解释了这项绿道规划的结构和意义，即用廊道把不同的栖息地连接起来。

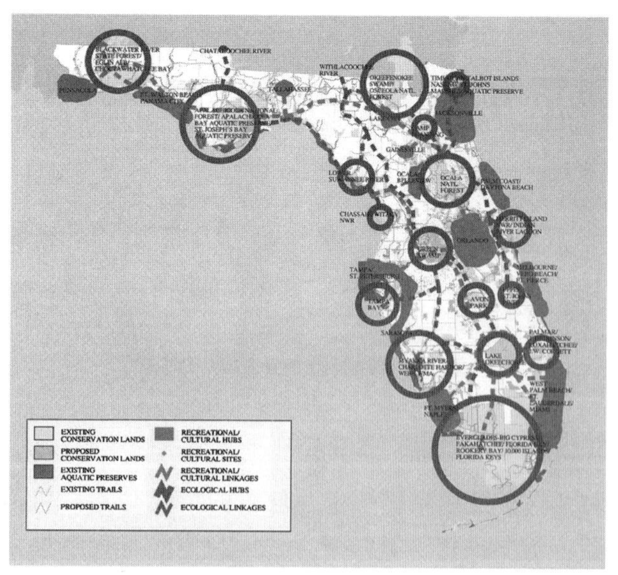

图 5　佛罗里达州绿道概念图——"核心与廊道"图

（来源：http：//www. dep. state. fl. us/gwt/guide/）

2.2　防御性策略

当现有的绿地是破碎的、少量的而且是互相没有联系的时候，就要使用防御性的措施。这种措施针对土地破碎化所带来的负面影响，减少或者停止这种进程，以保护已经受损的土地。这种策略被认为是不够有效的、亡羊补牢的方式，但通过这种方式，绿道可以为不断减少的自然资源增加保障。

美国威斯康星州、伊利诺伊州和印第安纳州绿色基础设施规划。图 6 显示的灰色区域是城市化的土地，在这个高度城市化的区域中可以看到一些线性、块状的绿地穿梭其中，这便是在防御性理念指导下保护起来的城市内的绿地，也可以理解为大尺度上的城市绿色基础设施。

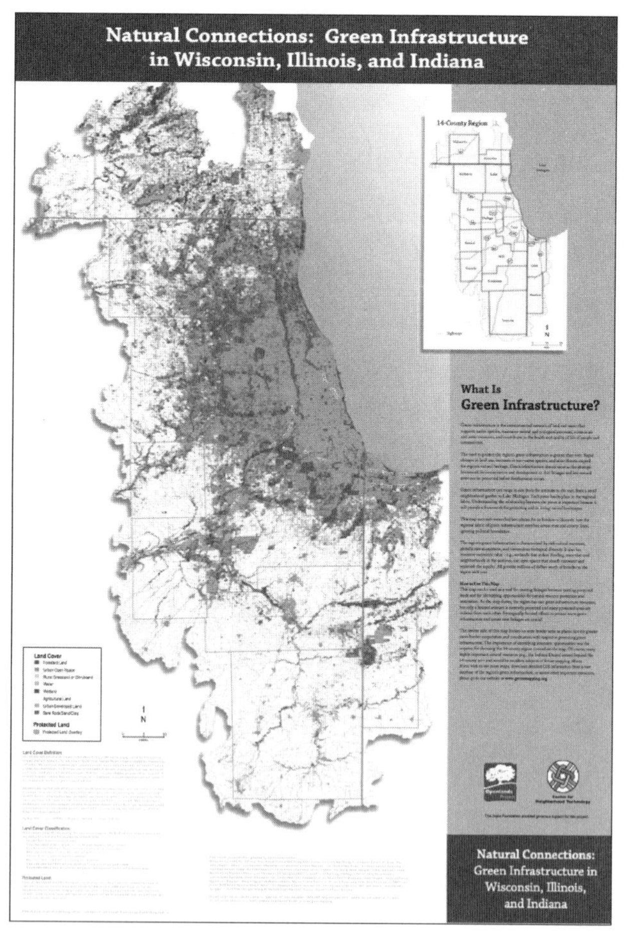

图 6　威斯康星州、伊利诺伊州和印第安纳州绿色基础设施规划

（来源：JackAhern）

2.3　进攻性策略

当规划已有清楚的目标需要建立一种更优的

景观格局，应该采用进攻战略。主要目标是在非友好的景观基质中将孤立的核心区和缓冲区通过廊道或绿道联系起来。

深圳大运支线是珠三角2号区域绿道深圳段的一条南北向支线，北起大运自然公园，南至仙湖植物园，沿途经过自然风光优美的深圳水库及龙口水库、大望艺术高地、大望社区、罗湖林果场等地，全线长约30.7km。该段北部和南部分别拥有雁田水库、龙口水库、大运自然公园、神仙岭、深圳水库、仙湖植物园、梧桐山风景区和大望艺术高地等生态本底优良的自然栖息地。然而在南部梧桐山和北部荷坳森林公园组团之间，生态环境较差、栖息地破碎化严重，生态廊道在此断裂。

根据大运支线绿道沿线的自然植被群落的组成和结构特征，恢复和构建生态廊道时，坚持选用乡土树种和营造地带性植被群落为原则，通过乔、灌、草复合结构的近自然植物景观配置，构建多样化的乡土生境。南部和北部自然栖息地以保育和近自然改造为主要手段，充分保护现有地形地貌，以植物多样性和地带性促进栖息地的生态质量；在梧桐山、荷坳森林公园组团之间构建绿色廊道，结合场地的地理位置及地貌，特别是狭长的山谷地带、溪流等位纽带，链接和恢复典型小生境斑块；利于洼地营造湿地景观或类芦高草景观，丰富生物栖息、繁殖及隐蔽的场所；提升绿道两侧的山地景观，进行有特色的林相改造，利于绿道两侧的荒地进行趣味和特色设计，营造竹径、蘘荊花林及野草花坡等植物景观，促使生境多样性。

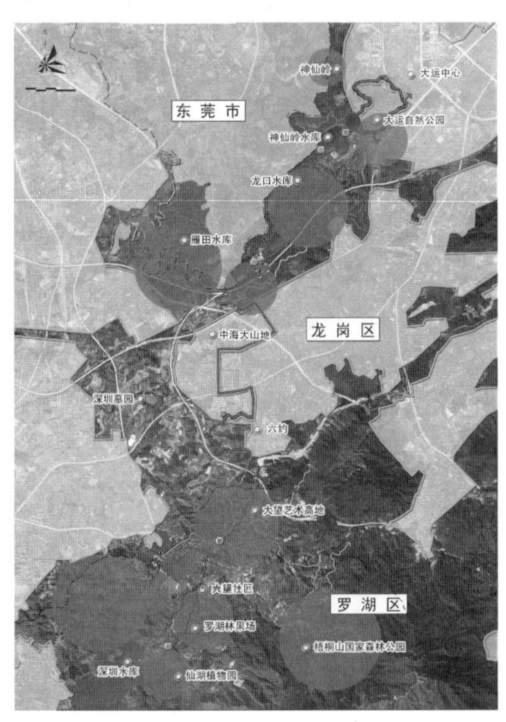

图7　深圳大运支线绿道为南北两处大型自然栖息地间绿色廊道的连通和修复起到重要作用

（来源：深圳市北林苑景观及建筑规划设计院）

2.4　机遇性策略

某些景观为绿道规划提供了特殊的机遇，比如在美国的“火车道变步道”运动（rails to trail movement）就是机遇性绿道规划的极好的案例。这种可以转化为绿道的景观通常是线性的，比如交通系统、城市基础设施以及绿色基础设施等等，而且这种策略通常要与其他规划手段相结合。

3　珠三角区域绿道规划的生态保护策略

近三十年来，珠三角快速城市化是影响世界的大事件，导致大量耕地和生态用地被挤占，由此带来的区域生态安全问题困扰着城市的进一步发展。珠三角区域绿道规划运用景观生态学的原理，通过对整个珠三角现有景观格局的分析，探讨建设用地和生态用地之间的合理结构，通过区域绿道的规划来优化现有的景观结构，以岛屿生态地理学理论和异质种群理论为指导，连通大型岛屿栖息地和城市、城乡间的破碎化绿色空间，从而构筑生态结构合理，完整连贯的珠三角绿道网络空间[10,11]。

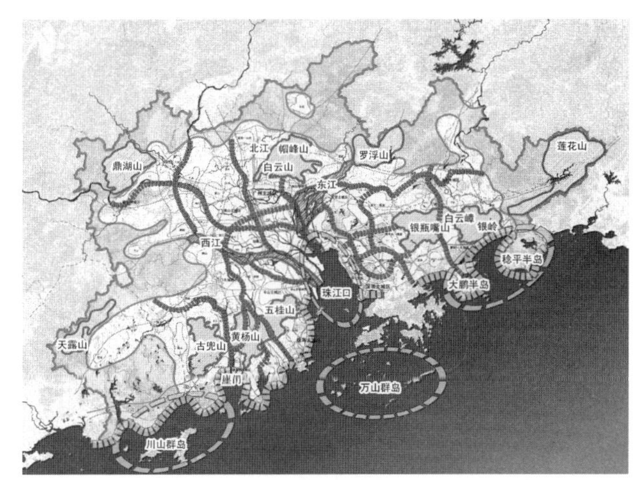

图8　珠三角绿道网与自然格局的有机结合示意图

3.1　建立从城市到区域的安全景观格局

在城市尺度水平上，基本的景观结构元素包

括残存的廊道和破碎化的生境斑块，以及以城市为背景的基底。珠三角绿道规划最大限度的连接这些破碎化的栖息地，最大限度地减少栖息地的孤立，从而最大限度地克服局部种群间迁移的空间阻力，提供能量、矿物质、和物种的流动的机会。在区域尺度水平上，为了减少景观破碎化对生物多样性的不利影响，尽量保持景观的完整性，规划以形成健康的区域景观格局为目标，充分考虑了与珠三角区域绿地系统规划的衔接，基于景观格局和景观过程的关系，把区域景观的过程（包括城市蔓延、物种的迁徙、水和风的流动、灾害扩散等）作为通过克服空间阻力来实现景观的控制和覆盖的过程，占领具有战略意义的、关键性的景观元素、空间位置和联系。这些关键性元素、战略位置和联系所形成的区域景观格局对于维护和控制整个区域的生态过程和其他水平的过程具有重要意义。通过构建建设用地和生态用地之间的合理结构、区域绿地和区域绿道的规划来优化现有的景观结构，从而构筑生态结构合理的安全景观格局。这种安全景观格局构成了珠三角地区的区域和城市生态基础设施。

3.2 建立功能和结构良好的生态廊道体系

不同类型的绿道分别对应着带状廊道和河流廊道两种类型的生态廊道。基于生物保护目的的生态廊道设置主要解决了以下几个关键问题：(1) 应尽可能保护现有自然半自然保留地，使最高质量的生境包含在生态廊道以内；(2) 根据可能使用生态廊道的物种需要来确定廊道的宽度；(3) 对于较窄而且缺少内部生境的廊道而言，应促进和维持植被的复杂性，以增加廊道的覆盖度和质量；(4) 廊道应联系和覆盖尽可能多环境梯度类型，即保护生境多样性（文献）。

作为生态廊道，绿道在保护和促进物种多样性方面的功能主要体现在其廊道缓冲作用，即廊道和湿地的过滤作用以及对廊道、斑块边缘的“边际效应”缓冲作用。相应的规划涉及以下问题：通过绿道建设缓解土壤侵蚀；稳定乡土物种地带；控制地表径流至合理水平；对人类的活动进行管理使之与上述问题相协调一致。

3.3 加强带状廊道边界缓冲

在城市景观基底中，“边际效应”对廊道和斑块的质量具有重要的影响。主要体现在乡土物种和边缘物种之间的竞争关系。入侵的动植物物种可以在高强度的城市土地利用条件下繁殖，从而对邻近的生物群落造成分危害。规划对场地内受到破坏的地带性植物群落采用生态修复等技术手段加以恢复，缓解这些由于城市化而造成的对生态系统内“流”的干扰，使通过缓冲作用使景观功能维持在一个可持续的水平。

Forman 和 Godron 建议为达到缓冲边缘效应的目的，边缘至少向廊道或者斑块内部扩展不少于 15m 的距离。在珠三角绿道指引中规定生态型绿道宽度为 200m，郊野型 100m，城市型宽度不小于 20m。生态型和郊野型基本满足了缓冲边缘效应的要求，而对于都市型而言，则促进和维持植被的复杂性，以增加廊道的复盖度和质量。

3.4 加强廊道的过滤功能

在高强度土地利用的条件下，“流”的过程可能被加速或者被干扰。使发送（源）或者接受生态系统（汇）受到干扰破坏，或者两者均受到严重的干扰破坏。最常见的例子是来自农业用地的雨水径流向河岸带输送沉积物、N、P 和杀虫剂。这些物质降低了河流的水质，通过增加河道内沉积物的含量和输送过程而改变了河床的结构，从而导致廊道的生物多样性降低。通过缓冲带、河流湿地等绿道规划设计措施，能够有效地加强廊道功能和过滤作用，达到保护廊道的生物多样性的目的。

规划根据不同河段的功能，保证河流两侧缓冲带的宽度，避免果园树林、农田等的化肥农药造成农业污染型土壤污染。采取措施防控绿道周边出现水土流失问题。在场地内慢行道周边采取必要的边坡防护措施、截排水系统措施，同时结合适当的植被恢复措施以保护绿廊的自然地貌。优先使用当地可再生和可循环的材料，包括石材、植物材料、木材等，这些措施都是加强廊道功能的必要条件。

3.5 改善微、小气候环境条件

改善微、小气候环境条件是绿道生物多样性实现的主要途径之一。在微观尺度水平上，植被提供遮阴、保护场地不受风的影响以及保持河流较高的含氧量，通过蒸腾作用降低周边环境的温度。植物的这些作用为野生动植物栖息地提供了更好的环境条件，使其避免受到极端气候条件的影响。更有利于吸引野生动物前来栖息，增加绿道生物多样性。因此规划充分考虑绿道建设对野生动物的各种影响，并采取切实的措施，避免对国家或者地方重点保护野生动物及其生存环境产生不利影响。

4 结语

绿道本质有着资源共生性、连通性、多功能性以及可持续的土地利用理念，为全球城市化和资源压力下的生态保护带来了有效的实践手段，对解决破碎化生境下的物种保护、生境恢复以及河流保护等有着重大的意义。绿道的规划建设逐渐改变城乡居民生活理念和改善城乡生态环境，有助于建设绿色、健康、可持续的理想城市模式。相对于欧美国家广泛开展的绿道规划建设运动，我国绿道规划建设尚处于起步阶段，深刻理解绿道规划的生态保护和策略为在绿道实践中落实生态保护措施，提出切实可行的合理化方案有着积极意义。

致谢

美国马萨诸塞大学风景园林与区域规划系教授杰克·埃亨（JackAhern）长期从事于绿道研究，是国际绿道运动的先行者之一。杰克·埃亨教授及其硕士助理周啸于 2011 年 5 月 17～21 日在广州、深圳作了绿道系列讲座，为听众打开了绿道研究的国际视野。本文深受杰克·埃亨教授的启发，并受惠于杰克·埃亨教授和周啸提供的资料和素材。

参考文献

[1] Hoover A.，Shannon M. Building greenway policies within a. participatory democracy framework [J]. Landscape and Urban Planning，1995，33 (1-3)：433-459.

[2] Little C. Greenways for America [M]. Baltimore and London：Johns Hopkins University Press，1990：7-25.

[3] Fábos J G. Greenway planning in the United States：its origins and recent ease studies [J]. Landscape and Urban Planning，2004，68：321-342.

[4] Fábos J. G.，Ahern J. Greenway：the beginning of an international movement [M]. Amsterdam：Elsevier，1996：1-4.

[5] Linehan J.，Gross M.，Finn J. Greenway Planning：developing a landscape ecological network approach [J]. Landscape and Urban Planning，1995，33：179-193.

[6] Hellmund P. C.，Smith D S. Designing Greenways：sustainable landscapes for nature and people [M]. Washington，Covelo and London：Island Press，2006：10-22.

[7] 赵淑清，方精云，雷光春．物种保护的理论基础——从岛屿生物地理学理论到集合种群理论 [J]. 生态学报，2001，21 (7)：1171-1179.

[8] MacArthur R. H.，Wilson E. O. The theory of Island Biogeography [M]. Princeton：Princeton University Press，1967.

[9] Ahern J. Greenways as strategic landscape planning：theory and application [D]. Wageningen，2002：51.

[10] 何昉，锁秀，高阳．探索中国绿道的规划建设途径——以珠三角区域绿道规划为例．风景园林 [J]. 2010 (2)：70-73.

[11] 何昉，康汉起，许新立，李颖怡．珠三角绿道景观与物种多样性规划初探——以广州和深圳绿道为例. 风景园林 [J]. 2010 (2)：74-80.

（本文曾发表于 2011 年 9 月《规划师》）

绿道——珠三角宜居城乡规划建设的生态途径

锁　秀　高　阳　王煦侨　何　昉

【摘　要】珠三角绿道网以其网络化的区域绿地贯通了珠三角城乡区域，并以生态化的途径打造通往宜居城乡的安居绿道、康居绿道、乐居绿道。本文旨在探索珠三角宜居城乡规划建设中绿道网所代表的一支重要的生态化建设力量。

【关键词】绿道网；珠三角；宜居城乡；生态途径

前言

现代化作为经济、政治、文化和人的综合素质以及生态环境等领域超越传统的革命性变革，始终奠基于生态环境所提供的资源基础上，生态文明的建设已经成为我国社会发展的有力保障，成为发展现代低碳经济的基本要求[1]。1955年新中国成立不久毛泽东就向全国发出"大地园林化"的号召，而胡锦涛总书记也明确提出："建设山川秀美的生态文明社会"。在这样的大背景下，继2009年提出"宜居城乡"规划纲要，广东省省委书记汪洋根据广东地区的发展状况，响应世界绿道运动的潮流，果断决策珠三角绿道网"一年基本建成，两年全部到位，三年成熟完善"。此外，更多的政治力量为探索宜居城乡建设的珠三角绿道提供了技术层面的建议与引导。在2010年3月召开的国际绿色建筑与建筑节能大会会议期间，深圳市副市长吕锐锋与国家住房和城乡建设部副部长仇保兴认真探讨珠三角绿道建设，并为深圳绿道规划设计提出利用废弃集装箱等作为绿道区内节能建筑的创新性想法出谋划策。

宜居城乡规划建设[2]要求在一定的城乡范围内，实现宜居城市所拥有的经济、社会、文化、生活、景观、安全等方面的理想，而绿道立足区域性绿地的网络化贯通，扩大和保护绿地面积、改善绿地景观，通过这种生态环境的改善、地理联系的增强，有效实现宜居城乡的目标。

1　绿道与宜居城乡

珠三角宜居城乡规划（2009）的目标为[2]：未来十年左右的时间，拟将建成安居、康居、乐居、具有岭南特色的宜居城乡。宜居城乡规划建设是广东省政府实践科学发展观的重要举措，是广东地区的综合发展目标。珠三角地区作为广东省的经济发展关键区域，广东省省委书记汪洋同志2009年年初在广州、东莞开展绿道网建设专题调研的讲话中指出"规划建设珠三角绿道网，是我省实施扩大内需战略、加快宜居城乡建设的重点工程。"

绿道是社会经济文明到达一定程度的产物，是人与自然的主动平衡方式。通过构建融合生态、环保、教育和休闲等多种功能的"绿道"体系，逐步形成联系城镇内部绿化绿地与外部区域绿地之间、城镇与乡村之间的绿色串联网络，既可起到构筑区域生态安全网络、防止城市无序蔓延，优化城乡生态格局与生态环境的作用，又可为居民提供健康可供游憩娱乐的绿色开敞空间，有力推动区域生态保护和生活休闲一体化以及宜居城乡建设，提高珠三角城乡居民的生活品质（图1）。

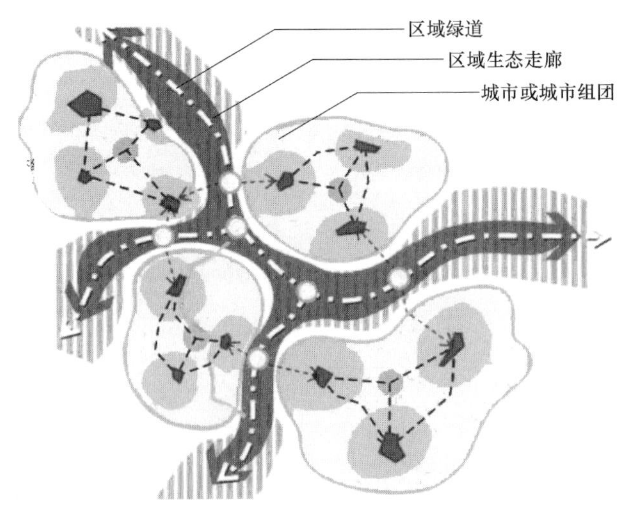

图1　区域绿道网与城乡分布格局示意[4]

1.1　安居绿道——贯通珠三角

"安居"即城乡居民享有基本的生活居住空间和均等的公共空间资源，住有所居。改革开放三十年来，广东经济社会发展取得了举世瞩目的成绩，但是城乡人居环境建设却滞后于经济社会发展水平，特别是城乡差距较为明显，各市的人居环境建设水平不均匀。而目前珠三角绿色生态空间的保护与利用未能有效结合，普遍重视对于生态要素的保护，而忽视生活功能。特别是城市建设区与城郊自然开敞空间的联系不畅，无法满足都市居民对休闲游憩场所的需求，也造成城乡发展的不均衡。

珠三角绿道网是由省立绿道、城市绿道和社区绿道三级组成相互贯通的绿道网络系统。六条主线总长约1690km，直接服务人口2565万人，针对珠三角地区的广州、深圳、珠海、佛山、江门、东莞、中山、惠州、肇庆九大城市，进行城市之间的绿地贯通，形成多层次、多功能、立体化、复合型、网络式的珠三角“区域绿网”，六条区域绿道主线贯通珠三角三大都市区，实现了珠三角城市与城市、城市与市郊、市郊与农村的连接（图2）。通过绿道来解决城镇密集地区的绿地普遍缺乏问题，形成集生态保护与生活休闲一体化的区域绿道网，一方面可避免生态保育用地被蚕食，起到有效控制城市蔓延、缓解城市热岛效应的作用，提高城市的宜居性；另一方面均衡社会资源，实现了公共资源的公平享用，创建了公共资源空间的“均好”分享方式。

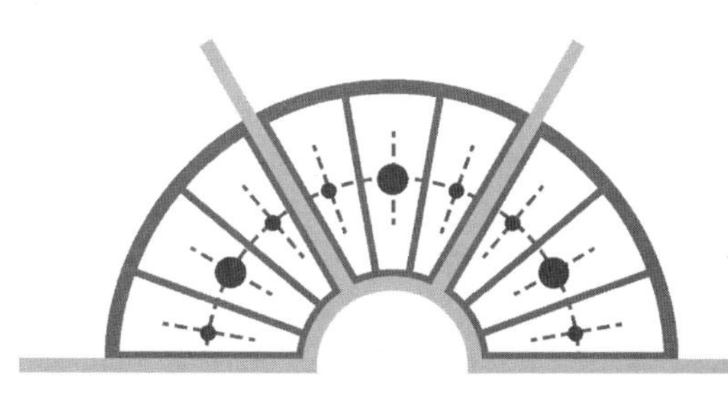

图2　珠三角区域绿道规划的基础格局[4]

1.2　康居绿道——生态化建设

“康居”即享有清洁的生活生产环境和较完善的公共服务，舒适便利。珠三角绿道网规划建设在一个区域健康环境营造方面有着无可替代的作用。绿道网规划设计中，尽可能采用各种绿色技术和生态建设方式，体现“绿色材料、高新科技、人文关怀”，尽可能的实现节能减排，实现低碳化，甚至零碳排放，构建自然和谐、民生幸福的生态文明型区域绿道网，使废弃材料在绿道景观中得以重生。诸如利用废旧公共汽车和集装箱建造房屋（图3），利用废旧枕木制作标识系统，利用废玻璃造景等，最大限度减少绿道建设和后期维护中的碳排放，使绿道成为真正的生态之道，实现人与自然共同演进、和谐发展、共生共荣。

图3　珠三角绿道网中的废弃集装箱建筑[4]

珠三角区域绿道多处于山林农田、陆地水域的生态交错带，是地区景观多样性和物种多样性最为丰富的地带。绿道与自然的依存，确保了其长期健康稳定的存在。绿道直接冲击人们的传统生活方式和理念，倡导公共交通和电瓶车、自行车等低碳或无碳通行方式，更利于人体健康、保护能源，保护绿地的原生态、生物多样性、自然资源，是实现低碳城市和低碳经济的必然选择。而绿道多方向的连续性保证了动物运动迁徙的可能，接连的树冠、隧道、绿桥、穿越建筑物的绿廊，野生动物可以“想动就动”。处在高压现代生活中的人们，同样可以在绿道中“想动就动”，放松身心（图4～图6）。

1.3　乐居绿道——特色共建

“乐居”即物质、精神、政治和文化生活不断丰富，城乡居民逐渐凝聚成为秩序良好、活力充足、参与度高的社会共同体。

珠三角规划六条区域绿道从布局选线到功能活动都各具特色。每一条绿道都在自然、生态、人文方面充满了对受众的吸引力，更是以较强的可进入性为大众所使用。各条绿道都串联了现有的水体甚至是风景名胜区、旅游度假区、户外运动中心、城市公园、郊野公园、农业生态园、植物园、自然保护区、遗产地及历史文物古迹等，这可以充分利用现有的基础设施和宣传平台推广绿道的使用和建设，同时更好地连接和拓展，实现绿道人文生态价值的面状拓展和层级提升[4]。

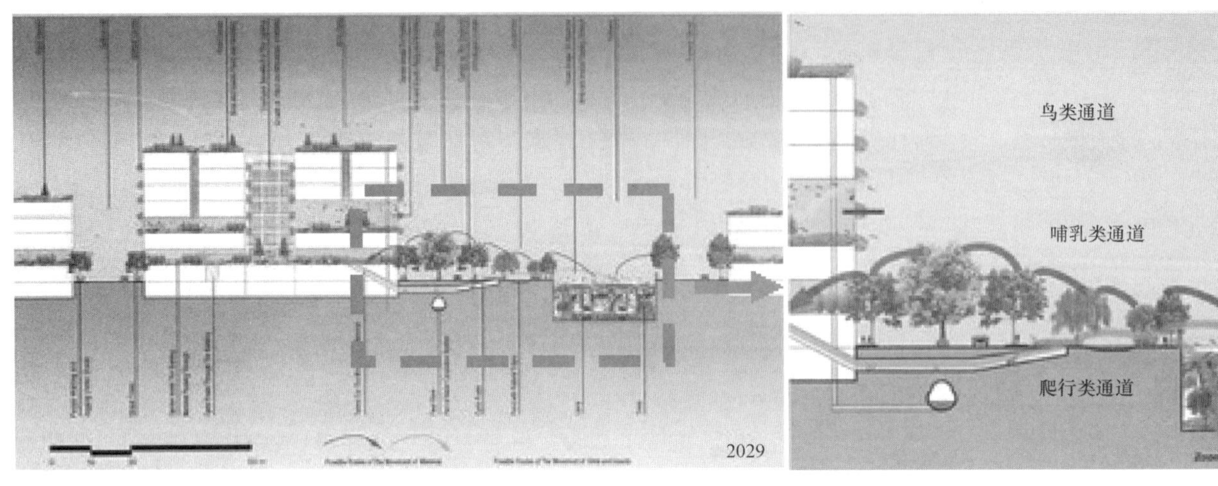

图 4　珠三角绿道网中的生态走廊意向[6]

图 5　珠三角绿道网中的绿色低碳出行意向[5]

图 6　珠三角绿道网中的健康生活意向[5]

按照珠三角绿道建设的统一部署，广东省委汪洋书记提倡各市认真学习广州、深圳等地的成功经验，在统一规划指导下，从本地实际出发，选取条件较为成熟的地段先行启动和对公众开放，边总结边推广，探索出各具特色的绿道建设模式，为绿道网的全面铺开建设提供示范。

深圳绿道网中的光明绿道，西部可遥望光明新区的城市天际线，东部是绵绵的山体屏障，选线沿途串联了山、水、林、天、人文、高尔夫等景致，多个元素共同构成了该段绿道得天独厚的美好体验，并结合光明新区生态新区的定位，对沿线的农业景观进行改造，打造“后农业时代”的生态绿道（图 7），至北，公众可以体验农田归耕的农业生态景观；至南，公众可以爬山溯水，在大森林中实现“亲近自然、认识自然、回归自然”的情感回归。

图 7　光明绿道中的后农业生活[7]

广州知识城生态绿道紧靠知识城规划展示馆，周边绿化与进入片区的沿线景观成为反应知识城面貌的重点，实现打造国际一流水平的生态宜居新城的总体发展目标。通过人性化的尺度、微地形的处理和色彩变化的植物搭配来塑造整条绿地，形成一波又一波的“绿浪”，使游人亲身感受一种自然美和生态美，感受知识城生态、可持续、低碳的核心规划理念（图 8）。

东莞东江大道 20km 示范段绿道[8]基于场地特有的现状资源，打造滨水特色的绿色生态走廊，依托人文景观资源、公园及其道路两侧的绿地为人们慢跑、散步提供了必要的休憩场所，向人们提供亲近大自然、感受大自然的绿色休闲空间，实现人与自然的和谐共处（图 9）。

2000 多公里的绿道网蜿蜒伸入珠三角的每一

图 8　广州知识城绿道中绿浪景观[9]

图 9　东莞绿道中的生态健康生活[5]

座城市和广大乡村，将珠三角独特的自然和人文景观串联起来。三年后，各具特色的绿道将成为每一个城市充满魅力的名片，配套完善的绿道将成为每一个城市新的经济增长点和旅游热点，贯通一体的绿道将使珠三角成为一个其乐融融的大家庭。

2　结语

绿道的意义在于探索通往理想生活的路径，是对未来理想宜居的启发与先行，不同民族和不同文化均有自己的理想人居模式，古往今来，中国一直有着丰富的绿道思想和杰出的建设成就。在人与自然和谐的中国传统理念指引下，在建设“宜居城乡”的进程中，珠三角尝试通过规划建设区域绿道网来寻找自然和城乡发展的平衡、城乡建设和人的和谐；并基于珠三角特有的岭南山水骨架和都市群空间结构，发现“绿道”在其中所独具的巨大的平衡力和切实可行的操作性，确立绿道在当前和未来珠三角发展中的重要角色。

参考文献

[1] 中国城市科学研究会．中国低碳生态城市发展战略［M］．中国城市出版社，2009.

[2] 广东省建设厅．中共广东省委办公厅广东省人民政府办公厅关于建设宜居城乡的实施意见（粤办发［2009］24 号）［Z］．广州：广东省建设厅．2009.

[3] 广东省住房与城乡建设厅，深圳市北林苑景观及建筑规划设计院等．珠三角绿道网络规划纲要［Z］，2010.

[4] 珠三角区域绿地深圳示范段集装箱建筑，深圳市北林苑景观及建筑规划设计院设计，提供照片.

[5] 何昉．北林苑规划设计作品［M］．中国建筑工业出版社，2010.

[6] 王煦侨，伦敦的生态走廊网络［D］，2009，伦敦大学巴特利特建筑学院.

[7] 深圳市城市管理局，深圳市北林苑景观及建筑规划设计院．深圳市光明新区绿道规划设计［Z］．2010.

[8] 东莞市万江区办事处，东莞市莞城区办事处，东莞市东城区办事处，深圳市北林苑景观及建筑规划设计院．东莞市东江绿道 20 公里示范段设计［Z］．2010.

[9] 广州科学城北区建设指挥部，深圳市北林苑景观及建筑规划设计院．中新广州知识城绿道示范段景观设计［Z］．2010.

（本文曾发表于 2010 年 8 月《南方建筑》）

广东绿道的特色规划设计实践

——谈深圳大鹏绿道规划设计的审美量化

何 昉 李 辉 锁 秀

【摘 要】本文以中国传统的自然观对现代发展的启发为出发点，结合深圳大鹏新区的绿道规划，融入中国传统的风景审美思想，综合考虑生态格局、景观风貌和风景差异性，尝试采用GIS与层次分析法结合，对传统风景审美的理论进行量化综合评价，为建设特色绿道提供依据，为新时期健康城镇化发展寻求人文关怀的回归。

【关键词】景观规划；绿色基础设施；绿道；景观评价；环境质量评价

广东作为今日中国经济最为活跃和发达的地区之一，绿道——人与自然主动平衡的方式，顺势而生，并在岭南大地轰轰烈烈的全面展开，为中国绿道规划建设探索了一条特色途径。

图1 绿道——自然之道

1 绿道的东方智慧

中国传统的自然观强调的是“天人合一”、“各适其天”。在道家看来，天是自然，人是自然的一部分。道家学派以道来探究自然、社会、人生之间的关系，创始人为老子。《道德经》含有丰富的辩证法思想，道家哲学与古希腊哲学一起构成了人类哲学的两个源头，认为人类存在的根本在自然，道是其旗帜。即行亲近自然之道。

众多的中国古代绿道实践，离不开先人对“天人关系”、“人地关系”有着洞如观火的理解。先秦时期，圣人贤哲开始不断完善的中国哲学体系，包含了许多朴素的生态文明思想，如“天人合一”的自然观和遵循自然规律、保护生态环境的主张。可以说，中国绿道思想渊源深厚，指导着人们的实践，为后人留下了宝贵的精神遗产。

绿道通常定义为线形绿色开放空间，依托河滨、溪谷、山脊、景观道路等自然和人工廊道，连接重要的自然与人文景观节点，集生态保护、体育运动、休闲旅游、文化体验、科普教育等为一体。从区域性层次而言，它在连接破碎的自然空间、重组自然生态系统上，具有重要意义。

绿道兴起和发展是人类对自然的一种回归，是人类否定了逃离自然的行为后所产生的寻求心灵归宿的特殊情结。经济的高速发展必将引来对文化的“回望”和对地方文化的关注与反思（图1）。

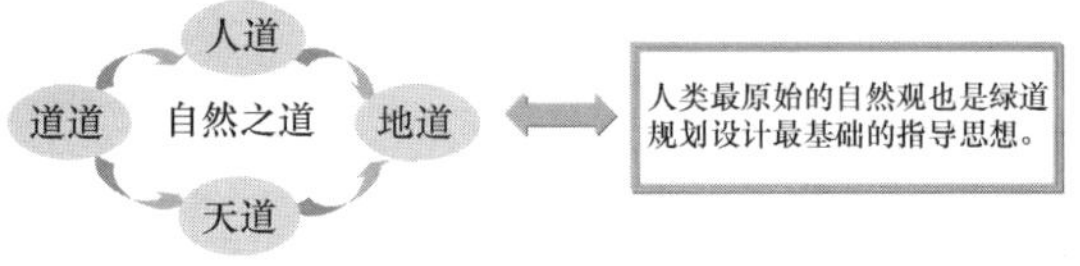

2 广东绿道规划建设实践

英国著名规划师、教育家伊恩·麦克哈格（Ian MCHARG）曾意味深长地反问“为什么我们的城市建设不能保护有价值的植物群落和动物栖息地？为什么我们不能利用这些自然的生态环境来构建城市的开放空间，让城市居民世代享用?”广东在全国开风气之先，率先建设珠三角绿道网，给出了他所期盼的答案。珠三角绿道网建成后，“诗意地栖居于大地”的美好愿景成为现实。

通常，河流、山体、田园和海岸是生物多样性、景观独特性的集中地带，同时也是人们休闲向往的地带。珠三角绿道网从大的地理环境分析珠三角整体的山海结构，加强山海之间的联系，加强内层生态屏障跟生态核心的联系以及加强3条主水廊道的联系 。宜人的海滩、璀璨的岛屿及珠江八大出海口等所构成的滨海秀丽风光是珠江三角洲自然特色的重要组成部分，绿道选线则尽量引至海滨。

深圳市绿道网以基本生态控制线为基础，连接了全市13座山体，15个风景名胜区，1000个公园，12条河流，总长度超过252km的海岸线，深南大道、宝安大道等重要的景观性道路，串联起破碎化的生态斑块和生态廊道，有助于完善生态网络，增强生态空间的连通性。

3 深圳最美海岸——大鹏绿道

深圳大鹏新区总面积294.18km²，森林覆盖率76%，是全市平均的两倍多，古树名木众多，珍稀动植物资源丰富，并拥有七娘山国家级地质公园和排牙山自然保护区，是深圳仅存的一块环境破坏较少的“生态处女地”。同时其海岸线长133.22km，占全市1/2，山海风光、田园湿地、阳光沙滩、溪流水涧、古村聚落、历史遗迹等生态景观资源异常丰富，其中西涌沙滩更被《中国国家地理杂志》评为“中国最美的八大海滩之一”。综合而言，大鹏新区为全深圳市生态环境最优秀、景观最优美的地区。

3.1 基于中国传统风景审美评价

中国对山水风景审美情有独钟，并将其融合于绘画、诗词、歌曲、哲学之中，形成了一种独特的文化。中国传统的风景审美认为自然山水之美主要表现为形象美、色彩美、动态美、音响美、朦胧美五大方面。规划结合中国传统的风景审美思想，对五类美学表现进行指标细化，赋予一定的权重，得出大鹏新区景观美学评价的指标体系见表1；并对大鹏新区山海城村格局进行解构，综合考虑山水格局、景观风貌和风景差异性，划分出14个景观片区，如图2所示。

图2 大鹏新区景观片区划分

根据景观美学评价指标体系采用专家打分法，对所有景观片区进行美学评价，综合评价结果见图3。大鹏新区最美的地区集中在南澳办事处南部，集中了七娘山国家级地质公园、抛狗岭、红花岭等高大山脉，杨梅坑、东涌、西涌海岸等优美海岸线以及半天云村、鹅公村传统古村等优质景观资源。其次大鹏所城——排牙山——坝光一带具有较美的景观，大鹏所城、排牙山、银叶树风水林景观资源具有较高的优美度和独特性。

图3 大鹏新区景观美学评价结果

3.1.1 生态环境质量评价

生态环境质量是指生态环境的优劣程度，在综合考虑了大鹏新区的生态系统类型、土地利用分类和行政单元划分等因素，划分了22个生态片区（图4）。生态系统服务质量评价是生态环境质量评价中最系统全面的方法之一，生态系统服务是指通过生态系统及其中的物种提供的有助于维持和实现人类生活的所有条件和过程。通常分成4个层次17类内容。规划基于对大鹏新区生态系统现状，重新构建了生态环境质量评分体系（表2）。

图4 大鹏新区生态片区划分

规划根据生态环境质量评价指标体系采用专家评分法，对各生态分区进行评价，按照生态环境质量的特点，设为高、较高、一般、较低、低5个级别，并将打分结果乘以各指标权重得出评价结果（图5）。大鹏新区的七娘山、排牙山和抛狗岭等山林地区，笔架山、犁壁山等山林的生态环境较为优秀。而葵涌、大鹏、土洋、溪涌等社区城镇分布比较集中，生态质量相对较差。

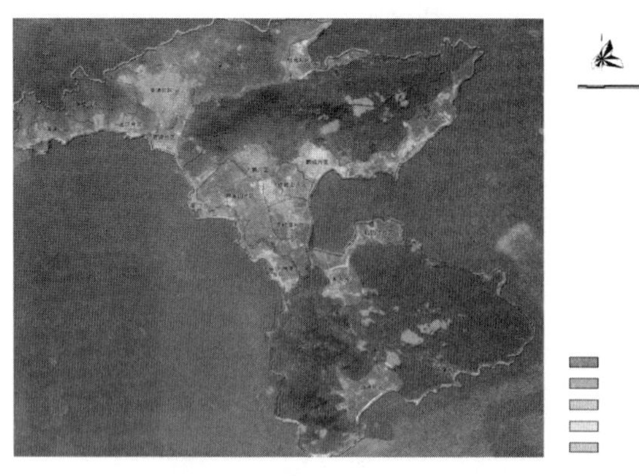

图5　大鹏新区生态环境质量评价结果

3.1.2　基于生态—美学综合评价的绿道规划

根据对生态和景观定位的不同，分别对景观美学和生态环境质量评价结果分成3个等级。生态环境质量评价分为：极高、较高、中低级别；景观美学评价分为：高、中、低3个级别，各级别对绿道的指导意义如表3所示。最后综合两个评价结果，对大鹏新区进行生态—美学综合分区（图6）。

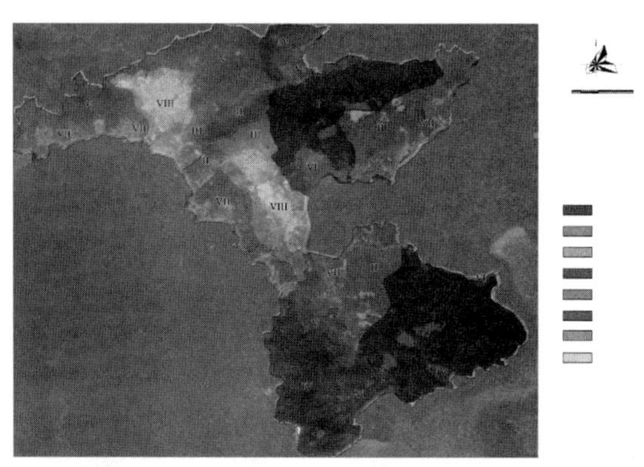

图6　大鹏新区生态—美学综合评价分区

大鹏新区绿道规划目标为南中国最美的绿道，根据大鹏新区绿道规划的生态性、可行性、多样性、便利性、连续性、安全性原则，对各综合评价分区设定生态质量和美学评价指导原则，在注重生态环境保护的同时，串联了风景最优质的地区。依照对综合分区的绿道建设指导原则，并综合考虑景观资源点连通、居民交通便利和安全出行等因素后，为建设富有中国自然观与审美观的绿道提供了依据。建成后的大鹏绿道与山海风光融为一体，成为生态观光的热点。

根据分区结果可见，七娘山和排牙山生态质量和风景质量均极高，为大鹏新区极具山海风光特色的代表地区。大部分沿海地区，如东涌、西涌、鹅公湾、杨梅坑等海滩，在拥有最美风景的同时，生态环境也相当优质，为旅游度假的首选。而大鹏和葵涌城区由于城镇较为集中，生态质量和风景质量均低于其他地区。

根据大鹏新区绿道规划的生态性、可行性、多样性、便利性、连续性、安全性原则，对各综合评价分区设定美学评价和生态质量评价指导原则（表4）。

依照对综合分区的绿道建设指导原则，并综合考虑景观资源点连通、居民交通便利和安全出行等因素后，得出大鹏新区绿道总体规划选线。

3.2　绿道——回归中国健康城镇化的人文关怀

将绿道作为国家战略是一种理想化的正向的思维、基于之前现代化进程中城市规划受制于汽车与快速道路，既成的物质空间的事实再掉头重新反省绿色基础设施的布局空间，在中国这个人口密集、人居生态资源贫乏的国度，绿色的逆向生长才尤显重要。在即将城市化的区域，农田绿地应该好好规划，形成城乡统筹，城市集约发展，形成各自分工定位的双赢局面，让农村合理包围城市，布局理想的人居环境。科学发展引导生态文明成为未来的主流，未来的绿道，应从构建大的区域生态安全，到建立宜人的城市慢行系统，开启新的价值标杆，引领人类自身走向生态关怀的终极视野。

致谢

感谢叶枫、徐艳在本文构思期进行的探讨，感谢李俊杰、叶雪在大鹏绿道案例中为本文制图。图片均由北林苑提供绘制。

参考文献

[1]　Stephen Skinner. Kiss Guide to Fengshui [M]. New York: Dk Publishing, 2001.

[2]　Fabos J G. Greenway Planning in the United States: its Origins and Recent Case Studies [J]. Landscape and Urban Planning, 2004: 68.

[3]　广东省住房与建设厅，深圳市北林苑景观及建筑规

划设计院等. 珠三角绿道网络规划纲要［Z］. 2010.

［4］ 广东省住房和城乡建设厅，深圳市北林苑景观及建筑规划设计院. 珠三角绿道网生态建设与保护专题研究［Z］. 2011.

［5］ 广东省住房和城乡建设厅，深圳市北林苑景观及建筑规划设计院等. 珠三角区域绿道（省立）规划设计技术指引（试行）［Z］. 2010.

［6］ 何昉，锁秀，高阳，黄志楠. 探索中国绿道的规划建设途径-以珠三角区域绿道规划为例［J］. 风景园林，2010（2）：70-73.

［7］ 广东省住房和城乡建设厅，深圳市北林苑景观及建筑规划设计院. 珠三角绿道网网络化专题研究［Z］. 2011.

（本文曾发表于2013年12月《风景园林》）

广东绿道多功能开发探索

夏 兵 何 昉 锁 秀

【摘 要】转型历史背景下的广东省绿道更多地承载了都市人们对于慢生活的诉求，绿道网的多功能开发就是要尽可能使绿道的绿色开敞空间满足都市人们慢生活的吃、住、行、玩、乐等等方方面面的需求。绿道要成为公众日常生活的一种方式，需实现绿道的网络化、七可内容化、关爱细致化、文化遗存保护化以及空间扩展化。在多功能的绿道管理上应重点关注法律法规、安全、后期维护以及绿道文化培育等四个方面。

【关键词】绿道；广东；多功能；开发

改革开放三十年来，广东地区创造了经济发展的奇迹，成为我国城镇化水平最高、开发建设强度最大的城镇密集地区之一，但随之而来的是生态破坏、环境污染、城乡建设无序等一系列问题，城市中林立的高楼、淡漠的邻里和冰冷的钢筋水泥，使得人们越来越期望能够“逃离都市”，追求“田园生活”。为约束城镇化无序扩张，促进经济社会的可持续发展，改善生态环境、提高居民生活质量、改变经济发展方式，显得尤其必要和紧迫。

广东省委、省政府敏锐地把握经济发展、城市发展的症结所在，高瞻远瞩地提出建设宜居城市，打造幸福广东。在这种大的背景下，融合生态、休闲游憩、经济发展、社会文化和美学等多种功能的绿道在广东珠三角地区率先构建。绿道占地少、实施难度小，让人们方便快捷地享受到绿色环保、低碳经济的生活休闲方式。在珠三角绿道网全面完善，广东省绿道网推广建设，绿道正在改变人们生活方式的今天，我们有必要对绿道的多功能来源进行根源探索，探寻现阶段广东省绿道网的使用者主要需求，借此完善绿道网的多功能，改善绿道网的体验和提高绿道使用率，建立长效机制让绿道成为人们生活的一部分，真正地融入人们生活中。

1 都市慢生活需求

绿道的功能并不会因为一条绿化道的建成而拥有，也不因为设计者、管理者设定而存在，而是随着使用者需求和使用方式的形成并变化。欧美绿道多功能开发历经了百余年的探索，最初19世纪后期公园道和绿化带融合建设的绿道仅单纯提供休闲功能，在经历了经济功能开发、环保运动以及绿道运动等阶段后，欧美绿道越来越要求多目标多功能价值的实现[1-2]。欧美绿道多功能的演变是伴随着人们对绿道越来越深入的认识以及赋予其不断变化的使用需求。

后工业时代的广东，环境、经济、民生等诸多领域存在转型发展要求，因此广东绿道从一开始就非常注重绿道多功能的开发，试图让绿道承担更多促进城市转型的作用。

高速城市化下的堵车、污染等大城市病的全面蔓延，市民的幸福感也在普遍下降，人们物质及精神生活水平都大大提高了，但是人们的健康问题却越来越多，人们对都市慢生活的诉求成为现阶段都市人们最大的诉求。在拥挤的都市中，人们缺乏足够的公共绿色空间，尤其是小区周边的缺乏公共空间，极大地影响了人们在城市生活的舒适度与幸福度。由中国医师协会、中国医院协会等机构联合发布的2010年《中国城市白领健康白皮书》显示，有76%的白领处于亚健康状态。世界卫生组织对于健康有一个基本的估算，指出：健康有15%取决于遗传、10%取决于社会条件、8%取决于医疗条件、7%取决于自然环境，而60%取决于自己习惯的生活方式。城市绿地空间建设通常以公园的块状绿地建设为基础，到带状绿地建设为改善提升阶段，绿道作为线性的绿色开敞空间有利于改善大众对绿色空间的利用，为重建都市健康的生活习惯以及良好的小区交往提供了重要的渠道[3]。绿道以其建设的灵活性和可协调性[4]，在城市土地资源高度紧张的情况下，能与其他规划相衔接、协调，使得绿色开敞空间引入千家万户成为可能。绿道网的多功能开发就是要尽可能使绿道的绿色开敞空间更多地承担满足都市人们慢生活的吃、住、行、玩、乐等等方方面面的需求。

2 绿道多功能体现实践与探索

广东省绿道网在绿道多功能开发上做了大量的工作，集中体现在生态环境保护、旅游经济、运动休闲、文化服务等方面，在环境基底改善、人们日常生活结合等领域做出积极有益的探索和尝试。随着绿道网的深入建设，老百姓日益接受绿道的生活形态，绿道要以改变人们生活方式的高度进行多功能开发。

2.1 网络化

网络化是绿道多功能实现的空间基础，是实现空间变换的保障。珠三角绿道网规划由区域绿道和城市绿道共同构成网络状系统，通过绿道的慢行系统串联公园、自然保护区、风景名胜区、历史遗迹等重要节点的同时，注重城区内的生活休闲与人们日常生活交流开敞空间的构建。深圳绿道网规划更是深入小区，实现全市平均每 1km^2 有 1km 的绿道网络密度，市民 5min 可达小区绿道，15min 可达城市绿道，30～45min 可达区域绿道，这让社会交往从零散的点状分布变成网络分布，大大增强社会的信任感与幸福感。

绿道要主动连接主要的交通枢纽和换乘设施，实现绿道与其他交通方式的零距离换乘，形成良好的衔接转换交通体系。对绿道与公共交通站点存在一定距离的情况，则通过建设连接通道，提高换乘效率。

2.2 绿道应成为都市生活片段

满足都市慢生活的绿道，绿不是仅拘泥于形式的绿色，绿的更应是生活方式和生活态度。绿道不仅仅是城市居民休闲娱乐、体育运动的闲暇时光载体，更要成为人们生活、工作的一部分，是生存质量质的提升，实现在绿道网空间内可观、可行、可游、可居、可饮、可吃、可学，使公众在绿道网内得到更多的停留，渐渐地与绿道网相融合，成为公众片段化的生活方式。对于城市居民，绿道仅仅是人们周末出游的一个新去处，要成为人们日常生活利用新选择；对于外地游客，绿道成为城市名片，是外地游者、城市初来者快速融入城市的最有效方式之一。

可观：广东省绿道网从规划层面上根本解决可观资源，合理串连了风景名胜区、自然保护区、宗教文化、城市公园、广场等，展示了山、林、田园、滨海、城市人文等特色，绿色的开敞空间融于最美的山水和人文景观中。

图 1　深圳观澜绿道山城绿融

（图片来源：图 1、图 3～图 6，深圳市北林苑景观及建筑规划设计院）

可行：珠三角绿道网络构筑多样化自行车道和行人游径，可满足人们的多种绿道游憩需求，如专业自行车赛道、溜旱冰绿道、水上绿道、小区慢行绿道等等。

可游：绿道网可方便快捷地到达许多旅游风景区、人文景观，绿道多功能开发可以结合地域资源，充分开发特色旅游。

深圳绿道网在五号线光明新区段深入挖掘绿道休闲旅游模式，采取与农场、乡村合作，提供参与式的观光农林牧渔游憩点，市民在其中可以亲自体验农业劳动过程，如在光明新区当地奶牛农场提供农场观光和参与式的劳动活动，让市民可以体验农业劳作生活乐趣。绿道网甚至应与驴友穿越路线结合，为专业驴友提供安全可靠的野外山区游径。珠三角多市推出绿道精华线路，肇庆甚至编印了《肇庆绿道旅游指南》。

可居：绿道网可以采取居住半人工化和自然化两种形式，建立丰富多样的因地制宜的居住形态。如利用游径上的农家乐客舍，服务站点利用废弃的集装箱，构筑生态型现代居住形态。在绿道网内除常规居住方式外，可在保障安全的前提下，通过设置野外帐篷露宿点、吊床树居等多种原生态贴近自然的居住方式，让市民再次享受乡野听取虫蛔鸣叫，仰望天空数繁星的大自然生活。

“香港郊野公园及特别地区”规例中指定了 37 多个合法的野外露营地地点，让市民享受郊野乐趣，露营地配套有凉亭、烧烤台、卫生设施、水源等，大陆有很多爱好者经常组织小群体到香港露营体验，值得广东绿道借鉴（图2、图3）。

图2 香港麦理浩经上的露营地

（图片来源：肖洁舒）

图3 香港城门郊野烧烤区

可饮："明月松间照、清泉石上流"，实际上每一个生活在都市里的人都有一个山水情结，想起潺潺的山涧流水让人就有清凉、放松的感觉。绿道游走穿越丰富的森林资源，拥有较多条件优越的天然取水点。这些天然取水点通过绿道建设提升水源质量，稍加处理即成为可饮用天然水，让人们完全乐在自然，亲近自然。

可吃：绿道网生活空间内自然环境好，具有山泉水和高负离子空气，无污染。乳鸽、土鸡、土鸭等等采用传统农家养殖方式，而农家肥种植的蔬菜，特别是一些野菜，是自然界中自生自长的绿色蔬菜，各种维生素含量非常高，食用在这个空间生长的无任何激素的天然生态食品和土生土长的自然生态作物，利于人体健康。

可学：科普教育是绿道多功能开发的一项重要内容，目前广东省绿道在这块还相对比较薄弱。可从树木研习、农业科普、天然课堂、观鸟等方面设置丰富的科普教育内容。在详细调查动物资料的基础上，树立附近经常出没的动物或者危险蛇类的标识牌，有针对性地进行动物知识科普等。

香港郊野公园重视提供各类设施，以助游人欣赏和认识郊区环境，分别在香港仔、船湾、西贡、清水湾、城门及大帽山设立游客中心。位于西贡蕉坑特别地区内的狮子会自然教育中心，设有五个不同主题的展览馆，并种植大量果树和各种优美的树木，又展出各式各样的蔬菜、矿石及其他本土植物，供自然教育之用。城门标本林则共种植了约300种树木，渔护署在各自然教育径及树木研习径沿途均装设解说牌，以助游人认识郊野的动植物和各类生态。为鼓励游人探索大自然，渔护署分别在大埔滘及城门设立了野外研习园及蝴蝶园，园内是不少雀鸟、蝴蝶及蜻蜓等野生生物出现的地方，游人可透过亲身接触，发掘大自然的野趣（图4、图5）。

图4 香港郊野教育中心，幼儿园组织儿童准备进入自然教育径

图5 香港郊野径开发了非常多的具有教育功能的路径

2.3 关注特殊人群

老人、儿童、孕妇以及残疾人等是城市中需要重点关爱的特殊群体，他们对自然和环境设施有更高的要求，但他们的需求往往容易被社会忽视，对于他们的加倍关爱最能反映出一个城市的精神文明程度和城市软环境实力。绿道在规划设计及管理服务上要充分考虑他们的不便和需求，并尽力去解决。

绿道可以为老人提供丰富的运动和集体活动的场所、多样的交流机会 、优美舒适的养生环境以及安全便捷的出行通道。

中国青少年研究中心一项全国性调查显示，安全事故已经成为 14 岁以下少年儿童的第一死因。在调查中还发现，孩子比成人更易受到交通事故的伤害。2012 年 3 月，在重庆坪坝区启动的“2012 儿童安全步行”活动启动仪式上，全球儿童安全组织发布了对一项调查结果：超过 60%的学生认为步行上学、回家不安全。绿道网络完全有可能为孩子构建一个安全上学的步行环境。

2010 年 11 月 23 日，罗湖区截瘫偏瘫联谊会会长刘建强向深圳本地记者发出一封信，讲述深圳 5 位坐轮椅的伤残人士 11 月 20 日从深圳赴香港过程中，在两地遭遇的截然相反的切身经历，香港配套了残疾人专用的停车场，地铁口有残疾人的专门设施，无障碍系统的电梯，无障碍巴士，盲人路牌，设施非常完善。他呼吁深圳市政府向香港学习，改善深圳无障碍环境，让残疾人平等享受绿道。

绿道多功能开发对于特殊人群，重点应对小区内部及小区与小区之间的绿道慢行系统进行完善，不一定需要大量的绿，关键是打造安全、舒适的绿道小区生活圈，让人们活得健康、安全而有尊严。

2.4 文化遗存保护

绿化缓冲区是指绿道控制区以及绿道串连的自然资源、历史人文资源和游憩资源的空间区域，主要包括风景名胜区、森林公园、郊野公园、河流湖泊、农田、古村落、历史文化保护单位、旅游度假区、城市广场、城市公园等，起到维护区域生态系统安全，营造生态环境优异、景观资源丰富的游憩空间的作用。珠三角区域绿道绿化缓冲区总面积约 4410km^2，占珠三角总面积的 8%。需要特别注意就是绿化缓冲区中各种古村落、古建筑以及依附其存在的岭南村落文化保护和保存。

（1）对原有的自然村落人口要进行严格的控制，希望这些村落通过发展生态观光业、鲜花种植业等生态旅游产业得到相应报酬，并且农业耕作也是对原住民生活方式的一种保留，是对岭南特有的农耕文化的延续。

（2）对原有的旧建筑也采用“修旧如旧“的方针，尽可能的维持其原有的风貌，对一些处于绿道控制区内具有岭南特征的古建筑、祖居，甚至可以申请当地政府以获得维修资金的支持，但前提就是不能改变其原有的风格。

香港郊野公园的游径旁，除了保留原有的古村落外，还对原有的墓葬进行了保留，并允许扫墓，这也是对原住民文化和生活方式的一种有效留存。

2.5 拓展绿道户外开敞空间

绿道影响人们的生活方式是基于绿道的户外开敞空间，在强调维护其原有的空间基础上，可以通过更为积极的手段进行绿色开敞空间的拓展。

2.5.1 棕地改造

棕地一词在英国规划法中的定义是相对于绿地上的一种规划上的术语。绿地一般指不能用于开发和建设的，覆盖有绿色植物的土地。而棕地则是指曾经用于开发建造，但是又被遗弃的荒地，无论受污染与否。因此，棕地不仅包括旧工业区，还包括旧商业区、加油站、港口、码头、机场等工业化过程中所遗留下来，已经不再使用的设备、建筑、工厂或整个地区。

目前珠三角绿道网中存在的大量废弃荒地、废弃的厂房以及待升级改造的工业区等都属于棕地的概念范畴，对其的提升改造对整个珠三角绿道网的生态环境和经济发展均有十分重要的影响。

伦敦奥运会场选在伦敦的东部，其中奥林匹克公园选址在伦敦东部斯特拉特福德的垃圾场和废弃工地上，这块 2.5km^2 的土地曾被数十年的工业严重污染。奥林匹克公园选址垃圾填埋场和工业园区，旨在通过这一项目改造老城区，体现环保用意。首先，这块土地上超过 200 栋建筑被拆除，其中按重量计算 97%的材料被回收投入重新利用。按照英国环境保护署的指引，少量包含低含量放射性物质的泥土已经被安全地填埋在这块土地的一座桥梁路堤之下的一个洞穴中。这种安全的处理方式得到了环境保护署和伦敦开发署的批准，并绝不会对现在或未来的工作人员和公众的健康造成威胁。接下来，对接近 100 万 m^3 的受污染泥土，使用了创新技术进行清洁，包括泥土清洗和生物降解法，通过严格土壤修复过的土壤即使被小孩不小心吞下都决不会有问题。

2.5.2 城市功能更新

随着城市不断发展，原有一些通基础设施不能满足城市的功能需求，景观都市主义通常会对考虑对原有设施进行景观功能改造，美国的“高线公园”、波士顿的“bigdig”等就是其中著名的案例。广东省多数城市经过 30 年的快速城市化，基础设施还在不断成熟完善，很多交通等基础设施随着时间的推移，进入需要改造的时间段。应避免盲目的拆除、扩建，可从全新景观都市主义的视角为绿道及城市功能更新做出契合现代慢生活需求的绿色开敞空间。

3 绿道多功能开发管理的几点建议

随着珠三角绿道的全部到位完善，广东省绿道网的全面开展建设，绿道网使用率的不断提升，绿道面临着与公园、马路等设施一样的日常管理的压力，建议重点关注以下四个方面。

3.1 法律法规

尽快出台绿道管理的法律法规文件，明确管理主体和资金来源，制定严格详细的规章制度，落实安全、维护以及文化培育等方面的体系建设。

为了保护绿道资源，2004 年法国把“绿道”写入了道路交通安全相关法规中，以便进行统一、有效管理。在卢瓦尔河流域绿道，交通部门对不遵守“绿道”条例的机动车处以重罚，如停放在“绿道”上的机动车处以 35 欧元的罚款，对占用“绿道”行驶的机动车处以 135 欧元的罚款。

3.2 安全

绿道线路长、沿途地形多变，使用者的安全要放在管理首位。应在绿道定位系统、救援设施、绿道分段的使用时间控制、极端气候使用控制、紧急情况处理程序、山地段规定自行车准入型号以及安全手册宣传等方方面面做系统而翔实的工作。

麦理浩径于 1979 年 10 月 26 日启用，是香港最长的远足径，长约 100km，从东到西贯穿香港，连接了八个郊野公园。麦理浩径全线都安装了明确的指示路标，沿途每 500m 设有一个标志柱，全程共 200 个标志柱，并沿线设有紧急救助电话。救援直升机停机坪设施等公共设施，以应对紧急人身安全救助以及山林火灾救护。

图 6 麦理浩径的标距柱

3.3 后期维护

绿道后期维护涉及面广、任务繁重，涉及植物养护、标识系统、服务设施维护以及安全设施维护，甚至沿线生态环境监测和保护等，需要制定详细的维护方案。

3.4 绿道文化宣传培育

绿道是民众的绿道，快乐的绿道，其使用普及以及后期维护都需要公众的大力支持和参与，才能做到绿道的可持续发展。要注重绿道文化的培育，包括绿道的正确使用文化，绿道志愿者文化、绿道生活文化等等，使绿道从精神上真正进入人们的生活。

4 结语

《美国绿道》作者查尔斯·利特尔认为：“建设一条绿道相当于建造一个社区”，表达当时美国人以极大的热情和社区精神建设绿道[5]。在城市转型背景下的广东省绿道作为重建都市健康生活方式和促进社区交往的重要渠道，绿道多功能开发的最重要目的是通过构建安全、舒适的绿道生活网改变人们生活方式和生活态度，培育城市的绿道文化精神。

参考文献

[1] Little C. Greenways for America [M]. Baltimore and

London: Johns Hopkins University Press, 1990.

[2] Fabos J G. Greenway Planning in the United States: Its Origins and Recent Case Studies [J]. Landscape and urban planning, 2004, 68: 321-342.

[3] 何昉. 宜居城市与深圳绿道网建设实践 [J]. 风景园林, 2012, (02 特刊): 35-36.

[4] Hoover A, Shannon M. Building Greenway Policies within a Participatory Democarcy Framework [J]. Landscape and Urban Planning, 1995, (1-3): 433-459.

[5] Flink C A, Searns R M. Greenways: A Guide to Planning, Design, and Development [M]. Washington: Island Press, 1993.

(本文曾发表于 2013 年 6 月《风景园林》)

扬州瘦西湖新区生态规划与旅游初步研究

汪永华　何　昉

【摘　要】从生态恢复的角度对历史文化名城扬州瘦西湖新区进行生态结构、生态环境、生态产业及生态文化等方面概念性规划，并进而探讨新区生态旅游项目。

【关键词】生态规划；生态旅游；生态恢复；瘦西湖；扬州

城市化是一个世界性的现象。由于人口负重，土地资源的贫乏，城市问题以及“城市病”愈趋严重，绿色生态受到威胁，城市灾害频频发生。如何有效防止这些问题的发生，城市规划面临着巨大的挑战。正是在这个背景下，扬州市委市政府适时启动了扬州瘦西湖新区的规划工作，以期通过瘦西湖新区的规划与建设，大力改善城市生态环境，建成一个分布合理、永久保护的“绿色”空间系统，实现自然、历史、文化、景观的可持续利用，使扬州市园林建设在保护生态、恢复生态和强化生态效益的前提下，营造一个安静、舒适、优美的生态园林环境，以促进人口、资源环境、经济同步发展。

1　项目背景

扬州瘦西湖新区位于扬州城区北部，属于城市中心与城郊的连接地带，是扬州蜀岗—瘦西湖风景名胜区的一部分，面积为 9.22km^2。新区自然风景秀丽，生态环境优美。该处植被丰富，山色葱翠，更有茶园、古树名木、花木盆景的植物点缀其中；多重护城河为湿地造景创造了条件，区内优质充裕的温泉水资源亦异常丰富，并保留有大量的原生态田园风光和历史遗迹（如全国重点文物保护单位扬州城遗址）。为配合新区开发建设，瘦西湖新区建设指挥部组织深圳北林苑、中山大学等单位成立项目组，对新区进行旅游策划，并于 2005 年 4 月最终形成《扬州瘦西湖新区旅游策划报告》，本研究作为其中的子项目，主要开展生态概念性规划，研讨生态旅游的一些项目。规划范围为笔架山、宋保佑城遗址地段以及所涉及的瘦西湖景区。

2　生态概念性规划框架

紧扣“回归自然”和“生态恢复”（图 1）的

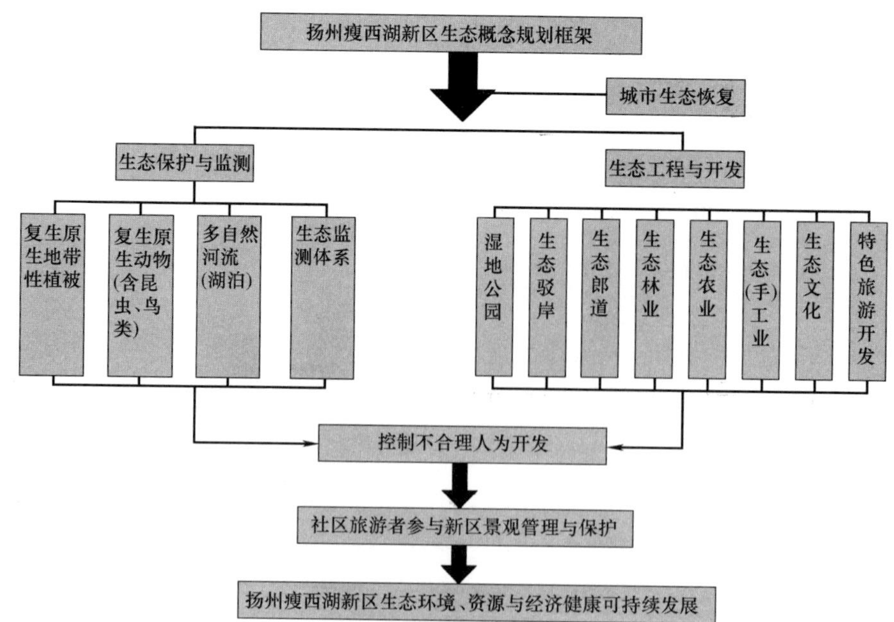

图 1　扬州瘦西湖新区生态概念性规划理论体系

主题和时代特征，形成网状“水道”、“绿道”系统，将扬州瘦西湖打造为一个基础设施完善、产业结构合理、城市功能齐全、环境优美的“国内一流、国际叫得响，融文化、休闲、生态于一体”的著名生态型旅游景区。为城区居民提供更多贴近自然的休闲、游憩场所和减灾、防灾空间，改善生产生活环境，提高新区综合发展质量；传承自然与历史文化，塑造良好的城市生态环境与大地景观。

3 生态结构规划

根据生态建设的需要，对新区现有生态环境进行初步分析完成生态功能区划，全面实施生态化的辖区空间管制战略。一是划定生态防护区，建设绿色通道和开敞空间；二是划定并限制工商业与居住用地，控制土地开发强度，建设和完善生态化的基础设施（图 2、图 3）。

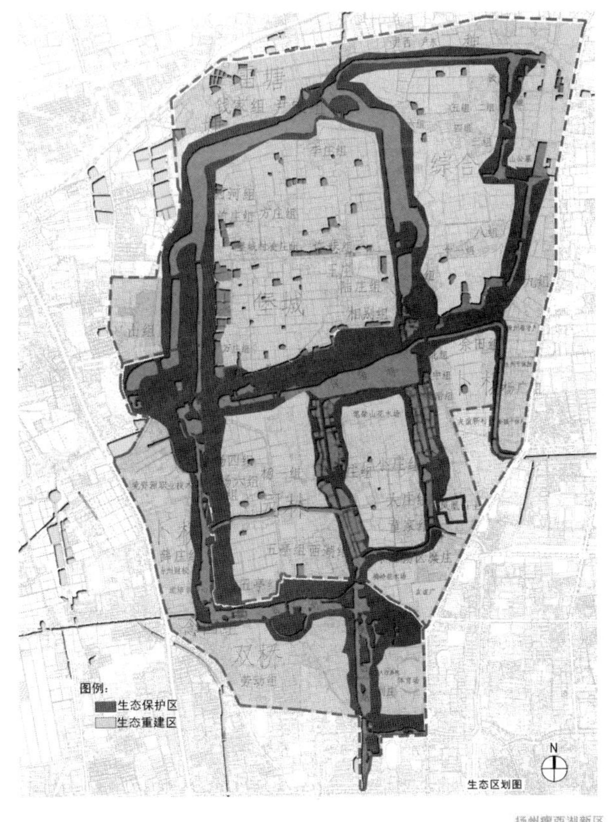

图 2 扬州瘦西湖新区生态结构区划

生态管护区：生态保护优先于经济社会发展的地区，基本上是禁止开发建设的。主要包括人文景观保护区，基本农田保护区，主要河流水域、湿地以及城市组团间的结构性生态隔离带。

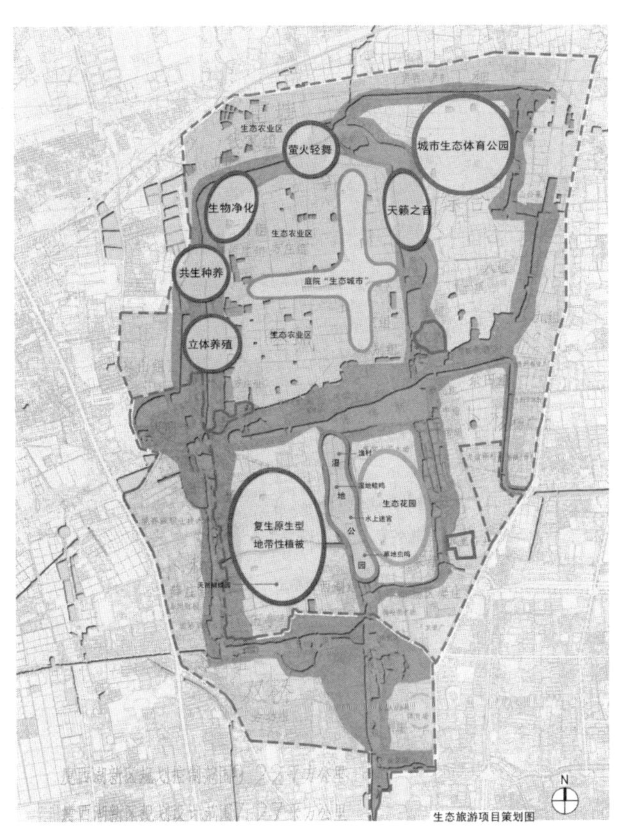

图 3 扬州瘦西湖新区生态旅游规划

生态重建区：规划发展建设的地区，基本涵盖了绝大部分现状新区。该类地区应处理好建设与环境承载力的关系，在开发建设中要加强生态恢复，使因建设而被打破的原有生态平衡能趋向新的平衡，保证生态环境的稳定与改善。

4 生态环境规划

4.1 水系：多自然河流、家乡河

水是灵魂和生命，是风景区不可多得的财富。目前河流水质尚好，基本满足功能区要求。但河道形态和其他自然特性遭到破坏。水体原有生物结构遭到破坏，沿岸植被结构单一、质量低下，由此导致的水土流失和河底淤积相当严重。水系的生态规划思想是：“保水一观水一亲水”，保持水的自然状态。力图建成水清面洁、水流通畅、岸堤稳固，生物多样性和安全程度高，蕴涵水乡韵味特色的生态体系。

“多自然河流”：充分尊重自然所具有的多样

性；保障和创造出满足自然条件的良好水循环；水和绿形成网络。利用自然石料和水生植物恢复水体的自净能力，在河岸的高水位淹没处增加绿化，保障鱼和动物的生息环境，确保河流在防洪、水资源利用功能的同时，创造出优美的环境。

“家乡河”：更多地表达了成年人对童年时代的家乡河流的记忆（如戏水、捕鱼捉虾、野游等）。而“家乡河”就是这种具有丰富自然特征，可以给人们提供舒适的休闲娱乐空间的水域环境。

4.1.1　湿地公园

湿地的生态恢复主要侧重于特殊生境与景观的再造、沼泽植被的再引入和恢复，物种多样性的丰富，入侵物种的控制等。具体体现在以下方面：

（1）芦苇地内设立陆地或水上迷宫，以满足游客好奇心，使游客直接获得自然的体验。设计循环式的迷径，内设各种分叉店、绝径，配以人工喷泉和小型雕塑。

（2）设立“渔村”、“湿地村寨”、“空中木屋”等生态建筑。材料采用木材，屋顶采用芦苇。

（3）建立独特的荷花文化和蜻蜓湿地园。如《春江花月夜》里面就有咏扬州荷花的词句。赋予“小荷才露尖尖角，早有蜻蜓立上头”的意境。事实上，水面上的湿地环境能够吸引很多蚊虫，而这些也是蜻蜓、蝴蝶等观赏类益虫喜食的种类。

（4）湿地蛙鸣园和草地虫鸣园。利用湿地造景方法，将青蛙和其他昆虫的鸣叫声音，以及水流的声音巧妙地与声音、光、电等物理原理结合起来，增加湿地高科技含量，展示时代科技的特色。

（5）按水流方向，在紧临湿地的上游提供缓冲区，以保障在湿地边缘生存的物种的栖息场所与食物来源，保持景观中物种的连续性。在湿地中建立走道（如离地栈道）来规范人类活动，防止对湿地生态系统的随意破坏。

4.1.2　缓冲带与生态交错区

为保持亲水性与维持生态系统完整性间的矛盾，处理湖滨水位变化与植物配置间矛盾，应设常水位、枯水位和高水位；尽量采用土驳岸以营造沼生、浅水、中水、深水环境，应用挺水植物（如水松、水葱、香蒲、水烛、杉叶藻等）、浮水植物（如睡莲、浮萍等）与沉水植物（金鱼藻、菱角及各种水草）的配植方式；设计临水栈桥，并随水位呈错落叠置变化。而湿地植被一直处于不断的演替中，沉水植物群落可以为漂浮植物群落所演替，浮水植物群落又可以演替漂浮和沉水植物群落，并且最终随着水体沼泽化；挺水植物群落逐步向湖心推进，扩大分布。由各种环节动物、软体动物、节肢动物等构成了底栖动物群落。浮游动物主要是一些鱼类、虾类以及一些轮虫、枝角类小动物。

4.1.3　生态驳岸

坡度缓或腹地大的地段，应该充分考虑保持自然性，配合植物种植，达到稳定河岸的目的。可种植垂柳、水杉、池杉、芦苇等喜水特性的植物，以生长舒展的发达根系稳固堤岸，一方面维持了湿地景观，同时也起到了抗洪和护地的能力。

（1）加强河岸景观生态建设尽量保持河道原有的宽度和自然的状态。尽可能设计多层台阶式（复式）软化河岸，以代替钢筋混凝土和石砌挡土墙的硬式河岸。使之成为具有生物栖息地、迁移廊道、滨岸过滤带、生物堤等多种功能的生态河道。

（2）护岸备选植物

水生植物：如水葱、泽泻、乌菱、慈姑、鸭舌草、水竹等。

坡岸植物：乔灌木选用耐水湿、扎根能力强的植物，如池杉、落羽杉、湿地松、水松、垂柳等。种植形式以自然为主，植物间的配置应突出季相变化。堤岸植物：需要耐湿、耐淹能力强的，可选用水松、池杉、垂柳、旱柳、构树、水杉、银芽柳、紫穗槐等；需要既有一定耐湿性又有一定耐盐碱能力的，可选用女贞、夹竹桃、旱柳、垂柳、桑、构树、枸杞、楝树等；要求耐湿能力稍弱而具有耐盐碱特性的，可选用刺槐、白榆、皂荚、黄杨、合欢、枫杨、枫香、乌桕、三角枫等。草本植物选用香蒲、结缕草、鱼腥草、千屈菜、南苜蓿和金栗兰等。

4.1.4　河流生态旅游

新区河网周边分布有广阔的农田（包括稻田、油菜地、景观农田）、鱼塘、水芹菜田、现代化的城市形态、现存的一些山丘景观等等，以开辟为乘船沿着弯曲的河流观赏城市田园风光的风景线。在沿岸的河道“盲肠”区划出垂钓园，而一些小岛屿则可以开展野炊活动。

4.2　生物：多样化的动物、植物

以人与自然的可持续发展和城市生物多样性

的提高为基础，将新区绿地纳入城市绿地系统和城乡一体化的大绿化格局（包括农田生态系统、湿地生态系统与森林生态系统）之中。

4.2.1 恢复原生型地带性植被

在靠近城市中心区的风景区内，复生原生型地带性植被，让人们能够在钢筋水泥构建的城市生活中感受到一份野趣，创造出一种更为清新的具有自然和山野魅力的景观，对于人们舒展精神紧张、缓解压力，以及对扬州瘦西湖风景区的建设，甚至对整个扬州现代大都市的城市规划和生态城市建设，都将产生巨大的深远的影响。选择瘦西湖的西南角，建立原生型地带性植物群落。

按照生态系统中物种共生与物质循环再生的原理，以及自然演替的基本过程来选择和配置可行的植物群落模式，以林植景观为主体，将森林引入新区，成为融自然景观、人文景观与植物景观为一体的环境绿化体系；大量应用野生树木、花卉、地被植物，模拟自然生态系统建立人工植物群落，各类大乔木、小乔木、灌木、草本在自然条件中各居其位（生态位）。物种配置以本土和天然为主，让地带性植被——亚热带常绿落叶阔叶林的建群种（如壳斗科的麻栎、栓皮栎、白栎等、榆科的榔榆、黄檀、朴树、胡桃科的枫杨、豆科的合欢、国槐、银杏科的银杏）以及马尾松、杉木等作绿化材料的主角，让野花（夏枯草、蒲公英、苦买菜、旋复花、野黄菊等）、野草（白茅、黄背草等）、野灌木（野山楂、继木、胡颓子、算盘株、山胡椒等）、地被（菝锲、络石、中华常春藤、麦冬等）形成自然植被。同时，随着景观斑块类型的多样性的增加，生物多样性也增加，为此，应首先增加和设计各式各样的园林景观斑块，如观赏型植物群落、保健型植物群落、生产型植物群落、疏林草地与缀花草地、水生或湿地植物群落（如水松、池杉等）。根据动物的食性，种植生长坚果的壳斗科的植物、浆果的植物（如桑葚等），广泛吸引各种动物。

4.2.2 复生原生型动物群落

结合引鸟（人工鸟巢、放录音，并且广泛种植苦楝、山楂、无花果等小果类乔木与灌木）、引虫（主要是蝴蝶类，并大量种植柑橘类植物）等工程，并在条件适宜的林地或者湿地内放养野生和家养动物；在水体内放养各种蛙类、鱼类、贝类；在灌木丛中放养鸣叫类昆虫，以增加野趣，营造和模拟自然森林群落，使各种鸟类、小动物、昆虫等脱离人为的干扰，按照生物链的自然规律生长；利用生物界相生相灭及森林自肥的特点，以枯枝、落叶等的腐烂使林地土壤得到改良，进而促进了树木的生长，通过生态养护使环城绿带内的生物与环境和谐统一，达到良性循环。

这种地带性植物多样性的设计，将带来动物景观的多样性，能诱惑更多的地带性昆虫（直翅目、半翅目、双翅目）、鸟类（斑鸠、麻雀、喜鹊、白头翁、啄木鸟、百灵、八哥、乌鸦、翠尖、裙带等）和小动物（沼蛙、泽蛙、野鸡、野兔、獭等）来栖息。

4.2.3 特色动物专类园的建立

（1）天然蝴蝶园的建立

在自然状态下，在一定特定空间，能够见到比周围其他地区较多的蝴蝶，这种天然蝴蝶园最好在人工蝴蝶园附近建成，则不仅投资少，而且两种类型的蝴蝶园各有特色，互为补充，可使游客产生超然的感觉。营建这样的蝴蝶园必须具备的条件是：必要的空间和充足的阳光、创造蝴蝶停留的基本条件（芳香植物和饮水）以及丰富的蜜源。根据这种构思，规划将天然蝴蝶园建在人工蝴蝶园出口处的路旁和河道旁，并且上部是皆伐的次生林，营造蝴蝶寄生林，下部砍掉灌木丛，形成林间空地并种植蜜源植物。并且在周围广种蝴蝶喜食的寄生植物，成为蝴蝶的天然繁育场所，而选择的蝴蝶种类必须抗逆性强、年发生世代数多，这样全年才有蝴蝶活动，从而成为蝴蝶的栖息地并且使蝴蝶资源得到永续利用。而蝴蝶园里面可以进行蝶园婚礼，让新人在鲜花丛中，由翩翩起舞的彩蝶簇拥着结成伉俪。

（2）蚂蚁园的建立

蚂蚁是地球上数量最多、分布最广的动物。大多数种类对人类没有害处，因此可以在新区设立蚂蚁园。让游客可以观察与领略到蚂蚁的各种非常奇异的本领和现象。

1）“有趣的动物共生”：与蚂蚁共生的动物有2000～3000种，这些喜蚁动物出于各种目的和蚂蚁共生，如蚜虫，植物的营养液在蚜虫体内酶的催化下可形成蚂蚁非常喜欢的食物“蜜露”，而蚂蚁则可以精心照顾蚜虫卵，并负责蚜虫的安全保卫工作。

2）“蚁运植物”：所谓蚁运植物就是指种子靠

蚂蚁携带散布的植物（如舞草 *Codariocalyx motorius*）。由于蚁运植物种子上附生有蚂蚁喜食的油质体，蚂蚁取食油质体后，加工种子丢弃在蚁巢附近，而蚁巢附近土壤营养丰富，十分有利于种子的萌发、出苗和建群，对于自然群落的生态恢复具有重要作用。

3）“消防队”：遇到洞穴里面的火灾，成千上万的工蚁会前仆后继地向失火地喷射蚁酸，火灾会很快被扑灭。它们还会把被烧死的烈士遗体搬出蚂蚁巢，用沙土掩埋。

4）“防洪与报洪”：在洪水泛滥的时候，蚂蚁群在蚁王的指挥下，开始收集“洪水情报”。有的爬到很高的树梢，观测空气湿度的变化；有的相互“串联”，了解从遥远的地方传来的各种“信息”，然后进行迁移。而另外一些蚂蚁类群在它们居住的地方遭受大雨袭击的时候，两三名工蚁一般会用头部堵住巢穴口，其他蚂蚁将进入穴口的雨水喝掉然后再排尿液的方法保护自己的家园。

5）“自给自足”：收获蚁在其巢穴内储藏大量可供食用的植物种子，次年春天，种子萌动抽芽时，它们又及时将种子搬到穴外种植，待结实时收获。

（3）发光昆虫的利用

夏夜在树林草丛、湖边湿地，点点流“星”闪烁，与夜空中的星光呼应，构成一幅美丽恬静的田园画卷。另外还举办萤光舞会，让游客在闪烁的萤火中轻舞。甚至可以收集一些萤火虫制作为“孔明灯”，在夜空中放飞。

（4）天籁之音利用

鸣叫类动物、昆虫建立“天籁之音区”，蝉、蟋蟀、各种鸟类都可具有发音器官，可以发出悦耳动听的鸣声，往往给人以闲情逸致，特别是现代都市紧张的生活、工作节奏和烦躁的声音容易使人紧张和倦怠。在工作之余聆听动物的叫声，感受大自然的声音，对于调节身心大有裨益。在广袤的原野，在高远的天空，在宁静的乡间，在深邃的丛林，像微风一样和煦，像清泉的流淌一样随意。鸟鸣时而短促，时而啼啭，层次丰富，韵味无尽。

5 生态产业规划

由于瘦西湖新区内自然斑块较少，人地矛盾突出，本生态概念规划侧重于人口承载力和生态环境的保护与恢复。为更全面理解生态系统的服务功能，应把经济与生态共同作为资本来运营，走生态产业道路。例如通过若干生态农业示范区的示范作用，建立高效的人工生态系统，实现土地集约经营，保护集中的农田斑块；控制建筑斑块的盲目发展；重建植被斑块，增加绿色廊道和分散的自然斑块，补偿和恢复景观的生态服务功能。区内开展生态旅游项目，将自然风光、扬州人文景观、历史遗迹等结合起来，进行综合开发，创造地方特色。如可在湿地边开发休闲垂钓，沿河流安排观赏鱼类洄游的壮观场面；辟渔村寄居，品尝扬州本地鱼等水产品等。

5.1 立体养殖

根据鱼类等多种水生生物的生活规律和食性以及水体中的空间生态位原理，按照食物链的原理，进行立体生态养殖。事实上，根据美国在亚利桑那州沙漠中进行的“生态圈 2 号”（biosphere）得出的结论——生物能生态循环的简单形式就是进行立体养殖（种植）。因此，在河流中，鲢鱼和鳙鱼—草鱼和鳊鱼—鲮鱼和鲤鱼（或者鲫鱼）分别处于上、中、下等三层，而且上层鱼的粪便可以作为下层鱼的饵料。并且适当保留食鱼性鱼类的生物量，增加滤食性鱼类的放养比例和放养量，以控制湿地浮游植物特别是藻类的生物量。

5.2 共生种养

利用生物相互间的共生原理，将几种物种组合在一个系统里面。例如，在河道里面构建“芦苇一鱼一禽（白鹭）”系统。四周进行植树造林，建立防护林网络。禽类其实是芦苇很多病虫害的天敌，为生物防治虫害奠定基础。

5.3 生物净化

模拟微生物的解毒流程建立多功能的污水自净体系。芦苇主要生活在透明度较高的水域边缘和台地上，通过分泌一些生化物质可有效杀死或者控制藻类的发育与生长。密集的芦苇群落可以创造出比较稳定的水体环境和庞大的栖息表面积，可以抚育出高密度的大型浮游生物；大量捕食浮游藻类，以控制藻类的群体数量。而这种生境也是众多野生动物，特别是水鸟的栖息、繁殖、迁徙、越冬的密聚之地；亦可建立“芦苇—水芹菜—荻（紫芒）”“三段净化，三步利用”的生活污水处理的自然净化体系。

5.4 庭院“微型生态系统”

所有的生态农业区的建筑一律采用屋底有沼气净化池（处理粪便和生活污水），屋顶覆土种植或者养殖，墙体实行垂直绿化的设计。

5.5 生态（手）工业

巧妙利用食物链，形成一个高效的系统，例如利用黄豆做豆腐，豆渣喂鸡鸭（或者鱼）。而做豆腐的作坊可以在十字街采用“前店后厂”的方式实现。

6 生态文化规划

文化是城市的灵魂，是重要的凝聚力。引导扬州人民的价值趋向、生产方式和消费行为从消费型向可持续发展型转变，形成提倡节约和保护环境的社会价值观念；塑造新型的生态社区，营造居住环境宜人、文化氛围浓厚、服务体系完善、社会风气良好、生态和谐的社会环境，实现公众、企业、决策管理者生态文明程度的显著提高，使全社会树立起建设生态型城市的共同理想和坚持可持续发展的共同信念。

6.1 “整体复古”

加强对汉墓博物馆、平山堂、观音山禅寺等文物保护单位的维护与修缮。

6.2 人口素质建设

通过广播、电视、报刊等新闻媒体向社会和家庭普及生态知识；采用灵活多样的教育方式，使生态文明的理念深入人心。

6.3 引导绿色消费

倡导消费者在消费时，选择没有被污染或有助于公众健康的绿色产品。引导消费者转变观念，在追求生活舒适的同时节约资源，实现可持续消费。在消费过程中注重对生态环境的保护，减少对生态环境的污染与破坏，例如，交通方面，按照对环境的破坏大小和消耗能源量由低到高分别是：步行、自行车、公共交通（汽车、地铁）、私家车。鼓励市民和游客使用步行，或者使用自行车。而对于水上交通，尽量采用手划的木船，而不是机动船，既消耗能源，又造成噪声和水体污染，极大地干扰湿地动植物的发育和生长。

致谢

在本项目的规划和研究过程和本文的写作过程中，得到了北京林业大学著名植物造景专家苏雪痕教授的悉心指导。

参考文献

[1] Bradsaw, R J. The use of natural processesin reclamation advantages and difficulties [J]. Landscape and Urban Planning, 2000, 51: 89-100.

[2] Donald L, *et al*. Integrating wetlands intoplanned landscapes [J]. Landscape and UrbanPlanning, 1995, 32: 205-209.

[3] 傅伯杰，等. 景观生态学原理及应用 [J]. 北京：科学出版社，2001. 76-77.

[4] 王海珍. 水生植被对富营养化湖泊生态恢复的作用 [J]. 自然杂志，2002，24（1）：33-36.

[5] 赵振斌，包浩生. 国外城市自然保护与生态重建及其对我国的启示 [J]. 自然资源学报，2001，16（4）：390-395.

[6] 张智英，李玉辉，赵志模. 蚂蚁与蚁运植物的互惠共生关系 [J]. 动物学研究，2002，23（5）：437-443.

[7] 孙晓玲，任炳忠，郝锡联，等. 蚂蚁独特之处的探讨 [J]. 松辽学刊（自然科学版），2002，（2）：21-24.

（本文曾发表于2007年2月《广东园林》）

基于生态美学的乡村特色景观生态规划探讨
——以南京江宁“美丽乡村”示范区规划为例

李 辉 杨 莹

【摘 要】以生态美学理论依据为基础，将传统美学思想与人居环境建设要求引入中国“美丽中国”的规划实践中，思考如何运用生态美学的思维方法，并结合乡村人居环境的特点提炼和评价乡村特色的生态要素，尝试运用生态美学评价方法对江宁“美丽乡村”示范区的景观生态要素进行综合评价，并在此基础上提出景观规划定位和规划策略，提出对中国乡村特色展开有效的保护和规划工作，进一步明确生态美学在生态景观规划领域的重要意义。

【关键词】美丽乡村；生态美学；生态规划；乡村特色景观；南京江宁

党的十八大报告首次强调建设美丽中国，把生态文明建设放在了突出地位，尤其强调了在经济建设、政治建设、文化建设、社会建设中生态文明的融入。[1]美丽中国，是环境之美、时代之美、生活之美、社会之美、百姓之美的总和。生态文明与美丽中国紧密相连，建设美丽中国，核心就是要按照生态文明要求，通过生态、经济、政治、文化及社会五位一体的建设，实现生态良好、经济繁荣、政治和谐、人民幸福的美好追求，实现民族伟大复兴的“中国梦”，这是世界视野、国家高度和百姓感受的统一，也是中国价值、中国目标和中国道路的统一。这里就为我们的生态文明建设提出了一个新的研究热门：生态美学。

1 生态美学理论基础

生态美学是以生态学整体论方法为基础，以生态伦理学的自然价值和权利学说为依据，通过体验、感受、领悟，可以发现大自然对人的唯美意义，更为有意义的是，也可以发现大自然结构内部物种多样性造就的和谐完美的大自然图景。[2]这种审视和研究已不再把人作为中心和主体，而是将人类看作地球这个生态系统的重要一员，置身于大自然中，发现人的自然美及其在整个生态系统美中的价值，反思地球自然世界与人类世界的自然和谐关系，揭示地球生态整体生态美的破缺和人类的责任和义务，提升人与自然唯美关系的层次和境界。[3]

由于开展这方面研究的大多数是美学方面的专家，因此对生态美学的研究主要集中在大众的审美方面。虽然学术界都认为“生态美学的研究与发展不仅对生态科学具有重要意义，而且将会极大地影响乃至改造当下的美学学科”，[4]但只是对生态美学的内涵与意义进行阐释，但是并没有解释怎样将生态美学应用于规划建设实践中。在2013年底召开的中央城镇化工作会议中提出了“城镇建设要依托现有的山水脉络等独特风光，让城市融入大自然，让居民望得见山、看得见水、记得住乡愁”，为生态美学的研究提出了城镇建设的目标与规划实践的平台，在本文就生态美学在乡村特色景观规划方面的应用谈几点粗略的认识。

2 生态美学与建设美丽乡村的契合点

我国是一个古老的农业大国，作为最具地方特色的乡村土地占据了土地总量的94.7%，在国家提出建设“美丽中国、美丽乡村”的战略决策的大背景下，乡村地区的人居环境建设有了更高的要求。广大乡村地区既要发展经济又要改善和提高居住环境，这些诉求给各个地方政府和规划建设部门提出了挑战。如何将保护生态和发展特色景观结合起来，建设一个具有自然美、人文美的生态家园，成为各个地方政府、专家学者、群众百姓共同的课题。

乡村规划要遵循“生态规律”，近年来由于种种原因，农业景观和自然环境发生了很大的变化，不断改变着乡村地区的生态格局，加剧了农业资源与环境问题，同时时空格局的改变使小尺度的农业生态系统研究已无法满足农业持续发展的需要。[5,6]因此，需要运用大尺度的生态系统理论为基础，对乡村景观进行合理的规划和设计。

城镇建设要强调“以人为本”，建设美丽宜居的环境必须围绕“人”这个主体，一切实施举措都要为人的健康、舒适着想，为丰富人们的物质生活和精神生活着想。特别是，居住环境也空前地成了“明星”般的审美对象。人们已不再单纯地把居住环境作为一种生存资料，同时也要求成为一种赏心悦目、怡情养性、益寿延年的享受资料，其中就包括了提供美的享受。[7]因此需要解决好乡村居住环境的生态美学问题。

3 生态美学在乡村特色景观生态规划中的应用

3.1 生态美学与景观价值评价的结合

人类对景观的审美感知是不断演变的，它通过神经系统与情感紧密相连。知识和经验可以改变文化标准，随着时间的推移，这些“理智上的理解”也可能被人熟知，能够成为我们对景观产生情感与审美反应的一部分。[9]审美性质和生态性质是景观性质这个概念不同的维度，前者在本质上更加主观而后者则更加客观，[10]因此，在不同的评估中使用它们可能会产生更好的效果，由于审美是人们观察和获取景观价值的最直接、最快速的方式，因此，它可能提供了评估和保护生态价值的最佳途径。

3.2 生态美学与乡村特色的挖掘

生态审美是一种主观感性的、同时在一定时期一定范围内具有共性的文化现象，例如中国自古以来就对自然审美情有独钟，中国传统的生态审美认为自然山水之美主要表现为形象美、色彩美、动态美、音响美、朦胧美五大方面。[12,13]我们如果对五类美学表现进行指标细化，就可以得出中国传统生态美学评价的指标体系（表1），与管理者、村民、专家等进行互动，不仅可以挖掘乡村存在的问题，更重要的是以中国的审美观，提炼乡村的特色，为规划建设提供指引，在规划中把乡村特色保留、修复或者放大。

中国传统生态美学评价指标体系　　表1

一级指标	二级指标	三级指标	评价尺度（风景优美—景较差）
中国传统美学评价	形象美	形体感	宏伟的—渺小的
		多样性	景观多样丰富—景观稀少单一
		整齐度	和谐的—凌乱的
		幽静度	幽静的—喧闹的
	色彩美	色彩和谐度	色彩和谐的—色彩杂乱的
		色彩丰富度	色彩丰富的—色彩单调的
		色彩明暗度	色彩明亮的—色彩暗淡的
	动态美	动感	富有动感的—不具动感的
		变化度	变化丰富的—呆板单一的
		韵律感	韵律强的—韵律弱的
	音响美	意境感	有意境的—无意境的
		舒畅感	心情舒畅的—心情郁闷的
		悦耳度	声音悦耳的—声音嘈杂的
	朦胧美	好奇度	好奇的—熟悉的
		自然性	自然的—不自然的
		植被覆盖度	植被茂盛的—植被稀疏的

4 南京江宁“美丽乡村”特色景观生态规划探索

南京市委市政府做出未来5年南京打造独具魅力的“都市美丽乡村、农民幸福家园”战略部署，要求新三区两县打造五个“美丽乡村美丽中国”示范区，江宁片区作为试点先行先试。如何将运用生态美学思想将特色村和特色景点串联起来形成具有不同特色、便于识别、多方位体验的乡村景观网络，是该规划的一个创新探索。

4.1 研究区概况与生态美学评价

4.1.1 研究区概况

规划区位于南京市江宁区。西临滨江新城，东至禄口空港新城，北至东山新市区，南至与安徽省交界。东至宁丹路和横溪街道行政边界，西至宁马高速，北到绕越高速，南至省界。涉及谷里、横溪、江宁、秣陵街道4个街道。总规划面积约430km，见图1。规划区交通便捷，资源丰富，自然生态基底良好，主要包括牛首山云台山生态廊道地区，同时具有悠久的民俗文化传统和特色村建设经验。

4.1.2 生态美学评价与乡村特色梳理

通过生态审美指标体系与管理者、各专业部

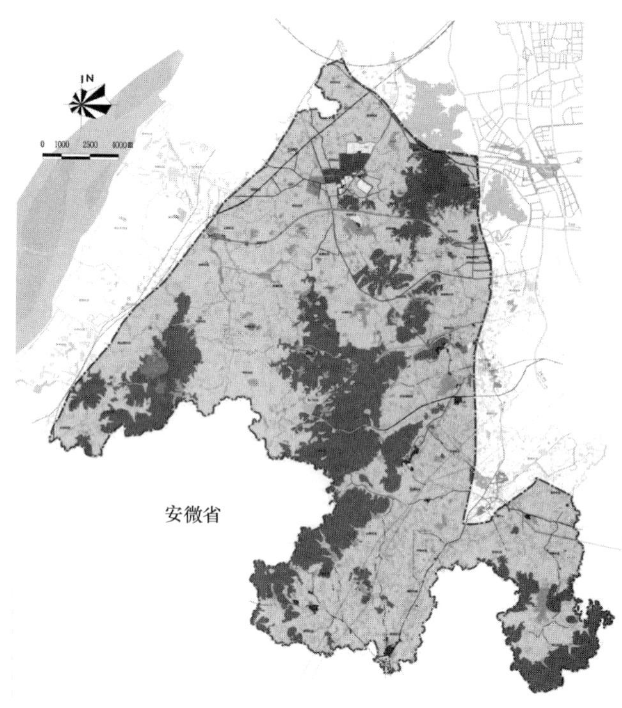

图1　示范区范围图

门以及当地居民的走访，对规划区两大类共135个景观资源进行评价与提炼，得出以下结论：

（1）自然景源62个主要以水库资源为主，生态审美指标较高的集中分布于牛首—云台山生态廊道周边，但由于山水生态格局被开山采石、工矿农业的发展破坏，原有的江宁地区特色的低丘陵地貌的生态美感正在消失，乡村居民对整体生态环境保护的认同度不高。

（2）人文景源73个以村镇及旅游区为主，因为位于南京市的近郊区被城市发展理念引导，开发建设参差不齐，旅游品牌定位基本农家乐、生态园形式，继“金花村”之后开始打造“银花村”，建筑特色雷同，景观风貌相仿，模式化的乡村体验使“乡愁”成为私人定制的奢侈品。部门管理者开始对此开发方式表示担忧。部分乡村甚至拆掉原有的村子建设新区，没有了原来的村庄机理传统的乡土文化也随之消失了。

4.2　江南乡村的美丽画卷、

宋，翁卷《乡村四月》描述了江南地区纯美自然的田园风光：“绿遍山原白满川，子规声里雨如烟。乡村四月闲人少，才了蚕桑又插田。”这是江南地区乡村美景的真实写照，如今的南京江宁，怎样既保护和突出江南乡村生态美的特质，又能凸显江宁山水田园魅力，成为“美丽乡村”的典范，诗画里的“江宁梦乡”。

图2　江宁美丽乡村启动区鸟瞰图（杨莹　绘）

江宁美丽乡村规划示范区作为南京市首批启动的试点区域，总体规划将其定位为“形神兼备、美丽于形、魅力于心，形态美、内在美兼顾”的美丽乡村地区（图3、图4），特色景观生态规划重点体现在以下三个方面：

（1）山青水碧生态美

加大对农村自然环境的生态保护和修复，强化对农村社区人居环境的生态改造和整治，严格对农村产业的生态管控和约束，努力实现山青、水碧、天蓝的生态美的要求。

（2）景观建设形态美

加强村庄规划建设管理，加大动迁拆违、治乱整破力度，推进新社区和集中区建设，加强规划保留村建筑特色风貌塑造，完善村庄基础设施建设，逐步形成布局协调、风貌各异、功能完善的乡村人居环境体系。

（3）协调规划生活美

将乡村旅游、基本农田改革、特色林果发展等旅游发展规划、农业发展规划整合到规划中，与乡村人居环境融为一体，提高生活水平、增加居民对乡村生活的认同感。

图 3　掩映在自然山水与特色农业中的村庄（杨莹　绘）

图 4　生态水利、生态产业与村庄风貌融为一体（杨莹　绘）

4.3　规划设计对策

以点、线、面呈现多维乡村景观风貌，抓牢“门户节点、核心景点和特色村”三类景观节点的营造，以点带面，形成辐射效应，见图 5，通过不同的风貌分区塑造特色体验。

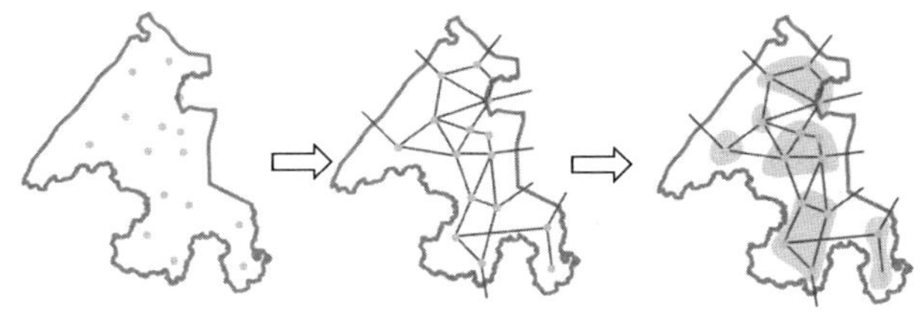

图 5　规划策略示意图

4.3.1　对策一：抓牢三点，差异发展，打造特色核心示范景观

（1）门户节点——亮门户

门户节点是进入“美丽乡村”的第一印象空间，多位于主要快速交通干道旁，快速交通进入内部旅游道路的交汇处。宜通过安排公共艺术品、大型景观花卉、景观构筑物等造景的手法以及整合农业大地景观来吸引游客并形成良好的视觉体验。

（2）特色景点——显景点

将规划区作为一个大景区整体考虑，突出重点发展景点，归纳为“美丽乡村”的“十六景”，重点进行景观改造。

（3）特色村

以 26 个特色村为龙头，通过塑造“一村一品”，打造丰富的乡村景观体验。

4.3.2　对策二：提亮一线，梳理两网，构建特色风貌基本框架

（1）道路林网

主要对规划区宁安城际铁路、宁丹高速公路、绕越高速公路和溧马高速公路进行绿化。在道路或铁路红线范围以外两侧各 100m 进行景观生态廊道建设，树种选择以乡土并具有季相变化的色叶树种为宜，并做到速生、慢生相结合，结合周边观景景观需求，自然错落，疏密有致，经过2～3 年时间打造一个完整的生态廊道。

（2）农田林网

农田林网由纵横交错的林带组成，主林带应垂直于主风害方向，副林带垂直主林带。主、副林带形成的网格，呈长方形或方形。在大面积的农田上，营造许多纵横交织的林带，形成很多林网，起到全面的防护作用。

（3）水系林网

实施项目有河道和湖泊生态涵养林带建设工程。结合河道整治和湿地保护，对规划区河流和湖泊重要水系实施绿化工程。

（4）中央生态廊道建设

重点美化牛首——云台山生态廊道林相林貌，营造生态风景林以及乡土特色森林景观，兼顾生态和景观功能，形成优美的山林背景。山坡地结合特色林果规划营造特色茶园，以自然生长茶树、野生景观为对照，营造多种树形，并安排在毗邻地块，构成鲜明对比的景观效果。

4.3.3　对策三：深度挖掘乡土景观资源，策划农业类旅游项目

（1）农业观光，特色加工，大力增加农业附加值

通过延伸现有单一的农业产业链条，科学引导农业与加工业、服务业、旅游业互动形成体验农业、观光农业、休闲农业等附加值高的项目，

打造若干休闲旅游农业园。按照“现代都市农业园区”的发展要求，以技术创新为抓手，依靠现代农业孵化效应，重点扶持观光农业、生态农业以及加工农业，构筑农业发展新格局。

（2）整合土地资源，营造特色的农业景观，集约化发展

农业景观最能体现乡村的季节性、空间性特色。[15]采用大面积的油菜地、麦地、向日葵等给人强烈感受的农业要素塑造乡村农业景观。[16]在绿色的农田中设计不同色彩的花境网络或者不同颜色的作物在保证生态和谐的基础上进行组合，创造一定的构图，给人以视觉享受。另外结合农田建设迷宫，增加游憩性和趣味性。

（3）策划农业“大地景观艺术”，丰富乡村旅游体验

亲近自然、唤醒对农耕文明的记忆是人们参与乡村旅游的主要动机，乡村的原始性就自然而然成为乡村景观的本质特征。[17]以本土化植物配置，主要采用乡土化的材料，使其在对环境造成影响最小的前提下，达到生态美、艺术美和功能性的统一。通过整合区大片农田，实施“大地景观艺术”创造。将大地艺术与乡村旅游结合起来，增强游客视觉冲击力，丰富乡村旅游体验。

5 中国乡村特色景观生态规划思考

运用生态美学指导乡村地区的生态景观规划建设是一种全新的理论视野，随着人们对自然生态系统的多种效益的认知程度的深入，综合了各学科理论与方法的人居环境学指导下的生态规划才是对人类生存环境真正的绿色关怀。

如何将生态美学应用到乡村特色景观生态规划？本文认为，应该挖掘乡村的特色生态要素，准确把握这些要素的功能与性质，在生态审美的视角下，进行山、水、田、园的大尺度规划，并提出针对性的引导对策。首先要把握乡村的生产性，乡村始终与广大乡村居民的日常生活环境紧密地结合在一起；[19]其次是乡村的生态性，生态是美丽乡村的基石，应该给多方利益群体树立这种观念：由于大量的生态用地都集中在乡村地区，因此乡村地区最容易在保护与发展中获得平衡；第三是乡村的景观性，景观源于自然，源于乡村[20]，乡村景观是具有特定景观行为、形态、内涵和过程的景观类型。乡村的生产性、生态性、景观性与文化性是相辅相成，挖掘地域特色与协调发展关系是规划要解决的核心问题。

乡村区域的总体规划的过程是一个多方利益协调的过程，江宁“美丽乡村”生态规划的实践，是由规划部门主导，城市规划师牵头的区域性综合发展规划，该规划始于2012年，在此之前并没有所谓的范本案例进行指导，针对国外的案例也只能学习其规划方法，并不能照搬。《南京美丽乡村江宁示范区规划》与2013年获得南京市人民政府的批复，并根据规划各部门与各乡镇正在分步推进建设工作。本规划是一个跨学科跨专业性的规划，规划的完成，与管理部门的前瞻性决策以及各专业部门、村镇领导与乡村居民的理解是分不开的，项目团队在规划协调、专业认知、创新性研究以及对矛盾利益的快速反应等方面具有高度的统一性，这是该项目获批实施的关键。

参考文献

[1] 坚定不移沿着中国特色社会主义道路前进，为全面建成小康社会而奋斗．党的十八大报告．2012-11-08.

[2] 李婷．论生态美学在城市人居环境建设方面的应用［J］．中南林业科技大学，2007（5）：91-93.

[3] 张法．环境-景观-生态美学的当代意义——从比较美学的角度看美学理论前景［J］．郑州大学学报（哲学社会科学版），2012（5）：5-9.

[4] 李大西．全国第三届生态美学学术研讨会综述［J］．广西民族学院学报，2005（1）：150- 152.

[5] 李红玲．人居环境建设的生态学思考［J］．湖南林业科技，2008（4）：77-79.

[6] 宇振荣．乡村生态景观建设：理论和方法［M］．北京：中国林业出版社，2011.

[7] 刘黎明．乡村景观规划的发展历史及其在我国的发展前景［J］．农村生态环境，2001（1）：52-55.

[8] 郭晋平，周志翔．乡村景观生态规划［J］．景观生态学，2006：251-255.

[9] 保罗·戈比斯特，杭迪．西方生态美学的进展：从景观感知与评估的视角看［J］．学术研究，2010（4）：2-15.

[10] 刘滨谊．现代景观规划设计［M］．东南大学出版社，1999.

[11] 何昉，李辉，锁秀．广东绿道的特色规划设计实践-谈深圳大鹏绿道规划设计的审美量化［J］．风景园林．2013（6）：103-105.

[12] 张家骥．中国造园论．山西人民出版社，1991.
[13] 刘天华．中国古典园林之美——画镜文心［N］．新知三联书店，1994.
[14] 谢花木，刘黎明，赵英伟．乡村景观评价指标体系与评价方法研究［J］．农业现代化研究，2003，24（2）：95-98.
[15] 黄春华，王玮．中国生态型乡村景观规划的理论与模式初探［J］．福建建筑，2010（4）：4-6.
[16] 熊娟．新农村景观建设［J］．现代农业科学，2009，16（7）：254-25.
[17] 谢花木，刘黎明，李蕾．开发乡村生态旅游探析［J］．绿色经济，2002，12：69-71.
[18] 刘滨谊，陈威．中国乡村景观园林初探［J］．城市规划汇刊，2000（6）：66-68.
[19] 王云才，刘滨谊．论中国乡村景观及乡村景观规划［J］．中国园林，2003（1）：55-58.
[20] 周再知，蔡满堂．乡村景观规划研究［J］．林业科学研究，2000，13（2）：160-166.

（本文曾发表于2014年9月《中华建设》）

传承文明，携生态绿心的力量引导城市景观改造
——以湛江市霞湖片区绿心规划为例

庄　荣　徐春迎

【摘　要】本文详细阐述了在湛江市霞湖片区城市绿心规划案例中，分析城市文脉，延续城市文明，坚持生态优先的原则，对一个重要区域的城市景观进行改造，明晰各种政策，协调各方利益，逐步达到规划期许目标。

【关键词】文明；生态；城市景观改造

前言

中国正处在经济转型的关键时期，城市不可避免成为集约利用土地，以最大化创造效益的场所。生产力水平的高速发展，城乡经济的差异，导致城市化程度越来越高，经济的发展，城市中一部分先富起来的人们追求个性化空间和有品位的生活，促使城市决策者对城市进行更新和改造。住房商品化导致的房地产开发行为导致对土地的无序开发和对生态平衡的破坏，这种状态的一个最明显的表征，就是城市对城市边缘的无序扩张，对农田的过度侵蚀，对原有山川、水系、植被的粗暴破坏。

美国自奥姆斯特德创现代 Landscape Architecture（风景园林）学科以来，通过近百年来从业者的不懈努力，将风景园林和公共领域提升到了相当的高度，城镇规划和城市改造战略等项目中，风景园林师被认为最有资格从整体、视觉、空间和概念上为城乡区域进行基础架构的工作。因为信息滞后以及教育系统的先天不足等原因，在我国上至决策部门，下至建设、管理系统，缺少对这一学科的科学认识，孙筱祥先生指出其为下列五个宏观项目综合起来的学科：

（1）土地利用规划（land use），（2）自然资源的经营管理（natural resource management），（3）农业地区的发展和变迁（the developmentand change of rural regions），（4）大地生态的平衡（landscape ecology），（5）城镇与大都会规划（the urban and metropolitan landscape）。

按照这样的理解，我国的规划体系基本还是以人口和行政区划为规划层级的划分基础，缺乏之前必须理顺的第 1 项到第 4 项，导致我国的风景园林师成为城市规划师和建筑师的副手，风景园林的工作很多时候是做边缘和后续的绿化工作，也正是在中国城市化的进程加快，房地产业成为经济发展和城市改造的重要组成力量，激烈的竞争使发展商竞相邀请境外设计师参与楼盘前期的规划和后期的环境设计，使房地产业无形中充当了推进风景园林学科的动力，这个学科的价值首先在人类居住的最小单元——社区中体现，逐渐为城市的决策层重视，在更大范围里希望能通过“园林城市”的建设，改造人居环境，提升整体居住品质。近年来，更是有不少有识之士奔走呼吁，使建立生态优先的和谐社会成为社会的共同知觉。使风景园林行业率先受到人们关注，并被提升到从未有过的高度。相信风景园林行业能够发挥其在建立生态环境的动态平衡中的作用。笔者有幸，在长达一年的湛江绿心规划中，与城市规划师一道，体验风景园林设计师在城市设计中的重要作用，我们愿意将本项目中注重解决的问题和需要协调的细节与读者分享。

1　背景

1.1　项目简介

为了进一步提升湛江的城市园林建设水平，湛江市委市政府籍申报国家园林城市之机，就中心城区霞湖公园进行综合整治，霞湖公园邻解放路和人民大道交叉点，周围地段功能集交通、商贸、游憩、行政为一体。北面有以观赏园艺为主的霞山绿苑，往西依次为人大办公楼前广场绿地、人民广场绿地、火车站站前广场绿地等重要的城市门户节点。往东，依次为儿童公园绿地（中国最早的儿童公园之一），基督堂（早年为福音堂，

法殖民期间遗存物），天主堂，水兵俱乐部，法国公使馆（同上）等富历史意义的建筑物，隔海滨大道是海滨公园和观海长廊。

从火车站到麻斜码头，综观整个解放路由西往东不足4公里的地段，绿地密度高，绿化基础好，绿地系统上显示出的绿斑，绿块完备的多样化特征，景观分别可满足市民游憩、海景游赏、历史风貌展示等要求，地块充分显示出生态绿地的强烈辐射作用，故将规划区命名为“绿心”，划定以解放东路、市人大办公大楼、人民广场、解放西路为轴，东起海滨公园，西至火车站广场为规划区域。具体范围包括：沿解放东路两侧，儿童公园、霞湖公园、花圃及周边，南至沿延安路分布的法国公使馆、霞山公安分局（水兵俱乐部）、基督教堂、天主教堂（福音堂）等古迹；市人大大楼、人民广场及周边；解放西路两侧等，规划用地红线范围总面积约 73.45hm^2。并将沿解放路两侧地块，对本区建筑形态和空间景观造成影响区域划为建设控制线，总用地面积 2.59km^2，总长度 3.7km（图1）。

图1 湛江市霞湖片区绿心规划图

1.2 城市文明的脉络

发掘生态文明背景：湛江地处北热带地区，气候宜人，早在1950年代就是蜚声国内的南国热带花园城市，有优良的热带园林景观，绿心片区处处可见品种繁多，造型优美的植物。

海洋文明背景：湛江市位于中国大陆的最南端，三面环海，是中国大西南主要出海通道和对外贸易口岸，湛江的徐闻是两千多年以前的海上丝绸之路的起点；湛江同时也是南中国海的门户城市南中国海重要的战略防御基地，著名的“南海舰队”设在湛江，在海滨公园可见湛江军港的雄伟格局；湛江有悠久的海洋文明史，1899年法帝国主义强迫清政府签订《中法互订广州湾租界条约》，将西营（今霞山区）作为自由贸易港，使绿心片区东端处处可见异国风情景物和历史风貌建筑（图2、图3），道路两旁浓荫蔽日，法国枇杷树影斑驳，冬日红叶满枝，颇具法国浪漫情调。

图2 完整保留的天主堂

工业文明背景：解放后，苏联专家对湛江进行城市总体规划，霞湖片区的路网、绿化及建筑特征也处处体现特定计划经济的时代特征（图4），人民广场即是1950年代苏联专家参与规划的遗存物（图5），规划设计尤其火车站附近的样式规整的建筑群，见证湛江作为老牌工业城市的历史。

图 3　构造特征明显的法国公使馆

图 4　苏联专家规划格局，图中心建筑为人大楼

图 5　六十年代湛江绿化

1.3　规划思路

籍绿心的改造提升片区整体形象，营造舒适宜人的街区绿色环境空间，展示湛江丰富的历史文化内涵，强调城市文明的发展脉络（即：海洋文明—工业文明—生态文明）（图 6）。

生态文明（绿心核心）：本次规划的重点地段：籍霞湖公园、霞山绿苑、儿童公园、人民广场四块主要绿地的整治，推动周边城市环境景观改造，带动城市良性发展，建立人与自然和谐相处的社会。景观设计上突出可持续发展的绿色生态文明特征。

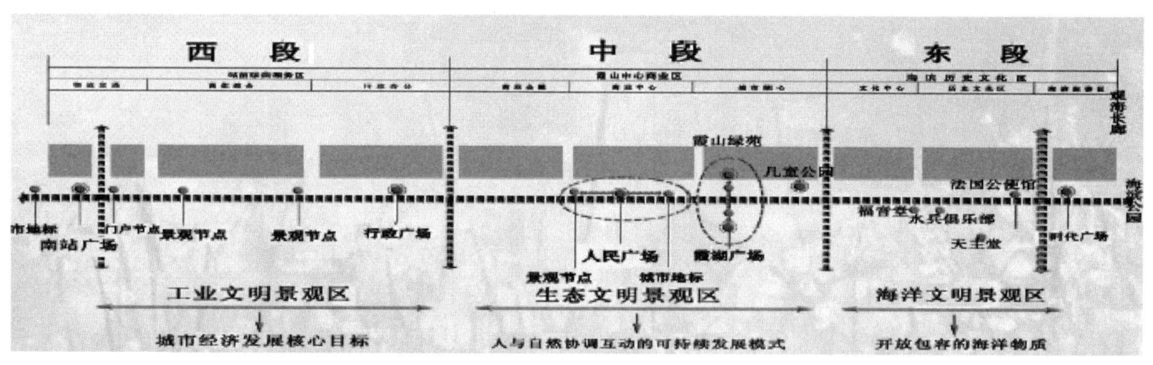

图 6　规划结构图图

海洋文明（东端）：是湛江城市和地域特色的精华，良好的观海区位展现出面朝大海的开放和包容。景观设计上重点强调旖旎的滨海风情和浪漫的城市风貌，海滨公园是霞湖片区绿心规划景观序列中的高潮部分。在海滨公园内建设大型喷泉及中心景观构筑塔，使其成为地标式的城市轴线空间形象构筑物，创造良好的旅游资源。

工业文明（西端）：湛江市经济发展的核心目标，表达经过初期工业化的积累，城市在工业化的快速发展阶段的综合体现。城市设计意向要保证力度的彰显，景观设计细部上，强调理性、现代的工业文化特征，形成振奋人心的城市气质。

2　总体规划控制

2.1　现状综合问题

2.1.1　功能

通过对规划区内的详细踏勘，发现该地段是全市的几条交通干道的交汇点，沿线布有许多大型办公、商业文化等公共设施，集政治、经济、文化、交通于一体。用地功能混乱，新老城区相间，土地状况使用属粗放型。

2.1.2　交通

除主干道外，次干道、支路系统不健全，路网密度低，缺乏必要的交通设施和公共停车场地；缺少非机动车独立系统，与机动车混行，人民广场区域是几条交通干道的交汇点，外部车流大量进入，周边人流密集，交通压力大，交通管制力弱。

2.1.3　建筑

以质量差和质量一般的建筑为主，沿街两侧建筑高度缺乏统一控制，没有形成有序的界面。解放西路并存许多档次不高，大众化的商业服务设施；解放东路历史建筑保护不力，与周边环境不协调，尤其霞湖公园西面民居陈旧破败，对公园周边景观造成很大的影响。

2.1.4　景观

街道景观组织混乱，开敞空间景观节点设计主题不鲜明，街道设施欠缺，缺少报刊亭、座椅、电话亭等街道设施。

2.1.5　绿化

大部分树木的树龄较高，植物缺乏养护及修剪，品种及色彩较为单一；植物空间层次欠丰富、灵活；现有绿地未能形成美观、统一的绿色城市天际线。

2.2　解决方案

2.2.1　功能

结合层次规划的总体定位，将现状用地功能进行合理整合，优化产业结构。规划分为三大功能区：站前广场至解放西路段为站前综合服务区；人民广场周边地段为霞山中心商业区；解放东路至海滨公园为海滨历史文化区，对各功能区明确城市设计导则，体现清晰的生态特征和绿色脉络。

2.2.2　交通

设置专项交通整治规划，火车站站前广场增加人行通道，理顺各种交通方式，使站前广场形成完整的绿色广场，广种大树，提供绿荫（图7）；人民广场路段增加绿化，交叉口内除设置导向交通岛外，并按车道划出道路标线，分别标出左转车、直行车和右转车的车道线和导向箭头，固定车辆的行车轨迹。对无车行驶的地方，则用高出路面的交通岛对车流进行导向，引导车流按道行驶，完善公交系统，结合景观对街道家具外观提出控制（图8）。

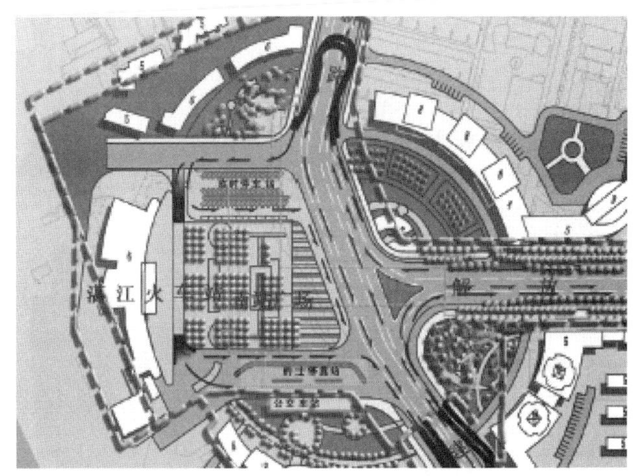

图7　火车站交通改造规划图

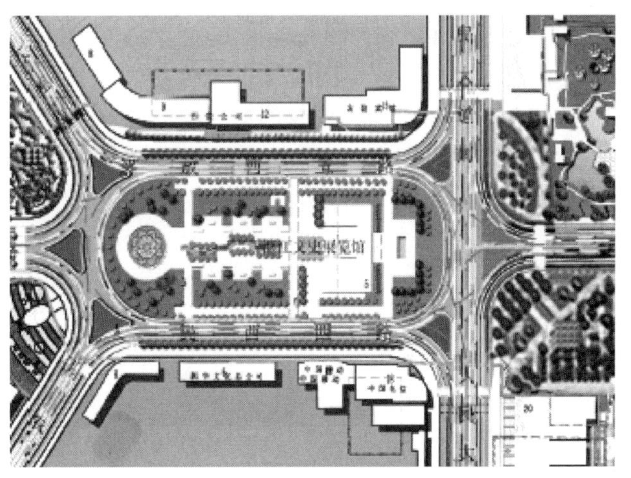

图8　人民广场交通改造规划图

2.2.3　建筑

结合绿轴的功能组织，提出“中间高，四周低”的整体轮廓控制原则，在各功能区城市设计导则中控制建筑风格：解放西路段建筑风格应尽量简洁、规整；中心区建筑风格应尽量欢快、明朗、活泼；历史文化街区建筑应服从原有历史建筑色调与风格；周边建筑与之协调。对霞湖公园周边的建筑高度进行控制：小高层裙房控制在20m以下，后退红线≥20m，建筑高度控制在70m以下；制定严格的历史文化街区保护规划，划定城市紫线，从历史风貌建筑单体及其附属环境设施、保护范围、控制协调范围三个层面进行。

2.2.4　景观

通过道路景观改造突出线性景观风貌，通过面状节点分别对整体景观规划思路作出呼应，在规划思路指导下分别制定具体地段环境景观的设计导则。

2.2.5　绿化

根据绿地系统总体规划的要求结合景观规划对各地块进行各种主题及要求的绿化设计。保留现状长势良好的大树，丰富道路绿地上的植物层次，更换营养不良的树木。

3　突出问题及其解决

3.1　突出问题

3.1.1　霞湖公园与周边建筑的关系

周边建筑对公园用地侵蚀严重：西面，有早年建设职工宿舍，外观陈旧，影响公园视线及景观；东面的园林处综合楼使霞湖公园与儿童公园连续性受阻；北面：湖区被分割，租给水上乐园经营，造成水体不连贯外；西北面，是湛江市区最大的“烂尾楼”工程——金辉大厦的地基，有大面积积水基坑，现本地块已经重新拍卖，交湛江市怡福房地产有限公司开发建筑怡福大厦，规划为28层高层商住结合的高楼，如按照公园周边建筑控制高度要求，原建筑高度需要降低，建筑成本增高，需要多方协调才能达成几方共赢的结果；东面，高层商住楼明晶花园因历史遗留问题，对绿地有侵占行为。

3.1.2　与市政管线的关系

霞湖公园为现状霞湖片区泄洪水面，湖面水位标高比解放路大约低3.3m，在海水出现较高潮位时常出现海水沿排水渠倒灌的现象，造成湖水咸度高，对植物生长造成影响，使现状湖区内树种单一；现状驳岸为浆砌驳岸，景观效果差；公园内现状无完善的雨污水排放系统，易形成大面积积水，且沿地面坡度自然流入湖中的雨水带入了大量的垃圾堆，造成污染。现状霞湖公园内打了两口深水井对湖水进行补充，长时间连续性的大量开采地下水造成公园周边部分建筑物出现了地基不均匀沉降，形成裂缝。

3.1.3　经营管理问题

霞湖公园产权不清晰，原地块为湛江市青少年宫用地，主管部门为湛江市团委，员工福利待遇偏低，工作积极性不高，公园绿地管理不规范。为提高收入，公园内部分绿地外租作经营性场所，北面水域隔断划为水上乐园，西面设为溜冰场，东面主要交通干道上有花鸟鱼虫市场，建筑形式混乱，与公园氛围不协调，除外包经营场地外，园内大多设施陈旧。

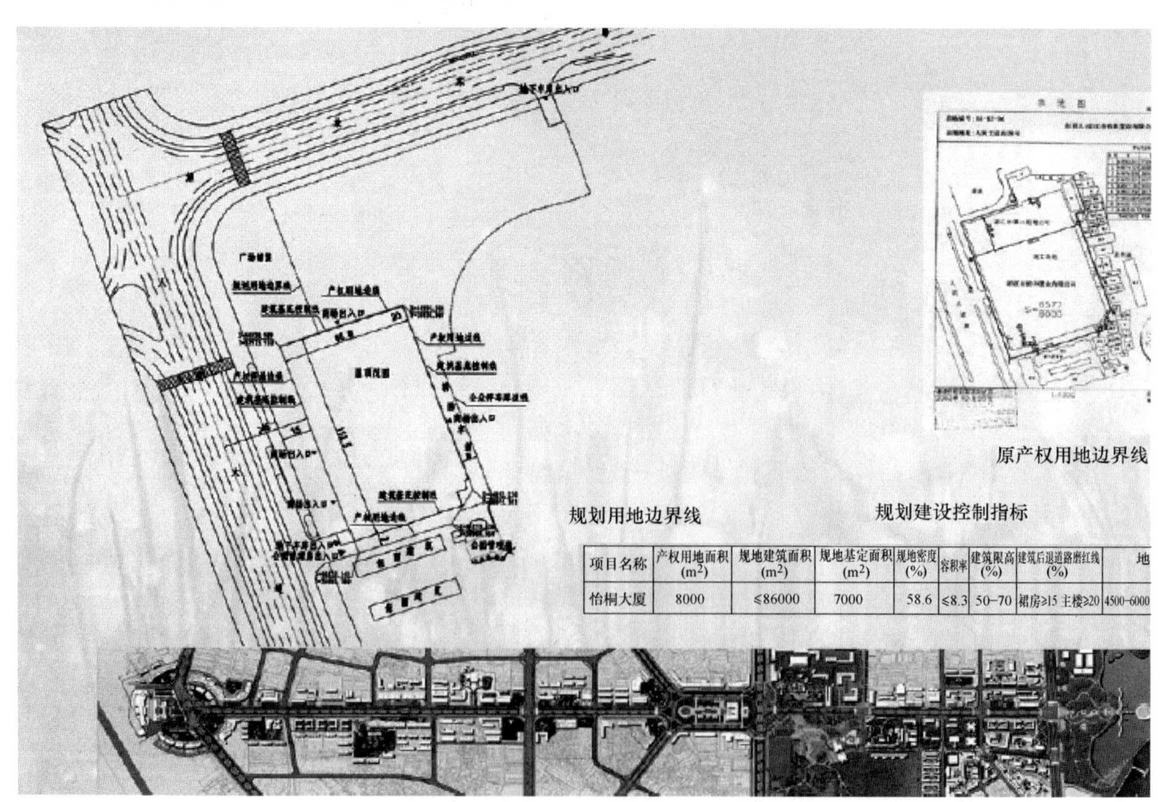

项目名称	产权用地面积(m^2)	规地建筑面积(m^2)	规地基定面积(m^2)	规地密度(%)	容积率	建筑限高(%)	建筑后退道路磨红线(%)	地
怡桐大厦	8000	≤86000	7000	58.6	≤8.3	50–70	裙房≥15 主楼≥20	4500–6000

图9　明晶花园规划控制图

3.2 解决办法

在绿心规划中明确霞湖公园周边建筑关系，划定公园边界线；霞湖泄洪排涝工程进行湖区水体及驳岸整治。

3.2.1 西面职工宿舍

将霞湖公园西侧部分民居拆除，腾出土地全部用于霞湖公园绿地建设。

3.2.2 水上乐园

为支持绿心的建设，责其退出经营，适当补偿经营损失。

3.2.3 霞湖广场与怡福大厦

因霞湖公园改造和城市绿心建设需要，根据相关城市规划的要求，霞湖公园与怡福大厦在用地和空间上要统筹规划建设，合理利用城市地上、地下空间资源。规划将霞湖公园北入口广场规划为霞湖广场，与怡福大厦项目合并作统筹布局，将怡福大厦的建筑控制高度由原项目规划批准的42层（140m）下调控制为20层（60～70米）（图9、图10）。同时，为协调解决怡福大厦与霞湖广场地下停车场西出入口的交通组织与地下空间利用等矛盾，规划将其建设用地红线范围作适当调整。规划将霞湖广场怡福大厦地下车库与霞湖公共地下停车场进行项目统筹，做到霞湖广场怡福大厦与公园北广场地下停车场西出入口的地下空间共同利用（图11、图12），以达到公共事业与企业共赢的局面（图13）。

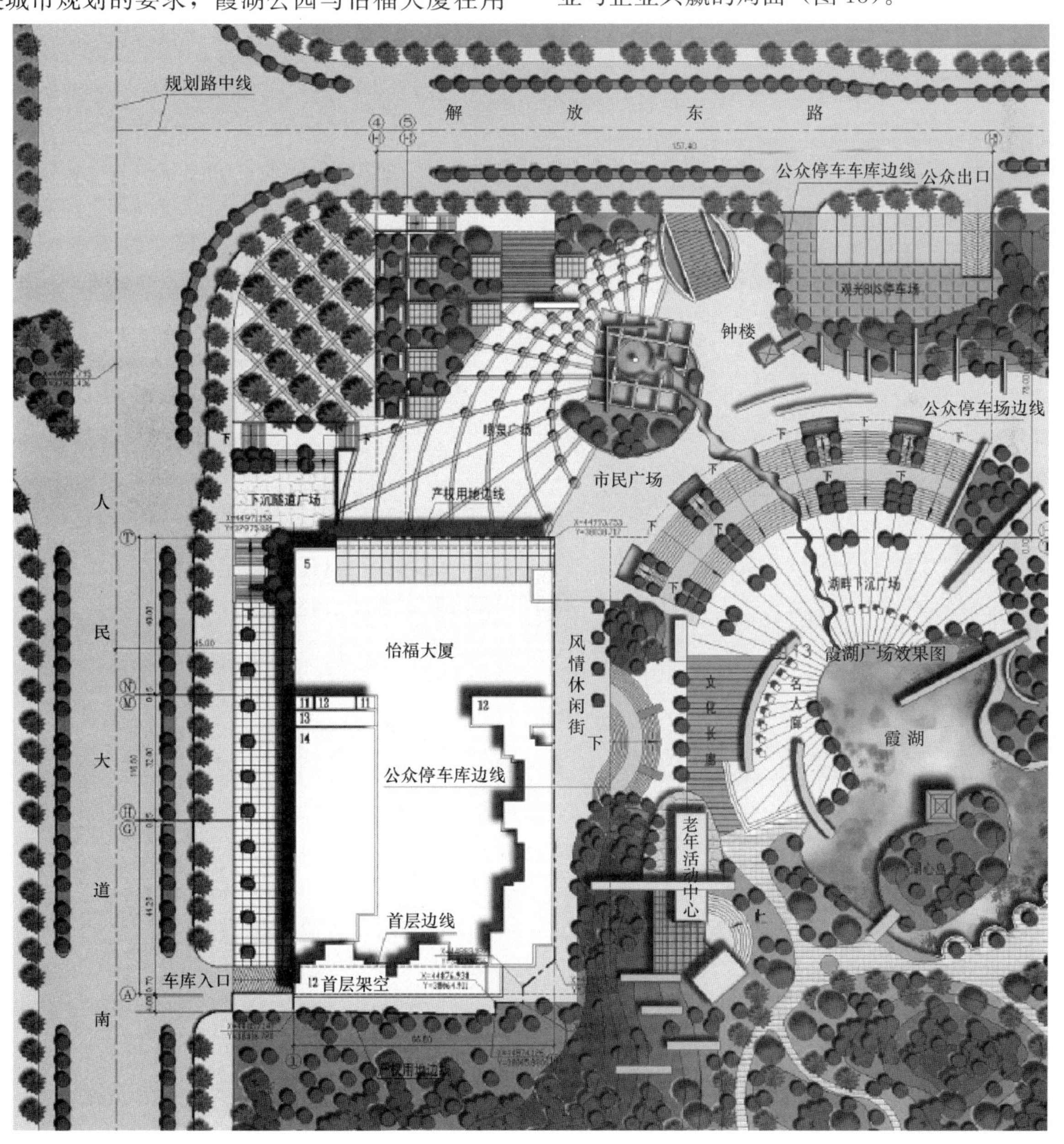

图10 怡福大厦与霞湖广场平面图

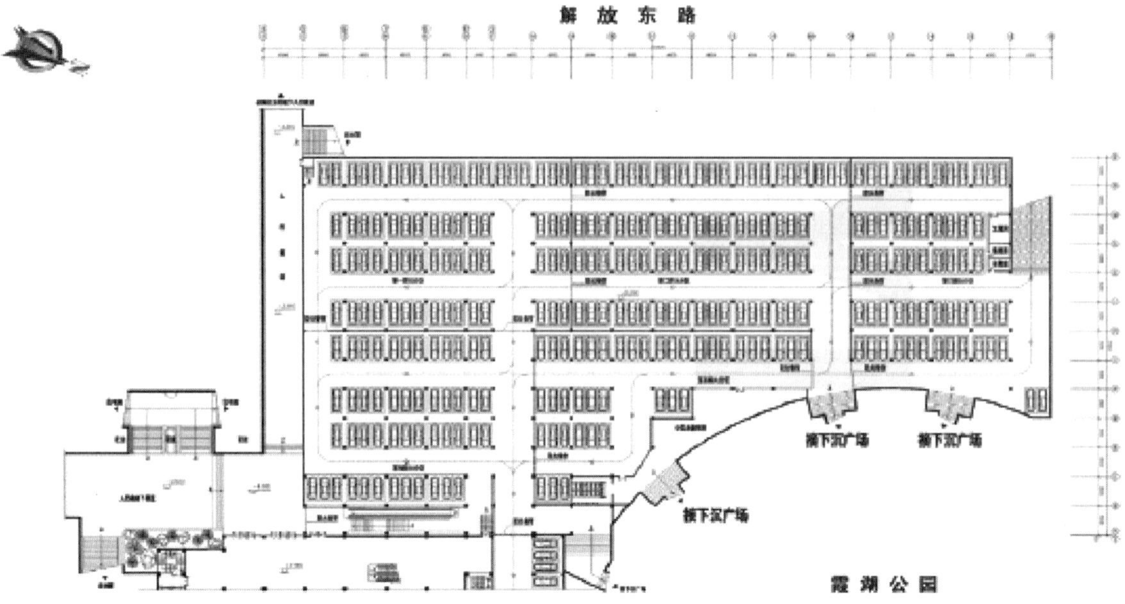

图 11　霞湖广场地下车库平面图

图 12　霞湖广场地下车库剖面图

图 13　霞湖广场效果图

3.2.4　明晶花园住宅小区

明晶花园住宅小区应在处理好历史遗留问题的基础上，按照本规划的具体要求，留出两开间宽度的底层通道，明晶已建平台要与霞湖公园园路系统恰当衔接（图 14）。

3.2.5　青少年宫

原在霞湖公园内规划建设的湛江市青少年校外活动基地（简称“青少年宫”），因现有场地较狭小，难满足省团委对该项目的配套设施建设要求，故规划将其移址到人民大道与体育南路交界处的南国热带花园（文保公园）内兴建。

3.2.6　花鸟鱼虫市场

规划拆除原霞山绿苑以北的人大会堂危楼建筑，新建湛江市花鸟市场，其建筑高度宜控制在 5 层以下，公园内原花鸟市场改建诗书画文化长廊（图 15）。

3.2.7　儿童公园

规划拆除儿童公园围墙，使之形成开放型公共绿地，保留原儿童公园管理建筑，并对建筑外观与部分设施进行修缮和更新。

3.2.8　市园林处大院

规划远期拆除市园林处大院，使之与霞湖公园北入口及原松林市场路口绿地连通，形成整体的绿色廊道；在霞山绿苑东面，规划拆除现状市园林处的部分低层旧建筑，新建办公与住宅一体的市政园林综合大楼，解决相关的建筑空间功能置换与住户回迁等问题，其建筑高度宜控制在 30 层以下。

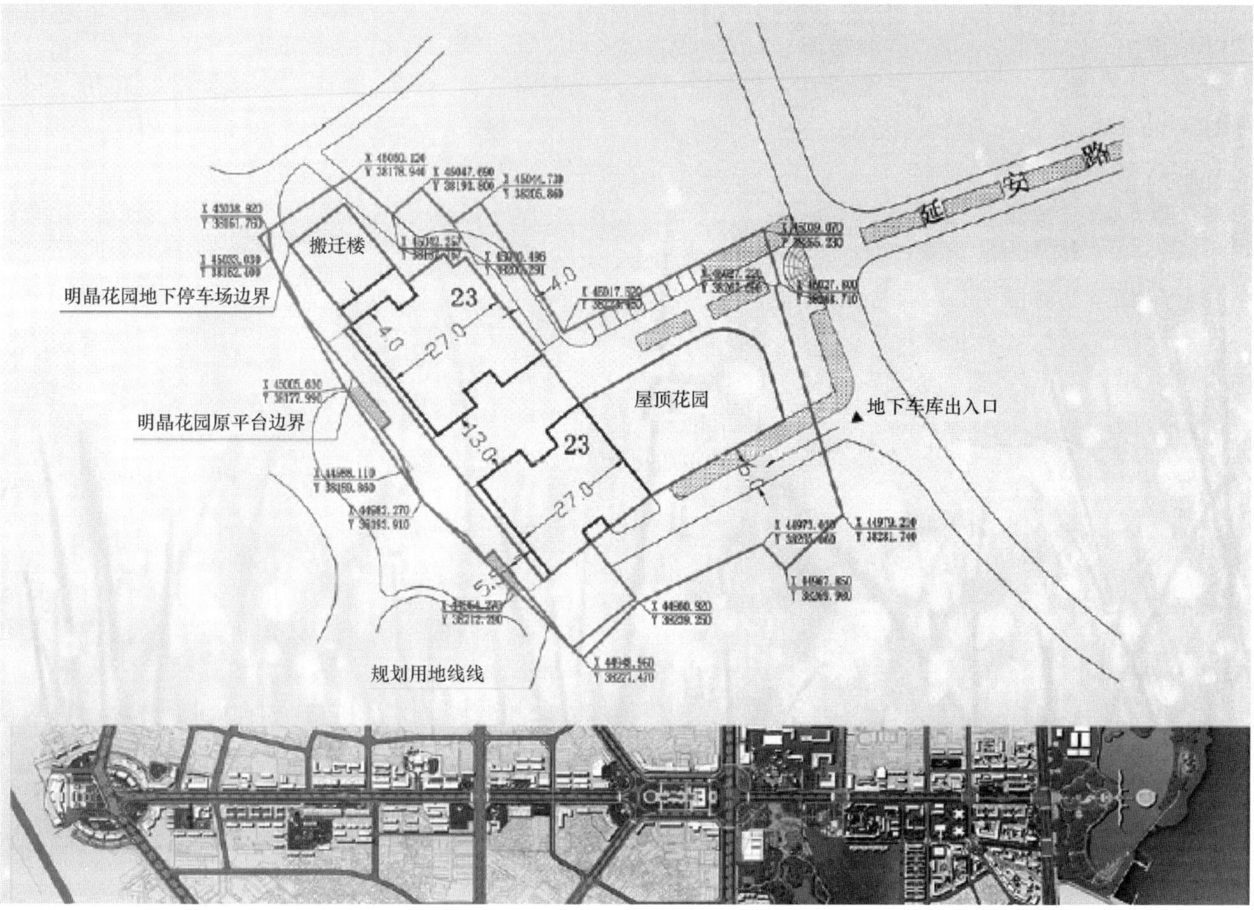

图 14　明晶花园规划图

图 15　“曲院书香”——诗书画文化长廊效果图

4　霞湖公园综合整治

4.1　景观规划

根据霞湖公园地形特点和现状植物情况，将公园分为霞湖广场及湖区两大部分，规划十个景观节点，命名为霞湖十景。

4.1.1　广场部分

霞湖广场上设置多样化的现代城市景观，满足多姿多彩的城市生活要求，与怡福大厦建筑设计同时进行互动设计：有“璀璨虹霓”、“水光椰影”、“童趣世界”三个突出景观，分别展现夜景观，喷泉景观，并与儿童公园互动；

4.1.2　湖区部分

湖区安排相对安静的生态游赏活动，结合水体整治进行驳岸改造，以生态植物造景有“水韵千姿”、“杉林揽秀”、“柳岸临风”、“缤纷花境”、“榕荫沁爽”等景观，将花鸟鱼虫市场改为诗书画文化长廊，设“ 曲院书香”景点（图 15），将拆迁后的原歌舞厅改造成生态岛，设“ 情岛飘香”景点。

4.2　给水排水规划

与湛江市规划院合作由其完成霞胡片区给水排水规划，该专项规划原则上服从绿心规划的景观要求。现状进入霞湖的排水暗渠穿过了规划地下车库，影响霞湖公园广场和地下车库的建设，废除该渠，按湛江市规划院霞湖片区排水规划的尺寸要求在车库外新修一条5000×1800截水排洪渠，该排洪渠沿霞湖东面结合消防车道的平面位置布置，在该渠上设置堰流式溢流井，使暴雨天气时雨水可以通过溢流堰溢流到霞湖中，使霞湖起到洪峰调蓄的作用。

结合周边旧城改造及霞山污水厂截污工程进行扩建，并考虑结合城市整体排水系统建设排涝泵站，从整体上解决霞山区的排涝问题。在霞湖公园两岸布置雨水管，并按每25～50m间距布置雨水口，建立一套完整的雨水收集、处理系统，保证不污染湖水；采用地下水补水时，尽可能避免连续长时间抽水。水质改良后，才有利于水景设计和植物改造。

4.3 竖向规划

将原水上乐园水面改造为大型音乐喷泉，利用现状高差设半开放式地下停车场，高差部分设宽阔台阶，方便游人观赏音乐喷泉；湖区部分分综合水体改造，将驳岸改为多形式自然驳岸；现状湖心岛利用土方改造，堆土造坡，丰富竖向效果。

4.4 经营管理

明确霞湖公园为市政绿地，在公园东入口北面建管理用房，设霞湖公园管理处，划归湛江市市政园林局（图16），管理处可通过出让部分特许经营权（地下停车库，诗书画文化长廊）增加收入，减低公园维护成本。

图16 霞湖公园管理处建筑设计

5 分步梳理

建设周期大致分为三个阶段：第一阶段进行生态文明区（霞湖公园、霞山绿苑、儿童公园、人民广场景观改造，人民广场交通问题梳理）的改造建设，首先进行霞湖公园水系改造与湖区驳岸改造工程，其次结合怡福大厦的建设，完成霞湖广场。第二阶段完成工业文明区（火车站、解放西路线性空间、解放东路线性空间和历史风貌街区）建设。第三阶段完成海洋文明区（结合旅游，建设现代化的海洋主题公园）。

鉴于霞湖片区绿心改造工程涉及广，耗资巨大，融资渠道不易确定，本规划中采用具体节点细化的手段，在明确大的规划分期建设目标前提下，对具体节点制订近期及远期规划，方便决策部门弹性分步实施，保证每一阶段的改造都能发挥积极作用。

6 实施建议

政府在资金有限的情况下，绿心建设中应充分运用经营的手段，有效地促进各区段建设工作的全面展开，最大化赢取建设资金：对绿心范围重要地段（如城市道路交叉口、商业核心区等区域）的地块，采用政府主导、社会投资、市场运作的方式进行集中开发。

在有历史争议问题如霞湖广场与周边明晶花园和怡福大厦的建设中，规划建议建立基础设施及公共开放空间（如广场、绿地、通道、停车场等）的投资回报补偿机制。

对独特的广州湾历史文化资源、自然风貌、苏式城市建筑风格等资源大力推行无形资产的商业化运作，既繁荣市场，增加经济效益，又可以提高城市的品位。

对一些经营状况不良的国有和集体企业，结合规划中城市产业结构的调整，有计划地出售；在绿心整治过程中拍卖、转让城市公共设施——道路、桥梁、公交线路、商业网点、公厕、路灯、报刊亭、街头绿地等有形实物的经营权以及依附其上的冠名权，街道和建筑物上的广告使用权等。

7 后记

在湛江市霞湖片区绿心规划的实践中，广东省城乡规划设计研究院深圳分部组成霞湖绿心规划工作小组，多次现场踏勘，翔实记录现状问题并提出多种解决方案，因踏勘问题全面细致，能合理解决现状诸多问题而赢得本次规划邀标的胜利（图17、图18）。本项目从2004年1月接到邀

图 17　霞湖公园鸟瞰效果图

图 18　绿心规划总体鸟瞰图

标任务书始至扩初设计完成，在全面接触项目相关人士的过程中，深刻地意识到“生态优先”是一个日益被人们认可的规划原则，但要让美好前景得以实现，只有一步步，实事求是解决涉及规划、建筑、市政、园林方方面面的问题，协调市民、企业、政府的三方利益关系，使景观规划达到科学性、艺术性、群众性、经济性、可操作性。

致谢

感谢湛江市市委市政府、湛江市市政园林局、湛江市规划院、湛江市城建设计院、湛江海洋大学、华南农业大学热带园林研究中心湛江基地等领导、专家、学者的鼎力帮助。

参考文献

[1] 吴刘萍，李敏. 论热带雨林植物群落规划及其实践在湛江的实践. 广东园林：2005. 3（6-10）

[2] 广东省城乡规划设计院. 湛江市霞湖片区城市绿心规划. 2004

（本文曾发表于 2005 年 6 月《风景园林》）

创造城市中心理想的绿洲
——深圳市中心公园规划设计浅识

何　昉　千　茜　宁旨文

【摘　要】 本文从介绍深圳市中心公园的绿地特点入手，展示现代城市中心公园的创作风采，探索新时期公园建设的新路子。

【关键词】 城市中心公园；人性化设计；生态型植物景观

前言

作为深圳市政府1999年“一号工程”的中心公园建设，从同年元旦前开始着手规划设计到国庆节正式开放，如与同期建设的大梅沙海滨公园的元旦起步、五·一开放的速度相比，由于季节的差异而晚了几个月，但它们均代表了迎接千禧年的公园建设的“深圳速度”。除了深圳市委、市政府领导的大力支持，更有城管办领导的亲临现场指挥和绿化处干群的工地拼搏。开放后不久，朱镕基总理和李鹏委员长的到访和对成绩的肯定，给了包括我们规划设计人员在内的全体建设者很大的鼓舞。现将规划设计的一些体会撰文与大家交流一下。

1　定位与分析

从一开始着手对深圳市中心公园进行规划设计，我们就列出了需遵循的几个出发点和特色点：

（1）城市中心区域的热岛现象严重，要以生态效益为主，提高绿量，最大限度地改善环境质量。

（2）从本地区植物种群生态出发，把握生态位、群落生境，形成生态型植物造景系统。

（3）遵循生物多样性及景观多样性的原则，形成人与植物、动物共生的空间。

（4）结合深圳带形城市的特征，南北距离短，而公园北靠自然山体（笔架山），南连海滩红树林及香港米埔自然保护区，形成城市中心区域风景走廊。

（5）公园地处城市中心区域，人口密集，户外活动空间少，这里是难得的康体休闲绿地和公众娱乐场所。

根据以上的特点，我们进行了以下调查分析：

（1）收集本地区植物和相邻地区在本地区可生长的植物种类，分析植物的适合性及生态与景观特色。

（2）调查区内动物的种类，重点在鸟类，分别将留鸟、冬候鸟、迁徙过境鸟和夏候鸟等加以区分，并对它们的食物进行研究，得出相应的植物种类和昆虫种类等，形成食物链。

（3）采用问卷方式进行游客资料收集，其内容包括：基本资料、游憩动机、爱好、游憩体验以及建议等项目。

（4）环境、景观资源调查，视觉资源调查及现况土地使用资料的查证。

2　人性化的设计

人的需求是各种各样的，从户外绿地空间层面上看，我们把现状平地改造成自由起伏的地形，道路以有韵律的曲线和缓地环绕在起伏地形和林木花丛之间，从园内的开放草地到园外公路上均看不到园内的道路，只能看到绿色的地貌和疏密相间的树木，人们可以在行走和乘车时寻找视觉的美感及心灵的体验。

动物行为学家罗伯特·亚德瑞在《领域的驱使》中提到每个人都有驱使其个人获得一个空间区域的本能，即“领域感”，个人会与同类的成员用罕有的热情守护它。我们引用这样的概念去分析，设计出不同“领域感”的游憩空间。如有组织的游戏设施，让儿童有连续性的游戏体验；舒适的林下空间与外界喧闹的街道空间视线是相互隔离的，草地边缘形成朝向草坪中间活动区的促进互动空间；简单的开放空间可以满足不同休闲情趣的人群需求等等。

3 景观生态设计

中心公园建设前身是深圳市 800m 绿化带，面积约 147.95hm^2，它连贯着深圳市的几条主要干道，福田河南北纵贯其中。绿化带的南北面各有一个人工湖，整个绿化带由道路和河道分成大小不等的 8 个块，除了水体，其余基本为荔枝果林所覆盖，因此为行成生态型植物景观公园提供了良好的基础条件。

充分利用原有道路、设施、水体和植被进行景观整治规划，对深南中路、滨河路、华富路、河道及其他几条城市干道两侧的荔枝林及芒果林进行大规模的迁移调整，并做相应的地形改造，引进大量品种不一的景观生态树种，使整个自然公园的树林景观形态和季相更丰富多彩。

3.1 景观设计原则

师法自然，回归自然。

3.2 原有植被改造原则

原有的荔枝、龙眼、芒果林生长良好者，树体高大圆整者留，反之挖掉；与地形设计及植物景观设计有冲突者去，反之则留；改造的植物景观，可参照上述列出的花树景观、棕榈景观、雨树林景观、竹林景观等。

3.3 景群划分

（1）荔枝林景群包括公园内所有规划调整后的荔枝林，利用荔枝林内原有道路，林中增植高大乔木，形成整个绿化带的背景林。

（2）河滨景群包括原有河道和湖面，对河道两岸作景观整治改造，增设富有特色的生态系列小品及休息设施，开辟一些小广场，以便游人交往交流，精心布置铺装形式，便于步行玩味赏景，并利用河岸两旁原有荔枝树，形成一条独具特色的滨河林荫景观走廊。公园南北端的湖面处作植物规划整治，增加棕榈科植物、竹类植物及各种花灌木和水生植物，使之既成为滨河林荫景观走廊的延续，又形成开阔的湖滨特色景观。

（3）路旁花园景群这是本次规划的重点，包括深南中路两侧（荔枝林后退道路 60～100m），华富路西侧（荔枝林后退道路 60～100m），皇岗路东侧，笋岗西路南侧，滨河路北侧，福华路、红荔路两侧（荔枝林后退道路 40～80m）。道路景群规划追求开阔的缓坡草坪景观和富有层次、季相变化的林地景观。规划改造要求其层次分明，前景为开阔的自然缓坡草坪及相应的大树点缀其间，背景是浓密的树林及广阔的荔枝林，草坪中点缀花丛花带，营造舒适且富有层次和色彩艳丽的植被景观。道路两侧丘陵草坡花坡之中巧妙地布置的几组张拉膜构架和成排成丛的棕榈科植物，花丛花带，背景密林及自然起伏的观赏草坪，组成了一道道绚丽的景观风景线。

3.4 植物景观类型

（1）附生景观及空中花园，以小叶榕或高山榕为主体，在枝桠及树干上附生有蕨类植物，树干上可有喜林芋、蜈蚣藤、绿萝或龟背竹等藤本缠绕。灌木、树墩附生植物景观上植气生兰、凤梨类、蕨类。油棕的树干叶鞘中附生有肾蕨、凤梨类及气生兰。

（2）独木成林景观以小叶榕为主组成。

（3）棕榈园植物景观。以大王椰子、椰子、棕、鱼尾葵、假槟榔、油棕、皇后葵为上层乔木，丛生鱼尾葵、棕榈、三药槟榔、酒瓶椰为二层小乔木，散尾葵、棕竹为下木组成棕榈园植物景观。

（4）花树草坪景。景观充分利用南亚热带大花乔木资源造景，主要选栽木棉、凤凰木、广玉兰、白兰花、火焰树、黄槐、双荚槐、苦楝、龙牙花、蓝花楹、南洋楹、羊蹄甲、蒲桃等开花乔木；与草坪组景的还有中小型蕨类、低矮野生花卉、林下低矮地被及大叶油草、地毯草、结缕草等。

（5）竹林花地景观。用竹类和常绿的针阔叶灌木、花灌木及草坪组景。竹类宜用粉单竹、毛竹等高大竹类，构成成片的幽深竹林景观，高竹林外可配植精巧的竹园，种植佛肚竹、龙鳞竹、黄金间碧玉竹、紫竹、斑竹、金丝竹、菲白竹、阔叶箬竹等。花灌木宜用纸扇、白纸扇、龙船花、希美莉、扶桑、野牡丹、黄花夹竹桃、鸡蛋花、黄蝉、软枝黄蝉、夹竹桃、球形三角花等，加上开花地被、石蒜、一串红、雪叶菊、葱兰、韭兰、美人蕉、鸢尾等组成。

（6）彩叶植物及灌丛草地景观。彩叶植物可用红桑、青桑、金边桑、各种变叶木、红背桂、金叶假连翘、花叶假连翘、紫鸭趾草、菲白竹、菲黄竹等与阔叶常绿的灌木及地被如吉祥草等组成。

（7）花溪水面植物景观。溪流两边可用匍匐的针叶灌木及开花地被、开花灌木组成，如月桃、美人蕉、石蒜、葱兰、韭兰以及花灌木三角花、山茶花、扶桑、黄蝉、小型蕨类、席草、水葱、花叶水葱、荷花、睡莲（红、黄、蓝、白）、萍蓬、菱等，也可加几种开花小乔木如水石榕、金钱柳、大花紫薇等。

（8）疏林草地景观。以可供游人游憩、遮阴、活动的大乔木为主，如用小叶榕、高山榕、凤凰木、桃花心木、雨树等与草坪组景。

（9）奇果异树异花旱生植物景观。此类景观可吸引游客并具科普意义，选用结果奇特的如腊肠树、吊瓜树、面包树、象耳豆、人心果、番木瓜、木菠萝等，树形独特的如印度塔树、酒瓶椰子，花形奇特的如鹤望兰、旅人蕉等。

利用光棍树、龙血树、麒麟角、三角麒麟、仙人掌、虎刺梅、长寿花（黄、红、粉）、露兜、剑麻、龙舌兰等热带旱生植物构成奇特的干热旱生植物景观。

（10）招鸟引蝶自然区。本区模拟雨林景观加种香花及叶中含香精油为蝶类幼虫喜食的植物及鸟类喜欢食用的果实色彩鲜艳的植物组成。

第 1 层：小叶榕、高山榕、橄榄、酸角、鱼尾葵、椰子。

第 2 层：三尖杉、竹柏、厚皮香。

第 3 层：桫椤、棕竹、芭蕉、艳山姜子等。

第 4 层：一叶兰、冬叶、广东万年青、海芋等。

层间藤本植物：四方藤、龟背竹、麒麟尾、喜林芋、合果芋等。

外围香花植物：白兰花、含笑、夜合、木本夜来香、鹰爪、茉莉、米兰、柚子、柑橘、金橘、黄连木等。

小果植物：火棘、苦楝等。

为便于野生动植物多样性繁衍，还可在最外围植金合欢、银合欢的自然树形刺篱，以减少游人的进出数量。

4 硬质景观设计

中心公园硬质景观部分包括园路、休闲区、休息亭、出入口等。本着“师法自然，回归自然”的原则，硬质景观全部用石材、木材、茅草、麻绳等天然材料，运用现代设计手法和对称、变异、组合、叠加、解构等，力求创出一种新意，形成新颖的现代园林景观。如休息亭有两种设计类型，一种是常见的、传统的亭的式样，在尺度及细部上注重人的感觉，体现天然材料朴实的美感；另一种则用新的设计原则，局部甚至用了夸张的手法，将亭的各个部分同等对待，赋予建筑新的活力，给人耳目一新的感觉。前者在一期已实施，后者将在二期中逐步实施。

中心公园因占地大，与城市的连结处多，周边共 10 多个出入口，我们设计组将出入口列为一个专题来作重点设计。在设计中既注重语言的统一，又在统一中寻求变化，并注意到主入口与次入口着墨的差别。主入口有明显的几何形特征，在统一的椭圆形基础上，采用不同的变化手法，出现不同的平面组合，穿插花带、景墙、坐凳、分隔带等不同元素，将软质、硬质景观有机结合，并连同标牌、标志物作整体考虑，总体上不与自然景观争风而突出自己，既与自然景观协调统一而融为一体，又体现出设计者有所追求的匠心及别具一格的设计品位。

人与自然拥抱的欢歌

——第六届中国（厦门）国际园林花卉博览会园博园实施规划

何　昉　蒋华平　宁旨文

【摘　要】第六届中国（厦门）国际园林花卉博览会园博园规划方案经过多轮调整。在实施规划中，按园林风格流派划分各展园区是本届园博会的特色之一，北方、江南、岭南、民族风情等八大园区以两环双轴为骨架，通过公共主题园的形式将林林总总的国内外各地方展园包容于几大主要风格园林形式之中。园博园的各展园区自成体系，其公共部分规划依附于整个园博园，同时形成了彼此间既联系又独立的公共园林。这些规划手法将为同类的展览会的场地规划提供积极的借鉴意义。

【关键词】风景园林；博览园；实施规划

中国国际园林花卉博览会从第一届的大连开始，到南京、上海、广州、深圳的成功举办，追溯园博会的发展历程，园博会逐渐已成为世界园林文化的表演舞台、园林新思想交流的集中场所，以及推动各地园林事业和拉动举办城市经济发展的重大盛事。本文主要针对厦门园博园实施规划过程进行相关的阐述。

1　规划理念

按园林风格流派划分各展园区是本届园博会的实施规划特色之一，北方、江南、岭南、民族风情等八大园区以两环双轴为骨架，通过公共主题园的形式将林林总总的国内外各地方展园包容于几大主要风格园林形式之中，起、承、转、合、分的游览序列引领游客渐次步入多样化的园林殿堂。在园博园的片区控制性详细规划中，室外展区包括设计师花园展示区、国内花园展示区、国际花园展示区、室外花卉展示区、果菜展示区、淡水花园和咸水花园、市树市花展区等，坐落在大小不一的下沉区块中，各个区块相对独立。其中，国内花园展示区分为“流派花园展区”和“地域花园展区”。深圳市北林苑景观及建筑规划设计院根据各方意见多次修改调整完善。最终实施的主要园区有北方园区、江南园区、岭南园区、民族风情园区、国际园区、现代园区、风景园林师园区、公共及专类园区和中华教育园区等10个园区。

园博会是一次功能综合、内容丰富的园林盛会，“博”是其主要特点，博采众长、汇聚一堂成为园博会不变的特色。但由此带来的问题也显而易见，即容易出现展园沿道路“地方割据”的现象。所以在规划布局上要有所创新，营造和谐景观。为此，厦门园博会的景观规划设计始终坚持景观均享性与公共开放性原则，把较好的景观地段串联起来留给公众，为厦门市市民、国内外游客提供一个共享开放的优美环境。与往届园博园的规划不同的是，本次园博园的各展园区自成体系，其公共部分规划依附于整个园博园，成为各主题展园与园区道路的过渡空间，形成彼此间既联系又独立的公共园林体系。规划要求在各展园区的公共部分能集中解决该展区的服务、商业、交流、宣传等活动内容的设施安排，并提炼各展园区的主要风格特色，成为游人进入一个展区的最重要环境标识，使其在进入各展区前做好充分的心理准备。

2　规划结构

在实施规划中，确定了片区全岛、半岛的总体布局结构，整个片区是以展区为核心发展起来的。园博岛（主岛）、闽台园（辅岛）和贯穿两岛的园博大道是园博会期间的主要游览区，管理服务区位于公园的南部（图1、图2）；简单来说，是“单环单轴”的空间结构。在最终的实施规划过程中，空间结构调整为“两环双轴”。即以园博岛中的两条主环路为两条游览交通环；以园博大道为主轴，西南入口至园博广场为次轴，形成清晰完整的规划结构。“主轴”是指园博大道，它加强了规划的整体性，把主入口、园博岛、闽台岛、温泉岛、教育岛等整合起来，融为一体。同时也形成贯穿南北的主要空间景观轴线。"次轴"是西南次入口到园博广场的另外一条空间景观轴，也是重要的人流通道。"双环"指园博岛内，以环的形式来组织道路、景观，从而建立形象鲜明的具有中国园林景观形态特征。外环主要联系滨水景观带，内环主要联系各大公共主题园（图 3、图 4）。修改后的实施规划使人与自然的关系更加密切而和谐。

图 1　园博园鸟瞰图

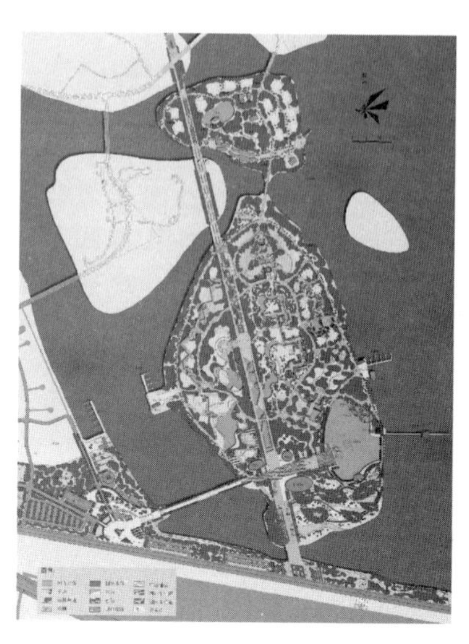

图 2　园博园总平面图

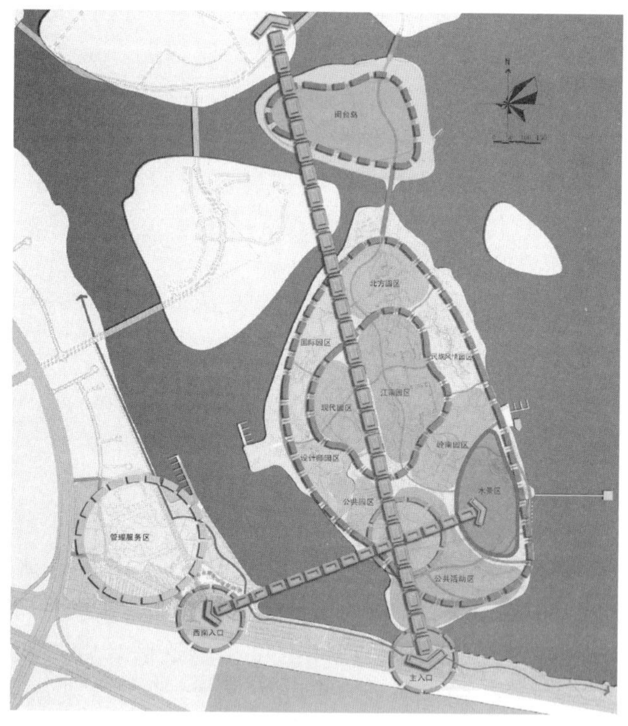

图 3　园博园规划结构图

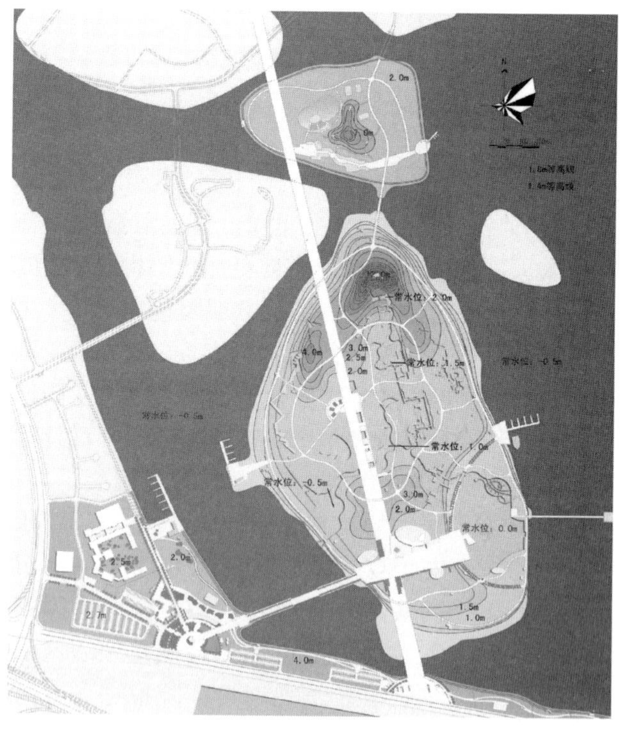

图 4　场地竖向规划

3　规划布局

由于规划结构的改变，相应的园区布局也发生了重大的调整。在实施规划中，调整为园博岛、闽台园、园博大道和入口管理服务区。园博岛是园博园的最主要展区，展览要求园博岛满足复杂多样的功能——展会、交流、游憩、休闲、商贸，而园博岛也将利用展会契机，充分融合园艺、生态、艺术、工程技术等多方面元素，成为各国、国内各地区主要风格和流派的园林艺术的展示和交流胜地。根据展会功能要求，全岛分为室内展馆区、室外展示区、园博广场区、公共活动区 4 个区。其中，公共活动区位于园博岛南部，实施规划有展览场馆、集会广场、公共休憩场所（图 5）。闽台园是一处独具闽台特色的休闲旅游之地，既可进行园林展示，也可进行闽台文化节庆活动及学术研究、对台对侨的交流活动。室内展馆区原规划有综合展馆和辅助展馆，后调整为主展馆。园博大道是保留改造现状地块中的唯一的车行道，成为园博园片区的重要景观线，串起主要的展园岛屿。路宽 30～50m，总长约 2100m，其中在园博岛内长 1180m，在闽台岛内长 240m。最初的修建性详细规划在园博大道的尽头规划了抬起的观景平台，实施规划在轴线方向上的水体中设置了一个名为“月光环”的大型景观构筑。入口管理服务区是园博园的综合管理、服务设施及出入口所在区，有游客服务中心、管理中心、温泉度假区、主次入口和停车场，为远程游客提供舒适的住宿、特色的商业销售；为自驾车游客提供停车和休息设施（图 6、图 7）。

此外，深圳市北林苑景观及建筑规划设计院在最初的修建性详细规划提出的泉之岛、教育之园到的基础上明确提出了温泉岛、中华教育园和航海文化岛的调整规划。

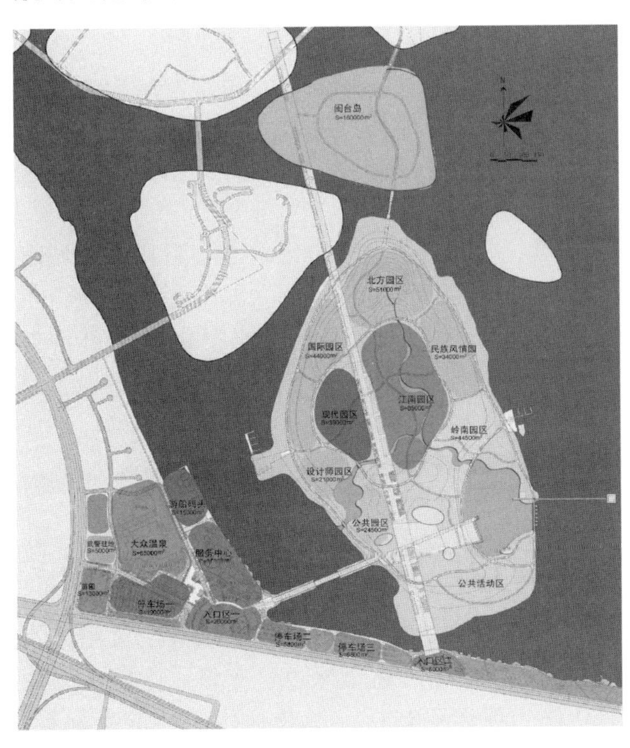

图 5　功能分区

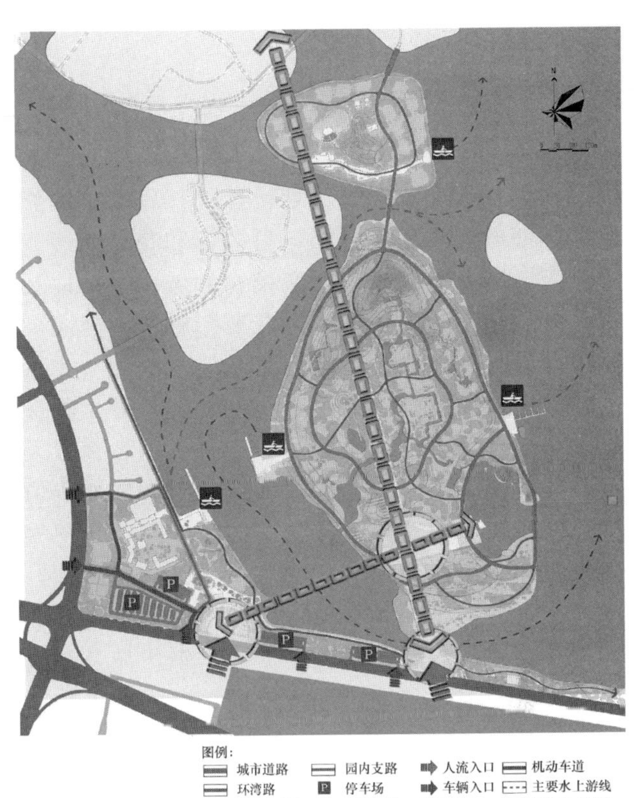

图 6　园内交通系统规划

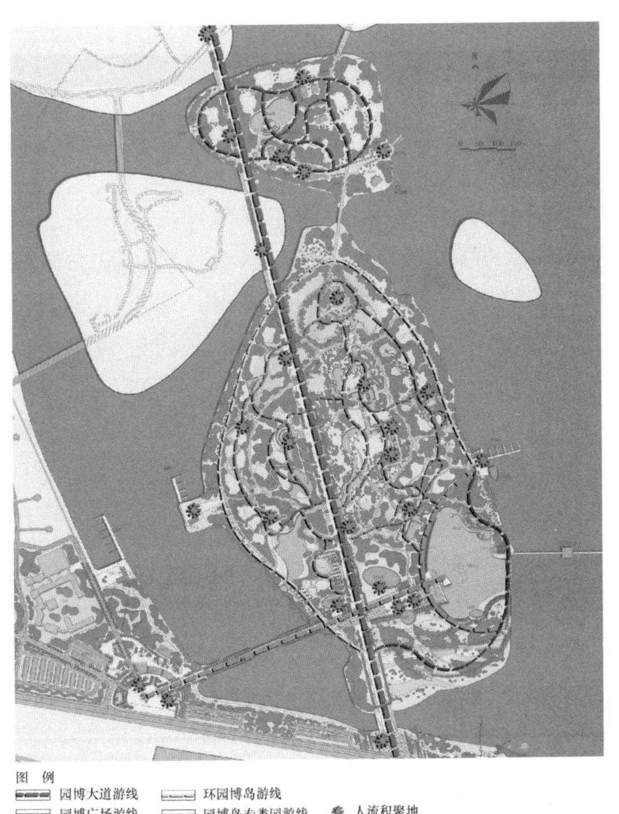

图 7　游园线路组织图

4　展馆建筑设置

在多轮规划方案中，室内展区调整较大。深圳市北林苑景观及建筑规划设计院其后调整的修建性详细规划改为综合馆、科技馆和花展馆。其中，综合馆将主要用于温室植物的展示，并以稀有珍贵的花卉品种为主，可在展会后按园博园和城市发展的具体需要，转变其功能，成为城市的专业展馆；科技馆主要用于与人类及各种生物赖以生存的自然环境保护有关的科普知识教育以及高科技展览。采用游人参与性强的室内活动内容进行植物知识普及，花卉栽培知识推广及环保知识教育，并采用环幕电影或立体电影进行宣传；花展馆主要用于新花卉植物品种的展示，各国商人可在此销售鲜花、花种、干花、工艺品及与园博会有关的纪念品，还可举行设计师、艺术家的交流论坛。但在最后的实施中，只保留了综合馆，并更名为主展馆。

由此，主展馆、水上餐厅、游客服务中心、管理办公楼是厦门园博园 4 个主要建筑。实施规划要求这些从内部到外观，均需与园博园的整体环境相协调，体现人与自然和谐的生态设计主题。

5　生态景观规划

第六届中国国际园林花卉博览会是一次绿色的盛会、健康的盛会，因此本次规划以最大限度保护自然生态环境为基本出发点，通过植物景观的规划设计创造良好的生态环境、通过新能源的开发和利用减少对外围能源供给的需求，通过生态的设计和环保材料的使用降低建设和运营过程中带来的污染和破坏，使园博园片区成为一个真实体现环保、节能的时代特点的能完成能量的自我补给与消纳的有机体。主要采取了如下的生态景观规划的措施：

(1) 完善生态系统，健全生物廊道。现状原有的植物种类以草本植物为主，木本较少，通过引入新的植物种类，使各分区植物不但形成特色，还具备植被类型的异质性（多样性）和群落结构的稳定性。另外，生物廊道的健全是保证多样性生态系统的必要条件，通过打通生物廊道可使物种自由的传播和繁衍（图 8）。

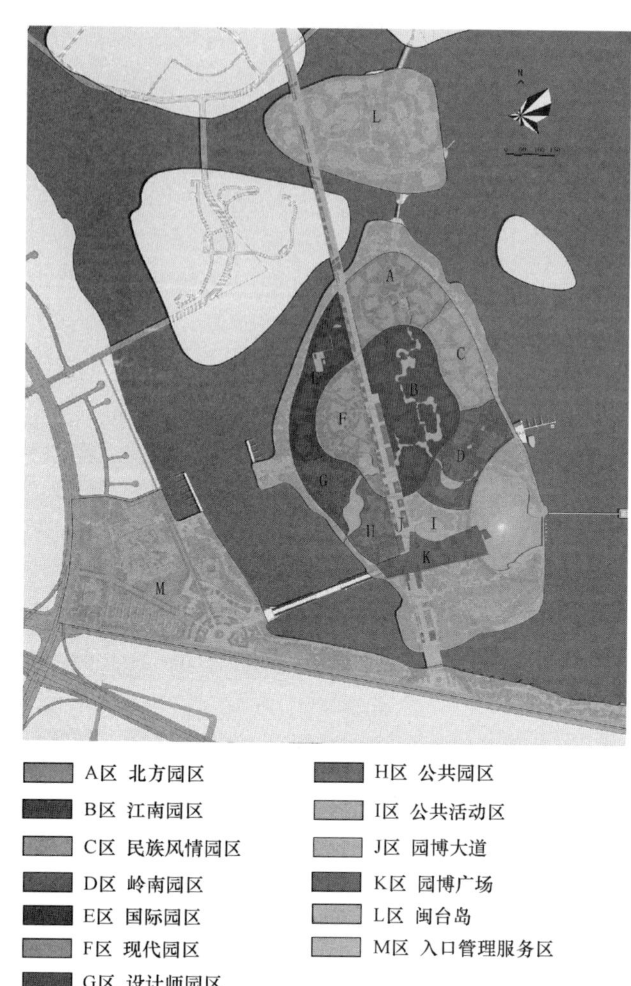

图 8　植物景观规划

(2) 能源的开发和节约。园博园位于杏林湾西南侧，特殊的地理位置使其具备了多种自然能源开发利用的先决条件，风能、太阳能、地热能的利用都有一定的前景。

(3) 水污染的生物净化，通过阻止周边城市的工业和生活污水进入水体，并对园内自身产生的少量生活污水采取人工湿地净化系统进行处理，一方面丰富了水体景观；另一方面可以为湿生性植物和水中生物创造适宜的生存环境，形成生态系统的多样性，并具有一定科普教育意义(图 9)。

(4) 本届园林花卉博览会也是新材料、新技术的博览会，应采用生态的建造方法和环保的材料进行建设，如大面积的广场道路铺装可用透水性铺装，停车场可建成绿色停车场，建筑屋顶用绿化作为保温隔热层、垃圾桶采用环保型材料，分类回收垃圾等等。

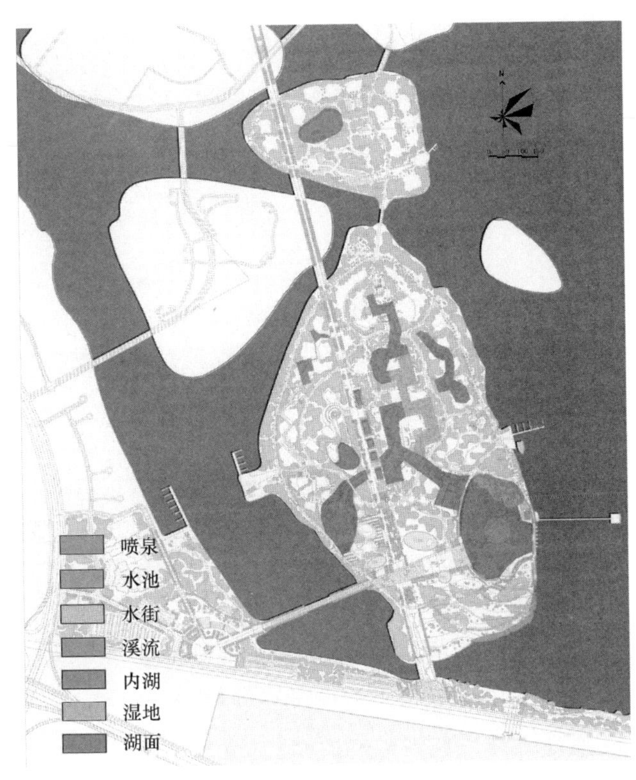

图 9　水景多样性规划

6　结语

通过两年多来各方的努力，第六届中国（厦门）国际园林花卉博览会园博园终于从概念规划走向了实施规划，并开始了较为理想的工程建设。与往届园博会的园博园相比，厦门园博园的场地更加复杂。但是，这些困难并没有成为绊脚石。相反，无论是最初的概念规划还是最后的实施规划，风景园林师秉承我国优秀的“因地制宜”造园理念，创造性提出了不少巧妙的设计手法，尤其是实施规划对展园的场地和交通游览道路之间的“灰空间”的处理，都将为以后的展览会的场地规划提供积极的借鉴意义。

（本文曾发表于 2000 年 4 月《中国园林》）

应喜山乡换新貌 耕田于心看夕烟

——韶山毛泽东铜像广场改扩建工程规划设计初探

千 茜 夏 媛 宁旨文 匡 闯 叶永辉 庄 荣

【摘 要】 韶山毛泽东铜像广场改扩建工程从实际出发，提出“恢复性纪念，可参与教育”这一设计理念，体现纪念、集会、休闲功能，运用场地的柔化处理，利用高差安排景观序列，增加场地特色铺装，增设主题景观大道，韶河设计改道等方式，全力建设作为“一号工程”的韶山爱国主义教育示范基地，实现伟人精神和地域特色及地方文脉的结合。

【关键词】 风景园林；纪念广场；规划设计；毛泽东

韶山是伟人毛泽东同志的故里，进入新世纪以来，韶山年平均接待国内游客 180 万人以上，近年随着“红色旅游”参观游客的不断增多，景区的基础设施和环境有了新的压力和要求。作为不断更新的纪念性场所，其内涵和外延涉及多方面的协调与工作衔接，文章回顾毛泽东铜像广场的建设历程，探讨新形势下的规划设计，希望能对下一阶段的工作有总结、指导性的意义。

1 项目背景

2003 年 8 月，应韶山市委市政府要求，深圳市规划与国土资源局谨代表深圳市人民政府对韶山的城市建设予以援助，并委托深圳市规划规划设计研究院对韶山冲毛泽东故居景区进行整体风貌协调规划，委托深圳市北林苑景观及建筑设计院对毛泽东铜像广场及相关景点进行修建性详细规划及景观设计，深圳市北林苑景观及建筑设计院在 2003 年 8 月提交的毛泽东铜像修建性详细规划成果针对基地特征提出“恢复性纪念”的理念，并明确指出 2003 年 12 月 26 日的纪念活动是本次规划的主要限制因素，必须在有限的建设周期与场地内梳理现状的山川河溪、林木丛草，把握整体景观效果，提升容纳能力，疏导人流车流，完善配套设施。该项目在短期内以高水准的规划设计理念通过省领导组织的设计评审，得到湖南省、市两级领导、及深圳市领导的肯定和赞扬，并在 2003 年 12 月庆祝毛泽东同志诞辰 110 周年的庆典活动中取得了良好的效果。

2003 年 12 月 12 日李长春同志明确提出要加强爱国主义教育，把韶山爱国主义教育示范基地作为“一号工程”建设好、管理好、利用好。湖南省委、省政府于 2004 年 6 月成立韶山爱国主义教育基地“一号工程”建设领导小组。2006 年，针对铜像广场的景观设计在全国范围进行招标，并建议投标单位按照铜像朝向作调整和不调整的要求各做两个方案，以专家的推荐方案作为领导决策的依据。深圳市北林苑景观及建筑设计院经过详细分析和认真准备，在与七家国内一流规划设计院的竞争中最终赢得了招标的胜利。下面着重对毛泽东铜像广场的景观设计做出阐述。

2 设计构思

现有的毛泽东铜像广场是 1993 年纪念毛泽东诞辰 100 周年时留下的重要纪念设施。由于前期建设资金缺口大，时间紧，导致广场周边未能按 2003 年的规划设想完全实现，并存在着以下几大问题：主广场区面积过小，游人活动空间不够；广场空间序列与主题性不强；周边交通组织不良，安全性不强；绿化缺少文化内涵，融合性不强。

建设方要求集中突出“两大主题”：一是“中国人民站起来了”，这是作为党、人民军队、共和国的缔造者毛泽东一生伟业的凝聚；二突出“实事求是”、“为人民服务”的政治理念，这是毛泽东思想的精髓，也是党的思想路线。

针对以上问题，我们对整个基地进行整体分析，把整个基地的景观层分为五层。第一层：山冲与河流；第二层：农田；第三层：自然斑块状的绿地；第四层：纪念性的场地节点；第五层：游人参观活动及路线。通过五层的叠加，形成整个基址的景观基础。设计方案都着重体现“胆”、

“气”、“韵”、“真”、“净”五大特点，即：毛泽东“指点江山，激扬文字”的胆魄和诗人气质；展现韶山冲自然风景之气；体现“万山红遍、层林尽染”的景色；体现毛泽东一生的精神气节；追求山冲原生景观的简朴、纯净（图1、图2）。

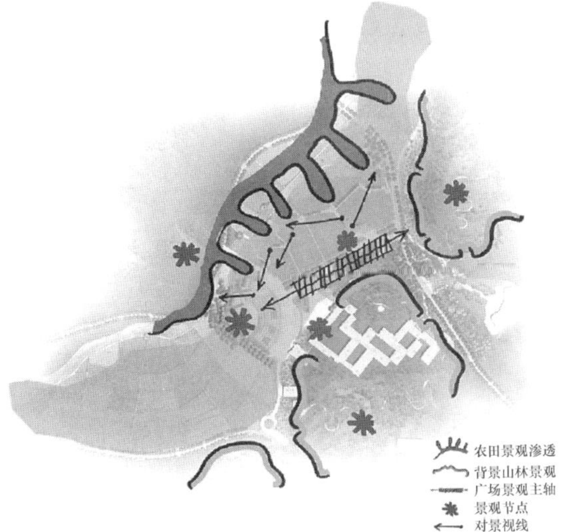

图1 用地概念分析图

图2 韶山冲及铜像广场周边环境效果图

在交通梳理上，保留原有的南环线和北环线，增加两条绕城线；广场内不允许机动车穿过，全部改为步行道，设计了一主一次两条游线。并根据周边情况，设置了一个连接故居方向的主入口，四个次入口分别为：韶山中学方向、韶山宾馆方向、滴水洞方向和韶峰景区方向。对铜像广场本身，着重体现其三大功能：一体现“纪念”功能，铜像广场本身就是纪念性广场，是全国人民缅怀毛主席的场所；二是体现“集会”功能，在毛主席重大纪念活动中是一个集会的场所，要规划适宜于集会的大面积硬地面；三是体现“休闲”功能，在纪念活动结束后，广场要兼作游人的疏散和休闲场所（图3、图4）。

主席一生留下诗文无数，为体现主席作为浪漫主义诗人和革命领袖的双重特性，我们特意设计了一个诗人花园。诗人花园以开花的乔、灌木和草本地被为主体，运用植物造景创作出一种诗情画意的浪漫之情，展现毛泽东作为一位伟大诗人的一面。花丛中绿篱和石雕景墙穿插，景墙上刻有毛泽东诗词，人们徜徉于花丛的同时，还可以欣赏到主席的优美诗篇，使整个花园处处有诗意，处处有花香。同时，以毛主席喜爱的植物营造毛泽东诗词词意，如为营造毛泽东《渔家傲 反第一次大“围剿”》诗意：“万木霜天红烂漫，天兵怒气冲霄汉。雾满龙冈千嶂暗，齐声唤，前头捉了张辉瓒。二十万军重入赣，风烟滚滚来天半。唤起工农千百万，同心干，不周山下红旗乱。”我们选用了以下植物：乔木——银杏（*Ginkgo biloba*）、枫香（*Liquidambar formosana*）、枫杨（*Pterocarya stenoptera*）、梅花（*Prunus mume*）、香樟（*Cinnamomum camphora*）、桂花（*Osmanthus fragrans*）、杜英（*Elaeocarpus decipiens*）、紫薇（*Lagerstroemia indica*）、女贞（*Ligustrum lucidum*）、白色花朵的山樱（*Cerasus serrulata*）。灌木——主席喜爱的木

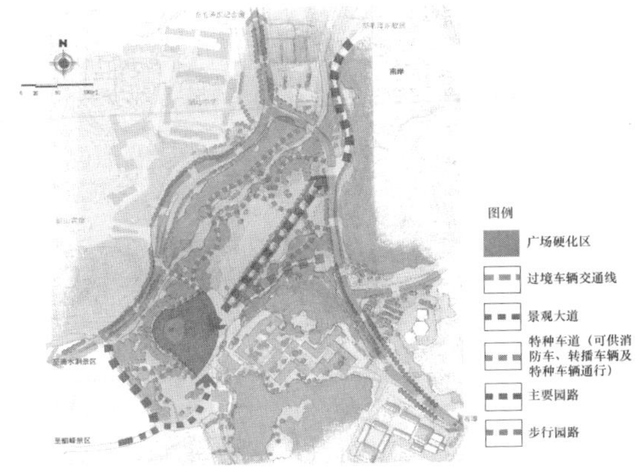

图3 交通分析图

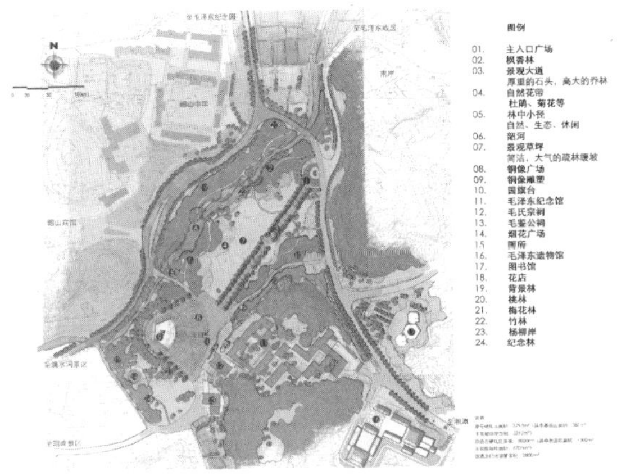

图4 总平面

芙蓉（*Hibiscus mutabilis*）、木槿（*Hibiscus syriacus*）、棣棠（*Kerria aponica*）、栀子花（*Gardenia jasminoides*）、含笑（*Michelia figo*）、象征革命烈士鲜血的映山红（*Rhododendron simsii*）。竹——有着湘妃的传说的斑竹（*Phyllostachys bambusoides Sieb.*）；地被——野菊花（*Chrysanthemum*）、荩草（*Arthraxon hispidus*）、石菖蒲（*Acorus gramineus*）、白芷（*Angelica dahurica*）白茅（*Imperata cylindrica*）、芒草（*Miscanthus sinensis*）等。

在与韶山“一号工程”建设领导小组的多次交流中，我们产生了对青少年爱国主义教育可加入更多的可参与内容想法，将周边农田建成各种室外教室，命名为“学习花园”。由孩子们定期来耕种这片土地，产生“毛泽东和我们在一起”的想法。自然清新的花园为人们提供了一个研究毛泽东思想的户外课堂，繁茂的庭荫树，简洁的树下条石凳，树下空间点缀以记载毛泽东思想的精髓和伟业的景物。我们相信在主席耕作过的土地上劳动过的孩子，将一生记住这美好的回忆。并且，通过劳动更能懂得革命先辈及农民们劳动的艰辛，而加深对土地热爱和对祖国山河的热爱；同时这些劳动的孩子也将成为另一道风景线，向人们昭示着祖国的希望和未来；由此这将是一个充满了希望、和谐的基地，一个充满田园诗意的基地，一个让人永记心田的爱国主义教育基地。

在毛泽东铜像移位和不移位两种思路中，我们对毛泽东铜像广场设计做了不同的处理。

方案一：铜像不移位

首先将原广场扩大，但仍维持着扇形的布局，将其分为缅怀休息区和瞻仰活动区两个部分（图5），将原来 3960m^2 的广场扩大为 8000m^2 的硬质铺装，以满足每年举行纪念活动时的需求。广场为中轴对称的方式布局，强调广场的庄严肃穆感。在铜像前增加镜面水池，平时以薄水镜倒影，增加空间的深远感，纪念活动时可放干水作为广场使用。另外，对毛泽东铜像背后的树林加宽加密，加强对铜像的衬托。

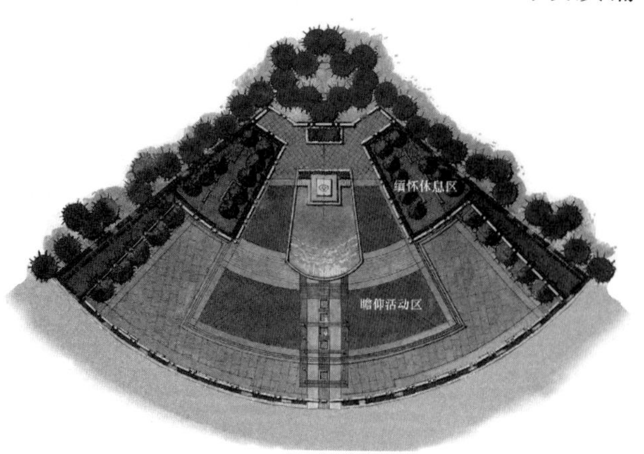

图5　广场平面分析图

主席铜像身后环绕以松柏为主密林，为铜像近处的背景，与背景的山丘、远处的山脉形成对比，呈现丰富的景观层次，广场边界种植冷调的树种如松杉类常青树种，对整个广场空间进行界定，但种植密度不宜过大，使广场景观、田园风光能够互相渗透。毛泽东铜像广场以雪松和柏木为主要树种。古人视松为君子，且松乃坚忍不拔、生命力强韧的代表植物，可象征革命历尽艰难仍坚定不移。柏树与松树一样，“雪不能毁其志，寒风不致改其性”。可寓意革命前辈，革命精神，松柏常青。同时，青松翠柏也是主席非常喜欢的树木。将松柏规则种植，可营造肃穆的气氛，庄重严肃，令景仰之油然而生（图6～图8）。

图6　广场剖面图一

图7　剖面二

图8　广场立面图

方案二：铜像移位

根据建设方的要求，我们作了一个铜像移位的比较方案。将铜像向东北方向移动，位于北部的开阔地带，使其面向东方，面对故居和毛泽东图书馆之间丘陵地伏的地形和峰峦。位置北移后更便于从故居来的主导游览人流就近来到铜像广场。广场呈矩形规则布局。两侧为林荫下的缅怀休息区，中央为瞻仰活动广场，两者之间以水渠分隔，整体上体现庄严的气氛而又不失活泼。

3 设计特点

由于现状有两条过境车行路穿越景区，对于故区景区中的人流、广场产生严重干扰，本次设计中针对此问题重点作了处理，主要为在从故居来铜像广场的路途中，增加了景观式瞻仰大道。对瞻仰大道的选线和布局，我院又先后做了多方案比较，分别为浪漫主义类型（方案一）、隐喻“革命道路是曲折的”（方案二）和“革命一定成功”（方案三）三个方案，对瞻仰大道和车行道的节点处也作了多种方案处理，经“一号工程”建设领导小组及专家的评审，最后确定方案三为实施方案（图 9～图 13）。

图 9　方案一效果图

图 10　方案二效果图

图 11　方案三效果图

综合以上分析，本项目特点以下：

（1）场地的柔化处理。采用扩大的扇形为广场空间的界定形式，其中一部分为硬质铺装，另一部分为软质铺装。整个广场分硬质、软质两种区域。软质区域布置在广场外围，铺植草坪，与周边的农田柔和的衔接。软硬两种区域之间利用植被的覆盖和遮挡，形成两种区域之间柔和的过渡，游人可以毫无阻隔地走入草坪，甚至走上周边的田埂，完全融入自然的环境之中，可以满足纪念、集会、休闲三方面的功能。

图 12　河岸典型剖面

图 13　中轴方案

（2）利用高差安排景观序列。纪念馆与中心集会铺装场地前道路地面存在较大的高差。同时，中心集会场地的中轴线与纪念馆门前空间也缺乏相应的对位关系。针对以上存在的问题，处理方式如下：整体提高广场核心区标高，雕塑后堆土成小山丘，形成雕塑的背景，从视觉上提升了铜像的高大肃穆感及场地的领域感，使人们能在次第增高的行进感中感受“中国人民站起来”的体验；使铜像处于广场的制高点，成为广场的景观控制点和视觉焦点；于第二级平台纪念馆和广场核心区轴线相交处设立升旗台，满足纪念仪式需求。

（3）增加场地特色铺装。场地的主要瞻仰面以大面积简洁的硬质铺装为主体，同时设五角星状金属板点缀镶嵌其间，整体上呈自由的放射状分布，展现出“星星之火可以燎原”的宏伟气势。每颗五角星的中心均置有 LED 灯头，使无论日景夜景都同样璀璨。

（4）增设了主题景观大道。景观大道是毛泽东广场的主要景观轴线，宽阔的步道为人们提供了一个瞻仰前的精神沉淀空间，使人们从休闲游览的情绪中渐渐体会到瞻仰的庄严、肃穆。大道对人流的导向及疏散也起到了至关重要的作用。铺地材料选用质朴的花岗岩，起点处设置一块醒目的景石，上刻与毛泽东生平有关的大事的年代，以唤起人们对那段不朽往昔的记忆和怀念。

（5）韶河设计改道。根据韶河现状及历史资料，我们将已渠化的韶河向西北方向移动进行改道设计，恢复韶河原来的位置和形态，这也是“恢复地貌原生态”理念的体现；同时，根据韶河水位的变化需求，驳岸处理为自然式，为了使岸线形式更加生动，于局部区域拓宽水面面积，根据水系的标高变化，增设自然式跌水，丰富沿岸景观。除此之外，将儿童桥的位置沿河道向北推移，并于毛泽东故居以北 10 米处增设拦水坝。

4 结语

大浪淘沙，光阴不止，对主席的追忆不息，对主席的深切怀念，也将会反复派生出新的内涵，规划师对纪念性场所的规划手法，没有最好，只有相对好，必须多分析，多比较，把握原则，在规划实施过程中，反复检讨和校核，验证是否达到预定的效果。因此前期的调查研究取证、规划原则的把握、规划分期实施方案的制订非常重要。规划原则已定，规划目标宜实事求是，以逐步推进设计和适应新形势的要求，规划调整宜慎重，稍有偏差，可能会造成重复建设、资源浪费，对毛主席故居区域的建设，决策者和规划师同样任重而道远。

胡锦涛总书记在《纪念毛泽东诞辰 110 周年座谈会的讲话》上提到：“毛泽东同志毕生最突出最伟大的贡献，就是领导我们党和人民找到了新民主主义革命的正确道路，完成了反帝反封建的任务，建立了中华人民共和国，确立了社会主义基本制度，并从中国实际出发探索社会主义建设的道路，为古老的中国赶上时代发展潮流、阔步走向繁荣昌盛创造了根本前提，奠定了坚实的理论和实践基础。”并提出：“坚持一切从实际出发，理论联系实际，不断探索适合中国国情的发展道路。”这也同样适合于纪念性场地的规划设计手法。

我们有幸，可以见证中华民族的伟大复兴，并有幸参与对伟人毛泽东故居的规划设计工作，根据韶山特定的历史人文和革命纪念意义，整体把握一系列纪念建筑和场地的现状特点，充分考虑韶山的风景名胜特质及游客的参观需求，提出“恢复性纪念，可参与教育”这一设计理念，将山清水秀、畴田沃壤的韶山风貌与志向高远、胸怀博大、性格坚强的伟人精神相结合，提炼出特定的场所特征并与韶山地域特色和地方文脉相融合，充分表达我们对一代伟人的景仰和缅怀之情。

（本文曾发表于 2007 年 10 月《风景园林》）

城市与自然的共生　记忆与理想的回归

——南海桂城旧佛平路河涌景观设计

李　远　宁旨文　池慧敏

【摘　要】 本文通过对广东省佛山市南海区桂城旧佛平路河涌景观规划设计和施工的介绍，展现了在一个城市内对旧河涌结合水利功能、城市功能、生态文化功能等要求进行改造和提升的项目的具体思路、理念、详细设计和建成效果。

【关键词】 南海；河涌；生态；文化；滨水；景观

1　项目概况

佛山市南海区位于珠江三角洲腹地，紧连广州，毗邻香港、澳门，是一颗美丽富饶、人杰地灵、社会和谐的南粤明珠，本项目就位于南海区政府所在地桂城的旧佛平路。该河涌是桂城的一条重要内河涌，起于新旧佛平路交界处，由西向东，流经北约村、夏西村和夏南一村，东侧与高桥涌相连。旧佛平路河涌属于四乡联围排涝体系的组成部分，本次规划范围西起桂澜路，东至深海路，全场约二公里。设计地域位于城市中心地带，交通便利，具有明显的岭南水乡特点，但该处因处于城中村的包围中，现状景观不好，周边大量的工业和生活污水注入河涌中，河水水质较差，景观性与生态性基本缺失。为了提升本场地的生态景观功能，改善城市面貌，为居民提供一个良好的生态生活环境，增强亲水性，桂城街道办决定结合旧佛平路道路改造工程和河涌水质治理工程，相应启动河涌环境景观的规划设计和施工，使该场地达到综合整治的目的。本次规划设计就是在这样的背景下进行的。

2　规划设计理念

河涌景观设计根据招标文件的要求，依照国家、佛山市和当地相关规划文件，以及其他水文、水利资料，将规划目标定位为构筑一个形态完整、功能完善的城市滨河生态系统和概念明晰的公共滨水景观带，并制定了相关的规划设计原则，如“以人为本，生态优先”，“因地制宜、传承文明”等，力求通过简洁、生态、经济而富于灵感的设计构思，让使用者成为河涌景观空间的主角，各种活动与周边的水滨和街道空间交相呼应。整个设计以水、植物元素为主，“没有水，就没有生命”，水是生命的源泉，也是城市的血脉和活力所在，水滨是久居城市的人们的重要生活地点，与水的亲切接触使城市居民感受到大自然的灵感，从而得以放松和休息。水域和水滨是城市和景观空间中吸引人的景观要素，也是形成美好的城市意象的关键元素。城市中的水元素加强了空间特性，对水的观赏也是中国传统文化中的重要部分，也使城市景观成为一个有效的生态系统。而植物的重要功能和作用众所周知，在这里就不用再敖叙了。我们通过对现状的透彻分析、生态河流景观的把握、充分考虑城市中人的需求和活动，以及南海文化精神面貌的理解这四个层面的叠加，从而创造和谐的城市滨水休闲带，将城市景观和人的需求引入水乡文化中，将人们对旧时水乡的渴求注入景观设计中，探索城市与自然、自然与人、自然与文化的和谐共生，最终达到生态景观为人服务的目的。

3　设计构思

本项目河涌与旧佛平路一样横贯东西，而河涌夹在夏平路之间，由西到东被南北向的几条城市道路分成了四个段落，四个景观段根据场地特点共分为二个景观分区，第一二段比较类似，均为狭长状，第三段设计范围较宽阔，第一二三段在夏平路相向车道中央，而第四段则完全在道路一侧，即南侧，到了此处道路相向车道完全合并，路中心无分车隔离设施。这些景观段风格应是连续和统一的，并在统一中寻求变化。整体布局应体现从城市景观逐步过渡到自然景观的节奏，体现城市与自然融合，人类社会发展的必经历程，亦表达了人们对纯朴自然的向往。设计由此分为三个景观区：风情狮城、莳色水乡、绿泽野趣

3.1　风情狮城

本区为整个河道景观的序幕，西起桂澜路东至规划华翠北路。南海狮艺饮誉海内外，每逢佳节喜庆之日，鼓点频频，雄狮起舞，观者喜形于色，是历史悠久的民间娱乐活动。雄狮的威武神采代表了南海人民的精神面貌，敢为天下先的魄力，因而南海亦被称为狮乡。在本区的设计中以反应狮乡人民精神风貌、民俗文化为主题，功能上考虑城市及人的活动对景观的影响，注重与周边建筑空间、道路空间的结合，构成代表整体区域形象的城市景观节点。

3.2　莳色水乡

莳色水乡在水系最宽阔处，周边用地南岸以居住区为主，现在在建的有保利地产等商业楼盘，北岸有夏西小学，以及社会主义新村镇示范点夏西村。在此处以重现岭南水乡文化为主题，设计人工湿地园区，结合适当的观景场地，服务设施和小品，打造滨水生活休闲区域。此区域的植物配置也注重展示湿生植物系统特色、季相变化和丰富的层次。莳，表示植物繁茂四季演替的景象，我们用这样的景观表达南海日新月异的景象，积极进取的精神。

3.3　绿泽野趣

绿泽野趣位于佛山一环东线以东，周边现状为城市发展预留用地，规划以新型产业为主。设计以体现河流的自然野趣为主旨，不加硬质景观，营造一个改善生境的纯自然的生态环境，为人们描绘出草木葱绿、鸟鸣花香的自然美景，寓意城市繁华、人类文明的起源，亦是人类精神家园的回归。人们行至此处，或散步或垂钓，怡然自得。

4　分段详细设计和施工

4.1　一二段景观区

此区域为带状滨水景观带。两侧为夏西路，道路设计由市政设计单位同步进行。利用场地内有限的设计空间，我们由道路红线向河涌中央依次设计了花池、滨水人行道、石栏杆、木平台、伸向河涌的绿化种植带等，构建了一套完整的滨水景观休闲体系。花池统一为2m，均为花岗岩铺贴而成，滨水人行道与城市道路设计预留了一定高差，因而在花池间的适当位置设有台阶，游人赏玩时需拾级而下。我们借此来体现空间纵向的变化。花池高度以适合人停坐休息为准。花池中种植有大规格的小叶榕行道树和灌木种植带，植物种植既是道路的附属绿地，又有机地与河涌水景融为一体，成为滨水景观带重要的组成部分。由于空间的限制，人行道只能设计为2.5m宽。人行道设有盲道，体现对残疾人的关爱。因河涌水深在1.5m以上，为保证安全，河涌两侧均设有石材与铁艺相结合的栏杆，其高度符合规范的要求。为丰富游人的赏景需要，打开河岸透景线，河岸两侧设有若干观景木平台，站在平台上，游人或远眺或近观，怡人的景色尽收眼底。在河涌的两侧，我们原设计有平面为自由曲线状的绿化种植带，呼应本区域“风情狮城”的主题，并与河涌水面相融合，水体象穿行于河涌的蜿蜒的溪流，近岸水域设计有水生植物种植区，植有具有自然野趣的挺水植物和浮水植物，景观性和生态性俱佳，而过水的宽度最小也不少于10m，能满足水利部门最低过水宽度的要求。从景观效果来说，在满足水利功能的前提下这样将场地作为一个整体的景观系统来考虑是妥当的和可行的。但后来按建设方的要求，项目实施时我们修改了此处的设计，原因是尽管我们的措施符合要求，水利部门还是存在对水域太窄影响泄洪的担心，希望景观设计能最大化地扩充水面。最后在河涌两侧取消了曲线状的绿地，取而代之的是毛石垂直驳岸。特别是在第二景观段落，因其本身就存在过水面不足的问题，我们当时设计了垂直驳岸加悬挑人行道的方式来解决此难点，河水静静地从人行道下穿过，而悬挑板的外侧挂有种植槽，种植有勒杜鹃、马樱丹等花灌木，与道路旁的2m花池相互映衬，形成了立体绿化的架构。但施工时建设方因造价缘故，随后将其简单处理了，取消了悬挑板，缩窄了人行道。建成效果略显单调和生硬。

4.2　三段景观区

三段是本项目的核心景观区，基址场地较开阔，面积较大。设计区域西边宽，向东逐渐变窄，因此我们在西侧通过北边的大型绿地与南侧的垂直驳岸围合成了湖面。城市道路旁的花池与人行

道延续一二段的风格，形式协调统一。驳岸类型则在南面为毛石垂直挡墙，上有栏杆，并设置了几个半圆形的木平台。北面主要为软质水岸，绿地延伸入水中，近岸处设有水生植物种植区，一二段无法表达的生态自然的景观特征在此处则得到了淋漓尽致的体现。本段设有休闲广场、水中木栈道、林间园路、亲水小广场、景观公厕以及横跨南北的佛安桥、佛平桥亭等景点。各设计元素以前述的设计理念和构思为原则，充分表达对自然生态和地域文化、现代生活的憧憬与向往。

4.2.1　休闲广场

这是本项目最大的一个广场，位于北侧一个入口位置，是近处居民在河涌旁的主要活动休闲场地，也是展示城市精神文明建设风貌的重要空间。场地呈方异形，通过铺装、树阵、大型景观灯柱、亲水台阶、花池等景观元素的设计，为游人提供了一个较理想的休闲、娱乐场所。广场铺装以花岗岩装饰带与透水烧结砖相结合，既大气又体现绿色环保的生态理念。广场两侧的四排树阵，种植有小叶榕大树，丰富空间层次，并在林下设有坐凳，居民可在此吟诗作画、吹拉弹唱，形成了较佳的包含文化内涵的林荫休憩空间。周边花池植有色彩斑斓的花灌木，体现多姿多彩、热情奔放的生活，而广场两侧的绿地密植层次丰富的乔灌木，将广场围合，使之成为较幽静雅致的场所。广场南侧透景线则是完全打开的，南侧水滨设有几级亲水台阶，游人可在此玩水赏水，并眺望湖面和对岸的风景，以及横架南北的佛安桥佛平桥亭在波光中美丽的倩影，景致引人入胜。

4.2.2　水中木栈道与林间园路

结合湿生、水生植物区的设计，我们在场地的一个区域设计了穿越水岸和大量落羽杉林的较长的木栈道。栈道宽 2m，两侧有矮栏杆，为了丰富观景效果，达到步移景异的目的，我们在适当位置设计了木台阶，并使木栈道的走向转折较多，增加空间变化。从木栈道上走过，透水透绿，微风拂面，水滨生态观景廊道从而建立起来。

在河涌和湖滨的绿地中，设计有一条 2m 宽的沟通整个绿带、广场、栈道的园路，园路成曲线状布置，人行其中，曲径通幽，两侧绿树成荫，鸟语花香，令人心旷神怡。

4.2.3　亲水小广场

在绿地的适当位置设计有几个小型的广场，作为游人集散和栈道、园路过渡的节点场所。小广场设计风格均简洁大方，同时满足功能要求和景观效果需要。

4.2.4　景观桥及亭桥

整个项目有两座重要的具有岭南园林风格的景观桥，连通南北的交通，均为步行桥，两端通过数段台阶上至主桥面。一座叫佛安桥，位于三段的东侧，是平拱桥，桥栏杆为仿古风格。另一座叫佛平桥，与休闲广场相连，桥体设有五个半圆形拱，与水中的倒影构成了 5 个圆形，取圆满和谐之意，符合中国古老而传统的文化思想。佛安桥上还设计有一个简约仿古的景亭，游人通过台阶拾级而上，站在桥顶的亭中，凭栏而立，极目处视野开阔，整个景观区尽收眼底。两桥既是人行交通的载体，又是整个项目重要的景观节点和兴奋点。

4.2.5　景观公厕

景观公厕位于休闲广场的西侧，它既有如厕的功能，同时又是一座景观构筑物。其基本形式为传统与现代相融合的简约中式风格，有白色的墙蓝灰的瓦，并用几组带景窗的景墙分隔内外空间，景墙一隅植竹，更突显传统文化的特质。

4.3　四段景观设计

这一段全部为与河涌相协调的生态绿化，结合河涌整治，河岸设计有大量的乔灌木，呈生态复合式种植，是一个纯自然的滨水生境。

5　植物规划设计

根据适地适树和与景观设计相结合，以及重视生物多样性的恢复和保存，植物种植与环境景观可持续发展等原则进行植物规划设计。主要为配合景观设计的主题，在合理利用现状的基础上，选用富有亚热带特色的乡土树种，营造多层次的城市河涌绿地景观，如行道树均采用乡土树种小叶榕，易于尽快形成浓荫和搭建河涌两岸的绿化骨架；在第三段落利用落羽杉、凤凰木、竹林、棕榈类植物、灌木地被和大量湿生、水生植物，形成自然野趣的特色片区，丰富季相变化和滨水生态效果；同时强调植物的抗风耐涝设计，近水边多选用水蒲桃、垂柳、水蓊、夹竹桃等植物；还强调宜人的规划种植，利用植物缔造有活力的休闲及活动空间，刻画迷人的新城河涌风景线；为了增加景观的趣味性和动态美，植物设计遵循自然规律，模拟自然植被群落，建立生物多样性观察点，保护生态群落的特性，恢复植物景观的自然性、乡土性和原生性，使其形成良好的生态系统。

6 景观水电设计

6.1 绿化浇灌与雨水系统

项目的绿化给水由市政供给，采用人工和自动相结合的方式浇灌，在第三段绿地面积较大处设置自动浇灌。而雨水系统则是在局部设置雨水管网或者根据地形自然排如入河涌中。

6.2 照明设计

照明设计原则依“点、线、面（景点、沿路、景区）”相结合进行设计。在总体上创造出“重点显目、明暗适宜、和谐协调”的灯光效果。点即突出重点如高大的树木、景点等，用埋地可调角度投光灯照射，突显夜景美感，烘托热烈气氛。线即在沿路花池中设置造型与景观风格相适宜的路灯，既在白天形成美的景观效果，又在夜间成为主力照明。沿河涌两边沿线布灯，把河的轮廓和水面展现出来，使原本为城市特色的河涌亮化，成为人们消遣、散步的好去处。面即在休闲广场等处为营造活跃温暖的气氛，采用景观灯柱、地灯、投光灯等相结合的方式，形成绚丽多彩的空间。

7 结语

南海桂城旧佛平路河涌综合整治工程项目至今已基本建成，其生态效益和社会效益日益显现。在设计与施工实践过程当中，我们深知城市内河涌的景观规划设计必须紧密结合生态环境、地域文化、城市功能和水利功能等要素，为河涌滨水环境赋予生态理念、人文特色、艺术气息，才能取得良好的景观效果。

（本文曾发表于2009年《风景园林》（增刊））

景观水保学理论在城市水土保持植物景观建设中的实践探索
——以深圳市水土保持科技示范园为例

徐 艳 肖洁舒 夏 兵

【摘 要】随着城市化进程和生态文明建设的加快，城市水土保持的内涵和外延都得到进一步拓展，城市水土保持生态建设项目的景观化要求越来越高，以研究水土和人、社会、文化内在联系的景观水保学将是此类项目建设的重要指导理论。本文以深圳市水土保持科技示范园项目为例，剖析了景观水保学理论在城市水土保持植物景观建设中的实践探索，以期为景观水保学的理论体系提供实践支撑，同时为国内相关项目提供借鉴。

【关键词】景观水保学；城市水土保持；植物景观

城市水土保持是针对城市化建设过程中新的水土流失的预防和治理，同时对原有侵蚀环境的整治及城市周边地区的水土保持和环境的绿化美化。它具有生态服务功能、景观与游憩功能和防灾避险功能[1]。随着城市化的快速发展和生态文明建设进程的加快，城市水土保持的内涵和外延得到进一步拓展，其工作目标已经从传统的水土流失治理提升到构建水保、景观、文化三位一体的、多功能复合生态系统，建设目的是建设理想人居环境，真正实现城市人与自然的和谐。因此，城市水土保持项目对治理后的景观效果要求越来越高。而景观水保学理论的提出顺应了社会发展的需要，符合当前城市水土保持生态建设的发展趋势。它是研究水土和人、社会、文化内在联系的学科，以市域和乡域地表为研究对象，通过人工干预，合理梳理水、土元素的空间秩序和布局的方式，创造合理的城市自然和人文基底，并协调人、社会、文化与水土之间的关系[2]。深圳市水土保持科技示范园的植物景观正是以景观水保学理论为指导进行建设的成功案例之一。

1 项目概况

深圳市水土保持科技示范园，原为深圳市南山区乌石岗废弃石场改造区，位于深圳市西丽水库西南侧，总面积为50hm^2（一期22hm^2，二期28hm^2）。园区西北、东北、东南部紧靠西丽水库，山岭起伏，湖光山色，交相辉映，却反衬出园内西南面未经生态恢复措施处理区域的景观落差，对园区进行生态恢复、景观改造势在必行。该园作为全国第一个以城市水土保持科教示范为概念的基地被水利部命名为全国水土保持科技示范园区，填补了深圳乃至国内城市水土保持在城市废弃采石场上建设产、学、研一体化科技示范园的空白，一期工程建成后引起了广泛的社会反响，水土保持、景观建设等多方面获得水利部、深圳市领导、社会各界较高的评价。

2 项目前期研究

深圳水土保持科技示范园的特点是以景观的形式，通过多维的景观体验和互动，生动地展示深圳在城市水土保持技术方面进行的技术探索和理念创新，打造水土保持科普教育的户外课堂。而植物作为会变化的、有生命的景观，又是实现水土保持景观效果的重要组成部分，因此，本项目在规划初期从以下几个方面进行了专项研究。

2.1 全国水土保持科技示范园植物景观异质性研究

截至2009年底，全国范围内水土保持科技示范园得到水利部命名的共49个，其中第一批于2007年命名，共25个，第二批于2009年命名，共24个。纵观其他水土保持科技示范园，其建设特点可归纳为：（1）景观化程度低。园区建设以水土保持工程示范为主，通常只考虑水土保持科学的内涵，对示范园的景观品质、艺术外貌关注较少。（2）植物景观简单。示范园工程建设少与园林建设相结合，植物景观更只限于简单的绿化措施。

深圳市水土保持科技示范园于2008年开始规划设计工作，吸收了国内，包括台湾省在内的水土保持示范园建设的成功经验，同时独辟蹊径，将水土保持科学内容的展示与风景园林艺术化的表现形式紧密结合，参考主题公园的建设模式，从深入挖掘水土文化的内涵入手，用新颖的设计手法概括表达水、土两大自然要素与植物的关系，且重点植物景观精细化，成为一个风景优美、文化内涵深厚、科技与艺术结合的创新型水土保持科技示范园。

2.2 深圳城市水土保持技术和优势研究

城市水土保持指为防治发生在城市建设区范围内因人为活动引起的水土流失而采取的管理和技术措施。它主要包括三方面的内容：一是城市基础设施建设过程中的水土流失防治；二是结合改善城市生态环境，提高市民生活质量，提供旅游、休闲、锻炼场所，美化城市环境所采取的综合性措施；三是进行城市水土保持预防监督管理。深圳城市水土保持工作起步较早，早在1994年，吴长文、何昉等就提出了城市水土流失是急需解决的紧迫问题。随着深圳城市化进程的发展，深圳城市水土保持至今已经历了五个发展阶段：大规模开发平土区水土流失治理、裸露山体缺口水土保持综合整治、饮用水源水库流域水土保持综合治理、开发建设项目水土保持监督管理和城市水土保持科技示范园建设。这其中，深圳城市水土保持学者和从业人员，综合了水土保持、风景园林、城市规划、土木工程、地理、生态、林业等多学科的先进技术和理念，开展了城市水土保持工作的理论研究和实践探索，在城市水土保持领域进行了开拓性的综合性实践，为全国城市水土保持生态建设和研究做出了示范，从开发流失区的泥沙控制工程和快速生态修复新技术，到裸露山体缺口治理的生态景观改善工程，再到水源保护林建设，积累了丰富的成功经验[3]。深圳市水土保持科技示范园从中选取了边坡治理、废弃采石场的生态修复、裸露山体缺口治理、清洁小流域治理等生态技术成果作为水土保持科学重点展示的内容，这同时也决定了项目选用植物材料的方向和植物景观营造的目标。

2.3 深圳城市水土保持植物资源研究

城市水土流失产生的根本原因是人类活动主导的过度干扰，治理的技术措施对维系生态系统功能的关注度较高，这其中就要求用于城市水土保持的植物材料应以当地的乡土植物为主，而且注重物种间的合理搭配，形成健康、稳定的植物群落，在保持水土的同时，丰富景观的多样性，并形成高效稳定的生态系统。

水土保持植物通常要求具有涵养水源、固堤护土、改良土壤、净化水体、净化空气、生物防火等生态功能。此类植物的特点为：根系发达、树冠饱满、叶面持水能力强，有一定凋落物等。乡土植物对原产地环境具有天然的适应性[4]。有关实验证明：乡土树种生长受水分影响不大，对干旱和洪涝有一定的抵御能力。据调查，乡土树种抗病虫能力也比较强，即使有病虫害发生，由于天敌的作用，一般不会对其造成严重危害。此外，乡土树种在植物景观中运用还能形成浓郁的地方特色，实现景观本土化。

深圳地处热带亚热带过渡地带，优越的地理环境和复杂的地貌类型为多种植物生长提供了条件。据相关资料显示，整个深圳山地的野生维管植物超过2000种[5]，植被类型也非常丰富，有针叶林、阔叶林、灌丛草坡、山顶常绿阔叶矮林等，为城市水土保持生态建设的植物景观多样性营造奠定了坚实的物质基础。通过对深圳市梧桐山、七娘山、羊台山、凤凰山等森林植被植物组成的调研和分析，发现深圳的乡土植物中至少有三分之一可用作城市水土保持生态建设。

另外，根据城市水土保持建设项目立地条件的不同，综合生态、景观、文化的复合功能要求，要求优选生态适应性强、景观效益高的乡土植物，在生态安全性满足的条件下，也可以选用性状优良的外来树种。依据此原则，本案从以下几个方向研究了深圳城市水土保持植物资源：

2.3.1 耐干旱、瘠薄的景观植物

这类植物通常应用于裸露山体缺口的生态治理工程中，主要的乡土植物有：铁冬青（*Ilex rotunda*）、浙江润楠（*Phoebe chekiangensis*）、大头茶（*Polyspora axillaris*）、山苍子（*Litsea cubeba*）、豆梨（*Pyrus calleryana*）、珊瑚树（*Viburnum odoralissimum*）、荷木（*Schima superba*）、山乌桕（*Sapium discolor*）、野漆树（*Taxicodendron succedaneum*）、潺槁树（*Litsea glutinosa*）、紫玉盘（*Uvaria macrocarpa*）、鬼灯笼

(*Clerodendron fortunatum*)、桃金娘(*Rhodomyrtus tomentosa*)、薜荔(*Ficus pumila*)、锡叶藤(*Tetracera asiatica*)等;常用外来植物主要有:海南蒲桃(*Syzygium cumini*)、黄槐(*Cassia suffruticosa*)、小叶紫薇(*Lagerstroemia indica*)、百喜草(*Paspalum notatum*)等。

2.3.2 既耐旱又耐水湿的"两栖植物"

这类植物通常应用于水库涨落带的生态建设中,主要有:银叶树(*Heritiera littoralis*)、黄槿(*Hibiscus tiliaceus*)、水翁(*Cleistocalyx operculatus*)、水黄皮(*Pongamia pinnata*)、李氏禾(*Leersia hexandra*)等。

2.3.3 涵养水源功能较强的景观植物

这类植物通常用于水库水源涵养林的建设,主要有:黧蒴(*Castanopsis fissa*)、秋枫(*Bischofia javanica*)、红锥(*Castanopsis hystrix*)、荷木、山乌桕、假苹婆(*Sterculia lanceolata*)、野漆树、阴香(*Cinnamomum burmannii*)、香樟(*Cinnamomum camphora*)、竹类(*Bambusa* spp.)等[6]。

2.3.4 具土壤改良功能的景观植物

豆科植物具有根瘤菌,对土壤起着改良的作用,应用豆科植物的固氮功能是解决氮素营养持久供应的科学、经济、实用的方法,常用的植物有:铁刀木(*Cassia siamea*)、红绒球(*Calliandrahaematocephala*)、双荚槐(*Cassia biacapsularis*)、翅荚槐(*Cassia alata*)、山毛豆(*Cassia alata*)、银合欢(*Leucaena leucocephala*)等。另外,还有蜈蚣草(*Pterisvittata*)等可用于受砷污染土壤的生态修复。

2.3.5 具净化水质、固土和护堤功能的景观植物

深圳用于固土和护堤的景观植物主要有:蒲葵(*Livistona chinensis*)、银叶树、黄槿、水翁、水蒲桃(*Syzygium jambos*)、串钱柳(*Callistemon viminalis*)、银桦(*Grevillca robusta*)、四季桂(*Osmanthus fragrans* var. *semperflorens*)、花石榴、杜鹃(*Rododendron simsii*)、茶花(*Camellia japonica*)、羊蹄甲(*Bauhinia purpurca*)、木芙蓉(*Hibiscus mutabilis*)等。用于水生态治理的景观植物主要有:落羽杉(*Taxodium distichum*)、水石榕(*Elaeocarpu shainanensis*)、荷花(*Nelumbo nucifera*)、纸莎草(*Cyperus papyrus*)、美人蕉(*Canna generalis*)、花叶芦竹(*Arundo donax* var. *versicolor*)、再力花(*Thalia dealbata*)等。

2.3.6 具其他生态修复功能的景观植物

除上述植物个体具有的生态功能外,工程实践中通常还会依据食物链原理,通过植物生境的恢复,逐步达到生态系统恢复的目的。这类项目中,通常会选用鸟饲植物、蜜源植物或芳香植物等,主要有:小叶榕、大花第伦桃(*Dillenia turbinata*)、羊蹄甲(*Bauhinia purpurea*)、海南蒲桃(*Syzygium cuminii*)、鸭脚木(*Scheffera octophylla*)等。

3 深圳水土保持科技示范园植物景观建设实践

3.1 基于景观水保学理论的植物景观建设思路

景观水保学理论的核心思想是关注和反映人、城市与水土的关系,主要目的是建立安全的城市水土生态格局,促进城市、人与自然和谐。在这一理论指导下,我们提出深圳水土保持科技示范园的植物景观建设从以下几个方向展开:

(1)以水土生态文化为灵魂,打造人与天调的理想生态环境。

(2)以水土生态保护为基础,丰富场地内的物种多样性。

(3)以水土生态恢复为目的,恢复废弃采石场的生态功能。

(4)以水土生态安全为根本,重建可持续发展的生态系统。

(5)以水土生态美丽为愿景,构建水保园植物景观的艺术外貌。

3.2 基于景观水保学理论的植物景观建设实践

3.2.1 水土生态文化与植物景观

中国传统文化中,水土自然观的思想渊源非常深厚。管子在《地员篇》中写道:"草土之道,各有所造",《周易》中亦有"百谷草木丽乎土",都是在讲述水土乃万物之本,自然界一切生命活动都离不开水和土,植物与水、土三者息息相关。自古以来,中国先民对土壤的崇敬可以通过社稷坛中的五色土窥见一斑。五土对应着五行,因此,

深圳水土保持科技示范园（以下简称水保园）以水、土、木、金等自然元素为设计素材，营造了土厚园、木华园、水清园、金哲园不同特色的主题园，植物造景则选取对应的主题植物，以景观的方式揭示传统土文化与植物的内在关联。如土厚园，以五色土对应的指示性植物体现每种土壤的物理特性和文化特征；金哲园，参考“金生水，金克木”的五行相生相克规律，以涵养水源功能较强的竹类植物为主；木华园则重点展示我们前期研究总结出的深圳水土保持景观植物，突显水保园的科技示范功能；水清园，重点营造静思空间，引导游人静思水清由来，领悟植物与水的密切关系。

3.2.2　水土生态保护与植物景观

根据现场调研，场地内现有山体植被以人工林为主，主要有柠檬桉（*Eucalyptus citriodora*）林和荔枝（*Litchi chinensis*）林，夹杂少量的马占相思（*Acacia mangium*）、大叶相思（*Acacia auriculiformis*）和台湾相思（*Acacia richii*）。林下缺乏中层植物，下层以芒萁（*Dicranopteris dichotoma*）占绝对优势。植被群落结构单一，树种单调，生物多样性程度低，整体林相缺乏色彩和季相变化，观赏价值不高。设计以景观水保学理论为指导，在保留场地内野生乡土植物的基础上，间伐人工树种，增种生态效益和景观效益均好、耐干旱瘠薄的乡土树种，同时兼顾蜜源植物和鸟饲植物，如小叶榕、木荷、铁冬青、鸭脚木、野牡丹等，乔、灌、草、藤合理搭配，营造多功能、多色彩、多树种、多层次的南亚热带乡土阔叶林群落。在保护的基础上，丰富场地内的物种多样性，实现生态与景观双赢。

3.2.3　水土生态恢复与植物景观

水保园选址于具有水土流失典型性的废弃采石场内，园区建设的首要任务是恢复场址内的生态环境，主要采用的治理措施有裸露山体缺口治理、边坡快速绿化等水土保持技术。传统的绿化方法多为在山脚栽植攀缘植物，如爬墙虎（*Parthenocissus tricuspidata*）等，在坡顶栽植垂吊植物，如簕杜鹃（*Bougainvillea glabra*）等。园区除传统方法外，还采用了喷混植生、人工植生盆、挂笼砖等多项综合技术，植物种类应用更加丰富，选择了野牡丹、毛稔（*Melastoma sanguineum*）、桃金娘、狗牙根、波斯菊（*Cosmos bipinnatus*），以及紫御谷、矮蒲苇（*Cortaderiaselloana* ‘Pumila’）、血草（*Imperata cylindrical* ‘Rubra’）、细茎针茅（*Nassella tenuissima*）等观赏草，营造现代而野趣的景观风格，在满足生态系统恢复要求的同时，改善生态建设项目的景观品质。

3.2.4　水土生态安全与植物景观

水保园位于深圳市西丽水库水源保护区范围内，同时也是深圳市“凤凰山—羊台山—长岭陂区域绿地”的重要组成部分，在保障饮用水水源的生态安全、营造野生动植物栖息地、维护深圳市区域生态安全上都有着重要作用。因此，本项目的植物景观建设，遵循“天覆万物而制之，地载万物而养之”的自然规律，在一级水源保护区范围内，以涵养水源功能强的乡土景观植物为主，如青皮竹（*Bambusa textilis*）、海南蒲桃、苹婆（*Sterculia nobilis*）等，并以此为中心向外扩散，植物种类逐渐过渡到观赏性强的园林植物，体现水土保持、景观、文化多元融合的核心思想。同时，水保园还引入了低冲击开发（Low Impact Development）技术措施如雨水花园、护坡处理、草沟、生态停车场等，以湿地、雨水花园、低势绿地等生态技术营造水保园的水环境，创造生态环境优美、富有文化氛围的水土保持科技示范园。

3.2.5　水土生态美丽与植物景观

随着深圳市生态园林城市建设步伐的加快，人居环境的生态建设已经远远无法满足人们的实际需求，还从艺术、文化等层面提出更高的要求。水土保持和植物造景最大的交集之处便是植物的运用，特别是乡土植物的应用，从植物景观分区到植物景观水保特色的体现，再到具体的植物种类的选择，最终都是以体现水土生态的美丽为宗旨，营造乡土野趣、科学与艺术交融的植物景观。

水保园在以水保科技为主线的水土流失危害展示区、水土流失模拟展示区、水土保持试验区、水土保持措施展示区、公众参与水土保持宣传区，植物景观营建根据水土保持措施对植物生态功能的具体要求，选择观赏价值高的水土保持植物。边坡治理植物造景改变常见水土保持植物品种较为单一的种植，运用观赏禾草，如紫御谷等，结合特色草花，营造野趣盎然、景色优美的植物群落。而与山林相接的排水沟也处理成自然草沟（水保上称生物排水沟），观感及生态性上优于传统硬质排水沟。

4 结论与建议

管子云：夫民之所生，衣与食也；食之自所生，土与水也。人类活动与水、土等自然要素息息相关。城市水土保持研究的核心问题便是城市人与水土的关系。而以朴素的水土哲学为指导，旨在对水与土进行整体、宏观和理论化研究的景观水保学，将对美丽中国、生态文明建设的推进发挥重要作用。

4.1 在实践中进一步完善景观水保学理论

《管子·五行》中讲道：人与天调，然后天下之美生。水土保持与景观、文化的多元融合，是推动水土保持学科的创新、发展，提升城市水土保持工程项目景观品质的重要推手，也是景观水保学的主要研究方向。然而，景观水保学理论目前还处于尝试阶段，相应的水土理论体系尚不健全，因此，尽快完善景观水保学理论应是近期城市水土保持领域的工作重点之一。

4.2 加强乡土景观植物的应用研究，践行生态文明理念

城市水土保持是城市生态系统的基础，她为城市搭建一个可持续发展的空间骨架、是城市建设可持续发展的必要途径，其目的是在人与土地之间极度紧张情况下，重建人与水、土地之间的关系，主要从植被和水两条生态恢复主线开展工作。目前深圳城市水土保持生态建设常用的植物有176种，占乡土植物种数（2000多种）的1/10不到，这其中的研究空间还非常大。因此，加强乡土景观植物的应用研究，对改善城市水土保持的景观效果，丰富城市水土保持景观多样性，践行生态文明理念，起着举足轻重的作用。

参考文献

[1] 吴斌. 我国城市水土保持几个问题的探讨［J］. 风景园林，2013（5）：18-20.

[2] 何昉，夏兵，梁仕然. 景观水保学——城市水土保持的理论探索［J］. 风景园林，2013（5）：27-30.

[3] 吴长文. 城市水土保持的理论与实践［J］. 中国水土保持科学，2004（3）：1-5.

[4] 赵若琪，刘永金，张玲，等. 乡土树种在城市园林的应用［J］. 中国科技成果，2007（16）：46-48.

[5] 陈涛，李楠，陈红跃，等. 深圳森林景观生态构建［M］. 中国林业出版社，2006.

[6] 邱甜，郑佳丽. 浅谈深圳市水源保护林生态建设［J］. 亚热带水土保持，2011（3）：66-70.

（本文曾发表于2013年12月《中国首届城市水土保持学术研讨会论文集》）

自然与人文共演城市“绿心”

——以光明中央公园为例

李颖怡　何　昉

【摘　要】城市“绿心”已成为当今城市中心重要的功能组成部分，“绿心”概念的提出代表着城市绿地从单一的公园概念向城市功能系统思维的转变。深圳光明新城中央公园的规划充分考虑公园和新城的关系、城市未来生活方式等问题，成为展示光明新区独特城市魅力以及提供人与自然和谐相处的具有先锋性的城市开放空间。通过对城市“绿心”历史溯源与实践研究，总结城市“绿心”的重要功能与特征，并以光明中央公园为例深入解读“绿心”的规划思想与规划探索。

【关键词】风景园林；城市“绿心”；中央公园；光明

现代城市的建设日益重视运用可持续发展的科学发展观，提倡从追求发展速度到追求精明增长理念的转变，重视“天人合一”的生态文明将成为新的哲学主流，引导人类的建设和生产活动。2007 年 5 月，作为“深圳的远见”“绿色城市”的深圳市光明新区成立，新区规划的中央公园，定位为具有独特的田园景观，以公共艺术创作为启动建设策略，吸引公众参与的集生态、休闲于一体的新型城市“绿心”。纵观世界，城市“绿心”已成为当今城市中心区重要的功能组成部分。

1　城市“绿心”概念的提出

城市“绿心”即城市的“绿色心脏”，是置于城镇的中心，具有一定绿量与显著生态效果的综合性城市绿地。一方面“绿心”作为城市中的森林，既可以调节城市中心地区的小气候，消除中心地区的热岛效应，又可降低城市噪声，净化城市空气与水环境，维护生态安全格局，使城市的生态环境得到优化；另一方面“绿心”被赋予的多样化功能可以满足人们的休闲娱乐需求，促进城市社会、经济与文化发展，为城市发展带来前进的动力。宏观意义上的城市“绿心”可以是城市与区域层面的生态型绿地，微观层面可以是位于城市中心区的市级综合公园。城市“绿心”概念的提出代表着城市公园从单纯强调场地空间塑造到强调以生态理念造园的转变，代表着城市绿地从重视园艺美学到综合性多元化发展的转变，代表着城市绿地从单一的公园概念到城市功能系统思维的转变。

2　城市“绿心”的历史溯源与实践简述

2.1　历史溯源

孙筱祥先生曾经指出，全世界在大城市中心最早建立自然式大园林的是杭州西湖，12 世纪时，以西湖为中心形成一个半天然半人工的自然式园林，面积 4 000 余 hm^2，成为当时南宋国都临安的城市园林；18 世纪 30 年代以后英国工业社会病泛滥，公园作为有效的“解毒剂”与城市“绿肺”，起到缓解公共卫生严重问题的作用；1873 年纽约中央公园建成开放，成为第一个现代城市“绿心”；1898 年霍华德提出田园城市的理论，第一次明确“绿心”与城市的密切联系，“绿心”与城市公共设施成为城市的中心，并具有便捷的交通可达性；20 世纪上半叶的公园改革时代，公园的功能向多样化方向发展，大量设施被引入，公园注重生态平衡和经营管理，并日渐融入城市；20 世纪末公园被定位成一种新的综合文化设施，更被作为城市生态系统的重要组成部分（图 1）。当前，城市公园与城

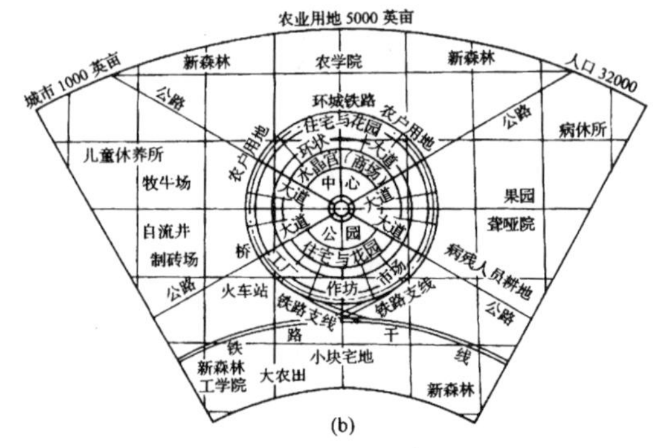

图 1　田园城市与中心绿地

市绿地规划日趋宏观化与多样化，由城市规划、园林专家、植物学家、生态学家、艺术家、工程师、建筑师、社会学家等学科力量共同组成的设计合力推动着城市绿地与公园规划的发展与完善。

2.2 实践简述

1873年建成开放的纽约中央公园是第一个现代城市“绿心”公园（图2），位于纽约市最繁华的曼哈顿区中心位置，面积达340hm²。奥姆斯特德敏锐地认识到中央公园是城市有机体的一部分，因此中央公园与周边城市公共设施联系紧密，内部不仅规划了花式繁多的喷泉、大草坪、各种游步道等公园所需的功能和景点、设施体验，还有运动场、美术馆、影剧院；另一方面公园具有良好的生态容量和生态效应，河道和人工湖相结合，规划野生动物保护中心与植物园。秉承“平民公园”的理念主题，每5年中央公园会根据纽约城市人口和公共生活期望的改变进行一次动态的适时调整。

图2 纽约中央公园

澳大利亚堪培拉中央公园可视为将城市“绿心”与城市设计充分结合的案例（图3），澳大利亚奥斯君风景园林事务所设计的中央公园方案很好地结合了格里芬对堪培拉城市的风景解读，它将城市湖畔、山峦、市政建筑与纪念空间结合起来，通过对草原、林地、森林和湿地等原始澳大利亚景观为主的公园环境开发，实现对场地的逐步改造，将公园修建成一个可持续并可抗击干旱灾害的环境。

图3 堪培拉中央公园

深圳市莲花山公园是国内城市“绿心”的建设范例（图4），也是都市生活与自然进程相互交错而创造出互利互惠的生境例证，其核心理念为活的绿色自然博物馆（Living Museum）。公园位于深圳市中心区的最北端，因山形似莲花而得名，全园占地面积194hm²，海拔532m，是中心区最大的公共绿色空间与绿色背景，从其景观形象与功能构成方面都奠定了作为“绿心”的重要地位（图5）。

图4 莲花山公园平面图

城市绿地系统与区域生态系统层面的城市“绿心”实践更强调绿心与城市系统渗透和联系的发展趋势。荷兰兰斯塔德“绿心”是横跨4个省（北荷兰、南荷兰、乌得勒支和弗莱福兰）面积约400km²的农业地带，保持“绿心”的开放性、集约化使用城市土地和营造紧凑的城市空间是保证

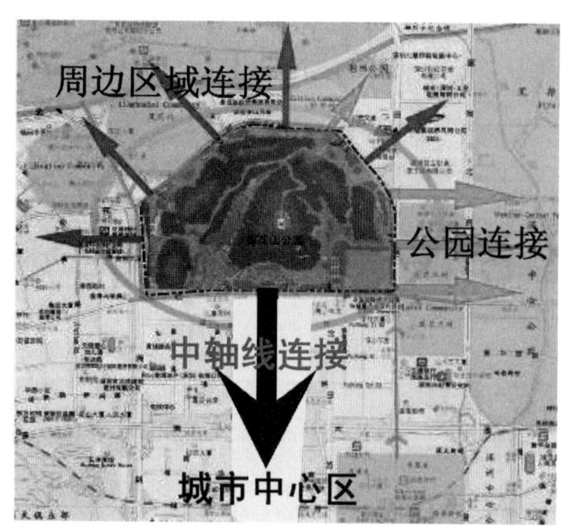

图5 莲花山公园与周边关系

兰斯塔德地区生活空间质量的理想方式。四川乐山“绿心”，位于岷江西畔，面积 8.7km² 的城市森林区，城市布局成绿心环状结构，形成“森林中的城市，城市中的森林”的环境圈，可见“绿心”也是影响城市格局的重要因素。

3 城市“绿心”的功能作用与特征

“有没有引以为傲的绿心，一个城市所表达的气质是不一样的”。“绿心”的保护和开发对于缔造生态安全、环境优美、富有城市竞争力与城市特色的空间结构等方面有着非常重要的作用。

3.1 城市“绿心”具有突出的自然要素与生态特点，起到城市“绿肺”的作用

城市“绿心”往往拥有突出的山水自然环境或农业次生环境作为“绿心”的生态基底，如堪培拉中央公园的格里芬湖、莲花山的主体山脉或兰斯塔德的农业地区。同时“绿心”是个人工化的自然环境，是人、动植物、微生物的综合体与能量交换中心，也是城市能源的生产地。“绿心”内部的森林植被通过固碳释氧、增湿降温、滞留粉尘、降低噪声、减少地表径流、净化水质与提供栖息地等功能，使城市的生态环境得到优化。

3.2 城市“绿心”以场所为脉，为城市创造广阔的公共活动空间

“绿心”是“居住、休养和疗养、旅游观光、文化娱乐”的集结地。城市“绿心”以场地的自然属性与人文属性为脉络与灵感，创造服务于市民的良好的游憩、健身和交往活动空间，满足人们的休闲娱乐需求，促进居民的身心健康与社会和谐。除此之外，“绿心”还具有防灾、隐蔽、疏散等开放空间的实用功能。

3.3 城市“绿心”是城市公共艺术与文化的发源地，“绿心”的文化景观代表与反映整个城市的特征

城市的基本特点来自城市场地的性质，只有当它内在的性质被认识到和增强时，才能成为一座杰出的城市。“绿心”是人工环境与自然环境达到和谐统一的生态“绿心”，也是现代艺术与技术的统一体以及城市文化品位与城市形象的代表。通过综合性文化设施的建设，体现城市深厚的文化底蕴与鲜明的时代特色，成为文化的“绿心”。

3.4 城市“绿心”的建设是促进城市土地升值、保持经济持续增长以及提升城市竞争力的需要

在促进土地升值方面一个典型的例子就是纽约中央公园建成后的15年里，曼哈顿地价增长了1倍。中央公园周边3个行政区本来位于房地产活跃地带以北4km，它们的地价却增长了9倍。公园和历史建筑，吸引人的景点、纪念物和河流未必和他们本身的价值相一致，而这种价值能阻止这些地方变成极平庸的经济产业，保持城市的竞争力。未来的“绿心”，将具有现代化的工作环境、先进的管理方式、发达的信息条件、便捷的对外交通，使其成为高效的“绿心”。

3.5 城市“绿心”影响着城市形态的发展，往往成为城市的中心地标性景观

城市中心日益向“绿心”靠拢，这是城市人居环境与自然和谐共融的体现。“绿心”既不是旅游区，也不是自然保护区，而是城市功能的一个重要组成部分。基于这种理念，“绿心”的开发将突破简单的景观功能，形成对市区经济社会具有强大的集聚、牵动和辐射作用，引领城市功能结构的重整，成为中心城市建设发展中不可缺少的中心环节，更成为城市中心的形象代表。

4 新城规划中城市“绿心”的探索——以光明新城中央公园为例

4.1 光明新城中央公园建设背景

随着我国经济的高速发展，城市化导致大城市城区人口过密，许多大城市选择建立新城、新

区，用以转移中心人口与优化城市结构，尤其是近年来，新城建设尤其重视生态优先、低碳节能理念倡导下的城市规划。如深圳光明新区，中央公园的建设尤其突出地演绎了这种绿色新城概念。中央公园规划面积约 2.37km²，包括中心绿地（约 2km²）及沿中心绿地边缘布置的公共服务设施用地（约 0.37km²），公园的规划充分考虑公园和新城的关系、城市未来生活方式等问题，成为展示光明新区独特城市魅力以及提供人与自然和谐相处的具有先锋性的城市开放空间。中央公园概念规划方案国际咨询活动对未来的中央公园进行了多角度的思考与探索。

4.2 多方案对光明“绿心”规划理念的探索

在概念规划方案国际咨询竞赛的角逐中，闪现了不少关于城市“绿心”的智慧思考，作为第一轮入围的 4 个方案，从不同的角度提出公园的规划理念。10 号（Cao Perrot Studio 和 Lee＋Vlundwilder Architects 联合体，以下简称 Cao）方案从中国传统出发，以“无所不在的气”为出发点，将中国国画《云水石》中的意境引入中央公园设计，通过一种不经意的手法，将生态思想与艺术塑造手法创造性地结合并反映出一种大气象，这种“天人合一”的传统哲学与设计手法正是古人孜孜以求，现代人意识回归的必然。02 号方案放眼公园的未来，强调公园对城市的贡献与作用，以“能源”为核心概念，将设计、科技与自然生态环境结合，提出公园是新城地区的生产力的种子，为城市提供食物、能源，维系城市的生态系统。03 号方案提出“公园城市”概念，从公园对城市的经济、社会意义角度出发，提出保留与改造公园内的城中村，并敏锐地察觉到产出型景观的变迁提供了产业的调整和转化机会，如示范性农业与旧工厂向创意产业的演变。15 号方案提出“重构城市的自然禁忌”，把人与自然的关系上升到宗教的层面。06 号方案的概念更还原了城市“绿心”的本质，提出“从使用、风景和生态”3 种需要出发营造“将自然引入城市，将城市带入自然”的“市民的休闲公园”。

4.3 Cao 方案对光明“绿心”的演绎

Cao 的中央公园方案（简称“池塘园”方案）凭借其出色的方案构思与可实施性获得竞赛的优胜，分别从其生态策略、功能构成、景观手法与文化创意方面充分体现了对光明“绿心”的规划思考。

4.3.1 实现“绿心”的生态策略

公园的内部网络与城市生态系统的相辅相成，体现对场地本质的尊重与发扬。作为城区绿地系统的重要核心，光明中央公园延续了重要的生态走廊，包括水生态走廊，以流经公园的水系为脉，规划形成多样化的水系系统，包括建造的水池、中央湖泊、自然湿地与功能湿地，并以此为基础优化动植物的生长栖息地与生存廊道。现有公园内部的场地成为公园内部结构形成的重要根据，原有的工业用地通过土壤改良、功能置换发展成为富有营养的农业用地和菜地；原有的荔枝林将逐步改造成自然植被——森林、树林与草地，通过种植本土植物实现生态环境的稳定；亚热带植物区沿公园北边而建，形成“绿飘带”（图 6、图 7）。

图 6 光明“绿心”与绿地系统

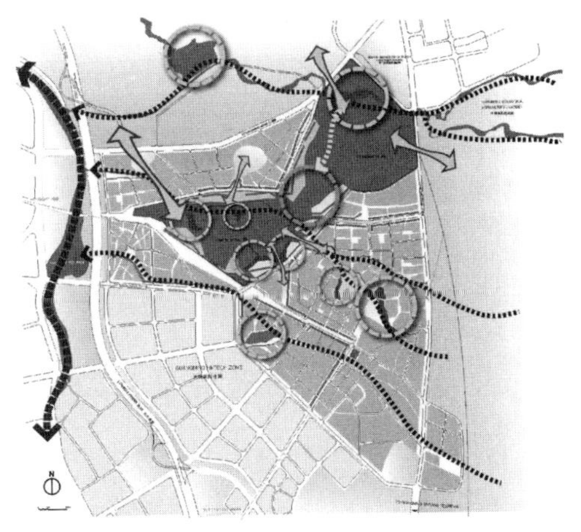

图 7 光明“绿心”生态结构

4.3.2 实现“绿心”的功能构成

园内的交通设置连接了公园的所有地方，包括部分的绿地，实现与城市地下公共交通系统的连接，策划3个主要入口，包括西北竹门、东北田园门和西南月亮门，分别策划广场作为集散用途，并实现与城市的连接。一些待开发的土地位于山脉与大湖之间，将以光明三宝：奶牛、鸽子与甜玉米为重点，发展成相应的农业用途土地，并成为农业科研、教育、旅游观光为一体的生态旅游区，通过可以出租的社区花园实现公园与周边市民的互动参与，真正实现“绿心”与城市的“同存共居”。

4.3.3 实现“绿心”的景观手法

中央公园的景观同样表达了“云、水、石”的概念，通过“云影天光、湖光山色与景观场地的奇妙变异”去塑造公园的自然特征与人工环境，以柴山、马鞍山和中央大湖形成独特而艺术化的视觉效果。通过长而弯曲的水道（里面是一个餐厅），有标志性的两面跌水的瀑布，将游客引导进入设计中心——大湖（图8），规划游泳池、隐形码头、金鱼园、下沉迷宫，以大量碾碎的再生玻璃为原料创造“假山式”的雕塑花园。在建筑设计方面，标记本土文化的圆形剧场及多功能馆通过其建筑形象传递一种文化寓意：多功能表演馆

图8 多功能表演馆

图9 中央“大湖”

（图9）波浪式的顶部是受到深圳本地建筑物的瓷片的启发形成，提供室外表演、展览、健身、餐厅与办公等空间；艺术馆的红门寓意着带来财运、温暖和气（能量），作为欣赏、交流和分享艺术的地方；微缩建筑被安排在公园各处，作为交流的场所；建筑可以举办例如观鸟、各种工作坊、教育学习、文化集会等活动，建筑物使用自然通风、再生材料和简单重复的结构等实现可持续发展的技术。

4.3.4 实现“绿心”的文化创意

未来的中央公园将成为城区的“艺术大本营”，以文化设施与场所氛围引领城市新兴文化生活。在城市当中，往往缺乏具有广阔自然背景的活动展览场地，而中央公园的规划恰好弥补了这种不足，公园内部交通可达性良好、亲近自然。通过专职的“公共艺术事务部”的组织与策划，中央公园将根据中国农历年组织一系列的文化活动，并且举办如现场音乐会、艺术表演、露天剧场、现代花园展、自然艺术双年展、荔枝节等活动。为体现公园的国际定位和声誉，该部门重点组织国际新锐艺术间的艺术创造与展览活动，并提供活动策划与规章制度的支持。

5 结语

未来的“绿心”生态区，应主要有生态功能——城市的绿肺；生产功能——输送能源与动力；整合功能——“绿心”组团式城市的核心；旅游功能——以旅游度假为主的城市“绿心”生态区；文化休闲功能——市民游、赏、玩、住的好去处。“绿心”的建立与发展必须配备完善、有效、独立的管理组织，其建设分期与城市的发展必须进行紧密无间的合作，通过改造道路与交通系统实现公园与城市的连接、景观中心与公共活动区域的开拓、生态植被的保护与恢复、公园环境与生态效果的整体提升4个阶段的发展，形成“绿心”由外而内，从中心到四周延伸的发展。作为城市公共设施，城市“绿心”应充分重视公众参与，在光明中央公园规划咨询中，“绿地认养”概念是实现“绿心”公众参与的良好手段。从公园的建立到后期的维护管理不能缺少市民的参与，未来城市“绿心”具有的公共化与多样化的发展方向，公园必须建立互动、适时调整的体制以适应不同时期内公园的新发展。在对“绿心”的开发利用过程中，必须遵循“在保护的前提下适度

开发建设，在科学开发建设中更好地保护”的原则，使“绿心”真正成为城市中心新的象征，城市自然与人文的展示者。

参考文献

[1] 埃比尼泽·霍华德. 明日的田园城市［M］. 金经元译. 北京：商务印书馆，2000.

[2] （澳大利亚）约翰·西瑟尔顿，斯图亚特·麦肯锡撰文. 中央公园美化首都景观［J］. 章健玲译. 风景园林，2007（5）：19-21.

[3] 何昉，叶枫. 创建深圳城市中心区“活的绿色自然博物馆”——莲花山公园总体规划思想［J］. 中国园林，2003（5）：9-13.

[4] 王晓俊，王建国. 兰斯塔德与“绿心”——荷兰西部城市群开放空间的保护与利用［J］. 规划师，2006（3）：90-93.

[5] 麦克哈格. 设计结合自然［M］. 黄经纬译. 天津：天津大学出版社，2006：213.

[6] 任晋锋. 美国城市公园与开放空间的发展［J］. 国外城市规划，2003（3）：43-46.

（本文曾发表于2010年10月《中国园林》）

由建筑生长出来的环境空间

——安徽广播电视新中心环境概念设计

闫　莉　李兵兵

【摘　要】 在现有建筑条件的基础上，尊重原有建筑的风格和空间场所是景观设计的基本原则。环境的形式和肌理与建筑的文化和自然双重属性相关，并且能够反映其特征，将环境设计融合建筑，让环境由建筑生长出来。

【关键词】 广播，电视，电波，声波环，大地景观，环境

“建筑设计宛若天成，与环境很好的融合，并与周边生态环境产生对话。”此乃建筑设计的方向在本方案中，一般情况是建筑设计先于景观设计，因此，尊重建筑的风格和空间场所成为景观设计的基本原则。在城市中，建筑都是在人工划分的场地范围内，环境设计几乎都是在建筑周边进行设计，这样环境设计将与建筑的形式、体量、色彩息息相关。因此，环境的形式和肌理应能够反映建筑特征，将环境设计与建筑融合。建筑是场地的根基，环境的道路、铺装、水系、绿地是主干、枝叶，从建筑生长出来。

1　综述

1.1　项目背景及概述

本案基地位于安徽省合肥市政务文化新区南侧，基地总面积 16.3hm^2。毗邻碧波荡漾的天鹅湖，基地分为东西两部分，中间有南北向怀宁路通过。基地北侧紧邻城市主干道祁门路，南侧为城市次干道龙图路，东侧道路则紧邻新区中轴绿地。安徽广播电视新中心与天鹅湖对岸的政务文化中心大楼、合肥大剧院、星级酒店等重要建筑遥相呼应。基地西侧已有建成的安徽省出版编辑大厦，西南侧有已建成大规模高档商业住宅区，将形成未来新区中心的良好效应。

1.2　场地分析

安徽广播电视新中心的建筑布局整体平面造型如飞翔的凤凰，而立面灵感则来自于“龙”之精神，展现了安徽广电“升腾”之意，同时隐喻安徽“蓬勃向上”的发展态势。形式简洁现代，富于动感。因二期为远期建设用地，现按景观绿地规划。因此为景观设计提供了很大的弹性空间。

2　设计构思

一个成功的、经得起时间检验的作品，应当具备文化和自然的双重属性，既不能哗众取宠、华而不实，也不能湮没于众、宜乎众矣，她应该秉承设计地块自身所具有的独特性格和品质，《老子》中所述“载营魄抱一，能无离乎?”即所谓“守一”的精髓所在。

经过对建筑平面、立面及功能的详细分析，以及对基地周边环境的综合考量，设计的脉络逐步清晰。景观设计试图从安徽广播电视中心的建筑的内涵、外延两方面提取设计元素。因建筑的形式感很强，环境的设计应在形式上与建筑风格统一协调，包括平面线形、功能分区。同时将广播电视中心的使用功能抽象出来，在此基础上进行主题创意，将环境的功能划分、空间布局、竖向设计进行整体筹划，力求形式与功能相统一，结构脉络清晰明快，平面布局简洁现代，空间层次丰富多变。

（1）安徽广播电视中心建筑具有很强的地标性，环境设计应为建筑营造大的基底和背景，以满足功能需要、延展主题、烘托气氛。具体做法是减少构筑物，以绿地为主，注重人性化尺度。将关注点侧重于分析不同人流的动态特点、行为方式对环境的要求，空间的围合收放，不同功能空间的次第展开等方面。

（2）广播电台、电视台的主要功能是传送无线电波，为各终端播送节目信号。因其播电视中心使用功能的特殊性，本方案的构思亦不同于其他类型的园林，而是更注重与建筑功能的有机结合，将其独有的性质作为出发点，设计出具有自身

专属特性的景观形态。构思中以发散状的电波为构图原动力，并且与建筑中“凤凰”主题构思相结合，成为独具广电特性的专属景观特质（图 1）。

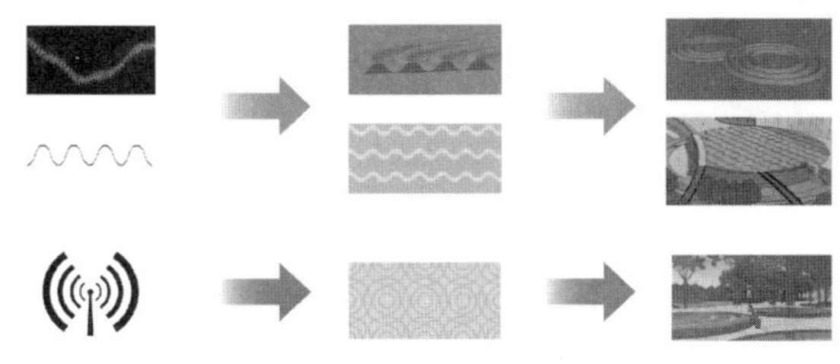

图 1　构思示意图

（3）基地北侧为近 30 万 m^2 的天鹅湖，从建筑室内就可以尽览天鹅湖那一澄碧波，视野相当宽广，因此本方案的环境设计应回避大面积的水景，避免重复；如果设计水景则应为人行尺度，宜为点睛之用。

（4）广播为传送声波，而正弦波是其最简单的波动形式。优质的音叉振动发出声音时产生的是正弦声波，弦声波属于纯音，可以将此元素有机地融入到景观设计中去，形成广电中心环境自身的特点。

（5）因广播电视中心有多个演播大厅，建筑周边的交通疏散，与周边道路的动线联系都要一体考虑。

缜密分析之后，循章据典，从宏观到微观，构思脉络逐渐清晰，具体的设计工作也就随即有序地展开了（图 2、图 3）。

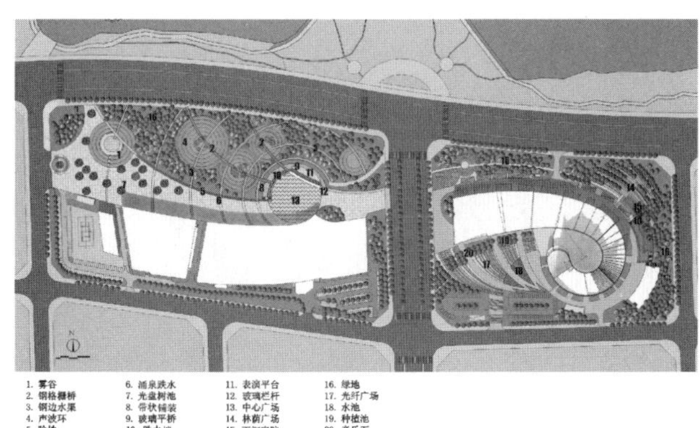

图 2　设计总平面

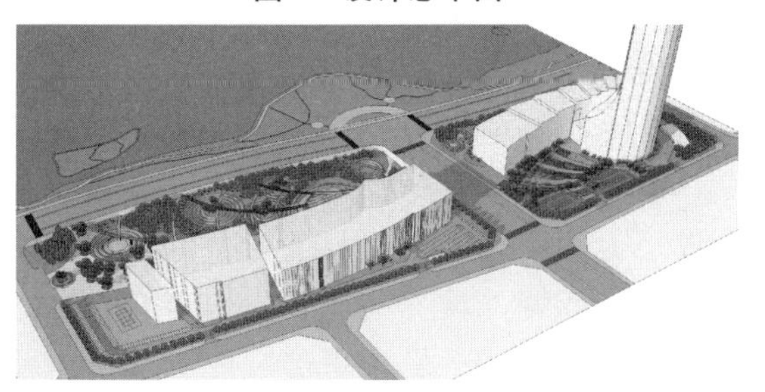

图 3　总体鸟瞰

3　分区设计

3.1　东区

东区建筑密度较大，广播电视台的行政业务主要集中于此，建筑高耸挺拔，富于动感，占据空间的主导地位。建筑南侧主入口广场人流较多，铺装面积相应较大，硬质铺装、水景、玻璃景桥、林荫广场以及声波绿环等各景观元素服务于总体规划，与建筑线性相吻合。具有引导性的铺装形式把人流引入建筑中庭。广场以光纤状铺装形式为主，铺装与绿地之间渐次过渡，二者相互穿插、互相渗透，有机组合在一起。景观石条长短不一，高低错落，富于节奏感，配合跳跃的喷泉水柱，宛若优美音乐的节奏和韵律，形成轻松欢快的空间环境。

建筑北侧以绿地为主，有规则的地形进行围合。与建筑相吻合的线形林荫场地、下沉庭院为人们提供休憩的空间（图 4、图 5）。

图 4　林荫场地

图 5　下沉庭院

3.2　西区

西区因部分二期建筑为远期建设，设计时暂按绿地性质予以规划，因此绿地集中，面积较大，有近 5 万 m^2。建筑设计中在一层设有大型演播厅、大型会议室、小型会议室等重要设施，瞬时人流量较大，所以对于人流动线的合理组织和有效疏散就显得格外重要。同时还要考虑到建筑的消防通道的要求，因此临近建筑以带状铺装为主，铺装带的北侧则为大面积的绿地。二者在空间、界面、性质等不同方面形成对比呼应关系（图6）。

图6　西区鸟瞰

带状广场的线形是建筑平面线形的扩散。而铺装形式如同一个个数据光盘，并与凤尾的彩翎暗合。考虑遮阴和休息需求，在如同凤尾的广场上随机的布置了圆形种植岛。这样随机的种植使广场形成了流畅的、丰富的灰空间，避免一览无余的大尺度铺装，显得过于空旷、苍白。合理的空间形式便于人们有效使用，圆形种植岛边缘可供人的休憩、等候、交流（图7）。同时，按照人们的空间心理学特点，人们一般会停留在场地的边缘而不是中间。因此广场的边缘设计了台阶状的休憩和观赏空间，序列布置的景观跌水，休息台阶面向开阔的绿地和景观林带，潺潺水声营造出舒适惬意的空间氛围（图8）。

图7　圆形种植岛

图8　带状休息台阶

中心广场设在大演播厅观众入口区域，构图与建筑相结合，是建筑线形的延伸，形成圆形场地，其铺装也使用如同纯净声波一样的正弦曲线纹理。在观众的主入口处，部分绿地延伸到室内空间，室内外圆形花池连为一体，与室外以玻璃相隔，具有一定的引导性，同时也为大厅中的等候空间增加葱茏绿意。

中心广场侧壁利用高差形成跌水墙，水池中有玻璃的小型露天表演台，以跌水墙为背景，草地为看台，形成室外的露天观演场地。当有表演活动时，它的位置不会干扰往来于建筑的人流交通，而且跌水墙一侧有台阶直达中心广场，广场上的人流也能便捷的到达观演区域（图9、图10）。

图9　中心广场一侧的跌水墙

图10　架空钢格桥与中心广场相连

绿地中带状水渠平面由中心广场散状出来，如同电波，又如同和风掠过水面，唤起阵阵涟漪。由于西区的祁门路高差较大，西高东低，有近4.3m的落差，绿地相应设计为阶梯状下降形式，受到建筑室外地坪标高的限制，祁门路东端与建筑入口会产生较大高差，设计时应予以关注，从人行道至大演播厅观众入口架设大弧形的人行钢格栅桥，线形结合“凤”的整体构图，与之相呼应（图11、图12）。

图11　架空钢格桥下的步行空间

图12 钢格桥架在“声波环”大地景观之上

绿地中散落的“声波环”是同心圆环状的大地景观，地形横截面是正弦曲线状的，表面为草坡，如同声波一样扩散开来。西侧的声波环位于硬质铺装介质上，设计为阶状下沉的内向型空间，景观喷雾，雾气缥缈，形成“雾谷”，是一静思冥想的空间（图13）。

图13 西侧的声波环逐级下沉成雾谷

设计以铺装带与绿地形成景观中为第一层次；以散落的“声波环”大地景观构成第二层次；同心环状水渠组成景观的第三层次，高架的钢格栅步行桥则为景观的第四层次，密林为景观的第五层次，也是其他景观元素的背景所在，不同层次的叠加、穿插、交融，营造出丰富的空间类型，水渠穿过绿地、铺装、声波环的不同位置，钢格栅桥也同样跨越了不同的空间类型，将各种造景元素有机的组成一个和谐整体。这里有开敞的声波绿环、围合的复合密林、下沉的都市雾谷，还有带状视廊、疏林草地，可谓动静皆相宜，景观效果不一而足。

3.3 种植设计

绿化采用点面结合的方式。西区以疏林草地景观为主，局部密林，形成大面积的绿色基调。种植的乔木疏密有致，留出适当的视线通廊；广场上为散点式的景观庭荫树。东区周边以高大树木勾勒园林边缘，局部围和，与周边道路进行一定的分隔。入口广场上考虑景观的同时还要兼顾遮阴需求。

4 结语

设计过程实际上是在基地的条件下逐步生长起来的过程，一个自然而然的过程。在城市空间越来越拥挤的今天，将景观和建筑融为一体，而不仅仅是建筑的陪衬，尊重建筑的风格和空间场所，使绿地有自己的个性、特点，为市民提供尽可能多的可利用绿地空间，更多的公共空间，开放的空间，才能真正将建筑、城市规划与景观设计充分融合。

参考文献

[1] （美）克莱尔·库珀·马库斯，卡罗琳·弗朗西斯. 人性场所——城市开放空间设计导则.

（本文曾发表于2011年2月《中外建筑》）

浅谈水生植物景观的生态设计
——以深圳海上田园城市湿地公园规划为例

徐 艳 肖洁舒

【摘 要】 水生植物具有重要的景观和生态价值，是城市湿地公园规划设计的重要因素。在城市湿地公园规划设计中对水生植物景观进行生态设计，能充分发挥湿地的生态和社会效益。以深圳海上田园城市湿地公园规划为例，从水生植物在不同水体环境中的应用特点出发，并结合景观生态学原理，初步探讨了淡水水生植物与咸水红树植物在城市湿地公园规划中的应用特点和生态设计方法。

【关键词】 水生植物；红树植物；城市湿地公园；生态设计

“接天莲叶无穷碧，映日荷花别样红”；“秀色空绝世，馨香竟谁传”。人们不仅欣赏水生植物，更称颂她的品格。“出淤泥而不染，濯清涟而不妖”便是对荷花高贵品质的真实写照。中国历史悠久，文化灿烂，留下了许多描绘水生植物的优美篇章。据《史记·孝武本纪》、《三辅黄图》记载：汉武帝太初元年（公元前104年）修建章宫，凿“太液池”，植莲、菱等水生植物，仿江南采莲的“越女舟”制备游船。这可能是较早在人工水景中荡舟观荷的文字记录。

观赏水生花卉在世界各国都有着悠久的历史与习俗。如今，水生植物已经广泛用于专类水景园、野趣园的营造。随着人工湿地污水处理系统应用研究的深入，人工湿地景观也应运而生，成为极富自然情趣的景观。

本文以深圳海上田园城市湿地公园规划为例，重点阐述湿地公园中水生植物在营造生态景观中的应用及配置形式，旨在最大限度地发挥水生植物的生态功能和景观价值，使水生植物在净化和改善水质的同时营造出“碧波荡漾，鱼鸟成群”的自然美景。

1 水生植物的含义及其景观、生态价值

1.1 水生植物的含义

凡生长在水中或湿土壤中的植物通称为水生植物，包括草本植物和木本植物。在园林中，按生活习性和生态环境，水生植物可以分为挺水植物、浮水植物、漂浮植物、沉水植物、海生植物（红树林）以及沿岸耐湿的乔灌木等滨水植物。

1.2 水生植物的价值

1.2.1 水生植物的景观价值

（1）形态美

水生植物不仅可以观叶、赏花、观姿，还能欣赏她们在水中的倒影。园林中的各种水体借助水生植物创造出丰富而又错落有致的景观。如杭州西湖十景之一的“柳浪闻莺”入口水景，挺水植物黄菖蒲、水葱等片植于池岸，倒影入水，自然野趣，且疏落有致。在亭边或桥头散植三、五丛萍蓬草，初夏，金黄娇嫩的花朵从水中伸出，在亮绿色叶片的衬托下显得小巧而艳丽，有如“晓来一朵烟波上，似画真妃出浴时”。另外，一些园艺化程度不高的水生植物具有野趣之美，利用这些植物营造的水景必定野趣横生。

（2）意境美

中国古典园林中，水生植物景观常常创造一种独特的、耐人寻味的意境。“小荷才露尖尖角，早有蜻蜓立上头”；诗中初夏美景，意境深邃。

1.2.2 水生植物的生态学价值

我国利用水生植物净化水质的研究始于20世纪70年代中期，包括静态条件下单一物种及多种植物配置对污染较严重的污水的净化，以及动态方法研究水生植物对污水的处理效果[1]。近30年来，对冬湖、巢湖、滇池、太湖等浅水湖泊的富营养化控制和湿地生态系统恢复的大量研究证明，水生植物可吸收、富集水中的营养物质及其他元素，可增加水体中的氧气含量，或有抑制有害藻类繁殖的能力，遏止底泥营养盐向水中的再释放，有利于水体的生物平衡等。水生高等植物能有效地净化富营养化水体，提高水体的自净能力，也是人工湿地系统发挥净化作用必不可少的因素之一[2]。

1.3 园林中常用水生植物

园林中常用淡水水生植物共有69种，其中挺水植物34种（表1），浮水植物8种（表2），漂浮植物10种（表3），沉水植物17种（表4）。挺水植物是水景竖向设计的重要材料，其中芦苇、茭草、香蒲等大型水生植物应用较为广泛。另外，在滨海湿地公园中，常用红树植物有18种（表5、图1～图4）

园林中常用挺水植物　　表1

序号	中文名	拉丁学名	科属
1	荷花	*Nelumbo nucifera*	睡莲科莲属
2	香蒲	*Typha orientalis*	香蒲科香蒲属
3	水烛	*Typha angustifolia*	香蒲科香蒲属
4	长苞香蒲	*Typha angustata*	香蒲科香蒲属
5	小香蒲	*Typha minima*	香蒲科香蒲属
6	宽叶香蒲	*Typha latifolia*	香蒲科香蒲属
7	莎草	*Cyperus dulourii*	莎草科莎草属
8	纸莎草	*Cyperus papyrus*	莎草科莎草属
9	旱伞草	*Cyperus alternifolius*	莎草科莎草属
10	水葱	*Scirpus tabernaemontani*	莎草科藨草属
11	花叶水葱	*Scirpus validus* var. *zebrinus*	莎草科藨草属
12	荸荠	*Eleocharis dulcis*	莎草科荸荠属
13	密穗砖子苗	*Mariscus compactus*	莎草科砖子苗属
14	泽泻	*Alisma plantago-aquatica*	泽泻科泽泻属
15	东方泽泻	*Alisma orientale*	泽泻科泽泻属
16	慈姑	*Sagittaria sagittifolia*	泽泻科慈菇属
17	泽苔草	*Echinodorus paleafolius*	泽泻科泽苔草属
18	黄花蔺	*Limocharis flava*	花蔺科黄花蔺属
19	再力花	*Thalia dealbata*	竹芋科再力花属
20	灯心草	*Juncus effusus*	灯心草科灯心草属
21	薏苡	*Coix lacryma-jobi*	禾本科薏苡属
22	芦苇	*Phragmites communis*	禾本科芦苇属
23	蒲苇	*Cortaderia selloana*	禾本科蒲苇属
24	茭草	*Zizania caducifolia*	禾本科菰属
25	梭鱼草	*Pontederia cordata*	雨久花科梭鱼草属
26	鸭舌草	*Monochoria vaginalis*	雨久花科雨久花属
27	雨久花	*Monochoria korsakowii*	雨久花科雨久花属
28	水芹	*Oenanthe decumbens*	伞形科水芹属
29	水麦冬	*Triglochin palustre*	水麦冬科水麦冬属
30	千屈菜	*Lythrum salicaria*	千屈菜科千屈菜属
31	黑三棱	*Sparganium stoloiferum*	黑三棱科黑三棱属
32	云南黑三棱	*Sparganium yunnanense*	黑三棱科黑三棱属
33	菖蒲	*Acoras calamus*	天南星科菖蒲属
34	石菖蒲	*Acoras tatarinowii*	天南星科菖蒲属

园林中常用浮水植物　　表2

序号	中文名	拉丁学名	科属
1	睡莲	*Nymphaea tetragona*	睡莲科睡莲属
2	白睡莲	*Nymphaea alba*	睡莲科睡莲属
3	王莲	*Victoria amazonica*	睡莲科王莲属
4	萍蓬草	*Nuphar pumilum*	睡莲科萍蓬草属
5	芡实	*Euryale ferox*	睡莲科芡属
6	荇菜	*Nymphoides peltata*	龙胆科荇菜属
7	蕹菜	*Ipomoea aquatica*	旋花科牵牛属
8	豆瓣菜	*Nasturtium officinale*	十字花科豆瓣菜属

园林中常用漂浮植物　　表3

序号	中文名	拉丁学名	科属
1	满江红	*Azolla imbricata*	满江红科满江红属
2	凤眼莲	*Eichhornia crassipes*	雨久花科凤眼莲属
3	大薸	*Pistia stratiotes*	天南星科大薸属
4	浮萍	*Lemna minor*	浮萍科浮萍属
5	紫背萍	*Spirodela polyrrhiza*	浮萍科紫萍属
6	槐叶萍	*Salvinia natans*	槐叶萍科槐叶萍属
7	田字萍	*Marsilea quadrifolia*	萍科萍属
8	菱	*Trapa japonica*	菱科菱属
9	野菱	*Trapa incisa*	菱科菱属
10	耳菱	*Trapa potaninii*	菱科菱属

园林中常用沉水植物　　表4

序号	中文名	拉丁学名	科属
1	金鱼藻	*Ceratophyllum demersum*	金鱼藻科金鱼藻属
2	东北金鱼藻	*Ceratophyllum manshuricum*	金鱼藻科金鱼藻属
3	水毛茛	*Batrachium bungei*	毛茛科梅花藻属
4	莼菜	*Brasenia schreberi*	睡莲科莼属
5	眼子菜	*Potamogeton tepperi*	眼子菜科眼子菜属
6	竹叶眼子菜	*Potamogeton malaianus*	眼子菜科眼子菜属
7	篦齿眼子菜	*Potamogeton pectinatus*	眼子菜科眼子菜属
8	菹草	*Potamogeton crispus*	眼子菜科眼子菜属
9	水鳖	*Hydrocharis dubia*	水鳖科水鳖属
10	水车前	*Ottelia alismoides*	水鳖科水车前属
11	海菜花	*Ottelia acuminata*	水鳖科水车前属
12	沼生水马齿	*Callitriche hermaphroditica*	水马齿科水马齿属
13	石龙尾	*Limnophila sessiliflora*	玄参科石龙尾属
14	睡菜	*Menyanthes trifoliate*	龙胆科睡菜属
15	穗状虎尾藻	*Myriophyllum spicatum*	小二仙草科虎尾藻属
16	轮叶虎尾藻	*Myriophyllum verticillatrm*	小二仙草科虎尾藻属
17	小虎尾藻	*Myriophyllum humile*	小二仙草科虎尾藻属

园林中常用红树植物名录　　　　表 5

序号	中文名	拉丁学名	科属
1	木榄	*Bruguiera gymnorhiza*	红树科木榄属
2	海莲	*Bruguiera sexangula*	红树科木榄属
3	角果木	*Ceriops tagal*	红树科角果木属
4	秋茄	*Kandelia candel*	红树科秋茄属
5	红树	*Rhizophora apiculata*	红树科红树属
6	红海榄	*Rhizophora stylosa*	红树科红树属
7	海漆	*Excoecaria agatlocha*	大戟科海漆属
8	白骨壤	*Avicennia marina*	马鞭草科海榄雌属
9	桐花树	*Aegiceras corniculatum*	紫金牛科桐花树属
10	老鼠簕	*Acanthus ilicifolius*	爵床科老鼠簕属
11	小花老鼠簕	*Acanthus ebracteatus*	爵床科老鼠簕属
12	榄李	*Lumnitzera racemosa*	使君子科榄李属
13	杯萼海桑	*Sonneratia alba*	海桑科海桑属
14	海桑	*Sonneratia caseolaris*	海桑科海桑属
15	大叶海桑	*Sonneratia ovata*	海桑科海桑属
16	无瓣海桑	*Sonneratia apetala*	海桑科海桑属
17	银叶树	*Heritiera littoralis*	梧桐科银叶树属
18	木果楝	*Xylocarpus granatum*	楝科木果楝属

图 1　挺水植物——再力花

图 2　挺水植物——芦苇

图 3　沉水植物——穗状虎尾藻

图 4　红树植物——海桑

目前，园林中对水生植物园艺品种的应用日渐增多，如花叶芦竹（*Arundo donax* var. *versicolor*）、花叶水葱（*Scirpus validus* var. *zebrinus*）等。

2　城市湿地公园的含义及其生态功能

2.1　城市湿地公园的含义

湿地是一个复杂的生态系统，是自然界最富生物多样性的生态景观，它为人类的生产、生活和休闲提供了多种资源，也是人类重要的生存环境之一。

城市湿地公园是一种独特的公园类型，是指纳入城市绿地系统规划的、具有湿地的生态功能和典型特征的、以生态保护、科普教育、自然野趣和休闲游览为主要内容的公园[3]。

2.2　城市湿地公园的生态功能

首先，利用湿地的渗透和蓄水作用，降解污染，疏导雨水的排放，调节区域性水平衡和小气候，提高城市的环境质量。其次，一定规模的湿地环境还能成为留鸟或旅鸟提供安全的栖息地，促进生物多样性的保护。此外，利用生态系统的自我调节功能，可以减少杀虫剂和除草剂等化学试剂的使用，降低城市绿地的日常维护成本[4]。

3 深圳海上田园城市湿地公园水生植物景观的生态设计

3.1 项目概况

深圳海上田园城市湿地公园规划用地总面积为 440hm²（图 5 中红线所示范围），其中包括海上田园风光旅游区已建设面积 173hm²，高速公路占地面积 57hm²，本项目实际可用地面积为 210hm²。

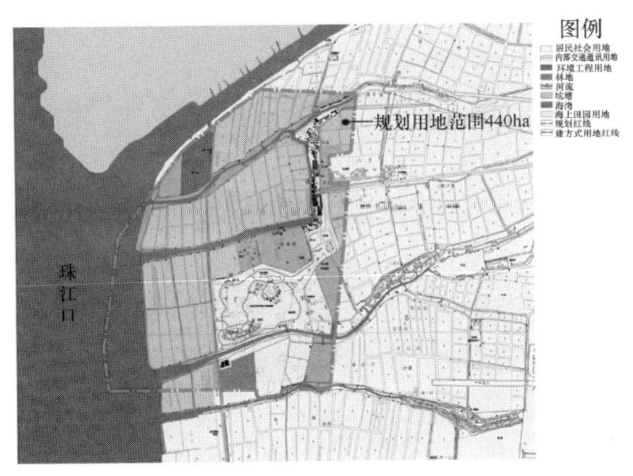

图 5 项目建设范围

3.1.1 区位分析

深圳海上田园城市湿地公园位于珠江口东岸，深圳市宝安区沙井镇，北隔东宝河与东莞相望，东接沙井镇民主村，西临珠江口，南为拟建的福田保税区扩展区。地块通过广深高速公路、宝安大道以及拟建的沿江高速、海滨大道等和深圳机场、市中心形成便捷的交通联系。

3.1.2 湿地公园的定位

结合场地咸淡水混合的特征及滨海基围鱼塘的风光特色，规划对湿地公园最终定性为：以红树林和田园风光为主题的城市湿地公园。

3.1.3 现状分析

根据现状的土壤条件、水文特征和植被类型等因素，按照《湿地公约》中的湿地分类标准，本区域湿地类型丰富，以近海及海岸湿地类型为主，其中包括河口水域、滩涂、潮间带森林湿地等，但由于多年来的渔业活动，以虾塘、蟹塘为主要特色的人文湿地面积较大，占主导地位。

得益于得天独厚的亚热带海洋性气候，规划区内现有植物种类丰富，景观优美。湿地公园区内分布的主要植物种类有蕨类植物、裸子植物、被子植物共 62 科 187 种，形成代表性的植物群落有鱼塘芦苇群落、海滩芦苇群落、海滩咸水草群落、防护林木麻黄群落及海滩红树林群落（图 6、图 7）。

图 6 现状河涌

图 7 现状老鼠簕群落

3.1.4 景观规划目标

规划运用恢复生态学技术原理，通过人为干预，采用一定的湿地生态修复技术，提高生境的异质性和稳定性，具体包括物种选择和引入、群落结构优化配置与重建等，最终恢复湿地的基地、土壤和水体状况，形成结构合理、生态系统稳定、风景优美的次生湿地景观。

3.2 生态化的水生植物景观设计思想

植物是湿地公园生境创造中最活跃、最关键的因子，它直接影响湿地景观的质量[5]。深圳地区的野生湿地植物资源相当丰富，在配置时遵循着适地适树、物种多样化、以地带性植物为主的原则，体现陆生—湿生—水生生态系统的渐变特点，植物生态型从陆生的乔、灌、草—湿地植物或挺水植物—浮水植物—沉水植物等。配置时，除考虑水生植物自身的水深要求之外，还需考虑其花期和色彩，高低错落搭配，并安排好游人的观赏视角，以免相互遮挡。

多种类植物的搭配，不仅在视觉效果上相互衬托，形成丰富而又错落有致的效果，对水体污染物处理的功能也能够相互补充，有利于实现生态系统的完全或半完全（配以必要的人工管理）的自我循环。具体地说，水生植物的配置设计，从层次上考虑，要合理搭配不同层次上的挺水植物、浮水植物、漂浮植物和沉水植物；从功能上考虑，可以采用茎叶发达类植物阻挡水流、沉降泥沙，发达根系类植物吸收水体及土壤中的污染物。

在建立稳定的人工植物群落后，通过植物的生态作用，逐渐引入昆虫、鸟类、鱼类等，丰富系统中动物的种类，利用动物、风力、流水等自然力量带来更丰富的植物资源，从而形成具有自我更新能力的湿地生态群落。

3.2.1　基址的地貌特征及其为水生植物景观多样性提供的基础

（1）基址的地貌特征

该公园位于珠江口东岸，咸淡水交汇处，兼具淡水和咸水资源。根据场地内的水源、水质、地形、土壤条件，将水生植物生境规划为 7 种类型，分别为人工湿地生境、永久性淡水河流湿地生境、永久性淡水湖泊湿地生境、永久性咸水湖泊湿地生境、滨海潮间带有林湿地生境、潮间带泥滩生境、永久性咸水河流湿地生境。

（2）地貌分区——生态环境区域划分

在生境规划的基础上，选择适宜的植物种类进行合理的搭配，营造生态健康、结构和功能稳定、景观优美的植物群落，打造咸淡水湿地植物景观兼有的滨海城市湿地公园——海上田园风光旅游区体现淡水植物景观特色，海上田园风光旅游区以南、以北以及西海堤以西区域体现咸水红树植物景观特色。

3.2.2　主要生态环境区域植物群落构成释例

（1）淡水湿地生境类

1）人工湿地生境

湿地植物净水的原理是污染物在流经人工湿地后，植物根系对污水产生化学、物理、生理等作用，吸附、沉降、分解、吸收水中的污染物，经过一系列变化之后，水质即可变得清澈。人工湿地生境区主要展示水生植物（包括挺水植物、浮水植物和漂浮植物）对中水的再净化作用。

该区内，植物以吸收重金属能力强、生长速度快的种类为主，如芦苇、凤眼莲、大薸、纸莎草、空心莲子草、槐叶萍等，其中，凤眼莲、大薸、空心莲子草等繁衍速度快或具有入侵性的植物种类仅限于该区使用，且必须以浮杆等加以围隔，并定期打捞，既可以控制它们的生长范围，又可以加快对水体的净化速度。同时选用一些观赏价值较高的种类，如美人蕉、花叶芦竹、香蒲、千屈菜等，在满足水体净化功能的同时，兼顾该区的景观效果。

2）永久性淡水河流湿地生境

选用姿态潇洒、花色淡雅的淡水水生植物，结合溪流的驳岸，散植或丛植，营造悠闲的景观环境。代表性植物群落为：千屈菜＋再力花＋荷花＋慈姑。

3）永久性淡水湖泊湿地生境

利用野趣的禾本科草类和淡水水生植物丰富湖区的水生植物景观，形成层次更加丰富、质朴、野趣、诗意的田园风光。水生植物的覆盖度宜小于水体面积的 40％[6]。代表性植物群落为：纸莎草＋美人蕉＋香蒲＋荷花＋睡莲。

（2）咸水湿地生境类

1）永久性咸水湖泊湿地生境

以深圳地区乡土红树植物为基调树种，同时为丰富深圳沿海滩涂红树林植物景观，增加深圳沿海生态系统物种和群落的多样性，将在该区种植从国内外引种的、具有较高观赏价值或生态价值且适宜在深圳生长的红树、半红树及其伴生植物，并对这些外来植物的生态影响做一些追踪研究，避免外来树种对当地树种造成不利的影响。代表性植物群落为：水黄皮＋杨叶肖槿—桐花树＋草海桐—文殊兰；秋茄＋木榄—老鼠簕。

2）永久性咸水河流湿地生境

利用适应性强的乡土红树植物逐步改善河涌受污染的底泥和水体，达到生态恢复的目的。代表性植物群落为：木麻黄＋秋茄—老鼠簕＋文殊兰。

3）滨海潮间带有林湿地生境

种植深圳地区乡土红树植物群落，以桑基、果基鱼塘为特色景观，展现立体复合农业模式。

代表性植物群落为：海漆＋黄槿—卤蕨；银叶树＋红海榄＋血桐—芦苇。

4）潮间带泥滩生境

该区由于涨潮时水位较深，加之现有底泥受污染程度较高，海草等植被都无法生长。规划待底泥、水体等生态环境改善后，逐渐恢复海草等沉水植物。

3 结语

除了要符合普遍的景观美学原则以外，湿地公园的水生植物景观设计更必须注重生态这个大前提，这是湿地植物景观设计的难点所在。

整体水生植物景观规划通过以乡土植物为主的当地原生群落的重建，从而成为乡土植物的种源地，并为各种乡土野生动物（尤其是鸟类）提供栖息地，实现了城市生态系统向自然生态系统的过渡；通过净水能力强的水生植物的选择，达到净化水质的作用，达到生态效益最大化，对建设资源节约型、环境友好型的生态城市具有重要的现实意义；湿地公园对城市水分平衡起到重要的调节作用；提高生物多样性，改善城市生态环境质量；减缓城市热岛效应；提高城市生态承载力；保障城市生态安全。

在生态设计思想的指导下，公园将以其良好的生态环境、广泛的影响区域、长期的生态作用而成为范例式的城市湿地公园，她将持续改善深圳市城市生态格局，持续影响和提升宝安区的区域生态形象，树立宝安新形象，为宝安居民创造宜居的城市生态环境，创造间接经济效益。

参考文献

[1] 侯亚明．水生植物在污水净化中的应用研究进展[J]．河南农业大学学报，2004（2）：184-188.

[2] 陆健健，何文珊，童春富，王伟．湿地生态学[M]．北京：高等教育出版社，2006.

[3] 城市湿地公园规划设计导则（试行）[J]．风景园林，2006（1），32-33.

[4] 王凌，罗述金．城市湿地景观的生态设计[J]．中国园林，2004，（1），39-41.

[5] 朱祥明，梅晓阳．上海城市湿地空间的绿化特色初探[J]．中国园林，2005（1），56-61.

[6] 吴彩芸，夏宜平．杭州园林水景的水生植物调查及其配置应用[J]．中国园林，2006，（1）：83-88.

（本文曾发表于2008年《风景园林》）

西安世园会世界庭院设计及建设思路

夏　媛　陈新香

【摘　要】 2011年4月盛大开园的西安世界园艺博览会，有一特殊的独立景区——世界庭院，展示了古希腊园林、意大利台地园、法国古典主义园林、英国自然风景园、西班牙伊斯兰园林等不同风格的园林形式，引来众多游客驻足观赏。介绍此景区的设计背景、设计思路、设计内容等信息，用以加深观者对景区的认识和解读。

【关键词】 风景园林；古典园林；规划设计；园艺博览会

1　项目背景

项目位于世园会南面的一个独立岛上，四周临水，面积约18000m²。场地相对平缓，南侧有一高压塔。规划游览主园路从场地中间穿过。

设计要求是选取世界各地的古典名园，尽可能地原状复制，或局部复制，重现经典，让游客，尤其是院校学生，能现场进行观摩体验。题材和数量由主创设计院根据场地来组织选取。深圳市北林苑景观及建筑规划设计院非常荣幸地参与到本次盛会，承担这一富有特色和意义的项目。

2　选择范畴与标准

古今中外，世界名园数不胜数，那么本项目的选择标准是什么呢？基于对园林体系的解读，我们首先是从园林体系上进行范畴划定，再从标准和意义上进行筛选。

2.1　选择范畴

东方园林、欧洲园林、伊斯兰园林并称世界园林三大体系，东方园林主要是以中国古典园林、日本古典园林为代表，传统的欧洲园林以意大利台地园、法国古典主义园林、英国风景式园林为代表，伊斯兰园林以印度伊斯兰园林、西班牙伊斯兰园林为代表（表1）。

三个体系在漫长的历史长河里，分别发展出了丰富多样的园林形式。从世园会总体布局考虑，中国名园，近在咫尺，游客很方便地去观摩实景，而且各个省市基本都参展；日本、印度是邻国，实际观摩都比较便利，同时建设方也邀请了日本设计师设计另一展区，因此，选择面基本锁定在欧洲园林、伊斯兰园林里的西班牙伊斯兰园林两个范畴。

欧洲园林与伊斯兰园林　　表1

范畴	时间	园林风格	历史地位	筛选出的经典名园或景点
欧洲园林	4世纪之前	古希腊园林	古希腊园林是后世一些欧洲园林类型的雏形，并开始奠定了西方规则式园林的基础	“索罗斯”、“狮子门”、十二主神雕塑、圣林等
	15～17世纪	意大利台地园	意大利文艺复兴园林揭开了西方近代园林艺术发展的序幕，是规则式园林运用于丘陵山地的典型样式	法尔奈斯庄园（Villa Palazzina Farnese）、埃斯特庄园（Villa d'Este）、兰特庄园（Villa Lante）、维兰德里庄园的“爱情花园”等等
	17世纪	法国古典主义园林	法国古典主义园林是规则式园林运用于平原地区的典型样式，也是规则式园林发展的顶峰，在18世纪中叶之前成为统帅整个欧洲的造园样式	沃-勒-维贡特府邸花园（Le Jardin du Château de Vaux-le-Vicomte）、凡尔赛宫苑（Le Jardin du Chateau de Versailles）、枫丹白露宫苑（Le Jardin du Chaeau de Fontainebleau）等
	18世纪	英国自然风景式园林	英国自然风景式园林的出现，是欧洲园林艺术领域里一场深刻的革命，将自然美视为园林艺术美的最高境界，也使西方园林从此沿着规则式和不规则式两个方向发展	布伦海姆风景园（Park of the Blenheim Palace）、斯托海德（Stourhead Park）、邱园（Royal Botanic Gardens，Kew）、尼曼斯花园（Nymans Park）等
伊斯兰园林	5～15世纪	西班牙伊斯兰园林（又称摩尔式园林）	摩尔人创造了富有东方情趣的西班牙伊斯兰样式，并对西欧中世纪的造园风格产生了很大影响	阿尔罕布拉宫苑（Alhambra Palace）的第二大庭院——狮子院

注：此表主要依据参考文献［1］《西方园林》（郦芷若、朱建宁著）整理而成。

2.2 选择标准

（1）适用性：因地制宜，尊重现有场地条件，并要注重与周边景区互为因借；（2）学术性：在学术（设计）研究上具有重要价值，体现园林发展历史进程特征；（3）艺术性：场地面积小，应以小而精，艺术性强为准则；（4）观赏性：从观赏视觉出发，寻找艺术水平高而有趣的经典庭园，能展示不同园林风格，并能在短时间内有观赏效果，同时可与其他展区有所区别；（5）可行性：有实物遗存，保留完好，资料完整，可复制。

3 总体设计

明确完选择范畴与标准，我们一方面整理欧洲园林不同时期的风格特征，一方面搜索寻找经典名园资料，并逐轮对比筛选，确定展示园林风格、内容及布局组织。

3.1 确定展示风格

现状南侧的高压塔台位置，因地制宜地设置以风车为标志的荷兰园林，成为本景区吸引眼球的一个标志物景观。

3.2 总体布局

根据场地特点和选择标准要求，结合风格特征，从北到南，根据欧洲园林发展演变的时间顺序为主线（图 1），来组织游览路线和空间布局。古希腊园林是后世一些欧洲园林类型的雏形，给人古老神秘感，故位于北侧相对独立的场地里。意大利台地园和法国古典主义园林都有明显的轴线关系，分布于场地的东西同一轴线上，既加强主轴进深感，又互为因借观景关系。同时，各个园子都是临水而设，既有相对独立性，又有利于景观视线的延伸，丰富对景、借景的组织（图 2）。

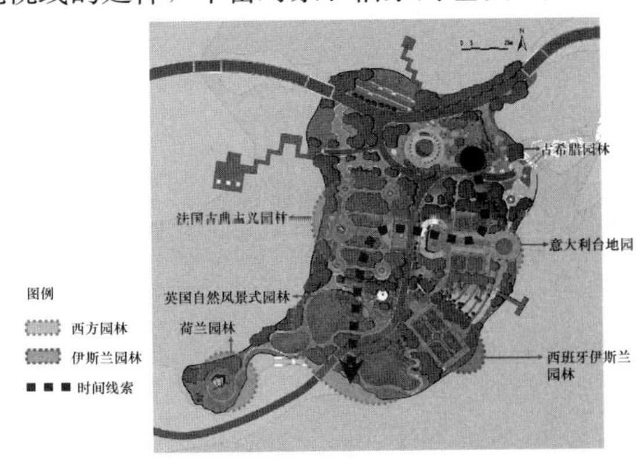

图 1 庭园布局图（林玉明 绘制）

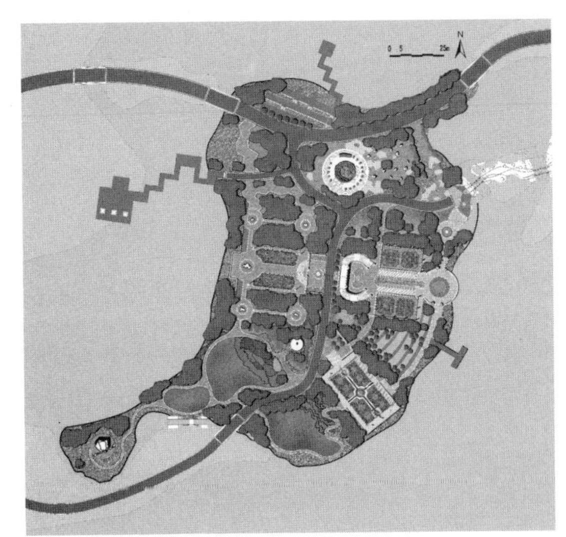

图 2 景区总平面图（林玉明 绘制）

展示手法上，因为现状场地小，历史经典名园基本是大尺度的，因此，除了西班牙伊斯兰园林的狮子院是等比例进行原庭院原样复制，其余则是在领会不同风格园林空间形式、造园要素等神韵特征的基础上，将不同园子的经典片段、经典元素，进行合理组合，丰富游赏性，亦让人更全面地领略到不同园林风格的精彩魅力。

4 不同风格展园介绍

4.1 古希腊园林

古希腊园位于世界庭院的北侧，大约 2000m^2，在整个“世界庭院”的入口位置。从东向西依次为，象征爱琴海的公共湖区、“狮子门”、“圣林”和“十二主神雕塑”、“索罗斯广场”。

首先是引人注目的“狮子门”（图 3），该门原建于公元前 1350～前 1300 年，是希腊迈锡尼

图 3 古希腊园林里的狮子门（深圳市北林苑景观及建筑规划设计院有限公司提供）

卫城的主要入口，也是留下的唯一构筑物。当年是由独石建成门柱，门上过梁是块巨石，在巨石的门楣上有一个三角形的叠涩券，中间嵌入一块雕着双狮的三角形的石板浮雕，双狮刻工精细传神，狮子门因此而得名。这一对雄狮，狮的前爪搭在祭台上，形成双狮拱卫之状，威风凛凛地向下俯视着进入城门的人。狮子门上的叠涩券，是世界上最早的券式结构遗迹之一。在“狮子门”的框景中，映入眼帘的“圣林”和“十二主神雕塑”。古希腊人对树木怀有神圣的崇敬心理，相信有主管树木的森林之神，把树木视为礼拜的对象，因而在神庙外围种植树林，称为圣林[1]。在这里以棕榈、悬铃木营造的“圣林”为游客提供漫步、休息的绿荫空间。以圣林为背景，前置的是从奥林匹斯山赶来参加盛会的十二主神，或坐，或立，与游客亲密合影，并娓娓诉说其充满神话色彩的传说故事。

穿过“圣林”，则是“索罗斯广场”，系仿制著名的希腊德尔斐考古遗址（阿波罗神庙）中“索罗斯”（tholos）。德尔斐考古遗址为希腊古典时期宗教遗址，位于雅典西北方帕尔纳索斯山麓，因居于该地的德尔斐族人而得名。这里是古希腊时期供奉太阳神阿波罗的圣地，在希腊人的心中，这里是全世界的中心，享有极为崇高的地位。1987 年被列入世界遗产名录。圆形的“索罗斯”（tholos）位于德尔斐的雅典娜·普罗奈亚的圣所，正好处在去阿波罗圣所朝圣的路线上，是后世无数花园中神庙模仿的模型[2]。

为了营造出古遗址的氛围，这里的构筑物都采用了 GRC 仿旧工艺，看上去就像经历了千年的沧桑一样，营造出在遗址上感受历史，在林荫中解读神话，在行走中了解欧洲园林雏形的良好氛围。”

4.2 意大利台地园

意大利台地园，占地约 4000m^2。因为场地高差、面积的局限性，设计时，我们以法尔奈斯庄园的入口广场至第二台层的椭圆性广场为主要骨架，移植其他园里的经典元素。采用中轴对称的构图形式，从下而上，分为三个台层，主要包括格雷斯雕像水景、水轴、爱情花园、台地花园、观景廊五部分。

步出古希腊园往南，即可看见精美的格雷斯雕像，此雕像源自 1561 年法文版 Hypnerotomachia Poliphili《梦境中的爱情纠葛》的一张插图，描绘的是三个女神包围着恶妇，银丝般的水从她们的乳房喷涌出来。按照文化历史学家的解释，该书中的喷泉创造了这样一种效果：既有性爱成分，又有哲理意味，既是世俗的，又是脱俗的。这本书中的插图成为几代园林设计师的灵感源泉，也是传播文艺复兴园林风格的重要媒介[2]。当初设计团队都惊叹于当时园林的概念范围和充满神话般天马行空的想象力，故将格雷斯雕像变为实景，供游客欣赏观摩。

往前映入眼帘的是精彩的水轴景观（图 4），上端为椭圆形水池广场，两侧弧形台阶环绕着透光的喷水球，向中间水盘喷水。正中有巨大的水钵，珠帘式瀑布从中流下，喷落在水盘中。水钵左右各有一座河神雕像，手握号角，倚靠水钵，守护着水景与观景廊。中端是蜈蚣形的石砌水槽，形成中轴线，两侧是海豚叠水，构成系列跌水景观。下层是一圆形泉池，引导视觉轴线延伸到公共湖区。这里的水景，随着地形变化，有动有静，或宁静深邃，或奔泻如注，令游客身临其境地感受到台地园中水的魅力。

图 4 意大利台地园里的水轴［西安世园投资（集团）有限公司张海源提供］

水轴两侧仿建着维兰德里庄园的“爱情花园”，虽然维兰德里庄园位于法国，但其亦属于意大利台地园风格，且爱情花园非常有趣味性，又可区别于世园会中欧陆风情街的大型模纹花坛。“爱情花园”是以花语阐释人们的感情生活，有四组花坛图案，分别代表四种爱情：“温柔的爱”、“疯狂的爱”、“不忠的爱”、“悲情的爱”。“温柔的爱”：图案为心形和面具，代表化装舞会上的相遇，“疯狂的爱”：图案是激动的心形，心形是按照法朗多拉舞舞步的轨迹所排列的，能使人联想起那热血沸腾、活力四射的舞蹈；“不忠的爱”：图案是角状和扇形，扇形象征着轻薄的扇子，角状代表虚假爱情的牛角；“悲情的爱”：图案为匕首，红色花卉表示鲜血，花园以争风吃醋的男人决斗时所使用的匕首或剑的锋刃为图案。园内种植着红色的花，象征着在决斗中四溅的血液[1]。周边均围有矮墙，既限定了空间，又用作坐凳。墙上有16根头顶瓶饰的女神像柱。

“爱情花园”的南北两侧，是台地花园，片石矮墙边种植不同深浅的绿色植物，在视觉上得到凉爽宜人、宁静悦目的效果。

场地的最高处是观景廊，作为控制全园的主体，在河神雕像的烘托下，显得十分壮观，给人以崇高、敬畏之感。拾级而上，本园景观尽收眼底，同时也是俯瞰对面法国古典主义园林的最佳观景点，还可眺望整个世园会园内景色。观景廊临着主园路，出入很方便，内设有雕像壁龛，精巧细致，具有较高的艺术水平。

4.3 法国古典主义园林

法国古典主义园林，占地大约3200m^2，位于意大利台地园的西侧。相对于经典名园的气势恢宏，本设计主要是遵循风格的基本特征，选取名园里的经典元素，实现以一斑窥豹的效果。场地主要采用主从分明、秩序严谨的几何网格，通过一纵两横三条轴线衔接而成。

东西主轴纵线上设置有泉池广场、刺绣花坛、青铜雕像等，形成视觉中心。泉池广场简洁大气，可俯瞰全园，担当汇聚和观景平台的功能。逐级而下，墙上装饰有趣味性的铜像头喷水，然后是由细米石、草地、花卉组成精美的刺绣花坛（图5）。远处是表象狩猎场景的青铜雕像，起视线框景的作用，将轴线无限延伸。

南北两横轴串联起象征“春”、“夏”、“秋”、“冬”的四个雕像水池节点。水池的中央各放有一座金色精致的雕像，分别是象征春天的花神雕像、象征秋天的谷神雕像、象征夏天的农神雕像和象征冬天的酒神雕像。

4.4 英国自然风景式园林

英国自然式风景式园林，占地约4000m^2。缓坡草地、自然式湖岸、自然式瀑布、蛇形园路等都是本风格常用的造景要素。在这里，以缓坡草地为大前景，沿道路两侧分布着假山型和花境式、岩石园等不同特点的自然风景式园林。设计师将假山、草地、亭子、草地、花境、岩石等元素完美组合，与周边湖面融合在一起，形成一幅自然意境，清新宜人的风光画显露于眼前。

4.5 西班牙伊斯兰园林

本设计的原型来自西班牙著名的阿尔罕布拉宫苑中的狮子院，园子为一长方形，长约35m，宽20m，基本是原比例复制。建造于公元13世纪～14世纪的阿尔罕伯拉宫，是中世纪摩尔人在西班牙建立的格兰纳达王国的宫殿，1986年被列入世界文化遗产。阿尔罕布拉宫是古伊斯兰建筑的登峰造极之作，其构造之细腻，设计之精巧，无不体现了阿拉伯文明的神秘，辉煌，还有奢靡。狮子院是阿尔罕布拉宫中的第二大庭园，十字形的水渠将庭院四等分，中心是圆形承水盘及向上的喷水，四周围绕着12座喷水的石狮，象征沙漠中的绿洲（图6）。庭院中十字道路象征天堂里的4条路，在摩尔人宗教里有象征祥和、平衡、岁月流转的意义。为加强展园的节日效果，采用时花拼出伊斯兰风格特色铺地。

图5 法国古典主义园林里的刺绣花坛［西安世园投资（集团）有限公司张海源提供］

图6 西班牙伊斯兰园林里的12座喷水石狮（深圳市北林苑景观及建筑规划设计院有限公司提供）

4.6 荷兰园林

原设计中在现状高压塔基础上，设置了荷兰传统风车，周边分布着郁金香和神奇的木鞋。后由于场地腾空、施工工期等缘故，此园未能实施。

5 结语

世界庭院景区是一处以集中展示西方古典园林的发展体系、造园艺术及园林风格为主的独立展园。它集合了古希腊园林、意大利台地园、法国古典主义园林、英国自然风景主义园林、西班牙伊斯兰园林等不同风格的园林形式。世界庭院将让游人在短短的游程里全面地领略到人类历史长河中不同园林风格的风格特点，体验西方园林的无穷魅力，让游客在不出国门就能领略异国风情的同时还能学到园林知识。

致谢

在本项目进行过程中，西安世园投资（集团）有限公司，北京林业大学的王向荣教授、朱建宁教授，同济大学建筑设计研究院（集团）有限公司的李毅、李智，西安植物园的专家们给予项目组重要帮助，在此一并致以真诚的谢意。

参考文献

[1] 郦芷若，朱建宁．西方园林［M］. 郑州：河南科学技术出版社，2001：17，150.

[2] （美）伊丽莎白．巴洛．罗杰斯著，韩炳越，曹娟等译．世界景观设计Ⅰ，Ⅱ［M］北京：中国林业出版社，2005：41-43，115-116.

（本文曾发表于 2011 年 6 月《风景园林》）

尊重原有自然形态　构建和谐景观结构

——日照刘家湾赶海园设计

闫　莉

【摘　要】利用原有地形地貌进行景观及服务设施的营造，将人工的景观巧妙的叠加在自然的景观上，充分尊重自然及考虑人的活动的基础上，达到人与自然、建筑与景观的融合。

【关键词】赶海；土台；掩土建筑；架空木栈道

松软软的海滩，金黄黄的沙，赶海的小姑娘光着小脚丫。珊瑚礁上捡起了一枚海螺，抓住了水洼里一只对虾。一只小篓装不下，装呀装不下，腥鲜鲜的海风哟！清爽爽地刮！吹乱了小姑娘缕缕黑头发，姑娘轻轻唱起了一只渔歌，羞红了远方的一抹晚霞，姑娘提篓跑回家，跑呀跑回家呀哎。

——节录《赶海的小姑娘》歌词

1　项目概况

所谓赶海，是指居住在海边的人们，根据潮涨潮落的规律，赶在潮落的时机，到海边的滩涂地和礁石上打捞或采集海产品。随着社会经济和旅游业的快速发展，越来越多的人到海边旅游度假，对很多内地人而言“赶海”不再陌生。夜半海水涨潮，东方既白，潮水渐次退去，潮水带来的虾、蟹、螺、参都滞留在滩涂上，人们便可以三五成群踏着朝霞、迎着海风相约前行，既是休闲娱乐，又感受到收获的快乐，尤其对于小朋友而言有更大的吸引力和新鲜感。所以，赶海已经不仅仅是一种渔民的生计，更是一种海滨的旅游资源和品牌推广。

刘家湾赶海园位于山东日照市东港区涛雒镇刘家湾村附近海滨，占地约 $15hm^2$。基地东侧（海滨一侧）有万亩滩涂，潮间带滩涂泥沙混杂，盛产贝类达四十余种，虾皮和海蜇产量较高；潮间带盛产竹蛏、纹蛤、四角蛤、镜蛤等，浅海水域盛产虾皮、杂色蛤、鲻鱼、海蜇等海珍品。特殊而宝贵的旅游资源，为该区域的经济增长和旅游推广带来了新的助推力。但现状基本上呈现粗放利用状态，当地居民和游客尚处于无组织自发状态，未能充分利用和提升滨海资源。本方案旨在充分利用地域丰厚的自然资源，通过科学的定位、精心的构思、合理的规划，利用现有地形地貌特点创造出具有当地特色的带状公园景观环境。

2　设计构思

基地西侧为市政道路，东侧为防浪堤，中间大部分区域低于道路及防浪堤 3m 左右，林木丰茂，间有民宅。原始生态良好，自然景观质量较高。由于安全原因，两侧的道路及防浪堤不能降低，而若采用常规的三通一平的方式，不仅土方量巨大，而且将会对现状林木资源造成很大破坏。如何平衡二者之间的矛盾？是规划设计的关键所在，根据现场的实际情况，运用不同的造景元素和设计手法，充分利用原有地形地貌及旧有宅基地进行景观及服务设施的营造，形成以土台、栈道、赶海为核心的景观设计主线，力求将人工的景观巧妙的叠加在自然景致之上，在尽量少破坏现状的基础上，满足功能的需求，构建和谐的景观结构。

3　总体规划

在设计时首先考虑结合场地特征，功能定位结合“赶海”展开，充分利用现有资源创造独具特色的临海公园空间环境，注重场地的可识别性；其次，设计上注重与周边环境的呼应，合理运用美学中的形式美法则，对比中求统一，体现环境的整体美感。注重现代感与时代感的营造，力求使其成为日照具有国际特色的旅游景区。同时在空间、尺度 、细部设计中遵循“以人为本”的原则，注重人的行为特点和心理特征的把握，创造出宜人的空间环境，体现人文关怀的形态特征。

本方案围绕着刘家湾海岸独特而宝贵的旅游资源——“赶海”展开。通过纵向深入基地的视觉轴线、交通轴线，沿着海岸伸展的带状区域以及场地中间高起的构筑物与曲折的栈道等不同的设计元素，为“赶海”行为提供了方便可达富于秩序感的全方位活动平台（图1）。

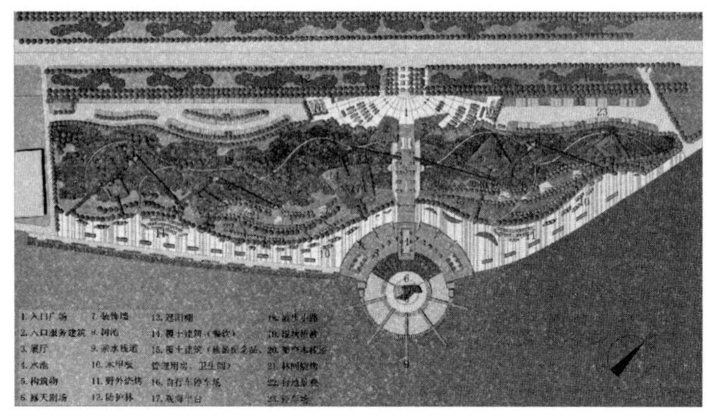

图1　设计总平面

刘家湾赶海园主要分为以下几个主要景观区域：

3.1　主入口区

沿海路是赶海园连接日照城市的主要道路，是主要的人流车流方向。在此设置主入口广场，两侧设停车泊位。广场上有梯形土台状的服务性掩土建筑，中间为入口标志性的大门。建筑与大门一起形成框景，将东侧的中心广场的构筑物纳入框中，形成视觉焦点，引导游人前往。

3.2　中心轴线

自主入口区向东延伸出的一条景观轴线，指向深入海面的中心广场，成为赶海园区的中心景观带和主要步行空间。可以便捷地到达海边，中轴跨越凹地地区下层为商业服务建筑，上面为铺装，建筑的采光窗形成序列光带，引导游人进入广场。轴线尽端以下沉水池作为一过渡空间，形成轴线与中心广场的合理衔接，水池上方设计了木甲板，赶海后的人们在这里休憩、放松，分享收获的快乐（图2）。

中心广场朝海滨方向逐级下降，结合地形在广场的一侧设置半圆形露天剧场，成为公众聚会观演和开展其他交往活动的中心区域；中心广场滨海一侧是探入海中多个栈桥，将游人引向浩瀚的大海。（图3）栈桥间有潮汐池的设计，日照的潮汐主要受海州湾外南黄海半日无潮系统的控制，属正规半日潮类型。一天中有两次涨、落潮，历时相近。涨潮时海水涌入池中，海水退去，池中保留0.4m深的海水，这样即使潮水退去，游人依旧能够感受到浓郁的“赶海”气息（图4）。

图2　入口轴线

图3　探入海中的栈桥

图4　潮汐池

广场结合构筑物的设计，形成“场”的空间效应，成为游人观演、集会、赶海的核心场所。中心的构筑物色彩明快、错落舒展，有效地整合了广场的景观秩序，成为场地的标志。将赶海园的人们的视线透过这一瑰丽而别致的“景框”引向深远的大海。同时，也如同“灯塔”一样为赶海者指引方向（图5）。

图5　中心广场上的构筑体形成别致的“景框”

在露天剧场与滨海景观带之间设置景墙。上部玻璃、下部片岩材料，景墙既有照明功能，又以不同角度指向中心广场，增强了场地的领域感和归属感（图6）。

图6　中心广场上的水景及景墙

3.3　滨海景观带

设计将老沿海路防浪堤进行了保留，并巧妙地将其向基地内侧拓展，从而形成了一条富有赶海特色的滨海景观带。结合道路而设计的烧烤台为赶海者享用自己劳动果实提供方便，进一步强化公园的旅游品牌特色。自烧烤台延伸出形式自由的木甲板，为游客提供了悠然自得的观海场所。或坐或倚，海风习习，海浪潺潺，让人流连忘返。滨海景观带中无论铺装、小品的形式和材料紧紧结合海洋元素，突出海洋文化特色，适应现代都市人返璞归真、回归自然的生活追求，突破以静态展示为主的传统旅游模式，最大限度地提高游客的参与性。

3.4　绿地景观带

赶海园里服务建筑采用“化整为零”、“线性连接”的设计手法。将建筑划分为若干个体量较小的独立建筑，形成大小不一、风格相近的梯形土台，散落在凹地中。以架空木栈道相连，以求保留大量的绿地空间。建筑里设有餐厅、小卖、冲凉、旅游纪念品商店等功能，为赶海的游客更好地提供特色服务。这样既利用现有自然资源，遵循自然的景观格局，又将功能与自然完美统一（图7）。

图7　梯形土台状的覆土服务建筑

因为在凹地里是看不到大海的，而这些建筑设计时巧妙地将基地的特点加以利用，在原本地势较低的洼地中设置了五个高起的梯形土台。同时是在将拆除的民房的位置建造，达到少破坏现有植被的目的。建筑是覆土的形态，既可以降低能耗，又可以与周边环境融为一体。在每个建筑的上方设置了玻璃体，人们可以在不同视高观海听潮，丰富了视觉体验。入夜，灯光摇曳、树影婆娑，纯粹而独特的梯形土台在带状公园中逐次展开，仿若烽火台，又如大地景观艺术，对全园起到控制性和标志性的作用（图8～图10）。

图8　建筑之间通过架空木栈道相联

图 9　建筑的上方设置了可以采光、观景玻璃体

图 10　利用现有高差形成的立体交通空间

建筑之间及建筑与广场之间通过特点鲜明的架空木栈道相互联系，木栈道在平面和竖向上都尺寸都是渐变的，呈现三维变化，木栈道以折线形式穿插于梯形山丘之间，既丰富变化而又不乏整体感。同时，凹地内也设置小路，这样产生了具有架空步行系统与地面步行系统的立体交通空间，丰富了整个基地的景观层次，将地势低的不利影响转化为有利因素，为游人提供了更多可选择的游览路线。其中在架空步行系统中通过局部放大的场地结合景观构架的设计，创造出可以驻足休憩赏景的空间区域。尽量避免扰动原有植被，游人穿梭于林荫之中眺望大海，会有别样的感受荡漾心间（图 11、图 12）。

在梯形土台与滨海景观带之间设计不同高度的台地景观，层层跌落、自由舒展的形式将两个不同空间自然衔接。结合地面步行系统和餐饮建筑，在台地中设置了别具一格的林间烧烤台，以满足都市人渴望回归自然、追求宁静惬意生活的心理特点，让人陶陶然而不思归。

图 11　穿梭于林荫之中的架空栈道

图 12　木栈道在平面和竖向上都有变化

4　结语

随着经济的发展和工业化的加速，各地的海岸带发展与保护的矛盾日益凸显，许多滨海生态资源遭到建设性的破坏。麦克·哈格（Ian McHarg）的经典之作《设计结合自然》提出“无论在城市或乡村，我们都十分需要自然环境。为使人类能延续下去，我们必须把人类继承下来的大自然的恩赐保存下来。”因此，我们不仅要对人类和自然的关系持有正确的观点和态度，而且要有较好的工作方法，不是掠夺性的开发，而是将两者结合起来，“一花一世界，一树一菩提”，在满足人的享乐需求的同时，我们应该为小树、小草、小动物保留一些属于它们的自然生存空间。

（本文曾发表于 2011 年 3 月《华中建筑》）

2011年世界大运会深圳地区少花现状及对策分析

肖洁舒　徐　艳

【摘　要】针对8月份深圳地区开花植物较少的实际情况，通过对8月份深圳城市园林中开花植物种类的调查，初步掌握了8月份期间深圳园林植物的开花状况及主要应用形式。在此基础上，为2011年深圳世界大学生运动会比赛期间的城市绿化、美化工作提供了翔实的基础资料和参考依据，同时根据深圳地区地带性植被资源的优势及园林绿化水平的现况，提出了解决8月份深圳地区少花现状的对策。

【关键词】风景园林；园林植物；调查；种植设计

第26届世界大学生运动会于2011年8月12日～23日在深圳召开，为了摸清大运会期间，深圳地区开花植物种类及其在城市园林景观中的应用现状，以便根据大运会期间深圳市园林绿化及提升、摆花工作的具体要求，将研究成果应用到实际设计和工程实践中，把“绿色大运”的办会理念真正落实到深圳城市园林绿化领域。本文作者对深圳园林绿化中具代表性的公园、主要城市道路和社区以及部分苗木公司进行了现场及问卷调查，对8月份开花的各种植物的开花状况、绿化和美化效果等做了详细记录，分析总结出深圳地区8月份开花的植物种类及其在城市园林景观中的应用形式，为大运会期间深圳市城市植物景观建设及提升工程的植物种类选择提供了翔实、可靠的基础资料，同时对如何丰富8月份开花的植物种类提出切实可行的对策。

1　资源调查

深圳地处南海之滨，属南亚热带季风气候，阳光充足，雨量丰沛，气候宜人。深圳市年平均气温22.3℃，四季鲜花盛开，但在8月份开花并处于盛花期的植物种类相对较少。具体种类如下：

1.1　花木类

1.1.1　观花乔木

深圳地区8月份开花的观花乔木非常少，除国庆花表现较好外，个别种类为一年中再次开花之外，如大花紫薇，其他仅有少数几种有零星的花朵，具体见表1。

深圳地区8月份开花观花乔木植物名录　　表1

序号	中文名	拉丁学名	科名	属名	花色	花量	主要应用形式
1	蓝花楹	*Jacaranda mimosifolia*	紫葳科	蓝花楹属	蓝色	极少	道旁绿化、园景树
2	腊肠树	*Cassia fistula*	苏木科	决明属	黄色	极少	道旁绿化、园景树
3	凤凰木	*Delonix regia*	苏木科	凤凰木属	红色	极少	行道树、园景树
4	大花紫薇	*Lagerstroemia speciosa*	千屈菜科	紫薇属	红色	中等	道旁绿化、园景树
5	黄槿	*Hibiscus tiliaceus*	锦葵科	木槿属	黄色	极少	园景树
6	美丽异木棉	*Chorisia speciosa*	木棉科	异木棉属	红色	极少	行道树、园景树
7	国庆花	*Koelreuteria elegans*	无患子科	栾树属	黄色	花果同在	行道树、园景树
8	火焰木	*Spathodea campanulata*	紫葳科	火焰木属	红色	中等	行道树、园景树
9	红花羊蹄甲	*Bauhinia blakeana*	苏木科	羊蹄甲属	紫红	中等	行道树、园景树

1.1.2　观花小乔木

深圳地区8月份开花的观花小乔木种类不多，根据调查，目前在城市园林绿化中应用较多的仅有6种，具体见表2。

1.1.3　观花灌木

深圳地区8月份开花的观花灌木种类较为丰富，以翅荚决明、洋金凤、软枝黄蝉、龙船花、假连翘、簕杜鹃、朱槿等占的比例较大，在城市道路及各类公园中常见，极大地丰富了城市园林植物景观。具体种类见表3。

深圳地区8月份开花观花小乔木植物名录 表2

序号	中文名	拉丁学名	科名	属名	花色	花量	主要应用形式
1	黄槐	*Cassia surattensis*	蝶形花科	决明属	黄色	盛花期	行道树、园景树
2	小叶紫薇	*Lagerstroemia indica*	千屈菜科	紫薇属	红色	盛花期	道旁绿化、园景树
3	鸡蛋花	*Plumeria rubra* var. acutifolia	夹竹桃科	鸡蛋花属	红色、粉色、黄色	少花	花灌木
4	鸡冠刺桐	*Erythrina variegata*	蝶形花科	刺桐属	红色	极少	园景树
5	大花田菁	*Sesbauis grandiflora*	蝶形花科	田菁属	紫红、白色	极少	园景树
6	簕仔树	*Mimosa bimucronata*	含羞草科	含羞草属	白色	盛花期	边坡绿化

深圳地区8月份开花的观花灌木植物名录 表3

序号	中文名	拉丁学名	科名	属名	花色	花量	主要应用形式
1	双荚槐	*Cassia biacapsularis*	蝶形花科	决明属	黄色	盛花期	花灌木
2	翅荚决明	*Cassia alata*	蝶形花科	决明属	黄色	盛花期	花灌木
3	洋金凤	*Caesalpinia pulcherrima*	苏木科	云实属	黄色、橙红色	盛花期	花灌木
4	希美莉	*Hamelia patins*	茜草科	长隔木属	红色	盛花期	花灌木、地被
5	粉萼金花	*Mussaenda hybrida* 'Alicia'	茜草科	玉叶金花属	萼片粉色	开花末期	花灌木
6	红纸扇	*Mussaenda erythrophylla*	茜草科	玉叶金花属	萼片红色	开花末期	花灌木
7	龙船花	*Lxora chinensis*	茜草科	龙船花属	红色、粉色、黄色	盛花期	花灌木、地被、绿篱
8	紫花马缨丹	*Lantana montevidensis*	马鞭草科	马缨丹属	紫色	开花末期	地被
9	假连翘	*Duranta repens*	马鞭草科	金露花属	蓝色	盛花期	花灌木
10	琴叶珊瑚	*Jatropha pandurifolia*	大戟科	麻疯树属	红色	中等	花灌木
11	软枝黄蝉	*Allamanda cathartica*	夹竹桃科	黄蝉属	黄色	盛花期	花灌木、地被、边坡绿化
12	黄花夹竹桃	*Thevetia peruviana*	夹竹桃科	黄花夹竹桃属	黄色	盛花期	花灌木、绿篱
13	夹竹桃	*Nerium indicum*	夹竹桃科	夹竹桃属	粉色	盛花期	花灌木、绿篱
14	虾夷花	*Callispidia guttata*	爵床科	麒麟吐珠属	花白色、苞片黄色	盛花期	花灌木、地被
15	蓝雪花	*Plumbago auriculata*	蓝雪花科	蓝雪花属	浅蓝色	开花末期	花灌木
16	鸳鸯茉莉	*Brunfelsia latifolia*	茄科	鸳鸯茉莉属	紫色转白色	零星花	花灌木、地被
17	簕杜鹃	*Bougainvillea spectabilis*	紫茉莉科	宝巾花属	萼片紫红色	中等	花灌木、垂直绿化、边坡绿化
18	朱槿	*Hibiscus rosa-sinensis*	锦葵科	木槿属	红色	盛花期	花灌木、绿篱
19	巴西野牡丹	*Tibouchina semidecandrs*	野牡丹科	野牡丹属	紫色	盛花期	花灌木、地被
20	黄钟花	*Stenolobium Stans*	紫葳科	黄钟花属	黄色	盛花期	花灌木

1.1.4 观花藤本

深圳地处南亚热带，地带性植被为南亚热带季风常绿阔叶林，藤本植物资源十分丰富，但得到开发利用的植物种类却比较有限，调查中记录到在8月份开花的藤本植物有7种，具体见表4。

深圳地区8月份开花观花藤本植物名录 表4

序号	中文名	拉丁学名	科名	属名	花色	花量	主要应用形式
1	美丽赪桐	*Clerodendrum×speciosum*	马鞭草科	赪桐属	白色	较少	花灌木、垂直绿化
2	凌霄	*Campsis grandiflora*	紫葳科	凌霄属	红色	盛花期	垂直绿化
3	蒜香藤	*Pseudocalymma alliaceum*	紫葳科	蒜香藤属	粉红色	盛花期	垂直绿化
4	大花老鸦嘴	*Thunbergia grandiflora*	爵床科	山牵牛属	浅蓝色	盛花期	垂直绿化
5	桂叶老鸦嘴	*Thunbergia laurifolia*	爵床科	山牵牛属	浅蓝色	盛花期	垂直绿化
6	使君子	*Quisqualis indica*	使君子科	使君子属	红色	盛花期	垂直绿化
7	金银花	*Lonicera japonica*	忍冬科	忍冬属	白色转黄色	盛花期	垂直绿化

1.2 草本花卉类

1.2.1 一、二年生花卉

由于开花灌木种类非常丰富，本着建设节约型园林的原则，深圳地区对一、二年生草本花卉的应用不是很普遍，多用于深南大道等主要城市干道以及政府大院等重要场所。同时，受夏季炎热气候的影响，8 月份可以选用的草本花卉也受到一定的限制，目前深圳在 8 月份常用的一、二年生草本花卉名录见表 5。

1.2.2 宿根花卉

深圳 8 月份开花的宿根花卉种类也不多见，具体种类见表 6。

深圳地区 8 月份开花的一、二年生草本花卉名录　　表 5

序号	中文名	拉丁学名	科名	属名	花色	主要应用形式
1	百日草	*Zinnia elegans*	菊科	百日草属	黄色、橙色、粉色	花坛
2	孔雀草	*Tagetes patula*	菊科	万寿菊属	黄色	花坛
3	万寿菊	*Tagetes erecta*	菊科	万寿菊属	黄色	花坛
4	皇帝菊	*Melampodium paludosum*	菊科	腊菊属	黄色	花坛
5	硫华菊	*Cosmos sulphureus*	菊科	波斯菊属	黄色、橙色	花坛
6	波斯菊	*Cosmos bipinnatus*	菊科	波斯菊属	粉红色	花坛
7	千日红	*Gomphrena globosa*	苋科	千日红属	红色	花坛
8	鸡冠花	*Celosia cristata*	苋科	青葙属	红色	花坛
9	穗冠	*Celosia plumosus*	苋科	青葙属	红色、桔红色	花坛
10	乌尾花	*Crossandra infundibuliformis*	爵床科	十字爵床属	火焰红色、黄斑	花坛
11	一串蓝	*Salvia farinacea*	唇形科	鼠尾草属	蓝色	花坛
12	一串红	*Salvia splendens*	唇形科	鼠尾草属	红色	花坛
13	彩叶草	*Coleus blumei*	唇形科	鞘蕊花属	红色、绿色、	花坛
14	太阳花	*Portulaca grandiflora*	马齿苋科	马齿苋属	金色、绯色、桃红、黄色、桔黄、白色	花坛
15	五星花	*Pentas lanceolata*	茜草科	五星花属	混色、粉红色、红色、紫色	花坛
16	夏堇	*Torenia fournieri*	玄参科	蓝猪耳属	玫红色、酒红色、蓝色	花坛
17	醉蝶花	*Cleome spinosa*	白花菜科	白花菜属	白色、淡粉色	花坛
18	香彩雀	*Angelonia gustifolia*	玄参科	彩雀属	白色、粉色、紫色	花坛
19	芙蓉葵	*Hibiscus grandiflorus*	锦葵科	木槿属	白色、粉色、红色、紫色	花坛
20	龙翅海棠	*Begonia semperflorens* 'Dragon Wing'	秋海棠科	秋海棠属	红色	花坛、垂直绿化
21	花烟草	*Nicotiana alata*	茄科	烟草属	亮粉色	花坛
22	观赏辣椒	*Capsicum frutescans*	茄科	辣椒属	红色	花坛
23	垂吊矮牵牛	*Petunia hyhrida*	茄科	碧冬茄属	粉红色、紫色、玫红色等	花坛、垂直绿化

深圳地区 8 月份开花宿根花卉名录　　表 6

序号	中文名	拉丁学名	科名	属名	花色	花量	主要应用形式
1	垂花赫蕉	*Heliconia marginata*	旅人蕉科	蝎尾蕉属	红色	较少	花灌木
2	黄鸟赫蕉	*Heliconia psittacorum*	旅人蕉科	蝎尾蕉属	黄色、红色	盛花期	花灌木、地被
3	广东万年青	*Aglaonema modestum*	天南星科	广东万年青属	白色	盛花期	地被
4	土麦冬	*Liriope spicata*	百合科	麦冬属	浅紫色	盛花期	地被
5	长春花	*Catharanthus roseus*	夹竹桃科	长春花属	桃红、白色	盛花期	花坛
6	炮仗竹	*Russelia equisetiformis*	玄参科	炮仗花属	红色	中等	地被
7	紫花翠芦莉	*Ruellia brittoniana*	爵床科	芦莉草属	紫色	盛花期	花坛、地被
8	蔓花生	*Arachis duranensis*	蝶形花科	蔓花生属	金黄色	盛花期	地被

1.2.3　球根花卉

深圳8月份开花的球根花卉种类非常少，调查中仅记录到美人蕉等（*Canna indica*）6种（表7）。

1.2.4　水生花卉

深圳8月份开花的水生花卉以荷花和睡莲为主，这两种植物的园艺品种十分丰富，且花色鲜艳，为各类水体增姿添色。具体种类见表8。

深圳地区8月份开花球根花卉名录　　**表7**

序号	中文名	拉丁学名	科名	属名	花色	花量	主要应用形式
1	美人蕉	*Canna indica*	美人蕉科	美人蕉属	红色、黄色	盛花期	花坛、地被
2	韭莲	*Zephyranthes grandiflora*	石蒜科	葱兰属	粉红色	盛花期	地被
3	葱兰	*Zephyranthes candida*	石蒜科	葱兰属	白色	盛花期	地被
4	蜘蛛兰	*Hymenocallis americana*	石蒜科	螯蟹花属	白色	极少	地被
5	鹤望兰	*Strelitzia reginae*	旅人蕉科	鹤望兰属	黄色	花末	地被
6	姜花	*Hedychium coronarium*	姜科	姜花属	白色	少	地被

深圳地区8月份开花的水生花卉名录　　**表8**

序号	中文名	拉丁学名	科名	属名	花色	花量
1	荷花	*Nelumbo* spp.	睡莲科	荷花属	红色	盛花期
2	睡莲	*Nymphaea tetragona*	睡莲科	睡莲属	红色、蓝色、白色	盛花期
3	千屈菜	*Lythrum salicaria*	千屈菜科	千屈菜属	紫红色	盛花期
4	再力花	*Thalia dealbata*	苳叶科	塔利亚属	淡紫色	较少
5	水生美人蕉	*Canna glauca*	美人蕉科	美人蕉属	粉色、黄色	盛花期
6	凤眼莲	*Eichhornia crassipes*	雨久花科	凤眼莲属	蓝紫色	盛花期
7	荇菜	*Nymphoides peltatm*	龙胆科	荇菜属	黄色	盛花期
8	梭鱼草	*Pontederia cordata*	雨久花科	梭鱼草属	紫	少

2　应用分析

深圳城市园林景观中，植物占有重要地位，集中体现自然、生态风貌，其中开花植物发挥着重要的作用。2011年世界大运会期间，这些开花植物将会把整座城市装点成花的海洋，用盛开的鲜花喜迎天下来客，体现深圳这座年轻城市包容、开放、创新的特点。其主要的应用方式有：

2.1　花坛

花坛既可以布置在室外园林绿地中，也可以布置在宽敞的室内，其按表现形式又分为花丛花坛和模纹花坛。深圳目前应用较多的是模纹花坛，主要布置在城市重要交通口岸、枢纽、主干道、政府机关周边以及邓小平雕像等标志性重要场所，所用植物材料以一、二年生草本花卉为主，在城市园林景观中起着画龙点睛的作用。深圳8月份开花的植物中，可以用作花坛布置的主要有：簕杜鹃、夹竹桃、黄花夹竹桃、美人蕉、一串红、一串蓝、百日草、万寿菊、孔雀草、皇帝菊、龙翅海棠、千日红、千屈菜、长春花、醉蝶花、香彩雀、鸡冠花、穗冠、夏堇、五星花、乌尾花、彩叶草等。

2.2　花境

花境是模拟自然界中林地边缘地带各种野生花卉交错生长的状态，运用艺术手法进行设计的一种花卉应用形式。虽然深圳地区可用作花境的植物材料丰富多样，有各种乔灌木、宿根花卉和一、二年生草本花卉，以及观赏草和竹类，但目前深圳对花境的应用较少。深圳8月份开花的植物中，可以用作花境布置的主要有：大花紫薇、紫薇、黄槐、鸡蛋花、簕杜鹃、夹竹桃、黄花夹竹桃、紫花翠芦莉、美人蕉、一串红、一串蓝、百日草、万寿菊、孔雀草、皇帝菊、波斯菊、龙翅海棠、千日红、千屈菜、长春花、醉蝶花、鸡冠花、穗冠、夏堇、五星花、乌尾花、彩叶草等。

2.3　花卉装饰

在商业街区、城市道路、酒店等城市开放空

间，现状条件不利于露地种植的地方，可以采用花车或花钵等容器进行灵活的花卉布置。可以选用的植物材料以一、二年生草花或多年生作一、二年生栽培的宿根花卉为主。深圳8月份开花的植物中，可以用作此类布置的植物主要有：美人蕉、一串红、一串蓝、百日草、万寿菊、孔雀草、皇帝菊、龙翅海棠、千日红、千屈菜、长春花、醉蝶花、鸡冠花、穗冠、夏堇、五星花、鸟尾花、彩叶草、紫御谷、垂吊矮牵牛、花烟草、观赏辣椒、千屈菜、荷花、睡莲等。

2.4 地被

深圳的地被植物种类十分丰富，以石蒜科、天南星科、百合科等耐阴的观叶植物占绝对比例，而开花的地被植物种类相对较少。深圳8月份开花的植物中，可以用作地被的植物主要有：韭莲、葱兰、紫花马缨丹、广东万年青、土麦冬、蔓花生等。

2.5 垂直绿化

垂直绿化多以混凝土墙体为载体，植株生长环境恶劣，尤其是在夏季，往往因高温导致植株被灼伤[1]。深圳市目前应用于垂直绿化的植物种类欠丰富，主要有：爬墙虎（*Parthenocissus tricuspidata*）、薜荔（*Ficus pumila*）、炮仗花（*Pyrostegia venusta*）、蒜香藤、桂叶老鸦嘴、猫爪花（*Macfadyena ungnis-cati*）等十几个种（品种），普遍存在种类单一、色调单一、有叶无花及冬季落叶等不足。深圳8月份开花的植物中，可以用作垂直绿化的主要有：美丽赪桐、使君子、凌霄、蒜香藤、大花老鸦嘴、桂叶老鸦嘴等。

2.6 水体绿化

水生花卉可以用于公园内面积较大的湖、塘、河流、小溪等水体中，也可以用于室内外面积较小的人工水池等水体中，为灵动的水景增添更多的生机与活力。深圳8月份开花的植物中，可以用作水体绿化的主要有：荷花、睡莲、水生美人蕉、凤眼莲、荇菜、千屈菜。但凤眼莲具有一定的生态入侵性，在使用中要采取措施限定其范围，避免其逃逸到自然水体中，造成生态隐患。

2.7 园景树

8月份，深圳的开花乔木树种非常少，处于盛花期的种类更是寥寥无几，使上层植物景观的色彩较为单调。从上面的调查结果可以看出，8月份期间，深圳城市园林景观中，国庆花处于盛花期，且花果同在，大花紫薇、火焰木通过摘果等管理可持续开花，在城市绿化建设和提升改造中，加以应用，可突出上层乔木开花效果。

3 对策

从调查结果可以看出，8月份深圳城市园林绿化景观基本上是以绿色为主，虽然花灌木和一、二年生花卉种类较多，但真正处于盛花期的种类却屈指可数，尤其是观花乔木资源十分短缺。针对这种现况，为了保证大运会期间，将深圳装点成花的海洋，以盛开的鲜花体现深圳乃至中国对远道而来客人的热情欢迎，可通过以下措施丰富8月份深圳地区植物景观的色彩[2-3]：

（1）以目前应用较多、表现优良的开花植物为绿化骨干

基于目前苗木花卉市场苗源供应的现实条件，充分利用目前在城市园林景观中应用较多、表现优良的开花植物为绿化骨干，通过使用量的增加，采用大色块、大手笔的布置手法，渲染热烈气氛。

（2）加强引种驯化工作的力度，丰富深圳8月份开花的植物种类

大运会是世界大学生的运动会，同时也是深圳的大运会。因此，大运会期间，深圳城市园林景观不仅要体现国际性，同时也要充分体现深圳的本土文化。在植物景观领域，应大量应用地带性植物来体现深圳的植物文化。一方面，对园林中已有的、性状优良、但因某些原因没有得到广泛应用的栽培品种，如千日红等，应进行大力推广应用；另一方面，要积极开发和利用8月份开花的、开发利用价值高的乡土植物，如伯乐树（*Bretschneidera sinensis*）、毛稔（*Melastoma sanguineum*）、鬼灯笼（*Clerodendrum fortunatum*）、赪桐（*Clerodendrum japonicum*）、闭鞘姜（*Costus seciosus*）等，作为体现本土景观特色的重要手段之一；最后，适当直接从国内外引进优秀的草花植物品种，选择适应深圳8月份气候特点的、性状优良的草花植物品种，丰富植物造景的素材。

（3）增加彩叶植物在城市园林景观中的应用

深圳园林植物种类比较丰富，许多种类都有较多的品种和变种，其中不乏彩叶的品种，如黄

金香柳（*Melaleuca bracteata* ‘Gold’）、红车、肖黄栌（*Euphorbia cotinifolia*、锦叶榄仁（*Terminalia mantaly* ‘Tricolor’）、金边百合竹（*Dracaena reflexa* ‘Song Of Jammica’）、七彩马尾铁（*Dracaena marginata* ‘Tricolor Rainbow’）、四色栉竹芋（*Ctenanthe oppenheimiana* ‘Quadicolor’）等。这些彩叶植物极大地丰富了城市景观的色彩，是对 8 月份少花季节，城市绿化景观的最好补充。在利用好目前常用彩叶植物的基础上，应进一步挖掘地带性色叶植物，如小叶红叶藤（*Rourea microphylla*）等，提高深圳城市园林绿化景观的多样性。

参考文献

[1] 丁少江，黎国健，雷江丽．立交桥垂直绿化中常绿、花色攀援植物种类配置的研究［J］. 中国园林，2006，(2)：85-91.

[2] 苏珊. 池沃斯著．董丽译．植物景观色彩设计［M］北京：中国林业出版社，2007：7.

[3] 南希・A・莱斯辛斯基著．卓丽环译．植物景观设计［M］北京：中国林业出版社，2004：111.

（本文曾发表于 2011 年 8 月《风景园林》）

龙岗区大运系列工程植物景观设计特色分析

肖洁舒　叶　枫　徐　艳

【摘　要】 世界大学生运动会2011年八月份在深圳召开，本文对龙岗区内运动员比赛的主运动场馆（大运体育中心）、日常生活居住的地方（大运村）、周边公园（大运自然公园）景观工程中植物设计特色进行了分析，提出了“大运之道”即“自然之道”的设计理念，在植物选材上强调八月之赏等，并以各项目的亮点设计为例，为深圳及珠三角地区同类型工程植物景观设计提供借鉴。

【关键词】 大运会 植物景观 设计

世界大学生运动会在深圳召开是深圳人民的一大盛事，大运中心、运动员村与大运自然公园作为新规划的龙岗体育新城的核心区域，统一在龙岗区体育新城“大生态、大景观”的视觉下，在总体景观规划中形成三位一体、“两山镶玉”的山水格局（图1），共创城市与自然和谐共生，使区内整体生态环境和社会效益得到提升，共同为大运增光添彩。同时，三者又是各自不同性质的景观项目：大运自然公园为郊野型公园，为人们提供了亲近大自然、感受大自然的绿色休闲空间；大运中心为体育场馆环境，赛时服务于世界各地的运动员，赛后服务于来此运动、休闲的广大市民；大运村赛时是世界各地的运动员生活起居的地方，赛后是大学校园。因同一盛事而起的三大项目在植物景观上如何关联又如何区别，如何在高温少花的八月营造迎宾的氛围，如何各自兼顾赛时赛后功能的变换，是系列工程项目设计中三个主要的难点。

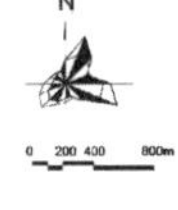

图1　龙岗体育新城大运重点项目总平面

（图片来源：本文图片均来自深圳市北林苑景观及建筑规划设计院）

在植物景观设计上，大运自然公园紧扣公园的性质，追求自然、野趣的景观效果，使之成为大运中心绿色及多彩的背景；大运中心植物景观体现了从自然到半自然，最后过渡到人工状态；而大运村侧主要是对建筑场地破坏自然的人工恢复。在系列项目中，大面积的自由绿地均追求植物景观与生态效益统一。因所在环境不同运用不同植物群落，如大运中心运动场馆周边环境康体植物群落；大运村素雅色彩利于身心放松的植物群落、高浓度负氧离子环境的青竹群落；起隔离和背景林作用的高绿量植物群落。深圳地属南亚热带，地带性植物代表类型为季风常绿阔叶林和季雨林。大运系列项目植物群落参考的原生态群落来自于梧桐山、马峦山、七娘山[2-4]等，新设计的植物群落选择同科或同属的植物取代，达到高标准的植物景观要求。

对于赛时赛后的功能转换，大运自然公园主要呈表现在面对大院中心方向的花山的营造；大运中心表现在时花在林缘边、场地中心广场的布置与赛后的恢复；大运村表现在协调兼顾迎宾要求及大学校园氛围的营造。在解决高温八月赏花的问题上主要表现在植物的选择和搭配上。

现就系列项目植物景观设计的构思、选材、亮点设计方面详细分析如下。

1　巧于构思，各出奇谋——以大运中心为例

大运体育中心植物景观设计以体现自然之美为设计理念，构思来源于古代圣贤的哲学原理，行大运之道，即自然之道。《道德经》有“地得一

以宁、谷得一以盈、物得一以生、神得一以灵”之说，其中，“物得一以生”讲自然之物，具体在本项目的植物景观设计构思中含义有三方面：(1)指的是用本土化、地带性的植物及草木花卉装点美化场馆。(2)指“将自然引入大运场馆”的理念，把场馆外大运自然公园的铜鼓岭余脉经道路隧道顶部延至大运中心，以广场中心冠大荫浓的大树树阵衔接，一直引入场馆绿地。(3)指植物群落模仿深圳地区自然植物群落的结构，以同科、属植物替代的方式，形成符合景观要求的植物群落。大运中心植物景观设计坚持生态及景观多样性原则，立足岭南地区植物文化，挖掘和提炼出符合场地特性的植物景观特色，即：花山、风水林、高草花境和装饰禾草四大植物景观特色。通过植物的自然之美与营造诗一般的意境，充分表达了深圳市民对大运会及参赛运动员的美好祝愿。

2 善于选材，精炼“八月之赏”

2.1 八月之赏

景观首先是视觉的艺术，植物景观给人留下最深印象的通常是色彩。因应大运会在八月份期间召开，植物景观格外注重八月之赏的设计。清代沈复曾在浮生六记中写道：“对渡，名花棣(地)，花木甚繁……余以为无花不识，至此仅识十之六七，询其名有《群芳谱》所未载者。”由此看来，岭南地区历来有“花木甚繁”的地域特色。为营造喜庆的迎宾气氛，系列项目植物选材上首先选用八月份开花、结果及常年有色彩效果观叶植物[1]。观花植物：大花紫薇(*Lagerstroemia speciosa*)、铁刀木(*Cassia siamea*)、腊肠树(*Cassia fistula*)、美丽异木棉(*Chorisia speciosa*)、国庆花(*Koelreuteria elegans*)、双翼豆(*Peltophorum pterocarpum*)、黄槐(*Cassia surattensis*)、鸡蛋花(*Plumeria rubra* var. *acutifolia*)、小叶紫薇(*Lagerstroemia indica*)、琴叶珊瑚(*Jatropha pandurifolia*)、金凤花(*Caesalpinia pulcherrima*)、黄钟花(*Stenolobium stans*)、希美丽(*Hamelia patins*)、龙船花(*Lxora chinensis*)、硬枝黄蝉(*Allemanda neriifolia*)、软枝黄蝉(*Allamanda cathartica*)等。包括水生的观花植物：千屈菜(*Lythrum salicaria*)、再力花(*Thalia dealbata*)、梭鱼草(*Pontederia cordata*)、水生美人蕉(*Canna glauca*)、荷花(*Nelumbo* spp.)、睡莲(*Nymphaea tetragona*)等。时花：紫花翠芦莉(*Ruellia brittoniana*)、醉蝶花(*Cleome spinosa*)、千日红(*Gomphrena globosa*)、黄帝菊(*Melampodium paludosum*)、一串兰(*Salvia farinacea*)、穗冠(*Celosia plumosus*)、硫华菊(*Cosmos sulphureus*)、孔雀草(*Tagetes patula*)等。观果植物：洋蒲桃(*Syzygium samarangense*)、水蒲桃(*Syzygium jambos*)、假苹婆(*Sterculia lanceolata*)、苹婆(*Sterculia nobililis*)、铁冬青(*Ilex rotunda*)、五味子(五月茶)(*Antidesma bunius*)等。观叶植物：亮叶朱蕉(*Cordyline terminalis* ‘Aichiaka’)、黄金香柳(*Callistemon* × *hybridu* ‘Golden Ball’)、肖黄栌(*Euphorbia cotinifolia*)、金边百合竹(*Dracaena reflexa* ‘Song Of Jammica’)、花叶芦竹(*Arundo donax* var. *versicolor*)、七彩马尾铁(*Cordyline fruticosa* ‘Tricolor’)、香港花叶鸭脚木(*Schefflera odorata*)、雪花木(*Breynia nivosa*)、四色栉竹芋(*Ctenanthe oppenheimiana* ‘Quadicolor’)、银边山菅兰(*Dianella ensifolia* ‘White Variegated’)等。

2.2 立足本土，美观与实用并重

深圳地区在一些古旧村落还保留着风水林，风水林起着水土保持等生态林的作用，也包含着美好的祁福愿望，林中树木即为深圳乡土树的代表树种，如：秋枫(*Bischofia javanica*)、人面子(*Dracontomelon duperreanum*)、小叶榕(*Ficus microcarpa*)、香樟(*Cinnamomuu camphora*)、朴树(*Celtis sinensis*)、假苹婆、海红豆(*Adenanthera pavonia*)、水翁(*Cleistocalyx operculatus*)、珊瑚树(*Viburnum odoratissimum*)等。大运项目中大运中心广场就用了秋枫、人面子大规格树种，营造出绿荫如盖，清凉宜人，这都是风水林里常出现的常绿又长寿的树种，绿地里运用了小叶榕、香樟、假苹婆、珊瑚树等，湖区用了朴树、海红豆、水翁等。大运村在重要的节点上用了红花天料木(俗称母生)*Homalium hainanensis*、香樟、五月茶、小叶榕等乡土树种。

2.3 洋为中用，百花齐放

深圳是座年轻开放的城市，得风气之先，具开放、兼容性。植物选择也不排除景观效果好、适合深圳生长的少数珍稀植物以及国外引进植物。选择少数珍稀植物作为主要景点的点缀，营造独特的植物景观，给各国来宾留下深刻印象。选择：

棋盘脚树（玉蕊）（*Berringtonia asiatica*）、中国无忧树（*Saraca dives*）、仪花（*Lysidice rhodostegia*）、越南苏铁（*Cycas elonga*）等。外来植物如棕榈科的银海枣（*Phoenix sylvestris*）、霸王棕（*Bismarckia nobilis*）、华盛顿葵（*Washingtonia filifera*）、加拿利海枣（*Phoenix canariensis*）等。

近年国外引进的观赏草，叶姿百态，富于生机和动感，在局部区域适当运用高草花境和装饰禾草，以获得现代野趣的植物景观效果。在大运项目应用到的观赏草有：蒲苇（*Cortaderia selloana*）、紫御谷（*Pennisetum glaucum* 'Purple Majesty'）、紫穗狼尾草（*Pennisetum alopecuroides*）、兔子狼尾草（*Pennisetum alopecuroides* 'Little Bunny'）、血草（*Imperata cylindrical* 'Rubra'）、细茎针茅（*Stipa tenuissima*）等，搭配品种有：银毛野牡丹（*Tibouchina aspera* var. *asperrima*）、金边白合竹、七彩马尾铁、花叶芦竹、紫花翠芦莉、千鸟花（*Gaura lindheimeri*）、叶下珠（*Phyllanthus urinaria*）、银边山菅兰、银边草（*Arrhenatherum elatius*）等。大运中心广场周边绿地和湖区都有所应用。

3 赛时赛后兼顾，打造众多亮点

3.1 大运中心主要节点设计

主要节点指主入口、视线交集之处，通常都作为植物景观重点处理的地方。大运中心的南入口中央绿岛，以主场馆为背景，主景树为红花鸡蛋花，配景树为铁冬青、桂花（*Osmanthus fragrans*）、小叶紫薇、龙船花、花叶良姜（*Alpinia sanderae*）等植物，着重表现南国特有的大花、大叶且有型植物景观特色。考虑到鸡蛋花冬天落叶有凋零感，用常绿的铁冬青、桂花为背景，下层搭配常绿开花的龙船花，照顾四季的可观赏性。红花鸡蛋花—小叶紫薇—龙船花—时花（赛时）四个层次的植物确保了八月份盛花迎宾的效果。东西两侧自由绿地采用拟对称的手法布置了孤植树及多层次的树群。沿用深圳在重要入口处种风水大树传统习惯，种植大运会的植物守护神，更好地烘托入口区的气势，为大运会带来好运。

大运中心广场中央绿岛（图 2），汇聚来自四面八方的视线，充满朝气的小叶榄仁（*Terminalia mantaly*）加时花的布置显得格外的清爽。广场北面是大运中心游泳馆，南面绿地植物景观以其别出心裁的设计赢得了关注。选择以银海枣、霸王棕、华盛顿葵、加拿利海枣、三角椰（*Neodypsis decaryi*）等竖线条棕榈科植物位于建筑两侧角位，使绿化空间显得紧凑；以弯杆银海枣组团居中，组合成四周向外张开的形状，使原本不大的绿化空间变得富于弹性，展现出舒缓浪漫的情调，也缓解紧张的比赛气氛。植物景观考虑了场内外两面的视觉效果，不管是从场内往外看，还是从场外往里看都能感受到浓郁的南国风情。

图 2 中心绿岛

花境设计是大运中心广场的另一亮点（图 3），中心广场绿地以小叶榕大规格树木作为来自远处视线的收点，中层搭配桂花，边缘布置八月开花的小叶紫薇，近景是精细的花境设计：抬高了 80～100cm 的缓坡地形使紫红色的柔穗狼尾草恰好成为人视线高度的焦点，微风吹来，紫色的草柔柔摆动分外动人。柔穗狼尾草左后方的是花叶芦竹，株形稍高，线条坚挺粗放，带黄绿色条纹，反衬着它的柔美；右前方的银边山菅兰作为较低矮的层次出现；左面配置枝叶更细致的千鸟花，使柔穗狼尾草被星星点点的白花簇拥着；右边是叶色偏粉绿、叶细长的蒲苇，比柔穗狼尾草显得稍为刚性一些；前面是低矮枝叶细致的叶下珠起着与草坪过渡的作用。以柔穗狼尾草为视觉中心的组合，色彩稍沉暗，花叶芦竹和银边山菅兰一前一后，一高一低，都起着使画面色调提亮的作用和形态对比作用；一左一右的蒲苇和千鸟花色彩上起着调和作用，在形态上起着协调作用。赛时草地上种植时花，更使花境组合散发迷人的风采。

大运中心大尺度的岸线以开花植物大色块来

图 3　观赏草组合

处理，色彩搭配较为绚丽：如成片紫红色的千屈菜接续一大片水生美人蕉，两种花色交替出现，粉橘色和透亮柠檬黄的花相间甚为夺目，紫带点白的再力花连接组丛式种植的红紫色千屈菜成片布置于岸边，大片紫色和红色的睡莲布置在离水岸不远处，水边开着的花和水里倒映着的花，把植物景观方案中“水之绚”的主题发挥到极致（图 4～图 7）。

图 4　湖景

3.2　大运村亮点设计

大运村即信息学院的新址，植物景观设计因地制宜，在满足大运村运动员遮阴、游憩、观上赏功能外，充分考虑大学校园本身个性特色及师生活动的功能需求。如主入口集成电路般的条状绿地布局和横穿校园东西的芳林径，暗示学院的特性（图 8）；由大树草坪组成的“榕荫园”，可用于中型室外交流活动；利用停车场上盖的游憩花园“红云圃”，以勒杜鹃为主题植物，扩大了学生活动的场地；纪念旧村原址的“南朝世居”，回植了原来村里的百年老树，增添历史感；校园中映山湖与求水岭相辉映，给中规中矩的校园添上柔美自然的气息。

图 5　水岸

图 6　湖景

图 7　芳林径

3.3 大运自然公园亮点设计

大运自然公园为郊野公园性质的区级公园，由于邻近大运中心而备受关注，植物设计以野趣为主。在保留原有的植被的基础上对林相进行提升设计，使面向大运中心的山体成为“花山”也是公园的亮点之一（图 9）。以桃红、粉花、黄花各色夹竹桃（*Nerium oleander*）、希美丽、金凤花、翅荚槐等成片种植，大规格在上层，下层套种低矮的龙船花、巴西野牡丹（*Tibouchina semidecandra*）等木本花卉。

叠溪谷是大运自然公园另一亮点，的湖岸和溪岸植物设计追求野的感觉，往往在桥边的溪岸及转弯处布置亮色的植物，如花叶芦竹，搭配着开花的水生美人蕉，其他地方以竖线条明显的香蒲（*Typha orientalis*）、菖蒲（*Acorus calamus*）、芦苇、旱伞草为主，营造自然山野的野趣氛围。

图 8　花山初现

4　结语

大运系列工程的建成有效完善了龙岗区的绿地系统结构，使得全区为绿色空间所环绕，成为赛时服务于大运会，赛后服务广大市民游客的大公园体系。

为了做好大运系列景观工程的植物景观设计，前期做了大量的准备工作，如对八月份开花植物的调查和研究、对风水林的研究[5]、对深圳梧桐山等自然植被的研究及华南地区人居环境适用的观赏植物评价及高功效绿化配置技术研究，这些研究工作对开展景观设计打下了坚实的基础，对各项目植物景观特色形成起着重要的作用。总而言之，大运系列工程植物景观巧于构思，植物选材丰富，工于布局，精心搭配，通过大运会让世界了解深圳地区植物造景特色，留下难忘的印象，也提升市民生活空间质素，改造了大环境。

参考文献

[1] 肖洁舒，徐艳. 大运会期间深圳地区少花现状及对策分析 [J]. 风景园林 2011 (4).

[2] 王定跃等. 梧桐山风景区风景林调查与规划 [M]. 深圳：深圳报业集团出版社，2011.

[3] 廖文波等. 深圳马峦山郊野公园生物多样性及其生态可持续发展 [M]. 北京：科学出版社，2007.

[4] 邢福武等. 深圳七娘山郊野公园植物资源与保护 [M]. 北京：林业出版社，2004.

[5] 廖宇红，陈红跃，王正，等. 珠三角风水林植物群落研究及其在公益林建设中的应用价值 [J]. 亚热带紫源与环境学报，2008 (6).

（本文曾发表于 2011 年 10 月《广东园林》）

场地开发的景观与生态敏感性分析
——以深圳梧桐山南坡废弃石场为例

李　贞　何　昉　邹俏钧　闫　荣

【摘　要】对土地（场地）的景观与生态敏感性分析有助于土地开发利用、项目设计和资源管理的科学性。文中以景观与生态的质量反应物质水平；以风景与观者的关系，从视觉、美学、人文与自然资源的协调性反应敏感水平，制定了一套景观与生态敏感性分析的指标，为中、小尺度地域的土地规划和管理提供了定性与定量的评价方法。

【关键词】景观；敏感性；场地开发

随着人们对生活环境质量的要求不断提高，建设生态城市是当今城市持续发展的必然选择。城市的森林生态系统作为生态功能和旅游资源由此得到保护和利用。位于深圳市东部的梧桐山南坡的几个废弃石场，因此而被拟作深圳市体育公园的选址。为使开发利用的项目更适合本场地的自然属性，更好地保护和恢复本地生态环境。我们参考美国风景资源管理（VRM）系统[1]，对本场地景观和生态敏感性进行分析，为其今后开发利用和管理提供科学依据，让每一处景点能更好发挥它的特性和潜力。

1　研究方法与评价标准

梧桐山位于深圳市东部，高 944m，是深圳市最高峰。岩石构成主要是上侏罗系火山岩。属南亚热带季风性海洋气候，植被为南亚热带季风常绿阔叶林。南坡山脚的几个旧石场是近几年为保护山林而关闭的，由新开辟的山路串联，犹如一串珠，从西到东排列在海拔 80m 与 250m 之间。本研究范围扩至径肚沟谷，红线范围约 $2km^2$，视野范围约 $4.5km^2$。其内有 5 个石场（每个面积约 $5000\sim16\times10^4m^2$）；4 个石凹（每个面积约 $300\sim3600m^2$）；1 条沟谷。从西到东依次名为：云登石场、砾石场、莲塘石场、乌石鼓石场、1～4 号石凹、长岭石场、径肚沟谷（图 1）。

通过对实地岩石、水体、植被等景观的考察，并对视线范围内作植被和植物多样性分析，绘制了植被分类图，分 5 个植被类型，10 个群丛（表 1）。

深圳梧桐山南坡植被类型与多样性　表 1

植被类型	植被多样性
南亚热带沟谷雨林	短序润楠＋鸭脚木＋假萍婆－九节－沿阶草群丛（HB:100～500m;D=18.11）
南亚热带季风常绿阔叶林	红楠＋鸭脚木(＋马尾松)＋枫香＋山乌桕－九节－芒萁群丛(HB:100～500m;D=13.77) 鸭脚木(＋台湾相思＋桉树)－桃金娘－纤毛鸭嘴草群丛(HB:50～300m;D=12.6)
南亚热带常绿灌丛	华鼠刺(＋马尾松)－芒萁群纵(HB:100～500m;D=10.2) 油茶＋桃金娘＋映山红(箬竹)－芒萁群纵(HB:600～900m;D=10.33)
南亚热带常绿草丛	芒草＋纤毛鸭嘴草＋三芒野古草＋金茅群纵(HB:400～950m;D=7.12) 类芦＋芒草＋紫狼尾草群丛(HB:50～300;D=2.89) 华南毛蕨＋笔管草＋叠穗莎草群丛(HB:100～200m;D=3.52)(沼生)
人工植被	果林 a. 荔枝群丛　b. 李、梅群丛 苗圃

注：HB 为海拔。
Simpson 多样性指数：$D=N(N-1)/\sum n(n-1)$，N 是所有种个体数，n 是一个种的个体数。

此部分工作得到覃朝锋教授的大力帮助，特此致谢。

1.1　敏感性分析评价指标与等级

景观与生态敏感性分析是多维的，而最主要的是物质水平与敏感水平。物质水平以环境要素为基，以风景和生态为质，反映景观的物质条件；敏感水平反映了风景与观者的关系，风景的异质性越大，对观者的影响越大，所引起的反应越强烈。它是从视觉感、美学、环境的协调性的角度反映和评价风景的重要性；因此，我们结合实际，针对石场小尺度的特点，运用了美国风景资源管理（VRM）系统的部分内容和生态学方法，制定了景观与生态敏感性分析评价指标与等级[1-3]（表 2）。

景观与生态敏感性分析指标与等级　　表 2

评价因子	景观质量			生态质量		
	A 级(8 分)	B 级(5)	C 级(2)	A 级(8 分)	B 级(5)	C 级(2)
地形	坡面＞60°，有切割面，起伏大，高耸山脊线	坡面 30°～60°，地面变化不明显	坡面 0°～30°，地面变化较少，景色差	有沟谷密林，林相好	林地受干扰，为灌草丛	地平缓且植被单调
岩石	有奇特岩石、石壁、瀑布	普通岩石	少或无岩石景观	石壁有植物缀生，有奇特树型	岩石环境普通	少或无植物
植被	前景或背景有本地原生或次生的，林龄较长的林木，群落类型丰富。特异(9 分)	群落类型较少，林相一般	植被单一，以不稳定群落为主	前景有保护或本地稀有种；有木质藤或高大树多；林内层次丰富。多样性值 $D>15$	林内层次单一，人为干扰痕迹较明显，人工林为优势。多样性值 $D=10～15$	种类单一，林貌差，或无林，多样性值 $D<10$
水体(溪流)	流动特征多样，特别，有落差，曲折，水量大	流动特征一般，较平直的线形	间断或季节性溪流，流动、落差变化少	溪边、水中有石、草、鱼等生物丰富(9 分)	水体较清洁，生物较少	受污染较严重，水环境差(－2 分)
视觉与奇特性	视高较高，能看到整个风景地域或主要部分。视夹角正 60°～90°，当地少见景观(9 分)	视高中等。视夹角较偏。30°～60°与其他有相同的地方，但仍有突出的自身特点	视高低，视夹角偏，＜30°景观常见，但仍能引起人们注目	自然山林、水色优美。包括珍稀动植物(9 分)	半人工生态景观乡土物种仍占优秀	人工建筑与人工植被生态景观为主
人文影响与相邻景观	对风景质量有积极作用	有一定作用，但不协调	几乎不起作用或破坏风景(－2 分)	自然度(ZR)＞80%(ZR＝人工环境/自然环境)	自然度 79%～50%	自然度＜50%

1.2　敏感性与规划管理目标

景观与生态的敏感性越高，说明该景观与生态质量越高。敏感水平分 3 等级：A 级为优秀，B 级为普通，C 级为较差。景观质量与生态质量综合得满分为 100 分（各为 50 分）。将景观地域分为 4 个资源规划管理等级：即保护（R），部分保护（PR），可变动（M），较大幅度变动（MM），每个等级的风景地域允许人工影响的程度不同。

由于景观生态的敏感性高低与开发强度相反，即敏感性高的地域，其保护力度要提高，开发强度要低。按照上述的等级标准，得出一般的综合评价式（敏感水平等级－综合得分－规划管理目标）如下：

A 级：85 分，R/PR；

B 级：84～60 分，PR/M。

C 级：60 分，PR/M/MM。

2　结果分析与规划目标

2.1　场地敏感性分析

根据对梧桐山南坡的几个废弃石场及相邻沟谷的景观与生态敏感性分析，有如表 3 的结果。

梧桐山南坡石场及相邻沟谷的景观与生态敏感性分析　　表 3

评价因子	云登石场	砾石场	莲塘石场	乌石鼓石场	4 石凹	长岭石场	径肚沟谷
地形	5/5*	8/5	5/5	8/5	2/5	5/8	8/8
岩石	5/5	8/8	5/5	5/5	5/5	8/5	8/5
植被	5/5	5/5	5/5	5/5	2/2	5/5	9/8
水体(溪流)	2/5	5/8	2/2	2/2	2/2	5/8	8/8
视觉与奇特性	2/5	5/5	5/5	5/2	2/2	5/5	5/9
人文影响与相邻景观	5/2	5/5	2/2	2/2	2/2	2/5	5/8
景观质量得分	24	36	24	27	15	30	43
生态质量得分	27	36	24	21	15	36	46
	51	72	48	48	30	66	89
综合分与级别	C	B	C	C	C⁻	B	A
规划管理目标	PR/M	PR	PR/M	PR/M	M	PR	R/PR

* 5/5 表示：景观质量 5 分/生态质量 5 分。

从表 3 结果可得出：径肚沟谷达优秀级，属高敏感性区域，规划和管理目标是保护为主；砾石场、长岭石场为普通级，属中敏感性区域，规划和管理目标是保护为主，适度开发利用；其余地段为 C 级，属低敏感性区域，规划和管理目标是以重建良性生态和开发利用资源并举，并可有较大的开发强度（图 1）。

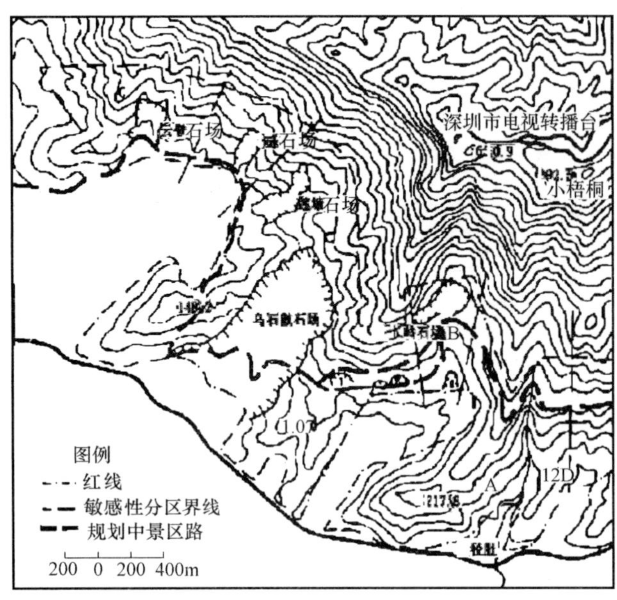

图1 景观与生态敏感性分析图

2.2 敏感性特征与规划方式

遵照“让场地启发规划方式，提取场地所有的潜在价值”的场地规划原则[4]，用敏感性分析来启发和支持我们对规划的场地安排与项目设置不失为一种有效的方法。通过敏感性分析也表明，在梧桐山利用废弃石场开发体育公园健身旅游，是对该生态严重破坏区重建良性生态循环的最优选择。也为废弃石场利用提供了经验。

各石场的敏感性特征与规划项目的设置如下：

2.2.1 场地的景观生态敏感性高低交错与场地动、静项目交错相吻合公园，总体场地布局应具有动、静相间的格局

在本研究地域内，石场分布犹如一串珠，正好两个敏感性较好（B级）的砾石场和长岭石场各分东西，远离公园中心的乌石鼓石场。若根据各石场的敏感性设置为运动型（动）或休闲型（静）活动项目，由此使公园形成动、静活动场地相错分布的格局，即在C级敏感度石场可作较多的人工场所，而在B级敏感度的石场宜作郊外自然风景休闲场地。

2.2.2 A级——景观与生态高敏感区

规划目标以保护为主。本区为径肚沟谷，位于公园选址东部，此区域本不属公园规划范围，但其与规划区紧相邻。并有沟谷地形，溪流水量较大，植被和物种丰富，有南亚热带沟谷雨林、季风常绿阔叶林等，林中枫香（*Liquidambar formosana*）、山乌桕（*Sapium discolor*）、黄牛木（*Cratoxylon ligustrinum*）、野漆树（*Rhus succedanea*）等落叶树比例约20％以上，使秋、冬季的林貌多色彩，是本区观山景区。也可沿山溪开辟登山小路，是悠闲与登山运动相结合的旅游资源。建议本区纳入体育公园的规划红线范围。

2.2.3 B级——景观与生态中敏感区

规划目标以保护为主，适度开发。本类区域东有砾石场，西有长岭石场。砾石场的生态敏感性高是由于：利用石场蓄水成潭；改变了小气候；石壁周边形成湿地，植物茂盛如桉树（*Eucalytus* sp.）、野芭蕉（*Musa balbisiana*）、水杨梅（*Adina pilulifera*）等杂树灌草丛；引来很多鸟类来觅食，如池鹭、白鹭、翠鸟、斑文鸟、乌鸫、红耳鹎等；在石壁上附生着多种植物如爬山虎（*Parthenocissus heterophylla*）、芒草（*Miscanthus sinensis*）、蔓生秀竹（*Microstegium vagans*）等，形成良好的生态小环境。人工石壁的火山砾岩断面上可利用镶嵌的砾石雕成一个个小花钵，会很有特色。沿石壁可搭栈道进入观鸟赏石，但游客容量一次不超过20人。另可加固坝堤，搭建站台赏景。

长岭石场的岩石壁较壮观，并有山坑断流积水形成的湿地。形成本地难见的蕨类植物笔管草（*Equise tumdebile*）、华南毛蕨（*Cyclosorus parasiticus*）湿地群落。本场地可以湿地景观为主题，设计一个休闲和棋类运动园地。可考虑在此作攀岩运动项目。

2.2.4 C级——景观与生态低敏感区

规划目标以重建良性生态、利用开发资源为主。本类区域有云登、莲塘、乌石鼓等石场和四石凹。石场的共同特点是场地空间较大，生态和景观敏感性较差，但在项目安排和场地设计中注意因地制宜，扬长避短，可以创造出一个城市化的生态新区。

云登石场有山坑断流滴水成池，但石壁上沿流水处有黑色蓝藻、青苔斑迹和岩壁湿滑，影响景观，避免做攀岩项目。另外，在正面石壁上的风化层较厚，要注意滑坡的防护和坡下的建筑和活动场地的安全性。可考虑做室内外球类运动场所。

莲塘石场特色不明显。考虑做滑草运动和彩弹射击场地。

乌石鼓石场是本区最大的石场。面积约16×

10^4m^2。是体育公园的中心区，石壁景观较好，在此可建较大型的体育场地：足球场、体育馆和一些服务站所，对在此建造的园林景观和康乐旅游设计应充分体现废弃石场的良性利用，以突出本主题公园建造特色和生态意义。

参考文献

[1] 王晓俊．美国风景资源管理系统及其方法［J］．自然资源学报，1993，8（4）：371-380.

[2] 牛文元．自然资源开发原理［M］．河南：河南大学出版社，1989.264-283.

[3] 李贞，保继刚，覃朝锋．旅游开发对丹霞山植被的影响研究［J］．地理学报，1998，53（6）：554-560.

[4] （美）约翰·O·西蒙兹著．俞孔坚等译．景观设计学［M］．北京：中国建筑工业出版社，2000：33-43，96-99，113-130.

（本文曾发表于2001年12月《热带地理》）

旅游地景观生态规划中的生态敏感性分析
——以湖南凤凰南华山国家森林公园为例

陈华丽　汪永华　丁国平　蒋华平

【摘　要】 生态敏感性分析是旅游地景观生态规划的基础。从景观生态学的角度通过分析区域内各系统对人类活动的反应，并从自然、社会和环境等生态因素中选取了坡度、坡向、高程、汇水排水、植被多样性、景观价值、光照等七个生态因子，采用单因子加权叠加法，应用GIS的空间分析等功能，对湖南南华山国家森林公园作生态敏感性评价，并在此基础上对研究区作土地利用开发、土地配置和生态环境保护区划的分析。

【关键词】 生态敏感性；地理信息系统（GIS）；景观生态规划

1　引言

旅游地景观生态规划是以生态效益为前提，以经济效益为依据，以社会效益为导向，力求达到经济发展与环境保护相协调，使三者结合的综合效益最大化，实现旅游目的地和旅游业的共同持续发展[1]。而生态敏感性分析就是在不降低或者破坏环境质量的情况下，生态因子对外界压力或变化的适应能力[2]。生态敏感性分析主要从自然生态资源的角度来分析区域内各系统对人类活动的反应，它是进行旅游地景观生态规划的基础，并对旅游地性质功能定位、空间形态具有指导作用。

国内外关于旅游地生态敏感性评价的研究尚属于较新的领域，较少见于报道。目前采用的分析方法主要有两种，一是使用德尔菲法通过生态因子评分法和GIS技术对生态敏感性进行分析和评价，将研究区划分为最敏感区、敏感区、弱敏感区和非敏感区4个等级，然后根据不同区域的生态敏感性等级采取相应的保护及开发措施，具有操作简单、直观易懂的特点，适用于区域性的生态敏感性分析，目前还仅属于半定量的研究，带有较多的主观因素[3-4]。另一种方法是以Arcinfo系统为平台进行生态敏感性分析，通过制定各单因子生态敏感性标准及其权重，对各用地单项生态因素敏感性等级及其权重进行评估，然后进行单因素图的叠加，按各土地利用单因子敏感性分级在计算机上形成各单因素图层（Layers），每层都分三级，然后用加权多因素分析公式进行分析，得到综合生态敏感性分层，并把现状的道路、水域和构筑物叠加到图上，即得到生态敏感性模型[5-7]。

鉴于旅游地景观生态规划考虑因素的复杂性、科学性、合理性，本文采用第二种方法，以GIS技术为支持，进行生态敏感性评价，并针对旅游地景观生态规划的目标对研究区土地利用开发、土地配置和生态环境保护区划做了分析（地理信息系统（GIS））作为一种以采集、存储、管理、分析和评价全球或区域与空间地理分布有关数据的空间信息系统，不仅有利于多学科融合的高效理性规划设计，更可以加强规划设计数据和成果的动态管理存储和表现方式[8]。

2　生态敏感性分析

2.1　研究区概况与技术路线

研究区湖南南华山国家森林公园位于湖南省西部边缘，湘西土家族苗族自治州西南部，南近怀化市，西邻贵州省铜仁市，北连湘西自治州首府吉首市，东接湖南省泸溪县南接麻阳县；属中亚热带季风湿润型气候，四季分明，气候宜人；地处云贵高原东侧的武陵山脉向沅麻盆地过渡地带，因受地质多期活动的影响，形成了复杂的地形地貌，重山叠岭，岗峦密布：自然条件复杂，有丰富的生物资源。

南华山国家森林公园这个复杂系统的生态敏感性评价是一种多变量分析，很难凭经验或人工手段在因素众多的系统中做出科学决策。本研究应用计算机信息技术来进行，采用的地理信息系统（GIS）软件是美国环境研究所（ESRI）开发的 ARCGIS 软件[9]，具体的分析路线（见图 1）。

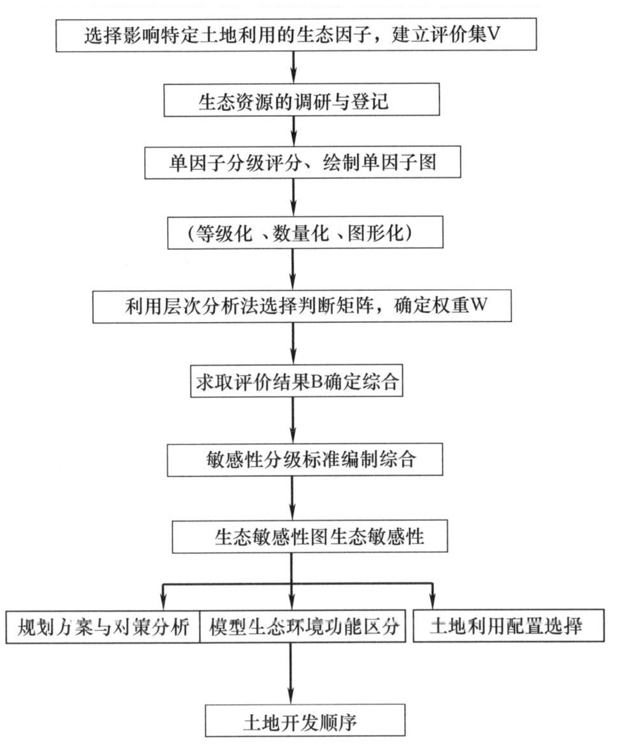

图 1　土地生态敏感性分析技术路线

2.2　生态因子选取

根据研究重点与客观条件（用地再状、开发目标、开发性质等），从众多的因素中选择对研究地区开发建设影响最大的关键性因素作为调研对象[10]，例如地质，地形地貌、土壤、水文、植被、气象、环境质量、土地利用、景观价值、交通等作为重点对象，尤其是其中的自然因素。依据对土地利用方式的影响显著性以及资料的可利用性筛选出评价的因子：坡度、坡向、高程、汇水排水、植被多样性、景观价值、光照等。

坡度：该区的有沟谷、山脊平地等不同地形地貌，起伏大，坡度是影响投资、建设开发强度的重要因素。

坡向：坡向影响到植被和动物的种类、分布，建筑物的采光，以及对能源的利用效率。

植物多样性：植物的情况对于环境的建设至关重要，是保护生态基因库和改善环境的重要因素，按照植物的种类、分布和价值进行评价。

高程：高程分布也是一个重要因素，它关系到景观视线。

景观价值：景观价值是影响南华山国家森林公园风貌和特色的重要因素，其评价依据自然和人文两个方面进行。

汇水排水：对于规划产生重要影响的是对于景观水体，以及防止山洪暴发的问题，因此规划区内的水体分布和汇水区域的分析对于规划区的生态建设安全有重要意义。

光照（阴影）：光照的强度是植物和动物生长、分布的重要条件，也是影响景观的重要因素。

2.3　单因子评价

将各评价因子的原始数据（文字或不同比例图）进行等级化和数量化，将基础数据通过扫描和键盘输入的方式进入计算机系统，转为 ARC-GIS 软件能处理的数据信息，每一单因素为一图层，经过数据校正和规范化，等待下一步数据叠加分析处理。这里单因子敏感度分为三级，用 5、3、1 表明对某种土地利用的敏感度高低。各单因子对土地的特种利用方式的影响程度也不尽相同，根据影响程度赋予不同的权值，对影响大的因子赋予较大的权值。各生态因素的敏感度等级及其权值见表 1，单因子评价图见（图 2）。

南华山森林公园敏感性单因子分级标准及权重

表 1

编号	生态因子	属性分级	评价值	权重
1	坡度	0°～15°	1	0.14
		15°～30°	3	
		30°	5	
2	坡向	南向	1	0.14
		东西向	3	
		北向	5	
3	植物多样性	植物多样性一般	1	0.18
		植物多样性较多	3	
		植物多样性丰富	5 海	
4	高程	拔低(400m 以下)	5 海	0.14
		海拔高(400～500m)	3	
		海拔高(500m 以上)	5 人	
5	景观价值	文、自然景观价值低	1	0.2
		人文、自然景观价值中	1	
		人文、自然景观价值高	5	
6	汇水排水	无汇水区	1 有一定	0.1
		汇水区	3 人量	
		汇水及汇水点区	5 光	
		照强	1	
7	光照(阴影)	光照较强	3	0.1
		光照射	5	

2.4　生态敏感性分级与制图

单因素叠加获得综合敏感度，制定综合敏感度分级标准，绘出综合评价图（图 3）。

采用加权叠加法并将单因子评价结果进行叠

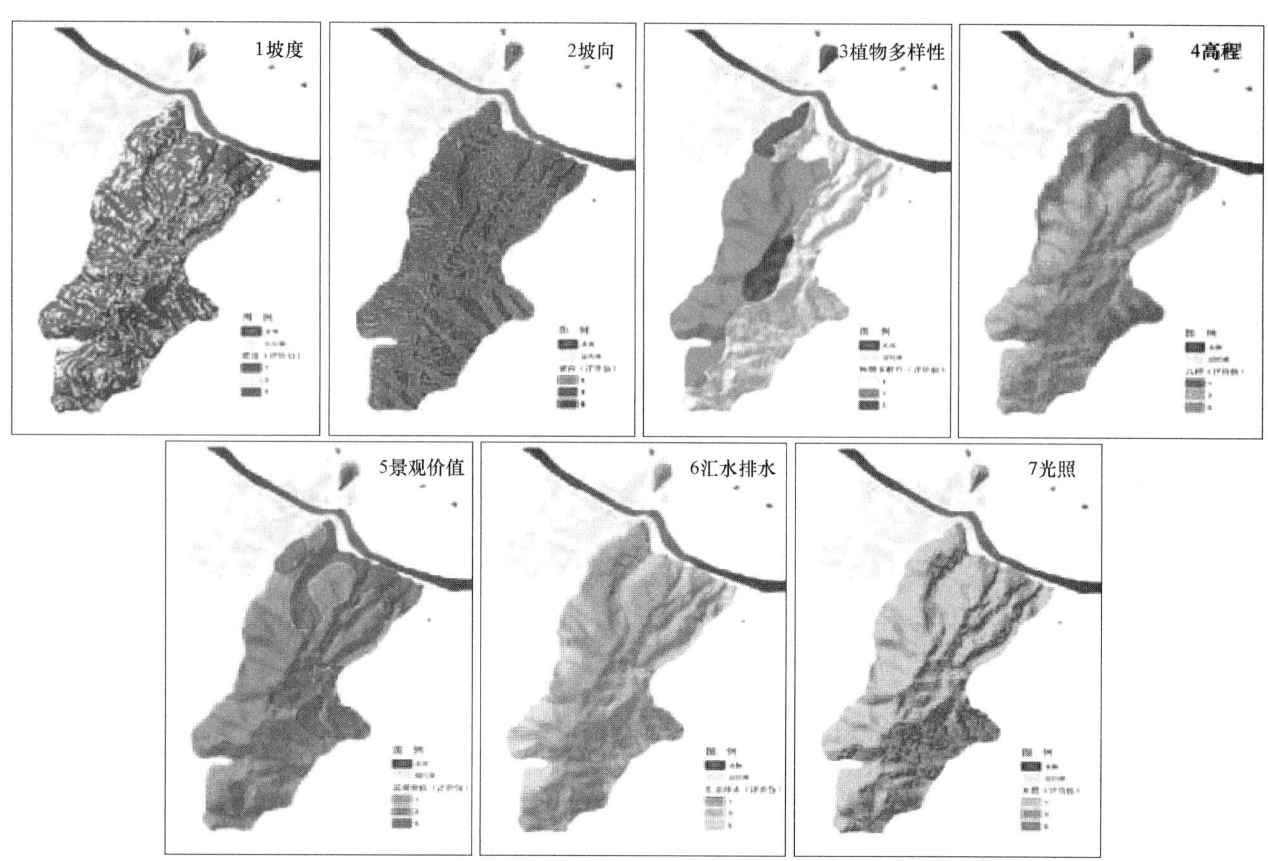

图2 单因子评价

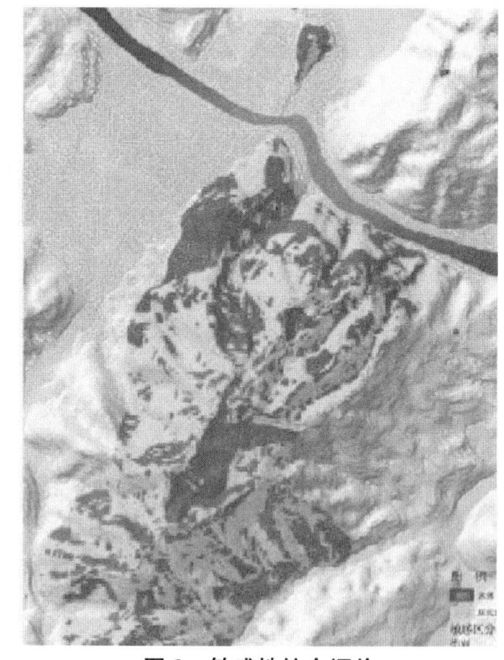

图3 敏感性综合评价

加空间分析评价，计算公式为：

$$S_i = \sum_{K=4}^{n} B_{ki} W_k$$

式中 i——土地利用方式编号；

K——影响 i 种土地利用方式的生态因子编号；

n——影响 i 种土地利用方式的生态因子总数；

W_k——K 因子对 i 种土地利用方式的权值，且 $W_1+W_2+\cdots+W_k=1$。

B_{ki}——土地利用方式为 i 的第 K 个生态因子适宜度评价值

S_i——土地利用方式为 i 时的综合评价值，

将单因素图层用 ARCGIS 空间分析模块重分类加权叠加、聚类，得出综合评价值 S_i 最大为 4.6，最小为 1.0，即在 1.0～4.6 间变化，取 4.6—3.4—2.6—2.1 为综合评价值分级标准按此分级标准分为四类敏感区（见图 3），其中：

$3.4<S_i\leqslant 4.6$ 最敏感区（占总面积 17.83%）

$2.6<S_i\leqslant 3.4$ 敏感区（占总面积 59.28%）；

$2.1<S_i\leqslant 2.6$ 低敏感区（占总面积 19.46%）；

$1.0<S_i\leqslant 2.1$ 不敏感区（占总面积 3.43%）。

2.5 生态敏感性分析评价

根据分析模型可以得到，敏感区主要分布在由体顶部、植被丰富、坡度陡峭的部分，面地势平坦，部分沟谷、植被景观较差的部分为建设可用的部敏感区域。其中，不敏感区所占面积最小，敏感区所占面积最大（见表 2）。

生态敏感区分类统计　　表 2

敏感类型	面积(hm²)	分类区间	面积百分比(%)
木敏感区	4.85	1.0～2.1	3.43 氧敏感
低敏感区	27.57	2.1～2.6	19.46
敏感区	83.98	2.6～3.4	59.28
最敏感区	25.26	3.4～4.6	17.83
合计	141.66		100

最敏感区一般为坡度陡峭区域，生态价值高和植被丰富的地区，以及沱江的影响区，面积约 25hm²，占总用地面积的 17.83%。例如南华禅寺西边的由地坡度基本上在 30%以上，坡向多为向北，植物十分丰富，并且景观价值也最高，属于最敏感区。同样西北角、西北中部、西南部和东北角也有较大的区域属于最敏感区。这些区域对开发建设极为敏感，一旦出现破坏干扰，不仅会影响该区域，而且可能会给整个森林公园的复合生态系统带来严重破坏，属自然生成重点保护地段。

敏感区一般为较平缓区域上的林地，植物多样性较丰富和景观价值较好的区域，有一定的水区域的地段等，面积约 84hm²，占总用地面积的 59.28%。例如西边的大片区域，坡向大部分朝西，有较丰富的植物多样性，高程较高，景观价值也较好，并有一定的汇水面积，属于敏感区，另外西北角、东北角、东部和东南部地区一些零散分布的区域也属于敏感区。这域对人类活动敏感性较高，生态恢复难，对维持最敏感区的良好功能及环境等方面起到重要作用，开发必须慎重。

低敏感区一般为地势较平坦，植被景观较差的地段，高程较低的地区，面积约 28hm²，占总用地面积 19.46%。例如西北部的区域，高程较低，无汇水区，光照强度大，坡度较缓，属于低敏感区。另外东部和东南部也有不少区域属于低敏感区。这些区域能承受一定的人类干扰，但严重干扰会产生水土流失及相关自然灾害，生态恢复慢。

不敏感区主要是植被较差，地势平坦，高程低，景观价值差，无汇水且光照强的区域，约有 5hm²，占总用地面积的 3.4%。例如西南部高程低的区域，无汇水区，景观植被较差，植物多样性一般，坡度缓，属于不敏感区。南部和北部零星分布的一些区域也是不敏感区。这些区域可承受一定强度的开发建设，土地可作多种用途开发。

3　土地利用与生态保护分析评价

3.1　土地开发顺序分析

综合分析生态、社会、经济多方面的因素和敏感区的分布，将南华山国家森林公园分成三大区域：西北部（一期开发区）、东北部（二期开发区）、东南部（三期开发区）（图 4）。

图 4　土地开发顺序

西北部靠近沱江和西北边的凤凰古城，交通便利，资源、交通等可达性强，古城丰富的历史人文资源与本区的自然资源互相呼应。西北部作为一期开发区，不但可以增强古城风貌与特色，更是可以解决古城旅游而产生的压力，尤其是假日高峰期时。

东北部邻近沱江，有较大范围的不敏感和低敏感区，该区的二期开发可以增强沱江边的秀丽风光和历史人文气息，并可以将沱江的风貌与南华山自然、生态进行自然和谐的衔接，成为凤凰旅游又一道亮丽的风景线。

东南部有大片的不敏感和低敏感区域，与凤凰古城和沱江距离较远，有着较为纯粹的原始自然资源，随着南华山国家森林公司管理的不断发展和完善，该区可以作为三期开发区作一定量的适宜开发，并且可以作一些少量的强度较大的建设，为整个国家森林公园服务。

3.2 土地利用配置选择

通过分析，规划区内的可合理利用的土地较有限，如何在有限的土地中确定合理的开发强度，是规划的重点之一，建议土地利用与开发采用相对紧凑、集中的布局方式，并且通过道路系统进行有机组织。其中开发强度大的区域控制在生态敏感性低的区域，并且和周边环境密切结合。

在一期开发区中，邻近凤凰古城，在生态敏感性低的区域可以做一些适宜的建筑，对于建筑的风格、高度等严格控制与凤凰古城相协调一致，如凤凰广场的凤凰雕塑、奇峰寺的建设、以及模仿边城场景的少量建筑；靠近沱江的低敏感区结合沱江风光和历史人文气息做一些有特色的建筑与景观，如洋人街；而在部分敏感区则只是在保护自然资源的基础上做一些景观类的道路、小品等，如休息平台、登山道、溪谷等。

在二期开发中，靠东的一些低敏感区与敏感区交叉的区域则主要以景观生态建设为主，如苗药谷、茶室、樱花园等；在最南边的高程低、坡度缓，视阈影响很小，远离凤凰古城和沱江的低敏感区地段，可以做较高强度的建筑，如会议中心：而其他的敏感区以保护自然资源为主，只能做一些景观类的建设，如林间小径。

在三期开发中，由于远离凤凰古城的沱江，主要是在保护自然资源的基础上作适当强度的建设：对于低敏感和不敏感区可以做一定量的建筑，其中视阈影响不大的区域可以作一期、二期中不允许的较高强度的建筑；而在敏感区的地段中，在保护自然资源的基础上可以做少量的景观设置；对于最敏感区则不允许进行开发，要加强自然资源的保护。

3.3 生态环境功能区划

为了实现南华山国家森林公园生态，人文、历史的可持续发展，使生态资源保护与旅游经济开发相协调，基于生态敏感性评价将规划区进行生态保护区划（图 5），将规划区分为Ⅰ级生态保护区、Ⅱ级保护生态区、Ⅲ级保护生态区。

Ⅰ级保护生态区主要在中部和西南部的大片区域，西北角和东北部也有少量的区域，具有较高的生态敏感性。在该区内要注重自然资源的保护，维护区内的生物多样性，保护林木、植被与野生动物，避免人为的破坏与建设，基本上不允许做各类人为的建设开发破坏自然的生态平衡，否则其生态平衡很难恢复。

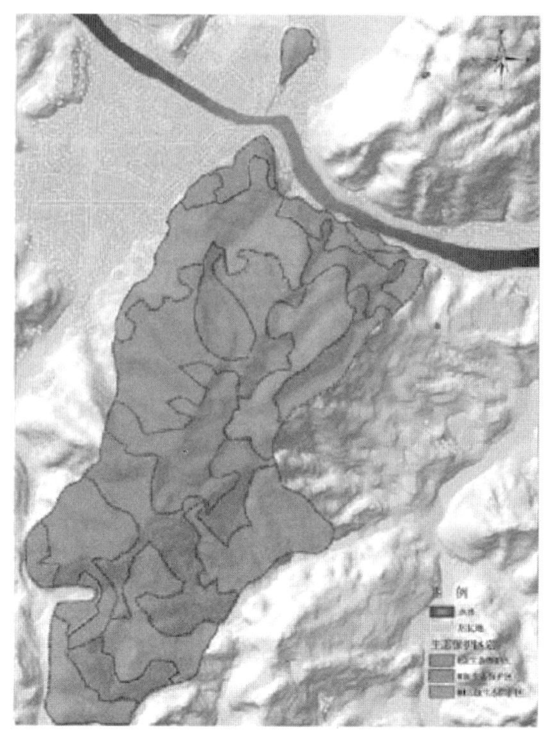

图 5 生态保护区划

Ⅱ级生态保护区主要分布在中部一级保护区的周边地带，以及西北角、东北角，西南角、东南角的少量区域，具有较低的生态敏感性。在该区内，要重视自然资源的保护和生物多样性的维护，可以做融于自然的低强度景观建设，维持生态状态的平衡。

Ⅲ级生态保护区主要分布在西北部、东部和东南部的区域，其生态敏感性一般都较低或不敏感。在该区内，可以在环境保护的基础上可以做较高强度的建筑景观建设开发，不破坏生态的自我平衡能力。

4 结语

生态敏感性分析评价是旅游地景观生态规划的核心内容和依据，经分析找出区域生态的敏感区，以指导土地开发与配置，并通过生态环境保护保障旅游地的自然生态与景观骨架的完整性和可持续性。本研究主要从自然生态的角度对研究进行分析，根据选择的七个生态因子，运用 GIS 的空间分析等功能，从定性和定量两个方面来进行单因子分析，并获得生态敏感性分析评价图，运用了景观规划学原理、生物学、环境学等学科，科学、合理、客观。

随着国家对生态规划的重视，其核心内容和基础性分析的生态敏感性分析将日益引起重视，然而，目前的生态敏感性分析评价方法不够完善，有待改进。一方面是生态因子选取的全面性和代表性有待提高，往往受到原始数据的获取与各专业学科协调的影响；另一方面是因子打分与权重的分配上，仍存在较多的主观性，有待于进一步研究提高。

致谢：感谢香港启盛集团提供项目支持：项目期间得到项目主持何肪教授、项目负责人王全德教授等项目参与人，以及中山大学保继刚教授的帮助与指导，谨此感谢。

参考文献

[1] 邱彭华，俞鸣同，曾从盛. 旅游地景观生态规划与设计研究［M］. 旅游学刊，2004，19（1）：51-56.

［2］ 饶戎，栗德祥，董翔. 中关村科技园生态规划研究与编制［M］. 北京：中国商业出版社，2003.

［3］ 时亚楼，李升峰. 风景名胜区旅游环境适宜性分析—以中山陵园风景名胜区为例［M］. 城市环境与城市生态，2004，17（5）：15-17.

［4］ 况平，黄光宇. 地理信息系统在山地城市规划中的应用研究［A］. 山地城镇规划建设与生态环境［C］. 北京：科学出版社，1994.

［5］ 黄光泽，陈勇，田玲，等. 生态规划方法在城市规划中的应用—以广州科学城为例［J］. 城市规划，1999，23（6）：48-51.

［6］ 吴勇，生态优先. 因地制宜—自然生态评价在三峡大学规划中的应用［J］. 现代城市研究，2002，17（4）：45-49.

［7］ Edward Inskeep-Tourism planning：an integrated and sustainable development approach［M］. New York：Van Nosstrand Rcingold，1991.

［8］ 丘扬，张金屯. 地理信息系统（GIS）在景观生态研究中的作用［J］. 环境与开发，1998，13（1）：1-4.

［9］ Karen C. Hannam. GIS for Landscape Architects［M］. New York：Environmental Systems Research Institute，1999.

［10］ 邬建国. 景观生态学——格局、过程、尺度与等级［M］. 北京：高等教育出版社. 2000.

（本文曾发表于 2005 年 4 月《风景园林》）

基于 GIS 的生态敏感性分析研究
——以深圳梧桐山风景区为例

王耀建　王轶浩　路　遥

【摘　要】 利用 ArcGIS9.3 的空间分析模块对深圳梧桐山风景区的生态敏感性进行单因子分析和综合评价，以期为该区的生态规划设计和生态环境保护提供科学依据。研究结果表明：不同单因子的生态敏感性分析结果基本相同；项目区内以敏感区和高敏感区的面积最大，占总面积的 89%，低敏感区占 10%，不敏感区仅占 1%。由此可见，项目区极易受外界干扰而发生水土流失等生态环境问题，目前应以生态保护和恢复为主，尽量减少或避免开发性的人为活动。

【关键词】 生态敏感性；地理信息系统；梧桐山风景区

生态敏感性是生态因子在不损失或不降低环境质量的情况下对外界压力或外界干扰的适应能力[1]，它反映了区域生态环境问题发生的难易程度和可能性大小。随着当今世界各国和地区对保护生态环境的日益重视，对生态敏感性的研究已成为国内外学者关注的热点[2-4]。其中，多因子综合评价法由于其能较全面、客观地反映生态敏感性程度而被国内外大多数学者所接受，诸如在土地保护与管理[5]、土地退化的生态敏感性分析[6-7]、生态环境规划[8]等方面都得到一定应用，但其在风景区规划建设和管理中的应用还相对较少。

生态敏感性分析作为风景区生态规划的前提和基础，其分析结果将为风景区的规划建设提供重要的决策依据[9-10]。如今，随着计算机应用技术的不断发展，特别是 GIS 技术的出现与发展，将 GIS 技术应用到生态敏感性分析已成为趋势。GIS 以其强大的空间数据处理和计算能力，能使得分析过程定量化、规范化，分析结果精确化、系统化、信息化，这都为风景区的生态规划提供了极大便利，并具有重要科学性和前瞻性。本文将利用 GIS 技术对深圳梧桐山风景区的生态敏感性进行单因子分析和多因子综合评价，以期为梧桐山风景区的生态规划及其调整以及生态环境保护、建设提供科学依据。

1　项目区概况

梧桐山风景区位于深圳市东部沿海地带，地跨罗湖、盐田、龙岗三区，与市区衔接十分紧密。它于 1993 年被设为省级风景区，2009 年经国务院批准为国家级风景名胜区，管理范围 31.82km^2，被划分为八大景区，包括东湖公园景区（面积 1.88km^2）、仙湖植物园景区（面积 5.74km^2）以及主入口景区、凤谷鸣琴景区、梧桐烟云景区、碧梧栖凤景区、生态保护区、封山育林区等景区（面积 24.2km^2）。

2　研究方法

2.1　数据的获取

收集项目区的自然、社会状况等文字资料和 1：10000 地形图、生物多样性分析图、森林景观价值图等图件资料。

2.2　生态因子选择及赋值

依据项目区的生态环境特点，结合研究目的，从诸多生态因子中选择地形（包括高程、坡度、坡向）、生物多样性、森林景观价值等 3 类因子作为梧桐山风景区生态敏感性分析的主要影响因子，以各生态因子对生态敏感度重要性程度的不同划分为极敏感、高度敏感、中度敏感、轻度敏感、不敏感等 5 个等级（表 1），并分别对其赋 10、8、6、4、2 等级值。

各类因子的敏感性分级标准　　表 1

敏感性等级	地形因子			生物多样性	森林景观价值
	高程(m)	坡度	坡向		
不敏感	<50	<5°	南、东南向	差	低
轻度	50～200	5°～15°	西南向	较差	较低
中度	200～500	15°～25°	东、西向	一般	一般
高度	500～700	25°～45°	东北向	较丰富	较高
极敏感	≥700	≥45°	北、西北向	丰富	高

2.3 权重确定

采用专家打分法，根据经验确定各评价因子的权重值，见表 2、表 3。

地形各因子权重表 **表 2**

评价因子	高程	坡度	坡向
权重值	0.34	0.33	0.33

地形、生物多样性和森林景观价值权重表 **表 3**

评价因子	地形	生物多样性	森林景观价值
权重值	0.50	0.24	0.26

2.4 叠加分析

权重确定后，利用 ArcGIS9.3 的空间分析模型对所有生态因子进行加权叠加分析计算出各单元的生态敏感性综合分，其计算公式为：

$$S_i - \sum_{k=1}^{n} (w_k \times c_{i(k)})$$

式中 S_i为第 i 个评价单元的综合值；i 为评价单元；k 为评价因子；n 为评价因子数；w_k 为第 k 个因子的权重；$c_{i(k)}$ 为第 i 个评价单元的第 k 个评价因子敏感性评价值。

具体操作步骤为：先将研究区的各主要影响因子的栅格数据格式分析图根据文中已确定分级标准重新分类，再结合各因子的权重值，进行叠加分析，并根据叠加图的分值进行再分类，将生态敏感性划为不敏感区、低敏感区、敏感区、高敏感区等 4 个等级，最后获得项目区生态敏感性的综合评价图。

3 结果与分析

3.1 单因子生态敏感性分析

3.1.1 地形

地形是生态敏感性评价的重要生态因子，其中又尤以高程、坡度和坡向等因子的影响至关重要。各地形因子的生态敏感性分析如下：

（1）高程

由图 1 可知，项目区内针对高程单因子的不敏感区占整个风景区面积的 7%，主要分布在西南侧山脚；极敏感区占 4%，主要分布在东侧山体顶部，两者合计占 11%。项目区总体上以轻度、中度和高度敏感区为主，占总面积的 89%。

（2）坡度

坡度是影响风景区建设和保护的重要因素，坡度越大，越难以开发利用和保护。项目区内坡度≥15°的中度、高度和极敏感区域占总面积的 92%，其中，高度敏感区占 68%，主要分布在东部和西部山体，说明项目区坡度普遍较大。坡度<15°度的轻度、不敏感区仅占总面积的 8%，主要分布在西部平地。

（3）坡向

一般而言，由于不同坡向接收的太阳辐射强度不同，导致土壤水分有所差异。阳坡土壤水分蒸发快，生态敏感性高，阴坡接收的太阳辐射少，土壤水分蒸发少，有利于蓄水，生态敏感性低。项目区内南向、东南向的不敏感区占总面积 25%，其余则占 75%。

（4）地形因子叠加

对项目区高程、坡度和坡向等地形因子进行叠加（图 1），可知，项目区内的不敏感区占整个风景区面积的 5%，主要分布在西南侧山脚；极敏感区占 4%，主要分布在东侧山体顶部，两者合计占 9%。总体来看，项目区以轻度、中度和高度敏感区为主，占总面积的 91%。

3.1.2 生物多样性

对于生物多样性，项目区内不敏感区占总面积的 6%，主要分布于山体的北侧、南侧和东侧山脚区域；极敏感区占总面积的 65%，主要分布于山体顶部及周边，说明该区域生物多样性保护较好，这也与山体顶部及周边人为活动较少有关。

3.1.3 森林景观价值

森林景观价值是指一定区域内具有游览、观光、休闲等明显景观功能的森林资源的多少，包括风景林、名胜古迹及革命纪念林、古树名木等。由图 1 可知，项目区内森林景观价值低的不敏感区面积较小，仅占总面积的 4%，而景观价值高的极敏感区则分布较广（占 75%）。

3.2 生态敏感性的综合评价

将地形、生物多样性、森林景观价值等主要影响因子进行叠加分析，得到项目区的生态敏感性综合评价图（图 2），并划分为不敏感区、低敏感区、敏感区和高敏感区 4 个等级。

不敏感区主要指生态环境稳定，自然条件和人为活动的干扰对生态环境影响不大，且不容易出现生态环境问题。由图 2 可知，本项目区的不

高程图

坡度图

坡向图

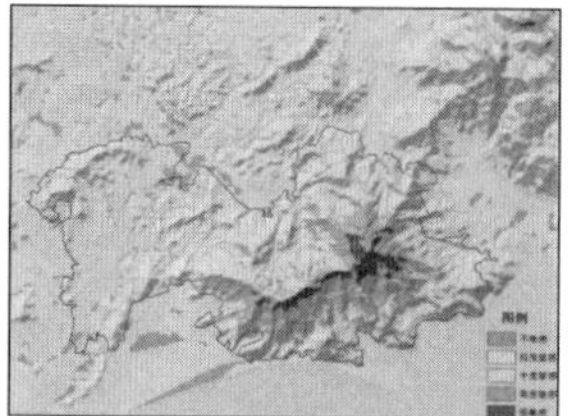
地形因子叠加图

生物多样性图

森林景观价值图

图1 单因子生态敏感性分析图

图2 生态敏感性综合评价图

敏感区仅占1%，它主要分布在南侧的平缓地段，高程低、人类活动较为频繁、植被生物多样性差、森林景观价值低。在项目规划过程中，该区域可划为适宜发展区，能承受一定强度的开发建设，作为人类活动场所的聚集区，也是修建相关基础设施的优先选择区域，但应严格控制“废水、废气、废渣”污染，并建立环境影响评价制度，积极发展循环经济，实现可持续发展。

低敏感区指生态环境基本稳定，但在自然条件和生物活动的干扰下会出现轻度的生态环境问题，从而造成生态系统的扰动和不稳定。本项目的低敏感区占总面积的10%，主要分布在地势起伏不大，人类活动频繁的地区。在开发生态敏感性综合评价过程中，该区域可划为控制发展区，坚持“在保护中开发，在开发中保护”的指导原则，进行适当地开发，作为休闲活动场地，并大力发展生态产业。

敏感区指生态环境较稳定，但是在自然和人为作用下可能破坏其原有生态环境，造成较大生态环境问题。本项目的敏感区相对较多，占总面积的60%，在区内分布广泛，但主要集中分布在东部山体中部位以下以及谷地周围。该区域海拔相对较低，植被丰富，坡度较大，人类活动少，但对人类活动的敏感性较高，且森林植被一旦破坏后，难以进行生态恢复，属自然生态次重点保护区域。因此，在开发过程中，该区域可划为生态用地，应避免破坏原有生态环境，并积极进行生态修复，提高生物多样性和生态系统稳定性。

高敏感区是指生态环境脆弱，在自然和人为作用下极易出现生态环境问题或已经出现生态环境问题。本项目区的高敏感区占总面积29%，它集中分布在中部山体区域。该区域海拔相对较高，坡度大，人类活动少，植被多样性丰富，景观价值高，对维持生态系统稳定性和其良好生态服务功能等方面都具有重要作用，但它对人类开发建设活动极为敏感，一旦被干扰破坏，会给整个区域的生态系统带来严重影响，属自然生态重点保护区域。因此，在项目规划过程中，该区域可优先划为生态用地，以生态保护为主，严禁破坏和严格限制人为活动，促进其自然演替。

总体来看，项目区生态敏感性以敏感和高敏感为主，其分布面积占总面积的89%。说明项目区的生态环境受人为活动影响明显，且其对人为活动干扰的抵抗力较弱。因此，对于该项目区，总体应以保护为主，积极地实施各项生态修复措施，避免开发或者严格限制开发性的人为活动。

4 结论与讨论

（1）不同单因子对项目区的生态敏感性评价结果基本相同。对于地形因子，项目区以轻度、中度和高度敏感区为主；对于生物多样性、森林景观价值等单因子，项目区以极敏感性为主，均超过60%。可见，项目区生态环境对外界人为活动干扰的抵抗力普遍较弱。

（2）综合评价结果同样表明，项目区以敏感区和高敏感区分布最为广泛，它们之和占总面积的89%。由此说明，项目区应对外界人为活动压力较大，很可能造成生态环境破坏问题。在以上区域需要通过生态建设，提高生物多样性，构建稳定的生态系统，以降低生态环境问题发生的概率。对于低敏感区则需要保护原有植被和改善植被生长环境，防止向敏感区演变；在不敏感区则可进行开发建设，并积极发展循环经济，以实现可持续发展。

（3）本文利用GIS技术的空间分析功能，对项目区的生态敏感性进行综合评价，研究成果基本符合项目区的实际状况，说明生态敏感性评价方法不仅适用城市、土地规划，同样适用于风景区的规划研究。然而，生态敏感性的评价结果，一方面很大程度依赖于评价数据水平，另一方面取决于评价方法（包括评价因子的选择）。因此，在未来研究工作中还需开展全面、准确、有针对性的生态环境调查，并建立科学、合理的城市风景区生态敏感性评价方法体系，以便更好地解决当前项目区所面临的生态环境问题。

基金项目

重庆市科委基本科研业务费专项（BS1002）。

参考文献

[1] 杨志峰，徐俏，何孟常，等．城市生态敏感性分析[J]. 中国环境科学，2002，22（4）：360-364.

[2] 钟林生，唐承财，郭华．基于生态敏感性分析的金银滩草原景区旅游功能区划［J]. 应用生态学报，2010，21（7）：1813-1819.

[3] 赵义华，刘安生，唐淑慧，等．基于生态敏感性分析的湿地保护开发利用规划——以常州市宋剑湖地区为例［J]. 城市规划，2009，33（4）：84-87.

[4] 王春辉，王淑华，孙明迪．大塔山湿地自然保护区规划及环境评价［J]. 林业科技，2004，29（3）：58-59.

[5] 杨月圆，王金亮，杨丙丰．云南省土地生态敏感性评价［J]. 生态学报，2008，28（5）：2253-2260.

[6] 罗先香，邓伟．松嫩平原西部土壤盐渍化动态敏感性分析与预测［J]. 水土保持学报，2000，14（3）：36-40.

[7] 钱乐祥，秦奋，许叔明．福建土地退化的景观敏感性综合评估与分区特征［J]. 生态学报，2002，22（1）：17-23.

[8] 尹海伟，徐建刚，陈昌勇，等．基于GIS的吴江东部地区生态敏感性分析［J]. 地理科学，2006，26（1）：64-69.

[9] 陈彩虹，刘照程，佘济云，等．基于GIS的城市生态公园敏感性评价研究—以广西南丹城市生态公园建设为例［J]. 中国农学通报，2011，27（14）：187-191.

[10] 金丽芳，刘雪萍．3S技术在风景区规划中的应用研究［J]. 中国园林，1997，13（6）：23-25.

（本文曾发表于2013年12月《亚热带水土保持》）

基于 GIS 的水文信息提取
——以深圳市光明森林公园水文分析计算为例

王耀建

【摘　要】 本文以深圳市光明森林公园项目为例，介绍了 ArcGIS9.3 中水文分析工具箱的使用方法，包括从原始 DEM 数据提取河网的步骤、应注意的问题，并说明了 ArcGIS9.3 进行水文分析的重要性。

【关键词】 水文分析；地理信息系统；ArcGIS9.3；深圳市光明森林公园

目前，GIS 技术已广泛应用于流域开发与规划管理中。首先，GIS 已成为体现流域水资源区域性、空间性与动态性特点的技术保证之一。在 GIS 信息稠密的背景下，使水资源研究的高度综合与深入分析的协调统一成为可能。其次是强化了动态分析功能。GIS 已具备了分析流域水的汇集演变过程和描述未来变化趋势的能力。再次是提高了可视化技术在流域开发、规划管理领域中的地位和作用。生动直观的图形图像不仅是研究成果的主要表现形式，也是重要的研究手段和研究成果实用化的有效途径。

将 ArcGIS 和数字高程模型（DEM）相结合运用到实际中，对一个特定的区域进行坡度、坡向、流线和流域等分析。由于坡度和坡向是对区域山地的一般属性分析，这里只做简单介绍。本文的重点在于基于 DEM 模型应用 ArcGIS 的水文分析工具对山区进行降雨流线分析和流域汇水面积的计算，这对于环境规划（进行污染源的追踪分析），划分流域范围，计算降雨总量，对水情的观察和预报都有着非常重要的实际意义和应用价值。

1　项目区概况

深圳市光明森林公园位于光明新区和龙华新区交界处，距离深圳市区仅半小时车程，属于大都市的郊区“1 小时游憩圈”范围内。总面积 $1969hm^2$，其中位于光明街道 $967hm^2$，公明街道 $644hm^2$，观澜街道 $358hm^2$，光明森林公园外部交通便利，深圳市、东莞市市民均可方便的自驾车或公车到达。公园地形地貌以丘陵山地为主，其次为丘陵台地、田地，有少量水面及低山地，海拔高度一般为 40～290m，其中最高峰为吊神山，海拔 289.6m。

2　基础数据与处理

2.1　基础数据

（1）区域资料：DEM 数据源采用 1∶10000 地形图。

（2）基于 ArcGIS 中的 DEM-Hydrology 提取流域地表形态特征，绘制其分水岭。

2.2　数据处理

在 ArcGIS 中流域分水岭的生成，其中心内容是 DEM 模块的生成。DEM 系统的数据生成主要涉及地理数据、河流水系和地形地貌等水文数据。为了便于系统对其数据的高效、安全、准确的运行，系统数据采用 ArcGIS9.3 的 ArcCatalog 中的面向对象的空间数据模型 GeoDatabase，Geodatabase 实际上可以看成是我们在系统中所处理和使用的所有空间数据的一个智能库。它使现实世界的空间数据对象与逻辑数据模型更为接近。在 Geodatabase 中，我们定义的不仅仅有传统 GIS 对空间数据进行抽象后的“点”、“线”、“面”等简单空间要素，还有应用领域中熟悉的对象，如：河流、桥梁、湖泊、道路、建筑、地类等。更重要的是 Geodatabase 使我们不需要编写任何程序代码即可实现数据对象主要的操作行为。

3　河网的提取步骤

ArcGIS 河网特征提取是根据 DEM 格网特征提取原理。ArcGIS 中利用 DEM 提取河网的方法是以 O′Callaghan 与 Marks（1984）提出的坡面径流模拟方法作为基本依据，即首先计算出各个栅格单元上的汇水面积，并结合汇水面积阀值的设定来判定河网。由于该方法使用了水文学当中的汇流概念来判断水流的路径，且能够生成连续的流路，因此被认为是河网提取当中较好的一种方法。

ArcGIS9.3 提供了直观的工具操作界面，还提供了用户创建自己的工具包功能，首先采用 ArcGIS9.3 的 ArcToolbox 模块中的“创建 TIN”和“编辑 TIN”命令生成 DEM，然后对 DEM 进行处理，定义流域范围、划分子流域、确定河网结构和计算子流域参数。提取河网的步骤如下(需打开 ArcToolbox 中的 Hydrology 工具包)：

3.1 Fill

DEM 是比较光滑的地形表面模型，但是由于 DEM 误差以及一些真实地形的存在，使得 DEM 表面存在着一些凹陷的区域。在进行水流方向计算时，由于这些区域的存在，往往得到不合理的甚至错误的水流方向，因此，在进行水流方向的计算之前，应该首先对原始 DEM 数据进行洼地填充，得到无洼地的 DEM。洼地填充的基本过程是先利用水流方向数据计算出 DEM 数据中的洼地区域，并计算出其洼地深度，然后，依据这些洼地深度设定填充阀值进行洼地填充。为此，可以利用 Hydrology 工具包中的 Fill 工具来填洼，输入 tingrid 数据。生成 Fill _ tingrid 数据。在洼地填存过程中，洼地深度大于阀值的地方不填充，作为真实地形保留。系统默认情况是不设阀值，即所有的洼地区域都将被填平。

3.2 Flow Direction

水流的流向是通过计算中心格网与邻域格网的最大距离权落差来确定。距离权落差是中心栅格与邻域栅格的高程差除以两栅格的距离。单击 Hydrology 工具条上的水流方向提取按钮，Flow Direction 对话框，输入上一步生成的 Fill _ tingrid 数据，生成 FlowDir _ Fil2 数据。

3.3 Flow Accumulation

汇流累积量数值矩阵表示区域地形每点的流水累积量。在地表径流模拟过程中，汇流累积量是基于水流方向数据计算得到的。汇流累积量的基本思想是：以规则格网表示的数字地面高程模型每点处有一个单位的水量，按照自然水流从高处流往低处的自然规律，根据区域地形的水流方向数据计算每点处所流过的水量数值，便得到了该区域的汇流累积量。单击 Hydrology 工具条上的汇流累积量按钮，弹出 Flow Accumulation 对话框，输入上一步生成的 FlowDir _ Fill2 数据，生成 FlowAcc _ Flow3 数据。可以看到，生成的水流积聚栅格已经可以看到所产生的河网了。现在所需要做的就是把这些河网栅格提取出来。可以把产生的河网的支流的像素值作为阀值来提取河网栅格。

3.4 提取河网数据

提取河网栅格，使用 spatial analyst 中的栅格计算器，将所有大于河网栅格阀值的像素全部提取出来。至于这个阀值是多少因具体情况而定。通常是要大于积聚计算后得到栅格的最低河流像素值。这里采用的是 500 这个值。最后生成只有 0、1 值的栅格数据。其中 1 表示是河网，0 是非河网。

3.5 Stream to Feature

单击 Hydrology 工具条上的生成河网矢量按钮，输入上一步生成的只有 0、1 值的河网栅格。流向栅格使用第二步所生成的栅格数据。

3.6 矢量河网处理

由于 Stream to Feature 工具将所有栅格像素均转为矢量线段。所以要进行处理，方法是利用属性查询的方法把所有 GRID _ CODE 为 1 的全部选择出来。导出就得到了由 dem 所生成的河网矢量。

3.7 Basin

单击 Hydrology 工具条上的流域盆地计算按钮，弹出 Basin 对话框，输入水流方向 FlowDir _ Fill2 数据。生成 Basin _ FlowDi1 数据，流域盆地将显示出来，利用流域盆地分析，可将感兴趣的流域划分出来。

3.8 Stream Link 的生成

单击 Hydrology 工具条上的流域盆地 Stream Link 按钮，弹出 Stream Link 对话框，输入水流方向数据 FlowDir _ Fill2 和栅格河网数据 Calculation。生成的数据名称为 StreamL _ calc3。

3.9 Watershed

单击 Hydrology 工具条上的流域盆地 Watershed 按钮，输入水流方向 FlowDir _ Fill2 数据和 StreamL _ calc3 数据。生成 Watersh _ Flow1 数据，可以看出以 StreamL _ calc3 作为流域的出水口数据所得到的集水区域是每一条河网弧段的集水区域，也就是最小沟谷的集水区域。

3.10 生成集水流域矢量

单击“三维分析”工具条上的栅格到面按钮，把栅格数据转化为矢量数据，数据名称为 RasterT _ Watersh1。

3.11 生成汇流分析图

生成的汇流分析图如图 1 所示。

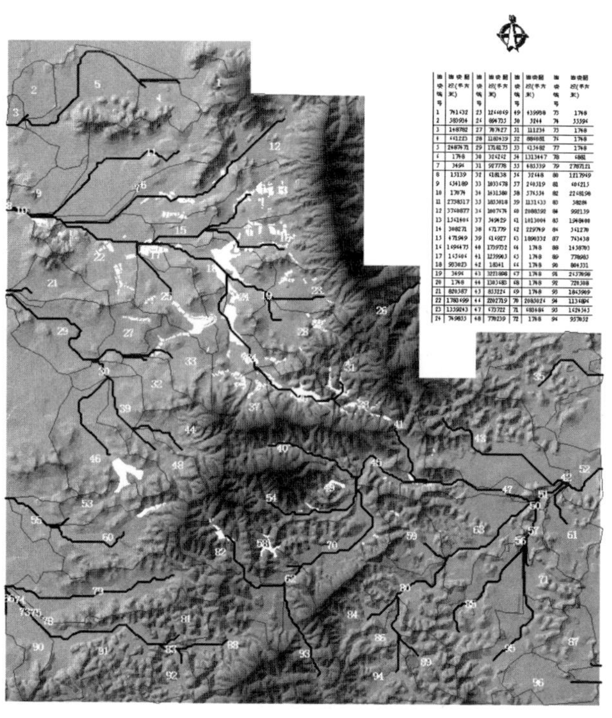

图 1 汇流分析图

4 结语

ArcGIS9.3 中的 Spatial Analyst Tools 和 Hydrology 工具集提供了强大的空间分析和水文信息提取功能，本文以深圳市光明森林公园地形图数据为例，进行了 DEM 生成、河网生成以及流域的划分，可以看出 ArcGIS 技术在工程水文分析计算中具有良好的适用性，不但可以减少大量繁琐的计算工作，而且可以大大提高计算速度和准确度，同时为工程水文学的发展提供了技术支持。

参考文献

[1] 张翠，孙在宏，王亚华，等. 农用地分等及农用地分等信息系统的研究 [J]. 南京师大学报，2001，24 (4)：120-124.

[2] 汤国安，杨昕. ARCGIS 地理信息系统空间分析实验教程 [M]. 1 版. 北京：科学出版社，2006.

[3] 王亚军，周陈超. 基于 SWAT 模型的潢水流域径流模拟与评价 [J]. 水土保持研究，2007，(6)：428-438.

[4] 李翀，杨大文. 基于栅格数字高程模型 DEM 的河网提取及实现 [J]. 中国水利水电科学研究院学报，2004，2 (3)：208-214.

[5] 宫辉力. 地理信息系统 (GIS) 在地下水领域应用的一些新进展 [J]. 工程勘察，1996，(6)：28-36.

[6] 冯本领，曹中华，高玉忠，刘国峰. 用水文比拟法做无资料中小河流洪水预报方法 [J]. 水利田地，199，(S1)：48-49.

[7] 张行南，齐晶，张丽. 流域流水网推导方法 [J]. 河海大学学报，2000，28 (1)：26-31.

[8] 程根伟，舒栋才. 水文预报的理论与数学模型 [M]. 北京：中国水利水电出版社，2006，104-111.

[9] 俞雷，刘洪斌，武伟. 基于 DEM 的重庆三峡库区水系提取试验研究 [J]. 地理科学，2006，26 (5)：616-621.

[10] 林金辉，张荔，王晓昌，等. 基于 DEM 的数字化渭河流域水系构建 [J]. 西安建筑科技大学学报 (自然科学版)，2008，40 (2)：260-264.

[11] 唐从国，刘丛强. 基于 Arc Hydro Tools 的流域特征自动提取——以贵州省内乌江流域为例 [J]. 地球与环境，2006，34 (3)：30-37.

（本文曾发表于 2013 年 9 月《亚热带水土保持》）

粤西台风灾区水土保持生态修复策略和措施[1]

——以高州市马贵镇为例

王永喜　夏　兵

【摘　要】 通过对广东省高州市马贵镇遭受台风袭击后的洪水灾害调查，分析其生态环境新问题，并根据洪灾破坏的特殊性、生态破坏的程度、人类活动的关联性，将马贵镇水土保持生态修复区域划分为重点治理区、次重点治理区、一般治理区、生态保育区以及河流景观恢复区5个治理分区，提出灾后恢复重建总体策略及思路以及各治理分区的治理策略和措施。认为坚持以自然恢复与人工修复相结合的原则，可协调生态恢复与社会经济发展的矛盾。

【关键词】 台风灾害；恢复重建；水土保持；生态修复

受“凡亚比”台风影响，2010年9月21～23日，广东省粤西地区高州市东北部山区的马贵、大坡、古丁、深镇、平山、东岸、长坡等7个镇区域内出现特大强降雨。马贵镇21日00：00～23日04：00，总降雨量814mm，其中，21日02：00～14：00，12h内降雨量达674.5mm，降雨强度达到1000年1遇，马贵镇曹江水位迅速上涨，超历史最高水位。特大暴雨使马贵、大坡、古丁等镇山崩地裂，出现大范围的山体滑坡，引发特大山洪、泥石流，尤以马贵镇受灾最严重。马贵镇曹江河段12座桥梁除1座幸免外，余下的全部冲断，水利设施损毁严重，致使许多村镇交通、通信完全断绝。灾害给马贵镇造成了重大财产损失和人员伤亡，同时也对灾区自然生态环境造成了巨大破坏。

1　马贵镇自然概况

马贵镇位于广东省高州市东北部山区，东与阳春市双窖镇相邻，北与信宜市钱排、合水镇接壤，西与古丁镇、南与大坡镇相连，处于三市交界地带。全镇总面积167.0km^2，其中集镇面积2.5km^2。全镇有14个村委会和1个居委会，2009年末，马贵镇总人口36660人，其中城镇人口约2000人，耕地面积1020hm^2。

马贵镇地貌为低山高丘区，境内最高点是棉被顶，高程1627.3m，最低点是曹江大垌河床，高程186m。马贵镇地处南亚热带季风区，受南海海洋性气候影响，是台风活动侵袭经过的地区之一。夏秋季节主要的灾害性天气是强台风带来的狂风暴雨，丘陵山区山洪暴发，平原低洼地区积水成灾。

马贵镇多年平均降雨量1711mm，多年平均气温21.3～23.2℃，年无霜期平均为361天，多年平均日照时间1935.3h。自然地质土壤分布以花岗岩、片麻岩及其风化物为岩母质，部分是页岩。

曹江发源于马贵镇境内，河长27.4km，集雨面积165.9km^2，流域内多年平均降水量为2090mm，多年平均径流深1200mm，有6条主要支流，包括周坑支流、大西支流、小西支流、朗练支流、埕垌支流、龙坑支流。

2　马贵镇灾后生态环境问题分析

2.1　总体受灾情况

这次强降雨造成马贵镇损坏小型水库1座、山塘8个、堤防52处、水陂853个、渠道93处、饮水工程146个、电站23座，急需进行清淤土方10万m^3，水利设施直接经济损失3.86亿元。

受灾分布情况，以马贵镇为核心，处于曹江上游干流的马贵镇镇中心、大西支流受灾最为严重，朗练支流、龙坑支流、小西支流次之，曹江的最上游厚园村及其支流、周坑支流、埕垌支流受灾相对较小。

收稿日期：2011-08-30 修回日期：2011-11-01

*第一作者简介：王永喜（1970—），男，高级工程师。主要研究方向：城市水土保持。E-mail：wangyx868@21cn.com

此次洪灾造成马贵镇多处发生山体滑坡、崩塌、泥石流等地质灾害，对人民的生活和生产以及生物的生存环境造成了严重影响。山体植被遭到严重破坏，森林及其他植被的生态维护功能丧失，河道阻塞，河流两岸地貌受到严重破坏，水库湖泊池塘淤积，河床垫高缩窄，水土流失加剧，农田被冲毁，耕地面积减小，土地环境恶化并危及农业生产；生态环境明显恶化，生态服务功能逐步弱化，水土资源受到严重破坏，居民的生存条件得不到保障。以下主要从地质灾害、生态系统损坏和生产、生活环境损坏 3 个方面进行分析。

2.2 地质灾害调查分析

广东地处海陆相互作用强烈的华南沿海地带，地质地貌环境复杂。随着经济的迅速增长，建设用地日益增加，平地日趋紧缺由此对山坡地的开发和利用已广泛兴起，内外地质作用和高强度的人类经济建设活动形成了广东特殊的地质环境，使广东成为我国东南沿海地质灾害多发区[1]。

马贵镇境内发生了数量众多的山体滑坡（图 1），主要集中在曹江干流两岸及 6 条支流两侧山坡，据高州市水务局初步统计，山体滑坡面积约 776hm^2，崩塌比 4.65%。山上表土裸露、松石嶙峋，河中砾石、砂土淤积严重，平均厚 3～4m，河床变宽变浅，严重危及两岸群众生命财产安全。滑坡发生之处绝大部分在山顶、半山腰上，遗留在灾害点的松石点多量大，靠人工无法消除隐患，且松石所处的位置机械进入艰难，致使灾后恢复重建工作困难重重。

图 1 曹江干流垭垌段河岸滑坡及公路损毁照片

大量发生于流域内山体的滑坡和崩塌体汇聚到沟道、河道内，为泥石流形成提供了丰富的松散固体物质，加之超量的降水，形成威胁巨大的山洪泥石流灾害。据现场调查统计，马贵镇镇中心、大西支流产生了强度为强烈的泥石流，镇中心街道、房屋、农田被淹，河岸两侧平坦地区的房屋泥沙已淤积至一层楼，洪水位至二层楼，局部达到三层楼；周坑支流、小西支流、朗练支流、埕垌支流、龙坑支流产生了强度为中度的泥石流，支流出口的河道、道路已完全被泥沙堆积物覆盖；另有 12 条小溪也产生强度为轻度的泥石流，泥石流堆积物掩埋两岸农田和乡村道路。马贵镇河道两岸岸坡及临河建筑、公路、桥梁、水利水电设施等损毁严重，冲毁桥梁 11 座，冲毁公路 8.5km，致使许多村镇交通、通信完全断绝。

2.3 生态系统受损分析

2.3.1 森林生态系统受损

台风“凡亚比”使马贵镇境内曹江两岸及其支流两边山体崩塌、滑坡面积约 776hm^2，山体植被遭受极大破坏（图 2），垮塌形成的以岩石、泥土、砾砂组成的塌方阻塞河道和沟渠，为排洪除险留下巨大隐患；由于山体土层滑落造成的裸露，给马贵镇内的大小山体留下了难以恢复的大创面，尤以大西支流两侧山体植被破坏严重。松垮和变薄的土层将使大面积植被失去立足之地，青山环绕的景象很可能数年间都难以重现。巨大的垮方量致使林地大面积减少，森林及其他植被的生态维护功能丧失，提高了山洪、泥石流、滑坡等自然灾害的发生概率。

图 2 埕垌支流山体滑坡损毁植被照片

2.3.2 河流生态系统受损

此次特大洪灾形成泥石流导致曹江河干流及其支流（如周坑、大西、埕垌、龙门垌等主要支流）的河岸冲刷严重，支流与主河段汇入处和曹江马贵段河床被抬高了 3～4m，致使沿河村庄被淹，马贵镇中心街道房屋最高淹至3层楼，各支流出口两岸建筑淹至1层。周坑、埕垌、龙门垌河床改道，亟须尽快彻底整治危及村庄及住户的河堤，疏通危及民居安全的淤积河床。曹江马贵段受损前基本为自然河道，沿线两岸的堤防不完善，由于灾后泥石流携带的大量泥沙、石块进入河道，大块石、鹅卵石淤积河道，河道现状淤积严重。受本次灾害影响，马贵镇水源点及引水管路10km、供水管路全毁。

2.3.3 农田生态系统受损

受损前，马贵镇人均耕地0.03hm²，本次洪灾对农田生态系统造成了很大的影响。马贵镇内被冲毁、淹埋的耕地达67hm²，地表被山上冲下的石砾、沙土覆盖，恢复耕种困难。位于河谷区域和山体中下部的坡地被泥石流、洪水冲毁和淹没，导致农田面积急剧减少，耕地灭失情况严重，部分村民小组甚至人均耕地不足0.006hm²。

2.4 生产、生活环境受灾分析

马贵镇河网支流发达，地势坡度较陡，土地资源紧张，民居随山就势，依托自然河岸谷地，形成村落，建筑形式以砖、砖混、木构为主。根据现场调查，生产、生活环境受灾情况如下。

2.4.1 建筑物

位于山谷河口及河道岸坡的建筑物，处于洪水、泥石流和山体崩滑危险区，此次共有30处惨遭灭顶之灾，建筑物全毁，全镇涉及房屋损毁的有550户。位于山脚和山坡的民居受山体滑坡影响较大，存在严重安全隐患。学校建筑在灾害中被严重破坏，尤以位于大西支流的马贵镇大西小学最为严重。位于马贵镇的曹江干流和支流的水电站23处损毁殆尽。

2.4.2 水源

饮用水源受到严重破坏，马贵镇原有居民生活用水依赖山区泉水的管道接驳，水管被毁后全镇的居民生活用水困难，居民饮用水仅采取临时应急处理。

2.4.3 道路、桥梁

道路、桥梁损毁严重（图3），给当地居民的生产生活、灾后重建带来了极大不便，路基掏蚀、冲蚀严重，存在不确定的安全隐患。由于交通阻塞、运输不便，村民的水果、蔬菜无法运出，损失惨重。

图3 曹江干流深水段桥梁冲毁照片

3 灾后水土保持生态修复

3.1 总体策略

统筹考虑灾区重建与未来经济社会发展，从调整产业发展布局、扶持当地经济发展、推进城镇化发展、完善基本公共服务政策等，统筹好重建与发展的关系，实现灾区振兴[2]。对灾区受损的自然生态系统坚持以自然恢复与人工修复相结合的原则，逐步修复生态系统功能。在严重受损的区域，优先抢救、恢复区域生态功能，实施灾后生态保护工程；在中度受损的区域，适度控制开发，加大生态保护力度，以自然恢复和人工辅助相结合的方式恢复自然生态系统；在受灾较轻的区域，协调当前生态重建需要和今后长远发展的关系，以预防和保护为主。

（1）加强水利基础设施建设。马贵镇曹江干流许多河段还达不到5年1遇的防洪标准，应逐步提高防洪标准。

（2）加强村镇规划、严格管理山区群众房屋建设。村镇规划不仅为了保护耕地和规范建设，还涉及经济发展、保护环境、公共安全等多个领域，村镇规划的实施不仅是对村镇外在物质景观的改变，更是对居民生活方式内涵的改变[3]。首先要做好房屋建设规划，多部门参与制定，房屋选址不占水路、不斩坡脚，做到“三避两高”，即避开洪水、避开泥石流、避开滑坡体，高根基、高位置；二是适当提高房屋建筑标准，基础可采用砖、石、混凝土等材料砌筑，加强房屋整体性安全，提高抗灾能力[4]。

（3）坚持“退地还河、退堤还河、退路还

河”。科学利用土地资源，确保山区河流行洪空间，把防洪需求作为河谷地开发的限制条件；注意环境保育，尽量减少工程建设对斜坡的扰动[5]；纠正为增加土地面积而侵占河道的行为，在公路建设中，应合理选线，尽量减少对河流原有走势的影响，保持河道畅通。

(4) 加强生态环境的建设与保护。加强对开矿采石、取土工程的监管，防止造成山体破坏引发水土流失；加强水土保持综合治理，坚持治坡与治沟相结合，生物措施与工程措施相结合；坚持不懈地开展植树造林、封山育林和退耕还林，建设和保护良好的生态环境。

3.2 分区规划及治理措施

自然环境是人类生存的根本，此次洪灾造成自然环境巨大破坏，生态修复任务十分艰巨。根据洪灾破坏的特殊性、生态破坏的程度、人类活动的关联性将马贵镇水土保持生态修复区域划分为重点治理区、次重点治理区、一般治理区、生态保育区以及河流景观恢复区 5 个治理分区（图 4），各治理分区面积见表 1。

马贵镇生态修复各治理分区面积　　表 1

治理分区	面积(km²)	占总面积的比例(%)
重点治理区	24.55	14.7
次重点治理区	15.03	9.0
一般治理区	95.19	57.0
生态保育区	30.06	18.0
河流景观恢复区	2.17	1.3
总面积	167.00	100.0

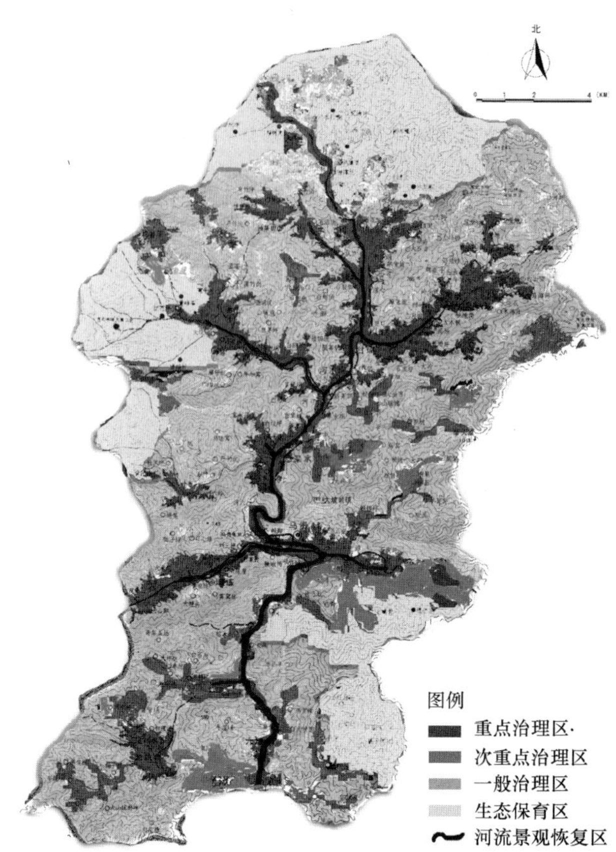

图 4 马贵镇生态修复分区图

3.2.1 重点治理区

重点治理区包括受灾最为严重的马贵镇中心区、曹江支流流域，以及对乡镇居民生活、生产以及交通安全有直接威胁的区域，主要措施如下：

(1) 划定洪水、泥石流、滑坡直接影响范围。在河道防洪水位范围内，严禁一切建设活动，如修建房屋、公路等人为活动，在防洪水位线以上区域，应保留一定范围的缓冲区域。河道两岸应确保山区河流行洪空间，把防洪需求作为河谷地开发的限制条件。对已发生泥石流、滑坡区域，应划定危险区，在房屋建设规划及土地利用规划方面，应避开这些区域，禁止一切人为破坏地形地貌活动，如修路、取土等。

(2) 适当提高灾后生态修复标准。根据马贵镇河道防洪规划，主河道防洪标准为 50 年 1 遇，支流河道防洪标准为 30 年 1 遇。现阶段河道堤防还未达到上述标准，因此应加大重点治理区的河道防洪工程建设力度，逐步提高防洪标准。崩塌、滑坡区采取工程措施与植物措施相结合的方式进行整治，在边坡安全稳定的基础上恢复坡面植被，提高区域的生态环境水平。工程加固主要有锚杆格构梁、坡脚挡土墙、主动防护网、被动防护网等，在坡体稳定的基础上，选取适合的乔、灌、草、藤进行植被恢复。坡度较陡、坡面为岩质的区域难以进行种植，对于这些崩塌区域，采用在坡脚种植攀缘藤本和客土喷播的方式进行植被恢复[6]。

(3) 加强对气象灾害、地质灾害的预防预报。建立气象雷达站，加密自动遥测雨量监测站点，逐步建立有高科技支撑的防洪预警系统，为防汛调度、决策指挥提供依据。加强对广大干部群众防汛减灾常识的宣传教育，增强干部群众的自防自救能力和联防意识，确保人民生命财产免受或少受损失。

3.2.2 次重点治理区

本区为重点治理区以外的受灾比较严重的区域，其位置相对稍偏，人口密集度低于重点治理区，主要位于马贵镇曹江干流最上游、受灾严重支流的偏远区。

本区域的河道防洪要求应满足河道正常行洪需求，在河道防洪范围内不允许占用河道、破坏河岸的建设活动，河道堤防主要为保护两岸的农田，应结合小型农田灌溉工程修复受损的堤岸。本区域主要为泥石流易发区，即为泥石流提供固体物质的主要发源地，因此，应重点进行泥石流易发区的综合治理。采取山区沟道的水土保持综合防治措施，以防止泥石流的土石来源为主要目的，通过工程措施固定沟道，减小沟道纵坡，防止沟道下切，制止或减弱泥沙的形成与搬运，将砾石、泥沙沉积于固定的区域，使山洪和泥石流安全排走，再通过生物措施对破坏的生态环境进行恢复，以最终达到有效治理泥石流的目的。同时，结合土地利用规划，调整土地利用方向，通过行政手段颁布相关法令进行封山育林，严禁滥砍滥伐造成生态破坏。

3.2.3　一般治理区

本区为重点治理区、次重点治理区以外，且对周边生产、生活具有重要生态改善作用的区域，以荒山造林、营建经济林为主要措施。主要包括郎练支流、埕垌支流、六塘支流、小西支流、厚元上游等各支流受灾较轻的区域。本区有林地面积较大，区内林地大部分为经济果林，但因管理不善低产质次，部分已放弃管理，应着重加强经济果林的管理，提高效益，同时对坡度超过25°的林地改造为生态公益林。

在治理计划安排上可稍晚于重点治理区的治理计划。生态恢复治理规划时，结合整个小流域进行规划治理。同时，流域生态恢复也和当地居民的经济利益结合起来，不能片面地追求生态恢复效果而忽视当地居民的生产生活。

3.2.4　生态保育区

生态保育区是指除上述3种区域之外的中高山区域，主要包括马贵镇的东北和西南山地，面积30.06km^2，是马贵镇重点林区。本区远离生活聚集区和交通干线，人烟稀少，人工修复成本太高，在措施布置上尽量减少人工干预，全面开展封山育林和封山护林，通过自然营力修复生态环境，特别是保护好阔叶树资源植被，保护珍贵树种，使区内森林群落向高级阶段演替。本次因洪灾造成的山体垮塌、泥石流等导致野生生物生境的连通性遭到破坏，严重影响野生动物繁衍栖息的生境廊道，应采取人工重建或人工促进重建的方法恢复原生地带性植物群落，使受损的植物斑块重新连通恢复为生态廊道。

3.2.5　河流景观恢复区

此次洪灾对马贵镇曹江干流及支流两岸造成严重破坏，堤岸几乎全毁（图5），河流两岸的生态环境及景观亟待恢复。结合水土保持流域综合治理，通过“近自然”的景观设计手法，恢复河流受损的生态系统；充分挖掘当地历史文化内涵，以空间为载体，糅合当地人的生活方式，构建生态景观廊道，成为贯通山水基质的生态廊道或拉长的生态斑块，创建集生态和观赏活动于一体的景观体系，形成可持续发展的生态系统[7]。

洪灾前（2010年8月10日）

洪灾后（2010年9月26日）

图5　洪灾前后马贵镇河道照片

（图片来源：高州市水务局）

在河流景观恢复过程中主要包括以下几个方面措施：

（1）重视河流形态的时空性。河流形态多样性是流域生态系统生态环境的核心，是生物群落多样性的基础，也是河流景观多样性的基础。利用河流具有侵蚀—搬运—堆积的自然作用特性，通过河流自身的运动，自然演变为具有蛇行、浅滩和深潭、定期淹没等多样性的河流形态，营造生境和生态系统多样性丰富的河流景观。

（2）恢复与重建河流生态交错带。河流是一个流动的生态系统，它与周围的陆地有更多的联系。在水陆联结处的河滩湿地，聚集着水禽、鱼类、两栖动物和鸟类等大量动物，而植物也有沉水植物、挺水植物和陆生植物以层状结构分布。在河道工程治理的基础上，综合考虑河流的水文周期变化，恢复河流的漫滩，营造季节性的河滩湿地景观。人为干涉的生态恢复演替是提高生态恢复速度的有效手段，建立自然型的生态河岸不但能增加城镇绿化面积，还可为市民提供休闲空间[8]。

（3）营造景观多样性、建立滨水绿色廊道。利用上、中、下游的生境异质性以及干流与支流的生境异质性，营造生物群落的多样性，从而构建景观的多样性。在河流两岸一定宽度营建植被缓冲带，促进河岸带生态修复。通过过滤、渗透、吸收、滞留、沉积等机械、化学和生物功能效应，使进入地表和地下水的沉淀物、氮、磷、杀虫剂和真菌等减少。同时，以乡土树种为主营建的河岸植被缓冲带，既体现了乡土植物景观特色，又为本土生物提供了适宜的生存空间。

4 结语

台风“凡亚比”给高州市马贵镇的自然生态环境造成了巨大破坏，其主要原因为降雨过于迅猛，暴雨区形成特大洪水，量大势猛。当地土壤层较薄，岩石层较脆弱，潜在的灾害易发生，而人类活动也加剧了其破坏的程度。如建设工程选址不当、建筑结构形式不合理；农田占据河道，破坏坡地；森林植被的结构不尽合理，生态功能较低，水土保持功能较弱等因素，加剧了滑坡、泥石流的发生，导致洪水对自然环境及生产、生活环境造成巨大破坏。

针对严重受损的自然生态环境，根据现场调查、受灾情况分析，本着分期实施、突出重点、优先安排的原则，在措施布置上协调处理重点与非重点，治理与保护、治理与开发的关系，合理划分生态治理分区，优先恢复对灾区居民生产生活影响较大的区域，分别对重点治理区、次重点治理区、一般治理区、生态保育区以及河流景观恢复区提出治理策略和措施，坚持以自然恢复与人工修复相结合的原则，协调自然生态恢复与社会经济发展的矛盾，为山区城镇规划建设及流域水土保持生态修复提供借鉴，也为沿海地区预防台风自然灾害提供案例。

参考文献

[1] 宫清华，黄光庆，杨木壮，等．广东省地质灾害预报预警现状与发展对策［J］．中国地质灾害与防治学报，2007，18（1）：10-13.

[2] 国家发展改革委社会发展司考察组．印尼、日本促进重大灾害恢复重建的经验与启示［J］．中国经贸导刊，2009（17）：32-34.

[3] 赵虎，郑敏，戎一翎．村镇规划发展的阶段、趋势及反思［J］．现代城市研究，2011（5）：47-50.

[4] 葛学礼，于文，朱立新．我国村镇空斗墙房屋地震、台风灾害与抗御措施［J］．工程抗震与加固改造，2011，33（2）：143-149.

[5] 崔鹏，陈树群，苏凤环，等．台湾“莫拉克”台风诱发山地灾害成因与启示［J］．山地学报，2010，28（1）：103-115.

[6] 吴长文，章梦涛．裸露山体缺口生态治理［M］．北京：科学出版社，2007：22-34.

[7] 李晖，唐川．基于景观生态安全格局的泥石流多发城镇防灾、减灾体系构建［J］．城市发展研究，2006，13（1）：18-29.

[8] 张宇博，杨海军，王德利，等．受损河岸生态修复工程的土壤生物学评价［J］．应用生态学报，2008，19（6）：1374-1380.

（本文曾发表于2012年2月《中国水土保持学》）

技术沉淀篇

GIS 在城市绿地系统规划中的应用

陈华丽　蒋华平

【摘　要】本文总结了地理信息系统（GIS）近年来在我院城市绿地系统规划中的应用。GIS 的应用为城市绿地系统规划走向定量化、数字化、科学化开辟了广阔的前景。从现状绿地分类数据赋值与分析，到规划绿地图层处理与空间分析，以及建立绿地规划信息系统，GIS 都发挥着重要作用。本文以南昌市、攀枝花市和佛山市三个城市的绿地系统规划为实例具体介绍了各个过程的应用。最后分析了 GIS 在城市绿地系统规划中的应用前景。

【关键词】地理信息系统（GIS）；城市绿地系统；规划

引言

近年来随着园林城市、生态城市建设在全国普遍开展，城市绿地系统规划编制工作愈来愈受到各级政府部门的重视。并且随着计算机技术的普及及软件的不断开发和利用，将计算机技术应用到城市绿地系统规划中势在必行[1]。通常一个绿地现状最终显示、分析、处理到规划一般是一些软件的综合应用，但在这些软件中地理信息系统技术的出现和发展起了首当其冲的作用。

地理信息系统（GIS）属于空间信息系统的范畴，有时也称资源与环境信息系统。GIS 是一种以采集、存储、管理、分析和评价全球或区域与空间地理分布有关数据的空间信息系统[2]。它是随着计算机科学、空间科学、地球科学、测绘遥感学、环境科学、信息科学和管理科学的发展而新兴的一门边缘交叉学科。GIS 从 20 世纪六七十年代的萌芽，经过 40 多年的发展，已经成为一门非常成熟的技术。GIS 在 21 世纪更加蓬勃发展，已成为地理信息产业的重要组成部分，为城市和资源的规划、管理和治理走向定量化、数字化、科学化开辟了广阔的前景。目前全球比较常用的一些地理信息系统软件有美国 GIS 开发商 ESRI，Intergraph 和 MapInfo 的软件产品，以及国产软件：MapGIS，Supermap，GeoStar 和 Citystar。

我国经过长期的努力，尤其是“九五”期间的努力，已经初步形成了自己的地理信息系统软件产业，并且在政府规划管理信息系统方面有了一定的发展，尤其在沿海发达地区[3]。由此也带动了景观规划行业 GIS 的应用，其中城市绿地系统规划，不但在规划过程中应用 GIS 各个功能，而且在相应的城市规划管理系统中建立了专门的 GIS 绿地管理系统。但是由于受到各方面因素的影响，GIS 在城市绿地系统规划中的全面应用还处于研究阶段，目前具体的应用还比较零散。

城市绿地系统是城市生态系统中自然子系统的重要组成部分，其科学合理的规划需要考虑众多生态环境、社会、经济等因素，而且与数字城市系统的建设相联系，GIS 的地形地貌分析、统计分析、三维分析、数据管理分析等功能都能够在此发挥作用。

1　GIS 与城市绿地系统规划的对接

在城市绿地系统规划中，从现状的调查、数据分析处理、规划方案到绿地规划信息入库，GIS 的功用可以发挥得淋漓尽致。

在现状调查中会涉及另外一种现代技术手段，遥感（Remote Sensing，RS），它具有探测范围大、资料新颖、成图迅速、收集资料不受地形限制等特点，而且获取批量数据快速高效[4]。遥感是指使用某种遥感器，不直接接触被研究的目标，感测目标的特征信息（一般是电磁波的反射辐射或发射辐射），经过传输、处理，从中提取人们所需研究信息的过程。当进行绿地空间调查时，采用遥感分析与地面普查相结合的方法，运用计算机和 GIS 技术对城市的各类绿地进行全面调查研究，能大大提高成果精度和工作效率，同时节约大量的人力、物力和时间（图 1）。另外通过卫星遥感手段进行城市热岛现象的研究对于深入了解城市环境质量[5]，及时掌握城市环境变化趋势，制定合理的城市发展规划和绿地系统布局方案有着极其重要的意义。

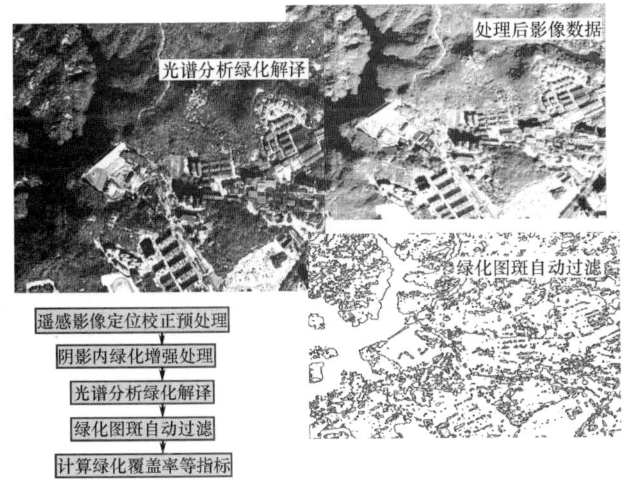

图 1　绿地信息遥感解译流程图

运用 GIS 进行绿地规划数据处理与应用可以克服传统手法的不足，实现“无纸化”操作，大大提高工作效率和成果精度，更可以和后续的绿地规划建设管理系统实现数据信息共享，无缝接轨，实时更新，从而有效地提高城市绿地系统的规划、建设与管理水平。

(1) 现状绿地分类数据赋值与分析。首先将面状（块状绿地）和线状（行道树或散树）分别进行数字化，然后将数字化层转换生成 GIS 格式数据，并进行数据属性的设计与添加，接着将处理好的数据进行拼接拓扑处理后进行绿地面积等各项绿地分类统计。建立的绿地数据库不仅可以进行方便的查询检索和图形演示，还可以对所有数据或相关数据进行统计、分析，并生成报表，或生成各种统计图，实现对数据的定性或定量分析，为绿地规划的制定提供科学、准确的基础信息。

(2) 规划绿地图层处理与空间分析。运用空间分析模型，将绿地现状信息与土地利用现状、地形、地貌、道路交通、大气、水质等相关信息进行 GIS 空间叠加分析，得到综合分析图辅助绿地系统规划[6]。另外一个重要的工作就是将所有相关规划绿地信息的图层叠加，解决绿地系统规划所确定的城市绿线如何与以往所做的各种城市规划成果互补的问题，并使规划布局的各类绿地能比较顺利地纳入城市总体规划付诸实施[7]。

(3) 绿地规划信息系统。通过 GIS、数据库等技术方法、编制相应的绿地规划与建设信息管理软件来配套信息化手段编制的绿地系统规划，使绿地规划成果能够科学有序地进行建设管理，方便日常办公，发挥出更好的社会与经济效益。

2　应用案例分析

2.1　现状绿地分类数据赋值与分析

实事求是地全面了解城市园林绿地的现状，是科学编制城市绿地系统规划的基础，在这里以南昌市城市绿地系统规划为例介绍 GIS 的应用。地处江西省中偏北部的南昌市，拥有丰富的自然资源和历史资源，但是由于各种历史和自然的原因使得其存在城市公园体系不完整、公园绿地大小不均分布不匀、生产绿地缺乏规划、防护绿地没有形成网络、部分附属绿地景观较差等问题。因此必须充分了解城市园林绿化现状，对有关资料和影响因素进行了综合分析，从而构筑多层次的绿化体系，建设生态良好、环境优美的市域大环境。

在南昌绿地系统规划中，采用地面普查和 GIS 分析相结合的方法，对南昌市主城区的各类绿地进行了全面调查，内容包括：绿地的空间分布、绿地建设与管理信息、绿化树种构成、古树名木保护情况、城市山林和水体质量等，主要应用的 GIS 软件是美国 ESRI 公司的 ARCGIS。

先是将调查到的各类绿地现状信息，通过数字化或数据转换，统一转换为 GIS 的 shape 格式，在 ArcGIS 中按水体、山体、公园绿地、生产绿地、防护绿地等要素分层，经拓扑处理后生成分析的基础文件，然后附上调查所得的各类属性，如公园名称、面积、类型等。然后对于现状绿地信息数据根据属性数据即可进行算术与逻辑运算、数据检索、统计分析和 SQL 查询等，也可进行空间数据与属性数据的综合运算：算术与逻辑运算、数据检索、缓冲区分析等。

在 Arcmap 的数据属性表中，利用统计分析工具可以很方便而且准确地对现状绿地地块面积进行统计，见表 1。

各类绿地面积的统计汇总表（单位：hm^2）　表 1

类别	公园绿地 G1	生产绿地 G2	防护绿地 G3	附属绿地 G4	合计
统计结果	1131.77	141.14	464.53	2050.57	3788.01
绿地率	7.86%	0.98%	3.23%	14.24%	26.31%

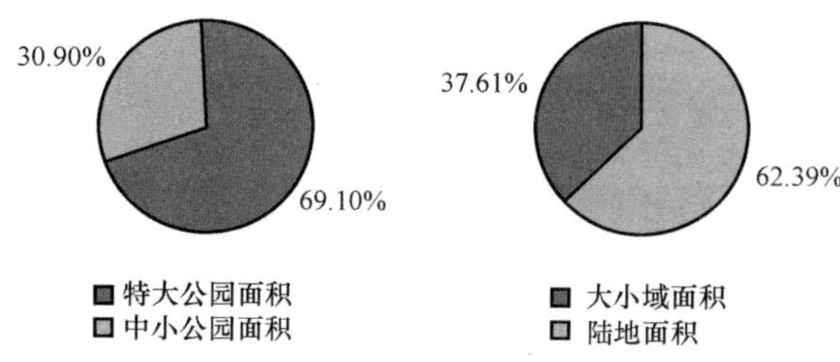

图 2　公园面积分布分析　图 3　公园水陆面积分析图

注：特大公园指面积大于 50hm² 的公园，大水域面积指水面面积占公园面积 70%以上的公园的面积和。

在 Arcmap 中可以直接导出表格、饼状图、柱状图等，而且可以将这些分析图插入到总图中。将现状绿地数据地块按面积大小分成四类，比较其面积、数量、所占百分比等特性，作现状公园斑块分析图。

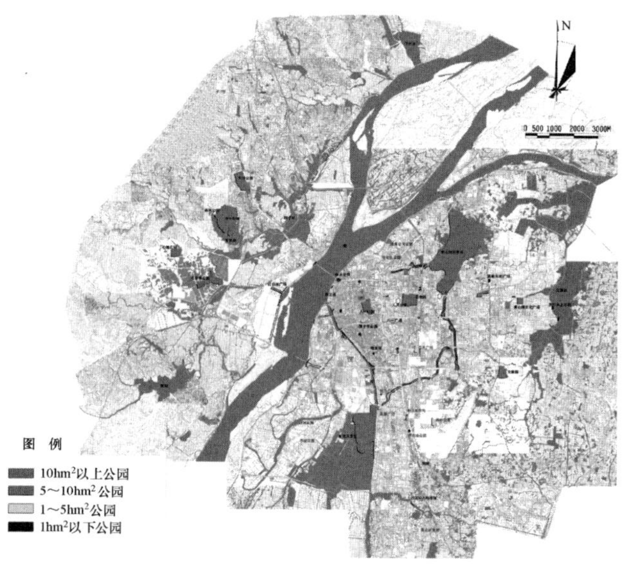

图 4　南昌绿地系统规划现状公园斑块分析图

为了系统合理地规划公园绿地，对于公园绿地根据不同的公园类别服务范围的不同，作不同的缓冲区分析，分析已有公园服务分布状况，分析其服务盲点，辅助公园绿地的场地选择与规划（图 5）。

2.2　规划绿地图层处理与空间分析

一个城市有山有水，对于城市绿地系统规划是得天独厚的条件，那么地形的三维分析对于绿地系统的科学合理规划非常重要，例如攀枝花市城市绿地系统规划。攀枝花市位于中国西南川滇交界部，金沙江与雅砻江汇合处，属于侵蚀、剥蚀的中山丘陵、山原峡谷地貌，具有山高谷深、盆地交错分布的特点，城区海拔在 1000～2000m 之间。金沙江、雅砻江、安宁河、大河、三源河及其支流深嵌在山地之间，形成雄伟的川西南峡

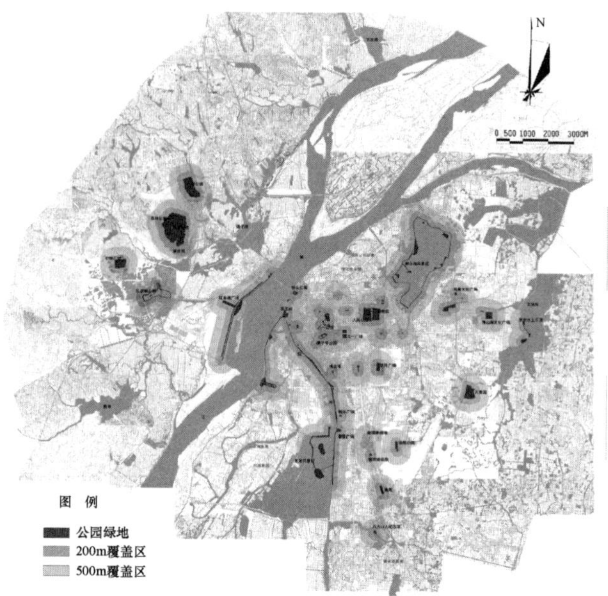

图 5　南昌绿地系统规划现状公园服务半径分析图

谷区。

攀枝花市的三维地形建模：先将 CAD 的测量图中的地形数据（等高线、高程点、边坡线等）导成 GIS 格式的 Shp 文件，应用 ARCGIS 软件，将地形高程信息附到地形数据中，然后应用不规则三角剖分法进行插值得到不规则三角网模型 TIN，然后将 TIN 转换为具有高程信息的栅格数据 Tingrid，在 Arcscene 中读取 Tingrid，设定高程参数和显示参数，同时可以将城市建筑信息叠加到三维地形上，也可以将绿地规划数据信息放到三维模型上进行分析和处理（图 6）。而且有了三维地形模型，可以在 Arcscene 中将模型导出 wrl 格式帮助制作效果图，免去勾勒等高线的繁琐工作，制作出更生动逼真的效果图（图 7）。

而 GIS 的数据编辑、处理、统计等功能的使用使得原本繁琐累人的规划地块修改统计的图表制作变得轻松而且准确。首先是将规划修改的绿地系统地块 CAD 文件转换成 GIS 的 shape，在 Arcmap 中按详细的绿地类别分层，经拓扑处理后生成区文件，在属性中按照地块控制指标一览表添加用地性质代码、公园名称与项目名称，赋予属性，然后根据各类别进行自动地块编号，将生成的地块编号转成标注，转换成 CAD 格式插入到原规划 CAD 文件中，无须再一一编号（图 8）。而地块控制指标一览表也可以从 Arcmap 导出，插入到 WORD 文档中即可。

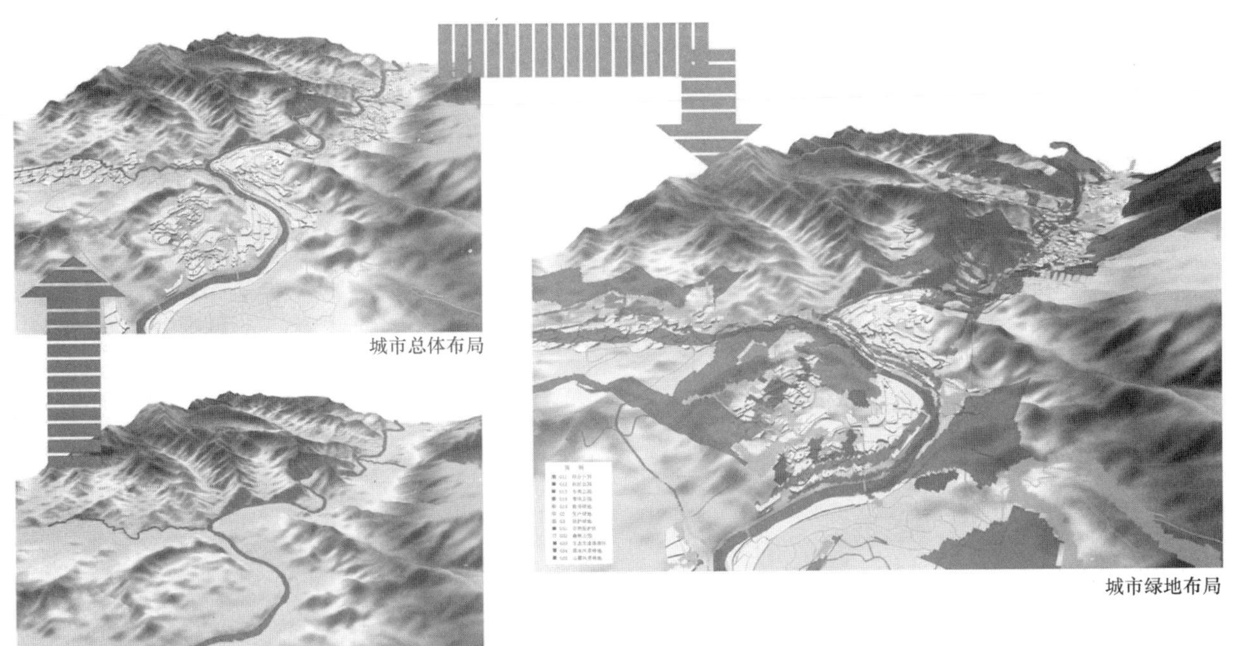

图 6　攀枝花绿地系统规划肌理与布局分析图

图 7　攀枝花绿地系统规划中心城区鸟瞰图

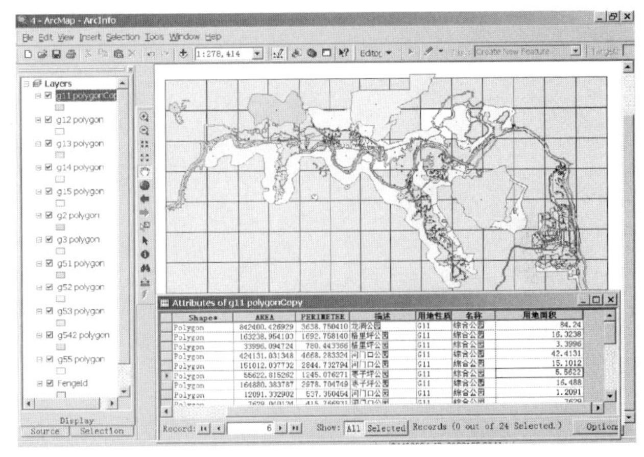

图 8　攀枝花 GIS 地块统计分析图

2.3　绿地规划信息系统

城市规划管理信息系统作为城市现代化标志与重要基础设施之一，用于城市动态管理和规划发展。目前国内很多城市已经建立了城市规划信息系统，其中就包括城市绿地规划信息系统，也就使得城市绿地系统规划的后期多了一个非常重要的任务，建立绿地系统规划数据库，与城市规划信息系统接轨。例如广东省佛山市规划局地理信息中心建立了完善的佛山市城市规划信息系统，因此在佛山市城市绿地系统规划中，专门建立了规划绿地信息数据库（图 9、图 10）。

首先确定数据内容和坐标系，将绿地规划中的基础信息数据与绿地信息数据经过严格的质量检查后，生成 GIS 的 shape 格式，接着按照图层命名的规则（包括类别、图大类、图小类、层代码、地块编号、方案编号）对各图层命名，然后根据统一的属性内容和格式，对各图层绿地信息地块上具体的属性信息，最后归入到佛山规划绿地信息数据库。

完成了数据库后，就是基于 GIS 进行二次开发，根据特定的需求建立城市绿地管理信息系统，管理相关的基础数据与规划数据，并方便加入其他信息和实时更新数据资料，从而进行高效合理的管理与发展，实现可持续性，例如珠海城市绿地管理信息系统（图 11）。

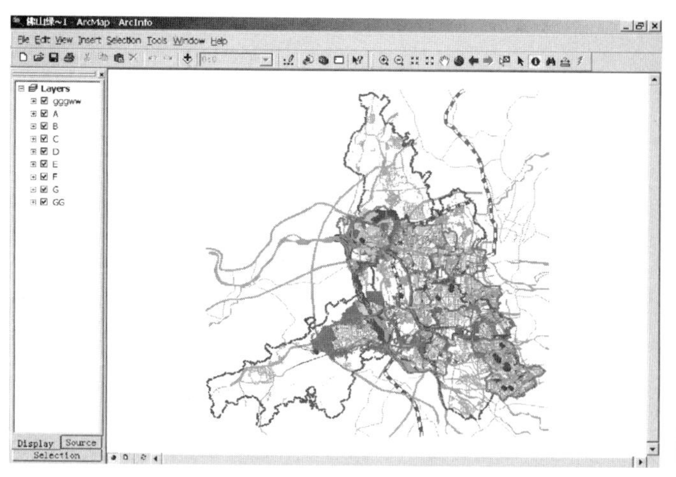

图 9　佛山绿地系统规划数据库总图

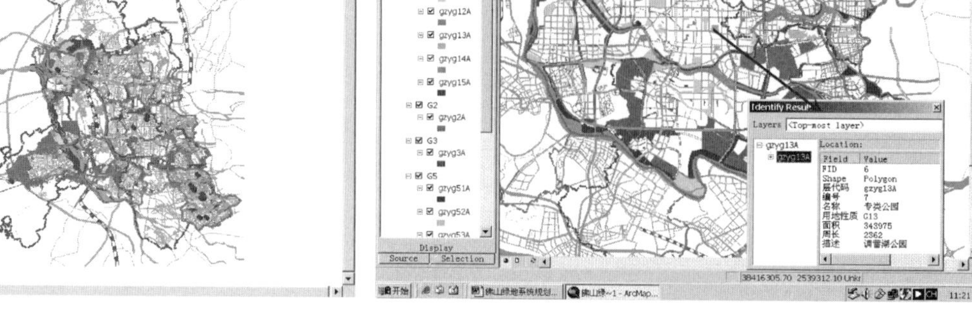

图 10　佛山绿地系统规划数据库中心组团数据查询图

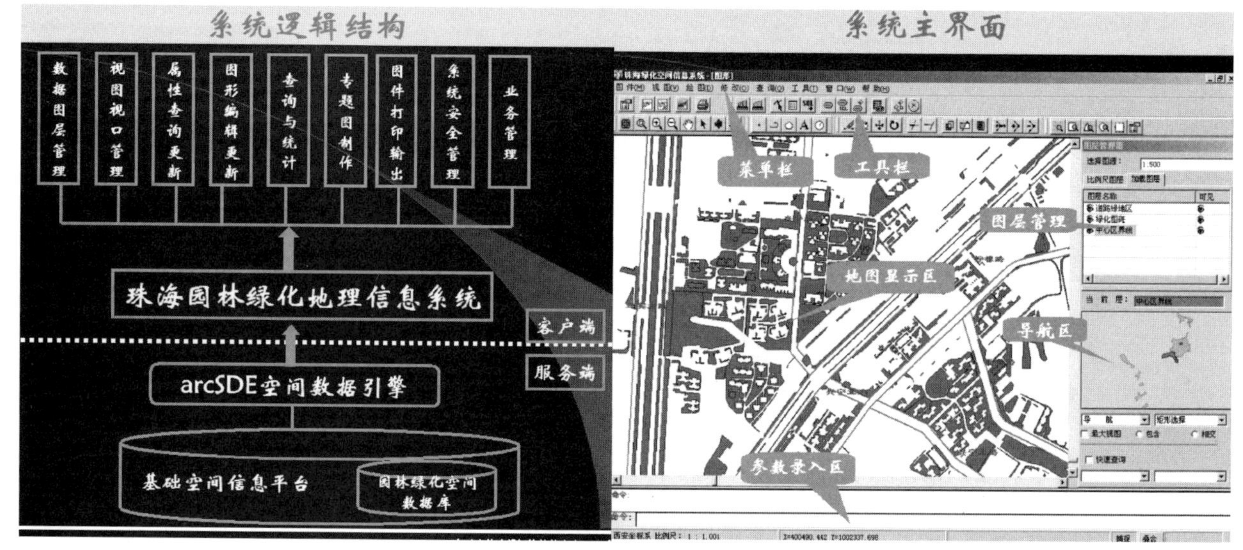

图 11　珠海城市绿地管理信息系统

3　GIS 应用前景

无论是数据存储、处理和各种资料信息的空间分析、统计分析、路径分析等各种分析，还是绿地规划信息数据库的建设和管理信息系统的开发，GIS 的应用贯穿整个城市绿地系统规划过程，更是城市绿地管理的好帮手，虽然目前具体的应用并不多也不完全，但是其应用前景将是全方位的。

（1）随着城市规划管理 GIS 系统的完善，以后规划部门提供给设计单位的基础数据将大部分是 GIS 数据格式的数据，使得数据的存储和管理更为严格。

（2）遥感技术和 GIS 的结合将实现各种精度的城市现状绿地信息的实时动态获取，从而实现绿地系统规划的动态性。

（3）GIS 软件强大的空间分析能力，将完全代替目前 CAD 制图规划方式，实现智能规划，GIS 三维模拟与其他三维建模软件的结合更是可以实现逼真的表现力和预测模拟，真正实现科学性、合理性。

（4）应用 GIS 软件可以方便地建立绿地系统规划数据库，而且可以用不同的编程语言进行 GIS 绿地规划信息系统二次开发来满足不同的用户要求，更有针对性、更有效率地进行规划分析设计和管理。

参考文献

[1] 刘晓丹. 城市绿地系统规划的新思维新方法 [D]. 哈尔滨：东北林业大学硕士论文，2001.

[2] Chrisman, Nicholas. Exploring Geographic Information Systems [M]. Jon Wiley & Sons, Inc, 1997.

[3] 郝力 等. 城市地理信息系统及应用 [M]. 北京：电子工业出版社，2002.

[4] 周成虎，骆剑承，等. 遥感影像地学理解与分析 [M]. 北京：科学出版社，1999.

[5] 陈云浩，李晓兵，史培军，等. 上海城市热环境的空间格局分析 [J]. 地理科学，2002 (6)：318-323.

[6] 刘滨谊. 现代景观规划设计 [M]. 南京：东南大学出版社，1999.

[7] 李敏. 现代城市绿地系统规划 [M]. 北京：中国建筑工业出版社，2002.

(本文曾发表于 2005 年 8 月《风景园林》)

参数化数字化时代的“道法自然”

千　茜　袁俊峰　蒋华平

【摘　要】 通过分析参数化产生的哲学背景，揭示自然概念的历史演进过程，指出参数化是适应当今技术和生产力条件下的必然产物。参数化是数字化时代的“道法自然”，其本质是在因循自然规律的前提下以数字化的方式诠释设计目的，构建设计逻辑，并最终解决设计问题；通过相关设计案例的探索性实践的解析，指出参数化设计不仅可以作用于形式，然而更高境界是将参数化原理作用于功能，做到“功能生态”；最后对参数化设计提出展望，即人类的智慧和自然的法则能否在参数化这一命题上高度统一起来，将“虽由人作，宛自天开”的浪漫理想推到一个更高的境界。

【关键词】 风景园林；参数化；计算机辅助设计

参数化，在设计领域作为一种崭新的手段，其本质就是以数字化的方式诠释设计目的，构建设计逻辑，并最终解决设计问题，很明确的是在方法论范畴内的技术革命。而我们知道方法论的进步也必然推动相应世界观的演进，文章正是试图通过笔者有限的参数化设计实践提出一个可供讨论的世界观：即参数化就是“数字化时代的道法自然”。之所以得出这样的结论，首先要探讨的当然就是“自然”本身的哲学含义。

1　自然概念的历史演进

哲学上把未经人类改造的自然称为“第一自然”，把经过人类改造的自然称为“第二自然”。第一自然和第二自然在马克思主义认识论中统称为自然客体，自然客体是指自然界的事物和现象。而第三自然被认为是“美学的自然，是人们按照美学的目的而建造的自然，是模仿第一或第二自然所建造的……”[1]。

中世纪之前，有机论认为，自然如同女人一样：或平和、仁慈、养育众生，或暴力、灾害、不可理喻；故对自然采取的态度是尊重和膜拜。文艺复兴之后，随着工业的发展和科学的进步，机械论应运而生，驾驭自然、对自然的征服和统治，成为统治世界的核心观念，要将自然“置于限制、制作和塑造中，被技术和人手做成新东西，象人工制品所表现的那样”[2]。而面对当今自然资源被耗尽的危机，人们又重回前机械论世界的环境价值观。保护自然、尊重自然，成为当今世界的主题词。

从机械论——一种在近代科学发展中有着高度影响的自然哲学开始，一直把自然看作类似于一台机器；同时，机械论的世界观把自然的事物和过程看作是静止的和孤立的，而不是变化的和普遍联系的，忽略事物之间的关联和联系，这种对自然的认识体现在笛卡尔的方法论中就是把事物分解成若干部分，抽象出最简单的因素来，然后再归纳、总结。虽然这种方法几百年来在特定范围内行之有效、但是它不能如实地说明事物的整体性，不能反映事物之间的联系和相互作用，它只适应认识较为简单的事物，而不胜任于对复杂问题的研究。直到20世纪出现系统论才发生变化。系统论认为，整体性、关联性，等级结构性、动态平衡性、时序性等是所有系统共同的基本特征。系统论的核心思想是系统的整体观念，强调任何系统都是一个有机的整体，而不是各个部分的机械组合或简单相加，系统的整体功能要远大于各要素在孤立状态下的功能。系统论的基本思想方法，就是把所研究和处理的对象，当作一个系统，分析系统的结构和功能，研究系统、要素、环境三者的相互关系和变动的规律性，并优化系统观点看问题。系统论的出现，使人类的思维方式发生了深刻地变化。这种自然系统论的认识实际上强调的就是事物与事物间的有机关联性，而我们知道参数化在数学上解释的就是数字与数字之间的内在联系，当数字可以表达自然界事物的话，那么参数化表达的不就正是他们之间的内在联系么？因此在目前数字化时代的宏观背景下，产生以参数化观点去认识自然的世界观是历史的必然，并且作用于人类社会的方方面面，而设计行业作为一个数字化转型较早的信息密集型行业自然也会受到更广阔和深远的影响。

2 参数化：对自然规律的数字化尊重

文章借用了老子“道法自然”的传统提法，但其中的“道”应该理解成一个参数，在文章里它的值等于“参数化的方法”，而这种方法的价值准绳应该是“自然”，文章中另一个重要参数，在这里定义为世间万事万物的自然规律。

研究参数化为什么一定要研究自然，尊重自然规律，原因就是人的本质是自然的，人对自然的向往是与生俱来的，如有一种叫“彩色印花混凝土”的材料曾风行一时，通过简单的模板印出模仿木材的花纹，但很快因为纹样单调机械而被淘汰。究其原因就是达不到自然界中“叶叶都相似、叶叶都不同”的自然美感而得不到人们的认同。而现在众多仿木人造建材厂家显然已经注意到这一点，通过在木纹样式中增加3～5种自然的变化，特别是增加自然界中才有的、特殊的、不确定的变化，使产品的自然感真实感大为改观，从而获得人们的青睐。可见仅是形态上的自然特征已经能体现出人类的基本审美需求是倾向自然的。而自然界的一切物质要素的形态，如云彩、闪电、雪花、树叶、水滴、细胞、星球……等，事实上都是具有一定内在规律的分形形态。而参数化恰恰是能使分形学成果在现实中得以运用的最基本手段之一。这样的应用其实在影视业上早已出现，如电影《阿凡达》中动辄上百万棵树的超大尺度长景中，其中每棵树的形态都是以参数化方法生成而各不相同，因此具有高度的真实感和强烈的震撼力。

参数化设计并不仅仅体现在对设计成果在自然形态的数字化解读和模拟上，也同样体现在对设计和合理性的甄别和判断上。目前地理信息系统（GIS）的广泛运用就是个很好的例子。GIS通过把场地的各种生态因子、人文因子进行信息综合处理和分析归纳，并选择提炼设计参数直接影响设计结果。如在景观旅游地的规划设计中，经常会用GIS对场地进行生态因子和自然要素的分析，以得出土地利用和生态保护分析评价，以便对场地进行科学的规划设计。在湖南凤凰南华山国家森林公园项目中，设计师就通过对场地地质、地形地貌、高程、植被、水文、光照、环境价值等多种因素的调研和分析，得出生态敏感度评价图（图1）和建设适宜性评价图，以指导土地的开发利用和保护，并通过对生态环境的保护来保障景观旅游地的自然生态与景观骨架的完整性和可持续性。类似的例子还有很多，但总的来说，我们认为参数化的核心理念应该是，寻找现实事物的内在逻辑，依循自然世界的客观规律，用数学的方法加以解释并验证，最后指导人们的社会生产实践并产生较传统方法更符合人们当代需求的各种效益。

图1 湖南凤凰南华山国家森林公园生态敏感度评价图
（图片来源：本文所有图片均来自于深圳市北林苑景观及建筑规划设计院有限公司）

3 参数化设计的展望：从形式生态到功能生态

正如西班牙建筑师安东尼奥·高迪（Antonio Gaudi）的大量模仿自然的杰作背后隐含的是严谨的数理逻辑和科学的设计方法一样，信息技术的发展已经创造出一种新的“第三自然”——数字化的“自然”。

建筑或景观的形态，经过古典主义、现代主义、后现代主义的洗礼发展到今天，已呈现出生态化、数字化、多元化的发展格局。在现代设计中，形态（或表皮）已经从结构中解放出来，并拥有了相对独立的形式语言。在参数化的作用下，形态呈现出图形化、渐变式、动态化等特点，即将参数化作用于形式，可以产生前所未有的、复杂多变的，或接近自然的形态。

在“大运会火炬塔纪念广场设计”项目中，设计师在火炬塔旁根据大运会标志“欢乐的UU”设计了一个景观艺术组合，其中运用参数化原理，通过编辑正弦函数来控制亚克力圆管的起伏高度、半径、疏密程度等，甚至圆管截面也可以通过初始端数据来调节变动。圆管内用激光雕饰大运金牌榜等信息，记录大运精彩历程，并形成绚丽的夜景艺术平台（图2）。在大运开幕式上，“青春大道”令人难忘，遗憾的是大运会过后，“青春大道”作为临时设施已被拆除，在“大运火炬塔纪念广场设计”项目中，设计师试图用参数化再现和升华“青春大道”（图3），设计景观桥作为连接深圳湾体育中心、火炬塔和深圳湾三者之间的纽带，桥的造型延续深圳标志城雕“闯”的艺术形象，营造大气而富有动感的城市形象，桥两翼用参数化设计金属钢架起伏变化，既可遮阳，应对深圳亚热带炎热气候，又如同被巨人之手推开的浪花，寓意深圳不断开拓之路，有战胜任何困难的勇气，共同丰富“而立深圳”城市新内涵。

图2 “欢乐的UU”艺术平台

图3 青春大道——踏浪桥

大多数设计师热衷于将参数化作于形式，醉心于复杂而多变的“表皮设计”，并美其名曰“生态表皮”（在此笔者姑且称之为“形式生态”）；然而更高境界是将参数化原理作用于功能，做到“功能生态”，才具有更积极的意义。这方面笔者也做了一些粗浅的尝试。

在“深圳湾生态科技园景观设计”中，由于该项目由近20栋高层和超高层建筑组成，如何使高塔林立下的中庭和“生态轴”空间形成林木繁茂的宜人花园，真正体现生态理念是项目的难点。经过日照分析，得出在相对标高20m高度之上才有较大的中庭面积，达到全年平均PAR＞6MJ/(m^2·d)的阳性植物生长标准，而0～20m高度的太阳辐射量则达不到6MJ/(m^2·d)（图4）；由于建筑物的相互遮挡作用，中庭和景观平台空间阳光辐射分布不匀，6MJ认定的阳生植物光照条件呈现波状形态（图5），设计师试着沿这条植物生长的最低限度线种植阳生植物，使之成为一条绿带，并命名为“反重力生态波”（图6）。由于将底层抬高会受到技术、资金和空间使用上的限制（图7），设计运用了悬挂式种植方式，形成空中

图4 不同建筑标高的日照强度分析

绿岛的概念，一系列绿岛串联的序列就成为另一个景观——“绿岛仙踪”（图 8）。同时，建立光能量优化分布系统，运用特殊设计使阳光经过幕墙遮阳板和绿岛下缘进行两次反射，可以把阳光巧妙的从上层转射到下层，从而为下层的植被供给能量。该装置还与电脑数据联动，可以随太阳角度变化自动计算反射面转动的角度，也可以控制绿岛的上下高度，使绿岛能够随着太阳辐射的变化而变化高度（图 9）。特别需要强调的是，该设计并不需要高难技术，通过太阳能驱动的液压装置就可以实现，且所消耗的能源全部来自太阳能，真正实现能量自给自足的低碳理念。

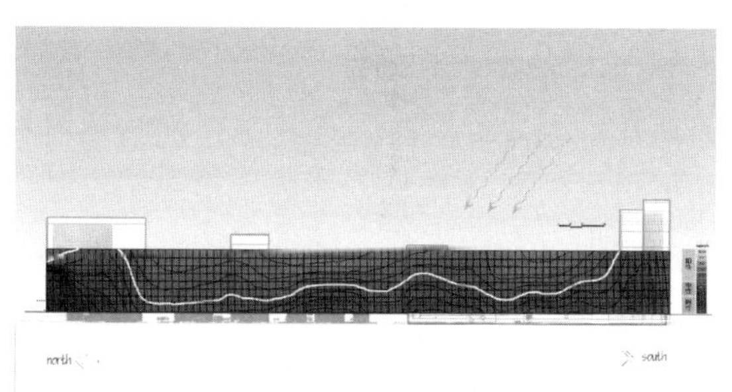

图 5 “生态轴”剖面日照强度分析

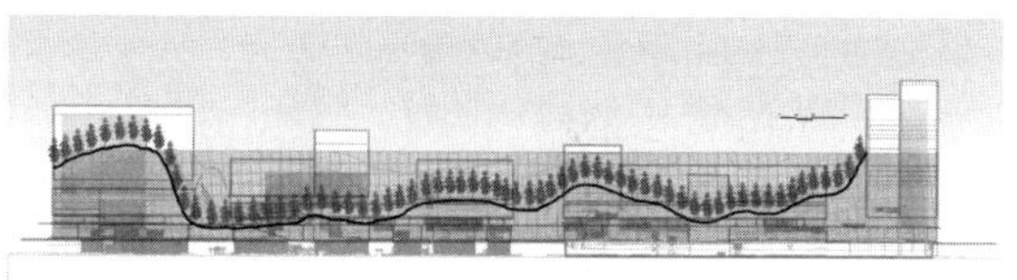

图 6 植物生长曲线

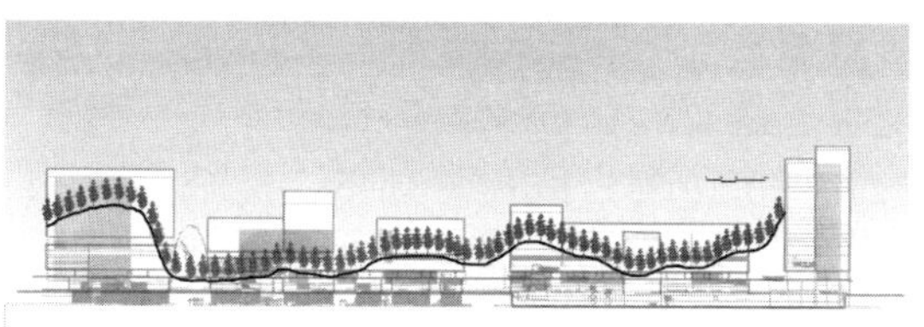

图 7 建设难度

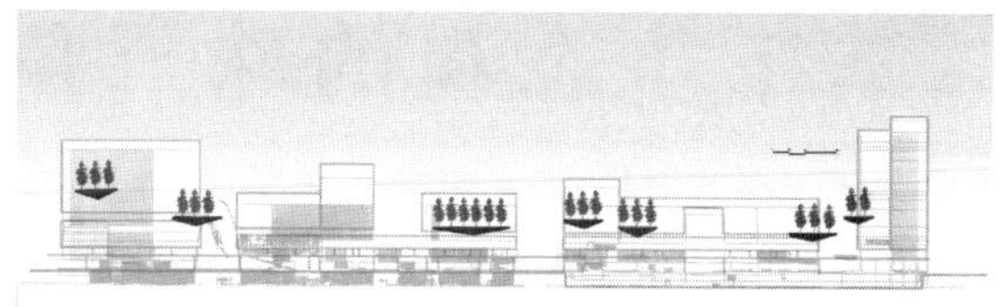

图 8 绿岛概念

图 9 概念效果图

4 参数化：来自人脑，回归自然

从各种意义上来说，参数化都是人类抽象思维产生的重要成果，但其作用的对象却大多是人类看得见摸得着的有形人造事物。应该说让这些人造的事物无论看起来还是用起来都更加自然和谐似乎成了人类下意识的本能诉求，人类的智慧和自然的法则似乎在参数化这一命题上高度统一起来，而参数化是否能够将“虽由人作，宛自天开”的浪漫理想推到一个更高的境界，就让我们拭目以待吧。

参考文献

[1] 王向荣，林箐. 自然的含义［J］. 中国园林，2007，(1)：6-17.

[2] 杨通进，高予远. 现代文明的生态转向［M］. 重庆：重庆出版社，2007：29.

（本文曾发表于 2013 年 2 月《风景园林》）

基于生态观的珠三角区域绿道网规划编制探讨

庄　荣

【摘　要】 珠三角区域绿道规划作为21世纪规划主题的绿道在中国的首次实践，在广东地区轰轰烈烈的得以开展。本文通过分析了珠江三角洲区域绿道的规划方法，着重强调了如何贯彻生态优先的理念。

【关键词】 生态视野；珠三角区域绿道；规划方法

引言

绿道是一种线形绿色开敞空间，通常沿着河滨、溪谷、山脊、风景道路等自然和人工廊道建立，内设可供行人和骑车者进入的景观游憩线路，连接主要的公园、自然保护区、风景名胜区、历史古迹和城乡居民居住区等。绿道在欧美等发达国家，已经逐渐成熟和完善，成为解决生态环保问题和提高居民生活质量的重要手段。

广东省珠江三角洲区域包括广州、深圳、珠海、佛山、江门、中山、东莞和惠州及肇庆。全区面积占全省总面积的23.4%，人口占全省总人口的31.4%（1994年），近年来实现国内生产总值占全省国内生产总值的70%左右。改革开放30年来，珠江三角洲地区逐渐发展成为全国最具发展活力、最具发展潜质的地区之一。与此同时，快速城镇化和快速扩张的城镇建设，对自然生态环境造成了冲击，严重制约珠江三角洲地区经济社会的可持续发展。2009年起，广东省住房与城乡建设厅积极贯彻《珠江三角洲地区改革发展规划纲要（2008～2020年）》的精神，委托广东省城乡规划设计研究院、深圳市北林苑景观及建筑规划设计院有限公司等机构共同编制《珠江三角洲绿道网总体规划纲要》（以下简称《纲要》），指导珠三角地区绿道网建设。绿道网的构建，有以下意义：

（1）促进生态廊道的形成，有效约束城乡建设用地的蔓延

据统计，1990年到2008年近20年间，珠三角城乡建设用地规模从1067平方公里扩张到8495平方公里，占珠三角土地总面积的20%，若按此速度发展，5年之后将达到联合国30%建设用地警戒线。建设绿道网，能在宏观层面整合破碎化的景观斑块，建立安全和高效的生态格局，有效约束城市空间的无序增长，优化绿地系统布局结构，承担城市防灾功能带。

（2）完善物种多样

珠江三角洲三面环山，一面朝海，内陆流域是由西江、北江、东江及珠江三角洲诸河等四个水系所组成的复合流域，区内水道纵横交错、河网密布，生态资源多样，绿道网的建设能保证各类开敞空间和生态斑块的有机联系，促进生态植被群落系统恢复，为动植物繁衍生息提供充足的生存繁衍空间与迁徙廊道，使其生物多样性得以恢复，实现珠三角地区人与自然和谐共生的生态天堂。

（3）引领绿色交通出行与低碳健康的生活方式

绿道的规划是以线性空间为特征的规划行为，突破原各类用地各自为政、各行其是的管理现状，以全新的视野整合绿地游憩、慢行交通、观光旅游等资源，为区域之间、城乡之间的居民提供绿色环保、地碳经济的交通方式。此外，通过绿道后续管理可改善沿线投资环境，提升沿线土地价值；可促进沿线服务业、旅游业等产业的发展，促进产业转型，平衡经济发展和生态保护之间的平衡，实现珠三角绿道网的可持续发展。

1　国外绿道规划借鉴

1.1　先进的分析甄别系统

美国在绿道研究及规划建设方面一直处于世界领先水平，第一个真正意义上的绿道规划开始于1867年美国的奥姆斯特德设计的波士顿公园系统，在19世纪60年代美国就开始大规模对公园路（parkway）和公园系统（park system）的规

划和实践。到20世纪80年代，美国利用计算机和3S技术对大尺度和多尺度上的景观定量化，在景观生态学“斑块—廊道—基底”模式的指导下，进行较大尺度的绿道系统规划。可根据生态廊道保护、历史文化廊道保护和视觉美学质量评价来规划绿道。综合性绿道规划方法核心是土地适宜性分析，分为确定绿道功能—收集数据—确定权重—数据整合与GIS分析—输出评价—确定选线—成网评估等几个步骤。

1.2 生态网络内的多样路径建设

美国绿道网由公园道、蓝道、铺装道、商业道、生态道、自行车道、乡村道、空中道等构成绿道网络系统，多层次、多方位对美国的绿地进行连通性规划建设，绿道网完全建成后有将近2.2万km绿道及5亿hm^2绿地保护。图1为美国绿道网规划图，包括现状绿道及规划建设中的绿道。

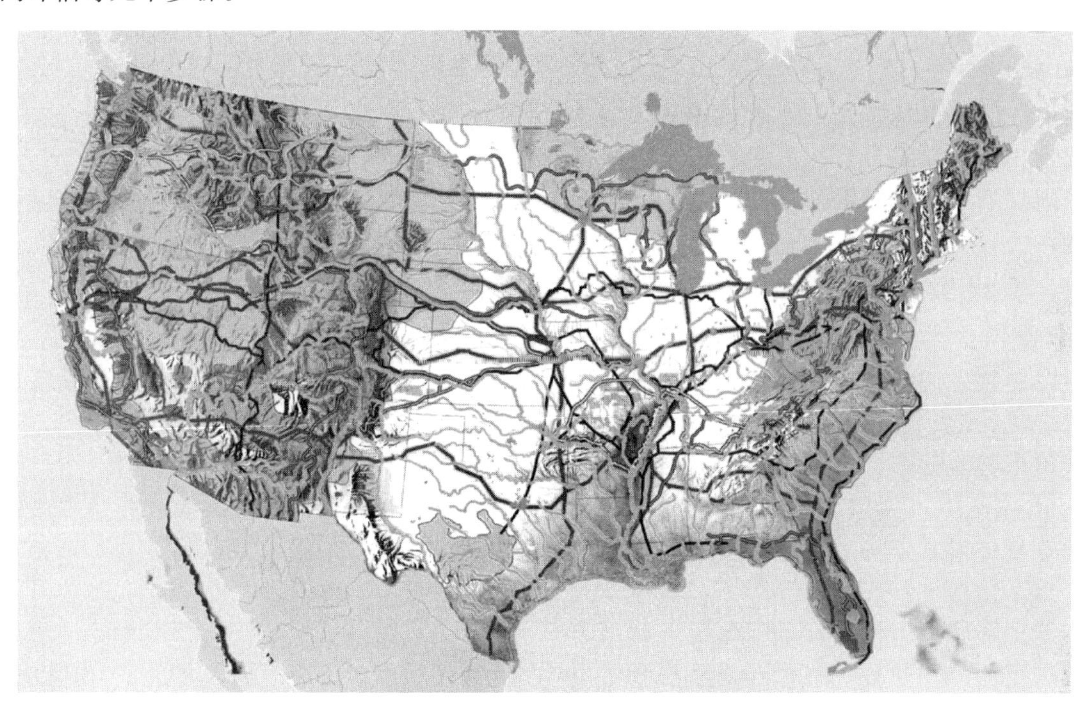

图1 美国绿道网规划图

注：本图引自Fabos. JG，2004. Greenway Planning in the United States：its Origins and Recent Case Studies. Landscape and Urban Planning 68（2004），其中红色线路代表步道系统，黑色线路代表可以在现状基础上优化的绿道及遗产廊道，蓝色线路代表河流廊道。

2 国内绿道规划的存在问题

2.1 生态用地多头管理导致的用地瓶颈

绿道是基于绿地基础上的联通，包括生态廊道的联通和路径的建设，我国目城市绿地分类的系统里，第五类“其他绿地”涵盖的类型基本是城市建设用地以外的绿地，也是生态廊道的重要构成部分，包括风景名胜区、水源保护地、郊野公园、森林公园、自然保护区、风景林地、绿化隔离带、野生动植物园、湿地、垃圾填埋场恢复绿地等，管理主体多样，由农业、林业、水务等部门分管，在短期内未能协调出共同的管理控制和生态廊道通则，很难达到有效联通，面临很大的协调成本和土地征用成本，生态性功能未能达到理想状态。

2.2 绿地被割裂后各自为政

现有的绿地系统包含公园绿地（含5个中类、12个小类）、生产绿地、防护绿地、附属绿地（含8个中类）其他绿地等五大类绿地，公园绿地是城市绿地系统的主要构成，而现有的公园规划规范并未明文规定公园内可以规划出自行车道，并未使公园形成内外联通、路径开放的绿地载体，道路系统的设计还停留在基本的通行功能要求上，而公园管理者从安全和管理便利的角度出发，鲜有能让自行车便利通行，导致绿道在通过真正大面积的绿地时，连通性功能被削弱。

3 珠三角绿道规划方法

在分析现状问题和借鉴国外经验的基础上，珠三角绿道网总体规划编制运用生态学原理，以《珠江三角洲城镇群协调发展规划》、《珠江三角洲区域绿地规划》等上层次规划为重要依据，调查研究植物、动物、生物多样性、地形、水文等生态因素，综合应用物种重要值、丰富度指数、均匀度指数等物种评价指标衡量绿道对生态的作用。充分评估沿线节点的用地情况、人文内涵、通达指数等要素相结合，致力在区域绿道网布局中修复前期绿地规划中被割裂的生态廊道，完善生态保育功能。

3.1 重视生态资源的搜集与科学分析的前期准备

确定以自然生态要素为基本的资源本底调研路线，以现状绿地、生态资源、土地利用、综合交通、城镇布局等资源要素作为绿道规划的基础，摸清城市市域范围内河流、山体、海岸、农田、森林公园等自然要素，将上述现状资料与基础数据整理、数字化，录入空间信息平台。

在珠三角区域生态格局背景下分析各城市总体规划等法定规划所搭建的区域—城市框架，以当地绿地系统规划为依托，综合分析综合交通规划、土地利用专项等规划，以及城市旅游规划、生态规划等相关规划的衔接要求，并将相关规划信息提取，录入空间信息平台。再结合政策要素和地方意愿，初步布局绿道网（图2）。

3.2 制定生态系统优良的规划目标及相关评价指标

在宏观生态学的原理指导下，运用案例借鉴、同类比照、社会经济统计分析等多种方法综合确定绿道规划建设的总体目标与阶段目标。并从绿道网络、生态建设、交通衔接、设施配置、功能开发和建设运营等方面确定分项目标及相关评价指标。

定量指标体系重点考虑生态容量与生态承载力，人类负荷（human load）与生态足迹（ecological footprint）等，此外，参考《风景名胜区规划规范》、《公园设计规范》等对各类用地比例的规定，根据各市的建设本底和建设条件，布局各地的适宜密度，例如东莞全市绿道密度最终达到了0.9km/km^2。

3.3 生态保育为前提确定绿道网络的选线布局

3.3.1 完善生态系统的构建评估

绿道选线首先应评估区域内生态格局关系，充分评估地质地貌、道路交通、开放空间体系和现存绿地的关系，将生态环境分区框定为危机区、不利区、稳定区、有利区，从理想状态出发，通过绿道建设，尽量完善大生境斑块、生态岛和生态廊道等区域生态系统。

在绿道分项目标的指导下，充分考虑绿道与发展节点、自然肌理、城市空间、城市交通、公共空间体系和现存区域绿道的关系，识别出市域范围内包括自然节点、人文节点、轨道站点、公交枢纽、商业中心区等在内的点状要素；包括河流、海岸、山体边缘、国省道、城市主次干道、乡村道路、田间小道、景区游道和已建成绿道等在内的线状要素；以及包括区域绿地在内的面状要素，作为构建绿道网络的重要因子。

3.3.2 制定科学的选线方法

以识别的重要节点为源，综合考虑距离与通行成本要素，得出绿道适应性评价，再对各个因子通过科学的赋值设定权重，借助GIS等空间分析工具进行多因子叠加，获取绿道适宜路径，初步得出城市绿道在市域范围内的优先走向。

根据绿道所处区域位置、地域环境特征、线路重要程度，对绿道网络进行层级划分、类型划分以及区域划分，以便实行针对性的管理和差异化的设施配套。

3.4 编制绿道生态保育

绿道在空间上可以分成绿道控制区与绿化缓冲区两个圈层，规划针对绿道控制区和绿化缓冲区分别加以引导控制并提出管制要求。

3.4.1 绿道控制区

绿道控制区是绿道的核心管制区域，为植物生长、动物繁衍、人的休闲和游憩提供设施与空间，同时与外围城镇建设区、核心资源保护区进行缓冲、隔离。主要包括慢行道、标识系统、基础设施、服务系统、自然生态绿廊以及其他划入控制区的户外空间资源等。针对绿道控制区生态建设，分别从生态环境建设、水资源、配套设施建设、建设管理几大类提出指引，以表格的形式细化各类建设内容的建设要求。

3.4.2 绿化缓冲区

绿化缓冲区是绿道的外延空间区域，指包含绿道控制区以及绿道串连的自然资源、历史人文资源和游憩资源的空间区域。珠三角绿道网缓冲区生态建设指引结合绿道缓冲空间区域内不同的自然资源、历史人文资源和游憩资源特征展开针对性的生态建设行为控制，应尽量尊重已有法律法规的相关规定。包括风景名胜区、森林公园、郊野公园、河流湖泊、农田、古村落、历史文化保护单位等。

4 珠三角绿道网规划纲要主要内容

基于以上规划方法的指引，深圳市北林苑与广东省城乡规划设计院一道，联合各市规划编制单位，几经反复论证、甄别，最终形成终稿，于2010年3月4日由广东省人民政府批复，公布在广东建设信息网上。

4.1 明确了珠三角绿道建设的目标和原则

《纲要》将包括广州市、深圳市、珠海市、佛山市、江门市、东莞市、中山市、惠州市和肇庆市等9个地级以上市的全部行政辖区，面积5.46万km^2的区域作为规划编制范围，明确珠三角区域绿道网的基础架构是基于区域绿地、串联多元自然生态资源和绿色开敞空间，多层次、多功能、立体化、复合型、网络化的区域绿道网，应以生态化为首要原则，尽量整合现有资源，在3年内，率先在珠三角地区建成六条珠三角区域绿道，实现“一年基本建成，两年全部到位，三年成熟完善”的目标，将其打造成为全省具有国际先进水平的标志性工程。

《纲要》明确了生态化、本土化、多样化、人性化、便利化、可行性六大原则，并强调以支持构建区域生态安全格局、优化城乡生态环境为基础，充分结合现有地形、水系、植被等自然资源特征，避免大规模、高强度开发，保持和修复绿道及周边地区的原生生态功能，协调好保护与发展的关系，保持和改善重要生态廊道及沿线的生态功能与景观。

4.2 明确了主线—连接线—支线的总体布局

《纲要》综合考虑自然生态、人文、交通和城镇布局等资源要素以及上层次规划、相关规划等政策要素，结合各市的实际情况叠加分析，综合优化形成由6条主线、4条连接线、22条支线的绿道网总体布局。划定了西岸山海休闲绿道、东岸山海休闲绿道、东西岸文化休闲绿道、东岸都市休闲绿道、西岸都市休闲绿道、西岸滨水休闲绿道等六条绿道主线，串联200多处森林公园、自然保护区、风景名胜区、郊野公园、滨水公园、历史文化遗迹等，连接广佛肇、深莞惠、珠中江三大都市区，绿化缓冲区总面积超4000km^2，对改善沿线的生态环境质量起到了重要作用。

结合主线绿道网总体布局，规划四条连接线建立起1号与4号、2号与4号、1号与3号、2号与3号绿道的联系。加强区域绿道之间的联系。

此外，为保证对各重要节点覆盖的密度，结合绿道网主线布局，在主线与重要兴趣点之间规划十二条支线，实现各个兴趣点之间的有效联系。例如在1号绿道规划肇庆鼎湖山支线、广州亚运村支线、珠海淇澳岛支线等，在2号绿道规划深圳大运会支线，3号绿道规划开平碉楼群支线、6号绿道规划小鸟天堂支线等（图2）。

4.3 提出切实可行的技术指引

《纲要》明确绿道由自然因素所构成的绿廊系统和为满足绿道游憩功能所配建的人工系统两大部分构成。并根据珠三角区域内的绿廊系统的特征，将绿道类型分为生态型、郊野型、都市型三类，根据不同类型所处的不同区位条件以及自然资源、人文资源和现有设施的特征，分别编制了绿道发展功能与建设指引，策划特色鲜明、独具魅力、城乡分野的各类活动，以满足不同层次、不同时间、不同年龄居民的多种需求，有效提升城乡环境的宜居水平。

《纲要》同时明确区域绿道、城市绿道和社区绿道的分级构成。针对建设条件和建设要求，分别对九市编制绿道分市建设指引。

4.4 细化配套设施规划

《纲要》根据绿道网总体布局，结合绿道连接的风景区、森林公园、城镇建设区等发展节点，重点安排慢行道、标识系统、基础设施等配套设施及服务系统、交通与换乘系统等，用表格的方式细化配套服务设施指引，对慢行道的宽度提出具体的参考标准，对标识系统提出色彩控制，对服务系统提供区域级服务区的空间布局和建设要

图 2 珠三角绿道网布局图

注：本图截自《珠三角绿道网总体规划纲要》附图 4-12。

求，保证绿道建设时能提供休憩、指示、停车、换乘、卫生、安全等服务。

4.5 编制切实可行的实施机制与保障措施

《纲要》针对绿道建设的特殊性和迫切性，为保障珠三角区域绿道网规划、建设、维护与管理工作的顺利开展，遵循“统一规划，设定标准；分市建设，限期建成；以人为本，各显其能”的基本建设原则，建立有效的规划实施保障机制，重点包括组织管理、技术支持、政策保障与考核监督等方面。

5 结语

通过反复与各市、各部门研讨，最终定稿的《纲要》于 2010 年 3 月 4 日正式发布，成为指导珠三角地区绿道网建设的行动指南和政策纲领，是各市制定绿道网建设计划的基本依据。

截至 2010 年底，珠三角九市实际建成珠三角区域绿道 2372km，其中利用原有道路 530.5km，新建 1841km，成为广东省实践科学发展，建设宜居城乡，惠及广大百姓的标志性工程，珠三角绿道建设，将具有里程碑式的示范意义。目前编制组已于 2011 年初受广东省住房和城乡建设厅委托，继续编制全省范围的绿道，相信在粤北、粤西、粤东等生态资源更丰富的区域进行绿道规划，生态的理念将更深入，更有利优化资源本底、城乡发展布局、生态环境保护，成为建设资源节约型、环境友好型社会的战略手段。

参考文献

[1] Ahern J. Greenways as a planning strategy [J]. Landscape and Urban Planning, 1995, 33: 131～155.

[2] Fabos. JG. Greenway Planning in the United States: its Origins and Recent Case Studies [J]. Landscape and Urban Planning, 2004, 68.

[3] 李团胜，王萍. 绿道及其生态学意义 [J]. 生态学杂志，2001，20 (6)：59-61.

[4] 傅伯杰，陈利顶. 景观生态学原理方法及应用 [M]. 北京：科学出版社，2002：63.

[5] 广东省住房和城乡建设厅. 中共广东省委办公厅广东省人民政府办公厅关于建设宜居城乡的实施意见 (粤办发 [2009] 24 号). 广州：广东省住房与城乡建设厅，2009.

[6] 广东省城乡规划设计研究院、深圳市北林苑景观及建筑规划设计院有限公司等编制《珠江三角洲绿道网总体规划纲要》. 2010.

[7] 何昉，锁秀，高阳，黄志楠. 探索中国绿道的规划建设途径——以珠三角区域绿道规划为例 [J]. 风景园林，2010（02）：70-73.
[8] 庄荣，高阳，陈冬娜. 珠三角区域绿道规划设计技术指引的思考 [J]. 风景园林，2010（02）：81-85.
[9] 方正兴，朱江，袁媛，等. 绿道建设基准要素体系构建——《珠江三角洲区域绿道（省立）建设基准技术规定》编制思路 [J]. 规划师，2010（01）：56-61.
[10] 姜允芳，石铁矛，苏娟. 美国绿道网络的实施策略与控制管理 [J]. 规划师，2010（09）：88-92.

（本文曾发表于 2011 年 9 月《规划师》）

基于生态网络的城市绿道网规划选线研究

魏 伟

【摘 要】 从广东绿道获得成功的经验入手，介绍了绿道的概念、功能和分类，并以生态网络构建和人文要素分析为基础，提出了城市绿道的选线要点和技术路线，以推动绿道的发展。

【关键词】 绿道网；选线；生态网络；敏感度

近几年，绿道在中国得到了较快的发展，尤其是在经济高速发展的广东，不到三年建成2000多千米的珠三角区域绿道，广受民众欢迎。绿道良好的效应给政府带来了口碑，规划师的理想得以实现，工程建设者收获了经济效益，自行车产业链、旅游休闲产业链均得到了益处，市民则有了可以游玩的广阔的绿色空间。多方面的社会团体都从中受益，这种多方支持极大地推动了绿道后续的发展。从广东区域绿地的实践来看，纯粹的生态保护即使有法律的保障，实施难度也很大。绿道这种引入人类的活动和利益，让人类自己对经济建设和生态保护相互监督，制约平衡的方式，反而更有助于实现生态保护的目标。

1 绿道的概念、意义和分类

1.1 绿道的概念

绿道，沿用Charles Little在其经典著作《美国的绿道》中所下的定义：绿道就是沿着诸如河滨、溪谷、山脊线等自然走廊，或是沿着诸如用作游憩活动的废弃铁路线、沟渠、风景道路等人工走廊所建立的线型开敞空间，包括所有可供行人和骑车者进入的自然景观线路和人工景观线路。它是公园、自然保护地、名胜区、历史古迹，及其他与高密度聚居区之间进行连接的开敞空间纽带。从地方层次上讲，就是指某些被认为是公园路（parkway）或绿带（greenbelt）的条状或线型的公园。

1.2 绿道的功能与意义

生态和游憩是绿道的两大核心功能，在此基础上还包括社会、经济、交通等功能。绿道串联起城乡破碎的生态斑块，连接了物种迁移的通道，可以保护物种多样性，优化城乡生态安全格局，保护自然和文化遗产，实现可持续发展。绿道经过了主要的自然和人文景点，连接居住区和山水环境、公园绿地，提供了休闲和运动空间，有利于增进民众身体健康。绿道对于市民转变生活方式，提供交往空间，追求幸福生活也起着重要的作用。而绿道同时促进了自行车产业、沿线旅游和休闲产业的发展、提高了沿线乡村农民的收入。

1.3 绿道的分类

绿道的分类有多种方法，以层级分、以经过的区域特征分、以景观特征分等。按级别分，考虑到中国行政管理的层级，结合操作的简便性，将城市绿道分为省级、市（县）级、区（乡镇）级、社区四级。如果按照经过的区域特征分，可以分为自然型、游憩型、风景型、郊野型、遗产型、都市型、综合型等。从景观特征上则可以分为滨水型、山林型、田园型、公园型、道路型等等。

2 城市绿道网规划选线要点

2.1 绿道三多，功能复合

绿道获得如此好的效应，与其多目标、多功能、多样性密切相关。绿道应尽量选取功能复合的线路，越是多功能越容易获取民众支持，更易获取资金，并推动后续发展。绿道的使用人群有很多，有休闲、运动、健身等不同的需要，还会有专业的爱好者和驴友，在选线规划和设计中应有意加强这种多样化。例如在山林段有意设置高难度的自行车道，来满足自行车发烧友的需求，包括设置一些极限运动场地等等。乡村段可以结合农家乐、农业采摘等打造一片田园风光。多样化会给绿道带来更为旺盛的生命力。

2.2 有绿有道，生态优先

绿道由绿廊和人工系统组成，没有绿廊就不是绿道，绿廊是绿道的核心。绿廊的重点是斑块和廊道。从保护生物学的研究看，生境的破碎和消失是物种减少的最主要原因，加强生境的保护和连接，对于物种生存至关重要。斑块越大，种群可能越多。边缘复杂度越高，边缘种群就可能越丰富。圆形斑块比扁长形更有利于物种生存。斑块的连接度越高，物种的生存和在其他生境繁殖的可能性越高。绿道应尽可能将廊道与大型生态斑块串联。慢行道的引入，是通过引入人类活动来达到保护生态的目的。生态绿廊是本，慢行休闲为次。从生态学的角度出发，人工系统对生态斑块有较大的干扰，其影响了斑块边缘种群和中心种群的生存。绿道中慢行道的选线应尽可能地避免从斑块和廊道的中心穿越，避开高生态敏感度的地区。

2.3 选线三不，连网沿边

绿道在珠三角、深圳的建设中，为了保护生态、节约投资，采取了“三不”的指导原则，即不开山、不征地、不拆迁。实践中拆迁征地基本没有，青苗补偿却是难免。选线尽量借用原有的山路、机耕道、小路等，减少新开线路。绿道在选线规划中，连接是非常重要的，绿道一边连接自然风景一边连接居住社区，以方便民众可以从家门骑行到自然地。一边串联绿地公园、公共空间、人文旅游景点等，形成整体的网络效应。

2.4 规划衔接，注重实施

绿道网的规划，要注意和总体规划、土地利用规划、交通规划、绿地系统规划等相关规划衔接。可以和新区的开发、旧城改造、河道修复、公园绿地等相互结合。绿道沿途经过的土地类型复杂，权属各自不同。绿道选线在落实上会遇一些困难。规划时要仔细研究相关的地籍资料、地形图资料，如果涉及一些强力部门如军事、边防、海关，就需要大量的协调工作。涉及农村集体土地，也要慎重选线，避免纠纷，平衡好各方利益。规划选线绝不仅仅是技术工作，这里面尚有大量的社会关系和利益需要解决与协调，在图纸之外，还需耐心细致的落实工作。

2.5 出行适宜，配套完善

从实践上看，最受民众欢迎的多是景观优美、有鲜明的特色、出行比较方便的绿道。除了风景因素之外，慢行径本身的分级、密度、网络间距要规划合理，其次驿站、服务点、服务半径、植物、标识、公共自行车系统等配套要跟上。政策和管理配套非常重要，日常维护费用谁来出，谁来管理，都需要在制度上予以明确，甚至直接影响到绿道的成败。

3 生态网络构建与规划选线

3.1 单因子评价

通过分析城市生态敏感度现状，包括对生境类型、植被、河湖水系、滨海岸线、地形地貌、建设用地等因子，分别进行评价。如以植被覆盖为例，通常森林的生态价值要大于林地，林地大于灌木，灌木大于草地，草地大于耕地。以土地类型为例，生态价值从高到低依次为海湾、湿地、河流水系、热带森林、温带森林、草地、农田等。要通过单因子分析，找出生态服务较高、较重要的土地，或者是其空间位置在生态系统中地位较高的土地。

3.2 多因子评价

根据单因子分析结果，设置相应权重，海岸、水系、生境等因子较高，地形、高程、坡度、建设用地等因子可以低一些，综合进行叠加分析，得出区域生态环境敏感度分析图。高敏感区是区域生态价值最高的土地，主要包括自然保护区、风景区、河流水系、森林公园等，是生态网络中的核心，其他依次降低，低敏感区基本上以耕地、草地、附属绿地为主，城市建设区是不敏感用地。对于生态脆弱、受损严重的土地也要加以关注。

3.3 生态网络构建

在多因子评价的基础上，再结合对斑块以及廊道的综合评价、景观格局的评价，找到具有重要生态价值的用地，首先将生态核心和重要廊道纳入网络体系，进一步连通城市现有的绿色斑块与水系，力求保留珍贵的生物资源，为未来城市发展搭建起生态骨架，构建一个合理的生态网络格局。需要注意的是生态网络的构建不是要将所有的绿地都纳入网络，而是仅考虑重要的生态斑块和廊道，对城市生态系统和关键生态过程有重要影响的部分。

以保证力量聚焦，资金用在刀刃上。其中现状的大型斑块应当采取保护战略，建成区可以借未来城市更新或者旧城改造的契机修复生态。对断裂的生态廊道可以提出修复建议。部分规划的生态廊道，与现在城市土地利用规划有冲突的，建议在下一步总规和片区控规中予以适当调整。

3.4　规划选线布局

绿道规划，在生态网络构建的同时，需要通过分析使用者对于绿道的功能需求，包括休闲游憩、社会交流、文化体验、科普教育等方面，以及对于绿道的使用需求，包括出行的便捷性和安全性、交通的接驳、环境的吸引力、游人的参与性和娱乐性等，提出适合人类活动需求的绿道选线（图1）。

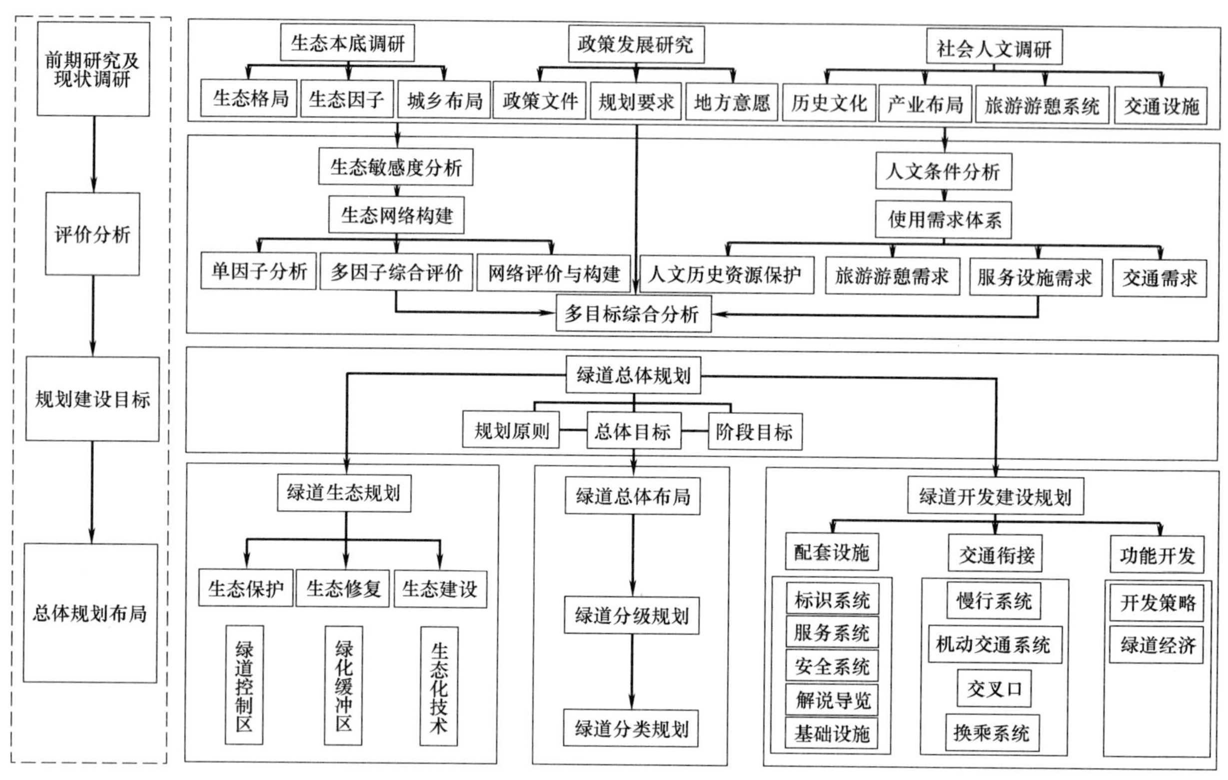

图1　绿道规划技术路线

基于人文要素的绿道选线和生态网络两者进行叠加。生态网络为绿地，人文要素为线路，线路和绿地可分可合。没有绿地，就不能说生态保护，景观效果也不佳。而没有人文要素的聚集，则难以吸引民众使用和关注，不管是对于后续吸引资金还是绿道的持续推动，效果都不佳。根据选线布局划定绿道控制区和绿道管理范围。管理范围小，两侧一定尺度，是运营维护、绿地养护的范围。而控制区大，涵盖经过的公园、河道等生态斑块和廊道。主要控制城市建设活动对绿廊的侵蚀。

4　结语

绿道这几年得到了长足的发展，然而依然存在一些难以解决的问题，如绿道尚不属于法定规划，实施上有难度。在规划和建设过程中，有重慢行轻自然、重路径轻网络、重通行轻配套、重数量轻质量等问题有待解决。对于生物多样性的保护尤其是动物的保护，尚缺乏连续的动物种群的监控数据。人工慢行道的引入，对于生态斑块的边缘种群、中心种群到底影响如何，其对生态保护利弊如何，均还需要深入研究，绿道的规划与建设依然任重而道远。

参考文献

［1］　李团胜．绿道及其生态意义［J］．生态学杂志，2001，20（6）：59-60.

［2］　富伟．景观生态学中生态连接度研究进展［J］．生态学报，2009（11）：27-28.

［3］　马向明．绿道在广东的兴起与创新［J］．风景园林，2012（3）：41-42.

［4］　仇保兴．绿道为生态文明领航［J］．风景园林，2012（3）：88-89.

［5］　蔡瀛，何昉．融入城乡的绿道网选线思路与规划方法［J］．规划师，2011（9）：35-37.

（本文曾发表于2013年8月《山西建筑》）

珠三角区域绿道规划设计技术指引的思考

庄　荣　高　阳　陈冬娜

【摘　要】 珠三角区域绿道规划作为21世纪规划主题的绿道在中国的首次实践，在广东地区轰轰烈烈的得以开展。通过对《珠三角区域绿道（省立）规划设计技术指引》编制过程中的思考入手，着重分析了指引中绿道分类、绿廊宽度、慢行道宽度、景观设施、节点系统以及标识系统等绿道组分的量化和设计细节。

【关键词】 风景园林；绿道；研究；规划导则

2010年新春伊始，在深入调查研究，认真总结实践经验，参考有关国内外相关标准、指引和规范以及实际案例，并广泛吸纳各方面意见的基础上，《珠三角区域绿道（省立）规划设计技术指引》（以下简称《指引》）（试行版）得以正式颁布。《指引》是我国第一部指导绿道规划设计的文件，旨在指导规划设计单位和建设管理单位的技术人员能正确针对珠江三角洲区域内的绿道项目，迅速抓住规划理念、原则和方法，并对设计要点、成本控制、工程施工、后期养护形成积极的指导意义。确保珠江三角洲区域绿道网实现“一年基本建成，两年全部到位，三年成熟完善”的战略目标。本文从技术指引编制过程中的所遇问题和思考入手，以期为技术指引的不断完善和珠三角绿道实践提供科学参考。

随着城市化进程的加快，生态用地被蚕食、绿地被割裂、机动车为城市主导性交通等种种问题，在珠江三角洲这个经济发达的区域表现得尤为明显，考虑到绿道即将面临的种种问题，《指引》在生态性、连通性、安全性、便捷性、可操作性和经济性六点基本原则的基础上，明确了十个组成部分；前三部分概述珠三角区域绿道规划设计技术指引提出的背景、建设的重要意义以及功能、分类和组成；第四到第十部分详细介绍区域绿道各组分系统的规划设计指导要求，有利于工作的细化和各地根据实际情况自己调节，并附图、附表，以典型、代表性的图片和表格形式直观指导区域绿道的规划建设工作。

1　绿道基本属性

1.1　绿道是多功能的组合体

绿道作为一种绿色线性开放空间，是多功能的组合体。它可以是一条无污染的上下班通行道，一条供骑自行车或步行者使用的路径，也可以是一种提高水质或者保护野生动物栖息地的手段，还可以是一种保护地域景观或历史特性的途径不同的功能决定了绿道不同的组分。它通过多种联系促成了多类别的运动，这其中即包括自行车道，荒野中为野生动物季节性迁徙提供的原生态自然廊道，也包括新兴城市滨水景观和园林城市沿着小溪的林荫小道[1-8]。

1.2　绿道是自然系统和人工系统的复合体

一般来说，大多公众对绿道的理解很多局限在慢行系统，现有为数不多的绿道相关的国内外法律规章和技术标准等都对慢行道系统有针对性的规定，如美国艾奥瓦州自然资源部（Courtesy of the State of Iowa Department of Nature Resources）1990年制定的州游憩游径计划（Statewide Recreational Trails Plan）中依据使用游客类型，推荐了几种不同游径宽度方案[7-8]；2007年6月，美国西温哥华规划设计了绿道与自行车道网络，绿道建设以自行车道网络为重要基础，以大不列颠哥伦比亚州和美国北部经验而设立的自行车道与人行车道设计的基本原则为依据，编写了较为全面的自行车道设施设计、建设和保护的设计指引；我国《公园设计规范》（CJJ 48—92）和《城市道路设计规范》（CJJ 37—90）等也对自行车道、人行道的宽度、坡度等指标针对不同情况进行了明确。

但是，慢行道作为绿道的有机组成，其不能代表绿道的全部，必须考虑绿道作为主题的绿色基底的规划建设保护。因此，根据国内外实践案例和国内法规，针对珠三角自然生态、历史人文资源的特点，将珠三角绿道的组成分为由自然因素所构成的绿廊系统和为满足绿道游憩功能所配建的人工系统两大部分。绿廊系统主要由地带性植物群落、水体、土壤等一定宽度的绿化缓冲区构成，是绿道控制范围的主体，人工系统包括慢行道系统、节点系统、标识系统、服务系统、基础设施（图1～图3）[1-12]。

图1 车道

图2 山道

图3 鱼道

2 绿道分类

2.1 现有国内外绿道分类

根据绿道的空间尺度、地域景观特色、自然生态与人文资源等特点，可以对其进行不同分类方式。国内外相关研究人员对此有如下不同的理解和分类方法。张毅川将绿道划分为4种类型：城市绿带、城市绿色道路和城市自然遗产廊道、城市历史文化遗产廊道[12]。美国莱托（Little）从用途和尺度角度进行分类，将绿道划分为5种类型：城市河岸绿道、娱乐绿道、自然绿道、历史风景绿道、综合网络状绿道[9]。美国法布士则认为绿道可分3种类型：具有生态意义的走廊和自然系统的绿道；娱乐性的绿道；具有历史遗产和文化价值的绿道[13]。俞孔坚等人则按照绿道的形式与功能，认为中国存在3种类型的绿道：沿着河道或水域边界分布的滨河绿道、公园道路绿道或具有交通功能的道路绿道、沿田园边界分布的田园绿道[15]。较早进行绿道研究的美国学者埃亨（Ahern）则提出了两种分类方式，一是按照面积尺度的大小，绿道可以分4种类型：市区级绿道（1～100km^2）、市域级绿道（100～10000km^2）、省级绿道（10000～100000km^2）、区域级绿道（>100000km^2）；另一种是按照绿道的功能作用，可以分4种类型：生物多样性绿道、水资源保护绿道、休闲娱乐绿道、历史文化资源保护绿道[1-12]。

2.2 珠三角绿道三级分类体系

不同的分类方法体现的是对绿道功能的不同关注点，较高级别的绿道通常具有更强的生态功能和政策导向作用，较低级别的绿道则相对具有实施和管理、休闲的导向。因此，珠三角绿道从综合级别和所处位置和目标功能两个方向进行了分类：按照综合级别的不同分为区域（省立）绿道、城市绿道和区级（社区）绿道以便于分级建设、管理，早日形成区域绿道网络；按照所处位置和目标功能则分为生态型、郊野型和城市型三类以便分类规划、设计，体现地域特色，不同类型的区域绿道满足了人们不同层次的需求：都市型区域绿道满足了人们绿色通行、改善周边居住环境的最基本需求；郊野型区域绿道则为了唤起人们对郊野的记忆，恢复珠三角城市周边大多已经消失的郊野景观和生态；生态型区域绿道则为保护和恢复珠三角地区特有的生态系统和生物多样性服务。

3 绿廊宽度

3.1 绿廊宽度的国内外研究结果

廊道的宽度成为绿道设计、实施和管理当中

需要考虑的重要问题之一。一个健康、完整的珠三角绿道必须具备一定的控制区范围宽度，只有具备一定的宽度才可以维持其生态系统的稳定和持续，才能有效地进行污染物去除和水土保持，提供景观和休憩等生态功能，并能够在一定的时间后自动地从胁迫状态恢复，而绿道的边缘效应决定了其宽度，绿道内部的栖息地质量、周边的栖息地质量、人类利用方式、目标保护物种和绿道的长度等因素决定了珠三角绿道控制区范围，即绿廊的宽度。

不同的专家学者在不同的国家地区所认定的生态廊道宽度都有不同的见解，Csuti 认为森林的边缘效应的穿透能力一般介于 200m 与 600m 之间，Harris 和 Atkins 还根据廊道的功能周期确定最小宽度；Brinson 等则认为 30m 宽的廊道能够有效地保护哺乳、爬行和两栖类动物。Wilcove 等在 1985 年的研究则表明 600m 是森林鸟类被捕食大概的边缘效应，Rohling 等则综合多年的观测研究认为 46～152m 是保护生物多样性的合适宽度[2-12]。

3.2 最适宜宽度的珠三角绿廊控制范围

由于所选择廊道的区域地理位置、土壤特性、植物种类、坡度以及生境的侧向影响范围等等因素的不同，因此，所得出的廊道适宜宽度彼此之间并没有可比性，其研究结果只能对珠三角绿道控制区，即绿廊适宜宽度的确定提供借鉴作用。同时，在珠三角绿道重建、设计和构建的过程中，影响其绿廊宽度确定的因素不仅仅只有环境的因素。由于珠三角地区土地面积有限，在考虑一定宽度的绿廊对非点源污染物净化效果的同时，还要考虑绿廊建设的经济成本、建成后的管理以及景观美学等等其他因素。因此只有从生态、环境、经济和社会等角度对绿廊的适宜宽度进行深入的综合研究，才能科学界定“适宜宽度”的概念并合理确定“适宜宽度”；只有综合考虑生态、环境、经济和社会等方面的因素后确定的“适宜宽度”，才能充分发挥珠三角绿道的生态环境、社会经济以及美学的综合功能。如果一定宽度的珠三角绿道建成后，它对污染物净化效果能够达到 100%，但其建设费用大大超过当地人们的经济承受能力，并且占用大量的土地，那么这个宽度就并不是真正意义上的“适宜宽度”。

因此，综合各种因素的分析，以珠三角绿道的生态功能实现为重点，根据珠三角绿道所处自然、经济、社会条件的不同，明确珠三角生态型区域绿道的绿廊宽度应不小于 200m；郊野型区域绿道的绿廊宽度应不小于 100m；都市型区域绿道的绿廊宽度应不小于 20m。

4 慢行道宽度

4.1 慢行道宽度的国内外研究结果

绿道最常见的表现形式就是慢行道，这些慢行道设施的合理设计与规划，在激发游客各种游憩动机方面发挥着重要作用。慢行道能够为游客提供多种形式的服务以满足他们的需求，如各种形式的主动和被动游憩，多种选择的交通运输服务。

通过欧洲绿道联合会（European Greenways Association）公布的欧洲各国 20 多条绿道中慢行道的基础数据，包括长度、坡度、宽度以及慢行道地表面所采用的材料，从中可以看出欧洲各国绿道中慢行道的宽度多在 2.5～3m 范围内。北美方面，美国加斯顿地区普通使用者建议慢行道宽度分为自行车使用者和普通的徒步旅行者、散步、慢跑、跑步使用者两大类，分别对应慢行道宽度为 3m（双行道）和 1.2m（郊外）、1.5m（市内）；加拿大的渥太华国家首都绿道长约 40km，其中慢行道的平均宽度为 4m；以色列高地市公园绿湾慢行道宽度则在 2m 左右，北美普拉特河绿道和卡托巴河绿道中慢行道的宽度均为 3m。我国《城市道路设计规范》（CJJ 37—90）、《城市道路交通规划设计规范》（GB 50220—95）和《公园设计规范》（CJJ 48—92）中针对自行车道和人行道的宽度规定都有相应的规定；人行道宽度基本应为 1.0m、3.0m（大城市）和 2m（中小城市）；自行车道宽度单向宜为 1m，双向行驶的最小宽度宜为 3.5m，混有其他非机动车的，单向行驶的最小宽度应为 4.5m。此外，欧美等国在对自行车、步行、无障碍慢行道宽度有所规定之外，还针对骑马、雪橇、小型车辆等慢行道均有一定的宽度规定。

4.2 珠三角绿道慢行道的宽度参考标准

结合考虑珠三角地区生态、环境、经济和社

会等方面的因素，现阶段，绿道中主要的通行方式还是以步行、自行车、轮椅（针对残障人士）为主，兼有一些小型电动巡防车辆，不鼓励机动车进入。因此，以满足游客舒适性和通达性为目标，综合考虑慢行道使用者（也就是游客）类型及其使用的安全性，按照综合级别分类，对珠三角区域绿道（省立）中步行道、自行车道、无障碍道的宽度提供了建议性的参考，并针对部分区段由于两侧立地条件限制，三道必须合一的情况，给出了在生态型、郊野型、都市型中综合慢行道的参考标准。

5 节点系统规划设计

5.1 绿道与旅游休憩节点的对接

在当今时代以人为本、人性化设计的主旋律下，人的需求得以尊重和满足是规划设计建设开展过程中需着重考虑的重要因素。绿道在规划之处，要注重与已有的风景名胜区、自然保护区、历史文化遗迹等重要节点紧密结合，带动形成广东省内更多新的旅游热点和经济增长点，并作为体现各市特色的具体表现。

5.2 绿道与交通系统节点的对接

与绿道相关的公交系统节点包括入口、码头、道路交叉口等、绿道在规划时应该尽量避免穿越河流、机动车道等，以减少具体施工建设中的难度，但在一些特殊区段，无法避免穿越时则需要因势利导，综合考虑人与动物的需求，采用自然的连接方式保障绿道全线的通达性。绿道与道路必须相交时宜采用立体交叉的形式。在与低等级道路相交时，应根据交通规划、技术、经济及环境效益的分析，合理确定采用平面或立体交叉。

6 景观设施规划设计

6.1 鼓励绿色低碳技术、废弃材料的普及利用

珠三角绿道中的景观设施应多采用各种绿色技术，时刻体现低碳节能的理念，在可能条件下，尽可能采用废弃材料。废弃物的循环利用有着重要的环保和社会经济意义。就环保而言，循环利用能够减少废物的堆积，减少新材料的生产，它还可以降低甲烷和含碳气体的排放量，从而减轻珠三角地区土地、气体和水体受到的污染，是低碳经济、低碳发展的具体体现；就经济效益而言，循环利用可以有效地降低区域绿道的造价，促使人们合理利用自然资源，开发再生资源，完美地契合了绿道生态环保的理念。

6.2 建立多功能、占地少的综合应急服务管理中心

建议珠三角每个城市建立一个城市绿道综合应急服务管理中心，统筹管理全市的绿道网规划、建设和后期运营，然后在每条区域绿道下设若干一级服务区和二级服务点。服务中心、服务区和服务点应该具备厕所、售卖、饮水、管理、露营、烧烤等多种功能，尽量减少珠三角绿道中建筑占地面积，有效地增大绿化面积。

7 绿道标识系统

珠三角绿道标识系统的设计是在整个珠三角区域绿道的开发建设中，利用最直接的视觉渠道向人们阐释绿道的深远意义，塑造人性化空间，改造现有环境，维护和开发绿色环境，增加自行车道绿色交通和步行道路，让人们在明确的道路导向中，在优美的环境中，自觉地以自行车为交通工具或户外健身器械，体验丰富的珠三角地区的旅游资源，减少汽车尾气的污染，共建可持续性的和谐社会。标识系统设计由基础部分和应用部分组成。基础部分主要包括标准图形，标准字，标准组合，标准色，反白组合等；应用部分主要包括绿道入口处标志性设计、导视系统设计、编码系统设计等。

8 结语

“慢生活”、“绿色交通”等健康环保的休闲方式逐渐成为城乡居民的生活理念追求与内需要求。城市中建设便捷舒适的步行、缓跑径、休闲自行车系统，形成绿色步道系统；郊野设置远足径系统，沿途设休闲点、农家住宿、观鸟处等是这种绿色交通系统的发展趋势。绿道的建成将有助于推动适宜步行的城市环境形成，有助于建设一个绿色、健康、可持续发展的宜居城乡。

20 世纪 90 年代开始，欧美等西方国家开展

的广泛绿道规划和建设运动[13]，其对改善城市与区域生态环境、保护文化遗产与资源、提供游憩空间等发挥了极大作用。伴随着绿道规划建设的快速发展，美国、加拿大、英国、意大利等国家分别成立了绿道协会，制定了有关绿道规划建设相关的技术规章和导则[14]，这对世界范围内绿道规划建设的兴起起到了不可忽视的推动作用。《珠三角区域绿道（省立）规划设计技术指引》（试行）的正式颁布，清楚地勾勒出绿道的一眉一眼，为珠三角地区的广大公众描绘了天蓝水青的宜居家园的蓝图。但珠三角区域绿道网的规划建设目前尚属国内前行，本〈指引〉目前主要针对珠三角地区绿道建设做出宏观、概况性的指导，各城市在实际工作中，还要结合自己的实际情况，制定更为详细、更为具体的工程指引，并不断反馈与跟踪，以期在不断与地方建设实践相结合中，提出更合理和更具指导性意义的技术指引。

参考文献

[1] Ahern J. Greenways as a planning strategy [J]. Landscape and Urban Planning, 1995, 33: 131-155.

[2] Bischoff A. Greenways as vehicles for expression [J]. Landscape and Urban Planning, 1995, 33: 317-325.

[3] Fábos J G, Ahern J eds. Greenway: the beginning of an international movement [M]. Amsterdam: Elesevier, 1996.

[4] Fábos J G. Greenway planning in the United States: its origins and recent case studies [J]. Landscape and Urban Planning, 2004, 68: 321-342.

[5] Fabos J G. Introduction and overview: the greenway movement, uses and potentials of greenways [J]. Landscape and Urban Planning, 1995, 33: 1-13.

[6] Flink C A, Searns R M. Greenways: a guide to planning, design, and development [M]. Washington: Island Press, 1993: 101-138.

[7] Gobster P H, Westphal L M. The human dimensions of urban greenways: planning for recreation and related experiences [J]. Landscape and Urban Planning, 2004, 68: 147-165.

[8] Hsieh H L, Chen C P, Lin Y Y. Strategic planning for a wetland conservation greenway along the west coast of Taiwan [J]. Ocean & Coastal Management, 2004, 47: 257-272.

[9] Little C. Greenways for American [M]. Baltimore: Johns Hopkins University Press, 1990. 7-20.

[10] Miller W, Collins M G, Steiner F R, *et al*. An approach for greenway suitability analysis [J]. Landscape and Urban Planning, 1998, 42: 91-105.

[11] Searns R M. The evolution of greenways as an adaptive urban landscape form [J]. Landscape and Urban Planning, 1995, 33: 65-80.

[12] 朱强，俞孔坚，李迪华．景观规划中生态廊道的宽度 [J]. 生态学报，2005，25 (9)：2406-2412.

[13] 韩西丽．从绿化隔离带到绿色通道：以北京市绿化隔离带为例 [J]. 城市问题，2004，(2)：27-31.

[14] 李团胜，王萍．绿道及其生态学意义 [J]. 生态学杂志，2001，20 (6)：59-61.

（本文曾发表于 2010 年 4 月《风景园林》）

城市景观风貌提升规划内涵与框架研究

魏　伟

【摘　要】从探讨城市风貌的内涵出发，基于城市景观美化的实际需求，研讨在生态文明背景下，城市景观风貌提升规划的思路、方法，并就如何加强规划的实施和意义，尝试建立一个目标明确、重点突出、容易操作的景观风貌提升规划框架进行了分析，以更好地促进城市的景观建设和美化行动。

【关键词】景观风貌；规划；框架；思路

引言

改革开放以来，城市化的快速发展，在给人民带来富裕生活的同时，也对自然环境造成了巨大的破坏。河流被污染，山林被侵蚀，城市的山水结构美景不在。最为天然的城市特征慢慢消失。另一方面，城市建设在全球化的背景下，传统文化和历史建筑面对着剧烈的冲击，带来了城市风貌的变化，新奇怪的建筑风格屡见不鲜，一些传统的城市特色和个性逐渐湮灭。中国大地，从南到北，千城一面。徜徉在城市的街区上，恍惚中难以分清到底身处何方。面对趋同的城市面貌，我国不少城市开展了城市风貌规划，希望能对城市风貌有控制和指导作用，然而实际却往往难以尽如人意。概因城市风貌规划不是法定规划，内涵与定义都不明确，成果内容和深度也不清晰，需求和操作部门不明确，经常让人无所适从。城市风貌的构成要素又极其复杂，一个大而全的风貌规划成果，从深度和指导性上经常难以实施，成为一纸空文。

近几年来，东南沿海地区经济发展较快，人民生活水平比较高，积累了较多的财富。地方政府财力较为雄厚，同时人民对改善自然环境的需求更为强烈，重金投入开展了一系列的城市风貌改善行动，包括绿化美化、河道水系修复、市容环境提升、公园和道路景观提升等类似的项目。这些行动从一定程度上改善了城市景观风貌。然而因为多头管理、缺乏统筹等原因也容易造成城市景观风貌的混乱和不协调。对于城市管理部门来说，迫切需要有一个统筹全局的城市景观风貌规划来引导建设的行动。

1　城市景观风貌的内涵

城市景观风貌的概念一直比较模糊，许多人对于城市景观风貌的认识见解并不相同。什么是城市景观风貌，由哪些要素组成，必须要在研究前予以界定。关于城市风貌的说法很多，蔡晓丰等认为，城市风貌是通过自然景观和人造景观体现出来的城市文化和城市生活的环境特征。王建国、张继刚等学者对城市风貌、景观风貌特色等也做了相应的研究。对于城市景观风貌而言，笔者认为，其是指城市所展现出来的外在景观形象和内在的精神气质，和以此形成的区别于别的城市的特征。主要由自然环境、人工环境和人文环境组成。包括河流、森林等自然生态为本底的山水格局，建筑、道路等人工建设形成的物质空间环境和以此为载体的历史人文内涵。

2　城市景观建设实践中的问题

在城市景观建设的实践中，或多或少的存在着这样一些问题：

（1）我们的体制，多头管理，城市景观涉及面广，而主管部门又多，如公园绿地归园林局管，河道水系归水利部门管，自然保护区和森林公园归林业部门管，道路景观归交通部门管。各个部门，不同领导，审美不同，要求不同，难以统一。这也是制约城市景观建设，导致景观面貌混乱的重要因素。

（2）缺乏统筹规划，多头管理带来的信息不共享和部门割据，造成了很多建设行动的矛盾和重复浪费。在项目选择上，也并没有优先解决人民群众呼声最高的问题，不少资金优先投入了与城市形象有关的项目。

(3) 缺少行动协调，有些道路景观刚建设完成，就要面临扩路、管线施工、地铁施工等等，需要迁移或改造。有些河道景观，绿化环境的美化解决了，但是河水却依然发臭，截污没有跟上，治标不治本。

(4) 忽视民众需求，在城市景观建设中，比较少的听取来自民众的意见，公众参与不够。

(5) 资金有限，各个部门都在抢夺这些有限的资金，而结果往往是强有力的部门获胜，反而有些与人民生活密切相关的项目难以上马。缺少从整体层面对项目进行紧迫性和必要性的评估，以及对项目建设计划次序的安排。

(6) 领导意志的影响，从目前的体制看，政府主管部门领导的意志，难以避免地对景观建设行动产生了很大的影响，其管理风格、专业水平、审美水平的高低，在某种程度上左右了项目的走向。而任期制和频繁的调动又造成了项目的变化，主管领导一旦更迭，带来新的想法，甚至会造成项目颠覆性的修改，也会给景观建设带来方向上的摇摆和投入上的浪费。

3　城市景观风貌提升规划的目标

不同于传统的风貌规划，城市景观风貌提升规划中，提升是重点，其初衷就是为了管理无序的城市景观美化行为，需要从城市层别统筹规划，协调推动，加强管理，重点解决多方行动导致的城市景观面貌冲突和混乱的现象。对于纷乱的城市面貌，先做什么后做什么，哪些是人民群众最为关注的、需求最为强烈的，哪些是最为迫切的，哪些可以缓后再做，前后不同时期，不同的建设主体如何协调一致，形成有区域特色的城市面貌，都是规划要重点研究的内容。结合城市建设管理部门对此的需求，规划一定要更加明确，重点突出，有很强的实践操作性，必须要能直接指导将来的道路、公园、水系等景观建设行动，必须有明确的项目库和行动计划，要有明确的资金投入计划和建设主体。应是一个能实践操作的规划，而不是一个大而全的详尽的规划成果。

十八大提出大力推进生态文明建设的战略，其中特别提到要优化国土安全格局，调整空间结构，给自然留下更多修复空间，给子孙后代留下天蓝、地绿、水净的美好家园。加大自然生态系统和环境保护力度。实施重大生态修复工程，扩大森林、湖泊、湿地面积，保护生物多样性等内容。与此相对应，城市景观风貌规划的内容要有所调整，除了对物质空间的关注之外，需要更多地向优化城乡生态安全格局、保护和恢复自然生态本底倾斜。对于生态的建设、绿色基础设施的建设、绿道网的建设等方面的内容应有所增加。

4　城市景观风貌提升规划的框架

从笔者参与这些年来的项目实践看，想完全从规划上控制城市风貌难之又难。城市风貌的形成是几十年甚至上千年城市发展的结果，特别是近年来城市建设速度很快，主体多元化，控制和管理更加力不从心。显然景观风貌规划不可能将所有的景观风貌构成要素涵盖在内，也不可能将每个分项都做到很深，这就要求对规划的内容做一个选择和有所侧重。

城市的山水结构，是城市景观面貌的本底，是城市特色的最重要组成部分，应当是规划的重点。绿地部分，包括公园、道路绿地、河流景观、森林公园、风景区等，属于政府部门主管，对此部分景观风貌的改善，阻力也相对较小，公众利益较大，资金来源也有保证。门户节点、重要轴线、建筑风貌因为对整体城市景观面貌的影响较大，这些也是规划的重点。笔者认为建筑立面、城市照明、屋顶花园、立体绿化这些内容涉及建筑单体的改造。不像绿地属于政府直接管辖，而建筑单体的产权私有，任何对建筑的改造均应通过业主的同意才行。且资金的投入更是问题，业主通常不愿意为了城市面貌而自己掏钱。政府投入又带来争议，纳税人的钱怎么能投入到私有建筑上。例如在广州深圳，亚运会和大运会期间，对建筑立面的改造就引起了很大的争议。城市小品、标识系统、公共艺术、棕地修复的建设主体不明确，且艺术审美本身争议也比较大。将此列为规划的次要内容，仅提出控制性的要求和建议。

这样以政府层面容易操作、资金来源清晰、管理主体明确的项目为重点，如公园，道路绿地，门户节点，河流水系，风景区，保护区，重要轴线等。以建筑风貌、景观照明、城市小品、公共艺术等管理主体不明确，资金来源不清晰的分项为次要内容。以此形成了规划的框架结构。对于重点内容，从现状评估到专项指引，列入项目库，确定计划、资金投入等内容；对于次要内容，仅提出意向和控制建议，不深入开展工作，以保证重点内容的明确和可操作性，见图1。

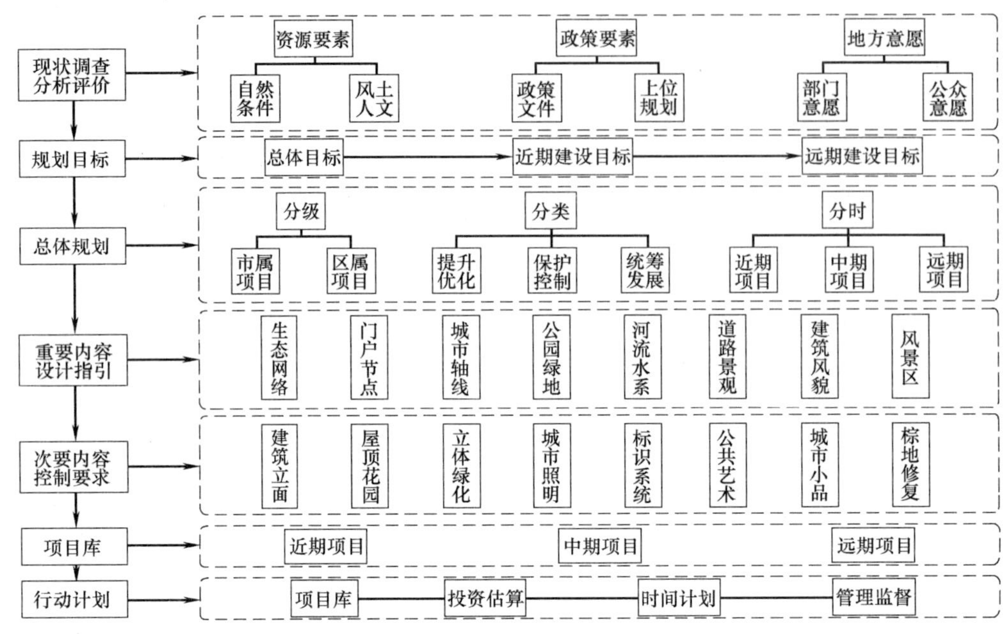

图1　城市景观风貌提升框架

5　结语

城市景观风貌的建设，任重而道远，绝不是一个规划就能解决的问题。本文讨论更多的是如何统筹规划景观风貌提升和建设行动，并建立一个针对城市以景观美化为需求的规划体系框架。对于范围更大的城市风貌，未有过多涉猎，深感心有余而力不足，仍然有很多问题需要进行深入的研究和学习。

参考文献

[1]　杨文华，蔡晓丰. 城市风貌的系统构成与规划内容[J]. 城市规划学刊，2006（2）：59-62.

[2]　王哲. 城市风貌规划的实践与探索[J]. 青岛理工大学学报，2007（1）：57-60.

[3]　王建国. 城市风貌特色的维护、弘扬、完善和塑造[J]. 规划师，2007（8）：5-9.

[4]　余柏椿. 论城市风貌规划的角色与方向[J]. 规划师，2009（12）：22-25.

[5]　张继刚. 城市景观风貌的研究对象、体系结构与方法浅谈—兼谈城市风貌特色[J]. 规划师，2007（8）：14-18.

（本文曾发表于2013年7月《山西建筑》）

新人文的地方性现代景观规划设计
日照万平口黄金海岸规划设计实践的思考

陈 巍

【摘 要】 本文旨在打破狭隘的传统观念的束缚，在人文性、地方性、现代性三个层面上建立新的价值取向，结合具体实践强调设计师运用新观念、新的技术材料进行真正具有现代意义而又富有地方特色与个人风格的景观规划设计。

【关键词】 新人文主义地方性；现代景观规划设计

1 社会背景

中国幅员辽阔，大自然景观的绮丽多姿在世界上可谓首屈一指。同时中国又是一个历史悠久的文明古国，绵延五千年所创造的辉煌灿烂的古典文化，对人类的文明和进步曾作出过巨大的贡献。

历史延续到今天，随着生产力和科技的发展，尤其是近年来随着信息革命的兴起，世界日益走向全新的阶段，中国也日益被融入“地球村”(globe village) 的范畴中。

中国现代化之路

中国社会从古老的封建社会解体时起，即开始走向现代化的发展过程，尤其是近二十多年改革、开放以来，社会的各个方面都发生了翻天覆地的变化。

（1）生产方式的现代化

中国正在由农业国向工业国过渡，由计划3/4济向市场 3/4 济过渡。

（2）生活方式的现代化

人们的生活方式日趋远离以往单调重复的轨道，拥有更多的自由选择。

（3）行为方式的现代化

生活方式的改变导致人们在行动上追求主动、高效、多样性与开拓创新。

（4）思维方式的现代化

现代教育普及促进了人们思维上的开放性、自由性、社会性、精确性、敏捷性以及理性化。

（5）情感方式的现代化

思想的自由与社会责任感的加强促进了人与人、人与物之间尤其情感与技术发展之间的多样性和谐。

在设计领域中，如果说新建筑运动（Modern Architecture Movement）把人们带到了一个全新的城市，现代派以及后现代主义艺术向人们展现出五光十色的精神世界，那么在进入知识 3/4 济的今天，作为设计师我们必须用新的眼光看待周边的事物，对于我们这样一个拥有深厚历史积淀的国家，思考自身的变革和现代化问题显得尤为重要，景观规划设计作为社会文化的重要组成，亦不例外。

2 理论思考

2.1 现代化的景观规划设计（Modernized Land-scape Planning and Design）

在目前的中国，我们正经历着自 20 世纪 80 年代以来景园文化领域的一场深刻变革，即随着国际交流的日益紧密，风景科学研究迅速发展，景观规划设计已逐渐走出了狭小封闭的园林（Garden）天地，而实现着与城市规划、环境设计以及生态保护等领域在广度和深度上的广泛结合。这在后面的案例介绍中将有所体现。

反思中国二十多年来景观规划设计领域的发展，因地域发展的不均衡，或多或少还存在着以下的通病：

2.1.1 景观设计观念的淡薄。

在中国的许多区域尤其是中西部贫困地区还没有对景观规划设计的重要性有足够的认识。

2.1.2 仿古、复古趋势还有着广大的市场。

如何对待古典园林文化一直是困扰中国景观界的一大课题，简单地模仿、复制显然不是一个正确的选择。

2.1.3 因袭模仿之风流行。

随着对外交流的频繁以及西方设计师进入中国，很多本土设计师已习惯于“以西方人的眼光看世界”（to see the world as the west see it)[1]，这已成为时尚。

2.1.4 设计环节的粗放。

市场经济下的中国建设领域的高速发展的页面影响导致了设计师片面追求产值、效益的倾向，一方面是设计周期的缩短，另一方面是设计各个环节的粗制滥造，造成“有量无质”的高效率假象。

2.1.5 景观设计师社会责任感的 μ 化。

以一味迁就低俗文化或长官意志的唯利是图的商人心态轻率而匆忙地生产设计图纸，必然给社会带来巨大的物质损失和精神伤害，这是设计师淡化或丧失社会责任感的必然结果。

2.1.6 工程技术上的因循守旧。

长期以来，景观规划设计领域中强调的是外部形式，技术没有得到应有的重视与更新，这在实践领域中与西方发达国家有着巨大的差距。

2.2 地方性景观规划设计（Regional Landscape planning and Design）

地方性景观规划设计又可称之为乡土性景观规划设计（Vernacular Landscape Planning and Design）

传统与现代、时代性与民族性，一直是困扰中国景观界及建筑界的一大问题，至今也没有得到很好的解决。在人类所创造的物质世界中，景观设计作品是极少数真正具有地点性的产品之一，尤其对于中国这样一个有着广阔疆域、众多民族国家而言。

2.2.1 地理环境的地方性。

景观设计的地方性首先表征为地理环境的特殊性，它包括特殊地点或地区的自然环境特征，如地理区位、地形地貌、植被、水文、地质和气候条件等，以及人工环境特征，如周围构筑物、道路、交通等。

2.2.2 经济技术发展的地方性。

中国地区之间发展的不均衡对景观设计提出了更高的要求，一方面要大力提高技术水平，有选择地学习和吸收先进技术，另一方面要改进与完善现有技术手段，并充分发掘传统技术的技术潜力，实际上中国现阶段在大多数情况下“中技术”（Middle—Tech）及低技术（Low—Tech）往往比“高技术”（High—Tech）更具有现实意义。

2.2.3 社会文化的地方性。

在世界的每一个角落都有各具特色的地区文化，它们根植于当地人们的生活中，正是它们孕育了本地区的景园文化与特有的“场所精神”。一个真正的文化上有特色的作品不可能被凭空生产来，它必须再发现或复兴传统的某些方面，或者更有说服力地开发文化的隐含内容。

因而有一句话颇令人寻味，即“着眼于世界思考，着眼于地区行动”（Thinking globally, acting locally)。[2]

2.3 新人文的景观规划设计（New—humanistic Landscape planning and Design）

今天的人文主义应当是立足于生活的丰富多样及人性的真实可靠的基础之上。景观设计作品归根结底是为了让人生活得更好，那么作为设计师站在怎样的立场来开展工作就是极为关键的。在前文中所述的景观实践领域中的几类通病究其原因很大程度上在于设计师主体的迷失与价值判断的错位。

2.3.1 主体的误置。

景观设计师在探讨各类创作问题时用中国古人或西方设计师的立场取代自己的立场，而忽略了一个重要事实，即正在追求现代化的当代中国社会与中国古人及已 3/4 基本上实现了现代化的当代西方社会有着不同的生活兴趣与价值取向。

2.3.2 主体的偏失。

设计师以纯粹主观的偏颇之见出发进行规划设计，将其视为美术作品，而往往将真正应当予以解决的实质性问题（如社会的或生态的问题）忽略。

2.3.3 主体的虚化。

在进行规划设计中力图消除掉所有的个人主观因素和情感因素，只作事实判断，不作价值判断，这在很大程度上又背离了景观设计也是一种艺术创作，应当满足人们审美需求的事实。

在此，我们强调新人文主义的景观规划设计：

(1) 关注人、景观设计、风景环境的同一性；

景观生态学（Landscape Ecology ）已表明了三者之间的同构性，使自然决定的规划重心又回到以人为中心的规划基点，但在更高的层次上能动地协调人与环境的关系。

（2）坚持景观设计师有有责任体现生活的价值；

景观设计师真正应当关注的是当时当地的现实生活本身，不懂得现在，就不能解释过去，“轴心时代”只能是当代。

（3）多元化的、个性化的景观规划设计；

艺术民主化的真正含义不仅仅是文化权利的普及，而更是精神选择的自主与自由，正如 Martha Schwartz 指出的：“景观设计是一门艺术，是一种表达个人情感的方式”（Landscape is a fine art and a means of personal expression）。[3]

总之，在现时代一个好的景观规划设计作品应当是真正的杂交，是将地方传统中仍有活力的部分与全球文明所提供的优秀部分有机结合而又融入了设计师个人情感的产物，赖特（F·L·Wright）[4]认为：“建筑基本上是全人类文献中最伟大的记录，也是时代、地域和人最忠实的记录。”景观设计作品又何尝不是这样呢。

3 案例研究

3.1 日照市万平口黄金海岸概念规划

万平口黄金海岸长约 10km，它北至山海天海水浴场，南靠日照港，纵向连接日照 3/4 济开发区、新市区和山海天旅游度假区，沿海公路贯穿其中，具有明显的区位优势。

目前黄金岸线的主要建设项目在万平口以南地段，包括万平口生态公园、国际帆赛基地、灯塔广场等项目，万平口以北至山海天一线，除了山海天海滨浴场和海洋馆，相当大的部分没有受到人为建设活动的干扰，分布有丰富的植被及典型的海岸沙丘地貌，生态环境良好，因此这一地段中，生态保护与旅游建设之间的矛盾更为突出，如何进行保护性开发是我们必须面对和思考的首要问题。

重点规划海岸线上，我们意识到常规的以形态入手的景观规划手段很难解决这个矛盾，于是便另辟蹊径，从生态的角度出发，借鉴麦克哈格在《设计结合自然》一书中对新泽西海岸的分析，采用一套建立在科学分析之上的规划方法，为项目建设和生态保护提供依据。

从现状照片中可以清晰地看到，万平口地区实际上具有典型的海岸地貌，即沙滩——沙丘——沙丘之间植被生长区——泻湖。沙丘是阻挡海水入侵的天然屏障，是景观中的最敏感地带，须特别保护（图 1、图 2）。

同时我们还对重点规划地段内的林地价值、生态群落、海水质量、沙滩质量以及风景质量等因子分别进行了研究评价，最后将研究结果叠加综合，形成一张研究图，图中颜色越深的部位，综合景观价值越高，反之颜色越浅，景观价值越低。从而为规划制定保护开发策略提供依据。

3.2 日照市国际帆船比赛基地景观规划设计

日照市国际帆船比赛基地位于日照市万平口地区南部，基地包括港池和陆地两部分。港池内设上下水坡道、帆船和游艇停泊设施，港池池壁顶标高规划为 3.4m，港池设计高水位 2.03m，设计低水位－2.11m（黄海高程）。陆地分布于港池的西东南三面，其中港池以西陆地有现状黑松、刺槐混交林带，在林带东侧布置有停船广场、船库、丈量室、水上控制中心、俱乐部、万国旗杆等比赛设施；港池以东港池以东及以南的陆地规划为绿地，供游憩活动用。

因港池形态已确定，本次设计范围只包括港池西东南三面的陆地部分，面积共计 25 万 m^2。

帆船基地西岸结合建筑风格和帆船竞赛的独特功能要求，在景观上“人工中见自然”。对于建筑的背景现状林地则“保护性设计”，即最大限度地参与自然，按国际上比较流行的说法“touch the earth lightly”（轻轻触摸大地），营造景观的同时保护环境。东岸西有泻湖、东临海洋，天地间气势磅礴的自然景观促就了营造规模宏大的大地景观的可能，即“自然中见人工”。东西两岸隔湖相望，设计手法相得益彰，设计匠心独运且颇具气势（图 3）。

设计主题上，西岸作为比赛场地，突出国际化、帆船文化，以景观营造比赛氛围（图 4～图 6）。东岸则以大尺度表现海洋文化，日照文化。特别是日照作为夯土台基式土木建筑的发源地，并日台基式建筑在整个中华乃至亚洲建筑文化的重要地位，设计构思上以台的形式来表现。日照拥有最早的图像文字，其中一个上为日，中为火，下为山的图像文字，成为设计师的构思来源。与众不同且富于文化内 o 的设计定位，宏观壮阔的表现形式，奠定了整个东岸设计的主基调（图 7、图 8）。

沙丘形成示意图

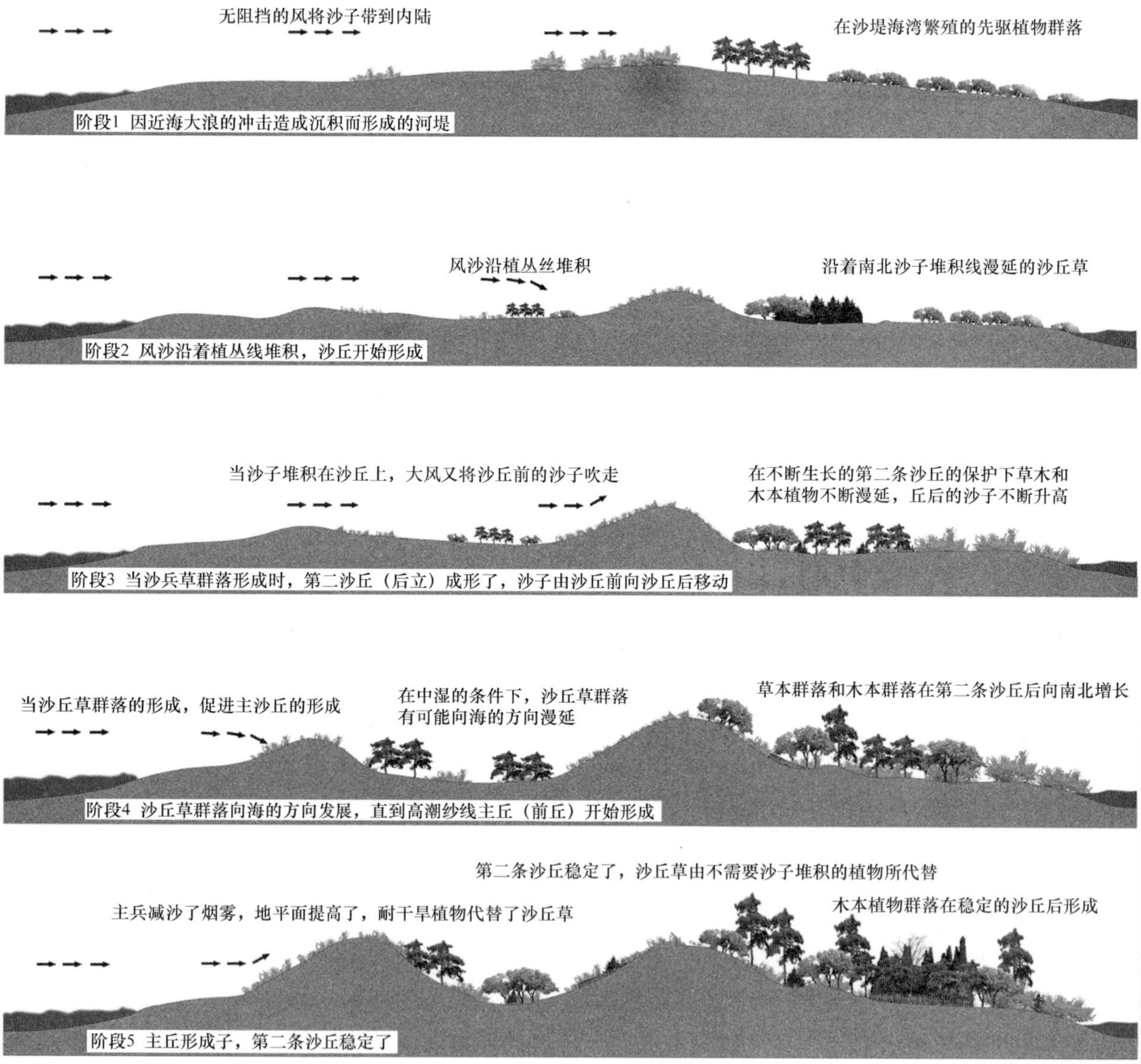

无阻挡的风将沙子带到内陆

在沙堤海湾繁殖的先驱植物群落

阶段1 因近海大浪的冲击造成沉积而形成的河堤

风沙沿植丛丝堆积

沿着南北沙子堆积线漫延的沙丘草

阶段2 风沙沿着植丛线堆积，沙丘开始形成

当沙子堆积在沙丘上，大风又将沙丘前的沙子吹走

在不断生长的第二条沙丘的保护下草木和
木本植物不断漫延，丘后的沙子不断升高

阶段3 当沙兵草群落形成时，第二沙丘（后立）成形了，沙子由沙丘前向沙丘后移动

当沙丘草群落的形成，促进主沙丘的形成

在中湿的条件下，沙丘草群落
有可能向海的方向漫延

草本群落和木本群落在第二条沙丘后向南北增长

阶段4 沙丘草群落向海的方向发展，直到高潮纱线主丘（前丘）开始形成

第二条沙丘稳定了，沙丘草由不需要沙子堆积的植物所代替

主兵减沙了烟雾，地平面提高了，耐干旱植物代替了沙丘草

木本植物群落在稳定的沙丘后形成

阶段5 主丘形成子，第二条沙丘稳定了

图 1　沙丘形成过程

现状地形断面

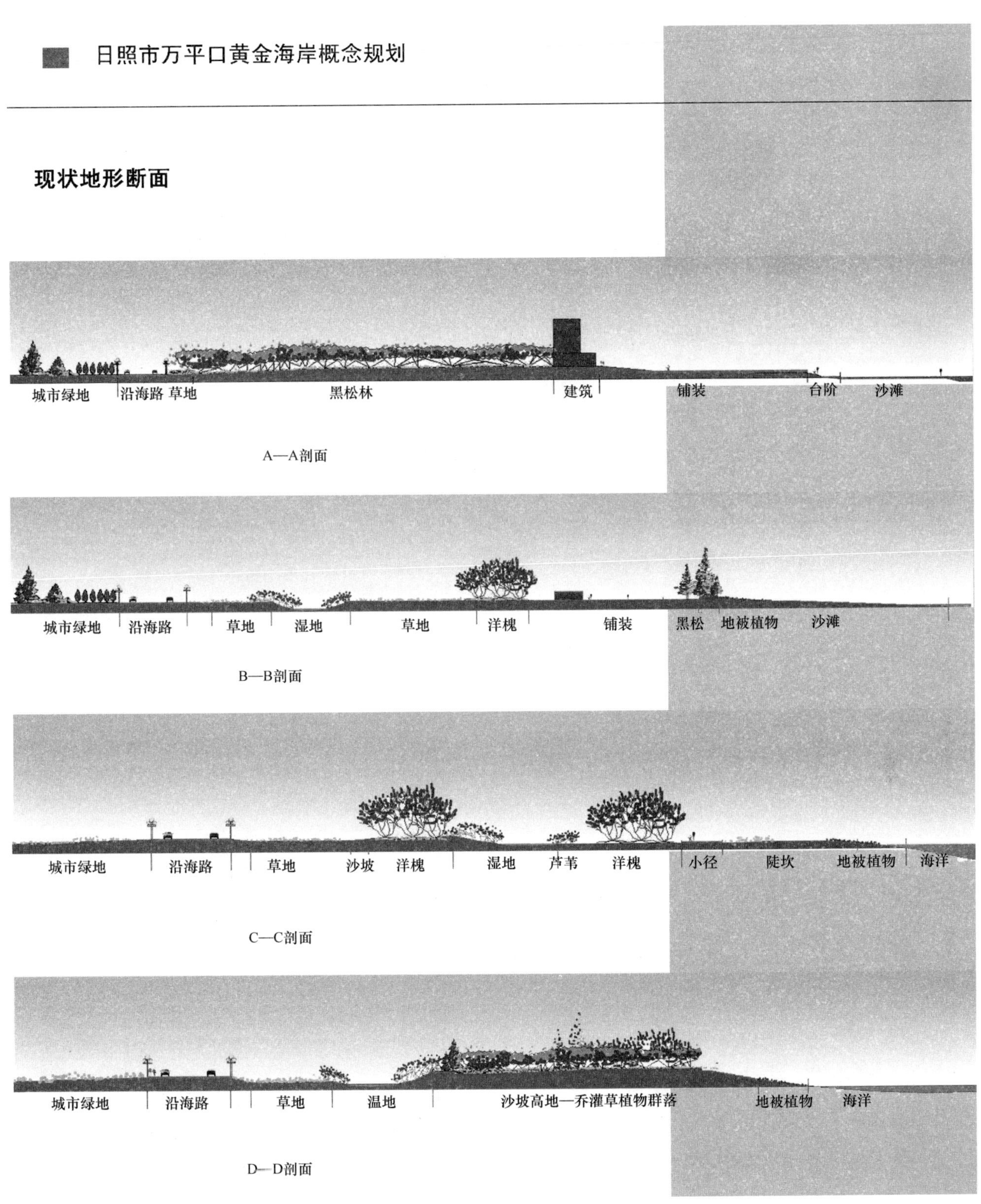

图 2　现状地形断面

图 3 日照市万平口国际帆船基地鸟瞰图

图 4 滨水木平台

图 5 礼仪广场

图 6 帆船主题游乐天地

3.3 日照市灯塔广场景观设计

灯塔广场基地位于日照市万平口地区南部，两面临海并且靠近世界帆船锦标赛比赛基地。地段中已 3/4 存在的灯塔、礁石群已构成具有地方

图 7 潮汐池

图 8 潮汐塔

特色的景观，并且已然成为当地人民群众节假日休闲游玩的自然公园（图 9）。

图 9 改造后的灯塔广场夜景

充分利用现状丰富的地势高差营造多样化景观空间，保持并体现日照特有的礁石滩涂的壮美地貌，同时营造人工构筑，结合功能营造景观。以明确的灯塔轴线景观、横向发展的景观建筑和绿化突出灯塔，更明确表现灯塔广场的主题。以大尺度小细节的设计营造整体而精致的景观，以层次鲜明的带状景观整合狭长的沿海地块，呼应大海的磅礴气势。

自灯塔引一水轴至礁石海岸广场，充分利用基地？有的高差形成跌水台阶，直接而严整地突出灯塔的统领地位。整个地块内的服务性建筑均采用横向发展的形式，作为礁石形态在陆上的延伸，同时在高度上保证灯塔的鲜明感（图10、11）。

图10　水台阶朝向大海部分

图11　水台阶尽头

礁石海滩广场为整个设计场地的最低点，目的是使其更接近礁石海滩，缩短人为硬质景观与自然景观的距离。由于极大地降低了广场高程，则有部分礁石蔓延到广场上。则广场采用石质铺装，一方面与礁石很好结合，一方面方便排水。并且利用礁石带来的广场的不完整性，就势将广场与沙滩结合在一起（图12）。

图12　礁石广场

滨海景观带自北部的观海台开始，沿海岸一直向南至设计场地尽端。

最北部的道路交叉点上设观海台，作为整个灯塔景观区的起点广场。

观海台向南，狭长的沿海地带详细分为四层处理。第一层为景区主干道，高度控制在4.5m，作为观海台与主景广场之间的主要交通通道，可以行机动车，且结合以下两层的平台设计做有卵石铺装的减速带。该层道路宽阔而有收有放，具有容纳与疏散大量人流的能力。

第二层为人工堆砌的波浪线形防波堤，作为对一层主要景观大道的保护带，高于一层道路标高40～60cm，其高度适于坐靠，并在堆砌时有意将表面较平的石块靠外放置，为人们提供了天然的歇脚处，同时也成为人工向自然的过渡（图13）。

图13　滨海步道

第三层为滨海休闲散步道，高度控制在3～3.5m，与北部观海台广场以坡道相连，与第一层道路几处以石台阶相连，全部为具有轻微起伏地形的木甲板铺装。这还是一条 bike path ，即可供自行车、轮滑游戏的无障多功能散步道，沿途设有供游人休憩的“甲板”（deck）空间。

第四层为缓冲沙滩。沙滩是效果很好的天然的波浪缓冲带，并且在落潮时又是戏水的好地方，景观性也无可替代。这四层景观在色彩上形成四条鲜明的色带，分别以四种带有对比效果的质感蔓延在海滨。这一道滨海线的设计形成了三个不同用途不同使用方式的景观平台，同时也分别利用天然礁石、沙滩以及人工礁石带构筑了三道对海浪的防线，保证了堤岸安全（图 14）。

图 14　商铺建筑

参考文献

[1] 单军. “根”与建筑的地区性［J］. 《建筑学报》, 1996.（10），35.

[2] 吴良鏞. “乡土建筑的现代化，现代建筑的地区化”《华中建筑》，1998.（1），2.

[3] The Vanguard Landscapes and Gardens of Martha Schwarte Thanes& Hudson，87.

[4] Tim Richardson F • Guthein，Lloyd Wright on Architecture，Daell Sloan & Pearce，1941，2.

（本文曾发表于 2005 年 2 月《风景园林》）

巧构精雕两相宜　设计施工同重要
——深圳蛇口南海玫瑰园环境工程

闫　荣　闫　莉

【摘　要】环境工程的成功与否，其规划构思、设计深化、施工养护同等重要，不可偏废，如果能实现各环节的一条龙服务，则能更好地贯彻设计意图，体现设计精髓，并将成为日后的一种发展趋势。

【关键词】风景园林：园林工程，人居环境：环境设计

1　前期环境概念设计

南海玫瑰园，位于深圳蛇口，小区一期面积为4.64km。其中绿化面积为1.90 km。绿化率为41%。美国SWA集团，秉承一贯设计风格，通过借鉴世界上诸如澳洲悉尼玫瑰湾、美国的夏威夷、地中海及加勒比海沿岸等著名的高尚人文社区的成功经验，结合南海玫瑰园的现状条件，依照国际滨海社区的设计理念，通过精心设计，巧妙构思，形成了在深圳蛇口从海上世界到红树林10余公里海岸线上第一个具有真正意义的湾区物业。平面构图简洁明快，空间类型疏朗开敞，具有良好的视景线，体现了同海共融、与海细语、对月浅酌，具有人文关怀的人居环境景观意境。先前我们在进行环境设计时，往往对总规的分析不够全面，有时会不自觉地把建筑和环境脱离开来，在有限的空间内把很多的设计元素进行堆砌。使本不很宽敞的空间愈显拥挤，本为纯粹的景观愈发的繁琐。所形成的景观很难使人感到愉悦。可以说运用的“加法”比较多。而美国swA集团，则对已完成的总体规划进行了充分的研究和分析，他们把环境设计有机地融入小区的总体规划中去。景观元素的排列简洁而富有秩序，如树池、条形坐凳墙、碎石步道等，都与建筑的轴线保持一致，使整个小区的总体规划更加完整和统一。在设计中所用的“减法”相对更多一些，这一点值得我们借鉴和学习。

环境设计与总体规划布局相统一，是全方位的，不仅是道路铺装材料、景观小品等硬质部分，而且在植物配置的种类和种植形式上，也在进一步强化这一原则。不过分渲染环境，不使环境脱离总体规划而单独存在，而是使二者能紧密结合，共同形成一个完整的，具有良好功能性、景观性，适合于人居住的环境空间。这一点在前期的环境设计中，已经有所表达。而能否把真正的理想景观呈现给业主，则需要方案的进一步深化完善现场施工，以及后期的养护等诸多环节，缺一不可，不能偏废。

2　方案深化阶段

凭借着多年与美国SWA集团的成功合作，深圳市北林苑景观规划设计有限公司富有经验的工程师，在较短的时间内，顺利完成了从方案深化、初步设计，一直到施工图的设计阶段，把SWA的设计意图与国内市场现状相结合，提出合理化建议，并得到了SWA和建设方的认可。另外，北林苑还负责工程的会审、交底、现场指导以及验收等后续工作，为产品（室外环境工程）的顺利实现，提供了必要的基础。

3　现场施工

就一般而言，房地产项目的特点是时间紧、任务急、要求高。为了克服困难，确保工程的顺利、高质完工，深圳市北林地景园林工程有限公司组织了强有力的工程项目组，发挥团队精神，以ISO 9001的管理规范严格管理，力求提高工作效率，达到精品工程的预期目标，避免人为因素对工期造成影响。在现场施工过程中，项目部精诚合作，公司严格管理，技术质量部、工程部，对施工质量和工程进度进行密切的监视和测量，并提供资源、技术的支持。项目部也能按图精心

施工，对于在图纸上或是现场中存在的问题，能及时发现，及时沟通，及时解决。工程于2002年12月25日顺利完工，12月28日，小区业主入户。

4 总结分析

笔者有幸参与了现场施工的全过程，现将项目进行过程中的点滴心得做一总结。以期能对日后的工作起到一定的指导作用，恳与同行共勉。

4.1 去繁就简章法得体

我们平时所做的设计，有时存在跟风潮的倾向。比如欧陆风、草坪风、生态风、亲水风等等。喜欢将自己所认为好的、社会上流行的景观元素，都罗列到环境中去，结果使做出的景观出现主题性不强、杂乱无章、与实际不符等问题，使人产生华而不实和似曾相识的感觉。生态是一个多学科相互交叉的综合性领域，如果在一个面积不大的居住环境中也大谈生态。那么所谓的生态只能停留在概念上，往往会流于形式，而很难达到预期目的。因为它并非多种几棵树、多铺一片草就能说明问题。其实，一个小区的设计，是否充分考虑了使用者的需要，能否创造出令人愉悦的景致、宜人的尺度、舒适的空间、便捷的使用，这才是最重要的，我们应有“守一”的思想，这也是我的一位学长提出的观点。即强化个性，不要形成“大而全，小而全”的局面。只要其自身环境与总规和谐统一．抓住自身特点和规律，学会“取舍”，这样，我们的社会才是一个多样化的社会，我们的环境才是一个多彩的环境。

4.2 协调统一和谐共生

在人居环境设计中，所运用的材料应力求统一。以前，我们在设计中，无论是硬质铺砌材料，还是软质的植物材料，常会出现一个局部环境中种类比较庞杂的现象，不够简洁和统一，最后的景观效果不是很理想，而且也增加了现场施工的难度。在南海玫瑰园中，硬质材料的运用就很到位，道路以深灰色花岗岩为主体，浅灰色花岗岩兜边。消防车道为环保型彩色水泥砖（以砖红色和青色为主）。树池、坐凳墙侧壁，为黄木纹板材乱形拼接，压顶和水池面材均为黑色镜面花岗岩，沉稳大气，简洁明快。而安全胶垫则以蓝色系为主，流畅的曲线与旱喷泉结合，更显流动的美，整体感非常强烈，具有很好的色彩构成意味。当然，在方案的具体设计中，可能由于季节以及植物材料的具体选定等因素所限，植物绿化尚未达到理想状况，从上部俯瞰效果较好。但其中空间还不够丰富，“旷”有余而“收”不足。

4.3 合理统筹，科学管理

在施工过程中，要实施成本管理和计划管理，还要有必要的评审机制，即在施工前要有详密的计划，《施工组织计划》要详细、具体，要有很强的可操作性，能够解决具体的实际问题。只有施工进行了合理计划，才能有章可循，保证项目的顺利实施，而只有在施工组织计划前进行项目评审，才能保证施工过程中人力、物力以及技术等资源的充足保障。

另外，只有通过成本管理，才能使项目进行得更加有序，才能对项目的施工投资有总体把握，才能合理控制成本、降低内耗、提高效率、创造效益。应该说，成本管理是客观、科学的一种管理模式，也是日后企业发展的一种新趋势。

4.4 优化设计精益求精

施工前，对施工图的优化设计是一个必要环节。一个项目的成功与否，不仅要有一个理想的建成效果，而且也要合理控制投资，这样才是建设方所追求的目标。所以作为施工方，应该有这样一种意识和责任感，运用自身在施工过程中所积累的经验，对方案进行合理优化。这也是从另一方面对设计师的一种提高。在玫瑰园的现场施工中，我们对一些具体做法进行了合理优化，得到了建设方和设计师的认同。比如道路（架空层）的基层做法、树池做法等等。把原来的陶粒混凝土和钢筋混凝土，调整为预制钢筋混凝土板架空和机制砖砌，既减少了投资，又提高了工作效率，还减轻了楼板的荷载，提高了排水能力。应该说，现在的国内施工企业队伍，尚缺富有经验（包括设计、施工）的工程师，这样会对建设方、设计方、施工方的良好沟通造成一定的障碍。

4.5 精雕细琢始出精品

在玫瑰园的施工过程中，我们发现，对于一些细部施工工艺仍需提高。如一些弧形石材切割的流畅性，石材的倒角处理以及一些石材饰面的贴法（如细斧剁花岗密缝拼接）等，都需进一步改进。一项工程的成功与否，在很大程度上取决于其对细部的处理是否精到，环境工程实际就是“室外装修”，这在业界已达成共识。

4.6　未雨绸缪预防为先

无论在设计还是在施工过程中，工程师都应具有强烈的职业敏感性。这当然是一个不断积累和提高的过程，对于一个项目，通过一定的认知，应该能够提炼出它的关键工序、关键阶段和其自身的特点。如架空层的荷载、旱地喷泉的回水、动力支持、架空层的排水及防水措施以及一些工程的结构核算问题等，都应该引起相关人员的重视，不能只停留在施工面层的表面工程上，这样才能是一个合格优良的工程。在玫瑰园的施工过程中就遇到了架空层的荷载超标问题。在架空层上的一个水景池中，有 4 根黑色镜面花岗岩喷水柱，原楼板的设计荷载为 $1t/m^2$，而实际上每个实体花岗岩的重量约为 1.95t，其底面积仅为 $0.55m^2$，已远远超出了设计荷载，这样势必会对建筑造成安全隐患。通过各方的讨论研究，最终通过现场部分砖砌、内部挖空等办法予以解决。既消除了隐患，又保证景观效果。实际上，我们应该在施工图设计、图纸会审、交底、《施工组织计划》编制等不同阶段中发现这一点。但是在实际工作中可能过于注重其外在的景观效果而忽略了一些硬性的要求，这一点值得我们认真总结。

4.7　精诚合作积极交流

各方的精诚合作、密切配合也是工程能否顺畅实施的关键所在。一个工程在施工过程中，需建设方、设计方、施工方、监理方等多方的友好合作、积极沟通。良好的团队精神和协作精神是工程实施过程的保障。虽然环境工程的投资、规模不及建筑、市政项目，但其所涉及的种类却较其他行业复杂。如建筑小品、结构、种植、地形、给排水、电力、电信等，往往时间紧、任务急，还要和建筑市政施工相互协调，互为条件，所以难免有图纸与现场不符的情况发生，这就需要及时沟通、及时解决。在玫瑰园中，原来的消防通道平面放线、通风井顶的花架造型等，都出现与现场不符的类似问题。通过现场的沟通，进行了及时调整，既保证了工期，又减少了浪费，而且更加符合其自身的景观特性。

4.8　深入实际更上层楼

作为一名合格的景观设计工程师，设计施工两手都要硬，因为所设计的景观作品最终要体现在实际的场地中。在图纸上所表达的信息，会有诸如与现场有出入、不能完全涵盖每一个细节、与当地的实际施工程序有冲突等等实际问题，这就需要设计师能经常到施工现场，以便发现问题，解决问题。尤其是经常进行施工图设计的工程师更应到现场中去，只有这样，才能进一步提高自身的素质和能力，使成果更趋实际、更有可操作性、更科学合理。

通过这个项目的运作，笔者深切地感觉到，一个工程的成功实现，需要很多环节的紧密连接，要有巧妙合理的规划构思、严谨全面的施工图设计、科学高效的现场施工以及细致精心的后期养护等等，每一个环节都相当重要，不可偏废。这样才能保证一个合格优良工程的实现。所以说，各个团队的素质高低和团队间能否积极沟通配合会对工程的顺利实施产生很大的影响。如果三者能形成一个有机整体，发挥一条龙的集体作战优势，那将会在激烈的市场竞争中占得先机。

该项目获得“深圳市 2003 年优秀园林样板工程”荣誉称号。这也是专家对这一工程的肯定。

（本文曾发表于 2003 年 10 月《中国园林》）

深圳市光明新区中央公园概念规划方案国际咨询活动回顾与评析

林广思　叶永辉　张贤群

【摘　要】介绍了深圳市光明新区中央公园概念规划方案国际咨询活动的过程，并总结了这类概念规划咨询活动的技术支持工作流程，重点对本次竞赛的优胜及入围方案进行了方案解读，尤其是阐述了它们在农业景观、环境伦理、传统文化和绿地认养等4个方面对于我国风景园林规划与设计实践的意义。

【关键词】风景园林；公园绿地；评论；设计咨询

尽管国外大型公园的建设历史非常早，如1858年的纽约中央公园等，但我国建设城市中央公园是近几年来各地城市公共空间发展的新方向，与此同时，风景园林行业中的概念规划和概念设计也是近年来所盛行的，这些概念性的方案竞赛容易吸引海外一些设计机构积极参与，也带来了一些创新性的思路和效果。正因为一些城市中央公园的场地面积普遍较大，在法定的方案设计之前先引入相对比较自由的概念规划日益成为合适乃至必然的程序。另外，随着我国政府管理职能的逐步改革，一些园林设计院协助政府管理机构提供专业的技术服务（咨询）也开始普及。深圳市光明新区中央公园概念规划方案国际咨询正是上述三合一的活动，本文对优胜及入围方案进行点评，并介绍这类活动的技术咨询的流程。

1　项目背景

2003年，深圳市光明地区（原公明、光明街道）156.1km^2的辖区开始编制《光明新城大纲》，成为深圳市第一个明确提出的新城，并规划光明高新技术产业园和光明中心区为重点建设区。2006年底至2007年3月，深圳市规划局成功举办了“光明新城中心区城市设计国际竞赛”，由奥地利Rainer pirker architeXture公司的设计成果获得一致好评。在依据该成果制定的光明中心区法定图则（草案）中，提出了在中心区北部建设中央绿地的设想。随后，该区域逐步明确为大公园公共中心，后定名为“中央公园”。

中央公园规划面积约2.37km^2，包括中心绿地（约2km^2）及沿中心绿地边缘布置的公共服务设施用地（约0.37km^2），这些公共服务设施主要包括商业、办公、体育、文化、休闲会所等。目前，场地主要由马鞍山（南部区域）和柴山（北部区域）组成。马鞍山海拔高度为44m，柴山为126m，两山之间为平缓的菜地。两条茅洲河支流，自东南向西北蜿蜒穿越，两山的低洼地带有集水鱼塘若干处。

2007年11月，由深圳市光明新区管理委员会和深圳市规划局共同主办，深圳市规划局城市与建筑设计处、光明分局承办的光明新区中央公园概念规划方案国际咨询活动开始启动，该活动是光明新城规划与建设中的点睛之笔和开篇之作，也是2006～2007年“光明新城中心区城市设计”国际咨询活动的延续。为了延续“光明新城中心区城市设计国际竞赛”的工作方式，北京一和研发中心和深圳市北林苑景观及建筑规划设计院应邀分别担任该项活动的策划机构和技术支持机构。本次咨询活动采取邀请以及公开报名相结合的方式进行，咨询活动在全球范围内公开邀请中外优秀设计公司、事务所或联合体参加。咨询活动分为两个阶段，即方案草图提案阶段和概念规划方案竞赛阶段。第一阶段选出4名入围单位，第二阶段最终评审出1名优胜单位，此单位将遵照评审委员会和业主单位的修改意见进行方案细化工作。

2008年1月23日，深圳市光明新区中央公园概念规划方案国际咨询草图提案专家评审会召开，在世界各地设计机构提交的19个有效提案中，评审出02号方案（Studio 8 Architects）、03号方案（深圳市都市实践设计有限公司和深圳市联盟建筑设计有限公司联合体）、10号方案

(Cao | Perrot Studio 和 Lee + Mundwiler Architects 联合体）和 15 号方案（深圳市园林设计装饰工程有限公司）为入围方案。2008 年 4 月 22 日，深圳市光明新区中央公园概念规划方案国际咨询第二阶段评审会召开，Cao | Perrot Studio 和 Lee + Mundwiler Architects 联合体的概念规划方案最终被确认为优胜方案。

2 任务要求

咨询文件中的技术任务要求是参赛方案的指导思想。在本次咨询活动中，主办单位和技术支持机构对两个阶段的任务要求进行了充分的论证。

2007 年 11 月 8 日，主办单位举行了咨询形式以及技术任务要求的专家论证会。最初，中央公园规划范围不包括周边的公共服务设施用地，只是纯粹的中心绿地。在论证会上，专家们形成了一致性的意见，中央公园概念规划方案国际咨询应该延续上一层次的城市设计国际咨询的成果，规划方案应该以市政道路为边界，包括中心绿地周边的公共服务设施用地，使公园与城市街区融为一体，创造良好的城市公共生活空间。此后，经过主办单位和技术支持机构的多次研讨，明确了第一阶段的技术任务，就是要强调规划构思和理念的创新，目的是探索在快速城市化影响下的城市与绿地、城市生活与公园生活、城市开发与生态效益之间的新型关系，创造代表“深圳的远见”、丰富“新光明城市”（New Radiant City）理论纲领、符合“绿色城市”建设标准的新型城市绿心。草图提案应对整个约 2.37km^2 公园的定位、功能布局、服务范围等进行深刻的思考和探索并提出初步规划概念构思，对重点区域提出初步的构思。

如果说第一阶段的核心技术任务要求主要是上一层次国际咨询活动的成果，那么第二阶段的技术任务就是本次咨询活动第一阶段的收获。由此，主办单位和技术支持机构提取提交的方案草图提案中合适的概念和策略，结合评审委员会的建议，提出该阶段的规划强调在创新基础上的可实施性。期间，技术支持机构进行了光明新区中央公园边界、分区及节点问题的研究，最终对概念规划竞赛的任务提出了具体的要求和建议：“参赛机构必须充分调查场地现状，深入分析《深圳光明中心区城市设计（研究报告/图册）》，以整体区域——启动景区——景观节点为本阶段的主要工作框架，把握全局、突出要点，提交出具备生态性、艺术性、前瞻性和可操作性的成果”，以及公园定位：“中央公园是一个具有独特田园景观、以公共艺术创作为启动建设策略、吸引公众参与的集生态、休闲于一体的创新型城市绿心。”

3 方案解读

应该说，在方案草图提案阶段所征集到的 19 个有效提案中，大部分的规划水准都比较高。第一阶段所选出来的 4 个入围方案主要是体现了评委会所强调和提倡的“概念性”，一些具有一流专业水准的提案，由于概念性不强或被隐藏在已经非常具体的设计细节中而落选。在第二阶段，4 个入围方案按第二阶段的技术任务书进行深化后，各自的最终成果风格个性依然十分强烈。尽管评委会的评审原则是“强调在创新基础上的可实施性”，导致了优胜方案的最终确定，但是这 4 个方案依然有可圈可点之处。

3.1 评价比较

在第二阶段中，评审的细则是评委会主席荷兰知名建筑师维尼·玛斯（Winy Maas）提出的 4 个因子：

（1）概念（concept）：非凡的（wonder）、文化的（cultural）、显著的（remarkable）、生态的（ecological）、艺术的（artistic）、满意的（content）。

（2）概念发展（concept development）：易读的（readable）、一贯的（consistent）。

（3）技术能力（technical capability）：水（water）、能源（energy）、基础设施（infrastructure）、植被（vegetation）。

（4）实施能力（implementation）：阶段（phasing）、维护（maintenance）、合法性（legality）、管理（management）。

尽管评委的讨论基本上按这 4 个方面展开，但并没有对每个方案的各个方面一一概括归纳。事后，作为技术支持单位小组成员，笔者综合各方意见以及自身专业判断，整理如表 1 所示。

方案评价比较表 **表 1**

评审要点	02 号方案	03 号方案	10 号方案	15 号方案
概念	优秀	优秀	优秀	良好
	营建“田园、能源以及艺术公园”，表达农业与城市共存的理想。	“产出型景观/变迁的景观”的概念对于当前我国的城市公园设计而言，是非常值得借鉴的。	用“云 水 石”表达“无所不在的气”，既象征自然和人工之间的和谐关系，又传承了中国独特的文化传统和艺术精神。	“自然的禁忌”从环境伦理学的角度反思新城开发建设与自然景观的保存的关系，值得深思。但作为一个城市公园的规划设计思想并不是十分的合适。
概念发展	优秀	优秀	优秀	良好
	设计概念非常连贯且有所发展。	尽管该方案的前后两个阶段的设计概念略有不同，但第二阶段的概念发展依然比较深入。	设计概念非常连贯而且在具体的景点设计中表现得淋漓尽致。	尽管“自然的禁忌”没有得到深入细致的发展，但是赋予了 3 个分区结构特色人文主题和以“丛林”作为基本的景观单元，扩展和延伸了原概念的运用范围。
技术能力	良好	一般	一般	一般
	提供了丰富的绿色能源与再生资源计划和技术。但是水体和植被在生态结构上发挥的作用没有引起足够的重视。	除了植被，基本上没有研讨相关的技术问题。	提供了一个弹性的防洪水系统，但缺乏“大湖”水源的详细规划。植被的更新和选择缺乏高效的生态效益的考虑。	除了景观生态学原理的应用，基本上没有深入提出各种技术因素的设计要点。
实施能力	良好	良好	优秀	一般
	提出了详细的分期实施计划以及创新性的公园运营策略，但是场地和景物设计的尺度不太合适，尤其是农业用地面积过大，可实施性不强。	采取松散灵活的布局，以及景观演变的策略，以期适应公园随着城市的发展而健康增长；但是，并没有提供较为深入的景点设计。	方案的整体可实施性较强。	方案整体设计凌乱，预计实施效果很一般。

3.2 专项点评

3.2.1 农业景观

当前，我国各地在加快城市化的号召下，纷纷建设新城；这些新城普遍是在征用郊区农田的基础上建设的。也就是说，像原场地为农林地的深圳市光明新区中央公园这样的例子是普遍的。在即将消逝的农业景观和即将出现的城市景观中如何取舍和平衡，也是一个风景园林师需要经常应对的问题。本次国际咨询活动的入围方案分别从不同角度提出了各自的思考。

02 号方案以“能源”为核心概念，把农业景观和城市景观联系起来。该方案规划师提倡在一定范围内的自给自足，他认为保留并扩大菜地的生产面积，给新城提供一定的有机蔬菜供给，与外地的供给相比，较短的运输过程更能有效地节省能源及燃料的消耗量，从而既保持了农业社会的景象，又满足了城市系统的运转。另一方面，能源并非只是抽象的科学技术的产物，还可以成为诗意的享乐。为了配合公园的可持续能源管理计划，规划师设置了一系列的太阳能板，并由此展开相关的规划：太阳能板下以木材铺地，可为游人提供遮阴纳凉的休憩场所；太阳能板的背面，安装了电子屏幕，可播放电影或其他影像；围绕太阳能板形成了“太阳庭院”。就笔者所了解，我国目前以“能源”作为风景园林设计主要关注点的案例并不多，仅见俞孔坚教授的北京市朝阳公园奥运沙滩排球场外围环境设计（2005 年）和第六届中国（厦门）国际园林花卉博览会的“蔗园”（2007 年），分别以向日葵和甘蔗表达对“生物能源”的关注。与此相比，02 号方案的“太阳庭院”更为精彩。

03 号方案关注景观的类型划分，依据公园现存的地形地貌以及周边城市土地利用及建筑设施的布置，将中央公园划分为 3 个区域，分别代表

3 种景观类型：公园绿地——娱乐景观；绿带——产出景观（农业景观）；原野公园——原始景观（自然景观）。该方案的规划师敏锐察觉到，产出型景观也是变迁的景观。变迁，就提供了一个产业调整和转化的机会。由此，规划师提出目前占据了公园中心部位的农田以及周边的荔枝林将变迁为畜牧农场，因为光明三宝“乳鸽、玉米、奶牛”是这个地区富饶农业历史的象征，农场中的奶牛不但具有生产价值，还是公园和城市的象征。另一方面，除了示范农业外，现公园场地中仍然运作的工厂，将随着时间置换为艺术创意产业园区。规划师将“变迁的景观”概念作进一步的演绎，提出了“启动点公园”概念，即在与未来城市社区交接的边缘地带，结合城市的建设时序，选择了四处作为公园先期开发的启动点，它们将为公园的后继开发建设提供宝贵的经验，而且不影响现存的农业生产。

10 号方案以一种漫不经心的手法处理场地的农业景观，对南北两个山丘上的荔枝林予以保留，集中在平缓的菜地上挖出大型湖区水面，在湖区艺术化地展现出漂浮树阵和无边泳池、隐形码头等景观效果，在湖的周围建立一个以六边形形态特征组成的网络结构，既容纳各种活动和景观，又代表了对农业肌理的纪念。正是这种节点式的以少胜多的方式，使其在两个阶段中都获得了评委们的高度评价。由此可见，该方案对待农业景观的态度是平和的，既不讴歌和宣扬田园风光的诗情画意，也不以城市园林化的方式绿化美化农林地，而是充分利用场地条件，高强度开发启动景区和精致化艺术化地规划景点。

3.2.2　环境伦理

15 号方案从光明新城城市设计中提出的“垂直城市”以及中央公园场地山丘与平地的强烈对比中找到了设计概念——“自然的禁忌”。规划师们发现，在我国西域高原神山神地的周围地区，总是存在着种种约定俗成的严格禁忌，在神山上挖掘、砍伐、打猎甚至喧闹都是不允许的，而这些地方也因此拥有了最茂密的林木和最丰盛的草甸。应该说，该方案是从环境伦理学的高度反思了新城的建设，并试图在新城核心区的中央公园中建立一种警示。可惜的是，该方案的概念一闪即逝，没有得到充分的展开，沦为某些评委所批评的“自然保护区”一类的图式。尽管如此，该方案还是深入研究和切实地应用了景观生态学的一些基本理论，并在空间尺度上有所体现，这是该方案与其他方案相比最为突出的地方。

3.2.3　传统文化

10 号方案还充分体现了中国传统文化的传承。金鱼园、蟋蟀亭、偃月桥、月亮门、玻璃假山石，熟悉的汉字、陌生的景象，这一切在一个以越南人为主导的园林规划作品中一一展示。他从曾经研习过的中国水墨画中挑选了一幅明·倪远璐的《云·水·石》作为设计概念，试图表达“无所不在的气”，象征自然和人工之间的和谐关系。他以自身研发的利用回收玻璃制造而成的玻璃艺术贴面砖为材料，营建了新颖的月亮门和下沉迷宫。就笔者对我国当前的园林设计思潮与实践的了解而言，该规划师对于中国传统园林的创新着实一流。

3.2.4　绿地认养

绿地认养成为市民参与城市园林绿化建设和管理的一种方式，有助于形成市民对城市的归宿感与认同感。就在农业用地上建设的新公园而言，如何实现绿地认养的效能却并非容易的事情。这涉及了我国目前的土地管理制度，即公园绿地和农业用地的不兼容性。这也是过去我国一些设计师难以在公园设计中实现农田耕作理想的主要原因之一。然而，本次国际咨询活动却获得了两个较好的思路。一方面，绿地认养尤其是绿地的租赁存在着效率和公平的问题，即如何把有限的土地租赁给超量需求的市民并不以营利为目的？为了避免绿地租赁变质为富人的郊外小花园。02 号方案提出了以发行“菜园彩票”的计划，既兼顾了公平性又满足了公园管理资金的需要，同时还触及当前我国公园绿地土地管理的相关法规。该计划配合公园的农耕节和园艺比赛活动进行，充分调动了市民参与的积极性。另一方面，绿地认养之后的景观效果往往不理想，各人爱好和管理不一，绿地的景致和维护水平差别较大，又给其他参观者带来了不公平的游园待遇——低劣的景观。10 号方案认为，以上的问题是因为在水平面上展开的，所以难以实施有效的管制。因此，规划师在竖向空间上思考，即设置一个柱子林立的社区花园，市民可以认领一个或若干个柱子，在上面悬挂小型盆栽，形成一个垂直的认养花园，用以改善认养绿地的景观。可以说，02 号方案和

10 号方案分别从宏观和微观两个层面提出了绿地认养的创新性思路，值得借鉴。

4 技术支持

作为一个拥有风景园林甲级资质的设计院，第一次以非“运动员”的身份参加技术咨询，笔者感触颇深。可以说，尽管在接受该任务之前，院内曾经拟定过一个提供服务的项目表，但该服务所耗费的时间和精力超出了预计。总结 8 个月来的工作，可以用如下的工作流程表述：

（1）编制场地概况报告；（2）编制第一阶段技术任务书；（3）咨询文件专家论证会策划与组织；（4）邀请国际知名设计机构参赛；（5）邀请第一阶段专业评委；（6）解读第一阶段草图提案的成果并向各政府职能部门领导汇报；（7）编制第二阶段技术任务书；（8）邀请第二阶段专业评委；（9）组织优胜方案（中标方案）专家研讨会；（10）解读第二阶段参赛方案成果并向各政府职能部门领导汇报；（11）拟定优胜方案（中标方案）的深化修改方向并提供必要的协助。

从上述流程可以看到，技术支持机构需要较强的场地分析、方案提炼、问题研究、方案汇报、方案评析和专家资源等综合能力。尤其是技术任务书的制定，几易其稿，最为考验技术支持机构的专业水平。

当前概念规划咨询活动一般分阶段进行，比如本次活动就分两阶段，要求技术支持机构以一种学习的态度和开放的心态协助政府管理机构工作。正如前文所述，两个阶段的技术任务书都不是技术支持机构闭门造车和预先拟定的，第一阶段是以专家论证和政府工作目标综合而成，第二阶段则从第一阶段提交草案以及专家评审意见中整理提炼而成。正是这种未知性和开放性构成了概念规划活动的魅力，如何保持这些特点可说是保证概念规划活动最终效果的重要因素。

5 结语

当前，风景园林的大型项目逐步引入概念规划阶段的工作，构成了概念规划—方案设计—初步设计—施工图设计 4 个阶段，而越来越多的项目也逐步引入了第三方的设计咨询：协助业主进行设计管理、各阶段图纸设计咨询审查、施工图审查和专项设计咨询等，参与这类咨询活动，对一直从事规划设计工作的设计机构来说，也是一个学习先进规划设计理念和调整规划设计管理体系的过程。另外，本次入围方案的一些设计理念将对我国的风景园林规划与设计起到重要推动作用。

致谢

在本项目工作期间，北林苑曾得到光明新区管理委员会、深圳市规划局城市与建筑设计处、深圳市规划局光明分局有关领导和工作人员以及各阶段论证、评审和研讨的专家的指导和帮助，在此深表谢意！

（本文曾发表于 2008 年 6 月《风景园林》）

深圳水土保持科技示范园建设的理念与实践

王永喜　叶　枫　夏　兵　马义虎　陈　霞　郑佳丽

【摘　要】为促进当前水土保持科技示范园建设的良性发展，推广水土保持科技示范园建设的新理念和新模式，通过深圳市水土保持科技示范园的建设过程，详细介绍深圳市水土保持科技示范园建设的理念与实践。深圳水土保持园区包括水土文化区、水土保持科普试验区2大部分，将文化性、景观性与水土保持各种技术展示相结合，建设以城市水土保持特色为主的专业示范园。突出在城市开发建设过程中对广大市民的水土保持宣传、对中小学生的科普教育，营造寓教于乐的户外课堂，同时分析园区建成后的运行管理。对今后水土保持示范园建设提出几点设想：准确定位，以科普宣传功能为主；规划设计创新，多专业领域参与，多方面、多层次宣传水土保持理论与实践内容；建立良好的园区运行管理机制，保障长期有效运营。

【关键词】城市水土保持；科技示范园；科普教育；户外课堂；运营管理

水土保持是国民经济和社会发展的基础，是必须长期坚持的一项基本国策，是生态文明建设的重要组成部分。为推进水土保持宣传教育活动和生态环境建设步伐，进一步提高水土保持工作的科技水平，增强科技示范的带动作用，加大科普宣传力度，从2004年开始，水利部在全国开展了水土保持科技示范园区的创建活动。自2007年以来，水利部先后命名了4批84个水土保持科技示范园区，这些科技示范园区已成为水土流失治理和监测示范、科学研究、技术推广、宣传教育的重要基地和平台，为增强全社会公众的水土流失忧患意识、展示水土流失治理成果、提升水土保持科技水平、促进生态文明建设发挥了积极作用[1]。

深圳，这座由全国人民携手共建的年轻城市，在建市初期因大规模的开发建设造成了严重的水土流失，为因此带来的生态环境恶化付出了昂贵的代价，也曾有过血的教训。1995年后，深圳市委、市政府高度重视城市水土保持工作，历经10余年的探索与努力，深圳城市水土保持工作取得了显著成效[2]。为更好地发挥水土保持的科普教育和示范辐射作用，展示城市水土保持的成果，提高市民的水土保持意识，本着高起点、高标准、新理念的建设方针，深圳市从2007年开始开展了水土保持科技示范园区的建设工作，拟建设一座集科技示范、科普推广于一体的现代化示范基地，一个城市水土保持发展与交流的平台，一个国内外水土保持先进科学技术的展示窗口，一个寓教于乐的户外大课堂。

1　示范园概况

深圳市水土保持科技示范园（以下简称深圳水保园）选址于深圳市南山区西丽水库西南侧，距市中心区12km，交通便利。项目区占地50万m^2，属西丽水库的一、二级水源保护区。园区地貌为低山丘陵，最高点海拔93.7m，最低点海拔35.1 m。园区原先为废弃采石场，曾经水土流失严重，经过初步治理后，水土流失危害减弱。植被主要为人工柠檬桉树（*Eucalyptus citriodora*）林及荔枝（*Litchi chinensis*）林地，物种贫乏，林相单一。园区的地形山谷环绕，南北向的山谷宽阔，为缓坡山地，而园区东南侧的山谷地形曲折蜿蜒，坡度相对较陡。园区大多为燕山期花岗岩，地下水受大气降雨量影响，主要有松散土层的孔隙潜水和基岩裂隙水。

深圳市属南亚热带海洋性气候，温暖无冬，雨量充沛，四季常青，无霜无雪，盛行东南风，7～9月台风较为频繁。多年平均气温22.4℃，其中极端最高气温36.6℃，极端最低气温1.4℃，最热月月平均最高气温32.0℃，最冷月月平均最低气温10.5℃。多年平均降雨量1948.4mm，年最大降雨量2662.2mm（1976年），年最小降雨量912.5mm（1963年），日最大降雨量314.8mm（1966年），1h最大降雨量99.4mm（1966年），降雨多分布在4—9月，占全年降雨量的80%以上。

2 深圳水保园建设的新理念

2.1 新型目标，独特定位

深圳水保园在规划设计初期，考察了当时有代表性的福建金山水保园、茂名小良水保园等地方，分析这些园区的优势和不足之处，同时借鉴台湾水土保持户外教室的理念和方法。在此基础上，结合深圳城市水土保持的特点，确定了深圳水保园建设的目标和定位，提出创建新型水土保持科技示范园的目标，即以城市水土保持为主题的创新建设模式，开展城市水土保持科普宣传、科研试验，结合主题公园建设模式，建设一个风景优美、有文化内涵、科技与艺术结合的专题公园，使参观者在游憩过程中，从多方面接受科普宣传教育。

2.2 关注利用，合理选址

深圳市的水土流失主要因城市开发建设而造成，如采石、取土活动；高速公路、公路、铁路、市政道路等建设；开山造地、填海及机场、港口码头等建设活动；涉及场地平整工程的房地产开发；工业园区及工业企业建设开发；外运土石方的弃置工作（如地铁修建、建筑物基坑开挖、河道清淤等）；环境工程（如纳土场、垃圾处理场、危险填埋场、污水处理厂）的建设与运营[3]。在这些开发建设项目中，开山、采石、取土为产生水土流失的主要来源。

根据深圳水土流失特点、地形地貌特征，园区选址于具有水土流失典型性的深圳市南山区乌石岗废弃采石场内，在废弃场地上进行规划设计。通过对场地的生态修复及水土流失治理，既营造了优美的山水自然景观，又创造性地融入水土保持科普、科研功能。各地水土保持科技示范园大多位于城市边缘地带或者郊区，周边人口密度低，交通等基础设施相对较差，示范园难以发挥示范作用。深圳市人口密集，土地资源紧张，将园区建设与水源保护结合，力争选址在都市区实属难能可贵，其交通便利，人流量大，确保深圳水保园发挥典型带动和示范辐射作用。

2.3 多元融合，水保、文化、景观三位一体

深圳水保园以“水土文化—水土科技—水土保持”为主线，从生态保护的角度，以废弃利用的可循环经济理念，将“文化性”和“景观性”融入水土保持的科普展示之中，以新颖的设计手法概括表达水、土2大自然要素。通过景观化的处理手法，展示水土文化、城市水土保持成果、水土流失治理模式、水土保持科研试验等内容[4]。构建具有深厚中国水土文化底蕴、丰富的水土保持科技知识、具有水土保持研究深度的近自然型水土保持科技示范园，达到寓教于乐的目的。

2.4 润物无声，开辟水土保持科普教育户外课堂

深圳地域面积虽然不大，但有来自全国的众多建设者，具有人口众多的特点，水土保持宣传可起到以一市带动全国的效果。结合中小学生课外实践活动，将水深圳水保园建设与深圳市教育实践基地相结合，不但为社会大众提供宣传教育，也为中小学生提供课外学习、参观的户外教室。

2.5 综合展示，促进技术创新

深圳在城市水土保持方面不断进行探索和创新，为其他城市和地区的水土保持生态建设提供了许多借鉴，为充分展示、宣传水土保持技术和理念，在深圳水保园内集中展示岩质边坡绿化新技术、开发建设项目水土保持新技术措施；城市水土保持监督管理新理念、新方法；在生态、低碳方面的技术应用，如雨水资源利用、废弃材料再利用等；其他城市先进水土保持管理及技术，以及香港、台湾地区水土保持新的理念与技术。

3 深圳水保园建设的主要内容

深圳水保园以“因地制宜、生态优先”为原则，围绕水土文化和科普展示2条主线开展建设，将“文化性”与“景观性”融入一体，使其成为寓教于乐的户外课堂和开放绿色空间[5]，园区包括水土文化展示区和水土保持科技展示区2大部分。

3.1 水土文化展示区

水土文化区规划建设了抽象表达水土文化元素的蚯之丘、土厚园、木华园、金哲园、水清园主题园区和景点，以水土文化为内涵，配合植物造景设计来展示不同颜色土壤与植物相辅相成的

关系[6]。

主门区入口的“蚯之丘”模仿蚯蚓在土壤中拱起的洞穴，做为进入园区的门户，揭示土壤生物与人类活动的密切关系，以及与水土保持的联系。

穿过洞穴之后，进入“土厚园”区，其设计理念源自中国土文化的“五色土”思想，选用中国具有地域标志性的黑土、白土、红土、黄土、青土为素材，用原土分别营造了黑土沼泽、白沙银滩、乡韵红土、水润黄土、青土白茅5个土壤主题园，艺术地展现了中国大地上的重土文化和土壤之美。让公众感受到不同地域土壤的巨大差异，阐述土壤看似平凡无奇实则弥足珍贵的道理[5]。结合室外布置的全国土壤分布模型，认识到全国各地的土壤类型及分布范围，从而将传统文化意义上的土壤分类与现代科学意义上的土壤分类相互对照。

脚踏五土、头顶绿荫拾级而上来到“木华园”。这里原先为人工荔枝林，在保留大部分荔枝树的前提下，在林下空地补植涵养水源、固土护坡植物，如水石榕（*Elaeocarpus hainanensis*）、假苹婆（*Sterculia lanceolata*）、蒲葵（*Livistona chinensis*）、羊蹄甲（*Bauhinia purpurca*）、南洋楹（*Albizia falcataria*）、黄槐（*Cassia surattenais*）、山毛豆（*Cassia alata*）等，形成多树种复层林相，悬挂植物铭牌，了解相关植物知识。

“金哲园”利用原有废弃劣质旧建筑改造而成，设计采用了废弃锈钢板进行空间重组，完善建筑功能，内部改造为4D影院，播放水土保持科教片。“金哲园”技术与艺术设计的结合，将生态与环保的诉求从不同层面表达出来。

“水清园”利用废弃的采石坑低洼地，进行山脉水系梳理，水中的净水植物对周边汇入的雨水起到水质净化的作用。水潭秀柔清冽，崖上石刻、水中游鱼相互辉映，营造一片自然野趣的景象。

3.2 水土保持科技展示区

缘水岸北上，进入水土保持科技展示区，在优美的山林自然环境中有序地设置了水土保持科普、科研设施，主要包括：水土流失模拟试验区、根箱模拟展示区、边坡防护措施展示区、谷坊群展示区、水土保持4D影院、图片展示长廊、全国土壤剖面展示区、水土保持电子游戏区、城市建设水土保持模型展示、径流试验小区、林地水文效应研究区、水土保持实验室等[6]，生动形象地展示了水土保持原理、水土流失危害和水土保持技术成果，使参观者在游览过程中，掌握水土保持的科普知识，增强保护水土资源的理念。

3.2.1 科普示范内容

1）利用变坡陡槽设施，结合人工模拟降雨，建立水土流失模拟试验区。通过2组水土流失模拟试验展台，向观众展示不同坡度和不同地表植被情况下产生水土流失的差异。观察在相同降雨条件下，3种坡度（5°、15°、25°）裸露坡面产生水土流失的情况，3种地表植被（裸露、草皮、乔灌草）在相同坡度（15°）的坡面产生水土流失的情况，让观众直观地认识到坡度越陡，水土流失越严重，地表植被覆盖越好，保护水土的作用越强。

2）各种边坡防护措施综合展示，包括浆砌石护坡、框架护坡、抗滑木桩护坡、生态袋护坡等坡面工程措施及坡面截、排水措施。坡面上的各种绿化措施有喷混植生绿化、液压喷播绿化、铺草皮绿化、栽植乔灌木绿化等。通过这些展示，让公众了解在水土流失治理中将工程措施与植物措施相结合，同时提倡边坡生态综合防护的理念，提高生态保护意识。

3）图片展览长廊，重点以深圳生态环境历史变化为主线，分为历史的天空、哭泣的河流及回归的土地3个阶段，展示深圳生态环境由原生态——规模型破坏——生态型修复的变化过程，突出城市水土保持工作在其中发挥的重要作用[6]。共布置室内展板20张，室外展板60张，室外展板主要布置在入口主园路一侧。

4）采用声、光、电、风、三维动画等高科技手段，在“金哲园”内利用废弃建筑改造为4D影院，制作了一部题名为《水土保持总动员》的水土保持主题4D影片。影片模拟人为破坏生态环境、产生水土流失的过程，通过对沙尘暴、山洪、泥石流等自然灾害的模拟，让观众感受自然灾害的威力，如身临其境。再通过观看各种水土流失治理措施，让观众对预防水土流失、保护生态环境有一个全面、深刻的认识。

5）城市建设水土保持模型展示。为展示深圳在城市开发建设项目水土保持监督管理、预防措施的经验成果，在入口主门区土厚园的西侧，布置城市建设水土保持模型展廊。模型分4组展示了房地产开发建设项目从施工准备期、基坑施工期、建筑施工期、施工结束后4个阶段所涉及的水土流失防治措施。模型采用现代光电技术，对整个场景进行动态展示，展示在开发建设项目各个施工阶段需要采取的水土流失防治措施。整个模型位于以一块和周边环境相呼应的插入风蚀墙体的耐候钢板之下，耐候钢板形成一个可以放置模型的风雨长廊，顶部覆土种植草坪，和红色的耐候钢板形成鲜明的对比，同时又和粗糙的侵蚀墙体肌理形成对比，有较高的趣味性和宣传教育效果。

6）全国土壤剖面陈列室与水土保持电子游戏室。对位于金哲园西边的原三防仓库进行改造，改造后的三防仓库主要分为2大部分，其中一部分用来陈列全国主要土壤剖面标本，另外一部分用来摆放水土保持电子游戏PC机。中国是世界上土壤类型最多的国家之一，主要土壤发生类型可概括为红壤、棕壤、褐土、黑土、栗钙土、漠土、潮土（包括砂姜黑土）、灌淤土、水稻土、湿土（草甸、沼泽土）、盐碱土、岩性土和高山土等12个土纲、28个亚纲、61个土类、233个亚类[7]。全国土壤剖面陈列室以找到你家乡的土壤为主题，符合中国人传统的重视乡土的文化，也是水土保持科普教育的重要内容。展示方式主要采用玻璃圆柱的形式，每种土壤标本配备说明牌，介绍土壤采集地、主要特征及特性等，同时在展厅中央布设土壤剖面结构模型，以更清晰地认识土壤各个层面特征。

水土保持电子游戏以城市开发建设中的道路建设项目为蓝本，以全3D虚拟真实场景的方式展示建设施工工程和水土保持措施。建设施工工程以关卡形式展示，根据现实建设施工工程时序，搭建各种3D虚拟场景，以3D高精度模型配合极接近真实的材质，将真实场景完整还原。操作者在选定的场景区域内对工程建设进行各种操作（如挖土、铺路、拦挡、填土、截排水、绿化等），涵盖施工期各阶段，更好地了解整个工程的防治措施体系及进度控制过程。

3.2.2 水土保持科研试验内容

1）径流试验小区。园区共建设8个标准径流试验小区（垂直投影面积20m×5m，坡度15°）进行水土保持科研监测试验。按照《水土保持监测技术规程》（SL277—2002）的技术要求，结合深圳城市水土保持的特色进行布设。

径流试验小区采用了目前水土保持监测的先进仪器，基本实现全自动化观测和监测数据的实时传输，同时为了科普需要在径流小区设置大型电子展示牌，将监测数据部分内容予以展示，从而让公众直观看到采用不同植被措施下，植被对水土涵养的效果。主要监测试验内容：1＃径流小区为钢筋混凝土格构梁＋喷草灌植被护坡；2＃径流小区为喷草灌护坡（草本：百喜草（*Paspalum natatum*）、狗牙根（*Cynodon dactylon*）；灌木：金合欢（*Acacia farnesiana*）、多花木兰（*Indigofera amblyatha*）、山毛豆（*Cassia alata*））；3＃径流小区铺草皮护坡（马尼拉草（*Zoysia matrella*））；4＃径流小区乔灌混交林（乔木：山乌桕（*Sapium discolor*）；灌木：桃金娘（*Rhodomyrtus tomentosa*））；5＃径流小区为台湾相思（*Acacia confusa*）纯林；6＃径流小区为荔枝纯林；7＃径流小区为柠檬桉树纯林；8＃径流小区为裸地对照小区（CK）。主要监测内容包括：气象数据（降雨量、温湿度、风速、蒸发量等）；径流数据（流量、流速、泥沙含量等）；土壤数据（坡面平均含水量）等。

2）流域水文观测、水源涵养林生态效益监测区。在项目区位于西丽水库集水区出口处设水文观测站，建设观测房，布设测流堰、自计水位计、便携式多参数水质分析仪等仪器，观测、记录集水区汇水总量、流速等水文数据，以及监测全P、全N、COD、径流泥沙含量、pH值等水质特征值，结合气象观测站测定本底资料，计算和分析与流域有关的水文数据，为建立生态清洁小流域提供依据。

在项目区内靠近水库的山坡地上设置2块标准样地，垂直投影面积为20m×20m，进行水库水源涵养林的生态效益监测。主要包括：不同植被条件下的土壤水分监测、土壤理化性质监测、树液流监测、林冠截流、枯落物监测等内容。

3）水土保持室内实验室。实验室位于“金泽园”东侧的原办公楼一层，建筑面积80m^2。室内实验室可为室外试验提供内业分析支持，便于实验数据的及时测定、分析，为数据的准确性提供保障，为城市水土保持的基础理论研究提供依据。主要设置土壤理化分析实验室，配备烘干箱、电子天平、托盘天平、真空干燥器、取样瓶、土壤筛、铝盒、烧杯、试管、PC计算机等基础试验用器材和设备。

4 深圳水保园运营与管理模式

为了减少科技示范园建设及管理中出现的矛盾与纠纷，确保园区建设顺利、后期管理有序，在园区选址地点确定后，就积极办理园区土地使用权手续。经过与深圳市、区国土主管部门的沟通与协调，项目区50万m^2的占地范围办理了土地使用权手续，土地使用权年限为50a。

为使深圳水保园能长期稳定运行，在建设水保园的同时，制定了相应的运营管理制度，明确水保园免费向社会开放，所需管理维护费用列入政府财政预算，按照市政公园管理维护标准下拨相关费用。深圳市水务局通过公开招标形式选定管理维护单位，明确管护责任、管护人员以及各项管理维护内容，保障水保园有经费、有人员正常运营。据资料[8]统计，从2009年开园到2012年底，深圳水保园共接待参观人员近6.6万人，其中自行参观人员3.6万人，团体参观218批次3.0万人，团体类型主要包括水利部及各省市水务主管部门、深圳市相关部门和社会组织机构、深圳市中小学校和幼儿园。深圳水保园开园至今已有2年多时间，其水土保持科普教育、技术交流等功能逐步突显，园区成为政府相关部门开展水土保持宣贯和交流的平台，逐渐成为深圳市开展学生水土保持教育实践的重要场所，成为广大市民接受水土保持教育、进行户外休闲的好去处。从2011年开始，园区自行参观人数超过了团体接待人数，表明园区得到了广大市民的认可和喜爱，成为市民愿意去、想去、爱去的地方。

5 深圳水保园建设思考

深圳水保园从前期的策划选址开始，经过前期策划定位、规划设计、项目实施，直到建成对外开放、运营管理的整个过程，是一项非常复杂的系统工程。在这个过程中，政府各级主管部门、规划设计单位、项目施工单位、运营管理单位等的密切配合，为项目的顺利开展奠定了良好的基础。同时，各个行业领域专家、学者的献计献策，为水保园的准确定位、各项建设内容的科学性、代表性、先进性提供了大力的技术支持。通过深圳水保园建设管理的全过程，有以下三个方面的认识。

首先，要准确定位水保科技示范园的功能。水保科技示范园应以科普宣传教育为主，对推动水土保持国策宣传教育有重要作用，这应该是当前建设水保科技示范园的主导思路。在此基调下，应结合各地的实际情况和水土保持特点，开展相关领域的科学研究、学术研讨活动。

其次，在规划设计上要有创新性。从项目选址到前期策划、规划设计，都要结合当地的资源优势、当前水土保持的发展特点以及历史上水土保持的经验教训。选址应考虑交通的便利性，便于广大市民前往参观。同时所选的地点应能代表该地区的水土流失特点，应具有代表性、典型性。在规划设计上，应有多专业领域的合作，如水土保持与城市规划、景观、生态、建筑等专业的融合，方能打造有鲜明特色的城市水保示范园，而不是单纯展示水土保持技术措施的示范园，让参观者在游览的过程中，不仅能学习水土保持知识，还可通过景观、建筑、生态的体验，激发深层次对水土保持学科的理解与思考，不要局限在各种技术措施、科研试验的技术层面上，从而为推动水土保持的社会宣传、理论与技术的发展起到积极的作用。

最后，要有良好的运营管理机制。鉴于目前的形势，不宜采用以园养园的模式，水保科技示范园属于社会公益性的主题园区，应当纳入政府公益服务管理的范畴，可参照市政公园的管理模式，园区的运营维护费用纳入政府财政预算，才能保障水保科技示范园能长期有效的运行，为社会持续不断地发挥宣传教育功能。

参考文献

[1] 许国平. 水土保持科技示范园建设应当注重的几个问题［J］. 山西水土保持科技，2010，23（2）：23-24

[2] 何昉，王永喜，李辉，等. 从城市绿地系统规划看城市水土保持生态建设［J］. 水土保持研究，2006，13（5）：241-244

[3] 吴长文. 城市水土保持的理论与实践［J］. 中国水土保持科学，2004，2（3）：1-5

[4] 郭泽莉. 汇集先进技术的完美课堂（N）. 中国花卉

报，2011 -02-17（S03）
［5］ 马义虎，赵一，郭江红，等．水土修复：深圳水土保持科技示范园［J］．风景园林，2010，86（3）：92-95
［6］ 郑佳丽．广东省深圳市水土保持科技示范园助推生态文明建设［J］．中国水利，2011（1）：72
［7］ 全国土壤普查办公室．中国土壤分类系统［M］．北京：农业出版社，1992：1-50
［8］ 深圳市水土保持办公室．深圳市水土保持简报．［2009 年第 12 期，2011 年第 2、12 期，2012 年第 12 期］．

（本文曾发表于 2013 年 8 月《中国水土保持科学》）

居住区景观设计中的成本控制研究

魏 伟 郑 煜 李 东

【摘 要】 文章在分析居住区景观特点的基础上，从产品定位、目标成本、级配体系、设计控制、成本优化等方面进行探讨，提出景观设计上成本控制的策略，其目标不仅是降低造价，而且成本要与景观品质相匹配，实现景观效益最大化。

【关键词】 居住区；景观设计；成本；效益最大化

引言

居住区景观在房地产开发中具有重要的作用，良好的景观品质可以极大地丰富住宅产品特色，提升产品竞争力。其中，景观品质的高低与成本密切相关，过高的景观投入会增大成本压力，降低利润；而低品质的景观则难以支撑销售，不能实现产品溢价。一个项目到底应该在景观上投入多少钱，平衡点在哪里？景观造价标准确定后，如何在设计上有选择地投入，用有限的资金打造最好的景观品质？这是让很多景观设计师头痛的难题。笔者认为，居住区景观设计的成本控制不是简单地降低造价，还要能提升景观品质。促进景观效益最大化。而实现的重点在于前期决策和景观设计。

1 准确的产品定位

在项目前期决策阶段，需要根据市场和客户研究准确地对产品进行定位，要有清晰的产品策略。景观定位主要包括四个部分：定品质、定风格、定功能和定特色。首先根据市场竞争和财务评估情况，以及项目价格定位，地产公司要判断什么品质的景观才能支撑这个售价。基于景观品质要求进行考虑，才能决定后续的景观成本投入。

其次是定风格。景观风格是多样的，欧陆风、东南亚、中式……其中又有细分，如东南亚风格分为现代泰式、普吉岛风情、巴厘岛风情等。需要根据市场定位。结合项目整体风格，确定景观风格。不同的风格除了影响景观效果外，还对成本投入有影响。如欧陆风格因对装饰、铁艺、雕塑、水景要求较多，造价就偏高，而现代风格造价相对较低。

第三是定功能。要界定不同客户对景观功能的不同需求。如不同客户对大门、会所、绿化、水景等景观节点的关注程度不同。首置首改类客户更为关注活动场地，再改类客户更为关注景观品质和绿化。对球场、健身场地、儿童活动场、老年活动场地等的需求各不相同，如单身公寓，就不需要太多老人活动场地。这些需求决定了后续景观成本的重点投入方向。

第四是定特色。市场上很多楼盘景观风格趋同，这时就要做到景观差异化和特色化，才能给客户留下独特的印象，营造卖点。如自然湿地、康复花园等非常规的设计内容。这些特色也要在前期明确提出，作为后续景观特别关注的地方。

一旦产品定位不正确，往往导致设计方案要调整甚至重做，不止浪费设计费，还会影响开发周期，已经施工的要整改返工，可以说最大的成本浪费来自前期产品定位错误。

2 合理的目标成本

根据明确的产品定位和需求，景观需要在设计开始之前就有一个成本控制目标。这个成本目标是理性的，既不能为了景观效果盲目追加成本，也不能为了降低成本而牺牲景观品质，要争取找到这个边际效应的最合理点。可以通过两个方法确定目标成本，一是比较法，根据片区楼盘竞品情况，估测要达到的景观效果，根据经验确定项目的景观成本。二是级配法，通过建立完善的景观成本级配数据库，进行综合判断分析。以深圳地区中低端高层项目为例，建议景观级配标准可以分为C300、B450、A600三级体系。高端项目涉及因素较为复杂。景观投入较高，需要单独确定。根据客户属性、空间形态、容积率、建筑覆盖率、景观面积、风格、造价、售价等不同方面，编制景观成本级配信息表。参见表1。

景观成本级配信息表 **表 1**

项目名称	四季花园	河畔花园	滨湖印象
客户属性	首置首改	首改再改	再改为主
空间形态	高层	高层+小高层	高层
容积率	3.0	2.5	1.6
红线面积	10 万	10 万	10 万
建筑面积	30 万	25 万	16 万
建筑覆盖率	27%	45%	35%
景观面积	8 万	6.5 万	7 万
风格定位	现代东南亚	西班牙风格	现代中式
景观级配	D	C	B
景观造价	300 元	450 元	600 元
折算楼面造价	80 元	117 元	262 元
单方售价	7000 元	15000 元	30000 元
景售比	1.14%	0.78%	0.87%

其中，因为地价、售价均以楼面面积来计算，景观面积与建筑面积并没有直接的线性关系，可以把景观单方造价按照楼面面积折算，然后跟售价比较，得出一个数字简称为景售比，从中可以看出景观成本与建筑成本以及售价的关系。根据深圳地区约 15 个高层项目的数据分析，这个比值多在 0.5%～1.5%之间，算术平均值约为 1%，可以在定景观成本级配时作为参考。过低可能意味着景观没有完全发挥对售价的提升作用，还有余力可挖。数值过高，意味着成本投入可能偏大。不同城市情况不同，景售比的参考值也会不同，很多二三线城市售价只有四五千，景观品质要求却也不低，单方成本也要 300 元。景售比这个值就更高。因为售价还受到区域、位置、交通、配套、户型、立面等因素的制约，并不能完全从售价的角度确定景观成本。项目景观成本目标要根据多项因素综合分析后确定。

3 设计中的成本策略

设计阶段在开发过程中有着重要地位。决定了 70%～80%的成本。成本不是优化出来的，而是设计出来的。这句话是非常有道理的。要根据前期的产品定位，确定好的风格、需求、配套等，以及景观级配标准和目标成本，在设计过程中进行成本前置和分项细化控制。节约一切可以节约的费用，投入到必须做好的内容上。

3.1 设计的价值观

景观设计要用有限的成本做出最佳的效果，然而一个居住区的景观设计是否最佳，是仁者见仁智者见智的事情。笔者认为，居住区景观首先要实用，要满足使用功能。锻炼、休憩、运动、散步、聊天等需求是必须要满足的，钱再少也不能缺。其次要均好，居住区各个区域应均衡照顾，不能厚此薄彼。活动场地要考虑服务半径，方便居民。反例是有些开发商重展示区，投入大量资金，一旦销售完毕，入伙区的情况就惨不忍睹。其三要美观，在实用的基础上美观，满足居民对的审美需求。责的不一定就美，用廉价的材料打造优美的景观。这需要设计师发挥艺术创意。其四要生态。通过合理的植物配植，营造适宜蝴蝶、小鸟、蜗牛等小动物生存的生境，人与动植物可以和谐共处，对于小孩子来讲，这是最好的自然教育环境。

3.2 分区控制

居住区景观中，居民对各个区域的日常使用频率不同，如果成本有限，首先应尽可能保证参与人数最多的区域，人气最旺的区域景观品质应当最好，人数较少的区域可以适当降低品质要求。对不同的区域实行不同的造价控制。通常可以分为三类，重要景观区、公共景观区和宅间绿地。如果以 C300 级别为例，重要景观区包括入口、轴线、核心景点等，要加大成本投入，单价可做到 500 元以上，公共景观区造价控制在 300 元左右，宅间绿地可以适当减少成本投入，单价控制在150元左右。在设计景观之初，就需要针对目标成本确定不同区域的控制造价，并在设计过程中落实。

对与居民关系密切的流线，如从小区大门到住宅的人行路线、日常的散步道两侧等做重点投入。对于居民感知较弱、参与性较少的区域则减少投入。不建议为了追求即时效果，对展示区过度打造。以免居民真正入住后见到较差的入伙区景观会形成巨大心理落差，引起投诉。因为开发周期的原因，考虑到施工结束到入伙还有一段时间，入伙区可以给植物生长留出空间。植物密度和规格都可以适当减小，尤其是灌木，生长很快，这也会节约不少成本。

3.3 景观指标控制

建立景观的面积指标模型是保证景观品质、控制成本的有效手段。在景观中，软硬质景观造价相差很多，硬质景观单方造价一般是软景的两倍。

首先是软硬景面积比，需要采用弹性控制的方法，通常我们按照7：3控制，如果容积率较高、景观面积小、客户对活动场地需求大，可以按照6：4控制。如果容积率低、场地需求小或者周边有公共活动场地，软硬景比可以控制在8：2。不能为了降低造价或者美观，没有原则地压缩活动场地面积。对深圳多个居住区居民满意度的调查显示，大家最不满意的就是活动场地不足。在高层项目中，通常可以按照户均面积指标进行活动场地的控制，儿童场地按照户均大于0.25m²，老人活动户均大于0.4m²，运动场地户均大于1.0m。泳池面积户均0.12～0.5m。活动场地面积总计大于户均2.0m²。活动场地的面积约占整体景观面积的10%～12%。

其次是单项控制，在硬质景观中。按单方造价从高到低依次是：建构筑物、泳池、水景、贵材铺装、普通铺装。造价比约为15：10：5：2：1。所以硬质景观应主要控制建构筑物数量、泳池面积、水景面积、贵材铺装面积、普通材料铺装面积等指标。软景中，同样的投影面积，乔木、灌木、草地的价格比约为（10～15）：5：1。特别是胸径20cm以上的大乔木通常占了软景成本的50%以上。而同样的乔木因规格、品种不同，价格差异也很大。大面积草地、疏朗的空间，造价会较便宜。软景成本主要应控制大乔木数量、乔木密度、草灌面积比这三个指标。从经验数字看，以景观单方300元造价为标准，选取了6个指标，给出建议值，参见表2。

景观指标表 **表2**

分项	软硬景比	水景面积	贵材/铺装	大乔木数量	乔木密度	草灌比
指标	7：3	<2%	<40%	<40%	3棵/100m²	>30%
备注	上下10%	不含泳池、软水景面积	贵材指石材、木材等较贵的材料	大乔木（胸径20cm以上）跟乔木总数的比值	每百平方米乔木数量	景观总面积大，草坪比例可以增加

各个项目情况千差万别，以上这些参考数据都不是刚性的，设计中要根据实际情况和每个项目的需要灵活调整。

3.4 材料和细节

在各项景观指标满足级配标准要求后，下一步的成本控制就是材料和细节。材料方面对成本影响较大的是品种、厚度、规格、面层。

3.4.1 品种选择

以石材为例，同样是黑色，就有芝麻黑、中国黑、丰镇黑等之分，不同颜色的价格甚至相差近一倍，宜多选用本地的品种，价格较低，运输又方便。有些砖比石材还贵，如大连砖、小青砖等，也要适当控制使用。材料难讲好坏，卵石、洗石米等便宜的材料，设计得好，照样出彩。

3.4.2 控制厚度和规格

石材的厚度要根据位置进行区别，景墙花池压顶应厚50～100mm，台阶踏面厚30mm，人行铺装厚20mm，车行区域厚30mm等。部分台阶和压顶也可以采用拼贴的办法。规格方面要进行模数控制，以提高出材率，减少切割中的浪费。车行区域因为承重原因，规格不宜超过400mm，大规格容易被压坏。

3.4.3 控制面层石材面层

从粗到细可以分为自然面、菠萝面、凿击面、斧剁面、荔枝面、烧面、水洗面、切面、光面等。同种石材，不同面层的加工费各不一样，如烧面相对于荔枝面每1m²加工费至少便宜10元。

3.4.4 铺贴方式

在设计细节上，注意模数和对位，减少材料的现场切割、石材的乱拼或者冰裂纹。人工费比规则铺装要贵一倍。还浪费材料。可以用石材和水泥砖或洗石米等材料相互搭配的方式。

3.4.5　植物选择

树种本身没有贵贱，形态特性不同而已，不宜执迷于价格昂贵的树种，可以多用本地乡土树种，树形优美即可。很多树种昂贵多是因为本地稀少，需要进口运输而产生高价，如加拿利海枣等。

3.5　布局与空间

在总体布局上采取一些策略，既可以降低成本，又不损害景观品质。

3.5.1　集中布置

指将活动场地相对集中，在服务半径内，围绕组团中心布置。老年人活动场地与儿童活动相邻，既方便老人看护小孩，而且场地集中又可以减少造价。运动场地中，如篮球场、羽毛球场可以布置在一起，或者混用，利用不同的划线形成多功能场地等。

3.5.2　空间塑造

小区景观中，空间的设计是首要，空间的分割与穿插、步移景异可以带给居民不同的感受。构筑物、植物、硬景等均是围合空间的形式。亭廊、花架、景墙、围墙等构筑物价格较贵，设计中应该少用，尽量用植物来围合空间。人的视线高度平均约 1.6m，如果地形平坦，只用植物分隔。需要高规格的灌木、小乔木等搭配，才能达到效果。多利用土方来塑造地形、界定空间和控制视线，地块做到 1m 高度，加上 0～7m 以上的灌木，就可以起到阻挡视线、围合空间的作用。地形的塑造可以降低所使用的小乔木、灌木的规格和密度，有效降低成本。

3.5.3　距离与效果

景观设计要注意远近相宜。近人的或是居民关注较多的区域，景观精细度要高，植物设计注意乔灌草搭配，强调色叶、花果、常绿落叶相互协调，资金应重点投入。远离人们视线的区域，可以减少成本投入，保证远观的效果即可，加强天际线、轮廓线的控制，以及迎视线面的效果控制，细部可以简化。

3.5.4　植物配置

要保证灌木和小乔木的量（也是为了控制视线和界定空间），乔木方面要保数量压规格，中小规格即可，大乔木只在绿地的空旷处点缀一二作为视觉焦点。

3.6　标准化设计与战略采购

标准化不等于抄袭或者拷贝，而是对已经成熟的景观大样做法和材料部品等进行产品固化，以节约设计时间和缩短采购周期。首先是建立通用做法图集，对车行道、人行道、基层、停车场、雨水口等的常规做法进行规范化、标准化。其次，选取石材、砖、木材、灯具、座椅、雕塑等景观要素常用的品种，建立图库，设计中至少 90%要从常用材料或部品库中选取，留 10%的余地，创新应用别的材料，这样可以极大地降低采购难度。后续可以采取战略招标的方式，确定年度供应商，既可以缩短采购周期，又能保证质量和供货进度。而且对施工单位的战略采购还有着磨合度好、熟悉工程做法、样板先行、施工提前进场、节约招标时间等益处。

3.7　设计质量与开发周期

设计过程的管理影响着设计的周期。而设计成果是否能按时保质保量地交付，又直接影响了运营计划。对地产公司来说，时间就是金钱，项目对开发周期有着严格的要求。错、漏、碰、缺等各种不完善的图纸，将浪费后期工作的时间和增加无效成本。采购和工程的时间计划也在很大程度上受到设计的制约。设计要避免采用一些不成熟、浪费人工的施工做法，避免用采购周期特别长、加工复杂的材料。一些雕塑、艺术品或者特殊加工的小品要预定。确保满足工期需要。现场窝工或者被迫变更设计和材料，可能会延长施工周期，严重的会拖延销售计划。

4　成本优化

设计不是生产，是一个创意的过程，无法保证每一阶段的成果都能恰到好处地实现成本的目标。另外，因为宏观调控带来的中国房地产市场的不确定性，售价经常出现涨跌，引起景观产品策略的变化，此时就要进行成本优化工作，包括降低和调高造价。

4.1　降低成本

降低成本的重点在于，刀往哪里砍才能将对

景观品质的影响降低到最低限度。首先当然是软景，软景优化成本的余地最大，例如草坪面积大或小多是影响景观感受，不影响景观品质：是用香樟还是大王椰子做行道树，只关系到空间感受和风格，难说贵贱。增大草地面积，减少灌木面积，减少乔木密度，减少大乔木和特大乔木数量，更换便宜树种和灌木品种等，是降低软景成本可以依次采用的有效手段。方法得当，软景成本可以有下调30%左右的优化空间。其次是硬景部分，硬景的调节余地较少，可以依次采取减少景亭廊架的数量，减少水景木平台的面积，减少铺装面积，更换便宜的材料品种、减少材料厚度等措施。但是尽量不要采取有损功能的方法，如取消活动场地。水电结构部分也可以采取优化措施降低成本。

4.2 品质提升

市场有需求的时候，就要提升品质，那么钱往哪里投最为有效，最易出景观效果呢？可以用来增加配置，如泳池、活动场地等。假定前述的景观设计指标、软硬景比例、活动场地比例均得到了较好的控制，能满足使用需求，那么从经验上看，首先应加强对重点区域、重要景点的投入，其次，因投入到硬质景观的作用不大，更有效的还是投入到植物和软装部品上，例如采取提高中层灌木的丰富度，增加开花类植物、大乔木的数量，提高主景树和孤植树的品质、行道树的品质等措施。软装部分，可以增加雕塑、小品、座椅、艺术品等，营造更适宜的氛围。

5 结语

巧妇难为无米之炊，成本与景观效果密切相关，从景观设计角度提升产品品质，必须要有明确而清晰的成本策略，必须系统思考，从策划、设计、成本、采购到工程等多环节协同发力。从布局、功能、面积、材料、植物、地形等方面着手，优化成本控制。要以设计为中心，建立多专业协同工作的平台，通过多方协作和全过程的景观管理，才能真正做到基于成本最优的景观效益最大化。

（本文曾发表于2013年8月《广东园林》）

深圳鸿景园园林设计心得浅谈

徐旭光　宁旨文　吴瑱玥

【摘　要】鸿景园地处深圳市宝安区，是该区最具品位的高尚园林社区之一。以该社区园林为例，通过分析方案的立意与构思、园林空间布局、重要场景的设计手法和园林素材的运用等多个方面，探讨异域风情园林的创作方法。

【关键词】风情园林；艺术与健康社区；生态家园；场地规划设计

1　项目概况

鸿景园位于深圳市宝安区，占地 4.668 万 m^2，建筑面积 21.021 万 m^2，容积率 3.5，绿化率 69%。项目由 11 栋 23～28 层的点式塔楼围合而成，总体规划在中心形成了一个近 3 万 m^2 的中心花园。小区建筑与园林竣工时间在 2005 年 5 月上旬。

虽然鸿景园周边配套设施比较齐全，但因宝城 34 区为老城区，四周环境比较杂乱。既然周边无景可看，而物业又定位为高档物业，那么小区内部环境品质必须达到相当的水平。开发商对园林设计的要求为：一是要有自身特色；二是反映较高的审美价值；三是园林环境功能与周边环境相协调，使园林成为物业最大的卖点。在多家方案竞标中，深圳市北林苑景观与建筑规划设计院设计的方案成为最终中标方案。

项目完成后，销售业绩很好。本项目园林设计曾于 2004 年获得深圳市国土房管局宝安分局颁发的宝安区“最佳园林设计奖”和“最佳人居环境奖”，项目建成后曾引来许多园林专业人士前来参观学习。

2　方案的立意与构思

该项目建筑先行设计，为简约欧洲古典主义风格。与之相呼应，园林风格定位为南加州风格，一方面透露异域文化的神秘感。另一方面，则取意于南加州的阳光、海水和棕榈林等自然要素，与深圳的人文地理相统一。

因小区北高南低，高差近 7m，点式建筑的平面布置亦不规则，从客观的制约条件来看，小区园林形式应该为自然式。但是，若园林形式选择纯自然式，则容易使整个小区园林空间太“软”而使其整个社区空间有失秩序。方案采用通过一条主轴和两条隐轴来控制，以及几个半规则场地（入口广场、泳池、与老年人活动场等）的空间制约，使自然式与规则式园林完美结合，整个社区环境自然而有序（图 1）。

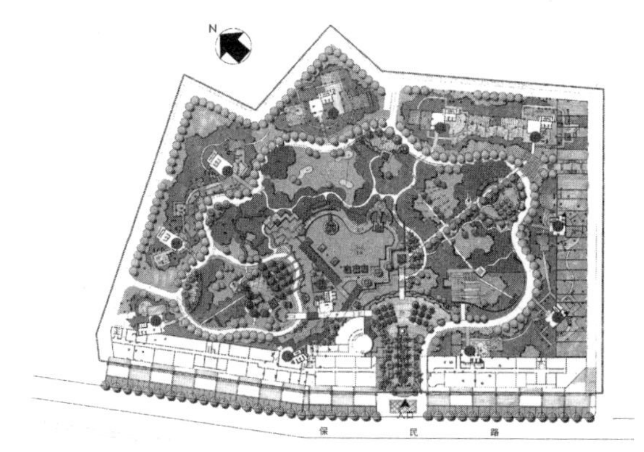

图 1　总平面图

3　园林空间布局

小区动静分区，人车分流。园区北侧一带以茂密的种植为主，南侧偏重于活动场地与硬质景观，与南侧主入口街区呼应。树林草地沿小区北侧建筑至西而东自然展开，使小区南侧较集中活动场地处在整个绿树丛林的环抱中，动静也有了区分。同时绿树遮挡了视线，避免了南北建筑的对视。车流自小区外围环路进入地下车库；人流自主入口始，一部分左拐穿越 1A 栋架空层进入西区建筑，一部分则向前或向右进入小区其他建筑。

作为构图中心的泳池和几条小区轴线共同构成整个小区园林骨架。以泳池为中心，其周边景观则呈动态向心之势，或轴线，或主透景线，于泳池内交汇，空间内敛，突出主体。园区分一条主轴两条隐轴。主轴亦是园区一条主人行通道，其走向为：从入口前广场经甬道至入口后广场，再经中心方亭转至化石走廊，至老年人活动区后，于东侧次入口结束；沿主入口前广场拾级而上，经广场甬道至入口后广场，再登高经中心方亭，沿化石柱走廊至老年人活动场地，于小区次入口结束。两条隐轴中，一条为：4A 栋与 3＃楼间消防车入口至方亭 3，再由方亭至泳池瀑布亭 4。另一条则为：从泳池架空层内木制平台到亭 5 再至 2B 栋塔楼大堂入口。两处隐轴虽与游览路线不完全一致，但对制约各个景观要素之间的关系，引导游人的视线（强化透景线），同主轴线一样，作用不可小视。

在竖向设计上，小区园林在两处巧妙消化因地下车库产生的南北高差，一处在主入口后广场弧线景墙沿线，另一处则在游泳池与自然溪流外边缘沿线。广场背景墙既是地下车库挡土墙，亦是下沉式广场的背景墙，围合空间，形成入口障景。游泳池与溪流水景北面是 1.5～3m 高地库挡墙，原本不美，园林设计却巧用坡降，设计层跌景，使两水体空间相对独立且具隐私性，同时，为水体边缘沿线丰富的序列景观塑造提供有利条件。除以上高差集中处理外，其余高差则通过设置缓坡或不连续台阶解决。缓坡与不连续台阶的设置方式，则为植物形成多层次的景观创造了绝佳条件（图 2）。

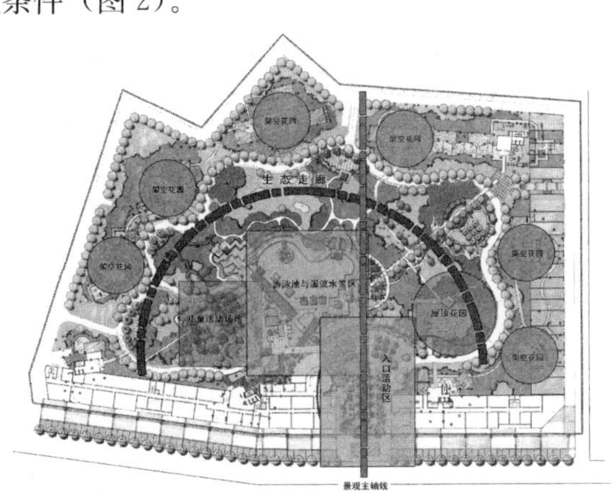

图 2　功能分区

4　重要景观区设计——艺术与健康的体现

4.1　主入口至侧入口主轴线

位于此轴线上的园林场地有：主入口前广场、主入口后广场、轴线转折节点——中心方亭、化石走廊、老年人活动区、次入口广场。

主入口区由前广场、甬道和后广场组成。为保证景观的连续性，前广场与后广场间坡降为 1.20m。一条水渠由后广场流入前广场，使前后广场贯通成为一个整体。水渠源头是后广场中心高耸的近 4m 的水钵，水从水钵内流出，跌入广场中心的方形水池，再经层层叠水，于入口圆亭底部汇集，最后跌入前广场水池。最后一次跌水形成一道高 1.5m 左右的水幕。

在甬道左侧靠近会所后门处，有一处休息平台与旋转门柱水景相结合的场景。此处场景优美，主要为会所提供借景和休闲之用。

主入口后广场为小区人流的聚散地。由广场中心水池、水钵、雕塑背景墙、景墙前水池、栈桥、石雕、遮阴乔木林等景观元素构成。广场规模宏大但尺度宜人，为较好的社区活动与交流场所。

穿过后广场木栈桥，沿台阶登高而上，则来到中心点的方亭。该亭为主轴线的转折节点，亦是绝佳观景处。从方亭南望，是规模宏大的入口广场；西望，是波光粼粼的泳池和溪流水景，东北向则是化石走廊与老年人活动区。该亭屋顶面宽 6m，占地近 30m^2，体量为小区七座景亭之最（图 3～图 5）。

图 3　实景 1

化石走廊是一条连接方亭、老年人场地至次入口宽 2.5m 的景观走道。化石柱为人工雕刻的黑色花岗岩石柱，高 2m，共 12 个，表现 12 种子遗植物的图案，艺术与科普合一体。

老年人活动区包括老年人舞池和居民健身区。老年人舞池为一圆形下沉式场地，用弧形景墙和

图 4　实景 2

图 5　实景 3

花架围合，虚实相宜。老年人舞池在施工时取消了舞池左边的斜面花池改做水平的木平台，使舞池兼具了小型剧场的功能。围绕舞池外围是三块铺有塑胶垫的小场地，内安置有健身器材，供小区居民健身用（图 6）。

图 6　老年人活动区

次入口广场面宽相对狭窄，是行人和消防车的出入口。因两侧为较高的商铺侧墙，在设计时，一方面增加了两条小跌水打破其单调，另一方面，则用贴墙的怪鸟石雕膨大的尾部对墙面进行装饰。主轴两端高差近 6m，沿线场地众多，景点丰富。拾级而上，景观空间序列如画卷逐一展开，艺术感受强烈。而不时驻足回望，则又是一番奇妙感受。

4.2　游泳池与溪流水景区

4.2.1　游泳池

小区游泳池紧邻 1A 栋架空层，是整个小区园林构图的中心。泳池选址于此，既满足最佳景观资源共享的原则，亦解决了处于小区主入口正面的架空层内部景观观赏性不足的问题。同时，在太阳处于西南方向时，使泳池处于 1A 栋建筑的阴影之中，避免下午游泳时的暴晒。泳池面积约 1200m^2，为当时宝城区住宅泳池面积之最。成人游泳池边线为弧线与折线相结合，泳池边有大小不等多个花池，池中有圆岛，以木栈桥与岸相连。成人游泳池周边点缀有趣味各异的景点，分别为——北侧：瀑布亭、休憩架空平台；西侧：自然溪流、更衣间、木平台与落水方亭；南侧：儿童戏水池、折形花架与吐水墙；东侧：大方亭和镂空浮雕景墙。限于篇幅，本文仅介绍瀑布亭与休憩架空平台、溪流水井三处景点（图 7～图 8）。

图 7　小区实景图 1

瀑布亭景点由一层平台、二层平台、弧形大楼梯、方亭等部分组成，消化并利用了地库产生的高差。一层平台与泳池平面相平，分过道与水吧两部分。在方亭立柱内有水吧台，正面对应的是泳池内的水吧凳，坐在水吧凳上可以拿到水吧台上的饮料。二层平台由走道、水渠、木灯柱与栏杆、石雕与瀑布等组成。水由一圆形水池流出，

图 8　小区实景图 2

经水渠汇入亭下方形水池内，再经水口形成瀑布，跌入游泳池内。倚方亭栏杆南望，可见泳池全景。二层平台施工用材全为石材与实木，工艺极其精美（图 9、图 10）。

图 9　小区实景图 3

图 10　小区实景图 4

休憩架空平台由泳池设备用房改制而成，分三层，地下一层为设备房，有楼梯与门通往地面。地上一层北面背靠挡墙，另三面以石柱支撑，内放休闲躺椅，供人游泳后临时休憩。地上二层则为休闲登高处。平台处有弧形花架、雕花铁艺栏杆与石雕花钵，于台上能以独特视角赏泳池全景（图 11）。

图 11　观景挑台

4.2.2　溪流水景

溪流由成人泳池西北侧高地一方亭跌下，沿 1A 架空层柱子向南，层层入 1B 架空层内。站在溪流顶端方亭内，看溪流南去，异常悠远。见绿树环绕，水流潺潺，几处石景，几多蛙鸣。溪流中的植物以盆栽种植为主，不与水体直接接触，既保证了生态水景的观赏效果，又便于水池的卫生管理（图 12）。

图 12　溪流

4.3　儿童游乐区

儿童游乐区考虑到儿童的独特行为特征，使其置于 1A、1B 栋建筑及溪流水体环抱的相对封闭的空间中。儿童游乐区由游乐场、游戏沙坑和看护亭三部分组成。游乐场为下沉式场地，场地侧边石材全都圆角处理，置乔木遮阴。场地内铺红黄蓝三色塑胶垫，上置儿童游乐器材。游乐场地西北侧为沙坑，内置白沙，既适合观赏亦可供孩子玩耍。沙坑与游乐场之间有一方亭，内设坐凳，是成年人看护孩子之处。儿童游乐区向东，有几条导向性小道，穿过消防车道，延伸至自然溪流边。整个儿童游乐区背靠土坡，面临溪流与泳池，置身于此，看孩子们游乐，心情欢跃（图 13）。

图 13　儿童游乐场

4.4　架空层与屋顶花园

鸿景园的架空层设计，一方面要解决部分功能设置问题，另一方面，因住宅建筑入口大堂隔断全为落地玻璃，必须为大堂提供借景。在做设计时，在大堂可见范围的架空层空间，以墙面装饰画（石字画与砂岩浮雕）的陈设和观赏植物的布置来实现借景要求；而在远离大堂的架空层空间，则多用铺装，上面布置休闲桌椅，游乐设施及健身器材，这样，业主既可享受室内空间的安逸、隐私，又能感受自然界的气息和风光（图 14）。

图 14　架空层

屋顶花园位于小区篮球馆的天面，由小广场、花池组、廊架、走道、木平台及花木草地等景观要素组成，是一个相对独立与宁静的空间。从屋顶廊架向泳池、老年人场地望去，有种登高远眺的意味（图 15）。

图 15　屋顶花园

5　植物配置——生态家园

小区北高南低的地势为植物景观多层次布置创造了有利条件，依坡势植被逐层展开，种类、疏密和色彩都呈有序的变化，达到了步移景易的效果。

重要场地，如主入口广场区域、游泳池区域，多配置棕榈科植物，保证其视觉效果，亦借此呼应其园林风格。同时，增加高大阔叶乔木，保证遮阴与生态功效。部分坡降复杂的地段，则人为减小植物中间层次（小乔木或大灌木层次），以避免植被杂乱。为体现季相变化，部分地段还种植了落叶乔木，像洋紫荆、大叶紫薇、大叶榕等。为了四季有花香，特在不同地段配置各季节交替开花的芳香类植物。而在一些特别的地段，则选择特别的植物，例如，在入口处使用了加拿利海枣，溪流处配置了垂柳、红千层、鸡蛋花、海南椰子、软叶刺葵等。儿童场地则用了黄金竹，酒瓶椰子、木樨榄仁球、鸡蛋果、桃叶珊瑚等植物。

6　园林小品、雕塑与地面铺装——艺术细节

鸿景园园建主要为亭、廊和景墙三元素。社区园亭七个，廊架六个，挡墙则几乎遍布全区。园林亭、廊不追求单体形式的复杂变化，但追求整体的协调关系和空间构成。也就是说，鸿景园的园建不以单体而是以整体取胜。下面以亭与挡墙为例来说明。

鸿景园所有方亭形式：支撑柱体为方形切角石柱、屋顶为尖坡红瓦方顶、吊顶为木挂板、檐口则为仿木外墙漆。各个方亭虽大小不一，但长宽高及各节点比例则是完全相同。虽然单体亭除体量外，造型并无变化，但是，在哪里设亭，在什么高度设亭，在规划设计中则费了很多心思。从空间布局上看，每处方亭都是空间构成不可或缺的点，都是绝佳的观景处，而且，亭与亭之间，亭与其他园林景观要素之间，都能找到合理的逻辑关系。再如挡墙，做法大体一致：碎拼黄木纹（部分水景驳岸为蘑菇面锈石）贴面，锈石两道线脚压顶。但是，在挡墙高度，方向走势以及长度上，则是从空间构成、视觉效果、功能要求等整体考虑。从建成后效果看，正是这些挡墙构成了园区最美丽的风景线。

鸿景园的雕塑以怪拙见长，每处雕塑似乎都有一种神秘隐喻或传说。鸿景园雕塑全为石雕，且数量众多，仅类别就有15类之多。砂岩浮雕在园区也被广泛应用。浮雕以表现南加州风情为主题，雕刻精美。

鸿景园铺地为石材和渗水砖，环保耐用。铺地材料与园建及雕塑小品等在材质上有机统一。石材虽成本较高，但其质感和固有的耐久性在高档社区中具有不可代替性的价值（图16～图18）。

图16　挡土墙与蹬道

图17　小区实景图5

图18　铺地材料

7　结语

要设计异域风情的园林精品，必须对异域园林风格有较深入的认识和了解，对园林内外环境空间设计有较准确地把握，将各园林景观要素合理运用，并将生态筑园的理念贯穿其中，只有这样才能做成主题鲜明又能适合本地人文与地理的优秀作品。同时，设计方与开发商之间的良好互动与配合，也是项目成功的关键。本文尝试解析本案园林设计与各环节中的设计心得，与同行交流互勉。

（本文曾发表于2006年6月《风景园林》）

简述园林植物设计中的韵律

陈秀芹

【摘 要】 本文从植物的观赏特性出发，由植物的色彩、质感、空间体量等三个方面，探索如何在园林设计中体现植物的观赏韵律。植物的观赏韵律遵循造园艺术和绘画艺术的基本原则，即统一、均衡以及调和。植物搭配的韵律，主要有简单韵律、交替韵律、起伏韵律、拟态韵律以及交错韵律；在实际运用中，要重视了植物搭配的立体空间形式，营造出层次丰富的视觉效果。在植物设计上对色彩、质感、空间的结合运用，是此文研究的重点。

【关键词】 韵律美；色彩搭配；质感对比；空间搭配；秩序；节奏

韵律，即是节奏上的变化规律。韵律不仅存在于诗歌、音乐等艺术中，也存在于其他的艺术形式中，如美术、建筑、园林景观等等。韵律是构成系统的诸元素形成系统重复的一种属性，也是使一系列大体上并不相连贯的感受获得规律化的最可靠的方法之一，韵律是构成形式美的重要因素。

园林植物设计中的韵律，主要是一种视觉观赏上的连续性节奏变化。

植物的观赏韵律遵循造园和绘画艺术的基本原则，即统一、均衡以及调和。当形、线、色、块整齐而有条理地重复出现，或富有变化地重复排列时．就可获得韵律感。植物搭配的韵律，主要有简单韵律、交替韵律、起伏韵律、拟态韵律以及交错韵律等几个方面。

1 园林植物设计中的简单韵律

园林植物中的简单韵律，主要体现在同种因素等距反复出现。这种情况最常体现在道路中间带、景观中轴线以及一些广场绿化种植上。

园林植物设计中的简单韵律体现了一定的经济性。在高速公路中间带设计上，运用整形灌木作为绿化分隔带，合适的种植间距既能隔离对面直射来的车辆灯光，保证行车安全，同时通过减小种植密度，合理降低种植成本和养护成本。

园林植物设计中的简单韵律还具备强烈的心理引导暗示特性。这种特性往往体现在景观中轴线上的韵律种植，具有鲜明的方向感和引导性。

此外，园林植物设计中的简单韵律还能体现一定的秩序感。在广场、商业街等场地，规则的树阵即是一种简单的韵律变化，几何形的树阵能体现空间的控制秩序，而线形的树阵则体现出围合感和序列感。

2 园林植物设计中的交替韵律

园林植物设计中的交替韵律，主要体现在两种以上因素等距反复出现，如色彩搭配的重复、修整型植物与自然生长型植物的重复等等。

在城市道路绿化设计中，这种交替韵律的情况也经常出现。在有些城市中，由于道路两侧建筑分布、视线景观较为杂乱，在做这样的城市道路绿化中，则需要考虑采用较为简洁、整齐的规则式种植模式，以修饰道路周边的城市形象。

规则式种植模式有自己优势和劣势：优势在于，由于通常道路行车速度较快，司机需要时刻专注路面情况，道路中间带以及道路边带上的植物种植可以避免过于分散司机的注意力；而劣势在于，如果整条道路种植设计较为均一，在车辆行驶的过程中，长时间看到的道路两侧景观将非常呆板单调，这样则非常容易引起司机的视觉疲劳。

在以上城市道路中间带以及边带植物绿化设计中，可以采用色彩变化、植物的高低体量变化等手法，实现交替韵律变化的效果。此外，城市道路植物设计的交替韵律变化还能实现观赏以外的功能，如设计道路中间带植物配置时，设定一定的距离产生一次交替韵律变化，可以起到提示司机预判行驶距离的作用。

3 园林植物设计中的起伏韵律

园林植物设计中的起伏韵律，主要是指在一

种或数种因素在形象上与规律的起伏、曲折变化。这种起伏和曲折变化主要体现在立面层次上的林冠线变化和平面层次上的林际线变化。

这两种变化最常出现在公园、滨水、小区、学校等片状或带状的园林空间中。

在园林植物设计中，林冠线的起伏韵律变化，可以更好地模拟自然植物生长情况，适合在滨河边、公园草坪背景林等方面营造起伏变化的气势，适合远距离、大范围尺度的观赏。

而林际线的曲折变化则运用得更加广泛，它主要有两种作用：一是起到柔化建筑边界的作用，通常人工建筑的边界都相对较硬，而运用植物林际线的柔化作用，可以使人工建筑物更好地融合入自然景观当中；二是营造良好的高空视觉感受作用，在现代的小区、学校等建筑组团当中，建筑物的高度通常都远远高于植物的高度，人们从高空俯视植物，通常只能看到植物的平面构成。而柔和而曲折变化的林际线能产生最自然的观赏效果，平面上的韵律变化更容易让人产生自然美的感受。

4 园林植物设计中的拟态韵律

园林植物设计中的拟态韵律相对而言更加复杂，拟态韵律主要是指在植物构图设计中，既有共同因素，又有不同因素反复出现的连续性植物构图设计。这种情况经常出现在树阵广场、花坛设计等等方面。

在一些城市街区、住宅组团当中，会因为建筑的布局分布，而产生很多完全相同的场地和空间。这些完全相同的空间即是园林植物设计中的共同因素，然而植物设计除了保持所有场地的整体性之外，更重要的是强化每个单独场地的独特个性，以增强场地的识别性。

最常见的做法是，在每个独立场地空间采用相同或类似的植物配置手法，却选用不同的植物组团搭配，以体现场地的观赏特色和功能特色，实现整体统一，局部具有特色的园林植物设计拟态韵律。

5 园林植物设计中的交错韵律

园林植物设计中的交错韵律是一种更为复杂的设计节奏体现。交错韵律主要是指在园林植物设计中，某一因素作有规律性纵横穿插或交错变化的连续性构图，但变化是按纵横或多方向进行，因此节奏和韵律也是多方向的。

这样的交错韵律在园林植物设计中运用得更为广泛，如植物空间的开合变化、植物密度的明暗变化、植物色彩的鲜艳与素雅变化、植物氛围的热闹与幽静变化等等。

在医院、纪念性场所等方面的植物配置，这类的交错韵律出现的情况最为常见，因为这些场地最需要植物对人的心理情况进行引导和暗示。在医院庭院的植物配置当中，如在主入口等区域，宜营造比较热烈浪漫的植物空间，以舒缓求医人员的焦灼心情；而在一些需要病人静养的疗养区域，则需要营造相对素雅的植物空间，以产生平心静气的心理暗示效果；

在纪念性场所的植物配置中，宜在主要纪念区域种植高大挺拔的常绿植物，以营造庄严典雅的环境氛围，而在其他的区域，宜种植更鲜艳丰富的植物，不仅是对主要纪念区的植物环境产生一个衬托，更重要的是舒缓参与纪念活动后的人们的心情。

在园林植物设计布局中，有时候一个连续性的风景构图往往是多种节奏和韵律综合运用的结果，是多样与统一的引申部分。设计时应根据园林功能、景观的要求适当选择运用，取得最佳的效果。

参考文献

[1] 翁苑均．如何在园林设计中发挥植物的观赏艺术．[J]．城市理论建设研究．2011．(12)．

[2] 李瑞芳．园林植物景观空间设计构景手法探讨．[J]．甘肃农业．2010．(07)．

[3] 郭建行．探讨园林的色彩艺术与设计运用．[J]．园林与设计．2008．(10)．

园林水景景观设计方法

黎业森

【摘　要】 作为园林景观设计中的重要组成元素，水景的规划设计在优化园林环境方面起到了举足轻重的作用。我们在设计园林水景的时候，需要学会科学合理搭配水景，提高自然景观和人造景观的融合程度，激活园林水景生态，为园林景观艺术魅力的营造，提供有利的条件。本文将在对园林景观设计中水景创意必要性分析的基础上，研究水景营造设计的具体方法。

【关键词】 园林景观；水景设计；园林设计

1　园林水景景观设计创意的重要性

园林的水景设计可以激活整个园林景观，将环境保护、园林规划、生态开发等融合起来，体现出园林景观的艺术魅力。因此园林水景景观必须进行创艺设计，其主要作用表现为以下几个方面：

（1）园林水景设计可以活化园林环境和空间，利用水的活性为基调，并配合水景的植物、假山、小品等，通过各种形式形成开阔的视觉空间，譬如园林水景的倒影，本是无形的，却能够丰富水景的视觉空间，提高水景的创意指数和观赏效果。

（2）园林水景通常灵活和小巧妙，设计出的花坛、小品、喷泉、假山、瀑布等，往往起到了画龙点睛的作用，譬如线性水景设计，利用活水营造喷泉、河湖等小型自然景观，并以平直型和曲折型的状态表现出来，引导人们的观赏视线，让人们清晰体会整个园林的审美理念。

（3）园林水景由点、线、面灵活组成，其设计具有丰富的视觉层次，这种灵活多变的设计形式，充分利用了水景的所有特点，可以形成叠合的视觉效果，从而有效地将园林的空间层次划分出来。

（4）园林的水景具有烘托主题的作用，通常以湖泊或者水池的形式表现出来，体现出各种静态美、动态美和交融美，再加上凉亭和走廊的点缀，给人一种宁静、清凉、放松的感觉。另外水景和其他园林景观相互融合，譬如栈桥、雕塑等，更能突出整个园林设计的主题思想。

2　园林水景景观设计的内容方法

为了突出上文提到的园林水景景观设计的创意效果，我们需要对水景景观进行合理设计，具体内容如下：

2.1　水景设计的内容

园林水景的设计，主要有喷涌水景、静态水景、流动水景、垂落水景四种类型：首先是喷涌水景，这种水景表现方式是从上到下喷出水体，利用自然动态模式，激活水景乃至整个园林的生态元素，喷涌水景的水源来自地下泉水，也有部分采用水管喷泉和人工喷泉的方式。其次是静态水景，这种水景保持平静的状态，给人的视觉判断和听觉判断是没有声音，只有在其他自然因素的影响下，譬如刮风状态，才会形成韵味十足的动态水景。再次是流动水景，通过人工的改造，形成管流状态、叠水状态，表现出水无形的柔态美。最后是垂落水景，这种水景从上至下，以下雨的形态散落，譬如我们常见的垂落水幕和小型瀑布等。

2.2　水景设计的方法

为了突出水景设计的内容，我们要采用灵活的方式，增添水景的意境，譬如动静结合、植物搭配等，笔者结合实际的工作经验，对相关的方法进行如下总结：

（1）动静结合。动态和静态是水景景观的两种基本表现形态，以喷泉、瀑布、溪流、湖水、涌泉等形式表现出来，将动态和静态的表现方式结合起来，既可以增强水景动植物的观赏性，还能够体现出水景景观的活力。譬如说在静止自然景观中，利用阶梯式人造瀑布的方式，形成水景和静态景观的融合，水景可以带动静止景观的观赏性，而自然景观能够用其形态和颜色，提高水景的活力。

（2）给水方式的选择。水景的形态需要通过适当的给水才能表现出来，而给水方式选择，需要结合水景的地形条件和园林的其他条件等客观因素，以及水景需要表现的形态。譬如某水景要以悬挂式瀑布表现出来，那么要利用假山的高度落差条件，采用循环高位给水的方式。因此要求设计师要参考业主想要达到的水景效果，综合各种可利用的现有条件，因地制宜地选择合适的给水方式。

（3）动植物的合理搭配。我们从自然美观的角度，选择合适的动植物在水中搭配，能够丰富水中的视觉空间，并改善水体的质量，首先是动物的选择，可以选择观赏性比较强的水生物种，选择的原则是保持水生物种的多样性，可结合当地的气候条件进行选择，并形成较为完整的食物链。其次是植物的选择，水景的主要植物是水草，但要注意各种水生植物之间的合理搭配，一方面是确保植物能够正常地健康生长，另一方面是协调植物之间的密度和色彩，并和水边的非水生植物形成层次烘托关系，给人营造一种远近相间和错落疏密的立体视觉感受，否则风格可能会单一呆板。水景的水生植物必须和周边景观具有协调性，提高水面倒影的观赏效果。

（4）水景建筑物的设计。水景的常见建筑物是亭台、楼阁、亭榭、水景桥等，出于安全、质量和美观的角度考虑，这些建筑物的材料要经过严格的防腐处理，并增加建筑物上面的雕刻。譬如亭榭，一般位于水景的中央，四周环水，既可以供以人们休憩观景，还能够起到增加水面空间层次美感的作用，然后利用水景桥连接亭榭和陆地，方便园林人们的通行。

（5）山水的融合设计，事实上这也是一种动静结合的设计方法，山体是静止不动的景观，而水体的流动性恰好能够衬托出山体的刚性美感。将山水的有机融合，可以在水中合理穿插景观石、石驳岸、假山、湖石等，形成变化灵活的山水景观，山体的形状可以是自然朴素的状态，也可以雕刻出各种神貌兼有的动物。石驳岸是园林水景的普遍水景石景观，常见的有混凝土驳岸、鹅卵石驳岸、石头驳岸等，这些驳岸和水的流动性融为一体，形成亲水性的艺术魅力，给人一种美观水景唾手可得的感觉。譬如某园林利用大卵石和方正石，与植草土驳岸设计，根据驳岸的高度和水的深浅，突出水景的完美创艺。

3 结语

综上所述，园林的水景设计可以激活整个园林景观，将环境保护、园林规划、生态开发等融合起来，体现出园林景观的艺术魅力。园林水景可以活化园林环境和空间，并以平直型和曲折型的状态表现出来，引导人们的观赏视线，让人们清晰体会整个园林的审美理念，同时突出整个园林设计的主题思想。为了突出上文提到的园林水景景观设计的创意效果，我们需要对水景景观进行合理设计，设计的时候要采用灵活的方式，增添水景的意境，包括动静结合、给水方式选择、动植物合理搭配、水景建筑物设计、山水融合设计等，以激活园林水景生态，为园林景观艺术魅力的营造，提供有利的条件。

参考文献

[1] 姜磊. 园林景观设计中水景的营造方法 [J]. 中国园艺文摘，2012 (10).

[2] 罗金亮. 园林景观设计中水景设计方法分析 [J]. 现代园艺，2012 (6).

[3] 苏斌. 探析园林景观工程水景设计施工 [J]. 现代园艺，2012 (14).

（本文曾发表于 2012 年 8 月《城市建筑》）

城市山体缺口生态修复技术探讨

王永喜　王丽坤

【摘　要】本文在总结近年来城市山体缺口生态修复实践的基础上，通过对各项生态修复技术的对比分析，总结当前山体缺口生态修复所取得的经验，提出了近自然恢复的生态修复理念，指出当前存在的问题并探讨解决问题的方法，为提高生态修复技术的科技含量、实现生态系统的良性循环和生物多样性可持续利用、改善城市生态景观提供借鉴和参考。

【关键词】城市山体缺口；生态修复；近自然恢复

引言

城市周边的山体是城市生态景观的基质，是城市森林生态系统最重要的组成部分，是城市的“绿肺”。因人为开发建设活动开挖山体而产生的大量山体缺口，破坏了城市周边山体生态系统的整体性，给城市森林生态系统的结构和生态功能造成巨大影响。随着城市化进程的不断加快和各种开发建设项目的不断增多，山体缺口的数量不断增加，其对城市生态系统所带来的危害也逐渐引起人们的关注，山体缺口专项整治工作已经在一些城市展开。

1　山体缺口的概况

山体缺口是在深圳市废弃土石场水土保持生态环境建设过程中首先提出来的，是对采石（采矿）场、取土挖山乱掘地、修建道路遗留边坡等的总称。在实际应用中，为了便于区分，把尚未采取治理措施或植被没有自然恢复的山体缺口称为裸露山体缺口，本文所说的山体缺口均指裸露山体缺口。

根据在广东深圳、中山、佛山、珠海，四川攀枝花等城市分别进行的山体缺口详细调查情况，我们认为城市周边的山体缺口大致可以分为以下四类：

（1）开采缺口

指正在进行开采的采石场、采矿场，主要分布在岩质山地区或各类矿源地，由于挖山采石、采矿，造成山体支离破碎，伴随严重的水土流失，给城市景观带来巨大破坏。

（2）废弃（关停）缺口

废弃缺口指已经停止开采，但未彻底整治的采石、采矿缺口；关停缺口则指已通知关停但设备未完全撤走、具有零星开采行为的石场、矿场。许多缺口已经荒废多年，但由于土质差，大多数废弃缺口植被恢复较差。

（3）遗留边坡

由于修建公路、开山造地而开挖山体形成的未处理边坡，包括岩质边坡、浆砌石边坡、喷砼边坡、土质边坡。遗留边坡主要分布在山体与城市交汇地带和公路两旁，这些未绿化的边坡林立在城市周边，给城市居民带来巨大的视觉冲击。

（4）乱掘地

乱掘乱挖，无序开挖山体的行为，多为取土场。乱掘地多分布在居民区附近和公路两旁，多数乱掘地水土流失严重。

2　山体缺口的特点

山体缺口的特点主要表现在以下三个方面：

（1）严重的生态破坏

山体缺口会给当地原有的生态系统带来毁灭性的破坏，而且这种破坏往往具有不可逆性，一旦破坏就很难自然恢复。根据有关研究，土质边坡在自然状况下植被完全恢复需要6年左右，而石质边坡由于缺少植物生长所需的土壤、水分和肥力条件，基本上丧失了自然恢复的可能，属极度困难的立地条件类型。大量山体缺口的存在，直接导致生态系统的生产者——绿色植物数量减少，并阻碍了物种的迁移和能流的流动，进而导致生态系统功能的降低。

（2）给城市景观带来负面影响

山体缺口使地面支离破碎，破坏山体自然轮廓线，其形态、颜色与周边山体环境形成鲜明对比，给人以强烈的视觉反差，尤其是在城区、道路主干线、城市进出口以及重要风景旅游区的山体缺口，影响更为显著。

（3）水土流失严重

植被具有拦截降雨、增加雨水下渗、调节地面径流、固结土体等作用。山体缺口由于植被遭毁坏，雨水直接击溅地表土壤，且大部分雨水沿地表快速下排，具有很强的冲蚀力，加之地表多被人为开挖，土壤结构松散，土壤凝结力低，因此山体缺口往往水土流失非常严重。

3 山体缺口生态修复技术现状

国外山体缺口生态修复技术以美国和日本最具代表。美国从20世纪30年代即开始研究生态护坡技术，美国的液体喷播绿化技术是现有土质边坡绿化技术中最为成功技术，已经在世界范围内广泛使用，国内也已经开始推广。日本是一个多山国家，因各种建设活动和频繁的自然灾害产生了大量的山体缺口，经过半个多世纪的不断探索和研究，日本已经形成一套比较完善的边坡生态修复技术。近年来日本常用的边坡绿化技术有绿化网护坡、植生卷铺盖法、客土植生带法、生态多孔混凝土绿化法、厚层基料喷射、植被混凝土法、土壤菌绿化法等。但日本属温暖的海洋性气候，与我国南方地区无论在气候特点和植物品种上均存在较大差异，而且多数生态修复技术成本非常高，不适合我国国情，因此在引进日本技术时应慎重。

国内方面，随着人们生态环境意识的提高，对山体缺口的生态修复已由原先的不重视向逐步重视发展，并且部分城市已开始付诸行动，取得了可喜的效果。但由于资金的限制和相关研究的滞后，山体缺口的生态修复只在沿海经济发达地区以及高速公路建设中开展较快，其中以深圳走在前列。国内土质边坡的绿化主要采用喷播植草绿化和三维网喷草绿化，经过多年的实践，现有技术已基本成熟。但在石质边坡植被恢复方面仍然存在着一些技术难题，现有的喷混植生、植被混凝土边坡防护绿化技术、铁网喷砼之客土喷播技术、挂网喷植草砼等均处于起步阶段，还需要不断探索。

4 修复技术探讨

山体缺口按地貌类型可大致分为开采迹地和边坡两部分，下面分别讨论这两部分的生态修复技术。

4.1 开采迹地生态修复措施

开采迹地一般为平地区，若为土质，则人工挖穴植乔、灌木绿化；若为石质，则覆土植乔、灌木或者松动爆破打穴回填客土，种植乔、灌木绿化。山体缺口迹地生态修复，不仅仅是指把开采迹地恢复为林业用地，而是指通过人工措施，治理水土流失，恢复生态环境，并使破坏的景观得到有效的改善。除了采取常规的生物措施、工程措施进行治理外，山体缺口也可以结合城市规划开辟为工业用地、居住用地、休闲用地、实验示范基地等。

4.2 石质边坡生态修复技术探讨

山体缺口的边坡又可分为土质边坡和石质边坡。土质边坡应先保证边坡的稳定，然后采用植树、种草或者“喷草＋乔木、灌木”等措施恢复植被。国内在土质边坡绿化方面的技术已经比较成熟，有丰富的经验和技术，在此不再重复。下面主要对石质边坡的生态修复技术进行探讨。

4.2.1 传统方法

（1）开槽、打穴

在石壁开凿水平种植槽或开挖种植穴，种植爬藤攀爬绿化。该方法施工难度大，而且质量难以控制。

（2）分台阶开采

主要针对采石、采矿场，在开采过程中石壁以8～10m为一级分级放坡，每级坡脚留1.5～2m小平台。该方法结合开采来进行整治，效果较好，但不适合已废弃的采石、采矿场的整治。

（3）自然恢复法

适合坡面有一定土壤覆盖或表面风化程度较高的石质边坡，但该方法恢复速度非常慢，普遍恢复效果不佳，只适合在景观要求不高，所处位置较偏僻的地段进行。

4.2.2 目前新兴技术

（1）喷混植生技术

喷混植生技术（亦称有机基材喷射技术）是新型的岩质坡面快速绿化技术，其利用特制喷混机械将种植介质、有机物、复合肥、保水材料、固土剂、接合剂、植物种子等混合干料搅拌均匀后加水喷射到岩面上，由于接合剂的粘结作用，上述混合物可在岩石表面形成一个既能让植物生长发育而种植基质又不被冲刷的多孔稳定结构，种子可以在空隙中生根、发芽、生长，而一定程度的硬化又可防止雨水冲刷，从而达到快速固土护坡、恢复植被、美化环境的目的。

喷混植生技术主要适用于高陡坡（坡比1∶0.3～1∶1）的稳定岩质边坡，若与工程措施相结合，该技术也可用于不稳定岩质边坡。经实践证明，此方法是现有石壁绿化技术中效果最好的技术之一，可以在2～3个月快速达到绿化效果，且绿化率可达80%以上，缺点是不适合坡比大于1∶0.3的石壁，而且费用高（90～95元/m^2），同时对植物后期的生长影响还缺乏必要的观察研究。

应用实例：深圳市宝安区宝发石场（图1、图2）；深圳市龙岗区清林径水库边坡（图3、图4）。

图1　宝发石场治理前照片

图2　宝发石场治理后半年照片

（2）人工植生盆法

利用坡面凹凸地形，在微凹外口开拓平台，用红砖或浆砌石砌筑植生盆，回填营养土种植爬藤、灌木和小乔木。从长期效果来看，植生盆有绿化效果佳、生态恢复好、养护成本低等特点，但其见效较慢，通常需2～3年，而且不适于坡度较大，坡面平整的石壁。

图3　清林径水库边坡治理前照片

图4　清林径水库边坡治理后1年照片

（3）挂笼砖绿化

挂垄砖绿化法采用工厂生产配制的栽培基质加粘合剂压制成砖状土坯，在砖坯上播种草类等植物种子，经过养护后，砖坯内长满絮状草根的绿化草砖，将草砖装入过塑网垄砖内，形成绿化垄砖，将垄砖固定在岩质坡面上，达到即时绿化效果。该技术解决了75°以上的石壁边坡绿化难题，目前在香港已经推广应用，同时在深圳市也开始推广。挂笼砖绿化技术是现有石壁绿化技术中对高陡边坡（坡度大于75°，坡高大于10m）绿化效果最佳、生态恢复最快的技术，其缺点是成本非常高（220元/m^2），而且需要进行长期养护，只适用于有养护条件的地段。

应用实例：深圳市南山区蛇口山边坡（图5、图6）

（4）景观再造

对于距离交通干线或者旅游点较近，且可视面积较大的石壁，可结合城市片区规划，考虑对

图 5　蛇口山边坡治理前照片

图 6　蛇口山边坡治理后半年照片

石壁进行景观再造。景观再造的形式主要有植物造景、石雕等，可因地制宜，以全新理念和生态景观美学为标准进行选择。植物造景时应注意乔灌藤草的合理布局及其形体、线条、叶色不同搭配对景观的影响，石雕造景应体现城市发展特色，并根据地理位置及当地风土人情来进行选择，并且应考虑和植物造景有机结合。

4.3　实践经验及存在问题

4.3.1　“近自然恢复”的生态修复理念

近自然恢复主要包含两个方面的内容：一方面要求生态修复措施的景观效果与当地自然植被景观相似，治理效果与周边的自然山体景观相协调，山体缺口最终能够与周边山体背景融为一体；另一方面则是生态效果上的要求，要求以生物措施为主，选择乡土植物，先锋树种、中长期树种结合，使生物措施具有近自然的生态结构和生态功能，具有很强的自我恢复能力，不需要人工养护。多年的山体缺口生态修复工程实践证明，只有那些选择了适宜乡土植物种并为其生长创造良好的立地条件的山体缺口，才能保持长期的生态和景观效果，才能与周边的自然山体植被相融合，并且不会导致外来植物种的入侵。

4.3.2　植物配置模式有待进一步探讨

由于各种边坡绿化技术在国内引进时间都不长，从领导、设计人员到普通群众，绿化观念还停留在“绿化”这一层次上，导致山体缺口治理，尤其是边坡的治理，普遍存在草坪化倾向，需要从观念上开始，逐步树立起科学的生态观念。以喷混植生技术在深圳的应用为例，深圳市也经历了从探索到逐渐成熟的过程，刚开始整治山体缺口时，喷混植生采用“草＋草”模式，前 1～2 年效果还可以，但后来草逐渐退化，而新的植物又未能生长出来，因此效果很差。在接下来的整治过程中，采用“喷草＋灌木”的模式，让草本作为先锋植物，为灌木在石壁生长提供必要的生境，取得了一些效果。在近年的整治过程中，又大胆提出“乔木优先，乔、灌、草、藤结合”的喷混模式，整治效果不仅满足当前景观的需要，而且可以保持中、长期景观效果，进而达到“近自然的生态景观”。

4.3.3　山体缺口生态修复应以植物措施为主，但不应该强求全面绿化

以植物措施为主进行生态修复是重建山体缺口生态环境和改善其景观的必然要求，只有尽可能恢复山体缺口的植被，才能最大限度地发挥城市背景山体的生态功能，才能为城市居民创造舒适、安全的景观基质。但同时我们也应该看到，即使在自然界中也有大量寸草不生的石壁存在，而许多山体缺口——尤其是高陡石质边坡，本身是一种极端的立地条件，并不具备植物生长所需的水、肥、土条件，而且也很难通过人工手段为其创造这些条件。从深圳市的采石场治理情况来看，坡度大于 75°、坡高超过 25m、坡面平整的石质边坡很难进行绿化，对这些石质边坡，可以结合景观艺术造景手法，以浮雕、壁画、题字等形式改善坡面景观。

4.3.4　应以预防为主，尤其应该控制采石场、矿山的数量和规模

根据深圳市裸露山体缺口综合整治的成本估算，土质边坡三维网喷草造价为 45 元/m^2；石质边坡喷混植生造价为 90～95 元/m^2，人工植生盆造价为 45～60 元/个，挂笼砖绿化则高达 220 元/

m^2。山体缺口的治理成本普遍很高，其中以采石场治理的成本最高，一个石壁面积1万 m^2左右的采石场，其综合治理成本一般都会在100万元以上，而目前大多数采石场均采用一坡到顶的开采方式，开采边坡坡高多在80～100m之间，有的甚至形成高达200m的石质边坡，植被极难恢复。为此，一方面要严格控制采石场的数量和规模，同时还需要制定科学的开采方案，如分台阶开采，为后期的生态修复创造有利条件。在四川省攀枝花市调查中发现，矿山开采也具有类似问题，也应加以控制。

4.3.5 积极探索新的技术与方法

目前所采用的修复技术，均存在不同程度的局限性，还处在探索过程中，未经长期检验，很可能在以后出现难以预测的问题。在山体缺口生态修复过程中，应不断总结经验教训，结合实际情况，多向自然界学习，各个学科之间加强合作，共同攻克当前的技术难关。

5 结语

城市周边裸露的山体缺口实际上是一种因人为活动引起的最严重的土地退化和自然山体景观的破坏。通过人工措施正向干预，为植物生长创造土、肥、水等条件，一方面人为引进适生树种，同时为山体缺口周边自然植被的迁入创造条件，加速生态演替，促进该区域生态环境的改善，达到近自然恢复效果，从而实现生态系统的良性循环和生物多样性的可持续利用，进而实现山地生态系统的重建和城市生态景观的改善。

参考文献

[1] 左长青. 实施生态修复几个问题的探讨［J］. 水土保持研究，2002，12（4）：4-7.

[2] 吴长文. 深圳市治理严重影响城市景观的裸露山体缺口工作思路［J］. 水土保持研究，2002，12（5）：5-7.

[3] 张振克. 人为裸露坡面植被自然恢复的初步研究［J］. 水土保持通报，1998，1.

[4] 章梦涛，等. 岩质坡面喷混快速绿化新技术浅析［J］. 水土保持研究，2000，7（3）：65-66，75.

[5] 张俊云，等. 岩石边坡生态护坡研究简介［J］. 水土保持通报，2000，20（4）：36-38.

（本文曾发表于2004年8月《中国城市林业》）

山坡地公园式博览园建设的水土保持方案

王永喜　吴长文　胡晓静

【摘　要】以深圳国际花卉博览园为例，探讨在城市中心地带山坡地公园开发建设中，编制水土保持方案应注意的问题，论述水土流失危害、预测水土流失量，对排水系统、边坡防护、微地形改造、崩岗治理、施工临时措施等方面作了较详细的阐述。在水土保持方案中，将自然、生态、景观理念贯穿其中，以期达到人造环境与自然环境和谐统一、城市合理开发与自然环境保护兼顾的建设模式。

【关键词】水土保持；生态重建；博览园

随着城市拓展和开发建设的需要，城市建设用地逐步向城市山坡地发展。原有的山坡地植被保存完好，为稳定的植物群落结构，在此进行开发建设将产生多方面的影响，如水土流失、植物群落结构改变、水文地貌改变等一系列变化。正确认识这些变化所带来的问题，是一项刻不容缓的任务。本文以山坡地公园式博览园建设为例，探讨在山坡地进行类似公园建设所遇到的问题以及解决方法。公园建设将从植物、水系、地形等方面对原始地块进行改造，以达到丰富多样的景观效果。建设过程中将毁坏或改造现有植被，由此引起的水土流失是非常严重的，而植被重建后与原有植被、周边环境之间的协调也是不容忽视的问题。挖湖堆山、地形改造、人造溪流瀑布等造景方法，都将改变原有的水系、地貌以及植被，对原有的生态环境将产生重大的影响。如何对待这些影响，将危害降低到最小，创造一个环境舒适、布局合理、人与自然和谐共存的休闲空间是本文探讨的目的。

1　基本概况

1.1　自然概况

深圳国际园林花卉博览园（以下简称“园博园”）选址于深圳市深南大道竹子林西、东北面为广深高速福田段，西侧为深圳华侨城旅游度假区，南临红树林海滨保护区，交通便利，规划总面积66万 m^2。园区原属福田区黄牛垅公园管理，南区地势平缓少起伏，已经铺设人工草皮与深南大道绿化带相接，北区主要为丘陵山地，系母系大岭山南麓，有大岭南山、牛垅山等五个小山峰组成，地势由西向东渐低，主峰大岭南山高113.8m。由于早期人为开挖取土，沿山体坡脚共遗留13处边坡，坡高达50m，其中5处边坡存在滑坡危险，与周边的环境极不协调。北区山坡植被生长较好，主要为人工种植的马占相思林、桉树林，部分地段形成了乔、灌、草、藤、地衣的近自然群落结构。经实地调查，主要植物种为马占相思（*Acacia maginum*）、台湾相思（*Acacia confusa*）、大叶桉（*Eucalyptus robusta*）、冬青（*Ilex purpurea*）、乌饭树（*Vaccinium bracteatum*）、五色梅（*Lantana camara*）、芦苇（*Phragmites communis*）、狗牙根（*Cynodon dactyon*）、狗尾草（*Setaria viridis*）、蕨类（*Pteridium* sp.）、蟛蜞菊（*Wedelia chinensis*）、爬山虎（*Parthenocissus tricuspidata*）、五爪金龙（*Ipomoea cairica*）等。

1.2　园博园建设概况

由国家建设部创办的中国国际园林花卉博览会，是中国最高层次的园林花卉展览活动，迄今为止，分别在大连、南京、上海、广州成功举办了四届。第五届中国国际园林花卉博览会由中国国家建设部和深圳市人民市政府联合主办，中国公园协会、中国风景园林学会、广东省建设厅和深圳市城管办联合承办，将于2004年9月至2005年3月在深圳国际园林花卉博览园举行。

本着“人与天调、天人共荣”的规划理念，体现“人的自然化和自然的人化”，着力营造一个依山傍水、高低起伏、自然分布的良好地形地貌，构筑多样的生态、风格各异的园林园艺。在举办形式上改变以往的临时性，避免不必要的浪费，将此届园博会与新公园的规划建设有机结合，办成永不谢幕的博览会，参展过后，作为永久性的公园保留，给人们提供一个休憩、游玩的场所。主要景观布局概括为：两轴、一廊、一厅、两馆、三区、四园。通过山、溪、瀑、潭、池有机组合，体现中国自然山水园的典型特征。全园拟建场馆及展区有：园林艺术展廊、未来展示厅、综合展示馆、园林花卉专业展示馆、国外园林景区、国内园林景区、市内园林景区、湿地植物园、荫生植物园、岩生植物园、瓜果园等。

2 水土流失现状及预测

2.1 水土流失现状

园区内水土流失程度较轻。其中南园区现状为人工草坪，无裸露土壤面，基本不存在水土流失。北园区大部分地段植被生长良好，水土流失只发生在局部地段，整体水土流失轻微。

2.2 水土流失预测

在建设过程中，由于修建道路、微地形改造、挖填方等都将产生新的水土流失，应对可能产生的流失量进行预测，为提出有效的防治措施提供依据与参考[1]。水土流失预测主要从以下几个方面考虑：道路施工过程中，因开挖使地表植被遭受破坏，施工过程中路基的填埋，形成松散的堆积边坡，在大气降水和地表径流的作用下，很容易产生细沟、浅沟、坍塌等侵蚀现象。场馆、景观、服务管理等设施建设时的基础开挖，将破坏大片的地表植被，在施工建设的前期，易产生水土流失；同时产生的弃土、弃渣，在雨滴打击和地表径流、重力的作用下，产生水土流失量很大。微地形改造过程中，需进行大量的土方挖填，将产生大面积的裸露松散土堆，若不及时进行防护，易发生水土流失。

经推算预计将扰动地表面积 34.87 万 m^2，动土量 29.44 万 m^3，建设期间可能产生的水土流失量达 1.02 万吨/年。若不采取水土保持措施，将会对周边环境造成严重危害[2]。

3 水土保持方案

结合园区内地形、植被、排水等因素，布置水土保持措施时，尽量与景观改造相结合。充分利用原有的自然优势，形成浑然天成、山水相依的园林景观，既起到防治水土流失的功效，又使人们很好地欣赏到人工改造景观与自然周边环境完美融合的风景。

3.1 边坡整治措施

为了达到不破坏原有的自然景观，形成一种互不干扰的景观单元，对不同的边坡根据其各自的特点，采取不同的措施。遵循的基本原则是，在边坡稳定的基础上，尽量采用生物措施护坡，少用或不用浆砌块石，改变过去一味追求安全、全面砌护的保守设计理念，使边坡形成近自然的生态景观。

对不稳定的高陡边坡，应进行削坡，坡面可喷草；对景观要求较高的石质边坡可采用喷混植生、挂笼砖绿化等新技术，达到快速绿化的目的。在园区主要入口处，为达到较好的景观效果，对边坡岩壁进行艺术化的处理与造景设计，结合绿化措施，使其成为园区的新景点，不仅可防止水土流失，又增添了艺术美感。在部分坡面上种植乔木、花灌木及草皮，使其形成自然、野朴的花坡景观[3]。对个别的边坡，根据依山造景的原理，利用其有利地形和周边较好的汇水条件，将边坡改造成瀑布，作为园林水景，可大大提高景观的观赏性。

3.2 排水措施

整个园区内的排水系统由截流沟、跌水、排水沟、路边沟、沉砂池等组成，起到了疏导、排放的作用，同时也形成了湖水与瀑布、跌水相结合的自然水景景观，给游览者提供了雅致、优美的休憩空间。由于现有截、排水沟多采用浆砌片石、转砌或用混凝土浇筑，与周边的景观极不协调，采用既有排水功能又近自然的生物排水沟可解决这个矛盾。生物排水沟的具体做法是：采用预留有种植孔的预制水泥砖为材料，在坡面上砌成截、排水沟，然后在水泥砖的种植孔内注满含有草籽的营养土，草籽长成绿草后即可覆盖排水沟达到近自然的目的，消除了对周边景观的负面影响。

建设中新修建的排水系统应结合溪流、瀑布、人工湖等园林水景综合考虑，使排水系统中的各种措施符合景观设计的需要，共同营造溪、潭、瀑、湖、池的园林水景系统[4]。

3.3 微地形改造

园林造景、挖湖堆山，往往需要大面积的地形改造，若不处理好水土流失问题，将产生严重的危害。在微地形改造过程中，应充分利用原有地形的优势，尽量减少动土方量。但实施过程中不可避免将破坏大量植被，并产生大面积的填土区和裸露开挖面，易造成水土流失。整治措施主要是理顺水系、修建挡土措施和及时绿化覆盖，控制泥沙输出。需进行土方回填的微地形改造区应先修建临时挡土墙，再进行土方回填，挡土墙高度不超过1m，为不影响景观效果，在微地形改造区植被恢复后予以拆除。

3.4 对崩岗的处理

崩岗为我国南方花岗岩地区典型的自然水土流失现象，对崩岗治理的传统方式为“上截下堵”，即在崩岗上部修建截水沟，阻止崩岗的继续发育，下游修建谷坊或拦沙坝。园博园的两处崩岗位于山顶附近，周边植被较好，视野开阔，适合观赏风景。在设计中将传统技术与现代景观手法相结合，在崩岗处设置观景平台，周边修建防护围栏，配合绿化措施，美化周边环境，将其作为园区的一个景点保留，发挥了防治水土流失和景观改造利用的双重功效。

3.5 施工期的水保措施

开发建设项目水土流失主要发生在施工期，针对施工期的特点，其防护以临时性的措施为主，并与永久性的防护措施相结合。由于开挖地表，破坏大面积的植被和土壤结构，将产生大量的水土流失，若不采取有效的措施，雨水冲刷携带的大量泥沙冲向周边交通主干道，淤积排水管道，影响行车安全，将造成严重的危害。因此，对施工期的水土流失控制应引起足够的重视，合理、有效的布设施工期的水保措施。

施工期的水土流失主要通过以下几个方面加以控制：一是理顺水系，完善排水、沉砂措施；二是及时采取固土防护措施，如铺草皮、撒草籽、表土固结等；三是合理安排施工工序及工期，大面积动土尽量避开雨季施工，开挖、堆土有序进行，对临时堆放场地及时覆盖处理；开发建设单位要对水土保持有足够的重视，积极主动的采取防护措施，防患于未然，将危害降到最低。

4 分析与评价

4.1 水土保持与景观、美学结合的评价分析

我国台湾以及日本都非常重视水土保持中美化环境的作用，很早就运用了景观学、美学的理念于水土保持的设计中，在台湾出版的《他山之石》指出“……工程设计应力求美化景观及维持与自然景观之协调及天然资源之保护”。园博园水土保持的特色之处在于作为公园，不仅仅只是布置简单的水土保持措施，要充分与景观、美学相衔接。考虑到美学观中理想的视景效果对人的感官舒适度的影响，水土保持方案与园林景观的设计思路相结合，如将跌水修建成登山步道，两边进行绿化；将边坡改造与艺术雕塑、岩壁画、瀑布等山石水景相结合；采用生物排水沟，消除硬质铺装对周边环境产生的不协调性；选用的水土保持树种，兼顾园林景观，避免景观的单一性和植物群落的不稳定性。在设计中遵循协调性、可持续发展以及美学等原则，因地制宜的将水土保持措施与园林景观结合起来，营造出品位优雅、美学质量高的环境空间[5]。

4.2 水土保持与城市生态环境建设结合的评价分析

自然环境是人类赖以生存和发展的基础，尊重并强化城市的自然景观特征，使人工环境与自然环境和谐共处，有助于城市特色的创造。深圳作为新兴的国际化大都市，对自然资源的开发利用正逐步走向合理化、科学化，对城市景观不断注入新的生命和活力，不断创造新的城市风景。

园博园作为城市的生态用地，对净化和改善周边生态环境起着不容忽视的作用。着眼于城市生态环境建设的可持续发展，对城市生态用地的建设也要考虑它的长期与宏观的效应，切勿以短期利益为目标，破坏土地、植被等资源，加剧水土流失，恶化生态环境，造成难以挽救的后果[6]。水土保持方案中，较多的考虑生物措施，以减少对植被、土壤等生态环境的破坏，使其处于一种自然恢复的状态，有利于保存完整的生物多样性，使当地生态系统逐渐趋于平衡、稳定，对改善城市环境质量、城市公共绿地生态系统可持续发展发挥着重要的作用。

5 结语

深圳市园博园建设水土保持方案，坚持水土保持与生态、景观、环境保护、美学相结合，通过各项措施的实施，使生态结构发生变化，形成一个新的平衡体系。同时，各种措施既满足水土保持基本功能的要求，又与整个景观格局相协调，成为生态景观的一部分。消除建设过程中对周边环境产生的负面影响，使对该区域生态环境的危害最小化，合理开发自然资源，达到人与自然、生态和谐统一。水土保持、景观生态、自然生态，构成一个有机整体，共同维护这一动态的平衡，建成一个良性生态、高景观价值的公园绿地。

参考文献

[1] 徐永年，孙秋来. 谈开发建设项目扰动面土壤流失量的预测 [J]. 中国水土保持，2004，(3)：25-27.

[2] 李璐，袁建平，刘宝元. 开发建设项目水蚀量预测方法研究 [J]. 水土保持研究，2004，11 (2)：81-84.

[3] 何昉，王永喜，吴长文. 海滨山地度假区开发的水土保持方案探讨 [J]. 水土保持研究，2000，7 (3)：59-61.

[4] 王永喜，闫荣，何昉. 山地休闲运动公园建设水土保持方案探讨 [J]. 水土保持研究，2002，9 (5)：36-39.

[5] 许慧，王家骥. 景观生态学的理论与应用 [M]. 北京：中国环境科学出版社，1993.

[6] 杨小波，吴庆书，等. 城市生态学 [M]. 北京：科学出版社，2000.

（本文曾发表于 2004 年 9 月《中国水土保持科学》）

城市片区开发建设中的水土保持方案探讨

王永喜　吴长文　郭江红

【摘　要】 在丘陵各地城市片区开发建设项目涉及的动土面积大、水土流失影响严重，与城市规划建设密切相关，因此对这类项目的水土保持方案编制尤为重要。文中结合深圳市龙华二线拓展区开发建设，对方案土石方平衡、雨洪资源利用、排水措施设计、边坡生态防护进行了详细的阐述。从理论到实践对开发建设项目水土保持方案进行了分析和总结，对合理利用项目区水土资源提出了切实可行的方法，在保证主体工程建设要求的前提下，对缓解城市片区水资源紧缺、改善开发建设区的景观和生态环境有积极的作用。

【关键词】 片区开发；水土保持；探讨

区域经济的发展加速了城市化的进程，进一步加快了城乡一体化的融合，城市规模不断扩大，新市镇相继迅速崛起，大规模开发建设活动在改变城市面貌的同时，也同步带来了越来越严重的城市水土流失问题。开山取石、毁林筑路、挖山造地等等掠夺式的开发方式，对生态环境的破坏是不可逆转的。尤其是对一些涉及区域面积广，地貌类型复杂，地形高低起伏，规划用地类型多样的城市片区开发建设项目，由于前期的总体性规划未考虑施工过程及建成后对生态环境的影响，由此产生的城市水土流失问题愈来愈成为城市建设和管理中的突出问题[1]。本文以深圳市宝安区龙华二线拓展区场平工程为例，探讨面积较大的开发建设项目建设过程中所遇到的问题及解决办法。

1　城市片区建设的水土流失特点及问题

片区开发项目由于内部区域规划用地类型多样，施工工艺各异，工程施工时间跨度大，外界环境影响复杂，其水土流失危害也表现出典型性。大范围扰动原状地表所造成的最直接的环境干扰形式表现为水、土资源的损失，造成生态环境的破坏有以下几个突出的特点：侵蚀加剧、生态失调、资源衰退、城市基础设施破坏，原有设施被拆除或改建，新建设施仅考虑片区上游影响，常导致下游河道行洪压力增加，河道淤堵，影响交通，甚者会威胁周边区域安全，从而导致治理要求高、难度大[2]。

城市片区开发建设项目的基础工程是场地平整施工，从主体工程措施设计到水土保持重点防护，主要表现如下特点：（1）场地平整过程中地形地貌的处理方式。在规划设计时，没有合理利用场地的资源优势，进行大规模的土方开挖，挖山填湖，造成土方量很大，多余土方要外运，增加了开发成本，同时增加了水土流失防治难度。（2）产生大面积的不透水下垫面，如屋顶、广场、停车场、道路等。这些不透水层减少甚至完全阻断地面雨水下渗，改变了自然水文循环途径，对项目区内地下水含量产生重大改变。（3）施工期间是开发建设过程中水土流失最强烈的阶段，因此，对这阶段的水土保持应高度重视，重点做好这个阶段水土保持。

2　深圳市龙华二线拓展区片区开发

2.1　工程简介

本项目位于深圳市宝安区境内，毗邻梅林关检查站，项目区拟建成深圳市中心区配套服务的高尚生活居住服务基地和部分文化、体育、教育设施的配套区。整个片区分三期开发，目前动工实施的一期工程位于项目区南侧，建设项目涉及区域内部改造管网，修建箱涵，建设道路及再塑地形；二期工程位于片区北侧，主要是对内部道路进行改扩建；三期工程位于中心片区，主体工程是建设全市性的具有强大辐射作用的城市综合客运枢纽——龙华铁路二客站。整个项目将于片区内部拟建道路 21 条，永久占地面积为 6.30km^2，预计施工工期至 2009 年。

2.2　气象水文、地貌

深圳市受南亚热带海洋性气候条件的影响，

多年平均气温为 22.4℃，行东南和西南风，多年平均风速 2.6m/s；受海洋及山脉地貌影响，深圳市降雨量呈西北向东南递增，多年平均降雨量 1650mm，最大日降雨量 380mm。

通过对项目区实地踏勘，区域立地类型涉及水源保护区、城市居民生产、生活占地区、市政铁路、道路交通占地区等，地貌类型从平原、丘陵到中低山，涉及多种类型，项目区西侧邻接水库水源保护区，且有牛咀子水库泄洪道从项目区内部穿过，南侧地形起伏，北侧相对平缓，整个区域地势呈西南高东北低（图 1）。

图 1　项目区三维地形模拟总图

2.3　主体工程分析评价

经过对主体工程中的竖向设计、土石方量、防洪排涝、绿化等方面的分析评价，本项目主体工程设计中具有水土保持防护功能的措施包括防洪排涝、道路绿化、边坡工程防护及排水管网设计，具有一定的水土保持功能。但同时也存在以下不足之处：（1）箱涵修建占用原有河道，导致上方汇水无有效排放渠道，在强降雨条件下极易造成低地势区洪水漫流，箱涵口大量淤堵危害等等，若不及时进行采用防护措施，其产生的水土流失危害将相当严重。原有河道变成箱涵后，成了封闭性水道，对项目区的水域环境将产生不利影响。（2）项目区的土石方总量基本平衡，但竖向设计比较单一，基本上是将原有山头推平，将原有的鱼塘以及其他水面全部填埋，没有利用原有的水面资源，整个片区没有利用原有的地形优势，没有形成错落有致的地貌特色。

2.4　水土保持方案设计的主要内容

项目主体工程涉及房地产、市政交通干线、铁路客运站及片区环境景观设计建设，施工过程中将毁坏或改造原有植被，填埋现状鱼塘，并对片区地形进行挖、填改造，由于项目区处于城市建成区与自然山体的过渡地带，在方案设计中应充分考虑将开发与保护相结合的设计原则。项目建设的水土流失主要发生在施工期间，方案设计过程中通过对施工现场的施工工艺、渣土排放的时空分布等外业调查，针对主体工程永久防护措施采用临时工程为主的辅助防护措施，来保障主体工程的施工安全。施工期间的水土流失控制主要从排水、沉砂、临时堆土处理三方面考虑，同时引入生态学及景观美学设计思想，在工程安全性防护的基础上，对裸露边坡采用生物防护措施，通过人工干预的手段，实现城市自然植被的生态恢复，丰富多样化的城市景观。

2.4.1　土石方平衡分析

对开发建设项目而言，开挖弃土是产生项目区土壤侵蚀的主要来源，如何设计合理的弃土堆积点及防护措施，是水土保持防护设计的重点。龙华二线拓展区内部区域地形南北差异显著，北侧地势相对平坦，南侧地势高低起伏，主体工程原场平方案设计以通透见长，对整个区域内部山体采取了夷平方式，总开挖方量达 365 万 m^3，不仅大量土方的堆积、外运及纳土场的选择成为主体施工的“包袱工程”；同时对内部山体原有植被的破坏，也加剧了区域水土流失，这无疑是得不偿失的不利方式。

中国建筑环境非常注意山水，古人聚落选址多“背山向水”，古典园林建筑中的“一池三山”的结构，无不体现了对山、水的依恋。在“山、水”要素缺失的情况下，往往通过“辟湖叠山”来构造“山水”的象征符号[3]。因而，人工湖、叠石、假山、山洞成为中国园林中最独特的东西。这种山围水绕、背山临水的模式有利于形成良好的生态和局部小气候，“具有日照、通风、取水、排水、防涝、交通、灌溉、采薪、阻挡寒流、保持水土、滋润植被、养殖水产、调整小气候，便于进行农、林、牧、副、渔多种经营等一系列优越性”[4]。本方案水土保持防护设计在保障主体工程功能用地的前提下，建议不要大面积的动土开挖，而是应该因势利导、依山就势，有一定的起伏，充分利用现有地貌优势，尽量做到土方就地平衡，减少土方开挖量，节约成本，创造良好的空间布局。同时对规划房地产片区内可利用工程弃土进行微地形改造，重建人工生态景观。将景观美学与防护工程设计相融合，这无疑是城市水土保持设计的一个崭新思路。

2.4.2 雨洪资源利用

深圳市是全国七大缺水城市之一，深圳作为全国节水试点城市，如何更加有效合理利用片区汇水，特别是对于开发建设项目，如何尽快改变工程建设中对环境干扰带来的不利影响，实现施工用水的“自给自足”，也是城市水土保持设计中一个崭新的方向。水是城市的命脉，它为城市的生存和发展提供了稳定的水源、灌溉和航运之便，具有生产、水利等功能；水还是城市的生命力所在，为城市的各种生物提供了栖息的场所，是城市生物多样性的基地，具有生境功能，对调节城市气候、改善生态环境、方便居民生活、塑造城市形象、促进城市经济发展都有重要的作用[5]。本方案在水土保持设计中提出了雨洪利用、蓄排结合的设计思路，在场地设计中，结合现状地势特点，采用湿地、人工湖（塘）、渗透设施、地下储水设施（水循环利用）等形式，在保证项目区防洪安全的基础上，透过入渗、拦蓄、储藏等多种形式，尽量将雨水滞留在小区内，以减少下游的排洪压力，同时这部分雨水对小区的景观、水循环利用、小气候的改善都有利，对缓解城市水资源紧张局面将有很大帮助。城市水域不仅为城市居民提供高质量的开放空间，而且也为鱼类、鸟类、昆虫、小型动物以及各种植物提供了良好的生活环境和迁徙廊道，是城市中可以自我保养和更新的天然花园，是城市中最具生命力和活力的地段[6]。本方案在雨洪利用方面具体表现如下：

（1）人工湖：利用场地内地势低凹地带，修建人工湖，增加小区内水域面积。第一，可以增加观赏性，水面与岸坡、建筑相辉映，可显著提高项目区环境档次，这也正反映了“依山傍水”的理想景观。第二，透过这些人工湖，可以拦蓄雨水，调节项目区内洪水总量，延长了最大洪峰形成的时间，减小下游排洪通道的泄洪压力。第三，人工湖在场平施工期间，还可作为天然的沉砂池，有效拦截项目区产生的泥沙，减少对下游河道、涵管的泥沙淤积。

（2）渗透设计：通过渗透设施，利用雨水下渗，在一定程度上减少或排除地表雨水径流，同时给湿地、人工湖、河流补充地下水。如采用渗水池、生物排水沟、草砖停车场、渗水砖铺装广场、人行道等，目的是为了增加下渗水量。

（3）在方案设计中建议主体工程排洪通道避免全封闭式的暗涵式设计方式，而采用开敞式的城市生态河道设计模式，这无论从城市景观或河道生态功能的角度考虑都有现实意义。

2.4.3 边坡生态防护

植被固持土体、控制土壤侵蚀的作用是人们的普遍共识。在裸露土地上或森林受到严重破坏的地区，通过营造人工林形成新的森林环境，来控制裸露面产生的水土流失，最终改变区域的生物多样性，被认为是水土保持综合治理的治本措施，是最经济有效和长久稳定的措施[7]。城市和交通网络的迅速发展，在市域范围内产生了许多裸露边坡，这些裸露区域不仅造成了一定程度的水土流失，更甚者导致边坡塌方，极大地破坏了城市和交通路段的环境生态景观。传统的边坡防护措施多采用一些硬质景观材料，如浆砌块石、喷锚、挡墙等形式，虽有效防护了边坡，但与周边环境的协调性差，难以满足人们对城市景观舒适度的要求。本方案在设计中突破常规防护模式，以恢复边坡生态景观为目的。

项目区边坡主要存在于道路修建过程中对现状山体的扰动，方案设计中对高陡边坡，要求首先进行地质灾害评估，对存在不稳定因素的边坡，应进行削坡分级，格网防护等工程防护措施，并结合坡面排水，采取生物护坡技术，如客土喷播、喷草等；对不存在稳定性问题及地域空间限制的边坡，尽量采用自然式放坡，并结合周边景观，选择适宜的植被配置措施。对景观要求较高的石质边坡可采用喷混植生绿化等新技术，达到快速绿化的目的。

为了达到不破坏原有的自然景观，形成一种互不干扰的景观单元[8]，在保障稳定性的前提下，坚持乔灌草结合、乔灌优先、慎用藤本的立体绿化防护设计理念，实现全面绿化覆盖；树种选择应体现乡土化和多样化，采用多树种、多层次，以先锋乡土树种形成主导种群，来引导伴生种群，最终形成相应的顶级群落。具体而言，道路边坡生物防护植物种要求抗污染、耐贫瘠、主干通直，融道路景观及生物多样性于一体，如银合欢、新银合欢、台湾相思、簕杜鹃、软枝黄蝉、多花木兰、胡枝子、马缨丹（五色梅）、狗牙根、百喜草、柱花草等。

2.4.4 排水措施设计

受深圳市典型气候条件的影响，对大型项目区建设，解决好片区排水是防止区域性水土流失的关键，因此施工过程中的临时排水措施设计是本工程设计的重点。工程建设过程多打乱片区原水系，导致正常汇流路线受阻，若在施工前对改道水系不另辟导流路径，一旦形成区域规模的水土流失，其后果将相当严重。本方案在措施设计中本着全面布局与重点防护相结合的原则，首先对全区临时排水沟道进行了详细的设计，原则上不干扰原状水系的出流通道，对无法避免及必须填埋的沟道，方案中设计了临时导流槽，有效地解决了沟道改建过程中上游来水的排放出流问题。

为更有效的与主体工程衔接，方案设计中对工程阶段性施工中可能出现的环境影响问题也给予了高度的重视，措施中对经历汛期施工的箱涵设计了与导流排水渠道衔接的接口段，使永久性工程措施与临时性防护措施有机的融合起来。

2.4.5 工程施工注意事项及施工进度安排

本项目占地面积大，施工跨越时间长，且跨汛期施工，因此要求水土保持方案设计中有关临时防护措施的标准要高，能满足汛期大范围片区集中性汇流的冲刷。沟道的设计中未采用常规的浆砌石构筑，而是采用天然土质沟道，且采用内部撒种草籽的生物防护措施，为满足汛期片区洪水穿行，土质沟道的标准要求较高，施工过程中要满足一定的土体紧实度，内部草种更新速度要快，草籽要满足一定的撒种密度，保障沟道内壁形成草皮根系的网络结构，发挥固土抗冲的功能。

场区内部不影响片区功能性规划的天然鱼塘、水池，施工过程中应尽量保留，施工结束后可利用改造为小型的水景景观，此种改造方式一方面利用了现状地形地貌，节省投资造价，另一方面不同方式的水景模式，在丰富景观的同时，施工过程中对调蓄区域径流也发挥着积极的水土保持功效。

在场平过程中，对表土层应合理利用。表土层一般厚度在 30cm 以内，富含有机质，结构松散，不适宜用于地基回填，可以考虑将表土收集后集中堆放，作为后期园林绿化用的种植土，对植物生长非常有利。对原有的植被应进行保护，对必须要开挖的地方，可将要保留的树移植到其他地方，待后期园林绿化使用。

水土保持工程本着与主体工程同步设计、同步施工、同步投产使用的“三同时”原则，与片区规划一致采用分区、分项施工，以排导、挡护工程优先，要求片区土方工程避开雨季施工，对无法及时防护的裸露堆土采用临时措施防护，如临时沙包、临时遮盖等。

3 结语

现代化城市的发展过程中产生的各种生态环境困扰，追根溯源，使城市建设者必须重新审视和评价人与自然生态的和谐关系[1]。

对面积较大的城市片区开发，在水土保持方案中应综合考虑各种自然和人为因素，按照城市发展和水土保持生态建设的要求，对水土保持措施统一布置。文中结合片区开发实例，对水土保持方案中遇到的常见技术问题做出相应的分析和研究，加以提高水土保持方案的科学性，为城市片区开发提供科学的、系统的理论与技术支撑。城市建设要达到拓展生态健全的新型生活空间，这就要求城市的发展要尊重自然规律[9]。城市的水土资源是非常宝贵的，在开发建设过程中如何有效利用和保护是非常关键的问题。在满足主体工程建设要求的前提下，结合地貌特点、城市景观要求，与生态、景观、美学相结合，合理的开发自然资源，实现人与自然、生态的和谐统一。

参考文献

[1] 刘伟常，吴长文. 21 世纪城市水土保持发展［J］. 水土保持研究，2000，7（3）：9.

[2] 吴长文. 城市水土保持的理论与实践［J］. 中国水土保持科学，2004，2（3）：1.

[3] 梁璐等. 神话与宗教中理想景观的文化地理透视［J］. 人文地理，2005，20（4）：108.

[4] 侯幼彬. 中国建筑美学［M］. 黑龙江科学技术出版社，1997：195.

[5] 阎水玉，王详荣. 城市河流在城市生态建设中的意义 [J]. 城市生态与城市环境，1999，12（6）：36-39.
[6] 曹新向. 城市水域景观生态建设研究 [J]. 水土保持研究，2005，12（2）：52.
[7] 王治国等. 林业生态工程学 [M]. 中国林业出版社，2000.
[8] 王永喜，吴长文，胡晓静. 山坡地公园式博览园建设的水土保持方案 [J]. 中国水土保持科学，2004，2（3）：97.
[9] 何昉，等. 风景园林·生态与水土保持是城市建设的必要途径 [J]. 风景园林，2005，6：8.

（本文曾发表于2006年9月《亚热带水土保持》）

深圳城郊水库消涨带植被重建技术

吴长文　王永喜　付奇峰　王和利

【摘　要】城郊水库消涨带既要具有水源保护功能又要满足生态景观要求。在深圳市水源保护林建设专题研究的基础上，结合消涨带植物筛选试验成果，初步提出库区消涨带植被重建的技术体系。在正常水位线往下 3m 内栽植乔木和草被，正常水位线往下 3～6m 内栽植草被，同时结合生物排水沟、生态袋反坡梯地及反坡鱼鳞坑等辅助工程措施，可为水库消涨带生态重建提供途径。

【关键词】城郊水库；消涨带；植被重建

城市近郊水库消涨带产生的生态景观问题日益引起社会的广泛关注。消涨带问题主要集中在水土流失、库岸崩塌、景观影响等方面。由于水位变化幅度大，高水位时植物淹水较深，水位变化又不像自然湖面涨落那么有规律，因此，消涨带的植被重建成为水源保护林建设的最大难点。目前，解决消涨带负面效应的研究和试验在不断探索中，但大多数研究主要是对某种植物或技术的研究，难以在同类工程中大范围应用。笔者在深圳市水源保护林建设专题研究与规划的基础上，通过对城郊水库消涨带特点的分析，结合消涨带植物筛选试验成果和各类植被重建的保水保土辅助工程措施，提出库区消涨带植被重建的技术体系，明确重建的目标、内容和要解决的关键技术问题，将消涨带植被恢复与水库水源保护结合起来，以期为构建库区良好的生态系统提供新的途径。

1　水库消涨带植被恢复技术研究现状

消涨带是水生生态系统与陆地生态系统的交替地带，水位变幅大，水流冲刷力强，植被生境立地条件差，无论是气候变化、水位变化还是人类活动，都会对其产生很显著的影响。水库消涨带很少有植被覆盖，属于退化的生态系统，例如，三峡水库蓄水运行后将出现一个落差达 30m 的涨落带，形成一类季节性的湿地生态系统。三峡库区消涨带是三峡库区的重要组成部分，国内的科研机构对三峡库区的消涨带植被重建开展了积极的研究，如三峡大学戴方喜等[1]以三峡库区为试验范围，提出在三峡库区对消涨带土壤基质进行适当的工程保护与修复的基础上，选择合适的两栖植物对消涨带实施植被恢复；从 2000 年开始，广州地理研究所方华等[2]在华南地区新丰江水库（消涨带落差 23m）开展了库岸消涨带植被重建试验，研究表明，李氏禾（*Leersia hexandra*）具有抗旱耐淹耐瘠的特性，只要采取一定措施，能够在消涨带旱淹交潜环境条件下生长与自然更新；郑中华等[3]、靖元孝等[4-5]就消涨带木本植物筛选及其护岸效果进行过研究；付奇峰等[6-8]在华南地区水库消涨带适生植物的筛选方面进行了研究。

2　城郊水库消涨带的特点及景观要求

深圳市是全国 7 大严重缺水城市之一，境外引水量占全年供水量的 70%以上。境外引水工程把本地区主要的饮用水源水库串联起来形成网络，深圳市这种特有的水源供给方式决定了城郊水库消涨带的大量存在，由于各个大中型水库的供水调节，导致各个水库水位一年内频繁变动，除了地形平坦的库湾有淤泥沉积、有水草生长以外，多数水库库岸被水掏蚀严重，土体裸露，坡度在 30b～35b 之间，以土质边坡为主，存在坡岸冲刷、崩塌现象。水土流失强度、景观影响程度都很大，植被生长十分困难。根据深圳市松子坑水库、西丽水库、茜坑水库等的调查资料，消涨带一般的变化幅度在 3～10m 之间。

水库在担负供水、防洪等功能的同时，又是景观的载体。各水库周边区域与郊野公园的建设结合在一起，因此，水库更是城市生态景观的重要组成部分。水库岸边有良好的景观视野，蜿蜒曲折的水岸加上多样化植物，更显水岸自然形态之美。从城市生态、可持续发展的角度，充分发挥南方滨海地带的气候和植物优势，建设生态性郊野公园和湿地，营造城市氧吧显得尤为重要。

3 水库消涨带的植被重建技术体系

3.1 消涨带植被重建范围的确定

以深圳市水库为例，水库水位最大变幅可达10m，在干旱期可更大。根据水库运营特点及生态景观的要求，结合当前消涨带植被重建技术的研究成果，在试点的基础上，在水源保护林建设规划中，确定正常水位线往下3m内栽种乔木和草被，正常水位线往下3～6m范围内种植草被。

3.2 耐水淹乔木的选择

根据在各个水库试验研究的结果，筛选出一批耐水淹的乔木，其耐水淹性大致可分为一般、较强、极强3种（表1）。

常见乔木耐水淹性分析 表1

耐水淹性	乔木种类
一般	榕（*Ficus microcarpa*）、水蒲桃（*Syzygium jambos*）、黄槿（*Hibi scus tiliaceus*）、水石榕（*Elaeocarpus hainanensis*）、橡胶榕（*Ficusel astica*）、大叶榕（*Ficus virens*）、红千层（*Callistemon rigidus*）、海南蒲桃（*Syzygium cumini*）、青皮竹（*Bambusa vulgaris*）等
较强	水杉（*Metasequoia glyptostroboides*）、白千层（*Melaleuca leucadendron*）、山地木麻黄（*Casuarina junghuhniana*）等
极强	水松（*Glyptostrobus pensilis*）、落羽杉（*Taxodium distichum*）、池杉（*Taxodium ascendens*）、水翁（*Cleist ocalyx operculatus*）等

依据植物耐水淹性的强弱程度，分高程配置重建植物。耐水淹性强的植物布置在消涨带的最低处，依次向上布置，最高处为耐水淹性一般的树种，有利于充分发挥各种植物的生长特性。

3.3 植被重建配置设计

根据各水库历年运行情况，拟选择设计常水位往下1～3m和3～6m范围进行植被重建配置设计，形成环库消涨带过滤缓冲带。大致在上半部范围种植水、旱两栖草本和耐水浸乔木，在下半部分仅种植耐水草本（表2）。同时实施辅助工程措施，即对局部坡度较大，坡面失稳的地带，采用建挡土墙或生态袋护坡等措施防止岸坡水浪冲蚀，确保边坡稳定及重建植物的安全。

植被重建植物配置典型设计 表2

水库高程	植物配置	苗木规格	种植密度	种植土要求
正常水位往下3～6m	以草本李氏禾、铺地黍（*Panicum repens*）为主		人工栽种，间距15cm@15cm	
正常水位往下2～3m	水松、落羽杉、池杉、水翁、山地木麻黄等	胸径315cm，高度不低于215m	等高混交种植	1m³客土配无污染的有机肥30kg，泥炭土20kg，过磷酸钙10kg，与泥土充分拌匀堆沤后回填坑内
正常水位往下1～2m	水松、落羽杉、池杉、水翁、山地木麻黄、水杉、白千层等	胸径215cm，高度不低于115m	等高混交种植	
正常水位及往下1m	水松、落羽杉、池杉、水翁、山地木麻黄、水杉、白千层、榕、水蒲桃、黄槿、水石榕、橡胶榕、大叶榕、红千层、海南蒲桃、青皮竹等	地径115cm，高度不低于80cm	等高混交种植	

3.4 辅助工程措施

由于水位的涨落，导致消涨带范围内坡岸冲淘，土壤水分不断向2个极端变化，对植物生长造成了极不利影响。除选用适宜的植物种外，还应辅以工程措施，使植物能更好地发挥耐湿、抗旱、固土的功能。根据深圳市在各个水库的试验以及其他水土保持工程中的应用实例，特选用以下2种辅助工程措施。

3.4.1 生物排水沟技术的应用。生物排水沟（图1）是深圳市研制的一种水土保持专利技术，它是用可生长草本的生物砖砌筑，为了增加蓄水效果，可在砌排水沟前铺垫一层土工布。消涨带上种植的植物，除要经受水淹的考验外，还要具有抗旱性，尤其在中上部。为了提高植物生长效率，在消涨带上布置生物排水沟，在降雨或水位上涨时，生物排水沟内可蓄积一定量的水量，增

图 1　消涨带生物排水沟剖面示意图

加排水沟内水分的入渗量，提高岸坡土壤含水率，增强植物的抗旱能力。生物排水沟上游与水库汇水区截排水沟相接，在消涨带上水平布置，沟内蓄水，多余的水量通过跌水排入水库内。

3.4.2　生态袋固土防冲技术的应用。生态袋技术是深圳市研制的一种生态护岸新技术，其中绿霸生态袋技术已申请专利，其结构是以三维排水联结扣把柔性的土工织物生态袋（可生长草被）连接在一起，形成稳定边坡。消涨带岸坡的土壤冲刷比较严重，在植物的成活期，根系尚未深入土壤中，波浪会将种植穴里的土壤和肥料冲刷入库，使种植的乔灌木根系裸露，苗木倒伏，难以成活。为解决上述问题，利用生态袋技术，在消涨带岸坡，沿等高线修建等高反坡梯地和反坡鱼鳞坑，可有效防止坡岸冲刷，提高植物成活率。生态袋十分轻便，填充土料可就地取材，绿化效果可以满足生态要求。

等高反坡梯地适宜于消涨带地形变化不大、连贯的部位。方法是利用生态袋做成高约 16～115m 的挡土墙，在挡土墙内回填水库淤泥或客土，作成外高内低的等高带面，并在带面上横向每隔一定距离（约 10～15m）作一小埂（图 2）。等高反坡梯地的作用是使回填的淤泥或客土不被水体冲刷、移运，同时也可以使上部的泥沙在此沉积下来，并保持水位下落后短时间内不会干旱。

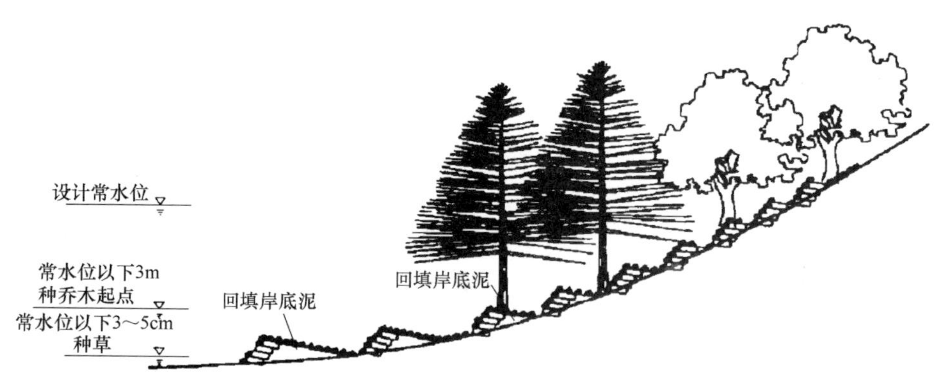

图 2　消涨带反坡梯地剖面示意图

反坡鱼鳞坑适宜于地形变化大、破碎的不完整地形，其目的和设计原理与反坡梯地基本相同。方法是，在消涨带用拦挡材料做成多个平面呈半圆形的挡土墙小段，圆形半径根据地形而定，一般为 2～4m，内填水库淤泥，外高内低，上下鱼鳞坑之间相互错开。

3.5　营造人工湿地

湿地是自然生态系统中自净能力最强的生态系统之一。在水库库尾或岸坡平缓水域，利用地形营造人工湿地，可减缓面源污染，净化水质。湿地水生草本植物按生活型可大致分为挺水植物、浮叶植物和沉水植物 3 类（表 3）。

华南地区常见水生草本植物生活型分类　　表 3

生活型	植物种类
挺水植物	荷花(*Nelumbo nucifera*)、香蒲(*Typha orientalis*)、慈姑(*Eleocharis tuberosa*)、芦苇(*Phragmitas communis*)、菰(*Zizania aquatica*)、荻(*Miscanthus saccharif*)、水葱(*Scirpus tabernaemontani*)、花叶芦荻(*Arundo donax var. versicolor*)、草(*Scirpus triqueter*)、水生鸢尾(*Iris tectorum*)、菖蒲(*Acorus calamus*)、千屈菜(*Lythrum salicaria*)、水芋(*Zantedeschi a aethiopica*)、梭鱼草(*Pontederia cordata*)、水生美人蕉(*Canna indica*)、苔草(*Caldesia renitormis*)、泽泻(*Alisma orientale*)、灯心草(*Juncus eff usus*)、三白草(*Saururus chinensis*)、水毛茛(*Ranunchlus aquatilis*)、香菇草(*Hydrocotyle vulgaris*)、再力花(*Thalia dealbata*)、水蓼(*Polygonum hydropiper*)等
浮叶植物	睡莲(*Nymphaea tetragona*)、菱(*Trapa natans*)、萍蓬草(*Nuphar bornetii*)、芡实(*Euryaie f erox*)、王莲(*Euryaie f erox*)、莼菜(*Brasenia schreberi*)、荇菜(*Nymphoides peltatum*)、大漂(*Pistia stratiotes*)、凤眼莲(*Eichhornia crassipes*)、萍(*Lemna minor*)等
沉水植物	苦草(*Valli sneria spiralis*)、黑藻(*Hydrilla verticillata*)、菹草(*Potamogeton crispus*)、眼子菜(*Potamogeton octandrus*)、竹叶眼子菜(*Potamogeton malaianus*)、穗花狐尾藻(*Myriophyllum spicatum*)等

水库消涨带范围内，可营造的人工湿地主要有库塘湿地、桑基鱼塘、城市景观湖面等。人工湿地营造模式，即在库塘岸边上种植耐水湿乔木，库塘水边种植水生草本植物，按照水位深浅分别种植沉水植物、浮叶植物、挺水植物。乔木选择水松、落羽杉、水翁、白千层等。

3.6　协调水库运营管理矛盾，调控水位高程

深圳的水库，在丰水期可以最大限度存蓄境外引来的东江水源，使水库较长时段高水位运行。如果在水库消涨带植被营造期间（一般为 3a），水库运营管理能考虑到消涨带植物成活期的需求，为植物生长创造有利的条件，那么，消涨带上种植的各种植物就能正常度过成活期，及早发挥耐水湿、抗干旱等生物学特性，如在消涨带植物栽植后的 3a 内，人为控制水位高程，除非大的暴雨洪水情况外，一般情况水位应低于植物栽植高程，以避免植物在成活期遭受长期水淹。

4　结语

城郊水库消涨带植被恢复重建，对涵养水源、改善水质、防止土壤侵蚀、提高库区生态质量和改善景观起到了重要作用。消涨带植被恢复重建是一项复杂的系统工程，不但需要植被配置技术，还需要针对不同水库的立地条件和水库运行特点进行不断的试验探索，如耐水淹植物的选育、植被营造、辅助工程措施的新技术应用等，也需要多部门密切配合，协同攻关，建立各部门共识的保证措施支持体系。通过对各种植物的生长进行长期的定性、定量、定位观测，以及科学的水库调度人工调控措施，使消涨带植被恢复重建技术体系不断完善和发展。

参考文献

[1] 戴方喜，许文年，陈芳清. 对三峡水库消落区生态系统与其生态修复的思考. 中国水土保持，2006 (12)：6-8

[2] 方华，陈天富，林建平，等. 李氏禾的水土保持特性及其在新丰江水库的应用. 热带地理，2003 (3)：214-217

[3] 郑中华，许大彬，孙谷畴. 湖榕、水翁混交护岸林绿化固土效果研究. 中国水土保持，2000 (11)：15-17

[4] 靖元孝，杨丹菁，陈章和，等. 两栖榕在人工湿地的生长特性及其对污水的净化效果. 生态学报，2003，23 (3)：614-619

[5] 靖元孝，程惠青，彭建宗，等. 水翁幼苗对淹水的反应初报. 生态学报，2001，21 (5)：810-813

[6] 付奇峰，林素彬，黎晨，等. 两栖植物在消涨带岸坡生态修复中的应用研究. 中国农村水利水电，2006 (2)：64-66

[7] 付奇峰，林素彬，黎晨，等. 水库消涨带铺地黍植被护坡技术研究. 中国水土保持，2006 (7)：17-19

[8] 付奇峰，方华，林建平. 水库消涨带生态重建的植物筛选. 生态环境，2008，17 (6)：2325-2329

（本文曾发表于 2009 年 10 月《中国水土保持科学》）

藤本植物在深圳采石场边坡生态修复中的应用

沈　彦　沈文雅

【摘　要】深圳市由于开发建设规模不断扩大，遗留有大量的废弃采石场，采石场边坡的生态修复是整个采石场生态恢复中的重点和难点，选用合适的藤本植物，并辅之以合理的配置、养护方式和工程技术手段，可以取得较为满意的绿化效果。

【关键词】藤本植物；采石场；生态修复

随着城市经济的发展，城市化进程的加快，深圳市开发建设规模不断扩大，需要大量的建材，如石料、水泥、钢材等，而石料的大量需求又使采石场数量激剧增多，采石产业得到了长足的发展，为经济发展做出了巨大贡献，另一方面，也带来了一系列的环境问题，如破坏城市景观、产生噪声与粉尘污染、造成水土流失等，对城市的可持续发展构成了威胁。据2000年统计，深圳全市范围大于3000m^2的裸露山体缺口669处，其中对城市景观和水源保护区有较大影响的249处[1]。藤本植物在生态恢复中具有独特的优势，就采石场石壁这种干旱、瘠薄的特殊环境而言，藤本植物对水、肥的需求较草本植物更少，适应性更强，具有更发达的根系和更高的生物量，坡面绿化效果好。

1　攀缘植物选择的原则

一般地说，陡壁土壤贫瘠，保水保肥效果差，只有抗性强的植物才能生存，并且需选用耐干旱、耐贫瘠、耐高温和匍匐能力强的品种。为使边坡具有一定的美化效果，还需要兼顾观赏性；其次，应选择适合当地生态环境的乡土植物。乡土植物经过长期的生长、驯化，已具备了抵御极端气候因子变化的功能，可增加绿化种植的成活率；第三，生长快速，能较快地覆盖山体断面；第四，攀附能力强，具有发达的吸盘、气生根或卷须等攀缘器官[2]。

2　几种优良的坡面绿化攀缘植物

攀缘植物在南方常用的品种较多，但在采石场复绿中，因受地理条件与周边环境的影响，所用的品种要求比较严格，应根据功能的需求选择浅根、耐贫瘠、耐旱等适宜性的品种[3]。

2.1　爬山虎（*Parthenocissus tricuspidata*）

隶属葡萄科、爬山虎属、亦称地锦。落叶藤本，枝条粗壮、多分枝，小枝上生有多数短小而分枝的卷须，卷须顶端具圆形黏性吸盘，吸附于其他物体上。攀附和适应能力强，即使较光滑的垂直岩面也能牢固附着。爬山虎耐贫瘠，对土壤要求不高，生长旺盛、迅速，短期内能收到良好的绿化、美化效果。1年生苗高可达1.5～2m，多年生的藤茎长可达20～50m，当年栽植的爬山虎行、株间距密度合适，土质好，1年后覆盖度可达50%～60%，2年后覆盖度可达70%～80%，3年后可实现100%覆盖。爬山虎的木质部导管发达，气生根多，再生能力很强，具有很强的吸附和攀缘能力，是固土护坡和环境绿化、美化的优良植物。

2.2　葛藤（*Pueraria lobata*）

蔷薇目、豆科、葛属的多年生草质藤本植物，又名野葛，葛藤是一种半木本的豆科藤蔓类植物，具有惊人的蔓延力和繁殖力，可以大面积地覆盖树木和地面。葛藤半木质的蔓藤可以长达10～30m，匍匐地面甚至可达百米。葛藤喜温暖湿润的气候，喜生于阳光充足的阳坡。常生长在草坡灌丛、疏林地及林缘等处，攀附于灌木或树上的生长最为茂盛。对土壤适应性广，除排水不良的黏土外，山坡、荒谷、砾石地、石缝都可生长，而以湿润和排水通畅的土壤为宜。耐酸性强，土壤pH值4.5左右时仍能生长。耐旱，年降水量500mm以上的地区均可生长。

2.3　薜荔（*Ficus pumila*）

为桑科榕属，常绿攀缘性灌木藤本植物。具

不定根，常攀附于墙壁、岩石或树干部。分布中国华东、华南和西南、长江以南至广东、海南各省。薜荔耐贫瘠，抗干旱，对土壤要求不严，适应性强；根浅，幼株耐荫，茎上长出大量的根，当枝条攀缘到树上或墙头，因日照充足，各营养器官迅速茁壮生长，茎干、枝条变粗，叶子变大、变厚，从而转型为结果枝，进而开花结果。果熟时，雌隐头果，果裂，瘦果带着花被散落地面，或被鸟类、松鼠食用，从而使其种子能远距离传播。

2.4 大花老鸭嘴（*Thunbergia grandiflora*）

又名大邓伯花、大花山牵牛，是爵床科（Acanthaceae）山牵牛属的常绿植物，粗壮木质大藤本，高可达 7m 以上。大花老鸦嘴植株粗壮，覆盖面大，花繁密，朵朵成串下垂，花期较长。喜阳光充足，土质湿润，排水良好的避风地。喜温暖潮湿环境，越冬温度 10℃以上，要求充足的光线，生育温约 22～30℃。生命力强，栽培以肥沃富含腐殖质的壤土或砂质土壤最佳。

2.5 炮仗花（*Pyrostegia venusta*）

别名：黄金珊瑚，紫葳科、炮仗花属，常绿木质大藤本，有线状、3 裂的卷须，可攀缘高达 7～8m，性喜向阳环境和肥沃、湿润、酸性的土壤，生长迅速，在华南地区，能保持枝叶常青，可露地越冬。炮仗花为紫葳拉炮仗花属的常绿大藤本植物。花列成串，累累下垂，花蕾似锦囊，花冠若罄钟，花丝如点绛，满棚满架，极为鲜艳。由于卷须多生于上部枝蔓茎节处，故全株得以固着在他物上生长。

3 配置方式

3.1 不同绿化方式的配置

采石场利用爬藤的复绿方式主要有平台法、V 形槽法、植生盆法等。其中平台法因采用多排孔定向爆破形成阶梯平台，可贮存 1m 左右的土壤层供植物生长，但平台高差很大，须选用生长速度快、攀缘能力极强的植物，如爬墙虎、五爪金龙、猫爪花、葛藤等速生品种；V 形槽法是在坡面上沿水平方向按一定密度锚入锚杆，锚杆与水平方向成 45°的角度，并加横筋，形成种植槽的钢筋骨架，在钢筋骨架下安装模板，用混凝土现浇种植槽，槽内藏土量较小，宜选用浅根、耐贫瘠、耐旱能力强品种，如爬墙虎、薜荔、葛藤、五爪金龙、猫爪花等；植生盆法即利用石壁微凹地形或破碎裂隙砌筑植生盆，一般处于缓坡或坡脚位置，适用的品种较多，南方常用于采石场复绿的品种均可种植。

3.2 不同高度的配置

根据采石场残留石壁的高度，可粗分为低坡（<15m）、中坡（15～30m）和高坡（>30m）[4]。对于低坡，可采用单向配置法，即只需在石壁底部种植；对于中坡，可采用双向配置法，即分别在石壁的底部和顶部同时种植相同或者不同的种类，利用上爬植物的攀缘能力与悬垂植物的延伸下垂，达到快速绿化的目的；对于高坡，由于多数植物一般难以攀缘到此高度，故采用 V 形槽绿化法，即通过在坡面上沿水平方向按一定密度锚入锚杆，锚杆与水平方向成 45°的角度，并加横筋，形成种植槽的钢筋骨架，在钢筋骨架下安装模板，用混凝土现浇种植槽，将营养土填入槽内，再在槽内种植藤本植物，以达到绿化石壁的目的。

3.3 不同生境的配置

不同攀缘植物对环境条件要求不同，因此在进行复绿时应考虑立地条件。在进行采石场坡面绿化时，北面坡应选择耐荫植物如五爪金龙；西面坡应选择喜光、耐旱的植物如爬山虎、薜荔、葛藤等；在位置低且潮湿的地方宜利用耐湿性品种如蟛蜞菊。

3.4 美化品种选择

为了增加复绿后采石场的美化效果、提高观赏性，在立面坡上位置可选择种植炮仗花、变色牵牛、大花老鸭嘴等开花攀缘植物，缓坡和坡脚种植凌霄、藤本蔷薇、铺地木蓝等。

4 藤本植物的管理与养护

播种后应加强日常管理，及时修剪，控制一定长度，培育成根系粗壮的幼苗。种植时间以春季 3～4 月或秋季 9～10 月种植为宜，混交方式采用株间混交，即不同品种交换混种。种植时适当密植，密度以株间距离 40～50cm 为宜，但在陡峭坡面或其他生长条件恶劣的地方可适当密些。

种植后应浇足定根水，在生长期内要及时除草、浇水及追施速效肥；同时，定期对植物进行检查，发现病虫害要及时防治，确保植物健康生长。先期藤本植物要进行人工牵引导向，引向目的石壁坡面，促使植物向石壁定向生长。

5 结论

5.1 攀缘植物在岩石坡面工程的应用中，由于夏季石壁60～70℃的高温灼烤会阻碍蔓梢的向上攀爬，因此在植物配置中要注意与其他乔、灌、草植物的相互配合，巧用其他植物的遮挡。随着采石场复绿工作的全面展开，如何将生态与景观综合应用，营造以乡土植物为基调，形成乔、灌、藤、草本植物结合，生态系统较为稳定且符合可持续发展规律的边坡植物群落，更好地利用植物间的互生关系进行更好的品种搭配，需要更进一步的探索研究。

5.2 废弃采石场通过综合治理，取得了较好的复绿效果，但部分藤本植物长势极其强大，如微甘菊、金钟藤，对乔、灌木的生长有一定的抑制作用，其超强的侵占性和绞杀性会造成生态灾害，因此在选择藤本植物时应避免这些有害生物的应用。

参考文献

[1] 吴长文，章梦涛，等．裸露山体缺口生态治理［M］．北京：科学出版社，2007：5.

[2] 胡振华，王电龙．攀缘植物在北方水土保持生态修复中的应用［J］．水土保持通报，2007，27（1）：99-101.

[3] 陈晓春，陈阳春，王冬梅，等．攀缘植物在广东废弃采石场复绿中的应用［J］．广东农业科学，2009（5）：153-157.

[4] 郑伟忠．藤本植物在浙江采石场石壁生态复绿中的应用［J］．黑龙江农业科学，2010（3）：74-76.

（本文曾发表于2012年6月《亚热带水土保持》）

深圳市水库消涨带生态植被恢复

马义虎

【摘　要】 水库在社会经济发展中起着十分重要的作用，但因为修建水库产生的消涨带严重影响库区自然环境，诱发库岸滑坡，破坏库岸土壤，毁灭周边植被，造成严重水土流失，影响水库景观。为了降低水库运行对自然生态环境的负面影响，本文结合多年工作实践经验与相关理论，以深圳市水库为例，把消涨带立地类型划分为土质岸坡（包括缓坡滩涂）、低洼湿地、土石岸坡、岩质岸坡等类型，分析各种立地类型在不同时期的土壤水热条件和养分条件，提出相应的生态植被恢复措施。

【关键词】 水库；消涨带；生态恢复；类型划分

1　引言

水库在社会经济发展中起着十分重要的作用，它是在河道、山谷、低洼地及地下透水层修建挡水坝或堤堰、隔水墙而形成蓄集水的人工湖，能拦蓄洪水，调节径流，以满足防洪、发电、供水、灌溉等需要[1]。然而，修建水库会在一定范围内改变和影响其周边自然生态环境。在水库运行过程中，其水位升降运动对库岸环境造成严重影响，可诱发库岸滑坡破坏库岸土壤，毁坏周边植被造成严重的水土流失，并影响水库环境景观。为了降低水库运行对自然生态环境的负面影响，本文结合多年工作实践经验与相关理论指导，对其立地类型进行合理划分与深入分析，提出相应生态植被恢复措施，现以深圳市水库为例详述之。

2　深圳市水库概况

深圳年平均降雨量为1924.7mm，全年雨量有85%出现在汛期（4～9月），其中48%分布在后汛期（7～9月），平均雨量达929mm；37%分布在前汛期（4～6月），平均雨量达705mm。深圳植被属南亚热带季雨林，少数地区具有热带季雨林的某些特征，大部分低山丘陵生长的是稀疏的次生针叶林和灌丛草本植物。深圳土壤类型以赤红壤为主，占深圳土地面积的63.27%，其他主要的土壤类型有水稻土、黄壤和红壤。

深圳河流大致上划分为珠江三角洲水系、东江水系和海湾水系[2]。截至2009年底，在此三个水系流域范围内共有蓄水水库172座，其中以供水为主的水库共有89座，包括中型12座、小（1）型43座、小（2）型34座，其他用途水库83座。其中，某些水库因消涨带植被破坏已对库区生态环境与景观造成较为严重的负面影响。

3　消涨带立地类型划分与现状问题

水库的消涨带空间分布呈条带状，基本保证在一定的高程范围内。消涨带立地类型划分以其地形与质地结构类型为主要依据，结合影响其水热条件和土壤养分条件的要素因子，可分为土质岸坡（包括缓坡滩涂）、低洼湿地、土石岸坡、岩质岸坡等类型。

水库在运行过程中，水位涨落与上述因子共同作用，对消涨带立地生态植被产生重大影响。当水库蓄水抬高水位时，将形成新的库岸带，库岸带附近区域长期受水浸泡，库岸中的土壤吸水饱和软化，甚至在地形低洼地区形成倒灌现象，造成大面积的浅水区，极大地改变了库岸及库岸附近区域土壤的地下水状况，其原生植被生长受到极大影响甚至死亡；当水库泄水降低水位时，水位下降过程中可溶性土壤养分和疏松的土壤微粒被带走，消涨带土壤结构受到严重破坏，其原生植被失去生长的有利环境。

植被破坏带来的负面影响在长年累月的过程中对水库水质、库岸稳定性、水土保持、库容、环境景观等方面产生一系列不良影响，并导致水库维护成本增加，因而，通过有效的生态措施对消涨带进行植被恢复具有重要的生态意义与经济意义。

4 消涨带植被恢复措施研究

植被恢复是消涨带生态恢复的关键所在，消涨带立地类型多种多样，不同类型间的库岸地形、质地、水文等各不相同，所对应的水热条件和土壤养分条件存在差异，针对消涨带特殊的立地条件来选择适生植物是其生态植被恢复成功的关键因素之一。消涨带土壤土质通常受到水位变化带来的较大程度的破坏，其养分瘠薄，植物生长条件差，且水库水位反复涨落亦导致消涨带较为极端的干湿状态交替出现，因此，消涨带适生植物要具备耐瘠薄、耐水湿、耐干旱等抗逆性强的特点。

4.1 土质岸坡与其植被恢复措施

深圳地形大部分为低山、平缓台地和阶地丘陵，其水库消涨带主要以土质岸坡为主。影响土质岸坡植被恢复的主要因素为岸坡坡度和高程，土质岸坡坡比较小时，其岸坡土体保持水分的能力较好，当水位下降时，岸坡失水亦相对缓慢，由于深圳年均降雨量较大，失水后土质岸坡亦能得到较及时的雨水补充，因此，较缓的土质岸坡植被恢复相对容易。

当土质岸坡高程处于水库正常蓄水位附近时，此范围区植被受水淹没顶的可能性较小，植被恢复成功概率较高。以目前的生物工程技术状况而言，水库正常蓄水位以下的消涨带范围内，高程越低植被恢复难度越大，但水库如果长时间低水位运行，也可能在低水位以上的消涨带范围生长抗逆性较强的草本和灌木。

根据水库实际情况，土质岸坡消涨带植被恢复区域多集中在水库正常蓄水位以下 5m 范围内。针对其采取的生态恢复措施如下：植被措施方面，水库正常蓄水位以下 2m 范围内以种植乔木为主（图 1、图 2），较合适的树种有白千层、红千层、水石榕、水蒲桃、水翁、落羽杉、水松等，水库正常蓄水位以下 2～5m 范围以种植草本植物为主，较合适的草种有李氏禾、铺地黍、芦竹、芦苇和千屈菜等。

工程措施方面，为降低库区水位涨落破坏岸坡土壤的不良影响，岸坡整地需做特殊处理，经过长期的大量实际工程实践与探索，目前找到了较为简洁而有效的办法，即在种植穴或种植槽临水面做半圆形或长条形反滤层保持土壤和水分，可更有效恢复消涨带植被（图 3）。

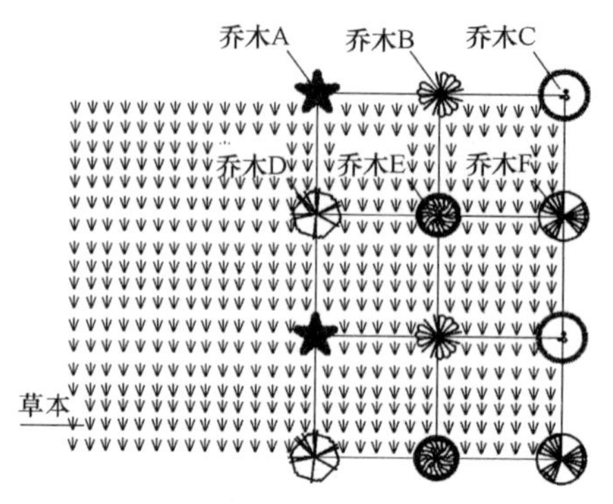

图 1 岸坡种植平面

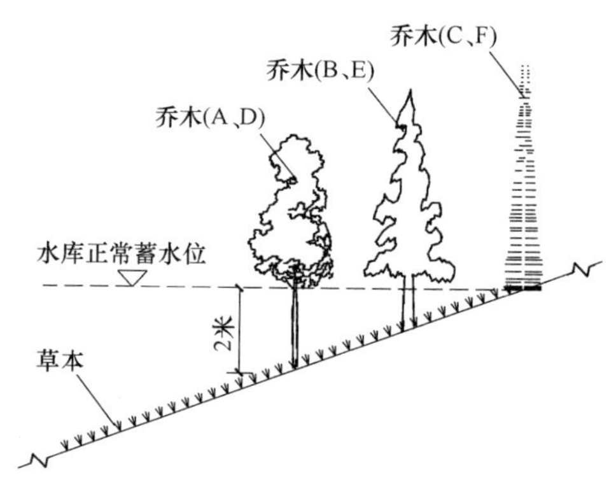

图 2 岸坡种植平面

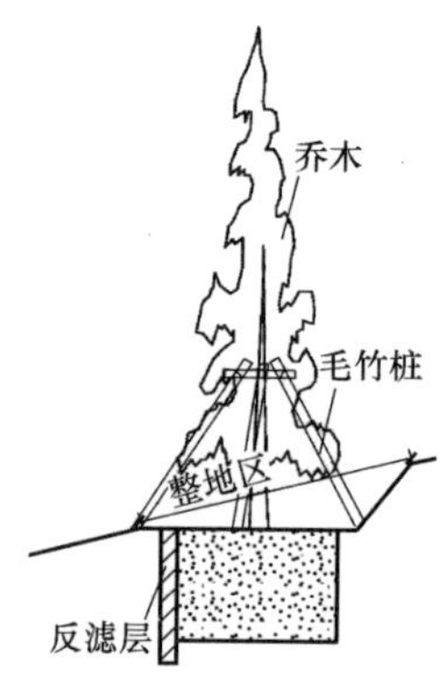

图 3 种植穴处理

土质岸坡中，缓坡滩涂为其坡度较缓的一类，其消涨带坡度一般在 5°以下，所属水库多处于山体坡脚，有较厚的坡积物层，土体稳定，坍塌滑移可能性小。缓坡滩涂之上的坡地常年受雨水和地表径流的冲刷，为缓坡滩涂带来较多的土壤腐殖质和疏松土壤微粒沉积层，虽受水库水位涨落导致的养分流失影响，该区土壤肥力仍能保持较高水平，因而，其植被恢复较为容易。一般情况下，该类型区的植被恢复措施集中在水库正常蓄水位以下 5m 范围内，具体措施同上，适宜的植物有白千层、红千层、水石榕、水蒲桃、水翁、水同木、落羽杉、中山杉、水松、对叶榕、厚叶榕、湿地松、水东哥、红刺露兜、木芙蓉、李氏禾、铺地黍、芦竹、花叶芦竹、芦苇、千屈菜、水蓼、再力花、美人蕉、纸莎草和风车草等。

4.2 土石岸坡消涨带与其植被恢复措施

土石岸坡消涨带由土壤与岩石混合构成，其质地介于土质岸坡与岩质岸坡之间。相对土质岸坡而言，土石岸坡植被恢复难度较大，影响土石岸坡植被恢复的因素主要有岸坡坡度、土石岸坡高程以及土石成分比。

土石岸坡坡比较小则岸坡土体保持水分的能力较好，水位下降时，较缓的土石岸坡失水相对缓慢，若土石岸坡水分能得到雨水及时补充，则岸坡植被恢复成功的可能性较高；当土石岸坡高程在水库正常蓄水位附近时，该范围区植被受水淹没顶的可能性较小，则坡植被恢复成功的可能性较高，越往水库正常蓄水位以下的高程区域，植被恢复的难度越高。另一方面，石头所占比例越大，坡体持水能力越低；由于土体与岩体的含水能力和比热值差异较大，坡体温度更容易受外界温度影响，因此石头所占比例越多植被亦越难恢复。

土石岸坡植被恢复区域多集中在水库正常蓄水位以下 5m 范围内，其植被恢复措施以草本植物种植为主，乔木在该类型区的适应能力很差宜慎重采用，实践中使用较多的植物有白千层、水翁、水石榕、落羽杉、李氏禾、铺地黍、芦竹和芦苇等。

4.3 低洼湿地与其植被恢复措施

消涨带内的低洼湿地一般多出现于库区两山之间的地势低洼地和水库库尾区域，主要由于中央地势较低而形成。受水库水位涨落的影响，低洼湿地在水位上升期，会形成典型的浅水区域，在水位下降期能存留部分水量，雨季可得到上游地表径流和雨水的补充，总体而言长期处于水淹状态。

受其地势的影响，低洼湿地内土壤腐殖质和疏松土壤微粒多沉积量较多，受水库水位变化的影响较小，洼地底部形成大量含有机质较高的淤泥层，颜色多为灰黑色，养分充足，类似于沼泽，为植被生长创造了良好条件。低洼湿地的植被恢复措施以种植水生植物为主，适宜在该类型区生长的植物种类较多，主要为水生植物及其他耐水湿植物（图 4），常采用的植物有白千层、红千层、水石榕、水蒲桃、水翁、水同木、落羽杉、中山杉、水松、对叶榕、厚叶榕、水东哥、红刺露兜、木芙蓉、李氏禾、铺地黍、芦竹、花叶芦竹、芦苇、千屈菜、水蓼、再力花、美人蕉、纸莎草、风车草、龟背竹、海芋、荷花、芡实、睡莲、香蒲、水鬼蕉、水葱、花叶水葱、文殊兰、梭鱼草、水芹、蕹菜、水蕨和圆叶节节菜等。

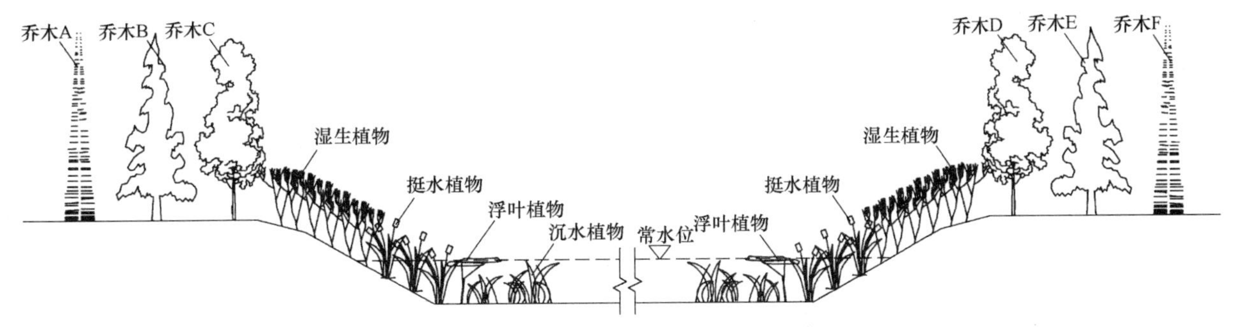

图 4　低洼湿地种植模式图

植被恢复实践中为了增强低洼湿地保有水量的能力，避免低洼湿地在水库泄水期或旱季过度蒸散发，通常采用生态材料抬高低洼湿地出口处高程，扩充低洼湿地容纳水量，以满足低洼湿地正常的水面蒸发、土壤蒸发和植物蒸腾。

4.4 岩质岸坡消涨带

岩质坡岸主要构成成分为岩石。库区水位反复涨落，导致坡体表层土壤及其他松散体在水动力作用下崩解破坏，岸坡岩体裸露，岩质岸坡消涨带因之形成。岩质岸坡缺乏植被生长固定所必需的土体环境，植被恢复难度高且资金投入量要求极大，因而，该类型消涨带通常不采取植被恢复措施，如出于结构加固需要可采取适当的工程措施。

5 结语

水库消涨带立地条件特殊，植物生长条件较差，如何因地适宜地进行植被恢复对于水库管养维护而言具有重要意义。本文根据实地概况与大量实践经验将水库的消涨带类型进行了较为实际且实用的划分，并提出了相应的植被恢复措施方案，对于类似水库的消涨带水土流失治理与生态植被恢复具有较强的借鉴意义。目前水库消涨带治理因其苛刻的立地条件制约，仍难以根治消涨带存在的全部问题，寄望将来随相关工程技术水平的提高人们在此方面能取得更大的进步与突破，为水库运行提供更好的条件。

参考文献

[1] 中国水利百科全书编辑委员会. 中国水利百科全书［M]. 北京：水利电力出版社，1991.

[2] 王若兵. 深圳市水利志［M]. 广州：广东科技出版社，1990.

[3] 钟保粦. 深圳市气象志［M]. 北京：气象出版社，2009.

[4] 方华，陈天富，林建平，等. 李氏禾的水土保持特性及其在新丰江水库的应用［J]. 热带地理，2003（3）：214-217.

[5] 付奇峰，方华，林建平，等. 华南地区水库消涨带生态重建的植物筛选［J]. 生态环境，2008（6）：2325-2329.

[6] 吴长文，王永喜，付奇峰，等. 深圳城郊水库消涨带植被重建技术［J]. 中国水土保持科学，2009（5）：43-47.

[7] 陈天富，林建平，冯炎基，等. 新丰江水库消涨带岸坡侵蚀研究［J]. 热带地理，2002（6）：166-170.

（本文曾发表于2011年6月《亚热带水土保持》）

华南山丘地区场平工程与水土生态防护

马义虎

【摘　要】 本文以华南山丘地区场平工程为例，围绕华南山丘地区场平工程建设造成的水土生态破坏，探讨性地提出了该区域场平工程水土生态防护的重要环节。

【关键词】 华南山丘地区；场平工程；水土流失；水土生态防护

引言

1978 年底，我国城市化水平仅为 18%，改革开放以后，我国城市化持续快速发展，1985 年底为 24%，2000 年底为 36%，2008 年底为 46%，据预测，未来三十年，我国城市人口比例将达到 70%[2-4]，城市化进入加速发展时期，同时生态环境受到越来越严峻的挑战，城市的急剧扩张正在加速消耗透支我们的生存空间与自然资源。场平工程是城市扩张过程中常见的前期动土工程，华南地区多为山地丘陵，场平施工过程中一般采用大型机械进行开挖和回填，甚至对大型山体进行整体爆破，彻底改变项目区地形、地貌，摧毁项目区自然生态环境。华南地区降雨量大，若没有相应的防护措施，施工动土后会造成严重的水土流失，影响项目区周边环境，为有效降低场平施工对自然生态环境的破坏和对周边环境的影响，必须对项目区实施水土生态防护。

华南地区处于我国最南部，广义上的华南地区包括广东省、海南省、广西壮族自治区、福建省中南部、江西南部、湖南南部、台湾、香港和澳门，该区最冷月平均气温≥10℃，极端最低气温≥－4℃，日平均气温≥10℃的天数在 300 天以上。多数地方年降水量 1400～2000mm，是一个高温多雨、常绿的热带-南亚热带区域。这里植物生长茂盛，种类繁多，有热带雨林、季雨林和南亚热带季风常绿阔叶林等地带性植被。现状植被多为热带灌丛、亚热带草坡和小片的次生林，热带性森林动物丰富多样。该区地表侵蚀切割强烈，山丘广布，以花岗岩及其风化物为主，在长期高温多雨的气候条件下，山丘发育有深厚的红色风化壳。在迅速地生物积累过程的同时，还进行着强烈的脱硅富铝化过程，成为我国砖红壤、赤红壤集中分布区域。

由于华南地区多山、多雨的特点，对华南地区场平施工中产生的水土流失进行防治显得尤为重要。以下内容围绕场平工程，提出场平工程水土生态防护中值得关注的重要环节。

1　场平选址

合理的场平选址可以减少对自然环境的破坏，同时达到项目建设的目的。场平选址前应充分剖析场地状况，除了避开重要的经济、军事、人文等设施以外，还要充分考虑项目区地形、地貌、水文、土壤、植被等自然因素，避开良好的陆地生态环境区，避开良好的水生态环境区，避开极难恢复的生态脆弱区等。场平选址是多因子条件下的综合分析，从可持续的科学发展角度出发，工程项目选址对水土环境的影响越来越被重视，譬如许多城市划定生态控制范围，将大量土建项目阻止在生态控制范围以外，杜绝工程动土对水土生态环境造成极大破坏，将场平项目区选定在低生态价值区域，是对社会发展和生态环境保护的双重考虑，与科学的可持续发展思路相一致。

2　土石方平衡

选定场平项目区后，随即进行场平工程竖向设计，在竖向设计中设法减少场平施工对项目区地形、地貌、水文、土壤、植被等自然因素的扰动，其中一个重要的指标就是减少工程动土量，并实现土石方就地平衡，因此竖向设计中对土方的安排应尽量做到半挖半填，合理利用山体开挖土石方[5]，避免土石方外运，减少二次堆放引起的水土流失，缩小场平施工对环境的影响范围，同时缓解城市现有渣土受纳场的压力，目前许多华南山丘地区城市的渣土受纳场容量十分有限，工地渣土随意弃置、尘土漫天飞扬的现象并不少见，随意弃置渣土是城市水土流失的主要成因之一。加强土石方回用，实现土石方就地平衡是减少城市水土流失的重要途径。

3 截排水措施

城市扩建过程中大范围平整土地，场平施工结束后往往不能及时开工建设，场平地块长时间无植被覆盖，没有任何水土保持措施，在强降雨条件下造成严重的水土流失，冲出区外的泥沙侵占附近林地、农地、菜地等，淤堵附近管网、沟渠、箱涵等防排洪设施，造成积水、内涝等严重的水土流失，严重影响周边居民正常生活。场平地块周边及其内部应布设有效的截排水措施，避免集中水流冲刷土体，布设截排水措施要充分考虑周边地形环境，水系汇流情况，在汇水分析的基础上合理布置截排水措施，将场区内及上游的汇水安全疏通到下游区域，同时布设有效的沉砂措施，避免高含砂水流淤堵场区附近管网、沟渠、箱涵等防排洪设施。因为后续工程施工将再次扰动项目区，所以布设截排水沟应结合后续工程布局，使截排水沟在后续工程中继续发挥良好的水土保持作用；在满足项目区防洪排水的前提下，选择排水沟类型应充分考虑再次利用和生态环保，多采用抗冲刷、可渗水、易拆卸、可组装的排水沟设计方案，在排水流量不大的区域多采用生物排水沟（图1、图2)。

图1 施工前水土流失状况

4 边坡防护

地处华南山丘区的场平工程，施工中高挖低填会形成大量的挖方边坡和填方边坡，一般情况下，挖方边坡土体相对密实，填方边坡土体相对松散，在强降雨条件下，容易发生水冲土跑的现象，特别是坡率较陡时，容易产生坍塌、滑坡等形式的水土流失。从水土保持防护考虑，首先考虑挖填方边坡的稳定性，若开挖回填后的边坡为临时性边坡，同时坡顶上方或下方有足够的放坡空间，可采用降低坡率的方法确保边坡稳定，若没有足够的放坡空间，同时边坡不稳，应选用工程支护的方法确保边坡稳定。工程支护保证边坡稳定，并为边坡植被恢复创造良好条件，避免采用全面硬化的方式来稳定边坡，恢复植被前应全面分析边坡土质情况，譬如土质密实的挖方边坡不宜采用直铺草皮的恢复方式，采用喷草灌的植被恢复方式效果会更好（图3、图4)。

图2 施工后的生物排水沟

图3 施工前的草皮护坡

5 场地绿化

场地绿化是全面控制水土流失的根本措施，若没有场地绿化，即使排水沉砂措施、边坡稳定措施到位的情况下还是无法有效控制场地水土流失，所以在场平工程中应当重视场地绿化，场地绿化后，进入沟道的雨水才会更清澈，才能有效治理水土流失，控制泥沙输出。根据场地闲置的

图 4 植被改造后的边坡

时间长短来选择场地绿化的方式，若地块闲置时间较长，可以在场地周边设置一定宽度的乔灌草植被防护带，进行周边控制，对流出区外的雨水起到滞水固沙的作用，对地块中央的后续建设区，可采用成本相对较低的植草覆盖方法，也能起有效的滞水固沙作用，同时避免干燥、大风天气条件下的扬尘现象（图 5、图 6）；若地块闲置时间较短，可适当降低场地绿化标准，配合场地周边排水沟，设置一定宽度的植被防护带，对雨水起到一定的滞水固沙作用。对地块边缘的挖方边坡

图 5 施工前的裸露地

图 6 植被恢复后的场地

和填方边坡进行植被恢复，若为永久性的边坡，可乔灌草相结，若为临时性边坡，可采用成本相对较低的植草覆盖方法。

6 其他措施

常用的其他水土保持措施有汛期应急措施、表土回收利用措施、建筑垃圾回收利用措施等，其中汛期应急措施在水土保持防护中会起到良好的作用，表土及建筑垃圾回收利用符合现代低碳社会、集约经营、环境有好的新理念。

6.1 汛期应急措施

大面积场地平整改变区域的汇水过程，当汛期到来时，场地及其周边的水流可能会强度冲蚀场内土体，同时影响附近设施，汛期应急措施首先建立在汇水分析的基础上，预测汛期可能出现的严重后果，以此制定汛期应急措施，包括方案制定、材料准备、人员安排，以及对大气情况变化的关注等。

6.2 表土回收利用措施

土壤是珍贵的自然资源，其中表土是土壤中最为珍贵的部分，回收利用表土也是我国国家标准——《开发建设项目水土保持技术规范》（GB 50433—2008）中规定的强制性条文[1]，必须严格执行。

6.3 建筑垃圾回收利用措施

通常情况下，场平施工前会拆除场地内的旧有建筑物，一味地建筑垃圾填埋注定是一条不通之路，建筑垃圾的分类回收利用势在必行，譬如大量的混凝土块可就地破碎作为填充材料，在路面垫层、软基处理中再次发挥作用。

参考文献

[1] 水利部水土保持监测中心. 开发建设项目水土保持技术规范 [M]. 北京：中国计划出版社，2008：4-11.

[2] 周毅. 当前中国城市化问题及其对策 [J]. 城市发展研究，2010 (01)：1-4.

[3] 小约翰·B·柯布著. 王晓玲译. 可持续的城市化 [J]. 城市发展战略，2010 (01)：38-43.

[4] 李善同，侯永志. 中国城市化状况与政策取向 [J]. 经济研究参考，2003 (02)：38-46.

[5] 游斌. 场地平整时的土石方工程决策 [J]. 炼油技术与工程，2008 (08)：43-45.

（本文曾发表于 2011 年 6 月《水土保持应用技术》）

附录

融入城乡的绿道网选线思路与规划方法

蔡　瀛　何　昉　李颖怡　康凯珊

【摘　要】 当前，作为专项规划的绿道网规划已逐步融入城乡规划体系，其意义体现在推动区域绿地构建、统筹城乡资源、优化城镇空间布局、激活棕地与生态受损地的改造与利用、促进城乡绿色交通系统及游憩景观体系与合作机制建立等方面。绿道网选线规划应以人与自然和谐共生的理念为价值取向和生态导向，遵循生态性、连通性、适度性、协调性与统一性的原则，结合具体地段明确规划要点与要求，确定科学合理的绿道网络布局。

【关键词】 绿道网；选线规划；城镇；乡村

1　绿道网与珠三角绿道规划实践

绿道网是经过规划、设计和管理的多功能土地网络[1]，是促进区域生态稳定、突出地方自然人文特色和改善城乡环境景观，兼具生态保护、游憩健身、历史保护和交通运输等多种功能，涵盖生态区、郊区和城区，具有重大自然、人文价值和区域性影响的绿色开敞空间网络。绿道网的建设是集生态、环境、民生和经济于一体的重要网络工程建设。

当前，规划的珠三角绿道网全长约为 1690km，包括 6 条省立绿道，初步形成了涵盖广佛肇、深莞惠、珠中江三大都市区的绿道网络。珠三角各市均编制了地方的绿道规划，从而确立了省立区域绿道、城市绿道与社区绿道三级绿道网络体系。绿道网规划为目前我国城镇环境质量的提升、城乡生态环境与宜居城乡的建设提供了有益的借鉴。

2　绿道网选线规划的理论背景

为适应区域的可持续发展，编制城乡一体的区域系统规划成为当前城乡规划发展的必然趋势。生态规划方法也被越来越多地运用到城乡规划中。自 20 世纪 60 年代开始，科学时代下的生态设计逐步将以生态功能为核心的理论思想注入资源保护和绿道规划建设中：城市生态学理论（Urban Ecology）将整个城市环境作为生态系统的子系统，以凸显区域的系统性与关联性；城市景观生态学研究了城乡之间的网状绿地系统如何维持整个生态系统的协调运转，并引入了扩散廊道（Dispersal Corridors）、栖息地网络（Habitant Network）等概念；景观都市主义认为景观是各种自然过程的载体，这些过程支持生命的存在和延续，同时景观又是多种功能（建筑和基础设施）的载体，它为催生、协调（自然）环境与（工程）基础设施之间的关系提供了相互融入和流动交换的界面[2]。绿道网选线规划从最初仅强调慢行休闲功能逐渐向融合生态理论、城市更新改造等综合目标功能发展，其内涵日益丰富，外延不断扩展。

3　绿道网选线规划与城乡规划结合的意义

3.1　为推动区域绿地一体化、构建城乡绿地系统提供有效手段与保护机制

绿道网选线规划以区域广阔的绿地开敞空间为研究背景，以切实可行的线状廊道将各种区域绿地空间串联并予以利用。通过选线划定绿道控制区与绿化缓冲区（串联自然资源、历史人文资源和游憩资源的空间区域），建立从点到线、从线到面的保护机制，以保障绿道生态功能的发挥，保存绿道范围内的自然资源与人文资源，这为区域“绿线”和“生态控制线”划定工作奠定了坚实的基础，进一步推动了区域城乡绿地系统的构建。

3.2　统筹城乡资源，加强自然资源与人文资源的沟通共享

绿道网的综合性体现在绿道用最少量的土地保护了最多的资源（共同事件的假设），这也代表了一种有效的策略性方法[1]。长期二元制的城乡分离制度造成了我国乡村地区规划滞后、资源整合落后与管理不力的现象，因此应统筹城乡资源，加强自

然资源与人文资源的沟通共享。按照所处区域位置和功能目标的不同，可将绿道分为生态型、郊野型和都市型三种类型。这三类绿道的建设有利于实现城镇与乡村地区资源的连接和沟通（表1）。

绿道分类与途径的主要用地分析 **表1**

绿道分类	城市用地分类标准(GBJ 137—90)		途经的主要功能用地
	用地类别和代码	主要用地类型	
生态型	水域和其他用地(E)	水域(E1)、林地(E4)	自然保护区、保护性湿地、森林公园、水源保护区、风景名胜区、国家地质公园等
郊野型	水域和其他用地(E)	水域(E1)、耕地(E2)、园地(E3)、林地(E4)、牧草地(E5)、村镇建设用地(E6)、废置地(E7)	旅游度假区、农业观光园、郊野公园、郊野农田、历史文化村镇(遗址)、文物保护单位等
都市型	居住用地(R)	一类居住用地(R1)、二类居住用地(R2)	综合公园、社区公园、专类公园、带状公园、街旁绿地等公园绿地、广场、历史街区与文物保护单位、城镇商业区、文娱体育区、居住区与交通枢纽等
	公共设施用地(C)	办公用地(C1)、商业金融业用地(C2)、文化娱乐用地(C3)、体育用地(C4)、教育科研用地(C6)、文物古迹用地(C7)、其他公共设施用地(C8)	
	对外交通用地(T)	对外交通用地	
	道路广场用地(S)	道路用地(S1)、广场用地(S2)、社会停车场库用地(S3)	
	绿地(G)	公共绿地(G1)、生产防护绿地(G2)	

3.3 优化城乡空间布局，通过分区策略引导城镇良性发展

绿道具有高连接性的特点，作为一种起连接作用的线形绿色空间，绿道有助于缓和栖息地丧失和割裂的速度，这在当前城市化蓬勃发展的时期表现得尤为明显。绿道网选线规划应注重与城镇发展空间形成良好的互动关系：在未建区或限建区，绿道网选线规划应采取“以保护为主，以调整为辅”的原则，维持和保护区域现有景观格局的生态基底；在城镇建设开发程度较高的建成区，绿道网选线规划应充分发挥绿道改善和优化城市生态、景观和环境的作用，加大城镇改造力度，尽可能恢复城市内部各种自然资源的连接；在城镇新建区，绿道网选线规划应合理构建该区域与其他区域之间的生态廊道，连通核心生态资源（如水系与山体），形成城镇生长边界与隔离缓冲带，以合理引导城镇建设，保护区域原有良好的生态环境。

3.4 激活棕地、生态受损地的改造与利用，变废为宝，推动城市更新

绿道是激活棕地改造与利用的有效手段。目前，珠三角绿道网中存在的棕地包括大量的废弃荒地、废弃厂房以及有待升级改造的工业区等。绿道网选线规划通过采取相应的景观及生态措施，对棕地进行改造，以转换土地功能和提升土地价值。此外，针对生态受损地，如被污染、填埋或渠化的河流以及受破坏的山体，应通过修复和提升环境质量来维护地区的生态安全。由此可见，绿道将成为推动城市更新、激活城市动力的重要手段之一。

3.5 加强绿道慢行交通系统的便利性与可达性，构建城乡绿色交通系统

绿道网作为城镇慢行交通系统的一部分，为人们提供了一种绿色低碳健康的出行选择，对形成城市绿色低碳交通网络具有重要的意义。一方面，绿道通过加强与城镇港口码头、机场、火车站、城际

轨道站、公路客运站等对外交通设施，以及城镇公交站点、地铁轨道交通站点、水上交通站点等城市各项公共交通系统站点的接驳，达到与其他交通工具的便利衔接，并便于区域与地方的居民交通出行；另一方面，绿道通过连接城镇边缘区、城镇中心区、城镇居住区和公园广场等居民休闲游憩出行需求较大地区的轨道交通、公交站点，加强了绿道慢行交通系统的便利性与可达性。

3.6 建立城乡景观格局，策划主题线路，构建绿道游憩系统

绿道网选线规划利用绿道网串联城市重要的景观资源，构建与城镇风格和文化相协调、与城市居民的感知环境相一致的城镇景观格局；结合地方资源环境和基础条件，挖掘地方特色，策划包含生态保护、休闲游憩、旅游观光、历史保护和康体健身等功能，主题鲜明、形式多样的绿道游憩线路；尽可能串联外部网络节点—历史人文与生态景点，形成绿道内部完善的游憩服务系统，主要包括绿道游径、驿站（服务点）、景观节点（或兴趣点）和休息点等，使绿道游憩系统与城市游憩系统相互补充。

3.7 整合城乡用地，为规划管理和实施提供一种新的合作思路

绿道网选线规划将加强或改变地区规划的整合或实施的方式。绿道以廊道的形式连接城镇、乡村及广泛的绿色空间，突破了传统的规划区的概念，并将绿道涉及的多种空间与因素（如野生动植物栖息地和休憩空间、旅游和水资源等因素）整合在一起。

绿道网选线工作的协调与整合涉及多个部门，因此在工作方法上应提出全新的要求，以推动合作和协作机制的产生。Zube 曾提出“合作是绿道的一条生命之路”[1]。由此可见，正式的规划、技术协助以及各部门间的协作将成为绿道网选线工作顺利完成的重要保障。

4 绿道网选线规划目标与指导原则

绿道网选线规划应以人与自然和谐共生的理念为价值取向和生态导向，遵循生态性、连通性、适度性、协调性与统一性的原则，立足于绿道建设的基础条件，综合多方面因素，明确绿廊控制、慢行交通、功能服务等内容，确定科学合理的绿道网络布局，确保绿道连通成为城乡一体的“绿网”，从而有效发挥绿道网的综合功能效益，促进城乡环境的生态优化和可持续发展。

（1）生态性原则，指应充分结合现有地形、水系和植被等自然资源特征，发挥绿道对生物廊道的保护与建设作用，促进区域生态环境的改善和物种多样性的修复。

（2）连通性原则，指采取有效措施，实现绿道生态廊道连接，构建城乡一体的绿道网络，优选绿道节点与路径，以加强自然、历史和人文节点的沟通和联系。

（3）适度性原则，指城市绿道网规划应结合现状基础条件、生态条件与居民游憩需求，合理控制开发规模，因地制宜地规划慢行交通系统与服务设施，达到“集约土地，绿色低碳”的经济目标。

（4）协调性原则，指城市绿道网规划应综合生态环境、政策要素、城镇布局和地方意愿等因素，协调各方需求，综合确定规划方案；协调城乡发展计划，制定总体与阶段发展目标。

（5）统一性原则，指应确立统一的绿道网规划思想与工作方法，统筹各地绿道网规划建设，形成衔接良好、系统完善的绿道网络系统。

5 绿道网选线的基本思路与规划方法

5.1 以生态环境分析为基础，结合区域生态景观格局和城乡绿地系统，确定绿道网主体框架与生态保护体系

分析与评估区域生态环境因素，如土地高程、水体资源、土壤敏感度、动植物种类和栖息地质量等。分析与协调绿道周边环境因素，如城乡用地发展、交通格局、旅游发展等，通过生态廊道分析方法划定生态敏感区、生态安全保护与连接区域，依据区域生态环境敏感性程度、自然资源类型和级别、景观质量高低进行优先连接，尽可能通过绿道保留生态廊道的连续性，并修复生态断裂点与生态斑块。

绿道网选线规划可结合城乡绿地系统，连接城区绿地与郊区绿地，构建城镇与乡村之间完整、高效的区域绿地空间网络。绿道应结合区域生态

廊道、生态隔离绿地、环城绿带等绿地连接城镇与乡村，以城镇地区为中心，绿道应均衡布局并延伸至各乡村地区。通过上述区域生态景观格局和城乡绿地系统的研究，确立了绿道网主体框架与生态保护体系。

深圳绿道网总长度约为2000km，是由区域绿道、城市绿道和社区绿道构建而成的三级绿道网络。其中，珠三角2号区域绿道深圳段规划、珠三角5号区域绿道深圳段规划等以生态廊道的修复和提升研究为基础，划定了绿道主体选线，并结合城市绿地系统结构的研究，连接了城区与郊区，实现了市域绿地结构的优化（图1）。

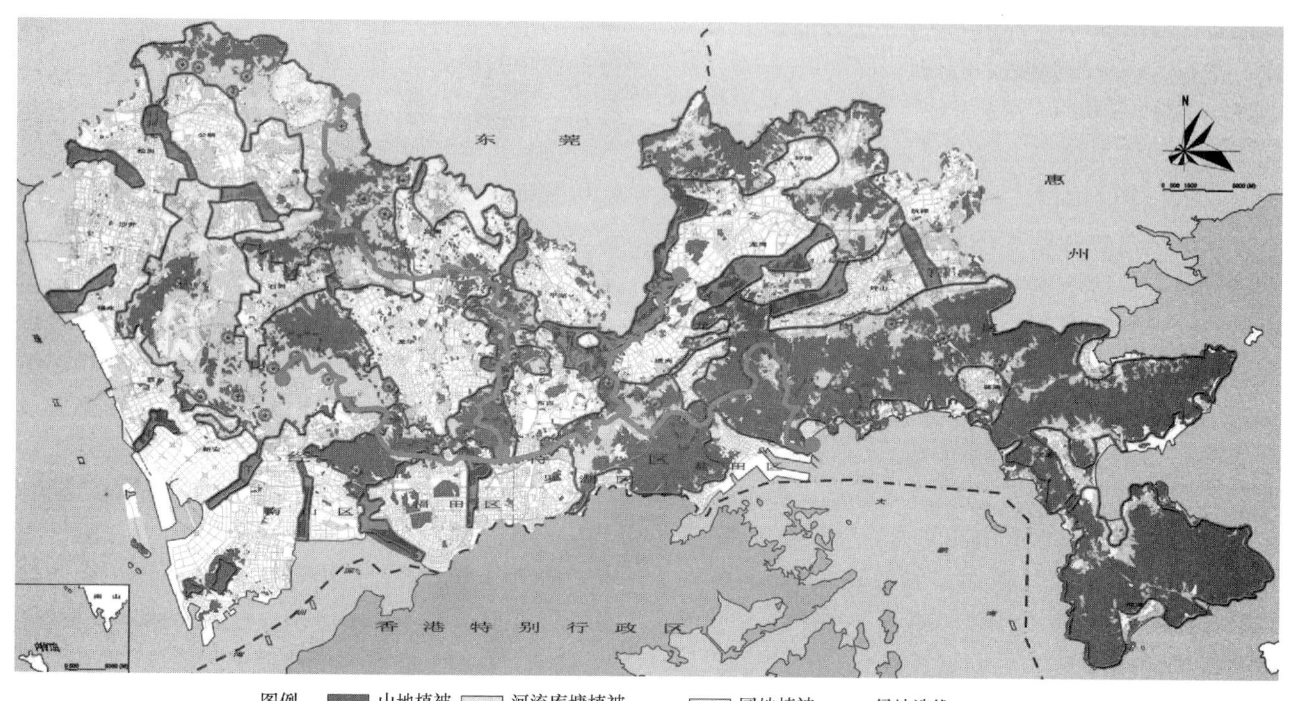

图1　深圳市区域绿道与生态植被关系分析

5.2　优选绿道网串连的节点，扩展绿道的功能体系[3]

对绿道网中的节点应进行重要性评价，挑选出较高级别的节点。绿道网选线规划应尽可能串联更多的有关自然和人文要素的节点，以充分展示地区的自然生态景观和历史文化底蕴，并为增强绿道吸引力、开发绿道综合效益奠定基础。这些节点包括：①自然节点，指具备生物多样性、景观独特性的区域；②人文节点，指具有一定文化、历史特色的区域；③城市公共空间，包括城镇建成区内的大型居住区、大型商业区、文娱体育区、公共交通枢纽等重点地区，以及公园、广场、绿地等公共开敞空间；④城乡居民点，指城乡宜居社区、乡镇和村庄等（表2）。

各类点状要素的分级建议　　**表2**

节点类型	分级		
	非常重要	重要	普通
	国家级、省级自然保护区	市级自然保护区	—
	—	观光农业园区	连片农田、基塘系统
	—	大、中型水库与湖泊	小型水库与湖泊
自然节点	国家级、省级森林公园	市级森林公园	县级森林公园
	国家级、省级风景名胜区	—	—
	国家级、省级旅游度假区	市级旅游度假区	—
	—	郊野公园、湿地公园	—

续表

节点类型	分级		
	非常重要	重要	普通
人文节点	国家级历史文化名镇(村)、省级历史文化街区、名镇(村)	具有成片岭南建筑的街区历史文化遗迹	村庄
	全国重点文物保护单位、省级文物保护单位	市级文物保护单位	县级文物保护单位、区级文物保护单位、地方文物保护点
城市公区空间	大型居住区、大型商业区、文娱体育区、公共交通枢纽	—	—
	城市级公园、广场	区级公园、广场	社区公园、广场
	大型绿地	中型绿地	小型绿地
城乡居居点	—	宜居社区、乡镇、村庄等	—

资料来源：《广东省城市绿道规划设计指引》（粤建规函［2011］460号）。

5.3 评估绿道的现状系统，确定绿道网选线布局密度与绿道容量控制

分析区域内尤其是生态郊野地区绿道潜在的游憩价值和已开发项目对区域内的生态影响。通过容量控制方法降低项目开发，特别是具有生态危害的游憩项目的开发使用频率和活动范围。

根据建设现状、用地性质和地区服务功能需求，结合生态评估结果和城市长远发展要求，通过绿道网慢行道密度控制来确定合理的绿道容量，其中，生态型绿道适宜密度参考值为0.03km/km^2～0.10km/km^2；郊野型绿道适宜密度参考值为0.5km/km^2～1.2km/km^2；都市型绿道适宜密度参考值为1.0km/km^2～1.5km/km^2。

5.4 确定绿道网的适宜路径[3]

选取开敞空间边缘、交通线路和已有绿道等作为城市绿道网选线的依据，以优先串联重要节点为目标，综合考虑长度、宽度、通行难易程度和建设条件等因素，对线形通廊进行比较和选择，确定城市绿道的适宜线路：①开敞空间边缘，指体现自然肌理的水系边缘（如江、河、湖、海、溪谷等水体岸线）、山林边缘、农田边缘（如农田的田埂、桑基鱼塘的塘基）等。此类线形廊道最能体现绿道内涵，应优先予以考虑。②交通线路，包括废弃铁路、国道、省道、县道、高速公路，以及市政道路、景区游道和田间小道等。应根据交通流量、车行速度等确定各线路的适宜程度。例如，废弃铁路、景区游道和田间小道等非机动交通线路，应以游憩和耕作功能为主，在选线时可优先考虑；市政道路的慢行交通系统也可根据实际情况予以考虑；而国道、省道、县道及高速公路等快速机动交通线路，随着交通流量的增大和机动车速度的增加，应依次降低适宜程度，一般不宜选作绿道路径。③已有绿道，包括已建成的省立绿道。城市绿道应与省立绿道有机衔接，共同构建覆盖区域的绿道网络。局部地区由于受条件限制，可考虑将城市绿道与省立绿道并线。在与省立绿道有机衔接的前提下，城市绿道应保持其相对独立性。

5.5 加强绿道网与其他交通系统的接驳，完善绿道各类设施配套

绿道网选线应结合绿道功能开发地段，完善相应的慢行交通设施，突出以人为本的原则，加强城市绿道网与城市交通系统、慢行交通系统的接驳，完善换乘系统，连接城区与郊区、各功能组团与组团内部，提高城市绿道网的连接度与可达性。与市域公共设施和市政设施相结合，按照绿道网选线要求与建设内容，完善城市绿道各类设施配套。根据确定的密度要求、容量要求，以及当地用地条件、经济状况和设施水平合理配置驿站与服务点，选择性地设置售卖点、自行车租赁点等商业服务设施，儿童活动区、健身区、观景点等游憩设施，以及宣教与展示点等科普教育设施，并设置必要的安全保障设施与环境卫生设施。

5.6 确定绿道边界与规划布局方案

绿道网选线应综合考虑绿道规划的生态、社会和经济外部效应，解读相关规划，征求各方意见和发展意愿，统筹衔接各地规划，以构建多目

标方案，并进行多方案论证，最终确定绿道的控制边界，优化绿道网选线布局。

6 重点地区绿道网选线规划要求

6.1 经过滨水地区的绿道网选线

经过江、河、湖、海、溪谷和滩涂湿地等水体岸线的绿道，应保证安全、稳定和健康的城市基础水环境，通过保护、改造和生态修复等手段构建连续的线形滨水生态廊道，促进城市滨水区环境改善与功能开发。运用雨水收集和设置生态湿地、生态驳岸等措施恢复人工改造或被填埋的城市水系。充分利用滩涂地、滨海区修建栈道或亲水平台。当绿道跨越河流时，应充分利用水上交通、原有桥梁或新建的小型景观桥保证绿道的连通（图 2、图 3）。

图 2　加拿大温哥华的绿道与滨水区

图 3　美国波特兰的绿道与滨水区

6.2 经过山林地区的绿道网选线

经过山脊、山谷等地形起伏地区的绿道，应合理利用山林自然地原有的生物气候条件、原生风貌及人文景观，结合地域特点，提供户外运动、郊野游憩和自然教育的场所。保护及利用山林自然和人工植被，宜划分保护区、保育区与游览区进行分级保护和控制；应结合野生动物的生活习性及迁徙路线进行慢行道的规划设计，宜遵循山林沟谷的天然走向，尽量利用原有的山路、土路，不宜大填大挖。

6.3 经过乡村地区的绿道网选线

经过耕地、园地等乡村地区的绿道，应结合农田林网、河渠道路串联主要历史村落，以维持和保护原有农业景观及田野乡村肌理。结合现有村庄设施，促进新农村人居环境建设与村镇农业经济的发展，塑造独具特色的田园生态景观。注重与村镇交通枢纽、村镇居住中心、农业观光休闲基地等节点衔接，慢行道的选线应尽量借用村道、乡道、机耕路或土路（图 4、图 5）。

图 4　穿行于郊野乡村的台湾关山环镇自行车道

图 5　台湾台中后丰铁马道绿道田园景色

6.4 经过自然与人文景区的绿道网选线

经过自然保护区、风景名胜区、水源保护区、旅游度假区、森林公园及郊野公园等自然景区的绿道，应充分利用绿地景观资源，如山林土路、公园林荫道和度假区游览道等，以实现与公园、景区内丰富的休闲设施有机衔接。

经过人文景区，如历史街区、历史村镇等文化遗产地的绿道，宜沿景区主要线路设置解说设施，解释文化遗产资源的内涵和历史遗存，并采用保护和修复的方式进行规划；修复廊道内的植被结构，保护生物多样性，结合旅游开发建设，提高地区的吸引力（图 6、图 7）。

图 6　美国大峡谷国家公园道

图 7　美国大雾山国家公园道

6.5 经过城镇建成区的绿道网选线

城镇绿道应结合城镇空间形态与用地布局、生态景观进行选线，主要承担城镇生态修复与改善、文化保护与城市更新、游憩出行等功能，具体可分为以下四种情况：

（1）结合旧区改造、废弃廊道更新的绿道网选线。经过城镇建成区的绿道，应结合旧城、旧村、旧厂区等旧区改造更新恢复区域活力；充分利用废弃的交通廊道、受污染（被填埋）的河流，通过生态改造使其成为城市生态廊道的组成部分。例如，美国波士顿的 Bigdig 项目就将影响城市生态环境的交通设施（如高架桥）埋入地下，通过生态改造，使废弃廊道成为城市生态廊道的组成部分；生态城市伯克利倡导“就近而不是占据最具多样性的地方”原则，保留城市中的溪流汇合处和自然多样性集中表现处。

（2）结合城市街道、城市空间的绿道网选线。城镇绿道网选线应与慢行交通系统、城镇设施相结合，以体现城市街道功能的复合性；在无法满足绿道建设用地需求的情况下，可通过局部改造，采取立体穿越城市空间的方式（如地面、地下、建筑架空、空中立体廊道或屋顶平台等方式）来保证绿道的连续性。

（3）结合城镇商业区、文娱体育区的绿道网选线。宜突出代表城镇特色的文化氛围，结合区内公园绿地、道路广场、文化娱乐设施、商业设施与交通枢纽，可采取划线、地面铺装变化或设置绿化隔离带等措施划定自行车活动区域。

（4）结合城镇主要居住区的绿道网选线。宜利用区内原有道路串连主要住宅区、居住区中心、公共服务设施、街旁绿地、小游园等绿地节点和交通节点，与住区游憩系统结合，合理布置康体游憩设施，为居民创造交流空间，形成居住区内部环形贯通的绿道网络系统（图 8～图 10）。

7 结语

绿道网选线及其规划具有便于操作性和多目标性等特点。边实践边总结是绿道网选线规划更好地融入现有城乡规划体系的方法，也是取得科学规划、科学建设方法的有效手段。实践中的珠三角绿道网选线规划应尽快落实绿道网规划的完善与实施、后期的经营管理、绿道生态效益的实现以及三级绿道网络的构建等关键问题，并十分注重生态学的指导作用，将生态保护、生态修复与生态化技术应用到绿道网规划建设和后期管理所涉及的全部活动中，用人与自然协调发展的观点去思考问题、解决问题，构建自然和谐的生态文明型区域绿道网，引领和促进居民向低碳新生活方式转变。

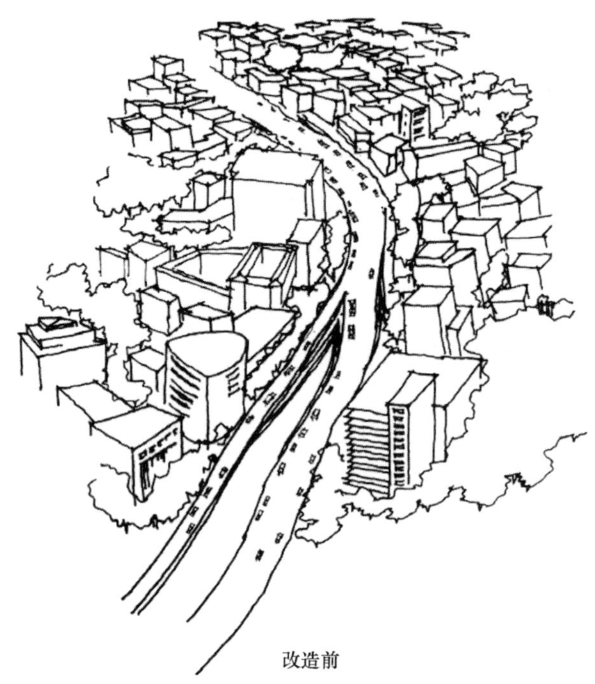
改造前

改造后

图 8　通过绿道更新废弃交通廊道

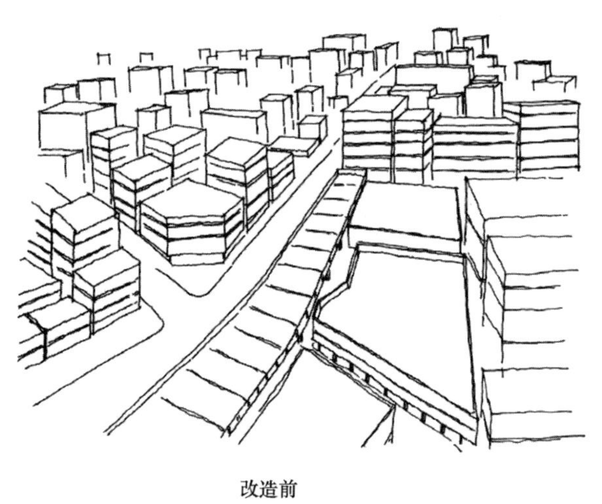
改造前

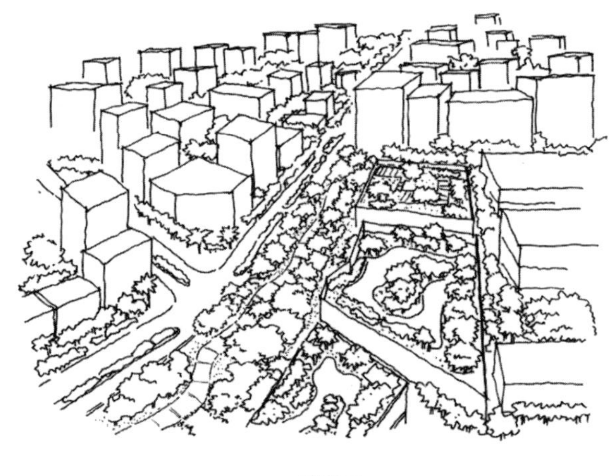
改造后

图 9　通过绿道改造旧村

图 10　穿越城镇空间的绿道

参考文献

[1] Jongman R H G，Pungetti G. Ecological Networks and Greenways：Concept，Design，Implementation [M]. Cambridge：Cambridge University Press，2004.

[2] Charles Waldheim. The Landscape Urbanism Reader [M]. New York：Princeton Architectural Press，2006.

[3] 广东省住房和城乡建设厅，广东省城乡规划设计研究院，深圳市北林苑景观及建筑规划设计院. 广东省城市绿道规划设计指引 [Z]. 2011.

[4] 徐文辉. 绿道规划设计理论与实践 [M]. 北京：中国建筑工业出版社，2010.

[5] 广东省住房和城乡建设厅，广东省城乡规划设计研究院，深圳市北林苑景观及建筑规划设计院，等. 珠江三角洲绿道网总体规划纲要 [Z]. 2010.

[6] 广东省住房和城乡建设厅. 珠三角区域绿道（省立）规划设计技术指引（试行）[Z]. 2010.

[7] 何昉，锁秀，高阳，等. 探索中国绿道的规划建设途径—以珠三角区域绿道规划为例 [J]. 风景园林，2010，(2)：70-73.

[8] 何昉，康汉起，许新立，等. 珠三角绿道景观与物种多样性规划初探——以广州和深圳绿道为例 [J]. 风景园林，2010，(2)：74-80.

[9] 张京祥. 对我国低碳城市发展风潮的再思考 [J]. 规划师，2010，(5)：5-8.

[10] 杨春侠. 历时性保护中的更新——纽约高线公园再开发项目评析 [J]. 规划师，2011，(2)：115-120.

（本文曾发表于 2011 年 9 月《规划师》）

跋

“10+ 20”年风雨砥砺，“10+ 20”年艰辛创业。从毕业留校之初来深参与规划设计建设和带领学生做毕业设计，到后来的创办设计院，我和团队的成长发展，离不开从中央到地方如住建部和深圳市政府各级部门的领导关怀，以及各方前辈和友人的大力支持和帮助，所有的关心信任和有力支援一直深深铭记在心中。在“10+ 20”院庆回顾过往代表项目之际，回忆点滴，向他们表示衷心的感谢！

20 世纪 80 年代我留校任教不久，受学校委派来深，在深圳仙湖植物园筹建办常驻设计一年，在以孟兆祯先生为设计主持人的多位老师的指导下进行设计施工实践。期间因园区和弘法寺建设问题，我亲自拜访了来深访问的时任国家城建总局园林绿化局副局长的牟锋同志，对推动仙湖顺利建设起到了积极作用。抽空我还先后参与了深圳市老干部活动中心“红云圃”、东湖公园规划设计的编制工作并现场指导施工建设。期间得到了时任深圳园林集团董事长兼总经理刘更申、科长冯良才等大力支持和帮助。

1993 年初，带着学校和院系的支持，我来深创建设计院，最初费用紧张、举目无援，相当长一段时间内一筹莫展，没有推进。在市建设局有关领导的理解和支持下，经过不懈努力终于一年后拿到许可，1994 年北京林业大学园林规划建筑设计院深圳分院正式成立。

仙湖植物园经过多年的建设，景色优美，社会和业界影响力不断提高。美国密苏里植物园主任、前美国总统科学顾问 Peter Raven 博士来到深圳市仙湖植物园考察，情不自禁赞叹：“这里能和包括丘园在内的世界上任何一座植物园媲美。”1999 年，时任深圳市委书记张高丽提出将仙湖植物园建设成为世界名植物园，进一步完善园区建设，我和设计院团队继续完善深化早期规划内容，全心投入建设具有优美的景致和丰富的活植物收集的风景植物园。世界名园目标的提出，掀起仙湖植物园另一个建设高潮。在建园 30 多年的今天，仙湖植物园作为中国第一个以风景和观赏特性植物布局的、全国面积最大的植物园，也是植物收集最多的植物园，被全国同业公认为社会、环境和经济效益最好的植物园，并代表深圳、代表中国首次成功申办了被誉为国际植物学“奥林匹克”盛会的 2017 年国际植物学大会，建设世界名园的任务初战告捷。

世纪交汇之际，我带领团队正式接受大梅沙海滨公园和市中心公园规划设计等任务，其中大梅沙海滨公园项目，在多名设计骨干的共同努力下，从当年元旦接到任务，年初一开工建设，“五一”期间顺利开园，开创了园林建设的“深圳速度”。之后，团队在住建部、广东省和深圳市有关部门以及学校的支持下，实现改制并属地化。多年来，设计院充分发挥教育科研为社会服务的作用和高校专业人才的优势，在全国各地承担了大量的城市风景园林规划设计工作，先后高水平、高质量地完成了各种风景园林、城市规划、水土保持、生态、建筑、旅游等 2000 多项项目，其中获奖 200 多项，有 50 多项曾接受包括改革开放后四位领导人邓小平、江泽民、胡锦涛、习近平等在内的党和国家领导人的视察。

关注风景园林创作同时，我积极关心行业的发展，2005 年创办了全国唯一与风景园林一级学科同名的国家级学术刊物《风景园林》，并担任首任社长，今天已实现单月刊国际发行，相继提出弹性城市等学科前沿专题，探索学科创新。

设计院在发展中保持着专业而前沿的国际触角，以原创性设计追求，充实“设计之都”的特色，创新完善风景园林各地方体系，成立了中国风景园林研究所。从 2007 年到 2011 年深圳第 26 届世界大学生夏季运动会召开前的四年多时间里，团队先后参与 20 多个迎大运系列景观规划设计项目，成为大运规划设计的主力军。自 2009 年初，我和设计院作为珠三角绿道的倡导者之一，在广东省住建厅的支持领导下，率先投入中国特色绿道建设。全院总计一百多人次、长达八年全程参与广东绿道规划建设，从前期研究论证、规划、设计一直到工地现场指导，先后主持独立或合作完成多项区域级绿道（网）研究和规划，重点参与了深圳、广州、东莞、惠州、珠海、佛山等地的城市级绿道规划设计工作，获多项国际、国家级和地方级奖项，并在全国首创成立院级绿道研究室，成功承办了两届广东绿道讲坛。另外，在广东省住建厅领导积极支持下，我们团队先后完成了汶川援建、援藏建设等任务。

2014 年我们在院庆纪念之际，在中国风景园林学会的大力支持下，与北京林业大学园林学院联合成功举办了中国风景园林传承与创新之路暨孟兆祯院士学术思想论坛，认真探索中国风景园林传承和发展的理论和实践，尤其是在孟先生长期设计实践地深圳特区，边参观作品边研究总结，意义深远，收获巨大。

在发展与成长过程中，我和团队还和以美国 SWA 的比尔·卡拉维和凯文·杉立、美国 LMA 的卡罗拉·李、英国普马的伊娃·卡斯特罗、德国贝特克-贾罗施景观的延斯·贝特克、深圳建筑总院的孟建民（现为中国工程院院士）、华艺设计的盛烨、东大设计的满志、中规院深圳分院的刘家麒、朱荣远等为代表的中外优秀设计机构和大师们保持非常良好合作。

回顾过去、展望未来，再一次感谢广东、深圳各级领导、专家和广大规划设计师。感恩孙筱祥、孟兆祯等一代宗师，他们的大师风范和专业指引，让我及团队和深圳在波澜壮阔的中国风景园林事业中勇敢前行；感恩改革开放中的深圳建设，“试验田”给了规划设计人才以广阔天空；感恩这个时代，给设计人以无上的包容和无限的空间。

最后，还想在此特别感谢一起共事的同事们。从零开始，一路走来，感谢可爱的他们风雨同行，并肩作战：多少日夜我们智慧碰撞，思想交融，埋首画图，汗洒现场。彼情彼景，殊难忘怀，时至今日，还历历在目。

风雨“10+ 20”年，不忘初心，继续前行！

图书在版编目(CIP)数据

深圳·园林设计廿年(理论篇)/何昉主编. —北京：中国城市出版社，2016.10
ISBN 978-7-5074-3092-9

Ⅰ.①深…　Ⅱ.①何…　Ⅲ.①园林设计－研究－深圳　Ⅳ.①TU986.2

中国版本图书馆 CIP 数据核字(2016)第 262849 号

责任编辑：杜　洁　付　娇　兰丽婷
责任校对：焦　乐　李美娜

深圳·园林设计廿年(理论篇)
何　昉　主编
*
中国城市出版社出版、发行(北京海淀三里河路 9 号)
各地新华书店、建筑书店经销
霸州市顺浩图文科技发展有限公司制版
北京圣夫亚美印刷有限公司印刷
*
开本：880×1230 毫米　1/16　印张：31¾　字数：914 千字
2016 年 10 月第一版　　2016 年 10 月第一次印刷
定价：**108.00** 元
ISBN 978-7-5074-3092-9
(904030)